AutoCAD2012 中文版设计基础与实践

刘畅　等编著

机械工业出版社

本书以AutoCAD 2012为平台，从实际操作和应用角度出发，全面讲述了AutoCAD 2012的功能，内容涉及机械设计、建筑制图、室内装饰设计、服装设计、模具设计等方面的应用技巧。

全书共18章，从AutoCAD 2012的基础操作到实际应用，都做了详细、全面的讲解，使读者通过学习本书，彻底掌握Auto CAD2012的基本操作技能与实际应用技能。

本书语言通俗易懂，内容讲解到位，书中操作实例通俗易懂，具有很强的实用性、操作性和代表性。专业性特点比较突出。

本书不仅可以作为高等学校、高职高专院校的教材，还可以作为各类AutoCAD培训班的教材，同时也可作为从事CAD工作的技术人员的学习参考书。

图书在版编目（CIP）数据

AutoCAD 2012 中文版设计基础与实践/刘畅等编著．—北京：机械工业出版社，2011.12

ISBN 978-7-111-37295-0

Ⅰ．①A… Ⅱ．①刘… Ⅲ．①AutoCAD 软件 Ⅳ．①TP391.72

中国版本图书馆 CIP 数据核字（2012）第 014154 号

机械工业出版社（北京市百万庄大街 22 号 邮政编码 100037）

策划编辑：曲彩云 责任印制：乔 宇

北京铭成印刷有限公司印刷

2012 年 4 月第 1 版第 1 次印刷

184mm×260mm · 36.75 印张 · 911 千字

0001—3000 册

标准书号：ISBN 978-7-111-37295-0

ISBN 978-7-89433-394-0（光盘）

定价：78.00 元（含 1DVD）

凡购本书，如有缺页、倒页、脱页，由本社发行部调换

电话服务

社服务中心：（010）88361066

销售一部：（010）68326294

销售二部：（010）88379649

读者购书热线：（010）88379203

网络服务

门户网：http://www.cmpbook.com

教材网：http://www.cmpedu.com

封面无防伪标均为盗版

前 言

随着微电子技术，特别是计算机硬件和软件技术的迅猛发展，CAD 技术正在日新月异，突飞猛进地发展。目前，CAD 设计已经成为人们日常工作和生活中的重要内容，特别是 AutoCAD 已经成为 CAD 的世界标准。近年来，网络技术发展一日千里，结合其他设计制造业的发展，使 CAD 技术如虎添翼，CAD 技术正在乘坐网络技术的特别快车飞速向前，从而使 AutoCAD 更加羽翼丰满。同时，AutoCAD 技术一直致力于把工业技术与计算机技术融为一体，形成开放的大型 CAD 平台，特别是在机械、建筑、电子等领域更是先人一步，技术发展势头异常迅猛。为了满足不同用户、不同行业技术发展的要求，把网络技术与 CAD 技术有机地融为一体。

值此 AutoCAD 2012 最新面市之际，笔者精心组织几所高校的老师根据学生工程应用学习需要编写了此书，在本书中，处处凝结着教育者的经验与体会，贯彻着他们的教学思想，希望能够给广大读者的学习起到抛砖引玉的作用，为广大读者的学习与自学提供一个简洁有效的捷径。

本书内容

本书以循序渐进、由易到难的方式，全面介绍了 AutoCAD 2012 中文版的基本操作和功能，详尽地说明了各种工具的使用及操作技巧。本书实例丰富，步骤清晰，与实践结合非常密切。

本书特色

市面上的 AutoCAD 工程制图的书籍众多，但要从中挑选一本真正适合自己的可能会很困难。为满足广大读者的需求，特策划编写了本书。本书具有以下 5 大特色：

作者权威

本书作者是 Autodesk 公司中国培训讲师，有多年的计算机辅助设计领域工作经验和教学经验。本书是作者总结多年的设计经验以及教学的心得体会，历时多年精心编著，力求全面细致地展现出 AutoCAD 2012 在设计应用领域的各种功能和使用方法。

内容简洁

本书在有限的篇幅内，讲解了利用快捷命令的方式进行快速绘图的方法与技巧，帮助那些希望掌握 AutoCAD 快速绘图技巧的读者找到一条学习的捷径。

实例专业

本书中引用的实例都来自设计工程实践，结构典型，真实实用。这些实例经过作者精心提炼和改编，不仅保证了读者能够学好知识点，更重要的是能帮助读者掌握实际的操作技能。

提升技能

本书从全面提升设计与 AutoCAD 应用能力的角度出发，结合具体的案例来讲解如何利用 AutoCAD 2012 进行工程设计，真正让读者懂得计算机辅助设计，从而独立地完成各种工程设计。

知行合一

结合典型的工程设计实例详细讲解 AutoCAD 2012 设计知识要点，让读者在学习案例的过程中潜移默化地掌握 AutoCAD 2012 软件操作技巧，同时培养了工程设计实践能力。

读者对象

本书讲解详细，知识点全面，注重实用，适合下面读者阅读参考：

1. AutoCAD 初、中级读者。

2. 相关工程设计人员。

3. 大中专院校和社会培训机构建筑设计、机械设计、室内设计及其相关专业的教材。

编写人员

参加本书编写的有刘畅、潘文斌、王瑞东、李燕君、何智娟、李明哲、周丽萍、李达、黄琴、谢世源、黄浩、宿圣云、宋继中、罗钰霞、赵桂江、浩洁、苏善敏、颜廷飞。

编　者

目　录

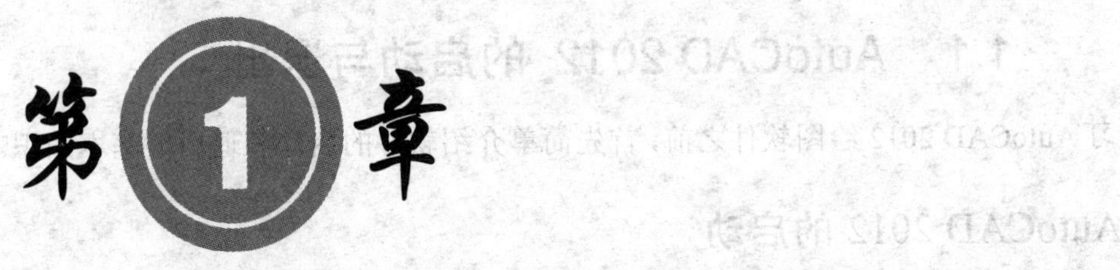

第1章 初识 AutoCAD 2012

☒ 本章内容导读：

在系统学习 AutoCAD2012 之前，先带领大家初步认识一下 AutoCAD2012 这款软件。本章详细讲述了 AutoCAD2012 的基础知识、界面情况和各种简单的操作方式。

☒ 本章学习要点：

- AutoCAD 2012 的启动与退出
- AutoCAD 2012 操作界面
- AutoCAD 执行命令方式
- 创建图形文件
- 保存图形文件
- 打开现有文件
- 配置系统与绘图环境
- 使用帮助系统

1.1 AutoCAD 2012 的启动与退出

在学习 AutoCAD 2012 绘图软件之前，首先简单介绍软件的启动和退出等基本知识。

1.1.1 AutoCAD 2012 的启动

用户成功安装 AutoCAD 2012 绘图软件之后，双击桌面上的图标，即可启动该软件进入 AutoCAD 2012 的默认工作空间“草图与注释”，界面如图 1-1 所示。

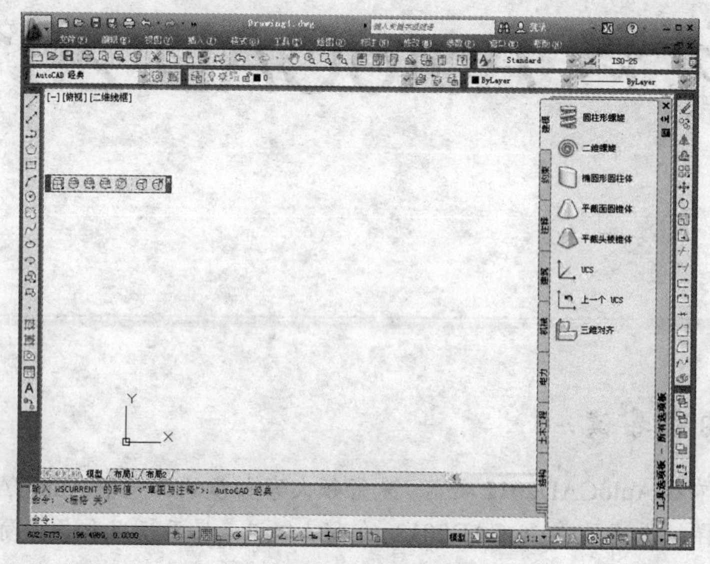

图 1-1 “草图与注释”工作空间

1.1.2 AutoCAD 2012 的退出

用户需要退出 AutoCAD 2012 绘图软件时，首先需要退出当前的 AutoCAD 文件。如果当前的绘图文件已经存盘，那么用户可以使用以下几种方式退出 AutoCAD 绘图软件：

- 单击 AutoCAD 2012 标题栏控制按钮；
- 按 Alt+F4 组合键；
- 单击菜单【文件】|【退出】命令；
- 在命令行中输入“Quit”或“Exit”后，按 Enter 键。
- 展开“菜单浏览器”面板，单击 退出 AutoCAD 2012 按钮。

如果用户在退出 AutoCAD 绘图软件之前没有将当前的 AutoCAD 绘图文件存盘，那么系统将会弹出如图 1-2 所示的提示对话框，单击 是(Y) 按钮，将弹出【图形另存为】对话框，用于对图形进行命名保存；单击 否(N) 按钮，系统将放弃存盘并退出 AutoCAD；单击 取消 按钮，系统将取消执行的退出命令。

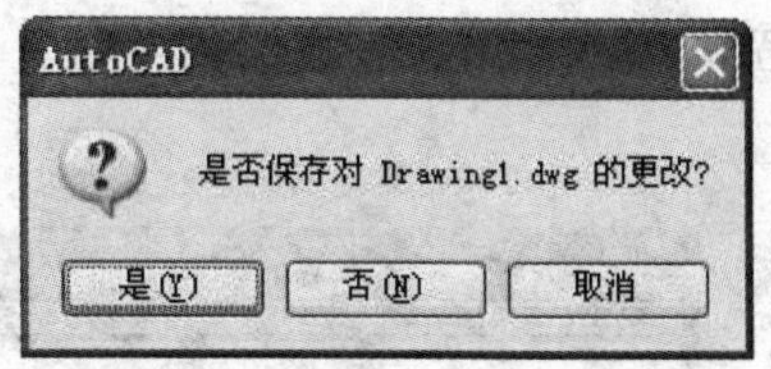

图 1-2　AutoCAD 提示框

1.2　AutoCAD 2012 操作界面

在程序默认状态下，窗口中打开的是“草图与注释”工作空间。“草图与注释”工作空间的工作界面主要由快速访问工具栏、信息搜索中心、菜单浏览器、功能区、工具选项面板、图形窗口、状态栏、文本窗口与命令行等元素组成，如图 1-3 所示。

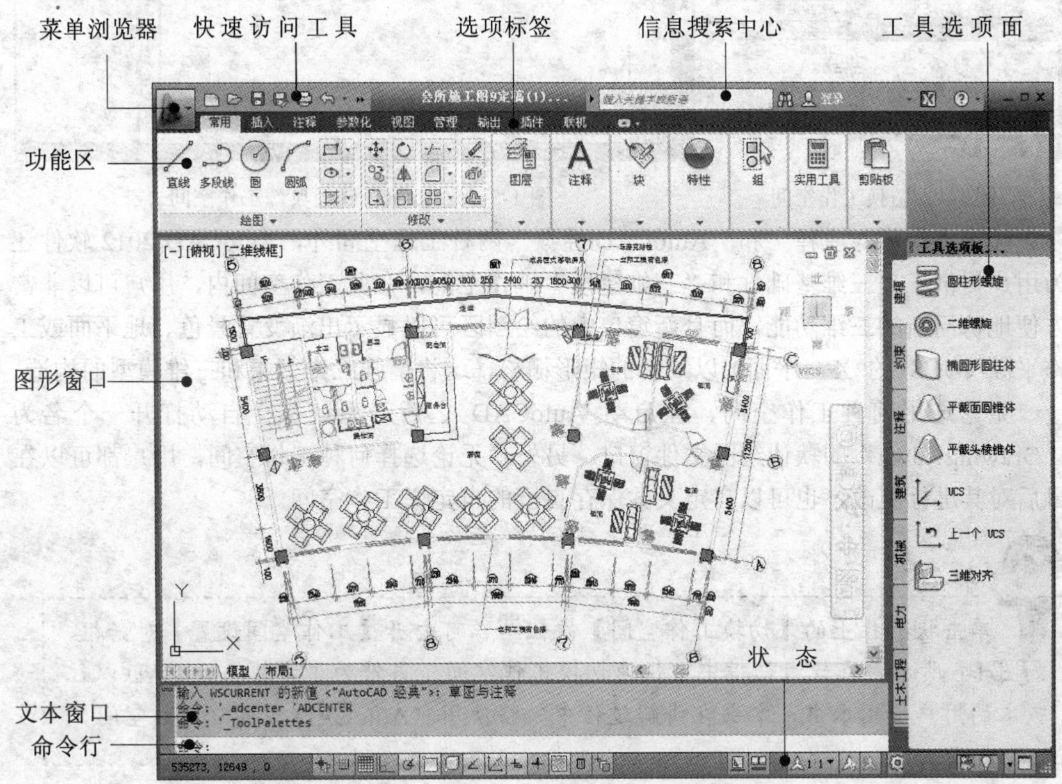

图 1-3　AutoCAD 2012“草图与注释”空间工作界面

1.2.1　工作空间

当你指定初始化安装选项后，AutoCAD 将基于你选定的项目自动创建一新的工作空间并将其置为当前。当前工作空间的名称显示在状态栏的工作空间切换开关图标处，你可选择它来访问工作空间菜单。

AutoCAD2012 提供了“草图与注释”、“三维基础”、“三维建模”和“AutoCAD 经典”4 种工作空间模式。用户在工作状态下可随时切换工作空间，如图 1-4 所示。

“AutoCAD 经典”工作空间模式是 AutoCAD 较为常用的一种工作空间，它和“草图与注释”都属于二维工作空间模式，用于平面图的绘制。“AutoCAD 经典”工作空间如图 1-5 所示。

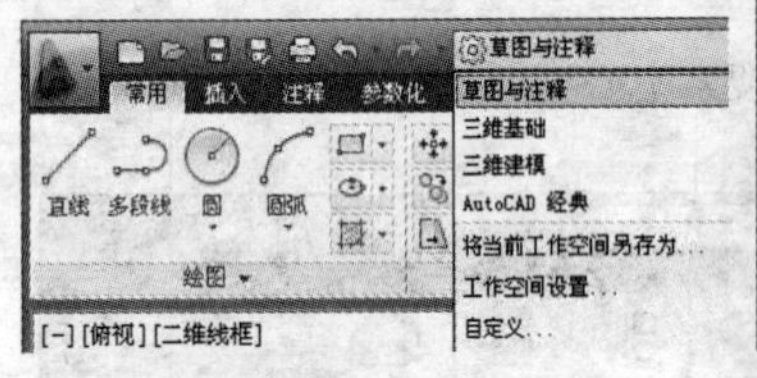

图 1-4　切换工作空间

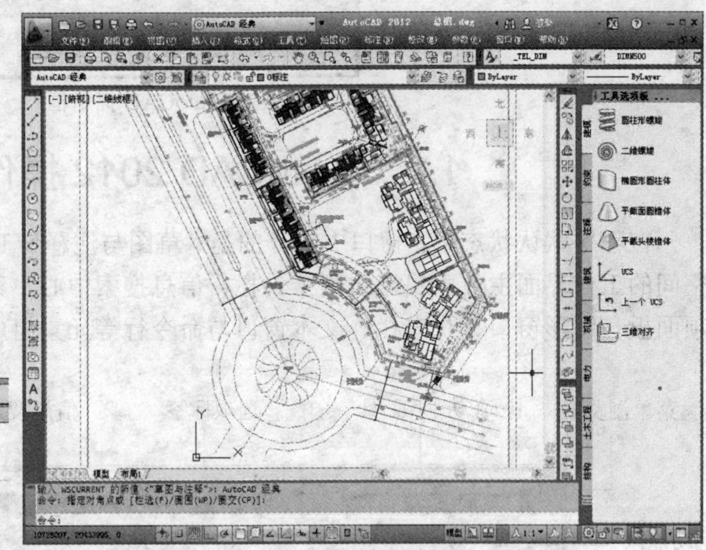

图 1-5　“AutoCAD 经典”工作空间

除了“草图与注释”和“AutoCAD 经典”两种工作空间外，AutoCAD 2012 软件还为用户提供了“三维基础”和“三维建模”工作空间，在此工作空间内，用户可以非常方便地访问新的三维功能，而且新窗口中的绘图区可以显示出渐变背景色、地平面或工作平面（UCS 的 XY 平面）以及新的矩形栅格，这将增强三维效果和三维模型的构造。

无论选用何种工作空间，在启动 AutoCAD 之后，系统都会自动打开一个名为“Drawing1.dwg”的默认绘图文件窗口。另外，无论选择何种工作空间，用户都可以在日后对其进行更改，也可以自定义并保存自己的自定义工作空间。

提示

单击状态栏上的【切换工作空间】按钮，可打开【工作空间设置】对话框，如图 1-6 所示，在此对话框中可快速切换工作空间。另外为了方便 AutoCAD 以往版本的用户使用本书，本书在讲解过程中，将使用“AutoCAD 经典”工作空间。

1.2.2　菜单浏览器

【菜单浏览器】按钮位于 AutoCAD 2012 界面的左上角，单击该按钮，可展开【菜单浏览器】，如图 1-7 所示。通过【菜单浏览器】能更方便地访问公用工具。用户可创建、打开、保存、打印和发布 AutoCAD 文件，将当前图形做为电子邮件附件发送，制作电子传送集，此外可进行图形维护如查核和清理，关闭图形。

【菜单浏览器】上有一搜索工具，你可以查询快速访问工具、应用程序菜单以及当前加载的功能区定位命令、功能区面板名称和其他功能区控件。

【菜单浏览器】上的按钮提供轻松访问最近或打开的文档。在最近文档列表中有一新的选项，除了可按大小、类型和规则列表排序外，还可按照日期排序。

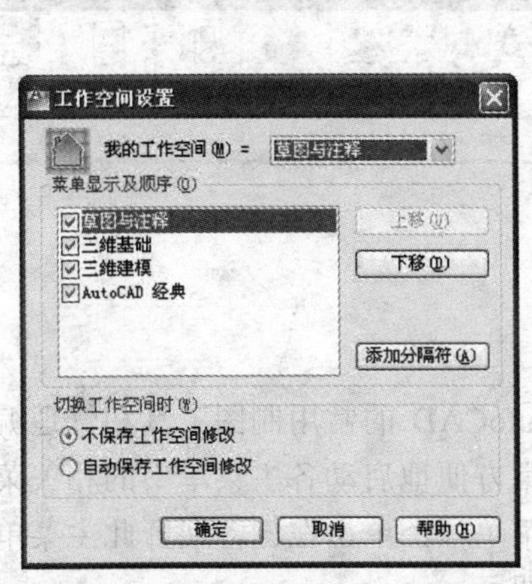

图 1-6 【工作空间设置】对话框

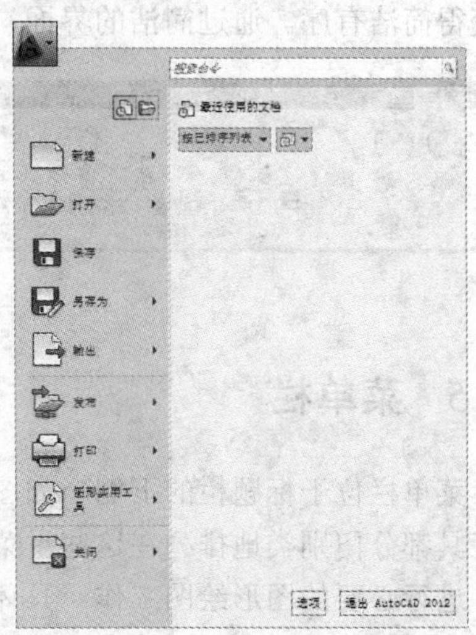

图 1-7 【菜单浏览器】

提示

AutoCAD 2012 版本为用户提供了“菜单浏览器”功能，所有的菜单命令可以通过“菜单浏览器”执行，因此默认设置下，“菜单栏”是隐藏的，当变量 MENUBAR 的值为 1 时，显示菜单栏；为 0 时，隐藏菜单栏。

1.2.3 快速访问工具栏

快速访问工具栏带有更多的功能并与其他的 Windows 应用程序保持一致。放弃和重做工具包括了历史支持，右键菜单包括了新的选项，可轻易从工具栏中移除工具、在工具间添加分隔条、以及将快速访问工具栏显示在功能区的上面或下面，如图 1-8 所示。

除了右键菜单外，快速访问工具栏还包含了一个新的弹出菜单，该菜单显示常用工具列表，可选定并置于快速访问工具栏内。弹出菜单提供了轻松访问额外工具的方法。它使用 CUI 编辑器中的命令列表面板。其他选项可显示菜单栏或在功能区下面显示快速访问工具栏。

图 1-8 快速访问工具栏

1.2.4 功能区

“功能区”代替 AutoCAD 众多的工具栏，以面板的形式将各工具按钮分门别类集合在选项卡内，如图 1-9 所示。

用户在调用工具时，只需在功能区中展开相应选项卡，然后在所需面板上单击工具按钮即可。由于在使用功能区时，无需再显示 AutoCAD 的工具栏，因此使应用程序窗口变得简洁有序。通过简洁的界面，功能区还可以将可用的工作区域最大化。

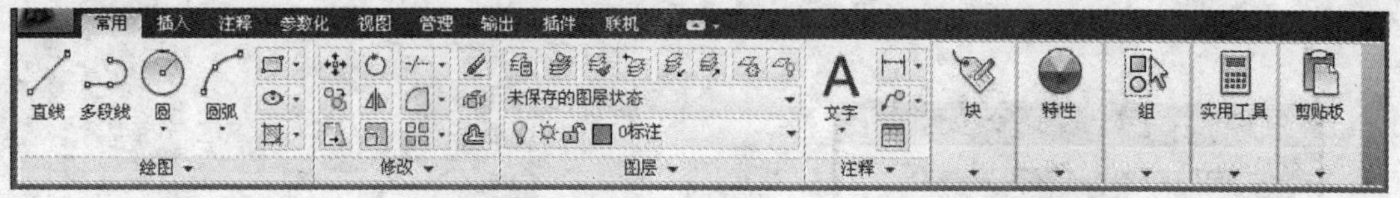

图 1-9　功能区

1.2.5　菜单栏

菜单栏位于标题栏的下侧，如图 1-10 所示。AutoCAD 的常用制图工具和管理编辑等工具都分门别类地排列在这些主菜单中，可以非常方便地启动各主菜单中的相关菜单项，进行必要的图形绘图工作。具体操作就是在主菜单项上单击左键，展开此主菜单，然后将光标移至需要启动的命令选项上，单击左键即可。

文件(F)　编辑(E)　视图(V)　插入(I)　格式(O)　工具(T)　绘图(D)　标注(N)　修改(M)　参数(P)　窗口(W)　帮助(H)

图 1-10　菜单栏

AutoCAD 2012 为用户提供了【文件】、【编辑】、【视图】、【插入】、【格式】、【工具】、【绘图】、【标注】、【修改】、【参数】、【窗口】、【帮助】等 12 个主菜单。各菜单的主要功能如下：

◆　【文件】菜单主要用于对图形文件进行设置、管理和打印发布等；

◆　【编辑】菜单主要用于对图形进行一些常规的编辑，包括复制、粘贴、链接等；

◆　【视图】菜单主要用于调整和管理视图，方便视图内图形的显示等；

◆　【插入】菜单用于向当前文件中引入外部资源，如块、参照、图像等；

◆　【格式】菜单用于设置与绘图环境有关的参数和样式，如绘图单位、颜色、线型及文字、尺寸样式等；

◆　【工具】菜单为用户设置了一些辅助工具和常规的资源组织管理工具；

◆　【绘图】菜单是一个二维和三维图元的绘制菜单，几乎所有的绘图和建模工具都组织在此菜单内；

◆　【标注】菜单是一个专用于为图形标注尺寸的菜单，它包含了所有与尺寸标注相关的工具；

◆　【修改】菜单是一个很重要的菜单，用于对图形进行修整、编辑和完善；

◆　【参数】菜单用于管理和设置图形创建的各种参数；

◆　【窗口】菜单用于对 AutoCAD 文档窗口和工具栏状态进行控制；

◆　【帮助】菜单主要用于为用户提供一些帮助性的信息。

菜单栏左端的图标就是“菜单浏览器”图标，菜单栏最右边图标按钮是 AutoCAD

文件的窗口控制按钮，如“最小化”按钮▬、“还原/最大化”按钮🗗/☐、“关闭”按钮✖，用于控制图形文件窗口的显示。

1.2.6 工具栏

以图标按钮的形式出现的工具条为 AutoCAD 的工具栏，位于绘图窗口的两侧和上侧。使用工具栏执行命令，是最常用的一种方式。用户只需要将光标移至工具按钮上稍一停留，光标指针的下侧就会出现此图标所代表的命令名称，在按钮上单击左键，即可快速激活该命令。

在任一工具栏上单击右键，可打开工具栏菜单，AutoCAD 2012 为用户提供了非常丰富的工具栏，如图 1-11 所示，在所需打开的选项上单击左键，即可打开相应的工具栏。

/提示

> 带有勾号的表示当前已打开的工具栏；不带勾号的表示当前没有打开的工具栏。为了增大绘图空间，通常只将常用的工具栏放在用户界面上，而将其它工具栏隐藏，需要时再调出。

在工具栏右键菜单上选择【锁定位置】/【固定的工具栏 / 面板】选项，可以将绘图区四周的工具栏固定，如图 1-12 所示，工具栏一旦被固定后不可以被拖动。

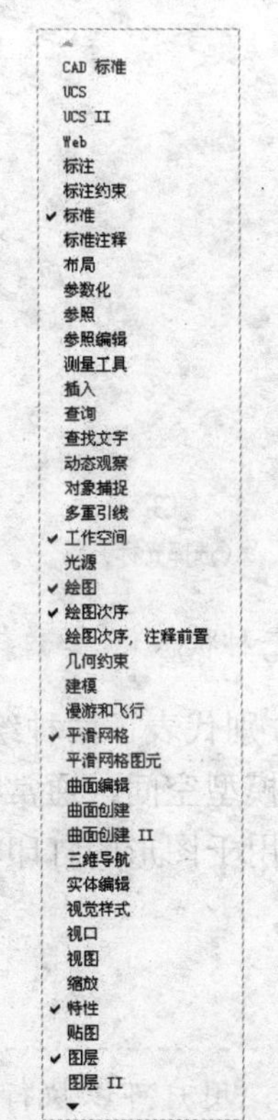

图 1-11 工具栏菜单

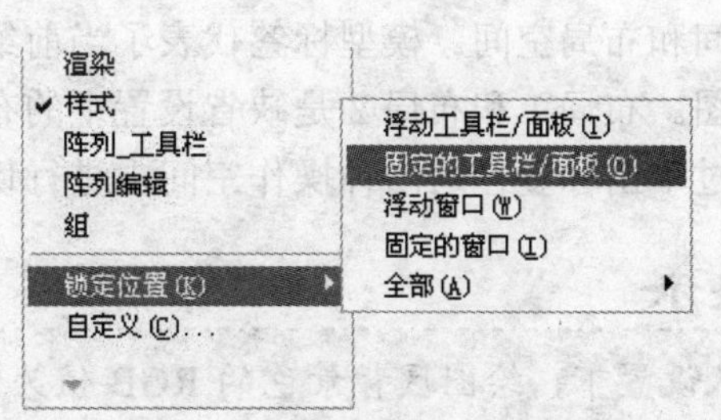

图 1-12 固定工具栏

1.2.7 选项板

选项板是一项十分人性化的功能，使用起来也很方便。它可以根据用户的意愿显示或隐藏，不占用绘图空间，如图 1-13 所示。选项板上一共包含【建模】、【约束】、【注释】、【建筑】、【机械】、【电力】、【土木工程】、【结构】8 个选项卡，规范划分应用领域，使用户非常方便地找到所需工具。

1.2.8 绘图区

绘图区位于用户界面的正中央，即被工具栏和命令行所包围的整个区域。此区域是用户的工作区域，图形的设计与修改工作就在此区域内进行操作。默认状态下，绘图区是一个无限大的电子屏幕，无论尺寸多大或多小的图形都可以在绘图区中绘制和灵活显示。

当移动鼠标时，绘图区会出现一个随光标移动的十字符号，此符号为“十字光标”，它由“拾取点光标”和“选择光标”叠加而成。其中“拾点光标”是点的坐标拾取器，当执行绘图命令时，显示为拾点光标；“选择光标”是对象拾取器，当选择对象时，显示为选择光标；当没有任何命令执行时显示为十字光标，如图 1-14 所示。

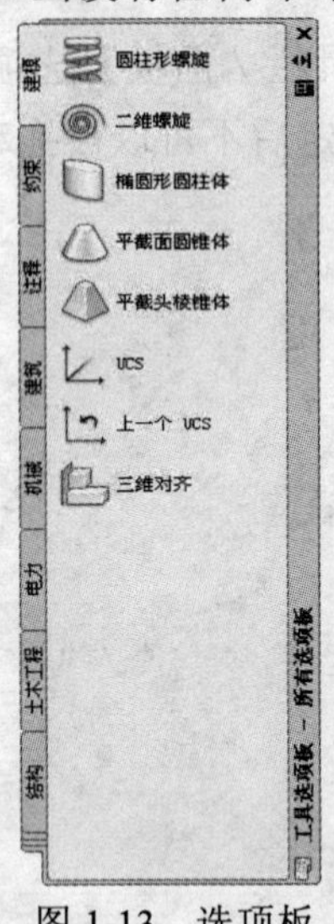

图 1-13 选项板

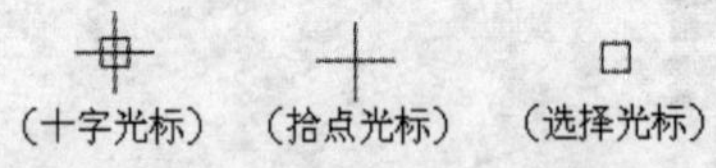

图 1-14 光标的三种状态

在绘图区左下部有 3 个标签，即模型、布局 1、布局 2，分别代表了两种绘图空间，即模型空间和布局空间。模型标签代表了当前绘图区窗口处于模型空间，通常在模型空间进行绘图。布局 1 和布局 2 是缺省设置下的布局空间，主要用于图形的打印输出。用户可以通过单击标签在这两种操作空间中进行切换。

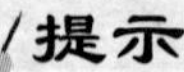
提示

默认设置下，绘图区背景色的 RGB 值为 254、252、240，用户可以执行【工具】|【选项】命令进行更改背景色，如图 1-15 所示。

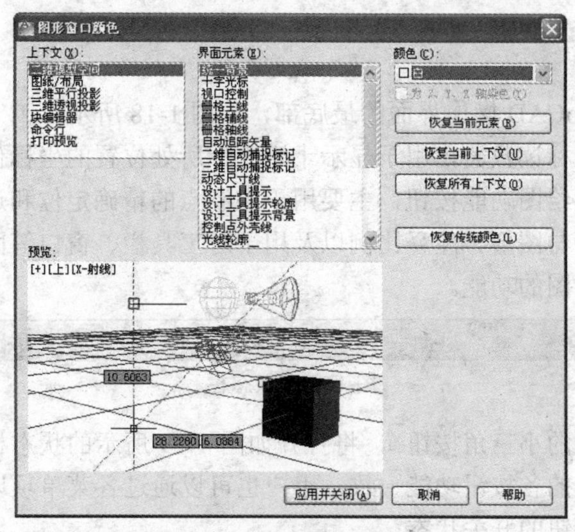

图 1-15 【图形窗口颜色】对话框

1.2.9 命令窗口

命令行位于绘图区的下侧，它是用户与 AutoCAD 2012 软件进行数据交流的平台，主要功能就是提示和显示用户当前的操作步骤，如图 1-16 所示。

“命令行”可以分为“命令输入窗口”和“命令历史窗口”两部分，上面两行则为“命令历史窗口”，用于记录执行过的操作信息；下面一行是“命令输入窗口”，用于提示用户输入命令或命令选项。

```
沿云线路径引导十字光标...
反转方向 [是(Y)/否(N)] <否>: Y
修订云线完成。
命令:
```

图 1-16 命令行

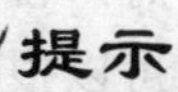

提示

按“F2”功能键，系统会以“文本窗口”的形式显示更多的历史信息，如图 1-17 所示。再次按“F2”功能键，即可关闭文本窗口。

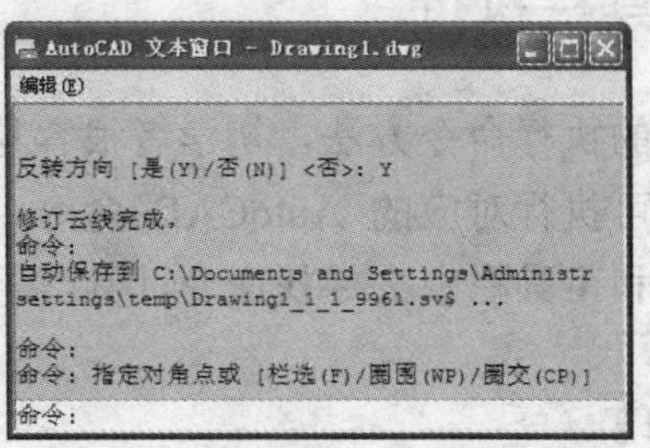

图 1-17 AutoCAD 文本窗口

1.2.10 状态栏

状态栏位于 AutoCAD 操作界面的最底部，如图 1-18 所示。

状态栏左端为坐标读数器，用于显示十字光标所处位置的坐标值；坐标读数器的右侧是一些重要的精确绘图功能按钮，主要用于控制点的精确定位和追踪；状态栏右端的按钮则用于查看布局与图形、注释比例以及用于对工具栏、窗口等固定和工作空间切换等，都是一些辅助绘图的功能。

图 1-18 状态栏

单击状态栏右侧的小三角按钮▾，将打开如图 1-19 所示的状态栏快捷菜单，菜单中的各选项与状态栏上的各按钮功能一致，用户也可以通过各菜单项以及菜单中的各功能键进行控制各辅助按钮的开关状态。

图 1-19 状态栏菜单

1.3 AutoCAD 执行命令方式

AutoCAD 2012 是人机交互式软件，当用该软件绘图或进行其他操作时，首先要向 AutoCAD 发出命令， AutoCAD 2012 给用户提供了多种执行命令的方式，可以根据自己的习惯和熟练程度选择更顺手的方式来执行软件中繁多的命令。下面分别讲解 3 种常用的执行命令方式。

1.3.1 通过菜单与工具栏执行

这是一种最简单最直观的执行命令方法，初学者很容易掌握，只需要用鼠标单击菜单栏或工具栏上的按钮，即可执行对应的 AutoCAD 命令。使用这种方式往往较慢，需要用户手动在庞大的菜单栏和工具栏中去寻找命令，因此需要对软件结构有一定的认识。

1.3.2 使用命令行执行

通过键盘在“命令输入窗口”输入对应的命令后按 Enter 键或空格键，即可启动对应的命令，然后 AutoCAD 会给出提示，提示用户应执行的后续操作。要想采用这种方式，需要用户记住各个 AutoCAD 命令。

当执行完某一命令后，如果需要重复执行该命令，除可以通过上述 2 种方式执行该命令外，还可以用以下方式重复执行命令。

直接按键盘上的 Enter 键或空格键。

使光标位于绘图窗口右击，AutoCAD 会弹出快捷菜单，并在菜单的第一行显示出重复执行上一次所执行的命令，选择此菜单项可重复执行对应的命令。

提示

命令执行过程中，可通过按 Esc 键，或右击绘图窗口后从弹出的快捷菜单中选择“取消”菜单项终止命令的执行。

1.3.3 使用透明命令

在 AutoCAD 中，透明命令是指在执行其他命令的过程中可以执行的命令。常使用的透明命令多为修改图形设置的命令、绘图辅助工具命令，例如 SNAP、GRID、ZOOM 等。

要以透明方式使用命令，应在输入命令之前输入单引号(') 。命令行中，透明命令的提示前有一个双折号(>>)。使用透明命令后，将继续执行原命令。

1.4 创建图形文件

1.4.1 从草图开始

将 STARTUP 系统变量设置为 1，将 FILEDIA 系统变量设置为 1。单击【快速访问工具栏】中的“新建”按钮，打开【创建新图形】对话框，如图 1-20 所示。

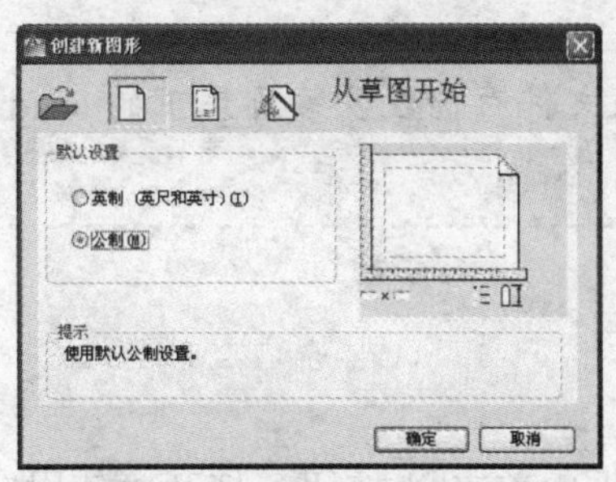

图 1-20 【创建新图形】对话框

在“从草图开始”选项卡中有 2 个默认的设置：

- 英制（英尺和英寸）
- 公制

英制和公制分别代表不同的计量单位，英制为英尺、英寸、码等单位；公制是是指千米、米、厘米等单位。我国实行“公制”的计量单位制度。

1.4.2 使用样板

在【创建新图形】对话框中单击按钮，打开“使用样板”选项卡，如图 1-21 所示。图形样板文件包含标准设置。可从提供的样板文件中选择一个，或者创建自定义样板文件。图形样板文件的扩展名为.dwt。

如果根据现有的样板文件创建新图形，则新图形中的修改不会影响样板文件。

需要创建使用相同惯例和默认设置的多个图形时，通过创建或自定义样板文件而不是每次启动时都指定惯例和默认设置可以节省很多时间。通常存储在样板文件中的惯例和设置包括：

- 单位类型和精度
- 标题栏、边框和徽标
- 图层名
- 捕捉、栅格和正交设置
- 栅格界限
- 标注样式
- 文字样式
- 线型

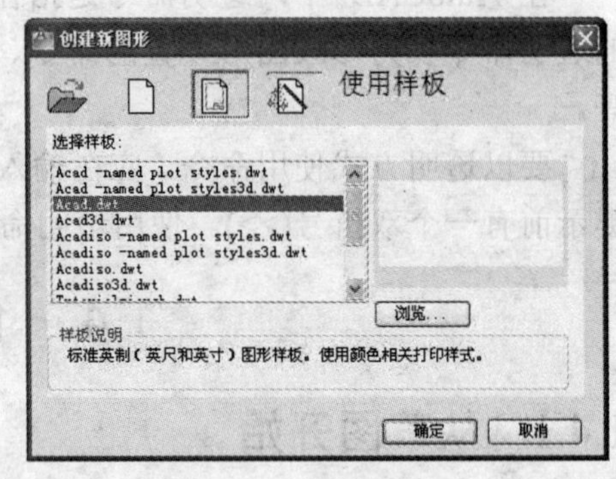

图 1-21 “使用样板”选项卡

提示

默认情况下，图形样板文件存储在安装目录下的 acadm\template 文件夹中，以便查找和访问。

1.4.3 使用向导

在【创建新图形】对话框中单击按钮，打开“使用向导”选项卡，如图 1-22 所示。

设置向导逐步地建立基本图形，有两个向导选项用来设置图形：

- “快速设置”向导。设置测量单位、显示单位的精度和栅格界限。
- “高级设置”向导。设置测量单位、显示单位的精度和栅格界限。还可以进行角度设置（例如测量样式的单位、精度、方向和方位）。

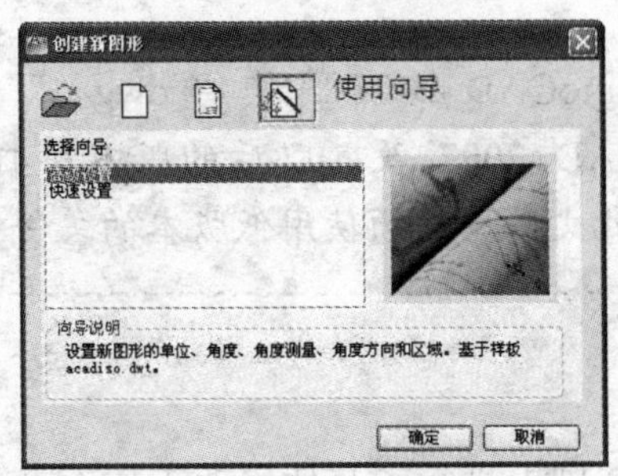

图 1-22　“使用向导”选项卡

1.5　保存图形文件

【保存】命令用于将绘制的图形以文件的形式进行存盘。存盘的目的是为了方便以后查看、使用或修改编辑文件。

1.5.1　保存与另存文件

保存：按照原路径保存文件，将原文件覆盖，储存新的进度。

另存：继续保留原文件，不将其覆盖，另存后出现新的文件。另存时可对文件的路径、名称、格式等进行重设。

1.　【保存】文件命令

执行【保存】命令主要有以下几种方式：

- ◆ 单击【文件】菜单中的【保存】命令；
- ◆ 单击【快速访问工具栏】中的【保存】按钮；
- ◆ 单击【菜单浏览器】，执行【保存】命令；
- ◆ 在命令行输入 Save 按 Enter 键；
- ◆ 按 Ctrl+S 组合键。

激活【保存】命令后，可打开【图形另存为】对话框，如图 1-23 所示。在此对话框内设置存盘路径、文件名和文件格式后，单击保存(S)按钮，即可将当前文件存盘。

图 1-23　【图形另存为】对话框

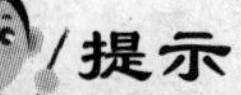

提示

> 默认的存储类型为"AutoCAD 2007 图形（*.dwg）"，使用此种格式将文件被存盘后，只能被 AutoCAD 2007 及其以后的版本所打开。如果用户需要在 AutoCAD 早期版本中打开此文件，必须使用低版本的文件格式进行存盘。

2. 【另存为】命令

当用户在已存盘图形的基础上进行了其他修改工作而又不想将原来的图形覆盖，可以使用【另存为】命令，将修改后的图形以不同的路径或不同的文件名进行存盘。

执行【另存为】命令主要有以下几种方式：

- ◆ 单击【文件】菜单中的【另存为】命令，
- ◆ 按组合键 Crtl+Shift+S。

1.5.2 自动保存文件

为了防止断电、死机等意外，AutoCAD 为用户定制了【自动保存】这个非常人性化的功能命令。启用该功能后，系统将持续在设定时间内为用户自动存盘。

执行【工具】|【选项】命令，打开【选项】对话框，选择【打开和保存】选项卡，可设置自动保存的文件格式和时间间隔等参数，如图 1-24 所示。

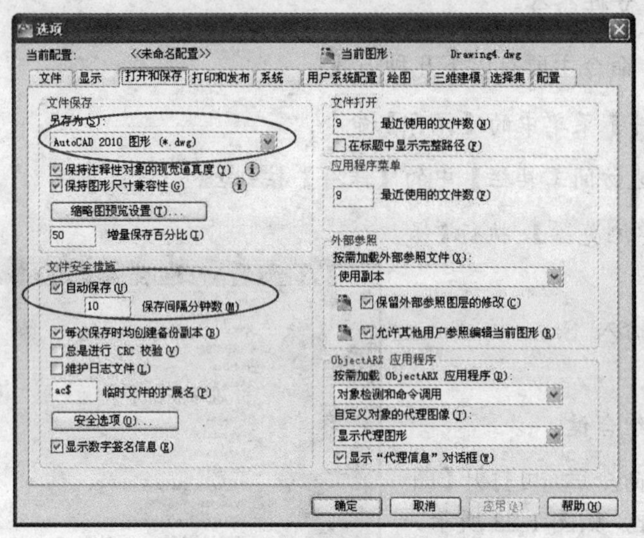

图 1-24 "打开和保存"选项卡

1.6 打开现有文件

1.6.1 一般打开方法

当用户需要查看、使用或编辑已经存盘的图形时，可以使用【打开】命令，执行【打开】命令主要有以下几种方式：

❖ 单击【文件】菜单中的【打开】命令；

❖ 单击【快速访问工具栏】中的【打开】按钮；

❖ 单击【菜单浏览器】，执行【打开】命令；

❖ 在命令行输入Open按Enter键；

❖ 按Ctrl+O组合键。

激活【打开】命令后，打开【选择文件】对话框，在此对话框中选择需要打开的图形文件，如图1-25所示。单击打开(O)按钮，即可将此文件打开。

图1-25 【选择文件】对话框

1.6.2 以查找方式打开文件

单击【选择文件】对话框上的【工具】按钮工具(L)，打开下拉菜单，如图1-26所示。选择“查找”选项，打开【查找】对话框，如图1-27所示。在该对话框中，可由用户自定义文件的名称、类型及查找范围，最后单击开始查找(I)，即可进行查找。这非常有利于用户在大量的文件中查找目标文件。

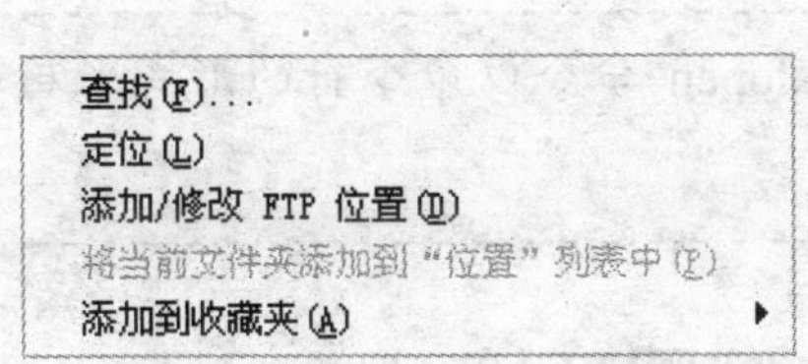

图1-26 【工具】下拉菜单

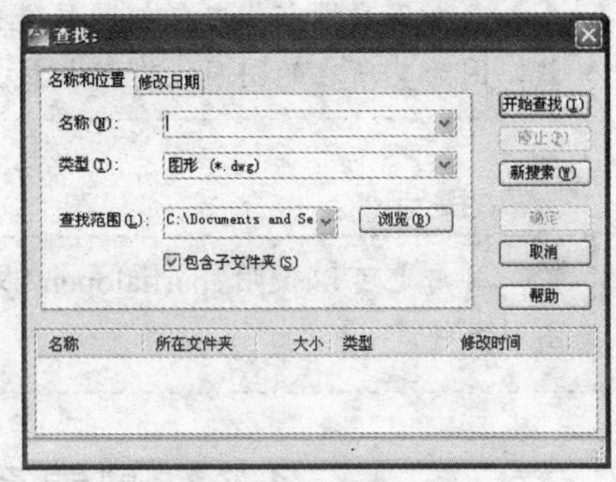

图1-27 【查找】对话框

1.6.3 局部打开图形

局部打开命令允许用户只处理图形的某一部分，只加载指定视图或图层的几何图形。如果图形文件为局部打开，指定的几何图形和命名对象将被加载到图形文件中。命名对象包括：【块】、【图层】、【标注样式】、【线型】、【布局】、【文字样式】、【视口配置】、【用户坐标系】及【视图】等。

该命令的调用方式同【打开】命令。在【选择文件】对话框中，用户指定需要打开的图形文件后，单击【打开】按钮打开(O)右侧的按钮，弹出下拉菜单，如图1-28所示。选择其中的【局部打开】或【以只读方式局部打开】选项，系统将进一步打开【局部打开】对话框，如图 1-29 所示。

打开(O)
以只读方式打开(R)
局部打开(P)
以只读方式局部打开(T)

图 1-28 【打开】按钮下拉菜单

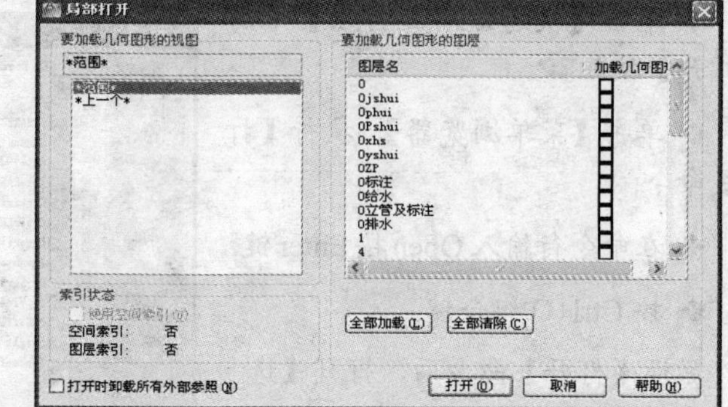

图 1-29 【局部打开】对话框

在该对话框中，“要加载几何图形的视图”栏显示了选定的视图和图形中可用的视图，默认的视图是“范围”。用户可在列表中选择某一视图进行加载。

在“要加载几何图形的图层”栏中显示了选定图形文件中所有有效的图层。用户可选择一个或多个图层进行加载，选定图层上的几何图形将被加载到图形中，包括模型空间和图纸空间几何图形。用户可单击“全部加载”按钮 全部加载(L) 选择所有图层，或单击“全部清除”按钮 全部清除(C) 取消所有的选择。如果用户选择了“打开时卸载所有外部参照”复选框，则不加载图形中包括的外部参照。

注意

如果用户没有指定任何图层进行加载，那么选定视图中的几何图形也不会被加载，因为其所在的图层没有被加载。

提示

用户也可以使用“partialopen”或“-partialopen”命令以命令行的形式来局部打开图形文件。

1.7 配置系统与绘图环境

如果用户对当前的绘图环境并不是很满意，可执行【工具】|【选项】命令，来定制符合自己要求的绘图环境。

1.7.1 设置“显示”选项

单击“显示”选项卡，该选项卡用于设置工作界面的显示效果，比如是否显示 AutoCAD 屏幕菜单；是否显示滚动条；是否在启动时最小化 AutoCAD 窗口；AutoCAD 图形窗口和文本窗口的颜色和字体等，如图 1-30 所示。

通过修改“十字光标大小”框中光标与屏幕大小的百分比，可调整十字光标的尺寸。“显示精度”和“显示性能”区域用于设置着色对象的平滑度、每个曲面轮廓线数等。所有这些设置均会影响系统的刷新时间与速度，并进而影响操作的流畅性。

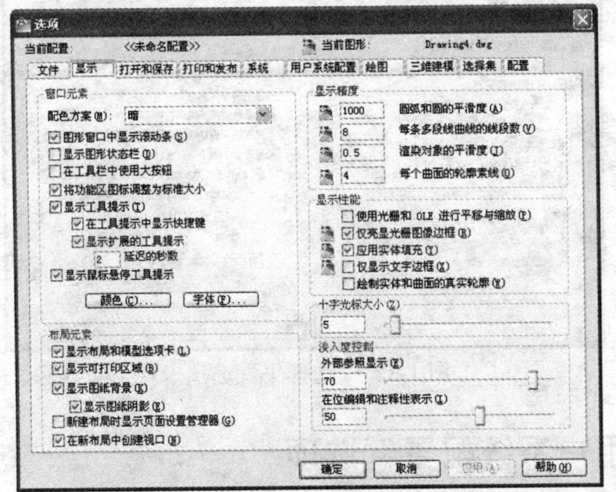

图 1-30 “显示”选项卡

1.7.2 设置“绘图”选项

【选项】对话框中的“绘图”选项卡中包含了多个设置 AutoCAD 辅助绘图工具的选项。“自动追踪设置”控制自动追踪的相关设置。它有“显示极轴追踪矢量、显示全屏追踪矢量、显示自动追踪工具栏提示”三个选项，如图 1-31 所示。

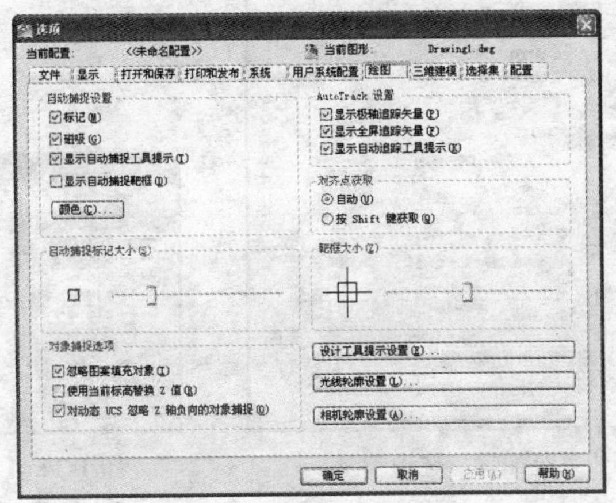

图 1-31 “绘图”选项卡

1.7.3 设置“选择集”选项

“选择集”选项卡可控制 AutoCAD 选择工具和对象，用以控制 AutoCAD 拾取框的大小，指定选择对象的方法和设置夹点，如图 1-32 所示。

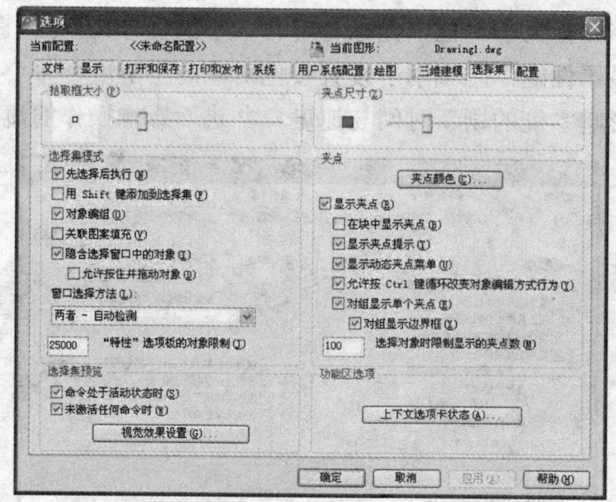

图 1-32 “选择集”选项卡

1.7.4 设置“用户系统配置”选项

“用户系统配置”选项卡用于设置优化 AutoCAD 工作方式的一些选项。“AutoCAD 设计中心”中的“源内容单位”设置在没有指定单位时，被插入到图形中的对象的单位。“目标图形单位”设置没有指定单位时，当前图形中对象的单位，如图 1-33 所示。

单击“线宽设置”按钮 线宽设置(L)... 将打开【线宽设置】对话框。可在该对话框中设置线宽的显示特性和默认选项，同时还可以设置当前线宽，如图 1-34 所示。

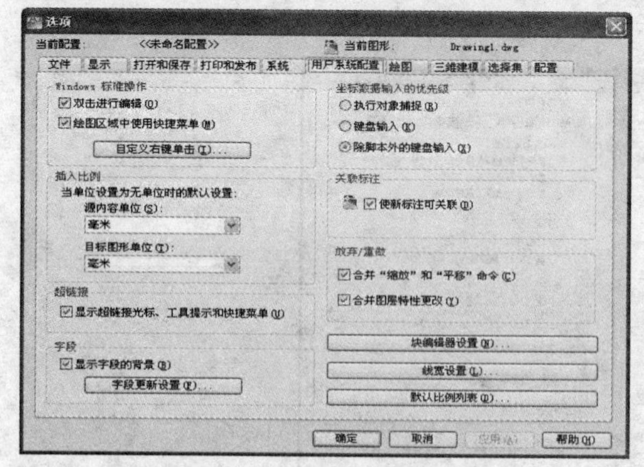

图 1-33 “用户系统配置”选项卡

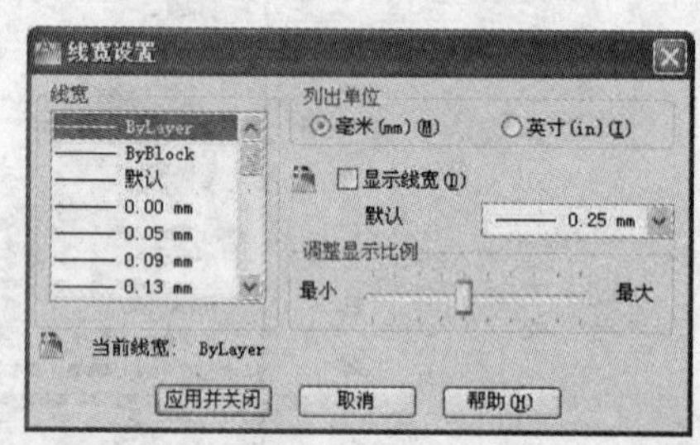

图 1-34 【线宽设置】对话框

1.8 使用帮助系统

为了方便用户使用，AutoCAD 2012 为用户提供了非常完善的帮助系统，用户可以通过帮助系统查询到软件的使用方法、命令等。

1.8.1 帮助系统概述

AutoCAD 2012 的帮助系统几乎囊括了所有 AutoCAD 2012 的知识。执行【帮助】|

【帮助】命令，或按“F1”键，即可呼出【Autodesk Exchange】对话框，如图 1-35 所示。该“主页”上罗列了 AutoCAD 2012 版本的新增功能，若联网可观看其提供的快速入门视频。

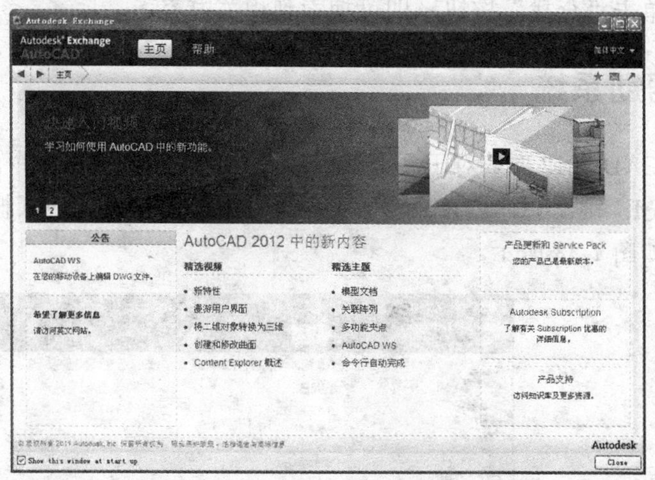

图 1-35 【Autodesk Exchange】对话框

提示

默认情况下，启动 AutoCAD 2012 的同时会打开【Autodesk Exchange】对话框，若想取消启动开启，只需单击该对话框左下角 ☑ Show this window at start up 去掉复选框前面的勾即可。

1.8.2 使用目录查找信息

单击【帮助】按钮 帮助，页面将转为目录罗列式，用户可以在左侧的目录上选择需要了解的帮助信息。目录将层层展开，右侧将显示该项目的详细解释，如图 1-36 所示。

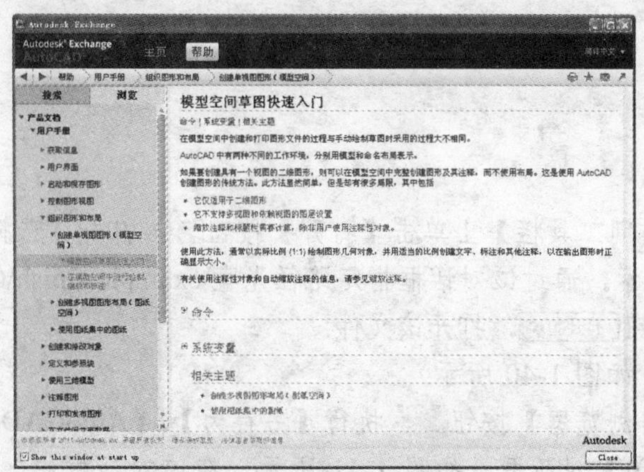

图 1-36 【帮助】目录页面

1.8.3 通过关键字搜索主题

单击右侧的【搜索】选项卡，打开搜索器，如图 1-37 所示。在搜索器中输入需要查找的帮助内容，单击“查找”按钮即可搜索到相关内容。

1.8.4 即时帮助系统

在使用 AutoCAD 2012 时，对于不太熟悉的命令，可以先输入命令，比如“LINE”，按 Enter 键，再按 F1 键就会弹出该命令的帮助文件，继而得到相应（概念、操作步骤、命令）的帮助，如图 1-38 所示。

图 1-37 搜索器

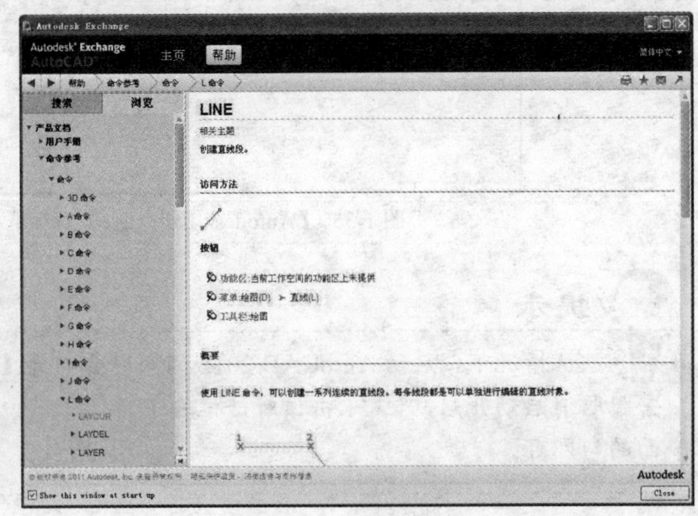

图 1-38 帮助文件

1.9 快速入门实例

下面通过一个简单实例讲解文件的打开和另存方法。

例 1-1	光盘\example\finish\Ch01**1-1**.dwg	

操作步骤

[1] 在【快速访问工具栏】上单击【打开】按钮，打开【选择文件】对话框，如图 1-39 所示。通过该对话框指定路径光盘\example\finish\Ch01\1-1.dwg，单击【打开】按钮打开(O)，打开该文件。

[2] 打开文件，如图 1-40 所示。

[3] 单击【菜单浏览器】按钮，执行【另存为】|【AutoCAD 图形】命令，打开【图形另存为】对话框，如图 1-41 所示。在该对话框中，为另存的文件选择需要另存的路径，并在【文件名】文本框中输入另存文件的名称。

[4] 单击【保存】按钮保存(S)，【图形另存为】对话框自动关闭，完成图形另存。

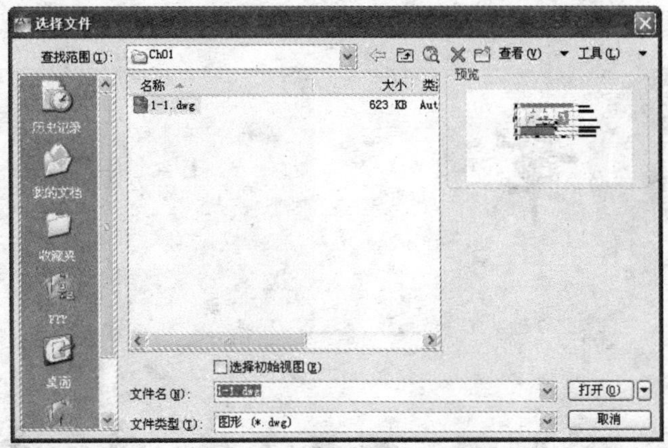

图 1-39 【选择文件】对话框

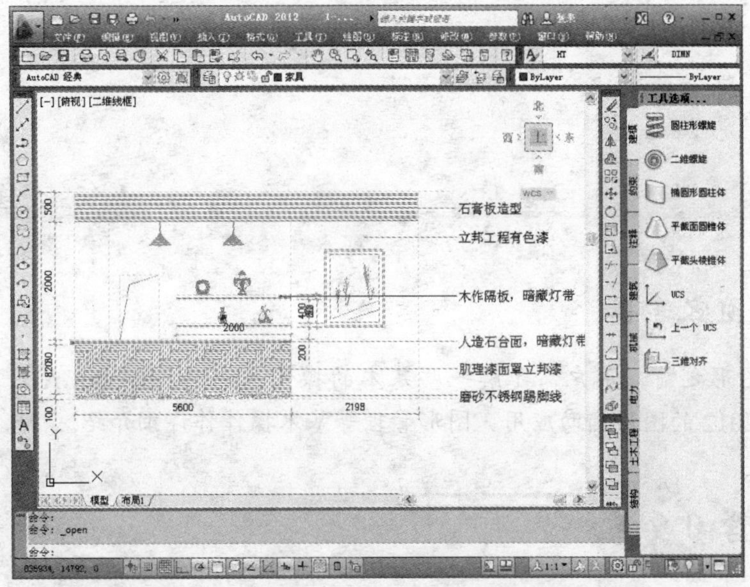

图 1-40 打开文件

图 1-41 打开文件

AutoCAD 2012 基本功能

☒ *本章内容导读：*

绘制图形之前，用户需了解一些基本的操作，以熟悉 AutoCAD。本章将对 AutoCAD 2012 的图形辅助应用、图形管理等基本操作作详细介绍。

☒ *本章学习要点：*

- 精确绘制图形工具
- 图形的简单编辑工具
- 修复或恢复图形
- 控制图形视图
- 认识坐标系

2.1 精确绘制图形工具

在绘图的过程中，经常要指定一些已有对象上的点，例如端点、圆心、两个对象的交点等。如果只凭观察来拾取，不可能非常准确地找到这些点。为此，AutoCAD 2012 提供了捕捉模式、栅格显示、对象捕捉、对象追踪、正交模式及动态输入等功能，可以迅速、准确地捕捉到某些特殊点，从而能精确地绘制图形。

2.1.1 捕捉模式

在绘制图形时，尽管可以通过移动光标来指定点的位置，但却很难精确指定点的某一位置。因此要精确定位点，必须使用坐标输入或启用捕捉功能。“捕捉模式”用于设定鼠标光标移动的间距。使用“捕捉模式”功能，可以提高绘图效率。如图 2-1 所示，打开捕捉模式后，光标按设定的移动间距来捕捉点位置，并绘制出图形。

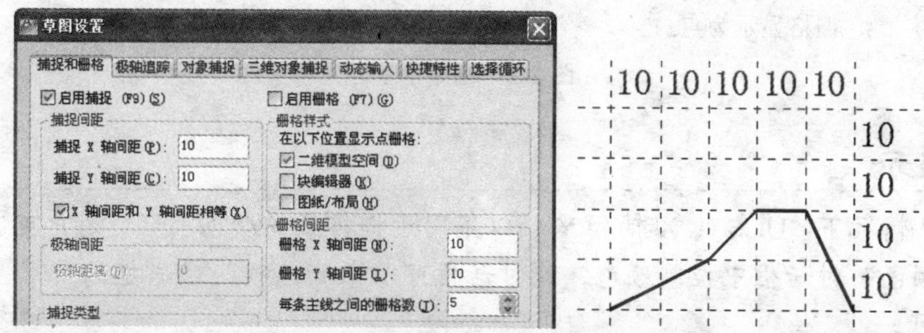

图 2-1　打开“捕捉模式”绘制的图形

提示

“捕捉模式”可以单独打开，也可以和其他模式一同打开。

用户可通过以下方式来打开或关闭“捕捉”功能：

- 状态栏：单击【捕捉模式】按钮
- 键盘快捷键：按 F9 键
- 【草图设置】对话框：在【捕捉和栅格】选项卡中，勾选或取消勾选【启用捕捉】复选框
- 命令行：输入 SNAPMODE 变量

2.1.2 栅格显示

“栅格”是一些标定位置的小点，起坐标纸的作用，可以提供直观的距离和位置参照。利用栅格可以对齐对象并直观显示对象之间的距离。若要提高绘图的速度和效率，可以显示并捕捉矩形栅格，还可以控制其间距、角度和对齐。

用户可通过以下命令方式来打开或关闭“栅格”功能：

◆ 状态栏：单击【栅格】按钮

◆ 键盘快捷键：按 F7 键

◆ 【草图设置】对话框：在【捕捉和栅格】选项卡中，勾选或取消勾选【启用栅格】复选框

◆ 命令行：输入 GRIDDISPLAY 变量

栅格的显示可以为点矩阵，也可以为线矩阵。仅在当前视觉样式设置为“二维线框”时栅格才显示为点，否则栅格显示为线，如图 2-2 所示。在三维中工作时，所有视觉样式都显示为线栅格。

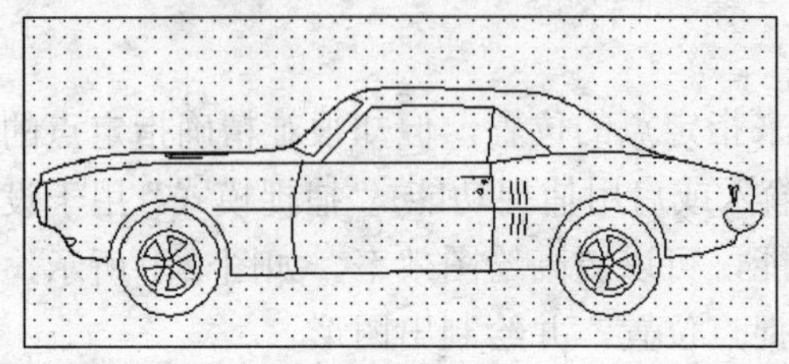

栅格显示为点

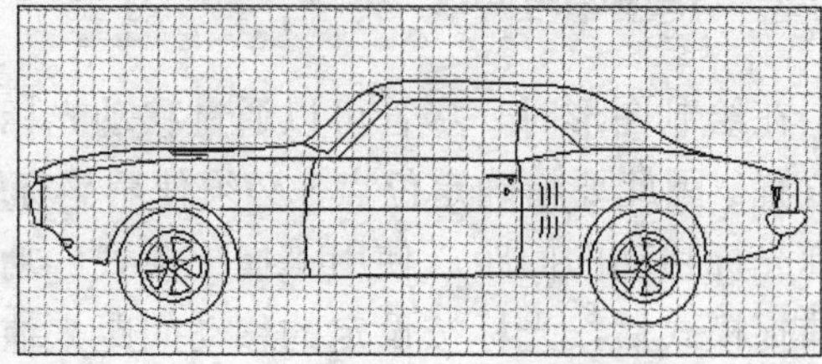

栅格显示为线

图 2-2 栅格的显示

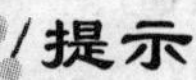

提示

默认情况下，UCS 的 X 轴和 Y 轴以不同于栅格线的颜色显示。用户可以在“图形窗口颜色”对话框中控制颜色，此对话框可以从“选项”对话框的“草图”选项卡中访问。

2.1.3 对象捕捉

在绘图的过程中，经常要指定一些已有对象上的点，例如端点、中点、圆心、节点等进行精确定位。因此对象捕捉功能可以迅速、准确地捕捉到某些特殊点，从而精确地绘制图形。

不论何时提示输入点，都可以指定对象捕捉。默认情况下，当光标移到对象的捕捉位置时，将显示标记和工具提示。此功能称为 AutoSnap™（自动捕捉），提供了视觉提示，指示哪些对象捕捉正在使用。

用户可通过以下方式打开或关闭“对象捕捉”功能：

◆ 状态栏：单击【对象捕捉】按钮

◆ 键盘快捷键：按 F3 键

◆ 【草图设置】对话框：在【对象捕捉】选项卡中，勾选或取消勾选【启用对象捕捉”复选框

使用“对象捕捉”功能来捕捉点的示意图如图 2-3 所示。

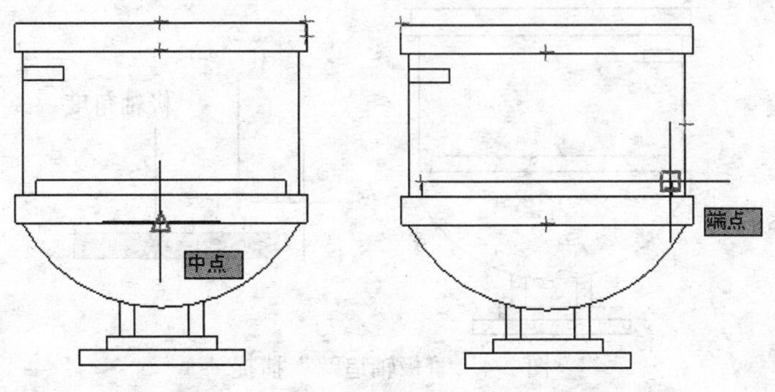

图 2-3 启用“对象捕捉”功能捕捉的点

提示

仅当提示输入点时，对象捕捉才生效。如果尝试在命令提示下使用对象捕捉，将显示错误消息。

2.1.4 对象追踪

对象追踪可按指定角度绘制对象，或者绘制与其他对象有特定关系的对象。对象追踪分极轴追踪和对象捕捉追踪两种，是常用的辅助绘图工具。

（1）极轴追踪是按程序默认给定或用户自定义的极轴角度增量来追踪对象点。如极轴角度为 45°，光标则只能按照给定的 45° 范围来追踪，即光标可在整个象限的 8 个位置上追踪对象点。如果事先知道要追踪的方向（角度），使用极轴追踪是比较方便的。用户可通过以下方式来打开或关闭“极轴追踪”功能：

- 状态栏：单击【极轴追踪】按钮
- 键盘快捷键：按 F10 键
- 【草图设置】对话框：在【极轴追踪】选项卡中，勾选或取消勾选【启用极轴追踪】复选框

创建或修改对象时，还可以使用“极轴追踪”以显示由指定的极轴角度所定义的临时对齐路径。例如，设定极轴角度为 45°，使用“极轴追踪”功能来捕捉的点的示意图如图 2-4 所示。

提示

在没有特别指定极轴角度时，默认角度测量值为 90°；可以使用对齐路径和工具提示绘制对象。与“交点”或“外观交点”对象捕捉一起使用极轴追踪，可以找出极轴对齐路径与其他对象的交点。

（2）对象捕捉追踪按与对象的某种特定关系来追踪，这种特定的关系确定了一个未知角度。如果事先不知道具体的追踪方向（角度），但知道与其他对象的某种关系（如相交、垂直等），则用对象捕捉追踪。极轴追踪和对象捕捉追踪可以同时使用。

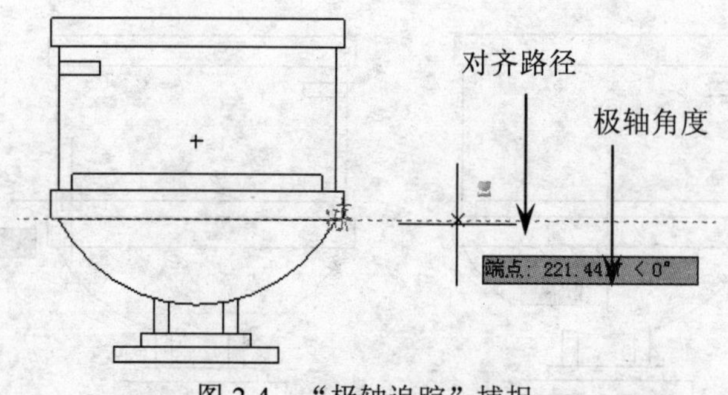

图 2-4 “极轴追踪”捕捉

用户可通过以下方式来打开或关闭“对象捕捉追踪”功能：

◆ 状态栏：单击【对象捕捉追踪】按钮

◆ 键盘快捷键：按 F11 键

使用对象捕捉追踪，在命令中指定点时，光标可以沿基于其他对象捕捉点的对齐路径进行追踪，如图 2-5 所示。

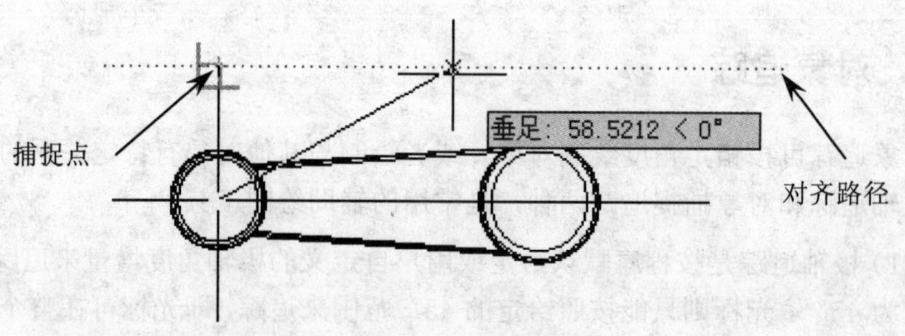

图 2-5 “对象追踪”捕捉

提示

要使用对象捕捉追踪，必须打开一个或多个对象捕捉。

2.1.5 正交模式

正交模式用于控制是否以正交方式绘图，或者在正交模式下追踪对象点。在正交模式下，可以方便地绘出与当前 X 轴或 Y 轴平行的直线。

用户可通过以下命令方式打开或关闭正交模式：

◆ 状态栏：单击【正交模式】按钮

◆ 键盘快捷键：按 F8 键

◆ 命令行：输入变量 ORTHO

创建或移动对象时，使用“正交”模式将光标限制在水平或垂直轴上。移动光标时，不管水平轴或垂直轴哪个离光标最近，拖引线将沿着该轴移动，如图 2-6 所示。

在“二维草图与注释”空间中，打开“正交”模式，拖引线只能在 XY 工作平面的水平方向和垂直方向上移动。在三维视图中，“正交”模式下，拖引线除可在 XY 工作平面的 X、-X 方向和 Y、-Y 方向上移动外，还能在 Z 和-Z 方向上移动，如图 2-7 所示。

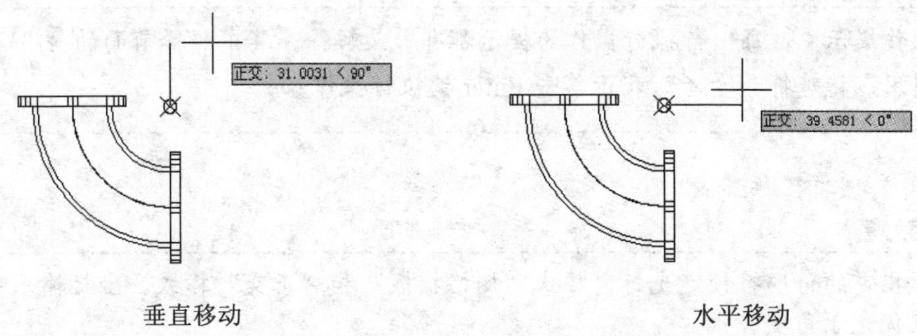

图 2-6 “正交”模式的垂直移动和水平移动

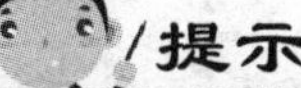
提示

打开“正交”模式时，使用直接距离输入方法以创建指定长度的正交线或将对象移动指定的距离。

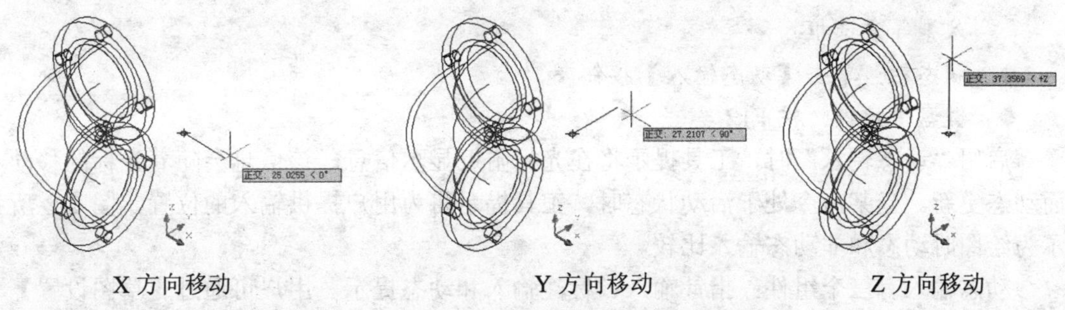

图 2-7 三维空间中“正交”模式的拖引线移动

提示

在绘图和编辑过程中，可以随时打开或关闭“正交”。输入坐标或指定对象捕捉时将忽略“正交”。使用临时替代键时，无法使用直接距离输入方法。

2.1.6 锁定角度

用户在绘制几何图形时，有时需要指定角度替代，以锁定光标来精确输入下一个点。通常，指定角度替代是在命令提示指定点时输入左尖括号（<），其后输入一个角度。

例如，如下所示的命令行操作提示中显示了在 LINE 命令过程中输入 30º 替代。

```
命令：line
指定第一点：                                    //指定直线的起点
指定下一点或 [放弃(U)]: <30↙                    //输入符号及角度值
角度替代：30
指定下一点或 [放弃(U)]:                          //指定直线下一点
```

提示

操作提示中，每一行执行操作的提示都有含义解释。其中解释前面的“/”符号表示引用，特殊符号“↙”表示单击 Enter 键执行操作。

注意

所指定的角度将锁定光标，替代“栅格捕捉”和“正交”模式。坐标输入和对象捕捉优先于角度替代。

2.1.7 动态输入

“动态输入”功能是控制指针输入、标注输入、动态提示以及绘图工具提示的外观。用户可通过以下命令方式来执行此操作：

- 【草图设置】对话框：在【动态输入】选项卡下勾选或取消勾选【启用指针输入】等复选框
- 状态栏：单击【动态输入】按钮
- 键盘快捷键：按 F12

启用“动态输入”时，工具提示将在光标附近显示信息。该信息会随着光标的移动而动态更新。当某命令处于活动状态时，工具提示将为用户提供输入的位置。图 2-8 所示为绘图时动态和非动态输入比较。

动态输入有三个组件：指针输入、标注输入和动态提示。用户可通过【草图设置】对话框来设置动态输入显示时的内容。

图 2-8 动态和非动态输入比较

1. 指针输入

当启用指针输入且有命令在执行时，十字光标的位置将在光标附近的工具提示中显示为坐标。绘制图形时，用户可在工具提示中直接输入坐标值来创建对象，不用在命令行中另行输入，如图 2-9 所示。

注意

指针输入时，如果是相对坐标输入或绝对坐标输入，其输入格式与在命令行中输入相同。

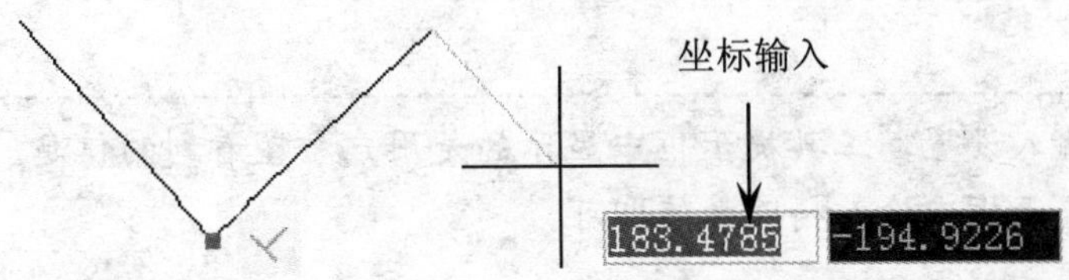

图 2-9　指针输入

2. 标注输入

若启用标注输入，当命令提示输入第二点时，工具提示将显示距离（第二点与起点的长度值）和角度值，且工具提示中的值将随光标的移动而发生改变，如图 2-10 所示。

在标注输入时，按键盘 Tab 键可以交换动态显示长度值和角度值。

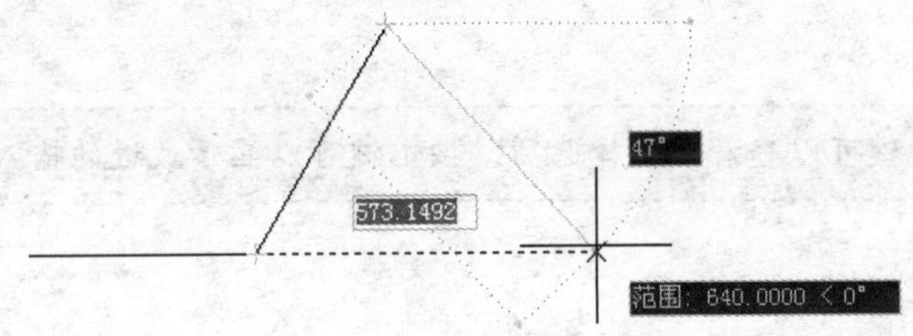

图 2-10　标注输入

用户在使用夹点（夹点的概念及使用方法将在本书第 5 章详细介绍）来编辑图形时，标注输入的工具提示框中可能会显示旧的长度、移动夹点时更新的长度、长度的改变、角度、移动夹点时角度的变化、圆弧的半径等信息，如图 2-11 所示。

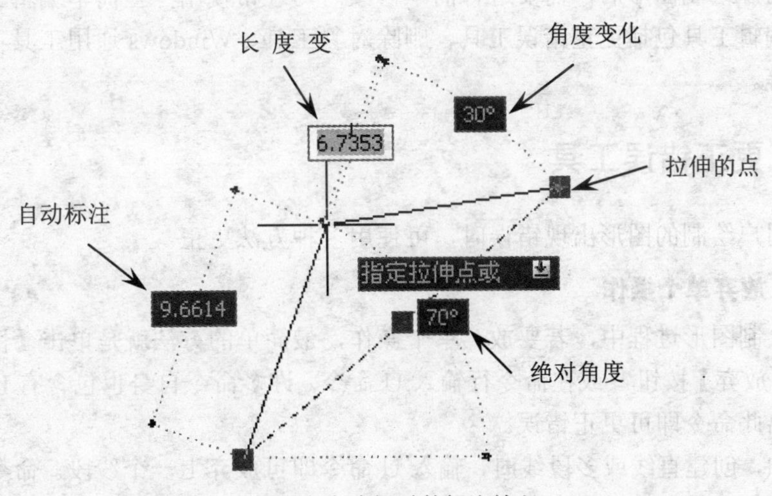

图 2-11　使用夹点编辑时的标注输入

提示

使用标注输入设置，工具提示框中显示的是用户希望看到的信息。要精确指定点，可在工具提示框中输入精确数值即可。

3. 动态提示

启用动态提示时，命令提示和命令输入会显示在光标附近的工具提示中。用户可以在工具提示（而不是在命令行）中直接输入响应，如图 2-12 所示。

图 2-12　使用动态提示

提示

按键盘的↓键可以查看和选择选项。按↑键可以显示最近的输入。

注意

要在动态提示工具提示中使用 PASTECLIP（粘贴），可在键入字母后粘贴输入之前用空格键将其删除。否则，输入将作为文字粘贴到图形中。

2.2　图形的简单编辑工具

当用户绘制图形后，需要进行简单修改时，经常使用一些简单编辑工具来操作。这些简单编辑工具包括更正错误工具、删除对象工具、Windows 通用工具（复制、剪切和粘贴）等。

2.2.1　更正错误工具

当用户绘制的图形出现错误时，可使用多种方法更正。

1. 放弃单个操作

在绘制图形过程中，若要放弃单个操作，最简单的方法就是单击【快速访问】工具栏上的【放弃】按钮或在命令行输入 U 命令。许多命令自身也包含有 U（放弃）选项，无需退出此命令即可更正错误。

例如，创建直线或多段线时，输入 U 命令即可放弃上一个线段。命令行操作提示如下：

```
命令：pline                                           //输入命令
```

```
指定起点:                                                        //指定多段线起点
当前线宽为 0.0000                                                    //线宽
指定下一个点或 [圆弧(A)/半宽(H)/长度(L)/放弃(U)/宽度(W)]:          //指定多段线第二点
指定下一点或 [圆弧(A)/闭合(C)/半宽(H)/长度(L)/放弃(U)/宽度(W)]: u↙   //放弃上一操作
```

提示

默认情况下，进行放弃或重做操作时，UNDO 命令将设置为把连续平移和缩放命令合并成一个操作。但是，从菜单开始的平移和缩放命令不会合并，并且始终保持独立的操作。

2. 一次放弃几步操作

在快速访问工具栏上单击【放弃】下拉列表的下三角按钮，在展开的下拉列表中，滑动鼠标可以选择多个已执行的命令，再单击（执行放弃操作）鼠标，即可一次性放弃几步操作，如图 2-13 所示。

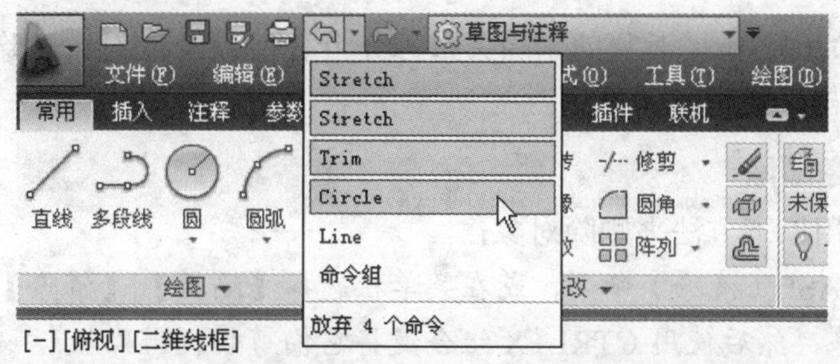

图 2-13　选择操作条目来放弃

在命令行输入 UNDO 命令，用户可输入操作步骤的数目来放弃操作。例如，将绘制的图形放弃 5 步操作，命令行操作提示如下：

```
命令: undo
当前设置: 自动= 开, 控制= 全部, 合并= 是, 图层= 是
输入要放弃的操作数目或 [自动(A)/控制(C)/开始(BE)/结束(E)/标记(M)/后退(B)] <1>: 5
                                                                   //输入放弃的操作数目
LINE  LINE  LINE  LINE  LINE                                       //放弃的操作名称
```

放弃前 5 步操作后的图形变化如图 2-14 所示。

3. 取消放弃的效果

“取消放弃的效果”也就是重做的意思，即恢复上一个用 UNDO 或 U 命令放弃的效果。用户可通过以下命令方式来执行此操作：

- 快速工具栏：单击【重做】按钮
- 菜单栏：选择【编辑】|【重做】命令
- 键盘快捷键：Ctrl+Z

4. 删除对象的恢复

在绘制图形时，如果误删除了对象，可以使用 UNDO 命令或 OOPS 命令将其恢复。

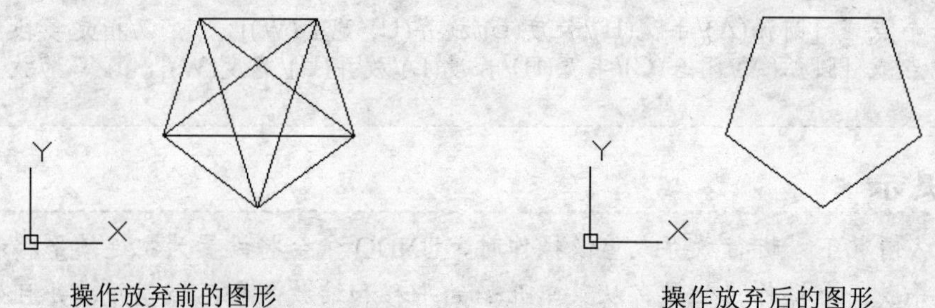

图 2-14　放弃操作的图形前后对比

5. 取消命令

AutoCAD 中，若要终止进行中的操作或取消未完成的命令，可通过按键盘的 Esc 键来执行取消操作。

2.2.2 删除对象工具

在 AutoCAD2012 中，对象的删除大致可分为 3 种：一般对象删除、消除显示和删除未使用的定义与样式。

1. 一般对象删除

用户可以使用以下方法来删除对象：

- ◆ 使用 ERASE（清除）命令，或在菜单栏选择【编辑】|【清除】命令来删除对象
- ◆ 选择对象，然后使用 CTRL+X 组合键将它们剪切到剪贴板
- ◆ 选择对象，然后按 DELETE 键

通常当执行“删除”命令后，需要选择要删除的对象，然后按 Enter 键或 Space 键结束对象选择，同时删除已选择的对象。

如果在【选项】对话框（在菜单栏执行【工具】|【选项】命令）的【选择集】选项卡中，勾选【选择集模式】选项卡中的【先选择后执行】复选框，就可以先选择对象，然后单击“清除”按钮删除，如图 2-15 所示

提示

以使用 UNDO 命令恢复意外删除的对象。OOPS 命令可以恢复最近使用 ERASE、BLOCK 或 WBLOCK 命令删除的所有对象。

2. 消除显示

用户在进行某些编辑操作时留在显示区域中的加号形状的标记（称为点标记）和杂散像素，都可以删除。删除标记使用 REDRAW 命令，删除杂散像素则使用 REGEN 命令。

3. 删除未使用的定义与样式

用户还可以使用 PURGE 命令删除未使用的命名对象，包括块定义、标注样式、图层、线型和文字样式。

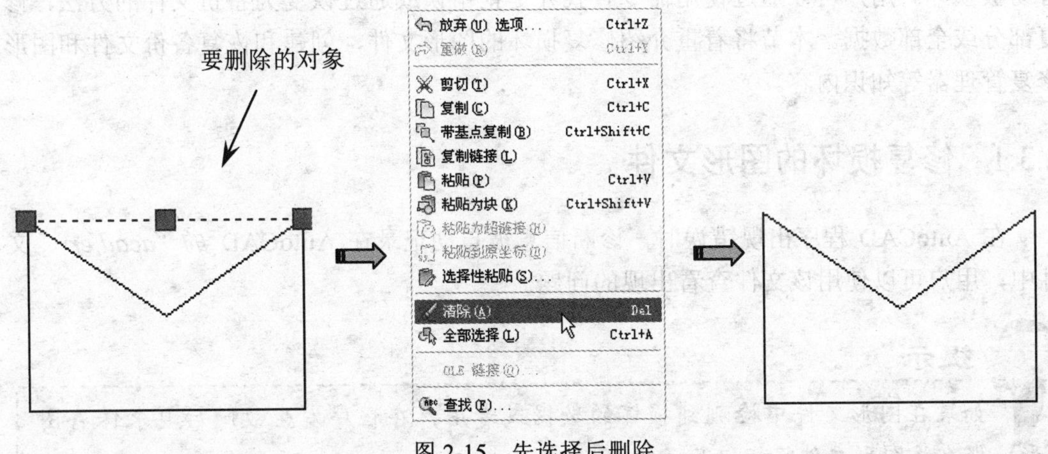

图 2-15 先选择后删除

2.2.3 Windows 通用工具

当用户要从另一个应用程序的图形文件中使用对象时，可以先将这些对象剪切或复制到剪贴板，然后将它们从剪贴板粘贴到其他的应用程序中。Windows 通用工具包括剪切、复制和粘贴。

1. 剪切

剪切就是从图形中删除选定对象并将它们存储到剪贴板上，然后便可以将对象粘贴到其他 Windows 应用程序中。用户可通过以下方式来执行此操作：

- 菜单栏：选择【编辑】|【剪切】命令
- 键盘快捷键：按 CTRL+X 组合键
- 命令行：输入 CUTCLIP

2. 复制

复制就是使用剪贴板将图形的部分或全部复制到其他应用程序创建的文档中。复制与剪切的区别是，剪切不保留原有对象，而复制则保留原对象。

用户可通过以下方式来执行此操作：

- 菜单栏：选择【编辑】|【复制】命令
- 键盘快捷键：按 CTRL+C 组合键
- 命令行：输入 COPYCLIP

3. 粘贴

粘贴就是将剪切或复制到剪贴板上的图形对象，粘贴到图形文件中。将剪贴板的内容粘贴到图形中时，将使用保留信息最多的格式。也可将粘贴信息转换为 AutoCAD 格式。

2.3 修复或恢复图形

硬件问题、电源故障或软件问题会导致 AutoCAD 程序意外终止，此时的图形文件容易被损坏。用户可以通过使用命令查找并更正错误或通过恢复为备份文件的方法，修复部分或全部数据。本节将着重介绍修复损坏的图形文件，创建和恢复备份文件和图形修复管理器等知识内容。

2.3.1 修复损坏的图形文件

在 AutoCAD 程序出现错误时，诊断信息被自动记录在 AutoCAD *的"acad.err"*文件中，用户可以使用该文件查看出现的问题。

提示

如果在图形文件中检测到损坏的数据或者用户在程序发生故障后要求保存图形，那么该图形文件将标记为已损坏。

如果图形文件只是轻微损坏，有时只需打开图形程序便会自动修复。若损坏得比较严重，可以使用修复，使用外部参照修复及核查命令来进行修复。

1. 修复

"修复"工具用来修复损坏的图形。用户可通过以下命令方式来执行此命令：

- 菜单栏：选择【文件】|【图形实用程序】|【修复】命令
- 命令行：输入 RECOVER

执行 RECOVER 命令后，程序弹出"选择文件"对话框，通过该对话框选择要修复的图形文件，如图 2-16 所示。

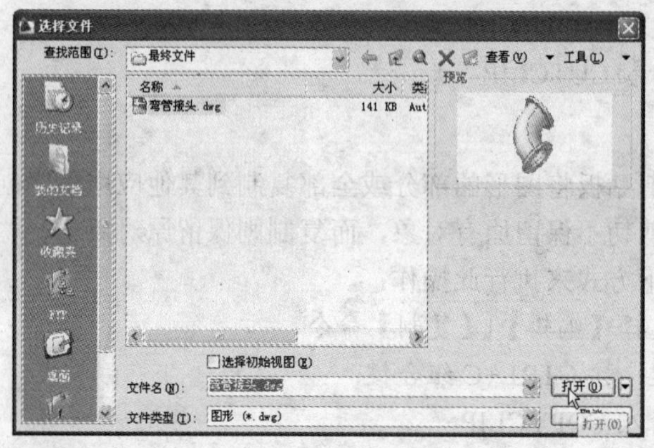

图 2-16 选择要修复的图形文件

选择要修复的图形文件并打开，程序自动对图形进行修复，并弹出图形修复报告"AutoCAD 文本窗口"。该窗口中详细描述了修复过程及结果，如图 2-17 所示。同时弹出"AutoCAD 消息"提示对话框，检查修复报告无误后，单击此对话框的"确定"按钮，即可完成图形文件的修复。

2. 使用外部参照修复

“使用外部参照修复”工具可修复损坏的图形和外部参照。用户可通过以下命令方式来执行此命令：

- ◆ 菜单栏：选择【文件】|【图形实用程序】|【使用外部参照修复】命令
- ◆ 命令行：输入 RECOVERALL

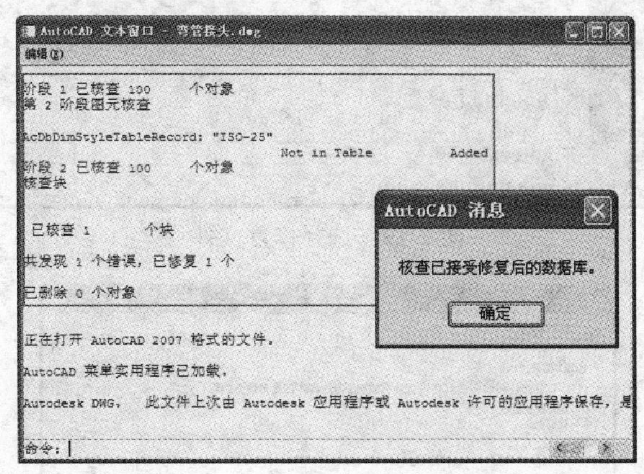

图 2-17 “AutoCAD 文本”窗口

初次使用外部参照修复来修复图形文件，执行 RECOVERALL 命令后，程序会弹出“全部修复”对话框，如图 2-18 所示。该对话框提示用户接着该执行怎样的操作。

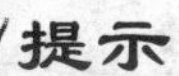

提示

在“全部修复”对话框勾选左下角的“始终修复图形文件”复选框，在以后执行同样操作时不再弹出该对话框。

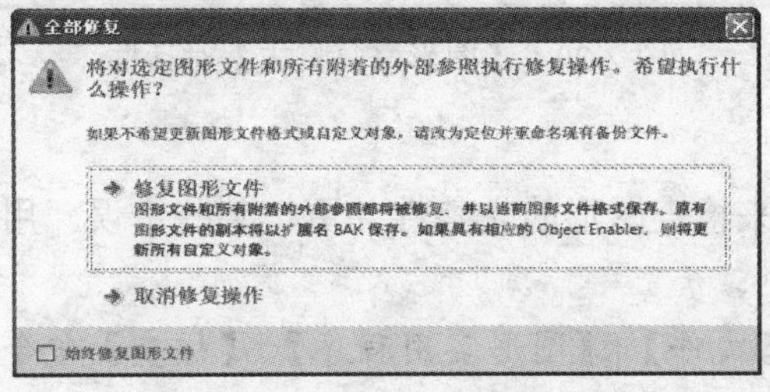

图 2-18 “全部修复”对话框

单击【修复原形文件】按钮，弹出【选择文件】对话框，如图 2-19 所示。通过该对话框选择要修复的图形文件。随后 AutoCAD 程序开始自动修复选择的图形文件，并弹出【图形修复日志】对话框，【图形修复日志】对话框中显示修复结果，如图 2-20 所示。单击【关闭】按钮，程序将修复完成的结果自动保存到原始文件中。

提示

已检查的每个图形文件均包括一个可以展开或收拢的图形修复日志。整个日志可以复制到 Windows 其他应用程序的剪贴板中。

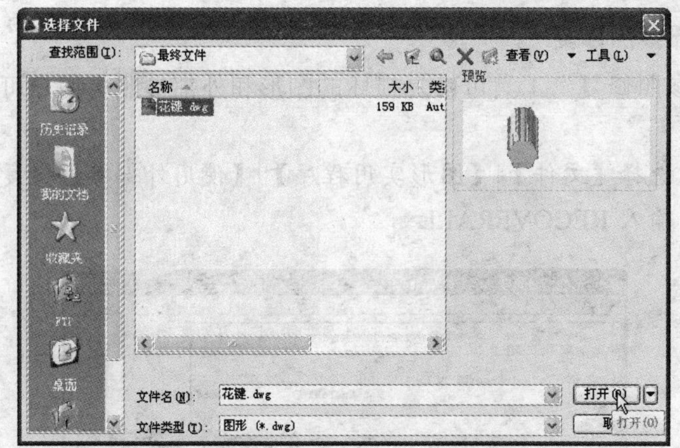

图 2-19　选择修复文件

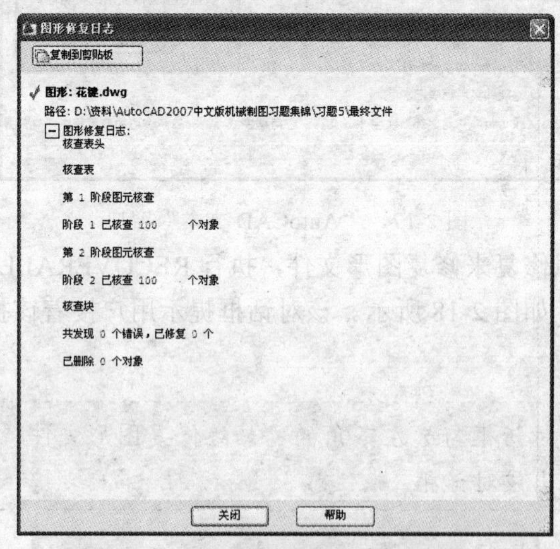

图 2-20　【图形修复日志】对话框

3. 核查

“核查”工具可用来检查图形的完整性并更正某些错误。用户可通过以下命令方式来执行此操作：

◆ 菜单栏：选择【文件】|【图形实用程序】|【核查】命令

◆ 命令行：输入 AUDIT

在 AutoCAD 图形窗口中打开一个图形，执行 AUDIT 命令，命令行显示如下操作提示：

```
是否更正检测到的任何错误？[是(Y)/否(N)] <N>:
```

若图形没有任何错误，命令行窗口显示如下核查报告：

```
核查表头
核查表
第 1 阶段图元核查
阶段 1 已核查 100        个对象
第 2 阶段图元核查
阶段 2 已核查 100        个对象
```

```
核查块
 已核查 1        个块
共发现 0 个错误，已修复 0 个
已删除 0 个对象
```

提示

如果将 AUDITCTL 系统变量设置为 1，执行 AUDIT 命令将创建 ASCII 文件，用于说明问题及采取的措施，并将此报告放置在当前图形所在的相同目录中，文件扩展名为*.adt*。

2.3.2 创建和恢复备份文件

备份文件有助于确保图形数据的安全。当 AutoCAD 程序出现问题时，用户可以恢复图形备份文件，避免不必要的损失。

1. 创建备份文件

在“选项”对话框的“打开和保存”选项卡中，可以指定在保存图形时创建备份文件，如图 2-21 所示。执行此操作后，每次保存图形时，图形的早期版本将保存为具有相同名称并带有扩展名*.bak* 的文件。该备份文件与图形文件位于同一个文件夹中。

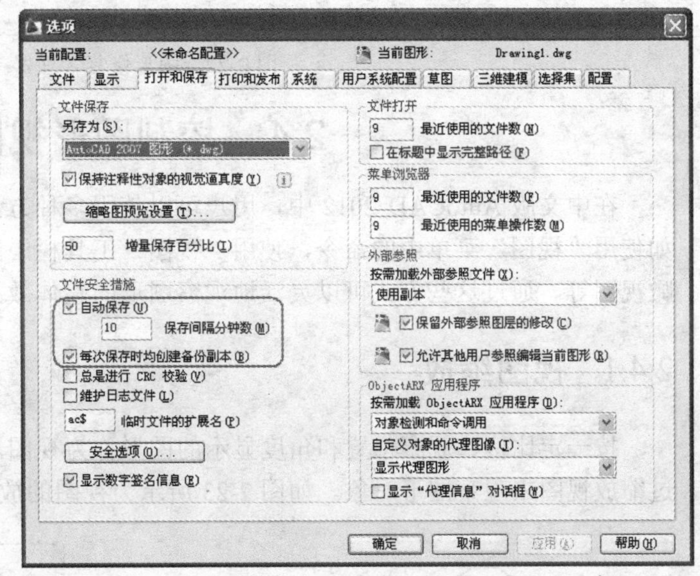

图 2-21　设置备份文件的保存选项

2. 从备份文件恢复图形

(1) 在备份文件保存路径中，找到由*.bak* 文件扩展名标识的备份文件。

(2) 将该文件重命名。输入新名称，文件扩展名为*.dwg*。

(3) 在 AutoCAD 中通过“打开”命令，将备份图形文件打开。

2.3.3 图形修复管理器

程序或系统出现故障后，用户可通过图形修复管理器来打开图形文件。用户可通过以下命令方式来打开图形修复管理器：

- ◆ 菜单栏：选择【文件】|【图形实用程序】|【图形修复管理器】命令
- ◆ 命令行：输入 DRAWINGRECOVERY

执行 DRAWINGRECOVERY 命令打开的图形修复管理器，如图 2-22 所示。图形修复管理器将显示所有打开的图形文件列表，列表中的文件类型包括有图形文件（DWG）、图形样板文件（DWT）和图形标准文件（DWS）。

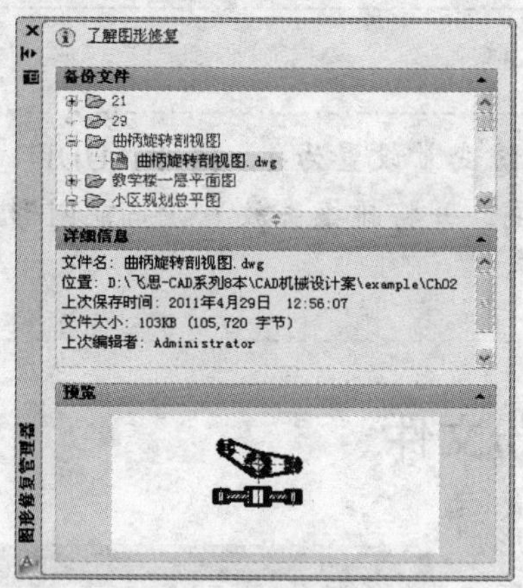

图 2-22 图形修复管理器

2.4 控制图形视图

在中文版 AutoCAD 2012 中，用户可以使用多种方法观察绘图窗口中绘制的图形，如使用“视图”菜单中的命令，使用“视图”工具栏中的工具按钮，以及使用视口和鸟瞰视图等。通过这些方式可以灵活地观察图形的整体效果或局部细节。

2.4.1 视图缩放

按一定比例、观察位置和角度显示的图形称为视图。在 AutoCAD 中，用户可以通过缩放视图来观察图形对象。如图 2-23 所示为视图的放大。

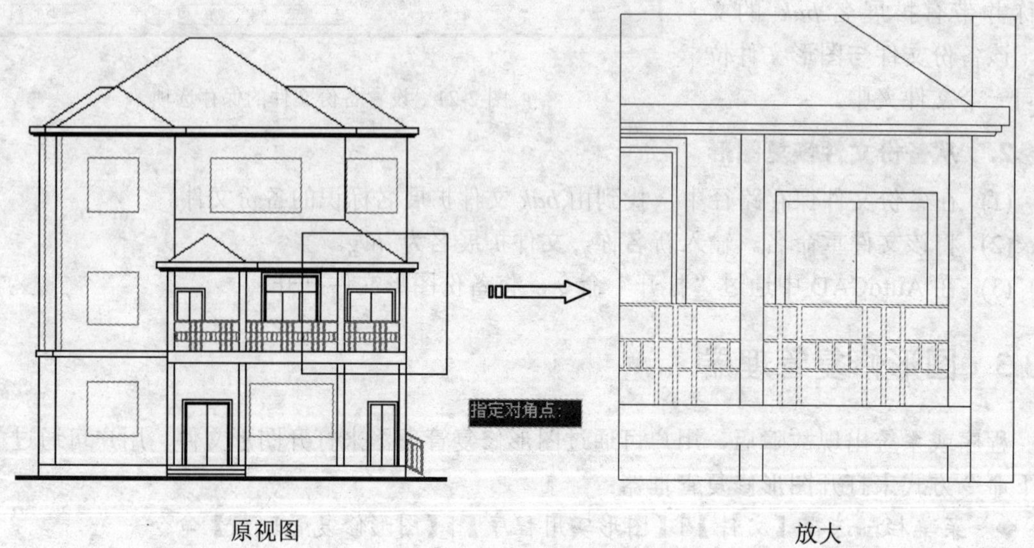

图 2-23 视图的放大

缩放视图可以增加或减少图形对象的屏幕显示尺寸，但对象的真实尺寸保持不变。用户可通过改变显示区域和图形对象的大小更准确、更详细地绘图。以下命令方式用来执行此操作：

- 菜单栏：选择【视图】|【缩放】|【实时】命令或子菜单上其他命令
- 右键菜单：在绘图区域选择右键菜单“缩放”命令
- 命令行：输入 ZOOM

菜单栏中的缩放菜单命令如图 2-24 所示。

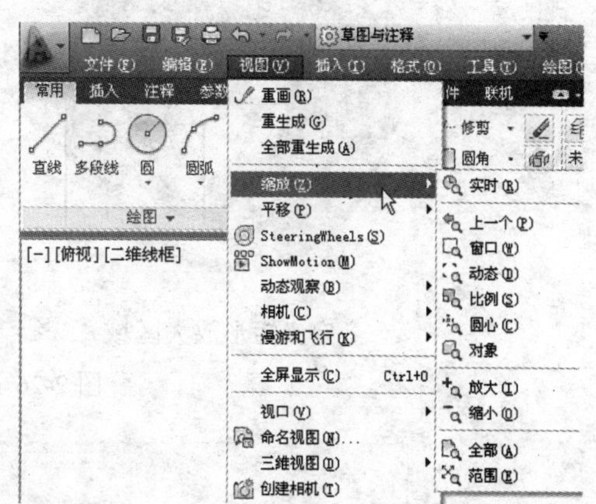

图 2-24 缩放菜单命令

1. 实时

“实时”是利用定点设备，在逻辑范围内向上或向下动态缩放视图。进行视图缩放时，光标将变为带有加号（+）和减号（−）的放大镜，如图 2–25 所示。

提示

达到放大极限时，光标上的加号将消失，表示将无法继续放大；达到缩小极限时，光标上的减号将消失，表示将无法继续缩小。

2. 上一步

“上一步”是缩放显示上一个视图。最多可恢复此前的 10 个视图。

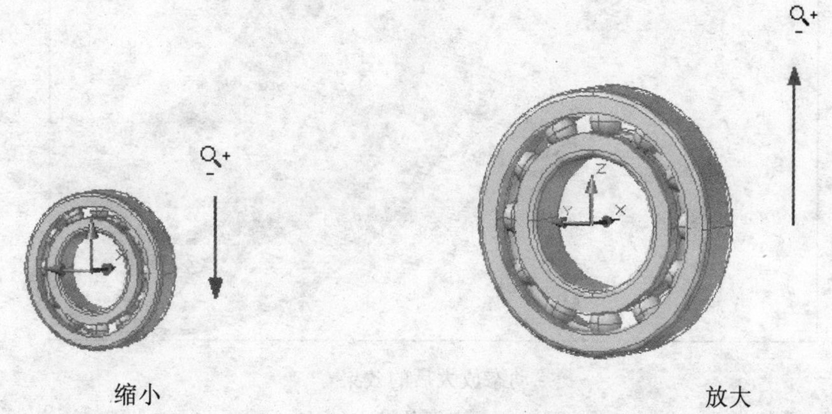

图 2-25 视图的实时缩放

3. 窗口

“窗口”是缩放显示由两个角点定义的矩形窗口框定的区域。如图 2-26 所示。

4. 动态

“动态”是缩放显示在视图框中的部分图形。视图框表示视口，可以改变它的大小，或在图形中移动。移动视图框或调整它的大小，将其中的图像平移或缩放，以充满整个视口，如图 2-27 所示。

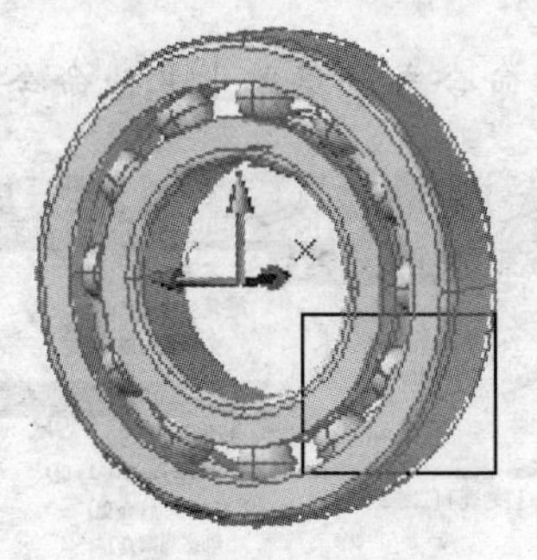

定义矩形放大区域

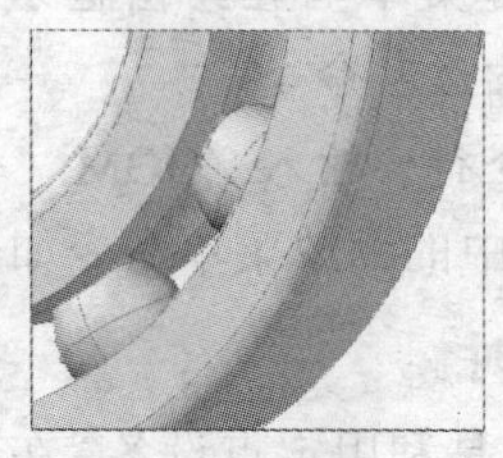

放大效果

图 2-26　视图的窗口缩放

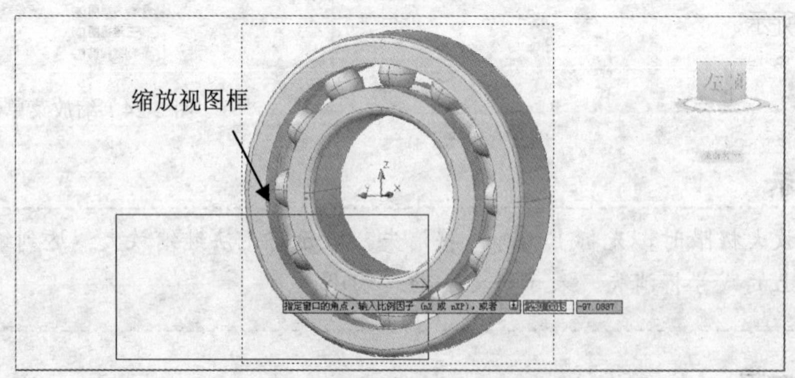

设定视图框的大小及位置

动态放大后的效果

图 2-27　视图的动态缩放

提示

使用“动态”缩放视图应先显示平移视图框。将其拖动到所需位置并单击，继而显示缩放视图框。调整其大小单击 Enter 键进行缩放或单击以返回平移视图。

5. 比例

“比例”是以指定的比例因子缩放显示。

6. 圆心

“圆心”是缩放显示由圆心和放大比例（或高度）所定义的窗口。高度值较小时增加放大比例。高度值较大时减小放大比例，如图 2-28 所示。

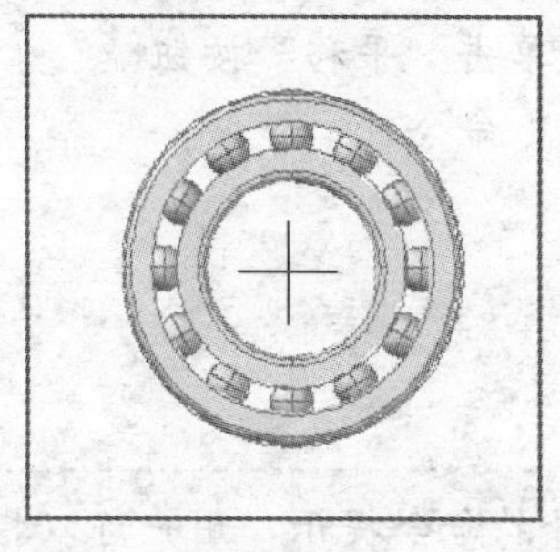

指定中心点

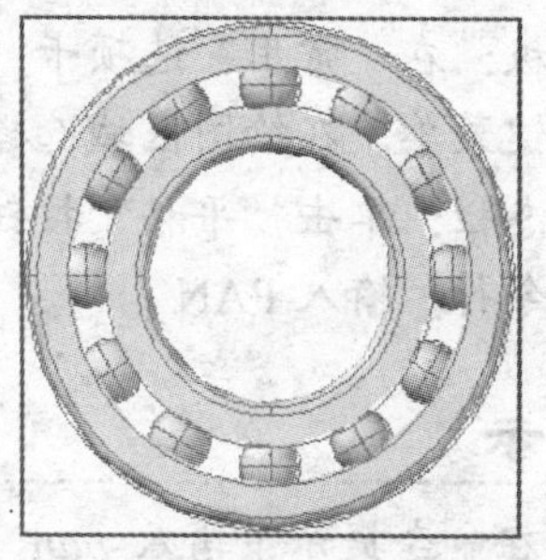

比例放大效果

图 2-28　视图的圆心缩放

7. 对象

“对象”是缩放以便尽可能大地显示一个或多个选定的对象，并使其位于绘图区域的中心。

8. 放大

“放大”指在图形中选择一定点，并输入比例值来放大视图。

9. 缩小

“缩小”是指在图形中选择一定点，并输入比例值来缩小视图。

10. 全部

“全部”是在当前视口中缩放显示整个图形。在平面视图中，所有图形将被缩放到栅格界限和当前范围两者中较大的区域中。在三维视图中，“全部”选项与“范围”选项等效。即使图形超出了栅格界限也能显示所有对象，如图 2-29 所示。

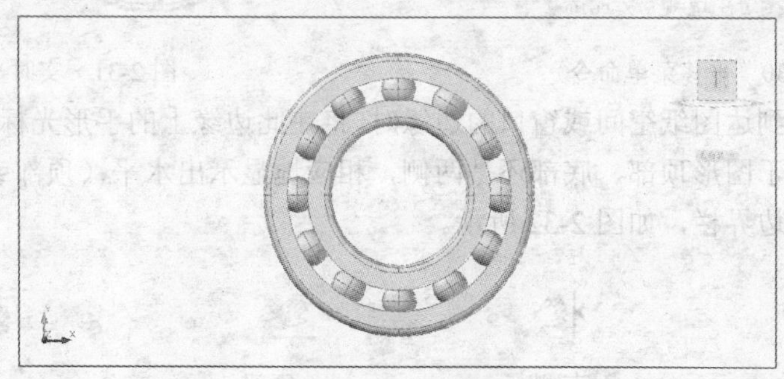

图 2-29　全部缩放视图

11. 范围

“范围”是指缩放以显示图形范围，并尽最大可能显示所有对象。

2.4.2 平移视图

使用平移视图命令可以重新定位图形，以便看清图形的其他部分。此时不会改变图形中对象的位置或比例，只改变视图。

用户可通过以下命令方式进行平移视图操作：

- ◆ 菜单栏：选择“视图”→“平移”→“实时”命令或子菜单上其他命令
- ◆ 面板：在“常用”选项卡“实用程序”面板单击“平移”按钮
- ◆ 右键菜单；在绘图区域选择右键菜单“平移”命令
- ◆ 状态栏：单击“平移”按钮
- ◆ 命令行；输入 PAN

提示

如果在命令提示下输入*-pan*，PAN 将显示另外的命令提示，用户可以指定要平移图形显示的位移。

在菜单栏中的平移菜单命令如图 2-30 所示。

1. 实时

“实时”是利用定点设备，在逻辑范围内上、下、左、右平移视图。进行视图平移时，光标形状变为手形，按住鼠标拾取键，视图将随着光标向同一方向移动，如图 2-31 所示。

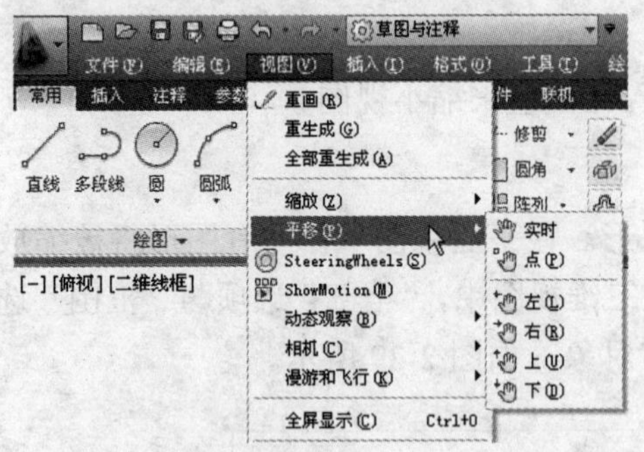

图 2-30 平移菜单命令

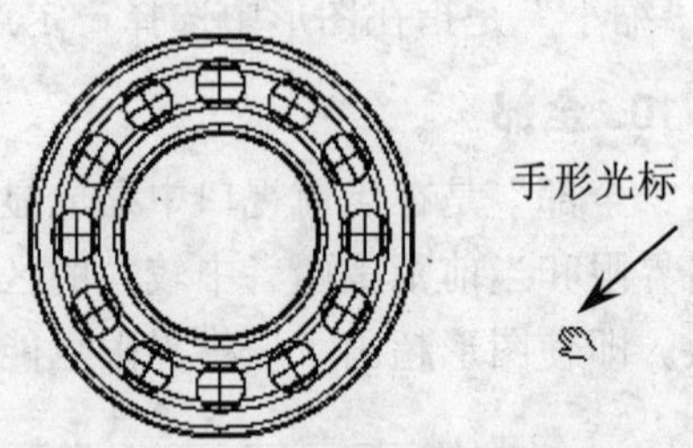

图 2-31 实时平移视图

当平移视图到达图纸空间或窗口的边缘时，将在此边缘上的手形光标上显示边界栏。程序根据边缘处于图形顶部、底部还是两侧，相应地显示出水平（顶部或底部）或垂直（左侧或右侧）边界栏，如图 2-32 所示。

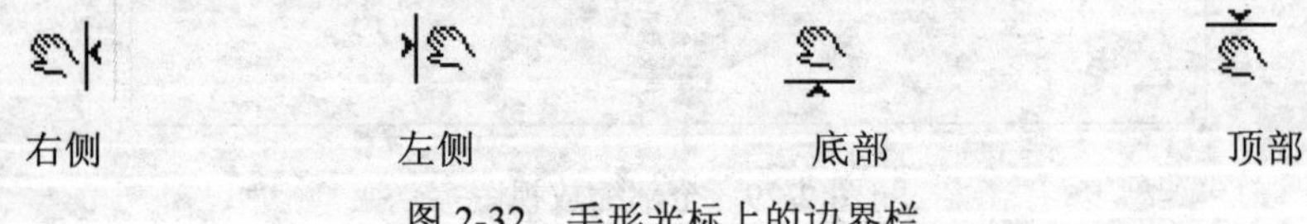

图 2-32 手形光标上的边界栏

2. 定点

“定点”是指定视图的基点位移距离来平移视图。执行此操作的命令行提示如下：

命令：'_-pan 指定基点或位移：指定第二点：　　　　　　　　　　//指定基点（位移起点）
命令：'_-pan 指定基点或位移：指定第二点；　　　　　　　　　　//指定位移的终点

使用“定点”方式来平移视图的示意图如图 2-33 所示。

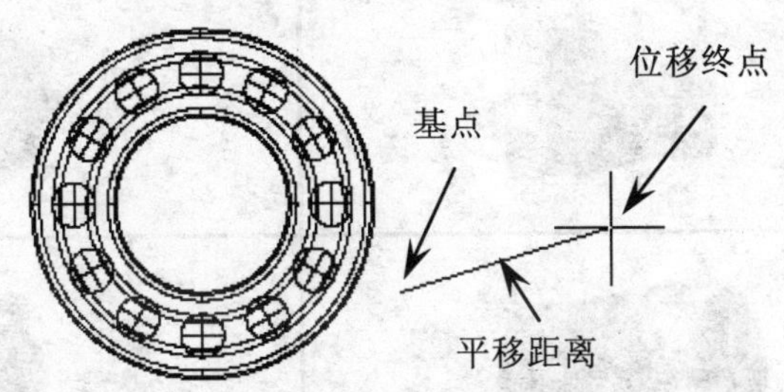

图 2-33　“定点”平移视图

2.4.3　重画与重生成

“重画”功能就是刷新显示所有视口。当控制点标记打开时，可使用“重画”功能将所有视口中编辑命令留下的点标记删除，如图 2-34 所示。

“重生成”功能可在当前视口中重生成整个图形并重新计算所有对象的屏幕坐标。还重新创建图形数据库索引，从而优化显示和对象选择的性能。

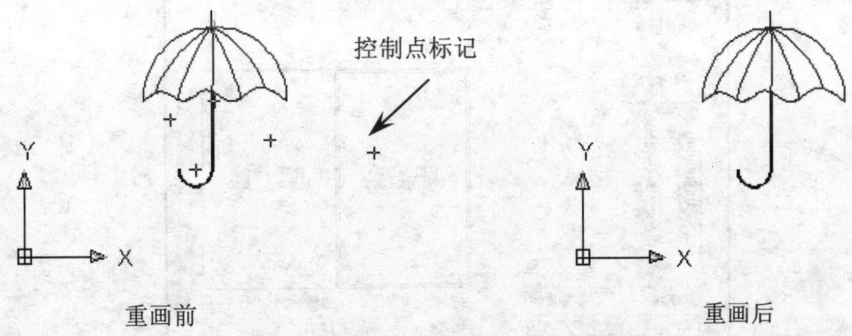

图 2-34　应用“重画”功能消除标记

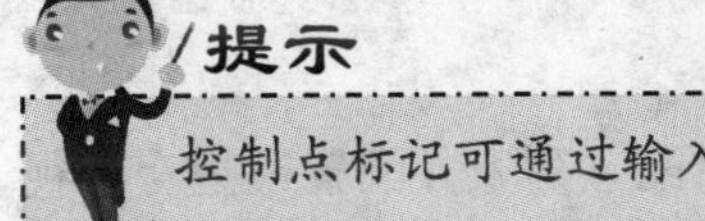

控制点标记可通过输入命令行 BLIPMODE 命令来打开，ON 为“开”，OFF 为“关”。

2.4.4　显示多个视口

有时为了编辑图形的需要，常将模型视图窗口划分为若干个独立的小区域，这些小的区域则称为模型空间视口。视口是显示用户模型的不同视图的区域，用户可以创建一个或多个视口，也可以新建或重命名视口，还可以合并或拆分视口。如图 2-35 所示为创建四个视口的效果图。

1.　新建视口

要创建新的视口，可通过【视口】对话框的【新建视口】选项卡（如图 2-36 所示）来配置模型空间并保存设置。

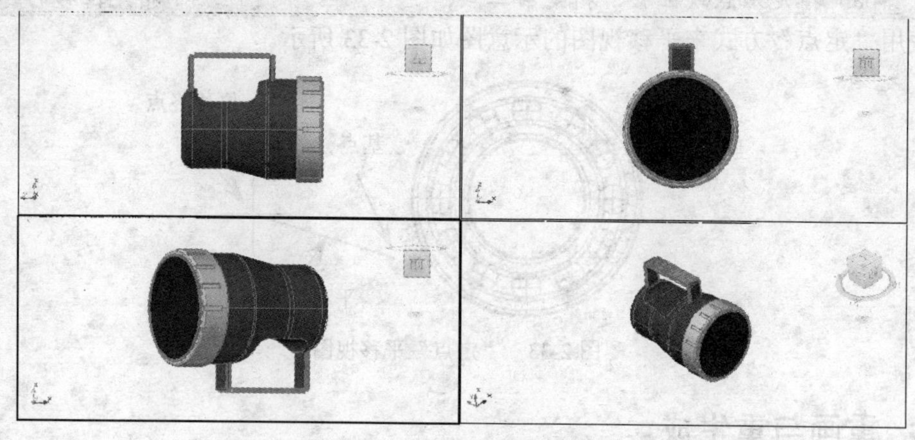

图 2-35　四个模型空间视口

用户可通过以下命令执行方式打开该对话框：

◆ 菜单栏：选择【视图】|【视口】|【新建视口】命令
◆ 命令行：输入 VPORTS

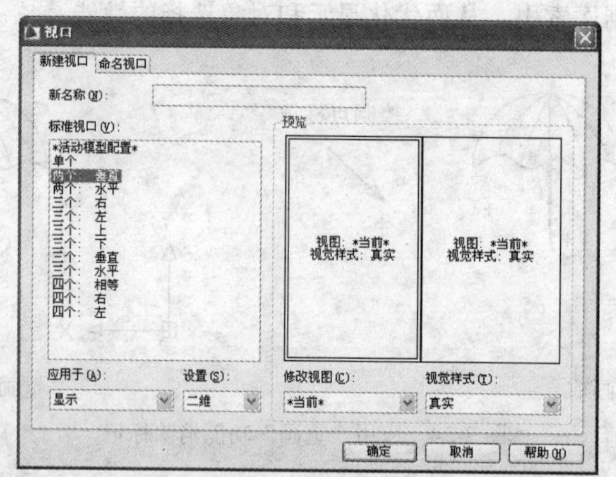

图 2-36　【新建视口】选项卡

在【视口】对话框中，【新建视口】选项卡显示标准视口配置列表并配置模型空间视口，【命名视口】选项卡则显示图形中任意已保存的视口配置。

【新建视口】选项卡下各选项含义如下：

◆ 新名称：为新建的模型空间视口配置指定名称。如果不输入名称，则新建的视口配置只能应用而不被保存。
◆ 标准视口：列出并设定标准视口配置，包括当前配置。
◆ 预览：显示选定视口配置的预览图像，以及在配置中被分配到每个单独视口的默认视图。
◆ 应用于：将模型空间视口配置应用到“显示”窗口或“当前视口”。“显示”是将视口配置应用到整个显示窗口，此选项是默认设置。“当前视口”是仅将视口配置应用到当前视口。

◆ 设置：指定二维或三维设置。若选择“二维”选项，新的视口配置将最初通过所有视口中的当前视图来创建。若选择“三维”选项，一组标准正交三维视图将被应用到配置中的视口。

◆ 修改视图：使用从“标准视口”列表中选择的视图替换选定视口中的视图。

◆ 视觉样式：将视觉样式应用到视口。“视觉样式”下拉列表框中包括有“当前”、“二维线框”、“三维隐藏”、“三维线框”、“概念”和“真实”等视觉样式。

◆ 预览：“预览”选项卡显示选定视口配置的预览图像，以及在配置中被分配到每个单独视口的默认视图。

2. 命名视口

“命名视口”设置通过“视口”对话框的【命名视口】选项卡完成。【命名视口】选项卡的功能是显示图形中任意已保存的视口配置，如图 2-37 所示.。

3. 拆分或合并视口

视口拆分就是将单个视口拆分为多个视口，或者在多视口的一个视口中进行再拆分。若在单个视口中拆分视口，直接在菜单栏中选择“视图”→“视口”→“两个”命令，即可将单视口拆分为 2 个视口。

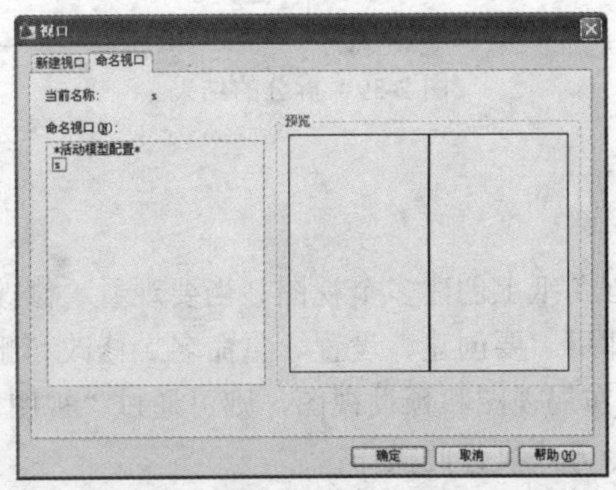

图 2-37 【命名视口】选项卡

例如，将图形窗口的两个视口中的一个视口再次拆分，操作步骤如下：

（1）在图形窗口中选择要拆分的视口，如图 2-38 所示。

（2）在菜单栏中选择“视图”→“视口”→“两个”命令，程序自动将选择的视口拆分为两个小视口，效果如图 2-39 所示。

合并视口是将多个视口合并为一个视口的操作。

用户可通过以下命令方式来执行此操作：

◆ 菜单栏：选择【视图】|【视口】|【合并】命令

◆ 命令行：输入 VPORTS

合并视口操作需要先选择一个主视图，然后选择要合并的其他视图。执行命令后，选择的其他视图将合并到主视图中。

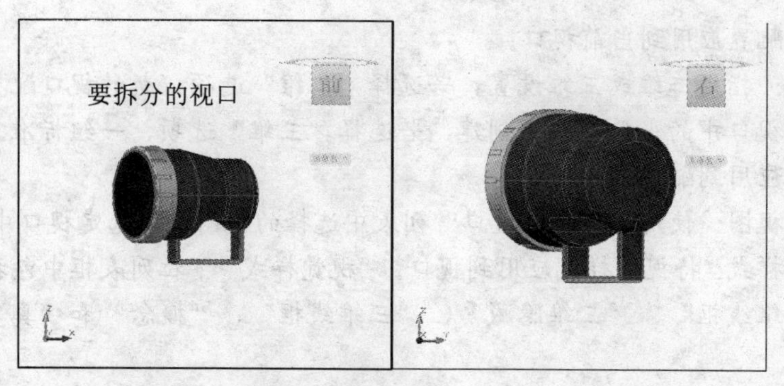

图 2-38　选择要拆分的视口

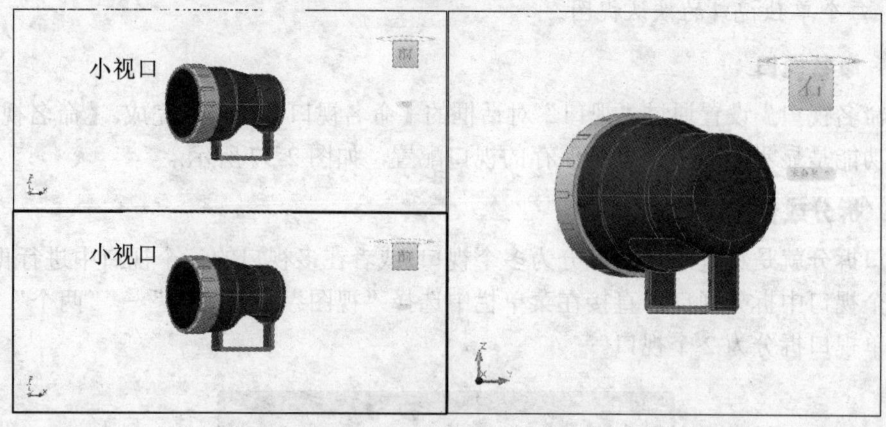

图 2-39　拆分的结果

2.4.5　命名视图

用户可以在一张工程图纸上创建多个视图。当要观看、修改图样上的某一部分视图时，将该视图恢复出来即可。要创建、设置、重命名、修改和删除命名视图（包括模型命名视图）、相机视图、布局视图和预设视图，则可通过“视图管理器”对话框来设置。

用户可通过以下命令方式执行此操作：

◆　菜单栏：选择【视图】|【命名视图】命令

◆　命令行：输入 VIEW

执行 VIEW 命令，程序将弹出“视图管理器”对话框，如图 2-40 所示。在此对话框中可设置模型视图、布局视图和预设视图。

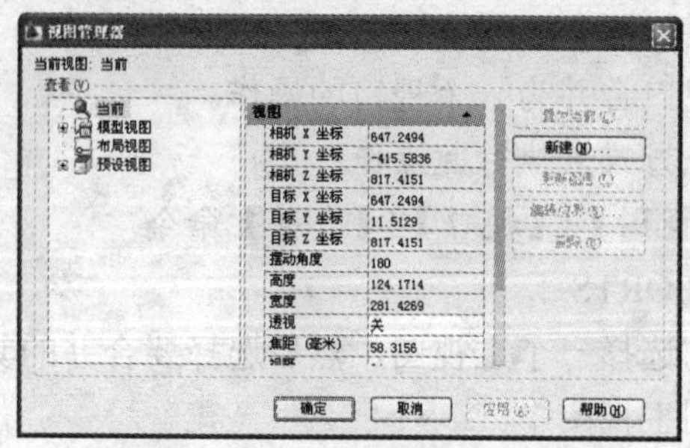

图 2-40　【视图管理器】对话框

2.5 AutoCAD 2012 坐标系

用户在绘制精度要求较高的图形时，常使用用户坐标系 UCS 的二维坐标系、三维坐标系来输入坐标值，以满足设计需要。

2.5.1 了解坐标系

坐标（x，y）是表示点的最基本的方法。为了输入坐标及建立工作平面需要使用坐标系。在 AutoCAD 2012 中，坐标系由世界坐标系（简称 WCS）和用户坐标系（简称 UCS）构成。

1. 世界坐标系（WCS） 世界坐标系是一个固定的坐标系，也是一个绝对坐标系。通常在二维视图中，WCS 的 X 轴水平，Y 轴垂直。WCS 的原点为 X 轴和 Y 轴的交点（0，0）。图形文件中的所有对象均由 WCS 坐标来定义。

2. 用户坐标系（UCS）

用户坐标系是可移动的坐标系，也是一个相对坐标系。一般情形下，所有坐标输入以及其他许多工具和操作，均参照当前的 UCS。使用可移动的用户坐标系 UCS 创建和编辑对象通常更方便。

在默认情况下，UCS 和 WCS 是重合的。如图 2-41 所示为用户坐标系在绘图操作中的定义。

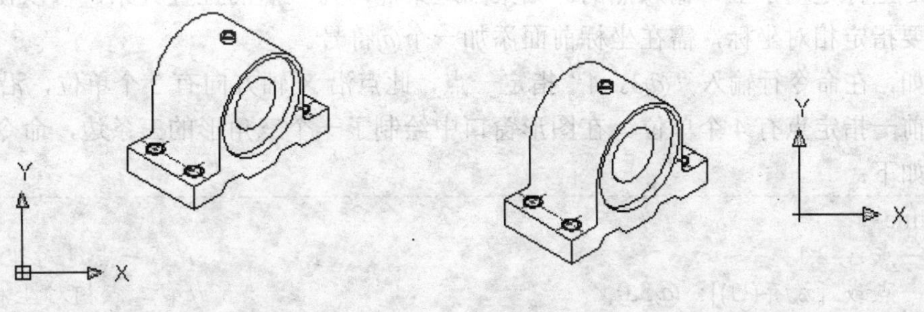

设置前 WCS 与 UCS 重合　　　　设置后的 UCS

图 2-41　设置 UCS

2.5.2 笛卡儿坐标系

笛卡儿坐标系有三个轴，即 X、Y 和 Z 轴。输入坐标值时，需要指示沿 X、Y 和 Z 轴相对于坐标系原点（0，0，0）点的距离（以单位表示）及其方向（正或负）。在二维中，在 XY 平面（也称为工作平面）上指定点。工作平面类似于平铺的网格纸。笛卡儿坐标的 X 值指定水平距离，Y 值指定垂直距离。原点（0，0）表示两轴相交的位置。

在二维中输入笛卡儿坐标，在命令行输入以逗号分隔的 X 值和 Y 值即可。笛卡儿坐标输入分为绝对坐标输入和相对坐标输入。

1. 绝对坐标输入

当已知要输入点的精确坐标的 X 和 Y 值时，最好使用绝对坐标。若在浮动工具条上（动态输入）输入坐标值，坐标值前面可选择添加“＃”号（不添加也可），如图 2-42 所示。

若在命令行输入坐标值，则无需添加“＃”号，例如在命令行操作提示如下：

```
命令：line
指定第一点：30,60↙                              //输入直线第一点坐标
指定下一点或 [放弃(U)]：150,300↙                //输入直线第二点坐标
指定下一点或 [放弃(U)]：*取消*                  //输入 U 或单击 Enter 键或单击 Esc
键
```

绘制的直线如图 2-43 所示。

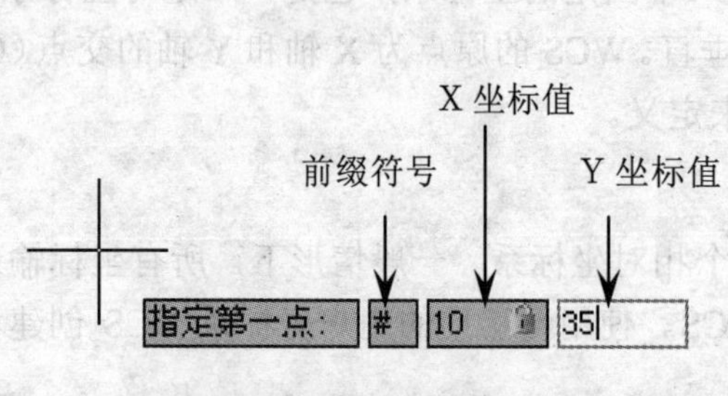

图 2-42　动态输入时添加前缀

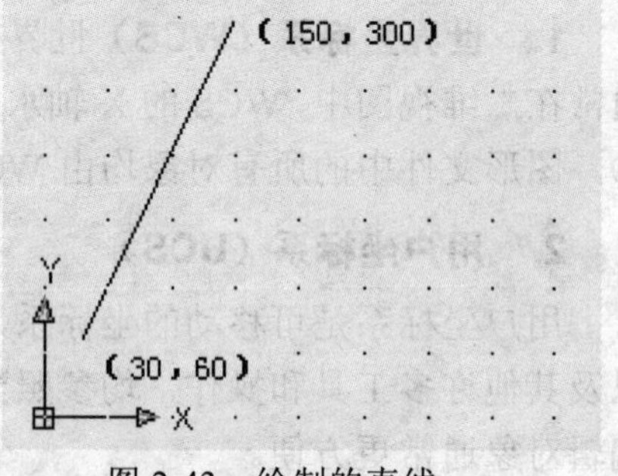

图 2-43　绘制的直线

2.　相对坐标输入

相对坐标是基于上一输入点的。如果知道某点与前一点的位置关系，可以使用相对坐标。要指定相对坐标，需在坐标前面添加一个@符号。

例如，在命令行输入“@3，4”指定一点，此点沿 X 轴方向有 3 个单位，沿 Y 轴方向距离前一指定点有 4 个单位。在图形窗口中绘制了一个三角形的三条边，命令行的操作提示如下：

```
命令：line
指定第一点：-2,1↙                                         //第一点绝对坐标
指定下一点或 [放弃(U)]：@5,0↙                             //第二点相对坐标
指定下一点或 [放弃(U)]：@0,3↙                             //第三点相对坐标
指定下一点或 [闭合(C)/放弃(U)]：@-5,-3↙                   //第四点相对坐标
指定下一点或 [闭合(C)/放弃(U)]：c ↙                       //闭合直线
```

绘制的三角形如图 2-44 所示。

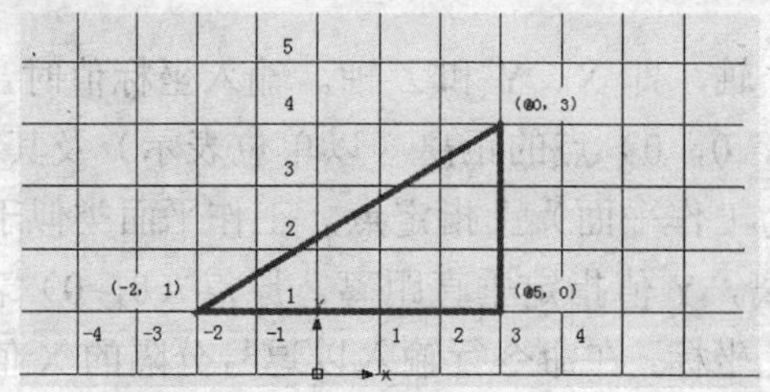

图 2-44　绘制的三角形

2.5.3 极坐标系

在平面内由极点、极轴和极径组成的坐标系称为极坐标系。在平面上取定一点 O，称为极点。从 O 出发引一条射线 OX，称为极轴。再取定一个长度单位，通常规定角度取逆时针方向为正。这样，平面上任一点 P 的位置就可以用线段 OP 的长度 ρ 以及从 OX 到 OP 的角度 θ 来确定，有序数对（ρ，θ）就称为 P 点的极坐标，记为 P（ρ，θ）；ρ 称为 P 点的极径，θ 称为 P 点的极角，如图 2-45 所示。

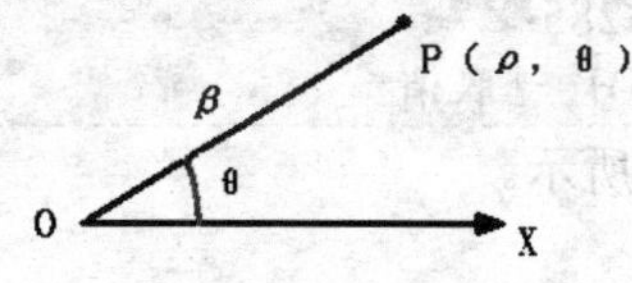

图 2-45　极坐标的定义

在 AutoCAD 中要表达极坐标，需在命令行输入角括号（＜＝分隔的距离和角度）。默认情况下，角度按逆时针方向增大，按顺时针方向减小。要指定顺时针方向，为角度输入负值。例如，输入 1<315º 和 1<-45º 都代表相同的点。极坐标的输入包括绝对极坐标输入和相对极坐标输入。

1. 绝对极坐标输入

当知道点的准确距离和角度坐标时，一般情况下是使用绝对极坐标。绝对极坐标从 UCS 原点（0，0）开始测量，此原点是 X 轴和 Y 轴的交点。

使用动态输入，可以使用“#”前缀指定绝对坐标。如果在命令行而不是工具提示中输入（动态输入）坐标，则不使用“#”前缀。例如，输入#3<45 指定一点，此点距离原点有 3 个单位，并且与 X 轴成 45º 角。命令行操作提示以下：

```
命令：line
指定第一点：0,0                                          //指定直线起点
指定下一点或 [放弃(U)]：4<120                             //指定第二点
指定下一点或 [放弃(U)]：5<30                              //指定第三点
指定下一点或 [闭合(C)/放弃(U)]：*取消*                    //按 Esc 键或 Enter 键
```

绘制的线段如图 2-46 所示。

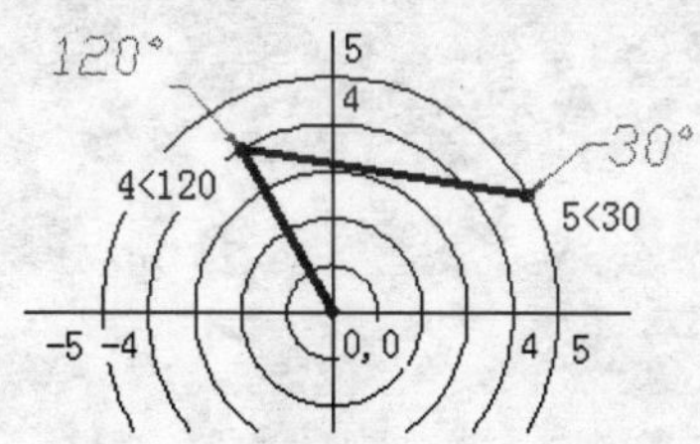

图 2-46　以绝对极坐标方式绘制线段

2. 相对极坐标输入

相对极坐标是基于上一输入点而确定的。如果知道某点与前一点的位置关系，可使用相对极坐标输入。

要输入相对极坐标，需在坐标前面添加一个“@”符号。例如，输入@1<45 来指定一点，此点距离前一指定点有 1 个单位，并且与 X 轴成 45º 角。

例如，使用相对极坐标绘制两条线段，线段都是从前一点的位置开始。在命令行输入以下提示命令：

```
命令：line
指定第一点：-2，3                                    //指定直线起点
指定下一点或 [放弃(U)]：2，4                          //指定第二点
指定下一点或 [放弃(U)]：@3<45                         //指定第三点
指定下一点或 [放弃(U)]：@5<285                        //指定第四点
指定下一点或 [闭合(C)/放弃(U)]：*取消*                //按 Esc 键或 Enter 键
```

绘制的两条线段如图 2-47 所示。

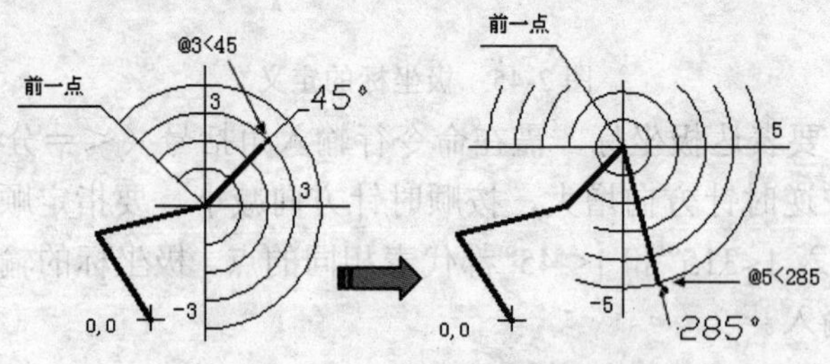

图 2-47　以相对极坐标方式绘制线段

第3章 绘制二维平面图形

本章内容导读：

本章介绍用 AutoCAD 2012 绘制二维平面图形，系统地分类介绍各种点、线的绘制和编辑。比如点样式的设置，点的绘制和等分点的绘制，绘制直线、射线、构造线的方法，矩形与正多边形的绘制，圆、圆弧、椭圆和椭圆弧的绘制，多线的绘制和编辑，如何修改多线的样式，多线段的绘制与编辑，样条曲线和修订云线的绘制。

本章学习要点：

- 点对象
- 直线、射线和构造线
- 矩形和正多边形
- 圆、圆弧、椭圆和椭圆弧
- 多线绘制与编辑
- 多线段
- 样条曲线

3.1 点对象

3.1.1 设置点样式

AutoCAD 2012 为用户提供了多种点的样式，用户可以根据需要进行设置当前点的显示样式。执行菜单【格式】|【点样式】命令，或在命令行输入 Ddptype 并按 Enter 键，打开【点样式】对话框，如图 3-1 所示。

【点样式】对话框中的各项参数解释如下：

- 【点大小】：在该文本框内，可输入点的大小尺寸
- 【相对于屏幕设置尺寸】：此选项表示按照屏幕尺寸的百分比显示点
- 【用绝对单位设置尺寸】：此选项表示按照点的实际尺寸显示点

在对话框中罗列了 20 种点样式，只需在所需样式上单击左键，即可将此样式设置为当前样式。在此设置“⊠”为当前点样式。

单击 确定 按钮，则绘图区的点被更新为如图 3-2 所示的效果。

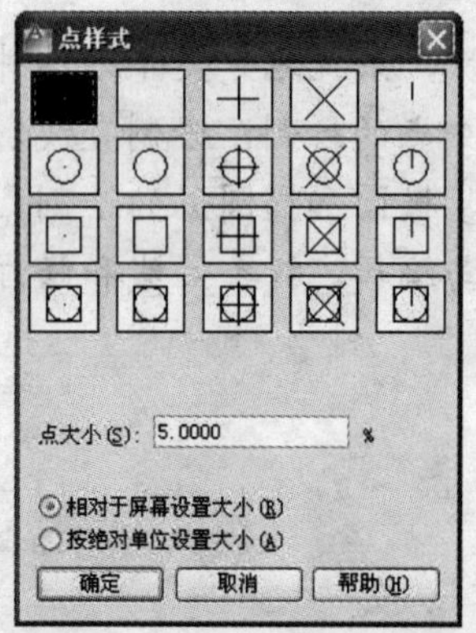

图 3-1 【点样式】对话框

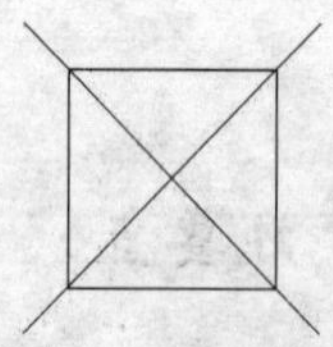

图 3-2 操作结果

提示

默认设置下，点图形是以一个小点显示。

3.1.2 绘制单点和多点

1. 绘制单点

【单点】命令一次可以绘制一个点对象。当绘制完单个点后，系统自动结束此命令，所绘制的点以一个小点的方式显示，如图 3-3 所示。

执行【单点】命令主要有以下几种方式：

- 执行【绘图】|【点】|【单点】命令

◆ 在命令行输入 Point 按 Enter 键
◆ 使用命令简写 PO 按 Enter 键

2. 绘制多点

【多点】命令可以连续地绘制多个点对象，至按下 Esc 键结束命令为止，如图 3-4 所示。

图 3-3 单点示例

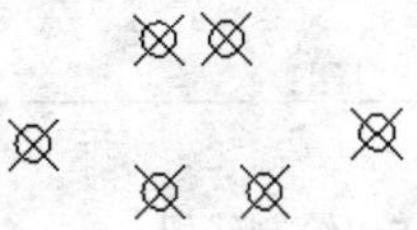

图 3-4 绘制多点

执行【多点】命令主要有以下几种方式：

◆ 单击【绘图】菜单中的【点】|【多点】命令
◆ 单击【绘图】工具栏上的 按钮

执行【多点】命令后 AutoCAD 系统提示如下：

```
命令：Point
        当前点模式：  PDMODE=0   PDSIZE=0.0000 （Current point modes: PDMODE=0  PDSIZE=0.0000）
指定点：                    //在绘图区给定点的位置
指定点：                    //在绘图区给定点的位置
指定点：                    //在绘图区给定点的位置
…
指定点：                    //继续绘制点或按“Esc”键结束命
```

3.1.3 绘制定数等分点

【定数等分】命令用于按照指定的等分数目等分对象。对象被等分的结果仅仅是在等分点处放置了点的标记符号（或者是内部图块），而源对象并没有被等分为多个对象。

执行【定数等分】命令主要有以下几种方式：

◆ 单击【绘图】菜单中的【点】/【定数等分】命令
◆ 在命令行中输入 Divide 按 Enter 键
◆ 使用命令简写 DVI 按 Enter 键

下面通过将某水平直线段等分五份，学习【定数等分】命令的使用方法和操作技巧。具体操作如下：

[1] 首先绘制一条长度 200 的水平线段，如图 3-5 所示。
[2] 执行【格式】|【点样式】命令，打开【点样式】对话框，将当前点样式设置为“⊕”。
[3] 执行【绘图】|【点】|【定数等分】命令，然后根据 AutoCAD 命令行提示进行定数等分线段，命令行操作如下：

```
命令：_divide
选择要定数等分的对象：              //选择需要等分的线段
```

```
输入线段数目或[块（B）]: ↙
需要 2 和 32767 之间的整数，或选项关键字。
输入线段数目或[块（B）]: 5↙                       //输入需要等分的份数
```

[4] 等分结果如图 3-6 所示。

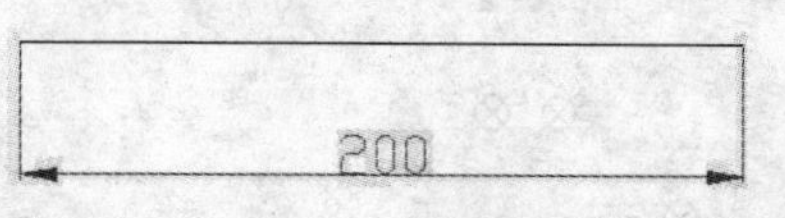

图 3-5　绘制线段

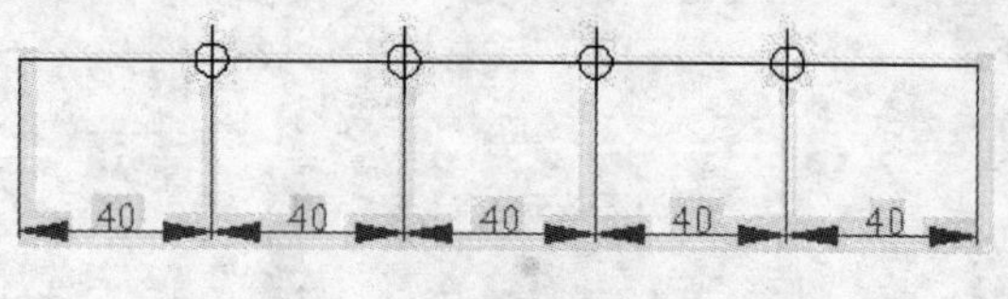

图 3-6　等分结果

提示

【块（B）】选项用于在对象等分点处放置内部图块，以代替点标记。在执行此选项时，必须确保当前文件中存在所需使用的内部图块。

3.1.4 绘制定距等分点

【定距等分】命令是按照指定的等分距离等分对象。对象被等分的结果仅仅是在等分点处放置了点的标记符号（或者是内部图块），而源对象并没有被等分为多个对象。

执行【定距等分】命令主要有以下几种方式：

- ◆ 单击菜单【绘图】|【点】|【定距等分】命令
- ◆ 在命令行输入 Measure 按“Enter”键
- ◆ 使用命令简写 ME 按“Enter”键

下面通过将某线段每隔 45 个单位的距离放置点标记，学习【定距等分】命令的使用方法和技巧。操作步骤如下：

[1] 首先绘制长度为 200 的水平线段。

[2] 执行【格式】|【点样式】命令，打开【点样式】对话框，设置点的显示样式为“⊕”。

[3] 执行【绘图】|【点】|【定距等分】命令，对线段进行定距等分。命令行操作如下：

```
命令: _measure
选择要定距等分的对象:                             //选择需要等分的线段
指定线段长度或[块（B）]: ↙
需要数值距离、两点或选项关键字。
指定线段长度或[块（B）]: 45                       //设置等分长度
```

[4] 定距等分的结果如图 3-7 所示。

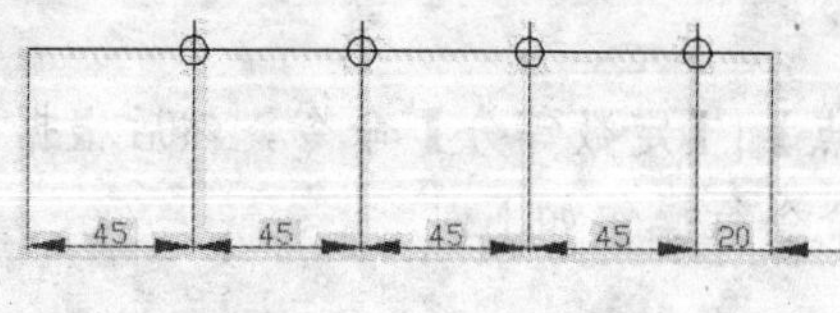

图 3-7　等分结果

3.2 直线、射线和构造线

3.2.1 绘制直线

【直线】是各种绘图中最常用、最简单的一类图形对象，只要指定了起点和终点即可绘制一条直线。

执行【直线】命令主要有以下几种方式：

- 执行【绘图】|【直线】命令
- 单击【绘图】工具栏上的按钮
- 在命令行输入 Line 按 Enter 键
- 使用命令简写 L 按 Enter 键

提示

在 AutoCAD 中，可以用二维坐标(x,y)或三维坐标(x,y,z)来指定端点，也可以混合使用二维坐标和三维坐标。如果输入二维坐标，AutoCAD 将会用当前的高度作为 Z 轴坐标值，默认值为 0。

3.2.2 绘制射线

【射线】为一端固定，另一端无限延伸的直线。

执行【直线】命令主要有以下几种方式：

- 执行【绘图】|【射线】命令
- 在命令行输入 Ray 按 Enter 键

提示

在 AutoCAD 中，射线主要用于绘制辅助线。

3.2.3 绘制构造线

【构造线】为两端可以无限延伸的直线，没有起点和终点，可以放置在三维空间的任何地方，主要用于绘制辅助线。

执行【直线】命令主要有以下几种方式：

- 执行【绘图】|【构造线】命令
- 单击【绘图】工具栏上的按钮
- 在命令行输入 Xline 按 Enter 键
- 使用命令简写 XL 按 Enter 键

3.3 矩形和正多边形

【矩形】是由四条直线元素组合而成的闭合对象。AutoCAD 将其看作是一条闭合的多段线。执行【矩形】命令主要有以下几种方式：

- ◆ 单击【绘图】菜单中的【矩形】命令
- ◆ 单击【绘图】工具栏上【矩形】按钮
- ◆ 在命令行输入“Rectang”按 Enter 键
- ◆ 使用命令简写“REC”按 Enter 键

默认设置下，绘制矩形的方式为“对角点”方式，下面通过绘制长度为 200、宽度为 100 的矩形，学习使用此种方式。操作步骤如下：

[1] 单击【绘图】工具栏上的【矩形】按钮，激活【矩形】命令。

[2] 根据命令行的提示，使用默认对角点方式绘制矩形，操作如下：

```
命令: _rectang
指定第一个角点或 [倒角(C)/标高(E)/圆角(F)/厚度(T)/宽度(W)]:        //定位一个角点
指定另一个角点或 [面积(A)/尺寸(D)/旋转(R)]: @200,100              //输入长宽参数
```

[3] 绘制结果如图 3-8 所示。

图 3-8 绘制结果

由于矩形被看做是一条多线段，当用户编辑某一条边，需要事先使用【分解】命令将其进行分解。

在 AutoCAD 中，可以使用【多边形】命令绘制边数为 3~1024 的正多边形。执行【多边形】命令主要有以下几种方式：

- ◆ 执行【绘图】|【多边形】命令
- ◆ 在【绘图】工具栏中单击【多边形】按钮
- ◆ 在命令行输入 Polygon 按 Enter 键
- ◆ 使用命令简写“POL”按 Enter 键

绘制正多边形的方式有两种，分别是根据边长绘制和根据半径绘制。

1. 根据边长绘制正多边形

工程图中，常会根据一条边的两个端点绘制多边形，这样不仅确定了正多边形的边长，也指定了正多边形的位置。其操作步骤如下：

[1] 执行【绘图】|【多边形】命令，激活【多边形】命令。

[2] 根据命令行的提示，操作如下

```
命令: _polygon 输入侧面数 <8>: ↙                    //指定正多边形的边数
指定正多边形的中心点或 [边(E)]: e ↙                  //通过一条边的两个端点绘制
指定边的第一个端点: 指定边的第二个端点: 100↙         //指定边长
```

[3] 绘制结果如图 3-9 所示。

2. 根据半径绘制正多边形

[1] 执行【绘图】|【多边形】命令，激活【多边形】命令。

[2] 根据命令行的提示，操作如下:

```
命令: _polygon 输入侧面数 <5>:↙                     //指定边数
指定正多边形的中心点或 [边(E)]:                       //在视图中单击鼠标指定中心点
输入选项 [内接于圆(I)/外切于圆(C)] <C>: I↙           //激活【内接于圆】选项
指定圆的半径: 100↙                                   //设定半径参数
```

[3] 绘制结果如图 3-10 所示。

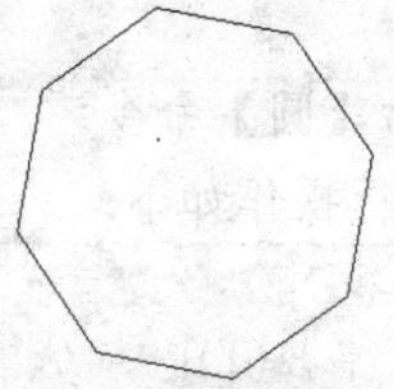

图 3-9　绘制结果

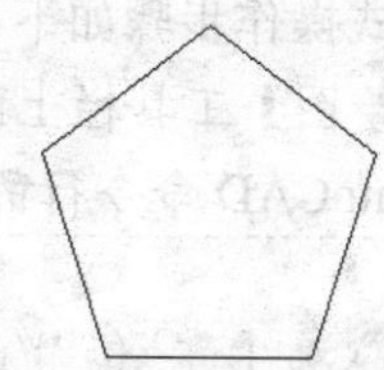

图 3-10　绘制结果

提示

也可以不输入半径尺寸，在视图中移动十字光标并点击，创建正多边形。

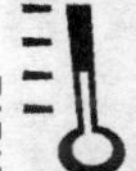

注意

选择【内接于圆】和【外切于圆】选项时，命令行提示输入的数值是不同的。

- 【内接于圆】: 命令行要求输入正多边形外圆的半径，也就是正多边形中心点至端点的距离，创建的正多边形所有的顶点都在此圆周上。
- 【外切于圆】: 命令行要求输入的是正多边形中心点至各边线中点的距离。

同样输入数值 5，创建的内接于圆正多边形小于外切于圆正多边形，如图所示。

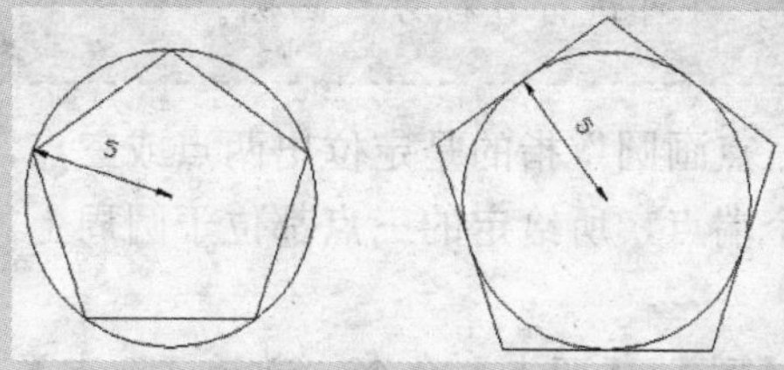

图 3-11　内接于圆与外切于圆正多边形的区别

3.4 圆、圆弧、椭圆和椭圆弧

3.4.1 绘制圆

【圆】是一种闭合的基本图形元素，AutoCAD 2012 共为用户提供了六种画圆方式，如图 3-12 所示。

执行【圆】命令主要有以下几种方式：

◆ 执行【绘图】|【圆】子菜单中的各种命令

◆ 单击【绘图】工具栏上的【圆】按钮

◆ 在命令行输入“Circle”按 Enter 键

◆ 使用命令简写“C”按 Enter 键

绘制圆主要有两种方式，分别是通过指定半径和直径画圆，以及通过两点或三点精确定位画圆。

“半径画圆”和“直径画圆”是两种基本的画圆方式，默认方式为“半径画圆”。当用户定位出圆的圆心之后，只需输入圆的半径或直径，即可精确画圆。

此种画圆方式操作步骤如下：

[1] 单击【绘图】工具栏上的【圆】按钮，激活【圆】命令。

[2] 根据 AutoCAD 命令行的提示精确画圆。命令行操作如下：

```
命令: _circle
指定圆的圆心或 [三点(3P)/两点(2P)/切点、切点、半径(T)]:    //指定圆心位置
指定圆的半径或 [直径(D)] <100.0000>:                        //设置半径值为 100
```

[3] 结果绘制了一个半径为 100 的圆图形，如图 3-13 所示。

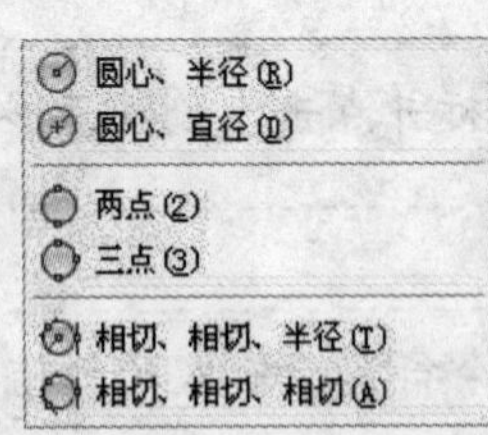

图 3-12　六种画圆方式

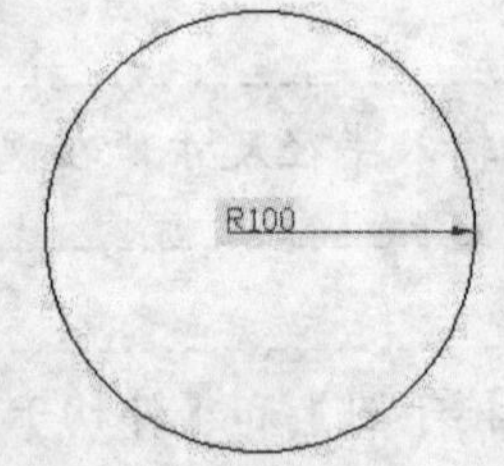

图 3-13　“半径画圆”示例

激活【直径】选项，即可进行直径方式画圆。

“两点画圆”和“三点画圆”指的是定位出两点或三点，即可精确画圆。所给定的两点被看作圆直径的两个端点，所给定的三点都位于圆周上。

其操作步骤如下：

[1] 执行【绘图】|【圆】|【两点】命令，激活【两点】画圆命令。

[2] 根据 AutoCAD 命令行的提示进行两点画圆。命令行操作如下：

```
命令: _circle
指定圆的圆心或 [三点(3P)/两点(2P)/切点、切点、半径(T)]: _2p 指定圆直径的第一个端点:
指定圆直径的第二个端点
```

[3] 绘制结果如图 3-14 所示。

提示

另外，用户也可以通过输入两点的坐标值，或使用对象的捕捉追踪功能定位两点，以精确画圆。

[1] 重复【圆】命令，然后根据 AutoCAD 命令行的提示进行三点画圆。命令行操作如下：

```
命令: _circle
指定圆的圆心或 [三点(3P)/两点(2P)/切点、切点、半径(T)]: 3p
指定圆上的第一个点:                                  //拾取点 1
指定圆上的第二个点:                                  //拾取点 2
指定圆上的第三个点:                                  //拾取点 3
```

[2] 绘制结果如图 3-15 所示。

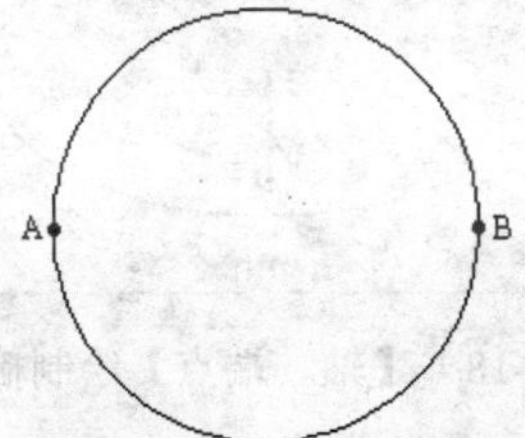

图 3-14 “两点画圆”示例

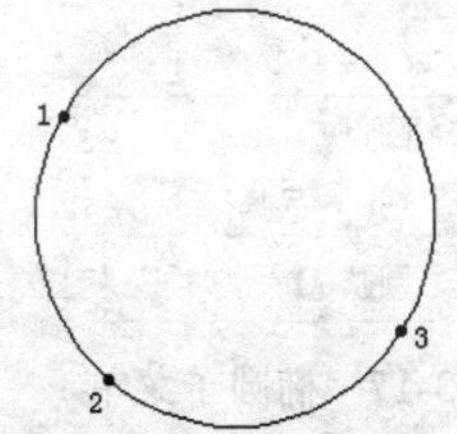

图 3-15 “三点画圆”示例

3.4.2 绘制圆弧

【圆弧】也是基本的图形元素之一，AutoCAD 为用户提供了 11 种画弧方式，如图 3-16 所示。

执行【圆弧】命令主要有以下几种方式：

- ◆ 单击【绘图】菜单中的【圆弧】级联菜单中的各选项命令
- ◆ 单击【绘图】工具栏上的 按钮
- ◆ 在命令行输入“Arc”按 Enter 键
- ◆ 使用命令简写“A”按 Enter 键

图 3-16 【圆弧】子菜单

3.4.3 绘制椭圆

【椭圆】也是一种闭合的曲线，是一种基本构图元素，它是由两条不等的椭圆轴所控制的闭合曲线，包含中心点、长轴和短轴等几何特征。

执行【椭圆】命令主要有以下几种方式：

- ◆ 执行【绘图】|【椭圆】子菜单命令（如图 3-17 所示）
- ◆ 单击【绘图】工具栏上的【椭圆】按钮
- ◆ 在命令行输入“Ellipse”按 Enter 键
- ◆ 使用命令简写“EL”按 Enter 键

绘制椭圆主要有两种方式，分别是【轴、端点】方式画椭圆和【圆心】方式画椭圆。

所谓【轴、端点】方式是用于指定一条轴的两个端点和另一条轴的半长，即可精确画椭圆。此方式是系统默认的绘制方式。下面通过具体实例学习此种方式。

[1] 单击【绘图】工具栏上的按钮，激活【椭圆】命令。

[2] 根据 AutoCAD 命令行的提示绘制椭圆。命令行操作如下：

```
命令: _ellipse
指定椭圆的轴端点或 [圆弧(A)/中心点(C)]:                          //拾取第一个端点
指定轴的另一个端点: 200                                          //设定轴长
指定另一条半轴长度或 [旋转(R)]: 50                                //设定半轴长
```

[3] 结果绘制出长轴为 200、短轴为 100 的椭圆，如图 3-18 所示。

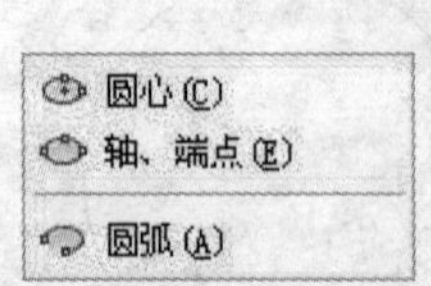

图 3-17 椭圆子菜单

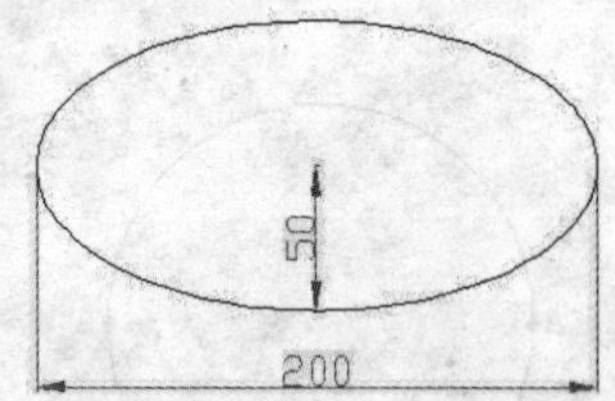

图 3-18 【轴、端点】绘制椭圆

【中心点】方式画椭圆需要首先确定出椭圆的圆心，然后再确定椭圆轴的一个端点和椭圆另一半轴的长度。

下面以绘制同心椭圆为例，学习【圆心】方式，操作步骤如下：

[1] 继续上例操作。单击菜单【绘图】|【椭圆】|【圆心】命令，使用“圆心”方式绘制椭圆。命令行操作如下：

```
命令: _ellipse
指定椭圆的轴端点或 [圆弧(A)/中心点(C)]: _c
指定椭圆的中心点:                                  //拾取上个案例的椭圆圆心
指定轴的端点: 100                                  //设置长轴半径为 100
指定另一条半轴长度或 [旋转(R)]: 50                  //设置短轴半径为 50
```

[2] 绘制结果如图 3-19 所示。

提示

【旋转】选项是以椭圆的短轴和长轴的比值，把一个圆绕定义的第一轴旋转成椭圆。

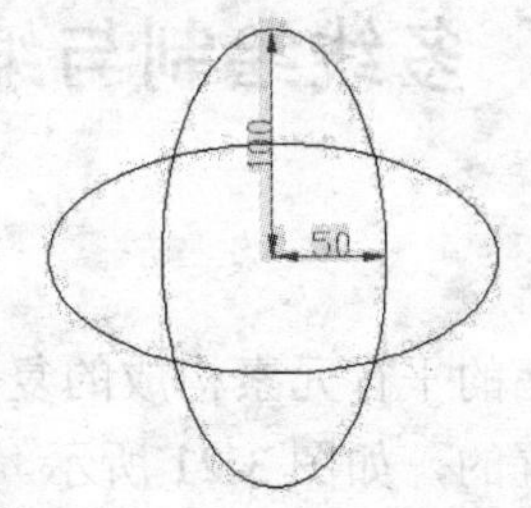

图 3-19 “中心点”方式画椭圆

3.4.4 绘制椭圆弧

【椭圆弧】也是一种基本的构图元素。它除了包含中心点、长轴和短轴等几何特征外，还具有角度特征。

执行【椭圆弧】命令主要有以下几种方式：

◆ 单击【绘图】菜单中的【椭圆弧】命令

◆ 单击【绘图】工具栏上的按钮

下面以绘制长轴为 120、短轴为 60、角度为 90º 的椭圆弧为例，学习使用【椭圆弧】命令。

[1] 单击【绘图】工具栏上的【椭圆弧】按钮，激活【椭圆弧】命令。

[2] 根据 AutoCAD 命令行的操作提示绘制椭圆弧。命令行操作如下：

```
命令: _ellipse
指定椭圆的轴端点或 [圆弧(A)/中心点(C)]: _a↙
指定椭圆弧的轴端点或 [中心点(C)]:                    //拾取一点，定位弧端点
指定轴的另一个端点: 120↙                            //定位长轴
指定另一条半轴长度或 [旋转(R)]: 30↙                 //定位短轴
指定起点角度或 [参数(P)]:90↙                        //定位起始角度
指定端点角度或 [参数(P)/包含角度(I)]:180↙           //定位终止角度
```

[3] 绘制结果如图 3-20 所示。

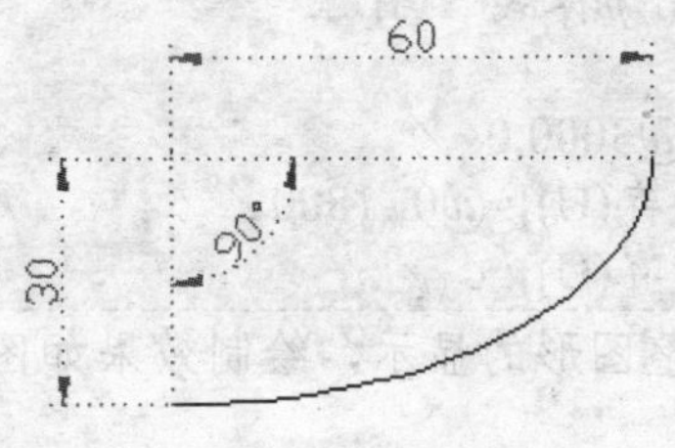

图 3-20 椭圆弧示例

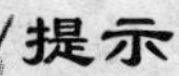

提示

椭圆弧的角度就是终止角和起始角的差值。另外，用户也可以使用【包含角】选项功能，直接输入椭圆弧的角度。

3.5 多线绘制与编辑

3.5.1 绘制多线

【多线】是由两条或两条以上的平行元素构成的复合线对象，并且每平行线元素的线型、颜色以及间距都是可以设置的，如图 3-21 所示。

图 3-21 多线示例

提示

在默认设置下，所绘制的多线是由两条平行元素构成的。

执行【多线】命令主要有以下几种方式：

- 单击【绘图】菜单中的【多线】命令
- 命令行输入“Mline”按 Enter 键
- 使用命令简写“ML”按 Enter 键

【多线】命令常被用于绘制墙线、阳台线以及道路和管道线。下面通过绘制闭合的多线，学习使用【多线】命令，操作步骤如下：

[1] 执行【绘图】|【多线】命令，配合点的坐标输入功能绘制绘制多线。命令行操作过程如下：

```
命令: _mline
当前设置: 对正 = 上, 比例 = 20.00, 样式 = STANDARD
指定起点或 [对正(J)/比例(S)/样式(ST)]: s↙                    //激活【比例】选项
输入多线比例 <20.00>: 120↙                                  //设置多线比例
当前设置: 对正 = 上, 比例 = 120.00, 样式 = STANDARD
指定起点或 [对正(J)/比例(S)/样式(ST)]:                       //在绘图区拾取一点
指定下一点: @0,1800↙
指定下一点或 [放弃(U)]: @3000,0 ↙
指定下一点或 [闭合(C)/放弃(U)]: @0,-1800↙
指定下一点或 [闭合(C)/放弃(U)]: c ↙
```

[2] 使用视图调整工具调整图形的显示，绘制效果如图 3-22 所示。

提示

使用【比例】选项，可以绘制不同宽度的多线。默认比例为 20 个绘图单位。另外，如果用户输入的比例值为负值，这多条平行线的顺序会产生反转。使用【样式】选项，可以随意更改当前的多线样式；【闭合】选项用于绘制闭合的多线。

AutoCAD 共提供了三种【对正】方式，即上对正、下对正和中心对正，如图 3-23 所示。

如果当前多线的对正方式不符合用户要求的话，可在命令行中输入“J”，激活该选项，系统出现如下提示：

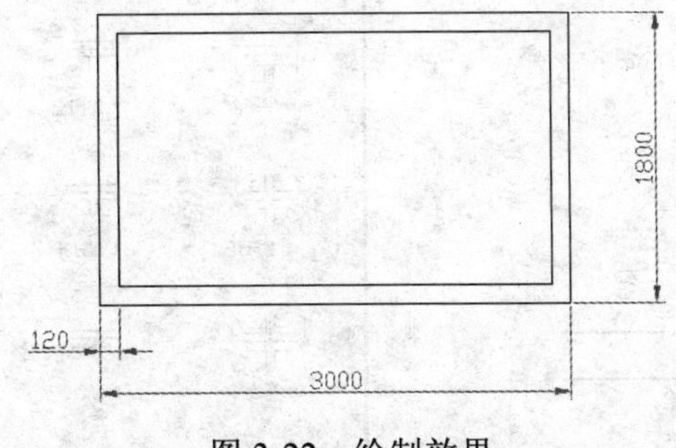

图 3-22　绘制效果

“输入对正类型 [上（T）/无（Z）/下（B）] <上>:” 示用户输入多线的对正方式

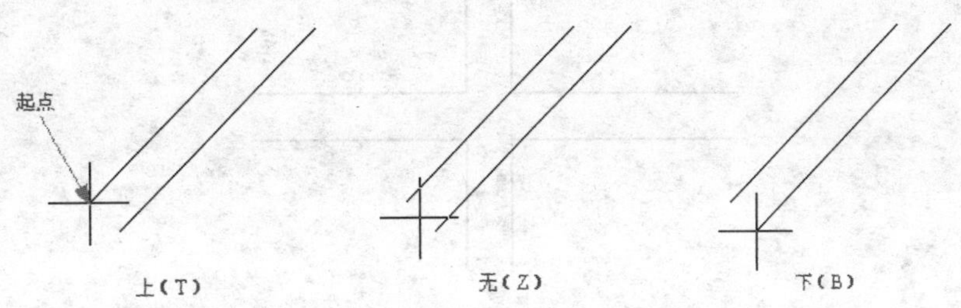

图 3-23　三种对正方式

3.5.2 编辑多线

多线的编辑应用于两条多线的衔接。执行【编辑多线】命令主要有以下几种方式：

- ◆ 执行【修改】|【对象】|【多线】命令
- ◆ 在命令行输入“Mledit”按 Enter 键

编辑多线的操作步骤如下：

[1] 绘制两条交叉多线，如图 3-24 所示。

[2] 执行【修改】|【对象】|【多线】命令，打开【多线编辑工具】对话框，如图 3-25 所示；单击【多线编辑工具】面板上的【十字打开】按钮，对话框自动关闭。

[3] 根据命令提示操作如下：

```
命令: _mledit
选择第一条多线:                                //在视图中选择一条多线
选择第二条多线:                                //在视图中选择另一条多线
```

[4] 操作结果如图 3-26 所示。

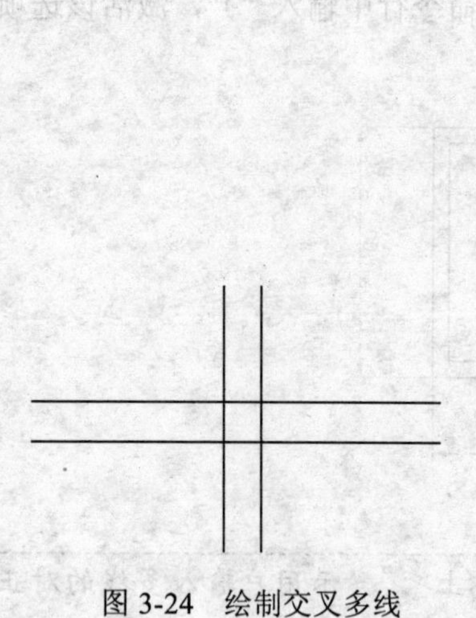

图 3-24　绘制交叉多线

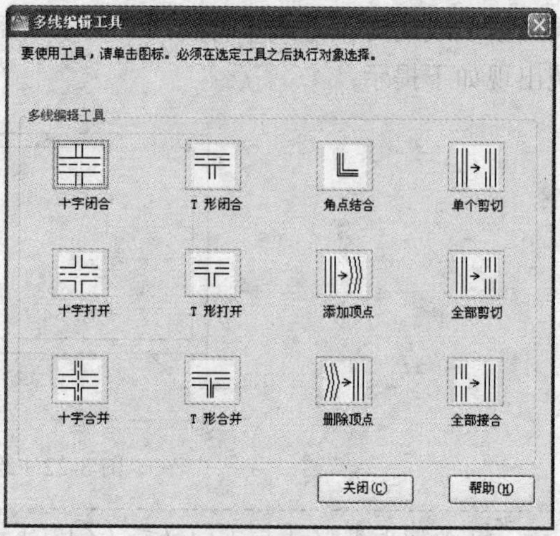

图 3-25　【多线编辑工具】对话框

图 3-26　编辑多线示例

3.5.3　创建与修改多线样式

多线的外观由多线样式决定。在多线样式中，用户可以设定多线中线条的数量、每条线的颜色、线型和线间的距离，还能指定多线两个端头的形式，如弧形端头、平直端头等。

执行【多线样式】命令主要有以下几种方式：

- ◆ 执行【格式】|【多线样式】命令
- ◆ 命令行输入“Mlstyle”按 Enter 键

下面通过创建新多线样式来讲解【多线样式】的用法：

[1] 启动 MLSTYLE 命令，AutoCAD 打开【多线样式】对话框，如图 3-27 所示。

[2] 单击按钮，打开【创建新的多线样式】对话框，如图 3-28 所示。在【新样式名】文本框中输入新样式的名称“样式”，单击【继续】按钮 继续 ，打开【新建多线样式：样式】对话框，单击【添加】按钮，可增加新的线，单击【线型】按钮 线型(Y)... ，可在打开的【选择线型】对话框中选择所需的线型，如图 3-29 所示。

[3] 在【多线样式】对话框中，单击【置为当前】按钮 置为当前(U) ，单击【确定】按钮 确定 ，关闭对话框。

[4] 新建的多线样式如图 3-30 所示。

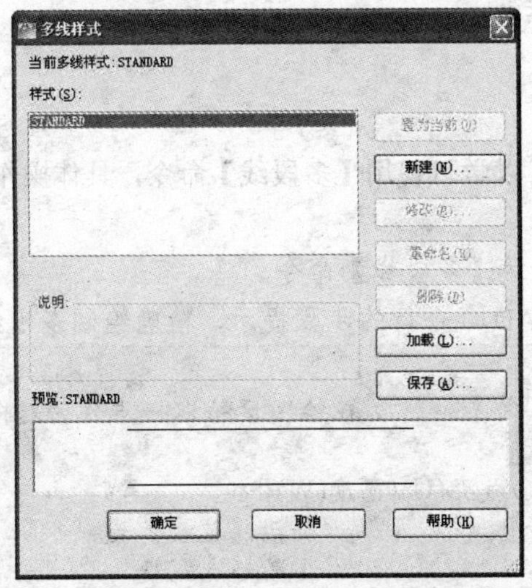

图 3-27　【多线样式】对话框

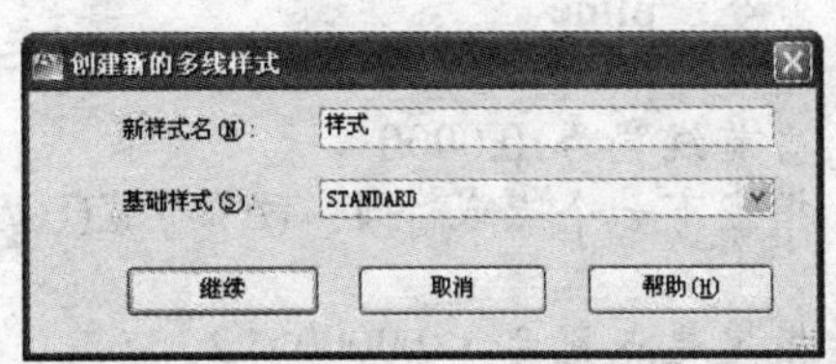

图 3-28　【创建新的多线样式】对话框

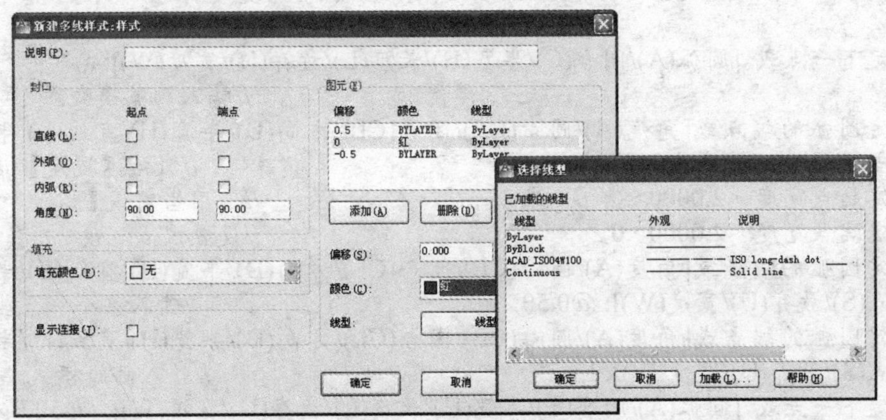

图 3-29　【选择线型】对话框

图 3-30　“创建多线样式”示例

3.6　多段线

3.6.1　绘制多段线

【多段线】是由一条或多条直线段或弧线序列连接而成的一种特殊折线，使用此命令不但可以绘制一条单独的直线段或圆弧，还可以绘制具有一定宽度的闭合或不闭合直线段和弧线序列

执行【多段线】命令主要有以下几种方法：

◆ 执行【绘图】|【多段线】命令

◆ 单击【绘图】工具栏中的【多段线】按钮

◆ 在命令行输入“Pline”按 Enter 键

◆ 在命令行输入简写“PL”按 Enter 键

下面以绘制如图 3-31 所示的多段线为例，以学习使用【多段线】命令，具体操作如下。

[1] 单击【绘图】工具栏上的按钮，激活【多段线】命令。

[2] 激活【多段线】命令后，根据 AutoCAD 命令行的步骤提示，精确绘制多段线。

```
命令: _pline
指定起点:                                           //在绘图区拾取一点作为起点
当前线宽为 0.0000
指定下一个点或 [圆弧(A)/半宽(H)/长度(L)/放弃(U)/宽度(W)]: w↙
                                                    //激活【宽度】选项
指定起点宽度 <0.0000>: 2↙                           //设置起点宽度
指定端点宽度 <2.0000>:↙                             //采用当前设置
指定下一个点或 [圆弧(A)/半宽(H)/长度(L)/放弃(U)/宽度(W)]: @150,0↙
                                                    //输入第二点坐标
指定下一点或 [圆弧(A)/闭合(C)/半宽(H)/长度(L)/放弃(U)/宽度(W)]: a↙
                                                    //转入画弧模式
指定圆弧的端点或[角度(A)/圆心(CE)/闭合(CL)/方向(D)/半宽(H)/直线(L)/半径(R)/
第二个点(S)/放弃(U)/宽度(W)]: w↙                    //激活【宽度】选项
指定起点宽度 <2.0000>:↙                             //采用当前设置
指定端点宽度 <2.0000>:0↙                            //设置端点宽度
指定圆弧的端点或[角度(A)/圆心(CE)/闭合(CL)/方向(D)/半宽(H)/直线(L)/半径(R)/
第二个点(S)/放弃(U)/宽度(W)]: @0,50↙                //输入第个一点坐标
指定圆弧的端点或[角度(A)/圆心(CE)/闭合(CL)/方向(D)/半宽(H)/直线(L)/半径(R)/
第二个点(S)/放弃(U)/宽度(W)]: l↙                    //转入画线模式
指定下一点或 [圆弧(A)/闭合(C)/半宽(H)/长度(L)/放弃(U)/宽度(W)]: @-50,0↙
                                                    //输入第下一点坐标
指定下一点或 [圆弧(A)/闭合(C)/半宽(H)/长度(L)/放弃(U)/宽度(W)]: ↙
```

[3] 绘制结果如图 3-31 所示。

图 3-31 绘制多段线

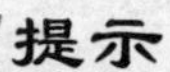

提示

无论绘制的多段线包含有多少条直线或圆弧，AutoCAD 都把它们作为一个单独的对象。

此选项用于将当前多段线模式切换为画弧模式，以绘制由弧线组合而成的多段线。在命令行提示下输入“A”，或绘图区单击右键，在右键菜单中选择【圆弧】选项，都可

激活此选项，系统自动切换到画弧状态，且命令行提示如下：

"指定圆弧的端点或 [角度（A）/圆心（CE）/闭合（CL）/方向（D）/半宽（H）/直线（L）/半径（R）/第二个点（S）/放弃（U）/ 宽度（W）]:"

各次级选项功能如下：

- 【角度】选项用于指定要绘制的圆弧的圆心角。
- 【圆心】选项用于指定圆弧的圆心。
- 【闭合】选项用于用弧线封闭多段线。
- 【方向】选项用于取消直线与圆弧的相切关系，改变圆弧的起始方向。
- 【半宽】选项用于指定圆弧的半宽值。激活此选项功能后，AutoCAD 将提示用户输入多段线的起点半宽值和终点半宽值。
- 【直线】选项用于切换直线模式。
- 【半径】选项用于指定圆弧的半径。
- 【第二个点】选项用于选择三点画弧方式中的第二个点。
- 【宽度】选项用于设置弧线的宽度值。
- 【闭合】选项。激活此选项后，AutoCAD 将使用直线段封闭多段线，并结束多段线命令。当用户需要绘制一条闭合的多段线时，最后一定要使用此选项功能，才能保证绘制的多段线是完全封闭的。
- 【长度】选项。此选项用于定义下一段多段线的长度，AutoCAD 按照上一线段的方向绘制这一段多段线。若上一段是圆弧，AutoCAD 绘制的直线段与圆弧相切。
- 【半宽】/【宽度】选项。【半宽】选项用于设置多段线的半宽，【宽度】选项用于设置多段线的起始宽度值，起始点的宽度值可以相同也可以不同。

提示

在绘制具有一定宽度的多段线时，系统变量 Fillmode 控制着多段线是否被填充，当变量值为 1 时，绘制的带有宽度的多段线将被填充；变量为 0 时，带有宽度的多段线将不会填充，如图 3-32 所示。

图 3-32　非填充多段线

3.6.2　编辑多段线

执行【编辑多段线】命令主要有以下几种方式：

- 执行【修改】|【对象】|【多段线】命令
- 在命令行输入"Pedit"按"Enter"键

执行"Pedit"命令，命令行显示如下提示信息。

输入选项[闭合(C)/合并(J)/宽度(W)/编辑顶点(E)/拟合(F)/样条曲线(S)/非曲线化(D)/线型生成(L)/放弃(U)]:

如果选择多个多段线，命令行则显示如下提示信息。

输入选项[闭合(C)/打开(O)/合并(J)/宽度(W)/拟合(F)/样条曲线(S)/非曲线化(D)/线型生成(L)/放弃(U)]:

3.7 样条曲线

3.7.1 绘制样条曲线

【样条曲线】命令是用于绘制由某些数据点（控制点）拟合生成的光滑曲线，所绘制的曲线可以是二维曲线，也可是三维曲线。

执行【样条曲线】命令主要有以下几种方式：

- ◆ 单击【绘图】菜单栏中的【样条曲线】命令
- ◆ 单击【绘图】工具栏上的~按钮
- ◆ 在命令行中输入“Spline”按 Enter 键
- ◆ 使用命令简写“SLI”按 Enter 键

选项解析

- ◆ 【对象】选项用于把样条曲线拟合的多段线转变为样条曲线。激活此选项后，如果用户选择的是没有经过【编辑多段线】拟合的多段线，系统无法转换选定的对象。
- ◆ 【闭合】选项用于绘制闭合的样条曲线。激活此选项后，AutoCAD 将使样条曲线的起点和终点重合，并且共享相同的顶点和切向。此时系统只提示一次，让用户给定切向点。
- ◆ 【拟合公差】选项给定拟合公差，用来控制样条曲线对数据点的接近程度。拟合公差的大小直接影响到当前图形，公差越小，样条曲线越接近数据点，如果公差为 0，则样条曲线通过拟合点；输入大于 0 的公差将使样条曲线在指定的公差范围内通过拟合点，如图 3-33 所示。

图 3-33 拟合公差示例

下面以绘制如图 3-34 所示的多段线为例，以学习使用【多段线】命令，具体操作如下。

新建空白文件。

[1] 执行【绘图】|【样条曲线】命令，或单击【绘图】工具栏~按钮，激活【样条曲线】命令命令。

[2] 激活【样条曲线】命令后，根据 AutoCAD 命令行的步骤提示，精确绘图。

命令: _spline

```
指定第一个点或 [对象(O)]:                                    //在绘图区拾取一点作为起点
指定下一点:                                                    //在适当位置拾取第二点
指定下一点或 [闭合(C)/拟合公差(F)] <起点切向>:      //在适当位置拾取第三点
指定下一点或 [闭合(C)/拟合公差(F)] <起点切向>:      //在适当位置拾取第四点
指定下一点或 [闭合(C)/拟合公差(F)] <起点切向>:↙    //退出绘制模式
指定起点切向:↙                                                //定位起点切向
指定端点切向:↙                                                //定位端点切向
```

[3] 绘制结果如图 3-34 所示。

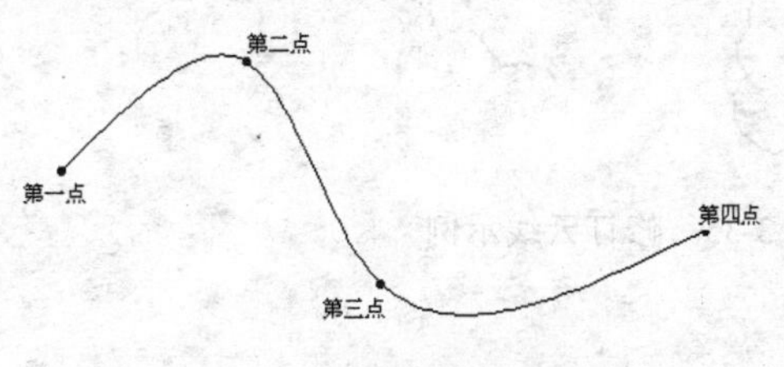

图 3-34 样条曲线示例

3.7.2 编辑样条曲线

【编辑样条曲线】命令可以对绘制好的样条曲线进行各种编辑，执行【编辑样条曲线】命令主要有以下几种方式：

- ◆ 执行【修改】|【对象】|【样条曲线】命令
- ◆ 在命令行输入“Splinedit”按 Enter 键

执行“splinedit”命令，命令行显示如下提示信息。

```
命令: _splinedit
选择样条曲线:
输入选项 [闭合(C)/合并(J)/拟合数据(F)/编辑顶点(E)/转换为多段线(P)/反转(R)/放弃(U)/退出(X)]
```

3.7.3 绘制修订云线

【修订云线】命令用于绘制由连续圆弧构成的图线，所绘制的图线被看作是一条多段线，此种图线可以是闭合的，也可以是断开的，如图 3-35 所示。

执行【修订云线】命令主要有以下几种方式：

- ◆ 执行【绘图】|【修订云线】命令
- ◆ 单击【绘图】工具栏上的按钮
- ◆ 在命令行输入“Revcloud”按 Enter 键

下面通过一个实例来学习使用【修订云线】命令，操作步骤如下：

[1] 新建空白文件。

[2] 单击【绘图】菜单栏中的【修订云线】命令，或单击【绘图】工具栏按钮，根据 AutoCAD 命令行的步骤提示精确绘图。

```
命令: _revcloud
```

```
最小弧长: 30     最大弧长: 30     样式: 普通
指定起点或 [弧长(A)/对象(O)/样式(S)] <对象>:     //在绘图区拾取一点作为起点
沿云线路径引导十字光标...
        //按住左键不放，沿着所需闭合路径引导光标，即可绘制闭合的云线图形。
```

[3] 绘制结果如图 3-36 所示。

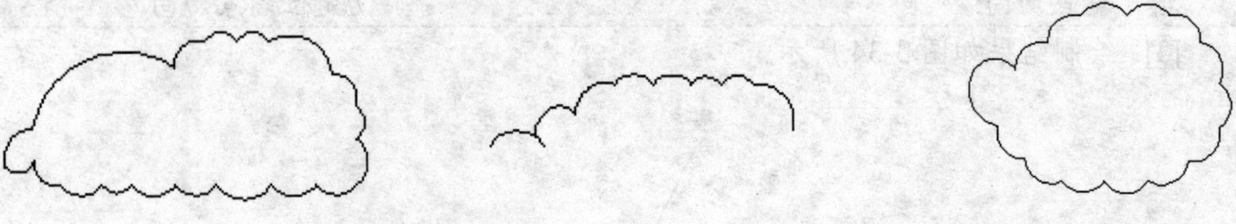

图 3-35 修订云线示例

图 3-36 绘制云线

提示

在绘制闭合的云线时，需要移动光标，将云线的端点放在起点处，系统会自动绘制闭合云线。

【修订云线】各个选项的意义解释如下：

【弧长】选项用于设置云线的最小弧和最大弧的长度。当激活此选项后，系统提示用户输入最小弧和最大弧的长度。下面通过具体实例学习该选项功能。

下面以绘制最大弧长为 25、最小弧长为 10 的云线为例，主要学习【弧长】选项功能的应用。

[1] 单击【绘图】工具栏按钮，根据 AutoCAD 命令行的步骤提示，精确绘图。

```
命令: _revcloud
最小弧长: 30     最大弧长: 30     样式: 普通
指定起点或 [弧长(A)/对象(O)/样式(S)] <对象>:a↙                //激活【弧长】选项
指定最小弧长 <30>:10↙                                          //设置最小弧长度
指定最大弧长 <10>:25↙                                          //设置最大弧长度
指定起点或 [弧长(A)/对象(O)/样式(S)] <对象>:         //在绘图区拾取一点作为起点
沿云线路径引导十字光标...           //按住左键不放，沿着所需闭合路径引导光标
反转方向 [是(Y)/否(N)] <否>: N↙                                //采用默认设置
```

[2] 绘制结果如图 3-37 所示。

【对象】选项用于对非云线图形，如直线、圆弧、矩形以及圆图形等，按照当前的样式和尺寸将其转化为云线图形，如图 3-38 所示。

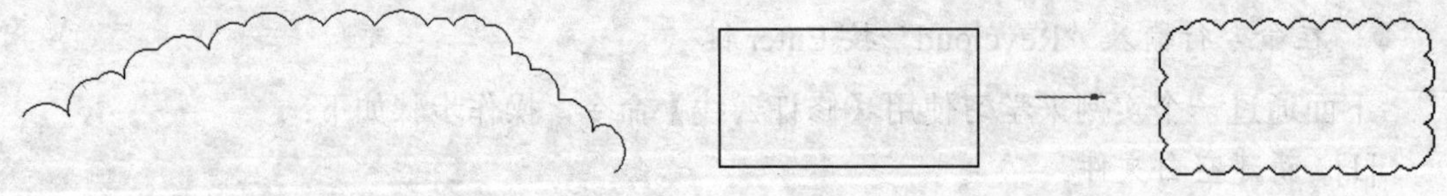

图 3-37 绘制结果

图 3-38 【对象】选项示例

另外，在编辑的过程中还可以修改弧线的方向，如图 3-39 所示。

【样式】选项用于设置修订云线的样式。AutoCAD 系统共为用户提供了“普通”和“手绘”两种样式，默认情况下为“普通”样式。图 3-40 所示的云线就是在“手绘”样式下绘制的。

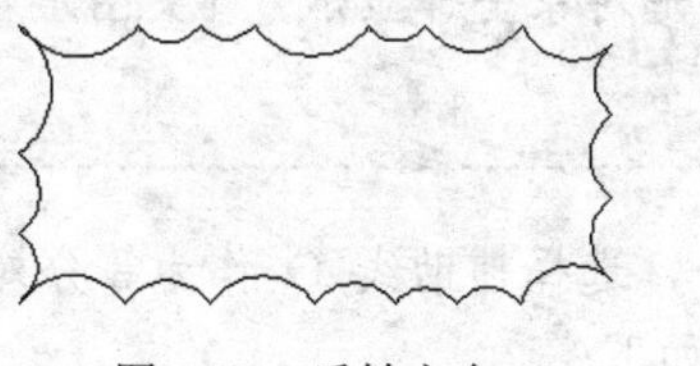

图 3-39　反转方向

图 3-40　手绘示例

3.8　图形绘制实例

前面我们学习了 AutoCAD2012 的二维绘图命令，这些基本命令是制图人员所必须具备的基本技能。下面讲解关于二维绘图命令的常见应用实例。

3.8.1　绘制会议桌

下面通过为某大型会议桌配置会议椅，对上述重点知识进行综合练习和巩固。本例效果如图 3-41 所示。

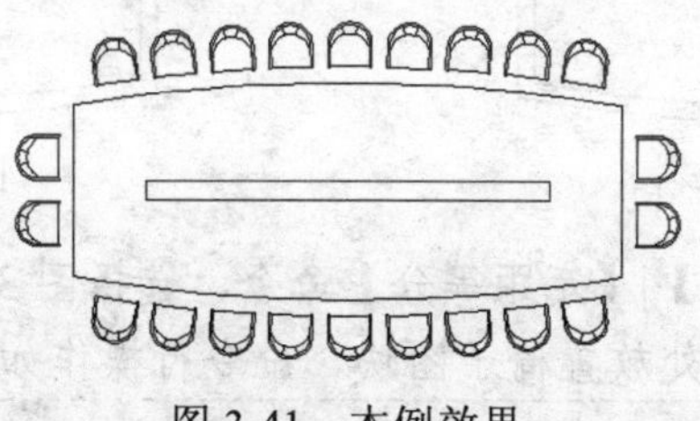

图 3-41　本例效果

例 3-1　光盘\example\Ch03\绘制会议桌.dwg 

操作步骤

[1] 打开随书光盘“光盘\example\Ch03\绘制会议桌.dwg”作为当前图形文件，如图 3-42 所示。

[2] 单击【图层】工具栏上的 0 列表，在展开的下拉列表内单击“辅助线”图层左端的按钮，打开“辅助线”层，位于该层上的对象被显示出来，如图 3-43 所示。

图 3-42　打开结果

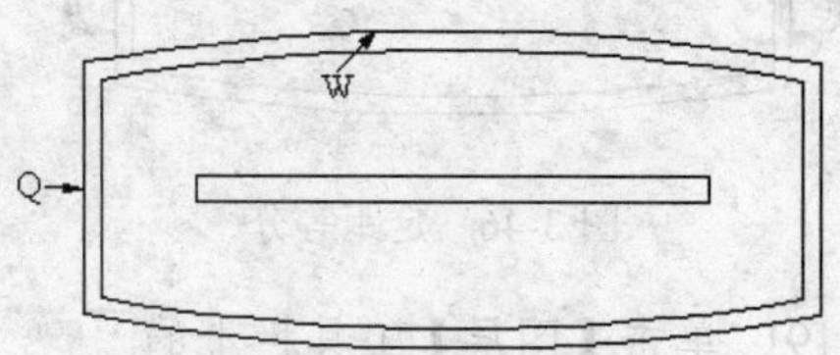

图 3-43　图层打开后的显示

提示

当按钮显示为时，表示该图层被关闭，位于该层上的图形被关闭；当按钮显示为时，表示该图层被打开，位于该层上的图形对象全部显示。有关图层在以后的章节中详细讲述。

[3] 执行【绘图】|【点】|【定数等分】命令，选择辅助线 Q 作为等分对象，在等分点处放置两个椅子图块，命令行操作如下：

```
命令: _divide
选择要定数等分的对象:                          //选择辅助线 Q
输入线段数目或 [块(B)]: b↙
输入要插入的块名:圈椅↙
是否对齐块和对象? [是(Y)/否(N)] <Y>:↙          //设置对齐方式
输入线段数目: 3↙
```

[4] 结果如图 3-44 所示。

[5] 重复执行第 3 操作步骤，对最右侧的垂直辅助线进行等分，结果如图 3-45 所示。

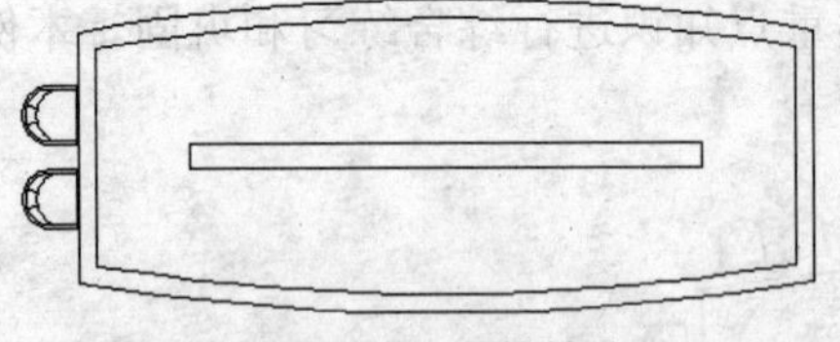

图 3-44 定数等分

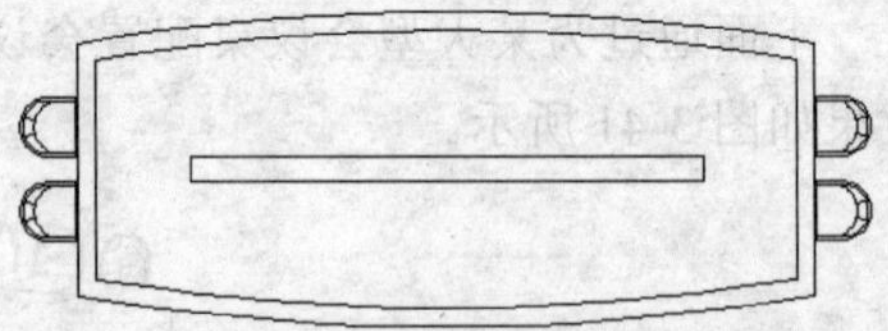

图 3-45 等分结果

[6] 执行【绘图】|【点】|【定距等分】命令，选择图 3-43 所示的辅助线 W 作为等分对象，在等分点处放置椅子图块，命令行操作如下：

```
命令: _measure
选择要定距等分的对象:                          //选择辅助线 Q
指定线段长度或 [块(B)] :b↙                     //激活"块"选项
输入要插入的块名:圈椅↙
是否对齐块和对象? [是(Y)/否(N)] <Y>:↙          //设置对齐方式
指定线段长度: 800↙
```

[7] 结果如图 3-46 所示。

[8] 重复执行第[6]个操作步骤，对最下侧的弧形辅助线进行定距等分，结果如图 3-47 所示。

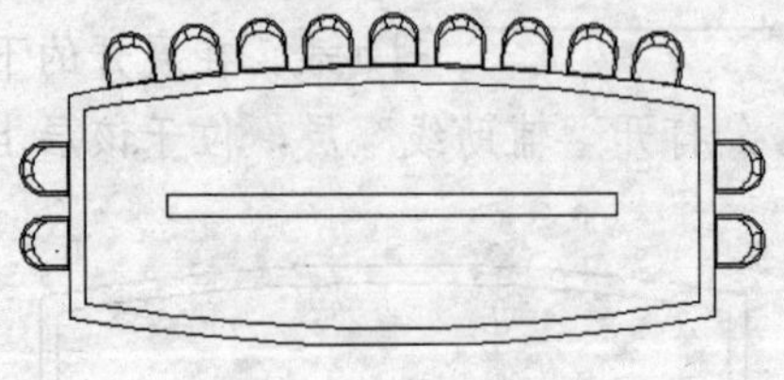

图 3-46 定距等分

图 3-47 等分结果

[9] 单击【图层】工具栏上的 0 列表，在展开的下拉

列表内单击“辅助线”图层左端的按钮💡，将其关闭，最终结果如图 3-41 所示。

[10] 执行【文件】|【另存为】命令，将图形另名存储为“综合实例 1.dwg”。

3.8.2 绘制铸件图形

以上主要学习了圆和圆弧的常用绘制方法，下面通过绘制图 3-48 所示铸件结构的轮廓图，对上述知识进行综合。

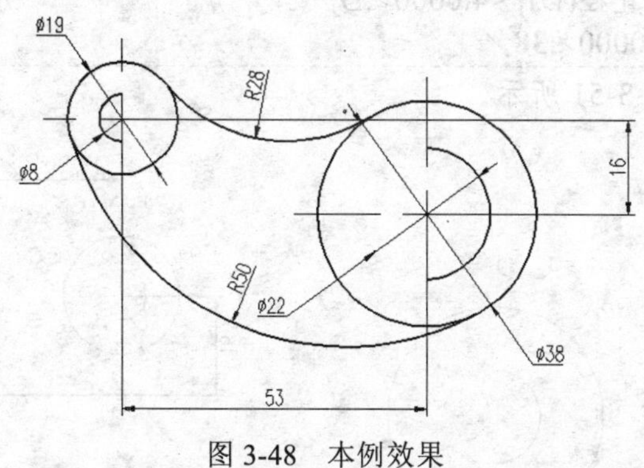

图 3-48　本例效果

例 3-2　光盘\example\Ch03\绘制铸件图形.dwg 

操作步骤

[1] 执行【文件】|【新建】命令，创建一张空白文件。

[2] 启用【状态栏】上的【对象捕捉】功能，并设置捕捉模式为【圆心捕捉】。

[3] 单击【绘图】工具栏上的【圆】按钮⊙，激活【圆】命令，绘制直径为 19 的圆图形。命令行操作如下：

```
命令: _circle
指定圆的圆心或 [三点(3P)/两点(2P)/切点、切点、半径(T)]: 2P↙
                                                //激活【两点画圆】选项
指定圆直径的第一个端点:                           //拾取直径的一个端点
指定圆直径的第二个端点: @19,0↙                    //输入直径另一端点
```

[4] 绘制结果如图 3-49 所示。

[5] 执行【绘图】|【圆弧】|【圆心、起点、端点】命令，绘制直径为 8 的圆弧。命令行操作如下：

```
命令: _arc
指定圆弧的起点或 [圆心(C)]:c↙                      //激活【圆心】选项
指定圆弧的圆心:                                   //捕捉刚绘制的圆的圆心
指定圆弧的起点:@0,4↙
指定圆弧的端点或 [角度(A)/弦长(L)]: @0,-8↙
```

[6] 绘制结果如图 3-50 所示。

[7] 在命令行输入“C”激活【圆】命令，配合【捕捉自】功能绘制直径为 38 的圆。

命令行操作如下:

```
命令: C↙                                                    //激活画圆命令
CIRCLE
指定圆的圆心或 [三点(3P)/两点(2P)/切点、切点、半径(T)]:
                                                            //激活【捕捉自】功能
_from 基点:                                                 //捕捉圆的圆心
<偏移>:@53,-16↙                                             //指定位置
指定圆的半径或 [直径(D)] <4.0000>:D↙                        //激活【直径】选项
指定圆的直径 <8.0000>:38↙                                   //指定直径为 38
```

[8] 绘制结果如图 3-51 所示。

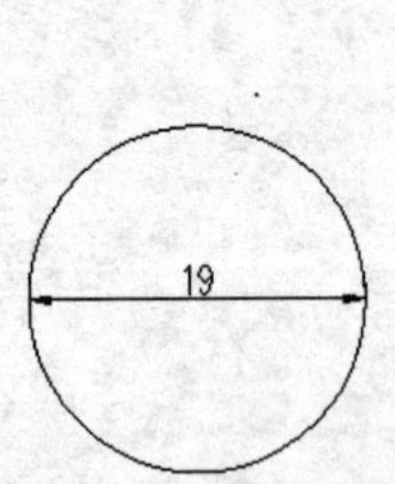

图 3-49 绘制结果

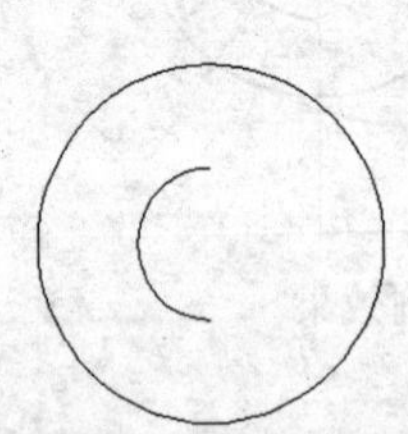

图 3-50 绘制圆弧

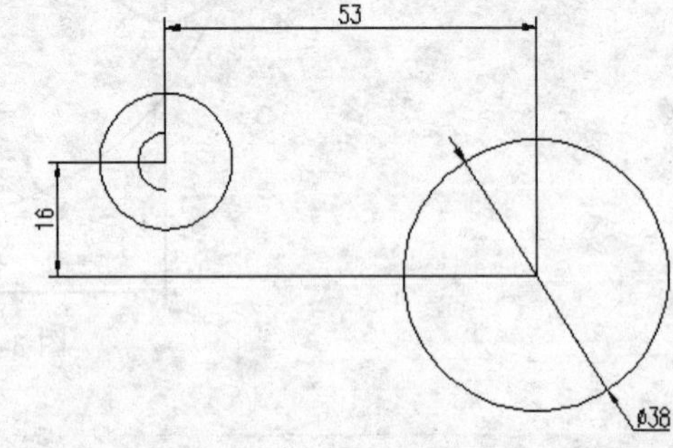

图 3-51 绘制圆

提示

另外用户也可以直接在命令行指定点的提示下，输入“_from”并按 Enter 键，也可快速激活【捕捉自】功能。

[9] 执行【绘图】|【圆弧】|【圆心、起点、端点】命令，绘制直径为 22 的圆弧。

命令行操作如下:

```
命令: _arc
指定圆弧的起点或 [圆心(C)]:c↙                               //激活【圆心】选项
指定圆弧的圆心:                                             //捕捉刚绘制的圆的圆
心
指定圆弧的起点: @0,-11↙
指定圆弧的端点或 [角度(A)/弦长(L)]:@0,22↙
```

[10] 绘制结果如图 3-52 所示。

[11] 单击【绘图】工具栏上的【圆】按钮，激活【圆】命令，绘制与已知圆相切的圆。命令行操作如下:

```
命令: _circle
指定圆的圆心或 [三点(3P)/两点(2P)/切点、切点、半径(T)]:     //T Enter
指定对象与圆的第一个切点:                   //在图 3-53 所示的位置单击左键
指定对象与圆的第二个切点:                   //在图 3-54 所示的位置单击左键
指定圆的半径 <19.0000>:                     //28 Enter
```

[12] 绘制结果如图 3-55 所示。

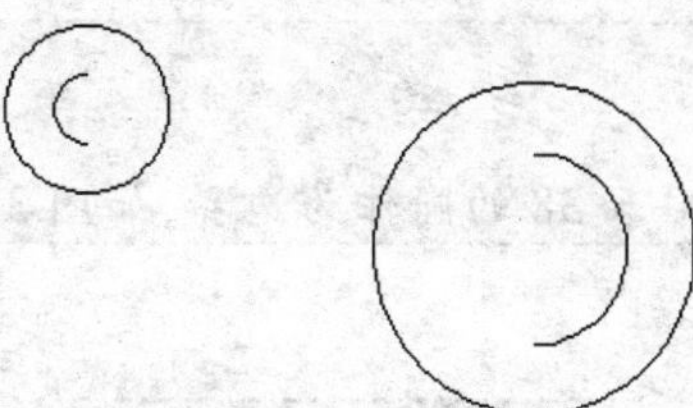

图 3-52　绘制圆弧

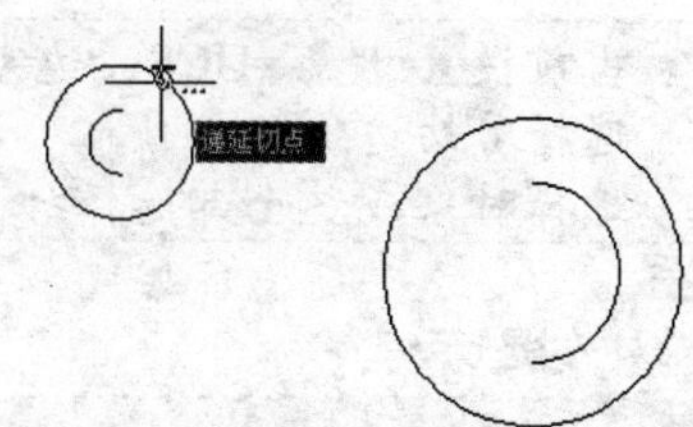

图 3-53　拾取第一相切圆

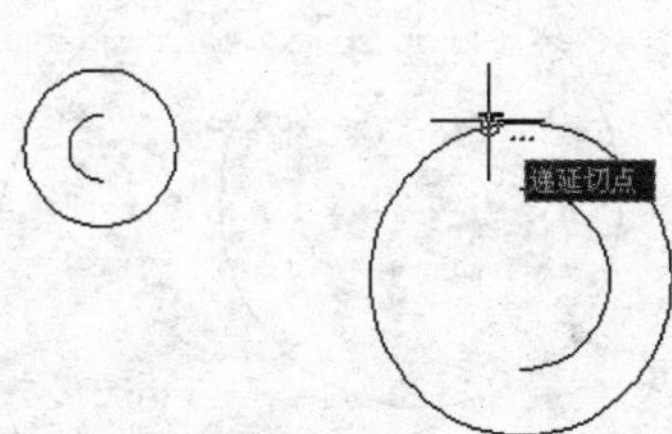

图 3-54　拾取第二相切圆

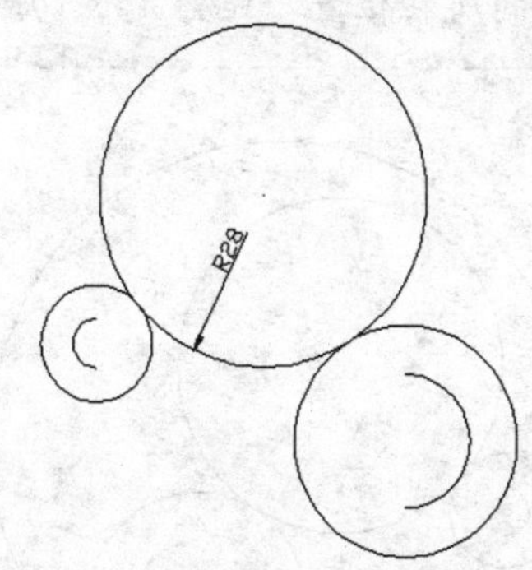

图 3-55　"切点、切点、半径"方式画圆

提示

也可执行【绘图】|【圆】|【相切、相切、半径】命令，快速激活此种画圆方

[13] 按 Enter 键，重复执行【圆】命令，绘制半径为 50 的相切圆。命令行操作如下：

```
命令: CIRCLE
指定圆的圆心或 [三点(3P)/两点(2P)/切点、切点、半径(T)]:T↙
                                          //激活"切点、切点、半径"画圆方式
指定对象与圆的第一个切点:                  //在图 3-56 所示的位置单击左键
指定对象与圆的第二个切点:                  //在图 3-57 所示的位置单击左键
指定圆的半径 <28.0000>:50↙
```

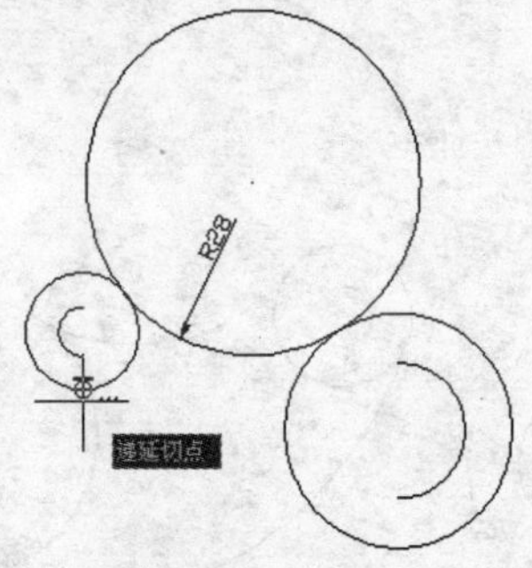

图 3-56　拾取第一相切对象

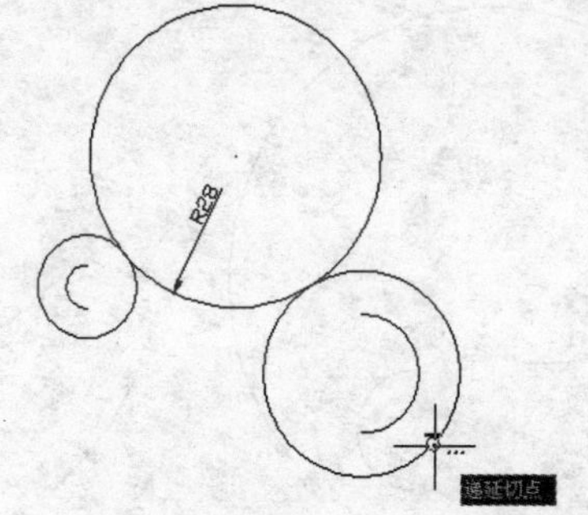

图 3-57　拾取第二相切对象

[14] 绘制结果如图 3-58 所示。

[15] 执行【修改】|【修剪】命令，对两个相切圆进行修剪，命令行操作如下：

```
命令: _trim
```

当前设置:投影=UCS，边=无
选择剪切边...
选择对象或 <全部选择>:　　　//选择直径为 19 和 38 的圆作为边界,如图 3-59 所示。

提示

在绘制相切圆时，相切点的拾取位置不同，绘制的相切圆也不同，所以要根据相切圆的所在位置，适当定位切点的位置。

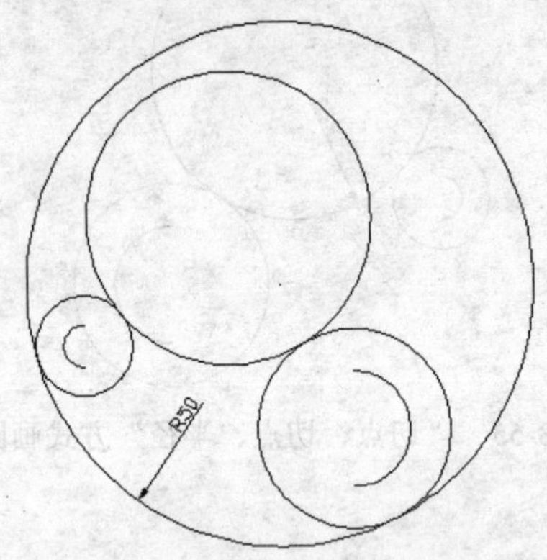

图 3-58　绘制相切圆

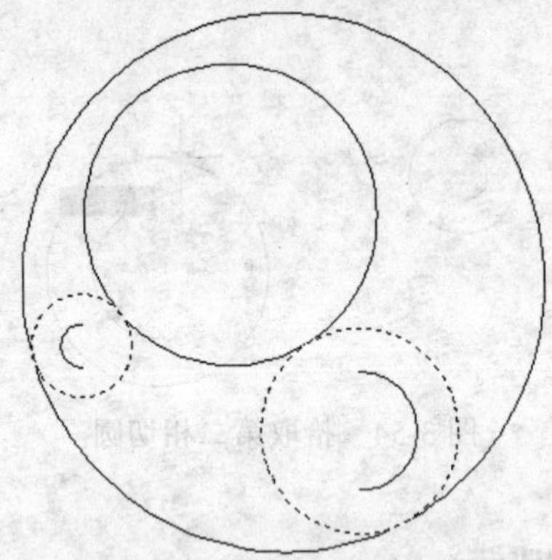

图 3-59　选择修剪边界

选择对象:↙　　　//结束修剪边界的选择
选择要修剪的对象,或按住 Shift 键选择要延伸的对象,或[栏选(F)/窗交(C)/投影(P)/边(E)/删除(R)/放弃(U)]:　　　//在半径为 28 的圆的上部单击左键，结果如图 3-60 所示。
选择要修剪的对象，或按住 Shift 键选择要延伸的对象，或[栏选(F)/窗交 (C)/投影(P)/边(E)/删除(R)/放弃(U)]:　　　//在半径为 50 的圆上部单击左键，结果位于修剪边界上侧的部分圆被修剪掉，如图 3-61 所示。
选择要修剪的对象,或按住 Shift 键选择要延伸的对象,或[栏选(F)/窗交(C)/投影(P)/边(E)/删除(R)/放弃(U)]:↙　　　//结束命令,修剪结果如图 3-62 所示。

图 3-60　修剪内部相切圆　　图 3-61　修剪外部相切圆　　图 3-62　修剪结果

[16] 执行【标注】|【标注样式】命令，在打开的【标注样式管理器】对话框中单击修改(M)...按钮，修改圆心标记的类型和大小尺寸如图 3-63 所示。

[17] 执行【标注】|【圆心标记】命令，在命令行“选择圆或圆弧:”提示下，分别单击直径为 19 和 38 的圆，为其标注圆心标记，结果如图 3-64 所示。

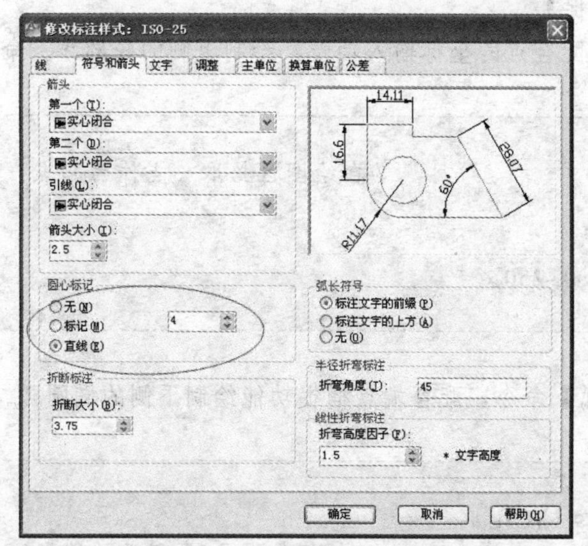

图 3-63　设置圆心标记参数

图 3-64　标注结果

[18] 执行【文件】|【保存】命令，将当前图形命名存储为“综合实例 2.dwg”。

3.8.3　绘制椭圆与椭圆弧图案

以上主要学习了椭圆和椭圆弧的常用绘制方法，下面通过绘制图 3-65 所示的椭圆洗脸池平面图，对上述知识进行综合。

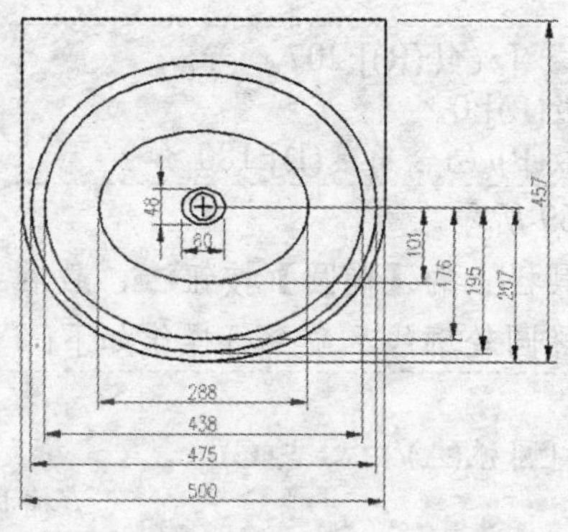

图 3-65　本例效果

例 3-3	光盘\example\Ch03\绘制椭圆与椭圆弧图案.dwg

[1] 执行【新建】命令，创建一张空白文件。

[2] 执行【工具】|【草图设置】命令，启用【对象捕捉】功能，并设置对象捕捉模式为【圆心捕捉】和【端点捕捉】。

[3] 执行【绘图】|【直线】命令，配合点的坐标输入功能，绘制上侧的轮廓线。命令行操作如下：

```
命令: _line
指定第一点:                                          //在绘图区拾取一点作为起点
指定下一点或 [放弃(U)]:@0,250↙
指定下一点或 [放弃(U)]:@500,0↙
指定下一点或 [闭合(C)/放弃(U)]:@0,-250↙
指定下一点或 [闭合(C)/放弃(U)]:↙
```

[4] 绘制结果如图 3-66 所示。

[5] 执行【绘图】|【椭圆】|【圆弧】命令，配合端点捕捉功能绘制下侧的椭圆弧。命令行操作如下：

```
命令: _ellipse
指定椭圆的轴端点或 [圆弧(A)/中心点(C)]: a↙
指定椭圆弧的轴端点或 [中心点(C)]:                    //捕捉如图 3-67 所示的端点
指定轴的另一个端点:                                  //捕捉如图 3-68 所示的端点
```

图 3-66 绘制结果

图 3-67 捕捉端点

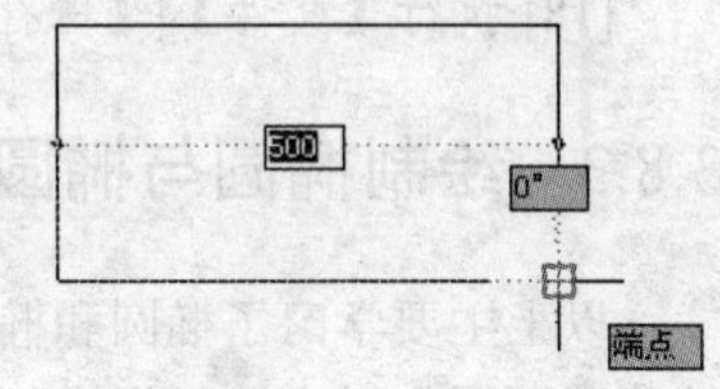

图 3-68 捕捉端点

```
指定另一条半轴长度或 [旋转(R)]:207↙                  //指定另一条轴的半长
指定起始角度或 [参数(P)]:0↙                          //定位起始角度
指定终止角度或 [参数(P)/包含角度(I)]:180↙             //定位终止角
```

[6] 绘制结果如图 3-69 所示。

[7] 单击【绘图】工具栏上的【椭圆】按钮，激活【椭圆】命令，配合圆心捕捉功能绘制内侧的椭圆轮廓线。命令行操作如下：

```
命令: _ellipse
指定椭圆的轴端点或 [圆弧(A)/中心点(C)]:c↙
指定椭圆的中心点:                                    //捕捉刚绘制的椭圆弧的圆心
指定轴的端点:@237.5,0↙
指定另一条半轴长度或 [旋转(R)]:@0,195↙
```

[8] 绘制结果如图 3-70 所示。

[9] 重复执行【椭圆】命令，配合圆心捕捉功能，继续绘制内侧的椭圆轮廓线。命令行操作如下：

```
命令: _ellipse
指定椭圆的轴端点或 [圆弧(A)/中心点(C)]:c↙
指定椭圆的中心点:                                    //捕捉刚绘制的椭圆的圆心
```

```
指定轴的端点:@219,0↙
指定另一条半轴长度或 [旋转(R)]:176↙
命令:↙
ELLIPSE 指定椭圆的轴端点或 [圆弧(A)/中心点(C)]:c↙
指定椭圆的中心点:                          //捕捉刚绘制的椭圆的圆心
指定轴的端点:@144,0↙
指定另一条半轴长度或 [旋转(R)]:101↙
命令:↙
ELLIPSE 指定椭圆的轴端点或 [圆弧(A)/中心点(C)]:c↙
指定椭圆的中心点:                          //捕捉刚绘制的椭圆的圆心
指定轴的端点:@30,0↙
指定另一条半轴长度或 [旋转(R)]:24↙
```

[10] 绘制结果如图 3-71 所示。

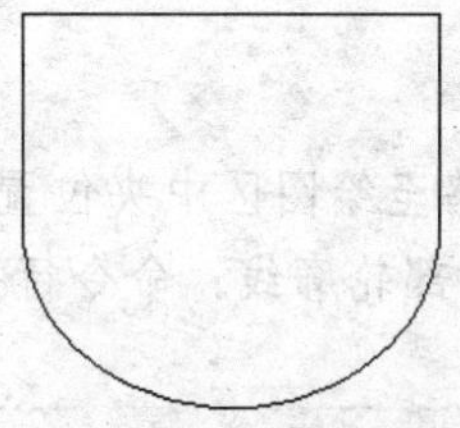

图 3-69 绘制结果

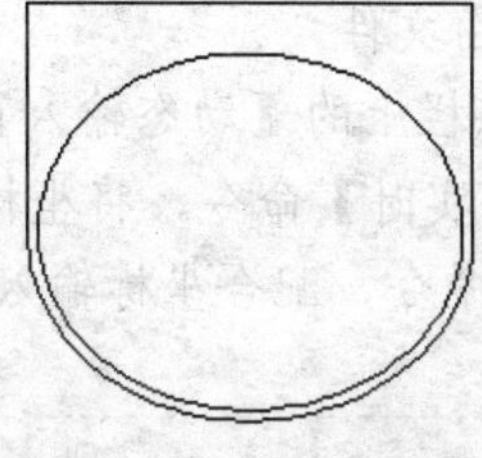

图 3-70 绘制椭圆

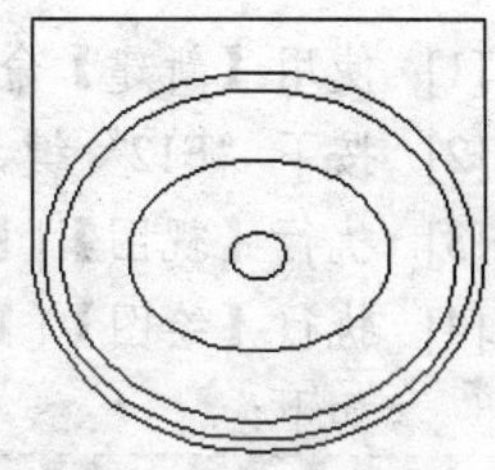

图 3-71 绘制同心椭圆

[11] 在命令行输入 "C" 激活【圆】命令，以同心椭圆的圆心作为圆心，绘制半径为 18 的圆，结果如图 3-72 所示。

[12] 执行【标注】|【圆心标记】命令为刚绘制的圆标注圆心标记，如图 3-73 所示。

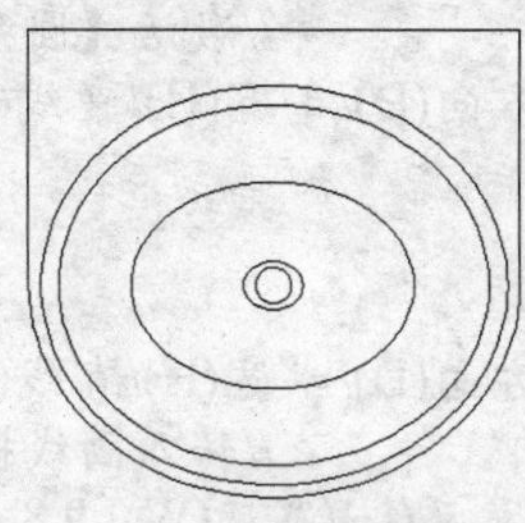

图 3-72 绘制圆

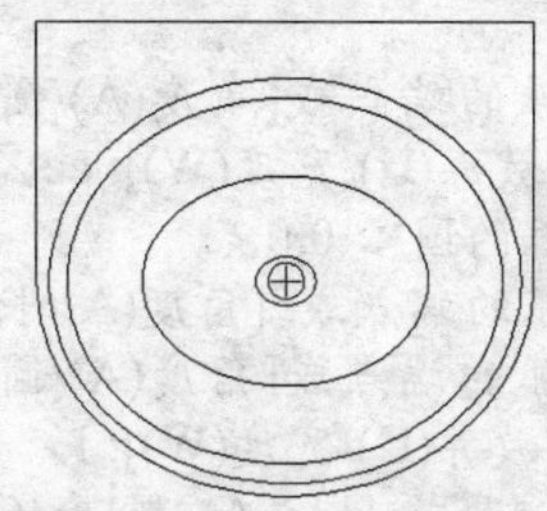

图 3-73 标注结果

[13] 执行【文件】|【另存为】命令，将当前图形命名存储为 "综合实例 3.dwg"。

3.8.4 实例——绘制和编辑多段线

下面通过绘制如图 3-74 所示的异形轮轮廓线对本节相关知识进行综合练习和应用。

例 3-4 光盘\example\Ch03\综合实例 4.dwg

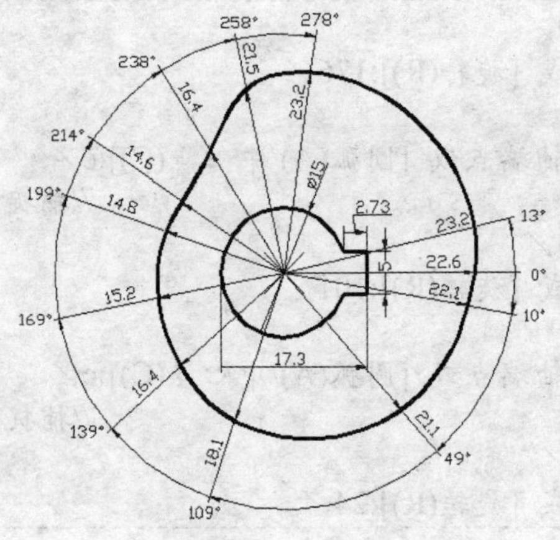

图 3-74　本例效果

[1] 使用【新建】命令创建空白文件。

[2] 按下“F12”键，关闭状态栏上的【动态输入】功能。

[3] 执行【视图】|【平移】|【实时】命令，将坐标系图标移至绘图区中央位置上。

[4] 执行【绘图】|【多段线】命令，配合坐标输入法绘制内部轮廓线。命令行操作如下：

```
命令: _pline
指定起点: 9.8,0 ↙
当前线宽为 0.0000
指定下一个点或 [圆弧(A)/半宽(H)/长度(L)/放弃(U)/宽度(W)]: 9.8,2.5↙
指定下一点或 [圆弧(A)/闭合(C)/半宽(H)/长度(L)/放弃(U)/宽度(W)]: @-2.73,0↙
指定下一点或 [圆弧(A)/闭合(C)/半宽(H)/长度(L)/放弃(U)/宽度(W)]:a↙
                                                    //激活【圆弧】选项
指定圆弧的端点或[角度(A)/圆心(CE)/闭合(CL)/方向(D)/半宽(H)/直线(L)/半径(R)/第二个点(S)/放弃(U)/宽度(W)]: ce↙
指定圆弧的圆心:0,0↙
指定圆弧的端点或 [角度(A)/长度(L)]:7.07,-2.5↙
指定圆弧的端点或[角度(A)/圆心(CE)/闭合(CL)/方向(D)/半宽(H)/直线(L)/半径(R)/第二个点(S)/放弃(U)/宽度(W)]: l↙                    //转入画线模式
指定下一点或 [圆弧(A)/闭合(C)/半宽(H)/长度(L)/放弃(U)/宽度(W)]:9.8,-2.5↙
指定下一点或 [圆弧(A)/闭合(C)/半宽(H)/长度(L)/放弃(U)/宽度(W)]:c↙
```

[5] 绘制结果如图 3-75 所示。

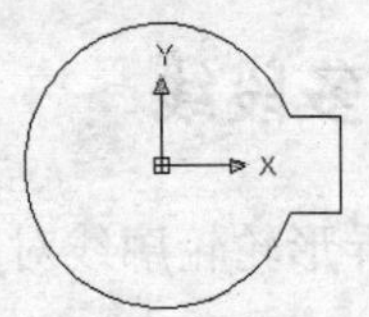

图 3-75　绘制内轮廓

[6] 单击【绘图】工具栏中的～按钮，激活【样条曲线】命令，绘制外轮廓线。命令行操作如下：

```
命令: _spline
```

```
指定第一个点或 [对象(O)]:22.6,0↙
指定下一点: 23.2<13↙
指定下一点或 [闭合(C)/拟合公差(F)] <起点切向>:23.2<-278↙
指定下一点或 [闭合(C)/拟合公差(F)] <起点切向>:21.5<-258↙
指定下一点或 [闭合(C)/拟合公差(F)] <起点切向>:16.4<-238↙
指定下一点或 [闭合(C)/拟合公差(F)] <起点切向>:14.6<-214↙
指定下一点或 [闭合(C)/拟合公差(F)] <起点切向>:14.8<-199↙
指定下一点或 [闭合(C)/拟合公差(F)] <起点切向>:15.2<-169↙
指定下一点或 [闭合(C)/拟合公差(F)] <起点切向>:16.4<-139↙
指定下一点或 [闭合(C)/拟合公差(F)] <起点切向>:18.1<-109↙
指定下一点或 [闭合(C)/拟合公差(F)] <起点切向>:21.1<-49↙
指定下一点或 [闭合(C)/拟合公差(F)] <起点切向>:22.1<-10↙
指定下一点或 [闭合(C)/拟合公差(F)] <起点切向>: c↙
指定切向:                    //将光标移至如图 3-76 所示位置单击左键，以确定切向
```

[7] 绘制结果如图 3-77 所示。

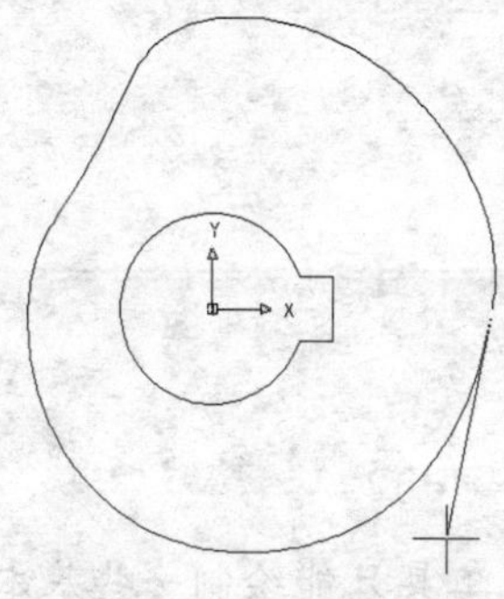

图 3-76 确定切向

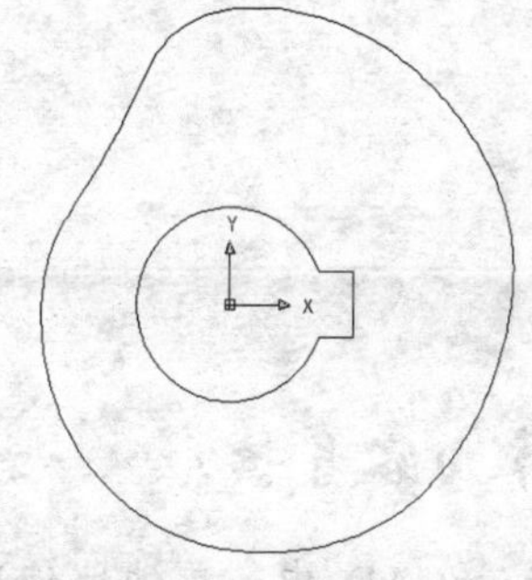

图 3-77 绘制结果

[8] 执行【保存】命令，将图形命名存储为“综合例题 4.dwg”。

第4章 选择与编辑图形对象

本章内容导读：

在 AutoCAD 中，单纯地使用绘图命令或绘图工具只能绘制一些基本的图形对象。为了绘制复杂图形，很多情况下都必须借助于图形编辑命令。AutoCAD 2012 提供了众多的图形编辑命令，如复制、移动、旋转、镜像、偏移、阵列、拉伸及修剪等。使用这些命令，可以修改已有图形或通过已有图形构造新的复杂图形。

本章学习要点：

- 选择对象
- 使用夹点编辑图形
- 删除、移动和旋转对象
- 复制、镜像、阵列和偏移对象
- 修改对象的形状和大小
- 倒角、圆角、打断、合并及分解
- 编辑对象特性

4.1 选择对象

4.1.1 常规选择

【图形的选择】是 AutoCAD 的重要基本技能之一，它常用在对图形进行修改编辑之前。常用的选择方式有点选、窗口选择和窗交选择三种。

1. 点选

【点选】是最基本、最简单的一种对象选择方式。此种方式一次仅能选择一个对象。在命令行【选择对象:】的提示下，系统自动进入点选模式，此时光标指针切换为矩形选择框状，将选择框放在对象的边沿上单击左键，即可选择该图形。被选择的图形对象以虚线显示，如图 4-1 所示。

2. 窗口选择

【窗口选择】也是一种常用的选择方式，使用此方式一次也可以选择多个对象。当未激活任何命令的时候，在窗口中从左向右拉出一矩形选择框，此选择框即为窗口选择框，选择框以实线显示，内部以浅蓝色填充，如图 4-2 所示。

当指定窗口选择框的对角点之后，所有完全位于框内的对象都能被选择，如图 4-3 所示。

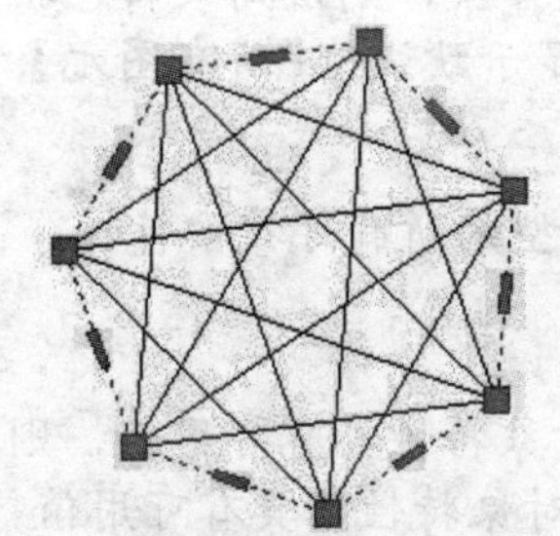

图 4-1　点选示例

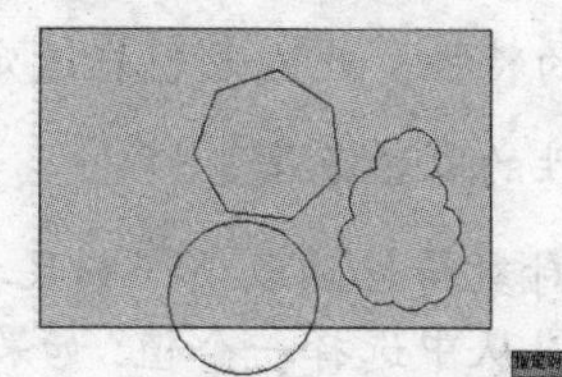

图 4-2　窗口选择框

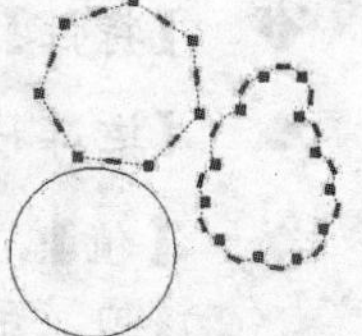

图 4-3　选择结果

3. 窗交选择

【窗交选择】是使用频率非常高的选择方式，使用此方式一次可以选择多个对象。当未激活任何命令时，在窗口中从右向左拉出一矩形选择框，此选择框即为窗交选择框。选择框以虚线显示，内部以绿色填充，如图 4-4 所示。当指定选择框的对角点之后，所有与选择框相交和完全位于选择框内的对象都能被选择，如图 4-5 所示。

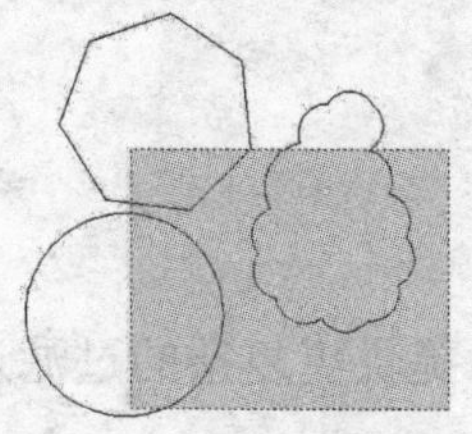

图 4-4　窗交选择框

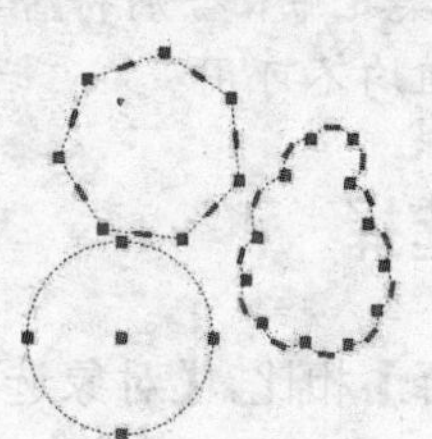

图 4-5　选择结果

4.1.2 快速选择

用户可使用【快速选择】命令来进行快速选择，该命令可以在整个图形或现有选择集的范围内来创建一个选择集，通过包括或排除符合指定对象类型和对象特性条件的所有对象。同时，用户还可以指定该选择集用于替换当前选择集还是将其附加到当前选择集之中。

执行【快速选择】命令的方式有以下几种：

◆ 执行【工具】|【快速选择】命令

◆ 终止任何活动命令，右键单击绘图区，在打开的快捷菜单中选择【快速选择】命令

◆ 在命令行输入【Qselect】按 Enter 键

◆ 在【特性】、【块定义】等窗口或对话框中也提供了【快速选择】按钮，以便访问【快速选择】命令

执行该命令后，打开【快速选择】对话框，如图 4-6 所示。

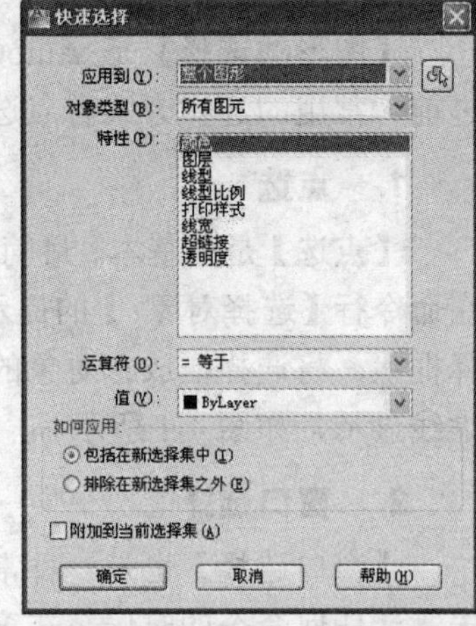

图 4-6 【快速选择】对话框

该对话框中各项的具体说明如下：

◆ 【应用到】：指定过滤条件应用的范围，包括【整个图形】或【当前选择集】。用户也可单击 按钮返回绘图区来创建选择集。

◆ 【对象类型】：指定过滤对象的类型。如果当前不存在选择集，则该列表将包括 AutoCAD 中的所有可用对象类型及自定义对象类型，并显示默认值【所有图元】；如果存在选择集，此列表只显示选定对象的对象类型。

◆ 【特性】：指定过滤对象的特性。此列表包括选定对象类型的所有可搜索特性。

◆ 【运算符】：控制对象特性的取值范围。

◆ 【值】：指定过滤条件中对象特性的取值。如果指定的对象特性具有可用值，则该项显示为列表，用户可以从中选择一个值；如果指定的对象特性不具有可用值，则该项显示为编辑框，用户根据需要输入一个值。此外，如果在【运算符】下拉列表中选择了【选择全部】选项，则【值】项将不显示。

◆ 【如何应用】：指定符合给定过滤条件的对象与选择集的关系：

◆ 【包括在新选择集中】：将符合过滤条件的对象创建一个新的选择集。

◆ 【排除在新选择集之外】：将不符合过滤条件的对象创建一个新的选择集。

◆ 【附加到当前选择集】：选择该项后通过过滤条件所创建的新选择集将附加到当前的选择集之中，否则将替换当前选择集。如果用户选择该项，则【当前选择集】和 按钮均不可用。

4.1.3 过滤选择

与【快速选择】相比，【对象选择管理器】可以提供更复杂的过滤选项，并可以命名和保存过滤器。执行该命令的方式为：

- ◆ 在命令行输入“filter”按 Enter 键
- ◆ 使用命令简写“FI”按 Enter 键

执行该命令后，打开【对象选择过滤器】对话框，如图 4-7 所示。

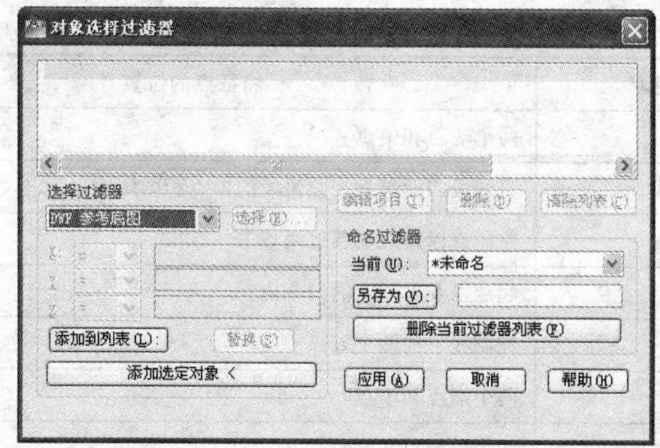

图 4-7 【对象选择过滤器】对话框

该对话框中各项的具体说明如下：

- ◆ 【对象选择过滤器】列表：该列表中显示了组成当前过滤器的全部过滤器特性。用户可单击 EditName 按钮编辑选定的项目，单击 Delete 按钮删除选定的项目，或单击 Clear list 按钮清除整个列表；
- ◆ 【选择过滤器】：该栏的作用类似于快速选择命令，可根据对象的特性向当前列表中添加过滤器。在该栏的下拉列表中包含了可用于构造过滤器的全部对象以及分组运算符。用户可以根据对象的不同指定相应的参数值，并可以通过关系运算符来控制对象属性与取值之间的关系。
- ◆ 【命名过滤器)】：该栏用于显示、保存和删除过滤器列表。

提示

【filter】命令可透明地使用。专家指点 AutoCAD 从默认的“filter.nfl”文件中加载已命名的过滤器。AutoCAD 在“filter.nfl”文件中保存过滤器列表。

4.2 使用夹点编辑图形

使用【夹点】可以在不调用任何编辑命令的情况下，对需要进行编辑的对象进行修改。单击所要编辑的对象，对象上出现若干个夹点。单击其中一个夹点作为编辑操作的基点，这时该点会以高亮度显示，表示已成为基点。在选取基点后，就可以使用 AutoCAD 的夹点功能对相应的对象进行拉伸、移动、旋转等编辑操作。

4.2.1 夹点定义和设置

当单击所要编辑的图形对象后，被选中图形的特征点（如端点、圆心、象限点等）将显示为蓝色的小方块，这些小方块被称为【夹点】。【夹点】有两种状态：未激活状态和被激活状态。单击某个未激活的夹点，该夹点被激活，以红色的实心小方框显示。这种处于被激活状态的夹点称为【热夹点】。

不同对象特征点的位置和数量不相同。表 4-1 中给出了 AutoCAD 中常见对象特征的规定。

表 4-1　常见对象特征的规定

对象类型	特征点的位置
直线	两个端点和中点
多段线	直线段的两端点、圆弧段的中点和两端点
构造线	控制点以及线上邻近两点
射线	起点以及射线上的一个点
多线	控制线上的两个端点
圆弧	两个端点和中点
圆	四个象限点和圆心
椭圆	四个顶点和中心点
椭圆弧	端点、中点和中心点
文字	插入点和第二个对齐点
段落文字	各顶点

执行【工具】|【选项】命令，打开【选项】对话框，可通过【选项】对话框的【选择集】选项卡来设置夹点各种参数，如图 4-8 所示。

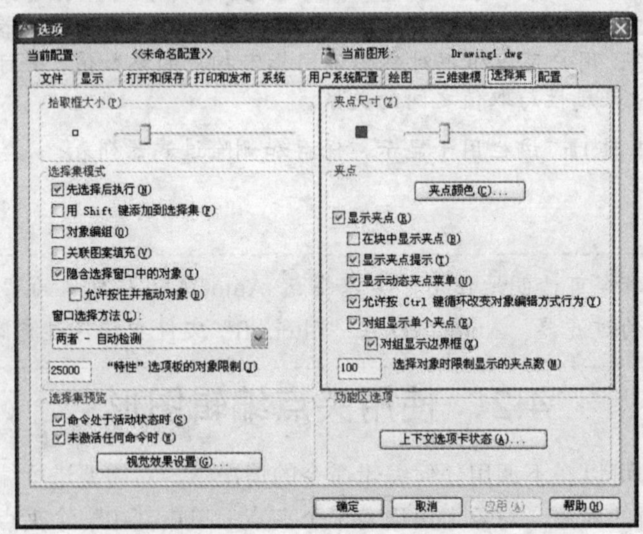

图 4-8　【选项】对话框

在【选择集】选项卡中包含了对夹点选项的设置，这些设置主要有以下几种：

◆ 【夹点尺寸】：确定夹点小方块的大小，可通过调整滑块的位置来设置。

◆ 【夹点颜色】：单击该按钮，可打开【夹点颜色】对话框，如图 4-9 所示。在此对话框中可对夹点未选中、悬停、选中几种状态以及夹点轮廓的颜色进行设置。

◆ 【显示夹点】：设置 AutoCAD 的夹点功能是否有效。【显示夹点】复选框下面有几个复选框。用于设置夹点显示的具体内容。

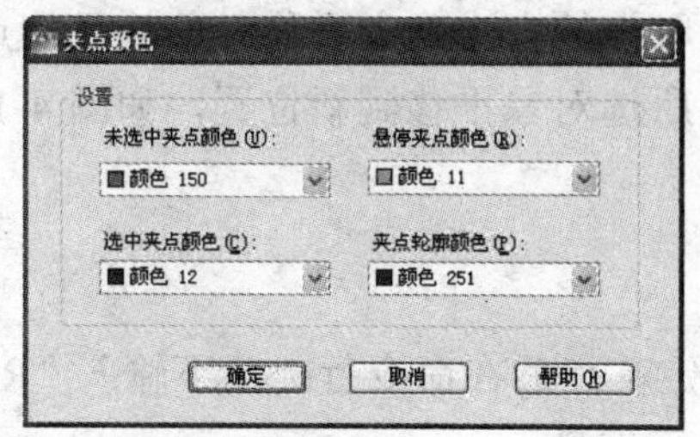

图 4-9 【夹点颜色】对话框

4.2.2 拉伸对象

在选择基点后，命令行将出现以下提示：

```
**  拉伸 **
指定拉伸点或 [基点(B)/复制(C)/放弃(U)/退出(X)]:
```

默认情况下，通过输入点的坐标或者直接用鼠标指针拾取点拉伸点后，AutoCAD 将把对象拉伸或移动到新的位置。因为对于某些夹点，移动时只能移动对象而不能拉伸对象，如文字、块、直线中点、圆心、椭圆中心和点对象上的夹点。拉伸效果如图 4-10 所示。

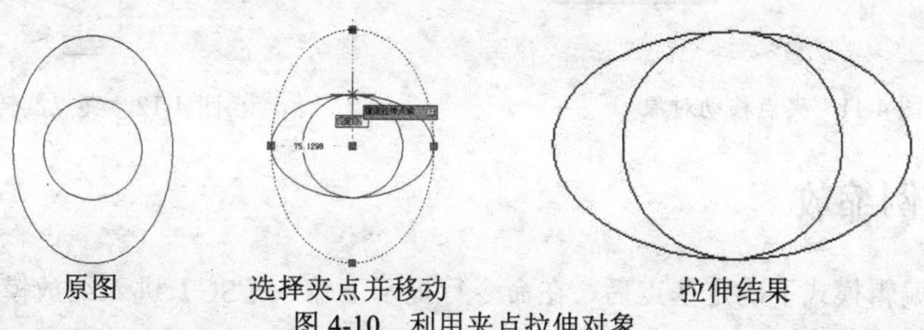

图 4-10 利用夹点拉伸对象

【拉伸】各选项的解释如下：

- 【基点(B)】：重新确定拉伸基点。选择此选项，AutoCAD 将接着提示指定基点，在此提示下指定一个点作为基点来执行拉伸操作。
- 【复制(C)】：允许用户进行多次拉伸操作。选择该选项，允许用户进行多次拉伸操作。此时用户可以确定一系列的拉伸点，以实现多次拉伸。
- 【放弃(U)】：取消上一次操作。
- 【退出(X)】：退出当前的操作。

4.2.3 移动对象

移动对象仅仅是对象位置的平移，其方向和大小并不改变。要精确地移动对象，可使用捕捉模式、坐标、夹点和对象捕捉模式。在夹点编辑模式下确定基点后，在命令行提示下输入“MO”，按 Enter 键进入移动模式，命令行将显示如下提示信息：

```
**  移动 **
指定移动点或 [基点(B)/复制(C)/放弃(U)/退出(X)]:
```

通过输入点的坐标或拾取点的方式确定平移对象的目的点后，即可以基点为平移的起点、以目的点为终点，将所选对象平移到新位置，如图 4-11 所示。

4.2.4 旋转对象

在夹点编辑模式下，确定基点后在命令行提示下输入“RO”，按 Enter 键，进入旋转模式，命令行将显示如下提示信息。

```
**  旋转 **
指定旋转角度或 [基点(B)/复制(C)/放弃(U)/参照(R)/退出(X)]:
```

默认情况下，输入旋转的角度值后或通过拖动方式确定旋转角度后，即可将对象绕基点旋转指定的角度。【旋转】效果如图 4-12 所示。

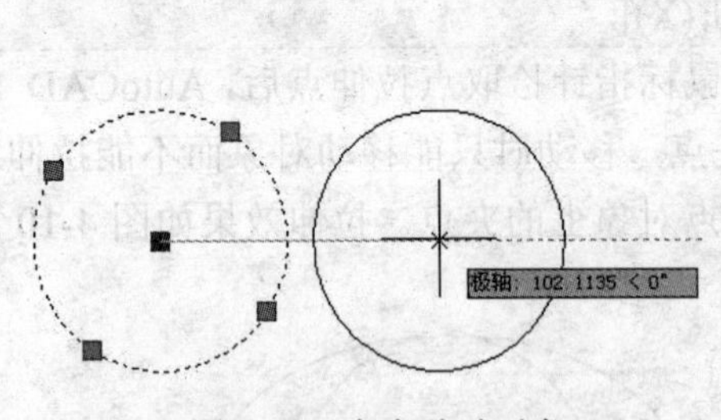

图 4-11 夹点移动对象

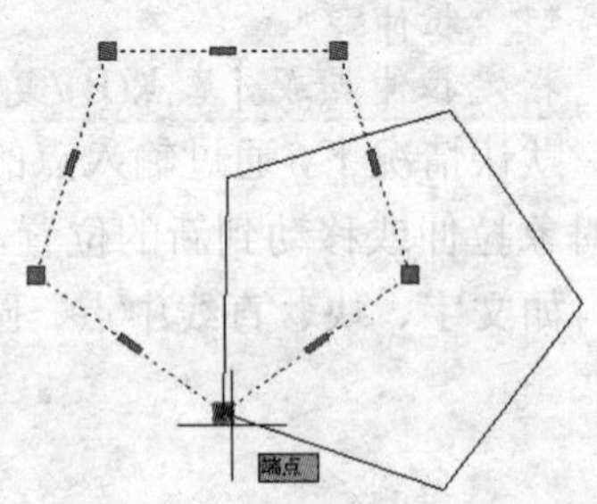

图 4-12 夹点旋转对象

4.2.5 比例缩放

在夹点编辑模式下确定基点后，在命令行提示下输入【SC】进入缩放模式，命令行将显示如下提示信息：

```
**  比例缩放 **
指定比例因子或 [基点(B)/复制(C)/放弃(U)/参照(R)/退出(X)]:
```

提示

当比例因子大于 1 时放大对象；当比例因子大于 0 而小于 1 时缩小对象。

默认情况下，当确定了缩放的比例因子后，AutoCAD 将相对于基点进行缩放对象操作。

4.2.6 镜像对象

【镜像】对象只按镜像线改变图形。镜像效果如图 4-13 所示。镜像在夹点编辑模式下确定基点后，在命令行提示下输入“MI”进入镜像模式，命令行将显示如下提示信息：

```
** 镜像 **
指定第二点或 [基点(B)/复制(C)/放弃(U)/退出(X)]:
```

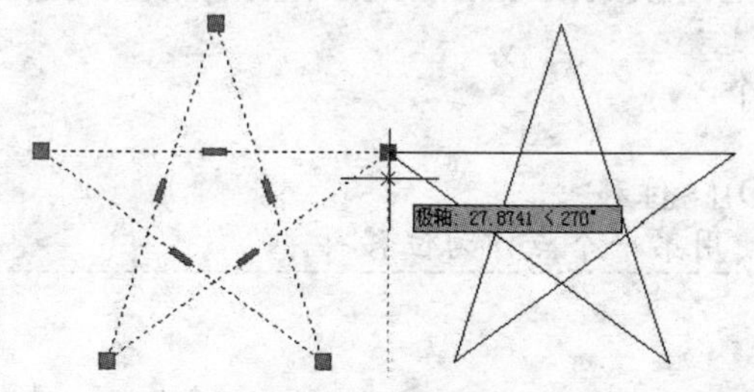

图 4-13　镜像对象

4.3　删除、移动和旋转对象

在 AutoCAD 2012 中，不仅可以使用夹点来移动、旋转、对齐对象，还可以通过【修改】菜单中的相关命令来实现。下面讲解【修改】菜单命令的【删除】、【移动】、【旋转】、【对齐】。

4.3.1　删除对象

【删除】是很常用的一个命令，用于删除画面中不需要的对象。【删除】命令的执行方式主要有以下几种：

- ◆ 执行【修改】|【删除】命令
- ◆ 在命令行输入“Erase”按 Enter 键
- ◆ 输入简写命令“E”按 Enter 键
- ◆ 单击【修改】工具栏中的【删除】按钮
- ◆ 选择对象，按 Delete 键

执行【删除】命令后，命令行将显示如下提示信息：

```
命令: _erase
选择对象: 找到 1 个                                        //指定删除的对象↙
选择对象: ↙                                                //结束选择
```

4.3.2　移动对象

移动对象是指对象的重定位，可以在指定方向上按指定距离移动对象。对象的位置发生了改变，但方向和大小不改变。

执行【移动】命令主要有以下几种方式：

- ◆ 执行【修改】|【移动】命令
- ◆ 单击【修改】工具栏上的【移动】按钮
- ◆ 在命令行输入“Move”按 Enter 键
- ◆ 使用命令简写“RO”按 Enter 键

执行【删除】命令后，命令行将显示如下提示信息：

```
命令: _move
选择对象: 找到 1 个↙                                    //指定移动对象
选择对象:
指定基点或 [位移(D)] <位移>:
指定第二个点或 <使用第一个点作为位移>:
```

4.3.3 旋转对象

【旋转】命令用于将选择对象围绕指定的基点旋转一定的角度。在旋转对象时，输入的角度为正值，系统按逆时针方向旋转；输入的角度为负值，按顺时针方向旋转。

执行【旋转】命令主要有以下几种方式：

- ◆ 单击【修改】菜单中的【旋转】命令
- ◆ 单击【修改】工具栏上的按钮
- ◆ 在命令行输入"Rotate"按 Enter 键
- ◆ 使用命令简写"RO"按 Enter 键

下面通过将某矩形顺时针旋转 30º，学习使用【旋转】命令。

[1] 新建空白文件。

[2] 执行【矩形】命令绘制一个矩形，如图 4-14（左）所示。

[3] 单击【修改】工具栏上的按钮，激活【旋转】命令，对矩形逆时针旋转。命令行操作如下：

```
命令: _rotate
UCS 当前的正角方向:  ANGDIR=逆时针  ANGBASE=0
选择对象:                                          //选择刚绘制的矩形
选择对象:↙
指定基点:                                          //捕捉矩形左下角点作为基点
指定旋转角度, 或 [复制(C)/参照(R)] <0>:30↙         //输入倾斜角度
```

[4] 旋转结果如图 4-14（右）所示。

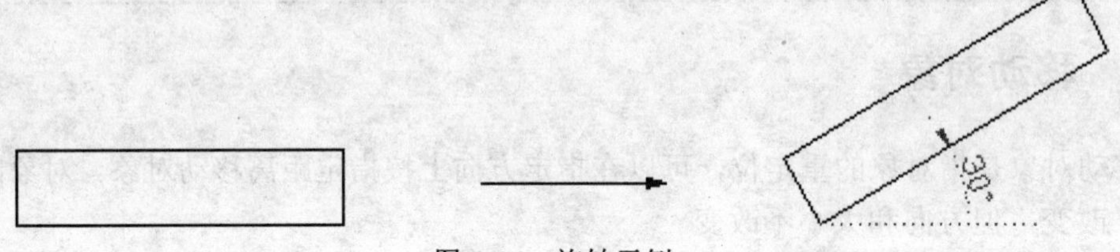

图 4-14 旋转示例

提示

【参照】选项用于将对象进行参照旋转，即指定一个参照角度和新角度，两个角度的差值就是对象的实际旋转角度。

4.4 复制、镜像、阵列和偏移对象

在 AutoCAD 中，单纯使用绘图命令或绘图工具只能绘制一些基本的图形对象。为了绘制复杂图形，很多情况下都必须借助于图形编辑命令。AutoCAD 2012 提供了众多的图形编辑命令，使用这些命令，可以修改已有图形或通过已有图形构造新的复杂图形。

4.4.1 复制对象

【复制】命令用于对已有的对象复制出副本，并放到指定位置。复制出的图形尺寸、形状等保持不变，唯一发生改变的就是图形的位置。

执行【复制】命令主要有以下几种方式：

- ◆ 执行【修改】|【复制】命令
- ◆ 单击【修改】工具栏上的【复制】按钮
- ◆ 在命令行输入“Copy”按 Enter 键
- ◆ 使用命令简写“CO”按 Enter 键

一般情况下，通常使用【复制】命令创建结构相同，位置不同的复合结构，下面通过典型的操作实例学习此命令。

[1] 首先执行【椭圆】和【圆】命令，配合象限点捕捉功能，绘制如图 4-15 所示的椭圆和圆。

[2] 单击【修改】工具栏上的【复制】按钮，对圆图形进行多重复制。命令行操作如下：

```
命令: _copy
选择对象:                                          //选择刚绘制的圆图形
选择对象:↙                                         //结束选择
当前设置:  复制模式 = 多个
指定基点或  [位移(D)/模式(O)] <位移>:               //捕捉圆心作为基点
指定第二个点或 <使用第一个点作为位移>:             //捕捉椭圆上象限点
指定第二个点或 [退出(E)/放弃(U)] <退出>:           //捕捉椭圆右象限点
指定第二个点或 [退出(E)/放弃(U)] <退出>:           //捕捉椭圆下象限点
指定第二个点或 [退出(E)/放弃(U)] <退出>:↙          //结束命令。
```

[3] 复制结果如图 4-16 所示。

图 4-15 绘制结果　　　　图 4-16 复制结果

4.4.2 镜像对象

【镜像】命令用于将选择的图形以镜像线对称复制。在镜像过程中，源对象可以保

留，也可以删除。

执行【镜像】命令主要有以下几种方式：

◆ 执行【修改】|【镜像】命令

◆ 单击【修改】工具栏上的【镜像】按钮

◆ 在命令行输入“Mirror”按 Enter 键

◆ 使用命令简写“MI”按 Enter 键

【镜像】命令通常用于创建一些结构对称的图形，下面通过实例学习使用【镜像】命令，操作如下：

[1] 打开随书光盘【/素材源文件/镜像对象.dwg】，如图 4-17 所示。

[2] 单击【修改】工具栏上的按钮，激活【镜像】命令，对图形进行镜像。命令行操作如下：

```
命令: _mirror
选择对象: 找到 9 个, 1 个编组                                //选择打开的图形
选择对象:↙                                                  //完成选择
指定镜像线的第一点: 指定镜像线的第二点:
二维点无效。
指定镜像线的第二点:                                          //如图 4-17 所示，单击鼠标确定
要删除源对象吗? [是(Y)/否(N)] <N>:↙                          //保留源对象
```

[3] 镜像结果如图 4-18 所示。

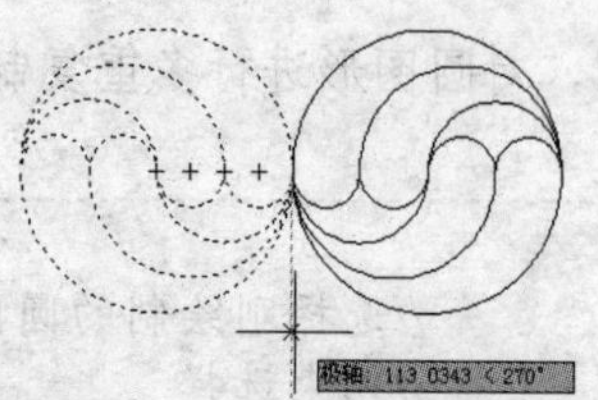

图 4-17　打开源文件

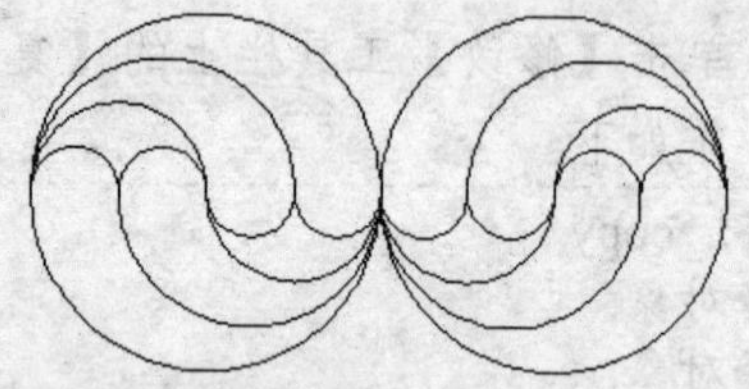

图 4-18　定位第一镜像点

提示

如果对文字进行镜像时，其镜像后的文字可读性取决于系统变量【MIRRTEX】的值，当变量值为 1 时，镜像文字不具有可读性；当变量值为 0 时，镜像后的文字具有可读性。

4.4.3 阵列对象

【阵列】是一种用于创建规则图形结构的复合命令，使用此命令可以创建均布结构或聚心结构的复制图形。

1. 矩形阵列

【矩形阵列】是将图形对象按照指定的行数和列数，成矩形的排列方式进行大规模

复制。

执行【矩形阵列】命令主要有以下几种方式：

- ◆ 执行【修改】|【阵列】|【矩形阵列】命令
- ◆ 单击【修改】工具栏上的【矩形阵列】按钮
- ◆ 在命令行输入“Arrayrect”按 Enter 键

执行【矩形阵列】命令后，命令行操作如下：

```
命令: _arrayrect
选择对象: 找到 1 个                                    //选择阵列对象
选择对象:↙                                             //确认选择
类型 = 矩形  关联 = 是
为项目数指定对角点或 [基点(B)/角度(A)/计数(C)] <计数>:
                                                       //拉出一条斜线，如图 4-19 所示
指定对角点以间隔项目或 [间距(S)] <间距>:               //调整间距，如图 4-20 所示
按 Enter 键接受或 [关联(AS)/基点(B)/行(R)/列(C)/层(L)/退出(X)] <退出>:↙
                                                       //确认，并打开如图 4-21 所示的快捷菜单
```

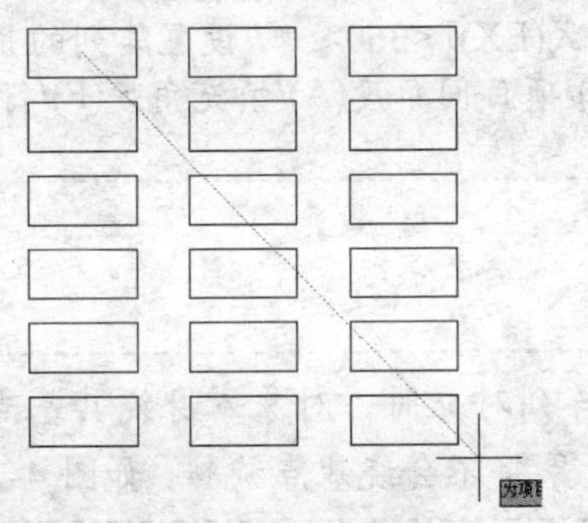

图 4-19　设置阵列的数目

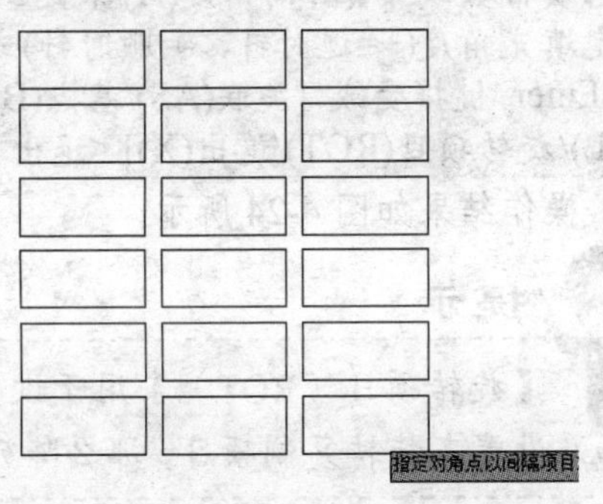

图 4-20　设置阵列的间距

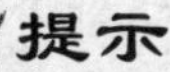

提示

矩形阵列的【角度】选项用于设置阵列的角度，使阵列后的图形对象沿着某一角度倾斜，如图 4-22 所示。

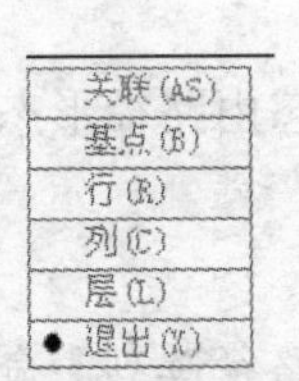

图 4-21　快捷菜单

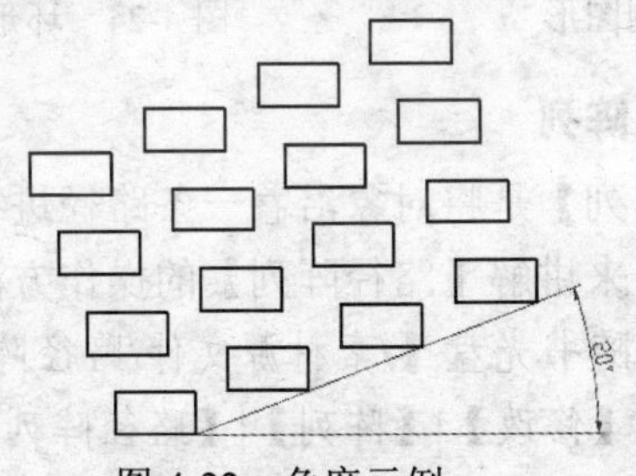

图 4-22　角度示例

2. 环形阵列

【环形阵列】是将图形对象按照指定的中心点和阵列数目，成圆形排列。

执行【环形阵列】命令主要有以下几种方式：

- 执行【修改】|【阵列】|【环形阵列】命令
- 单击【修改】工具栏上的【环形阵列】按钮
- 在命令行输入“Arraypolar”按 Enter 键

下面通过一个小例子来学习【环形阵列】命令：

[1] 新建空白文档。

[2] 执行【圆】和【矩形】命令，配合象限点捕捉，绘制图形，如图 4-23 所示。

[3] 执行【修改】|【阵列】|【矩形阵列】命令，激活【环形阵列】对话框，命令行的操作如下：

```
命令: _arraypolar
选择对象: 找到 1 个                                        //选择矩形
选择对象:↙                                                //完成选择
类型 = 极轴  关联 = 是
指定阵列的中心点或 [基点(B)/旋转轴(A)]:                    //选择圆心作为阵列中心点
输入项目数或 [项目间角度(A)/表达式(E)] <4>:↙               //设置阵列数量
指定填充角度(+=逆时针、-=顺时针)或 [表达式(EX)] <360>:  //设置阵列的角度
按 Enter 键接受或 [关联(AS)/基点(B)/项目(I)/项目间角度(A)/填充角度(F)/行(ROW)/
层(L)/旋转项目(ROT)/退出(X)] <退出>: ↙
```

[4] 操作结果如图 4-24 所示。

提示

【旋转项目（ROT）】用于设置环形阵列对象时，对象本身绕其基点旋转。如果设置不旋转复制项目，那么阵列出的对象将不会绕基点旋转，如图 4-25 所示。

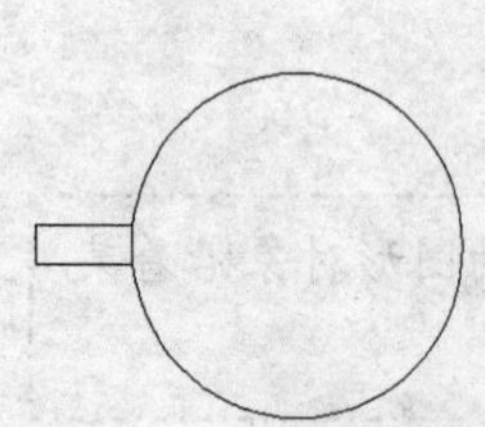

图 4-23 绘制图形

图 4-24 环形阵列示例

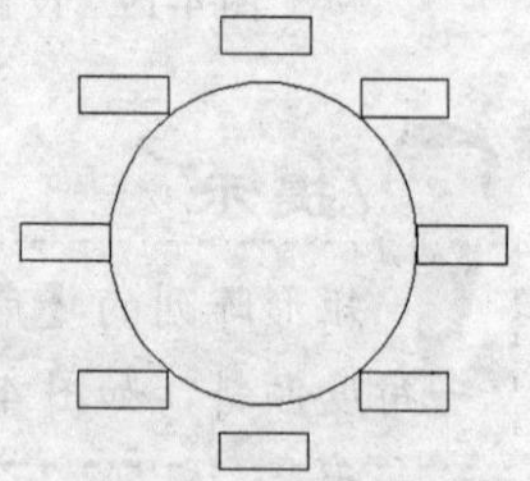

图 4-25 环形阵列示例

3. 路径阵列

【路径阵列】是将对象沿着一条路径进行排列，排列形态由路径形态而定。下面通过一个小例子来讲解【路径阵列】的操作方法：

[1] 打开随书光盘【/素材源文件/路径阵列对象.dwg】。

[2] 执行【修改】|【阵列】|【路径阵列】命令，激活【路径阵列】命令，命令行操作如下：

```
命令: _arraypath
选择对象: 找到 1 个                                        //选择【圆】图形
选择对象:↙                                                //确认选择
```

```
类型 = 路径  关联 = 是
选择路径曲线:                                    //选择弧形
输入沿路径的项数或 [方向(O)/表达式(E)] <方向>: 15  //输入复制的数量
指定沿路径的项目之间的距离或 [定数等分(D)/总距离(T)/表达式(E)] <沿路径平均定
    数等分(D)>: ↙                               //定义密度，如图 4-26 所示
按 Enter 键接受或 [关联(AS)/基点(B)/项目(I)/行(R)/层(L)/对齐项目(A)/Z 方向(Z)/退
    出(X)] <退出>:↙                   //自动弹出快捷菜单，如图 4-27 所示
```

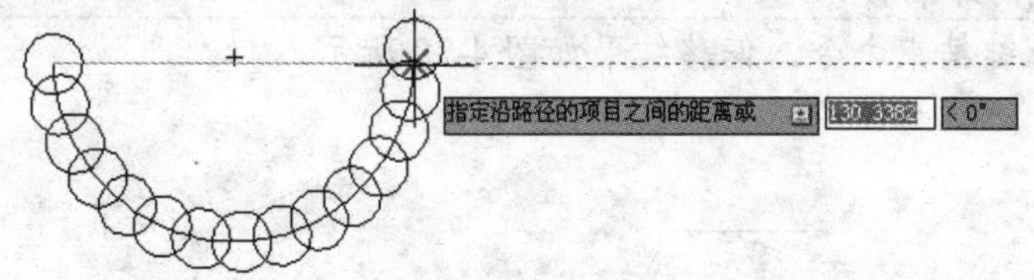

图 4-26　定义图形密度

[3] 操作结果如图 4-28 所示。

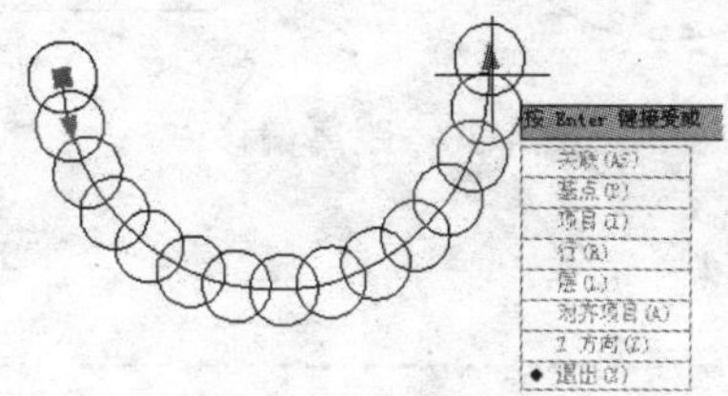

图 4-27　快捷菜单

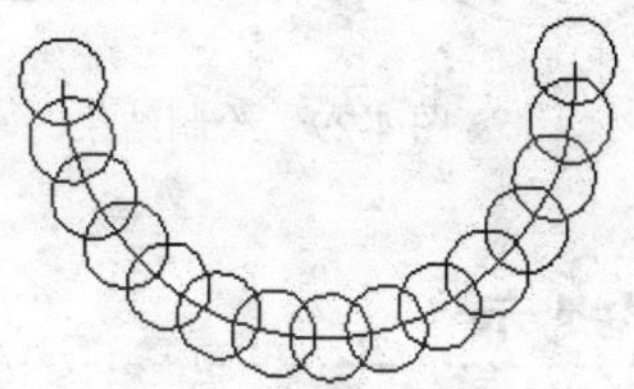

图 4-28　路径阵列示例

4.4.4　偏移对象

【偏移】命令用于将图线按照一定的距离或指定的通过点，偏移选择的图形对象。

执行【偏移】命令主要有以下几种方式：

- ◆ 执行【修改】|【偏移】命令
- ◆ 单击【修改】工具栏上的【偏移】按钮
- ◆ 在命令行输入“Offset”按 Enter 键
- ◆ 使用命令简写【O】按 Enter 键

1. 将对象距离偏移

不同结构的对象，其偏移结果也不同。比如在对圆、椭圆等对象偏移后，对象的尺寸发生了变化，而对直线偏移后，尺寸则保持不变。

下面以偏移圆、椭圆、直线等基本图元为例，学习距离偏移对象。

[1] 新建空白文件。

[2] 执行【圆】和【多边形】命令，绘制如图 4-29 所示的圆和正六边形。

[3] 单击【修改】工具栏中的【修改】按钮，激活【偏移】命令，对各图形进行距离偏移。命令行操作如下：

```
命令: _offset
```

```
当前设置: 删除源=否   图层=源   OFFSETGAPTYPE=0
指定偏移距离或 [通过(T)/删除(E)/图层(L)] <53.6005>:  7↙   //设置偏移距离为 7
选择要偏移的对象, 或 [退出(E)/放弃(U)] <退出>:                //选择圆形
指定要偏移的那一侧上的点, 或 [退出(E)/多个(M)/放弃(U)] <退出>:
                                                      //设定向内或向外偏移
选择要偏移的对象, 或 [退出(E)/放弃(U)] <退出>:                //选择正六边形
指定要偏移的那一侧上的点, 或 [退出(E)/多个(M)/放弃(U)] <退出>:
//设定向内或向外偏移
```

[4] 按 Enter 键结束命令，偏移结果如图 4-30 所示。

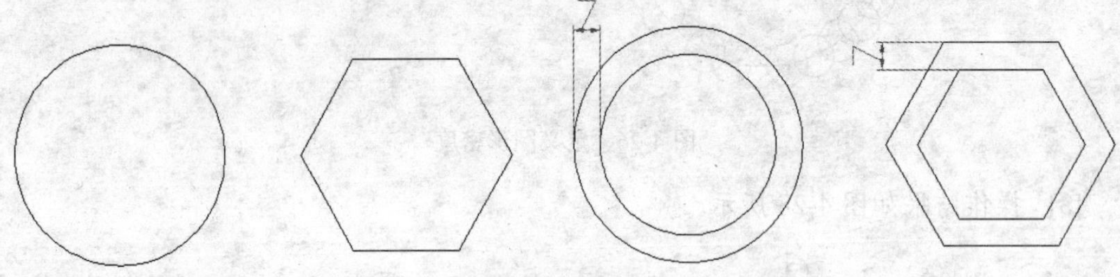

图 4-29 绘制结果　　　　图 4-30 距离偏移

提示

在选择偏移对象时，只能以点选的方式选择对象，且每次只能偏移一个对象。

2. 将对象定点偏移

【定点偏移】是为偏移对象指定一个通过点。此种偏移通常需要配合【对象捕捉】功能。下面通过实例学习定点偏移。

[1] 单击【修改】工具栏中的【偏移】按钮，激活【偏移】命令。

[2] 激活【偏移】命令后，对圆图形继续偏移，使偏移出的圆与大椭圆相切。命令行操作如下:

```
命令: _offset
当前设置: 删除源=否   图层=源   OFFSETGAPTYPE=0
指定偏移距离或 [通过(T)/删除(E)/图层(L)] <20.0000>: t ↙ //激活【通过】选项
选择要偏移的对象, 或 [退出(E)/放弃(U)] <退出>:          //单击圆作为偏移对象
指定通过点或 [退出(E)/多个(M)/放弃(U)] <退出>:        //捕捉外侧椭圆的左象限点
选择要偏移的对象, 或 [退出(E)/放弃(U)] <退出>:↙              //结束命令。
```

[3] 偏移结果如图 4-31 所示。

提示

【通过】选项用于按照指定的通过点偏移对象，所偏移出的对象将通过事先指定的目标点。

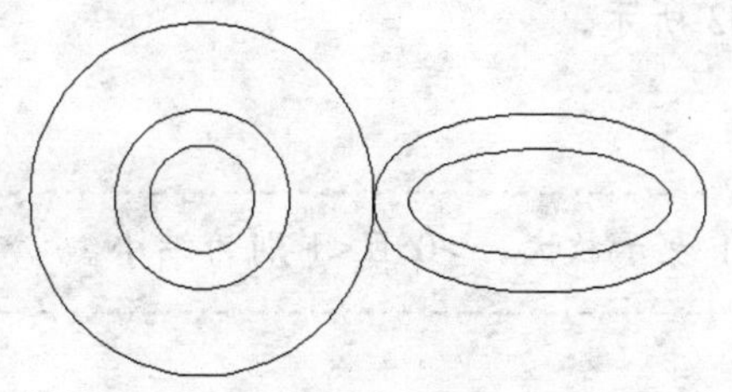

图 4-31 定点偏移

4.5 修改对象的形状和大小

在 AutoCAD 2012 中，可以使用【修剪】和【延伸】命令缩短或拉长对象，以与其他对象的边相接。也可以使用【缩放】、【拉伸】和【拉长】命令，在一个方向上调整对象的大小或按比例放大或缩小对象。

4.5.1 缩放对象

【缩放】命令用于将对象进行等比例放大或缩小，使用此命令可以创建形状相同、大小不同的图形结构。

执行【缩放】命令主要有以下几种方式：

- ◆ 执行【修改】|【缩放】命令
- ◆ 单击【修改】工具栏上的【缩放】按钮
- ◆ 在命令行输入“Scale”按 Enter 键
- ◆ 使用命令简写【SC】按 Enter 键

在等比例缩放对象时，如果输入的比例因子大于 1，对象将被放大；如果输入的比例小于 1，对象将被缩小。下面通过具体实例学习使用【缩放】命令。

[1] 首先新建空白文件。

[2] 使用快捷键【C】激活【圆】命令，绘制直径为 100 的圆，如图 4-32 所示。

[3] 单击【修改】工具栏上的按钮，激活【缩放】命令，将圆图形等比缩放 0.5 倍。命令行操作如下：

```
命令: _scale
选择对象:                                          //选择刚绘制的圆
选择对象:↙                                         //结束对象的选择
指定基点:                                          //捕捉圆的圆心
指定比例因子或 [复制(C)/参照(R)] <1.0000>:0.5↙     //输入缩放比例
```

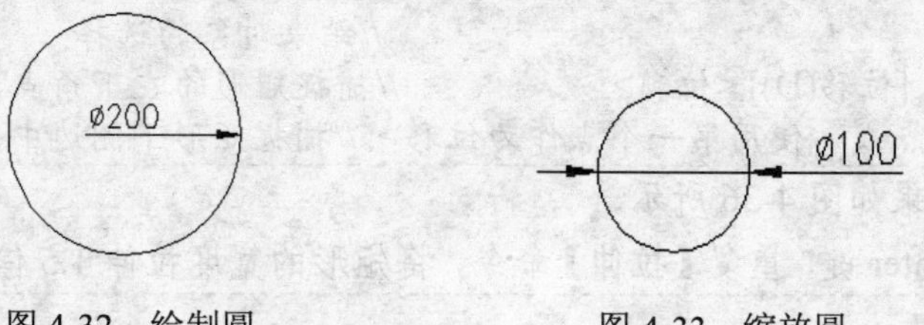

图 4-32 绘制圆　　　　图 4-33 缩放圆

[4] 缩放结果如图 4-33 所示。

> 缩放比例的数值，>1 表示放大，>0 且<1 则为缩小。

4.5.2 拉伸对象

【拉伸】命令用于将对象进行不等比缩放，进而改变对象的尺寸或形状，如图 4-34 所示。

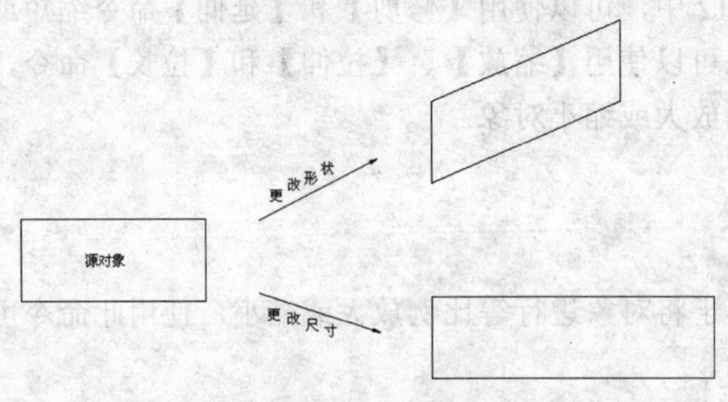

图 4-34 拉伸示例

执行【拉伸】命令主要有以下几种方式：

- 执行【修改】|【拉伸】命令
- 单击【修改】工具栏上的【拉伸】按钮
- 在命令行输入"Stretch"按 Enter 键
- 使用命令简写【S】按 Enter 键

通常用于拉伸的对象有直线、圆弧、椭圆弧、多段线、样条曲线等。下面通过将某矩形的短边尺寸拉伸为原来的两倍，而长边尺寸拉伸为 1.5 倍，学习使用【拉伸】命令。

[1] 新建空白文件。

[2] 使用【矩形】命令绘制一个矩形。

[3] 单击【修改】工具栏上的【拉伸】按钮，激活【拉伸】命令，对矩形的水平边进行拉长。命令行操作如下。

```
命令: _stretch
以交叉窗口或交叉多边形选择要拉伸的对象...
选择对象:                                  //拉出如图 4-35 所示的窗交选择框
选择对象:↙                                 //结束对象的选择
指定基点或 [位移(D)] <位移>:                //捕捉矩形的左下角点，作为拉伸的基点
指定第二个点或 <使用第一个点作为位移>: //捕捉矩形下侧边中点作为拉伸目标点
```

[4] 拉伸结果如图 4-36 所示。

[5] 敲击 Enter 键，重复【拉伸】命令，将矩形的宽度拉伸 1.5 倍。命令行操作如下：

```
命令: _stretch
以交叉窗口或交叉多边形选择要拉伸的对象...
```

```
选择对象:                                  //拉出如图 4-37 所示的窗交选择框
选择对象:↙                                 //结束对象的选择
指定基点或 [位移(D)] <位移>:                 //捕捉矩形的左下角点，作为拉伸的基点
指定第二个点或 <使用第一个点作为位移>: //捕捉矩形左上角点作为拉伸目标点
```

提示

如果所选择的图形对象完全处于选择框内时，那么拉伸的结果只能是图形对象相对于原位置上的平移。

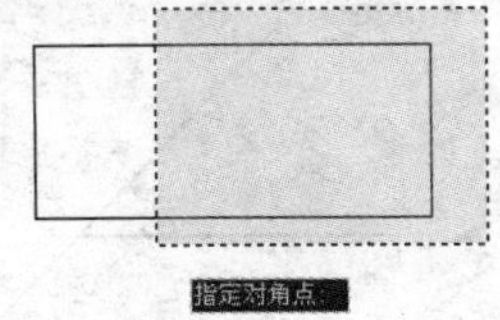

图 4-35 窗交选择

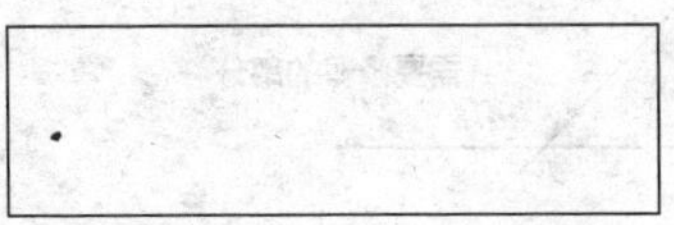
图 4-36 拉伸结果

[6] 拉伸结果如图 4-38 所示。

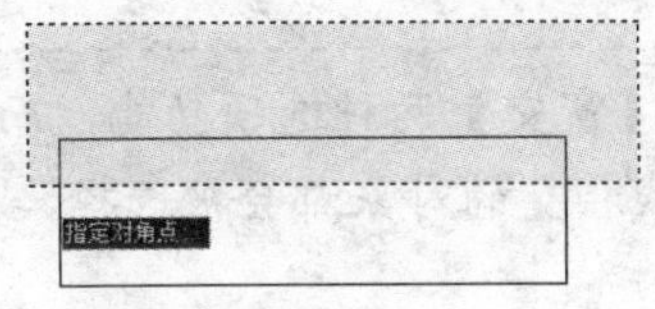

图 4-37 窗交选择

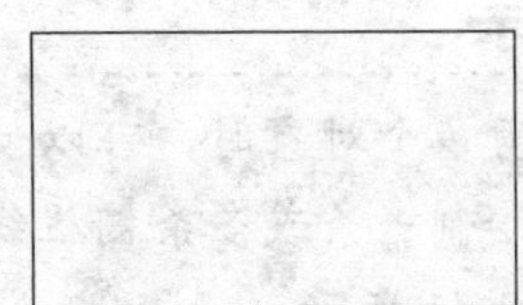
图 4-38 拉伸结果

4.5.3 修剪对象

【修剪】命令用于修剪掉对象上指定的部分，不过在修剪时，需要事先指定一个边界。

执行【修剪】命令主要有以下几种方式：

- ◆ 执行【修改】|【修剪】命令
- ◆ 单击【修改】工具栏上的【修剪】按钮
- ◆ 在命令行输入“Trim”按 Enter 键
- ◆ 使用命令简写【TR】按 Enter 键

1. 常规修剪

在修剪对象时，边界的选择是关键，而边界必须要与修剪对象相交，或与其延长线相交才能成功修剪对象。因此，系统为用户设定了两种修剪模式，即【修剪模式】和【不修剪模式】，默认模式为【不修剪模式】。下面通过具体实例，学习默认模式下的修剪操作。

[1] 使用画线命令绘制图 4-39（左）所示的两条图线。

[2] 单击【修改】工具栏上的按钮，激活【修剪】命令，对水平直线进行修剪，命令行操作如下：

```
命令: _trim
```

```
当前设置:投影=UCS，边=无
选择剪切边...
选择对象或 <全部选择>:          //选择倾斜直线作为边界
选择对象:↙                    //结束边界的选择
选择要修剪的对象，或按住 Shift 键选择要延伸的对象，或[栏选(F)/窗交(C)/投影式
    (P)/边(E)/删除(R)/放弃(U)]: //在水平直线右端单击左键，定位需要删除的部分
选择要修剪的对象，或按住 Shift 键选择要延伸的对象，或[栏选(F)/窗交(C)/投影(P)/
    边(E)/删除(R)/放弃(U)]:↙ //结束命令
```

[3] 修剪结果如图 4-39（右）所示。

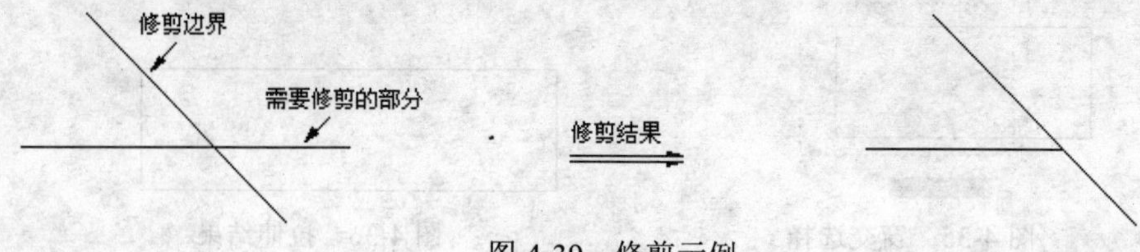

图 4-39 修剪示例

提示

当修剪多个对象时，可以使用【栏选】和【窗交】两种选项功能，而【栏选】方式需要绘制一条或多条栅栏线，所有与栅栏线相交的对象都会被选择，如图 4-40 所示和图 4-41 所示。

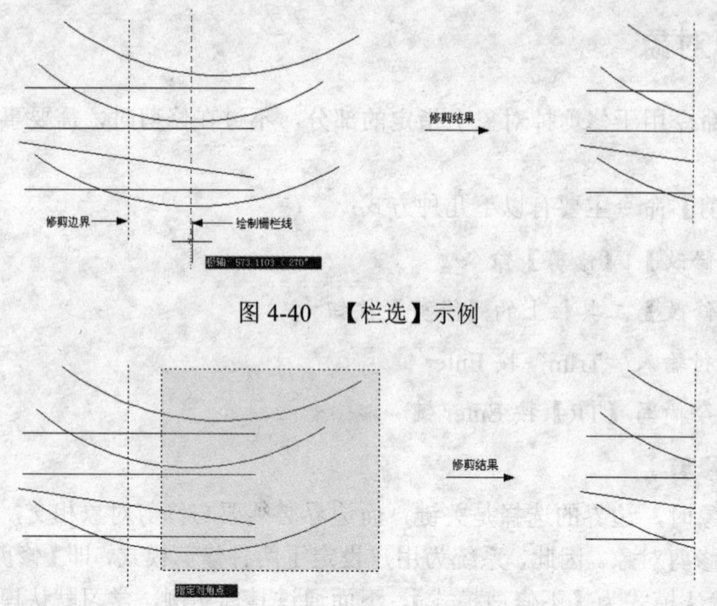

图 4-40 【栏选】示例

图 4-41 【窗交】示例

2. 【隐含交点】下的修剪

【隐含交点】指的是边界与对象没有实际的交点，而是边界被延长后，与对象存在一个隐含交点。

对【隐含交点】下的图线进行修剪时，需要更改默认的修剪模式，即将默认模式更

改为【修剪模式】。下面通过实例学习此种操作。

[1] 使用画线命令绘制图 4-42 所示的两条图线。

[2] 执行【修改】工具栏上的【修剪】按钮-/--，激活【修剪】命令，对水平图线进行修剪，命令行操作如下：

```
命令: _trim
当前设置:投影=UCS，边=无
选择剪切边...
选择对象或 <全部选择>:↙                    //选择刚绘制的倾斜图线
选择对象:
选择要修剪的对象，或按住 Shift 键选择要延伸的对象，或[栏选(F)/窗交(C)/投影(P)/
    边(E)/删除(R)/放弃(U)]:e↙                  //激活【边】选项功能
输入隐含边延伸模式 [延伸(E)/不延伸(N)] <不延伸>:e↙
//设置修剪模式为延伸模式
选择要修剪的对象，或按住 Shift 键选择要延伸的对象，或[栏选(F)/窗交(C)/投影(P)/
    边(E)/删除(R)/放弃(U)]:                    //在水平图线的右端单击左键
选择要修剪的对象，或按住 Shift 键选择要延伸的对象，或[栏选(F)/窗交(C)/投影(P)/
    边(E)/删除(R)/放弃(U)]:↙                   //结束修剪命令
```

[3] 图线的修剪结果如图 4-43 所示。

提示

【边】选项用于确定修剪边的隐含延伸模式，其中【延伸】选项表示剪切边界可以无限延长，边界与被剪实体不必相交；【不延伸】选项指剪切边界只有与被剪实体相交时才有效。

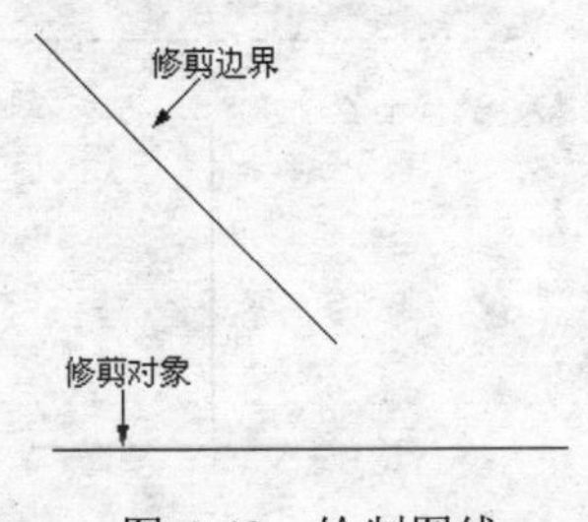

图 4-42 绘制图线

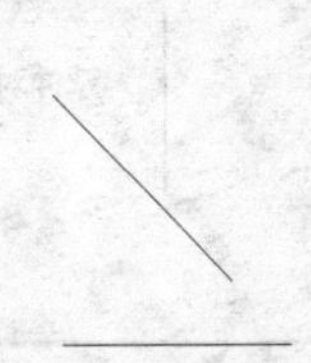

图 4-43 修剪结果

4.5.4 延伸对象

【延伸】命令用于将对象延伸至指定的边界上，延伸的对象有直线、圆弧、椭圆弧、非闭合的二维多段线和三维多段线以及射线等。

执行【延伸】命令主要有以下几种方式：

- 执行【修改】|【延伸】命令
- 单击【修改】工具栏上的【延伸】按钮--/
- 在命令行输入 “Extend” 按 Enter 键

◆ 使用命令简写【EX】按 Enter 键

1. 常规延伸

在延伸对象时，也需要为对象指定边界。指定边界时有两种情况，一种是对象被延长后与边界存在有一个实际的交点，另一种就是与边界的延长线相交于一点。

为此 AutoCAD 为用户提供了两种模式，即【延伸模式】和【不延伸模式】，系统默认模式为【不延伸模式】，下面通过具体实例，学习此种模式的延伸过程。

[1] 使用画线命令绘制图 4-44（左）所示的两条图线。

[2] 执行【修改】|【延伸】命令，对垂直图线进行延伸，使之与水平图线垂直相交。命令行操作如下：

```
命令: _extend
当前设置:投影=UCS，边=无
选择边界的边...
选择对象或 <全部选择>:                              //选择水平图线作为边界
选择对象: ↙                                          //结束边界的选择
选择要延伸的对象，或按住 Shift 键选择要修剪的对象，或[栏选(F)/窗交(C)/投影(P)/
    边(E)/放弃(U)]:                                  //在垂直图线的下端单击左键
选择要延伸的对象，或按住 Shift 键选择要修剪的对象，或[栏选(F)/窗交(C)/投影(P)/
    边(E)/放弃(U)]: ↙                                //结束命令
```

[3] 结果垂直图线的下端被延伸，如图 4-44（右）所示。

提示

在选择延伸对象时，要在靠近延伸边界的一端选择需要延伸的对象，否则对象将不被延伸。

图 4-44　延伸示例

2. 【隐含交点】下的延伸

【隐含交点】指的是边界与对象延长线没有实际的交点，而是边界被延长后，与对象延长线存在一个隐含交点。

对【隐含交点】下的图线进行延伸时，需要更改默认的延伸模式，即将默认模式更改为【延伸模式】。下面通过具体的实例，学习此种模式下的延伸操作。

[1] 使用画线命令绘制图 4-45（左）所示的两条图线。

[2] 执行【修剪】命令，将垂直图线的下端延长，使之与水平图线的延长线相交。命令行操作如下：

```
命令: _extend
当前设置:投影=UCS，边=无
选择边界的边...
选择对象:                                    //选择水平的图线作为延伸边界
选择对象:↙                                   //结束边界的选择
选择要延伸的对象，或按住 Shift 键选择要修剪的对象，或[栏选(F)/窗交(C)/投影(P)/
    边(E)/放弃(U)]:e↙                         //激活【边】选项
输入隐含边延伸模式 [延伸(E)/不延伸(N)] <不延伸>: e↙
//设置模式为延伸模式
选择要延伸的对象，或按住 Shift 键选择要修剪的对象，或[栏选(F)/窗交(C)/投影(P)/
    边(E)/放弃(U)]:                           //在垂直图线的下端单击左键。
选择要延伸的对象，或按住 Shift 键选择要修剪的对象，或[栏选(F)/窗交(C)/投影(P)/
    边(E)/放弃(U)]:↙                          //结束命令。
```

[3] 延伸效果如图 4-45（右）所示。

提示

【边】选项用来确定延伸边的方式。【延伸】选项将使用隐含的延伸边界来延伸对象，而实际上边界和延伸对象并没有真正相交，AutoCAD 会假想将延伸边延长，然后再延伸；【不延伸】选项确定边界不延伸，而只有边界与延伸对象真正相交后才能完成延伸操作。

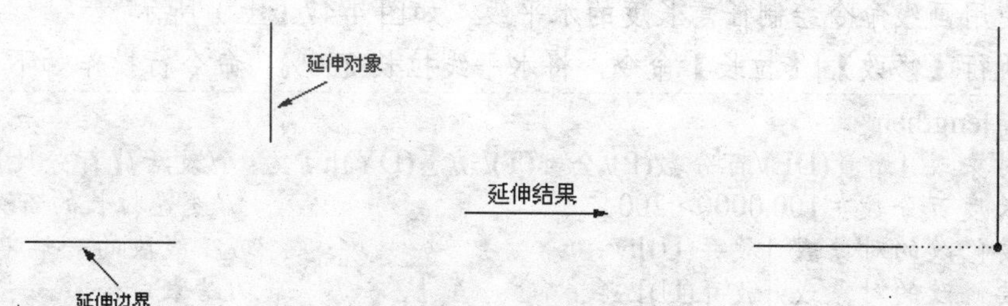

图 4-45 两种隐含模式

4.5.5 拉长对象

【拉长】命令用于将对象进行拉长或缩短，在拉长的过程中，不仅可以改变线对象的长度，还可以更改弧对象的角度。

执行【拉长】命令的主要有以下几种方式：

- ◆ 执行【修改】|【拉长】命令
- ◆ 在命令行输入“Lengthen”按 Enter 键
- ◆ 使用命令简写【LEN】按 Enter 键

1. 增量拉长

【增量】拉长是按照事先指定的长度增量或角度增量，进行拉长或缩短对象，下面通过实例学习此种操作。

[1] 首先新建空白文件。

[2] 使用画线命令绘制长度为 200 的水平直线，如图 4-46（上）所示。

[3] 执行【修改】|【拉长】命令，将水平直线水平向右拉长 50 个单位。命令行操作如下：

```
命令: _lengthen
选择对象或 [增量(DE)/百分数(P)/全部(T)/动态(DY)]:DE↙
                                                    //激活【增量】选项
输入长度增量或 [角度(A)] <0.0000>:50↙                //设置长度增量
选择要修改的对象或 [放弃(U)]:                        //在直线的右端单击左键
选择要修改的对象或 [放弃(U)]:↙                       //退出命令
```

[4] 拉长结果如图 4-46（下）所示。

提示

如果把增量值设置为正值，系统将拉长对象；反之则缩短对象。

2. 百分数拉长

所谓【百分数】拉长，指的是以总长的百分比值进行拉长或缩短对象，长度的百分数值必须为正且非零，下面通过实例学习此种操作。

[1] 新建空白文件。

[2] 使用画线命令绘制任意长度的水平线，如图 4-47（上）所示。

[3] 执行【修改】|【拉长】命令，将水平线拉长 200%。命令行操作如下：

```
命令: _lengthen
选择对象或 [增量(DE)/百分数(P)/全部(T)/动态(DY)]: P↙   //激活【百分比】选项
输入长度百分数 <100.0000>:200↙                        //设置拉长的百分比值
选择要修改的对象或 [放弃(U)]:                          //在线段的一端单击左键
选择要修改的对象或 [放弃(U)]:↙                         //结束命令
```

[4] 拉长结果如图 4-47（下）所示。

提示

当长度百分比值小于 100 时将缩短对象；输入长度的百分比值大于 100 时将拉伸对象。

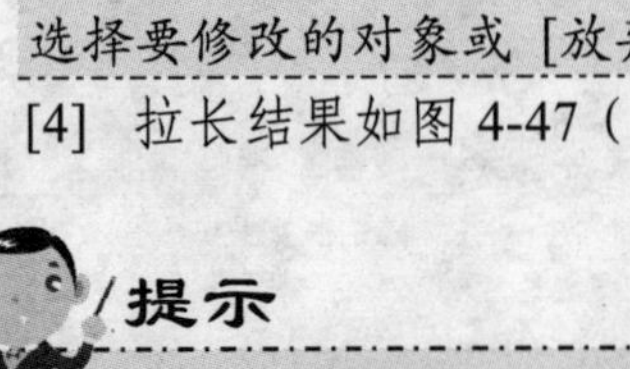

图 4-46 增量拉长示例

图 4-47 百分比拉长示例

3. 全部拉长

【全部拉长】指的是根据指定一个总长度或者总角度进行拉长或缩短对象，下面通过实例学习此种操作。

[1] 新建空白文件。

[2] 使用画线命令绘制任意长度的水平线，如图 4-48（上）所示。

[3] 执行【修改】|【拉长】命令，将水平线拉长为 500 个单位。命令行操作如下：

```
命令: _lengthen
选择对象或 [增量(DE)/百分数(P)/全部(T)/动态(DY)]:t↙    //激活【全部】选项
指定总长度或 [角度(A)] <1.0000)>:500↙                  //设置总长度
选择要修改的对象或 [放弃(U)]:                           //在线段的一端单击左键
选择要修改的对象或 [放弃(U)]:↙                          //退出命令
```

[4] 结果源对象的长度被拉长为 500，如图 4-48（下）所示。

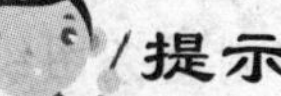

提示

如果原对象的总长度或总角度大于所指定的总长度或总角度，结果原对象将被缩短；反之，将被拉长。

图 4-48 全部拉长示例

4. 动态拉长

【动态】拉长指的是根据图形对象的端点位置动态改变其长度。激活【动态】选项功能之后，AutoCAD 将端点移动到所需的长度或角度，另一端保持固定，如图 4-49 所示。

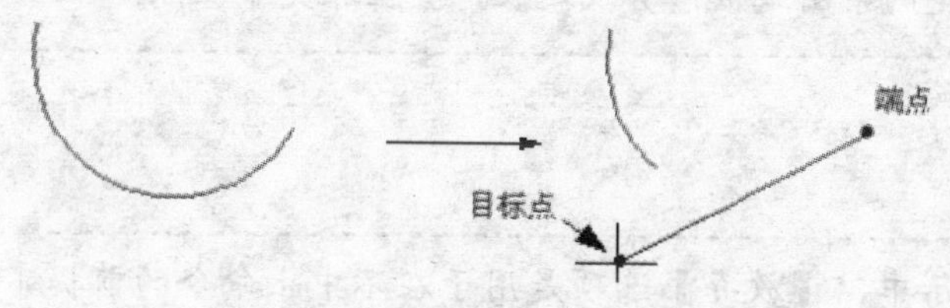

图 4-49 动态拉长

4.6 倒角、圆角、打断、合并及分解

4.6.1 倒角

【倒角】命令指的是使用一条线段连接两个非平行的图线。用于倒角的图线一般有直线、多段线、矩形、多边形等，不能倒角的图线有圆、圆弧、椭圆和椭圆弧等。下面将学习几种常用的倒角功能。

执行【倒角】命令主要有以下几种方式：

- ◆ 执行【修改】|【倒角】命令
- ◆ 单击【修改】工具栏上的【倒角】按钮
- ◆ 在命令行输入“Chamfer”按 Enter 键
- ◆ 使用命令简写【CHA】按 Enter 键

1. 距离倒角

【距离倒角】是直接输入两条图线上的倒角距离为图线倒角。下面通过具体实例，学习此种倒角。

[1] 首先新建空白文件。

[2] 绘制图 4-50（左）所示的两条图线。

[3] 单击【修改】工具栏上的【倒角】按钮，激活【倒角】命令，对两条图线进行距离倒角。命令行操作如下：

```
命令: _chamfer
(【修剪】模式) 当前倒角距离 1 = 0.0000，距离 2 = 0.0000
选择第一条直线或 [放弃(U)/多段线(P)/距离(D)/角度(A)/修剪(T)/方式(E)/多个(M)]:
d↙                                                    //激活【距离】选项
指定第一个倒角距离 <0.0000>:150↙                        //设置第一倒角长度
指定第二个倒角距离 <25.0000>:100↙                       //设置第二倒角长度
选择第一条直线或 [放弃(U)/多段线(P)/距离(D)/角度(A)/修剪(T)/方式(E)/多个(M)]:
                                                      //选择水平线段
选择第二条直线，或按住 Shift 键选择要应用角点的直线:      //选择倾斜线段
```

[4] 距离倒角的结果如图 4-50（右）所示。

提示

用于倒角的两个倒角距离值不能为负值，如果将两个倒角距离设置为零，那么倒角的结果就是两条图线被修剪或延长，直至相交于一点。

提示

在此操作提示中，【放弃】选项是用于在不中止命令的前提下，撤消上一步操作；【多个】选项是用于在执行一次命令时，可以对多个图线进行倒角操作。

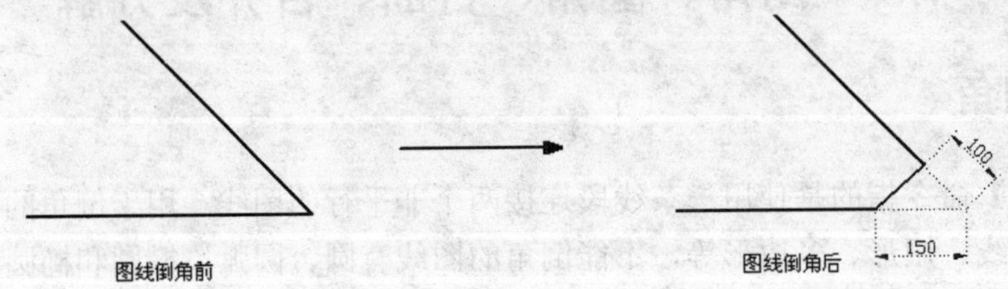

图 4-50 距离倒角

2. 角度倒角

【角度倒角】是通过设置一条图线的倒角长度和倒角角度为图线倒角。下面通过具体实例，学习此种倒角。

[1] 新建空白文件。

[2] 使用画线命令绘制图 4-51（左）所示的两条垂直图线。

[3] 单击【修改】工具栏上的【倒角】按钮，激活【倒角】命令，对两条图形进行角度倒角。命令行操作如下：

```
命令: _chamfer
(【修剪】模式) 当前倒角距离 1 = 25.0000，距离 2 = 15.0000
选择第一条直线或 [放弃(U)/多段线(P)/距离(D)/角度(A)/修剪(T)/方式(E)/
多个(M)]:a↙                                          //激活【角度】选项
指定第一条直线的倒角长度 <0.0000>:100↙                 //设置倒角长度
指定第一条直线的倒角角度 <0>:30↙                       //设置倒角距离
选择第一条直线或 [放弃(U)/多段线(P)/距离(D)/角度(A)/修剪(T)/方式(E)/多个(M)]:
                                                     //选择水平的线段
选择第二条直线，或按住 Shift 键选择要应用角点的直线:    //选择倾斜线段作为第
    二倒角对象
```

[4] 角度倒角的结果如图 4-51（右）所示。

提示

在此操作提示中，【方式】选项用于确定倒角的方式，要求选择【距离倒角】或【角度倒角】。另外，【系统变量】控制着倒角的方式：当【Chammode=0】，系统支持【距离倒角】；当【Chammode=1】，系统支持【角度倒角】模式。

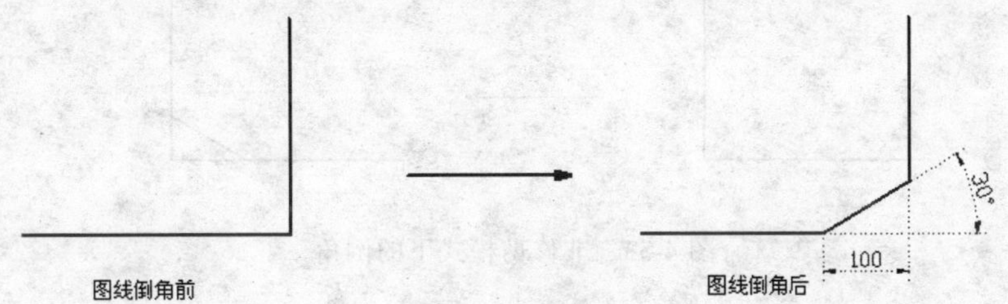

图 4-51 角度倒角

3. 多段线倒角

【多段线】选项是用于为整条多段线的所有相邻元素边进行同时倒角操作。在为多段线进行倒角操作时，可以使用相同的倒角距离值，也可以使用不同的倒角距离值，下面通过具体实例，学习此种倒角。

使用【多段线】命令绘制如图 4-52（左）所示的多段线。

单击【修改】工具栏上的【倒角】按钮，激活【倒角】命令，对多段线进行倒角。命令行操作如下：

```
命令: _chamfer
(【修剪】模式) 当前倒角距离 1 = 0.0000，距离 2 = 0.0000
```

```
选择第一条直线或 [放弃(U)/多段线(P)/距离(D)/角度(A)/修剪(T)/方式(E)/多个(M)]:d
  ↙//激活【距离】选项
指定第一个倒角距离 <0.0000>:50↙                       //设置第一倒角长度
指定第二个倒角距离 <50.0000>:30↙                      //设置第二倒角长度
选择第一条直线或 [放弃(U)/多段线(P)/距离(D)/角度(A)/修剪(T)/方式(E)/多个(M)]:
p↙                                                   //激活【多段线】选项
选择二维多段线:                                       //选择刚绘制的多段线
```

6 条直线已被倒角多段线倒角的结果如图 4-52（右）所示。

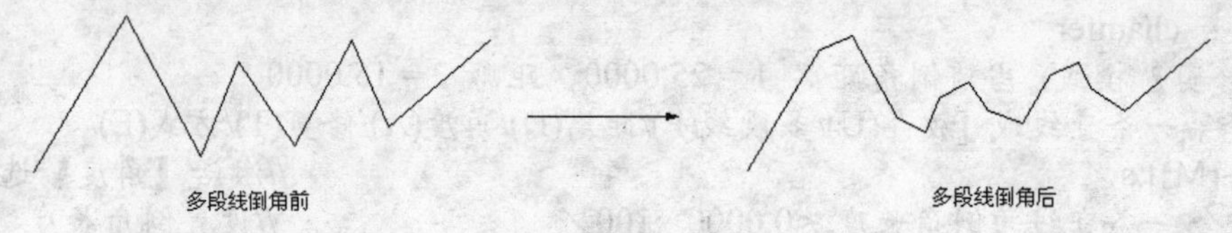

图 4-52 多段线倒角

4. 设置倒角模式

【修剪】选项用于设置倒角的修剪状态。系统提供了两种倒角边的修剪模式，即【修剪】和【不修剪】。当将倒角模式设置为【修剪】时，被倒角的两条直线被修剪到倒角的端点，系统默认的模式为【修剪模式】；当倒角模式设置为【不修剪】时，那么用于倒角的图线将不被修剪，如图 4-53 所示。

提示

系统变量【Trimmode】控制倒角的修剪状态。当【Trimmode=0】时，系统保持对象不被修剪；当【Trimmode=1】时，系统支持倒角的修剪模式。

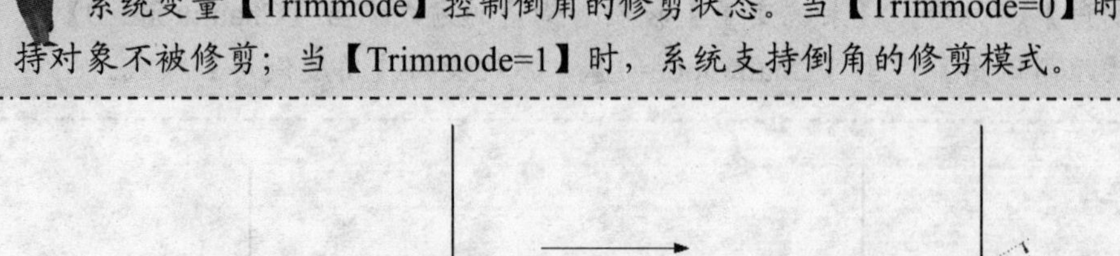

图 4-53 非修剪模式下的倒角

4.6.2 倒圆角

【圆角对象】是使用一段给定半径的圆弧光滑连接两条图线。一般情况下，用于圆角的图线有直线、多段线、样条曲线、构造线、射线、圆弧和椭圆弧等。

执行【圆角】命令主要有以下几种方式：

- ◆ 执行【修改】|【圆角】命令
- ◆ 单击【修改】工具栏上的【圆角】按钮
- ◆ 在命令行输入“Fillet”按 Enter 键
- ◆ 使用命令简写【F】按 Enter 键

下面通过对直线和圆弧倒圆角，学习使用【圆角】命令。

[1] 新建空白文件。

[2] 使用【直线】和【圆弧】命令绘制如图 4-54（左）所示的直线和圆弧。

[3] 单击【修改】工具栏上的◯按钮，激活【圆角】命令，对直线和圆弧倒圆角。命令行操作如下:

```
命令: _fillet
当前设置: 模式 = 修剪, 半径 =0.0000
选择第一个对象或 [放弃(U)/多段线(P)/半径(R)/修剪(T)/多个(M)]: r↙
                                                    //激活【半径】选项
指定圆角半径 <0.0000>:100↙
选择第一个对象或 [放弃(U)/多段线(P)/半径(R)/修剪(T)/多个(M)]:   //选择倾斜线段
选择第二个对象, 或按住 Shift 键选择要应用角点的对象:            //选择圆弧
```

图线的倒圆角效果如图 4-54（右）所示。

提示

【多个】选项用于为多个对象进行倒圆角处理，不需要重复执行命令。如果用于倒圆角的图线处于同一图层中，那么圆角也处于同一图层上；如果两倒圆角对象不在同一图层中，那么圆角将处于当前图层上。同样，圆角的颜色、线型和线宽也都遵守这一规则。

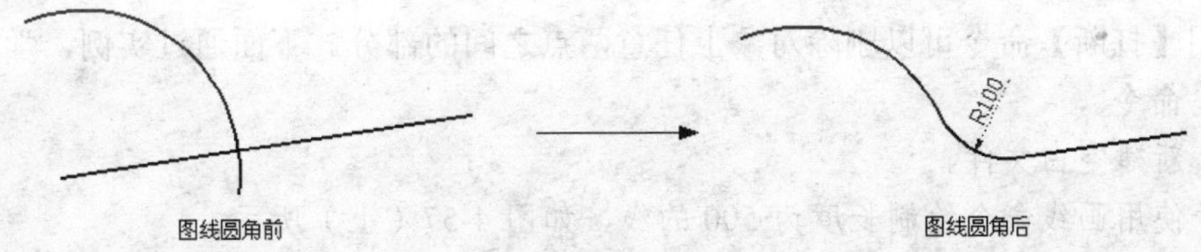

图 4-54　圆角示例

提示

【多段线】选项用于对多段线每相领元素进行倒圆角处理，激活此选项后 AutoCAD 将以默认的圆角半径对整条多段线相邻各边进行倒圆角操作，如图 4-55 所示。

图 4-55　多段线倒圆角

与【倒角】命令一样，【圆角】命令也存在两种圆角模式，即 【修剪】和【不修剪】，以上各例都是在【修剪】模式下进行圆角的，而【非修剪】模式下的圆角效果如图 4-56 所示。

提示

用户也可通过系统变量【Trimmode】设置圆角的修剪模式，当系统变量的值设为 0 时，保持对象不被修剪；当设置为 1 时表示圆角后进行修剪对象。

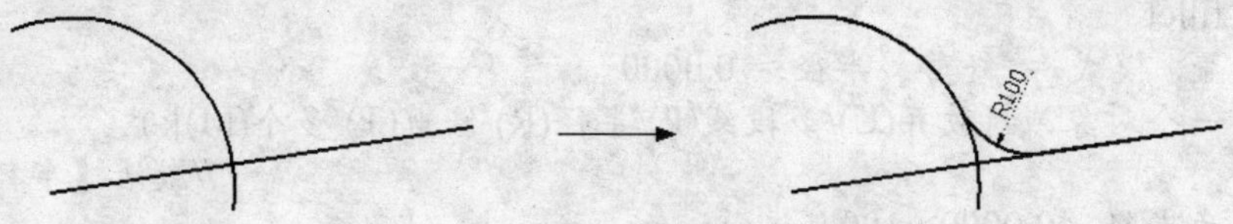

图 4-56　非修剪模式下的圆角

4.6.3　打断对象

【打断对象】是将对象打断为相连的两部分，或打断并删除图形对象上的一部分。

执行【打断】命令主要有以下几种方式：

- 执行【修改】|【打断】命令
- 单击【修改】工具栏上的【打断】按钮
- 在命令行输入“Break”按 Enter 键
- 使用命令简写【BR】按 Enter 键

使用【打断】命令可以删除对象上任意两点之间的部分。下面通过实例，学习使用【打断】命令。

[1] 新建空白文件。

[2] 使用画线命令绘制长度为 500 的线，如图 4-57（上）所示。

[3] 单击【修改】工具栏上的按钮，配合点的捕捉和输入功能，将在水平线上删除 40 个单位的距离。命令行操作如下：

```
命令: _break
选择对象:                                   //选择刚绘制的线段
指定第二个打断点 或 [第一点(F)]:f↙          //激活【第一点】选项
指定第一个打断点:                           //捕捉线段的中点作为第一断点
指定第二个打断点:@40,0↙                     //定位第二断点
```

[4] 打断结果如图 4-57（下）所示。

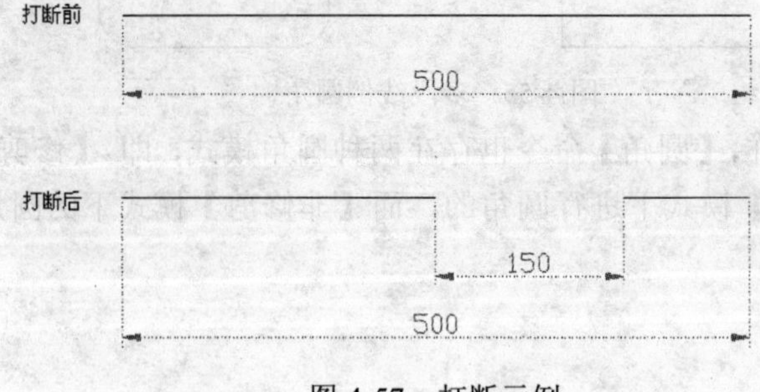

图 4-57　打断示例

提示

【第一点】选项用于重新确定第一断点。由于在选择对象时不可能拾取到准确的第一点，所以需要激活该选项，以重新定位第一断点。

4.6.4 合并对象

【合并对象】是将同角度的两条或多条线段合并为一条线段，还可以将圆弧或椭圆弧合并为一个整圆和椭圆，如图 4-58 所示。

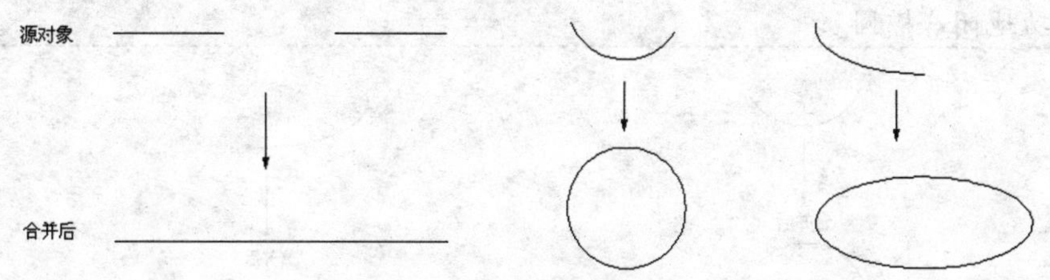

图 4-58 合并对象示例

执行【合并】命令主要有以下几种方式：

- ◆ 执行【修改】|【合并】命令
- ◆ 单击【修改】工具栏上的【合并】按钮
- ◆ 在命令行输入"Join"按 Enter 键
- ◆ 使用命令简写【J】按 Enter 键

下面通过将两线段合并为一条线段，将圆弧合并为一个整圆，将椭圆弧合并为一个椭圆，学习使用【合并】命令，操作如下。

[1] 使用画线命令分别绘制两条线段、圆弧和椭圆弧。

[2] 执行【修改】|【合并】命令，将两条线段合并为一条线段。命令行操作如下：

```
命令: _join
选择源对象:                              //选择左侧的线段作为源对象
选择要合并到源的直线:                    //选择右侧线段
选择要合并到源的直线:↙                   //合并前后如图 4-59 所示
已将 两条直线合并
```

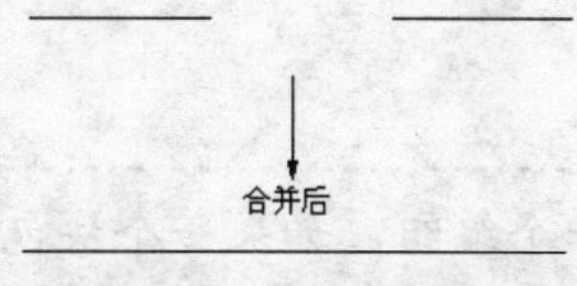

图 4-59 合并线段

[3] 按 Enter 键重复执行【合并】命令，将圆弧合并为一个整圆，命令行操作如下：

```
命令:
```

```
JOIN
选择源对象:                          //选择下侧圆弧作为源对象
选择圆弧，以合并到源或进行 [闭合(L)]:L↙
                                     //激活【闭合】选项，合并结果如图 4-60 所示
已将圆弧转换为圆
```

[4] 按 Enter 键重复执行【合并】命令，将椭圆弧合并为一个椭圆，命令行操作如下：

```
命令:
JOIN
选择源对象:                          //选择下侧圆弧作为源对象
选择椭圆弧，以合并到源或进行 [闭合(L)]: L↙
                                     //激活【闭合】选项，合并结果如图 4-61 所示
已成功地闭合椭圆
```

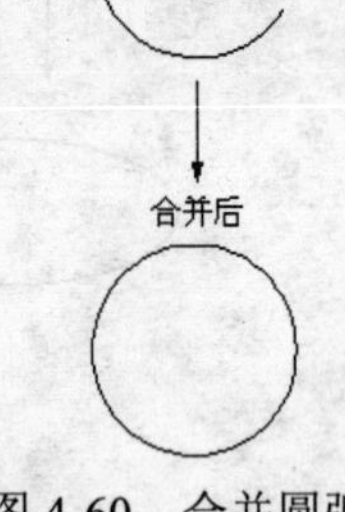

图 4-60 合并圆弧

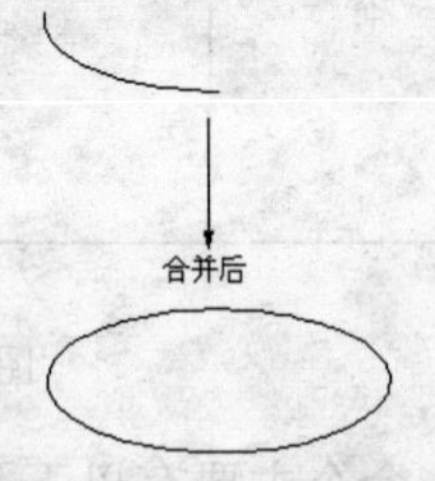

图 4-61 合并椭圆弧

4.6.5 分解对象

【分解】命令用于将组合对象分解成各自独立的对象，以方便对分解后的各对象进行编辑。

执行【分解】命令主要有以下几种方式：

- ◆ 执行【修改】|【分解】命令
- ◆ 单击【修改】工具栏上的【分解】按钮
- ◆ 在命令行输入"Explode"按 Enter 键
- ◆ 使用命令简写【X】按 Enter 键

经常用于分解的组合对象有矩形、正多边形、多段线、边界及一些图块等。在激活命令后只需选择要分解的对象按 Enter 键即可将对象分解。如果是对具有一定宽度的多段线分解，AutoCAD 将忽略其宽度并沿多段线的中心放置分解多段线，如图 4-62 所示。

提示

AutoCAD 一次只能分解一个编组，如果一个块包含一个多段线或嵌套块，那么对该块的分解就首先分解出该多段线或嵌套块，然后再分别分解该块中的各个对象。

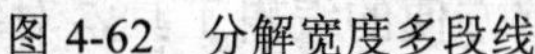

图 4-62　分解宽度多段线

4.7　编辑对象特性

4.7.1 【特性】选项板

在 AutoCAD 2012 中，可以利用【特性】选项板修改选定对象的完整特性。

打开【特性】选项板主要有以下几种方式：

- ◆ 执行【修改】|【特性】命令
- ◆ 执行【工具】|【对象特性管理器】命令

执行【特性】命令后，系统将打开【特性】选项板，如图 4-63 所示。

提示

当选取多个对象时，【特性】选项板中将显示这些对象的公共特性。

选择对象与【特性】选项板显示内容的解释如下：

- ◆ 没有选取对象时，【特性】选项板将显示整个图样的特性。
- ◆ 选择了一个对象，【特性】选项板将列出该对象的全部特性及当前设置。
- ◆ 选择同一类型的多个对象，【特性】选项板列出这些对象的共有特性及当前设置
- ◆ 选择不同的类型的多个对象，在特性对话框内只列出这些对象的基本特性以及他们的当前设置。

在【特性】对话框中单击【快速选择】按钮，打开【快速选择】对话框，如图 4-64 所示。用户可以通过该对话框快速创建选择集。

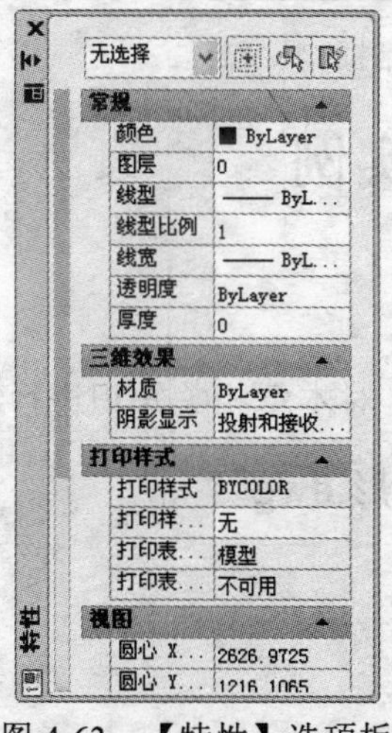

图 4-63　【特性】选项板

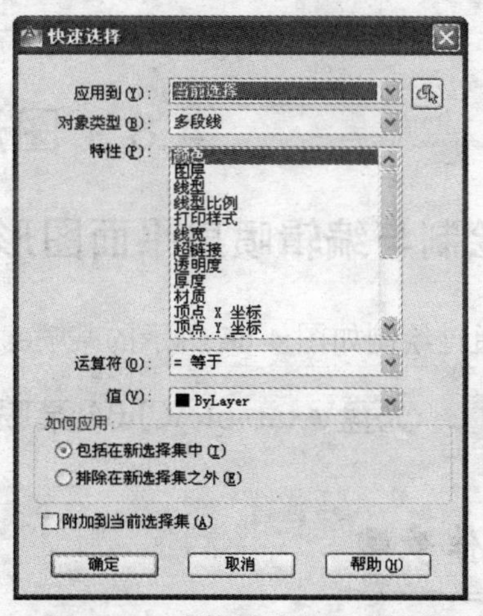

图 4-64　【快速选择】对话框

4.7.2 特性匹配

【特性匹配】是一个使用非常方便的编辑工具，对编辑同类对象非常有用。它将源对象的特性，包括颜色、图层、线型、线型比例等全部赋给目标对象。

- ◆ 执行【修改】|【特性匹配】命令
- ◆ 在【标准】工具栏中单击【特性匹配】按钮
- ◆ 在命令行输入“Matchprop”按 Enter 键
- ◆ 使用简写命令【MA】按 Enter 键

执行【特性匹配】命令后，命令栏的操作如下：

```
命令: '_matchprop
选择源对象:                                          //选择一个图形作为源对象
当前活动设置: 颜色 图层 线型 线型比例 线宽 透明度 厚度 打印样式 标注 文字
图案填充 多段线 视口 表格材质 阴影显示 多重引线
选择目标对象或 [设置(S)]:                            //将源对象的属性赋予所选的目标
```

如果在该提示下直接选择对象，所选对象的特性将由源对象的特性替代。如果在该提示下输入选项【S】，将打开如图 4-65 所示的【特性设置】对话框。使用该对话框可以设置要匹配的选项。

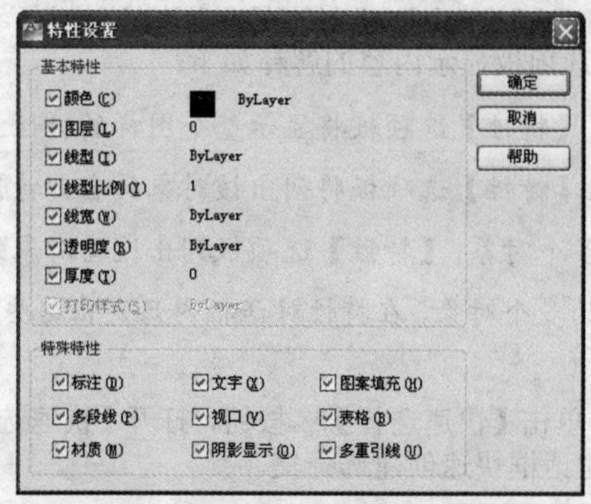

图 4-65 【特性设置】对话框

4.8 图形编辑实例

4.8.1 绘制与编辑喷泉平面图形

本例通过绘制如图 4-66 所示的某喷泉平面图例，对本章相关知识进行综合练习。

例 4-1	光盘\example\Ch04\某喷泉平面图形.dwg

[1] 快速创建空白文件。单击菜单【工具】|【草图设置】命令，设置捕捉模式如图

4-67 所示。

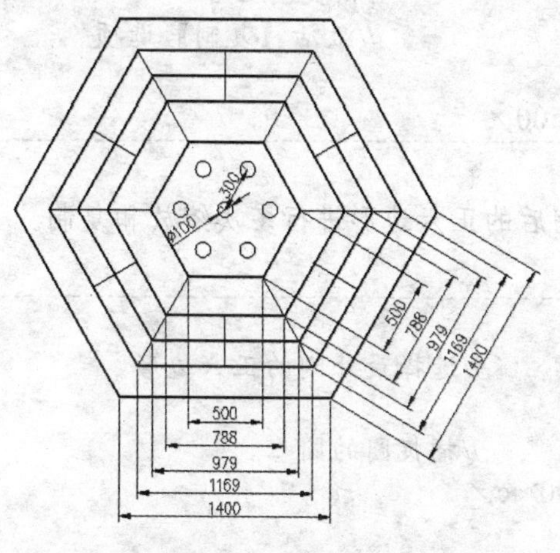

图 4-66　本例效果

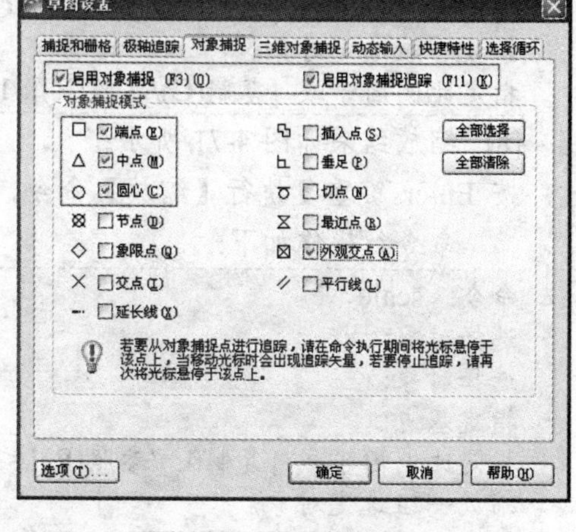

图 4-67　设置捕捉模式

[2] 执行【格式】|【图形界限】|命令，重新设置图形界限为 2500×2500。

[3] 执行【视图】|【缩放】|【全部】命令，将图形界限最大化显示。

[4] 单击【绘图】工具栏上的⬠按钮，激活【正多边形】命令，绘制正六边形轮廓线。命令行操作如下：

```
命令: _polygon 输入侧面数 <4>: 6↙                    //设置边的数目
指定正多边形的中心点或 [边(E)]: E↙
指定边的第一个端点:                                  //在绘图区指定第一端点
指定边的第二个端点: 500↙
```

[5] 绘制结果如图 4-68 所示。

[6] 执行【绘图】|【圆】|【圆心、半径】命令，配合捕捉与追踪功能，绘制半径为 50 的圆。命令行操作过程如下：

```
命令: _circle 指定圆的圆心或 [三点(3P)/两点(2P)/切点、切点、半径(T)]:
    //通过下侧边中点和右侧端点，捕捉两条虚线的焦点，定位圆心，如图 4-69 所示
指定圆的半径或 [直径(D)] <701.1422>: 50↙
```

[7] 绘制结果如图 4-70 所示。

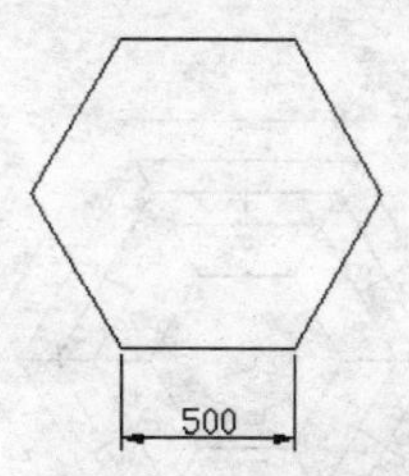

图 4-68　绘制结果

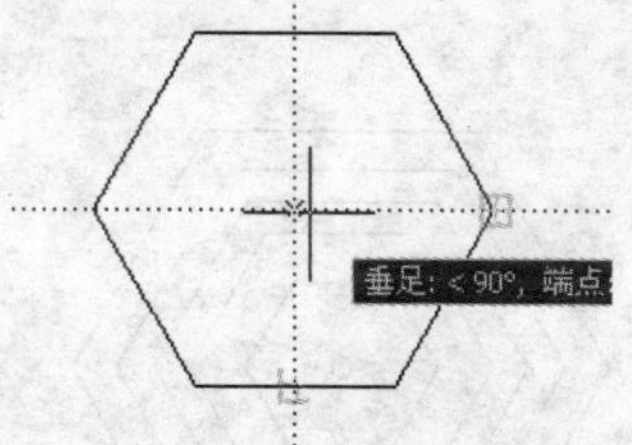

图 4-69　定位圆心

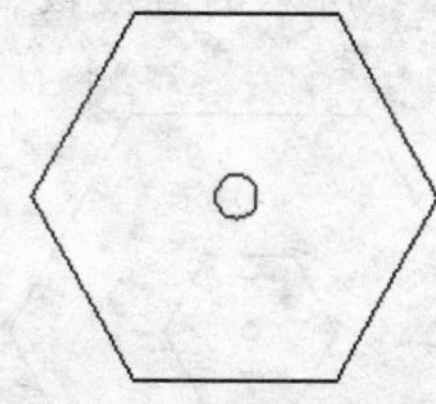

图 4-70　绘制结果

单击【修改】工具栏上的按钮，激活【缩放】命令，对正六边形进行缩放。

命令行操作如下：

```
命令: _scale
选择对象: 找到 1 个                                 //选择正六边形
```

```
选择对象:↙                                          //完成选择
指定基点:                                           //捕捉圆心
指定比例因子或 [复制(C)/参照(R)]: C↙                 //激活【复制】选项
缩放一组选定对象。
指定比例因子或 [复制(C)/参照(R)]: 1400/500↙
```

[8] 缩放结果如图 4-71 所示。

按 Enter 键重复执行【缩放】命令，对缩后的正六边形进行多次缩放和复制。

命令行操作如下:

```
命令: _scale
选择对象:                                           //选择最外侧的正六边形
选择对象:↙
指定基点:                                           //捕捉圆的圆心
指定比例因子或 [复制(C)/参照(R)] <2.8000>:c↙
缩放一组选定对象。
指定比例因子或 [复制(C)/参照(R)] <2.8000>:1169/1400↙
命令:↙
SCALE
选择对象:                                           //选择最外侧的正六边形
选择对象:↙
指定基点:                                           //捕捉圆的圆心
指定比例因子或 [复制(C)/参照(R)] <0.8350>:c↙
缩放一组选定对象。
指定比例因子或 [复制(C)/参照(R)] <0.8350>:979/1400↙
命令:
SCALE
选择对象:                                           //选择最外侧的正六边形
选择对象:↙
指定基点:                                           //捕捉圆的圆心
指定比例因子或 [复制(C)/参照(R)] <0.6993>:c↙
缩放一组选定对象。
指定比例因子或 [复制(C)/参照(R)] <0.6993>:788/1400↙
```

[9] 缩放结果如图 4-72 所示。

[10] 执行【绘图】|【直线】命令，配合端点、中点等对象捕捉功能，绘制如图 4-73 所示的直线段。

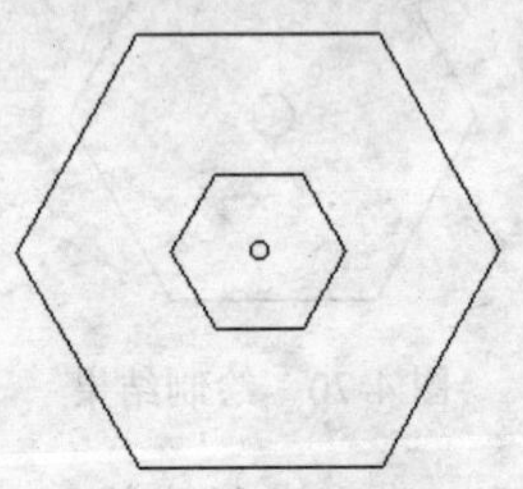

图 4-71 缩放结果

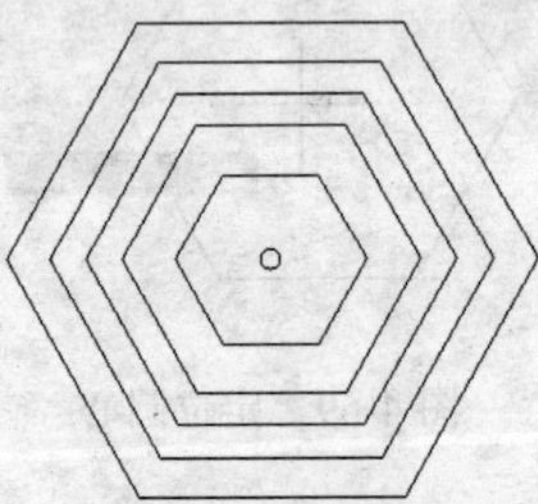

图 4-72 缩放结果

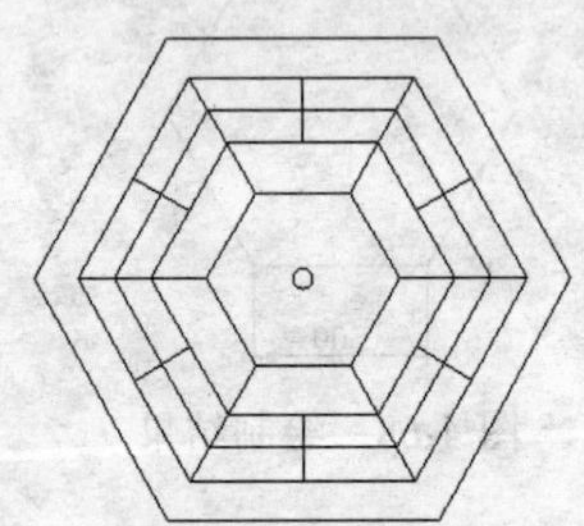

图 4-73 绘制结果

[11] 单击【绘图】菜单中的【正六边形】命令，绘制外接圆半径为 300 的正六边形。

命令行操作如下:

```
命令: _polygon
输入边的数目 <6>:↙
指定正多边形的中心点或 [边(E)]:                          //捕捉圆的圆心
输入选项 [内接于圆(I)/外切于圆(C)] <I>:                   //激活【内接于圆】选项
指定圆的半径:300↙
```

[12] 绘制结果如图 4-74 所示。

[13] 使用快捷键【C】激活【圆】命令，分别以刚绘制的正六边形各角点为圆心，绘制直径为 100 的六个圆图形，结果如图 4-75 所示。

[14] 单击【修改】菜单中的【删除】命令，删除最内侧的正六边形，最终结果如图 4-76 所示。

[15] 按下 Ctrl+Shift+S 组合键，将图形另名存储为“喷泉平面图形.dwg”。

图 4-74　绘制内侧的正六边形

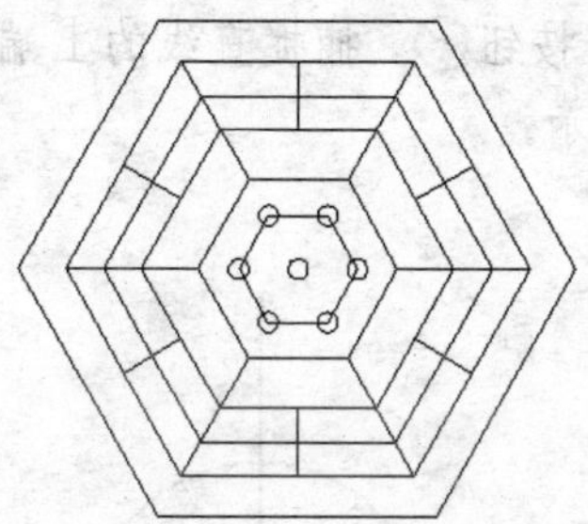

图 4-75　绘制圆

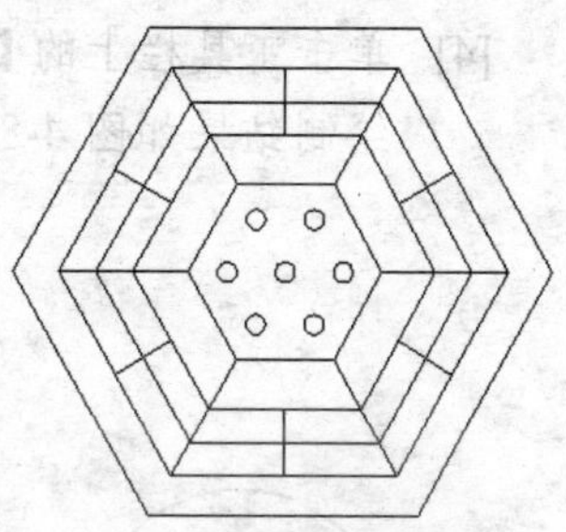

图 4-76　最终结果

4.8.2　绘制与编辑曲柄图形

本例通过绘制如图 4-77 所示的曲柄平面图例，对相关知识进行综合练习。

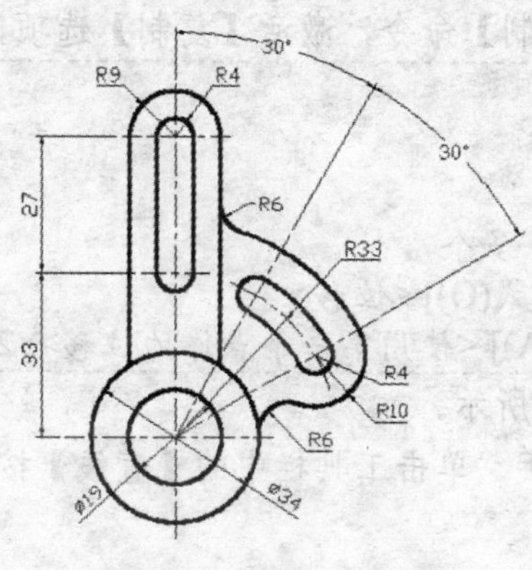

图 4-77　本例效果

例 4-2	光盘\example\Ch04\曲柄图形.dwg

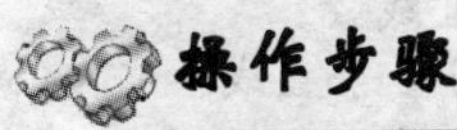

[1] 快速创建空白文件。

[2] 单击工具栏上的【圆】按钮，激活【圆】命令，在窗口中绘制圆，命令行的操作如下：绘制结果如图 4-78 所示。

```
命令: _circle 指定圆的圆心或 [三点(3P)/两点(2P)/切点、切点、半径(T)]:
指定圆的半径或 [直径(D)] <12.5544>: d                    //激活【直径】选项
指定圆的直径 <25.1088>: 34↙                              //设置直径为 34
命令: ↙
CIRCLE 指定圆的圆心或 [三点(3P)/两点(2P)/切点、切点、半径(T)]: //捕捉大圆的圆心
指定圆的半径或 [直径(D)] <17.0000>: d
指定圆的直径 <34.0000>: 19↙
```

[3] 执行【直线】命令，第一个端点捕捉圆心，绘制一条长为 33 的辅助直线，如图 4-79 所示。

[4] 单击工具栏上的【圆】按钮，捕捉直线的上端点为圆心，绘制半径为 4 的圆。绘制结果如图 4-80 所示。

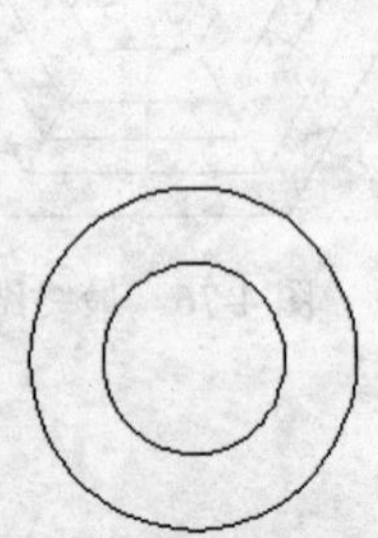

图 4-78 绘制同心

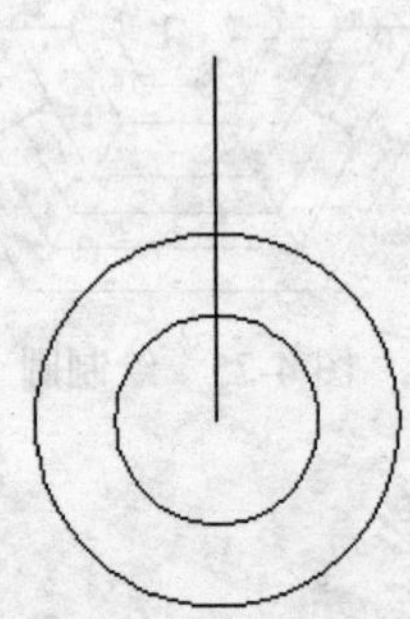

图 4-79 绘制辅助直线

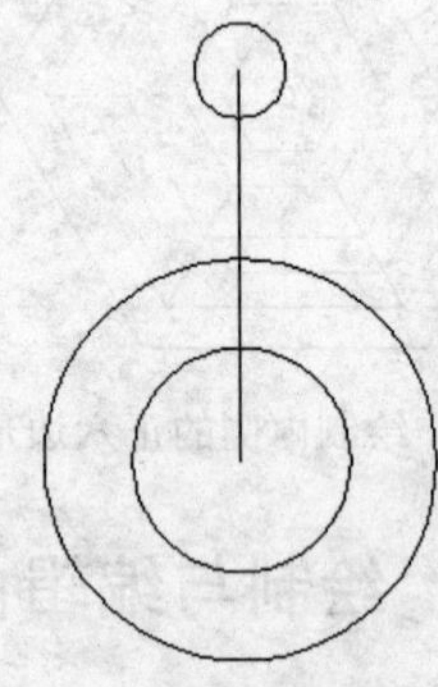

图 4-80 绘制圆

[5] 执行【修改】|【复制】命令，激活【复制】选项，命令行的操作如下：

```
命令: _copy
选择对象: 找到 1 个                                        //选择刚绘制的小圆
选择对象:↙                                                //结束选择
当前设置: 复制模式 = 多个
指定基点或 [位移(D)/模式(O)] <位移>:                       //单击圆心作为基点
指定第二个点或 [阵列(A)] <使用第一个点作为位移>: 27↙
```

[6] 绘制结果如图 4-81 所示。

[7] 打开【象限点】捕捉。单击工具栏中的【直线】按钮，绘制如图 4-82 所示的两条直线。

[8] 执行【修改】|【修剪】命令，命令行的操作如下：

```
命令: _trim
当前设置:投影=UCS，边=无
选择剪切边...
选择对象或 <全部选择>: 找到 1 个                          //选择直线
选择对象: 找到 1 个，总计 2 个                            //选择另一条直线
选择对象:↙                                                //完成选择
选择要修剪的对象，或按住 Shift 键选择要延伸的对象，或
[栏选(F)/窗交(C)/投影(P)/边(E)/删除(R)/放弃(U)]:          //选择圆弧，如图 4-83 所示
```

选择要修剪的对象，或按住 Shift 键选择要延伸的对象，或
[栏选(F)/窗交(C)/投影(P)/边(E)/删除(R)/放弃(U)]: //选择圆弧
选择要修剪的对象，或按住 Shift 键选择要延伸的对象，或
[栏选(F)/窗交(C)/投影(P)/边(E)/删除(R)/放弃(U)]:↙ //完成修剪

[9] 操作结果如图 4-84 所示。

[10] 单击工具栏上的【圆】按钮，捕捉圆心绘制半径为 9 的圆，如图 4-85 所示。

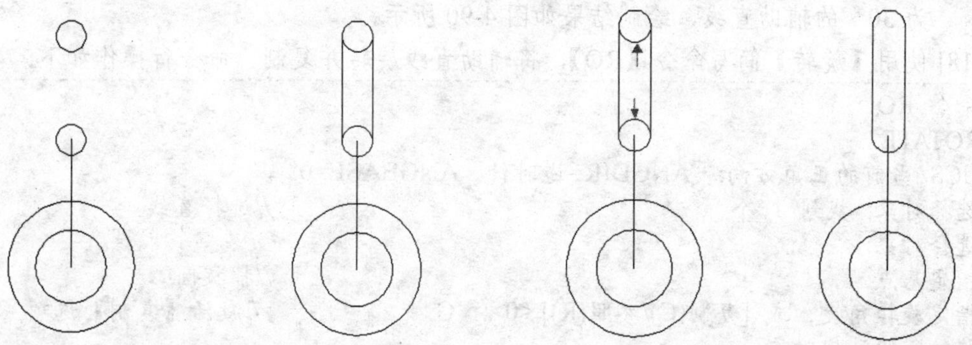

图 4-81 复制圆 图 4-82 绘制直线 图 4-83 修剪对象示意 图 4-84 修剪图形

[11] 使用【直线】简写命令【L】，捕捉刚绘制圆的左右象限点，绘制两条直线，绘制结果如图 4-86 所示。

[12] 执行【修改】|【修剪】命令，命令行的操作如下：

命令: _trim
当前设置:投影=UCS，边=无
选择剪切边...
选择对象或 <全部选择>: 找到 1 个 //选择直线 1
选择对象: 找到 1 个，总计 2 个 //选择直线 2
选择对象:↙
选择要修剪的对象，或按住 Shift 键选择要延伸的对象，或
[栏选(F)/窗交(C)/投影(P)/边(E)/删除(R)/放弃(U)]: //单击圆的下边缘
选择要修剪的对象，或按住 Shift 键选择要延伸的对象，或
[栏选(F)/窗交(C)/投影(P)/边(E)/删除(R)/放弃(U)]:↙

[13] 修剪结果如图 4-87 所示。

[14] 单击辅助直线，按 Delete 键将其删除，结果如图 4-88 所示。

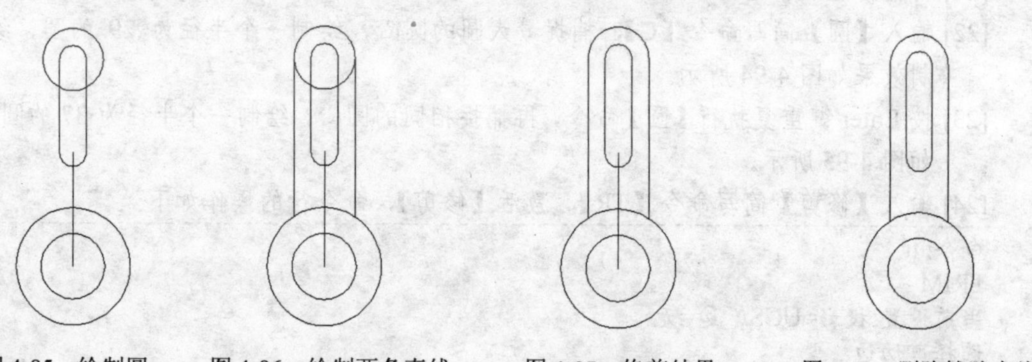

图 4-85 绘制圆 图 4-86 绘制两条直线 图 4-87 修剪结果 图 4-88 删除辅助直线

[15] 输入【圆】简写命令【C】，捕捉圆心，绘制半径为 33 的辅助圆形，命令行操

作如下:

```
命令: C
CIRCLE 指定圆的圆心或 [三点(3P)/两点(2P)/切点、切点、半径(T)]:        //捕捉圆心
指定圆的半径或 [直径(D)] <9.0000>: 33↙
```

[16] 绘制结果如图 4-89 所示。

[17] 使用【直线】简写命令【L】，捕捉刚绘制的圆的圆心，绘制一条与水平线夹角为 30° 的辅助直线，绘制结果如图 4-90 所示。

[18] 使用【旋转】简写命令【RO】，将辅助直线旋转并复制。命令行操作如下:

```
命令: RO
ROTATE
UCS 当前的正角方向:  ANGDIR=逆时针   ANGBASE=0
选择对象: 找到 1 个                                    //选择直线
选择对象:↙
指定基点:                                              //捕捉圆心
指定旋转角度，或 [复制(C)/参照(R)] <0>:  C              //激活【复制】选项
旋转一组选定对象。
指定旋转角度，或 [复制(C)/参照(R)] <0>:  -30            //设置旋转角度为-30°
```

[19] 操作结果如图 4-91 所示。

[20] 输入【圆】简写命令【C】，分别拾取辅助圆和两条辅助直线的焦点为圆心，绘制两个半径为 4 的圆，如图 4-92 所示。

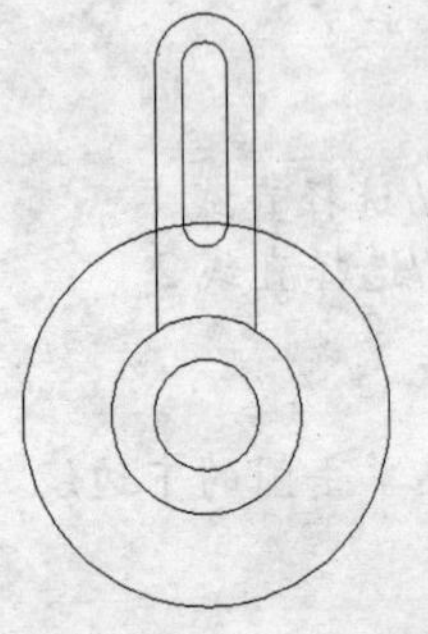

图 4-89　绘制圆

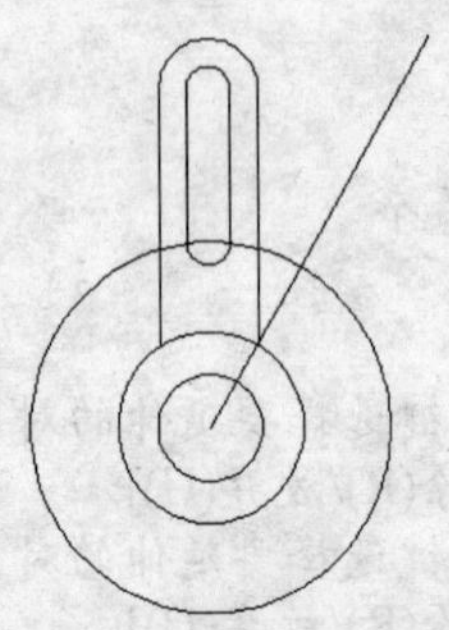

图 4-90　绘制辅助直线

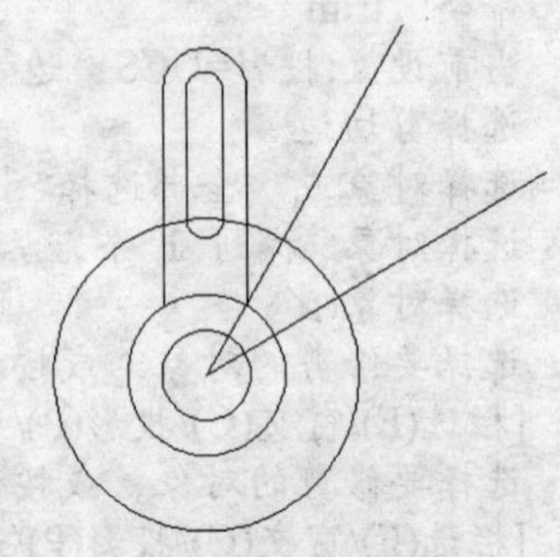

图 4-91　旋转辅助直线

[21] 将辅助直线和辅助圆删除，操作结果如图 4-93 所示。

[22] 输入【圆】简写命令【C】，捕捉最大圆的圆心，绘制一个半径为 29 的圆。绘制效果如图 4-94 所示。

[23] 按 Enter 键重复执行【圆】命令，再捕捉相同的圆心，绘制一个半径为 37 的圆，如图 4-95 所示。

[24] 输入【修剪】简写命令【TR】，激活【修剪】，命令行的操作如下:

```
命令: tr
TRIM
当前设置:投影=UCS，边=无
选择剪切边...
选择对象或 <全部选择>:  找到 1 个        //选择小圆
选择对象: 找到 1 个，总计 2 个          //选择另一个小圆，如图 4-96 所示的虚线
```

选择对象:↙
选择要修剪的对象，或按住 Shift 键选择要延伸的对象，或
[栏选(F)/窗交(C)/投影(P)/边(E)/删除(R)/放弃(U)]: //在如图 4-97 所示的位置单击鼠标
选择要修剪的对象，或按住 Shift 键选择要延伸的对象，或
[栏选(F)/窗交(C)/投影(P)/边(E)/删除(R)/放弃(U)]: //修剪另一段弧线
选择要修剪的对象，或按住 Shift 键选择要延伸的对象，或
[栏选(F)/窗交(C)/投影(P)/边(E)/删除(R)/放弃(U)]:↙

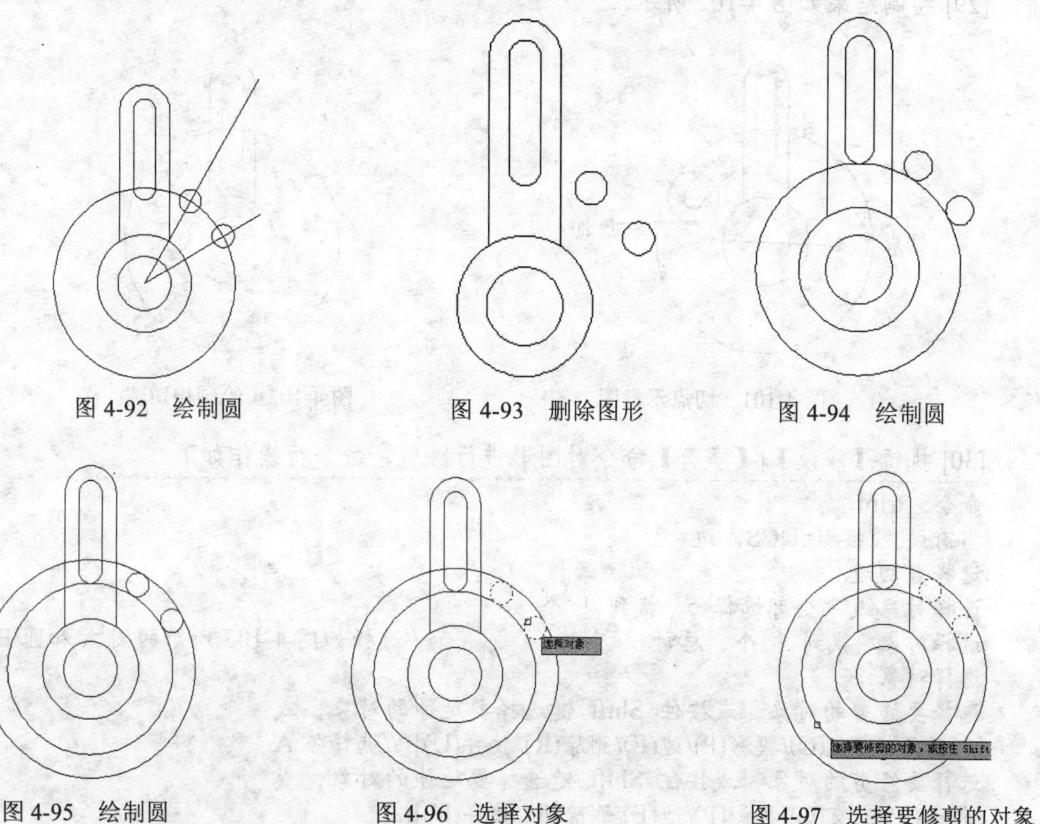

图 4-92 绘制圆　　图 4-93 删除图形　　图 4-94 绘制圆

图 4-95 绘制圆　　图 4-96 选择对象　　图 4-97 选择要修剪的对象

[25] 修剪效果如图 4-98 所示。

[26] 按 Enter 键重复执行【修剪】命令，用同样的方法修剪图形，如图 4-99 所示。

[27] 输入【圆】简写命令【C】，捕捉圆心，绘制一个半径为 43 的圆；重复执行【圆】命令，捕捉圆心，绘制一个半径为 10 的圆。绘制效果如图 4-100 所示。

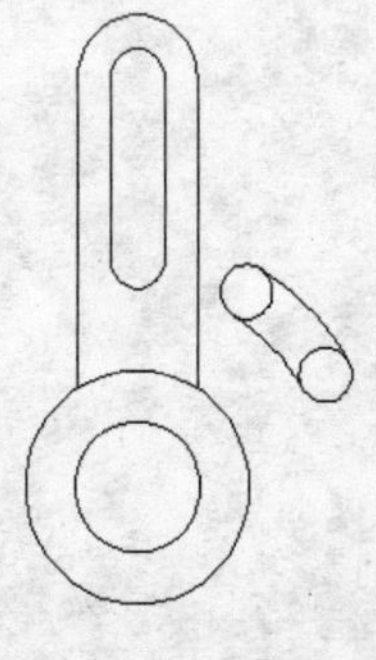

图 4-98 修剪对象

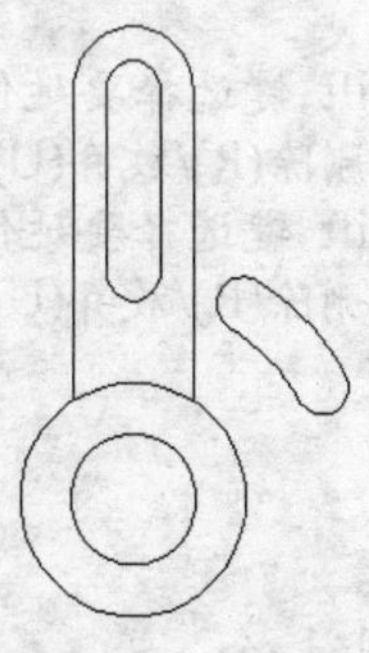

图 4-99 修剪对象

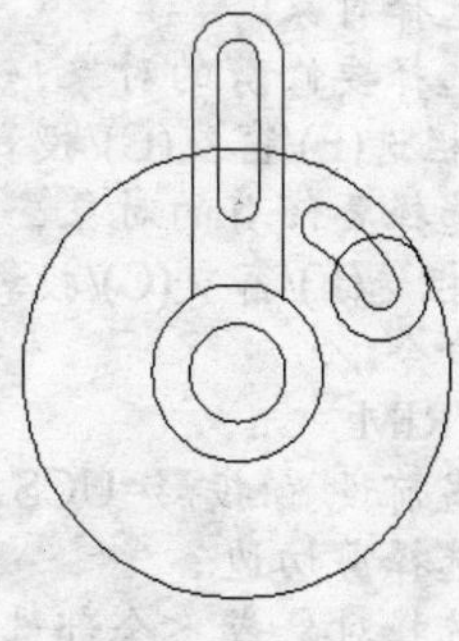

图 4-100 绘制圆

[28] 执行【绘图】|【圆】|【相切、相切、半径】命令，激活圆命令，命令行操作如下：

```
命令: _circle 指定圆的圆心或 [三点(3P)/两点(2P)/切点、切点、半径(T)]: _ttr
指定对象与圆的第一个切点:                //单击如图 4-101 所示的切点 1 位置
指定对象与圆的第二个切点:                //单击切点 2 的位置
指定圆的半径 <43.0000>: 6               //设置半径为 6
```

[29] 绘制结果如图 4-102 所示。

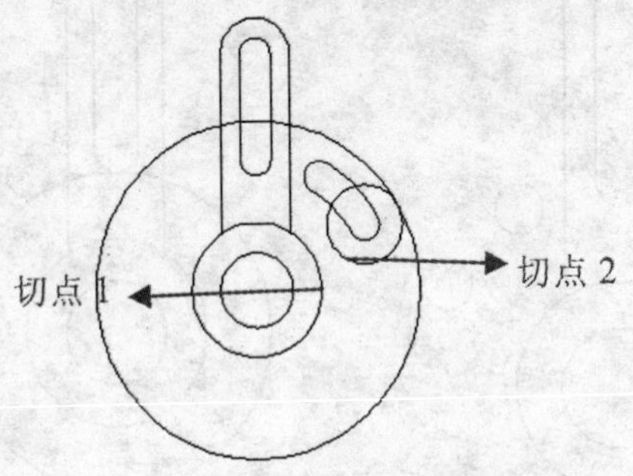

图 4-101　切点示意图

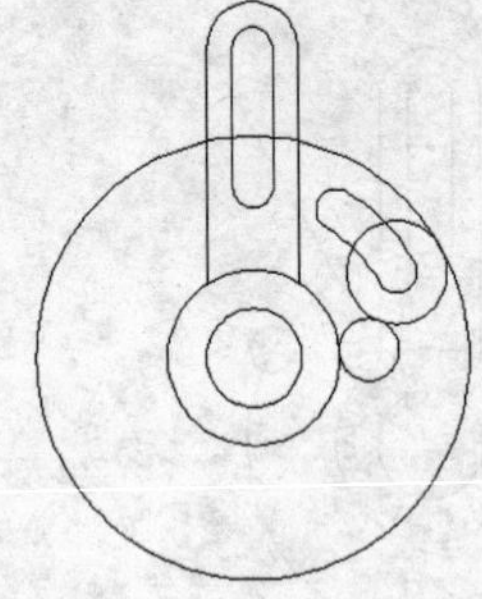
图 4-102　绘制相切圆

[30] 执行【修改】|【修剪】命令对图形进行修剪，命令行操作如下：

```
命令: _trim
当前设置:投影=UCS，边=无
选择剪切边...
选择对象或 <全部选择>:  找到 1 个
选择对象: 找到 1 个，总计 2 个              //选择如图 4-103 所示的圆 A 和圆 B
选择对象:↙
选择要修剪的对象，或按住 Shift 键选择要延伸的对象，或
[栏选(F)/窗交(C)/投影(P)/边(E)/删除(R)/放弃(U)]: //选择弧 A
选择要修剪的对象，或按住 Shift 键选择要延伸的对象，或
[栏选(F)/窗交(C)/投影(P)/边(E)/删除(R)/放弃(U)]:↙
命令:↙
TRIM
当前设置:投影=UCS，边=无
选择剪切边...
选择对象或 <全部选择>:  找到 1 个
选择对象: 找到 1 个，总计 2 个              //选择弧 B 和圆 C
选择对象:
选择要修剪的对象，或按住 Shift 键选择要延伸的对象，或
[栏选(F)/窗交(C)/投影(P)/边(E)/删除(R)/放弃(U)]: //选择弧 C
选择要修剪的对象，或按住 Shift 键选择要延伸的对象，或
[栏选(F)/窗交(C)/投影(P)/边(E)/删除(R)/放弃(U)]:↙
命令:↙
TRIM
当前设置:投影=UCS，边=无
选择剪切边...
选择对象或 <全部选择>:  找到 1 个
选择对象: 找到 1 个，总计 2 个              //选择直线 A 和弧 D
```

选择对象:
选择要修剪的对象，或按住 Shift 键选择要延伸的对象，或
[栏选(F)/窗交(C)/投影(P)/边(E)/删除(R)/放弃(U)]: //选择弧 E
选择要修剪的对象，或按住 Shift 键选择要延伸的对象，或
[栏选(F)/窗交(C)/投影(P)/边(E)/删除(R)/放弃(U)]:↙

[31] 操作结果如图 4-104 所示

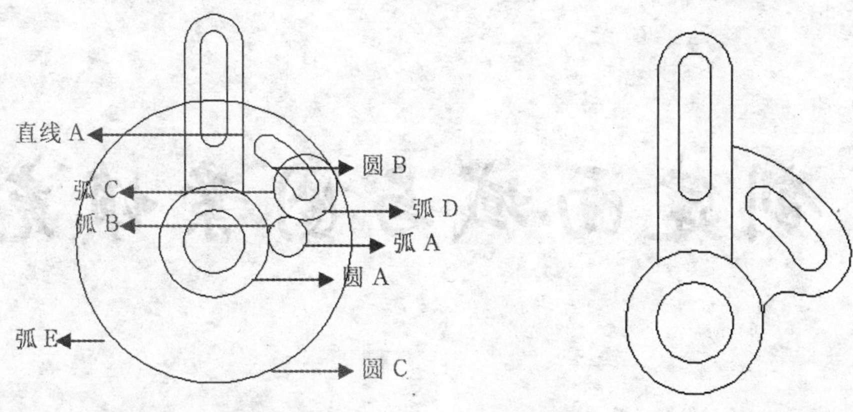

图 4-103 修剪示意图 图 4-104 修剪结果

[32] 执行【绘图】|【圆】|【相切、相切、半径】命令，按上文讲述的方法绘制一个半径为 6 的圆，如图 4-105 所示。

[33] 执行【修改】|【修剪】命令对图形进行修剪，最终效果如图 4-106 所示。

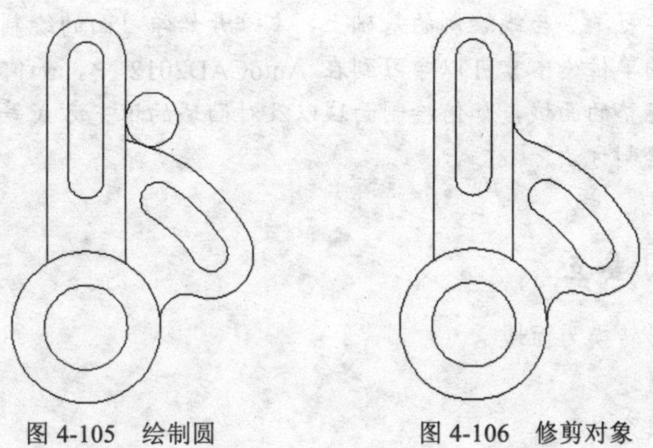

图 4-105 绘制圆 图 4-106 修剪对象

[34] 按下 Ctrl+Shift+S 组合键，将图形另名存储为“曲柄图形.dwg”。

第5章 创建面域与图案填充

☒ 本章内容导读：

在上一章学习了点与线绘制的基础上，本章开始学习面的绘制与填充。面是平面绘图中最大的单位。本章可以学习到在 AutoCAD2012 中，如何将线组成的闭合面转换成一个完整的面域，如何绘制面域以及对面域的填充方式等。还将接触到特殊图形圆环的绘制方法。

☒ 本章学习要点：

- 将图形转换为面域
- 填充概述
- 图案填充
- 渐变色填充
- 区域覆盖

5.1 将图形转换为面域

面域是具有物理特性（例如质心）的二维封闭区域。封闭区域可以是直线、多段线、圆、圆弧、椭圆、椭圆弧和样条曲线的组合，组成的对象必须闭合或通过与其他对象共享端点而形成闭合的区域，如图 5-1 所示。

图 5-1 形成面域的图形

面域可用于填充和着色，计算面域或三维实体的质量特性，提取设计信息（例如形心）。面域的创建方法有多种，可以使用“面域”命令创建，可以使用“边界”命令创建，还可使用“三维建模”空间的“并集”、“交集”和“差集”命令创建。

5.1.1 创建面域

所谓“面域”其实就是实体的表面，它是一个没有厚度的二维实心区域。它具备实体模型的一切特性，不但含有边的信息，还有边界内的信息，可以利用这些信息计算工程属性，如面积、重心和惯性矩等。

【面域】命令的启动

执行【面域】命令主要有以下几种方式：

- ◆ 执行【绘图】|【面域】命令
- ◆ 单击【绘图】工具栏上的【面域】按钮
- ◆ 在命令行输入 Region

1. 将单个对象转成面域

面域不能直接被创建，而是通过其他闭合图形进行转化。在激活【面域】命令后，只需选择封闭的图形对象即可将其转化为面域，如圆、矩形、正多边形等。

当闭合对象被转化为面域后，看上去并没有什么变化，如果对其进行着色后就可以区分开，如图 5-2 所示。

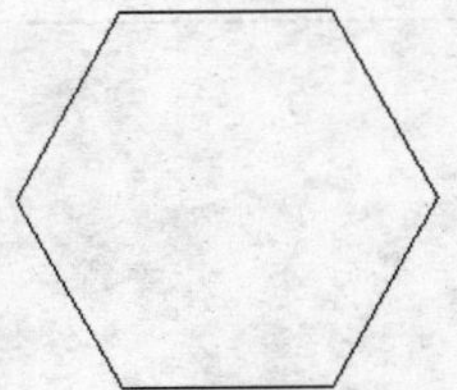

图 5-2 几何线框与几何面域

2. 从多个对象中提取面域

使用【面域】命令，只能将单个闭合对象或由多个首尾相连的闭合区域转化成面域，如果用户需要从多个相交对象中提取面域，则可以使用【边界】命令，在【边界创建】对话框中，将【对象类型】设置为“面域”，如图 5-3 所示。

5.1.2 对面域进行逻辑运算

【并集】命令用于将两个或两个以上的面域（或实体）组合成一个新的对象，如图 5-4 所示。

图 5-3 【边界创建】对话框

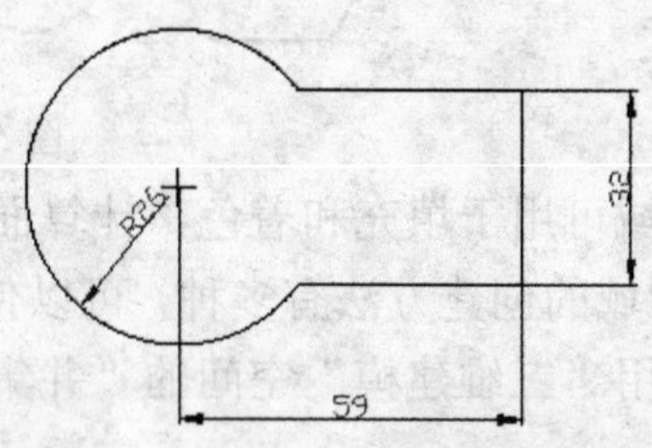

图 5-4 并集示例

执行【并集】命令主要有以下几种方法：

◆ 执行【修改】|【实体编辑】|【并集】命令

◆ 单击【实体】工具栏中的【并集】按钮

◆ 在命令行输入 Union

下面通过创建如图 5-4 所示的组合面域，学习使用【并集】命令。

例 5-1 光盘\example\Ch08\并集面域.dwg

[1] 新建空白文件，绘制半径为 26 的圆。

[2] 执行【绘图】|【矩形】命令，以圆的圆心作为矩形左侧边的中点，绘制长度为 59、宽度为 32 的矩形，如图 5-5 所示。

[3] 单击【绘图】菜单中的【面域】命令，根据 AutoCAD 命令行操作提示，将刚绘制的两个图形转化为圆形面域和矩形面域。命令行操作如下：

```
命令: _region
选择对象:                                    //选择刚绘制的圆图形
选择对象:                                    //选择刚绘制的矩形
选择对象: ↙                                   //退出命令
已提取 2 个环。
已创建 2 个面域。
```

[4] 单击【修改】菜单栏中的【实体编辑】/【并集】命令，根据 AutoCAD 命令行的操作提示，将刚创建的两个面域组合，命令行操作如下，结果如图 5-6 所示。

```
命令: _union
选择对象:                                    //选择刚创建的圆形面域
选择对象:                                    //选择刚创建的矩形面域
选择对象:↙                                   //退出命令，并集
```

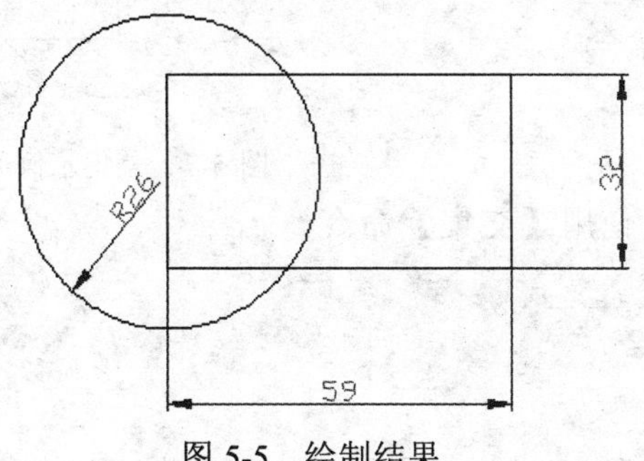

图 5-5　绘制结果

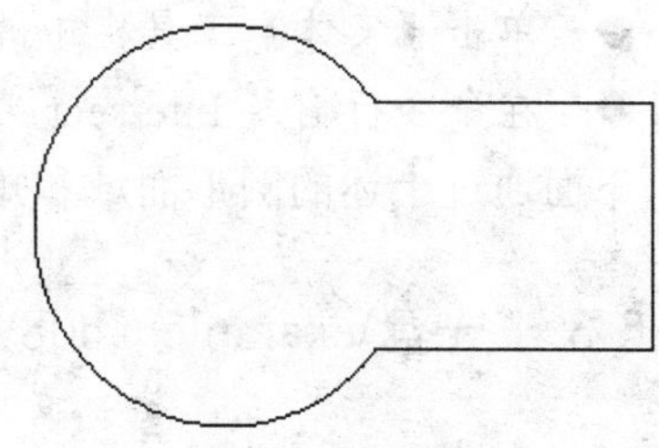

图 5-6　并集示例

【差集】命令用于从一个面域或实体中移去与其相交的面域或实体，从而生成新的组合实体。

执行【差集】命令主要有以下几种方法：

- ◆ 执行【修改】|【实体编辑】|【差集】命令
- ◆ 单击【实体】工具栏中的【差集】按钮
- ◆ 在命令行中输入 Subtract

下面通过上述的圆形面域和矩形面域，学习使用【差集】命令。

例 5-2　光盘\example\Ch08\差集面域.dwg

操作步骤

[1] 继续上例操作。

[2] 单击【实体】工具栏中的【差集】按钮，启动【差集】命令。

[3] 启动【差集】命令后，根据 AutoCAD 命令行操作提示，将圆形面域和矩形面域进行差集运算。命令行操作提示如下，差集结果如图 5-7 所示。

提示

在执行【差集】命令时，当选择完被减对象后一定要单击 Enter 键，然后再选择需要减去的对象。

```
命令: _subtract
选择要从中减去的实体或面域...
选择对象:                                    //选择刚创建的圆形面域
选择对象:↙                                   //结束对象的选择
选择要减去的实体或面域 ..
```

```
选择对象:                                  //选择刚创建的矩形面域
选择对象:↙                                 //结束命令
```

【交集】命令用于将两个或两个以上的面域或实体所共有的部分提取出来组合成一个新的图形对象，同时删除公共部分以外的部分。

执行【交集】命令主要有以下几种方法：

- ◆ 执行【修改】|【实体编辑】|【交集】命令
- ◆ 单击【实体】工具栏中的【交集】按钮
- ◆ 在命令行输入 Intersect

图 5-7 差集示例

下面通过上述的圆形面域和矩形面域，学习使用【交集】命令。

例 5-3 光盘\example\Ch08\交集面域.dwg

操作步骤

[1] 继续上例操作。

[2] 单击【修改】菜单栏中的【实体编辑】/【交集】命令，启动命令。

[3] 启动【交集】命令后，根据 AutoCAD 命令行操作提示，将圆形面域和矩形面域进行交集运算。交集结果如图 5-8 所示。

```
命令: _intersect
选择对象:                                  //选择刚创建的圆形面域
选择对象:                                  //选择刚创建的矩形面域
选择对象:↙                                 //退出命令
```

5.1.3 使用 MASSPROP 提取面域质量特性

Massprop 命令是对面域进行分析的命令，分析的结果可以存入文件。

在命令行输入 Massprop 命令后，打开如图 5-9 所示的窗口。在绘图区使用鼠标左键单击选择一个面域，释放左键再单击右键，分析结果就显示出来了。

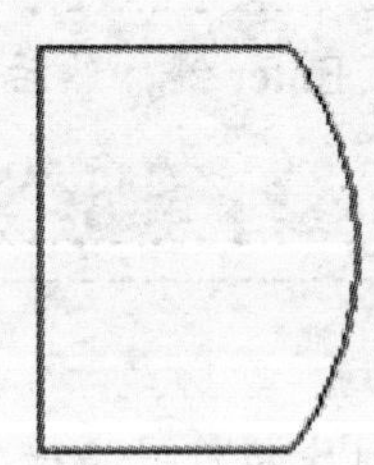

图 5-8 交集示例

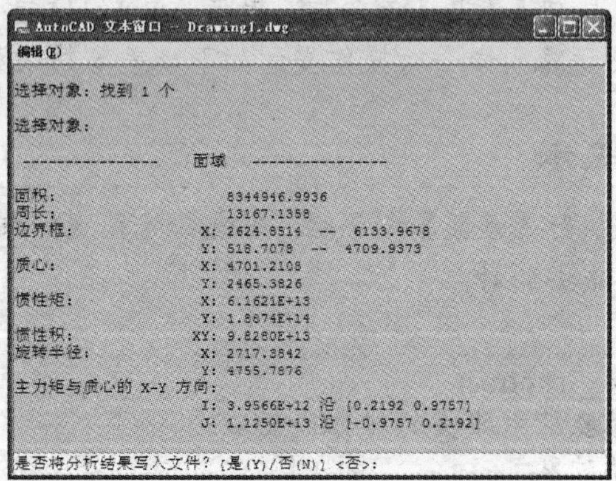

图 5-9 【AutoCAD 文本窗口】

5.2　填充概述

填充是一种使用指定线条图案、颜色来充满指定区域的操作，常常用于表达剖切面和不同类型物体对象的外观纹理等，被广泛应用在绘制机械图、建筑图及地质构造图等各类图形中。图案的填充可以使用预定义填充图案填充区域；可以使用当前线型定义简单的线图案；也可以创建更复杂的填充图案；还可以使用实体颜色填充区域。

定义填充图案的边界

图案的填充首先要定义一个填充边界。定义边界的方法有指定对象封闭区域中的点，选择封闭区域的对象，将填充图案从工具选项板或设计中心拖动到封闭区域等。填充图形时，程序将忽略不在对象边界内的整个对象或局部对象，如图 5-10 所示。

如果填充线与某个对象（例如文本、属性或实体填充对象）相交，并且该对象被选定为边界集的一部分，则“图案填充”将围绕该对象来填充，如图 5-11 所示。

图 5-10　忽略边界内的对象

图 5-11　对象包含在边界中

5.2.2　添加填充图案和实体填充

除通过执行【图案填充】命令填充图案外，还可以通过从工具选项板拖动图案填充。使用工具选项板可以更快、更方便地工作。在菜单栏选择【工具】|【选项板】|【工具选项板】命令，即可打开工具选项板，然后将【图案填充】标签打开，如图 5-12 所示。

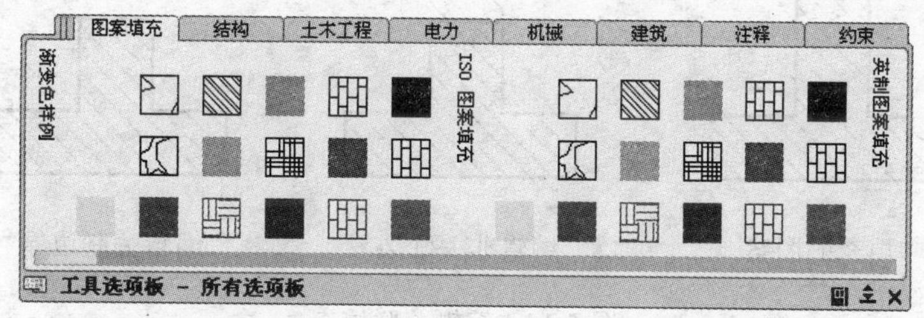

图 5-12　工具选项板

5.2.3　选择填充图案

AutoCAD 程序提供了实体填充及 50 多种行业标准填充图案，用于区分对象的部件或表示对象的材质。它还提供了符合 ISO（国际标准化组织）标准的 16 种填充图案。当选择 ISO 图案时可以指定笔宽，笔宽决定了图案中的线宽，如图 5-13 所示。

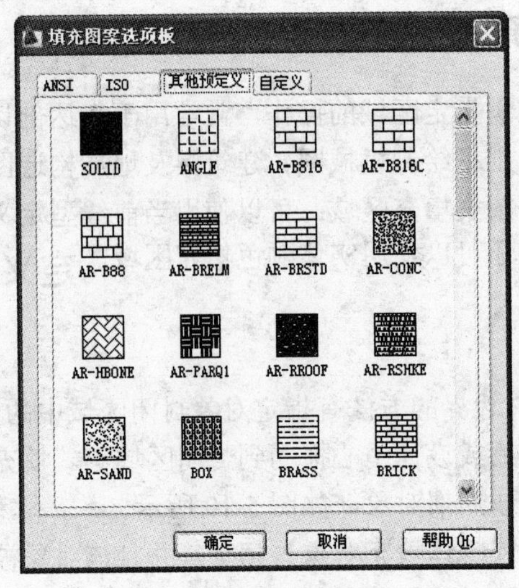

行业标准图案

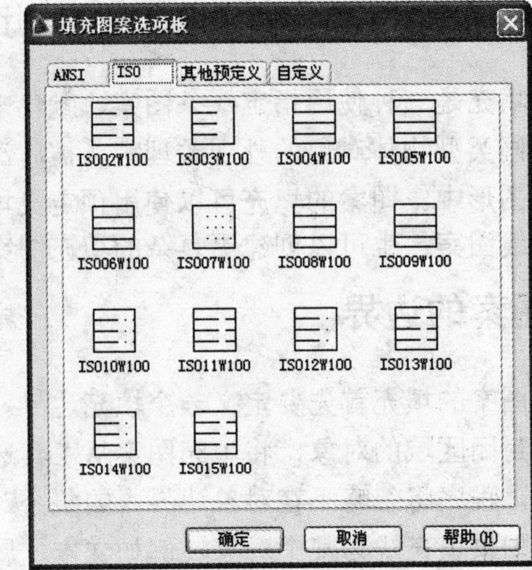

ISO 标准图案

图 5-13　标准图案选择

5.2.4　关联填充图案

图案填充随边界的更改自动更新。默认情况下，用【填充图案】命令创建的图案填充区域是关联的。该设置存储在系统变量 HPASSOC 中。

使用 HPASSOC 中的设置通过从工具选项板或 DesignCenter™（设计中心）拖动填充图案来创建图案填充。任何时候都可以删除图案填充的关联性，或者使用 HATCH 创建无关联填充。当 HPGAPTOL 系统变量设置为 0（默认值）时，如果编辑会创建开放的边界，将自动删除关联性。使用 HATCH 来创建独立于边界的非关联图案填充，如图 5-14 所示。

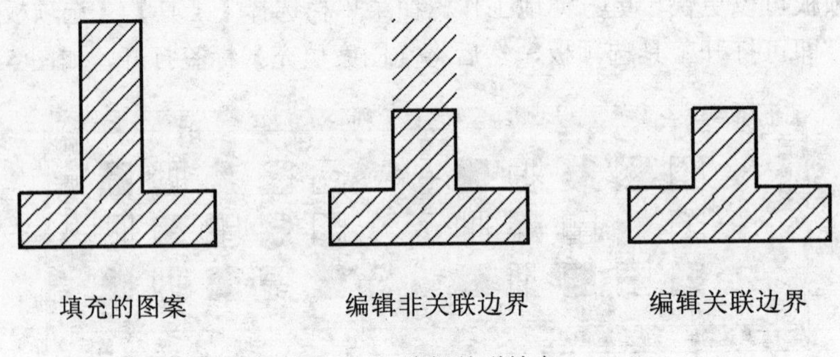

图 5-14　编辑关联填充

5.3　图案填充

使用“图案填充”命令，可在填充封闭区域或在指定边界内进行填充。默认情况下，“图案填充”命令将创建关联图案填充，图案会随边界的更改而更新。

通过选择要填充的对象或通过定义边界然后指定内部点来创建图案填充。图案填充边界可以是形成封闭区域的任意对象的组合，例如直线、圆弧、圆和多段线等。

5.3.1 使用图案填充

所谓“图案”，指的就是使用各种图线进行不同排列组合而构成的图形元素，此类图形元素作为一个独立的整体，被填充到各种封闭的图形区域内，以表达各自的图形信息，如图 5-15 所示。

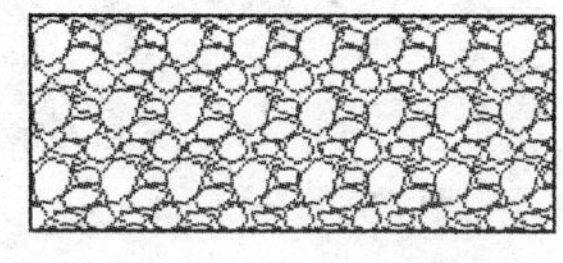

图 5-15 图案示例

执行【图案填充】命令有以下几种方式：

- 执行【绘图】|【图案填充】命令
- 单击【绘图】面板上的【图案填充】按钮
- 在命令行输入 Bhatch

执行上述命令后，功能区将显示【图案填充创建】选项卡，如图 5-16 所示。

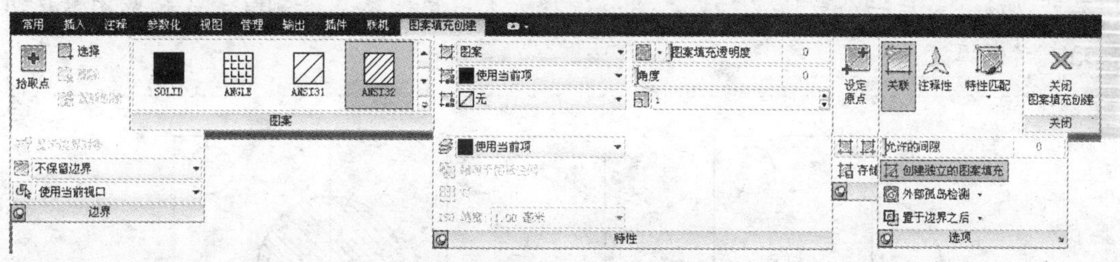

图 5-16 【图案填充创建】选项卡

该选项卡中包含有“边界”、“图案”、“特性”、“原点”、“选项”等工具面板，介绍如下。

1. 【边界】面板

【边界】面板主要用于拾取点（选择封闭的区域），添加或删除边界对象，查看选项集等，如图 5-17 所示。

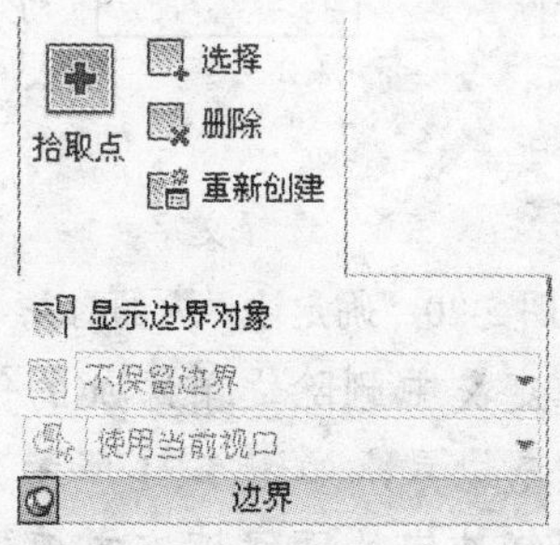

图 5-17 【边界】面板

该选项卡所包含的按钮命令含义如下：

- 【拾取点】按钮：根据围绕指定点构成封闭区域的现有对象确定边界。对话框暂时关闭，系统将提示拾取一个点，如图 5-18 所示。

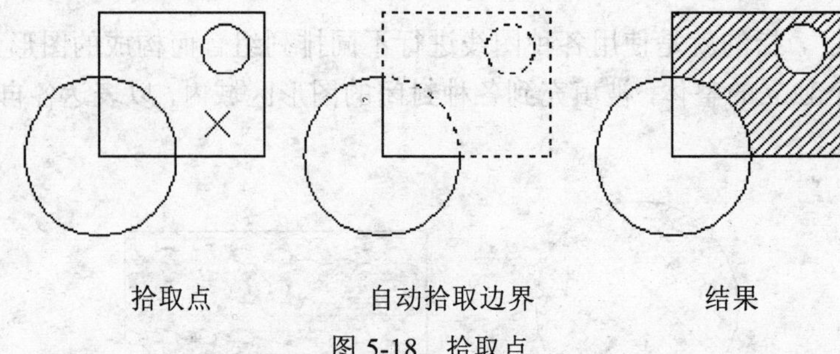

图 5-18　拾取点

◆ 【选择】按钮：根据构成封闭区域的选定对象确定边界。对话框暂时关闭，系统将提示选择对象，如图 5-19 所示。使用“选择”选项时，HATCH 不自动检测内部对象。必须选择选定边界内的对象，以按照当前孤岛检测样式填充这些对象，如图 5-20 所示。

提示

选择对象时可以随时在绘图区域单击鼠标右键以显示快捷菜单。利用此快捷菜单可以放弃最后一个或所定对象，更改选择方式，更改孤岛检测样式或预览图案填充或渐变填充。

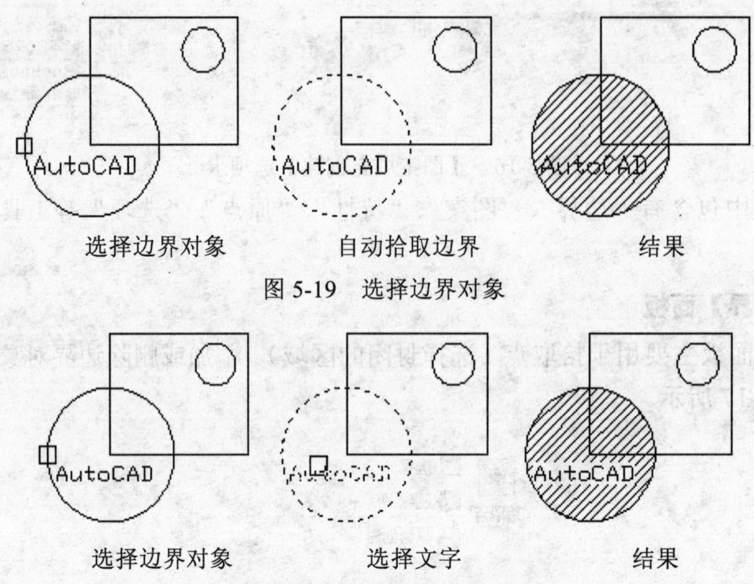

图 5-19　选择边界对象

图 5-20　确定边界内的对象

◆ 【删除】按钮：从边界定义中删除之前添加的任何对象。使用此命令还可以在填充区域内添加新的填充边界，如图 5-21 所示。

◆ 【重新创建】按钮：围绕选定的图案填充或填充对象创建多段线或面域，并使其与图案填充对象相关联。

◆ 【显示边界对象】按钮：暂时关闭对话框，并使用当前的图案填充或填充设置显示当前定义的边界。如果未定义边界，则此选项不可用。

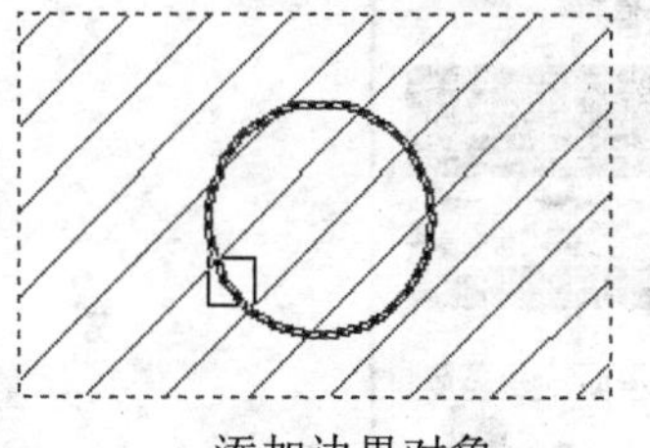
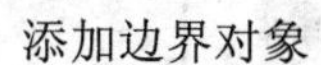
添加边界对象

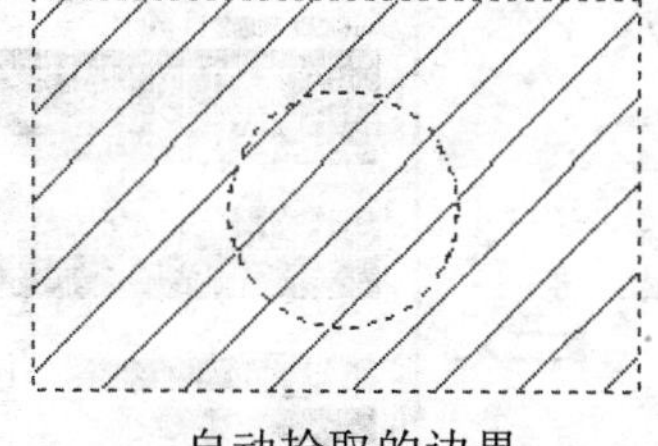
自动拾取的边界

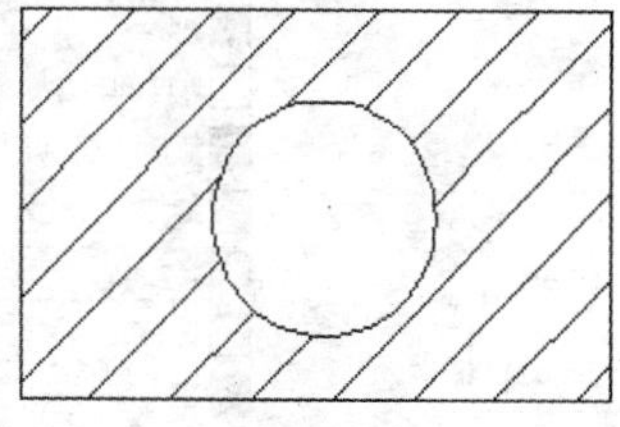
删除结果

图 5-21　删除边界对象

2. 【图案】面板

【图案】面板的主要作用是定义要应用的填充图案的外观。

【图案】面板中列出可用的预定义图案。拖动上下滑动块，可查看更多图案的预览，如图 5-22 所示。

3. 【特性】面板

此面板用于设置图案的特性，如图案的类型、颜色、背景色、图层、透明度、角度、填充比例和笔宽等，如图 5-23 所示。

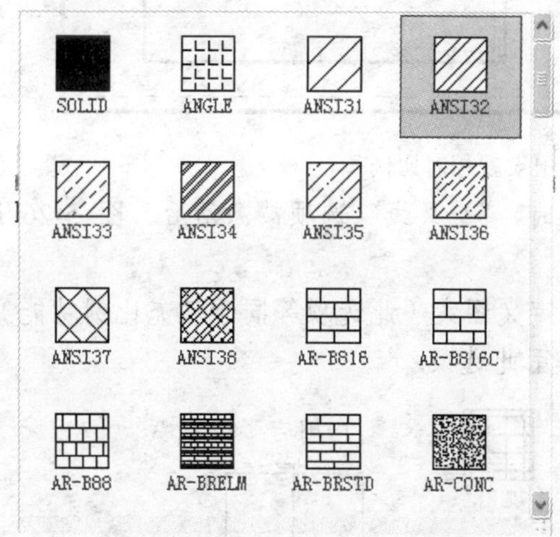

图 5-22　【填充】面板的图案

图 5-23 【特性】面板

- ◆ 图案类型：图案填充的类型有 4 种，实体、渐变色、图案和用户定义。这 4 种类型在【图案】面板中也能找到，但在此处选择比较快捷。
- ◆ 图案填充颜色：为填充的图案选择颜色，单击列表的下三角按钮▾，展开颜色列表。如果需要更多的颜色选择，可以在颜色列表中选择【选择颜色】选项，打开【选择颜色】对话框，如图 5-24 所示。
- ◆ 背景色：是指在填充区域内，除填充图案外区域的颜色设置。
- ◆ 图案填充图层替代：从用户定义的图层中为定义的图案指定当前图层。如果用户没有定义图层，则此列表中仅仅显示 AutoCAD 默认的图层 0 和图层 Defpoints。
- ◆ 相对于图纸空间：在图纸空间中，此选项被激活。此选项用于设置相对于在图纸空间中图案的比例，选择此选项，将自动更改比例，如图 5-25 所示。

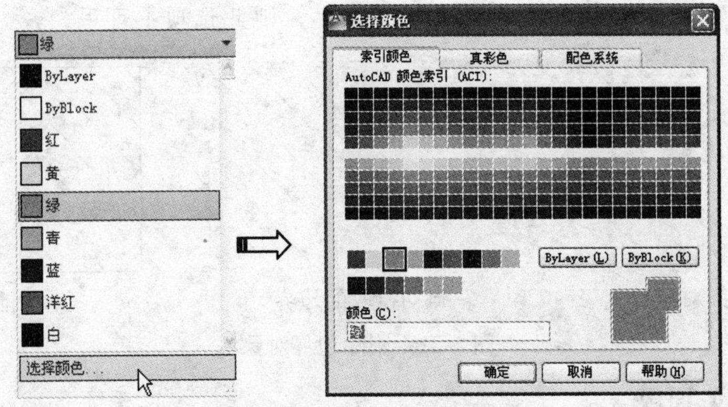

图 5-24　打开【选择颜色】对话框

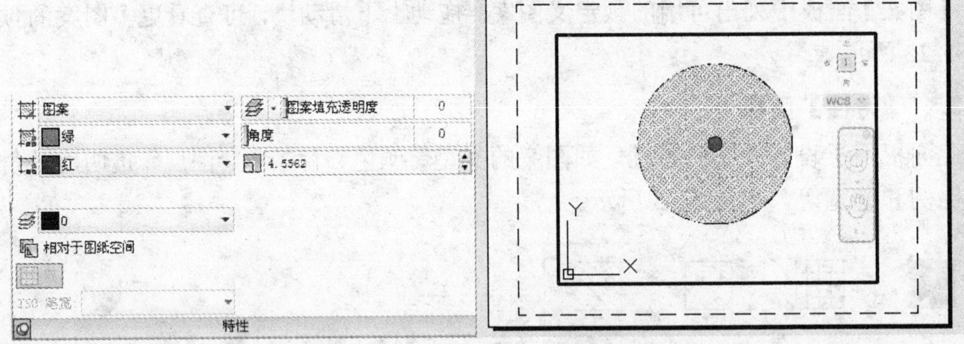

图 5-25　在图纸空间中设置相对比例

- ◆ 交叉线：当图案类型为“用户定义”时，“交叉线”选项被激活后。图 5-26 所示为使用交叉线的前后对比。
- ◆ ISO 笔宽：基于选定笔宽缩放 ISO 预定义图案（此选项等同于填充比例功能）。仅当用户指定了 ISO 图案时才可以使用此选项。

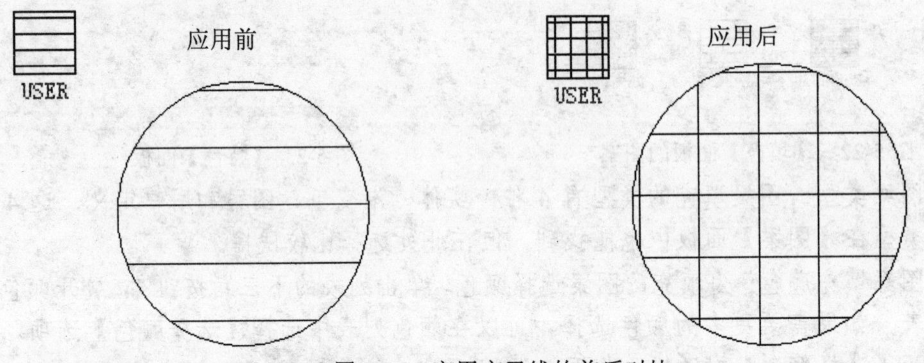

图 5-26　应用交叉线的前后对比

- ◆ 填充透明度：设定新图案填充或填充的透明度，替代当前对象的透明度。
- ◆ 填充角度：指定填充图案的角度（相对当前 UCS 坐标系的 X 轴）。设置角度的图案如图 5-27 所示。
- ◆ 填充图案比例：放大或缩小预定义或自定义图案，如图 5-28 所示。

4.　【原点】面板

该面板主要用于控制填充图案生成的起始位置。当某些图案填充（例如砖块图案）需要与图案填充边界上的一点对齐时，默认情况下，所有图案填充原点都对应于当前的 UCS 原点。

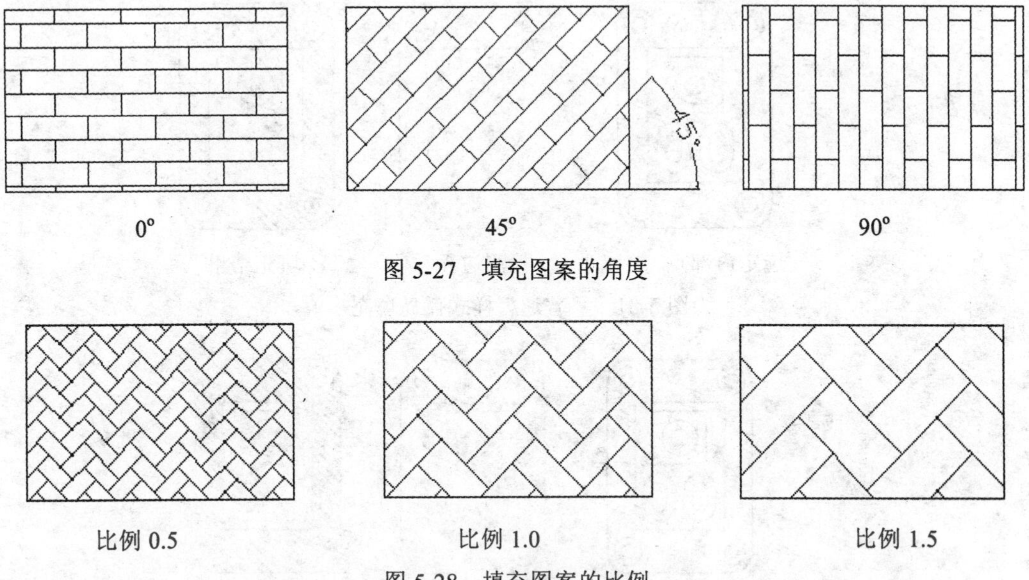

图 5-27　填充图案的角度

图 5-28　填充图案的比例

“原点”面板中各选项如图 5-29 所示。

- ◆ 设定原点：单击此按钮，在图形区中可直接指定新的图案填充原点。
- ◆ 左下、右下、左上、右上和中心：根据图案填充对象边界的矩形范围来定义新原点。
- ◆ 存储为默认原点：将新图案填充原点的值存储在 HPORIGIN 系统变量中。

5. 【选项】面板

【选项】面板主要用于控制几个常用的图案填充或填充选项。【选项】面板如图 5-30 所示。该选项卡中的选项含义如下：

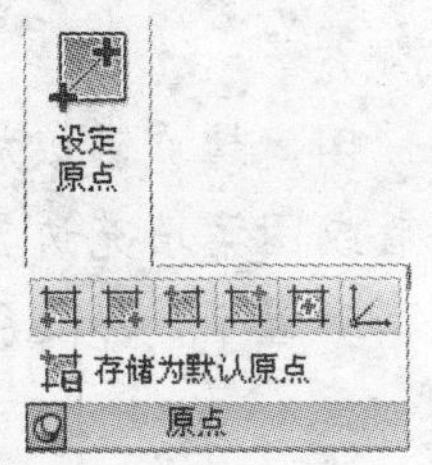

图 5-29　【原点】面板

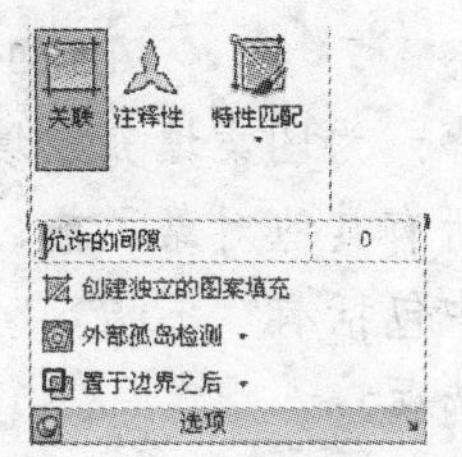

图 5-30　【选项】面板

- ◆ 注释性：指定图案填充为注释性。
- ◆ 关联：控制图案填充或填充的关联，关联的图案填充或填充在用户修改其边界时将会更新。
- ◆ 创建独立的图案填充：当指定了几个单独的闭合边界时，控制是创建单个图案填充对象，还是创建多个图案填充对象。当创建了 2 个或 2 个以上的填充图案时，此选项才可用。

◆ “外部孤岛检测”：填充区域内的闭合边界称为孤岛，控制是否检测孤岛。如果不存在内部边界，则指定孤岛检测样式没有意义。孤岛检测的 4 种方式：普通、外部、忽略和无，如图 5-31 ~ 图 5-34 所示。

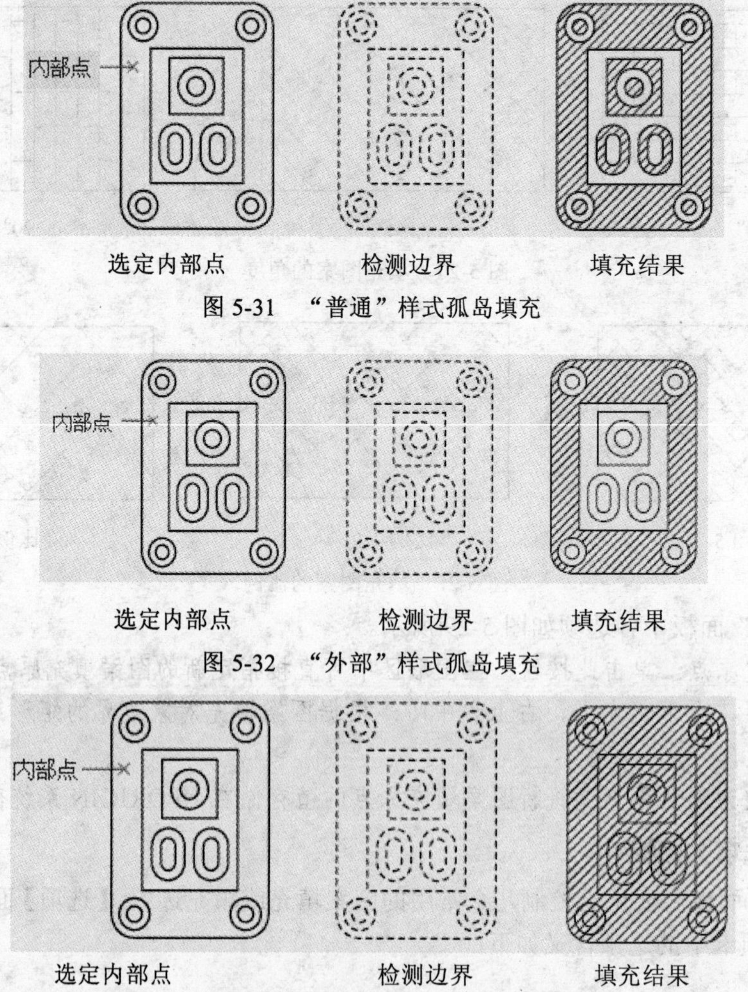

图 5-31 “普通”样式孤岛填充

图 5-32 “外部”样式孤岛填充

图 5-33 “忽略”样式孤岛填充

◆ 绘图次序：为图案填充或填充指定绘图次序。图案填充可以放在所有其他对象之后、所有其他对象之前、图案填充边界之后或图案填充边界之前。在下方的列表框中包括有“不指定”、“后置”、“前置”、“置于边界之后”和“置于边界之前”选项。

◆ 【图案填充和渐变色】对话框：当在面板的右下角单击按钮时，会弹出【图案填充和渐变色】对话框，如图 5-35 所示。此对话框与 AutoCAD2012 之前的版本中的填充图案功能对话框相同。

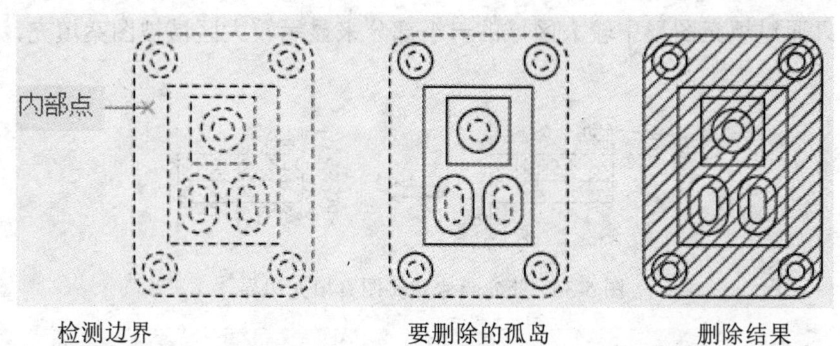

检测边界　　要删除的孤岛　　删除结果

图 5-34　删除孤岛填充

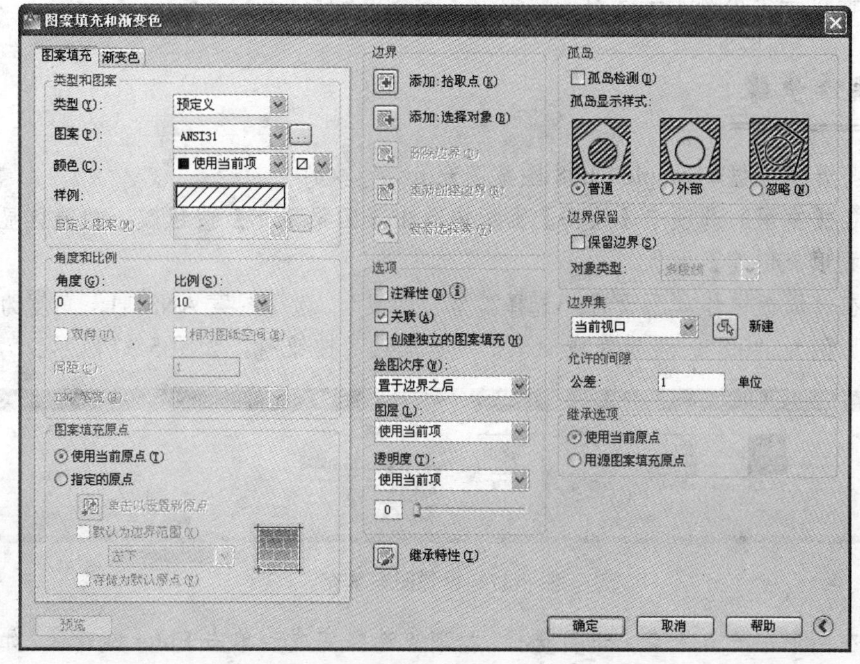

图 5-35　【图案填充和渐变色】对话框

5.3.2　创建无边界的图案填充

在特殊情况下，有时不需要显示填充图案的边界，用户可使用以下几种方法创建不显示图案填充边界的图案填充：

- 使用“图案填充”命令创建图案填充，然后删除全部或部分边界对象。
- 使用“图案填充”命令创建图案填充，确保边界对象与图案填充不在同一图层上。然后关闭或冻结边界对象所在的图层。这是保持图案填充关联性的唯一方法。
- 可以用创建为修剪边界的对象修剪现有的图案填充，修剪图案填充以后，删除这些对象。
- 用户可以通过在命令提示下使用 HATCH 的“绘图”选项指定边界点来定义图案填充边界。

例如，只通过填充图形中较大区域的一小部分来显示较大区域被图案填充，如图5-36所示。

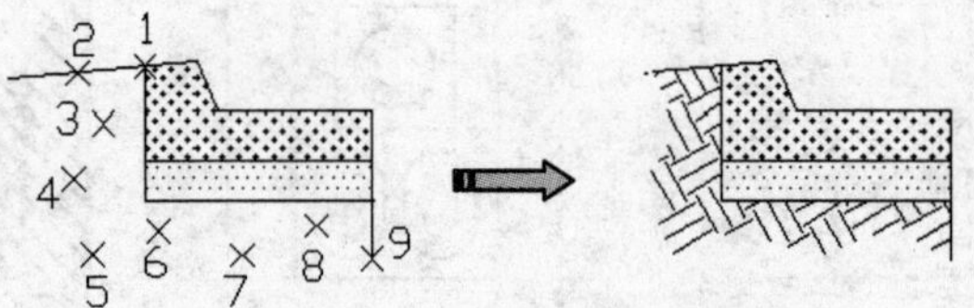

图 5-36 指定点来定义图案填充边界

例 5-4 光盘\example\Ch08\图案填充.dwg

下面通过一个小例子来学习如何使用【图案填充】。

操作步骤

[1] 打开“光盘\example\Ch08\图案填充.dwg”文件。

[2] 在【常用】选项卡【绘图】面板中单击【图案填充】按钮，功能区显示【图案填充创建】面板。

[3] 在“面板中作如下设置：选择类型“图案”；选择图案 ANSI31；角度为“90”；比例为“0.8”。设置完成后单击“拾取点”按钮，如图 5-37 所示。

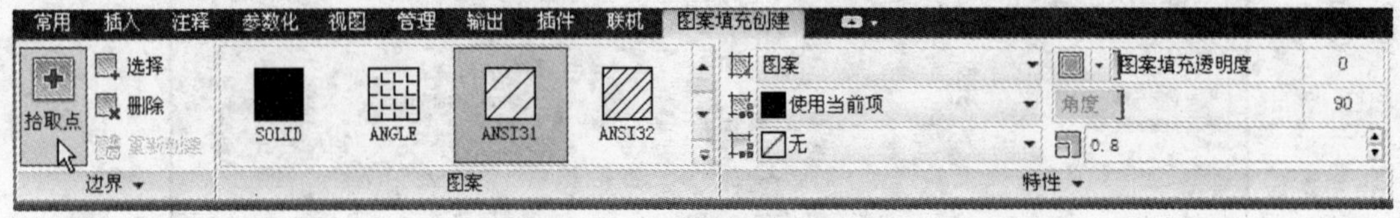

图 5-37 设置图案填充

[4] 在图形中的 6 个点上进行选择，拾取点选择完成后单击 Enter 键确认，如图 5-38 所示。

[5] 在【图案填充创建】面板中单击【关闭填充图案创建】按钮，程序自动填充所选择的边界，如图 5-39 所示。

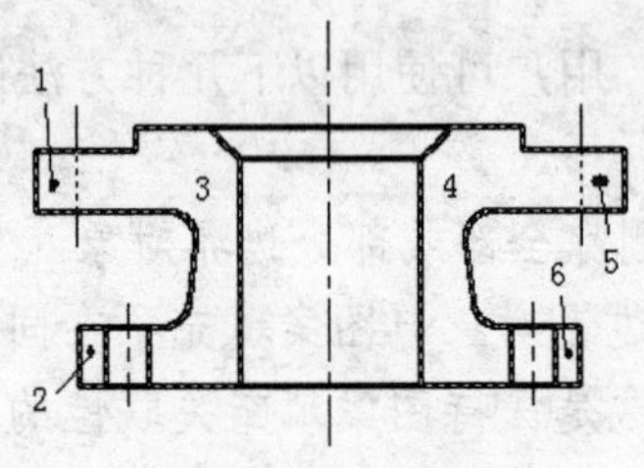

图 5-38 添加拾取点

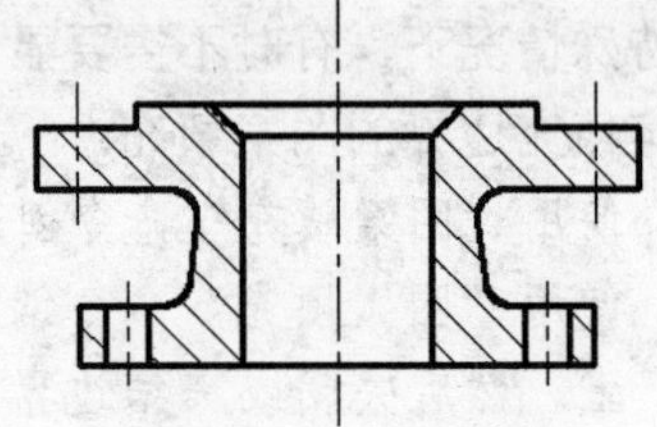

图 5-39 图案填充

5.4 渐变色填充

渐变色填充在一种颜色的不同灰度之间或两种颜色之间使用过渡。渐变色填充提供光源反射到对象上的外观，可用于增强演示图形。

5.4.1 设置渐变色

渐变色填充是通过【图案填充和渐变色】对话框的【渐变色】选项标签来设置、创建的，【渐变色】标签如图 5-40 所示。

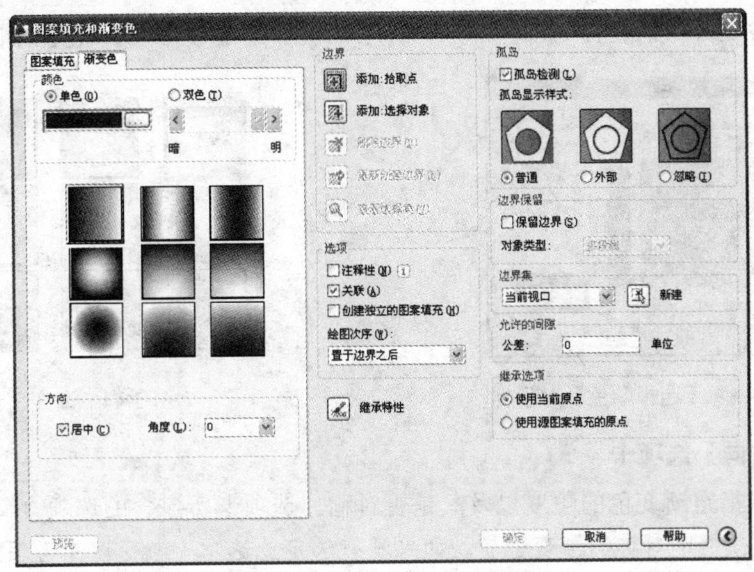

图 5-40 【渐变色】选项标签

用户可通过以下命令方式来打开此选项标签：

◆ 菜单栏：选择【绘图】|【渐变色】命令

◆ 面板：【常用】标签【绘图】面板单击【渐变色】按钮

◆ 命令行：输入 GRADIENT

【渐变色】标签包含有多个选项卡，其中，【边界】、【选项】、【孤岛】、【边界集】、【允许的间隙】、【继承选项】等选项卡在【图案填充】标签下已详细介绍过，这里不再重复。下面主要介绍【颜色】、【渐变图案预览】和【方向】选项卡的功能。

1. 【颜色】选项卡

【颜色】选项卡主要控制渐变色填充的颜色对比、颜色的选择等。选项卡包括【单色】和【双色】选项。

◆ 【单色】选项：指定使用从较深着色到较浅色调平滑过渡的单色填充。选择该选项，将显示带有【浏览】按钮 ... 和【暗】和【明】滑块的颜色样本，如图 5-41 所示。

◆ 【双色】选项：指定在两种颜色之间平滑过渡的双色渐变填充。选择【双色】选项时，将显示颜色 1 和颜色 2 的带有【浏览】按钮的颜色样本。如图 5-42 所示。

◆ 颜色样本：指定渐变填充的颜色。单击【浏览】按钮 ...，显示【选择颜色】对话框，从中可以选择“索引颜色”、“真彩色”或“配色系统”，如图 5-43 所示。

2. 【渐变图案预览】选项卡

该选项卡显示用户所设置的 9 种颜色固定图案，这些图案包括线性扫掠状、球状和抛物面状图案，如图 5-44 所示。

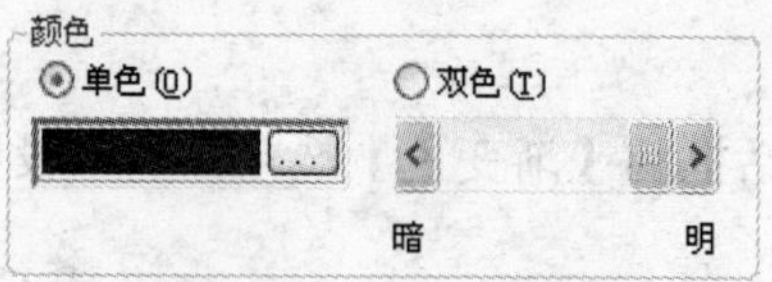

图 5-41 【单色】选项

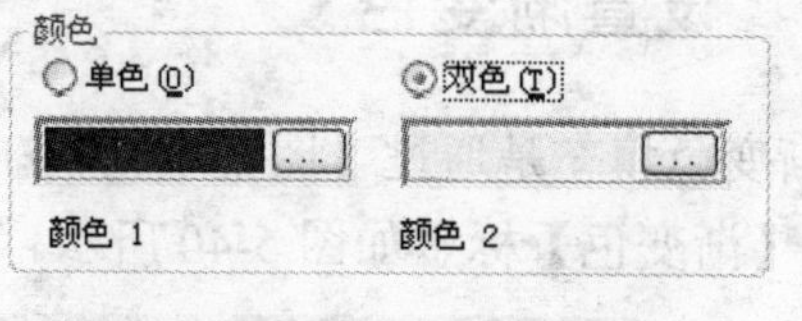

图 5-42 【双色】选项

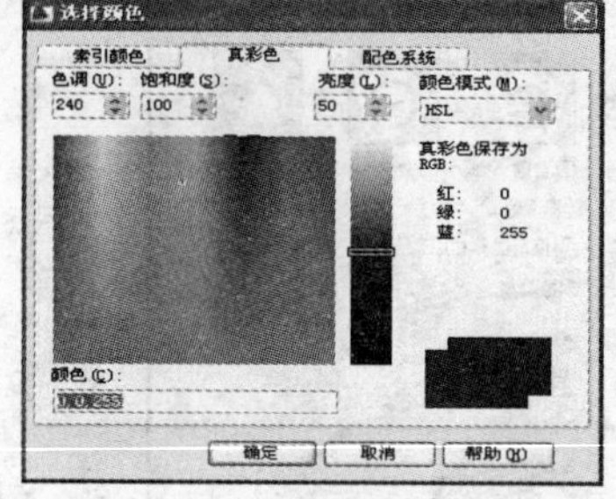

图 5-43 【选择颜色】对话框

图 5-44 渐变色预览

3. 【方向】选项卡

该选项卡指定渐变色的角度以及其是否对称。选项卡所包含的选项含义如下：

◆ 居中：指定对称的渐变配置。如果没有选定此选项，渐变填充将朝左上方变化，创建光源在对象左边的图案。如图 5-45 所示。

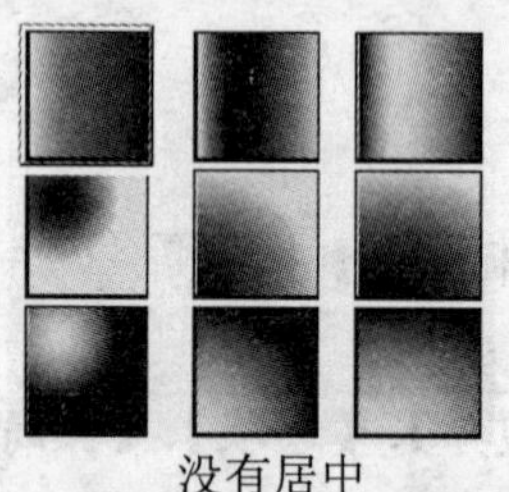

没有居中

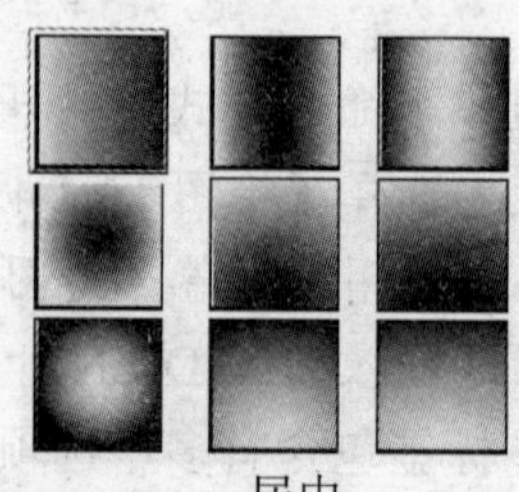

居中

图 5-45 对称的渐变配置

◆ 角度：指定渐变填充的角度相对于当前 UCS 指定的角度，如图 5-46 所示。此选项指定的渐变填充角度与图案填充指定的角度互不影响。

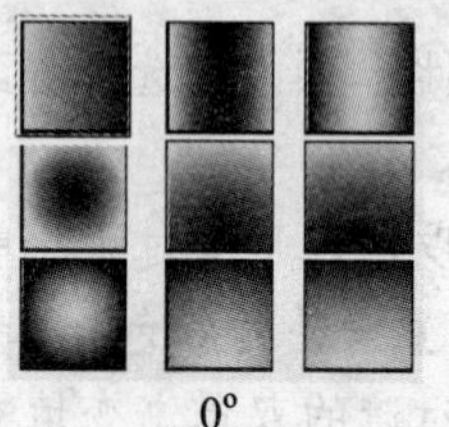

0°

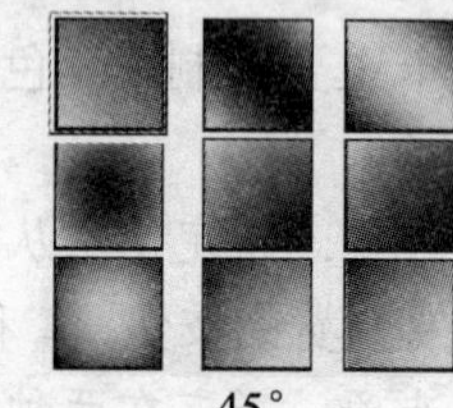

45°

图 5-46 渐变填充的角度

5.4.2 创建渐变色填充

接下来以一个实例来说明渐变色填充的操作过程。本例将渐变填充颜色设为【双色】，并自选颜色及设置角度。

例 5-5	光盘\example\Ch08\渐变色填充.dwg

操作步骤

[1] 打开本节的光盘实例“环境.dwg”文件。

[2] 在【常用】标签【绘图】面板中单击【渐变色】按钮，弹出【图案填充和渐变色】对话框。

[3] 在【渐变色】标签中设置以下参数：选择【双色】选项；在【颜色 1】的颜色样本中单击【浏览】按钮...，在随后弹出的【选择颜色】对话框【真彩色】标签下输入色调“267”、饱和度“93”、亮度“77”，然后关闭该对话框，如图 5-47 所示。

[4] 在【方向】选项卡中勾选【居中】选项；角度设置 30，如图 5-48 所示。

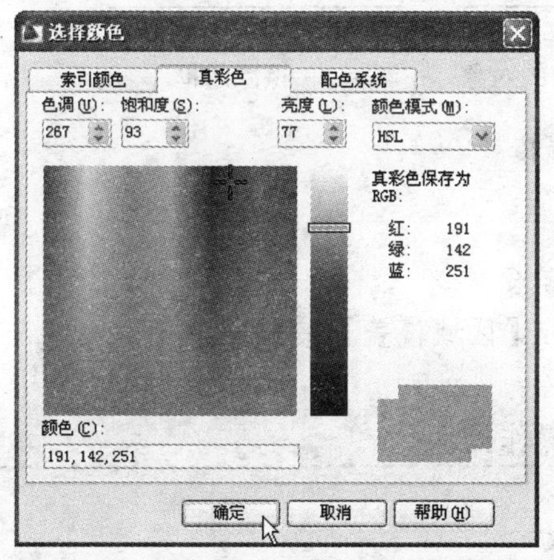

图 5-47 选择颜色

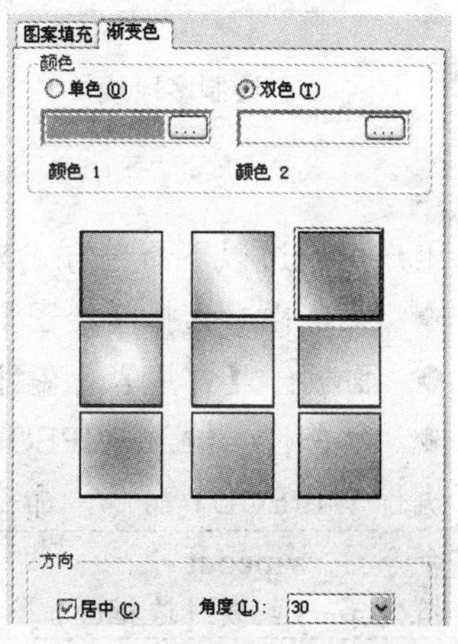

图 5-48 渐变色填充设置

[5] 单击【拾取一个内部点】按钮，并暂时关闭对话框。在图形窗口下选择如图 5-49 所示的点作为填充边界拾取点。

[6] 添加拾取点后，单击 Enter 键，再次弹出【图案填充和渐变色】对话框。单击【确定】按钮，程序自动完成所选边界的渐变色填充，如图 5-50 所示。

5.5 区域覆盖

区域覆盖对象是一块多边形区域，它可以使用当前背景色屏蔽底层的对象。此区域由区域覆盖边框绑定，可以打开此区域进行编辑，也可以关闭此区域进行打印。使用区域覆盖对象可以在现有对象上生成一个空白区域，用于添加注释或详细的蔽屏信息，如图 5-51 所示。

图 5-49 添加拾取点

图 5-50 渐变色填充

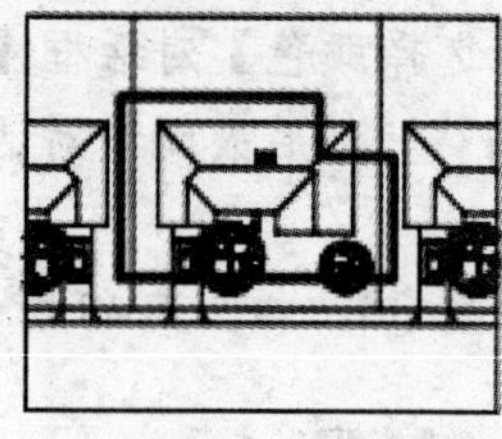
绘制多段线

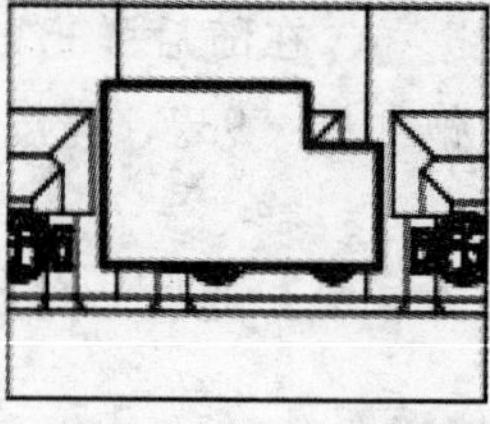
擦除多段线内的对象

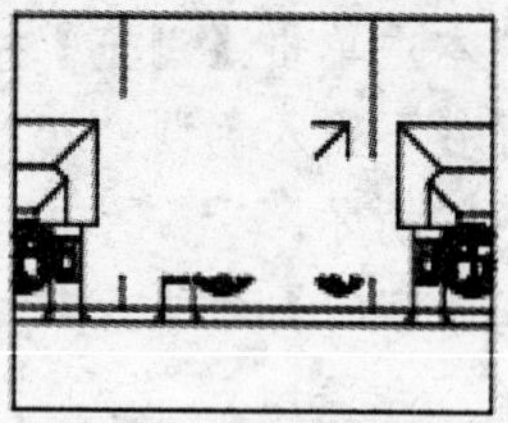
擦除边框

图 5-51 区域覆盖

用户可通过以下命令方式来执行此操作：

◆ 菜单栏：选择【绘图】|【区域覆盖】命令
◆ 面板：【常用】标签【绘图】面板单击【区域覆盖】按钮
◆ 命令行：输入 WIPEOUT

执行 WIPEOUT 命令，命令行将显示如下操作提示：

```
命令：_wipeout
指定第一点或 [边框(F)/多段线(P)] <多段线>:
```

操作提示下的选项含义如下：

◆ 第一点：根据一系列点确定区域覆盖对象的多边形边界。
◆ 边框：确定是否显示所有区域覆盖对象的边。
◆ 多段线：根据选定的多段线确定区域覆盖对象的多边形边界。

如果使用多段线创建区域覆盖对象，则多段线必须闭合，并且只包括直线段且宽度为零。

下面以实例来说明区域覆盖对象的创建过程。

例 5-6　光盘\example\Ch08\创建区域覆盖.dwg

操作步骤

[1] 打开本实例光盘文件“零件.dwg”。

[2] 在【常用】标签【绘图】面板中单击【区域覆盖】按钮，然后按命令行的提示进行操作：

```
命令：_wipeout
指定第一点或 [边框(F)/多段线(P)] <多段线>：↙          //选择选项或单击 Enter键
选择闭合多段线：                                        //选择多段线
是否要删除多段线？[是(Y)/否(N)] <否>：↙
```

[3] 创建区域覆盖对象的过程及结果如图 5-52 所示。

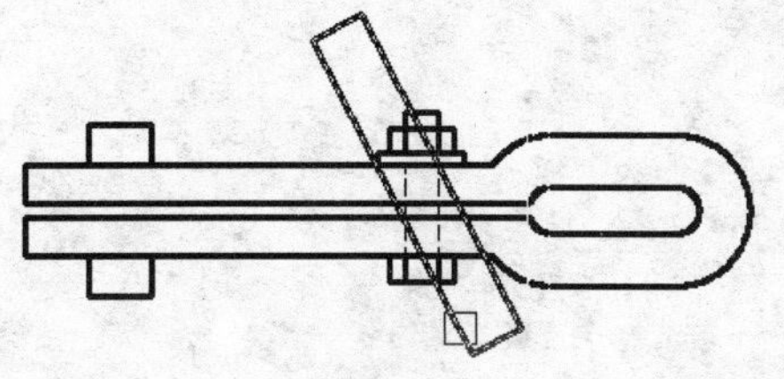

选择多段线

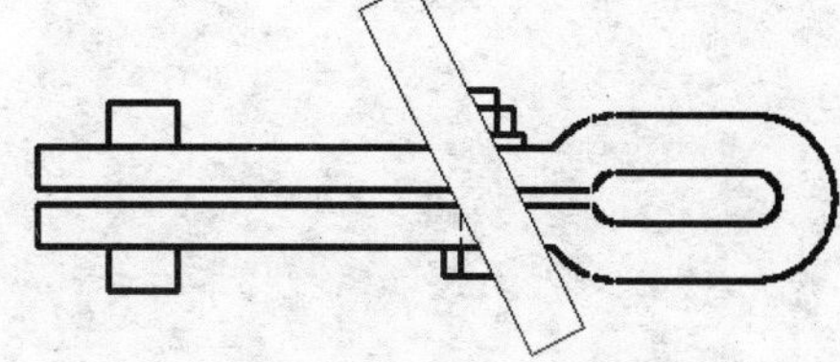

擦除多段线内的对象

图 5-52　创建区域覆盖

第6章 AutoCAD 尺寸约束功能

本章内容导读：

图形尺寸标注是 AutoCAD 绘图工作中的一项重要内容，因为标注显示出了对象的几何测量值，对象之间的距离或角度，部件的位置。AutoCAD 包含了一套完整的尺寸标注命令和实用程序，可以轻松完成图样中要求的尺寸标注。本章将详细地介绍尺寸标注的基本知识及常见尺寸标注的基本应用。

本章学习要点：

- 图形标注基础
- 标注样式创建与修改
- AutoCAD2012 基本尺寸标注
- 快速标注工具
- 其他标注工具
- 编辑标注

6.1　图形标注基础

标注显示出对象的几何测量值，对象之间的距离、角度或者部件的位置，因此标注图形尺寸时要满足尺寸的合理性。除此之外，用户还要掌握尺寸标注的方法、步骤等。

6.1.1　图形尺寸的组成

在 AutoCAD 工程图中，一个完整的尺寸标注应由尺寸界线、尺寸线、尺寸数字、箭头及引线等元素组成，如图 6-1 所示。

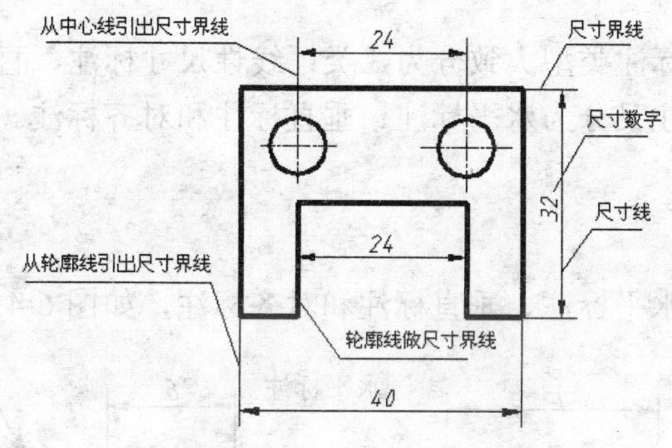

图 6-1　尺寸标注的组成

1.　尺寸界线

尺寸界线表明尺寸的界限，用细实线绘制，并应由轮廓线、轴线或对称中心线引出，也可借用图形的轮廓线、轴线或对称中心线。通常它和尺寸线垂直，必要时允许倾斜。在光滑过渡处标注尺寸时，必须用细实线将轮廓线延长，从它们的交点引出尺寸界线，如图 6-2 所示。

2.　尺寸线

尺寸线表明尺寸的长短，必须用细实线绘制，不能借用图形中的任何图线，一般也不得与其他图线重合或画在其延长线上。

3.　尺寸数字

尺寸数字一般在尺寸线的上方，也可在尺寸线的中断处。水平尺寸的数字字头朝上，垂直尺寸数字字头朝左，倾斜方向的数字字头应保持朝上的趋势，并与尺寸线成 75° 斜角。

4.　箭头

指示尺寸线的端点。尺寸线终端有两种形式：箭头和斜线。箭头适用于各种类型的图样，如图 6-3a 所示。斜线用细实线绘制，当尺寸线的终端采用斜线形式时，尺寸线与尺寸界线必须互相垂直，如图 6-3b 所示。

5.　引线

形成一个从注释到参照部件的实线前导。根据标注样式，如果标注文字在延伸线之间容纳不下，将会自动创建引线。也可以创建引线将文字或块与部件连接起来。

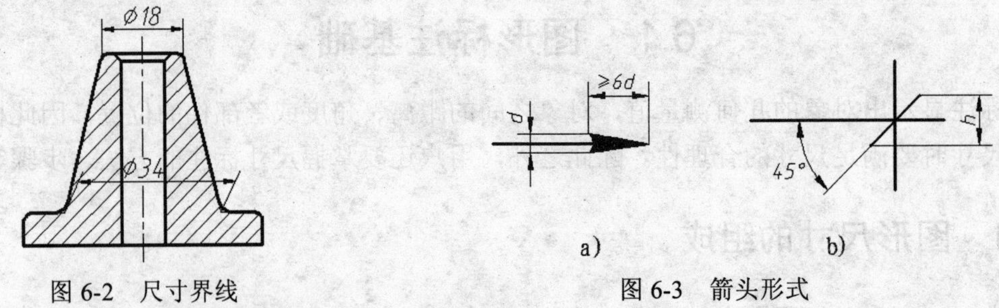

图 6-2　尺寸界线　　　　　　　　　　　图 6-3　箭头形式

6.1.2　尺寸标注类型

工程图样中的尺寸标注类型大致分为 3 类：线性尺寸标注、直径或半径尺寸标注、角度标注。其中线性标注又分为水平标注、垂直标注和对齐标注。接下来对这 3 类尺寸标注类型做大致介绍。

1.　线性尺寸标注

线性尺寸标注包括水平标注、垂直标注和对齐标注，如图 6-4 所示。

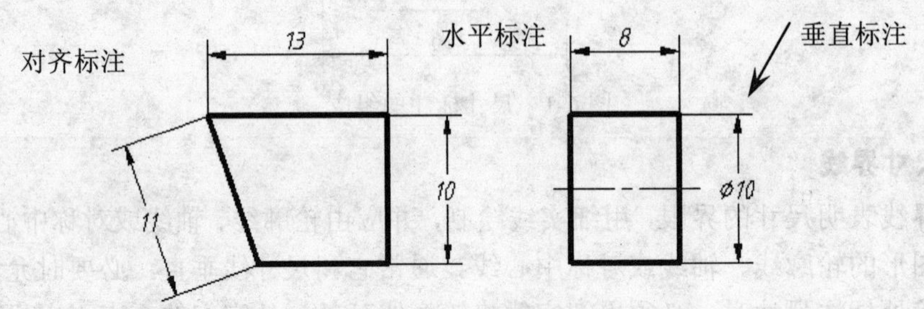

图 6-4　线性尺寸标注

2.　直径或半径尺寸标注

一般情况下，整圆或大于半圆的圆弧应标注直径尺寸，并在数字前面加注符号 ϕ；小于或等于半圆的的圆弧应标注为半径尺寸，并在数字前面加上 R，如图 6-5 所示。

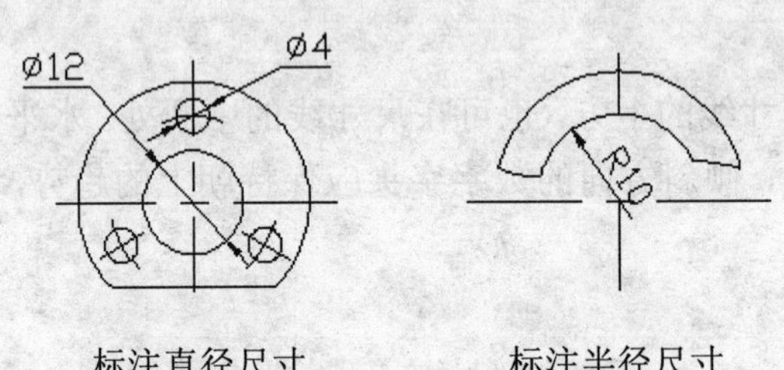

图 6-5　直径、半径尺寸标注

3.　角度标注

标注角度时，延伸线应沿径向引出。尺寸线是以该角度顶点为圆心的一段圆弧。角度的数字一律字头朝上水平书写，并配置在尺寸线的中断处。必要时也可以引出标注或把数字写在尺寸线旁，如图 6-6 所示。

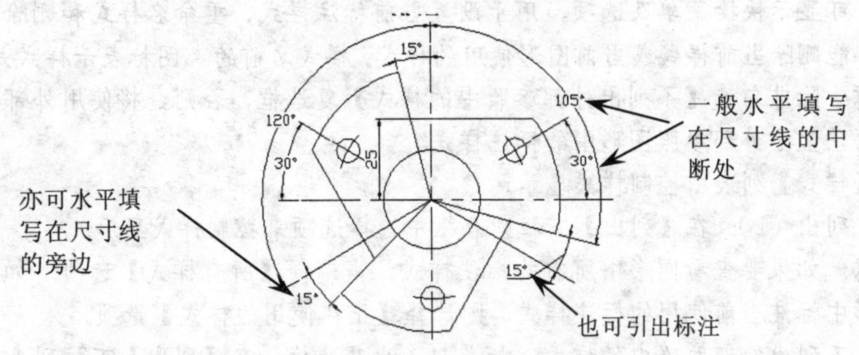

图 6-6　角度标注

6.1.3　标注样式管理器

在 AutoCAD 中，使用标注样式可以控制标注的格式和外观，建立强制执行的绘图标准，并有利于对标注格式及用途进行修改。标注样式管理包含新建标注样式、设置线样式、设置符号和箭头样式、设置文字样式、设置调整样式、设置主单位样式、设置单位换算样式、设置公差样式等内容。

标注样式是标注设置的命名集合，可用来控制标注的外观，如箭头样式、文字位置和尺寸公差等。用户可以创建标注样式，以快速指定标注的格式，并确保标注符合行业或项目标准。

创建标注时，标注将使用当前标注样式中的设置。如果要修改标注样式中的设置，则图形中的所有标注将自动使用更新后的样式。用户可以创建与当前标注样式不同、指定标注类型的标准子样式，需要时可以临时替代标注样式。

在【注释】选项卡的【标注】面板中单击【标注样式】按钮，弹出【标注样式管理器】对话框，如图 6-7 所示。

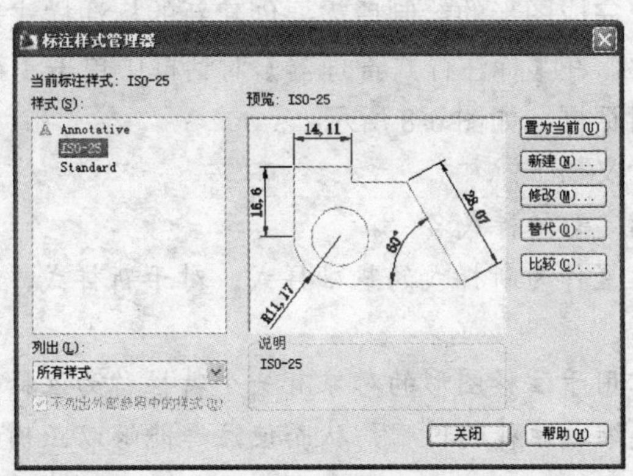

图 6-7　【标注样式管理器】对话框

该对话框各选项、命令的含义如下：

- ◆ 当前标注样式：显示当前标注样式的名称。默认标注样式为国际标准 ISO-25。当前样式将应用于所创建的标注。

◆ 样式（S）：列出图形中的标注样式，当前样式被亮显。在列表中单击鼠标右键可显示快捷菜单及选项，用于设置当前标注样式、重命名样式和删除样式。不能删除当前样式或当前图形使用的样式。样式名前的图标表示样式是注释性。

注意：除非勾选【不列出外部参照中的样式】复选框，否则，将使用外部参照命名对象的语法显示外部参照图形中的标注样式。

在【样式】列表中控制样式显示。

◆ 列出（L）：在【列出】下拉列表框中选择选项来控制样式显示。

注意：如果要查看图形中所有的标注样式，需选择【所有样式】选项；如果只希望查看图形中标注当前使用的标注样式，则选择【正在使用的样式】选项。

◆ 不列出外部参照中的样式：如果勾选此复选框，在【列出】下拉列表框中将不显示【外部参照图形的标注样式】选项。

◆ 说明：主要说明【样式】列表中与当前样式相关的选定样式。如果说明超出给定的空间，可以单击窗格并使用箭头键向下滚动。

◆ 置为当前（U）：将【样式】列表下选定的标注样式设置为当前标注样式。当前样式将应用于用户所创建的标注中。

◆ 新建（N）：单击此按钮，可在弹出的【新建标注样式】对话框中创建新的标注样式。

◆ 修改（M）：单击此按钮，可在弹出的【修改标注样式】对话框中修改当前标注样式。

◆ 替代（O）：单击此按钮，可在弹出的【替代标注样式】对话框中设置标注样式的临时替代值。替代样式将作为未保存的更改结果显示在【样式】列表中。

◆ 比较（C）：单击此按钮，可在弹出的【比较标注样式】对话框中比较两个标注样式的所有特性。

6.2 标注样式创建与修改

多数情况下，用户完成图形的绘制后需要创建新的标注样式来标注图形尺寸，以满足各种各样的设计需要。在【标注样式管理器】对话框中单击【新建（N）】按钮，弹出【创建新标注样式】对话框，如图 6-8 所示。

此对话框的选项含义如下：

◆ 新样式名：指定新的样式名。

◆ 基础样式：设置作为新样式的基础样式。对于新样式，仅修改那些与基础特性不同的特性。

◆ 注释性：通常用于注释图形的对象有一个特性称为注释性。使用此特性，用户可以自动完成缩放注释的过程，从而使注释能够以正确的大小在图样上打印或显示。

◆ 用于：创建一种仅适用于特定标注类型的标注子样式。例如，可以创建一个 Stndard 标注样式的版本，该样式仅用于直径标注。

在【创建新标注样式】对话框中完成系列选项的设置后，单击【继续】按钮，再弹出【新建标注样式：副本 ISO-25】对话框，如图 6-9 所示。

在此对话框中用户可以定义新标注样式的特性，最初显示的特性是在【创建新标注样式】对话框中所选择的基础样式的特性。【新建标注样式：副本 ISO-25】对话框包括 7 个功能选项卡：线、符号和箭头、文字、调整、主单位、换算单位和公差。

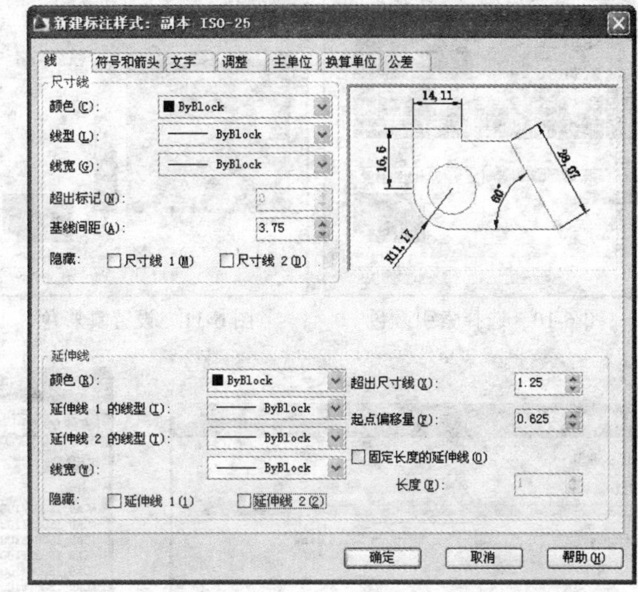

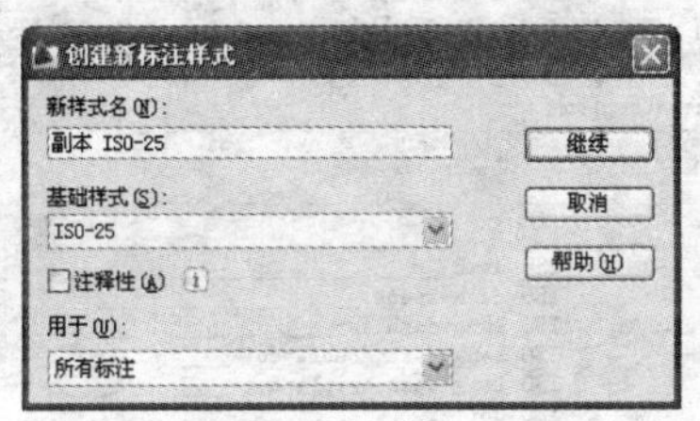

图 6-8　【创建新标注样式】对话框　　图 6-9　【新建标注样式：副本 ISO-25】对话框

6.2.1 【线】选项卡

【线】选项卡的主要功能是设置尺寸线、延伸线、箭头和圆心标记的格式和特性。该选项卡包含 2 个功能选项组（尺寸线和延伸线）和 1 个设置预览区。

提示

AutoCAD 中尺寸标注的【延伸线】就是机械制图中的【尺寸界线】。

1. 【尺寸线】选项组

【尺寸线】选项组用以设置尺寸线的特性，该选项组中各选项含义如下：

- 颜色：显示并设置尺寸线的颜色。该选项下拉列表中包括 9 种固定颜色特性可供用户选择。如果用户需要自行选择其他颜色特性，可选择该下拉列表框的【选择颜色】选项，随后在弹出的【选择颜色】对话框【索引颜色】选项卡中单击颜色按钮或输入颜色名、颜色号来选择合适的尺寸线颜色，如图 6-10 所示。此外，用户还可通过【真彩色】功能来设置尺寸线颜色的色调、饱和度、亮度及颜色模式等，使颜色满足设计需求，如图 6-11 所示。或者利用【配色系统】功能自行配置颜色，如图 6-12 所示。
- 线型：设置尺寸线的线型。在【线型】下拉列表框中选择【其他】选项，随后弹出【选择线型】对话框，如图 6-13 所示。在此对话框中单击【加载】按钮，则弹出【加载或重载线型】对话框。用户可选择合适的线型加载到新尺寸标注样式中，如图 6-14 所示。

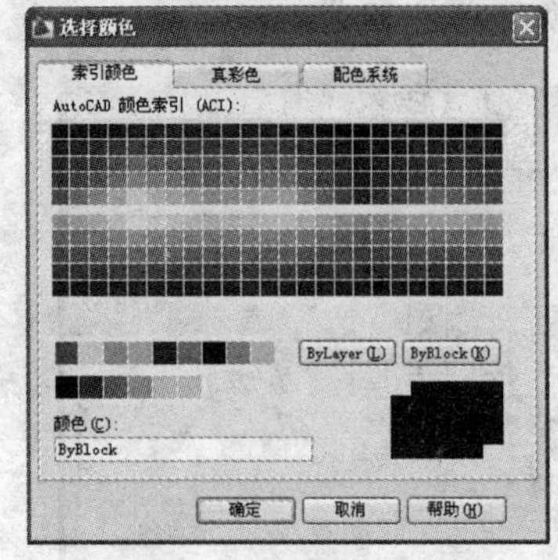

图 6-10　选择索引颜色

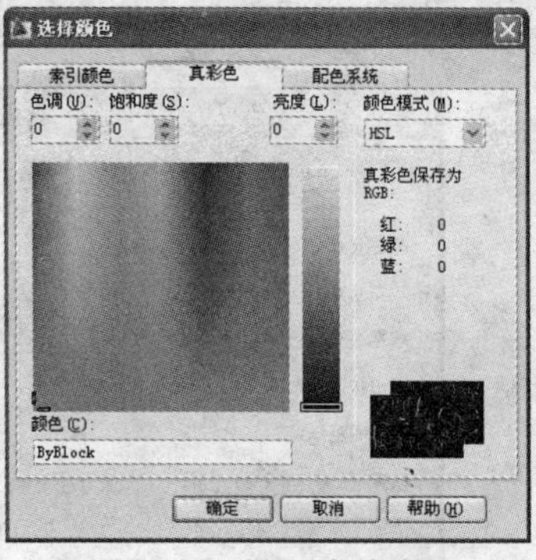

图 6-11　设置真彩色

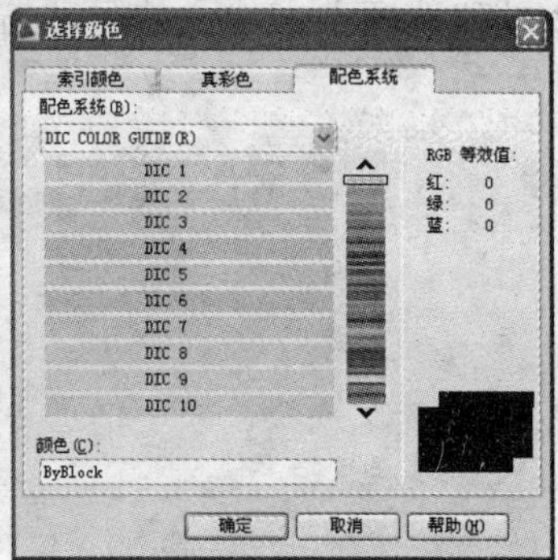

图 6-12　配置颜色

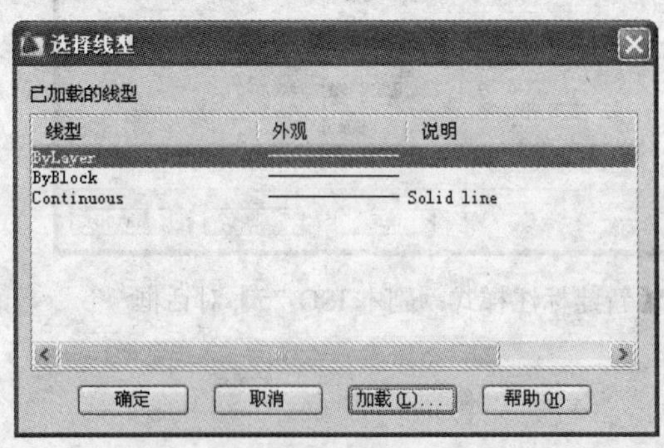

图 6-13　【选择线型】对话框

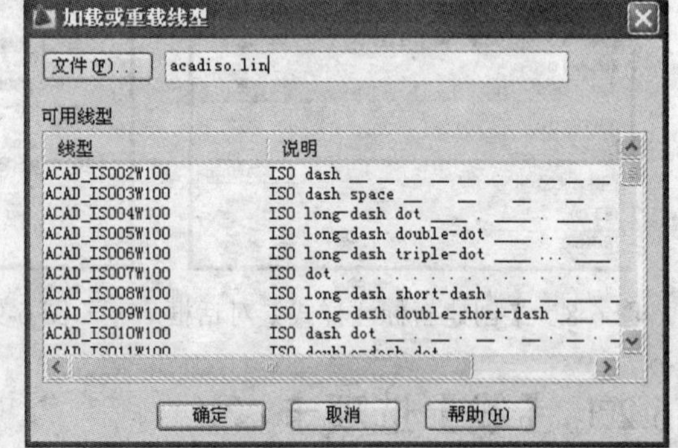

图 6-14　【加载或重载线型】对话框

- ◆ 线宽：设置尺寸线的宽度。在线宽列表框中包含有多种可供用户选择的尺寸线标准宽度。
- ◆ 超出标记：当箭头使用倾斜、建筑标记、积分和无标记形状时，指定尺寸线超过延伸线的距离。用户可通过单击微调按钮，或者在文本框内输入值来设置此距离值，如图 6-15 所示。

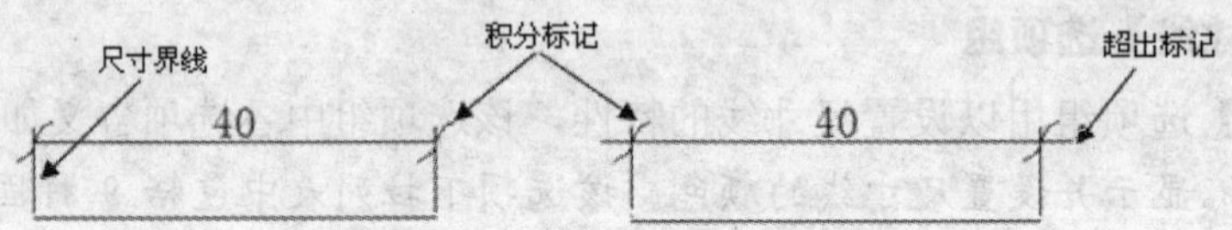

图 6-15　尺寸标注的超出标记

- ◆ 基线间距：基线标注尺寸线之间的距离，如图 6-16 所示。
- ◆ 隐藏：控制尺寸线的显示。当勾选【尺寸线 1（M）】复选框时，则不显示第 1 条尺寸线；当勾选【尺寸线 2（D）】复选框时，则不显示第 2 条尺寸线，如图 6-17 所示。

2. 【延伸线】选项组

【延伸线】选项组控制延伸线的外观，选项组中各选项的含义如下：

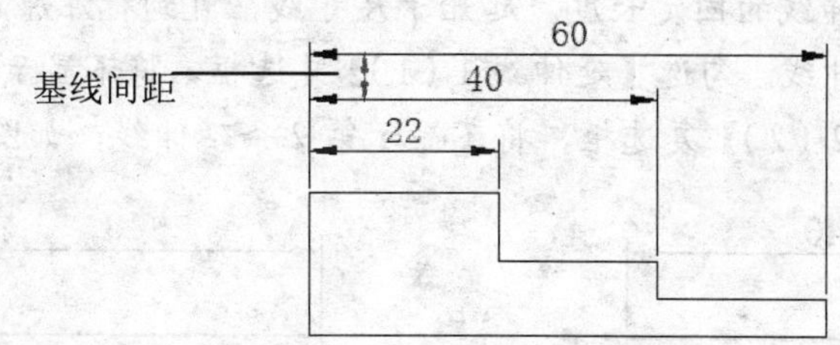

图 6-16　基线标注的间距

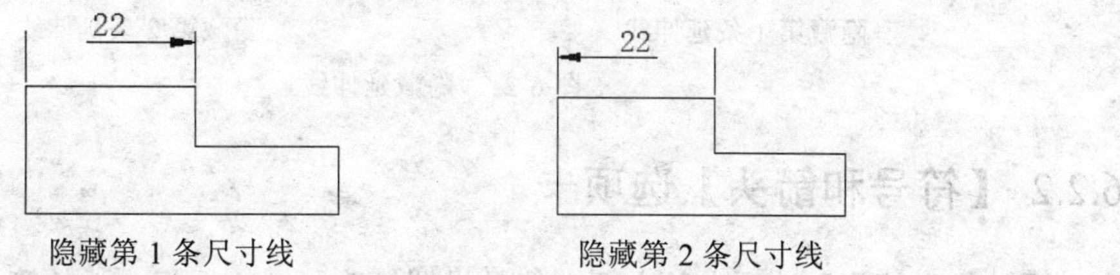

图 6-17　隐藏尺寸线

◆ 颜色：设置延伸线的颜色。

◆ 延伸线 1 的线型：设置第 1 条延伸线的线型。

◆ 延伸线 2 的线型：设置第 2 条延伸线的线型。

◆ 线宽：延伸线的线宽。

◆ 超出尺寸线：设置延伸线超出尺寸线的距离，如图 6-18 所示。

图 6-18　超出尺寸线

◆ 起点偏移量：设置图形中定义标注的点到延伸线的偏移距离，如图 6-19 所示。

◆ 固定长度的延伸线：若勾选此复选框，将以设置固定的延伸线长度来标注尺寸，如图 6-20 所示。

图 6-19　起点偏移量

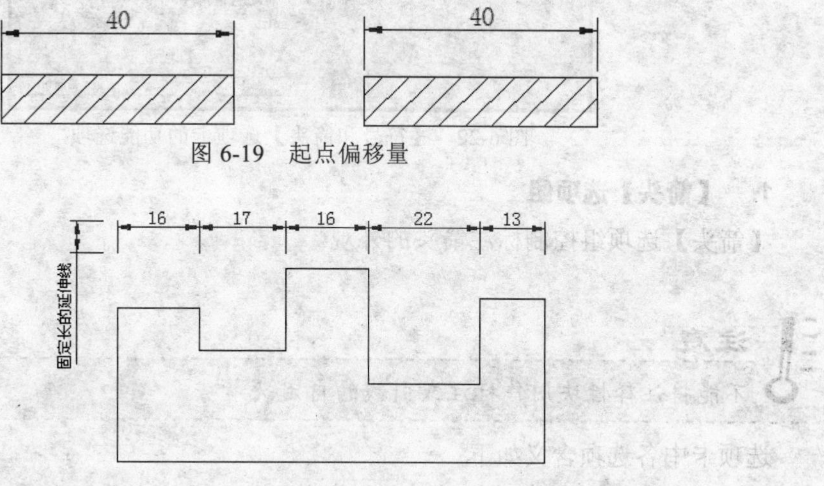

图 6-20　固定长度的尺寸界线

◆ 长度：设置延伸线的固定长度。起始于尺寸线，直到标注原点。

◆ 隐藏：隐藏延伸线。勾选【延伸线 1（1）】复选框，将不显示第 1 条延伸线；若勾选【延伸线 2（2）】复选框，将不显示第 2 条延伸线，如图 6-21 所示。

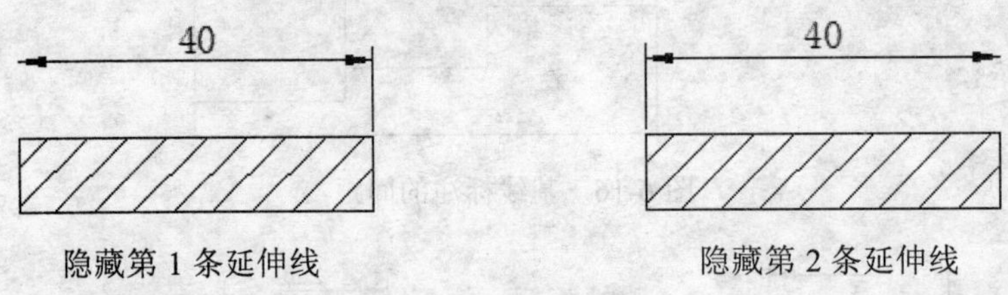

图 6-21　隐藏延伸线

6.2.2 【符号和箭头】选项卡

【符号和箭头】选项卡的主要功能是设置箭头、圆心标记、弧长符号和折弯半径标注的格式和位置。该选项卡包含【箭头】、【圆心标记】、【折断标注】、【弧长符号】、【折弯半径标注】、【线性折弯标注】等选项组。

【符号和箭头】选项卡的功能选项如图 6-22 所示。

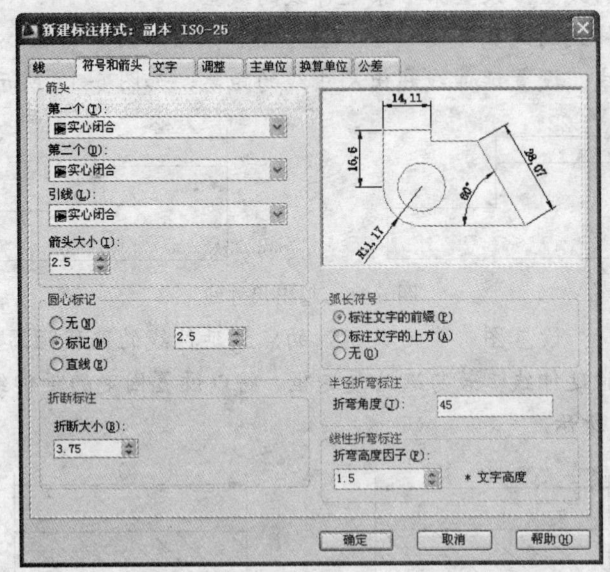

图 6-22　【符号和箭头】选项卡的功能选项

1. 【箭头】选项组

【箭头】选项组控制标注箭头的外观。

注意

不能将注释性块用作标注或引线的自定义箭头。

选项卡中各选项含义如下：

◆ 第一个：设置第一条尺寸线的箭头形状。当改变第一个箭头的类型时，第二个箭头将自动改变以同第一个箭头相匹配。

提示：若用户需要自定义箭头形状，可选择该下拉列表框中的【用户箭头】选项，以从创建的块中加载定义的箭头。

◆ 第二个：设置第二条尺寸线的箭头形状。

◆ 引线：设置引线的箭头形状。

◆ 箭头大小：通过单击上、下三角按钮或者直接输入值来设置箭头的大小。

2. 【圆心标记】选项组

【圆心标记】选项组控制直径标注或半径标注的圆心标记和中心线的外观。选项卡中各单选选项含义如下：

◆ 无：单击此单选按钮，不创建圆心标记和中心线，如图 6-23 所示。

◆ 标记：单击此单选按钮创建圆心标记，在右边的文本框中设置标记的大小。

◆ 直线：单击此单选按钮创建中心线，在右边的文本框中设置中心线的长度。

3. 【折断标注】、【弧长符号】选项组

【折断标注】选项组用于控制显示和设置折断标注的间距大小。用户通过在【折断大小】文本框输入值或单击微调按钮来设置折断标注符号的大小。

【弧长符号】选项组控制弧长标注中弧长符号的显示。该选项卡中各单选选项含义如下：

◆ 标注文字的前缀：将弧长符号放置在标注文字之前。如图 6-24 所示。

◆ 标注文字的上方：将弧长符号放置在标注文字上方。如图 6-25 所示。

◆ 无：不显示弧长符号。

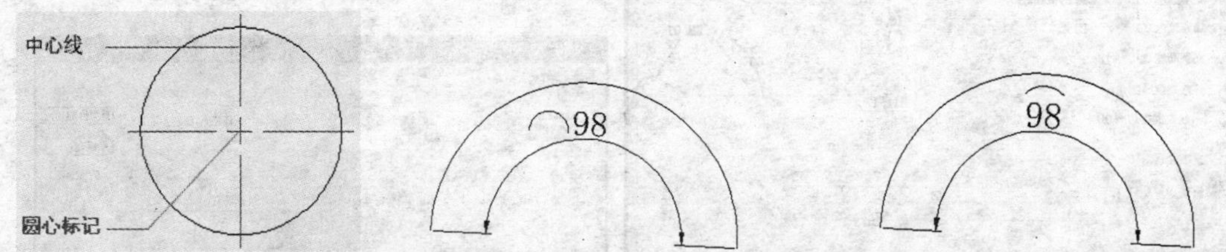

图 6-23 圆心标记和中心线 图 6-24 弧长符号在标注文字之前 图 6-25 弧长符号在标注文字上方

4. 【半径折弯标注】选项组

【半径折弯标注】选项组控制折弯（Z 字型）半径标注的显示，折弯半径标注通常在圆或圆弧的圆心位于页面外部时创建。在其【折弯角度】文本框内输入值来调整折弯（Z 字型）角度。半径折弯标注如图 6-26 所示。

5. 【线性折弯标注】选项组

【线性折弯标注】选项组控制线性折弯的显示，当标注不能精确表示实际尺寸时，通常将折弯线添加到线性标注中，而实际尺寸比所需值小。在该选项卡的【折弯高度因子】文本框中输入值来调整折弯标注的高度。

线性折弯标注如图 6-27 所示。

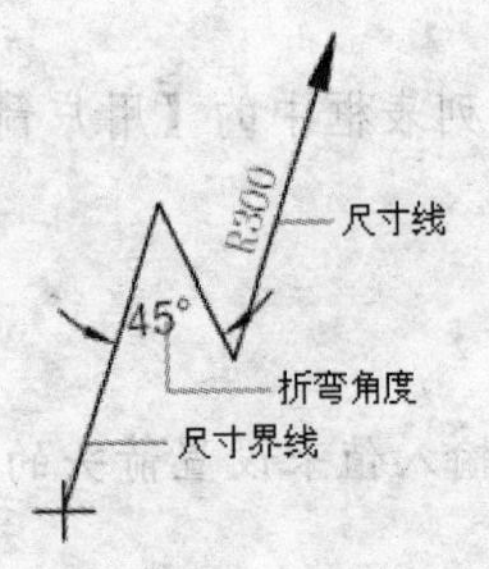

图 6-26　半径折弯标注

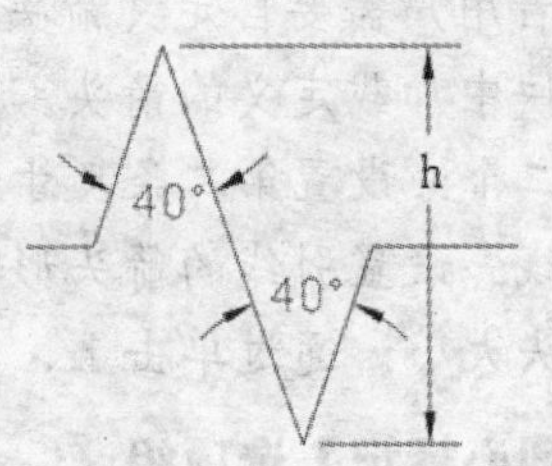

图 6-27　线性折弯标注

6.2.3 【文字】选项卡

【文字】选项卡主要用于设置标注文字的格式、放置和对齐。该选项卡的设置、控制功能选项如图 6-28 所示。【文字】选项卡包含【文字外观】、【文字位置】和【文字对齐】选项组。

1. 【文字外观】选项组

【文字外观】选项组控制标注文字的格式和大小。各选项含义如下：

- ◆ 文字样式：用以设置标注文字的样式。该选项下拉列表框中有两个文字样式可供用户编辑、使用。选择一个样式如 Standard，再单击右边的文字样式编辑按钮，弹出如图 6-29 所示【文字样式】对话框。从中可以定义或修改文字样式。

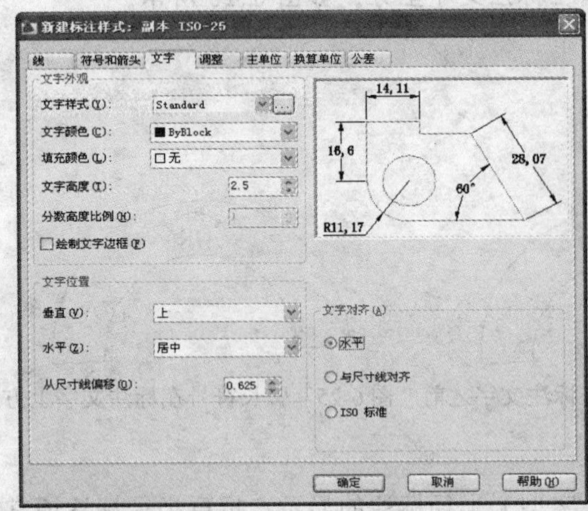

图 6-28　【文字】选项卡的设置、控制功能选项

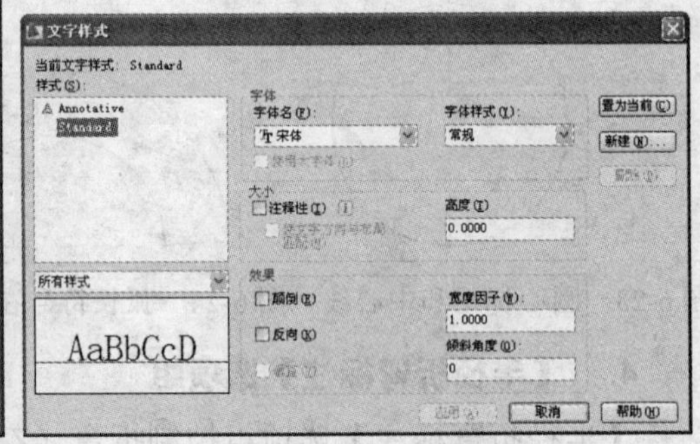

图 6-29　【文字样式】对话框

- ◆ 文字颜色：用以设置标注文字的颜色。
- ◆ 填充颜色：用以设置标注文字的背景颜色。
- ◆ 文字高度：用以设置标注文字的高度。

注意

如果在【文字样式】对话框中将文字高度设置为固定值（即文字样式高度大于 0），则该高度将替代【文字高度】文本框内设置的文字高度。

◆ 分数高度比例：设置相对于标注文字的分数比例。仅当在【主单位】选项卡下选择【分数】作为单位格式时，此选项才可用。在此处输入的值乘以文字高度，可确定标注分数相对于标注文字的高度。

◆ 绘制文字边框：勾选此复选框，将在标注文字周围绘制一个边框，如图 6-30 所示。

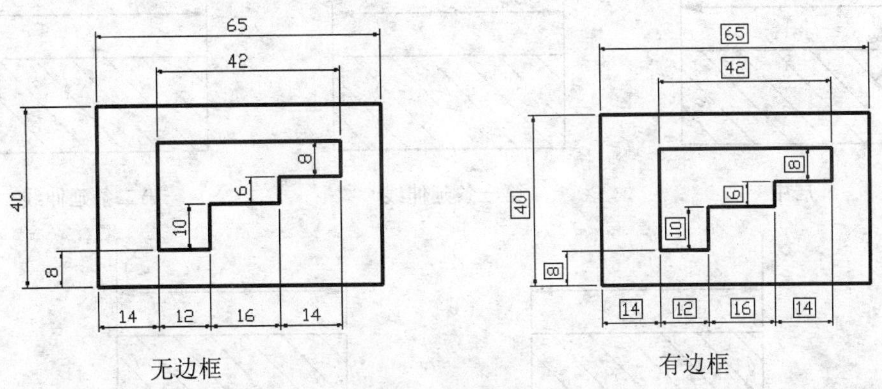

图 6-30 文字边框

2. 【文字位置】选项组

【文字位置】选项组的功能是控制标注文字的位置。各选项含义如下：

◆ 垂直：此选项可控制标注文字相对尺寸线的垂直位置。该选项包括 4 种可供选择的垂直位置定义，如图 6-31 所示。“居中”位置表示将标注文字放置在尺寸线中间；“上”位置表示将标注文字放置在尺寸线上方；“外部”位置表示将标注文字放置在尺寸线上远离第一个定义点的一边；“JIS”位置是按照日本工业标准来放置标注文字。

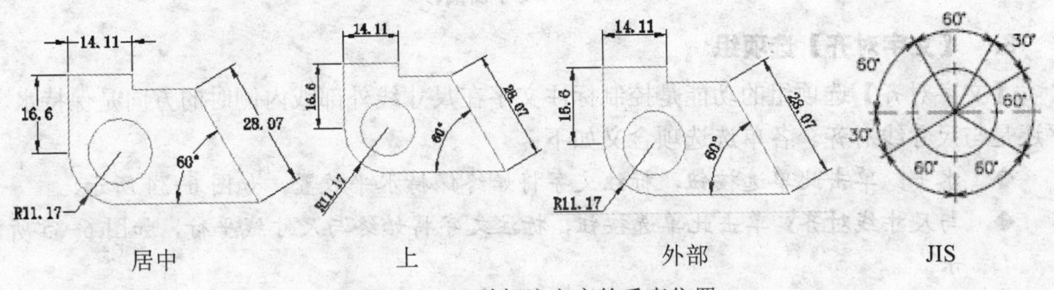

图 6-31 4 种标注文字的垂直位置

◆ 水平：此选项控制标注文字在尺寸线上相对于尺寸延伸线的水平位置。它包括 5 种水平位置定义，如图 6-32 所示。“居中”位置表示将标注文字放置在两条尺寸延伸线中间；“第一条延伸线”位置表示将标注文字放置在偏向第一条尺寸延伸线侧；“第二条延伸线”位置表示将标注文字放置在偏向第二条尺寸延伸线侧；“第一条延伸线上方”位置是将标注文字沿第一条尺寸延伸线放置；“第二条延伸线上方”位置是将标注文字沿第二条尺寸延伸线放置。

◆ 从尺寸线偏移：设置当前字线间距，字线间距是指当尺寸线断开以容纳标注文字时标注文字周围的距离。此值也用作尺寸线段所需的最小长度。仅当生成的线段至少与字线间距同样长时，才会将文字放置在延伸线（延伸线）内侧。仅当箭头、标注文字以及页边距有足够的空间容纳字线间距时，才将尺寸线上方或下方的文字置于内侧。设置了字线间距的标注文字与没有设置字线间距的标注文字如图 6-33 所示。

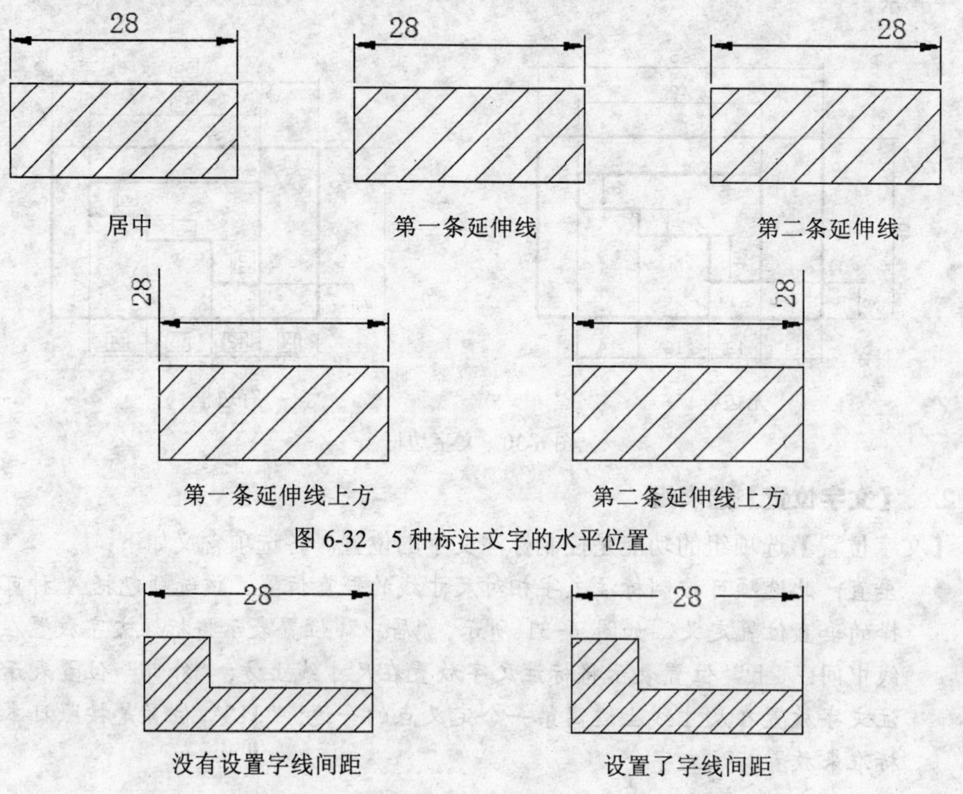

图 6-32　5 种标注文字的水平位置

图 6-33　从尺寸线偏移

3. 【文字对齐】选项组

【文字对齐】选项组的功能是控制标注文字在尺寸线外部或内侧时的方向是保持水平还是与尺寸线对齐。各单选选项含义如下：

- 水平：单击此单选按钮，标注文字将始终保持水平放置，如图 6-34 所示。
- 与尺寸线对齐：单击此单选按钮，标注文字将始终与尺寸线平行，如图 6-35 所示。
- ISO 标准：当文字在延伸线内时，文字与尺寸线平行。当文字在延伸线外时，文字呈水平排列，如图 6-36 所示。

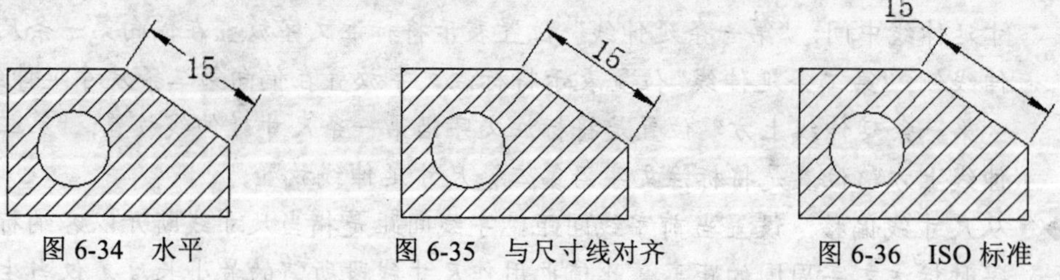

图 6-34　水平　　图 6-35　与尺寸线对齐　　图 6-36　ISO 标准

6.2.4 【调整】选项卡

【调整】选项卡的主要作用是控制标注文字、箭头、引线和尺寸线的放置。【调整】选项卡包含【调整选项】、【文字位置】、【标注特征比例】和【优化】等选项组。

【调整】选项卡的设置、选项功能如图 6-37 所示。

1. 【调整选项】选项卡

【调整选项】的作用是控制基于延伸线之间可用空间的文字和箭头的位置。如果有足够大的空间，文字和箭头都将放在延伸线内。否则将按照【调整选项】选项卡中的选项来放置文字和箭头，如图 6-38 所示。

该选项组中各选项含义如下：

◆ 文字或箭头（最佳效果）：按照最佳效果将文字或箭头移到延伸线外。

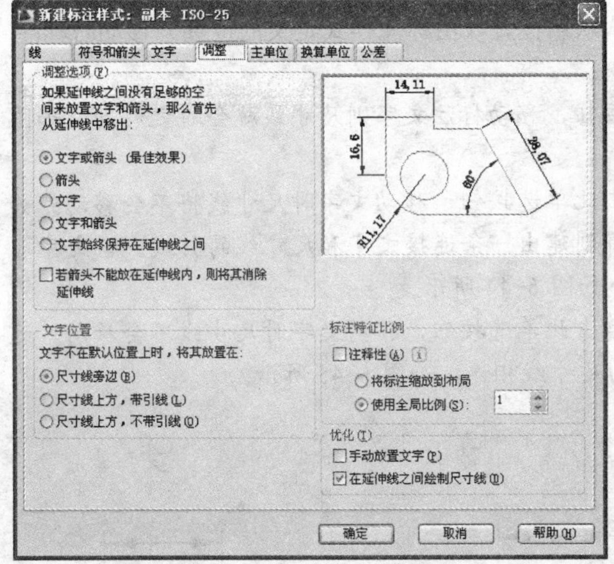

图 6-37 【调整】选项卡

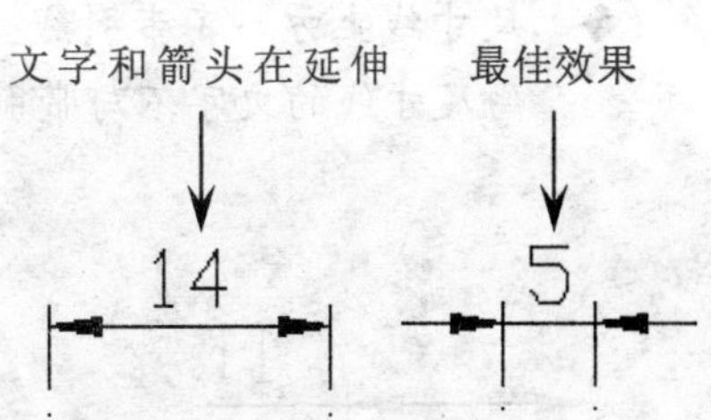

图 6-38 文字和箭头的调整

◆ 箭头：当延伸线间的距离足够放置文字和箭头时，文字和箭头都放在延伸线内；当延伸线间距离仅够放下文字时，将箭头放在延伸线外，而文字放在延伸线内；当延伸线间距离不足以放下箭头时，文字和箭头都放在延伸线外，如图 6-39 所示。

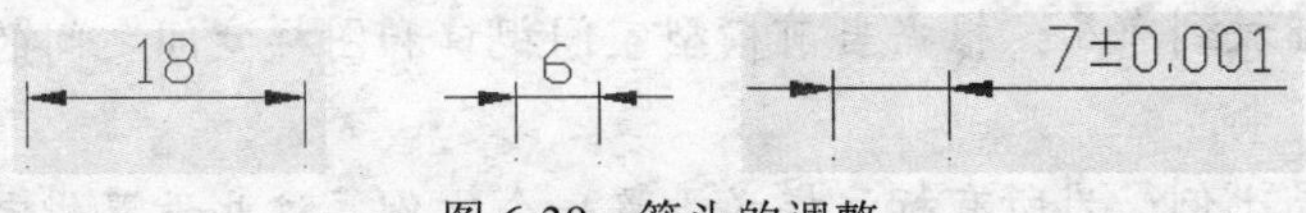

图 6-39 箭头的调整

◆ 文字：先将文字移动到延伸线外，然后移动箭头。当延伸线间的距离足够放置文字和箭头时，文字和箭头都放在延伸线内；当延伸线间的距离仅能容纳箭头时，将文字放在延伸线外，而箭头放在延伸线内；当延伸线间距离不足以放下文字和箭头时，文字和箭头都放在延伸线外，如图 6-40 所示。

◆ 文字和箭头：当延伸线间距离不足以放下文字和箭头时，文字和箭头都移到延伸线外，如图 6-41 所示。

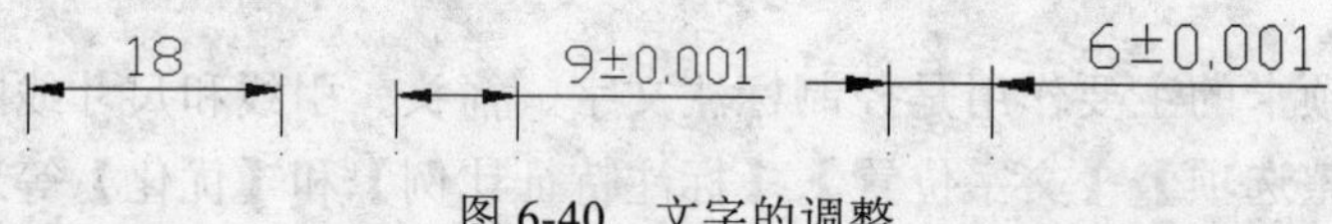

图 6-40　文字的调整

◆ 文字始终保持在延伸线之间：始终将文字放在延伸线之间。

◆ 若箭头不能放在延伸线内，则将其消除延伸线：如果延伸线内没有足够的空间，则不显示箭头，如图 6-42 所示。

图 6-41　文字和箭头的调整　　　　图 6-42　文字始终在延伸线之间

2. 【文字位置】选项组

此选项组的作用是设置标注文字从默认位置（由标注样式定义的位置）移动时标注文字的位置。各单选选项含义如下：

◆ 尺寸线旁边：若单击此单选按钮，移动标注文字则尺寸线就会随之移动，如图 6-43 所示。

◆ 尺寸线上方，带引线：若单击此单选按钮，移动文字时尺寸线将不会移动。如果将文字从尺寸线上移开，将创建出一条连接文字和尺寸线的引线。当文字非常靠近尺寸线时将省略引线，如图 6-44 所示。

◆ 尺寸线上方，不带引线：若单击此单选按钮，移动文字时尺寸线不会移动。远离尺寸线的文字不与带引线的尺寸线相连，如图 6-45 所示。

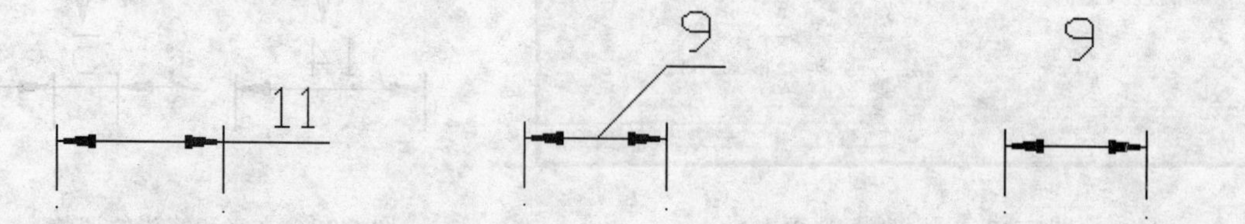

图 6-43　尺寸线旁边　　　　图 6-44　尺寸线上方，带引线　　　　图 6-45　尺寸线上方，不带引线

3. 【标注特征比例】选项组

此选项组的作用是设置全局标注比例或图样空间比例。各选项含义如下：

◆ 注释性：勾选此复选框，将指定标注为注释性。

◆ 将标注缩放到布局：根据当前模型空间视口和图样空间之间的比例来确定比例因子。

◆ 使用全局比例：为所有标注样式设置一个比例，这些设置指定了大小、距离或间距，包括文字和箭头大小。该缩放比例并不更改标注的测量值。

4. 【优化】选项组

【优化】选项组用于放置标注文字的其他选项。各选项含义如下：

◆ 手动放置文字：忽略所有水平对正设置，并把文字放在【尺寸线位置】提示下指定的位置。

◆ 在延伸线之间绘制尺寸线：即使箭头放在测量点之外，也在测量点之间绘制尺寸线。此选项为优先选项。

6.2.5 【主单位】选项卡

【主单位】选项卡的主要功能是设置主标注单位的格式和精度，并设置标注文字的前缀和后缀。该选项卡包含有【线性标注】和【角度标注】等功能选项组。【主单位】选项卡的设置、选项功能如图 6-46 所示。

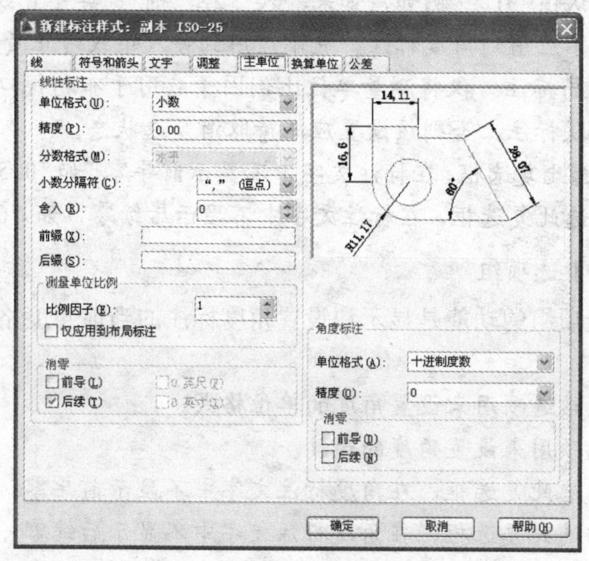

图 6-46 【主单位】选项卡

1. 【线性标注】选项组

【线性标注】选项组的功能是设置主标注单位的格式和精度，设置标注文字的前缀和后缀，定义线性比例，控制不输出前导零和后续零以及零英尺和零英寸部分。该选项组中各选项含义如下：

◆ 单位格式：该选项用于设置除角度之外的所有标注类型的当前单位格式。在选项下拉列表框中有科学、小数、工程、机械、分数、Windows 桌面等格式。

◆ 精度：显示和设置标注文字中的小数位数。

◆ 分数格式：当单位格式为【分数】时，此选项被激活。该选项主要用于分数格式的设置，包括有水平、对角和非堆叠 3 种分数格式。

◆ 小数分隔符：该选项用于设置小数十进制格式的分隔符，包括句点、逗点和空格。

◆ 舍入：为除【角度】之外的所有标注类型设置标注测量值的舍入规则。如果输入 0.25，则所有标注距离都以 0.25 为单位进行舍入。如果输入 1.0，则所有标注距离都将舍入为最接近的整数。小数点后显示的位数取决于【精度】设置。

◆ 前缀：设置在标注文字中的前缀。前缀可以为文字或使用控制代码显示特殊符号。例如，输入控制代码%%c 显示直径符号。当输入新的前缀时，将覆盖在直径

和半径等标注中使用的任何默认前缀，如图 6-47 所示。

- **后缀：设置在标注文字中的后缀，如图 6-47 所示。**

图 6-47

- 比例因子：该选项用来设置线性标注测量值的比例因子。一般情形下无需更改此选项的默认值“1”。例如，如果输入“2”，则 1 英寸直线的尺寸将显示为 2 英寸。该值不应用到角度标注，也不应用到舍入值或者正负公差值。
- 仅应用到布局标注：仅将测量单位比例因子应用于布局视口中创建的标注。除非使用非关联标注，否则该设置应保持取消复选状态。
- 前导：若勾选此复选框，在标注文字中不显示前导零，如“0.5000”变成“.5000”。
- 后续：若勾选此复选框，在标注文字中不显示后续零，如“6.500”变成“6.5”。

2. 【角度标注】选项组

【角度标注】选项组的功能是显示和设置角度标注的当前角度格式。该选项卡中各选项含义如下：

- 单位格式：该选项用来设置角度的单位格式。
- 精度：该选项用来设置角度的精度。
- 前导：若勾选此复选框，在角度标注文字中不显示前导零。
- 后续：若勾选此复选框，在角度标注文字中不显示后续零。

6.2.6 【换算单位】选项卡

【换算单位】选项卡主要功能是设置标注测量值中换算单位的显示及其格式和精度。该选项卡包括有【换算单位】、【消零】和【位置】选项组，选项卡的设置、选项功能如图 6-48 所示。

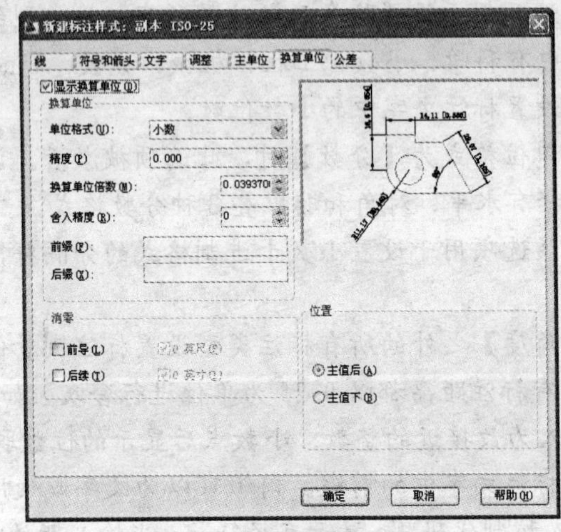

图 6-48 【换算单位】选项卡

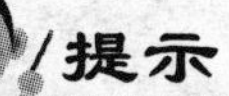

【换算单位】选项组和【消零】选项组中的选项含义与前面介绍的【主单位】选项卡中的【线性标注】选项组中的选项含义相同，这里就不重复叙述了。

下面仅介绍【位置】选项组。【位置】选项组主要作用是控制标注文字中换算单位的位置。该选项组中各单选选项含义如下：

◆ 主值后：单击此单选按钮，将换算单位放在标注文字中的主单位之后。

◆ 主值下：单击此单选按钮，将换算单位放在标注文字中的主单位下方。

6.2.7 【公差】选项卡

【公差】选项卡的主要功能是设置标注文字中公差的格式和显示。该选项卡包括两个功能选项组：【公差格式】和【换算单位公差】，如图 6-49 所示。

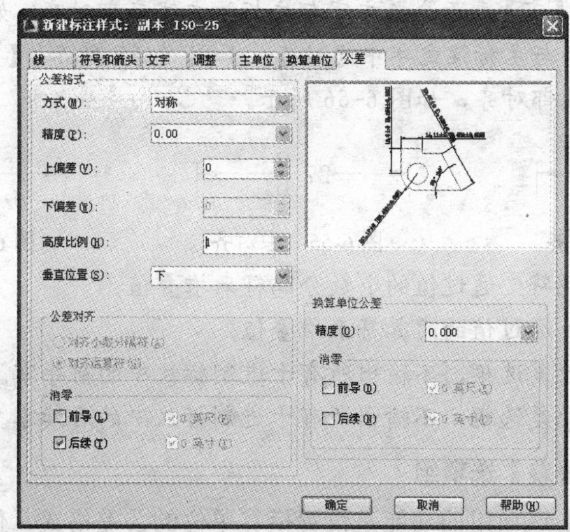

图 6-49 【公差】选项卡

1. 【公差格式】选项组

【公差格式】选项组的作用是设置标注文字的格式。该选项组中各选项含义如下：

◆ 方式：该选项可设置计算公差的方法。它包括无、对称、极限偏差、极限尺寸、基本尺寸等 5 种方式。【无】表示不添加公差。【对称】表示添加公差的正/负表达式，其中一个偏差的值应用于标注测量值，标注后面将显示加号或减号，如图 6-50 所示。【极限偏差】表示添加正/负公差表达式，不同的正公差值和负公差值将应用于标注测量值，如图 6-51 所示。【极限尺寸】表示创建极限标注，在此类标注中显示一个最大值和一个最小值，一个在上，另一个在下，最大值等于标注值加上在【上偏差】中输入的值，最小值等于标注值减去在【下偏差】中输入的值，如图 6-52 所示。【基本尺寸】表示创建基本标注，并在整个标注范围周围显示一个框，如图 6-53 所示。

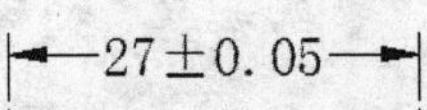

图 6-50　对称 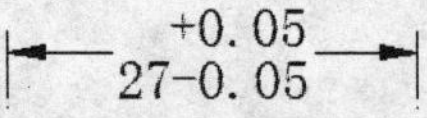　　　　图 6-51　极限偏差

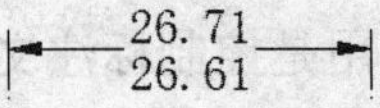

26.71
26.61

图 6-52　极限尺寸

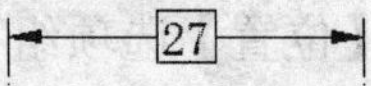

27

图 6-53　基本尺寸

◆ 精度：公差单位的精度。
◆ 上偏差：设置最大公差或上偏差。如果在【方式】选项下拉列表框中选择【对称】方式，则此值将用于公差。
◆ 下偏差：设置最小公差或下偏差。
◆ 高度比例：设置公差文字的高度比例值。
◆ 垂直位置：该选项用来控制对称公差和极限公差的文字对正，它包括下、中、上 3 个位置。【下】表示公差文字与主标注文字底部对齐，如图 6-54 所示。【中】表示公差文字与主标注文字中间对齐，如图 6-55 所示。【下】表示公差文字与主标注文字顶部对齐，如图 6-56 所示。

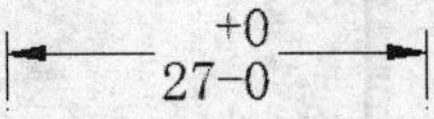

+0
27-0

图 6-54　下对齐

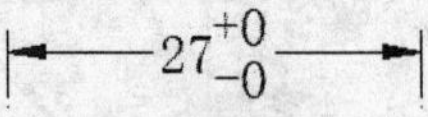

27+0
-0

图 6-55　中对齐

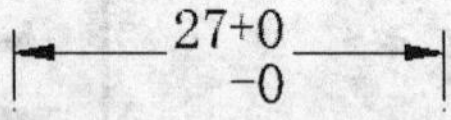

27+0
-0

图 6-56　上对齐

◆ 对齐小数分隔符：通过值的小数分隔符来堆叠值。
◆ 对齐运算符：通过值的运算符来堆叠值。
◆ 前导：勾选此复选框，不输出所有十进制标注中的前导零。
◆ 后续：勾选此复选框，不输出所有十进制标注中的后续零。

2. 【换算单位公差】选项组

【换算单位公差】选项组的功能是设置换算单位的公差格式，仅当【换算单位】选项卡下的【显示换算单位】复选框被勾选时，该选项卡的功能才被激活。该选项组中各选项含义如下：

◆ 精度：换算单位的公差值精度。在标注文字中显示的换算单位如图 6-57 所示。
◆ 前导：勾选此复选框，不输出所有十进制标注中的前导零。
◆ 后续：勾选此复选框，不输出所有十进制标注中的后续零。

49+.05 [1.924+0.002
-.05 -0.002]

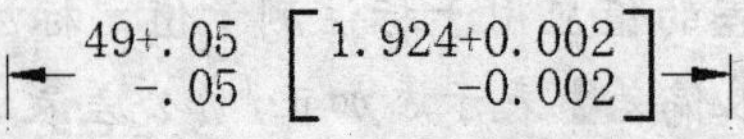

图 6-57　公差换算单位

6.3　AutoCAD2012 基本尺寸标注

AutoCAD 2012 向用户提供了非常全面的基本尺寸标注工具。这些工具包括线性尺寸标注、角度尺寸标注、半径或直径标注、弧长标注、坐标标注和对齐标注等。

6.3.1 线性尺寸标注

线性尺寸标注工具包含了水平和垂直标注。线性标注可以水平、垂直放置。

用户可通过以下命令方式来执行此操作：

◆ 菜单栏：选择【标注】|【线性】命令

◆ 面板：【注释】选项卡【标注】面板单击【线性】按钮

◆ 命令行：输入 DIMLINEAR

1. 水平标注

尺寸线与标注文字始终保持水平放置的尺寸标注就是水平标注。在图形中任选两点作为延伸线的原点，程序自动以水平标注方式作为默认的尺寸标注，如图 6-58 所示。将延伸线沿竖直方向移动至合适位置，即确定尺寸线中心点位置，随后即可生成水平尺寸标注，如图 6-59 所示。

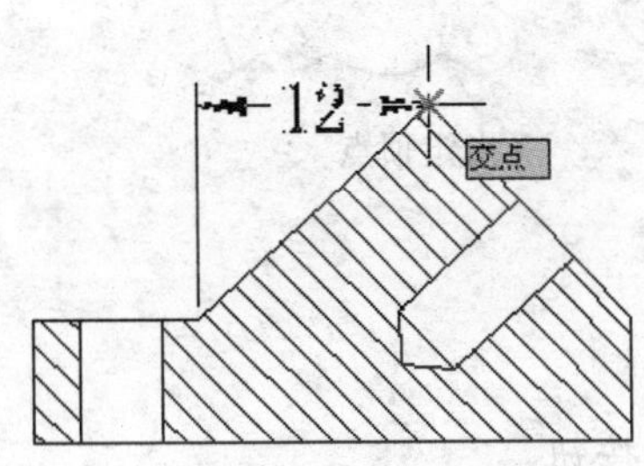

图 6-58 程序默认的水平标注

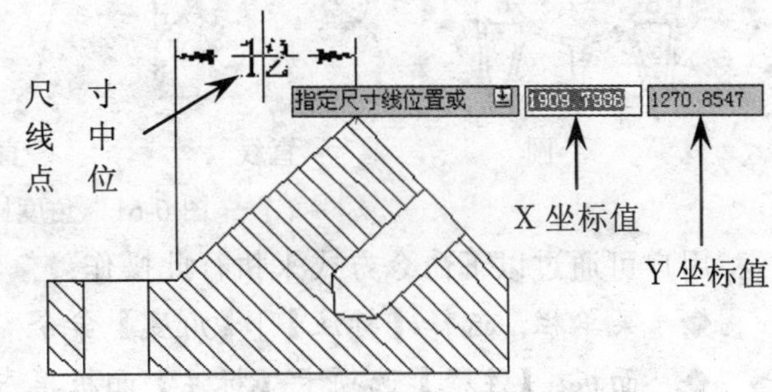

图 6-59 确定尺寸线中心点以创建标注

执行 DIMLINEAR 命令，并在图形中指定了延伸线的原点或要标注的对象后，在命令行中显示如下操作提示：

```
命令：_dimlinear
指定第一条延伸线原点或 <选择对象>:                    //指定标注原点1
指定第二条延伸线原点：                                //指定标注原点2
指定尺寸线位置或
[多行文字(M)/文字(T)/角度(A)/水平(H)/垂直(V)/旋转(R)]:   //标注选项
```

2. 垂直标注

尺寸线与标注文字始终保持竖直方向放置的尺寸标注就是垂直标注。当指定了延伸线原点或标注对象后，程序默认的标注是水平标注。将延伸线沿水平方向进行移动，或在命令行中输入 V 命令，即可创建出垂直标注，如图 6-60 所示。

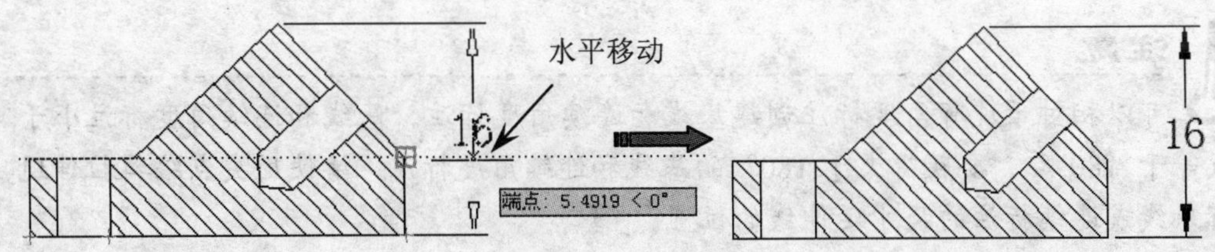

图 6-60 创建垂直标注

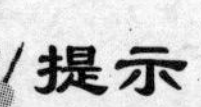

提示

垂直标注的命令行命令提示与水平标注的命令提示是相同的。

6.3.2 角度标注

角度标注用来测量选定的对象或 3 个点之间的角度。可选择的测量对象包括圆弧、圆和直线,如图 6-61 所示。

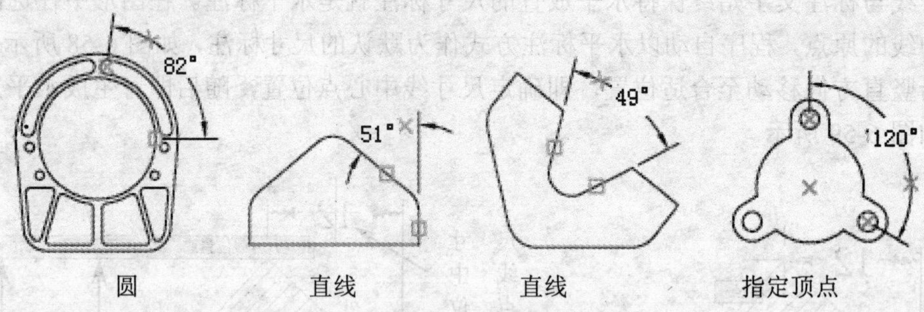

图 6-61 角度标注

用户可通过以下命令方式来执行此操作：

- ◆ 菜单栏：选择【标注】|【角度】命令
- ◆ 面板：【注释】选项卡【标注】面板单击【角度】按钮
- ◆ 命令行：输入 DIMANGULAR

执行 DIMANGULAR 命令并在图形窗口中选择标注对象，命令行显示如下提示：

```
命令: _dimangular
选择圆弧、圆、直线或 <指定顶点>:                                //指定直线 1
选择第二条直线:                                                 //指定直线 2
指定标注弧线位置或 [多行文字(M)/文字(T)/角度(A)/象限点(Q)]:     //标注选项
```

命令操作提示下包含 4 个选项，其含义如下：

- ◆ 指定标注弧线位置：指定尺寸线的位置并确定绘制延伸线的方向。指定位置之后，dimangular 命令将结束。
- ◆ 多行文字（M）：编辑用于标注的多行文字，可添加前缀和后缀。
- ◆ 文字（T）：用户自定义文字，生成的标注测量值显示在尖括号中。
- ◆ 角度（A）：修改标注文字的角度。

注意

可以相对于现有角度标注创建基线和连续角度标注。基线和连续角度标注小于或等于 180 °。要获得大于 180° 的基线和连续角度标注，请使用夹点编辑拉伸现有基线或连续标注的尺寸延伸线的位置。

- ◆ 象限点（Q）：指定标注应锁定到的象限。打开象限行为后，将标注文字放置在角度标注外时，尺寸线会延伸超过延伸线。

6.3.3 半径或直径标注

当标注对象为圆弧或圆时，需创建半径或直径标注。一般情况下，小于或等于半圆的圆弧应标注半径尺寸（如图 6-62 所示），整圆或大于半圆的圆弧应标注直径尺寸（如图 6-63 所示）。

1. 半径标注

半径标注工具用来标注选定圆或圆弧的半径值，并显示前面带有字母 *R* 的标注文字。用户可通过以下命令方式来执行此操作：

◆ 菜单栏：选择【标注】|【半径】命令

◆ 面板：【注释】选项卡【标注】面板单击【半径】按钮

◆ 命令行：输入 DIMRADIUS

执行 DIMRADIUS 命令，再选择圆弧来标注，命令行则显示如下操作提示：

```
命令：_dimradius
选择圆弧或圆：                                        //选择标注的圆弧
标注文字 =35
指定尺寸线位置或 [多行文字(M)/文字(T)/角度(A)]:        //标注选项
```

2. 直径标注

直径标注工具用来标注选定圆或圆弧的直径值，并显示前面带有直径符号的标注文字。用户可通过以下命令方式来执行此操作：

◆ 菜单栏：选择【标注】|【直径】命令

◆ 面板：【注释】选项卡【标注】面板单击【直径】按钮

◆ 命令行：输入 DIMDIAMETER

对圆弧进行标注时，半径或直径标注不需要直接沿圆弧进行放置。如果标注位于圆弧末尾之后，则将沿标注圆弧的路径绘制延伸线，或者不绘制延伸线。取消（关闭）延伸线后，半径标注或直径标注的尺寸线将通过圆弧的圆心（而不是按照延伸线）进行绘制，如图 6-64 所示。

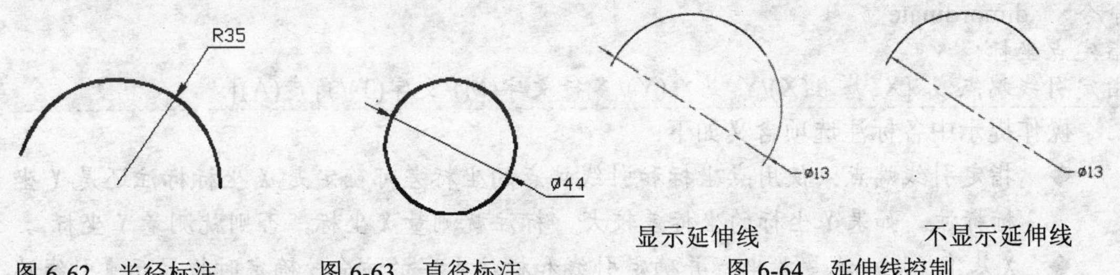

图 6-62 半径标注　　图 6-63 直径标注　　图 6-64 延伸线控制

6.3.4 弧长标注

弧长标注用于标注圆弧或多段线弧线段上的距离。默认情况下，弧长标注在标注文字的上方或前面并显示圆弧符号“⌒”，如图 6-65 所示。

用户可通过以下命令方式来执行此操作：

- ◆ 菜单栏：选择【标注】|【弧长】命令
- ◆ 面板：【注释】选项卡【标注】面板单击【弧长】按钮
- ◆ 命令行：输入 DIMARC

执行 DIMARC 命令，选择弧线段作为标注对象，命令行则显示如下操作提示：

```
命令：_dimarc
选择弧线段或多段线弧线段:                                            //选择弧线段
指定弧长标注位置或 [多行文字(M)/文字(T)/角度(A)/部分(P)/引线(L)]:    //弧长标注选项
```

6.3.5 坐标标注

坐标标注主要用于标注从原点（基准）到要素（如部件上的一个孔）的水平或垂直距离。这种标注保持特征点与基准点的精确偏移量，从而避免增大误差。一般的坐标标注如图 6-66 所示。

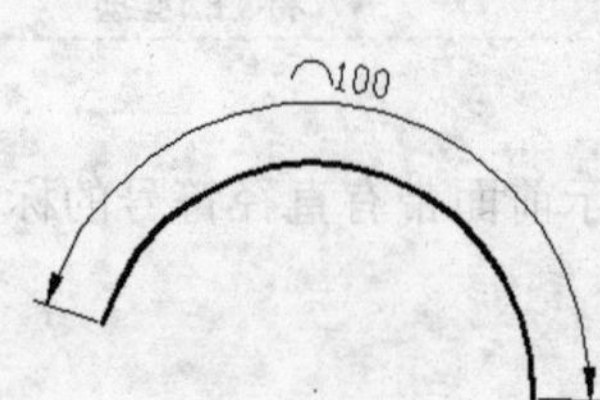

图 6-65 弧长标注

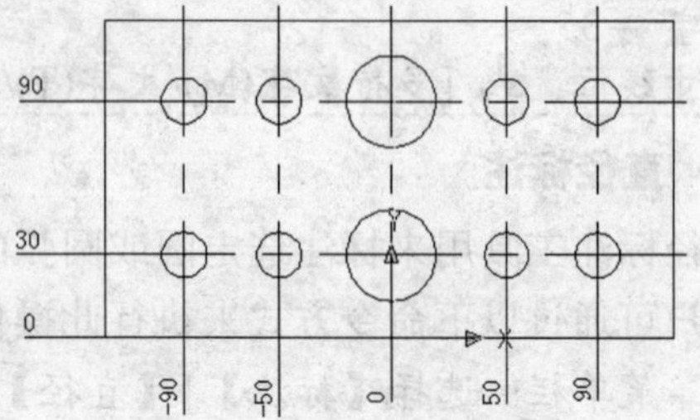

图 6-66 坐标标注

用户可通过以下命令方式来执行此操作：

- ◆ 菜单栏：选择【标注】|【坐标】命令
- ◆ 面板：【注释】选项卡【标注】面板单击【坐标】按钮
- ◆ 命令行：输入 DIMORDINATE

执行 DIMORDINATE 命令，命令行则显示如下操作提示：

```
命令：_dimordinate
指定点坐标:
指定引线端点或 [X 基准(X)/Y 基准(Y)/多行文字(M)/文字(T)/角度(A)]:
```

操作提示中各标注选项含义如下：

- ◆ 指定引线端点：使用点坐标和引线端点的坐标差可确定是 X 坐标标注还是 Y 坐标标注。如果 Y 坐标的坐标差较大，标注就测量 X 坐标，否则就测量 Y 坐标。
- ◆ X 基准（X）：测量 X 坐标并确定引线和标注文字的方向。确定时将显示【引线端点】提示，从中可以指定端点。如图 6-67 所示。
- ◆ Y 基准（Y）：测量 Y 坐标并确定引线和标注文字的方向，如图 6-68 所示。
- ◆ 多行文字（M）：编辑用于标注的多行文字，可添加前缀和后缀。
- ◆ 文字（T）：用户自定义文字，生成的标注测量值显示在尖括号中。

◆ 角度（A）：修改标注文字的角度。

◆ 部分（P）：缩短弧长标注的长度。

◆ 引线（L）：添加引线对象。仅当圆弧（或弧线）大于 90° 时才会显示此选项，引线是按径向绘制的，指向所标注圆弧的圆心。

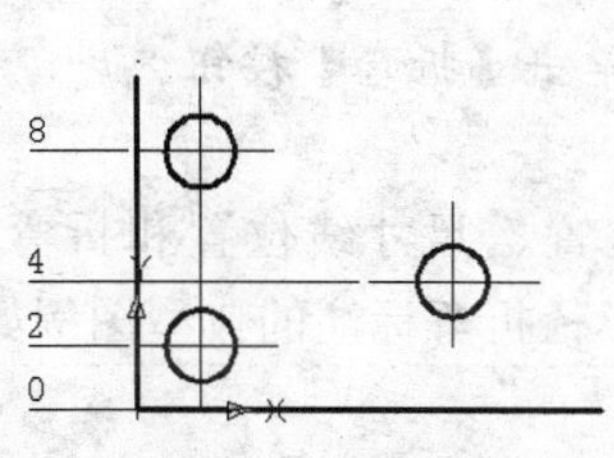

图 6-67　X 基准

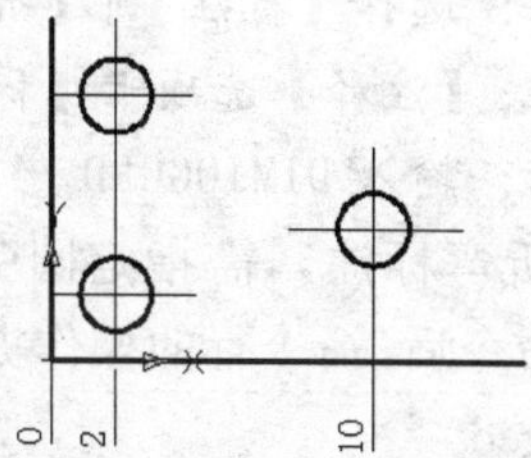

图 6-68　Y 基准

在创建坐标标注之前，需要在基点或基线上先创建一个用户坐标系，如图 6-69 所示。

6.3.6　对齐标注

当标注对象为倾斜的直线线型时，可使用【对齐】标注。对齐标注可以创建与指定位置或对象平行的标注，如图 6-70 所示。

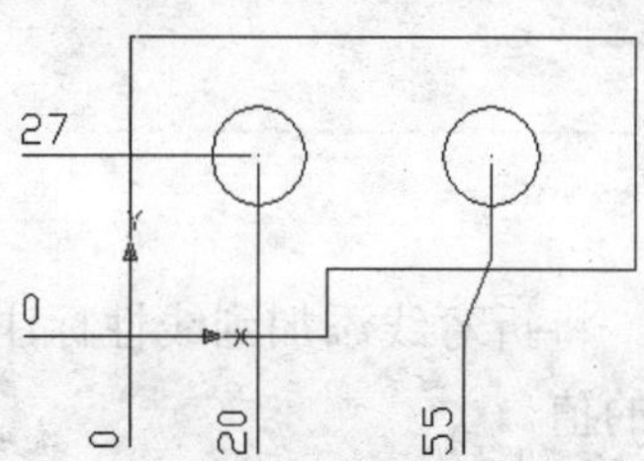

图 6-69　创建用户坐标系

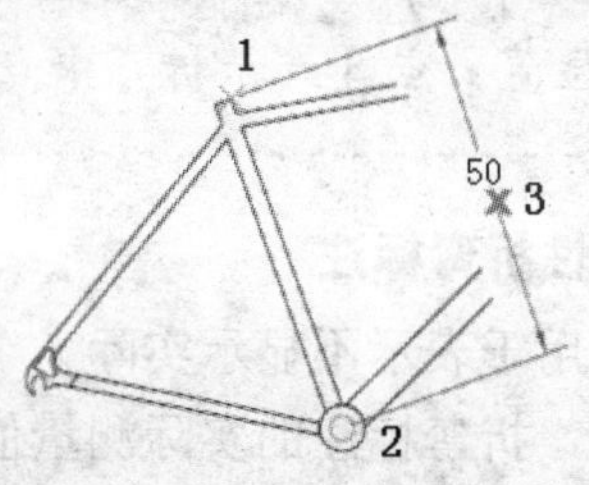

图 6-70　对齐标注

用户可通过以下命令方式来执行此操作：

◆ 菜单栏：选择【标注】|【对齐】命令

◆ 面板：【注释】选项卡【标注】面板单击【对齐】按钮

◆ 命令行：输入 DIMALIGNED

执行 DIMALIGNED 命令后，命令行显示如下操作提示：

```
命令：_dimaligned
指定第一条延伸线原点或 <选择对象>:            //指定标注起点
指定第二条延伸线原点:                        //指定标注终点
指定尺寸线位置或
[多行文字(M)/文字(T)/角度(A)]:               //指定尺寸线及文字位置或输入选项
```

6.3.7　折弯标注

当标注不能表示实际尺寸，或者圆弧或圆的中心无法在实际位置显示时，可使用折弯标注来表达。在 AutoCAD2012 中，折弯标注包括半径折弯标注和线性折弯标注。

1. 半径折弯标注

当圆弧或圆的中心位于布局之外并且无法在其实际位置显示时，使用 DIMJOGGED 命令可以创建半径折弯标注，半径折弯标注也称为【缩放的半径标注】。

用户可通过以下命令方式来执行此操作：

◆ 菜单栏：选择【标注】|【折弯】命令

◆ 工具栏：【注释】选项卡【标注】面板单击【折弯】按钮

◆ 命令行：输入 DIMJOGGED

创建半径折弯标注，需指定圆弧、圆心位置、尺寸线位置和折弯线位置。执行 DIMJOGGED 命令后，命令行的操作提示如下。半径折弯标注的典型图例如图 6-71 所示。

```
命令：_dimjogged
选择圆弧或圆：                                    //选择标注对象
指定图示中心位置：                                //指定折弯标注新圆心
标注文字 =34.62
指定尺寸线位置或 [多行文字(M)/文字(T)/角度(A)]：  //指定标注文字位置或输入选项
指定折弯位置：                                    //指定折弯线中点
```

提示

图 6-71 中的点 1 表示选择圆弧时光标位置，点 2 表示新圆心位置，点 3 表示标注文字的位置，点 4 表示折弯中点位置。

2. 线性折弯标注

折弯线用于表示不显示实际大小的标注值。将折弯线添加到线性标注，即线性折弯标注。通常，折弯标注的实际测量值小于显示的值。

用户可通过以下命令方式来执行此操作：

◆ 菜单栏：选择【标注】|【折弯线性】命令

◆ 面板：【注释】选项卡【标注】面板下单击【折弯线】按钮

◆ 命令行：输入 DIMJOGLINE

通常在线性标注或对齐标注中可添加或删除折弯线，如图 6-72 所示折弯线性标注中的折弯线表示所标注对象中间的折断。标注值表示实际距离，而不是在图形中测量的距离。

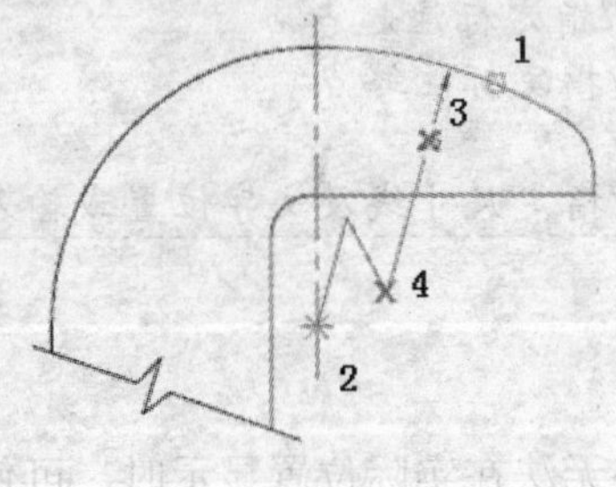

图 6-71 半径折弯标注

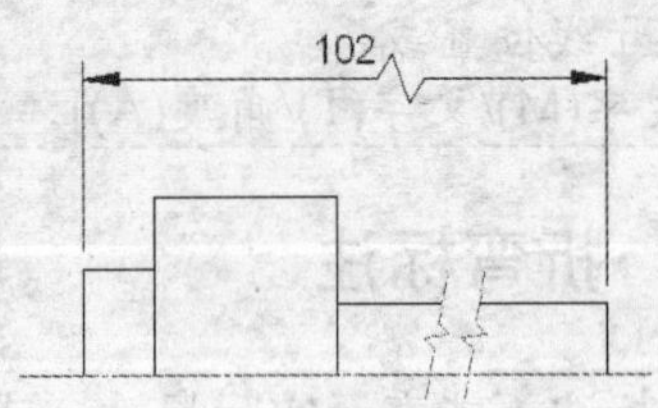

图 6-72 线性折弯标注

提示

折弯由两条平行线和一条与平行线成40° 角的交叉线组成。折弯的高度由标注样式的线性折弯大小值决定。

6.3.8 折断标注

使用折断标注可以使标注、尺寸延伸线或引线不显示。还可以在标注和延伸线与其他对象的相交处打断或恢复标注和延伸线，如图 6-73 所示。

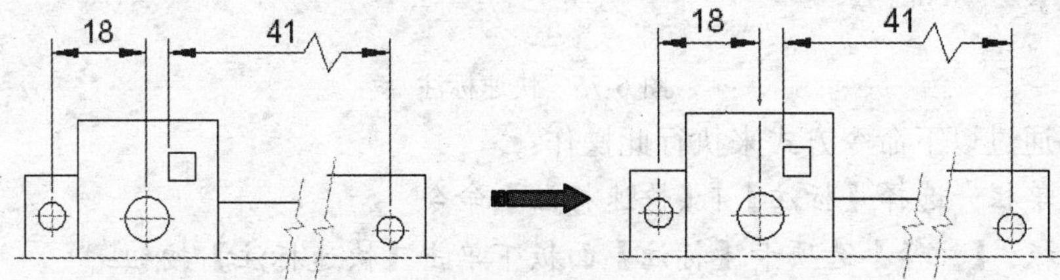

图 6-73 折断标注

用户可通过以下命令方式来执行此操作：

- 菜单栏：选择【标注】|【标注打断】命令
- 面板：【注释】选项卡【标注】面板下单击【打断】按钮
- 命令行：输入 DIMBREAK

6.3.9 倾斜标注

倾斜标注可使线性标注的延伸线倾斜，也可旋转、修改或恢复标注文字。用户可通过以下命令方式来执行此操作：

- 菜单栏：选择【标注】|【倾斜】命令
- 面板：【注释】选项卡【标注】面板下单击【倾斜】按钮
- 命令行：输入 DIMEDIT
- 执行 DIMEDIT 命令后，命令行显示如下操作提示：

```
命令：_dimedit
输入标注编辑类型 [默认(H)/新建(N)/旋转(R)/倾斜(O)] <默认>:        //标注选项
```

命令行中的“倾斜”选项将创建线性标注，其延伸线与尺寸线方向垂直。当延伸线与图形的其他要素冲突时，“倾斜”选项很有用处，如图 6-74 所示。

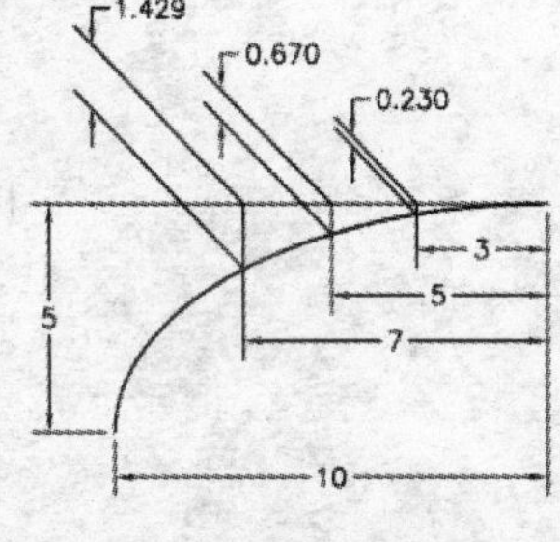

图 6-74 倾斜标注

6.4 快速标注

当图形中存在连续的线段、并列的线条或相似的图样时，可使用 AutoCAD2012 为用户提供的快速标注工具来完成标注，以提高标注的效率。快速标注工具包括有【快速标注】、【基线标注】、【连续标注】和【等距标注】。

6.4.1 快速标注

【快速标注】是对选择的对象创建一系列的标注。这一系列的标注可以是连续标注、并列标注、基线标注、坐标标注、半径标注或者直径标注，如图 6-75 所示为多段线的快速标注。

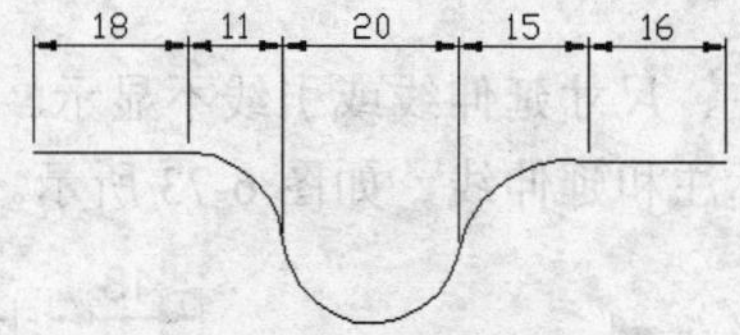

图 6-75 快速标注

用户可通过以下命令方式来执行此操作：

- ◆ 菜单栏：选择【标注】|【快速标注】命令
- ◆ 面板：【注释】选项卡【标注】面板下单击【快速标注】按钮
- ◆ 命令行：输入 QDIM

执行 QDIM 命令后，命令行的操作提示显示如下：

```
命令：_qdim
选择要标注的几何图形：找到 1 个
选择要标注的几何图形：
指定尺寸线位置或 [连续(C)/并列(S)/基线(B)/坐标(O)/半径(R)/直径(D)/基准点(P)/编辑(E)/设置(T)] <连续>:
```

6.4.2 基线标注

【基线标注】是从上一个标注或选定标注的基线处创建线性标注、角度标注或坐标标注，如图 6-76 所示。

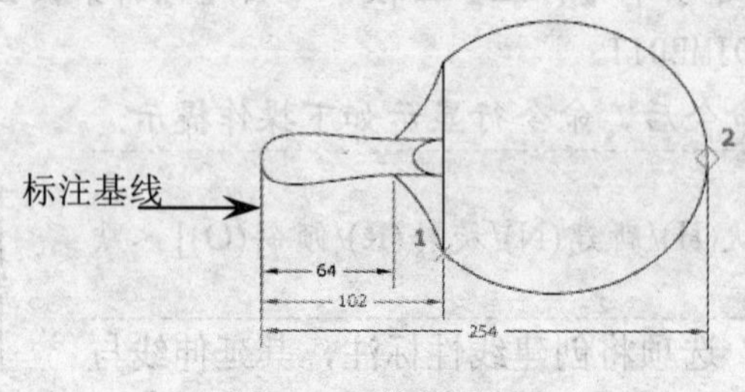

图 6-76 基线标注

提示

可以通过标注样式管理器、【直线】选项卡和【基线间距】（DIMDLI 系统变量）设置基线标注之间的默认间距。

用户可通过以下命令方式来执行此操作：

◆ 菜单栏：选择【标注】|【基线】命令

◆ 面板：【注释】选项卡【标注】面板下单击【基线】按钮

◆ 命令行：输入 DIMBASELINE

如果当前任务中未创建任何标注，将提示用户选择线性标注、坐标标注或角度标注，以用作基线标注的基准。提示如下：

```
命令：_dimbaseline
选择基准标注：
需要线性、坐标或角度关联标注。            //选择对象提示
```

当选择的基准标注是线性标注或角度标注时，命令行将显示以下操作提示：

```
命令：_dimbaseline
指定第二条延伸线原点或 [放弃(U)/选择(S)] <选择>：          //指定标注起点或输入选项
```

6.4.3 连续标注

【连续标注】是从上一个标注或选定标注的第二条延伸线处开始，创建线性标注、角度标注或坐标标注，如图 6-77 所示。

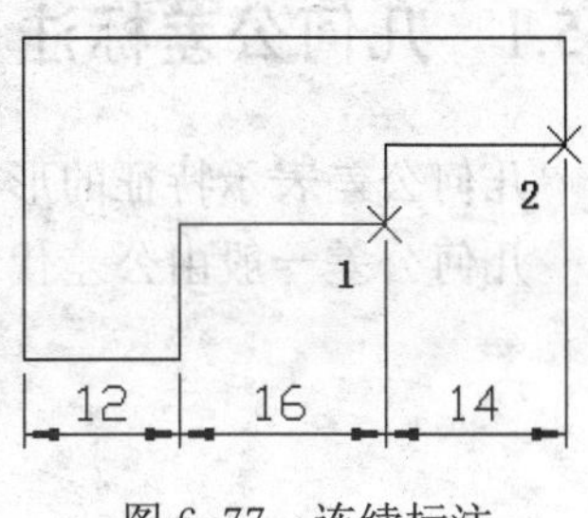

图 6-77 连续标注

用户可通过以下命令方式来执行此操作：

◆ 菜单栏：选择【标注】|【连续】命令

◆ 面板：【注释】选项卡【标注】面板下单击【连续】按钮

◆ 命令行：输入 DIMCONTINUE

连续标注将自动排列尺寸线。连续标注的标注方法与基线标注的方法相同。

6.4.4 等距标注

【等距标注】可自动调整平行的线性标注之间的间距或共享一个公共顶点的角度标注之间的间距，还可使尺寸线之间的间距相等，并可通过使用间距值【0】来对齐线性标注或角度标注。

用户可通过以下命令方式来执行此操作：

◆ 菜单栏：选择【标注】|【标注间距】命令

◆ 面板：【注释】选项卡【标注】面板下单击【等距标注】按钮

◆ 命令行：输入 DIMSPACE

执行 DIMSPACE 命令后，命令行将显示如下操作提示：

```
命令：_DIMSPACE
选择基准标注：  //选择平行线性标注或角度标注以从基准标注均匀隔开，并按 Enter 键
选择要产生间距的标注：              //指定标注
输入值或 [自动(A)] <自动>：         //输入间距值或输入选项
```

例如，间距值为 5mm 的等距标注，如图 6-78 所示。

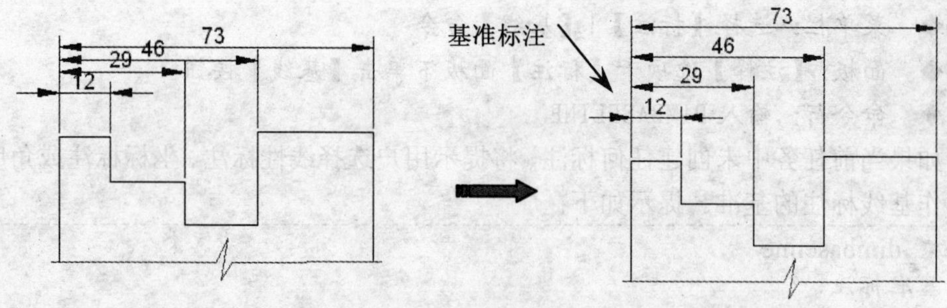

图 6-78　等距标注

6.5　其他标注

在 AotuCAD2012 中，除基本尺寸标注和快速标注工具外，还有用于特殊情况下的图形标注或注释，如几何公差标注、引线标注及尺寸公差标注等，介绍如下。

6.5.1　几何公差标注

几何公差表示特征的形状、轮廓、方向、位置和跳动的允许偏差。

几何公差一般由公差代号、公差框、公差值及基准代号组成，如图 6-79 所示。

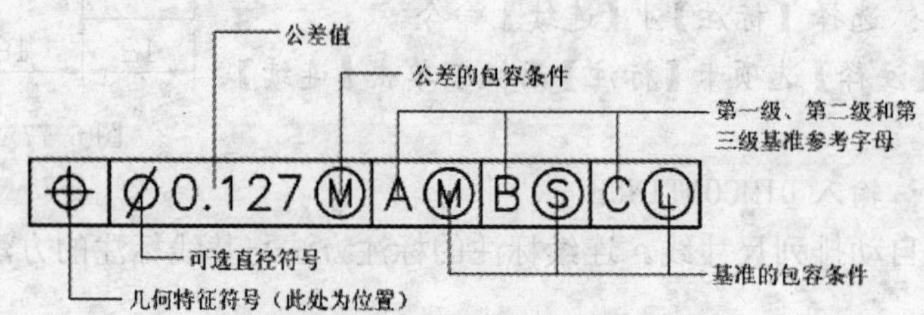

图 6-79　几何公差标注的基本组成

用户可通过以下命令方式来执行此操作：

- ◆　菜单栏：选择【标注】|【公差】命令
- ◆　面板：【注释】选项卡【标注】面板下单击【公差】按钮
- ◆　命令行：输入 TOLERANCE

执行 TOLERANCE 命令，程序弹出【形位公差】对话框，如图 6-80 所示。在该对话框中用户可以设置公差值和修改符号。

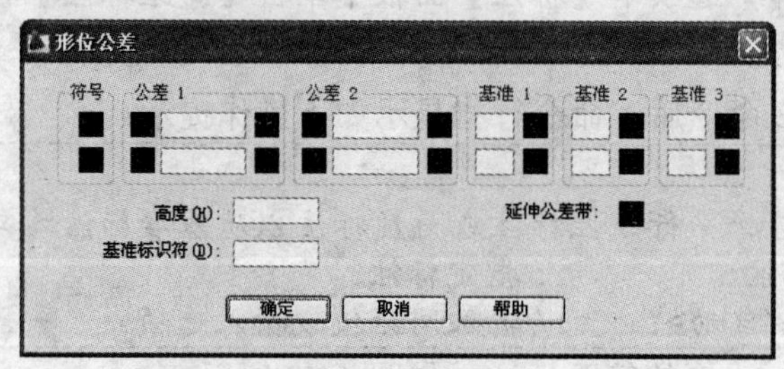

图 6-80　【形位公差】对话框

在该对话框中，单击【符号】选项组中的黑色小方格，将打开如图 6-81 所示的【特征符号】对话框。在该对话框中可以选择特征符号，确定好符号后单击该符号即可。

在【形位公差】对话框中单击【基准 1】选项组后面的黑色小方格，将打开如图 6-82 所示的【附加符号】对话框。在该对话框中可以选择包容条件。确定好包容条件后单击该特征符号即可。

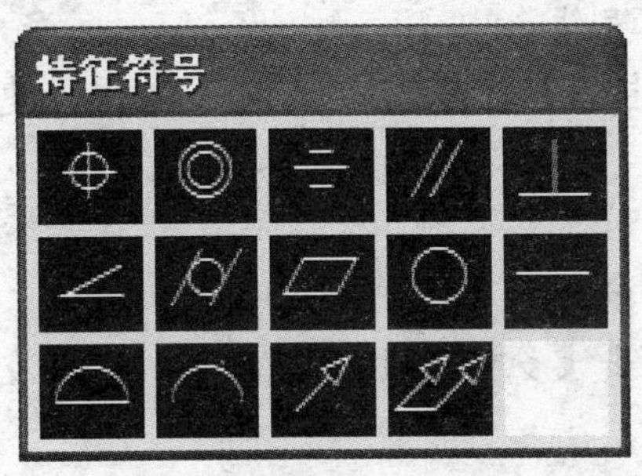

图 6-81 【特征符号】对话框

图 6-82 【附加符号】对话框

表 6-1 中表示了国家标准规定的各种几何公差符号及其含义。

表 6-1 特征符号含义

符号	含义	符号	含义
⌖	位置度	▱	平面度
◎	同轴度	○	圆度
⌯	对称度	—	直线度
//	平行度	⌓	面轮廓度
⊥	垂直度	⌒	线轮廓度
∠	倾斜度	↗	圆跳动
⌭	圆柱度	⌰	全跳动

表 6-2 给出了与几何公差有关的材料控制符号及其含义。

表 6-2 附加符号

符号	含义
Ⓜ	材料的一般中等状况
Ⓛ	材料的最大状况
Ⓢ	材料的最小状况

6.5.2 多重引线标注

引线是连接注释和图形对象的一条带箭头的线，用户可从图形的任意点或对象上创建引线。引线可由直线段或平滑的样条曲线组成，注释文字就放在引线末端，如图 6-83 所示。

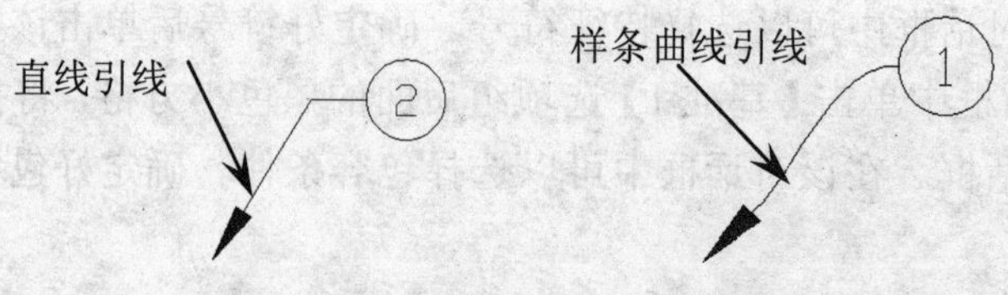

图 6-83　多重引线

多重引线对象或多重引线可先创建箭头，也可先创建尾部或内容。如果已使用多重引线样式，则可以从该样式创建多重引线。

用户可通过以下命令方式来执行此操作：

- 菜单栏：选择【标注】|【多重引线】命令
- 面板：【注释】选项卡【引线】面板单击【多重引线】按钮
- 命令行：输入 MLEADER

6.6　编辑标注

当标注的尺寸界线、文字和箭头与当前图形文件中几何对象重叠时，用户可能不想显示这些标注元素或者进行适当的位置调整。通过更改、替换标注尺寸样式或者编辑标注的外观可以使图样更加清晰、美观，增强可读性。

6.6.1　修改与替代标注样式

要对当前样式进行修改但又不想创建新的标注样式时可以修改当前标注样式或创建标注样式替代。选择菜单栏中的【标注】|【样式】命令，然后在弹出的【标注样式管理器】对话框中单击【修改】按钮，打开如图 6-84 所示【修改标注样式】对话框。在该对话框中可以调整、修改，包括尺寸界线、公差、单位以及其可见性在内的样式。

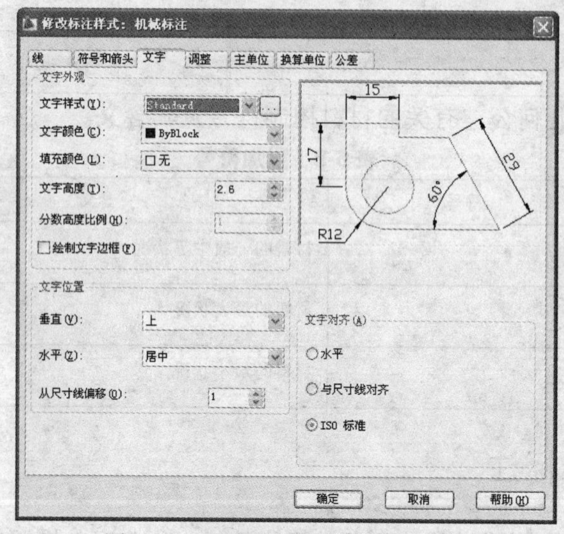

图 6-84　【修改标注样式】对话框

若用户创建标注样式替代以替代标注样式后，AutoCAD 将在标注样式名下显示【<样式替代>】，如图 6-85 所示。

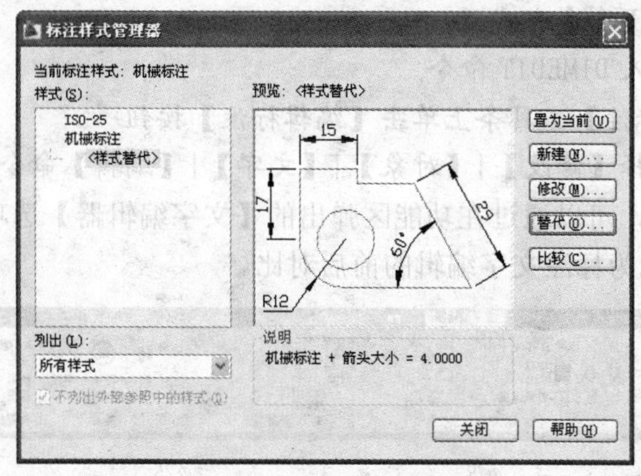

图 6-85　显示样式替代

6.6.2　尺寸文字的调整

尺寸文字的位置可通过移动夹点来调整，也可利用快捷菜单来调整。在利用移动夹点调整尺寸文字的位置时，先选中要调整的标注，按住夹点直接拖动光标移动，如图 6-86 所示。

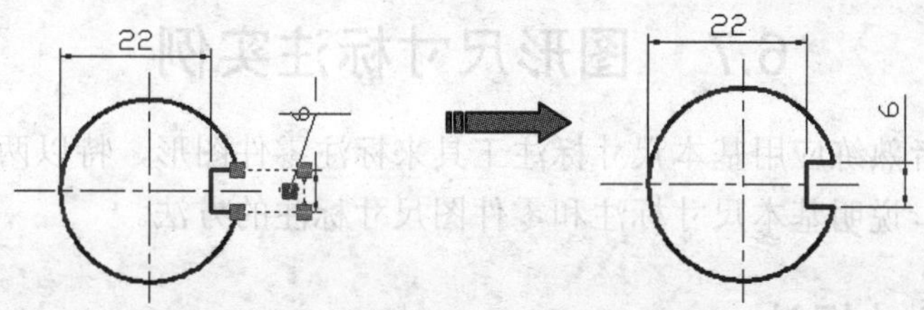

图 6-86　使用夹点移动调整文字位置

利用右键菜单命令调整文字位置时，先选择要调整的标注，单击鼠标右键，在弹出的快捷菜单中选择【标注文字位置】命令，然后从下拉菜单中选择一条适当的命令，如图 6-87 所示。

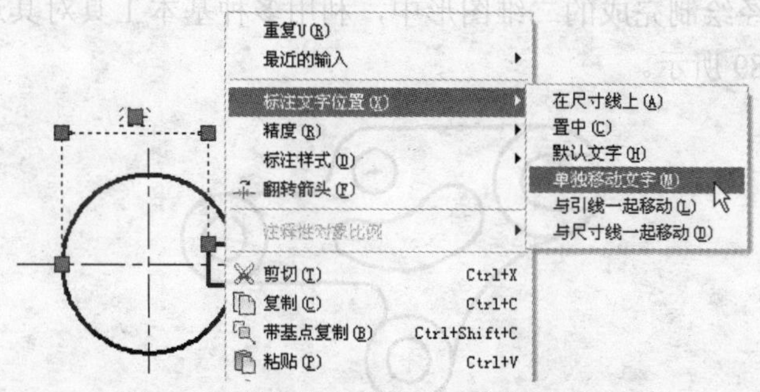

图 6-87　使用右键菜单命令调整文字位置

6.6.3　编辑标注文字

需要将线性标注修改为直径标注时，要对标注的文字进行编辑。AutoCAD2012 提供了标注文字编辑功能。

用户可以执行以下命令方式：

◆ 命令行：输入 DIMEDIT 命令

◆ 工具条：【标注】工具条上单击【编辑标注】按钮

◆ 菜单栏：选择【修改】|【对象】|【文字】|【编辑】命令

执行以上命令后，可以通过在功能区弹出的【文字编辑器】选项卡，对标注文字进行编辑。图 6-88 所示为标注文字编辑的前后对比。

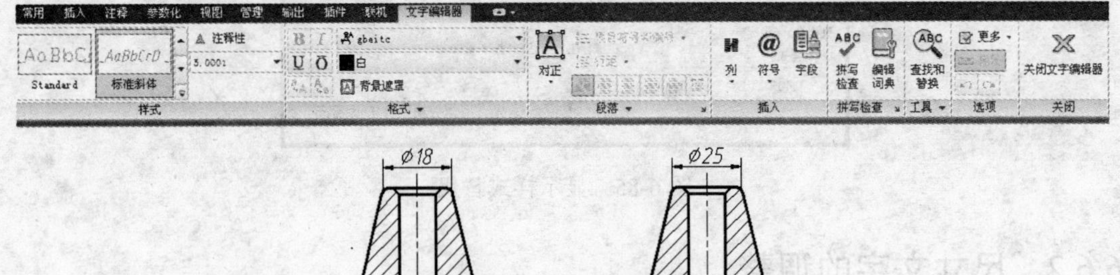

图 6-88 编辑标注文字

6.7 图形尺寸标注实例

为了便于读者熟练应用基本尺寸标注工具来标注零件图形，特以两个二维图形的图形尺寸标注为例，说明基本尺寸标注和零件图尺寸标注的方法。

6.7.1 基本尺寸标注

例 6-1 光盘\example\Ch06\基本尺寸标注.dwg 

本例主要在已经绘制完成的二维图形中，利用多种基本工具对其进行标注。二维锁钩轮廓图形如图 6-89 所示。

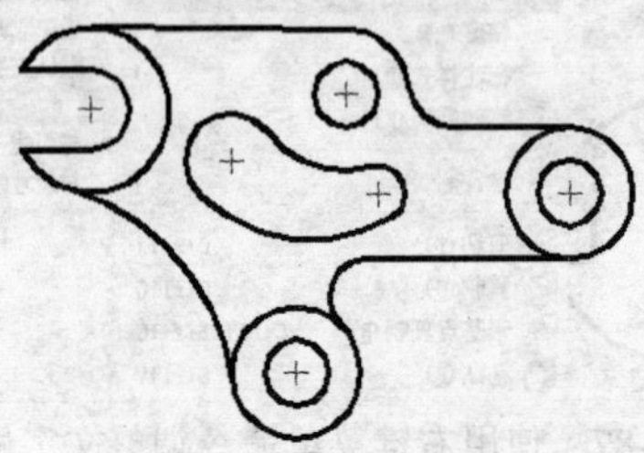

图 6-89 锁钩轮廓图形

操作步骤

[1] 打开“光盘\example\Ch06\锁钩轮廓.dwg 文件”。

[2] 在【注释】选项卡【标注】面板中单击【标注样式】按钮，弹出【标注样式管理器】对话框，单击该对话框上的【新建】按钮，再弹出【创建新标注样式】对话框，在该对话框中的【新样式名】文本框内输入机械标注字样，然后单击【继续】按钮，进入下一步骤，如图 6-90 所示。

[3] 在随后弹出的【修改标注样式：机械标注】对话框中作如下选项设置：在【线】选项卡下设置基线间距为 7.5，超出尺寸线为 2.5；在【符号和箭头】选项卡下设置箭头大小为 3.5；在【文字】选项卡下设置文字高度为 5，从尺寸线偏移为 1，文字对齐采用“ISO 标准”；在【主单位】选项卡下设置精度为 0.0，小数分隔符采用“.”句点，如图 6-91 所示。

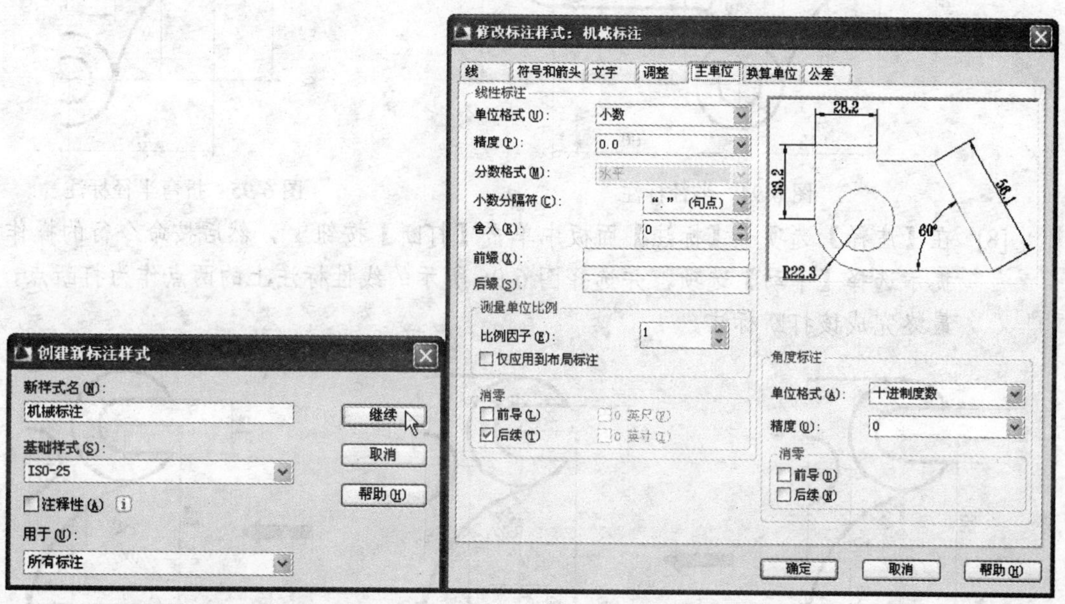

图 6-90　命名新标注样式　　　　图 6-91　设置新标注样式

[4] 在【注释】选项卡【标注】面板中单击【线性】按钮，然后在图 6-92 所示的图形处选择两个点作为线性标注延伸线的原点，并完成该标注。

[5] 同样，继续使用【线性】标注工具将其余的主要尺寸进行标注，标注完成的结果如图 6-93 所示。

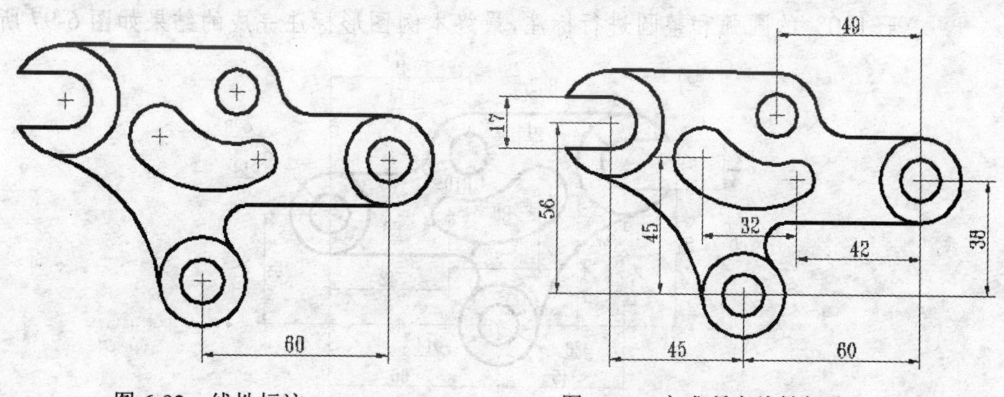

图 6-92　线性标注　　　　图 6-93　完成所有线性标注

[6] 在【注释】选项卡【标注】面板中单击【半径】按钮，然后在图形中选择小于 180° 的圆弧进行标注，结果如图 6-94 所示。

[7] 在【注释】选项卡【标注】面板中单击【折弯】按钮，然后选择图 6-95 所示的圆弧进行折弯半径标注。

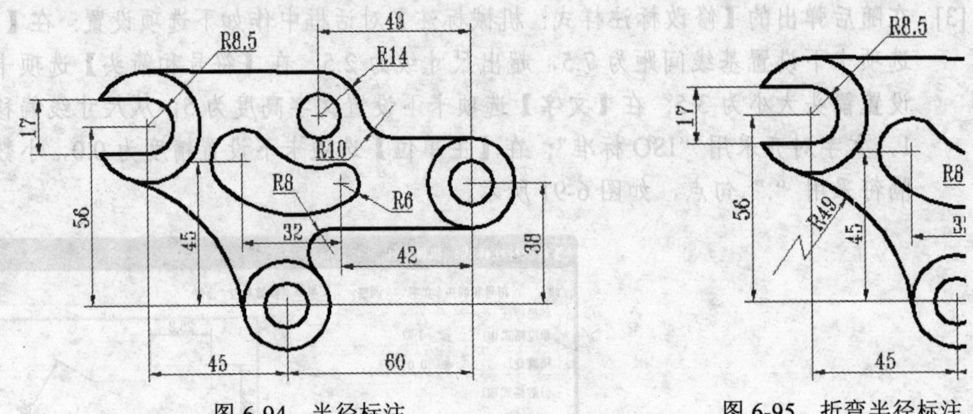

图 6-94　半径标注

图 6-95　折弯半径标注

[8] 在【注释】选项卡【标注】面板中单击【打断】按钮，然后按命令行的操作提示选择【手动】选项，并选择图 6-96 所示的线性标注上的两点作为打断点，最终完成该打断标注。

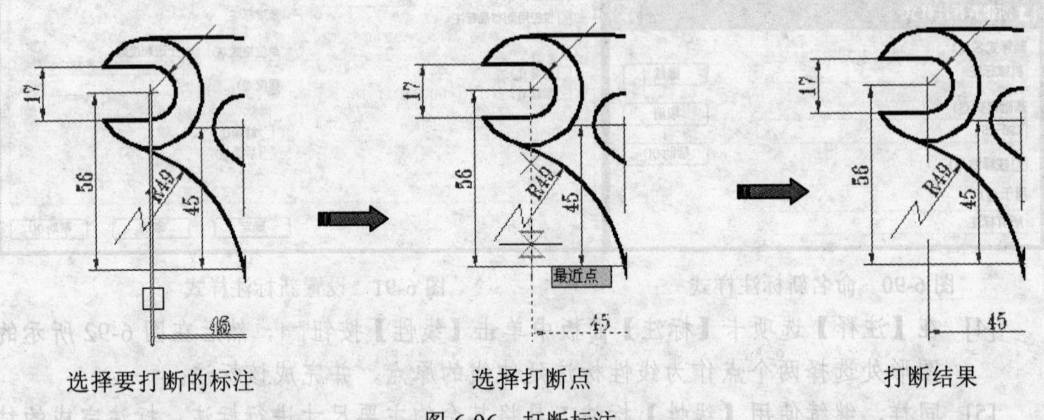

图 6-96　打断标注

[9] 在【注释】选项卡【标注】面板中单击【直径】按钮，然后在图形中选择大于 180° 的圆弧和整圆进行标注，最终本例图形标注完成的结果如图 6-97 所示。

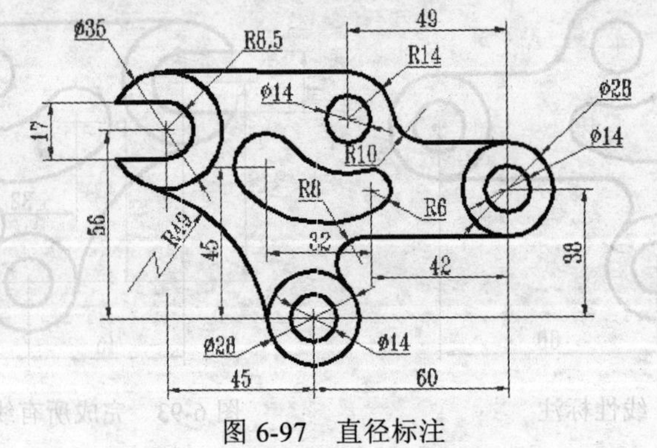

图 6-97　直径标注

6.7.2 零件图尺寸标注

例 6-2 光盘\example\Ch06\法兰零件.dwg

为了掌握前面所学的内容，本节以一个法兰零件的标注实例学习综合运用 AutoCAD 的尺寸标注功能的过程与方法。标注完成的法兰零件图如图 6-98 所示。

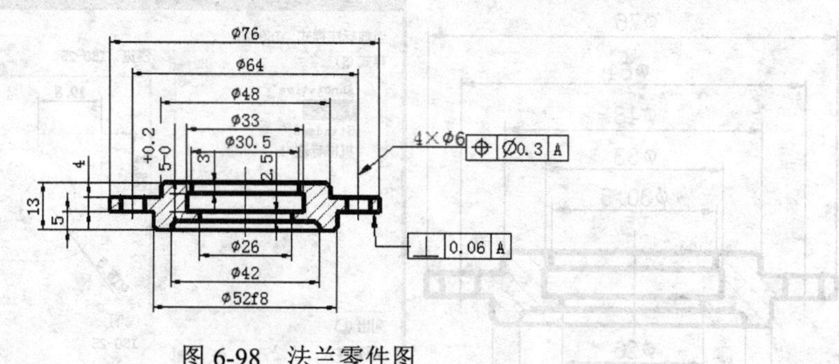

图 6-98 法兰零件图

操作步骤

[1] 打开“光盘\example\ Ch06\法兰零件.dwg”文件。

[2] 在【注释】选项卡【标注】面板中单击【标注样式】按钮，打开【标注样式管理器】对话框。单击该对话框的【新建】按钮，弹出【创建新标注样式】对话框，在此对话框的【新样式名】文本框内输入新样式名“机械标注-1”，并单击【继续】按钮，如图 6-99 所示。

[3] 在随后弹出的【修改标注样式：机械标注-1】对话框中作如下选项设置：在【文字】选项卡下设置文字高度为 3.5，从尺寸线偏移为 1，文字对齐采用“ISO 标准”；在【主单位】选项卡下设置精度为 0.0，小数分隔符为“.”句点，前缀输入“%%c”，如图 6-100 所示。

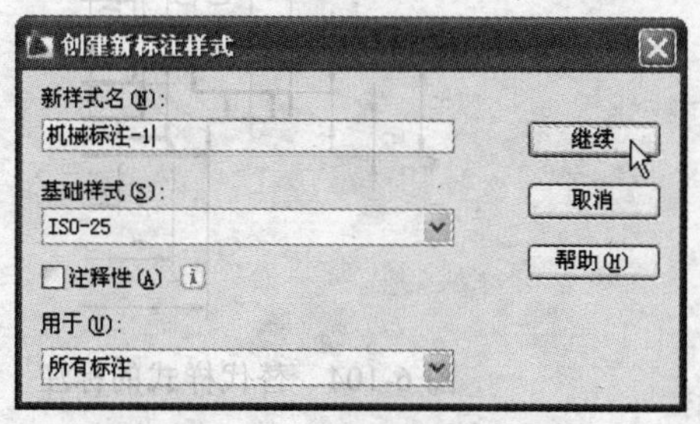

图 6-99 命名新标注样式

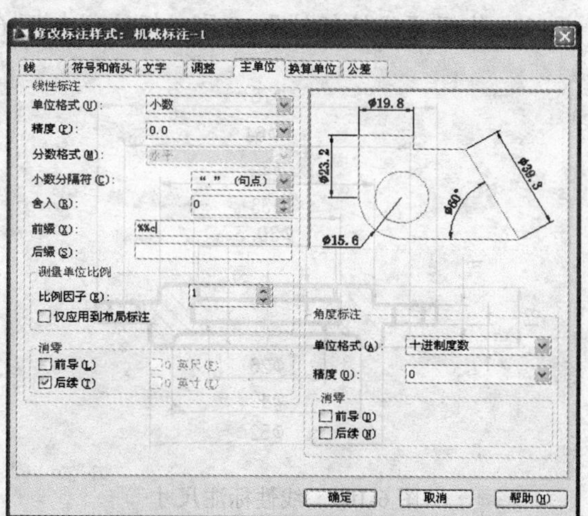

图 6-100 设置新标注样式

[4] 设置完成后单击【确定】按钮，退出对话框。程序自动将【机械标注-1】样式设为当前样式。使用【线性】标注工具，标注出如图 6-101 所示的尺寸。

[5] 在【注释】选项卡【标注】面板中单击【标注样式】按钮，打开【标注样式管理器】对话框。在【样式】列表中选择【ISO-25】，然后单击【修改】按钮，如图 6-102 所示。

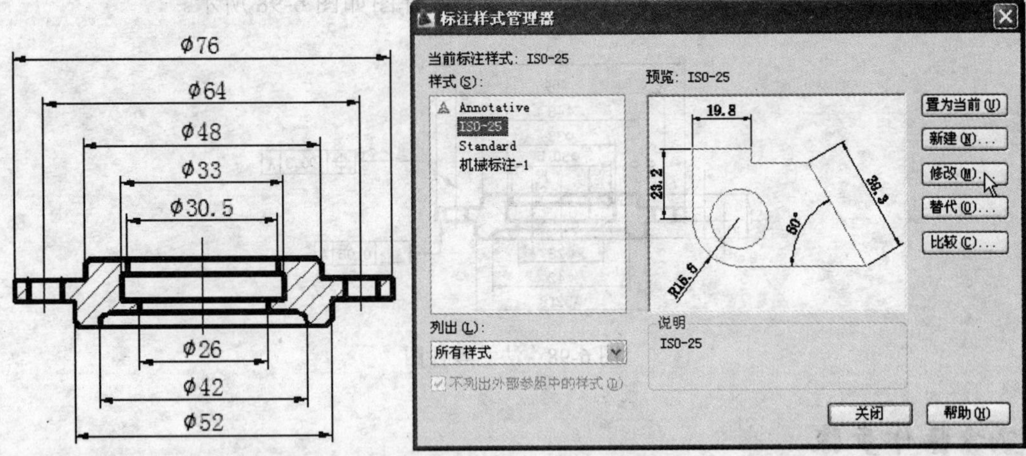

图 6-101　线性标注图形

图 6-102　选择要修改的标注样式

[6] 在弹出的【修改标注样式】对话框中作如下修改：在【文字】选项卡下设置文字高度为 3.5，从尺寸线偏移为 1，文字对齐采用“与尺寸线对齐”；在【主单位】选项卡下设置精度为 0.0，小数分隔符采用“.”句点。

[7] 使用【线性标注】工具，标注出如图 6-103 所示的尺寸。

[8] 在【注释】选项卡【标注】面板中单击【标注样式】按钮，打开【标注样式管理器】对话框。在【样式】列表中选择“ISO-25”，然后单击【替代】按钮，打开【替代当前样式】对话框。并在对话框的【公差】选项卡下【公差格式】选项组中设置方式为极限偏差，上偏差输入值为 0.2。完成后单击【确定】按钮，退出替代样式设置。

[9] 使用【线性标注】工具，标注出如图 6-104 所示的尺寸。

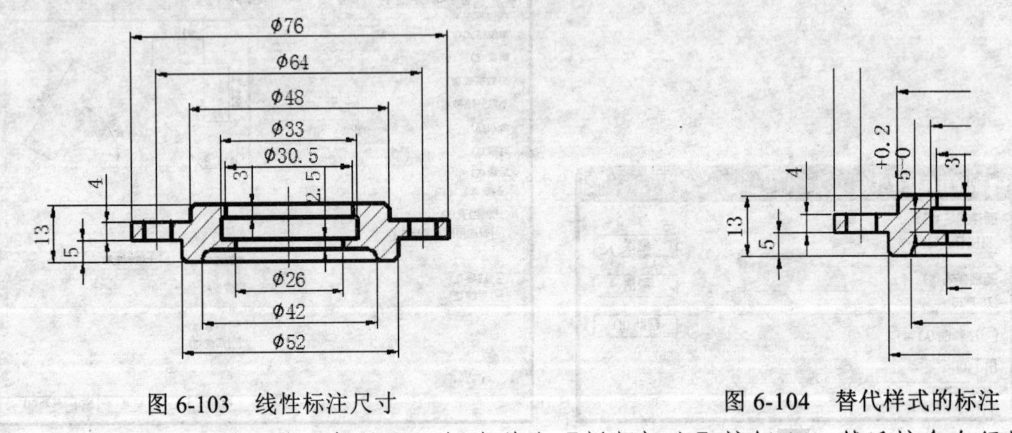

图 6-103　线性标注尺寸

图 6-104　替代样式的标注

[10] 在【注释】选项卡【标注】面板中单击【折断标注】按钮，然后按命令行的

操作提示选择【手动】选项，选择图 6-105 所示的线性标注上两的点作为打断点，并完成折断标注。

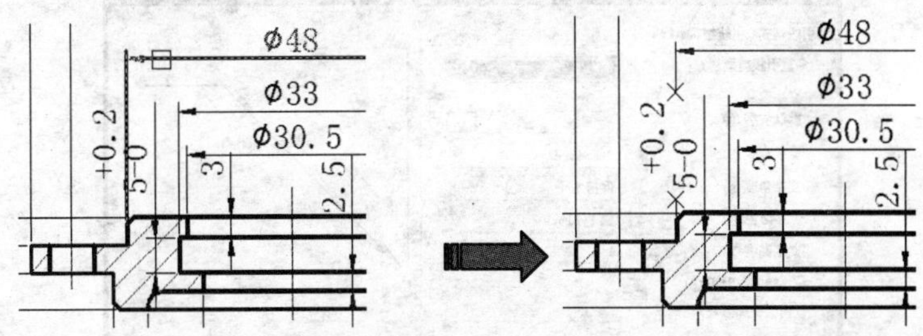

图 6-105　创建折断标注

[11] 使用【编辑标注】工具编辑 $\phi 52$ 的标注文字，命令行操作提示如下。编辑文字的过程及结果如图 6-106 所示.。

```
命令：_dimedit
输入标注编辑类型 [默认(H)/新建(N)/旋转(R)/倾斜(O)] <默认>：n↙
选择对象：找到 1 个                          //选择要编辑文字的标注
选择对象：↙
```

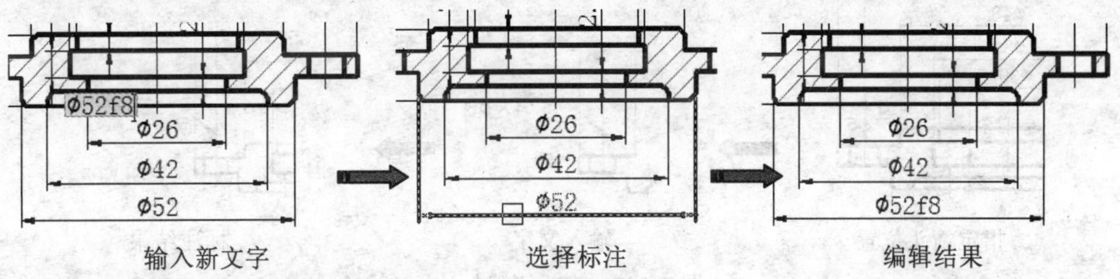

图 6-106　编辑标注文字

提示

直径符号 ϕ，可输入符号“%%c”替代。

[12] 在【注释】选项卡【多重引线】面板中单击【多重引线样式】按钮，打开【多重引线样式管理器】对话框，并单击该对话框上的【修改】按钮，弹出【修改多重引线样式】对话框。在【内容】选项卡下的【引线连接】选项卡【连接位置-左】下拉列表框中，选择“最后一行加下划线”选项，完成后单击【确定】按钮，如图 6-107 所示.。

[13] 使用【多重引线】工具，创建第一个引线标注，过程及结果如图 6-108 所示。命令行的操作提示如下：

```
命令：_mleader
指定引线箭头的位置或 [引线基线优先(L)/内容优先(C)/选项(O)] <选项>：
指定引线基线的位置：                          //指定基线位置并单击鼠标
```

[14] 使用【多重引线】工具，创建第二个引线标注，但不标注文字，如图 6-109 所示。

[15] 在【标注】面板中单击【公差】按钮，在弹出的【形位公差】对话框中设置

特征符号、公差值 1 及公差值 2，如图 6-110 所示..

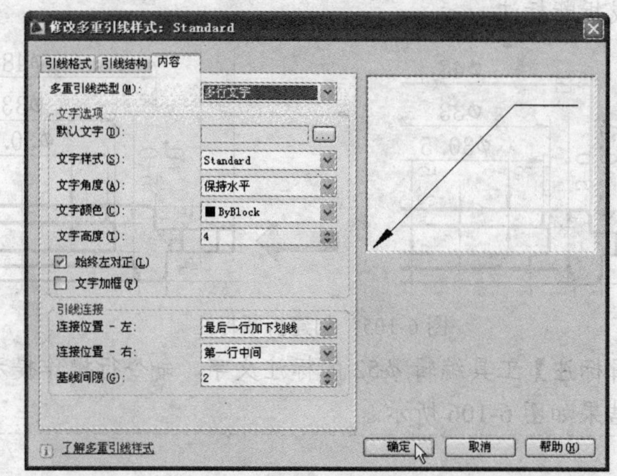

图 6-107　修改多重引线样式

指定箭头位置　　　　输入文字　　　　标注结果

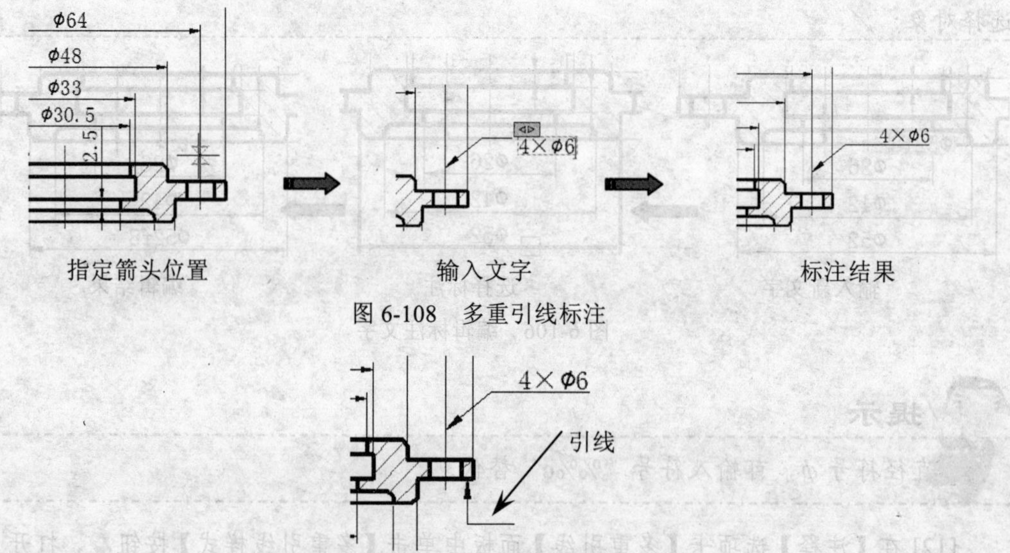

图 6-108　多重引线标注

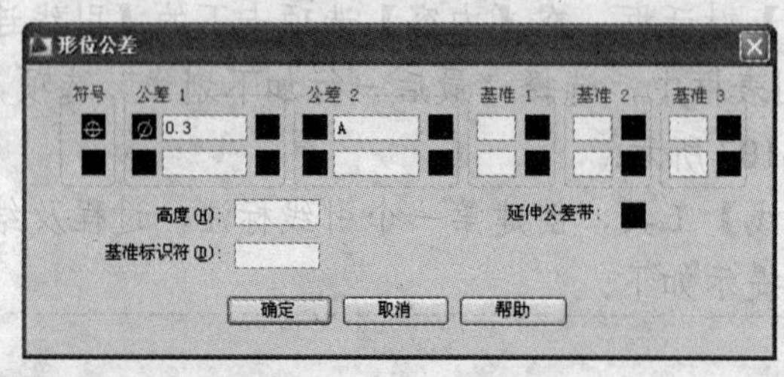

图 6-109　创建不标注文字的引线

图 6-110　设置公差

[16] 公差设置完成后，将特征框置于第一引线标注上，如图 6-111 所示。

[17] 同理，在另一引线上也创建出如图 6-112 所示的公差标注。

[18] 本例零件图形的尺寸标注全部完成，结果如图 6-113 所示。

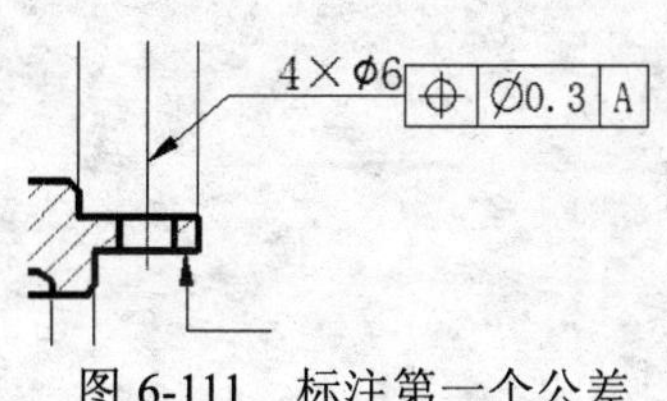

图 6-111　标注第一个公差

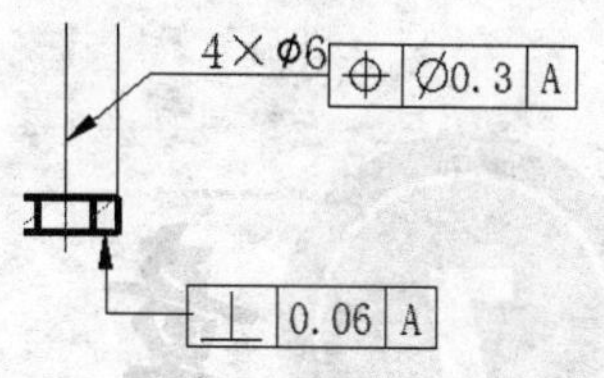

图 6-112　标注第二个公差

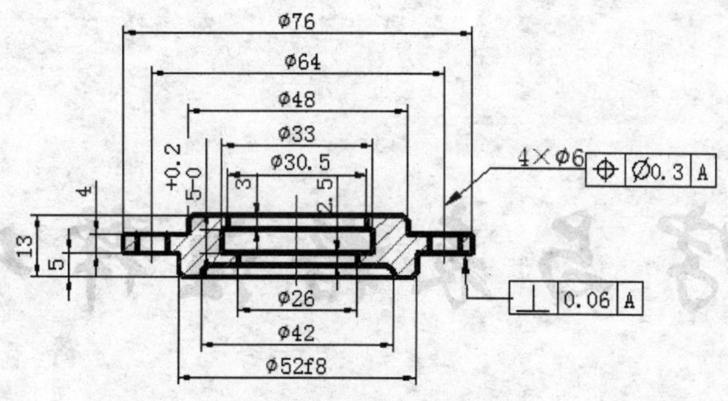

图 6-113　零件图形标注

文字与表格注释功能

☒ 本章内容导读：

一副完整的工程图在标注尺寸以后，还要添加说明文字和明细表格。本章将着重介绍 AotuCAD2012 的文字和表格添加与编辑功能，让读者详细了解文字样式、表格样式的编辑方法。

☒ 本章学习要点：

- 文字概述
- 使用文字样式
- 单行文字
- 多行文字
- 符号与特殊符号
- 表格

7.1 文字概述

文字注释是 AotuCAD 图形中很重要的图形元素，也是机械图、建筑工程图等制图中不可或缺的重要组成部分。在一个完整的图样中，通常用一些文字注释来标注图样中的一些非图形信息。例如，机械图形中的技术要求、装配说明、标题栏信息、选项卡，建筑工程图中的材料说明、施工要求等。

文字注释功能可在【文字】面板、【文字】工具条中选择相应命令调用，也可通过在菜单栏选择【绘图】|【文字】命令，在弹开的【文字】菜单中选择。【文字】面板如图 7-1 所示。【文字】工具条如图 7-2 所示。

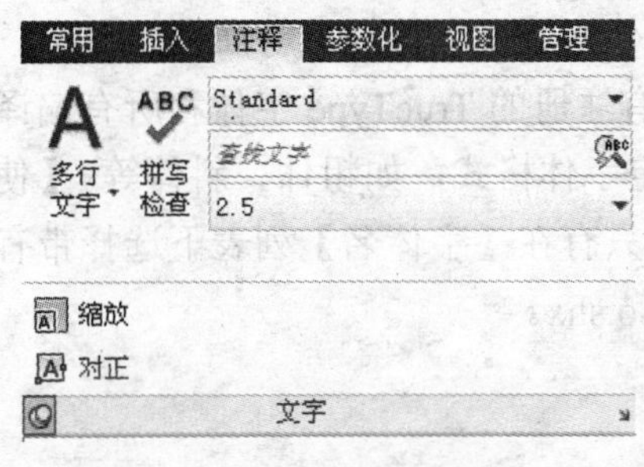

图 7-1 【文字】面板

拼写检查
查找
文字样式
编辑
缩放
单行文字
对正
多行文字
转化距离

图 7-2 【文字】工具条

图形注释文字包括单行文字或多行文字。对于不需要多种字体或多行的简短项，可以创建单行文字。对于较长、较为复杂的内容，可以创建多行或段落文字。

在创建单行或多行文字前，要指定文字样式并设置对齐方式。文字样式设置文字对象的默认特征。

7.2 使用文字样式

在 AutoCAD 中，所有文字都有与之相关联的文字样式。文字样式包括文字【字体】、【字型】、【高度】、【宽度系数】、【倾斜角】、【反向】、【倒置】以及【垂直】等参数。在图形中输入文字时，当前的文字样式决定输入文字的字体、字号、角度、方向和其他文字特征。

7.2.1 创建文字样式

在创建文字注释和尺寸标注时，AutoCAD 通常使用当前的文字样式，用户也可根据具体要求重新设置文字样式或创建新的样式。文字样式的新建、修改是通过【文字样式】对话框来设置的，如图 7-3 所示。

用户可通过以下命令方式打开【文字样式】对话框：

- ◆ 菜单栏：选择【格式】|【文字样式】命令
- ◆ 工具条：单击【文字样式】按钮
- ◆ 面板：【常用】选项卡【注释】面板单击【文字样式】按钮

◆ 命令行：输入 STYLE

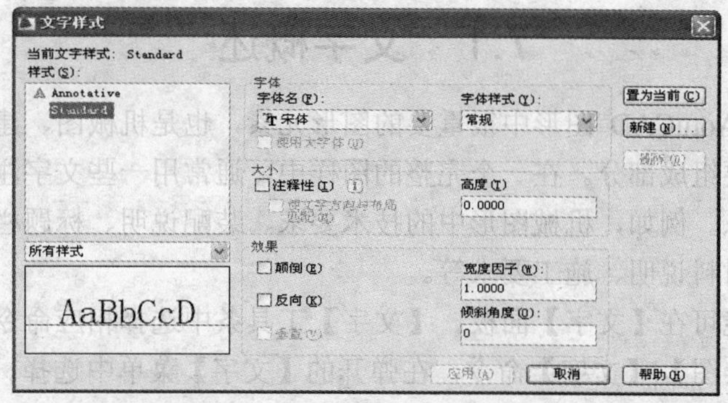

图 7-3 【文字样式】对话框

【字体】选项卡：该选项卡用于设置字体名、字体格式及字体样式等属性。其中，【字体名】选项下拉列表中列出 FONTS 文件夹中所有注册的 TrueType 字体和所有编译的形（SHX）字体的字体族名。【字体样式】选项指定字体格式，如粗体、斜体等。【使用大字体】复选框用于指定亚洲语言的大字体文件，只有在【字体名】列表下选择带有 SHX 后缀的字体文件，该复选框才被激活，如选择 iso.shx。

7.2.2 修改文字样式

修改多行文字对象的文字样式时，已更新的设置将应用到整个对象中，单个字符的某些格式可能不保留也可能保留。例如，颜色、堆叠和下划线等格式将继续使用原格式，而粗体、字体、高度及斜体等格式，将随着修改的格式而改变。

通过修改设置，可以在【文字样式】对话框中修改现有的样式，也可以更新使用该文字样式的现有文字来反映修改的效果。

提示

某些样式设置对多行文字和单行文字对象的影响不同。例如，修改【颠倒】和【反向】选项对多行文字对象无影响。修改【宽度因子】和【倾斜角度】对单行文字无影响。

7.3 单行文字

对于不需要多种字体或多行的简短项，可以创建单行文字。使用【单行文字】命令创建文本时，可创建单行文字，也可创建出多行文字，但创建的多行文字的每一行都是独立的，可对齐进行单独编辑，如图 7-4 所示。

7.3.1 创建单行文字

单行文字可输入单行文本，也可输入多行文本。在文字创建过程中，在图形窗口中选择一个点作为文字的起点，并输入文本文字，通过按 Enter 键结束每一行。若要停止命令，则按 Esc 键。单行文字的每行文字都是独立的对象，可以重新定位，调整格式或进行其他修改。

AutoCAD2012
单行文字

图 7-4　使用“单行文字”命令创建多行文字

用户可通过以下命令方式来执行此操作：

- ◆ 菜单栏：选择【绘图】|【文字】|【单行文字】命令
- ◆ 工具条：单击【单行文字】按钮A|。
- ◆ 面板：【注释】选项卡【文字】面板单击【单行文字】按钮A|
- ◆ 命令行：输入 TEXT

执行 TEXT 命令，命令行将显示如下操作提示：

```
命令：text
当前文字样式：【Standard】　文字高度：2.5000　注释性：否　//文字样式设置
指定文字的起点或 [对正(J)/样式(S)]:　　　　　　　　　　　//文字选项
```

上述操作提示中选项的含义如下：

- ◆ 文字的起点：指定文字对象的起点。当指定文字起点后，命令行再显示【指定高度<2.5000>：】。若要另行输入高度值，直接输入即可创建指定高度的文字，若使用默认高度值，按 Enter 键即可。
- ◆ 对正：控制文字的对正方式。
- ◆ 样式：指定文字样式。文字样式决定文字字符的外观。使用此选项，需要在【文字样式】对话框中新建文字样式。

在操作提示中若选择【对正】选项，接着命令行会显示如下提示：

```
输入选项
[对齐(A)/布满(F)/居中(C)/中间(M)/右对齐(R)/左上(TL)/中上(TC)/右上(TR)/左中(ML)/正中(MC)/右中(MR)/左下(BL)/中下(BC)/右下(BR)]:
```

此操作提示下的各选项含义如下：

- ◆ 对齐：通过指定基线端点来指定文字的高度和方向，如图 7-5 所示。
- ◆ 布满：指定文字按照由两点定义的方向和一个高度值布满一个区域。此选项只适用于水平方向的文字，如图 7-6 所示。

提示

对于对齐文字，字符的大小根据其高度按比例调整。文字字符串越长，字符越

- ◆ 居中：以基线的水平中心对齐文字，此基线是由用户给出的点指定的。另外居中文字还可以调整其角度，如图 7-7 所示。
- ◆ 中间：文字在基线的水平中点和指定高度的垂直中点上对齐，中间对齐的文字不保持在基线上，如图 7-8 所示（【中间】选项也可使文字旋转）。

图 7-5　对齐文字

图 7-6　布满文字

图 7-7　居中文字

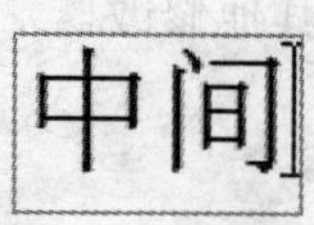

图 7-8　中间文字

其余选项所表示的文字对正方式如图 7-9 所示。

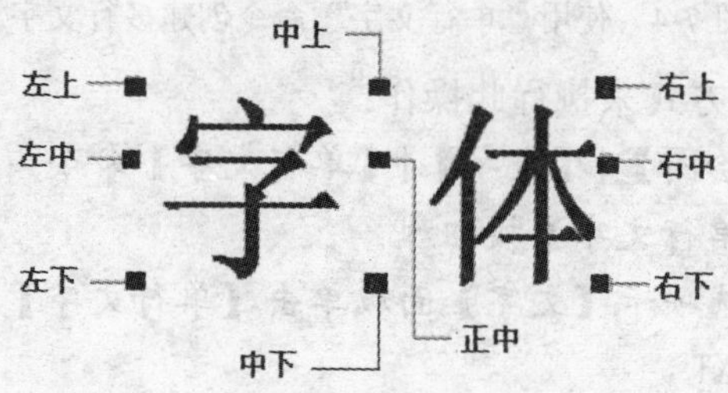

图 7-9　文字的对正方式

7.3.2　编辑单行文字

编辑单行文字包括编辑文字的内容、对正方式及缩放比例。用户可通过在菜单栏中选择【修改】|【对象】|【文字】命令，在弹出的下拉子菜单中选择相应命令来编辑单行文字。编辑单行文字的命令如图 7-10 所示。

用户也可以在图形区中双击要编辑的单行文字，然后重新输入新内容。

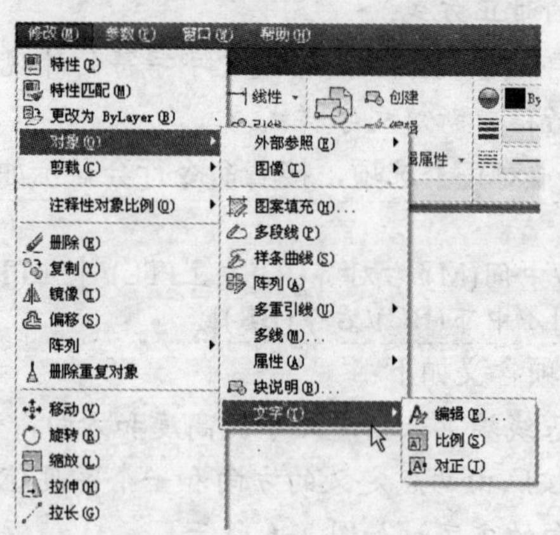

图 7-10　编辑单行文字的命令

1.　【编辑】命令

【编辑】命令用于编辑文字的内容。执行【编辑】命令后，选择要编辑的单行文字，即可在激活的文本框中重新输入文字，如图 7-11 所示。

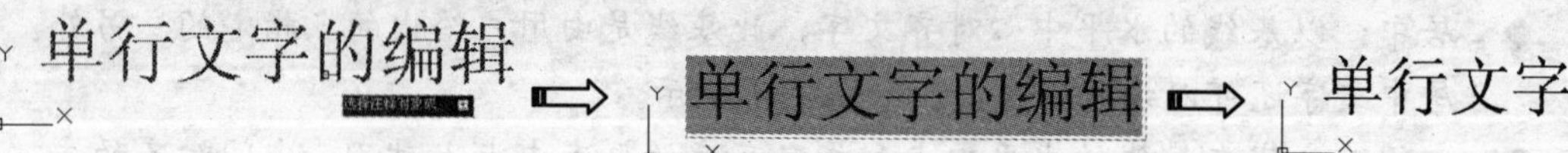

图 7-11　编辑单行文字

2. 【比例】命令

【比例】命令用于重新设置文字的图纸高度、匹配对象和比例因子，如图 7-12 所示。

命令行提示如下：

```
SCALETEXT
选择对象: 找到 1 个
选择对象: 找到 1 个 (1 个重复), 总计 1 个
选择对象:
输入缩放的基点选项
[现有(E)/左对齐(L)/居中(C)/中间(M)/右对齐(R)/左上(TL)/中上(TC)/右上(TR)/左中(ML)/
正中(MC)/右中(MR)/左下(BL
)/中下(BC)/右下(BR)] <现有>: C
指定新模型高度或 [图纸高度(P)/匹配对象(M)/比例因子(S)] <1856.7662>:
1 个对象已更改
```

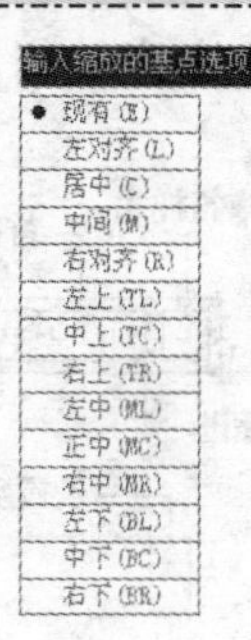

图 7-12 设置单行文字的比例

3. 【对正】命令

【对正】命令用于更改文字的对正方式。执行【对正】命令，选择要编辑的单行文字后，图形区显示对齐菜单。命令行中的提示如下：

```
命令: _justifytext
选择对象: 找到 1 个
选择对象:
输入对正选项
[左对齐(L)/对齐(A)/布满(F)/居中(C)/中间(M)/右对齐(R)/左上(TL)/中上(TC)/右上(TR)/左
中(ML)/正中(MC)/右中(MR)
/左下(BL)/中下(BC)/右下(BR)] <居中>:
```

7.4 多行文字

【多行文字】又称为段落文字，是一种更易于管理的文字对象。它由两行及以上的文字组成，而且各行文字都是作为一个整体处理。在机械制图中，常使用多行文字功能创建较为复杂的文字说明，如图样的技术要求等。

7.4.1 创建多行文字

在 AotuCAD2012 中，多行文字创建与编辑功能得到了增强。用户可通过以下命令方式来执行此操作：

◆ 菜单栏：选择【绘图】|【文字】|【单行文字】命令

◆ 工具条：单击【单行文字】按钮

◆ 面板：【注释】选项卡【文字】面板单击【单行文字】按钮

◆ 命令行：输入 MTEXT

执行 MTEXT 命令，命令行显示的操作信息提示用户需要在图形窗口中指定两点作为多行文字的输入起点与段落对角点。指定点后，程序会自动打开【文字编辑器】选项卡和在位文字编辑器。【文字编辑器】选项卡如图 7-13 所示。

图 7-13 【文字编辑器】选项卡

AotuCAD 在位文字编辑器如图 7-14 所示。

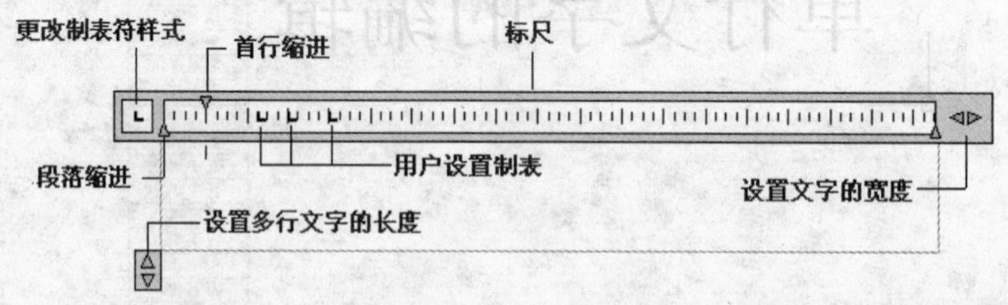

图 7-14 文字编辑器

【文字编辑器】选项卡包括有【样式】面板、【格式】面板、【段落】面板、【插入】面板、【拼写检查】面板、【工具】面板、【选项】面板和【关闭】面板。

1. 【样式】面板

【样式】面板用于设置当前多行文字样式、注释性和文字高度。面板中包含 3 个命令：选择文字样式、注释性、选择和输入文字高度。如图 7-15 所示。

面板中各命令含义如下：

◆ 文字样式：向多行文字对象应用文字样式。如果用户没有新建文字样式，单击【展开】按钮，在弹出的样式列表中选择可用的文字样式。

◆ 注释性；单击【注释性】按钮，打开或关闭当前多行文字对象的注释性。

◆ 功能区组合框-文字高度：按图形单位设置新文字的字符高度或修改选定文字的高度。用户可在文本框内输入新的文字高度来替代当前文本高度。

2. 【格式】面板

【格式】面板用于字体的大小、粗细、颜色、下划线、倾斜、宽度等格式设置，面板中的命令如图 7-16 所示。

面板中各命令的含义如下：

◆ 粗体：和关闭新文字或选定文字的粗体格式。此选项仅适用于使用 TrueType 字体的字符。

◆ 斜体：打开和关闭新文字或选定文字的斜体格式。此选项仅适用于使用

TrueType 字体的字符。

◆ 下划线：打开和关闭新文字或选定文字的下划线。

◆ 上划线：打开和关闭新文字或选定文字的上划线。

◆ 选择文字的字体：为新输入的文字指定字体或改变选定文字的字体。单击下拉三角按钮即弹出文字字体列表，如图 7-17 所示。

◆ 选择文字的颜色：指定新文字的颜色或更改选定文字的颜色。单击下拉三角按钮即弹出字体颜色下拉列表，如图 7-18 所示。

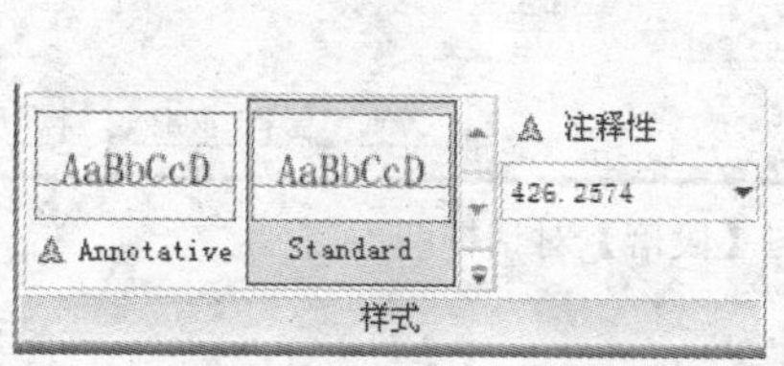

图 7-15 【样式】面板

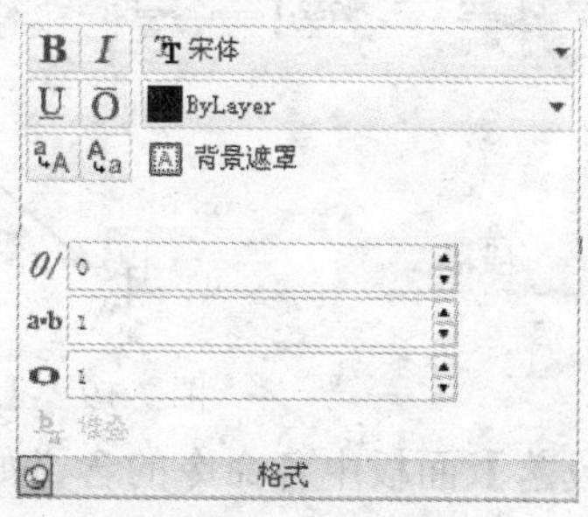

图 7-16 【格式】面板

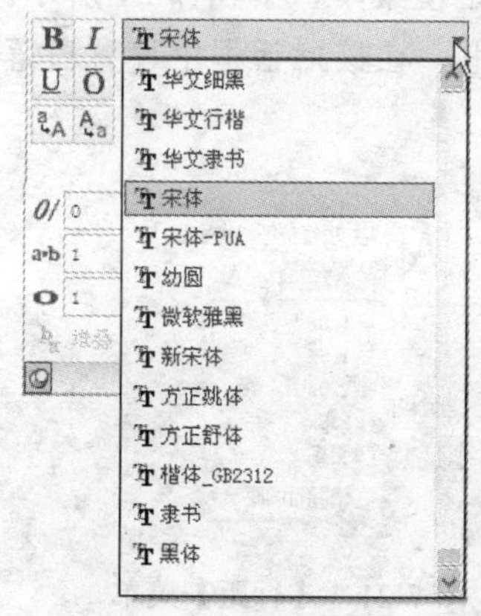

图 7-17 选择文字字体

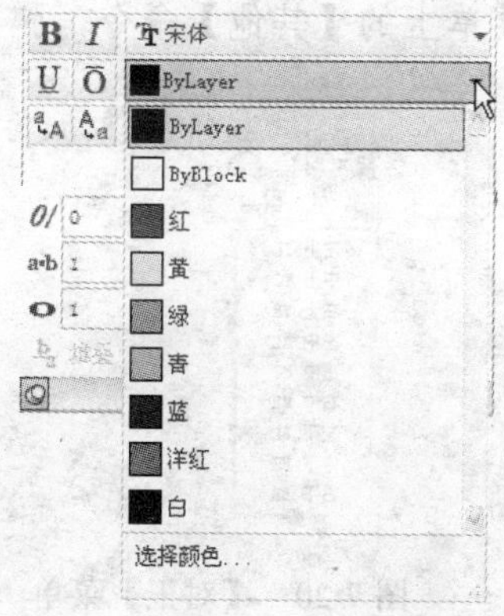

图 7-18 选择文字颜色

◆ 倾斜角度：确定文字是向前倾斜还是向后倾斜。倾斜角度表示是相对于 90°角方向的偏移角度。输入一个-85～85 之间的数值使文字倾斜。倾斜角度的值为正时，文字向右倾斜；倾斜角度的值为负时，文字向左倾斜。

◆ 追踪：增大或减小选定字符之间的空间。1.0 的设置是常规间距。设置为大于 1.0 时增大间距，设置为小于 1.0 时减小间距。

◆ 宽度因子：扩展或收缩选定字符。1.0 的设置代表此字体中字母的常规宽度。

3. 【段落】面板

【段落】面板包含有段落的对正、行距的设置、段落格式设置、段落对齐以及段落的分布、编号等功能。在【段落】面板右下角单击按钮，会弹出【段落】对话框，如图 7-19 所示。【段落】对话框可以为段落和段落的第一行设置缩进，指定制表位和缩进，控制段落对齐方式、段落间距和段落行距等。

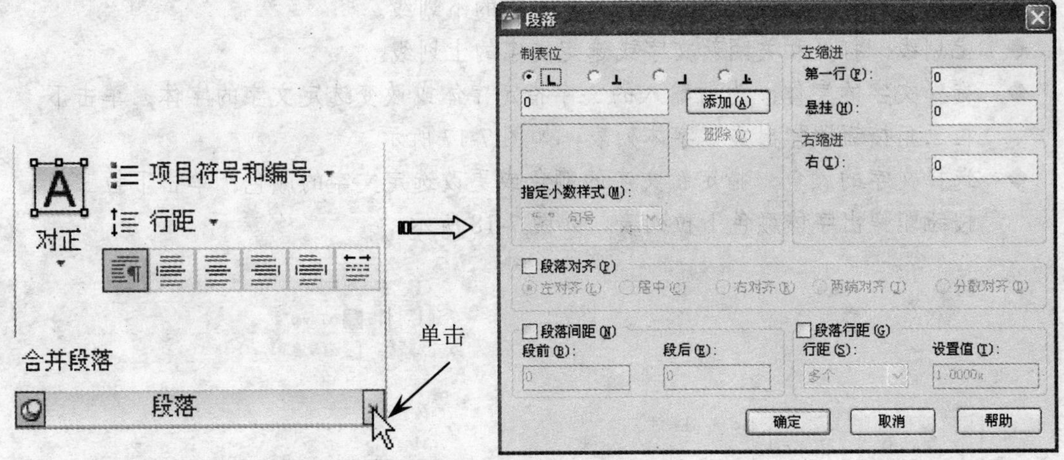

图 7-19 【段落】面板与【段落】对话框

【段落】面板中各命令的含义如下：

- ◆ 对正：单击【对正】按钮，弹出文字对正方式菜单，如图 7-20 所示。
- ◆ 行距：单击此按钮，显示程序提供的默认间距值菜单，如图 7-21 所示。选择菜单上的【其他】命令，弹出【段落】对话框，在该对话框中设置段落行距。

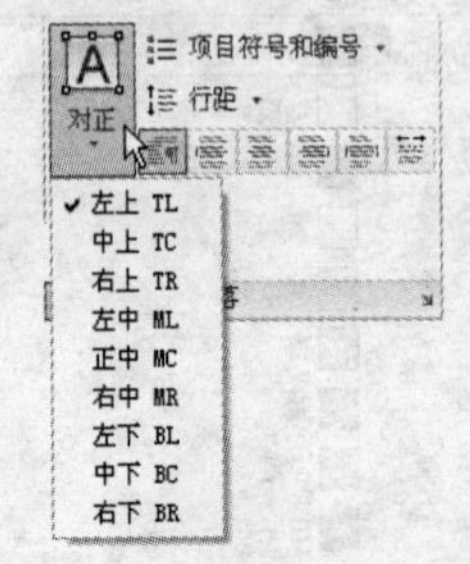

图 7-20 【对正】菜单

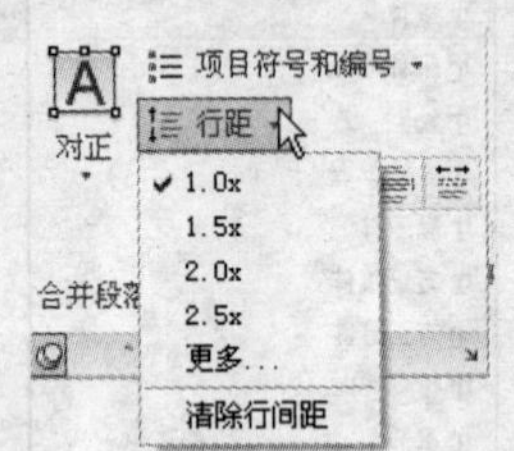

图 7-21 【行距】菜单

提示

行距是多行段落中文字的上一行底部和下一行顶部之间的距离。在 AutoCAD 2007 及早期版本中，并不是所有针对段落和段落行距的新选项都受支持。

- ◆ 项目符号和编号：单击此按钮显示用于创建列表的选项菜单，如图 7-22 所示。

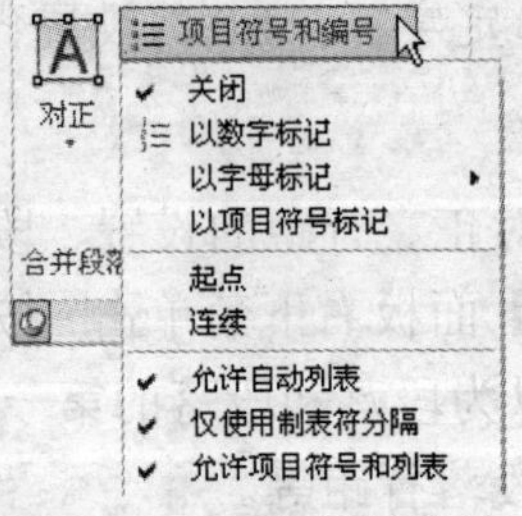

图 7-22 【编号】菜单

◆ 左对齐、居中、右对齐、分布对齐：设置当前段落或选定段落的左、中或右文字边界的对正和对齐方式。文字包含在一行的末尾输入的空格，这些空格会影响行的对正。

◆ 合并段落：当创建有多行的文字段落时，选择要合并的段落后此命令被激活。选择此命令，多段落文字变成只有一个段落的文字，如图 7-23 所示。

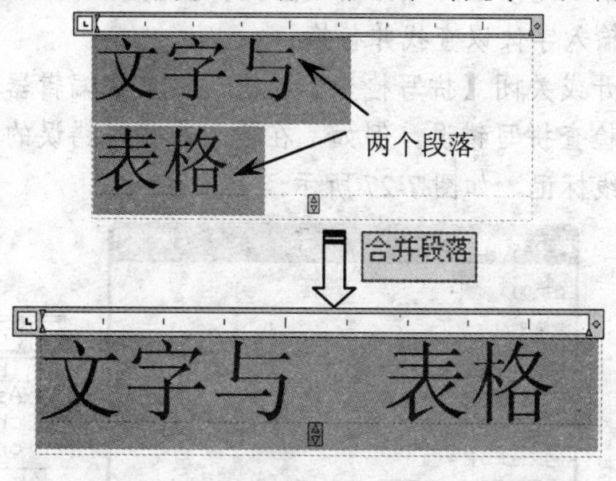

图 7-23 合并段落

4. 【插入】面板

【插入】面板主要用于插入字符、列、字段的设置。【插入】面板如图 7-24 所示。

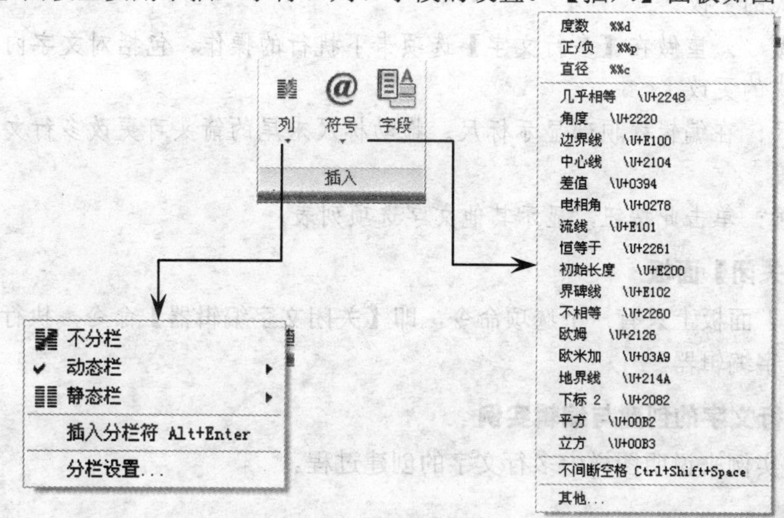

图 7-24 【插入】面板

面板中的命令含义如下：

◆ 符号：在光标位置插入符号或不间断空格，也可以手动插入符号。单击此按钮，弹出符号菜单。

◆ 字段：单击此按钮，打开【字段】对话框，从中可以选择要插入到文字中的字段。

◆ 列：单击此按钮，显示栏弹出菜单，该菜单提供 3 个选项：【不分栏】、【静态栏】和【动态栏】。

5. 【拼写检查】、【工具】和【选项】面板

3 个命令执行面板主要用于字体的查找和替换、拼写检查及文字编辑等，如图 7-25 所示。

面板中各命令的含义如下：

◆ 查找和替换：单击此按钮，可弹出【查找和替换】对话框，如图 7-26 所示。在该对话框中输入字体以查找并替换。

◆ 拼写检查：打开或关闭【拼写检查】状态。在文字编辑器中输入文字时，使用该功能可以检查拼写错误。例如，在输入有拼写错误的文字时，该段文字下将以红色虚线标记，如图 7-27 所示。

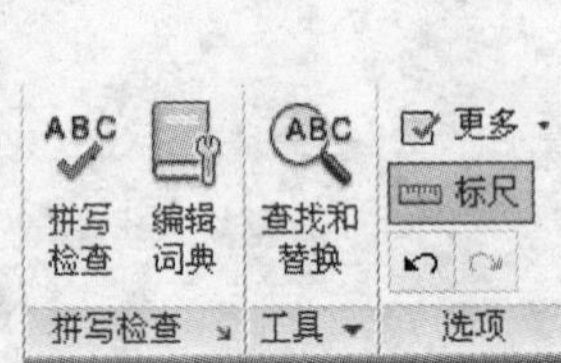

图 7-25 3 个命令执行的面板

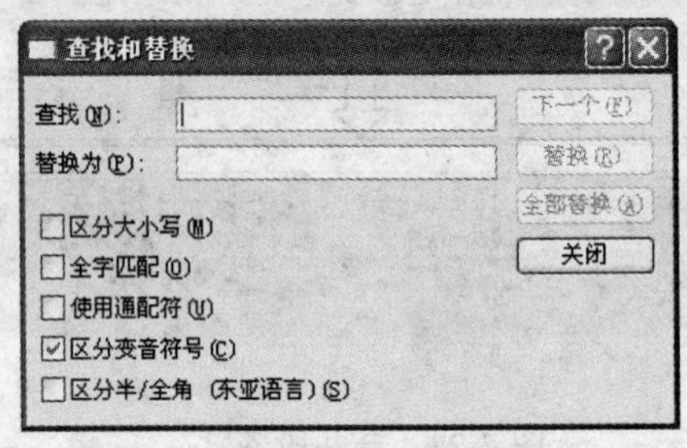

图 7-26 【查找和替换】对话框

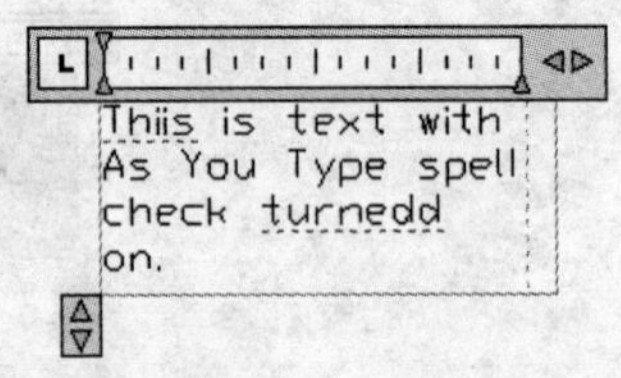

图 7-27 虚线表示有错误的拼写

◆ 放弃：放弃在【多行文字】选项卡下执行的操作，包括对文字内容或文字格式的更改。

◆ 重做：重做在【多行文字】选项卡下执行的操作，包括对文字内容或文字格式的更改。

◆ 标尺：在编辑器顶部显示标尺。拖动标尺末尾的箭头可更改多行文字对象的宽度。

◆ 选项：单击此按钮，显示其他文字选项列表。

6. 【关闭】面板

【关闭】面板上只有一个选项命令，即【关闭文字编辑器】命令，执行该命令，将关闭在位文字编辑器。

7. 多行文字的创建与编辑实例

下面以实例来说明图样中多行文字的创建过程。

例 7-1 光盘\example\Ch07\创建多行文字.dwg

操作步骤

[1] 打开光盘“光盘\Example\Ch07\零件图.dwg”实例文件。

[2] 在【文字】面板上单击【多行文字】按钮A，然后按命令行的提示进行操作：

```
命令: _mtext
当前文字样式: "Standard"  文字高度: 2.5  注释性: 否
```

指定第一角点: //指定多行文字的角点1
指定对角点或 [高度(H)/对正(J)/行距(L)/旋转(R)/样式(S)/宽度(W)/栏(C)]: //指定多行文字的角点2

[3] 按提示进行操作，指定的角点如图 7-28 所示。

[4] 打开在位文字编辑器后，输入如图 7-29 所示的文本。

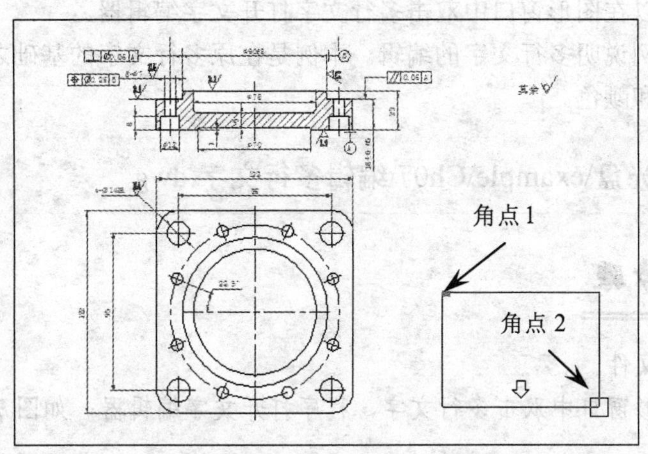

图 7-28 指定角点

[5] 在文字编辑器中选择“技术要求”4 个字，然后在【多行文字】选项卡的【样式】面板中输入新的文字高度值 4，并按 Enter 键，字体高度随之而改变，如图 7-30 所示。

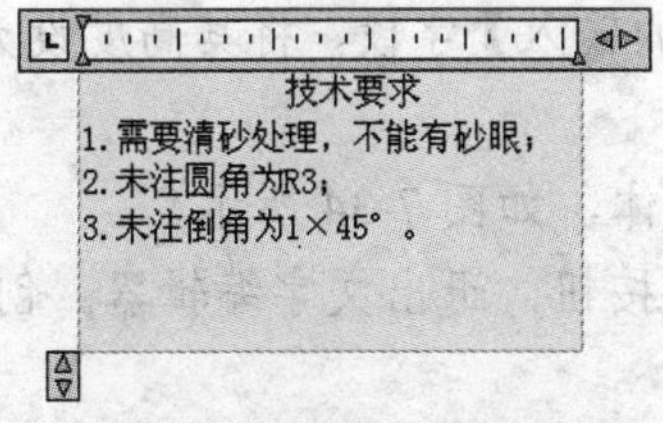

图 7-29 书写文字

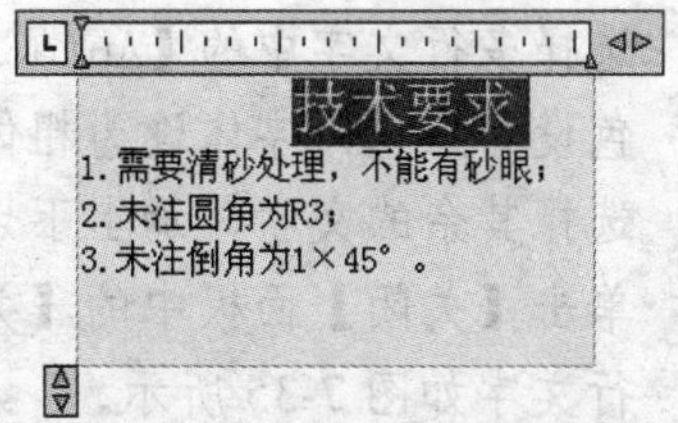

图 7-30 更改文字高度

[6] 在【关闭】面板中单击【关闭文字编辑器】按钮，退出文字编辑器完成多行文字的创建，如图 7-31 所示。

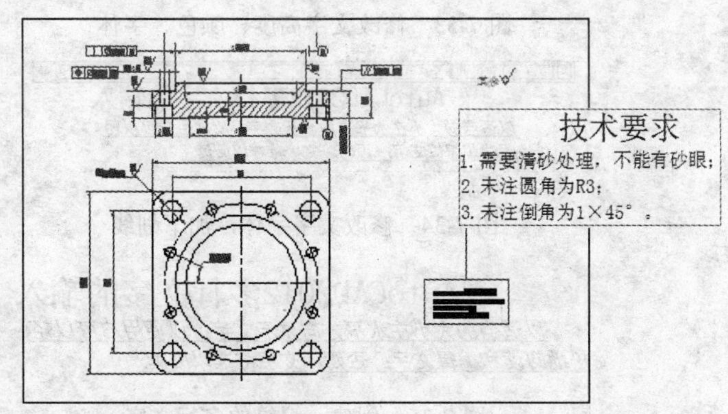

图 7-31 创建的多行文字

7.4.2 编辑多行文字

多行文字的编辑，可通过在菜单栏选择【修改】|【对象】|【文字】|【编辑】命令，或者在命令行输入 DDEDIT，选择创建的多行文字，打开多行文字编辑器，然后修改并编辑文字的内容、格式、颜色等特性。

用户也可以在图形窗口中双击多行文字打开文字编辑器。

下面以实例说明多行文字的编辑。本例是在原多行文字的基础之上再添加文字，并改变文字高度和颜色。

例 7-2　光盘\example\Ch07\编辑多行文字.dwg 

操作步骤

[1] 新建文件。

[2] 在图形窗口中双击多行文字，程序打开文字编辑器，如图 7-32 所示。

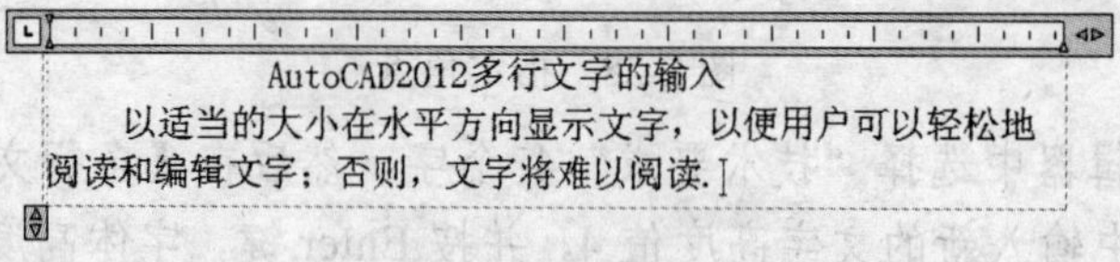

AutoCAD2012多行文字的输入
以适当的大小在水平方向显示文字，以便用户可以轻松地
阅读和编辑文字；否则，文字将难以阅读.

图 7-32　打开文字编辑器

[3] 选择多行文字中的【AutoCAD2012 多行文字的输入】字段，将其高度设为 4，颜色设为红色，字体设为粗体，如图 7-33 所示。

[4] 选择其余的文字，加上下划线，字体设为斜体，如图 7-34 所示。

[5] 单击【关闭】面板中的【关闭文字编辑器】按钮，退出文字编辑器。创建的多行文字如图 7-35 所示。

AutoCAD2012多行文字的输入
以适当的大小在水平方向显示文字，以便用户可以轻松地
阅读和编辑文字；否则，文字将难以阅读.

图 7-33　修改文字高度、颜色、字体

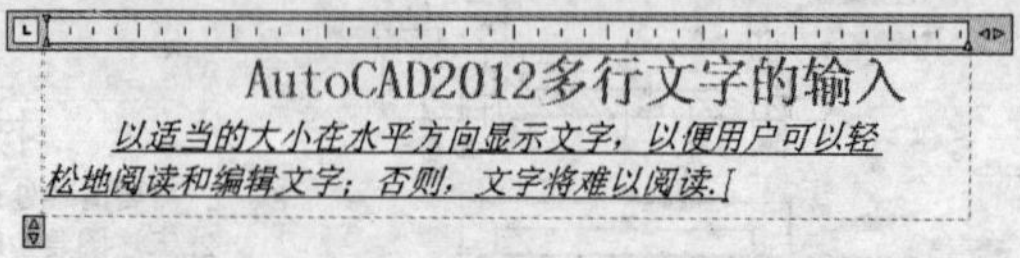

AutoCAD2012多行文字的输入
以适当的大小在水平方向显示文字，以便用户可以轻
松地阅读和编辑文字；否则，文字将难以阅读.

图 7-34　修改文字字体，加下划线

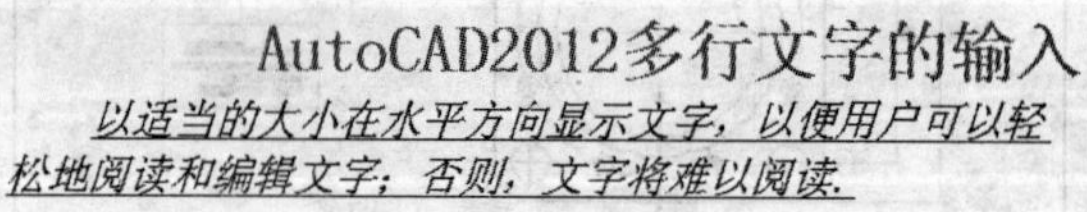

AutoCAD2012多行文字的输入
以适当的大小在水平方向显示文字，以便用户可以轻
松地阅读和编辑文字；否则，文字将难以阅读.

图 7-35　创建、编辑的多行文字

[6] 将创建的多行文字另存为“编辑多行文字”。

7.5 符号与特殊字符

在工程图标注中，往往需要标注一些特殊的符号和字符。例如度的符号“°”、公差符号±或直径符号 Φ，从键盘上不能直接输入。因此，AutoCAD 通过输入控制代码或 Unicode 字符串可以输入这些特殊字符或符号。

AutoCAD 常用标注符号的控制代码、字符串及符号如表 7-1 所示。

表 7-1 AutoCAD 常用标注符号

控制代码	字符串	符号
%%C	\U+2205	直径（Φ）
%%D	\U+00B0	度（°）
%%P	\U+00B1	公差（±）

若要插入其他数学、数字符号，可在展开的【插入】面板上单击【符号】按钮，或在右键菜单中选择【符号】命令，或在文本编辑器中输入适当的 Unicode 字符串。表 7-2 所示为其他常见的数学、数字符号及字符串。

表 7-2 数学、数字符号及字符串

名称	符号	Unicode 字符串	名称	符号	Unicode 字符串
约等于	≈	\U+2248	界碑线	ML	\U+E102
角度	∠	\U+2220	不相等	≠	\U+2260
边界线	BL	\U+E100	欧姆	Ω	\U+2126
中心线	℄	\U+2104	欧米加	Ω	\U+03A9
增量	△	\U+0394	地界线	PL	\U+214A
电相位	Φ	\U+0278	下标 2	5_2	\U+2082
流线	FL	\U+E101	平方	5^2	\U+00B2
恒等于	≌	\U+2261	立方	5^3	\U+00B3
初始长度		\U+E200			

用户还可以通过利用 Windows 提供的软键盘来输入特殊字符。先将 Windows 的文字输入法设为【智能 ABC】，右键单击【定位】按钮，然后在弹出的菜单中选择符号软键盘命令。打开软键盘后，即可输入需要的字符，如图 7-36 所示。打开的【数学符号】软键盘如图 7-37 所示。

图 7-36 右键菜单命令

图 7-37 【数学符号】软键盘

7.6 表格

表格是由包含注释（以文字为主，也包含多个块）的单元构成的矩形阵列。在 AutoCAD 2012 中，可以使用【表格】命令建立表格，还可以从其他应用软件 Microsoft Excel 中直接复制表格，并将其作为 AutoCAD 表格对象粘贴到图形中。此外，还可以输出来自 AutoCAD 的表格数据，以供在 Microsoft Excel 或其他应用程序中使用。

7.6.1 新建表格样式

表格样式控制一个表格的外观，以保证标准的字体、颜色、文本、高度和行距。可以使用默认的表格样式，也可以根据需要自定义表格样式。

创建新的表格样式时，可以指定一个起始表格。起始表格是图形中用作设置新表格样式格式的样例表格。一旦选定表格，用户即可指定从此表格复制表格样式的结构和内容。表格样式是在【表格样式】对话框中来创建的，如图 7-38 所示。

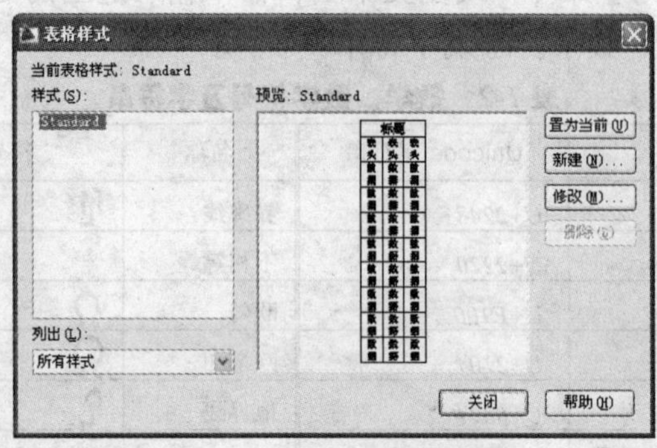

图 7-38 【表格样式】对话框

用户可通过以下命令方式打开此对话框：

- ◆ 菜单栏：选择【格式】|【表格样式】命令
- ◆ 面板：【注释】选项卡【表格】面板单击【表格样式】按钮
- ◆ 命令行：输入 TABLESTYLE

执行 TABLESTYLE 命令，程序弹出【表格样式】对话框。单击该对话框的【新建】按钮，再弹出【创建新的表格样式】对话框，如图 7-39 所示。

输入新的表格样式名后，单击【继续】按钮，即可在随后弹出的【新建表格样式】对话框中设置相关选项，以此创建新表格样式，如图 7-40 所示。

【新建表格样式】对话框包含 4 个功能选项卡和一个预览区域。接下来对各选项卡作如下介绍。

1. 【起始表格】选项

该选项使用户在图形中指定一个表格用作样例来设置此表格样式的格式。选择表格后，可以指定要从该表格复制表格样式的结构和内容。

单击【选择一个表格用做此表格样式的起始表格】按钮，程序暂时关闭对话框；用户在图形窗口中选择表格后，会再次弹出【新建表格样式】对话框。单击【从此表格样式中删除起始表格】按钮，可以将表格从当前指定的表格样式中删除。

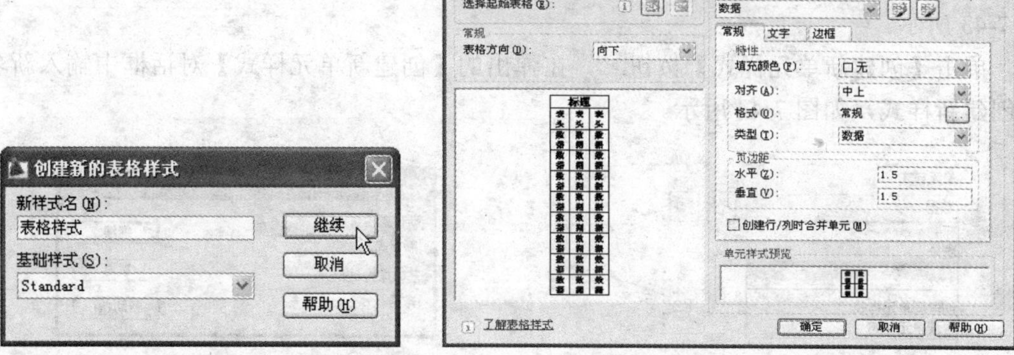

图 7-39 【创建新的表格样式】对话框　　　　图 7-40 【新建表格样式】对话框

2. 【常规】选项

该选项用于更改表格的方向。在选项卡的【表格方向】下拉列表框中，包括【向上】和【向下】两个方向选项，如图 7-41 所示。

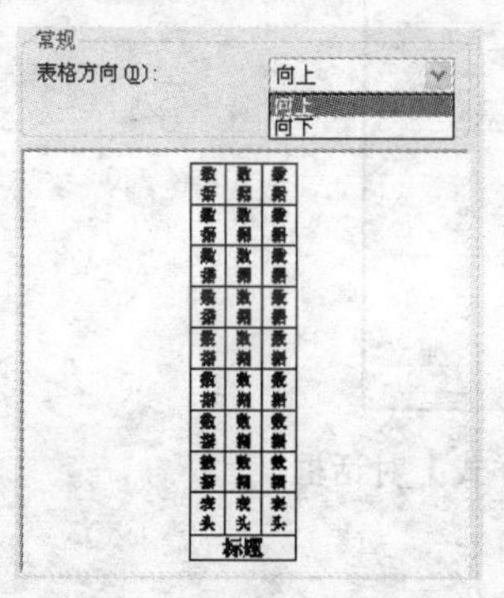

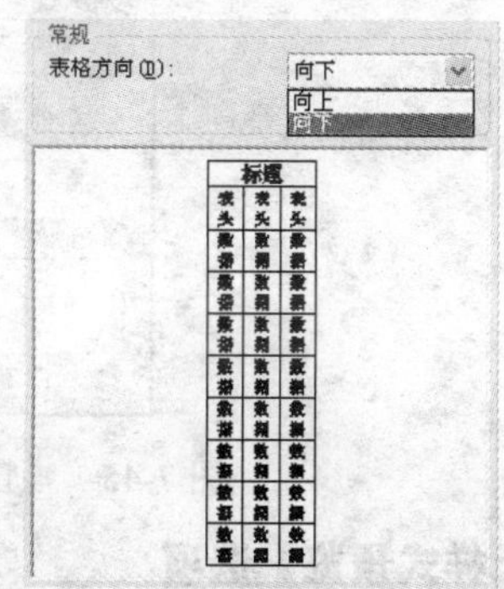

表格方向向上　　　　表格方向向下

图 7-41 【常规】选项卡

3. 【单元格式】选项

该选项可定义新的单元样式或修改现有单元样式，也可以创建任意数量的单元样式。选项卡中包含 3 个小的选项卡：常规、文字、边框，如图 7-42 所示。

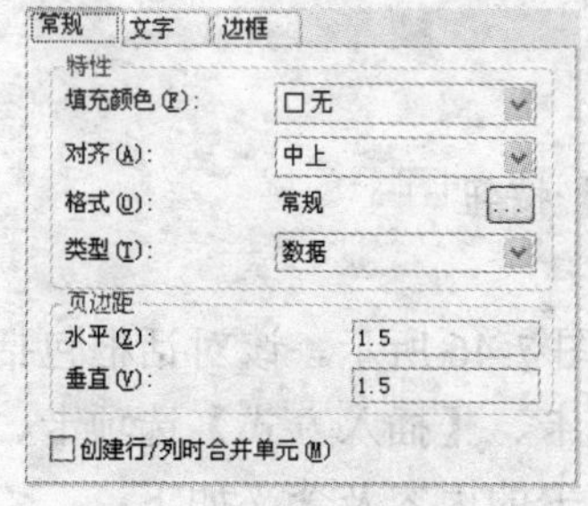

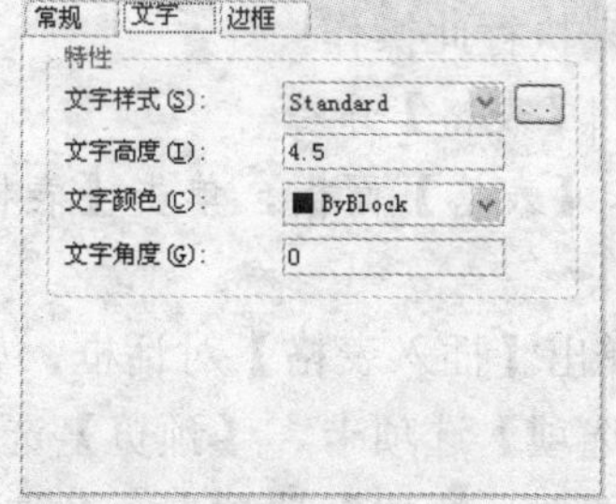

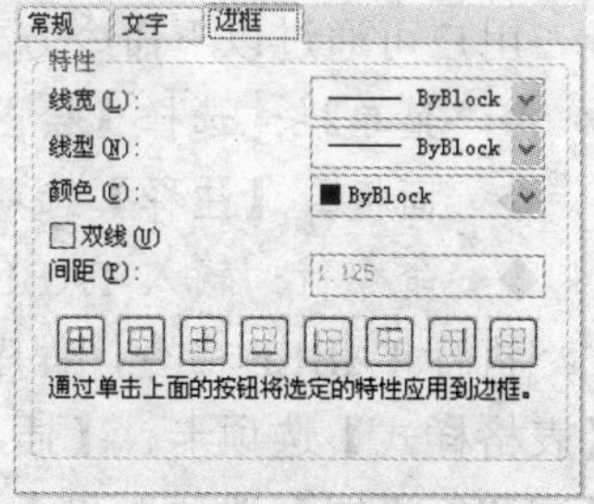

【常规】选项卡　　　　【文字】选项卡　　　　【边框】选项卡

图 7-42 【单元样式】选项卡

【常规】选项卡主要设置表格的背景颜色、对齐方式、表格的格式和类型，以及页边距的设置等。【文字】选项卡主要设置表格中文字的高度、样式、颜色、角度等特性。【边框】选项卡主要设置表格的线宽、线型、颜色以及间距等特性。

在单元样式下拉列表框中列出了多个表格样式，以便用户选择合适的表格样式，如图 7-43 所示。

单击【创建新单元样式】按钮，在弹出的【创建新单元样式】对话框中输入新名称创建新样式，如图 7-44 所示。

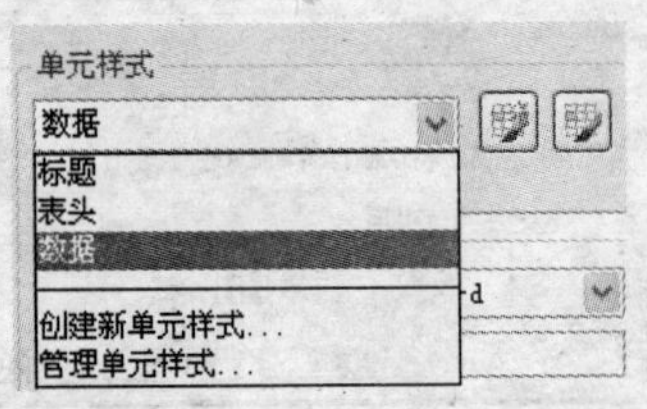

图 7-43 【单元样式】列表框

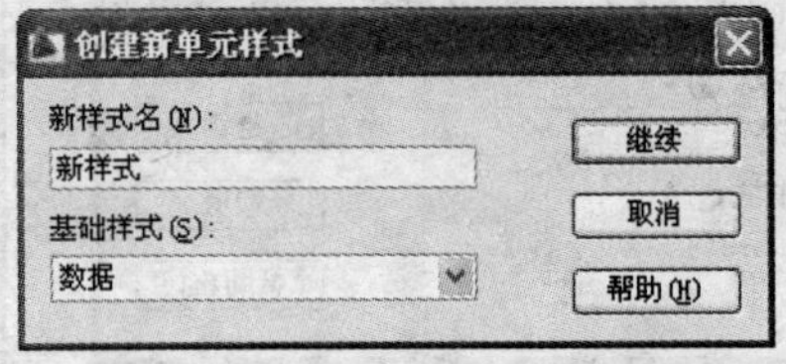

图 7-44 【创建新单元样式】对话框

若单击【管理单元样式】按钮，则弹出【管理单元样式】对话框。该对话框显示当前表格样式中的所有单元样式，用户可以创建或删除单元样式，如图 7-45 所示。

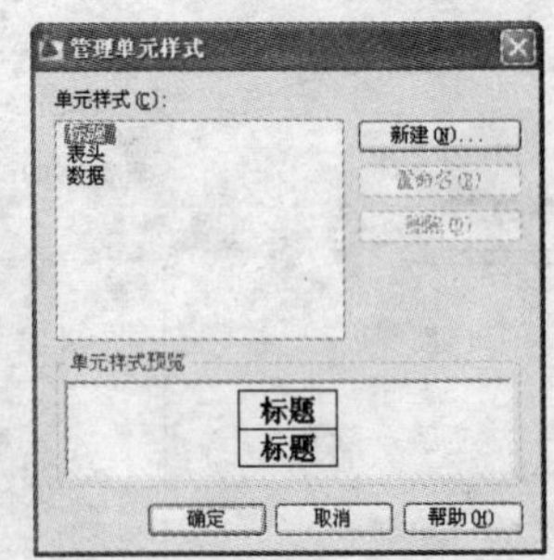

图 7-45 【管理单元样式】对话框

4. 【单元样式预览】选项

该选项显示当前表格样式设置效果的样例。

7.6.2 创建表格

表格是在行和列中包含数据的对象。创建表格对象首先要创建一个空表格，然后在其中添加要说明的内容。

用户可通过以下命令方式来执行此操作：

- ◆ 菜单栏：选择【绘图】|【表格】命令
- ◆ 面板：【注释】选项卡【表格】面板，单击【表格】按钮
- ◆ 命令行：输入 TABLE

执行 TABLE 命令，程序弹出【插入表格】对话框，如图 7-46 所示。该对话框包括【表格样式】选项卡、【插入选项】选项卡、【预览】选项卡、【插入方式】选项卡、【列和行设置】选项卡和【设置单元样式】选项卡，各选项卡的内容及含义如下：

- ◆ 表格样式：在要创建表格的当前图形中选择表格样式。通过单击下拉列表旁边的按钮，用户可以创建新的表格样式。

◆ 插入选项：指定插入选项的方式。包括【从空表格开始】、【自数据链接】和【自图形中的对象数据】方式。
◆ 预览：显示当前表格样式的样例。
◆ 插入方式：指定表格位置，有【指定插入点】和【指定窗口】方式。
◆ 列和行设置：设置列和行的数目和大小。
◆ 设置单元样式：对于那些不包含起始表格的表格样式，需要指定新表格中行的单元格式。

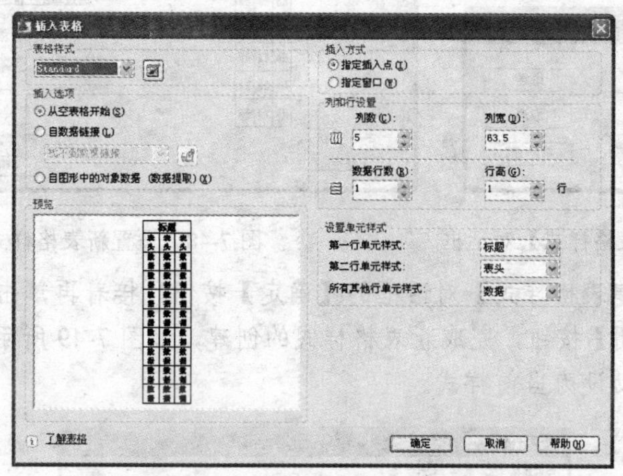

图 7-46 【插入表格】对话框

提示

表格样式的设置尽量执行 ISO 国际标准或国家标准。

下面以实例来说明表格的创建过程。

例 7-3 光盘\example\Ch07\创建表格.dwg

操作步骤

[1] 新建文件。
[2] 在【注释】选项卡【表格】面板中单击【表格样式】按钮，弹出【表格样式】对话框。单击该对话框的【新建】按钮，再弹出【创建新的表格样式】对话框，在该对话框输入新的表格样式名称【表格】，如图 7-47 所示。
[3] 单击【继续】按钮，弹出【新建表格样式】对话框。在该对话框的【单元样式】选项卡的【文字】选项卡下，设置【文字颜色】为红色，在【边框】选项卡下设置所有边框颜色为【蓝色】，并单击【所有边框】按钮，将设置的表格特性应用到新表格样式中，如图 7-48 所示。

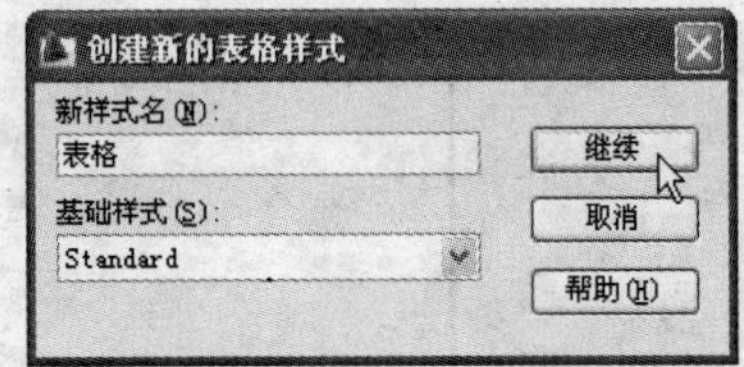

图 7-47 【创建新的表格样式】对话框

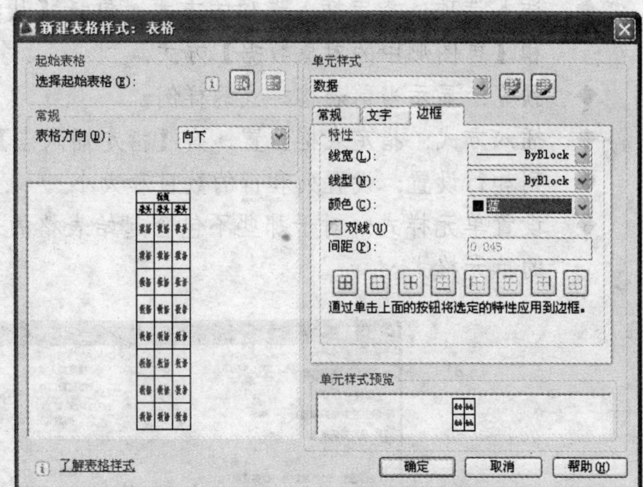

图 7-48 设置新表格样式的特性

[4] 单击【新建表格样式】对话框的【确定】按钮，接着再单击【表格样式】对话框的【关闭】按钮，完成新表格样式的创建，如图 7-49 所示。此时新建的表格样式被自动设为当前样式。

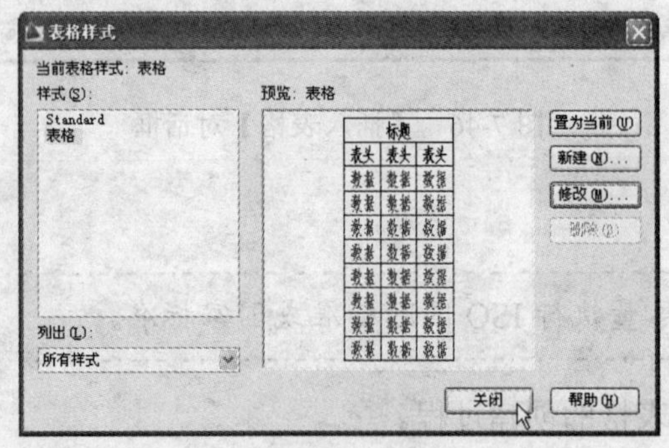

图 7-49 完成新表格样式的创建

[5] 在【表格】面板中单击【表格】按钮，弹出【插入表格】对话框，在【列和行设置】选项中设置列数 7 和行数 2，如图 7-50 所示。

[6] 保留该对话框其余选项默认设置，单击【确定】按钮，关闭对话框。然后在图形区中指定一个点作为表格的放置位置，即创建一个 7 列 2 行的空表格，如图 7-51 所示。

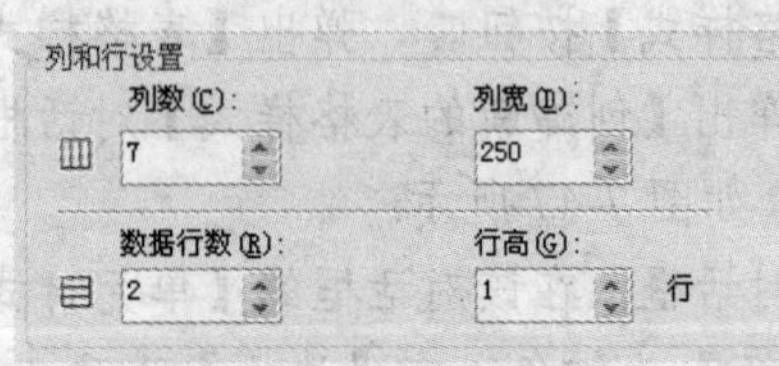

图 7-50 设置列数与行数

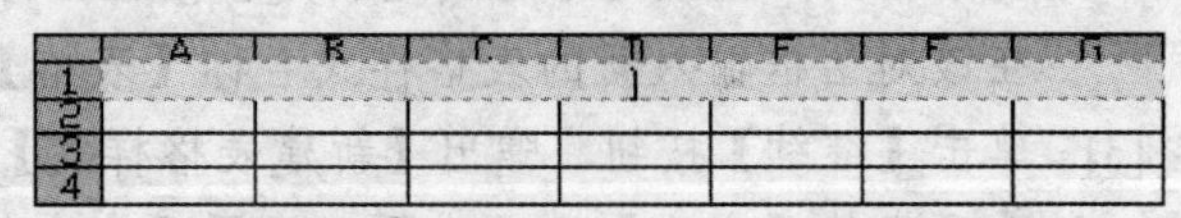

图 7-51 在窗口中插入的空表格

[7] 插入空表格后，同时程序自动打开文字编辑器及【多行文字】选项卡。利用文字编辑器在空表格中输入文字，如图 7-52 所示。将主题文字高度设为 60，其

余文字高度设为 40。

提示

在输入文字过程中，可以使用 Tab 键或方向键在表格的单元格中移动，双击某个单元格，可对齐进行文本编辑。

	A	B	C	D	E	F	G
1	零件明细表						
2	序号	代号	名称	数量	材料	重量	备注
3	1	9	皮带轮轴	5	45	100Kg	
4	2	17	皮带轮	1	HT20	50Kg	

图 7-52 在空表格中输入文字

提示

若输入的字体没有在单元格中间，可使用【段落】面板中的【正中】工具来对中文字。

[8] 单击 Enter 键，完成表格对象的创建，结果如图 7-53 所示。

零件明细表						
序号	代号	名称	数量	材料	重量	备注
1	9	皮带轮轴	5	45	100Kg	
2	17	皮带轮	1	HT20	50Kg	

图 7-53 创建的表格对象

7.6.3 修改表格

表格创建完成后，用户可以单击或双击该表格上的任意网格线以选中该表格，然后通过使用【特性】选项板或夹点修改该表格。单击表格线显示的表格夹点如图 7-54 所示。

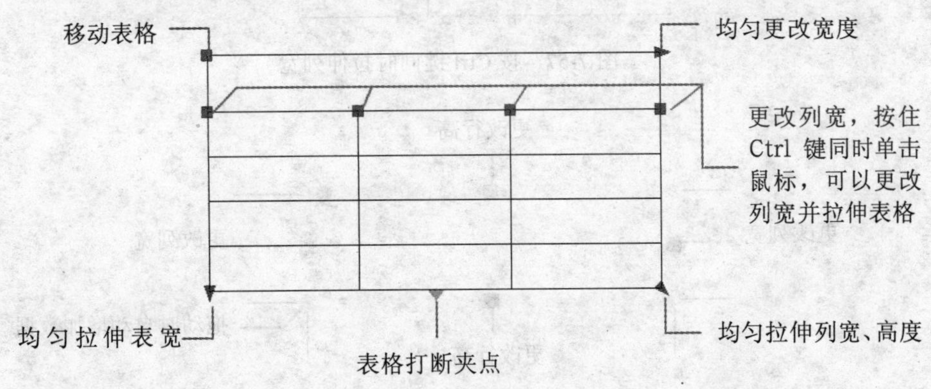

图 7-54 使用夹点修改表格

双击表格线显示的【特性】选项面板和属性面板，如图 7-55 所示。

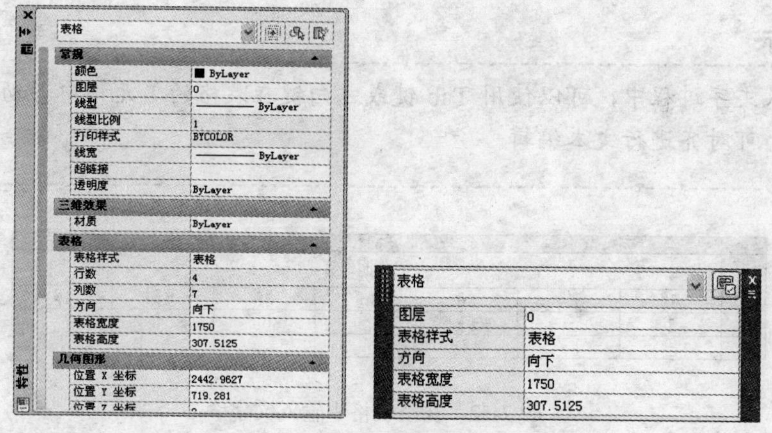

图 7-55　表格的【特性】选项面板和属性面板

1. 修改表格行与列

用户在更改表格的高度或宽度时，只有与所选夹点相邻的行或列才会更改，表格的高度或宽度均保持不变，如图 7-56 所示。

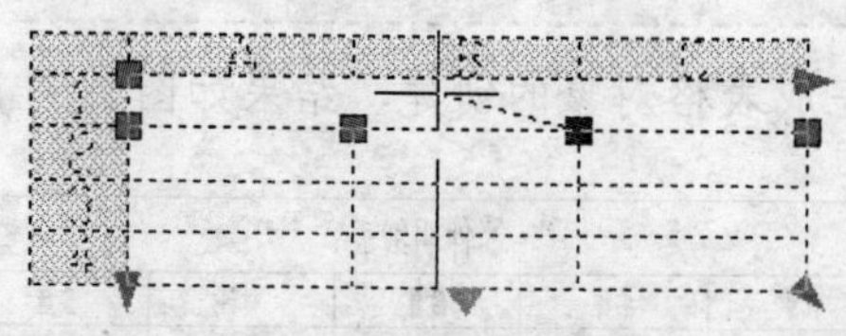

图 7-56　更改列宽、表格大小不变

使用列夹点时按 Ctrl 键可根据行或列的大小按比例编辑表格的大小，如图 7-57 所示。

2. 修改单元表格

用户若修改单元表格，可在单元表格内单击以选中，单元边框的中央将显示夹点。拖动单元上的夹点可以改变单元及其列或行的大小，如图 7-58 所示。

图 7-57　按 Ctrl 键同时拉伸列宽

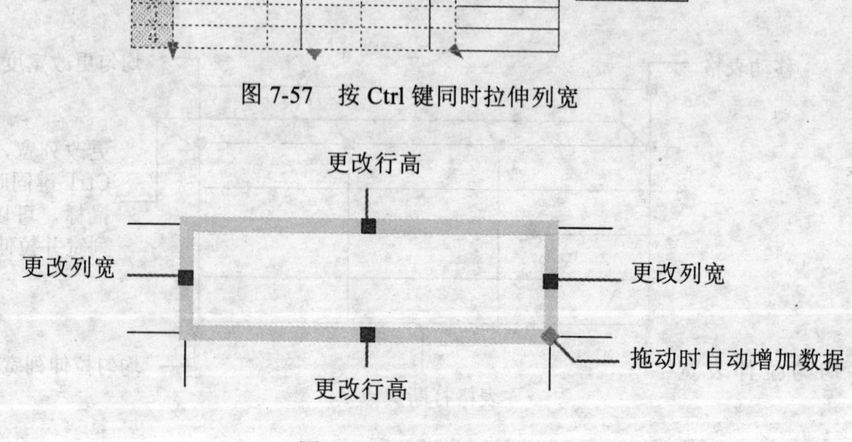

图 7-58　编辑单元格

提示

选择一个单元，再按F2键可以编辑该单元格内的文字。

若要选择多个单元，可单击第一个单元格后在多个单元上拖动，或者按住Shift键并在另一个单元内单击，也可以同时选中这两个单元以及它们之间的所有单元，如图7-59所示。

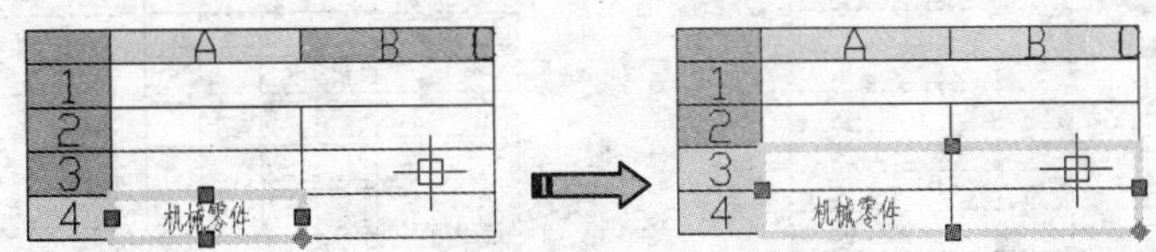

图7-59 选择多个单元格

3. 打断表格

当表格太多时，用户可以使用表格底部的表格打断夹点将包含大量数据的表格打断成主要和次要的表格片断。

下面以实例说明打断表格的操作过程。

例7-4 光盘\example\Ch07\打断表格.dwg

操作步骤

[1] 打开光盘"example\Ch07\打断表格.dwg"文件。

[2] 单击表格线，然后拖动表格打断夹点向表格上方拖动至如图7-60所示的位置。

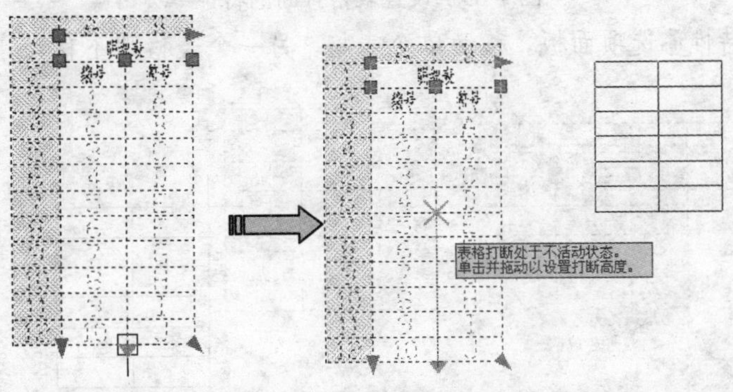

图7-60 拖动打断夹点

[3] 合适位置处单击鼠标，原表格被分成两个表格排列，但两部分表格之间仍然有关联关系，如图7-61所示。

[4] 若移动一个表格，则另一个表格也随之而移动，如图7-62所示。

[5] 单击右键，在弹出的快捷菜单中选择【特性】命令，弹出【特性】选项面板。在【特性】选项面板【表格打断】选项组的【手动位置】列表中选择【是】，如

图 7-63 所示。

提示

被分隔出去的表格，其行数为原表格总数的一半。如果将打断点移动至少于总数一半的位置时，将会自动生成 3 个及 3 个以上的表格。

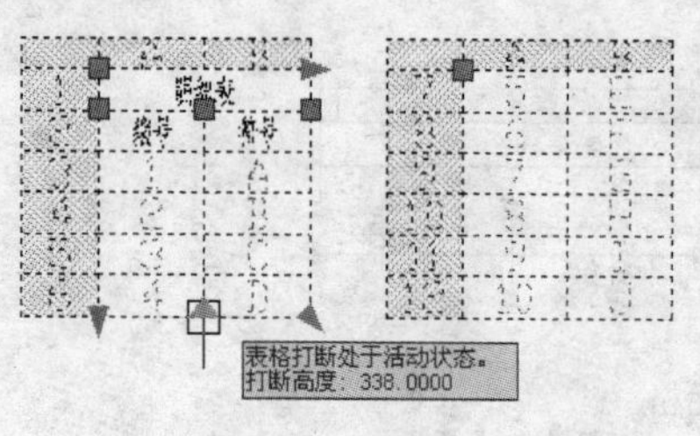

图 7-61 、分成两部分的表格

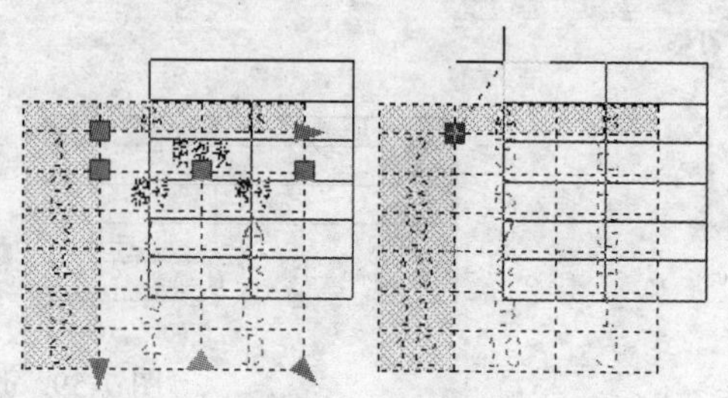

图 7-62　移动表格

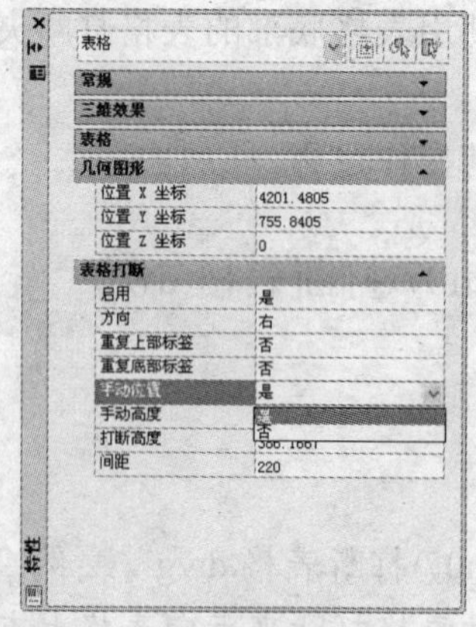

图 7-63　设置表格打断的特性

[6]　关闭【特性】选项面板，移动单个表格，另一个表格则不移动，如图 7-64 所示。

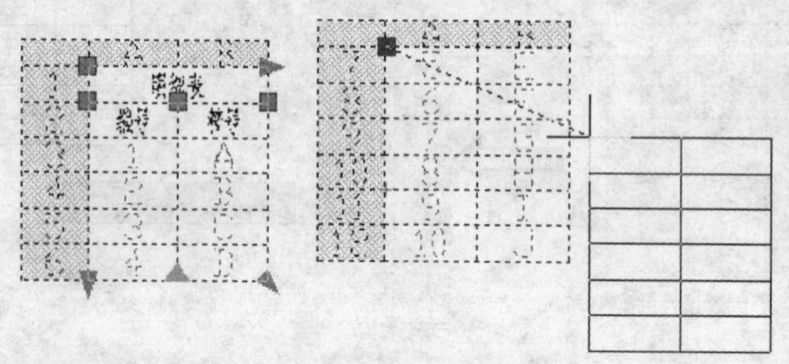

图 7-64　移动表格

[7]　将打断的表格保存。

7.6.4　功能区【表格单元】选项卡

在功能区处于活动状态时单击某个单元表格，功能区将显示【表格单元】选项卡，如图 7-65 所示。

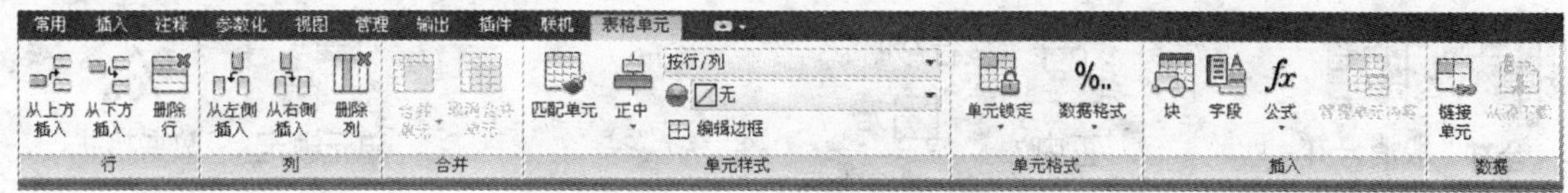

图 7-65 【表格单元】选项卡

1. 【行】面板与【列】面板

【行】面板与【列】面板主要是编辑行与列，如插入或删除行与列。【行】面板与【列】面板如图 7-66 所示。

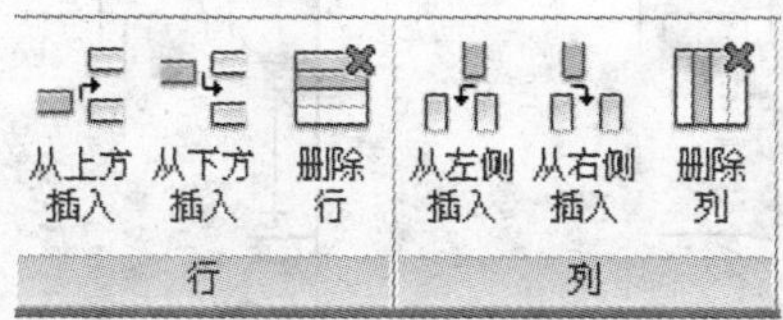

图 7-66 【行】面板与【列】面板

面板中的选项含义如下（参见图 7-67 所示）：

- ◆ 从上方插入：在当前选定单元或行的上方插入行。
- ◆ 从下方插入：在当前选定单元或行的下方插入行。
- ◆ 删除行：删除当前选定行。
- ◆ 从左侧插入：在当前选定单元或行的左侧插入列。
- ◆ 从右侧插入：在当前选定单元或行的右侧插入列。
- ◆ 删除列：删除当前选定列。

2. 【合并】面板、【单元样式】面板和【单元格式】面板

【合并】、【单元样式】和【单元格式】3 个面板的主要功能是合并和取消合并单元，编辑数据格式和对齐，改变单元边框的外观，锁定和解锁编辑单元，以及创建和编辑单元样式。3 个面板的工具命令如图 7-68 所示。

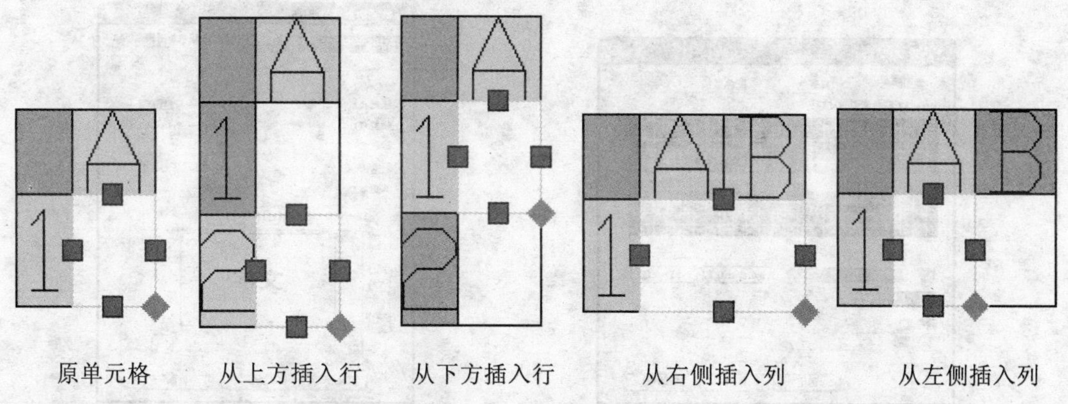

图 7-67 插入行与列

面板中各选项功能如下：

- ◆ 合并单元：当选择多个单元格后，该命令被激活。执行此命令，将选定单元

合并到一个大单元中，如图 7-69 所示。

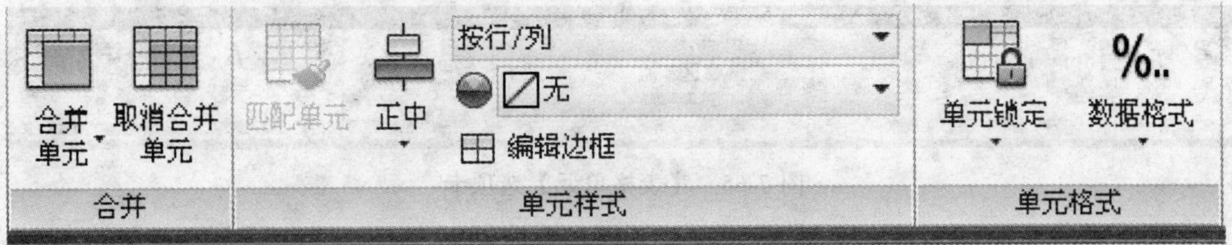

图 7-68　3 个面板的工具命令

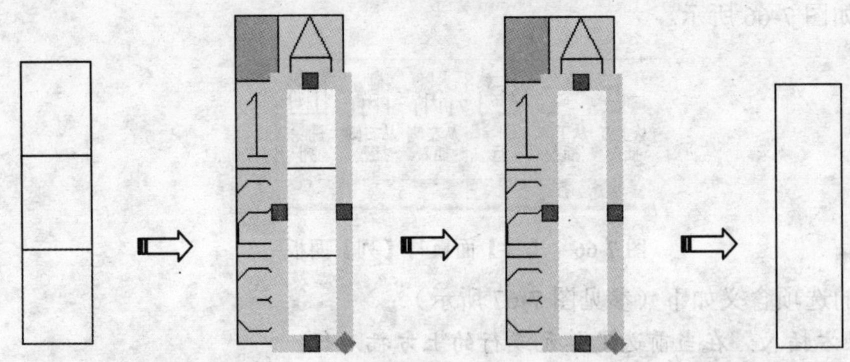

图 7-69　合并单元格的过程

◆　取消合并单元：对之前合并的单元取消合并。

◆　匹配单元：将选定单元的特性应用到其他单元。

◆　【单元样式】列表：列出包含在当前表格样式中的所有单元样式。单元样式标题、表头和数据通常包含在任意表格样式中且无法删除或重命名。

◆　背景填充：指定填充颜色。选择【无】或选择一种背景色，或者用【选择颜色】命令打开【选择颜色】对话框，如图 7-70 所示。

◆　编辑边框：设置选定表格单元的边界特性。单击此按钮，将弹出如图 7-71 所示的【单元边框特性】对话框。

图 7-70　【选择颜色】对话框

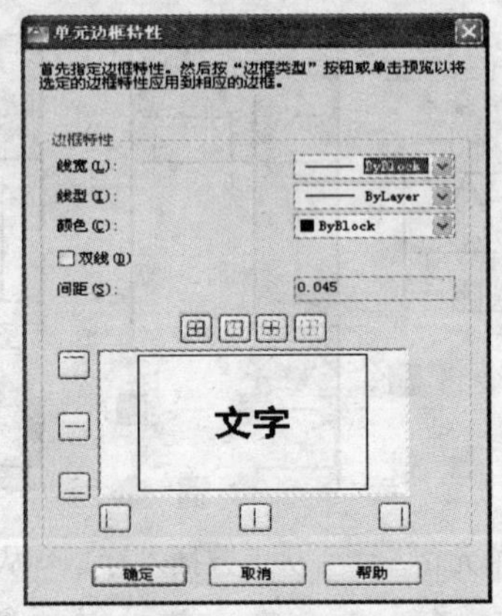

图 7-71　【单元边框特性】对话框

◆　【对齐方式】列表：对单元内的内容指定对齐。内容相对于单元的顶部边框和底部边框进行居中对齐、上对齐或下对齐。内容相对于单元的左侧边框和右侧边框居中对齐、左对齐或右对齐。

- 单元锁定：锁定单元内容和/或格式（无法进行编辑）或对其解锁。
- 数据格式：显示数据类型列表（【角度】、【日期】、【十进制数】等），从而设置表格行的格式。

3. 【插入】面板和【数据】面板

【插入】面板和【数据】面板上的工具命令所起的主要作用是插入块、字段和公式，将表格链接至外部数据等。【插入】面板和【数据】面板上的工具命令如图 7-72 所示。

图 7-72 【插入】面板和【数据】面板

面板中工具命令的含义如下：

- 块：将块插入到当前选定的表格单元中。单击此按钮，将弹出【在表格单元中插入块】对话框，如图 7-73 所示。
- 字段：将字段插入到当前选定的表格单元中。单击此按钮，将弹出【字段】对话框，如图 7-74 示。通过单击【浏览】按钮，查找创建的块。单击【确定】按钮即可将块插入到单元格中。
- 公式：将公式插入到当前选定的表格单元中。公式必须以等号（=）开始，用于求和、求平均值和计数的公式单元，忽略空单元及未解析为数值的单元。
- 管理单元内容：显示选定单元的内容。可以更改单元内容的次序以及单元内容的显示方向。

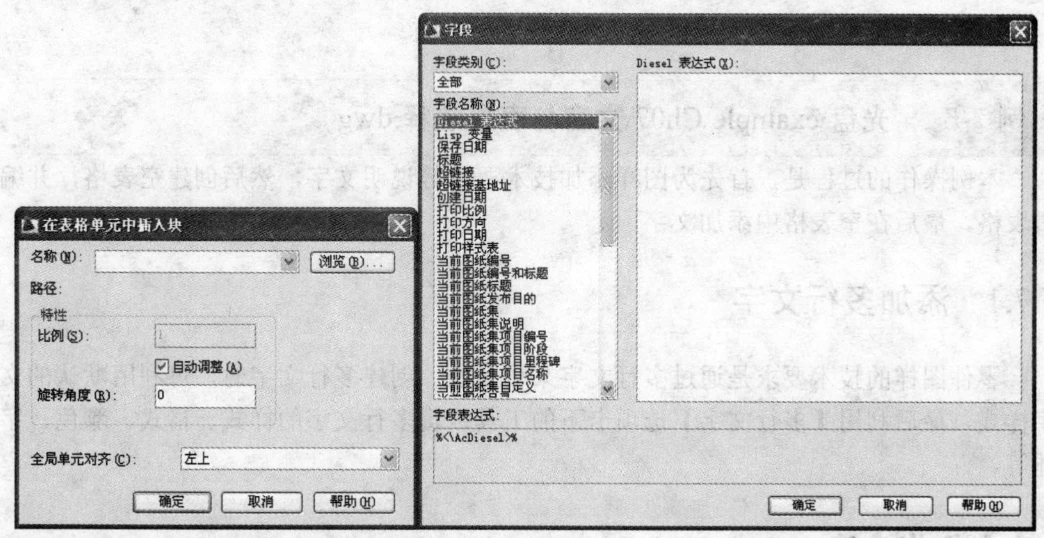

图 7-73 【在表格单元中插入块】对话框　　　　图 7-74 【字段】对话框

- 链接单元：将数据从在 Microsoft Excel 中创建的电子表格链接至图形中的表

格。

◆ 从源下载：更新由已建立的数据链接中的已更改数据参照的表格单元中的数据。

提示

如果在算术表达式中的任何单元为空，或者包含非数字数据，则将显示错误(#)。

7.7 应用实例：添加文字和表格

本节通过为一张机械零件图样添加文字及制作明细表的过程，温习前面几节中涉及的文字样式、文字编辑、添加文字、表格制作等内容。本例的蜗杆零件图样如图 7-75 所示。

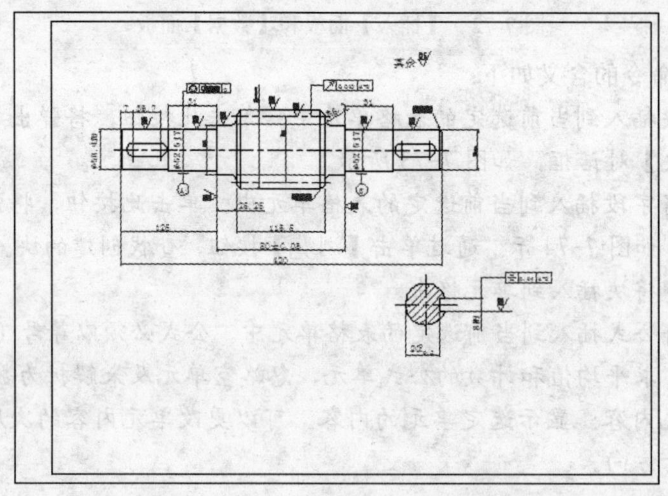

图 7-75 实例零件图样

例 7-5 光盘\example\Ch07\文字与表格注释.dwg 

本例操作的过程是，首先为图样添加技术要求等说明文字，然后创建空表格，并编辑表格，最后在空表格中添加文字。

7.7.1 添加多行文字

零件图样的技术要求是通过多行文字来输入的。创建多行文字时，可利用默认的文字样式，最后利用【多行文字】选项卡下的工具编辑多行文字的样式、格式、颜色、字体等。

操作步骤

[1] 打开光盘“Example\Ch07\蜗杆零件图.dwg”文件。

[2] 在【注释】选项卡【文字】面板中单击【多行文字】按钮，然后在图样中指定两个点以放置多行文字，如图 7-76 所示。

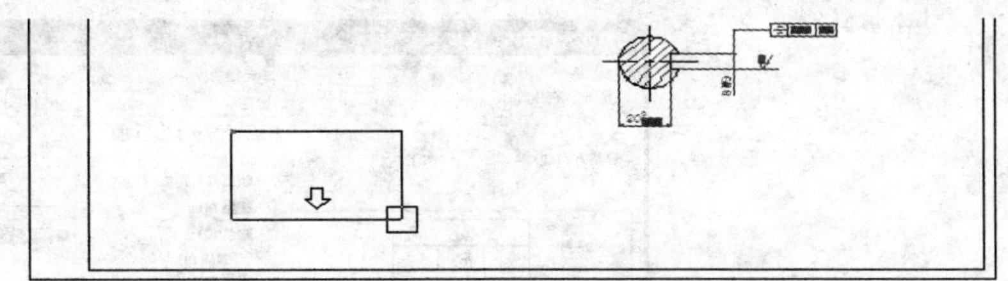

图 7-76　指定多行文字放置点

[3] 指定点后，程序打开文字编辑器。在文字编辑器中输入文字，如图 7-77 所示。

[4] 在【多行文字】选项卡下，设置“技术要求”字体高度为 8、颜色为红色并加粗。设置其他文字的字体高度为 6，颜色为蓝色，如图 7-78 所示。

[5] 单击文字编辑器中标尺上的【设置文字宽度】按钮（按住不放），将标尺宽度拉长到合适位置，使文字在一行中显示，如图 7-79 所示。

[6] 单击鼠标，完成图样中技术要求的输入。

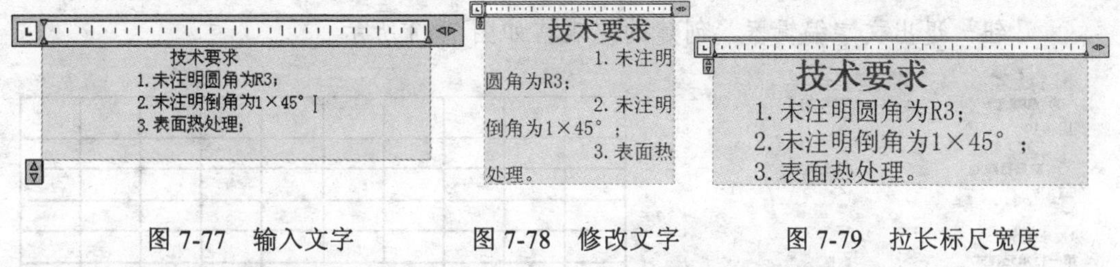

图 7-77　输入文字　　图 7-78　修改文字　　图 7-79　拉长标尺宽度

7.7.2　创建空表格

根据零件图样的要求，需要制作两个空表格对象，分别用作技术参数明细表和标题栏。创建表格之前，还需创建新表格样式。

操作步骤

[1] 在【注释】选项卡【表格】面板中单击【表格样式】按钮，弹出【表格样式】对话框。再单击该对话框的【新建】按钮，弹出【创建新的表格样式】对话框，在该对话框输入新的表格样式名称“表格样式-1”，如图 7-80 所示。

[2] 单击【继续】按钮，弹出【修改表格样式】对话框。在该对话框的【单元样式】选项卡的【文字】选项卡下，设置【文字颜色】为蓝色，在【边框】选项卡下设置所有边框颜色为“红色”，单击【所有边框】按钮，将设置的表格特性应用到新表格样式中，如图 7-81 所示。

[3] 单击【修改表格样式】对话框的【确定】按钮，再单击【表格样式】对话框的【关闭】按钮，完成新表格样式的创建。新建的表格样式被自动设为当前样式。

[4] 在【表格】面板中单击【表格】按钮，弹出【插入表格】对话框，在【列和

行设置】选项卡中设置列数为 10、数据行数为 5、列宽为 30、行高为 2。在【设置单元样式】选项卡中设置所有行单元的样式为数据，如图 7-82 所示。

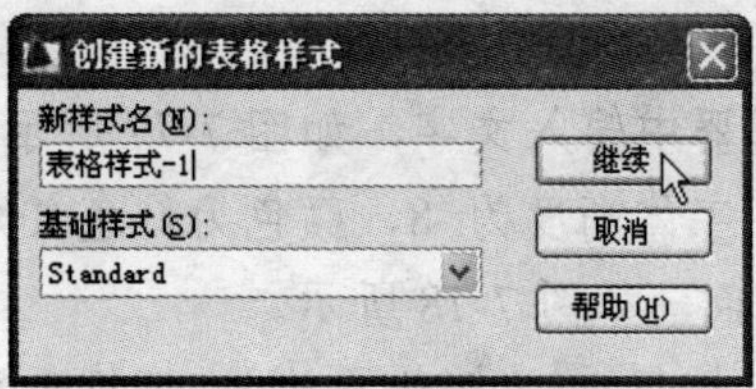

图 7-80　新建表格样式

图 7-81　设置表格样式的特性

[5] 保留其余选项默认设置，单击【确定】按钮，关闭对话框。然后在图纸中的右下角指定一个点并放置表格，再单击【关闭】面板中的【关闭文字编辑器】按钮，退出文字编辑器。创建的空表格如图 7-83 所示。

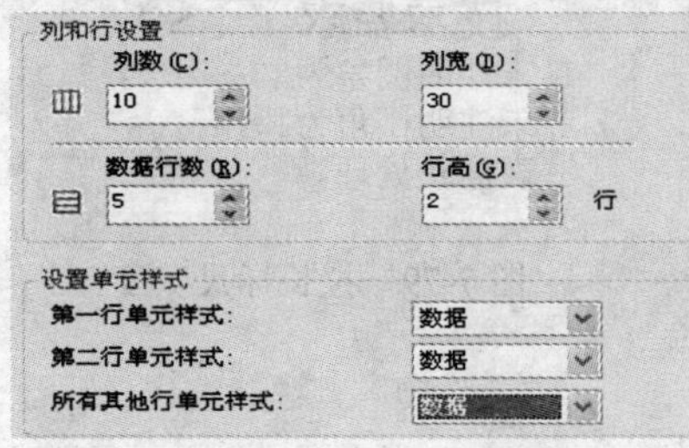

图 7-82　设置列数与行数

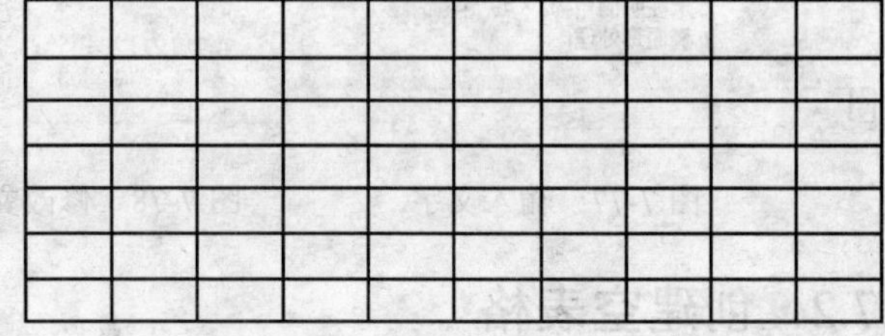

图 7-83　在图纸中插入的空表格

[6] 使用夹点编辑功能。单击表格线，修改空表格的列宽，并将表格边框与图纸边框对齐，如图 7-84 所示。

[7] 在单元格中单击打开【表格】选项卡。选择多个单元格，再使用【合并】面板上的【合并全部】命令，将选择的多个单元格合并，最终合并完成的结果如图 7-85 所示。

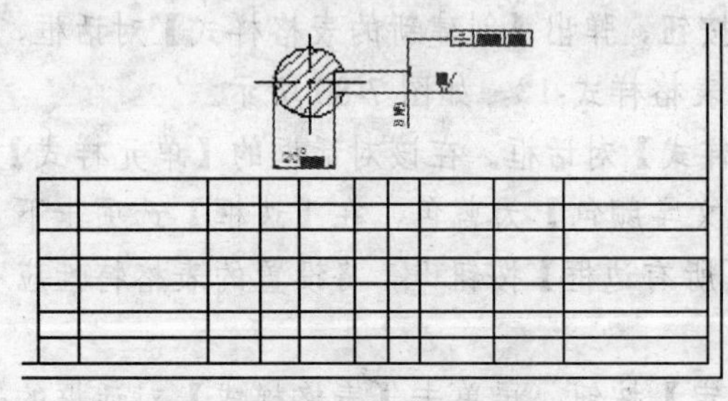

图 7-84　修改表格列宽

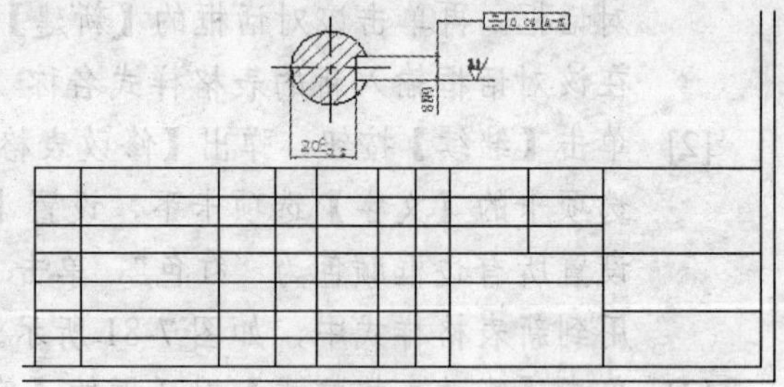

图 7-85　合并单元格

[8] 在【表格】面板中单击【表格】按钮，弹出【插入表格】对话框，在【列和

行设置】选项卡中设置列数为 3、数据行数为 9、列宽为 30、行高为 2。在【设置单元样式】选项卡中设置所有行单元的样式为数据，如图 7-86 所示。

[9] 保留其余选项默认设置，单击【确定】按钮，关闭对话框。然后在图纸中的右上角指定一个点并放置表格，再单击【关闭】面板中的【关闭文字编辑器】按钮，退出文字编辑器。创建的空表格如图 7-87 所示。

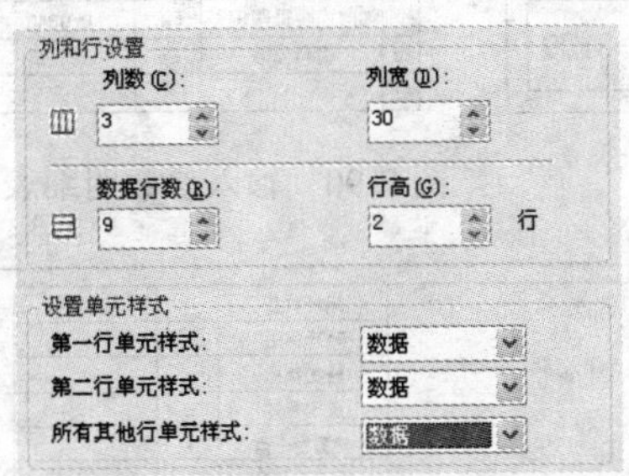

图 7-86　设置列数与行数

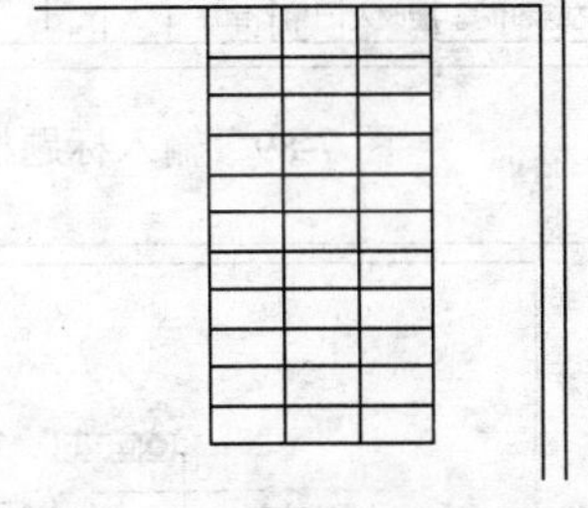

图 7-87　在图纸中插入的空表格

[10] 使用夹点编辑功能，将空表格的列宽修改，如图 7-88 所示。

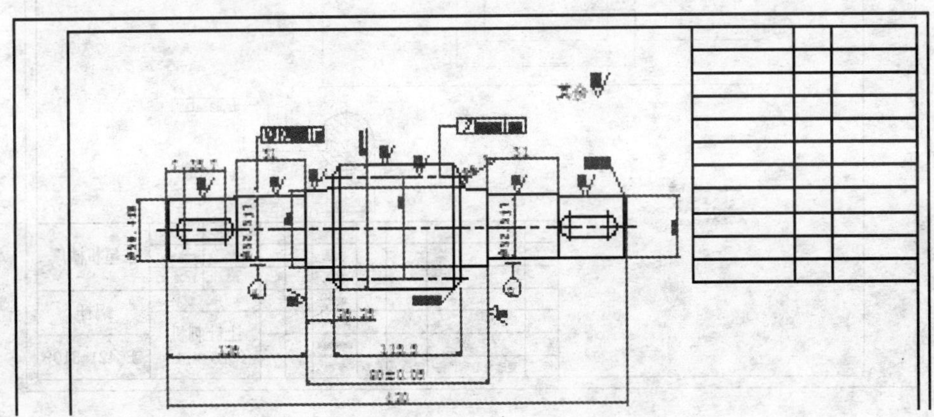

图 7-88　调整表格列宽

7.7.3　输入字体

当空表格创建和修改完成后，即可在单元格内输入文字了。

操作步骤

[1] 在要输入文字的单元格内单击鼠标打开文字编辑器。

[2] 利用文字编辑器在标题栏空表格中需要添加文字的单元格内输入文字，小文字的高度为 8，大文字的高度为 12，如图 7-89 所示。在技术参数明细表的空表格内输入文字，如图 7-90 所示。

[3] 添加文字和表格的完成结果如图 7-91 所示。

[4] 将结果保存。

	A	B	C	D	E	F	G	H	I	J
1					设计			图样标记	S	
2					制图			材料	比例	红星机械厂
3					描图			45	1:02:00	
4					校对			共1张	第1张	蜗杆
5					工艺检查			上针刺机 (QBG-421)		
6					标准化检查					QBG421-3109
7	标记	更改内容和依据	更改人	日期	审核					

图 7-89　输入标题栏文字

	A	B	C
1	蜗杆类型		阿基米德
2	蜗杆头数	Z1	1
3	轴面模数	m_x	4
4	直径系数	q	10
5	轴面齿形角	α	20°
6	螺旋线升角		5° 42′ 38″
7	螺旋线方向		右
8	轴向齿距累积公差	$\pm f_{px}$	±0.020
9	轴向齿距极限偏差	f_{pxl}	0.0340
10	齿新公差	f_{f1}	0.032
11			

图 7-90　输入参数明细表文字

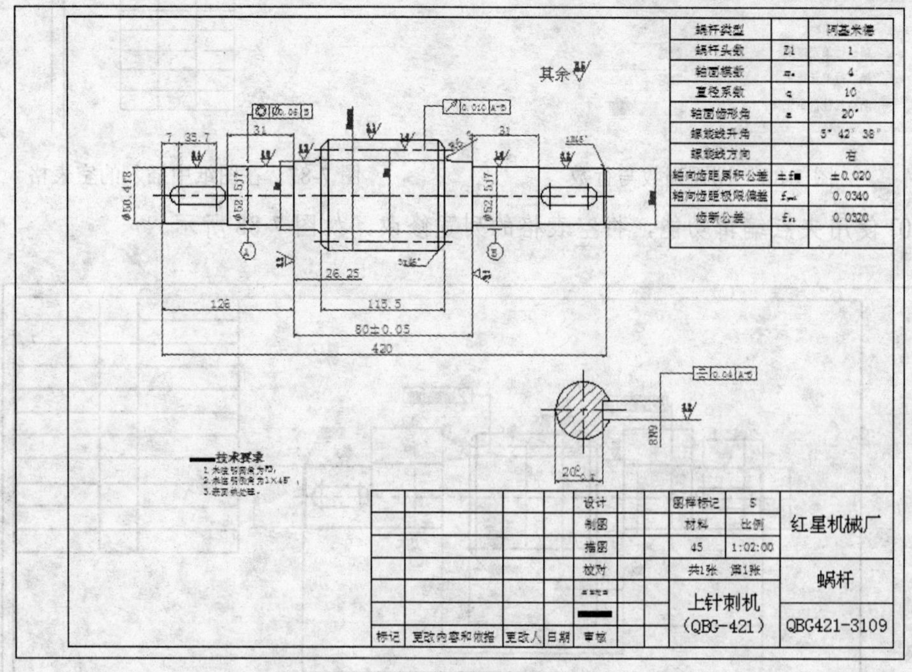

图 7-91　添加文字和表格的最终结果

第8章 块与外部参照

本章内容导读：

在绘制图形时，如果图形中有大量相同或相似的内容，或者所绘制的图形与已有的图形文件相同，则可以把要重复绘制的图形创建成块（也称为图块），并根据需要为块创建属性，指定块的名称、用途及设计者等信息，在需要时直接插入它们，从而提高绘图效率。

用户也可以把已有的图形文件以参照的形式插入到当前图形中(即外部参照)，或是通过 AutoCAD 设计中心浏览、查找、预览、使用和管理 AutoCAD 图形、块、外部参照等不同的资源文件。

本章学习要点：

- 块与外部参照概述
- 创建块
- 块编辑器
- 动态块
- 块属性
- 使用外部参照

8.1 块与外部参照概述

块与外部参照有相似的地方，它们的主要区别是：一旦插入了块，该块就永久性地插入到当前图形中，成为当前图形的一部分；而以外部参照方式将图形插入到某一图形（称之为主图形）后，被插入图形文件的信息并不直接加入到主图形中，主图形只是记录参照的关系。

在功能区中，用于创建块和参照的【插入】选项卡如图 8-1 所示。

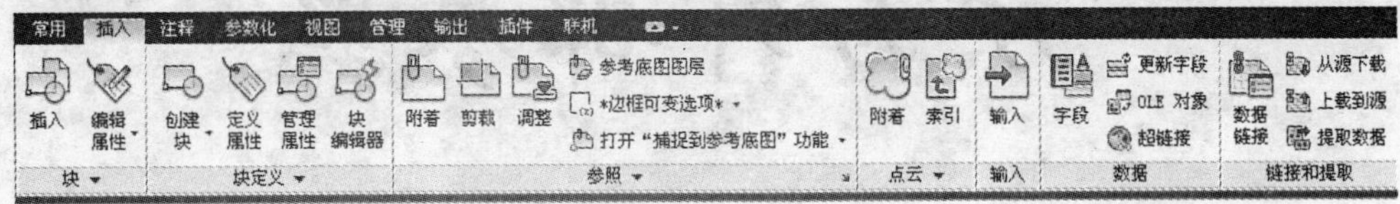

图 8-1　【插入】选项卡

8.1.1 块定义

块可以是绘制在几个图层上的不同颜色、线型和线宽特性对象的组合。尽管块总是在当前图层上，但块参照保存了有关包含在该块中对象的原图层、颜色和线型特性的信息。块的定义方法主要有以下几种：

- ◆ 合并对象以在当前图形中创建块定义
- ◆ 使用【块编辑器】将动态行为添加到当前图形中的块定义
- ◆ 创建一个图形文件，随后将它作为块插入到其他图形中
- ◆ 使用若干种相关块定义创建一个图形文件以用做块库

8.1.2 块的特点

在 AutoCAD 中，使用块可以提高绘图速度，节省存储空间，便于修改图形，能够为块添加属性，还可以控制块中的对象是保留其原特性还是继承当前的图层、颜色、线型或线宽设置。例如在机械装配图中，常用的螺母、螺钉、弹簧等标准件都可以定义为块。在定义成块时，需指定块名、块中对象、块插入基点和块插入单位等。图 8-2 所示为零件装配图。

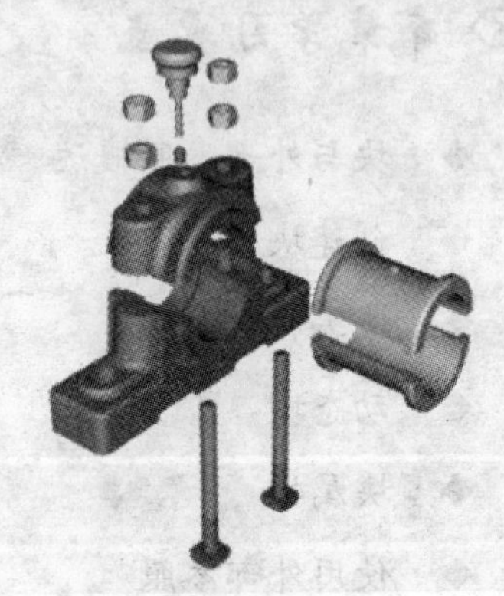

图 8-2　机械零件装配图

1. 提高绘图效率

使用 AutoCAD 绘图时，常常要绘制一些重复出现的图形对象，若把这些图形对象定义成块，再次绘制该图形时就可以插入这些定义的块，这样就避免了大量的、

重复性的工作，从而为用户提高了制图效率。

2. 节省存储空间

AutoCAD 要保存图中每一个对象的相关信息，如对象的类型、位置、图层、线型及颜色等，这些信息占据了大量的程序存储空间。如果在一幅图中绘制大量的、相同的图形，势必会造成操作系统运行缓慢。如把这些相同的图形定义成块，需要时直接插入即可，从而可节省磁盘空间。

3. 便于修改图形

一张工程图往往要经过多次修改。如在机械设计中，旧的国家标准用虚线表示螺栓的内径，而新国家标准则用细实线表示，如果对旧图样上的每一个螺栓按新国家标准修改，既费时又不方便。但如果原来各螺栓是通过插入块的方法绘制的，那么只要简单地修改定义的块，图中所有块图形都会做相应的修改。

4. 可以添加属性

很多块还要求有文字信息以进一步解释其用途。AutoCAD 允许为块创建这些文字属性，而且还可以在插入的块中显示或不显示这些属性，也可以从图中提取这些信息，并将它们传送到数据库中。

8.2 创建块

块是一个或多个对象组成的对象集合，常用于绘制复杂、重复的图形。一旦一组对象组合成块，就可以根据作图需要将这组对象插入到图中任意指定位置，而且插入的比例和旋转角度可以不同。本节将着重介绍块的创建、插入块、删除块、存储并参照块、嵌套块、间隔插入块、多重插入块及创建块库等内容。

8.2.1 创建块定义

通过选择对象、指定插入点，然后为其命名，可创建块定义。用户可以创建自己的块，也可以使用设计中心或工具选项板中提供的块。

用户可通过以下命令方式来执行此操作：

- ◆ 菜单栏：选择【绘图】|【块】|【创建】命令
- ◆ 面板：【常用】选项卡【块】面板单击【创建】按钮
- ◆ 面板：【插入】选项卡【块定义】面板单击【创建块】按钮
- ◆ 命令行：输入 BLOCK

执行命令，程序将弹出【块定义】对话框，如图 8-3 所示。

该对话框中各选项含义如下：

- ◆ 名称：指定块的名称。名称最多可以包含 255 个字符，包括字母、数字、空格以及操作系统或程序未作他用的任何特殊字符。

注意：不能用 DIRECT、LIGHT、AVE_RENDER、RM_SDB、SH_SPOT 和 OVERHEAD

作为有效的块名称。

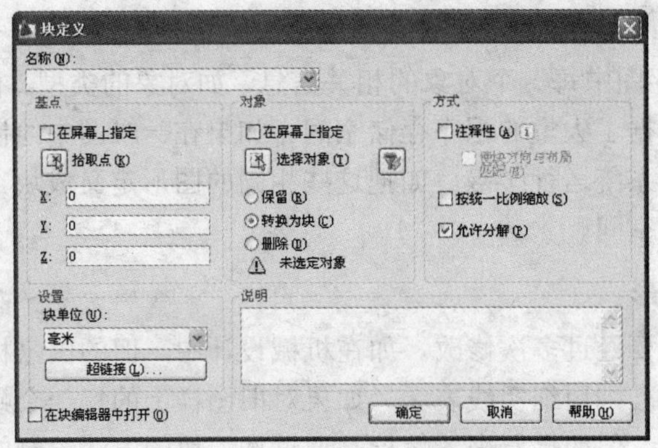

图 8-3 【块定义】对话框

◆ 【基点】选项卡：指定块的插入基点。默认值是（0，0，0）。

注意：此基点是图形插入过程中旋转或移动的参照点。

◆ 在屏幕上指定：在屏幕窗口上指定块的插入基点。

◆ 【拾取点】按钮：暂时关闭对话框，以使用户能在当前图形中拾取插入基点。

◆ X：指定基点的 X 坐标值。

◆ Y：指定基点的 Y 坐标值。

◆ Z：指定基点的 Z 坐标值。

◆ 【设置】选项卡：指定块的设置。

◆ 块单位：指定块参照插入单位。

◆ 【超链接】按钮：单击此按钮，打开【插入超链接】对话框，使用该对话框将某个超链接与块定义相关联，如图 8-4 所示。

◆ 在块编辑器中打开：勾选此复选框，将在块编辑器中打开当前的块定义。

◆ 【对象】选项卡：指定新块中要包含的对象；创建块后如何处理这些对象——是保留还是删除或是将它们转换成块实例。

◆ 在屏幕上指定：在屏幕中选择块包含的对象。

◆ 【选择对象】按钮：暂时关闭【块定义】对话框，允许用户选择块对象。完成选择对象后，按 Enter 键重新打开【块定义】对话框。

◆ “快速选择”按钮：单击此按钮，将打开【快速选择】对话框，该对话框定义选择集，如图 8-5 所示。

◆ 保留：创建块以后，将选定对象保留在图形中作为区别对象。

◆ 转换为块：创建块以后，将选定对象转换成图形中的块实例。

◆ 删除：创建块以后，从图形中删除选定的对象。

◆ 【未选定对象】：此区域将显示选定对象的数目。

◆ 【方式】选项卡：指定块的生成方式。

◆ 注释性：指定块为注释性。单击信息图标可以了解有关注释性对象的更多信息。

◆ 使块方向与布局匹配：指定在图纸空间视口中块参照的方向与布局的方向匹配。如果未选择【注释性】选项，则该选项不可用。

◆ 按统一比例缩放：指定块参照是否按统一比例缩放。

◆ 允许分解：指定块参照是否可以被分解。

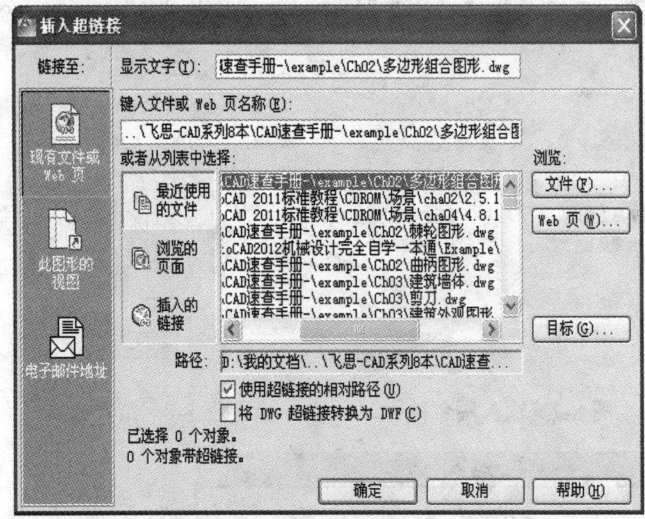

图 8-4 【插入超链接】对话框

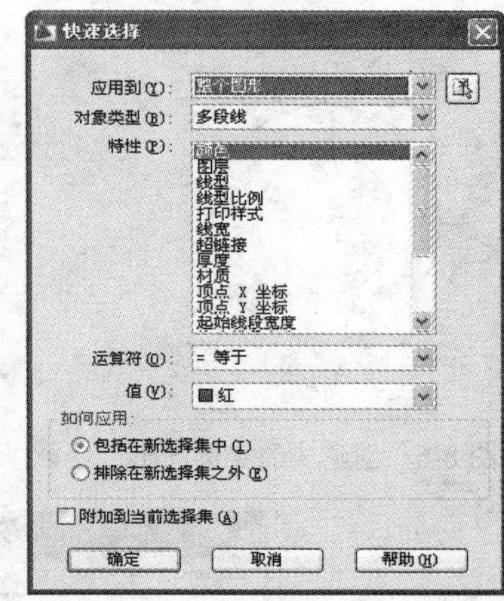

图 8-5 【快速选择】对话框

每个块定义必须包括块名、一个或多个对象、用于插入块的基点坐标值和所有相关的属性数据。插入块时，将基点作为放置块的参照。

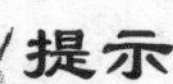

提示

建议用户指定基点位于块中对象的左下角。在以后插入块时将提示指定插入点，块基点与指定的插入点对齐。

下面以实例来说明块的创建。本例是将图 8-6 所示的图形定义为块。

例 8-1 光盘\example\Ch08\创建块.dwg

操作步骤

[1] 打开本例光盘“example\ Ch08\飞轮.dwg”文件。

[2] 在【插入】选项卡【块】面板单击【创建】按钮，打开【块定义】对话框。

[3] 在【名称】的文本框内输入块的名称“齿轮”，然后单击【拾取点】按钮，如图 8-7 所示。

[4] 程序将暂时关闭对话框，在绘图区域中指定图形的中心点作为块插入基点，如图 8-8 所示。

[5] 指定基点后，程序再打开【块定义】对话框。单击该对话框中的【选择对象】按钮，切换到图形窗口，使用窗口选择的方法选择窗口中的图形元素，然后单击 Enter 键返回到【块定义】对话框，

[6] 在【名称】文本框旁边生成块图标。接着在对话框的【说明】选项卡中输入块的说明文字，如输入“齿轮分度圆直径 12、齿数 18、压力角 20”等字样。再保留其余选项默认设置，最后单击【确定】按钮，完成块的定义，如图 8-9 所示。

图 8-6 创建块的实例图形

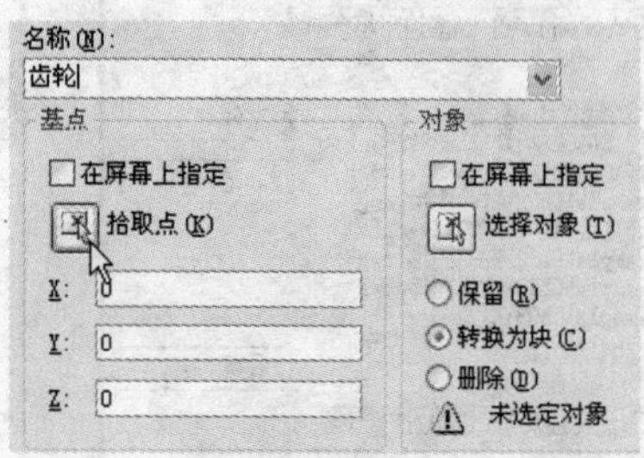

图 8-7 输入块名称

图 8-8 指定基点

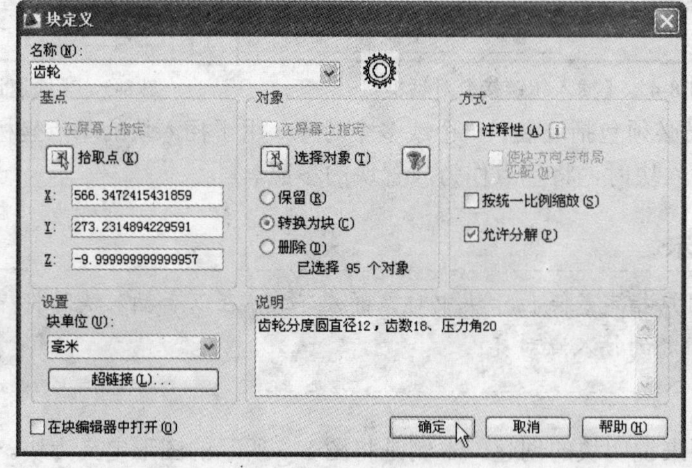

图 8-9 完成块的定义

注意

创建块时，必须先输入要创建块的图形对象，否则显示【AutoCAD】对象选择信息提示框，如图 8-10 所示。如果新块名与已有块重名，程序将显示【AutoCAD】重定义块信息提示框，要求用户更新块定义或参照，如图 8-11 所示。

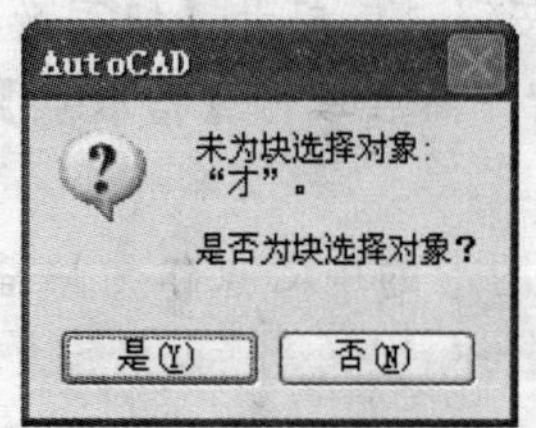

图 8-10 对象选择信息提示框

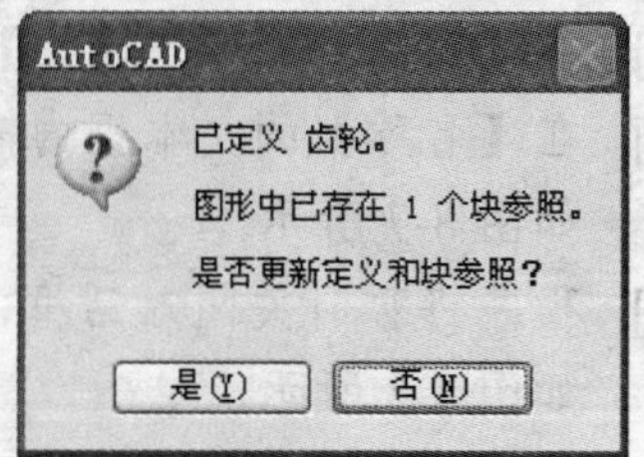

图 8-11 重定义块信息提示框

8.2.2 插入块

插入块时，需要创建块参照并指定它的位置、缩放比例和旋转度。插入块操作将创建一个称做块参照的对象，因为参照了存储在当前图形中的块定义。

用户可通过以下命令方式来执行此操作：

◆ 菜单栏：选择【绘图】|【块】|【插入】命令
◆ 面板：【插入】选项卡【块】面板单击【插入】按钮
◆ 命令行：输入 IBSERT

执行 IBSERT 命令，程序将弹出【插入】对话框，如图 8-12 所示。

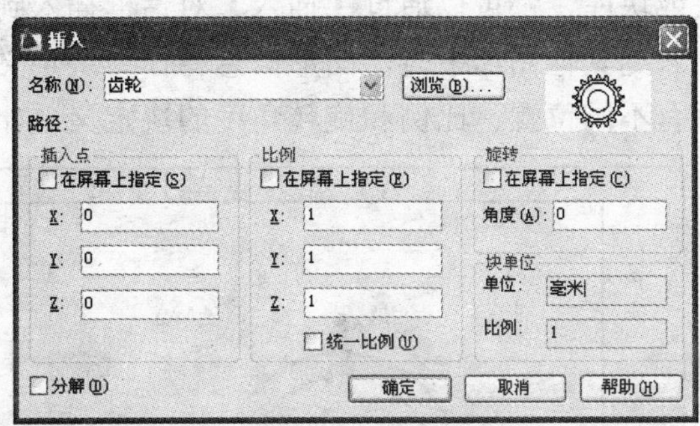

图 8-12 【插入】对话框

该对话框中各选项的含义如下：

◆ 【名称】列表框：在该列表框中指定要插入块的名称，或指定作为块插入的文件的名称。
◆ 【浏览】按钮：单击此按钮，打开【选择图形文件】对话框（标准的文件选择对话框），从中可选择要插入的块或图形文件。
◆ 路径：显示块文件的浏览路径。
◆ 【插入点】选项卡：控制块的插入点。
◆ 在屏幕上指定：用定点设备指定块的插入点。
◆ 【比例】选项卡：指定插入块的缩放比例。如果指定负的 X、Y、Z 缩放比例因子，则插入块的镜像图像。

注意

如果插入的块所使用的图形单位与为图形指定的单位不同，则块将自动按照两种单位相比的等价比例因子进行缩放。

◆ 在屏幕上指定：用定点设备指定块的比例。
◆ 统一比例：为 X、Y、Z 坐标指定单一的比例值。为 X 指定的值也反映在 Y 和 Z 的值中。
◆ 【旋转】选项卡：在当前 UCS 中指定插入块的旋转角度。
◆ 在屏幕上指定：用定点设备指定块的旋转角度。

◆ 角度：设置插入块的旋转角度。

◆ 【块单位】选项卡：显示有关块单位的信息。

◆ 单位：显示块的单位。

◆ 比例：显示块的当前比例因子。

◆ 分解：分解块并插入该块的各个部分。勾选【分解】复选选项时，只可以指定统一比例因子。

块的插入方法较多，主要有以下几种：通过【插入】对话框插入块，在命令行输入-insert 命令、在工具选项板单击块工具。

1. 通过【插入】对话框插入块

凡用户自定义的块或块库，都可以通过【插入】对话框插入到其他图形文件中。将一个完整的图形文件插入到其他图形中时，图形信息将作为块定义复制到当前图形的块表中，后续插入参照具有不同位置、比例和旋转角度的块定义，如图 8-13 所示。

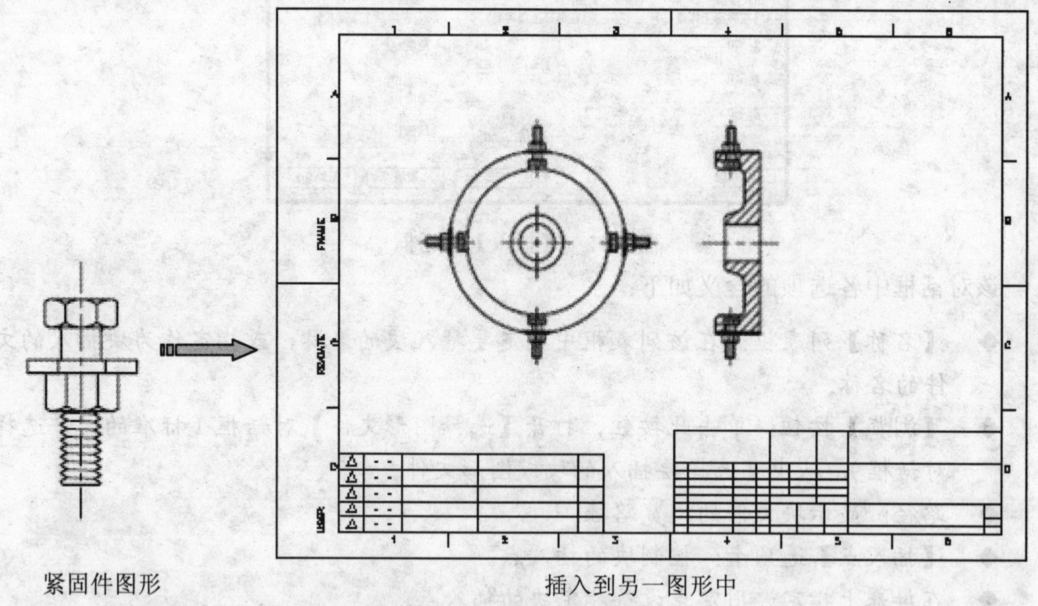

紧固件图形　　　　插入到另一图形中

图 8-13　作为块插入图形文件

2. 在命令行输入－insert 命令

如果在命令提示下输入－insert 命令，将显示以下命令操作提示：

```
命令: -insert
输入块名或 [?] <上一个>:                                        //输入块名
单位: 毫米     转换: 1.00000000                                 //显示转换单位和比例
指定插入点或 [基点(B)/比例(S)/X/Y/Z/旋转(R)]:                    //指定插入点或输入选项
输入 X 比例因子，指定对角点，或 [角点(C)/XYZ(XYZ)] <1>: //输入 X 缩放因子
输入 Y 比例因子或 <使用 X 比例因子>:                              //输入 Y 缩放因子
指定旋转角度 <0>:                                               //输入块旋转角度
```

操作提示下的选项含义如下：

◆ 输入块名：如果在当前编辑任务期间已经在当前图形中插入了块，则最后插入

的块的名称作为当前块出现在提示中。

- 插入点：指定块或图形的位置，此点与块定义时的基点重合。
- 基点：将块临时放置到当前所在的图形中，并允许在将块参照拖动到位时为其指定新基点。这不会影响为块参照定义的实际基点。
- 比例：设置 X、Y 和 Z 轴的比例因子。
- X/Y/Z：设置 X/Y/Z 的比例因子。
- 旋转：设置块插入的旋转角度。
- 指定对角点：指定缩放比例的对角点。

下面以实例来说明在命令行中输入-insert 命令插入块的操作过程。

例 8-2　光盘\example\Ch08\插入块.dwg

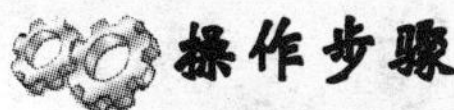

[1] 打开本例光盘“example\ Ch08 块.dwg”文件。

[2] 在命令行输入-insert 命令，并单击 Enter 键执行命令。

[3] 插入块时，将块放大为原来的 1.1 倍，并旋转 45°。命令行的操作提示如下：

```
命令：-insert
输入块名或 [?] <扳手>：↙
单位：毫米　 转换：1.00000000                                    //转换单位信息
指定插入点或 [基点(B)/比例(S)/X/Y/Z/旋转(R)]：s↙                  //输入 S 选项
指定 XYZ 轴的比例因子 <1>:1.1↙                                   //输入比例因子
指定插入点或 [基点(B)/比例(S)/X/Y/Z/旋转(R)]：r↙                  //输入 F 选项
指定旋转角度 <0>：45↙                                            //输入旋转角度
指定插入点或 [基点(B)/比例(S)/X/Y/Z/旋转(R)]：                     //指定插入点
```

[4] 插入块的操作过程及结果如图 8-14 所示。

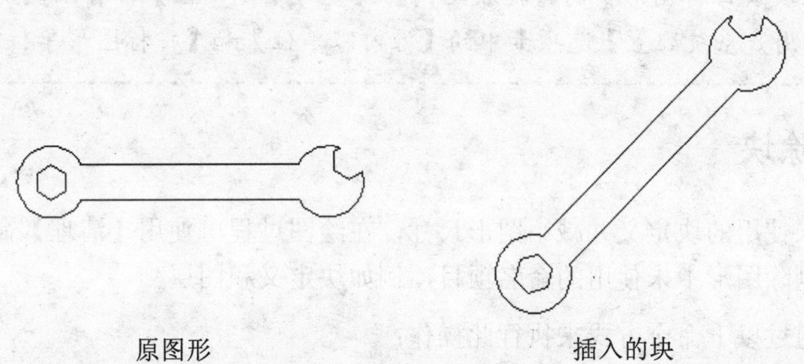

图 8-14　在图形中插入块

3. 在工具选项板单击块工具

AutoCAD 中，工具选项板上的所有工具都是定义的块，从工具选项板中拖动的块将根据块和当前图形中的单位比例自动进行缩放。例如，如果当前图形使用米作为单位，而块使用厘米，则单位比例为 1m/100cm。将块拖动至图形时，该块将按照 1/100 的比例插入。

对于从工具选项板中拖动来进行放置的块，在放置后经常旋转或缩放。从工具选项板中拖动块时可以使用对象捕捉，但不能使用栅格捕捉。在使用该工具时，可以为块或图案填充工具设置辅助比例来替代常规比例设置。

从工具选项板单击块工具或拖动块来创建的图形如图 8-15 所示。

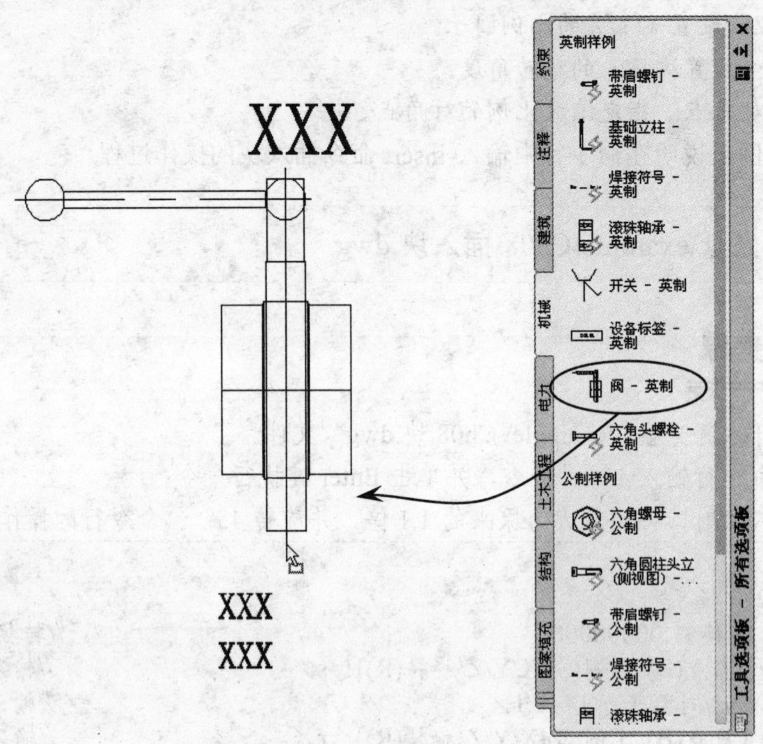

图 8-15　在工具选项板选择块工具并拖动

注意

如果源块或目标图形中的【拖放比例】设置为【无单位】，可以使用【选项】对话框的【用户系统配置】选项卡中的【源内容单位】和【目标图形单位】来设置。

8.2.3　删除块

要删除未使用的块定义并减小图形尺寸，在绘图过程可使用【清理】命令。【清理】命令主要是删除图形中未使用的命名项目，例如块定义和图层。

用户可通过以下命令方式来执行此操作：

◆　菜单栏：选择【文件】|【图形实用程序】|【清理】命令

◆　命令行：输入 PURGE

执行 PURGE 命令，程序将弹出【清理】对话框，如图 8-16 所示。

该对话框显示可被清理的项目。对话框中各单选按钮、选项的含义如下：

◆　查看能清理的项目：切换树状图显示当前图形中可以清理的命名对象的概要。

- 查看不能清理的项目：切换树状图显示当前图形中不能清理的命名对象的概要。
- 【图形中未使用的项目】选项卡：列出当前图形中未使用的、可被清理的命名对象。可以通过单击加号或双击对象类型列出任意对象类型的项目，通过选择要清理的项目来清理项目。
- 确认要清理的每个项目：清理项目时显示【清理-确认清理】对话框，如图 8-17 所示。

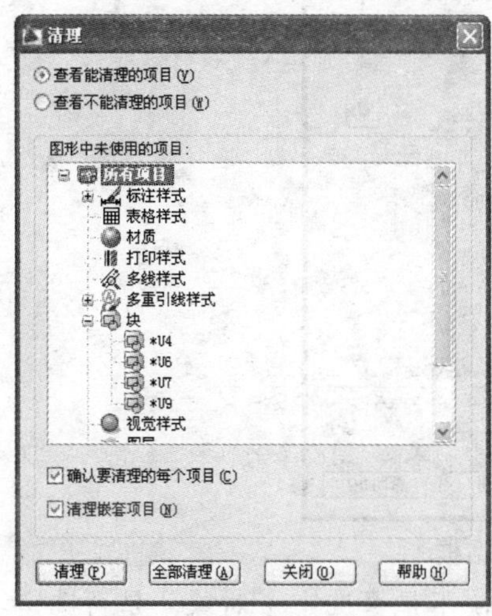

图 8-16 【清理】对话框

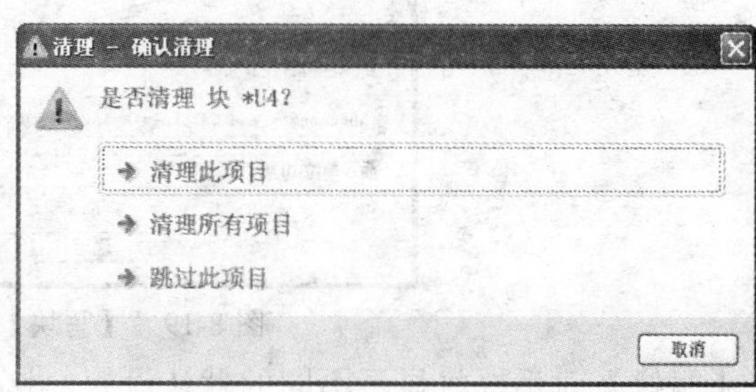

图 8-17 【清理-确认清理】对话框

- 清理嵌套项目：从图形中删除所有未使用的命名对象，即使这些对象包含在其他未使用的命名对象中或被这些对象所参照。
- 在对话框的【图形中未使用的项目】列表中选择【块】选项，然后单击【清理】按钮，定义的块将被删除。

8.2.4 存储并参照块

每个图形文件都具有一个称做块定义表的不可见数据区域。块定义表中存储着全部的块定义，包括块的全部关联信息。在图形中插入块时，所参照的就是这些块定义。

如图 8-18 所示的图例是三个图形文件的概念性表示。每个矩形表示一个单独的图形文件，并分为两个部分：较小的部分表示块定义表，较大的部分表示图形中的对象。

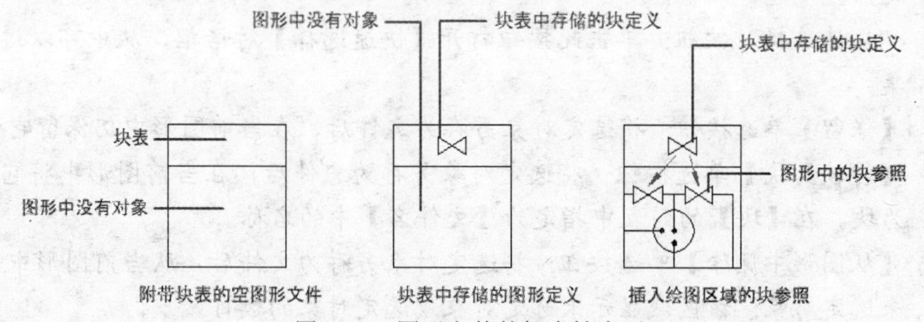

图 8-18 图形文件的概念性表示

插入块时即插入了块参照。不仅将信息从块定义复制到绘图区域，而且在块参照与块定义之间建立了链接。因此如果修改块定义，所有的块参照也将自动更新。

当用户使用 BLOCK 命令定义一个块时，该块只能在存储该块定义的图形文件中使用。为了能在别的文件中再次引用块，必须使用 WBLOCK 命令，即打开【写块】对话框进行文件的存放设置。【写块】对话框如图 8-19 所示。

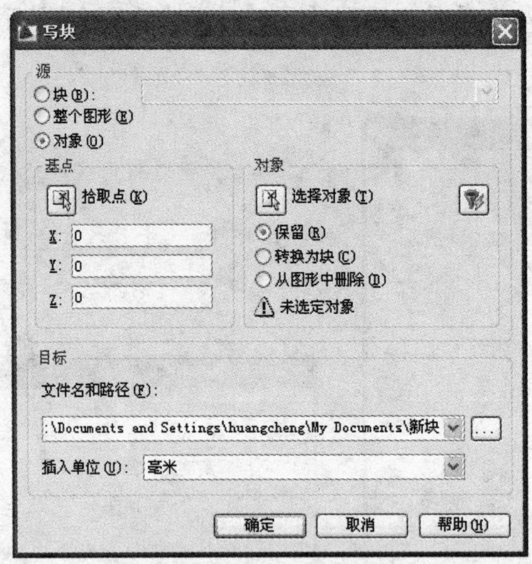

图 8-19 【写块】对话框

【写块】对话框将显示不同的默认设置，这取决于是否选定了对象，是否选定了单个块或是否选定了非块的其他对象。对话框中各选项含义如下：

◆ 【块】单选按钮：指明存入图形文件的是块。此时用户可以从列表中选择已定义的块的名称。
◆ 【整个图形】单选按钮：将当前图形文件看成一个块，将该块存储于指定的文件中。
◆ 【对象】单选按钮：将选定对象存入文件，此时要求指定块的基点，并选择块所包含的对象。
◆ 【基点】选项卡：指定块的基点。默认值是（0，0，0）。
◆ 【拾取点】按钮：暂时关闭对话框，以使用户能在当前图形中拾取插入基点。
◆ 【对象】选项卡：设置块对象上的块创建的效果。
◆ 【选择对象】按钮：临时关闭该对话框以便可以选择一个或多个对象以保存至文件。
◆ “快速选择”按钮：单击此按钮打开【快速选择】对话框，从中可以过滤选择集。
◆ 【保留】单选按钮：将选定对象另存为文件后，在当前图形中仍保留它们。
◆ 【转换为块】单选按钮：将选定对象另存为文件后，在当前图形中将它们转换为块。在【块】的列表中指定为【文件名】中的名称。
◆ 【从图形中删除】单选按钮：将选定对象另存为文件后，从当前图形中删除。
◆ 未选定对象：该区域显示未选定对象或选定对象的数目。
◆ 【目标】选项卡：指定文件的新名称和新位置以及插入块时所用的测量单位。

◆ 【文件名和路径】列表框：指定目标文件的路径，单击其右侧的【浏览】按钮…，显示【浏览文件夹】对话框。

◆ 【插入单位】列表框：设置将此处创建的块文件插入其他图形时所使用的单位。该列表框中包括多种可选单位。

8.2.5 嵌套块

使用嵌套块，可以在几个部件外创建单个块。使用嵌套块可以简化复杂块定义的组织。例如，可以将一个机械部件的装配图作为块插入，该部件包括机架、支架和紧固件，而紧固件又是由螺钉、垫片和螺母组成的块，如图 8-20、图 8-21 所示。

嵌套块的唯一限制是不能插入参照自身的块。

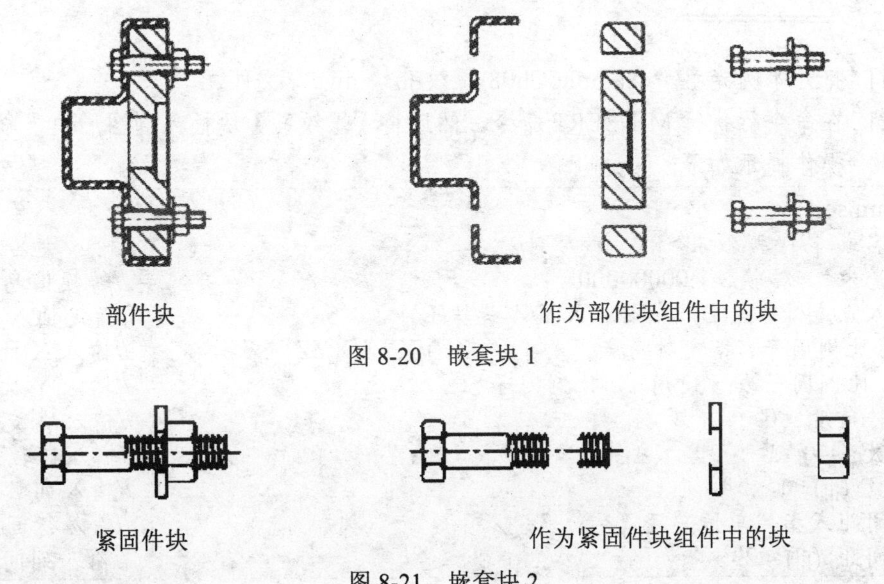

图 8-20 嵌套块 1

图 8-21 嵌套块 2

8.2.6 间隔插入块

在命令行执行 DIVIDE 命令（定数等分）或者 MEASURE 命令（定距等分），可以将点对象或块沿对象的长度或周长等间隔排列，也可以将点对象或块在对象上指定间隔处放置。

8.2.7 多重插入块

多重插入块就是在矩形阵列中插入一个块的多个引用。在插入过程中，MINSERT 命令不能像使用 INSERT 命令那样在块名前使用*号来分解块对象。

下面以实例来说明多重插入块的操作过程。

例 8-3 光盘\example\Ch08\多重插入块.dwg 

本例中插入块的块名称为“螺纹孔”，基点为孔中心，如图 8-22 所示。

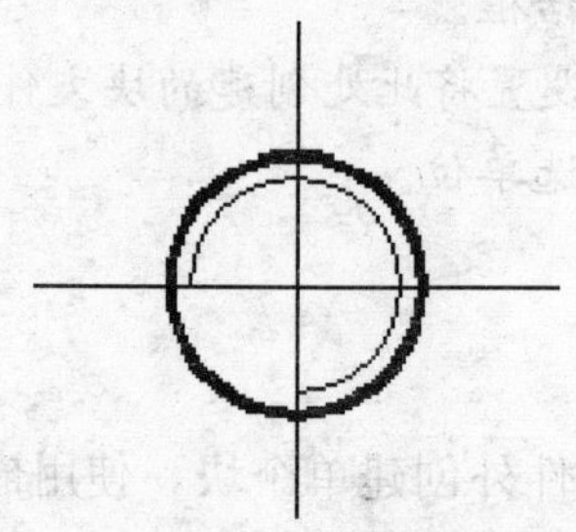

图 8-22 要插入的“螺纹孔”块

操作步骤

[1] 打开本例光盘“example\Ch08\螺纹孔块.dwg”文件。

[2] 在命令行执行 MINSERT 命令，然后将【螺纹孔】块插入到图形中，命令行的操作提示如下：

```
命令：minsert
输入块名或 [?] <螺纹孔>:                                    //输入块名
单位：毫米   转换：1.00000000                               //转换信息提示
指定插入点或 [基点(B)/比例(S)/X/Y/Z/旋转(R)]:                //指定插入基点
输入 X 比例因子，指定对角点，或 [角点(C)/XYZ(XYZ)] <1>: ↙    //输入 X 比例因子
输入 Y 比例因子或 <使用 X 比例因子>: ↙                       //输入 Y 比例因子
指定旋转角度 <0>: ↙                                         //输入块旋转角度
输入行数 (---) <1>: 2↙                                      //输入行数
输入列数 (|||) <1>: 4 ↙                                     //输入列数
输入行间距或指定单位单元 (---): 38 ↙                         //输入行间距
指定列间距 (|||): 23↙                                       //输入列间距
```

[3] 将块插入图形中的过程及结果如图 8-23 所示。

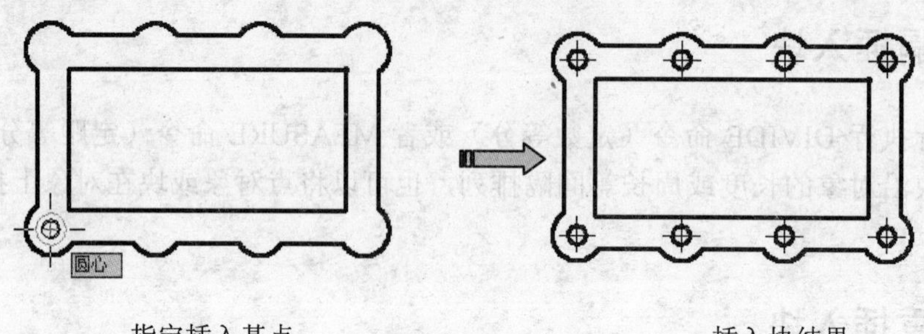

指定插入基点　　　　插入块结果

图 8-23 插入块

8.2.8 创建块库

块库是存储在单个图形文件中的块定义的集合。在创建插入块时，用户可以使用 Autodesk 或其他厂商提供的块库或自定义块库。

通过在同一图形文件中创建块，可以组织一组相关的块定义。使用这种方法的图形文件称为块、符号或库。这些块定义可以单独插入正在其中工作的任何图形。除块几何图形之外，还可以包括提供块名的文字、创建日期、最后修改的日期以及任何特殊的说明或约定。

下面以实例来说明块库的创建过程。

例 8-4　光盘\example\Ch08\创建块库.dwg 

[1] 打开本例光盘“example\ Ch08\粗糙度符号.dwg”文件，打开的图形如图 8-24、图 8-25 所示。

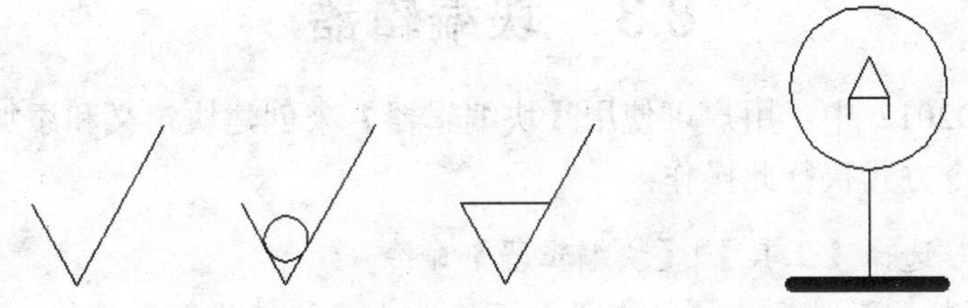

图 8-24　表面粗糙度符号图形　　　　图 8-25　基准代号图形

[2] 首先为 4 个代表表面粗糙度符号及基准代号的小图形创建块定义，名称分别为“粗糙度符号-1”、“粗糙度符号-2”、“粗糙度符号-3”和“基准代号”。添加的说明分别是“基本符号，可用任何方法获得”、“基本符号，表面是用不去除材料的方法获得”、“基本符号，表面是用去除材料的方法获得”和“此基准代号的基准要素为线或面”。其中，创建“基准代号”块图例如图 8-26 所示。

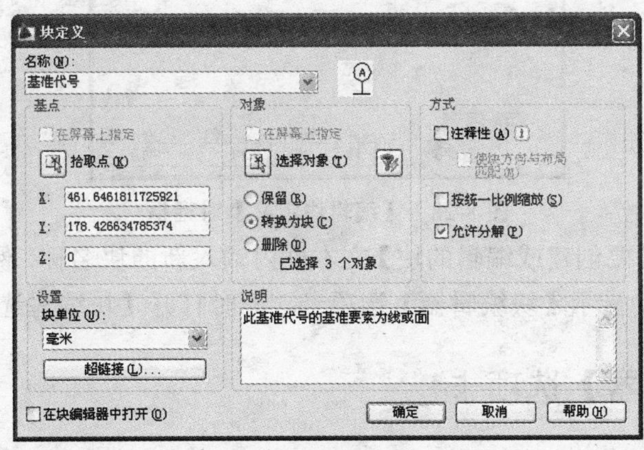

图 8-26　创建“基准代号”块

[3] 在命令行执行 ADCENTER（设计中心）命令，打开【设计中心】面板。从面板中可看见创建块库，块库中包含了先前创建的 4 个块以及说明，如图 8-27

所示。

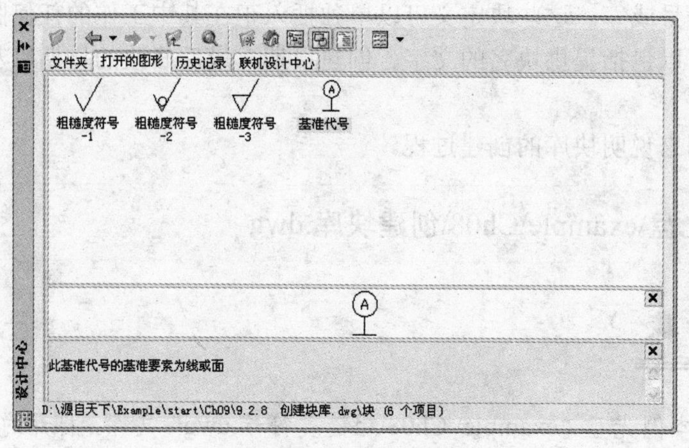

图 8-27　定义的块库

8.3　块编辑器

在 AutoCAD2012 中，用户可使用【块编辑器】来创建块定义和添加动态行为。用户可通过以下命令方式执行此操作：

- ◆ 菜单栏：选择【工具】|【块编辑器】命令
- ◆ 面板：【插入】选项卡【块定义】面板单击【块编辑器】按钮
- ◆ 命令行：输入 BEDIT

执行命令，程序将弹出【编辑块定义】对话框，如图 8-28 所示。

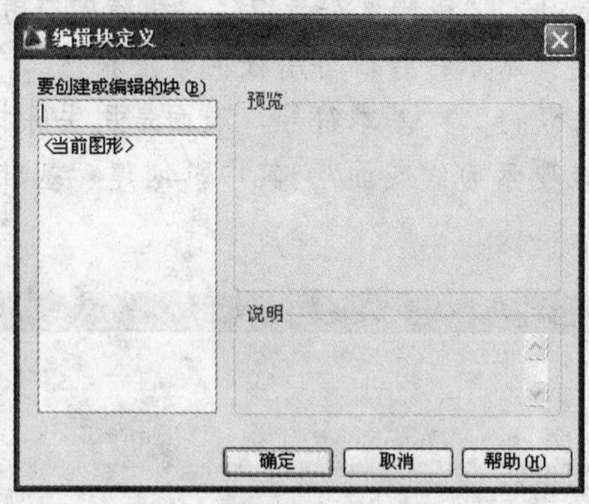

图 8-28　【编辑块定义】对话框

在该对话框的【要创建或编辑的块】文本框内输入新的块名称，例如“A”。单击【确定】按钮，程序自动显示【块编辑器】选项卡，同时打开【块编写选项板】面板。

8.3.1 【块编辑器】选项卡

功能区【块编辑器】上下文选项卡和【块编写选项板】还提供了绘图区域，用户可以像在程序的主绘图区域中一样在此区域绘制和编辑几何图形，并可以指定块编辑器绘图区域的背景色。【块编辑器】选项卡如图 8-29 所示。【块编写选项板】如图 8-30 所示。

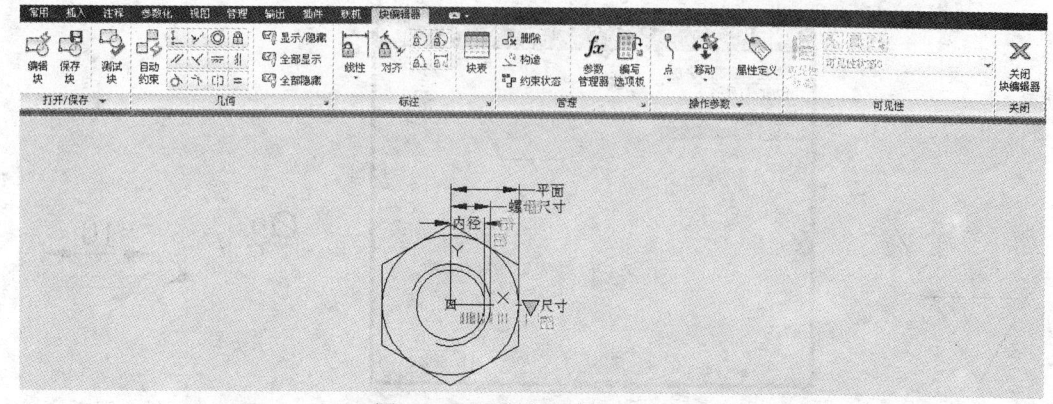

图 8-29 【块编辑器】选项卡

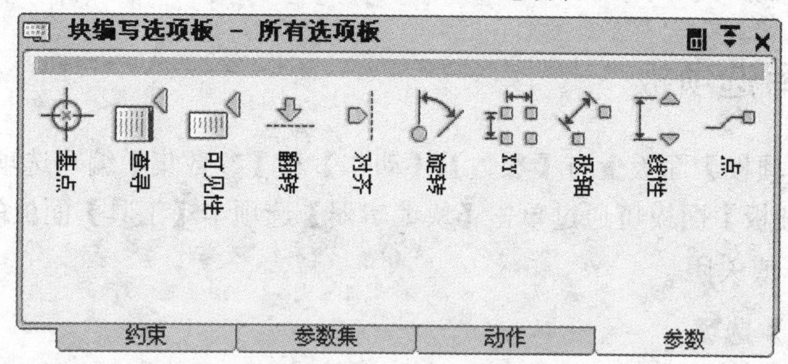

图 8-30 【块编写选项板】

注意

用户可使用【块编辑器】选项卡或【块编辑器】中的大多数命令。如果用户输入了块编辑器中不允许执行的命令，命令提示上将显示一条消息。

下面以实例来说明利用块编辑器来编辑块定义的操作过程。

例 8-5 光盘\example\Ch08\编辑块定义.dwg

操作步骤

[1] 打开本例光盘“example\Ch08\粗糙度符号块”文件，在图形中插入的块如图 8-31 所示。

[2] 在【插入】选项卡【块】面板单击【块编辑器】按钮，打开【编辑块定义】对话框。在对话框的列表中选择【粗糙度符号-3】，并单击【确定】按钮，如图 8-32 所示。

[3] 随后程序打开【块编辑器】选项卡。使用 LINE 命令和 CIRCLE 命令在绘图区域中原图形基础之上添加一条直线（长度为 10）和一个圆（直径为 2.4），如图 8-33 所示。

[4] 单击【打开/保存】面板上的【保存块】按钮，将编辑的块定义保存。然后单击【关闭】面板中的【关闭块编辑】按钮，退出块编辑器。

图 8-31　插入的块图形

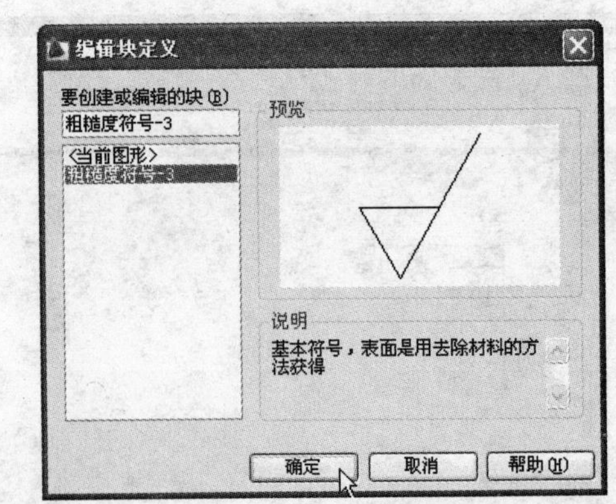

图 8-32　选择要编辑的块

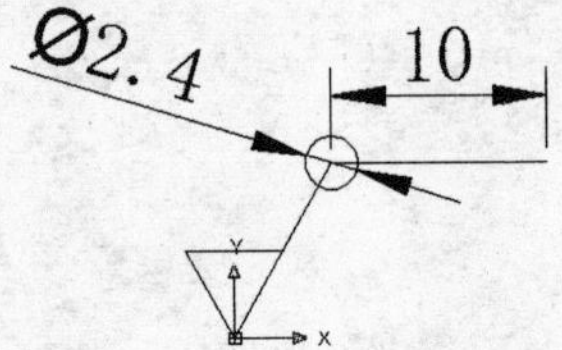

图 8-33　修改图形

8.3.2　块编写选项板

【块编写选项板】面板上有【参数】、【动作】和【参数集】编写选项，如图 8-34 所示。【块编写选项板】面板可通过单击【块编辑器】选项卡【工具】面板的【块编写选项板】按钮打开或关闭。

1.　【参数】选项

【参数】选项卡提供用于向块编辑器中的动态块定义中添加参数的工具，如图 8-34 所示。参数用于指定几何图形在块参照中的位置、距离和角度。将参数添加到动态块定义中时，该参数将定义块的一个或多个自定义特性。

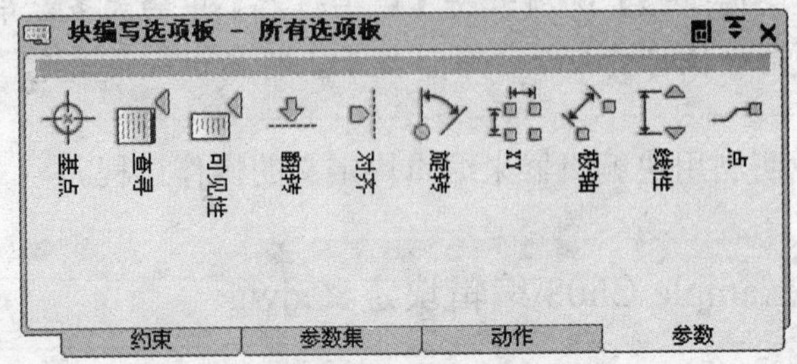

图 8-34　【参数】选项卡

2.　【动作】选项

【动作】选项卡提供用于向块编辑器中的动态块定义中添加动作的工具，如图 8-35 所示。动作定义了在图形中操作块参照的自定义特性时，动态块参照的几何图形将如何移动或变化。

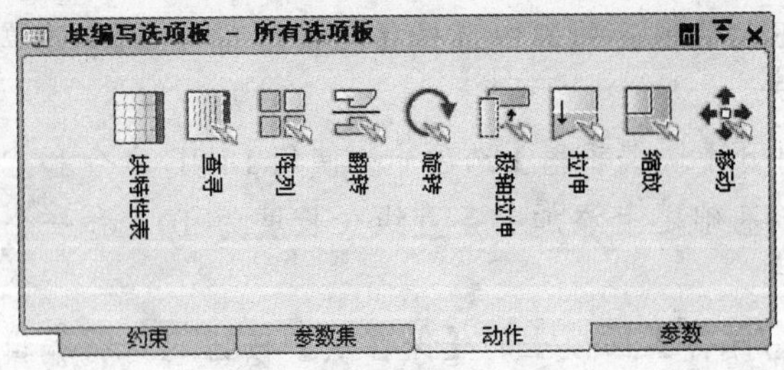

图 8-35　【动作】选项卡

3. 【参数集】选项

【参数集】选项卡提供用于在块编辑器中向动态块定义中添加一个参数和至少一个动作的工具，如图 8-36 所示。将参数集添加到动态块中时，动作将自动与参数相关联。将参数集添加到动态块中后，双击黄色警告图标，然后按照命令提示将该动作与几何图形选择集相关联。

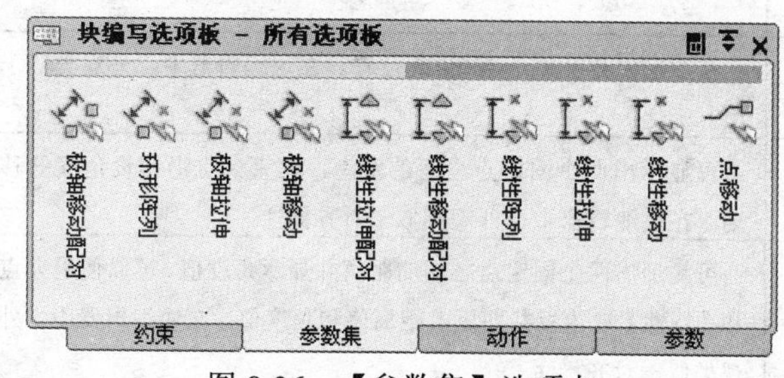

图 8-36 【参数集】选项卡

4. 【约束】选项

【约束】选项卡中各选项用于图形的位置约束。这些选项与块编辑器的【几何】面板中的约束选项相同。

8.4 动态块

如果向块定义中添加了动态行为，也就为块几何图形增添了灵活性和智能性。动态块参照并非图形的固定部分，用户在图形中进行操作时可以对其进行修改或操作。

8.4.1 动态块概述

动态块具有灵活性和智能性，用户在操作时可以轻松地更改图形中的动态块参照。这使得用户可以根据需要在位调整块，而不用搜索另一个块以插入或重定义现有的块。

通过【块编辑器】选项卡的功能，将参数和动作添加到块，或者将动态行为添加到新的或现有的块定义当中，如图 8-37 所示。块编辑器内显示了一个定义块，该块包含一个标有“距离”的线性参数，其显示方式与标注类似，此外还包含一个拉伸动作，该动作显示有一个发亮螺栓和一个【拉伸】选项卡。

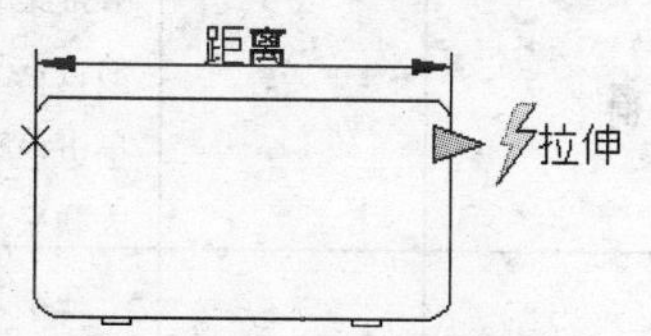

图 8-37 向块添加动作和参数

向块中添加参数和动作可以使其成为动态块。如果向块中添加了这些元素，也就为块几何图形增添了灵活性和智能性。

8.4.2 向块中添加元素

用户可以在块编辑器中向块定义中添加动态元素（参数和动作）。特殊情况下，除几何图形外，动态块中通常包含一个或多个参数和动作。

【参数】表示通过指定块中几何图形的位置、距离和角度来定义动态块的自定义特性。【动作】表示定义在图形中操作动态块参照时，该块参照中的几何图形将如何移动或修改。添加到动态块中的参数类型决定了添加的夹点类型，每种参数类型仅支持特定类型的动作。表 8-1 显示了参数、夹点和动作之间的关系。

表 8-1　参数、夹点和动作之间的关系

参数类型	夹点类型	说明	与参数关联的动作
点	■	在图形中定义一个 X 和 Y 位置。在块编辑器中，外观类似于坐标标注	移动、拉伸
线性	▶	可显示出两个固定点之间的距离，约束夹点沿预设角度的移动。在块编辑器中，外观类似于对齐标注	移动、缩放、拉伸、阵列
极轴	■	可显示出两个固定点之间的距离并显示角度值。可以使用夹点和【特性】选项板共同更改距离值和角度值。在块编辑器中，外观类似于对齐标注	移动、缩放、拉伸、极轴拉伸、阵列
XY	■	可显示出距参数基点的 X 距离和 Y 距离。在块编辑器中，显示为一对标注（水平标注和垂直标注）	移动、缩放、拉伸、阵列
旋转	●	可定义角度。在块编辑器中，显示为一个圆	旋转
翻转	➡	翻转对象。在块编辑器中，显示为一条投影线。可以围绕这条投影线翻转对象。将显示一个值，该值显示出了块参照是否已被翻转	翻转
对齐	▶	可定义 X 和 Y 位置以及一个角度。对齐参数总是应用于整个块，并且无需与任何动作相关联。对齐参数允许块参照自动围绕一个点旋转，以便与图形中的另一对象对齐。对齐参数会影响块参照的旋转特性。在块编辑器中，外观类似于对齐线	无（此动作隐藏在参数中）
可见性	▼	可控制对象在块中的可见性。可见性参数总是应用于整个块，并且无需与任何动作相关联。在图形中单击夹点可以显示块参照中所有可见性状态的列表。在块编辑器中，显示为带有关联夹点的文字	无（此动作时隐含的，并且受可见性状态的控制）
查询	▼	定义一个可以指定或设置为计算用户定义的列表或表中的值的自定义特性。该参数可以与单个查寻夹点相关联。在块参照中单击该夹点可以显示可用值的列表。在块编辑器中，显示为带有关联夹点的文字	查询
基点	■	在动态块参照中相对于该块中的几何图形定义一个基点无法与任何动作相关联，但可以归属于某个动作的选择集。在块编辑器中，显示为带有十字光标的圆	无
注意：参数和动作仅显示在块编辑器中。将动态块参照插入到图形中时，将不会显示动态块定义中包含的参数和动作			

8.4.3　创建动态块

在创建动态块之前，应当了解其外观以及在图形中的使用方式。确定当操作动态块参照时，块中的哪些对象会更改或移动。另外还要确定这些对象将如何更改。

下面以实例说明创建动态块操作过程。本例创建一个可旋转、可调整大小的动态块。

例 8-6　光盘\example\Ch08\创建动态块.dwg

操作步骤

[1] 在【插入】选项卡【块】面板中单击【块编辑器】按钮，打开【编辑块定义】对话框。在该对话框中输入新块名“动态块”，单击【确定】按钮，如图 8-38 所示。

[2] 在【常用】选项卡下，使用【绘图】面板中的 LINE 命令创建出图形。然后使用【注释】面板中【单行文字】命令在图形中添加单行文字，如图 8-39 所示。

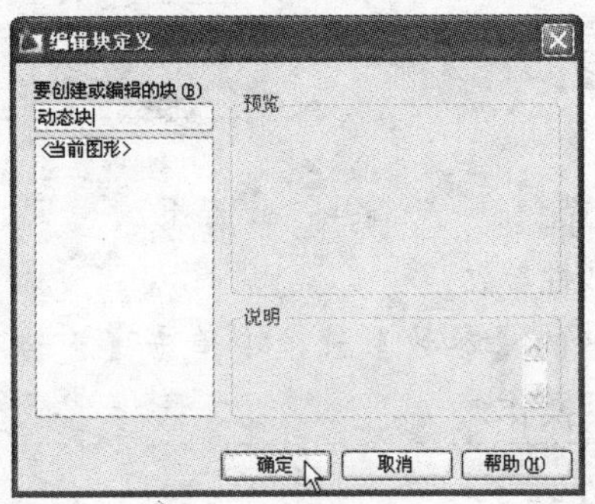

图 8-38　输入动态块名

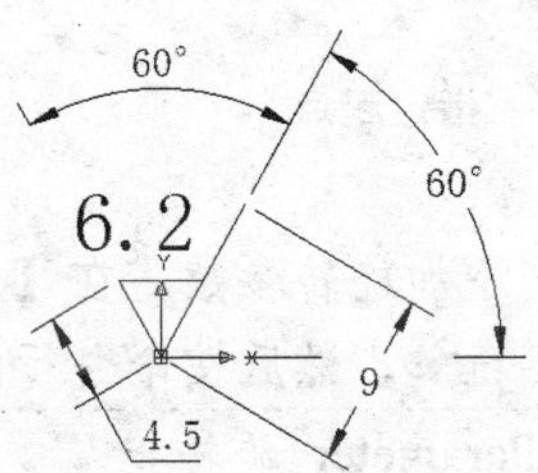

图 8-39　绘制图形和文字

提示

在块编辑器处于激活状态下，仍然可使用功能区上其他选项卡中的功能命令来绘制图形。

[3] 添加点参数。在【块编写选项板】的【参数】选项中单击【点参数】按钮，然后按命令行的提示进行如下操作：

```
命令: _BParameter 点
指定参数位置或 [名称(N)/选项卡(L)/链(C)/说明(D)/选项板(P)]: L↙    //输入选项
输入位置特性选项卡 <位置>: 基点↙                                  //输入选项卡名称
指定参数位置或 [名称(N)/选项卡(L)/链(C)/说明(D)/选项板(P)]:       //指定参数位置
指定选项卡位置:                                                   //指定选项卡位置
```

[4] 操作过程及结果如图 8-40 所示。

图 8-40　添加点参数

[5] 添加线性参数。在【块编写选项板】的【参数】选项中单击【线性参数】按钮，然后按命令行的提示进行如下操作：

```
命令：_BParameter 线性
指定起点或 [名称(N)/选项卡(L)/链(C)/说明(D)/基点(B)/选项板(P)/值集(V)]：L↙
输入距离特性选项卡 <距离>：拉伸↙
指定起点或 [名称(N)/选项卡(L)/链(C)/说明(D)/基点(B)/选项板(P)/值集(V)]：
指定端点：
指定选项卡位置：
```

[6] 操作过程及结果如图 8-41 所示。

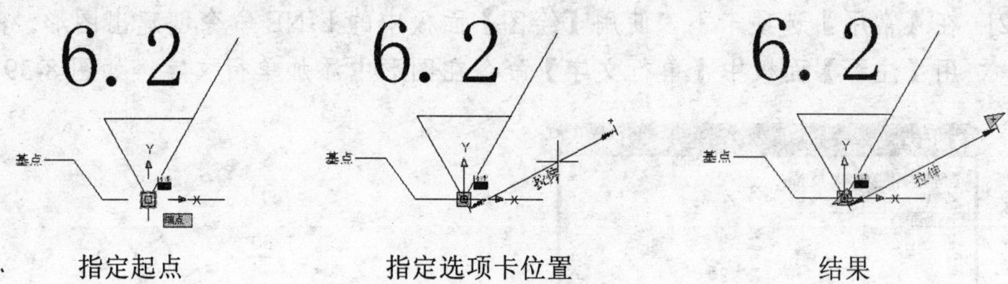

指定起点　　指定选项卡位置　　结果

图 8-41　添加线性参数

[7] 添加旋转参数。在【块编写选项板】的【参数】选项中单击【旋转参数】按钮，然后按命令行的提示进行如下操作：

```
命令：_BParameter 旋转
指定基点或 [名称(N)/选项卡(L)/链(C)/说明(D)/选项板(P)/值集(V)]：L↙
输入旋转特性选项卡 <角度>：旋转↙
指定基点或 [名称(N)/选项卡(L)/链(C)/说明(D)/选项板(P)/值集(V)]：
指定参数半径：3↙
指定默认旋转角度或 [基准角度(B)] <0>：270↙
指定选项卡位置：
```

[8] 操作过程及结果如图 8-42 所示。

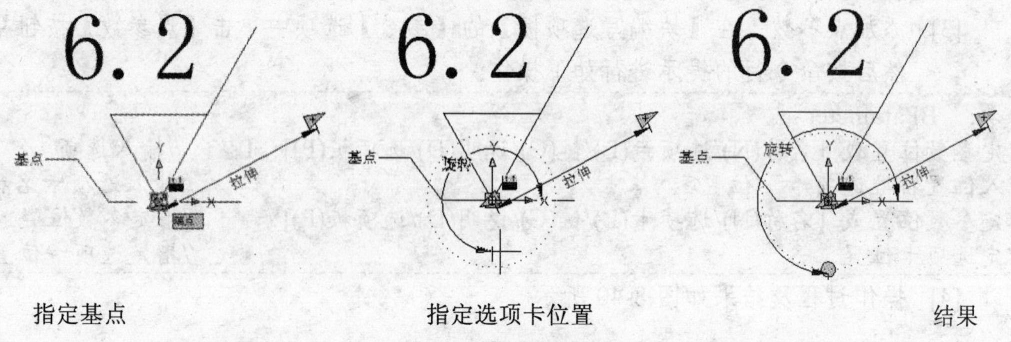

指定基点　　指定选项卡位置　　结果

图 8-42　添加旋转参数

[9] 添加缩放动作。在【块编写选项板】面板的【动作】选项中单击【缩放动作】按钮，然后按命令行的如下操作提示进行操作：

```
命令：_BActionTool 缩放
选择参数：↙
指定动作的选择集
选择对象：找到 1 个
```

```
选择对象：找到 1 个，总计 2 个
选择对象：找到 1 个，总计 3 个
选择对象：找到 1 个，总计 4 个
选择对象：↙
指定动作位置或 [基点类型(B)]:
```

[10] 操作过程及结果如图 8-43 所示。

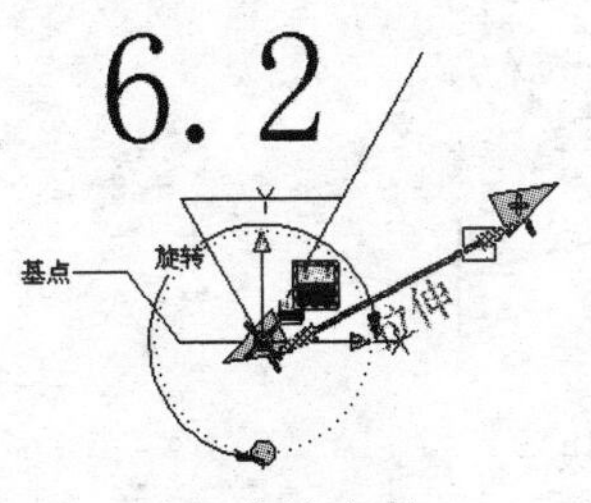

选择线性参数　　　　选择动作对象　　　　指定动作位置

图 8-43　添加缩放动作

注意

双击动作选项卡，还可以继续添加动作对象。

[11] 添加旋转动作。在【块编写选项板】的【动作】选项中单击【旋转动作】按钮，然后按命令行的提示进行如下操作：

```
命令：_BActionTool 旋转
选择参数：↙                                  //选择旋转参数
指定动作的选择集
选择对象：找到 1 个                          //选择动作对象 1
选择对象：找到 1 个，总计 2 个               //选择动作对象 2
选择对象：找到 1 个，总计 3 个               //选择动作对象 3
选择对象：找到 1 个，总计 4 个               //选择动作对象 4
选择对象：↙
指定动作位置或 [基点类型(B)]:                //指定动作位置
```

[12] 操作过程及结果如图 8-44 所示。

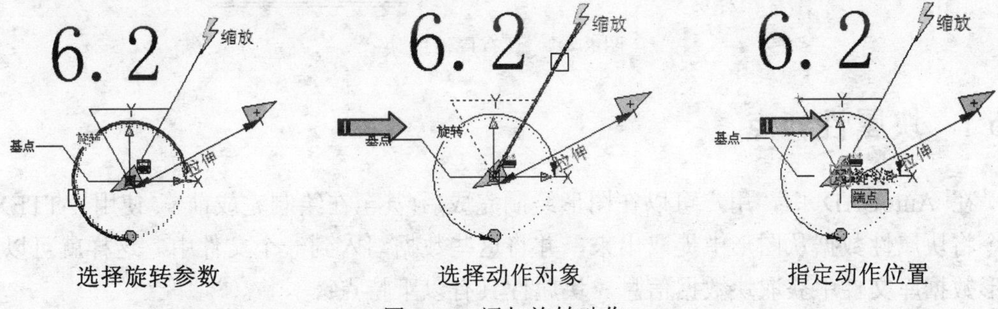

选择旋转参数　　　　选择动作对象　　　　指定动作位置

图 8-44　添加旋转动作

[13] 单击【管理】面板中的【保存】按钮，将定义的动态块保存。然后再单击【关闭块编辑器】按钮退出块编辑器。

[14] 使用【插入】选项卡下【块】面板中的【插入点】工具，在绘图区域中插入

动态块。单击块后用夹点来缩放块或旋转块，如图 8-45 所示。

注意

用户可以通过自定义夹点和自定义特性来操作动态块参照。例如，选择一动作，执行右键【特性】命令，打开【特性】选项板添加夹点或动作对象。

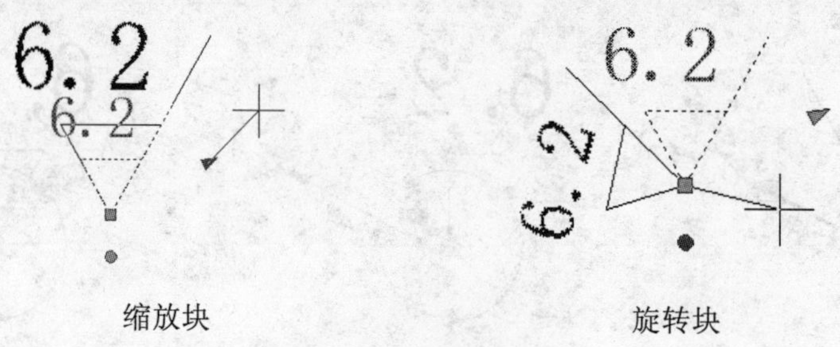

图 8-45 验证动态块

8.5 块属性

块属性是附属于块的非图形信息，是块的组成部分，可包含在块定义中的文字对象。在定义一个块时，属性必须预先定义而后选定。通常属性用于在块的插入过程中进行自动注释。图 8-46 显示了具有 4 种特性（类型、制造商、型号和价格）的块。

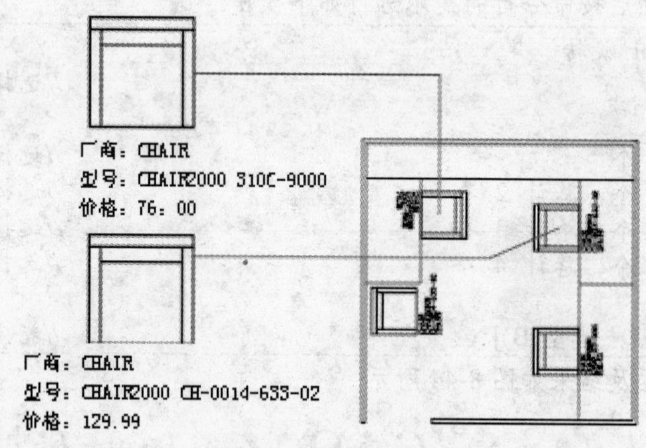

图 8-46 具有属性的块

8.5.1 块属性特点

在 AutoCAD 中，用户可以在图形绘制完成后(甚至在绘制完成前)，使用 ATTEXT 命令将块属性数据从图形中提取出来，并将这些数据写入到一个文件中。这样就可以从图形数据库文件中获取块数据信息。块属性具有以下特点：

块属性由属性标记名和属性值两部分组成。

定义块前，应先定义该块的每个属性，即规定每个属性的标记名、属性提示、属性默认值、属性的显示格式(可见或不可见)及属性在图中的位置等。

定义块时，应将图形对象和表示属性定义的属性标记名一起用来定义块对象。

插入有属性的块时，系统将提示用户输入需要的属性值。插入块后，属性用它的值表示。

插入块后，用户可以改变属性的显示可见性，对属性作修改，把属性单独提取出来写入文件，以供统计、制表使用，还可以与其他高级语言或数据库进行数据通信。

8.5.2 定义块属性

要创建带有属性的块，可以先绘制希望作为块元素的图形，然后创建希望作为块元素的属性，最后同时选中图形及属性，将其统一定义为块或保存为块文件。

块属性是通过【属性定义】对话框来设置的。用户可通过以下命令方式打开该对话框：

- ◆ 菜单栏：选择【绘图】|【块】|【定义属性】命令
- ◆ 面板：【插入】选项卡【块定义】面板单击【定义属性】按钮
- ◆ 命令行：插入 ATTDEF

执行命令，程序将弹出【属性定义】对话框，如图 8-47 所示。

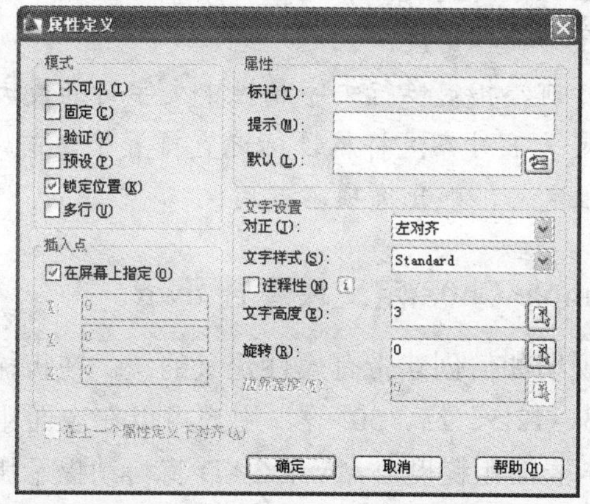

图 8-47 【属性定义】对话框

该对话框中各选项含义如下：

- ◆ 【模式】选项卡：在图形中插入块时，设置与块关联的属性值选项。
- ◆ 不可见：指定插入块时不显示或不打印属性值。
- ◆ 固定：设置属性的固定值。
- ◆ 验证：插入块时提示验证属性值是否正确。
- ◆ 预设：插入包含预设属性值的块时，将属性设置为默认值。
- ◆ 锁定位置：锁定块参照中属性的位置。解锁后，属性可以相对于使用夹点编辑的块的其他部分移动，并且可以调整多行文字属性的大小。
- ◆ 多行：指定属性值可以包含多行文字。选定此选项后，可以指定属性的边界宽度。

注意：动态块中，由于属性的位置包括在动作的选择集中，因此必须将其锁定。

- ◆ 【插入点】选项卡：指定属性位置。输入坐标值或者选择【在屏幕上指定】，并使用定点设备根据与属性关联的对象指定属性的位置。

- 在屏幕上指定：使用定点设备对要与属性关联的对象指定属性的位置。
- 【属性】选项卡：设置块属性的数据。
- 标记：标识图形中每次出现的属性。

提示

指定在插入包含该属性定义的块时显示的提示。如果不输入提示，属性标记将用做提示。

- 默认：设置默认的属性值。
- 【文字设置】选项卡：设置属性文字的对正、样式、高度和旋转。
- 对正：指定属性文字的对正。
- 文字样式：指定属性文字的预定义样式。
- 注释性：勾选此选项，指定属性为注释性。
- 文字高度：设置文字的高度。
- 旋转：设置文字的旋转角度。
- 边界宽度：换行前，指定多行文字属性中文字行的最大长度。
- 在上一个属性定义下对齐：将属性标记直接置于之前定义的属性下面。如果之前没有创建属性定义，则此选项不可用。

例 8-7　光盘\example\Ch08\定义块属性.dwg

下面通过一个实例说明如何创建带有属性定义的块。在机械制图中，表面粗糙度的值有 0.8、1.6、3.2、6.3、12.5、25、50 等，用户可以在表面粗糙度图块中将粗糙度值定义为属性，当每次插入表面粗糙度时，AutoCAD 将自动提示用户输入表面粗糙度的数值。

操作步骤

[1] 打开本例光盘“example\Ch09\9.5.2　定义块属性.dwg”实例文件，图形如图 8-48 所示。

[2] 在菜单栏选择【格式】|【文字样式】命令，在弹出的对话框的【字体】下拉列表框中选择 tex.shx，并勾选【使用大字体】复选框，接着在【大字体】列表中选择 gbcbig.shx，依次单击【应用】与【关闭】按钮，如图 8-49 所示。

[3] 在菜单栏中选择【绘图】|【块】|【定义属性】命令，打开如图 8-50 所示的【属性定义】对话框。在【标记】和【提示】文本框中输入相关内容，单击【确定】按钮关闭该对话框。最后在绘图区域图形上单击以确定属性的位置，结果如图 8-51 所示。

[4] 在菜单栏选择【绘图】|【块】|【创建】命令，打开【块】对话框。在【名称】

编辑框中输入“表面粗糙度符号”，单击【选择对象】按钮，在绘图窗口选中全部对象（包括图形元素和属性），然后单击【拾取点】按钮，在绘图区的适当位置单击以确定块的基点，最后单击【确定】按钮，如图 8-52 所示。

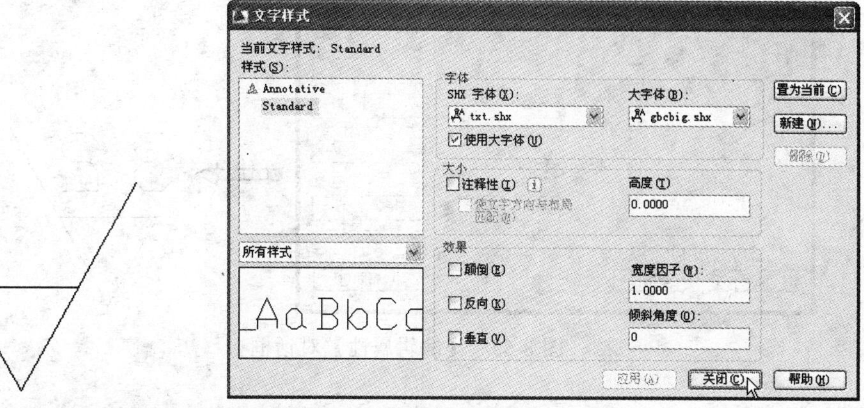

图 8-48　图形　　　　图 8-49　设置文字样式

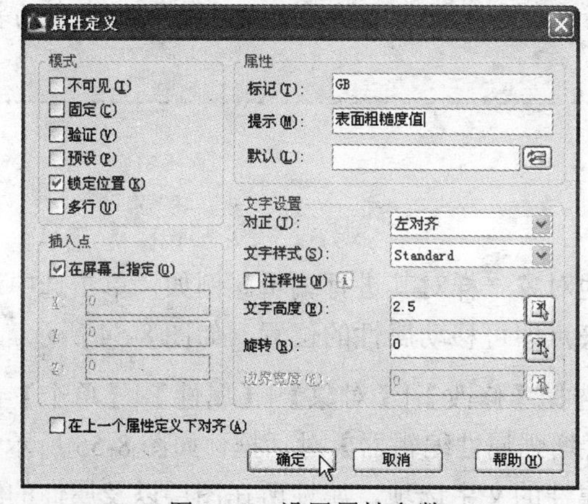

图 8-50　设置属性参数

图 8-51　定义的属性

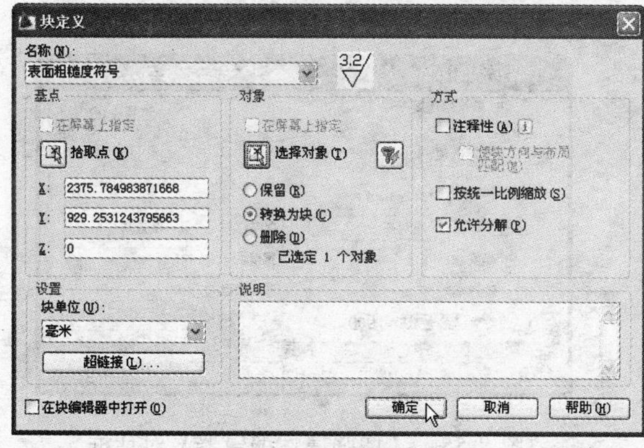

设置块参数

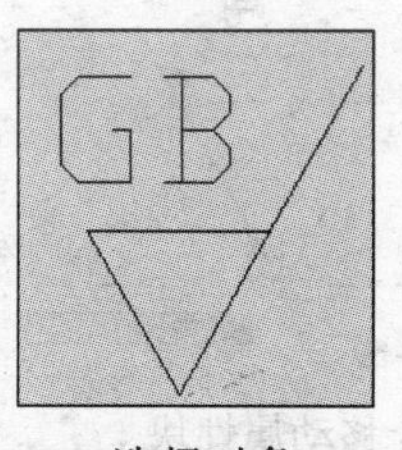

选择对象

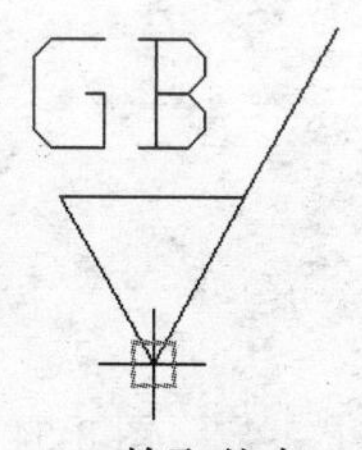

拾取基点

图 8-52　创建块

[5] 程序弹出【编辑属性】对话框。在该对话框的【表面粗糙度值】文本框中输入 3.2，单击【确定】按钮后，块中的文字则自动变成实际值 3.2，如图 8-53

所示。

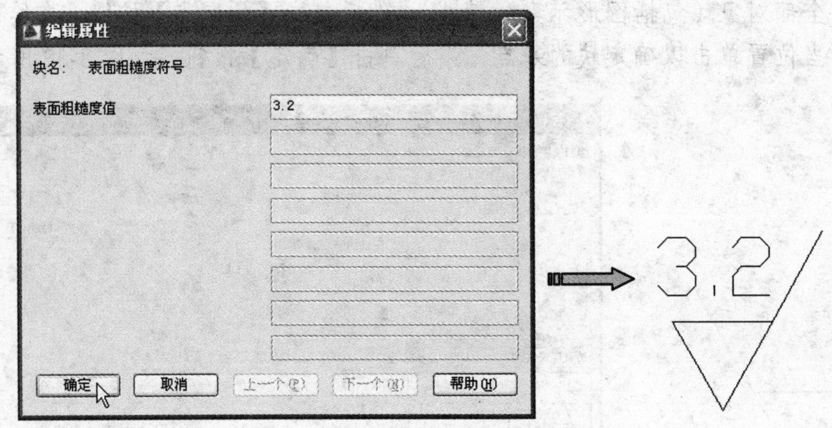

图 8-53 【编辑属性】对话框

提示

此后，每插入一次定义属性的块，命令行提示中将提示用户输入新的表面粗糙度值。

8.5.3 编辑块属性

对于块属性，用户可以像修改其他对象一样对其进行编辑。例如，单击选中块后，系统将显示块及属性夹点，单击属性夹点即可移动属性的位置，如图 8-54 所示。

要编辑块的属性，可在菜单栏中选择【修改】|【对象】|【属性】|【单个】命令，然后在图形区域中选择属性块，弹出【增强属性编辑器】对话框，如图 8-55 所示。在该对话框中用户可以修改块的属性值，属性的文字选项，属性所在图层以及属性的线型、颜色和线宽等。

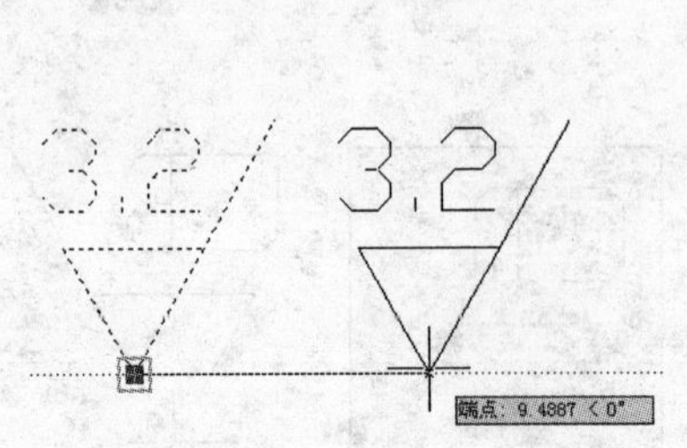

图 8-54 移动属性块

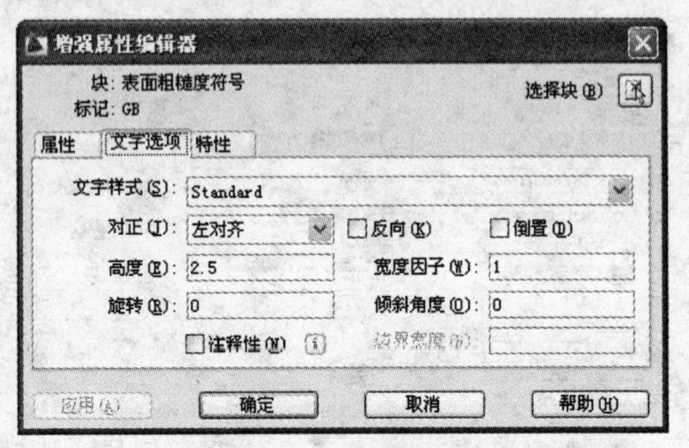

图 8-55 【增强属性编辑器】对话框

若在菜单栏中选择【修改】|【对象】|【属性】|【块属性管理器】命令，然后在图形区域中选择属性块，将弹出【块属性管理器】对话框，如图 8-56 所示。

该对话框的主要特点如下：

◆ 可利用【块】下拉列表选择要编辑的块。

◆ 在属性列表中选择属性后，单击【上移】或【下移】按钮，可以移动属性在列表中的位置。

◆ 在属性列表中选择某属性后，单击【编辑】按钮，将打开如图 8-57 所示的对话框。用户可以在该对话框中修改属性模式、标记、提示与默认值，属性的文字选项，属性所在图层以及属性的线型、颜色和线宽等。

◆ 在属性列表中选择某属性后，单击【删除】按钮，可以删除选中的属性。

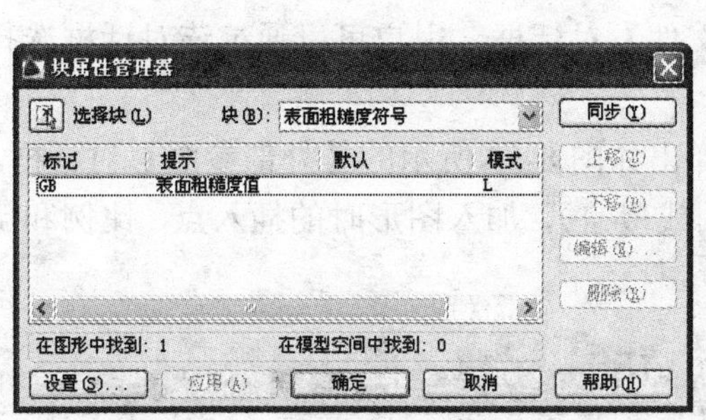

图 8-56 【块属性管理器】对话框

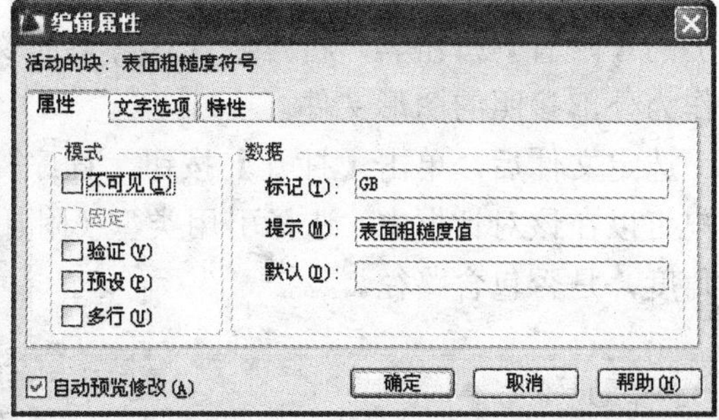

图 8-57 【编辑属性】对话框

8.6 使用外部参照

外部参照是指在一幅图形中对另一幅外部图形的引用。外部参照有两种基本用途。通过外部参照，参照图形中所作的修改将反映在当前图形中。附着的外部参照链接至另一图形，并不真正插入。因此使用外部参照可以生成图形而不会显著增加图形文件的大小。

使用外部参照图形，可以使用户获得良好的设计效果。其表现如下：

◆ 通过在图形中参照其他用户的图形协调用户之间的工作，从而与其他设计师所做的修改保持同步。用户也可以使用组成图形装配一个主图形，主图形将随工程的开发而被修改。

◆ 确保显示参照图形的最新版本。打开图形时，将自动重载每个参照图形，从而反映参照图形文件的最新状态。

◆ 请勿在图形中使用参照图形中已存在的图层名、标注样式、文字样式和其他命名元素。

◆ 当工程完成准备归档时将附着的参照图形和当前图形永久合并（绑定）到一起。

注意

与块参照相同，外部参照在当前图形中以单个对象的形式存在。但是必须首先绑定外部参照才能将其分解。

8.6.1 使用外部参照

外部参照与块在很多方面都很类似，不同点在于块的数据存储于当前图形中，而外部参照的数据存储于一个外部图形中，当前图形数据库中仅存放外部文件的一个引用。

用户可通过以下命令方式来执行此操作：

- ◆ 菜单栏：选择【插入】|【外部参照】命令
- ◆ 命令行：执行 EXTERNALREFERENCES

执行命令，程序弹出【外部参照】选项板，如图 8-58 所示。

通过该选项板，用户可以从外部加载 DWG、DXF、DGN 和图像等文件。单击选项板上的【附着】按钮，将打开【选择参照文件】对话框，用户可以通过该对话框选择要作为外部参照的图形文件。

选定文件后，单击【打开】按钮，程序弹出如图 8-59 所示的【外部参照】对话框。用户可以在该对话框中，选择引用类型（附加或覆盖），加入图形时的插入点、比例和旋转角度，是否包含路径。

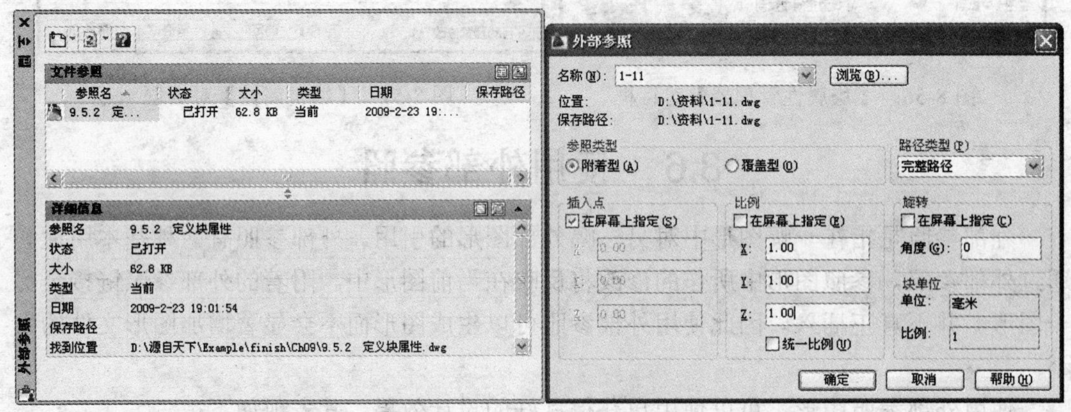

图 8-58 【外部参照】选项板　　　　图 8-59 【外部参照】对话框

【外部参照】对话框中各选项含义如下：

- ◆ 名称：附着了一个外部参照之后，该外部参照的名称将出现在列表里。当在列表中选择了一个附着的外部参照时，它的路径将显示在【保存路径】或【位置】中。
- ◆ 浏览：单击【浏览】按钮以显示【选择参照文件】对话框，可以从中为当前图形选择新的外部参照。
- ◆ 附着型：将图形作为外部参照附着时，会将该参照图形链接到当前图形。打开或重载外部参照时，对参照图形所做的任何修改都会显示在当前图形中。
- ◆ 覆盖型：覆盖外部参照用于在网络环境中共享数据。通过覆盖外部参照，无需通过附着外部参照来修改图形便可以查看图形与其他编组中的图形的相关方式。
- ◆ 【插入点】选项：指定所选外部参照的插入点。
- ◆ 在屏幕上指定：显示命令提示并使 X、Y 和 Z 比例因子选项不可用。

◆ 【比例】选项：指定所选外部参照的比例因子。

◆ 统一比例：勾选此选项，使 Y 和 Z 的比例因子等于 X 的比例因子。

◆ 【旋转】选项：为外部参照引用指定旋转角度。

◆ 角度：指定外部参照实例插入到当前图形时的旋转角度。

◆ 【块单位】选项：显示有关块单位的信息。

8.6.2 外部参照管理器

参照管理器是一个独立的应用程序，它可以使用户轻松地管理图形文件和附着参照。其中包括图形、图像、字体和打印样式等由 AutoCAD 或基于 AutoCAD 产品生成的内容，还能够很容易地识别和修正图形中未解决的参照。

在 Windows 操作系统中选择【开始】|【所有程序】|【Autodesk】|【AutoCAD2012-Simplifide Chinese】|【参照管理器】命令，即可打开【参照管理器】窗口，如图 8-60 所示。

参照管理器分为两个窗格。左侧窗格用于选定图形和它们参照的外部文件的树状视图。树状视图帮助用户在右侧窗格中查找和添加内容，这叫做参照列表。该列表显示了用户选择和编辑的保存参照路径信息。用户还可以控制树状视图的显示样式，并可以在树状视图中单击加号或减号来展开或收拢项目或节点。

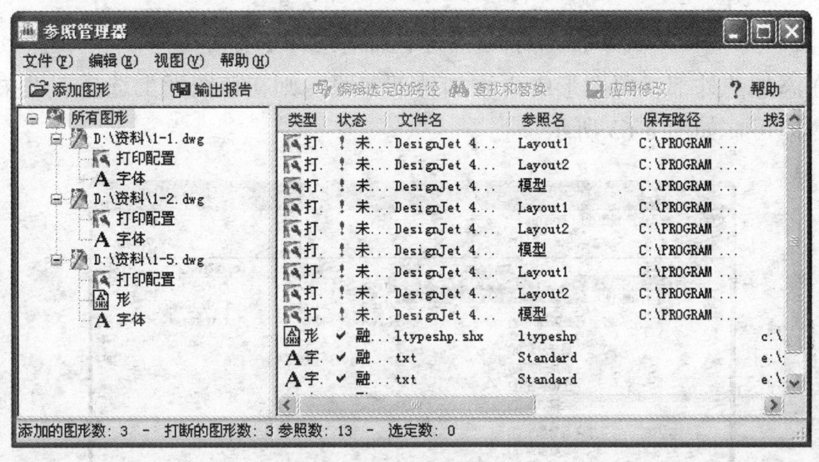

图 8-60 【参照管理器】窗口

如果要向参照管理器树状视图添加一个图形，可以单击窗口上的【添加图形】按钮，然后在打开的对话框中，浏览要打开文件的位置，选择文件后，单击【打开】按钮，会弹出如图 8-61 所示的【添加外部参照】信息提示对话框。

提示

若勾选该对话框的【始终执行我的当前选择】复选框，则第二次添加外部参照时不会再弹出此对话框。

单击【添加外部参照】信息提示对话框的【自动添加所有外部参照，而不管嵌套级别】按钮后，用户所选择的外部参照图形将被添加进【参照管理器】窗口中，如图 8-62 所示。

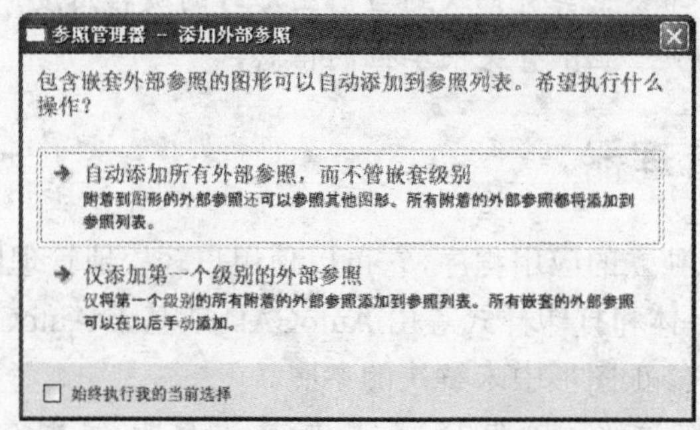

图 8-61　【添加外部参照】信息提示对话框

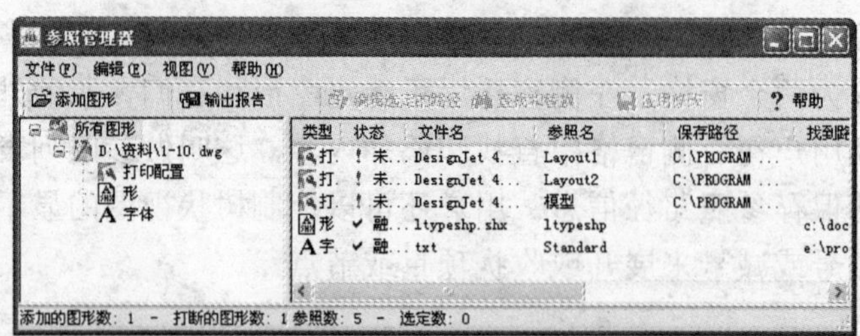

图 8-62　添加参照到【参照管理器】窗口中

若要在添加的外部参照图形中再添加外部参照，则在该图形上选择右键菜单【添加图形】命令即可，如图 8-63 所示。

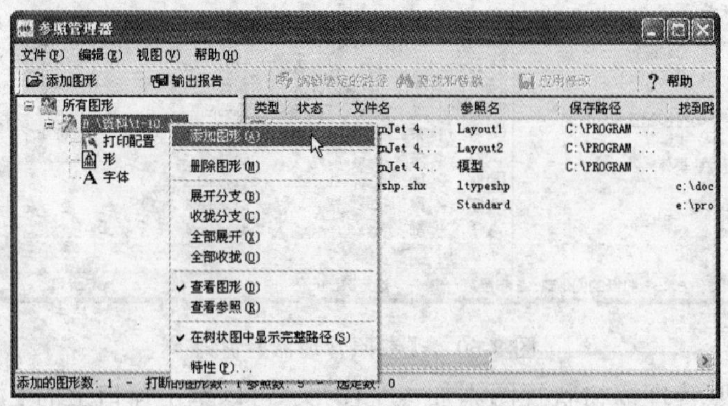

图 8-63　在外部参照中添加图形

8.6.3　附着外部参照

附着外部参照是指将图形作为外部参照附着时，会将该参照图形链接到当前图形。打开或重载外部参照时，对参照图形所做的任何修改都会显示在当前图形中。

用户可通过以下命令方式执行此操作：

◆　菜单栏：选择【插入】|【外部参照】命令

◆ 命令行：输入 XATTACH

执行命令，所弹出的操作对话框及使用外部参照的操作过程与执行 EXTERNALREFERENCES 命令的操作过程是完全相同的。

当外部参照附着到图形时，应用程序窗口的右下角（状态栏托盘）将显示一个外部参照图标，如图 8-64 所示。

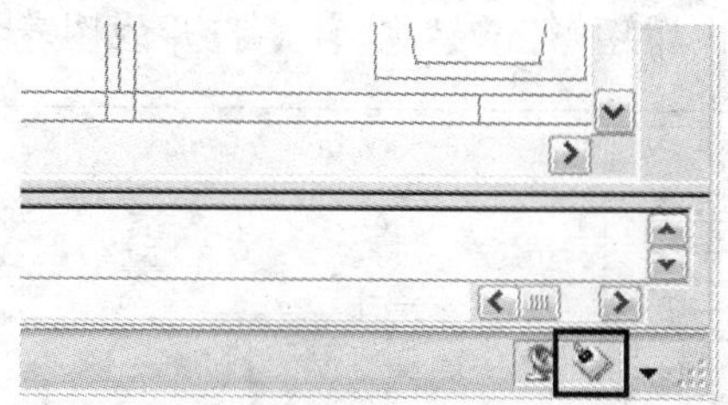

图 8-64 显示外部参照图标

8.6.4 拆离外部参照

要从图形中彻底删除 DWG 参照（外部参照），需要拆离它们而不是删除。因为删除外部参照不会删除与其关联的图层定义。

在菜单栏选择【插入】|【外部参照】命令，然后在打开的【外部参照】选项板中选择外部参照图形，并选择右键菜单【拆离】命令，即可将外部参照拆离，如图 8-65 所示。

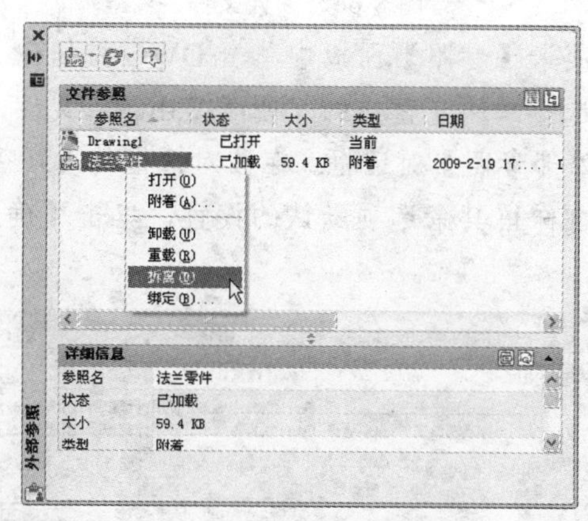

图 8-65 拆离外部参照

8.6.5 外部参照应用实例

外部参照在 AutoCAD 图形中广泛使用。打开和编辑包含外部参照的文件时，用户将发现改进的性能。为了获得更好的性能，AutoCAD 使用线程同时运行一些外部参照处理而不是按加载序列处理外部参照。

下面以实例说明利用外部参照增强工作。首先在图形中添加一个带有相对路径的外部参照，然后打开外部参照进行更改。

例 8-8　光盘\example\Ch08\使用外部参照.dwg 

操作步骤

[1] 打开本例光盘“虎钳图形.dwg”文件，打开的图养文件如图 8-66 所示。

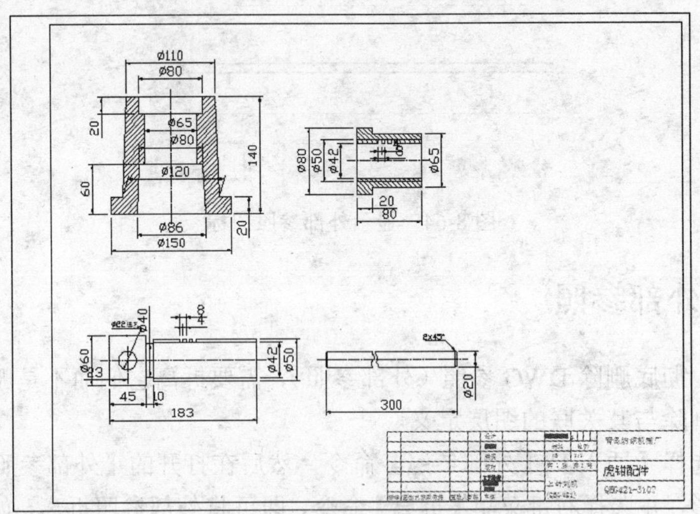

图 8-66　图样文件

[2] 在【插入】选项卡【参照】面板中单击 DWG 按钮，打开【选择参照文件】对话框。然后选择本例光盘中的“图纸-2.dwg”文件，并单击【打开】按钮。

[3] 程序又弹出【外部参照】对话框。在该对话框的【路径类型】列表中选择【相对路径】选项，保留其余选项默认的设置，单击【确定】按钮，如图 8-67 所示。

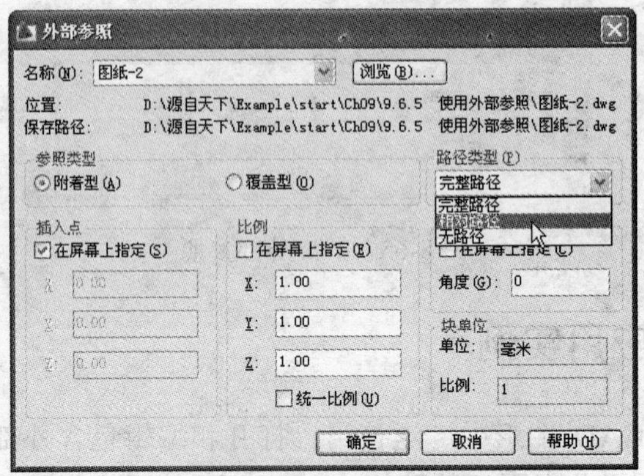

图 8-67　设置外部参照选项

[4] 关闭对话框后，在图样右上角放置外部参照图形，如图 8-68 所示。

[5] 在状态栏托盘中单击【管理外部参照】按钮，程序弹出【外部参照】选项板。然后在【文件参照】列表中选择“图纸-2”文件，并选择右键菜单【打开】命令，如图 8-69 所示。

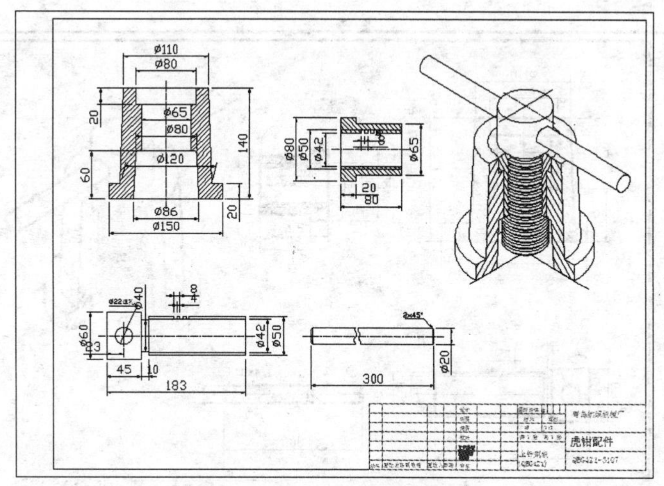

图 8-68 放置外部参照图形

可先任意放置参照图形，然后使用【移动】命令将其移动到合适位置即可。

[6] 从选项板的【详细信息】列表中可看见参照名为“图纸-2”的图形处于打开状态，如图 8-70 所示。

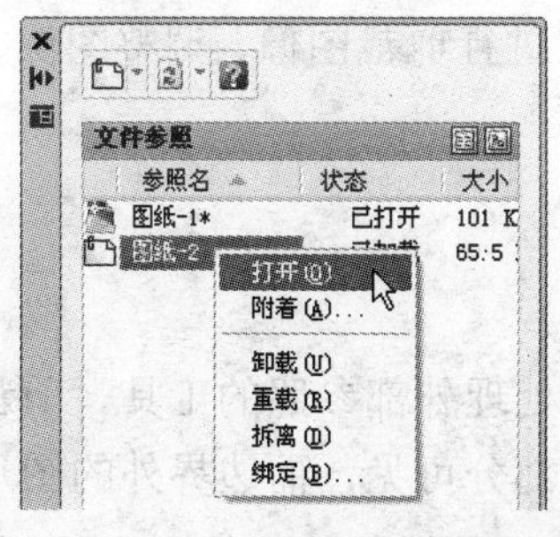

图 8-69 打开外部参照

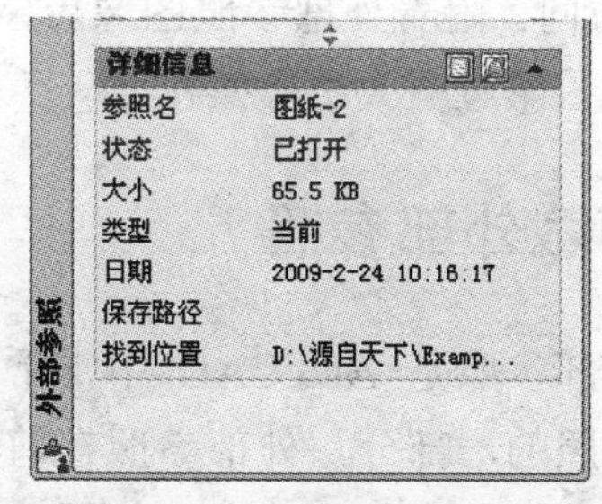

图 8-70 打开信息显示

[7] 将外部参照图形的颜色设为红色，并显示线宽，修改完成后将图形保存并关闭该文件。随后又返回到“图纸-1.dwg”文件的图形窗口中，窗口右下角则显示文件修改信息提示，在信息提示框中单击“重载 图纸-2”，如图 8-71 所示。

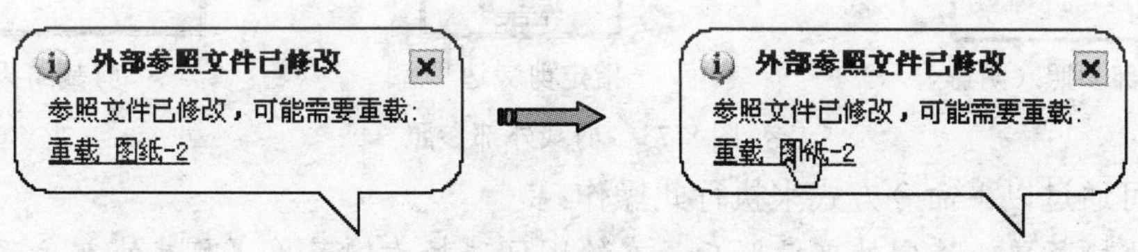

图 8-71 文件修改信息显示

[8] 外部参照图形的状态由“已打开”变为“已加载”。最后关闭【外部参照】选项板，完成外部参照图形编辑，如图 8-72 所示。

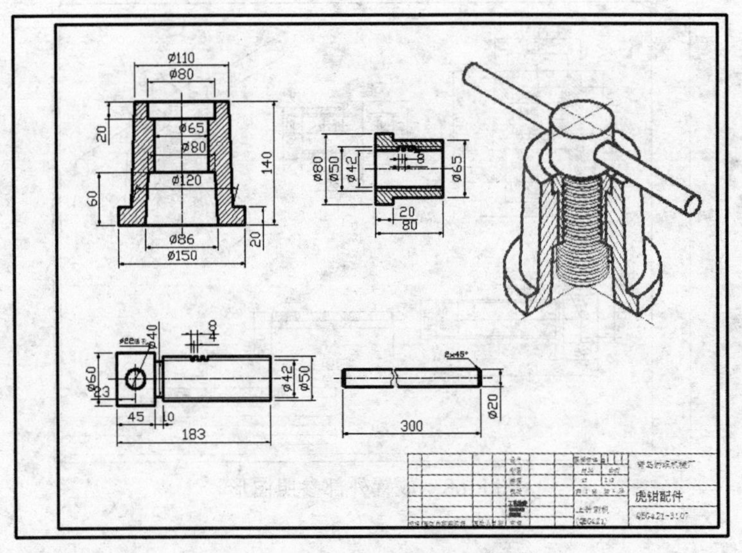

图 8-72　编辑完成的外部参照

8.7　剪裁外部参照与光栅图像

在 AutoCAD2012 中，用户可以指定剪裁边界以显示外部参照和块插入的有限部分；可以使用链接图像路径将对光栅图像文件的参照附着到图像文件中，图像文件可以从 Internet 上访问。附着外部参照图像后，用户还可以进行剪裁图像、调整图像、图像质量控制、控制图像边框大小等操作。

8.7.1　剪裁外部参照

剪裁外部参照是 AutoCAD 中常常用到的一种处理外部参照的工具。剪裁边界可以定义外部参照的一部分，外部参照在剪裁边界内的部分可见，而边界外的图形不显示，参照图形本身不发生任何改变，如图 8-73 所示。

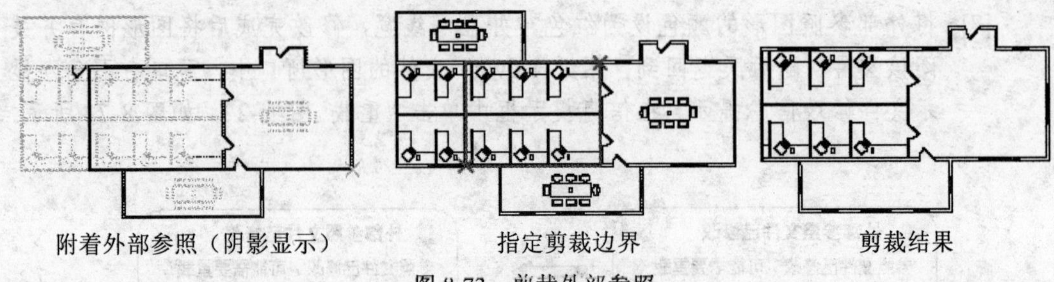

附着外部参照（阴影显示）　　指定剪裁边界　　剪裁结果

图 8-73　剪裁外部参照

用户可通过以下命令方式来执行此操作：

- 快捷菜单：选定外部参照后，在绘图区选择右键菜单【剪裁外部参照】命令
- 菜单栏：选择【修改】|【剪裁】|【外部参照】命令
- 面板：【插入】选项卡【参照】面板单击【剪裁外部参照】按钮
- 命令行：输入 XCLIP

执行命令，命令行将显示如下操作提示：

```
命令：_xclip
选择对象：找到 1 个
选择对象：↙
输入剪裁选项
[开(ON)/关(OFF)/剪裁深度(C)/删除(D)/生成多段线(P)/新建边界(N)] <新建边界>:
剪裁选项
外部模式 - 边界外的对象将被隐藏。
指定剪裁边界或选择反向选项：                                   //指定边界
[选择多段线(S)/多边形(P)/矩形(R)/反向剪裁(I)] <矩形>:           //输入反向选项
```

操作提示中各选项含义如下：

- 开：显示剪裁边界外的部分或者全部外部参照。
- 关：关闭显示剪裁边界外的部分或者全部外部参照。
- 剪裁深度：在外部参照或块上设置前剪裁平面和后剪裁平面，程序将不显示由边界和指定深度所定义的区域外的对象。
- 注意：剪裁深度应用在平行于剪裁边界的方向上，与当前 UCS 无关。
- 删除：删除剪裁平面。
- 生成多段线：剪裁边界由多段线生成。
- 新建边界：使用矩形、多边形或多段线重新创建或指定剪裁边界。
- 选择多段线：选择多段线作为剪裁边界。
- 多边形：选择多边形作为剪裁边界。
- 矩形：选择矩形作为剪裁边界。
- 反向剪裁：反转剪裁边界的模式。如隐藏边界外（默认）或边界内的对象。

下面以实例来说明使用【剪裁外部参照】命令剪裁外部参照的过程。

例 8-9　光盘\example\Ch08\剪裁外部参照.dwg

操作步骤

[1] 打开本例光盘“example\Ch08\外部参照.dwg”实例文件，使用的外部参照如图 8-74 所示的虚线部分图形。

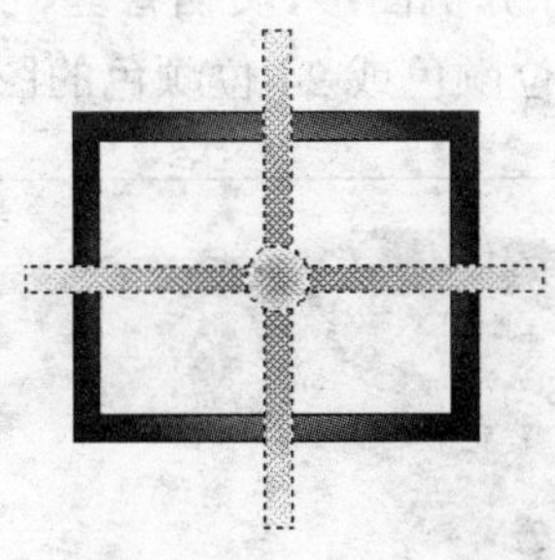

图 8-74　外部参照

[2] 在菜单栏中选择【修改】|【剪裁】|【外部参照】命令，然后将外部参照剪裁。命令行的操作提示如下：

```
命令：_xclip
选择对象：找到 1 个
选择对象：↙
输入剪裁选项
[开(ON)/关(OFF)/剪裁深度(C)/删除(D)/生成多段线(P)/新建边界(N)] <新建边界>：↙
外部模式 - 边界外的对象将被隐藏。
指定剪裁边界或选择反向选项：
[选择多段线(S)/多边形(P)/矩形(R)/反向剪裁(I)] <矩形>：r↙
指定第一个角点：
指定对角点：
已删除填充边界关联性。
```

[3] 剪裁外部参照的过程及结果如图 8-75 所示。

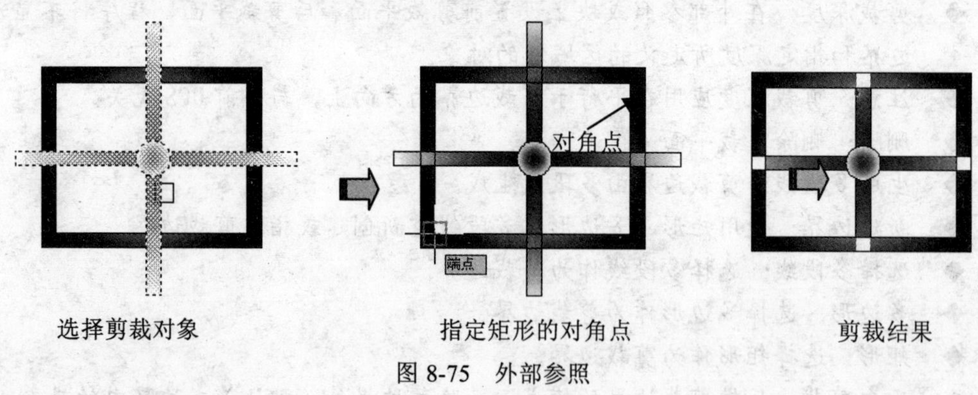

图 8-75 外部参照

8.7.2 光栅图像

光栅图像由一些称为像素的小方块或点的矩形栅格组成，光栅图像参照了特有的栅格上的像素。例如产品零件的实景照片由一系列表示外观的着色像素组成，如图 8-76 所示。光栅图像与其他许多图形对象一样，可以进行复制、移动或剪裁，也可以使用夹点模式修改图像，调整图像的对比度，使用矩形或多边形剪裁图像或将图像用做修剪操作的剪切边。

在 AutoCAD2012 中，程序支持的图像文件格式包含了主要技术成像应用领域中最常用的格式，这些应用领域有：计算机图形、文档管理、工程、映射和地理信息系统（GIS）。图像可以是两色、8 位灰度、8 位颜色或 24 位颜色的图像。

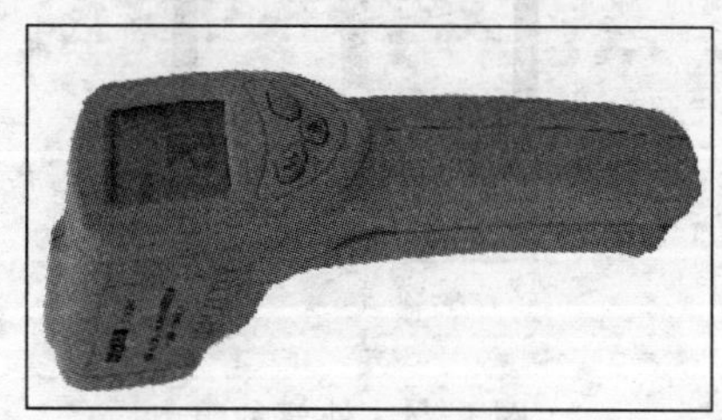

图 8-76 附着的真实照片

提示

AutoCAD2012 不支持 16 位颜色深度的图像。

8.7.3 附着图像

与其他外部参照图形一样，光栅图像也可以使用链接图像路径将参照附着到图像文件中或者放到图形文件中。附着的图像并不是图形文件的实际组成部分。

用户可通过以下命令方式来执行此操作：

- ◆ 菜单栏：选择【插入】|【光栅图像参照】命令
- ◆ 命令行：输入 IMAGEATTACH

执行命令，程序将弹出【选择图像文件】对话框，如图 8-77 所示。

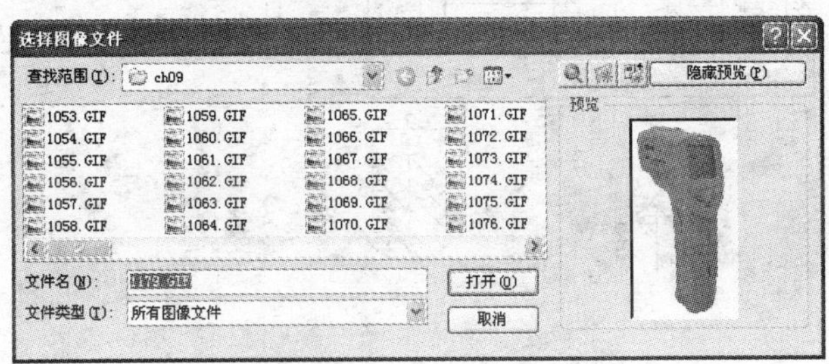

图 8-77 附着的真实照片

在图像路径下选择要附着的图像文件后，单击【打开】按钮弹出【图像】对话框，如图 8-78 所示。该对话框与【外部参照对话框】的选项内容相差无几，除少了【参照类型】选项卡外，还增加了【详细信息】按钮选项，其余选项含义都相同。

单击【详细信息】按钮后，对话框下方则弹出【图像信息】选项，该选项卡列出了附着图像的各种图像信息，如图 8-79 所示。

注意

AutoCAD 2000、AutoCAD LT 2000 及更高版本不支持 LZW 压缩的 TIFF 文件，但在美国和加拿大销售的英语版除外。如果拥有使用 LZW 压缩创建的 TIFF 文件，要将其插入到图形中，则必须在禁用 LZW 压缩的情况下，重新保存 TIFF 文件。

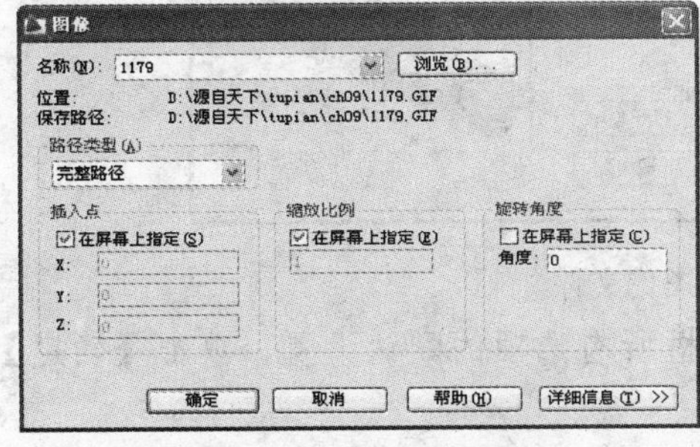

图 8-78 【图像】对话框

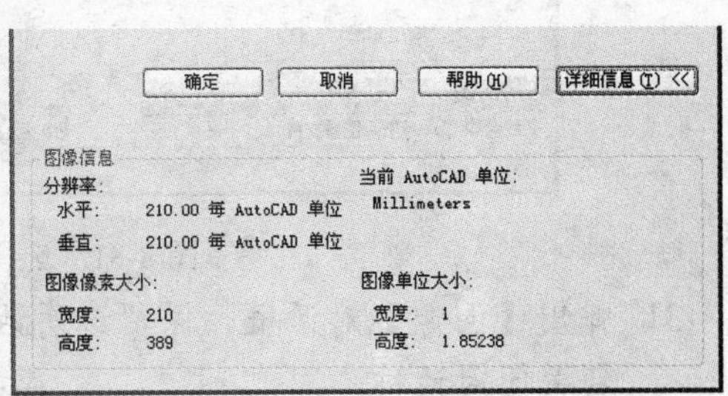

图 8-79 【图像信息】选项卡

下面以实例来说明在当前图形中附着外部图像操作过程。

例 8-10　光盘\example\Ch08\附着图像.dwg

[1] 打开本例光盘“example \Ch08\蜗杆图形.dwg”实例文件，打开的图形如图 8-80 所示。

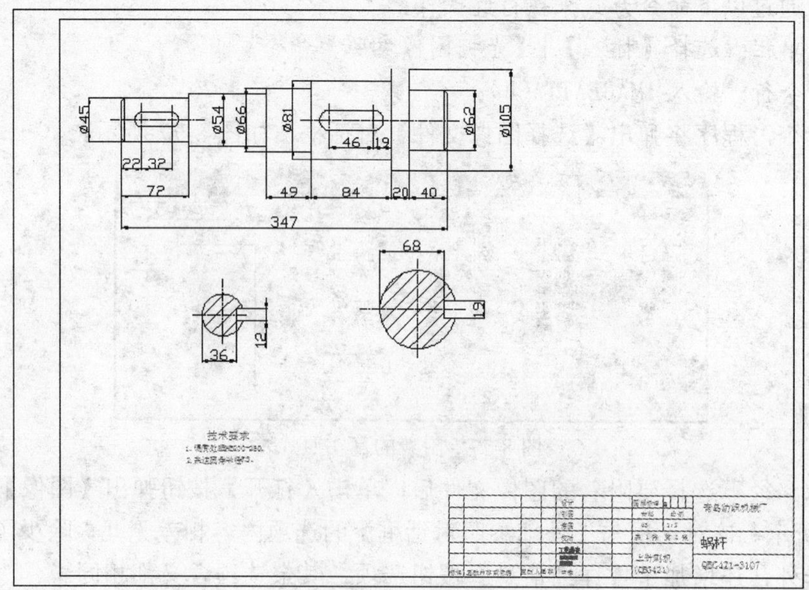

图 8-80　打开的图形

[2] 在菜单栏选择【插入】|【光栅图像参照】命令，然后通过打开的【选择图像文件】对话框，选择“example\Ch08\蜗杆.gif”文件并单击【打开】按钮，如图 8-81 所示。

图 8-81　选择图像文件

[3] 弹出【图像】对话框，保留该对话框所有选项的默认设置，单击【确定】按钮关闭对话框。

[4] 然后按命令行中的操作提示来操作：

```
命令：_imageattach
指定插入点 <0，0>：                                              //指定图像插入点
基本图像大小：宽：1.000000，高：0.695946，Millimeters            //图像信息显示
指定缩放比例因子 <1>：200↙                                        //输入比例因子
```

[5] 执行上述操作后，从外部附着图像的结果如图 8-82 所示。

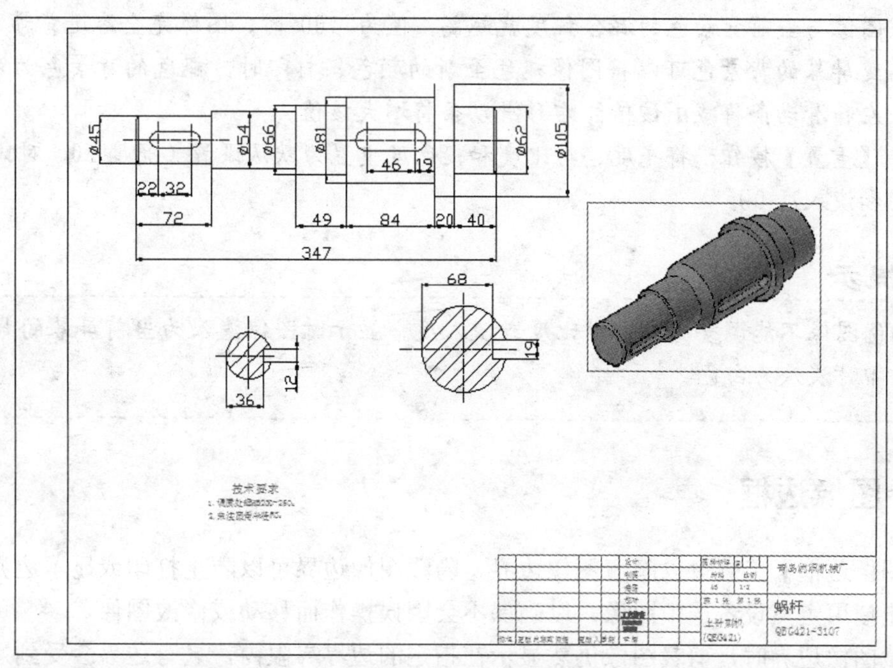

图 8-82　附着图像的结果

8.7.4　调整图像

附着外部图像后，可使用【调整图像】命令更改图形中光栅图像的几个显示特性（如亮度、对比度和淡入度），以便于查看或实现特殊效果。

用户可通过以下命令方式来执行此操作：

◆ 菜单栏：选择【修改】|【对象】|【图像】|【调整】命令

◆ 快捷菜单：选中图像，选择右键菜单【图像】|【调整】命令

◆ 命令行：输入 IMAGEADJUST。

在图形区中选中图像后，执行 IMAGEADJUST 命令，程序将弹出【图像调整】对话框，如图 8-83 所示。

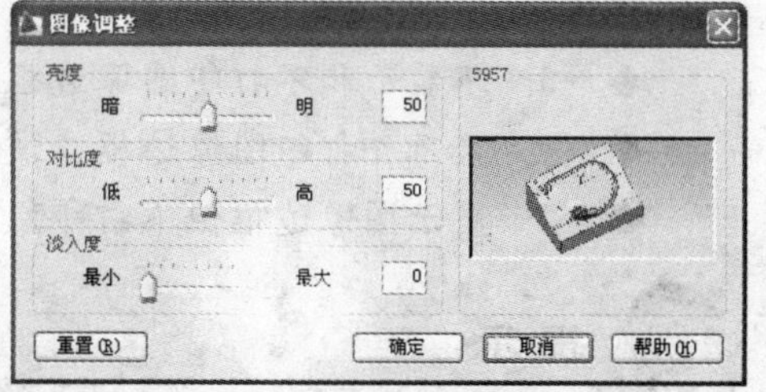

图 8-83　【图像调整】对话框

该对话框各选项卡及选项的含义如下：

◆ 【亮度】选项卡：控制图像的亮度，从而间接控制图像的对比度。取值范围在 0～

100之间。此值越大，图像就越亮，增大对比度时变成白色的像素点也会越多。左移滑动条将减小该值；右移滑动条将增大该值。

◆ 【对比度】选项卡：控制图像的对比度，从而间接控制图像的褪色效果。取值范围在0～100之间。此值越大，每个像素就会在更大程度上被强制使用主要颜色或次要颜色。左移滑动条将减小该值；右移滑动条将增大该值。

◆ 【淡入度】选项卡：控制图像的褪色效果。取值范围在0～100之间。值越大，图像与当前背景色的混合程度就越高。值为 100 时，图像完全溶进背景中。改变屏幕的背景色可以将图像褪色至新的颜色。打印时，褪色的背景色为白色。左移滑动条将减小该值；右移滑动条将增大该值。

◆ 【重置】按钮：将亮度、对比度和褪色度重置为默认设置（亮度50、对比度50和淡入度0）。

提示

两色图像不能调整亮度、对比度或淡入度。显示时图像淡入为当前屏幕的背景色，打印时淡入为白色。

8.7.5 图像边框

【图像边框】工具可以隐藏图像边界，隐藏图像边界可以防止打印或显示边界，还可以防止使用定点设备选中图像，以确保不会因误操作而移动或修改图像。

隐藏图像边界时，剪裁图像仍然显示在指定的边界界限内，只有边界会受到影响。显示和隐藏图像边界将影响图形中附着的所有图像。

用户可通过以下命令方式来执行此操作：

◆ 菜单栏：选择【修改】|【对象】|【图像】|【边框】命令

◆ 命令行：输入 IMAGEFRAME

执行命令，命令行显示如下操作提示：

```
命令：_imageframe
输入图像边框设置 [0/1/2] <1>:
```

操作提示中选项含义如下：

◆ 0：不显示和不打印图像边框。

◆ 1：显示并打印图像边框。该设置为默认设置。

◆ 2：显示图像边框但不打印。

提示

通常情况下未显示图像边框时，不能使用 SELECT 命令的【拾取】或【窗口】选项选择图像。但是，重执行 IMAGECLIP 命令会临时打开图像边框。

下面以实例来说明图像边框的隐藏操作过程。

例 8-11	光盘\example\Ch08\隐藏图像边框.dwg

操作步骤

[1] 打开本例光盘“example\ Ch08\三维图像.dwg”文件。

[2] 在菜单栏选择【修改】|【对象】|【图像】|【边框】命令，然后按命令行操作提示进行操作：

```
命令：_imageframe
输入图像边框设置 [0/1/2] <1>：0↙
```

[3] 输入 0 选项并执行操作后，结果如图 8-84 所示。

图 8-84　隐藏边框

第9章 图层与设计中心

本章内容导读：

本章将详细介绍 AutoCAD 2012 图形管理及设计中心的基本功能操作。

设计中心是可以管理块参照、外部参照和其他内容（例如图层定义、布局和文字样式）的功能选项板。

本章学习要点：

- 管理图层
- 设计中心简介
- 利用设计中心制图
- 使用设计中心访问、添加内容
- CAD 标准样板

9.1 管理图层

图层是 AutoCAD 提供的一个管理图形对象的工具。用户可以根据图层对图形几何对象、文字、标注等进行归类处理，这不仅能使图形的各种信息清晰、有序，便于观察，而且也会给图形的编辑、修改和输出带来很大方便。图层相当于图纸绘图中使用的重叠图纸，如图 9-1 所示。

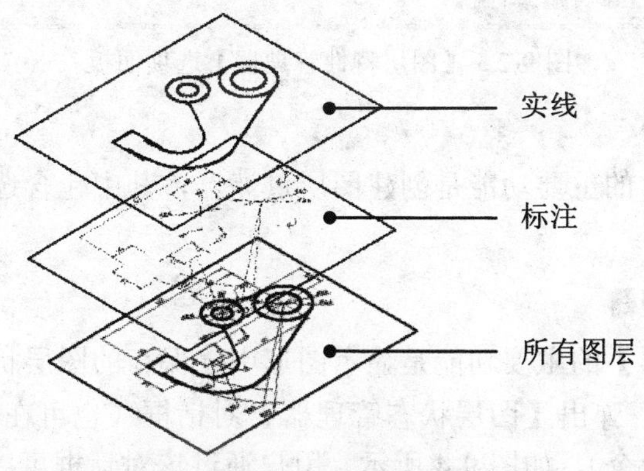

图 9-1　图层释义图

AutoCAD2012 向用户提供了多种图层管理工具，这些工具包括图层特性管理器、图层工具等，其中图层工具中又包含如【将对象的图层置于当前】、【上一个图层】、【图层漫游】等功能。接下来对图层管理、图层工具等功能作简要介绍。

9.1.1 图层特性管理器

AutoCAD 提供了图层特性管理器，用户利用该工具可以很方便地创建图层以及设置它的基本属性。

用户可通过以下命令方式打开【图层特性管理器】选项面板：

- ◆ 在菜单栏选择【格式】|【图层】命令
- ◆ 在【常用】标签【图层】面板单击【图层特性】按钮
- ◆ 在命令行输入 LAYER

打开【图层特性管理器】选项面板，如图 9-2 所示。新的【图层特性管理器】选项面板提供了更加直观的管理和访问图层的方式。在该对话框的右侧新增了图层列表框，用户在创建图层时可以清楚地看到该图层的从属关系及属性，同时还可以添加、删除和修改图层。

【图层特性管理器】选项面板中所包含的按钮、选项功能介绍如下：

1. 新建特性管理器

【新建特性管理器】的主要功能是根据图层的一个或多个特性创建图层过滤器。单击【新建特性管理器】按钮，程序弹出【图层过滤器特性】对话框，如图 9-3 所示。

在【图层特性管理器】选项板的树状图选定图层过滤器后，列表视图中将显示符合过滤条件的图层。

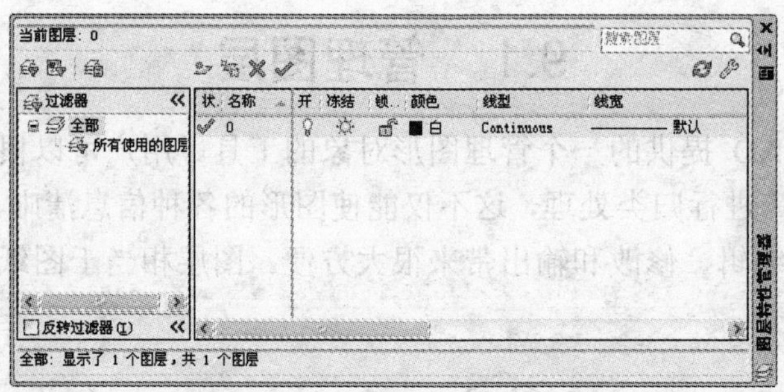

图 9-2 【图层特性管理器】选项面板

2. 新建组管理器

【新建组管理器】的主要功能是创建图层过滤器，其中包含选择并添加到该过滤器的图层。

3. 图层状态管理器

【图层状态管理器】的主要功能是显示图形中已保存的图层状态列表。单击【图层状态管理器】按钮，弹出【图层状态管理器】对话框（也可在菜单栏选择【格式】|【图层状态管理器】命令），如图 9-4 所示。用户通过该对话框可以创建、重命名、编辑和删除图层状态。

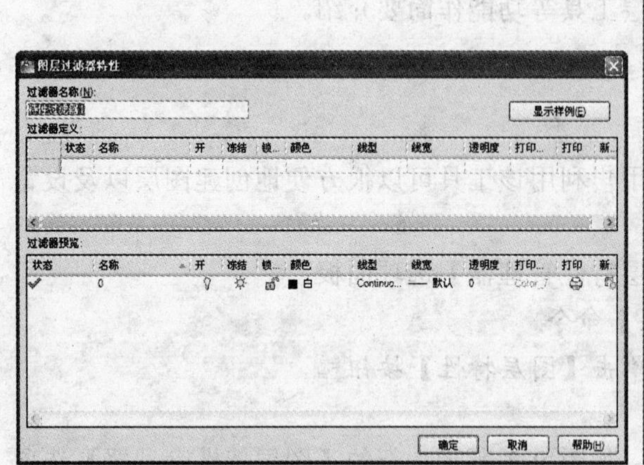

图 9-3 【图层过滤器特性】对话框

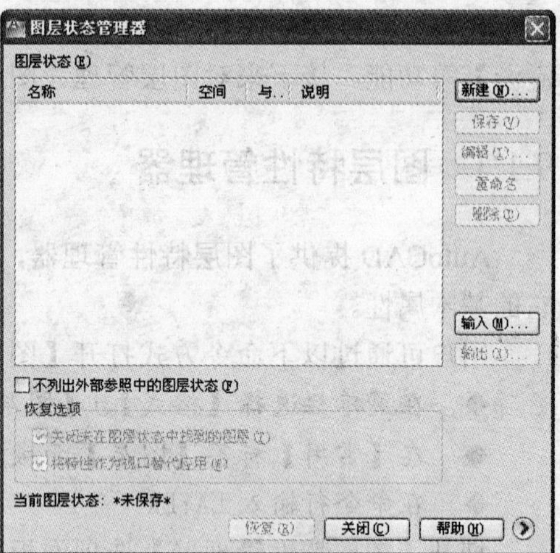

图 9-4 【图层状态管理器】对话框

【图层状态管理器】对话框的选项、功能按钮含义如下：

- ◆ 图层状态：列出已保存在图形中的命名图层状态，保存它们的空间（模型空间、布局或外部参照），图层列表是否与图形中的图层列表相同以及可选说明。
- ◆ 不列出外部参照中的图层状态：控制是否显示外部参照中的图层状态。
- ◆ 关闭未在图层状态中找到的图层；恢复图层状态后，用于关闭未保存设置的新图层，以使图形看起来与保存命名图层状态时一样。
- ◆ 将特性作为视口替代应用；将图层特性替代应用于当前视口。仅当布局视口处于活动状态并访问图层状态管理器时，此选项才可用。

- 更多恢复选项⊙：控制【图层状态管理器】对话框中其他选项的显示。
- 新建：为在图层状态管理器中定义的图层状态指定名称和说明。
- 保存：保存选定的命名图层状态。
- 编辑：显示选定的图层状态中已保存的所有图层及其特性，视口替代特性除外。
- 重命名：为图层重命名。
- 删除：删除选定的命名图层状态。
- 输入：显示标准的文件选择对话框，从中可以将之前输出的图层状态（LAS）文件加载到当前图形。
- 输出：显示标准的文件选择对话框，从中可以将选定的命名图层状态保存到图层状态（LAS）文件中。
- 恢复：将图形中所有图层的状态和特性设置恢复为之前保存的设置（仅恢复使用复选框指定的图层状态和特性设置）。

4. 新建图层

【新建图层】工具用来创建新图层。单击【新建图层】按钮，列表中将显示名为【图层 1】的新图层，图层名文本框处于编辑状态。新图层将继承图层列表中当前选定图层的特性（颜色、开或关状态等），如图 9-5 所示。

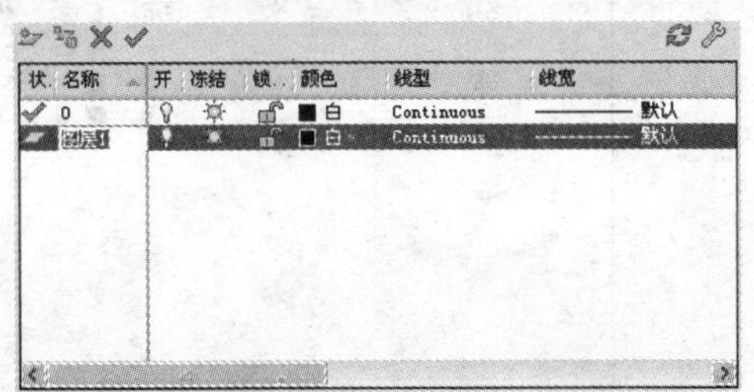

图 9-5　新建图层

5. 所有视口中已冻结的新图层

【所有视口中已冻结的新图层】工具用来创建新图层，然后在全部现有布局视口中将其冻结。单击【在所有视口中都被冻结的新图层】按钮，列表中将显示名为“图层 2”的新图层，图层名文本框处于编辑状态。该图层的所有特性被冻结，如图 9-6 所示。

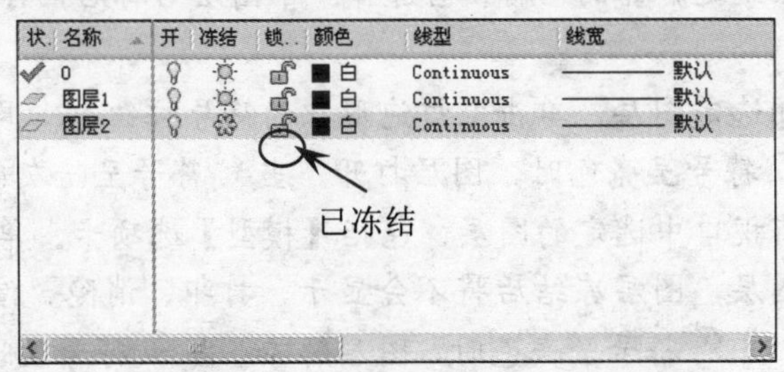

图 9-6　新建图层的所有特征被冻结

6. 删除图层

【删除图层】工具只能删除未被参照的图层。图层 0 和 DEFPOINTS、包含对象（包括块定义中的对象）的图层、当前图层以及依赖外部参照的图层是不能被删除的。

7. 设为当前

【设为当前】工具是将选定图层设置为当前图层。将某一图层设置为当前图层后，在列表中该图层的状态呈“√”显示，然后用户就可在图层中创建图形对象了。

8. 过滤器树状图

在选项板中的树状图窗口显示图形中图层和过滤器的层次结构列表，如图 9-7 所示。顶层节点（全部）显示图形中的所有图层。单击窗格中的【收拢图层过滤器】按钮«，可将树状图窗口收拢，再单击此按钮，可展开树状图窗口。

9. 列表视图

列表视图显示了图层和图层过滤器及其特性和说明。如果在树状图中选定了一个图层过滤器，则列表视图将仅显示该图层过滤器中的图层。树状图中的【全部】过滤器将显示图形中的所有图层和图层过滤器。当选定某一个图层特性过滤器并且没有符合其定义的图层时，列表视图将为空。要修改选定过滤器中某一个选定图层或所有图层的特性，请单击该特性的图标。当图层过滤器中显示了混合图标或【多种】时，表明在过滤器的所有图层中，该特性互不相同。

【图层特性管理器】对话框的列表视图如图 9-8 所示。

图 9-7 树状图

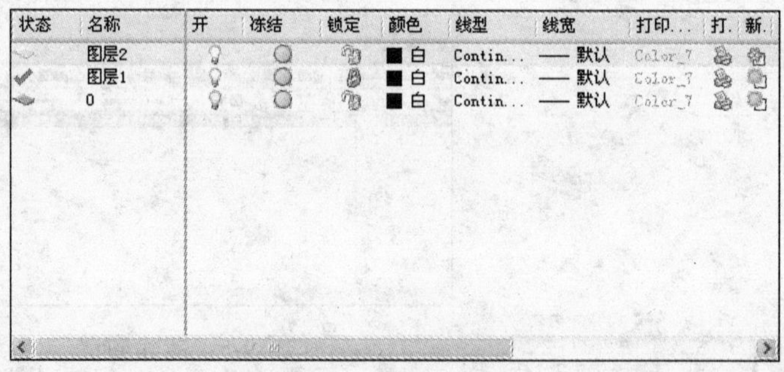

图 9-8 列表视图

列表视图中各项目含义如下：

- 状态：指示项目的类型（包括图层过滤器、正在使用的图层、空图层或当前图层）。
- 名称：显示图层或过滤器的名称。当选择一个图层名称后，再单击 F2 键即可编辑图层名。
- 开：打开和关闭选定图层。单击电灯泡形状的符号按钮，即可将选定图层打开或关闭。当符号呈亮色时，图层打开。当符号呈暗灰色时，图层关闭。
- 冻结：冻结所有视口中选定的图层，包括【模型】选项卡。单击符号按钮，可冻结或解冻图层，图层冻结后将不会显示、打印、消隐、渲染或重生成冻结图层上的对象。当符号呈亮色时，图层解冻。当符号呈暗灰色时，图层冻结。
- 锁定：锁定和解锁选定图层。图层被锁定后，将无法更改图层中的对象。单击符号按钮（此符号表示为锁已打开），图层被锁定，单击符号按钮（此符号表示为锁已关闭），图层解除锁定。

◆ 颜色：更改与选定图层关联的颜色。默认状态下，图层中对象的颜色呈黑色，单击【颜色】按钮■，弹出【选择颜色】对话框，如图 9-9 所示。在此对话框中用户可选择其他颜色显示图层中的对象元素。

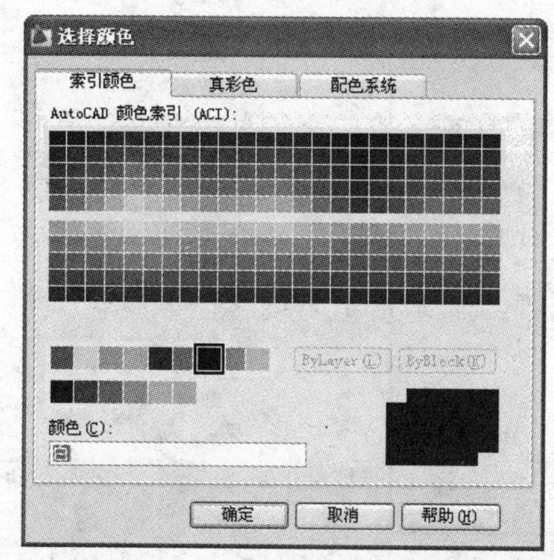

图 9-9 【选择颜色】对话框

◆ 线型：更改与选定图层关联的线型。选择线型名称（如 Continuous），则会弹出【选择线型】对话框，如图 9-10 所示。单击【选择线型】对话框的【加载】按钮，再弹出【加载或重载线型】对话框，如图 9-11 所示。在此对话框中，用户可选择任意线型来加载，使图层中的对象线型为加载的线型。

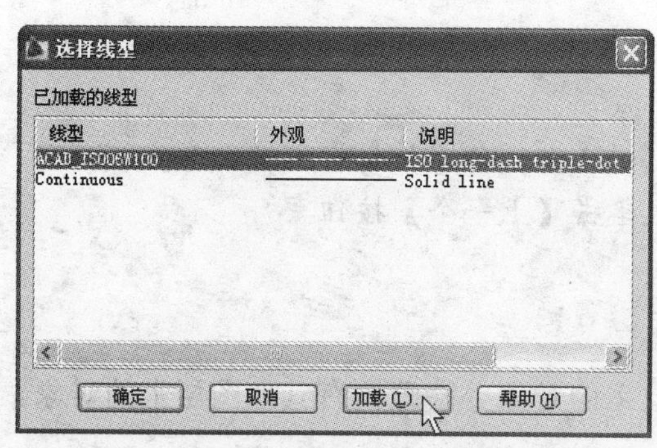

图 9-10 【选择线型】对话框

图 9-11 【加载或重载线型】对话框

◆ 线宽：更改与选定图层关联的线宽。选择线宽的名称后（如【—默认】），弹出【线宽】对话框，如图 9-12 所示。通过该对话框选择适合图形对象的线宽值。

◆ 打印样式：更改与选定图层关联的打印样式。

◆ 打印：控制是否打印选定图层中的对象。

◆ 新视口冻结：在新布局视口中冻结选定图层。

◆ 说明：描述图层或图层过滤器。

9.1.2 图层工具

图层工具是 AutoCAD 向用户提供的图层创建、编辑的管理工具。在菜单栏选择【格

式】|【图层工具】命令，即可打开图层工具菜单，如图 9-13 所示。

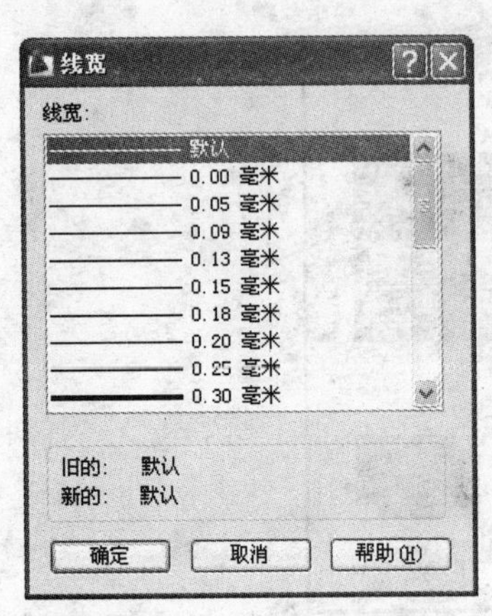

图 9-12　【线宽】对话框

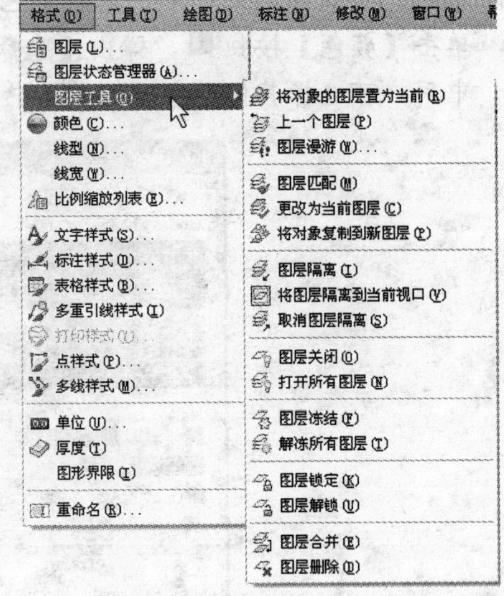

图 9-13　图层工具菜单命令

图层工具菜单上的工具命令除在【图层特性管理器】对话框中已介绍的打开或关闭图层、冻结或解冻图层、锁定或解锁图层、删除图层外，还包括上一个图层、图层漫游、图层匹配、更改为当前图层、将对象复制到新图层、图层隔离、将图层隔离到当前视口、取消图层隔离及图层合并等工具。

1. 上一个图层

【上一个图层】工具是用来放弃对图层设置所做的更改，并返回到上一个图层状态。用户可通过以下命令方式来执行此操作：

- ◆ 菜单栏：选择【格式】|【图层工具】|【上一个图层】命令
- ◆ 面板：在【常用】标签【图层】面板单击【上一个】按钮
- ◆ 命令行：输入 LAYERP

2. 图层漫游

【图层漫游】工具的作用是显示选定图层上的对象并隐藏所有其他图层上的对象。用户可通过以下命令方式来执行此操作：

- ◆ 菜单栏：选择【格式】|【图层工具】|【图层漫游】命令
- ◆ 面板：在【常用】标签【图层】面板单击【图层漫游】按钮
- ◆ 命令行：输入 LAYWALK

在【常用】标签【图层】面板单击【图层漫游】按钮后，弹出【图层漫游】对话框，如图 9-14 所示。通过该对话框，用户可在图形窗口中选择对象或选择图层显示及隐藏。

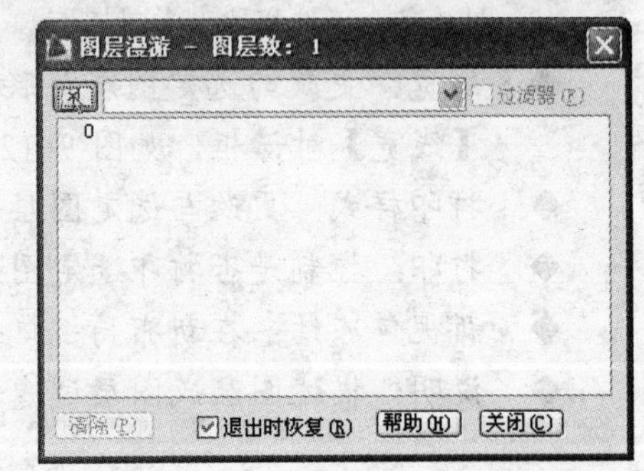

图 9-14　【图层漫游】对话框

3. 图层匹配

【图层匹配】工具的作用是更改选定对象所在的图层，使之与目标图层相匹配。用户可通过以下命令方式执行此操作：

- ◆ 菜单栏：选择【格式】|【图层工具】|【图层匹配】命令
- ◆ 面板：在【常用】标签【图层】面板单击【图层匹配】按钮
- ◆ 命令行：输入 LAYMCH

4. 更改为当前图层

【更改为当前图层】工具的作用是将选定对象所在的图层更改为当前图层。用户可通过以下命令方式执行此操作：

- ◆ 菜单栏：选择【格式】|【图层工具】|【更改为当前图层】命令
- ◆ 面板：在【常用】标签【图层】面板单击【更改为当前图层】按钮
- ◆ 命令行：输入 LAYCUR

5. 将对象复制到新图层

【将对象复制到新图层】工具的作用是将一个或多个对象复制到其他图层。用户可通过以下命令方式执行此操作：

- ◆ 菜单栏：选择【格式】|【图层工具】|【将对象复制到新图层】命令
- ◆ 面板；在【常用】标签【图层】面板单击【将对象复制到新图层】按钮
- ◆ 命令行：输入 COPYTOLAYER

6. 图层隔离

【图层隔离】工具的作用是隐藏或锁定除选定对象所在图层外的所有图层。用户可通过以下命令方式来执行此操作：

- ◆ 在菜单栏选择【格式】|【图层工具】|【图层隔离】命令
- ◆ 在【常用】标签【图层】面板单击【图层隔离】按钮
- ◆ 在命令行输入 LAYISO

7. 将图层隔离到当前视口

【将图层隔离到当前视口】工具的作用是冻结除当前视口以外的所有布局视口中的选定图层。用户可通过以下命令方式来执行此操作：

- ◆ 菜单栏：选择【格式】|【图层工具】|【将图层隔离到当前视口】命令
- ◆ 面板：在【常用】标签【图层】面板单击【将图层隔离到当前视口】按钮
- ◆ 命令行：输入 LAYVPI

8. 取消图层隔离

【取消图层隔离】工具的作用是恢复使用 LAYISO（图层隔离）命令所隐藏或锁定的其他图层。用户可通过以下命令方式执行此操作：

- ◆ 菜单栏：选择【格式】|【图层工具】|【取消图层隔离】命令
- ◆ 面板：在【常用】标签【图层】面板单击【取消图层隔离】按钮
- ◆ 命令行：输入 LAYUNISO

9. 图层合并

【图层合并】工具的作用是将选定图层合并到目标图层中，并将以前的图层从图形中删除。用户可通过以下命令方式执行此操作：

- 菜单栏：选择【格式】|【图层工具】|【图层合并】命令
- 面板：在【常用】标签【图层】面板单击【图层合并】按钮
- 命令行：输入 LAYMRG

9.1.3 利用图层绘制机械图形

例 9-1 光盘\example\Ch09\绘制机械图形.dwg 

下面利用图层命令绘制图 9-15 所示的机械零件图形。

操作步骤

[1] 利用【图层】快捷命令 LA，打开【图层特性管理器】对话框。

[2] 单击【新建】按钮创建一个新层，把该层的名字由默认的“图层 1”改为“中心线”，如图 9-16 所示。

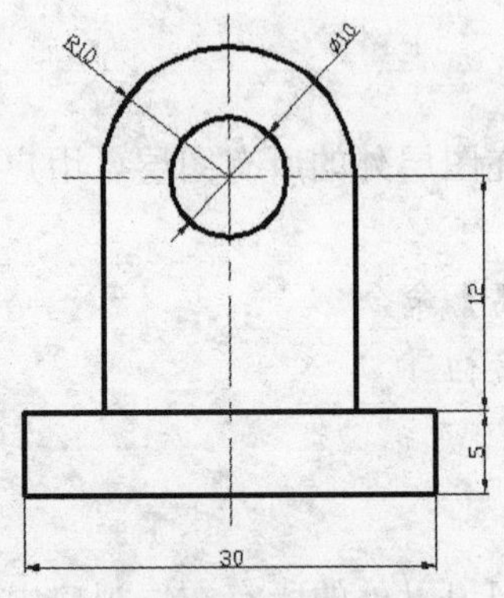

图 9-15 机械零件图形

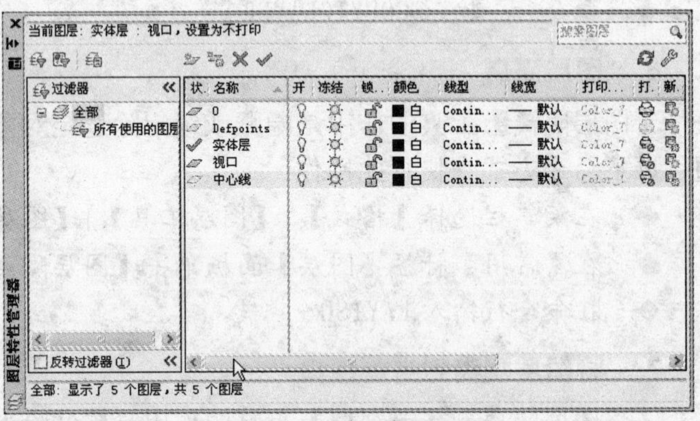

图 9-16 更改图层名

[3] 单击“中心线”层对应的【颜色】项，打开【选择颜色】对话框，选择 240 为该层颜色。确认返回【图层特性管理器】对话框。

[4] 单击“中心线”层对应【线型】项，打开【选择线型】对话框，如图 9-17 所示。

[5] 在【选择线型】对话框中，单击【加载】按钮，系统打开【加载或重载线型】对话框，选择 CENTER 线型，如图 9-18 所示。确认后退出。

[6] 在【选择线型】对话框中选择 CENTER（点画线）为该层线型，确认返回【图层特性管理器】对话框。

[7] 单击“中心线”层对应的【线宽】项，打开【线宽】对话框，选择 0.09 mm 线宽，如图 9-19 所示。确认后退出。

[8] 用相同的方法再建立两个新层，分别命名为“轮廓线”和“尺寸线”。“轮廓线”

层的颜色设置为白色，线型为 Continuous（实线），线宽为 0.3 mm。“尺寸线”层的颜色设置为蓝色，线型为 Continuous，线宽为 0.09 mm，并且让三个图层均处于打开、解冻和解锁状态，各项设置如图 9-20 所示。

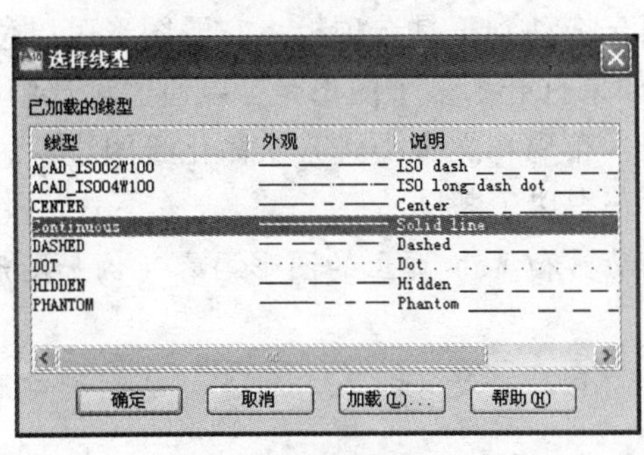

图 9-17　选择线型

图 9-18　加载新线型

[9] 选中“中心线”层，单击【置为当前】按钮，将其设置为当前层，然后确认并关闭【图层特性管理器】对话框。

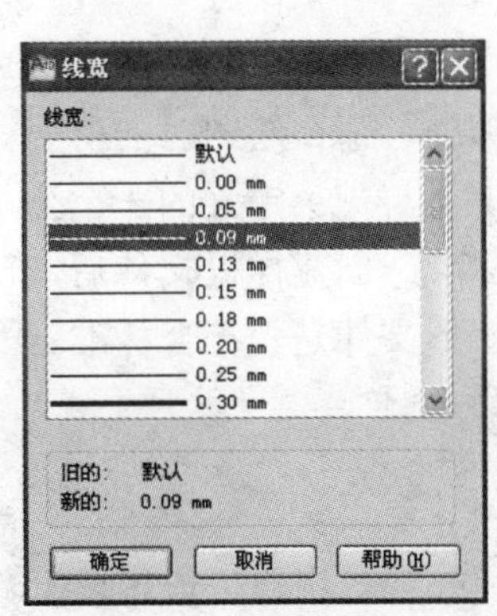

图 9-19　选择线宽

图 9-20　设置图层

[10] 在当前层“中心线”层上绘制图 9-21a 中的两条中心线。

[11] 单击【图层】工具栏中图层下拉列表的下拉按钮，将“轮廓线”层设置为当前层，并在其上绘制图 9-21b 中的主体图形。

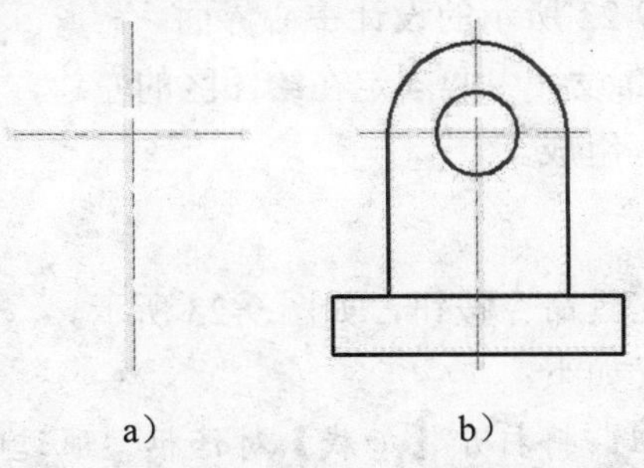

图 9-21　绘制过程图

[12] 将当前层设置为“尺寸线”层，并在“尺寸线”层上进行尺寸标注（后面讲述）。执行结果如图 9-15 所示。

9.2　设计中心简介

AutoCAD2012 为用户提供了一个直观、高效的设计中心控制面板。通过设计中心，用户可以组织对图形、块、图案填充和其他图形内容的访问；可以将源图形中的任何内容拖动到当前图形中；还可以将图形、块和填充拖动到工具选项板上。源图形可以位于用户的计算机上、网络位置或网站上。另外，如果打开了多个图形，可以通过设计中心，在图形之间复制和粘贴其他内容（如图层定义、布局和文字样式）来简化绘图过程。

通过使用设计中心管理图形，用户还可以获得以下帮助：

◆ 可以方便地浏览用户计算机、网络驱动器和 Web 页上的图形内容（例如图形或符号库）。

◆ 在定义表中查看块或图层对象的定义，然后将定义插入、附着、复制和粘贴到当前图形中。

◆ 重定义块。

◆ 可以创建常用图形、文件夹和 Internet 网址的快捷方式。

◆ 向图形中添加外部参照、块和填充等内容。

◆ 在新窗口中打开图形文件。

◆ 将图形、块和填充拖动到工具选项板上以便访问。

如果在绘制复杂的图形时，所有绘图人员遵循一个共同的标准，那么绘图时的协调工作将变得十分容易。CAD 标准就是为命名对象（例如图层和文本样式）定义的一个公共特性集。定义一个标准后，可以用样板文件的形式存储这个标准。创建样板文件后，还可以将该样板文件与图形文件相关联，借助该样板文件检查图形文件是否符合标准。

9.2.1　设计中心主界面

通过设计中心窗口，用户可以控制设计中心的大小、位置和外观。用户可通过以下命令方式打开设计中心窗口：

◆ 菜单栏：选择【工具】|【选项板】|【设计中心】命令

◆ 面板：【视图】标签【选项】面板单击【设计中心】按钮

◆ 命令行：输入 ADCENTER

执行命令，打开如图 9-22 所示的设计中心界面。

默认情况下，AutoCAD 设计中心固定在绘图区的左边，主要由控制板、树状图、项目列表框、预览区和说明区组成。

1.　工具栏

工具栏中包含常用的工具命令按钮，如图 9-23 所示。

工具栏中各按钮的含义如下：

◆ 加载：单击此按钮，将打开【加载】对话框。通过它浏览本地和网络驱动器或 Web 上的文件，然后选择内容加载到内容区域。

◆ 上一页：返回到历史记录列表中上一次的位置。

◆ 下一页：返回到历史记录列表中下一次的位置。

◆ 上一极：显示当前容器的上一级容器的内容。

◆ 搜索：单击此按钮，将打开【搜索】对话框。用户从中可以指定搜索条件以便在图形中查找图形、块和非图形对象。

◆ 收藏夹：在内容区域中显示【收藏夹】文件夹的内容。

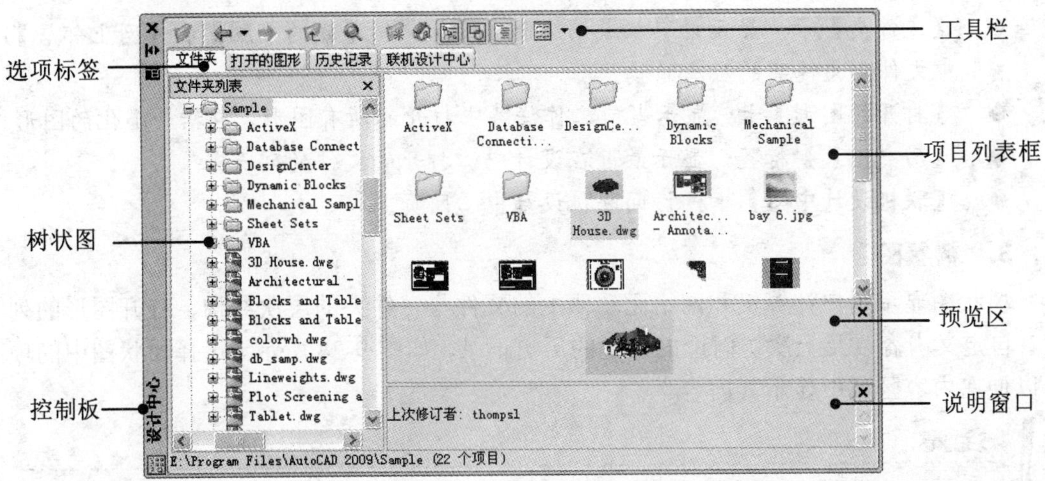

图 9-22 【设计中心】界面

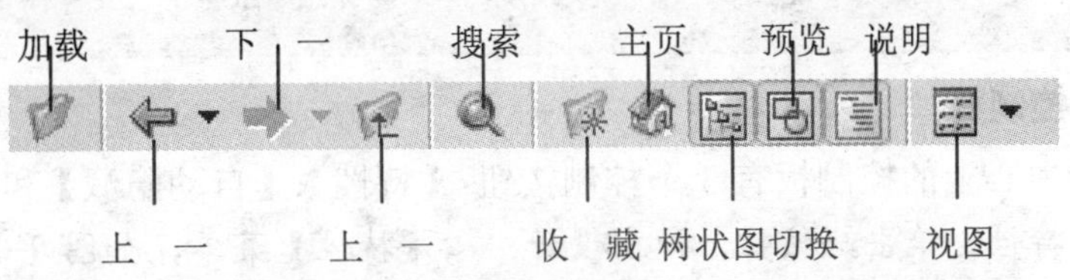

图 9-23 工具栏

提示

要在【收藏夹】中添加项目，可以在内容区域或树状图中的项目上单击右健，然后单击【添加到收藏夹】按钮。要删除【收藏夹】中的项目，可以使用快捷菜单中的【组织收藏夹】选项，然后使用快捷菜单中的【刷新】选项。

注意

DesignCenter 文件夹将被自动添加到收藏夹中。此文件夹包含可以插入在图形中的特定组织块的图形。

◆ 主页：显示设计中心主页中的内容。

◆ 树状图切换：显示和隐藏树状视图。如果绘图区域需要更多的空间，可隐藏树状图。树状图隐藏后，可以使用内容区域浏览容器并加载内容。

◆ 注意：在树状图中使用【历史记录】列表时，【树状图切换】按钮不可用。

◆ 预览：显示和隐藏内容区域窗格中选定项目的预览。

◆ 说明：显示和隐藏内容区域窗格中选定项目的文字说明。

◆ 视图：为加载到内容区域中的内容提供不同的显示格式。

2. 选项标签

设计中心面板上有 4 个选项卡，【文件夹】、【打开的图形】、【历史记录】和【联机设计中心】。

◆ 【文件夹】卡：显示计算机或网络驱动器（包括【我的电脑】和【网上邻居】）中文件和文件夹的层次结构。

◆ 【打开的图形】卡：显示当前工作任务中打开的所有图形，包括最小化的图形。

◆ 【历史记录】标签：显示最近在设计中心打开的文件的列表。

◆ 【联机设计中心】卡：访问联机设计中心网页。

3. 树状图

树状图显示用户计算机和网络驱动器上的文件与文件夹的层次结构、打开图形的列表、自定义内容以及上次访问过的位置的历史记录，如图 9-24 所示。选择树状图中的项目以便在内容区域中显示其内容。

注意

sample\designcenter 文件夹中的图形包含可插入在图形中的特定组织块。这些图形称为符号库图形。使用设计中心顶部的工具栏按钮可以访问树状图选项。

4. 控制板

设计中心上的控制板有 3 个控制按钮：【特性】、【自动隐藏】和【关闭】，含义如下：

◆ 特性：单击此按钮，弹出设计中心【特性】菜单，如图 9-25 所示，可以进行移动、缩放、隐藏设计中心选项板。

◆ 自动隐藏：单击此按钮，可以控制设计中心选项板的显示或隐藏。

◆ 关闭：单击此按钮，将关闭设计中心选项板。

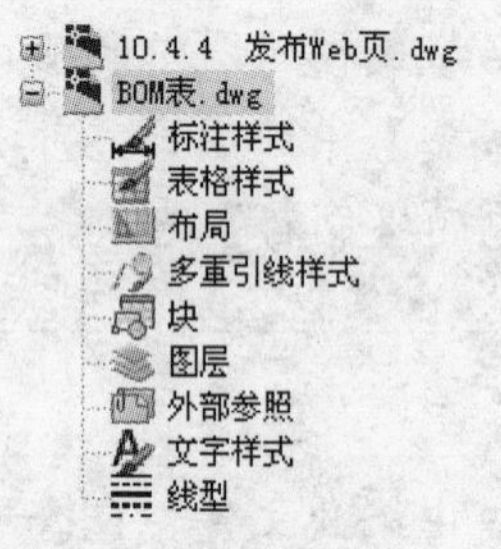

图 9-24 树状图结构

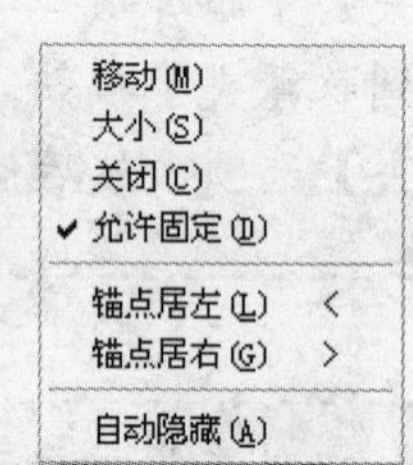

图 9-25 【特性】菜单

9.2.2 设计中心的构成

设计中心选项板上的设计中心主要由左边的树状图和 4 个功能选项卡构成，如图 9-26 所示。

下面介绍 3 个功能卡的作用及含义。

1. 文件夹

【文件夹】卡显示导航图标的层次结构，包括网络和计算机、Web 地址（URL）、计算机驱动器、文件夹，以及图形和相关的支持文件、外部参照、布局、图案填充样式和命名的对象。

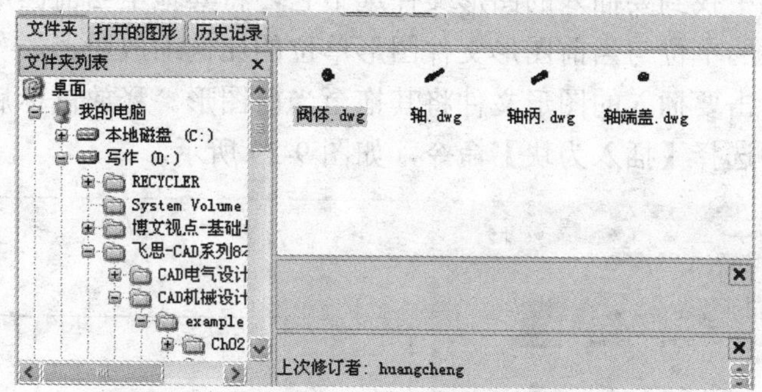

图 9-26　设计中心的构成

单击树状图中的项目，在内容区中显示其内容。单击加号（+）或减号（-）可以显示或隐藏层次结构中的其他层次。双击某个项目可以显示其下一层次的内容。在树状图中单击鼠标右键将显示带有若干相关选项的快捷菜单。

2.　打开的图形

【打开的图形】卡中显示当前打开图形的列表。单击某个图形文件，然后单击列表中的一个定义表可以将图形文件的内容加载到内容区中，如图 9-27 所示。

3.　历史记录

【历史记录】卡显示设计中心以前打开文件的列表。双击列表中的某个图形文件，可以在【文件夹】卡的树状图中定位此图形文件，并将其内容加载到内容区中。该卡的内容如图 9-28 所示。

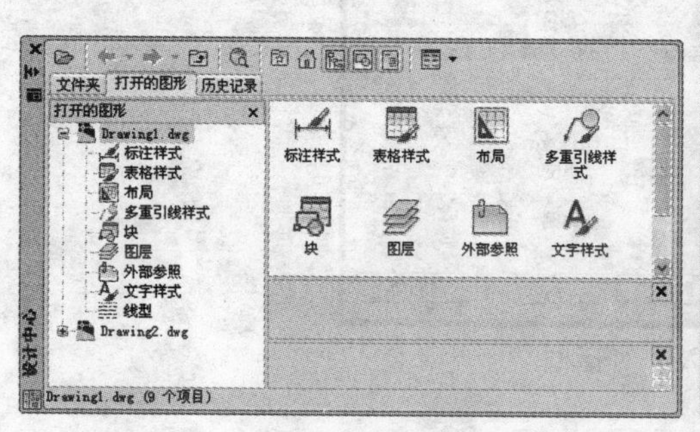

图 9-27　【打开的图形】标签

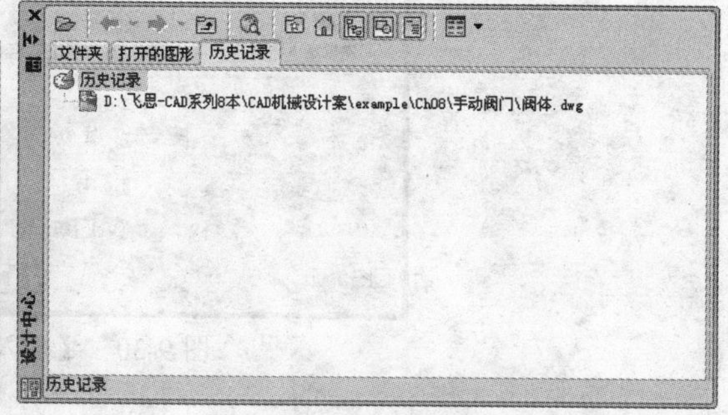

图 9-28　【历史记录】卡

9.3　利用设计中心制图

在设计中心选项板中，可以将项目列表框或者【查找】对话框中的内容直接拖放到打开的图形中，还可以将内容复制到剪贴板上后再粘贴到图形中。根据插入内容的类型，还可以选择其他方法。

9.3.1 以块形式插入图形文件

在设计中心选项板中，可以将一个图形文件以块形式插入到当前已打开的图形中。首先在项目列表框中找到要插入的图形文件选中它，将其拖至当前图形中。此时系统将按照所选图形文件的单位与当前图形文件图形单位的比例缩放图形。

也可以右键单击要插入的图形文件将其拖至当前图形。释放鼠标后，系统将弹出一个快捷菜单，从中选择【插入为块】命令，如图 9-29 所示。

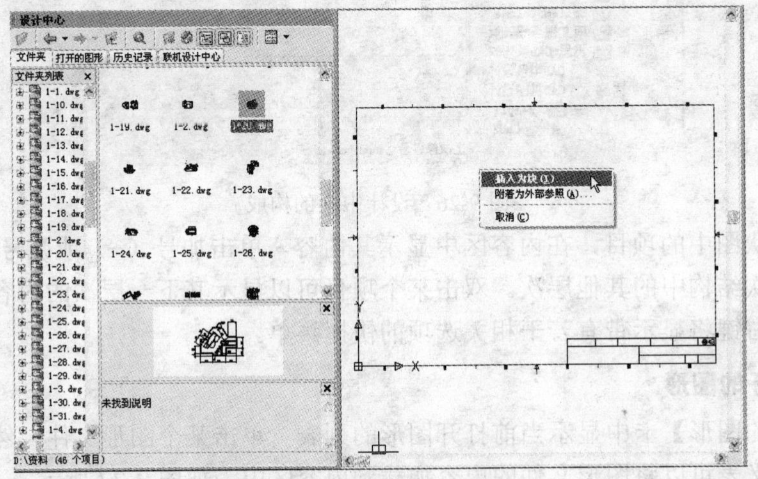

图 9-29 右键拖移图形文件

随后程序将打开【插入】对话框。用户利用该对话框可以设置块的插入点坐标、缩放比例和旋转角度，如图 9-30 所示。

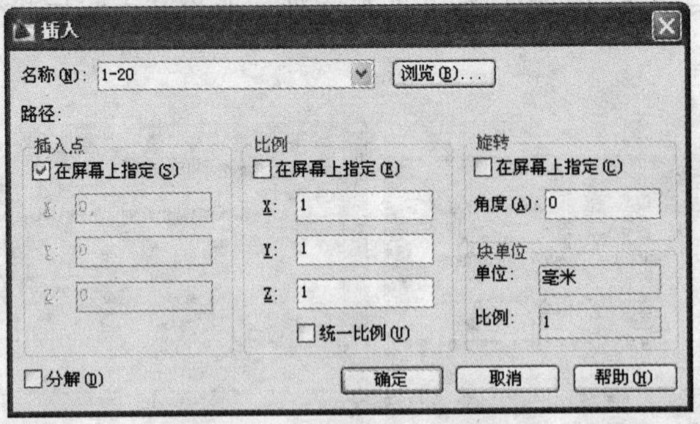

图 9-30 【插入】对话框

9.3.2 附着为外部参照

在设计中心中，可以通过以下方式在内容区打开图形：使用快捷菜单，拖动图形同时按住 Ctrl 键，或将图形图标拖至绘图区域的图形区外的任意位置。图形名被添加到设计中心历史记录表中，以便在将来的任务中快速访问。

使用快捷菜单时，可以将图形文件以外部参照形式在当前图形中插入，即在上图所示的快捷菜单中，选择【附着为外部参照】命令即可。此时程序将打开【外部参照】对话框，用户可以通过该对话框设置参照类型、插入点坐标、缩放比例与旋转角度等，如

图 9-31 所示。

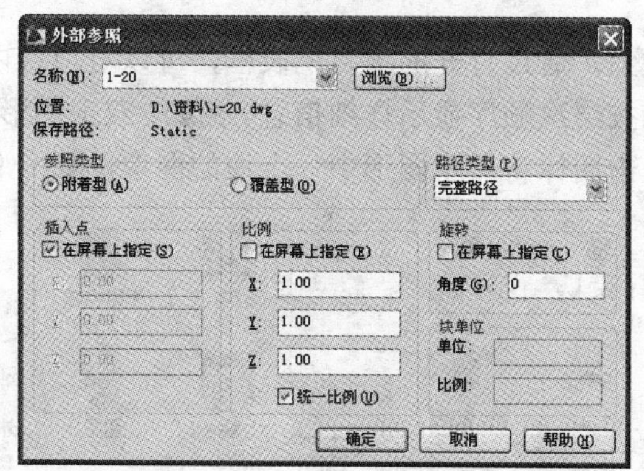

图 9-31 【外部参照】对话框

9.4 使用设计中心访问、添加内容

用户可通过 AutoCAD 设计中心访问图形文件并打开图形文件，还可通过设计中心向加载的当前图形添加内容。在【设计中心】窗口中，左侧的树状图和 4 个设计中心选项卡可以帮助用户查找内容并将内容加载到内容区中；用户也可在内容区中添加所需的新内容。

9.4.1 通过设计中心访问内容

设计中心窗口左侧的树状图和 4 个设计中心选项卡可以帮助用户查找内容，并将内容显示在项目列表框中。通过设计中心访问内容，用户可以执行以下操作：

- 修改设计中心显示的内容的源；
- 在设计中心更改【主页】按钮的文件夹；
- 在设计中心中向收藏夹文件夹添加项目；
- 在设计中心中显示收藏夹文件夹内容；
- 组织设计中心收藏夹文件夹。

例如，在设计中心树状图中选择一个图形文件，并选择右键菜单【设为主页】命令，然后在工具栏单击【主页】按钮，在项目列表框中将显示该图形文件的所有 AutoCAD 设计内容，如图 9-32 所示。

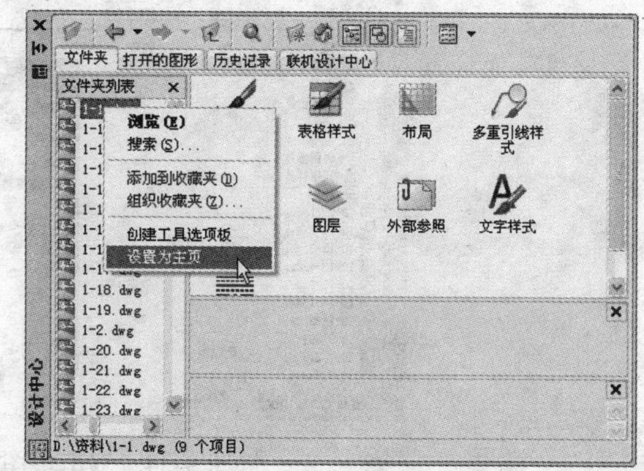

图 9-32 设置主页图形文件

注意

每次打开设计中心选项板时，单击【主页】按钮，将显示先前设置的主页图形文件或文件夹。

9.4.2 通过设计中心添加内容

在设计中心选项板上，通过打开的项目列表框，可以对项目内容进行操作。双击项目列表框中的项目可以按层次顺序显示详细信息。例如，双击图形图像将显示若干图标，包括代表块的图标，双击图标将显示图形中每个块的图像，如图 9-33 所示。

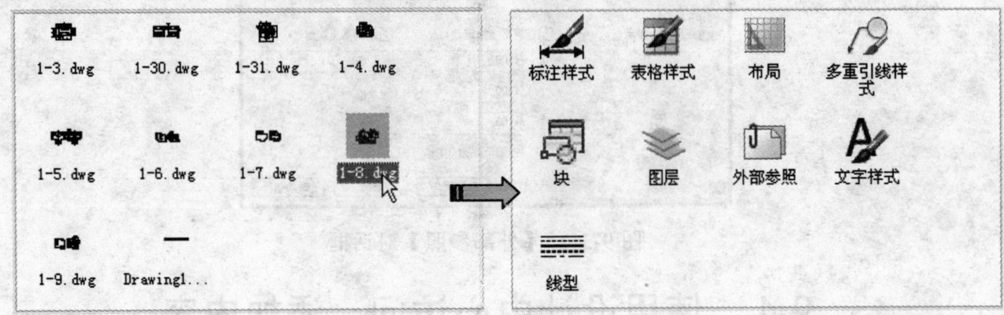

图 9-33 双击图标以显示其内容

通过设计中心，用户可以向图形添加内容，可以更新块定义，还可以将设计中心中的项目添加到工具选项板中。

1. 向图形添加内容

用户可以使用以下方法在项目列表框区中向当前图形添加内容：

◆ 将某个项目拖动到某个图形的图形区，按照默认设置（如果有）将其插入;

◆ 在内容区中的某个项目上单击鼠标右键，将显示包含若干选项的快捷菜单。

双击块图标显示【插入】对话框，如图 9-34 所示。双击图案填充显示【边界图案填充】对话框。

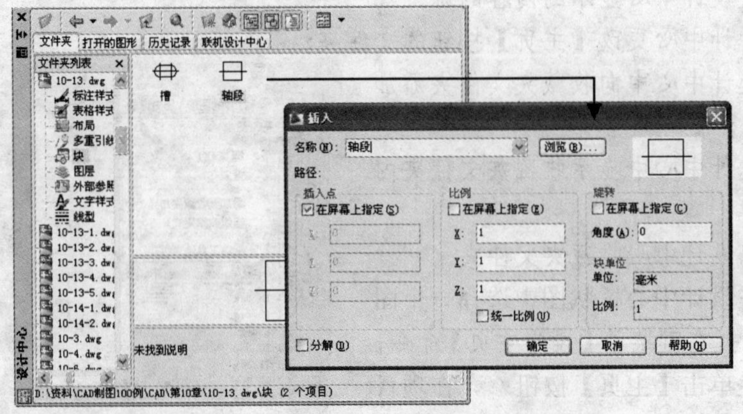

图 9-34 双击块图标打开【插入】对话框

2. 更新块定义

与外部参照不同，当更改块定义的源文件时，包含此块图形的块定义并不会自动更新。通过设计中心，可以决定是否更新当前图形中的块定义。

在项目列表框中的块或图形文件上单击鼠标右键，然后选择快捷菜单中的【仅重定义】或【插入并重定义】命令，可以更新选定的块，如图 9-35 所示。

提示

块定义的源文件可以是图形文件或符号库图形文件中的嵌套块。

3. 将设计中心内容添加到工具选项板

可以将设计中心中的图形、块和图案填充添加到当前的工具选项板中。向工具选项板中添加图形时，如果将它们拖动到当前图形中，那么被拖动的图形将作为块被插入。

注意

可以从内容区中选择多个块或图案填充，并将它们添加到工具选项板中。

下面以实例来说明将设计中心内容添加到工具选项板的步骤。

操作步骤

[1] 在 AutoCAD 的菜单栏中，选择【工具】|【选项板】|【设计中心】命令，打开【设计中心】选项板。

[2] 在【文件夹】选项卡的树状图中，选中“光盘\Example\start\Ch11”文件夹，在项目列表框中显示该文件夹中的所有图形文件，如图 9-36 所示。

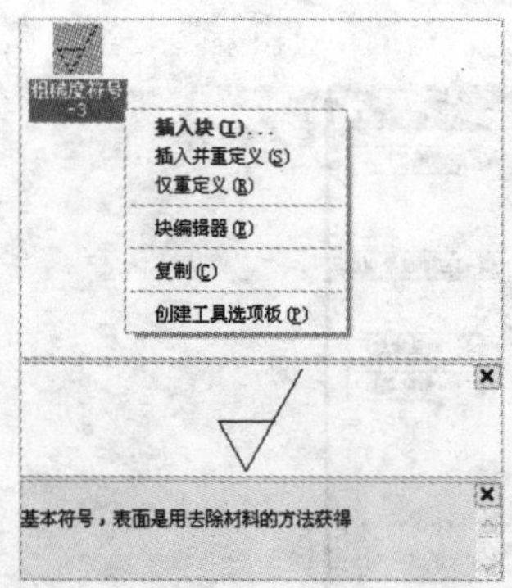

图 9-35　更新块定义的右键菜单命令

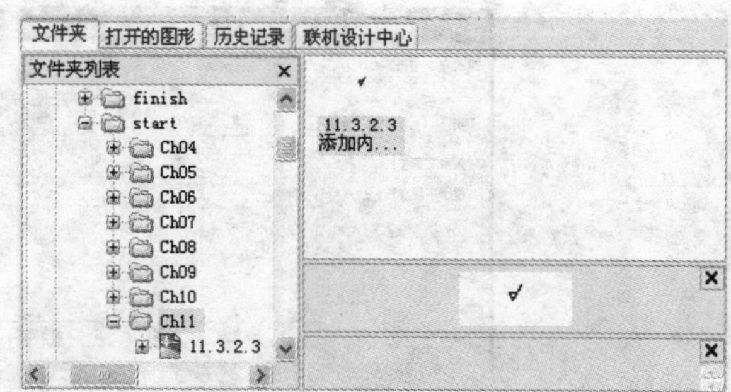

图 9-36　打开实例文件夹

[3] 在项目列表框中选中项目，并选择右键菜单【创建工具选项板】命令，程序则弹出【工具选项板】面板，新的工具选项板将包含所选项目中的图形、块或图案填充，如图 9-37 所示。

[4] 在新的【11.3.2.3　添加内容】选项卡中选择右键【重命名选项板】命令，然后将该选项板命名为“粗糙度符号”，单击 Enter 键完成工具选项板的创建，如图 9-38 所示。

搜索指定内容

【设计中心】选项板工具栏中的【搜索】工具，可以指定搜索条件，以便在图形中查找图形、块和非图形对象及搜索保存在桌面上的自定义内容。

单击【搜索】按钮，程序弹出【搜索】对话框，如图 9-39 所示。

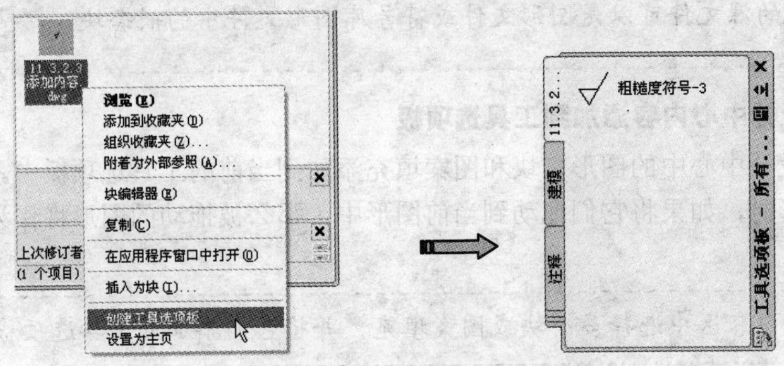

图 9-37　创建工具选项板

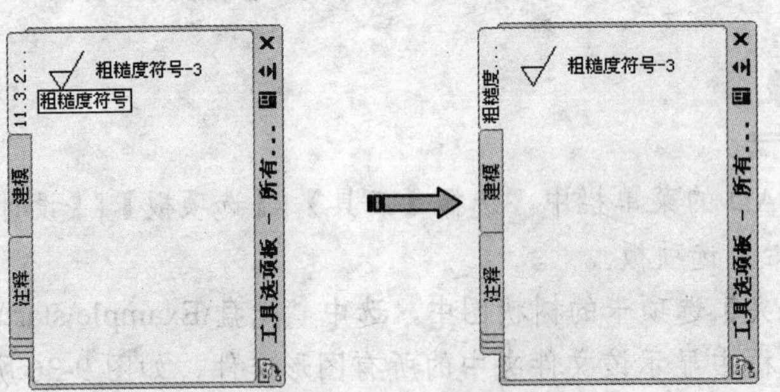

图 9-38　重命名工具选项板

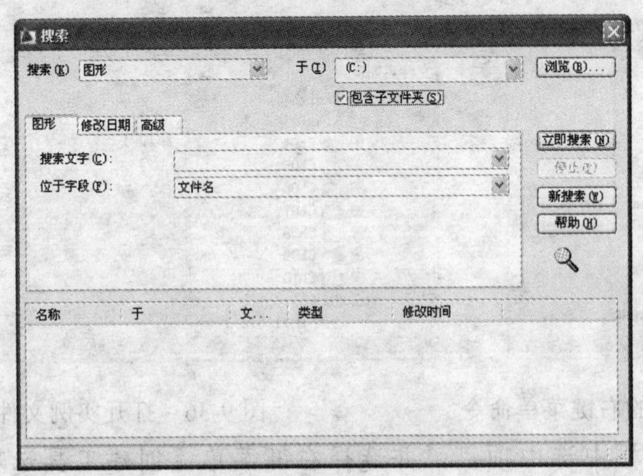

图 9-39　【搜索】对话框

该对话框中各选项含义如下：

- 搜索：指定搜索路径名。若要输入多个路径，需用分号隔开，或者下拉列表框选择路径。
- 于：搜索范围包括搜索路径中的子文件夹。
- 【浏览】按钮：单击此按钮，在【浏览文件夹】对话框中显示树状图，从中指定要搜索的驱动器和文件夹。
- 包含子文件夹：搜索范围包括搜索路径中的子文件夹。
- 【图形】选项卡：显示与【搜索】列表中指定的内容类型相对应的搜索字段。

可以使用通配符扩展或限制搜索范围。

◆ 搜索文字：指定要在指定字段中搜索的字符串。使用星号和问号通配符可扩大搜索范围。

◆ 位于字段：指定要搜索的特性字段。对于图形，除【文件名】外的所有字段均来自【图形特性】对话框中输入的信息。

提示

此选项可在【图形】和【自定义内容】选项卡上找到。

注意

由第三方应用程序开发的自定义内容可能不为使用【搜索】对话框的搜索提供字段。

◆ 【修改日期】选项卡：查找在一段特定时间内创建或修改的内容，如图 9-40 所示。

图 9-40 【修改日期】选项卡

◆ 所有文件：查找满足其他选项卡上指定条件的所有文件，不考虑创建或修改日期。

◆ 找出所有已创建的或已修改的文件：查找在特定时间范围内创建或修改的文件。查找的文件同时满足该选项和其他选项上指定的条件。

◆ 介于...和...：查找在指定的日期范围内创建或修改的文件。

◆ 在前…月：查找在指定的月数内创建或修改的文件。

◆ 在前…日：查找在指定的天数内创建或修改的文件。

◆ 【高级】选项卡：查找图形中的内容，只有选定【名称】框中的【图形】以后，该选项才可用，如图 9-41 所示。

◆ 包含：指定要在图形中搜索的文字类型。

◆ 包含文字：指定要搜索的文字。

◆ 大小：指定文件大小的最小值或最大值。

图 9-41 【高级】选项卡

在【搜索】对话框的【搜索】列表框中选择一个类型【图形】，并在【于】列表中选择一个包含有 AutoCAD 图形的文件夹，再单击【立即搜索】按钮。程序自动将该文件夹下的所有图形文件都列在下方的搜索结果列表中，如图 9-42 所示。通过鼠标拖动搜索结果列表中的图形文件，可将其拖动到设计中心的项目列表框中。

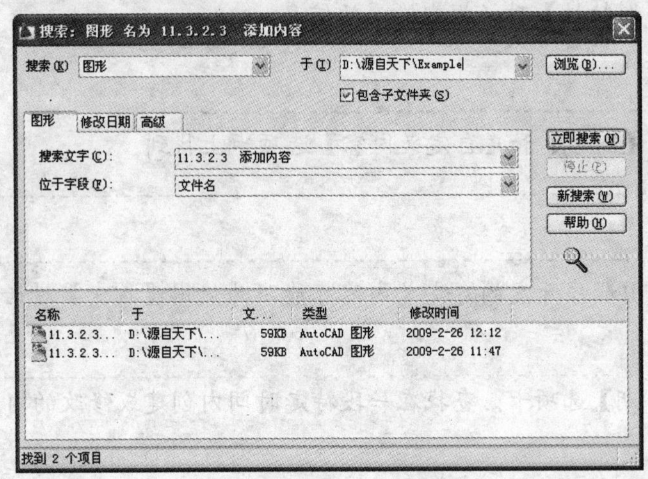

图 9-42　搜索指定内容

9.5　CAD 标准样板

为维护图形文件的一致性，可以创建标准文件以定义常用属性。标准为命名对象（例如图层和文字样式）定义一组常用特性。为了增强一致性，用户或用户的 CAD 管理员可以创建、应用和核查图形中的标准。因为标准可使其他人容易对图形做出解释，在合作环境下，许多人都致力于创建一个图形，所以标准特别有用。

用户可以为存储在一个标准样板文件中的图层、线型、尺寸标注和文字样式创建标准；也可以使用 DWS 文件来运行一个图形或者图形集的检查，修复或者忽略标准文件和当前图形之间的不一致，如图 9-43 所示。

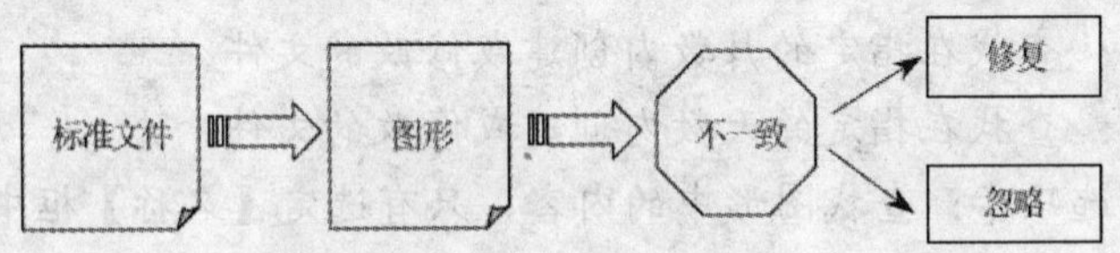

图 9-43　图形处理过程

CAD 标准样板是一个 CAD 管理器在其产品环境中，用来创建和管理标准的 CAD 工具。当标准发生冲突的时候，CAD 标准功能的许多用户界面增强提供了一个状态栏图标通知以及气泡式通知。

一旦创建了一个标准文件（DWS），用户能将它与当前图形关联，并且校验图形与 CAD 标准之间的依从关系，如图 9-44 所示。

用户可以用一个图形样板文件（DWT）开始新的图形。CAD 标准样板文件（DWS）由有经验的 AutoCAD 用户创建，通常是基于 DWT 文件的，但是也可以基于一个图形文件（DWG）。利用 DWS 文件，用户能够检查当前图形文件，检查它与标准的依从关系，如图 9-45 所示。

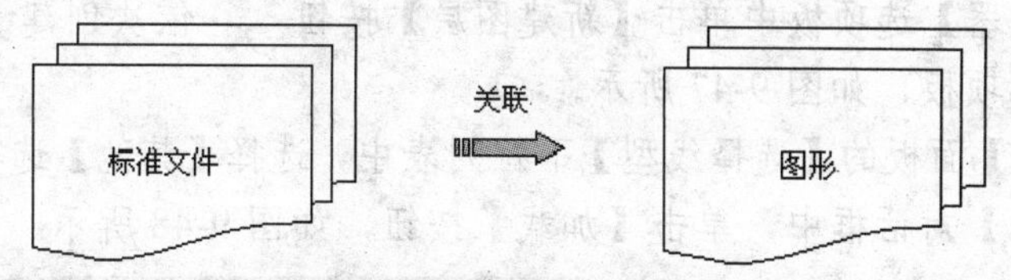

图 9-44　图形关联

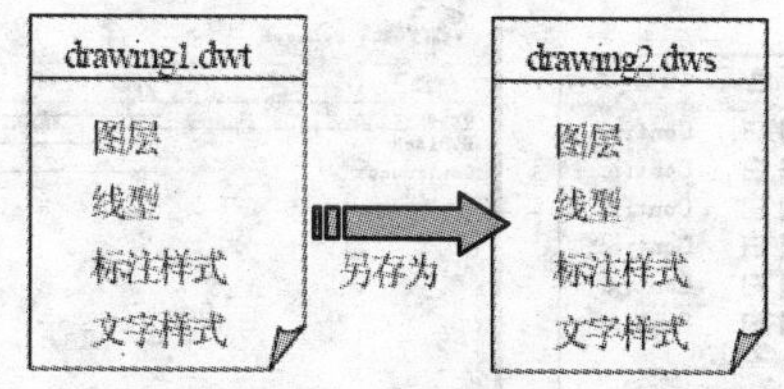

图 9-45　标准样板和图形关系

DWS 文件至少包含图层、线型、标注样式和文字样式，更复杂的还包括系统变量设置和图形单位。一旦用户创建了 CAD 标准样板文件，【配置标准】对话框将作为一个标准管理器，用户可以进行以下操作：

- ◆ 指定 CAD 标准样板文件。
- ◆ 在用户计算机上标识插入模块。
- ◆ 检查 CAD 标准冲突。
- ◆ 评估、忽略或者应用解决方案。

下面以实例来说明创建和附加 CAD 标准样板文件的步骤。在本例中，用户基于图层、线型以及其他规定创建一个图形样板文件*.dwt，然后将这个图形保存为一个标准样板*.dws，最后附加这个标准样板给一个图形*.dwg。

例 9-2　光盘\example\Ch09\附加 CAD 样板.dwg

操作步骤

[1] 在快速工具栏单击【新建】按钮，弹出【选择样板】对话框。选择基于 AutoCAD 的 acad.dwt 样板文件并打开，如图 9-46 所示。

图 9-46　选择样板文件

[2] 在【常用】选项卡【图层】面板中单击【图层特性】按钮，在打开的【图层特性管理器】选项板中单击【新建图层】按钮，依次创建5个新图层，然后关闭该选项板，如图9-47所示。

[3] 在【特性】面板的【选择线型】下拉列表中，选择【其他】选项，在弹出的【线型管理器】对话框中，单击【加载】按钮，如图9-48所示。

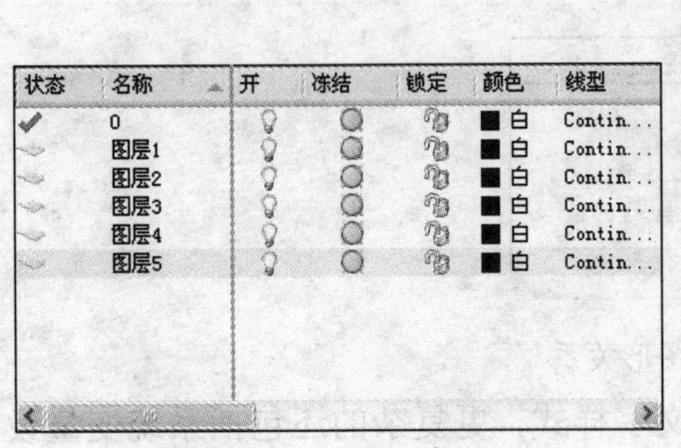

图9-47 新建5个图层

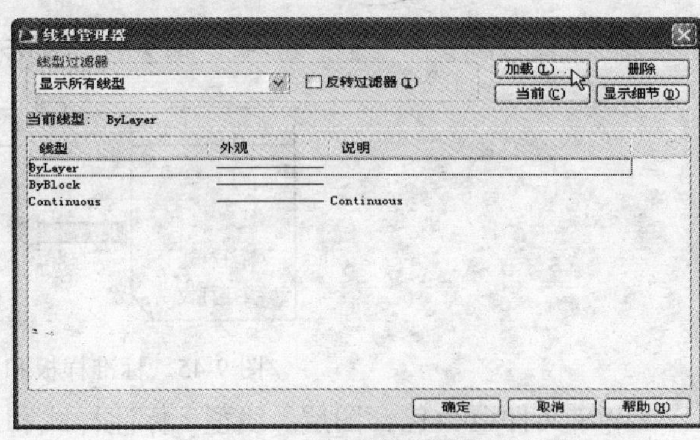

图9-48 【线型管理器】对话框

[4] 在弹出的【加载或重载线型】对话框中，从acad.lin文件的【可用线型】列表中，按住Ctrl键，选择两个线型：BORDER和DASHDOT2，然后单击对话框的【确定】按钮，如图9-49所示。

[5] 在【图层】面板中，单击【图层特性】按钮，打开【图层特性管理器】选项板。在新建图层2的【线型】列表中单击，打开【选择线型】对话框，在该对话框的【从加载的线型】列表中选择DASHDOT2线型，单击【确定】按钮，如图9-50所示。

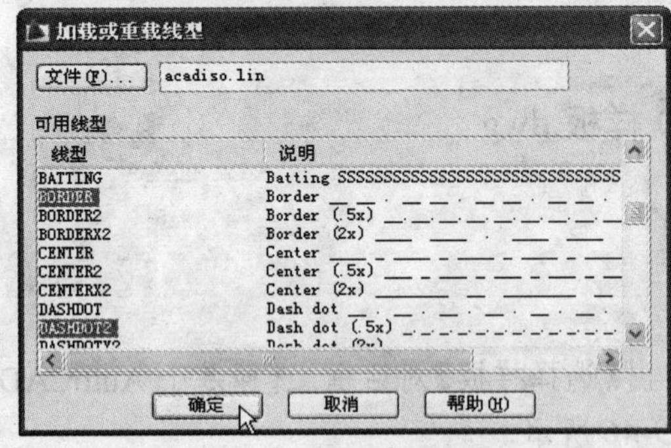
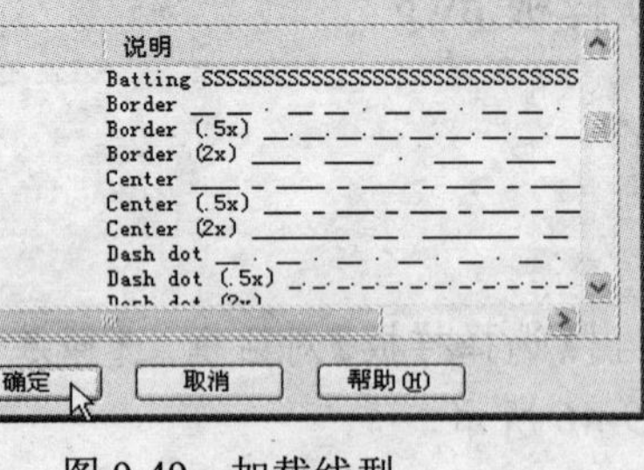

图9-49 加载线型

图9-50 选择线型

[6] 同理，将新建图层3中的线型更改为BORDER，如图9-51所示。

[7] 在【常用】选项卡【注释】面板中单击【标注样式】按钮，然后在打开的【标注样式管理器】对话框中，单击【新建】按钮，在弹出的【创建新标注样式】对话框中输入新样式名“机械标准标注”，如图9-52所示。

[8] 在弹出的【新建标注样式】对话框【符号和箭头】选项卡中，分别设置【第一个】和【第二个】箭头为“建筑标记”选项，如图9-53所示。

[9] 单击【确定】按钮，关闭【标注样式管理器】对话框。然后在【注释】面板上的【选择标注样式】列表中选择“机械标准标注”选项，如图9-54所示。

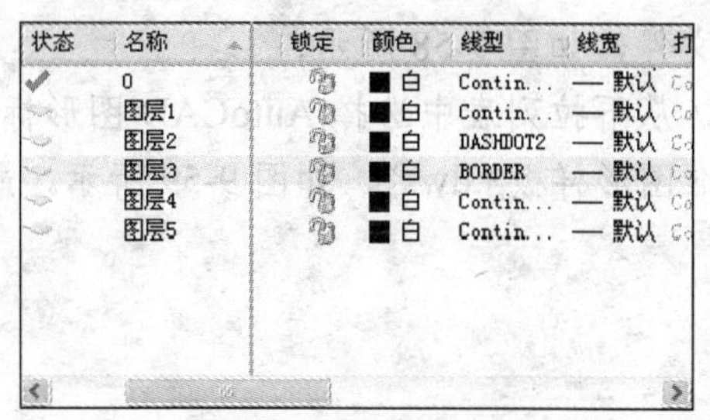

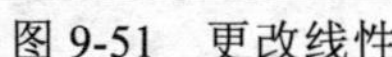

图 9-51　更改线性

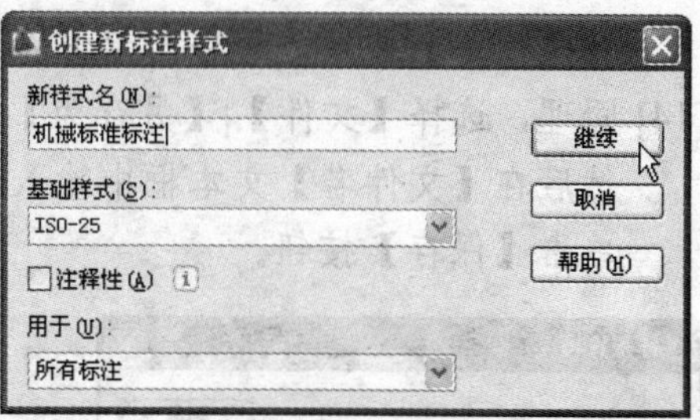

图 9-52　新建标注样式

[10] 单击【注释】面板中的【文字样式】按钮，弹出【文字样式】对话框。单击【新建】按钮，即可打开【新建文字样式】对话框，接着在【样式名】文本框中输入“标准样式-1”，然后单击【确定】按钮，如图 9-55 所示。

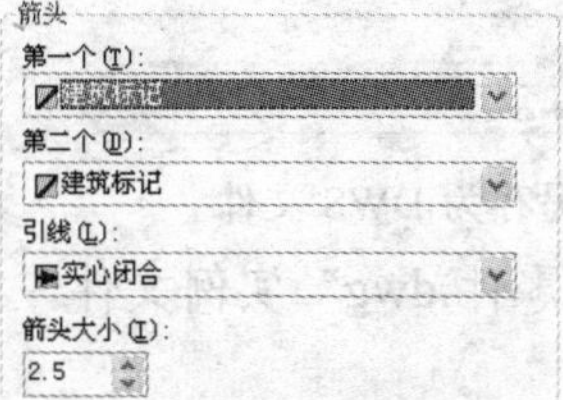

图 9-53　设置箭头

图 9-54　选择样式

图 9-55　新建文字样式

[11] 从【字体名】列表中选择 simplex.shx 字体，然后在【效果】选项卡中指定【宽度因子】为 0.75。使用相同的方法，创建另一个名为“标准样式-2”的文字样式，并且使用 simplex.shx 字体与 0.50 的宽度因子，如图 9-56 所示。单击【应用】按钮，再关闭该对话框。

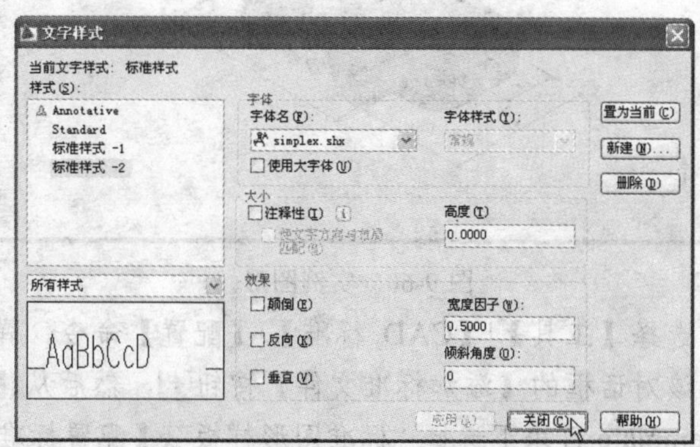

图 9-56　设置文字样式

[12] 在菜单栏选择【文件】|【另存为】命令，以 AutoCAD 图形样板*.dwt 类型保存文件，并且给该文件取名为“标准图形样板”。AutoCAD 将这个文件保存在 Template 目录下，如图 9-57 所示。

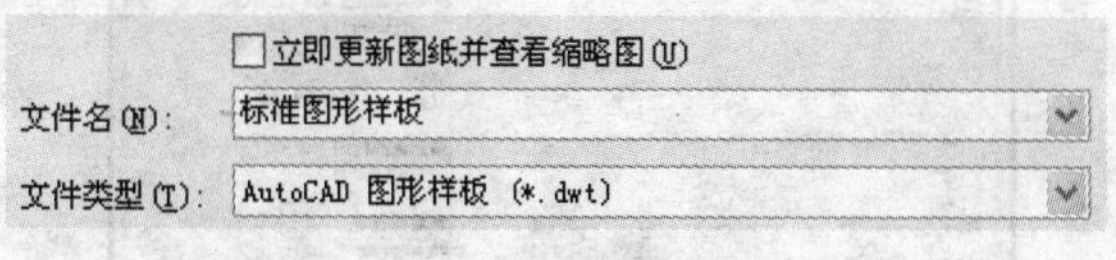

图 9-57　另存为样板文件类型

[13] 在弹出的【样板选项】说明对话框中输入 Office drawing template-DWT，并单

击【确定】按钮。程序自动保存样板文件，如图 9-58 所示。

[14] 同理，选择【文件】|【另存为】命令，从下拉列表中选择 AutoCAD 图形标准，然后在【文件名】文本框中输入“标准图形样板*.dws”，如图 9-59 所示，最后单击【保存】按钮。

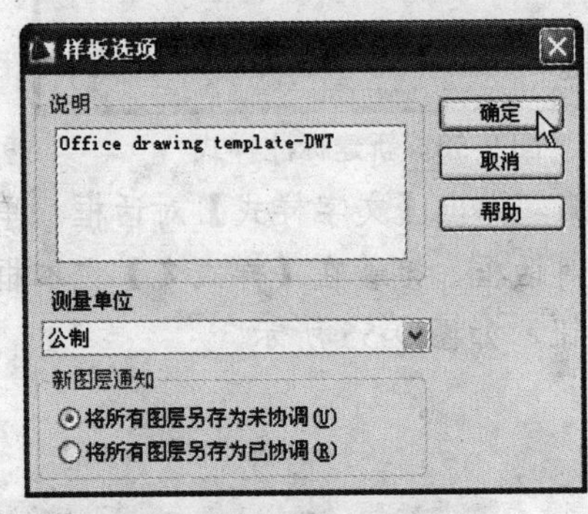

图 9-58　书写样板说明

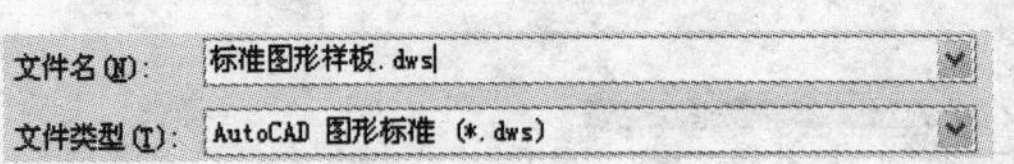

图 9-59　另存为 DWS 文件

[15] 附加标准文件到图形。打开本例光盘“example\Ch09\零件.dwg”实例文件，打开的图形如图 9-60 所示。

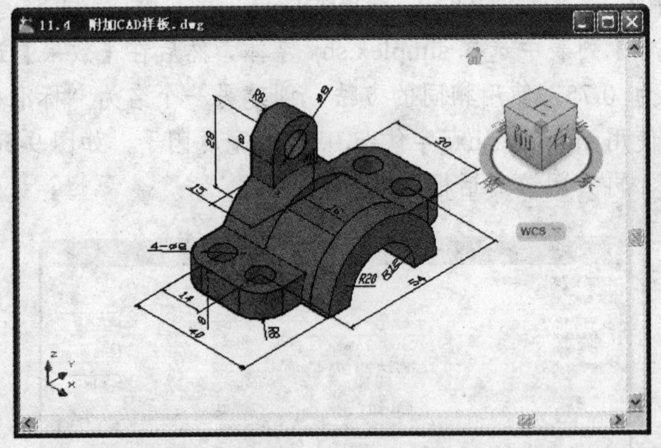

图 9-60　实例图形

[16] 在菜单栏中选择【工具】|【CAD 标准】|【配置】命令，弹出【配置标准】对话框。单击该对话框的【添加标准文件】按钮，然后从【选择标准文件】对话框中的 Template 目录下选择“标准图形样板”，【配置标准】对话框的【说明】列表中显示了 CAD 标准文件的描述信息。最后单击【确定】按钮，CAD 标准样板文件与当前图形关联，如图 9-61 所示。

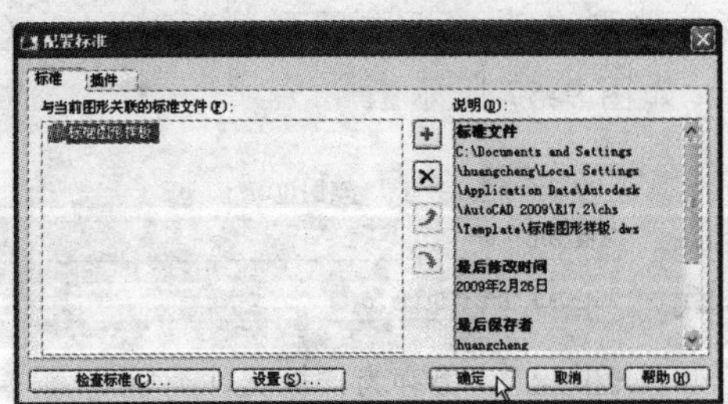

图 9-61　【配置标准】对话框

注意

用户可选择【工具】【CAD 标准】【图层转换器】命令，将当前图形转换成自定义的新图层。

第10章 AutoCAD 的数据交换

本章内容导读：

AutoCAD2012 向用户提供了图形和应用程序之间的数据交换功能，还提供了图形输入与输出接口。它们不仅可以将其他应用程序中处理好的数据传送给 AutoCAD，以显示其图形，还可以将 AutoCAD 中绘制好的图形打印出来，或者把图形的信息传送给其他应用程序。

此外，为适应互联网络的快速发展，使用户能够快速有效地共享设计信息，AutoCAD 2007 强化了其 Internet 功能，使其与互联网相关的操作更加方便、高效，可以创建 Web 格式的文件（DWF），以及发布 AutoCAD 图形文件到 Web 页。

本章学习要点：

- 利用剪贴板粘贴数据
- 链接和嵌入数据
- 从图形或电子表格中提取数据
- 在 Internet 上共享图形文件

10.1　利用剪贴板粘贴数据

在 AutoCAD 中，用户可以利用 Windows 剪贴板的粘贴功能将其他应用程序的数据文件粘贴到图形窗口。如文本文档、电子表格、幻灯片和动画图像等程序文件。

10.1.1　粘贴为块

粘贴为块是将剪贴板中复制或剪切的对象以块的方式粘贴到图形区域中。在以后创建相同对象时，可将粘贴为块的对象使用【插入】命令，插入到新的图形中。

用户可通过以下命令方式执行此操作：

◆ 菜单栏：选择【编辑】|【粘贴为块】命令

◆ 快捷菜单：不选择任何对象，选择右键菜单【粘贴为块】命令

◆ 命令行：输入 PASTECLIP

◆ 键盘快捷键：Ctrl+Shift+V

执行后，命令行提示需要指定块的插入点，然后可将剪贴板上的对象以块的方式插入到图形中。

下面以实例来说明粘贴为块的操作过程。

例 10-1　光盘\example\Ch10\粘贴为块.dwg 

操作步骤

[1] 打开本例光盘“参照图形.dwg”实例文件。

[2] 在图形窗口中选择图形，然后利用快捷键 Ctrl+C 复制到剪贴板中，如图 10-1 所示。

[3] 在不选择任何图形的情况下，选择右键菜单粘贴为块命令，如图 10-2 所示。

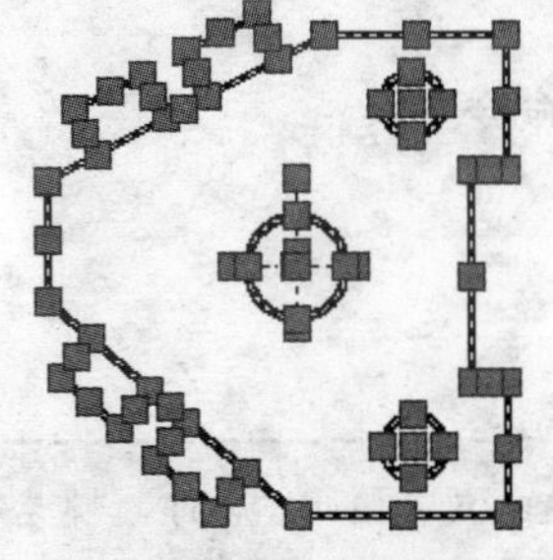

图 10-1　复制对象

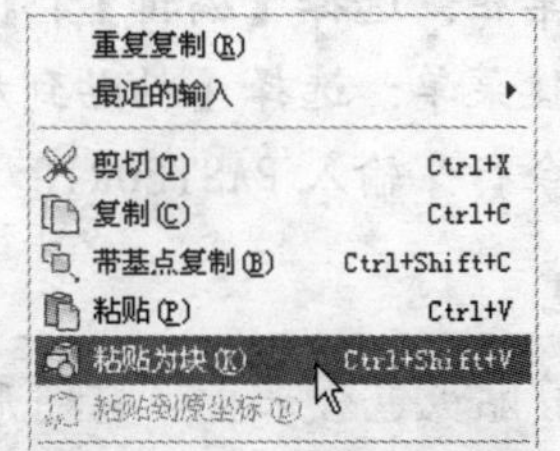

图 10-2　选择右键菜单命令

[4] 在图形窗口中指定一点作为块的插入点，单击鼠标后，将块插入到图形中，如图 10-3 所示。

[5] 在【块和参照】选项卡【块】面板中单击【插入点】按钮，在打开的【插

入】对话框中可看见自定义块名称的块，如图 10-4 所示。

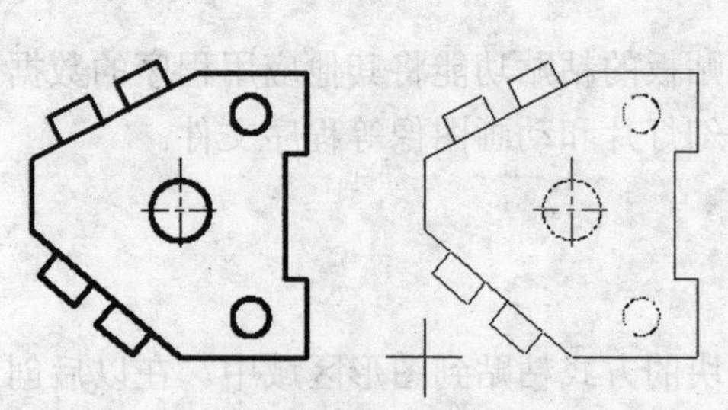

图 10-3　指定插入点并放置块

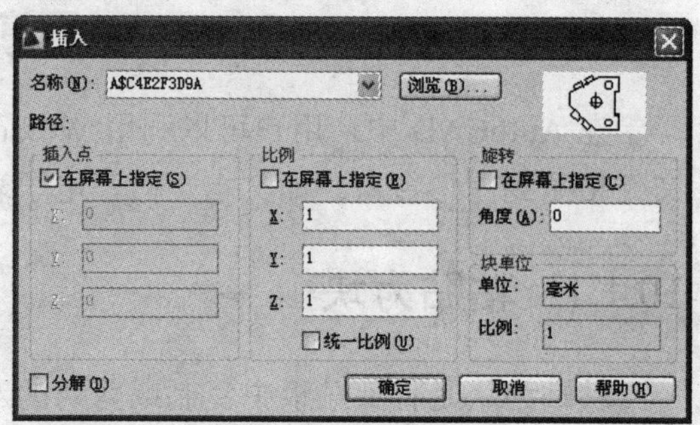

图 10-4　查看块

10.1.2　粘贴为超链接

【粘贴为超链接】命令用于将剪贴板中的外部链接对象粘贴到新图形中。

用户可通过以下命令方式执行此操作：

- ◆ 菜单栏：选择【编辑】|【粘贴为超链接】命令
- ◆ 命令行：输入 PASTEASHYPERLINK

注意

当剪贴板中包含有外部链接数据时，该命令才可用。例如，在 Word 程序中复制一段文字，在 AutoCAD 中，【粘贴为超链接】命令被自动激活。

超链接提供了一种简单而有效的方式，可快速地将各种文档（如其他图形、BOM 表或工程计划）与图形相关联。

10.1.3　粘贴到原坐标

【粘贴到原坐标】命令可以将复制到剪贴板的对象以与原图形中使用的相同坐标粘贴到图形中。用户可通过以下命令方式执行此操作：

- ◆ 菜单栏：选择【编辑】|【粘贴到原坐标】命令
- ◆ 快捷菜单：选择【粘贴到原坐标】命令
- ◆ 命令行：输入 PASTEORIG

注意

仅当剪贴板包含来自当前图形以外的图形的 AutoCAD 数据时，【粘贴到原坐标】命令才有效。

10.1.4　选择性粘贴

使用【选择性粘贴】命令可以将链接对象或嵌入对象从剪贴板插入到图形中。如果将粘贴的信息转换为 AutoCAD 格式，对象将作为块参照插入。

用户可通过以下命令方式执行此操作：

◆ 菜单栏：选择【编辑】|【选择性粘贴】命令
◆ 命令行：输入 PASTESPEC

执行 PASTESPEC 命令，程序会弹出【选择性粘贴】对话框，如图 10-5 所示。

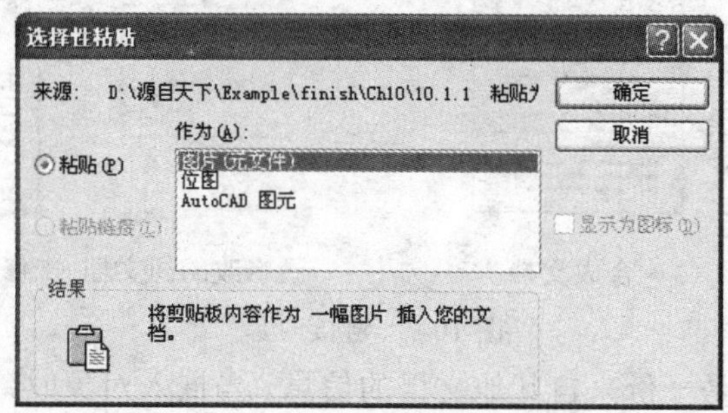

图 10-5 【选择性粘贴】对话框

该对话框选项含义如下：

◆ 来源：显示包含已复制信息的文档名称和已复制文档的特定部分。
◆ 粘贴：将剪贴板内容粘贴到当前图形中作为内嵌对象。
◆ 粘贴链接：剪贴板链接数据内容粘贴到当前图形中。当剪贴板中包含外部程序的数据时，该命令被激活，如图 10-6 所示。

注意：如果源应用程序支持 OLE 链接或数据链接，则将创建与源文件的链接。

◆ 作为：显示有效格式，可以这些格式将剪贴板内容粘贴到当前图形中。

注意

如果选择【AutoCAD 图元】，程序将把剪贴板中的图元文件格式的图形转换为 AutoCAD 对象。如果没有转换图元文件格式的图形，图元文件将显示为 OLE 对

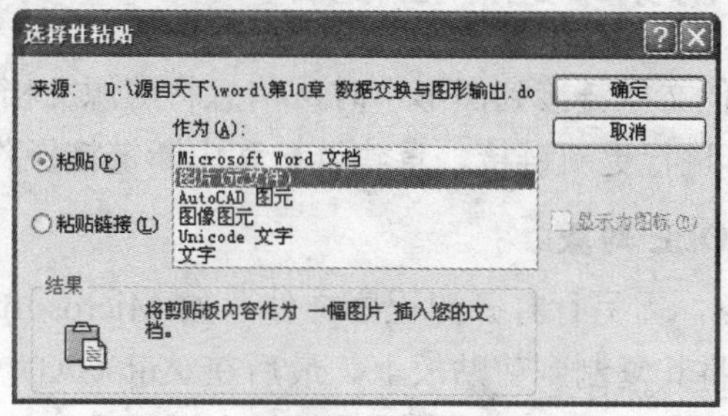

图 10-6 激活【粘贴链接】选项

10.2 链接和嵌入数据

对象链接和嵌入（OLE）是 Windows 的一个功能，用于将不同应用程序的数据合并到一个文档中。例如，可以创建包含 AutoCAD 图形的 Adobe PageMaker 布局，或者创建包含全部或部分 Microsoft Excel 电子表格的 AutoCAD 图形。

链接对象是对其他文档中信息的引用，如果需要在多个文档中使用同一信息，就可

链接对象。因此，即使修改了原始信息，只需更新链接即可更新包含 OLE 对象的文档，也可以将链接设置为自动更新，如图 10-7 所示。

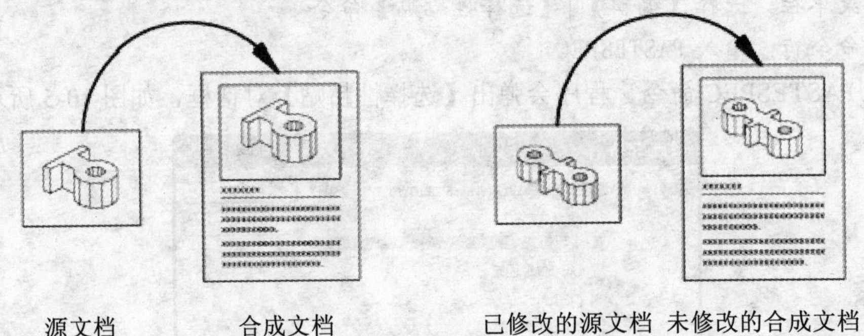

源文档　合成文档　已修改的源文档　未修改的合成文档

图 10-7　链接对象

嵌入的 OLE 对象是一份来自其他文档的信息。当嵌入对象时，与源文档之间没有链接，对源文档所做的修改也不反映在目标文档中，如图 10-8 所示。

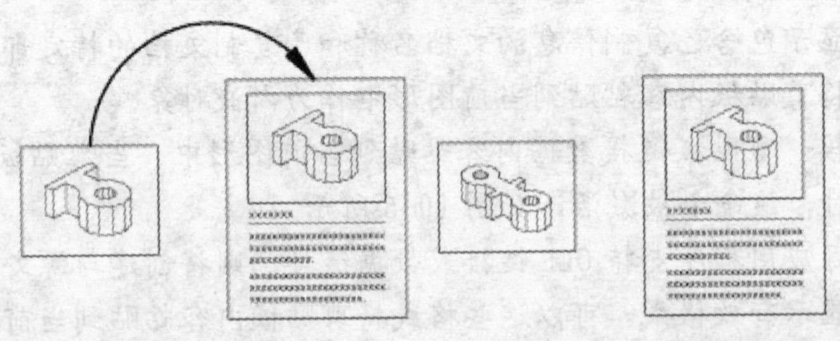

源文档　合成文档　已修改的源文　未修改的合成文档

图 10-8　嵌入对象

10.2.1　输入 OLE 对象（选择性粘贴）

当用户将信息从其他文档链接到图形中时，信息将随源文档中的信息一起更新。输入 OLE 对象后，用户可进行更新链接、重建链接和中断链接操作。

1.　在图形中链接 OLE 对象

若要链接 OLE 对象，需另行打开源程序文件，如 MicrosoftWord。然后在 Word 中输入相关文字信息，并将其复制到剪贴板上。最后在 AutoCAD 中选择【编辑】|【粘贴为超级链接】命令，即可将 OLE 对象粘贴到图形中。

下面以实例来说明在图形中链接 OLE 对象的操作过程。

例 10-2　光盘\example\Ch10\链接 OLE 对象.dwg

[1] 启动源程序 MicrosoftWord，并在文档中输入文字，如图 10-9 所示。

[2] 将 Word 中的文字全部复制到剪贴板上。打开 AutoCAD 文件，然后选择【编辑】|【粘贴为超级链接】命令，程序弹出【选择性粘贴】对话框。在该对话框中单击【粘贴链接】单选按钮，并单击【确定】按钮，如图 10-10 所示。

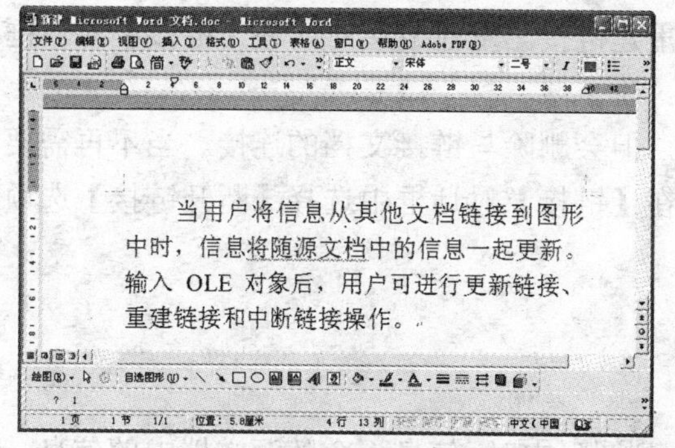
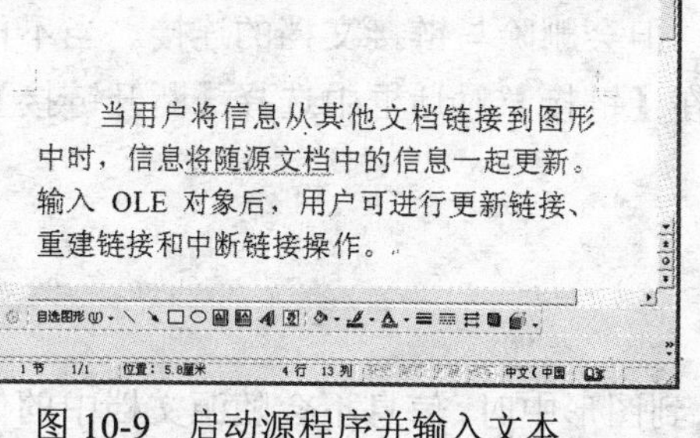

图 10-9　启动源程序并输入文本　　图 10-10　选择粘贴选项

[3] 在图形窗口中指定一点放置 OLE 链接对象，如图 10-11 所示。

2. 更新链接

可以设置当链接文档中的信息改变时自动或手动更新链接。默认情况下，将自动更新链接。使用 OLELINKS【OLE 链接】命令来指定自动或手动更新。在菜单栏中选择【编辑】|【OLE 链接】命令，或者在命令行输入 OLELINKS，执行命令后将弹出【链接】对话框，如图 10-12 所示。

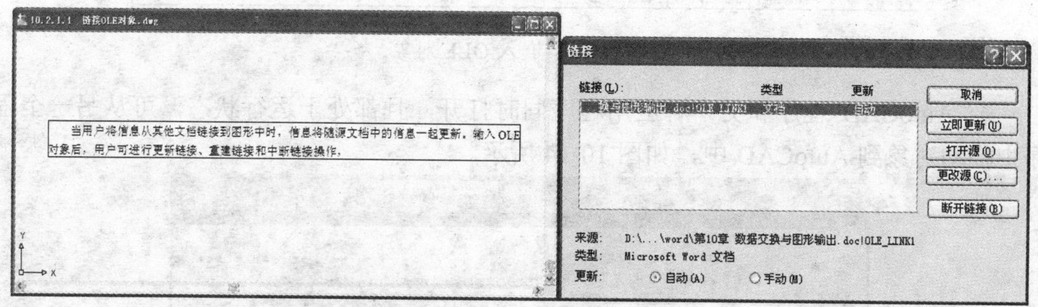

图 10-11　链接的 OLE 对象　　图 10-12　【链接】对话框

注意

如果图形中不存在现有的 OLE 链接，则【编辑】菜单上的【OLE 链接】将不可用且不会弹出【链接】对话框。

该对话框选项按钮的含义如下：

- 取消：取消更新链接。
- 立即更新：立即更新选定的链接。
- 打开源：打开源文件并亮显链接到 AutoCAD 图形的部分。
- 更改源：显示【更改源】对话框（标准文件对话框），从中可以指定其他源文件。如果源是文件中的一个选择（而不是整个文件），则【项目名称】显示代表该选择的字符串。

◆ 断开链接：切断对象与原始文件之间的链接。将图形中的对象修改为 WMF（Windows 图元文件格式），即使将来修改了原文件，该格式也不受影响。

3. 重建链接和中断链接

当源文档的位置改变或重命名时，需要重建链接。重建链接时，在【链接】对话框中选择【更改源】选项即可重建 OLE 链接。

中断链接并不会删除已插入的图形信息，但会删除与链接文档的连接。当不再需要更新信息时可以断开链接。若要中断链接，在【链接】对话框中选择【断开链接】选项即可。

10.2.2 嵌入 OLE 对象（粘贴）

嵌入 OLE 对象是将信息从其他文档嵌入到图形中时，信息不会随源文档中的信息一起更新。通过将对象复制到剪贴板，然后再粘贴到图形文件，可以将对象嵌入到图形中。例如，可将使用其他应用程序创建的公司徽标嵌入到图形中，如图 10-13 所示。

				设计		图样标记 S	新星美机械厂
				制图		材料 40Cr 比例 1:2	
				描图			
				校对		共 张 第 张	输出轴齿轮
				工艺检查		上主针刺机 (QBG421)	
				标准化检查			QBG421-7006
标记	更改内容或依据	更改人	日期	审核			

图 10-13 嵌入 OLE 对象

若 AutoCAD 程序和另一种应用程序同时打开，且都处于运行状态，可从另一个程序中拖动对象到 AutoCAD 中，如图 10-14 所示。

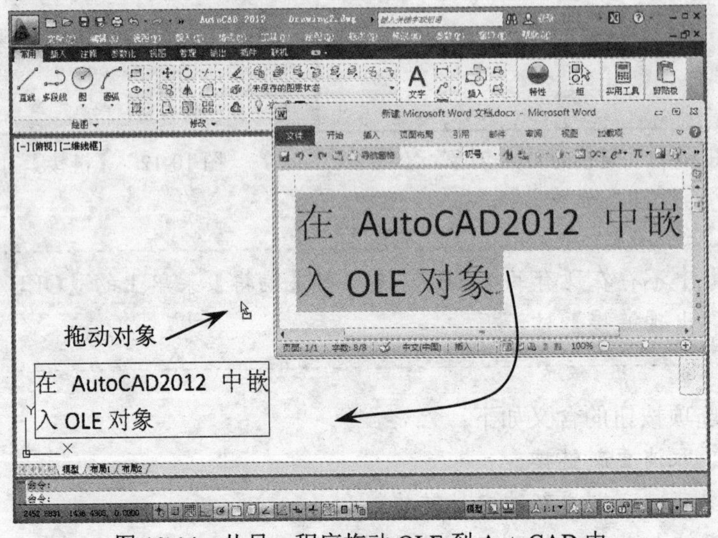

图 10-14 从另一程序拖动 OLE 到 AutoCAD 中

拖动 OLE 对象到 AutoCAD 时，AutoCAD 会弹出【OLE 文字大小】对话框，通过该对话框设置 OLE 文字大小、字体和高度，如图 10-15 所示。

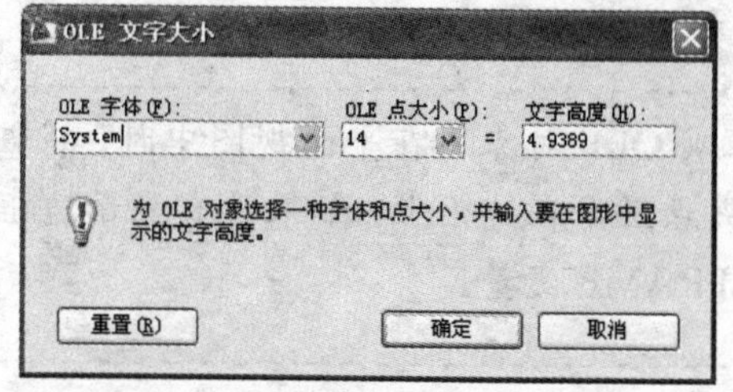

图 10-15 【OLE 文字大小】对话框

10.2.3 输出 OLE 对象（复制链接）

OLE 对象的输出是 OLE 对象输入的逆过程，即在 AutoCAD 中复制图形到剪贴板，然后在另一个应用程序中粘贴复杂的图形。

将当前视图复制到剪贴板中以便链接到其他 OLE 应用程序，可在菜单栏执行【编辑】|【复制链接】命令。剪贴板中的内容可作为 OLE 对象粘贴到文档中，如图 10-16 所示。

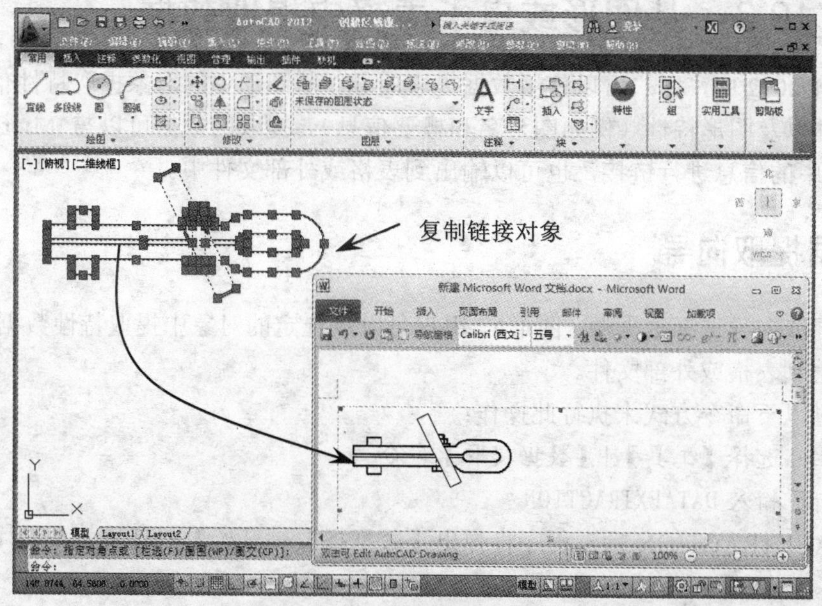

图 10-16 复制链接 OLE 对象到文档中

10.2.4 编辑 OLE 对象

在 AutoCAD 中编辑 OLE 对象，使用夹点编辑可以将 OLE 对象的边框拖动放大，也可以缩小边框，还可以平移，但缩小边框时不能超过原有边框大小，如图 10-17 所示。

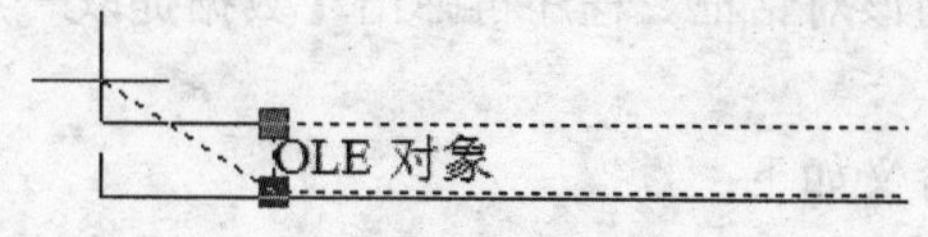

图 10-17 使用夹点编辑

注意

如果旋转 OLE 对象或 OLE 对象不在平面视图中时，将临时隐藏 OLE 对象的内容而只显示边框。由于夹点显示在边框上，如果没有显示边框则无法进行夹点编辑。边框的显示可修改 OLEFRAME 变量。

编辑 OLE 对象时，通过双击对象以打开源程序，在源程序中编辑输入或嵌入的 OLE 对象。当 AutoCAD 是源应用程序时，可从目标应用程序或在源程序中编辑链接图形。

注意

嵌入文档的 AutoCAD 图形只能在目标应用程序（如 Word）中编辑。若在 AutoCAD 程序中编辑原始图形，将不会影响该图形嵌入到的文档。

10.3 从图形或电子表格中提取数据

在 AutoCAD2012 中，用户可以使用数据提取向导，从图形中的对象提取特性信息，包括块及其属性以及图形特性（例如图形名和概要信息）。提取的数据可以与 Microsoft Excel 电子表格中的信息进行链接，也可以输出到表格或外部文件中。

10.3.1 数据提取向导

使用数据提取向导选择数据源（图形）。用户可以从选定的对象中提取特性数据，也可以将数据输出到表格或外部文件。

用户可通过以下命令方式来执行此操作：

- 菜单栏：选择【工具】|【数据提取】命令
- 命令行：输入 DATAEXTRACTION

执行 DATAEXTRACTION 后，程序将弹出【数据提取—开始】对话框，如图 10-18 所示。

此对话框中各选项含义如下：

- 创建新数据提取：创建新的数据提取并将其保存到.dxe 文件中。
- 将上一个提取用作样板：使用以前保存在数据提取 DXE 文件或属性提取样板 BLK 文件中的设置。单击【浏览】按钮…，可在标准的文件选择对话框中选择文件。
- 编辑现有的数据提取：可让用户修改现有的数据提取 DXE 文件。

单击对话框的【下一步】按钮，弹出【将数据提取另存为】对话框，选择一个目标文件夹并命名，然后关闭该对话框。程序再弹出【数据提取—定义数据源】对话框，如图 10-19 所示。

此对话框中各选项含义如下：

- 图形/图纸集：使【添加文件夹】和【添加图形】按钮可用于指定提取的图形和文件夹。提取的图形和文件夹列在【图形文件】视图中。

数据提取 - 开始（第 1 页，共 8 页）

本向导用于从图形中提取对象数据，这些数据可输出到表格或外部文件。

选择是创建新数据提取（使用样板中先前保存的设置）还是编辑现有的提取。

创建新数据提取(C)

将上一个提取用作样板 （.dxe 或 .blk）(U)

编辑现有的数据提取(E)

下一步(N) > 取消(C)

图 10-18 【数据提取—开始】对话框

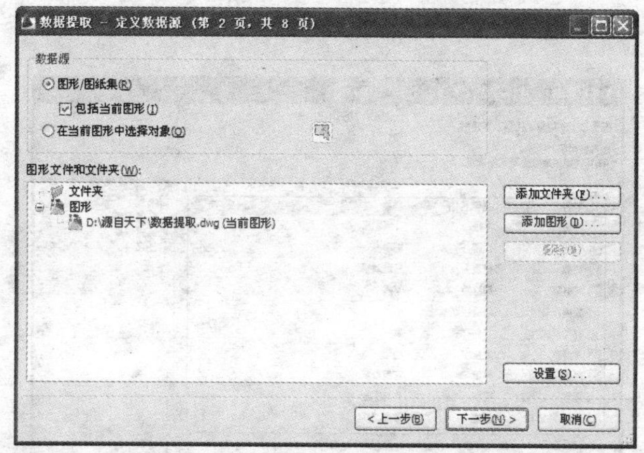

图 10-19 【数据提取—定义数据源】对话框

◆ 包括当前图形：将当前图形包括在数据提取中。如果还选择提取其他图形，则当前图形可以为空（不包含对象）。

◆ 在当前图形中选择对象：从当前图形中可以选择对象进行数据提取。

◆ 添加文件夹：单击此按钮，打开【添加文件夹选项】对话框，用户可以在其中指定要在数据提取中包含的文件夹。

◆ 添加图形：单击此按钮，打开【选择文件】对话框，用户可以在其中指定要在数据提取中包含的图形。

◆ 删除：从数据提取中删除【图形文件和文件夹】列表中列出的图形或文件夹。

◆ 设置：单击此按钮，弹出【数据提取—其他设置】对话框，用户可以在其中指定数据提取设置。

在【数据提取—定义数据源】对话框单击【添加图形】按钮，然后在图形文件路径中打开。再单击【下一步】按钮，弹出【数据提取—选择对象】对话框，如图 10-20 所示。

在【数据提取—选择对象】对话框的【对象】列表中勾选一个源对象的复选选项后，再单击【下一步】按钮，程序接着弹出【数据提取—选择特性】对话框，如图 10-21 所示。

该对话框控制要提取的对象、块和图形特性。在列表头上单击鼠标右键并使用快捷菜单中的选项勾选或取消勾选所有项目，反转选择集，或编辑显示名称。单击列表头可反转排序顺序。可以调整列的大小。

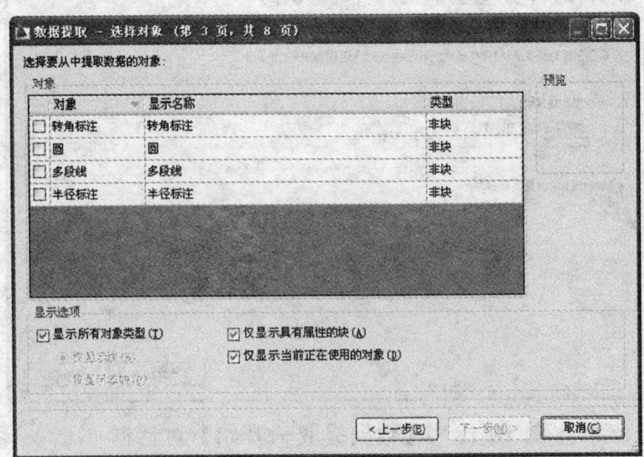

图 10-20 【数据提取—选择对象】对话框

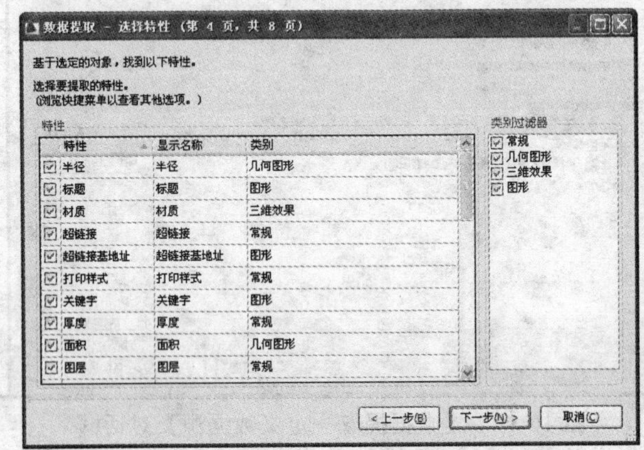

图 10-21 【数据提取—选择特性】对话框

单击【下一步】按钮，程序弹出【数据提取—优化数据】对话框，如图 10-22 所示。

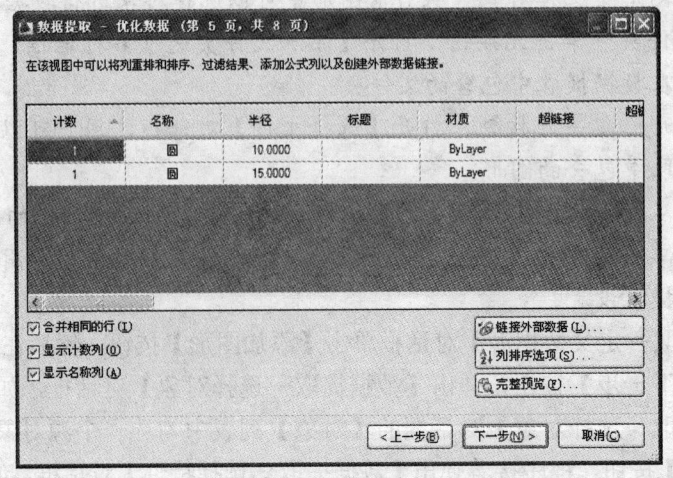

图 10-22 【数据提取—优化数据】对话框

通过该对话框，用户可以修改数据提取处理表的结构。可以对列重排序，过滤结果，添加公式列和脚注行，以及创建 Microsoft Excel 电子表格中数据的链接。该对话框各选项含义如下：

- 合并相同的行：在表格中按行编组相同的记录。使用所有聚集对象的总和更新计数列。
- 显示计数列：显示栅格中的计数列。
- 显示名称列：显示栅格中的名称列。
- 链接外部数据：单击此按钮，打开【链接外部数据】对话框，用户可以在其中创建提取的图形数据和 Excel 电子表格中数据之间的链接。
- 列排序选项：单击此按钮，显示【排序列】对话框，用户可以在其中对多个列中的数据排序。
- 完整预览：在文本窗口中显示最终输出的完整预览，包括已链接的外部数据。

单击【数据提取—优化数据】对话框的【下一步】按钮，弹出【数据提取—选择输出】对话框，如图 10-23 所示。在该对话框中可指定提取数据的输出类型。【将数据提取处理表插入图形】选项是指创建填充提取数据的表格。【将数据输出至外部文件】选项是指创建数据提取文件，可用的文件格式包括 Microsoft Excel（XLS）、逗号分隔的文件格式（CSV）、Microsoft Access（MDB）和 Tab 分隔的文件格式（TXT）。

单击【下一步】按钮，随后程序弹出【数据提取—表格样式】对话框，如图 10-24 所示。该对话框控制数据提取处理表的外观。

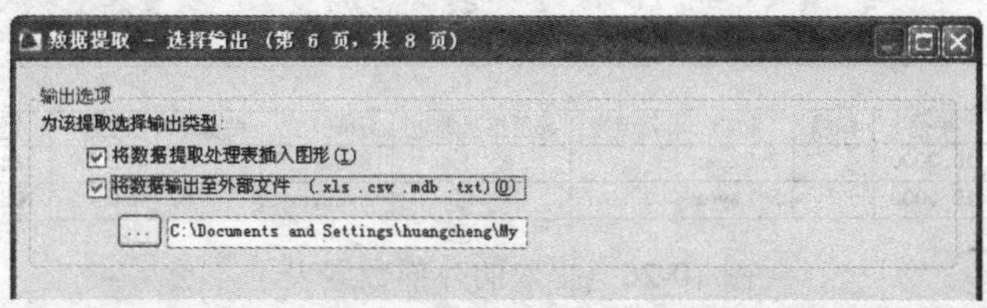

图 10-23 【数据提取—选择输出】对话框

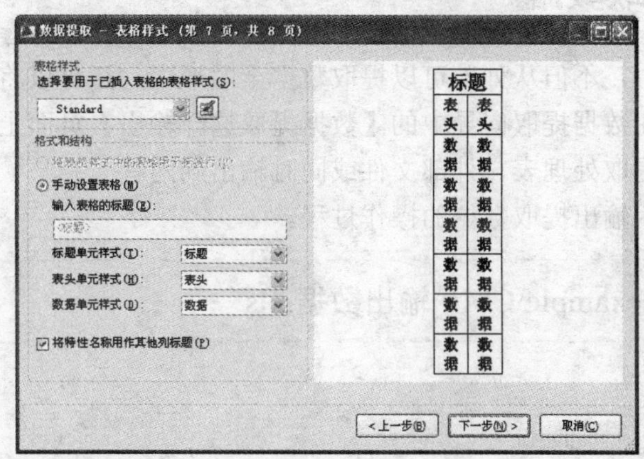

图 10-24 【数据提取—表格样式】对话框

【数据提取—表格样式】对话框中各选项含义如下：

- 选择要用于已插入表格的表格样式：单击【表格样式】按钮，显示【表格样式】对话框，从中定义新的表格样式。
- 将表格样式中的表格用于标签行：创建数据提取处理表，使其顶部一组行包含选项卡单元，底部一组选项卡行包含表头和脚注单元。

◆ 手动设置表格：用于手动输入标题以及指定标题、表头和数据单元样式。

◆ 输入表格的标题：指定表的标题。

◆ 标题单元样式：指定标题单元的样式。

◆ 表头单元样式：指定表头行的样式。

◆ 数据单元样式：指定数据单元的样式。

◆ 将特性名称用作其他列标题：包括列表头并使用【显示名称】作为表头行。

单击【数据提取—表格样式】对话框的【下一步】按钮，最后弹出【数据提取一完成】对话框，当数据提取向导的所有数据都设置完成后，单击【完成】按钮，完成从外部数据的提取操作，如图 10-25 所示。

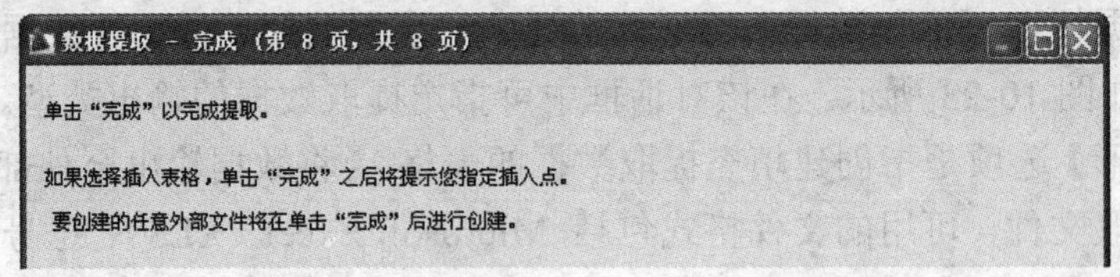

图 10-25 【数据提取—完成】对话框

在图形区域中指定点以放置提取的外部数据，如图 10-26 所示为向外部提取数据的表单。

计数	名称	半径	标题	材质	超链接	超链接基地址	打印样式	关键字	厚度	面积	图层
1	圆	10.0000		ByLayer			ByLayer		0.0000	314.1593	0
1	圆	15.0000		ByLayer			ByLayer		0.0000	706.8583	0

图 10-26 提取的外部数据表单

10.3.2 输出提取数据

在 AutoCAD 中，不但从外部可以提取数据至图形中，还可以将提取的数据输出到表格或外部文件。在数据提取向导中的【数据提取选择输出】页面上，用户可以将提取的数据输出到数据提取处理表、外部文件或同时输出到两者。

下面以实例说明输出提取数据的操作过程。

例 10-3 光盘\example\Ch10\输出数据.xls

操作步骤

[1] 打开本例光盘“example \Ch10\数据图形.dwg”实例文件，打开的数据图形如图 10-27 所示。

[2] 在菜单栏选择【工具】|【数据提取】命令，弹出【数据提取一开始】对话框。单击该对话框的【下一步】按钮，打开【将数据提取另存为】对话框，通过该对话框将提取数据保存到自定义的系统路径下，然后单击【保存】按钮退

出该对话框。

[3] 单击下一个对话框的【下一步】按钮，直至打开【数据提取—选择对象】对话框，勾选【对象】列表下的两个复选框，并连续单击依次打开的对话框的【下一步】按钮，直至弹出【数据提取—选择输出】对话框。勾选【将数据输出至外部文件】复选框，然后单击【浏览】按钮为输出文件选择一个存放路径，最后单击该对话框的【下一步】按钮，如图 10-28 所示。

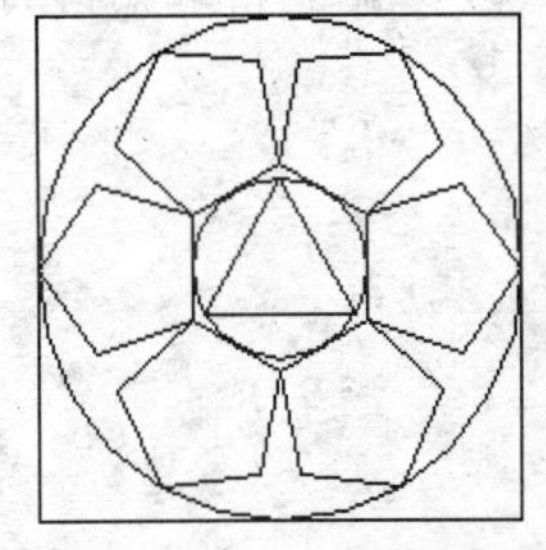

图 10-27 导入的数据图形

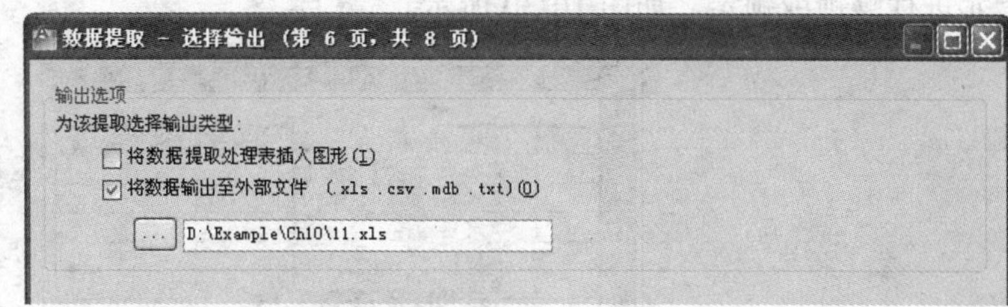

图 10-28 选择输出类型

注意

若同时勾选【将数据提取处理表插入图形】复选框，那么在 AutoCAD 图形中也会插入相同的数据表格。由于本例操作是数据的输出，因此这里就不需要勾选了。

[4] 最后单击【数据提取—完成】对话框的【完成】按钮，完成提取数据的输出操作。在提取数据 Excel 电子表格存放路径下打开该文件，即可看见创建的提取数据表格，如图 10-29 所示。

提示

在输出文件时，还可选择 TXT、MDB、CSV 等格式来保存文件。

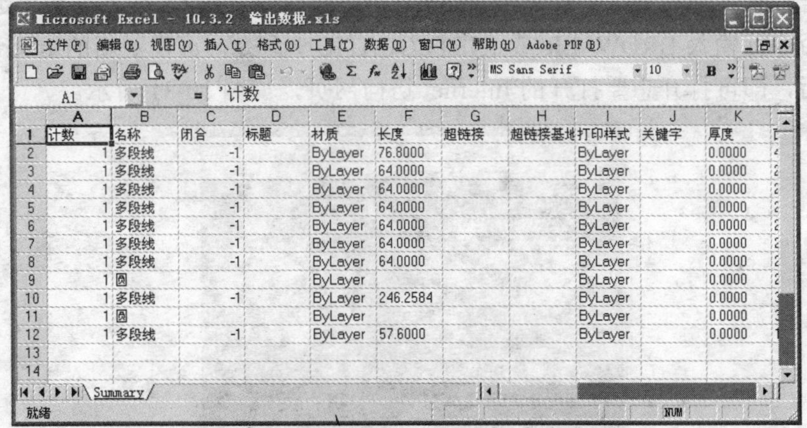

	A	B	C	D	E	F	G	H	I	J	K
1	计数	名称	闭合	标题	材质	长度	超链接	超链接基地	打印样式	关键字	厚度
2	1	多段线	-1		ByLayer	76.8000			ByLayer		0.0000
3	1	多段线	-1		ByLayer	64.0000			ByLayer		0.0000
4	1	多段线	-1		ByLayer	64.0000			ByLayer		0.0000
5	1	多段线	-1		ByLayer	64.0000			ByLayer		0.0000
6	1	多段线	-1		ByLayer	64.0000			ByLayer		0.0000
7	1	多段线	-1		ByLayer	64.0000			ByLayer		0.0000
8	1	多段线	-1		ByLayer	64.0000			ByLayer		0.0000
9	1	圆			ByLayer				ByLayer		0.0000
10	1	多段线	-1		ByLayer	246.2584			ByLayer		0.0000
11	1	圆			ByLayer				ByLayer		0.0000
12	1	多段线	-1		ByLayer	57.6000			ByLayer		0.0000
13											
14											

图 10-29 输出的 Excel 数据

10.3.3 修改数据提取表

用户可以通过更改格式，添加行或列，或者编辑单元中的数据以对数据提取处理表进行修改。任何格式、结构或数据更改都将在表格更新后保留。例如，如果为表头行添加着色或更改某些列中文字的格式，则这些更改在表格更新后都不会丢失。

默认情况下，数据提取处理表中的所有单元都处于锁定状态而无法编辑，但对于格式更改则处于解锁状态。通过访问表格的快捷菜单，用户可以对用于数据和格式编辑的单元进行解锁或锁定，如图 10-30 所示。

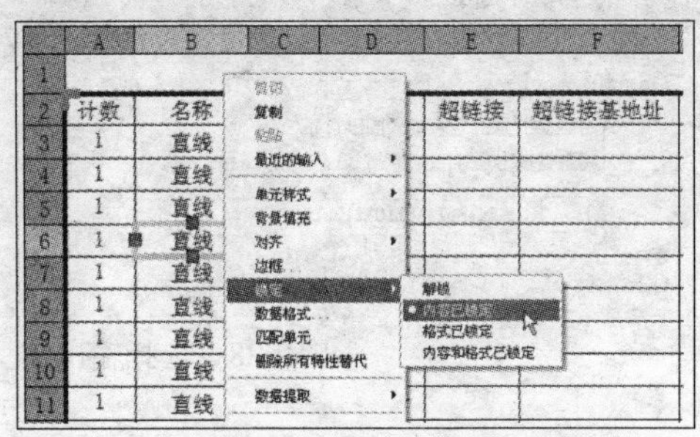

图 10-30 数据内容已锁定

10.4 在 Internet 上共享图形文件

用户可以访问和存储 Internet 上的图形以及相关文件。使用此功能，必须安装 Microsoft Internet Explorer 6.1 Service Pack 1（或更高版本），并拥有访问 Internet 或 intranet 的权限。国际上通常采用 DWF（Drawing Web Format，图形网络格式）图形文件格式来发布、输出、导入以及在外部浏览器中浏览 DWF 文件。

10.4.1 启动 Internet 访问

要将文件保存到 Internet 网址，用户操作系统必须对存储文件的目录具有足够的访问权限。若没有，则与网络管理员或 Internet 服务提供商（ISP）联系以获得足够的访问权限。在命令行输入 BROWSER 或 INETLOCATION 命令，可指定新的 Internet 地址，执行命令后，即可打开想要打开的 Internet 访问网页，如图 10-31 所示。

图 10-31 访问 Internet

10.4.2　在图形中添加超链接

超链接提供了一种简单而有效的方式，可快速地将各种文档（例如其他图形、BOM 表或工程计划）与图形相关联。超链接可以指向存储在本地、网络驱动器或 Internet 上的文件，也可以指向图形中的命名位置（例如视图）。

用户可通过以下命令方式来执行此操作：

◆　菜单栏：选择【插入】|【超链接】命令。

◆　命令行：输入 HYPERLINK。

在图形窗口中选择要插入超链接的对象后，执行 HYPERLINK 命令，程序将弹出【插入超链接】对话框，如图 10-32 所示。

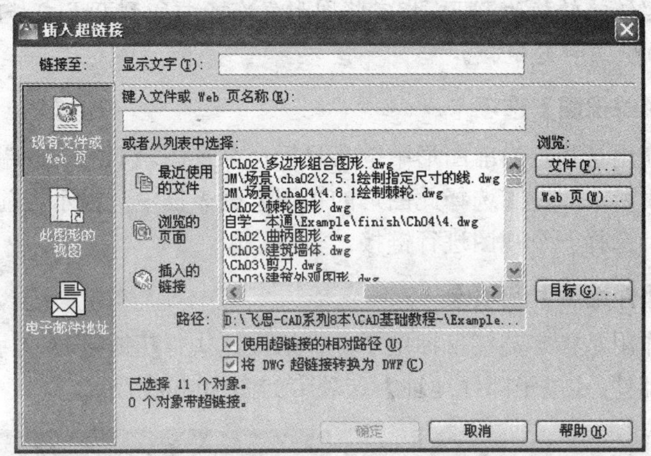

图 10-32　【插入超链接】对话框

该对话框包括三个选项卡：【现有文件或 Web 页】、【此图形的视图】和【电子邮件地址】。

1.　【现有文件或 Web 页】选项卡

该选项卡的作用是创建到现有文件或 Web 页的超链接。选项卡中各选项含义如下：

◆　显示文字：指定超链接的说明。当文件名或 URL 对识别所链接文件的内容不是很有帮助时，此说明很有用。

提示

Uniform Resource Locator（URL）统一资源定位符，是用于完整描述 Internet 上网页和其他资源地址的一种标识方法。Internet 上的每一个网页都具有一个惟一的名称标识，通常称之为 URL 地址，这种地址可以是本地磁盘，也可以是局域网上的某一台计算机，更多的是 Internet 上的站点。简单地说，URL 就是 Web 地址，俗称【网址】。

◆　键入文件或 Web 页名称：指定要与超链接关联的文件或 Web 页。该文件可存储在本地、网络驱动器、Internet 或 Intranet 上。

◆ 最近使用的文件：显示最近链接的文件列表，可从中选择一个进行链接。
◆ 浏览的页面：显示最近浏览过的 Web 页列表，可从中选择一个进行链接。
◆ 插入的链接：显示最近插入的超链接列表，可从中选择一个进行链接。
◆ 文件：打开【浏览 Web-选择超链接】对话框，从中可以浏览到需要与超链接相关联的文件。
◆ Web 页：打开浏览器，从中可导航到要与超链接关联的 Web 页。
◆ 目标：打开【选择文档中的位置】对话框，可从中选择链接到图形中的命名位置。
◆ 使用超链接的相对路径：为超链接设置相对路径。选择此选项，链接文件的完整路径不和超链接一起存储。
◆ 将 DWG 超链接转换为 DWF：指定将图形发布或打印到 DWF 文件时，DWG 超链接将转换为 DWF 文件超链接。

2. 【此图形的视图】选项卡

该选项卡的作用是指定当前图形中链接目标命名视图。【此图形的视图】选项卡的功能选项如图 10-33 所示。在【选择此图形的视图】列表框中，显示当前图形中命名视图的可扩展树状图，选择一个视图进行链接。

3. 【电子邮件地址】选项卡

该选项卡的作用是指定链接目标电子邮件地址。执行超链接时，将使用默认的系统邮件程序创建新邮件。【电子邮件地址】选项卡如图 10-34 所示。

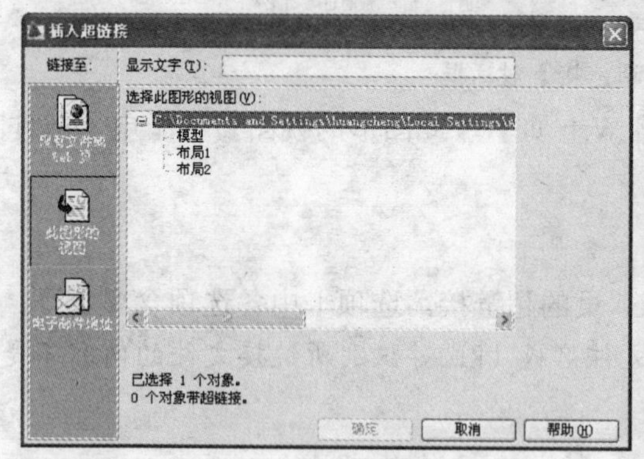

图 10-33 【此图形的视图】选项卡

图 10-34 【电子邮件地址】选项卡

4. 插入超链接实例

下面以实例说明创建指向另一个文件的完整超链接的过程。

例 10-4 光盘\example\Ch10\插入超连接.dwg 

操作步骤

[1] 打开本例光盘“example\Ch10\喂入辊链轮.dwg”实例文件。打开的图形如图

10-35 所示。

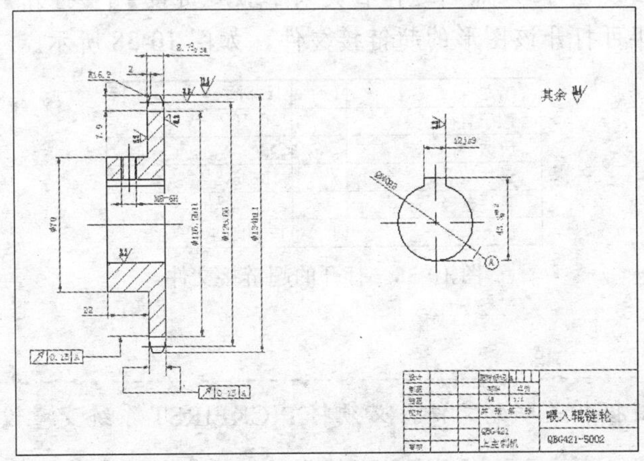

图 10-35　实例图形

[2] 首先选中全部的图形，然后在菜单栏选择【插入】|【超链接】命令，程序弹出【插入超链接】对话框。单击【文件】按钮，并通过弹出的【浏览 Web-选择超链接】对话框打开"BOM 表.dwg"文件，如图 10-36 所示。

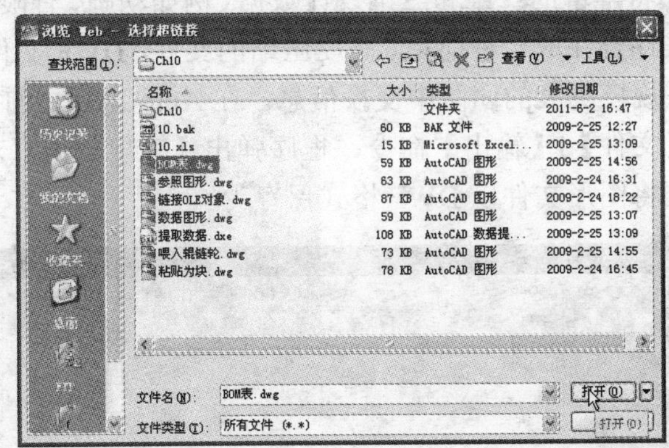

图 10-36　打开超链接文件

[3] 在【插入超链接】对话框中单击【确定】按钮，完成超链接文件的插入操作，如图 10-37 所示。

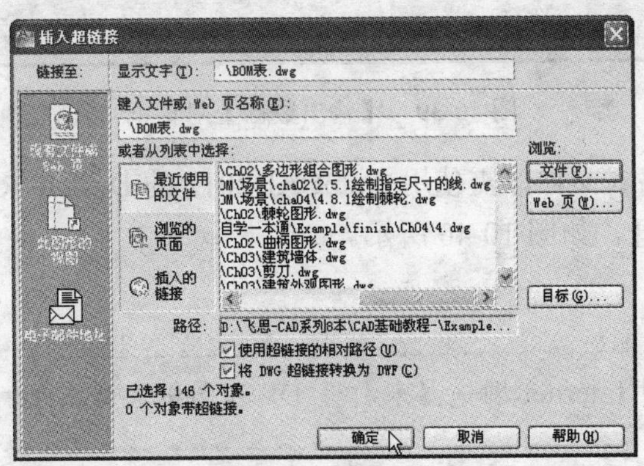

图 10-37　插入超链接文件

[4] 在图形窗口中，光标移动至图形边，则显示一个超链接符号。选中图形（其中一个图素也可），然后选择右键菜单【超链接】|【打开】|【.BOM 表.dwg】命令，即可打开该图形的超链接文件，如图 10-38 所示。

节距	p	15.875
滚子直径	d_r	10.16
齿数	Z	25
量柱测量距	M_R	$136.57^{0}_{-0.25}$
量柱直径	d_R	$10.16^{+0.01}_{0}$
齿形		按GB1244-85制造

图 10-38　打开的超链接文件

提示

要打开与超链接相关联的文件，必须将 PICKFIRST 系统变量设为 1。

10.4.3 输出 DWF 文件

DWF 代表 Design Web Format™。它是由 Autodesk 开发的一种开放、安全的文件格式，DWF 使用户能够将丰富的二维和三维设计数据（例如动画、有限元分析和贴图信息）以及其他项目相关文件合并成一种简单、高度压缩的文件。DWF 文件可以帮助用户强化团队协作，轻松地在规模更大的团队中交换信息。在 AutoCAD 中打开二维或三维图形，然后在菜单栏选择【文件】|【输出】命令，程序弹出【输出数据】对话框，如图 10-39 所示。通过该对话框将图形文件以 DWF 格式保存。

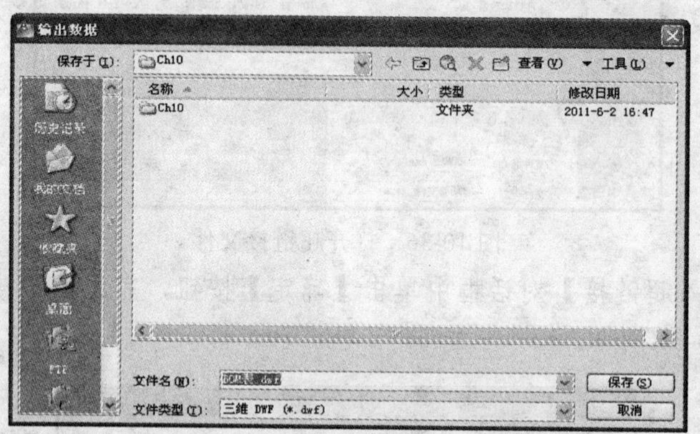

图 10-39　【输出数据】对话框

保存后的 DWF 格式文件，需使用 AutoCAD2012 的 Design Review2009（图样查看工具）应用程序来打开，如图 10-40 所示。

提示

用户也可以使用 Internet 浏览器来打开 DWF 图纸文件。

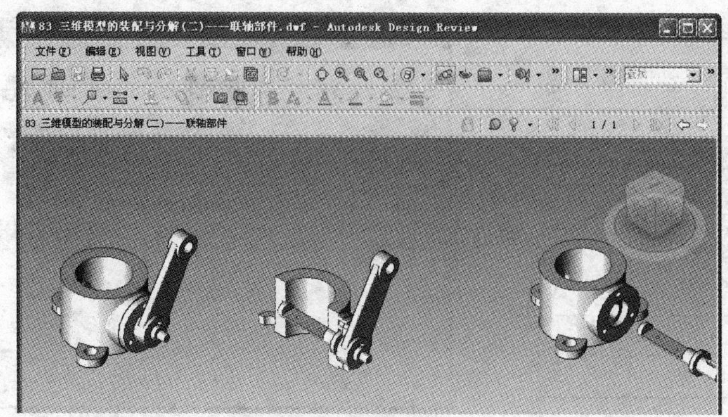

图 10-40　使用 Autodesk Design Review2009 打开图样

10.4.4 发布 Web 页

使用【网上发布】向导，即使不熟悉 HTML 编码，也可以快速、轻松地创建出精彩的格式化网页。创建网页后，可以将其发布到 Internet 或 Intranet 位置。

用户可通过以下命令方式来执行此操作：

- ◆ 菜单栏：选择【文件】|【网上发布】命令
- ◆ 命令行：输入 PUBLISHTOWEB

根据以下提供的方法，用户可以方便地使用【网上发布】向导来创建网页：

- ◆ 样板：可以选择四个样板中的一个作为网页，也可以自定义自己的样板。
- ◆ 主题：可以将主题应用到选择的样板中；可以使用主题在网页中修改颜色和字体。
- ◆ i-drop：可以在网页中激活拖放功能。页面访问者可以将图形文件拖到程序的任务中。

下面以实例说明 Web 页的创建。

例 10-5　光盘\example\Ch10\连接杆\acwebpublish.htm 

操作步骤

[1] 打开本例光盘“example\Ch10\发布 Web 页.dwg”文件。打开的图形如图 10-41 所示。

[2] 在菜单栏中选择【文件】|【网上发布】命令，程序弹出【网上发布-开始】对话框，单击该对话框的【下一步】按钮，如图 10-42 所示。

[3] 接着弹出【网上发布－创建 Web 页】对话框。在该对话框中输入新的 Web 页名称和说明，并指定 Web 页保存路径，然后单击【下一步】按钮，如图 10-43 所示。

[4] 在弹出的【网上发布－选择图像类型】对话框中，选择图像类型为 DWFX，并单击【下一步】按钮，如图 10-44 所示。

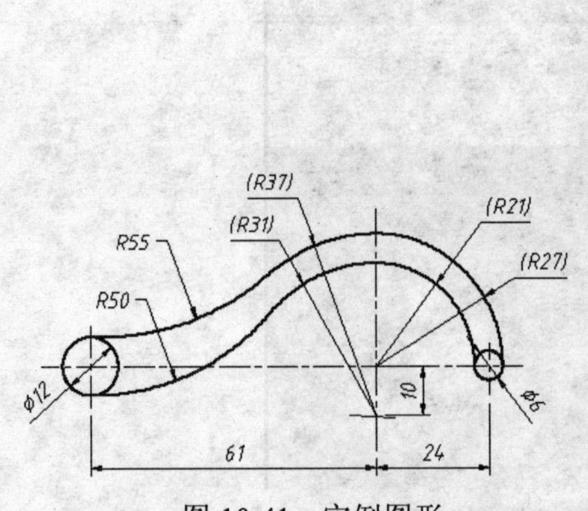

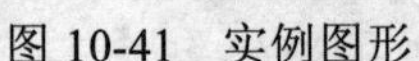

图 10-41　实例图形

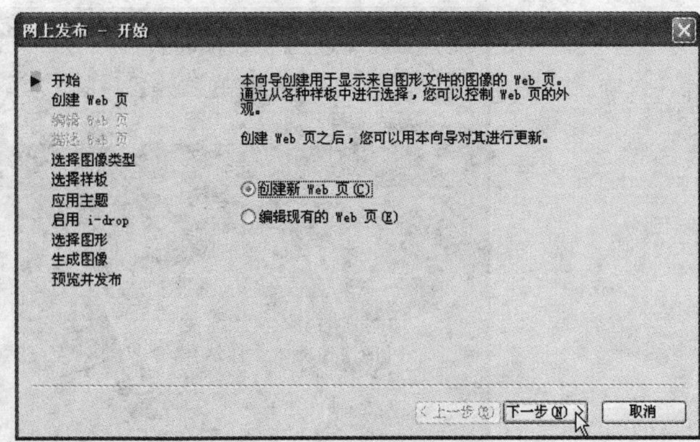

图 10-42　【网上发布-开始】对话框

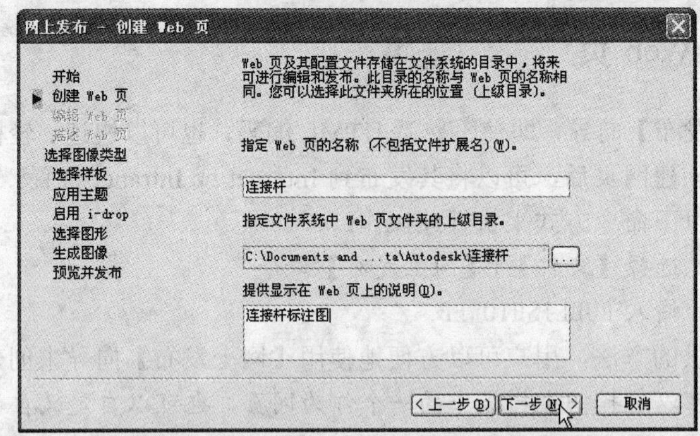

图 10-43　【网上发布-创建 Web 页】对话框

[5]　在弹出的【网上发布－选择样板】对话框中，选择【图形列表】样板，然后单击【下一步】按钮，如图 10-45 所示。

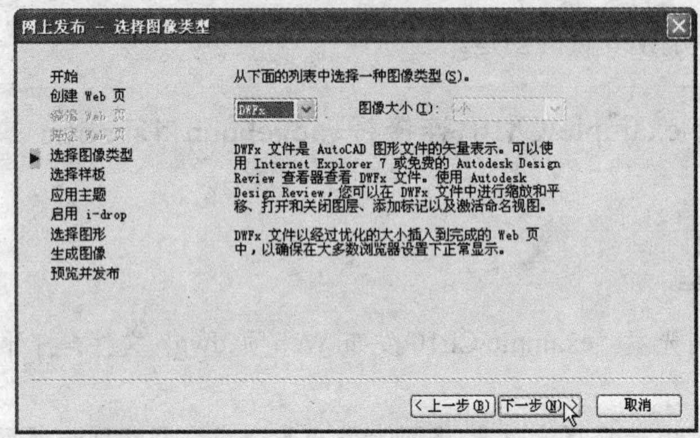

图 10-44　【网上发布－选择图像类型】对话框

[6]　在弹出的【网上发布－应用主题】对话框中，选择【经典】主题，然后单击【下一步】按钮，如图 10-46 所示。

[7]　在弹出的【网上发布－启用 i-drop】对话框中取消勾选【启用 i-drop】复选框，然后单击【下一步】按钮，如图 10-47 所示。

[8]　程序弹出【网上发布-选择图形】对话框，在对话框中单击【添加】按钮，将

图形添加进图像列表中，然后再单击【下一步】按钮，如图 10-48 所示。

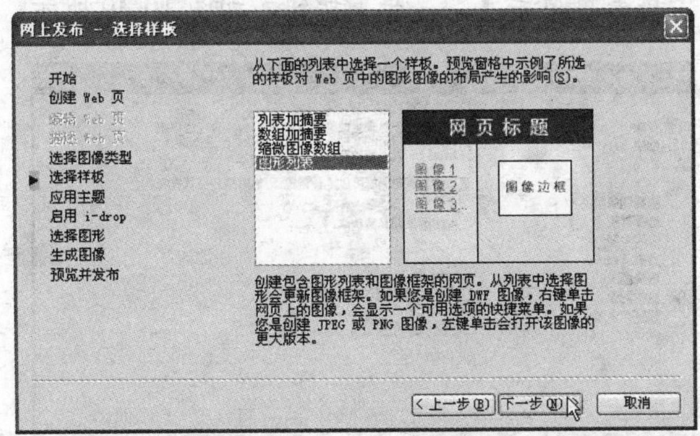

图 10-45 【网上发布－选择样板】对话框

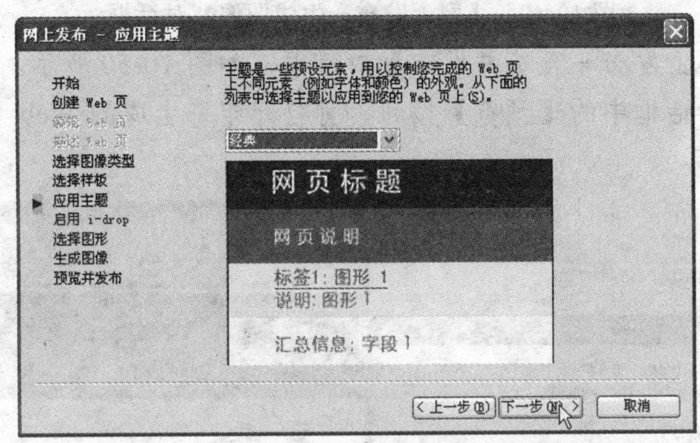

图 10-46 【网上发布－应用主题】对话框

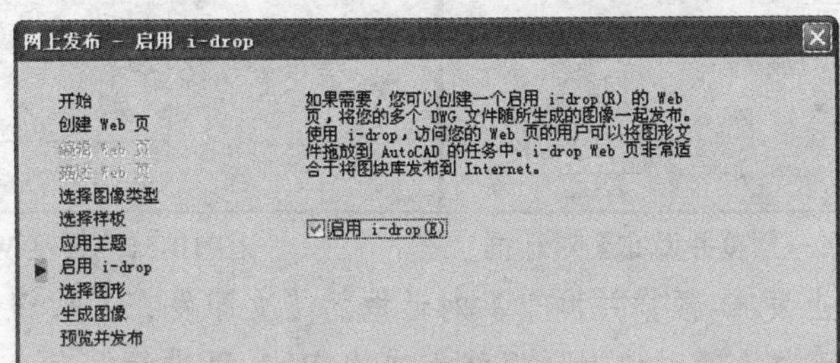

图 10-47 【网上发布－启用 i-drop】对话框

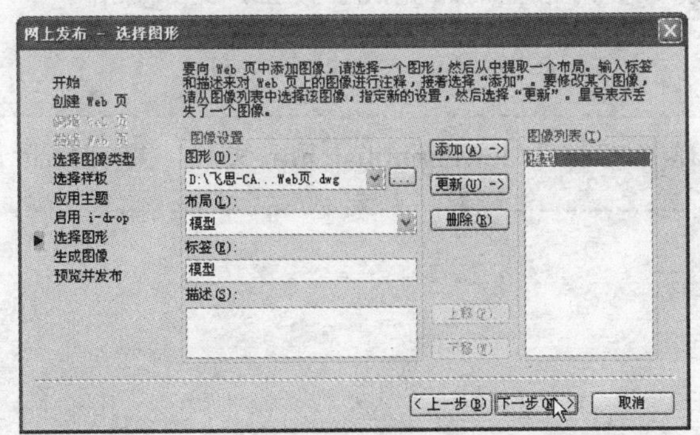

图 10-48 【网上发布－选择图形】对话框

[9] 在随后弹出的【网上发布－生成图像】对话框中单击【重新生成所有图像】单选按钮，接着再单击【下一步】按钮，如图 10-49 所示。

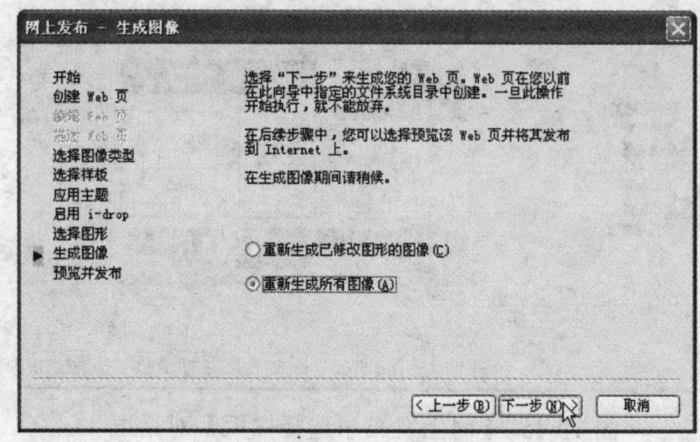

图 10-49 【网上发布－生成图像】对话框

[10] 弹出【网上发布－预览并发布】对话框，如图 10-50 所示。

[11] 单击该对话框中的【预览】按钮，可打开即将生成的 Web 页进行预览，如图 10-51 所示。

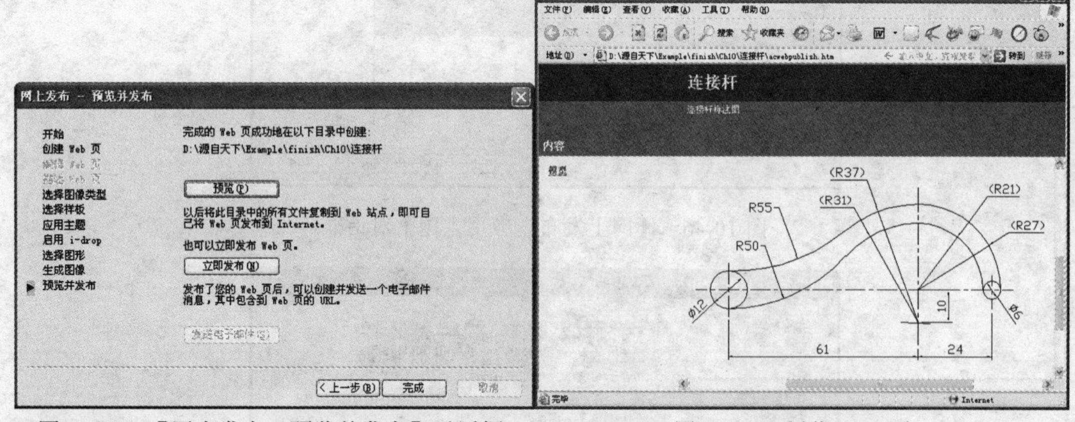

图 10-50 【网上发布－预览并发布】对话框　　　　图 10-51 预览 Web 页

[12] 单击【网上发布-预览并发布】对话框的【立即发布】按钮，随后弹出【发布 Web】对话框，通过该对话框将生成的 Web 页进行保存。最后单击【网上发布-预览并发布】对话框的【完成】按钮，结束操作。

在 Web 页保存路径下打开 acwebpublish.htm 文件，即可显示该网页。

第11章 图形视图的表达方法

本章内容导读：

在机械工程图中，通常是用二维图形表达三维实体的结构和形状信息。因为单个二维图形一般很难完整表达三维形体信息，为此工程上采用一些表达方法，以达到利用二维平面图形完整表达三维形体信息的目的。

本章将系统介绍各种机械图形的二维形体表达方法，帮助读者掌握各种形体表达方法技巧，达到灵活应用各种形体表达方法正确快速表达机械零部件结构形状的目的。

本章学习要点：

- 投影法
- 实体表达
- 组合体的表达
- 图形视图的画法

11.1　图形的表达

在太阳光或灯光照射下，物体就会在地面或墙上留有影子，这种用投射线通过物体，在给定投影平面上做出物体投影的方法称为投影法。通过以上方法得到图形的方法称为机械制图。

11.1.1　工程常用的投影法知识

投影是光线(投射线)通过物体，向选定的面(投影面)投射，并在该面上得到图形的方法。投影可以分为中心投影和平行投影两类。如图 11-1 所示为物体投影原理图。

投影的三个基本概念：

- ◆　投射线：在投影法中，向物体投射的光线称为投射线；
- ◆　投影面：在投影法中，出现影像的平面称为投影面；
- ◆　投影：在投影法中，所得影像的集合轮廓称为投影或投影图。

1.　中心投影

投射线由投影中心的一点射出，通过物体与投影面相交所得的图形，称为中心投影。投射线的出发点称为投影中心。这种投影方法称为中心投影法；所得的单面投影图，称为中心投影图。由于投射线互不平行，所得图形不能反映物体的真实大小，因此，中心投影不能作为绘制工程图样的基本方法。中心投影后的图形与原图形相比虽然改变较多，但直观性强、看起来与人的视觉效果一致，最像原来的物体，所以在绘画时经常使用这种方法。

2.　正投影与斜投影

投射线垂直于投影面产生的投影叫做正投影。物体正投影的形状、大小与它相对于投影面的位置有关。

投射中心在无限远处，投射线按一定的方向投射下来，用这些互相平行的投射线做出的形体投影，称为平行投影。

投射方向倾斜于投影面，所得到的平行投影称为斜投影；投射方向垂直于投影面，所得到的平行投影称为正投影，如图 11-2 所示。

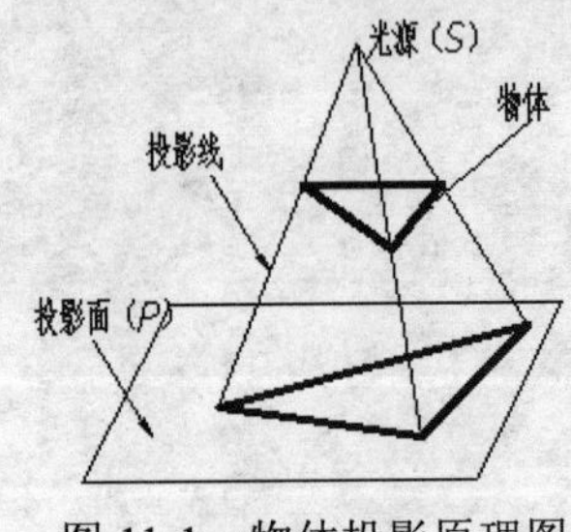

图 11-1　物体投影原理图

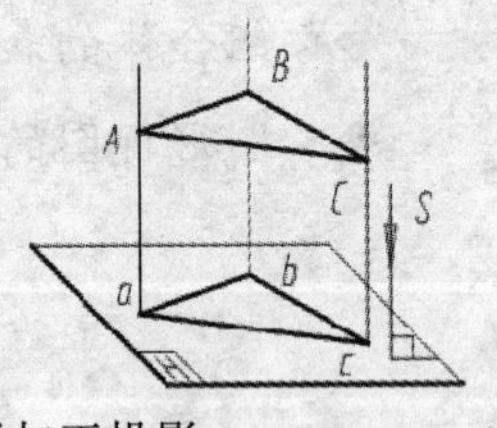

图 11-2　斜投影与正投影

3.　轴测投影

轴测投影是用平行投影法在单一投影面上取得物体立体投影的一种方法。用这种方法获得的轴测图直观性强，可在图形上度量物体的尺寸。虽然度量性较差，绘图较困难，但仍然是工程中一种较好的辅助手段。

11.1.2 实体的图形表达

工程图形经常用到如图 11-3 所示的三种图形表示方法。

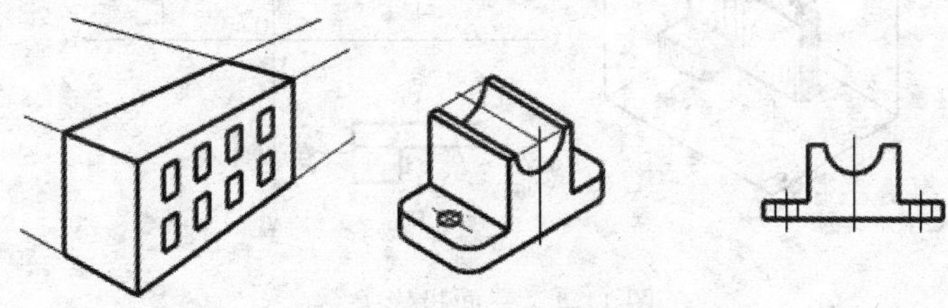

图 11-3 常用图形表示法

1. 透视图

透视图是用中心投影法绘制的。这种投影图与人的视觉相符，具有形象逼真的立体感。其缺点是度量性差，手工作图费时，适用于房屋、桥梁等外观效果的设计及计算机仿真技术。

2. 轴测图

轴测图是用平行投影法绘制的。这种投影图有一定的立体感，但度量性仍不理想，适合用于产品说明书中的机器外观图等。

其中斜二轴测图的画法为：

◆ 在空间图形中取互相垂直的 x 轴和 y 轴，两轴交于 O 点，再取 z 轴，使∠xOz = 90°，且∠yOz = 90°。

◆ 画直观图时，把它们画成对应的 x′ 轴、y′ 轴和 z′ 轴，它们相交于 O′，并使∠x′O′y′ = 45°（或 135°），∠x′O′z′ = 90°，x′ 轴和 y′ 轴所确定的平面表示水平平面。

◆ 已知图形中平行于 x 轴、y 轴或 z 轴的线段，在直观图中分别画成平行于 x′ 轴、y′ 轴或 z′ 轴的线段。

◆ 已知图形中平行于 x 轴和 z 轴的线段，在直观图中保持原长度不变；平行于 y 轴的线段，长度为原来的一半。

3. 多面正投影图

多面正投影图是用正投影法从物体的多个方向分别进行投射所画出的图。这种图虽然立体感差，但能完整地表达物体的各个方位的形状，度量性好，便于指导加工，因此多面正投影图被广泛应用于工程设计及生产制造中。

确定物体的空间形状，常需三个投影，采用三个互相垂直的投影面，称为三面投影体系，如图 11-4 所示的图中：正立投影面，称为正立面，记为 V；侧立投影面，简称侧立面，记为 W；水平投影面，简称水平面，记为 H。将到物体放在三面投影体系中，并尽可能使物体的各主要表面平行或垂直于其中的一个投影面，保持物体不动，将物体分别向三个投影面作投影，得到物体的三视图，从前向后看，得 V 面上的投影，称为正视图；从左向右看，得到在 W 面上的投影，称为侧视图或左视图；从下向上看，得到在 H 面上的投影，称为俯视图。

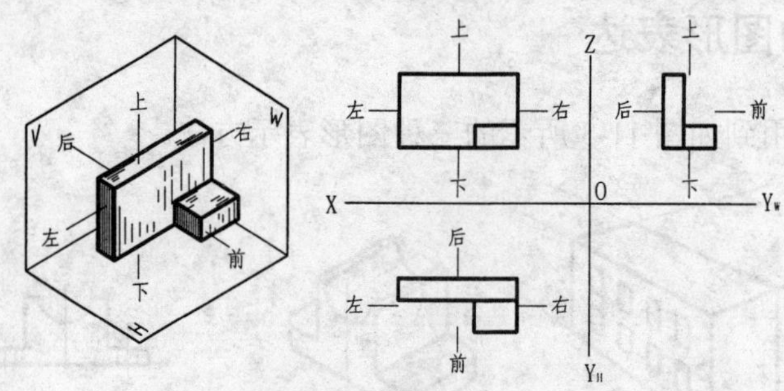

图 11-4 三面投影关系

正视图反映物体的左右、上下关系，即反映它的长和高；左视图反映物体的上下、前后关系，即反映它的宽和高；俯视图反映物体的左右、前后关系，即反映物体的长和宽，因此物体的三视图之间具有如下的对应关系：正视图与俯视图的长度相等，且相互对正，所谓“长对正”；正视图与左视图的高度相等，且相互平齐，所谓“高平齐”；俯视图与左视图的宽度相等，所谓“宽相等”。

11.1.3 组合体的形体表示

组合体按图 11-5 所示组成形状的不同，可分为：叠加式（堆积）和切割式

- 叠加式：由两个或两个以上的基本几何体叠加而成的叠加式组合体，简称叠加体。
- 切割式：由一个或多个截平面对简单基本几何体进行切割，使之变为较复杂的形体，是组合体的另一种组合形式。
- 综合式：叠加和截割是形成组合体的两种基本形式。在许多情况下，叠加式与切割式并无严格的界限，往往是同一物体既有叠加又有切割。

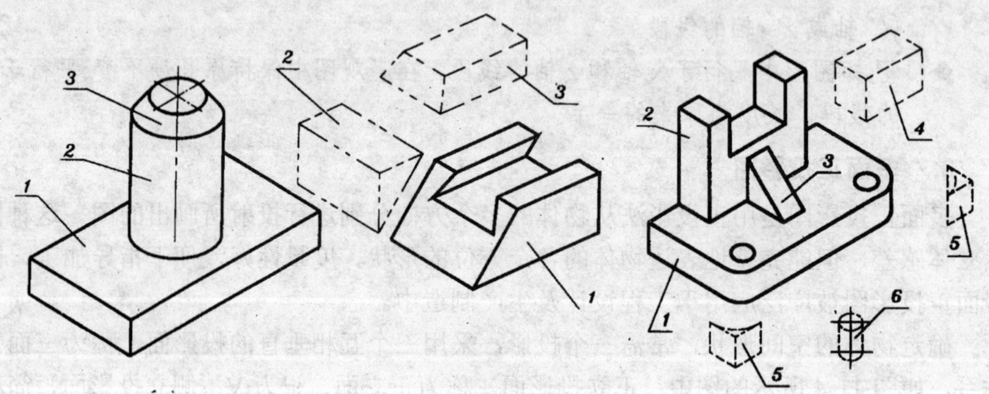

图 11-5 组合体的组合方式

11.1.4 组合体的表面连接关系

由基本几何形体组成组合体时，常见有下列几种表面之间的结合关系：

◆ 平齐：两基本几何体上的两个平面互相平齐地连接成一个平面，则它们在连接处（是共面关系）不再存在分界线。因此在画出它的主视图时不应该再画它们的分界线。

◆ 相切：如果两基本几何体的表面相切时，称其为相切关系。如在相切处两表面似乎光滑过渡的，则该处的投影不应该画出分界线。

提示

只有平面与曲线相切的平面之间才会出现相切情况。画图时，当曲面相切的平面，或两曲面的公切面垂直于投影面时，在该投影面上投影要画出相切处的转向投影轮廓线，否则不应该画出公切面的投影。

◆ 相交：如果两基本几何体的表面彼此相交，称其为相交关系。表面交线是它们的表面分界线，图上必须画出它们交线的投影。

11.2 图形视图的画法

机件的形状是多种多样的，为了完整、清晰地表达出机件各个方向上的形状，在机械制图设计中常使用视图来表达机件的外部结构形状。常见的视图包括有 6 个基本视图（上、下、左、右、前、后）、向视图、局部视图和斜视图等。

11.2.1 基本视图

机件在基本投影面上的投影称为基本视图，即将机件置于一正六面体内（如图 11-6a 所示，正六面体的六面构成基本投影面），向该六面投影所得的视图为基本视图。

该 6 个视图分别是由前向后、由上向下、由左向右投影所得的主视图、俯视图和左视图，以及由右向左、由下向上、由后向前投影所得的右视图、仰视图和后视图。各基本投影面的展开方式如图 11-6b 所示。

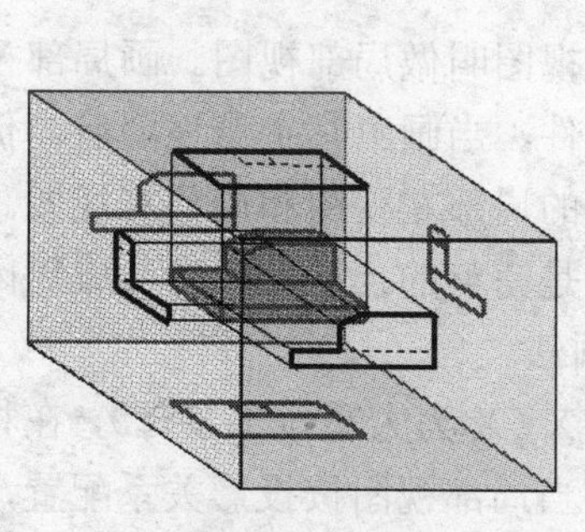

a）基本视图的六面投影箱

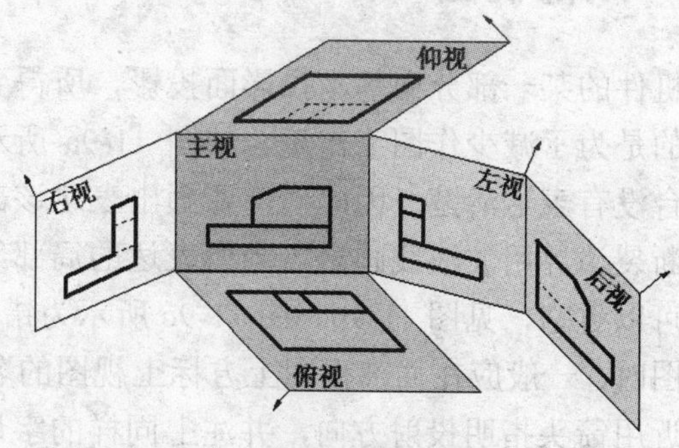

b）基本视图的展开

图 11-6 基本视图的形成

基本视图具有“长对正、高平齐、宽相等”的投影规律，即主视图、俯视图和仰视图中的长度对正（后视图同样反映零件的长度尺寸，但不与上述三视图对正），主视图、左、右视图和后视图中的高度平齐，左、右视图与俯、仰视图中的宽度相等。另外，主视图与后视图，左视图与右视图，俯视图与仰视图还具有轮廓对称的特点。展开后各视图的配置如图 11-7 所示。

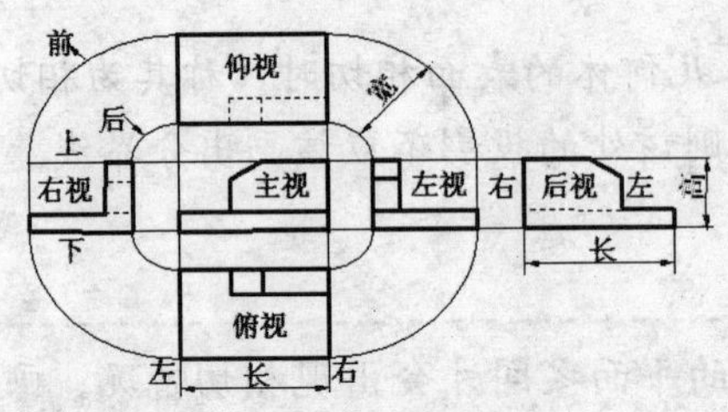

图 11-7　基本视图的配置

11.2.2　向视图

向视图是可自由配置的视图。如果视图不能按图 11-8a 所示配置时，则应在向视图的上方标注 X（X 为大写的拉丁字母），在相应的视图附近用箭头指明投射方向，并注上相同的字母，如图 11-8b 所示。

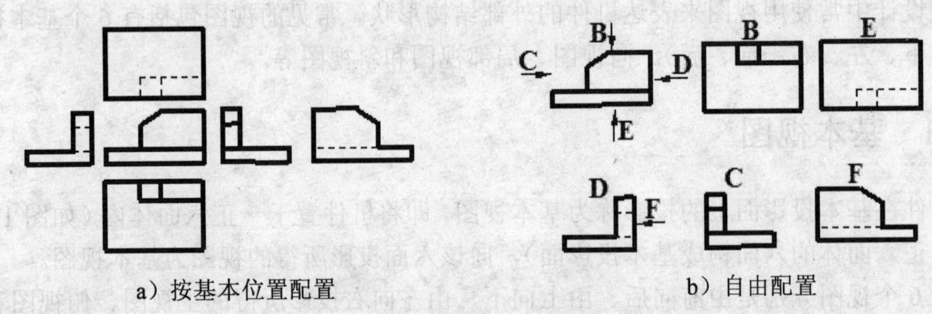

图 11-8　向视图的画法

11.2.3　局部视图

将机件的某一部分向基本投影面投影，所得到的视图叫做局部视图。画局部视图的主要目的是为了减少作图工作量。如图 11-9a 所示机件，当画出其主俯视图后，仍有两侧的凸台没有表达清楚。因此，需要画出表达该部分的局部左视图和局部右视图。局部视图的断裂边界用波浪线画出，当所表达的局部结构是完整的，且外轮廓又成封闭时，波浪线可以省略，见图 11-9b。图 11-9c 所示为错误画法。

画图时，一般应在局部视图上方标上视图的名称 X（X 为大写拉丁字母），在相应的视图附近用箭头指明投射方向，并注上同样的字母。当局部视图按投影关系配置，中间又无其他图形隔开时，可省略各标注。

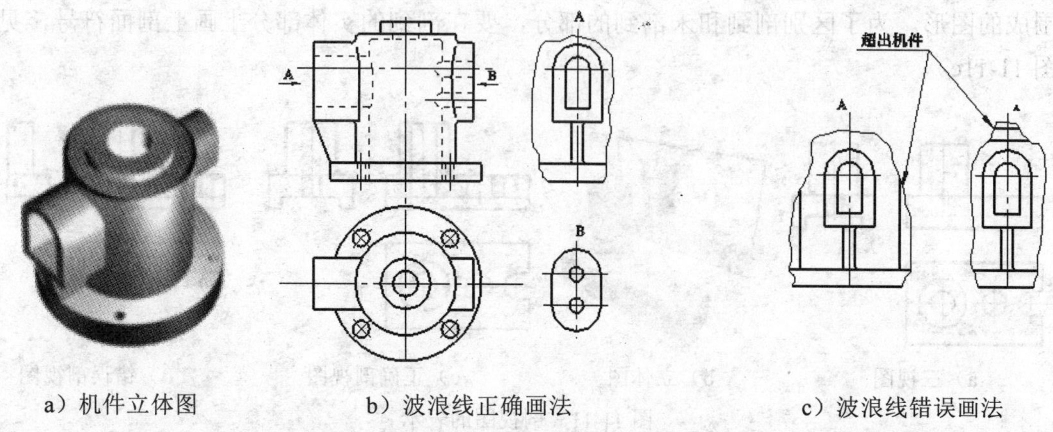

a）机件立体图　　b）波浪线正确画法　　c）波浪线错误画法

图 11-9　局部视图的画法

11.2.4　斜视图

机件向不平行于任何基本投影面的平面投射所得的视图称斜视图。斜视图主要用于表达机件上倾斜部分的实形。如图 11-10 所示的连接弯板，其倾斜部分在基本视图上不能反映实形，为此，可选用一个新的投影面，使它与机件的倾斜部分表面平行，然后将倾斜部分向新投影面投影，这样便可在新投影面上反映实形。

斜视图一般按向视图的形式配置并标注，必要时也可配置在其他适当位置。在不引起误解时，允许将视图旋转配置，表示该视图名称的大写拉丁字母应靠近旋转符号的箭头端，也允许将旋转角度标注在字母之后。

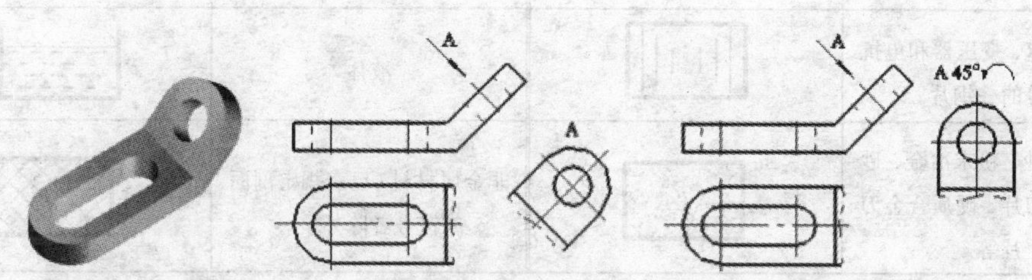

图 11-10　斜视图及其标注

11.2.5　剖视图

机件上不可见的结构形状规定用虚线表示，不可见的结构形状愈复杂，虚线就愈多，这样对读图和标注尺寸都不方便。为此，对机件不可见的内部结构形状经常采用剖视图来表达，如图 11-11 所示。

1.　剖视图的形成

图 11-11a 是机件的三视图，主视图上有多条虚线。图 11-11b 表示进行剖视图的过程，假想用剖切平面 R 把机件切开，移去观察者与剖切平面之间的部分，将留下的部分向投影面投影，这样得到的图形就称为剖视图，简称剖视。.

剖切平面与机件接触的部分，称为剖面。剖面是部切平面 R 和物体相交所得的交线围成的图形。为了区别剖到和未剖到的部分，要在剖到的实体部分上画上剖面符号，见图 11-11c。

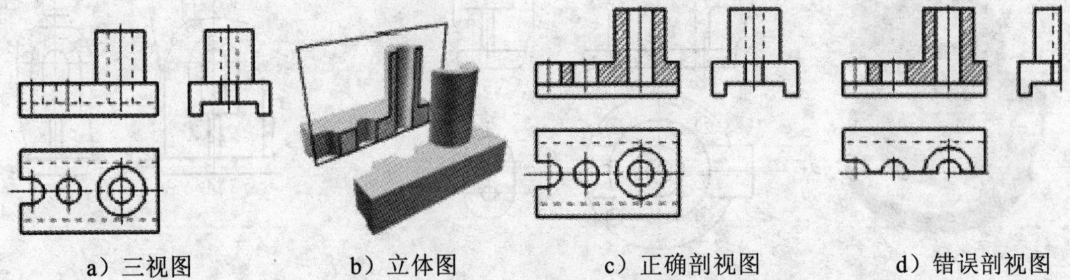

a）三视图　　b）立体图　　c）正确剖视图　　d）错误剖视图

图 11-11　剖视图的表示

因为剖切是假想的，实际上机件仍是完整的，所以画其他视图时，仍应按完整的机件画出。因此，图 11-11d 中的左视图与俯视图的画法是不正确的。

为了区别被剖到机件的材料，国家标准 GB4457.5-1984 规定了各种材料剖面符号的画法，如表 11-1 所示。

表 11-1　剖面符号

材料名称	剖面符号	材料名称	剖面符号
金属材料（已有规定剖面符号者除外）		砖	
线圈绕组元件		玻璃及供观察用的其他透明材料	
转子、电枢、变压器和电抗器等的叠钢片		液体	
型砂、填砂、粉末冶金、砂轮、陶瓷刀片、硬质合金刀片等		非金属材料（已有规定剖面符号者除外）	

注：1. 剖面符号仅表示材料的类别，材料的名称和代号必须另行注明。

2. 叠钢片的剖面线方向，应与束装中叠钢片的方向一致。

3. 液面用细实线绘制。

2.　剖视图的种类及其画法

根据机件被剖切范围的大小，剖视图可分为全剖视图、半剖视图和局部剖视图。

（1）全剖视图：用剖切平面完全地剖开机件后所得到的剖视图，称为全剖视图。如图 11-12 所示的右图中，俯视图做了全剖视，它不满足不加标注的三个条件中的第三条，所以要标注。

（2）半剖视图：当机件具有对称平面，向垂直于对称平面的投影面上投影时，以对称中心线（细点画线）为界，一半画成视图用以表达外部结构形状，另一半画成剖视图用以表达内部结构形状，这样组合的图形称为半剖视图，如图 11-13 所示。

（3）局部剖视图：当机件有部分内部结构形状未表达清楚，但又没有必要做全剖视或不适合做半剖视时，可用剖切平面局部地剖开机件，所得的剖视图称为局部剖视图，如图 11-14 所示。

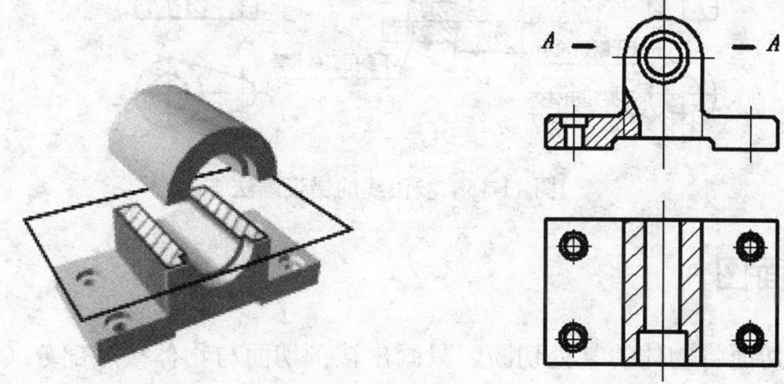

图 11-12 全剖视图

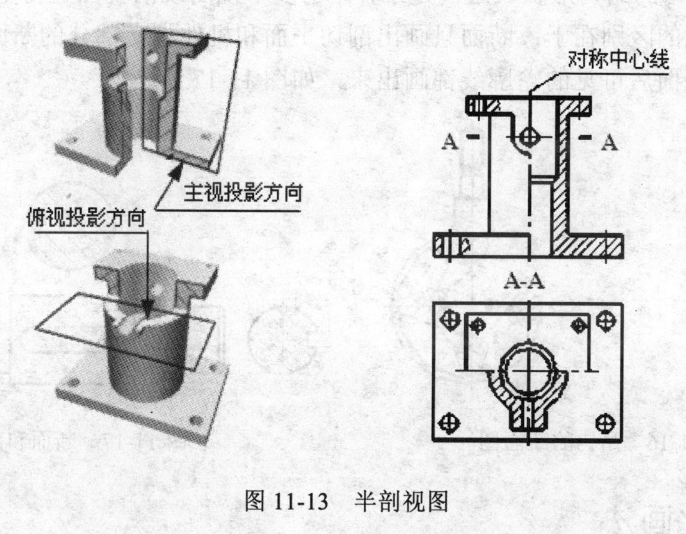

图 11-13 半剖视图

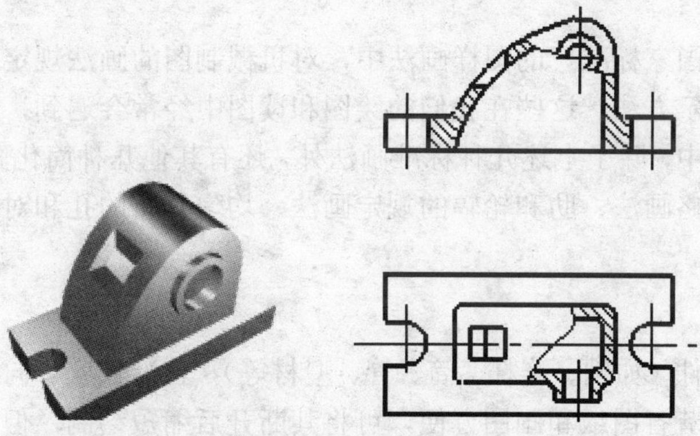

图 11-14 局部剖视图

局部剖切后，机件断裂处的轮廓线用波浪线表示。为了不引起读图的误解，波浪线不要与图形中的其他图线重合，也不要画在其他图线的延长线上。如图 11-15 所示为波浪线的错误画法。

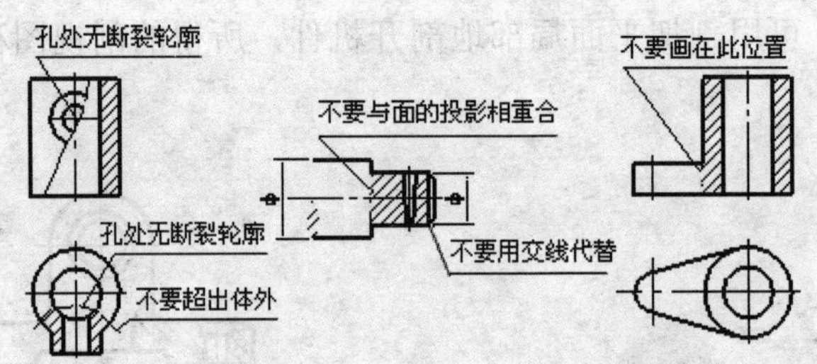

图 11-15　波浪线的错误画法

11.2.6　断面图

假想用剖切面将物体的某处切断，只画出该剖切面与物体接触部分（剖面区域）的图形，称为断面图。如图 11-16 所示吊钩，只画了一个主视图，并在几处画出了断面形状，就把整个吊钩的结构形状表达清楚了，比用多个视图或剖视图显得更为简便、明了。

断面与剖视的区别在于：断面只画出剖切平面和机件相交部分的断面形状，而剖视则须把断面和断面后可见的轮廓线都画出来，如图 11-17 所示。

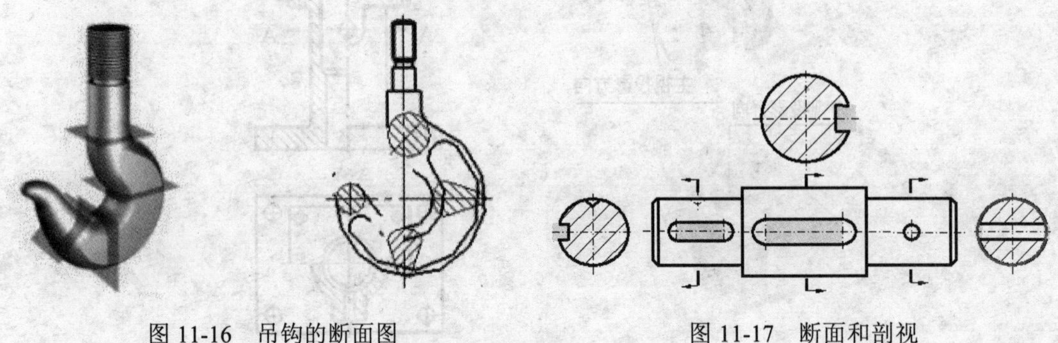

图 11-16　吊钩的断面图　　图 11-17　断面和剖视

11.2.7　简化画法

在《机械制图国家标准》的图样画法中，对机械制图的画法规定了一些简化画法、规定画法和其他表示方法。这些在我们的绘图和读图中经常会遇到，所以必须掌握。

在机械零件图中，除了上述几种标准画法外，还有其他几种简化画法，如断开画法、相同结构要素的省略画法、肋和轮辐的规定画法、均匀分布的孔和对称图形的规定画法及其他简化画法等。

1.　断开画法

对于较长的机件（如轴、连杆、筒、管、型材等），若沿长度方向的形状一致或按一定规律变化时，为节省图纸和画图方便，可将其断开后缩短绘制，但要标注机件的实际尺寸。

画图时，可用图 11-18 所示的方法表示。折断处的表示方法一般有两种，一种是用波浪线断开，如图 11-18a 所示，另一种是用双点画线断开，如图 11-18b 所示。

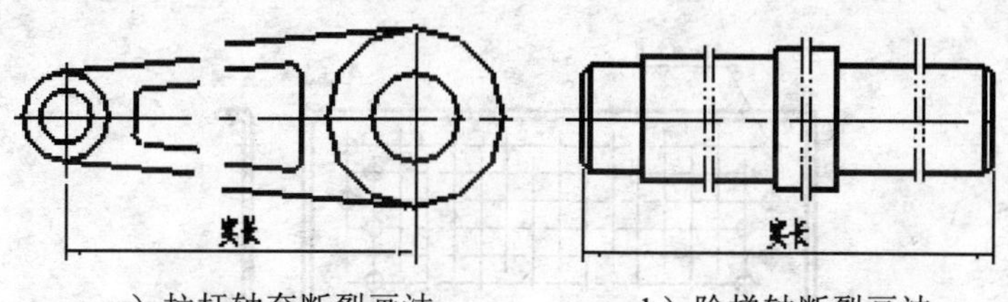

a）拉杆轴套断裂画法　　b）阶梯轴断裂画法

图 11-18　断开画法

2. 相同结构要素的省略画法

当机件具有若干相同结构（齿、槽等），并按一定规律分布时，只需要画出几个完整的结构，其余用细实线连接，同时在零件图中必须注明该结构的总数，如图 11-19 所示。

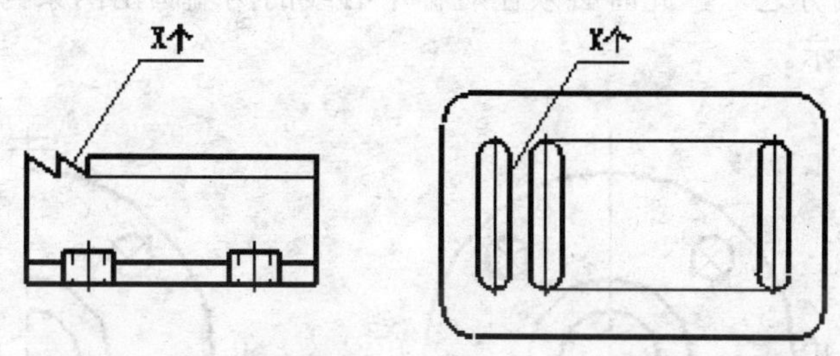

图 11-19　成规律分布的若干相同结构的简化画法

3. 肋和轮辐的规定画法

对于机件的肋、轮辐及薄壁等，如按纵向剖切，这些结构都不画剖面符号，而用粗实线将它与其邻接的部分分开。当零件回转体上均匀分布的肋、轮辐、孔等结构不处于剖切平面上时，可将这些结构旋转到剖切平面上画出，如图 11-20 所示。

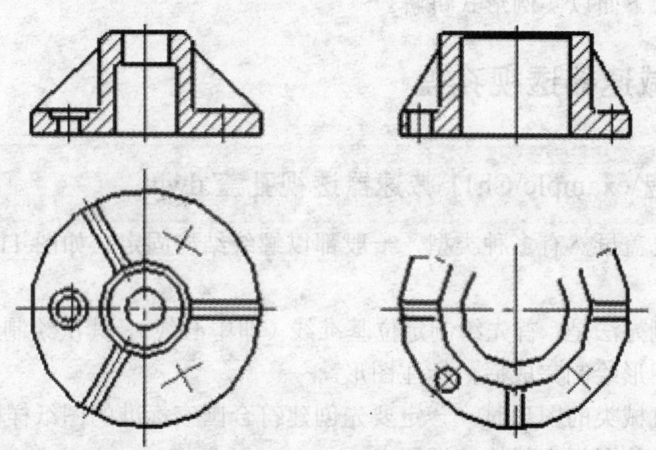

图 11-20　肋、轮辐的画法

4. 均匀分布的孔和对称图形的规定画法

若干直径相同且成规律分布的孔（圆孔、螺孔、沉孔等），可以仅画出一个或几个，其余只需用点画线表示其中心位置，在零件图中应注明孔的总数，如图 11-21 所示。

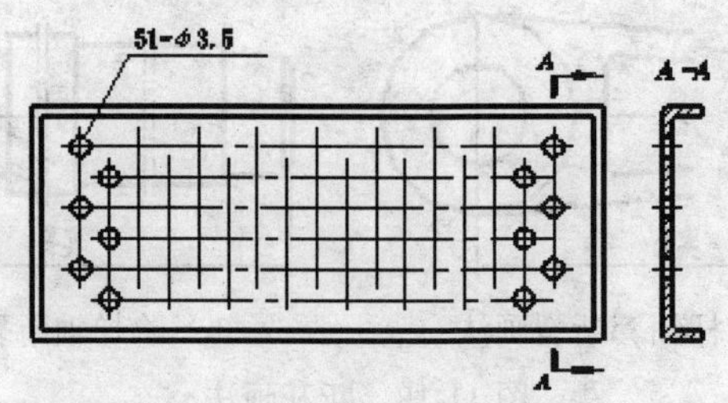

图 11-21　均匀分布孔的简化画法

5. 对称机件的简化画法

当某一图形对称时，可画略大于一半，在不致引起误解时，对于对称机件的视图也可只画出一半或四分之一，此时必须在对称中心线的两端画出两条与其垂直的平行细实线，如图 11-22 所示。

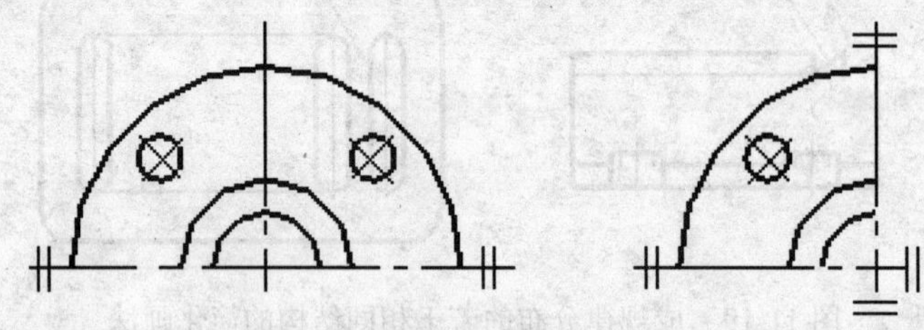

图 11-22　对称机件的简化画法

11.3 二维图形及视图的绘制

前面学习了二维图形的表达、视图的画法及二维图形的绘制工具等课程内容。为了巩固学习的内容，下面以实例形式讲解。

11.3.1 绘制减速器透视孔盖

例 11-1　光盘\example\Ch11\减速器透视孔盖.dwg 

减速器透视孔盖虽然有多种类型，一般都以螺纹结构固定。如图 11-23 所示为减速器上的油孔顶盖。

此图形的绘制方法是：首先绘制定位基准线（即中心线），其次绘制主视图矩形，最后绘制侧视图。图形绘制完成后，标注图形。

我们在绘制机械类的图形时，一定要先创建符合国家标准的图纸样板，以便于在后期的一系列机械设计图纸中能快速调用。

操作步骤

[1] 调用用户自定义的图纸样板文件。

[2] 使用【矩形】工具，绘制如图 11-24 所示的矩形。

[3] 使用【直线】工具，在矩形的中心位置绘制如图 11-25 所示的中心线。

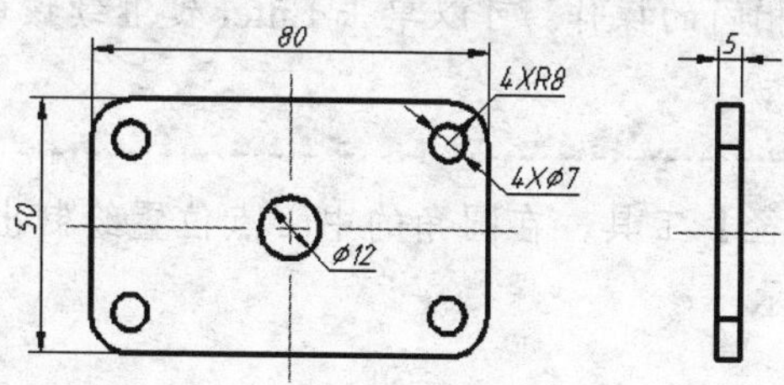

图 11-23 减速器上透视孔盖

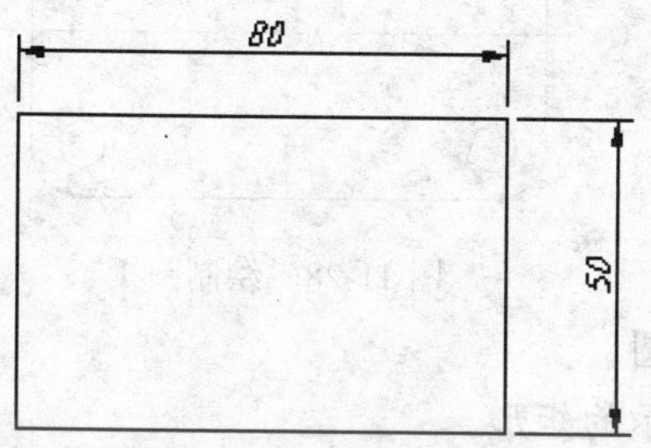

图 11-24 绘制矩形

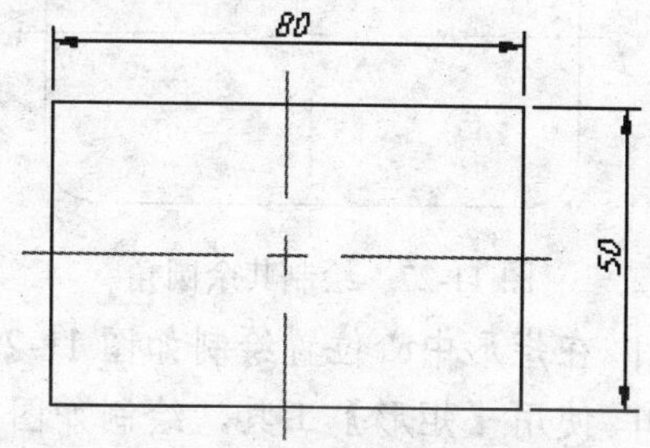

图 11-25 绘制中心线

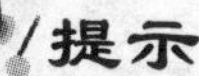

提示

在绘制所需的图线或图形时，可以先指定预设置的图层，也可以随意绘制，最后再指定图层。但先指定图层可以提高部分绘图效率。

[4] 在命令行输入 fillet 命令（圆角），或者单击【圆角】按钮，然后按命令行的提示操作。命令行提示如下：

```
命令: _fillet
当前设置: 模式 = 修剪，半径 = 7.0000
选择第一个对象或 [放弃(U)/多段线(P)/半径(R)/修剪(T)/多个(M)]: R
指定圆角半径 <7.0000>: 8
选择第一个对象或 [放弃(U)/多段线(P)/半径(R)/修剪(T)/多个(M)]:
选择第二个对象，或按住 Shift 键选择对象以应用角点或 [半径(R)]:
```

[5] 创建的圆角如图 11-26 所示。

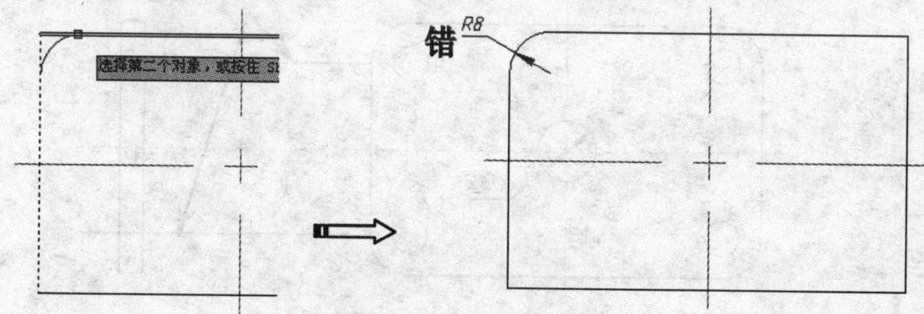

图 11-26 绘制圆角

[6] 在另 3 个角点位置也绘制同样半径的圆角，结果如图 11-27 所示。

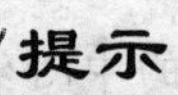

提示

由于执行的是相同的操作。可以单击 Enter 键继续该命令的执行，并直接选取对象来创建圆角。

[7] 使用【圆心，半径】工具，在圆角的中心点位置绘制出 4 个直径为 7 的圆，结果如图 11-28 所示。

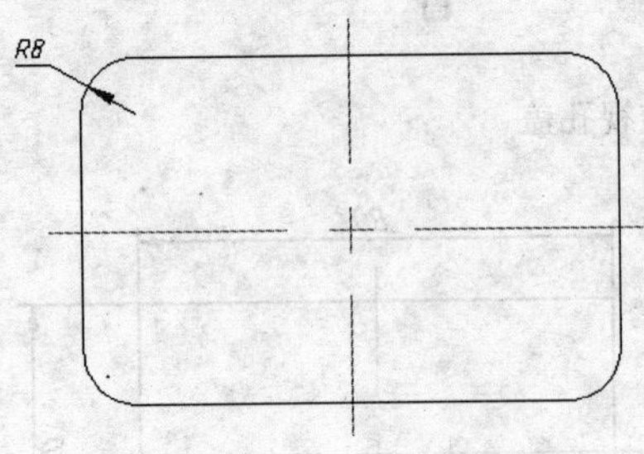

图 11-27　绘制其余圆角

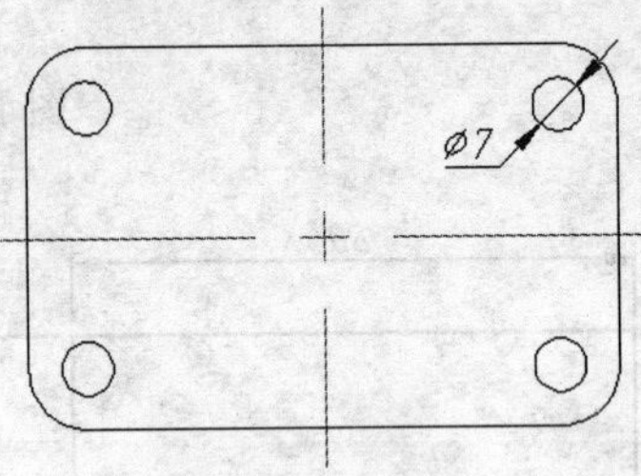

图 11-28　绘制圆 1

[8] 在矩形中心位置绘制如图 11-29 所示的圆。

[9] 使用【矩形】工具，绘制如图 11-30 所示的矩形。

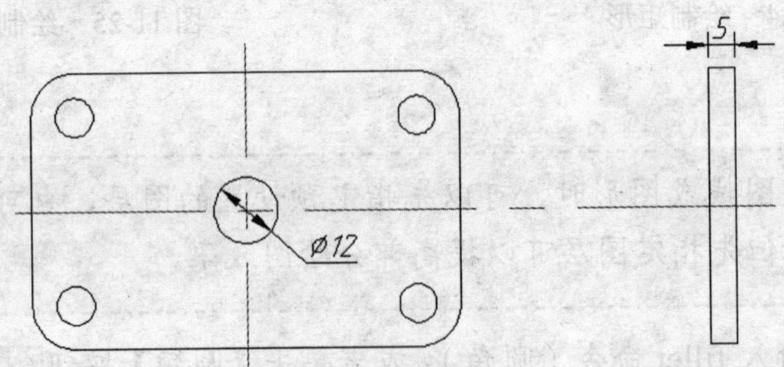

图 11-29　绘制圆 2　　图 11-30　绘制矩形

注意

要想精确绘制矩形，最好是采用坐标绝对输入方法，即（@X,Y）形式。

[10] 使用【直线】工具，在大矩形的圆角位置作 2 条水平直线，并穿过小矩形，如图 11-31 所示。

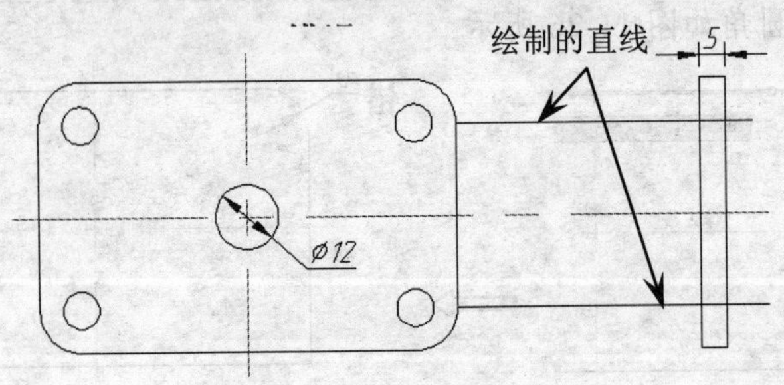

图 11-31　绘制直线

[11] 使用【修剪】工具，将图形中多余的图线修剪掉。然后对主要的图线应用【粗

实线】图层。最后对图形进行尺寸标注，结果如图 11-32 所示。

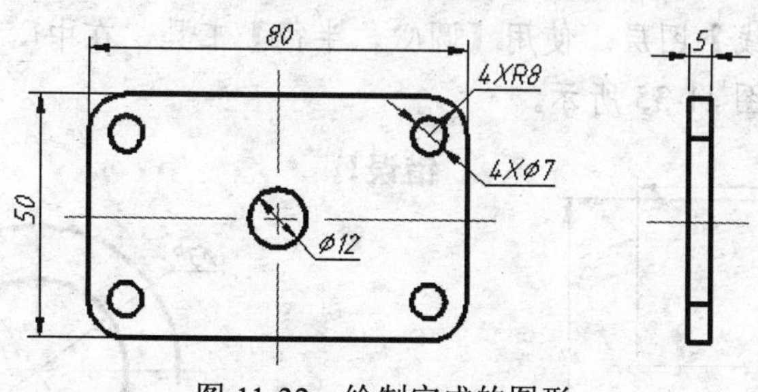

图 11-32　绘制完成的图形

[12] 将结果保存。

11.3.2　绘制轴承座的基本视图

例 11-2　光盘\example\Ch11\轴承座基本视图.dwg

本例中将采用坐标输入的方法来绘制轴承座基本视图。轴承座基本视图如图 11-33 所示。

坐标输入法即通过给定视图中各点的准确坐标值来绘制多视图的方法。通过具体的坐标值保证视图之间的相对位置关系。

在绘制一些大而复杂的零件图时，为了将视图布置得既匀称美观又符合投影规律，经常需要应用该方法绘制作图基准线，确定各个视图的位置，然后再综合运用其他方法绘制完成图形。

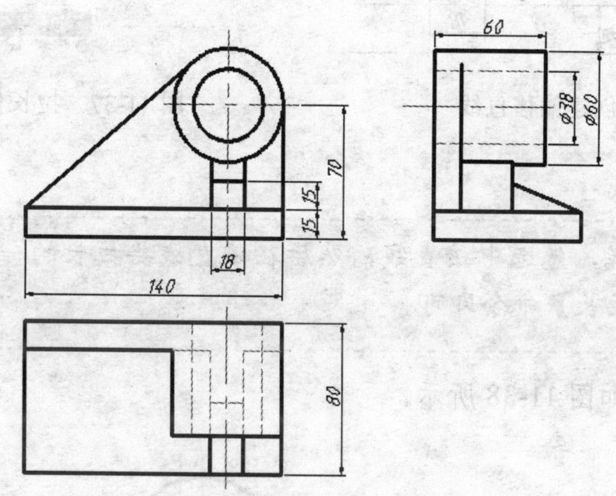

图 11-33　轴承座基本视图

1.　绘制主视图

操作步骤

[1]　调用用户自定义的图纸样板文件。

[2]　首先绘制轴承座主视图。调用【点画线】图层，然后使用【直线】工具绘制如

图 11-34 所示的尺寸基准线（中心线）。

[3] 调用【粗实线】图层。使用【圆心，半径】工具，在中心线交点位置绘制 2 个同心圆，如图 11-35 所示。

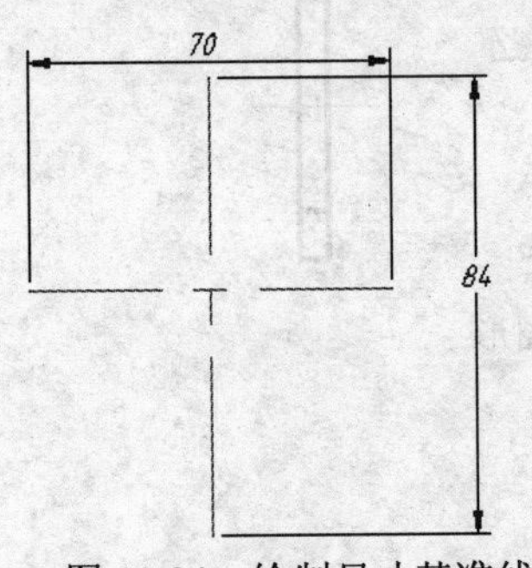

图 11-34 绘制尺寸基准线

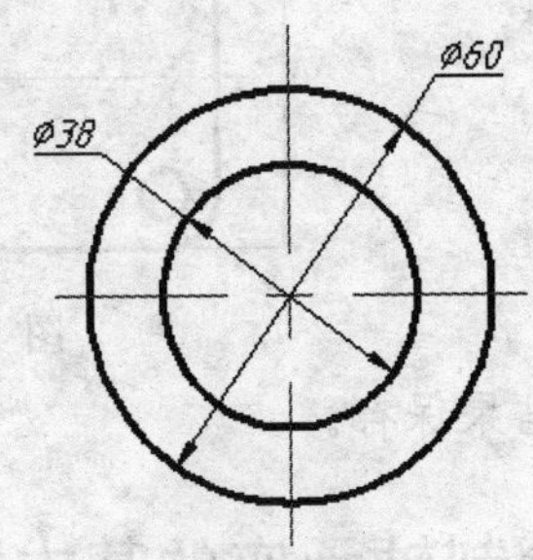

图 11-35 绘制同心圆

[4] 使用【偏移】工具，绘制出如图 11-36 所示的多条偏移线段。

[5] 选择要拉长的偏移线段，然后使用夹点模式拉长，如图 11-37 所示。

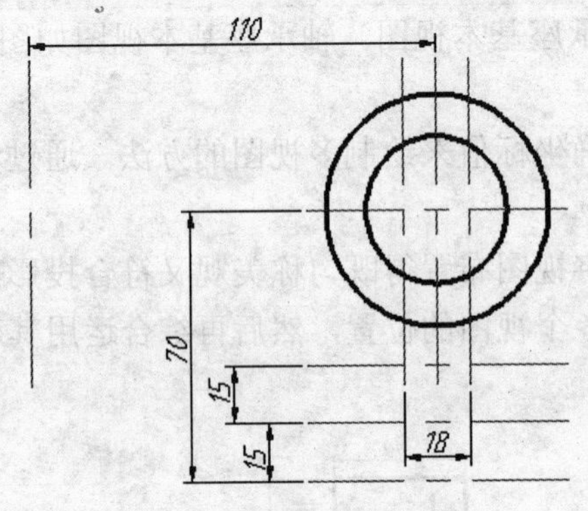

图 11-36 创建偏移直线

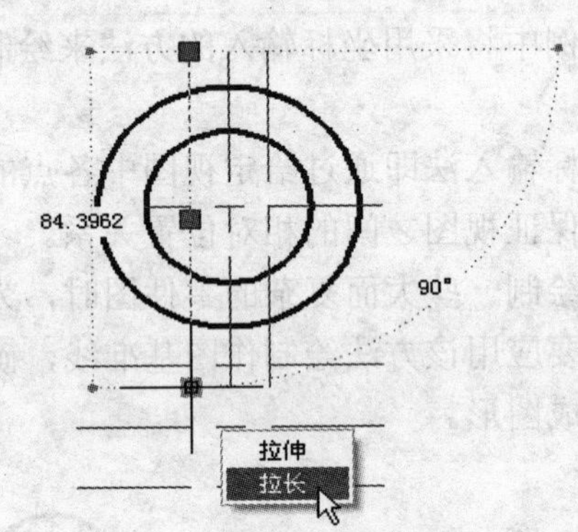

图 11-37 拉长偏移的直线

提示

要拉长某一直线，先选中该直线，然后在该直线要拉长的一端处停留光标，弹出菜单后选择【拉长】命令即可。

[6] 拉长的结果如图 11-38 所示。

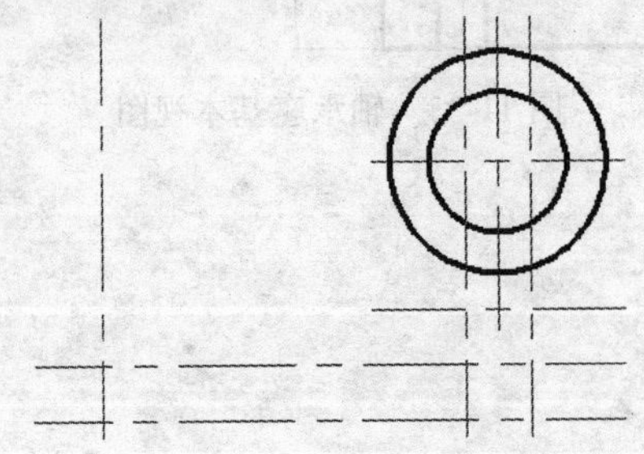

图 11-38 拉长的结果显示

[7] 使用【修剪】工具，将多余曲线修剪，结果如图 11-39 所示。

[8] 使用【特性匹配】工具，将部分中心线型匹配成粗实线，结果如图 11-40 所示。

[9] 使用【直线】工具，作出与大圆相切的 2 条直线，如图 11-41 所示。

[10] 使用【修剪】工具，修剪多余直线。完成的主视图如图 11-42 所示。

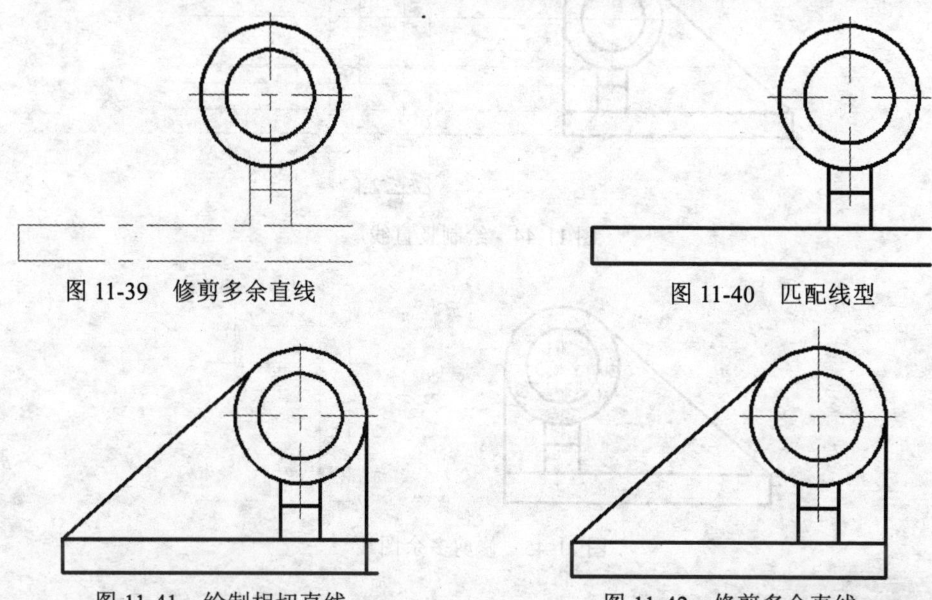

图 11-39 修剪多余直线　　图 11-40 匹配线型

图 11-41 绘制相切直线　　图 11-42 修剪多余直线

2. 绘制侧视图

侧视图的绘制方法是：在主视图中将所有能表达外形轮廓的边作出水平切线或延伸线，形成侧视图的主要轮廓。

操作步骤

[1] 调用【虚线】图层，然后使用【直线】工具，作出如图 11-43 所示的水平线。

图 11-43 绘制水平线

[2] 再使用【直线】、【偏移】工具绘制竖直线。结果如图 11-44 所示。

注意

竖直线的绘制也是先绘制一条直线，其余直线进行偏移即可。

[3] 使用【修剪】工具将多余图线修剪，其结果如图 11-45 所示。

[4] 使用【直线】工具，补画 2 条直线，然后再进行修剪，结果如图 11-46 所示。

[5] 使用【特性匹配】工具，将部分虚线匹配成粗实线，结果如图 11-47 所示。

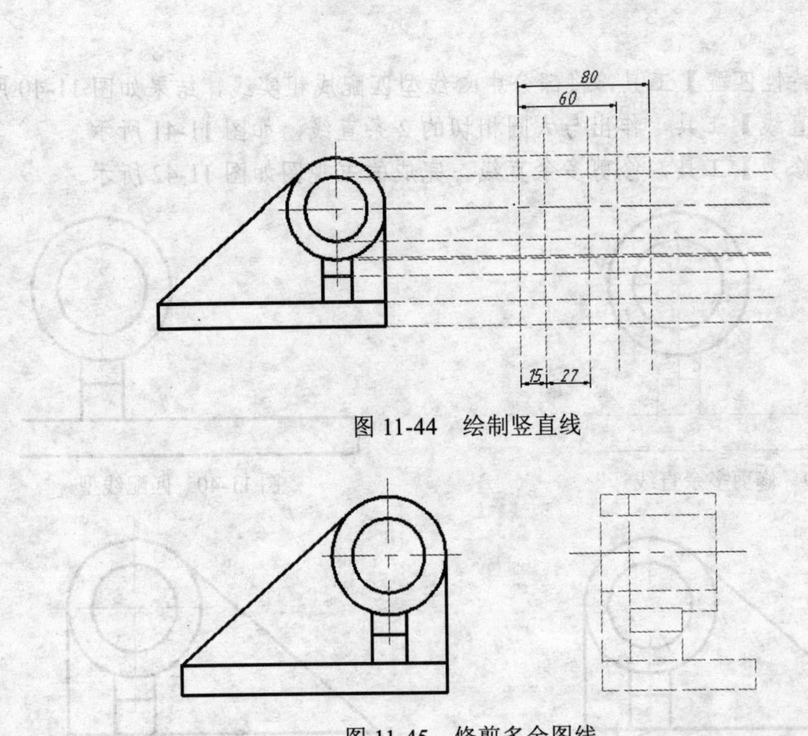

图 11-44 绘制竖直线

图 11-45 修剪多余图线

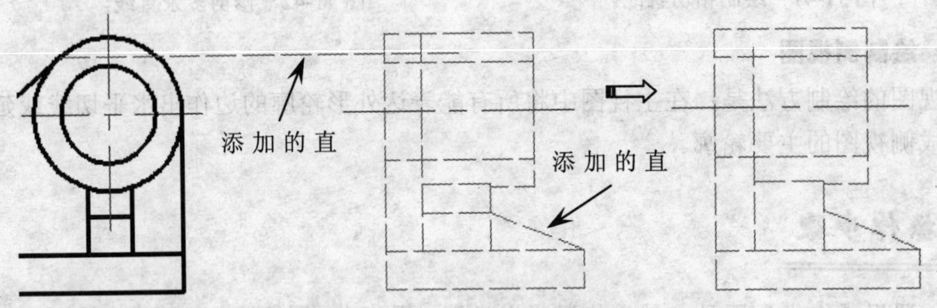

图 11-46 添加直线并修剪直线

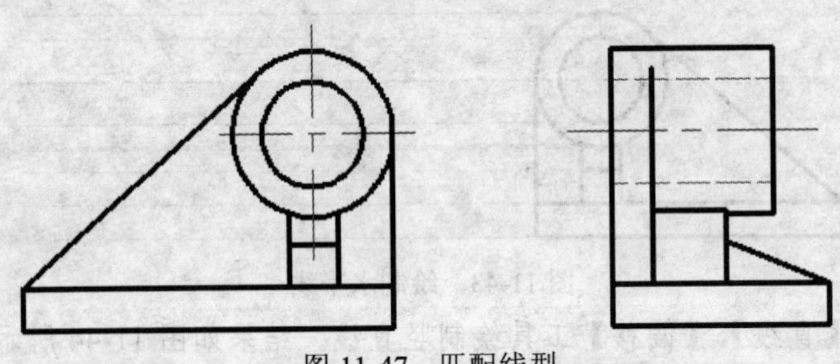
图 11-47 匹配线型

3. 绘制俯视图

俯视图的绘制方法与侧视图相同，皆采用投影原理进行绘制。

操作步骤

[1] 调用【虚线】图层，然后使用【直线】工具，作出如图 11-48 所示的竖直线。

[2] 使用【直线】工具作水平线，结果如图 11-49 所示。

图 11-48 绘制竖直线

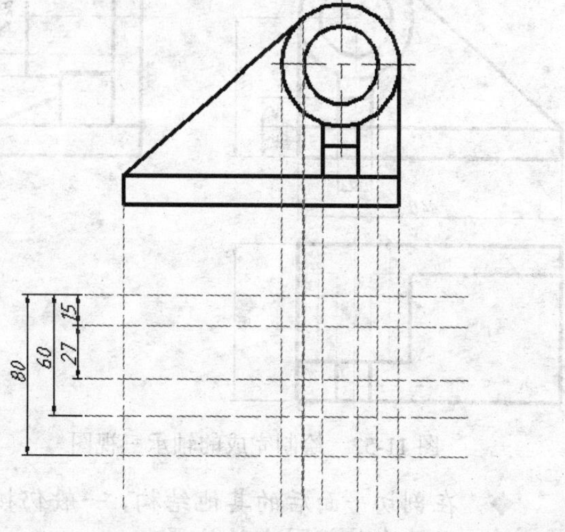

图 11-49 绘制水平线

[3] 使用【修剪】工具对图线进行修剪，修剪结果如图 11-50 所示。

[4] 使用【打断于点】工具将如图 11-51 所示的图线打断。

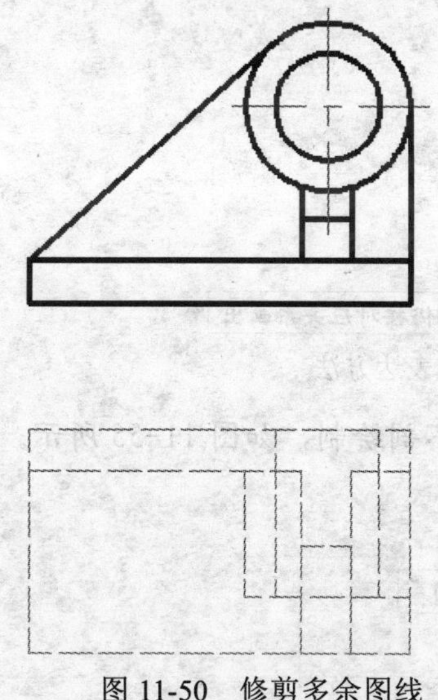

图 11-50 修剪多余图线

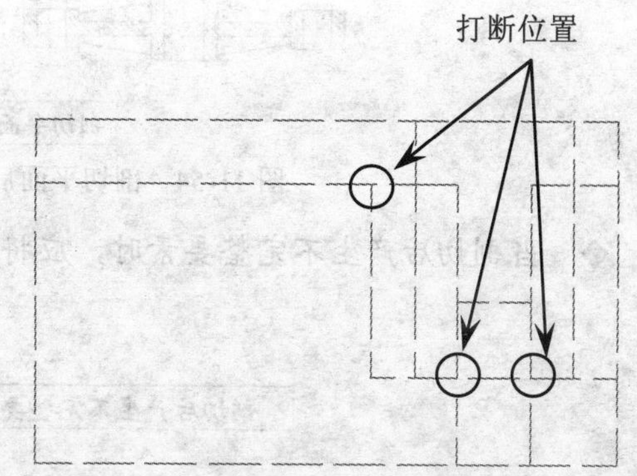

图 11-51 打断图线

[5] 使用【特性匹配】工具将表达轮廓的虚线匹配成粗实线。然后对图形进行标注。轴承三视图的创建结果如图 11-52 所示。

[6] 将结果保存。

11.3.3 绘制曲柄旋转剖视图

绘制旋转剖视图时应注意以下事项：

◆ 应先假想按剖切位置剖开机件，然后将其中被倾斜剖切平面剖开的结构及其有关部分旋转到与选定的基本投影面平行后再进行投影。这里强调的是先剖开，后旋转，再投影，如图 11-53 所示。

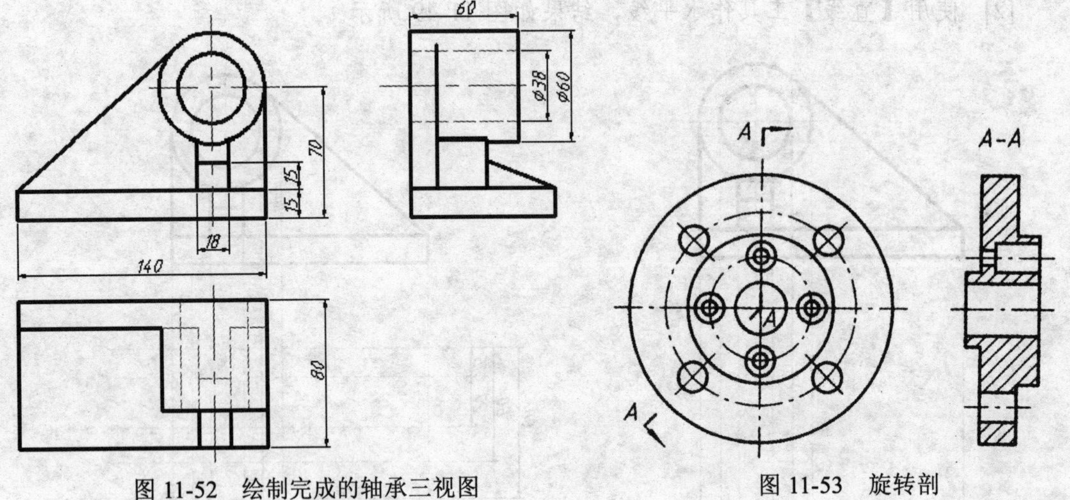

图 11-52　绘制完成的轴承三视图　　　　图 11-53　旋转剖

◆　在剖切平面后的其他结构，一般仍按原来位置投影，如图 11-54 所示主视图上的小孔在俯视图上的位置。

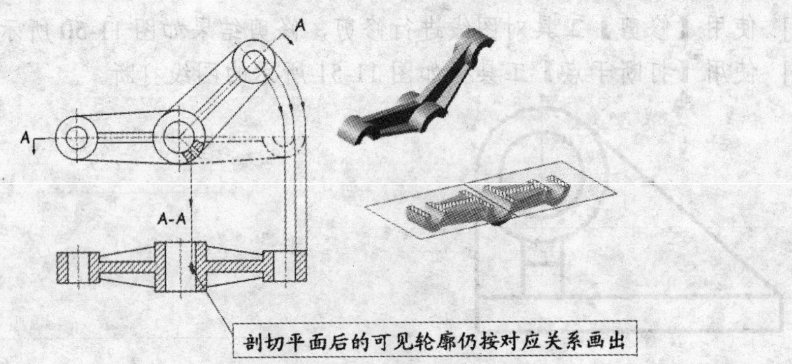

图 11-54　剖切平面后的其他结构表达方法

◆　当剖切后产生不完整要素时，应将此部分按不剖绘制，如图 11-55 所示。

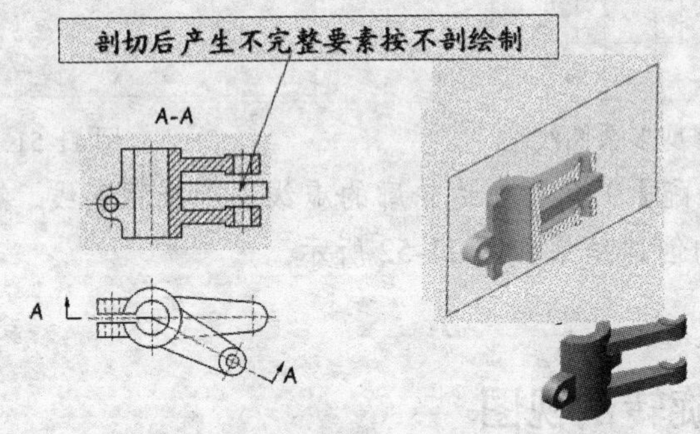

图 11-55　不完整要素表达方法

◆　采用旋转剖时必须按规定进行标注，如图 11-56 和图 11-57 所示。

上面介绍了一些旋转剖视图的绘制方法与技巧。下面以曲柄旋转剖视图的绘制实例来讲解详细的操作过程。曲柄旋转剖视图如图 11-58 所示。

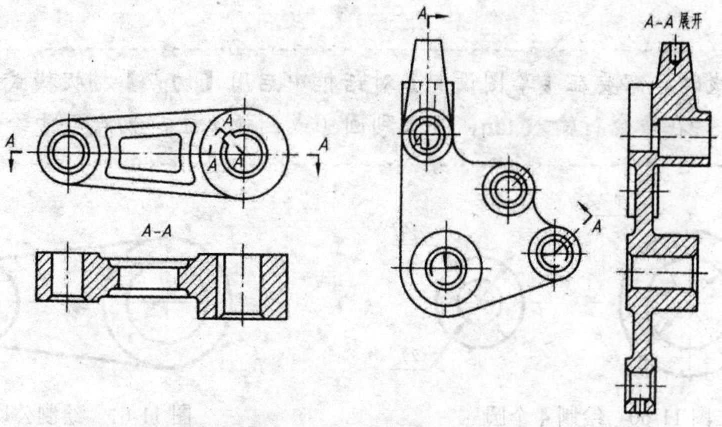

图 11-56　连杆的旋转剖　　　　图 11-57　旋转剖的展开画法

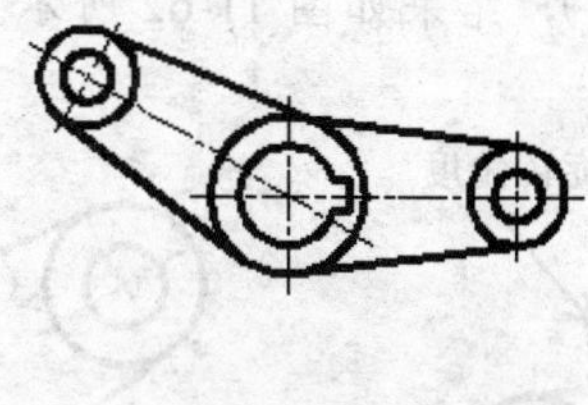

图 11-58　曲柄旋转剖视图

例 11-3　光盘\example\Ch11\曲柄旋转剖视图.dwg 

操作步骤

[1] 打开用户自定义的工程制图样板文件。

[2] 将【点画线】层设置为当前层。然后使用【直线】工具，绘制出如图 11-59 所示是尺寸基准线。

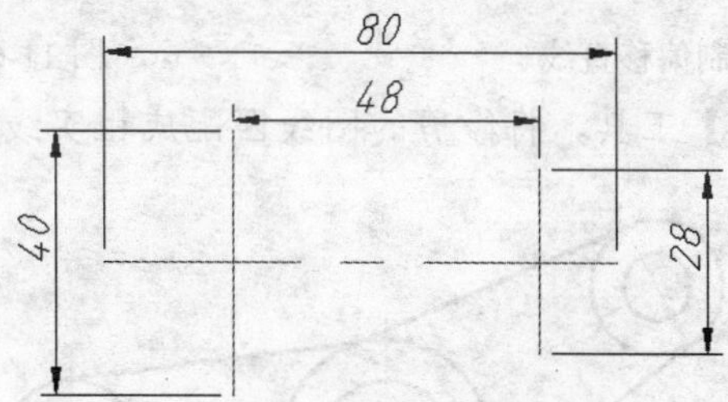

图 11-59　绘制尺寸基准线

[3] 将【粗实线】层设置为当前层。使用【圆心，半径】工具，在尺寸基准线的两个交点位置绘制 4 个圆，结果如图 11-60 所示。

[4] 使用【直线】工具，利用对象捕捉功能，绘制公切线，结果如图 11-61 所示。

注意

绘制切线时，需要在【草图设置】对话框中启用【切点】捕捉模式。然后执行LINE命令后，在命令行输入tan，捕捉到圆（或圆弧）上的切点后才绘制。

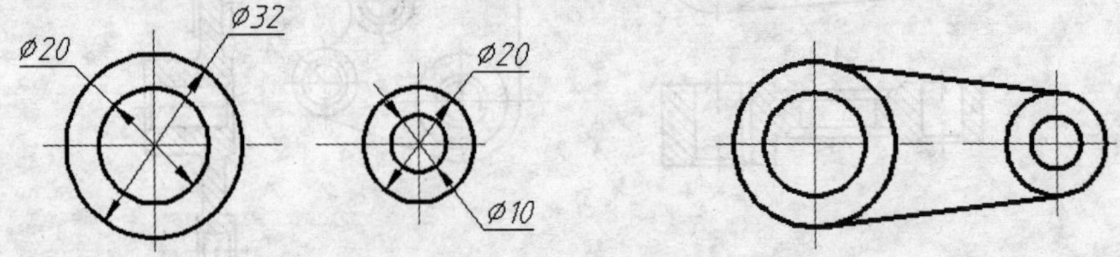

图 11-60　绘制4个圆　　　　图 11-61　绘制公切线

[5] 使用【旋转】工具，将2个小同心圆、公切线及尺寸基准线等图线进行旋转复制（旋转角度为150°），结果如图11-62所示。

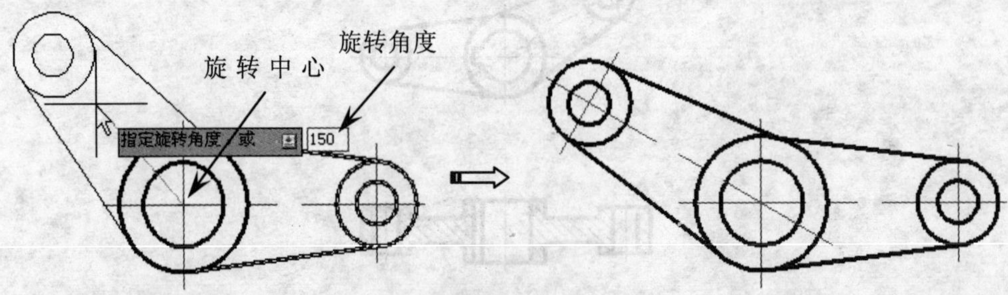

图 11-62　旋转复制图形

[6] 使用【偏移】工具，绘制如图11-63所示的偏移直线。

[7] 使用【修剪】工具，对图形进行修剪，结果如图11-64所示。

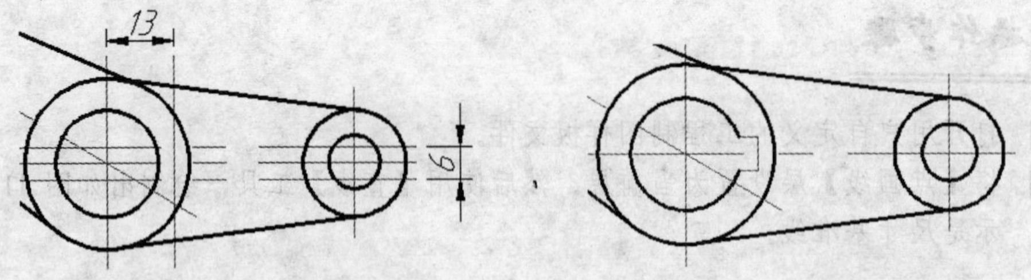

图 11-63　绘制偏移直线　　　　图 11-64　修剪图形

[8] 使用【特性匹配】工具，将修剪的图线匹配成粗实线，如图11-65所示。

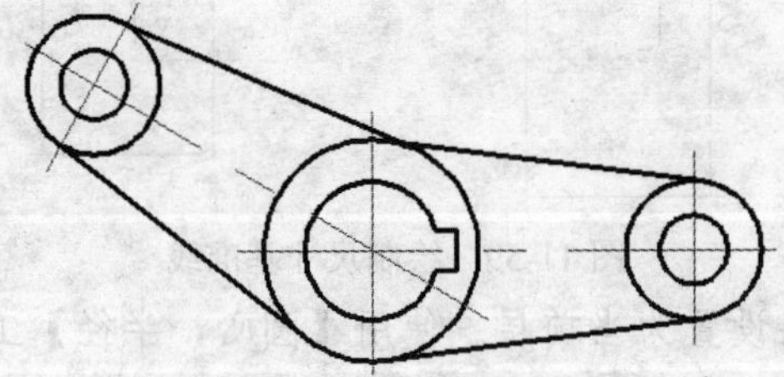

图 11-65　特性匹配线型

[9] 使用【旋转】工具，将左边的图形绕大圆中心点旋转30°，使其与右边图形对

称，如图 11-66 所示。

[10] 将【虚线】图层设置为当前层，然后使用【直线】工具绘制如图 11-67 所示的竖直线。

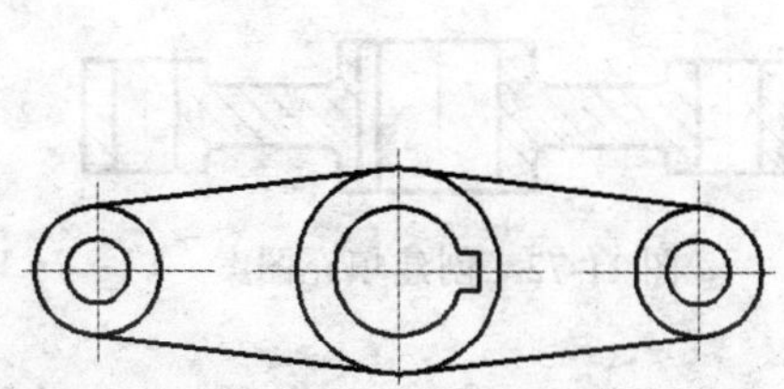

图 11-66　旋转图形

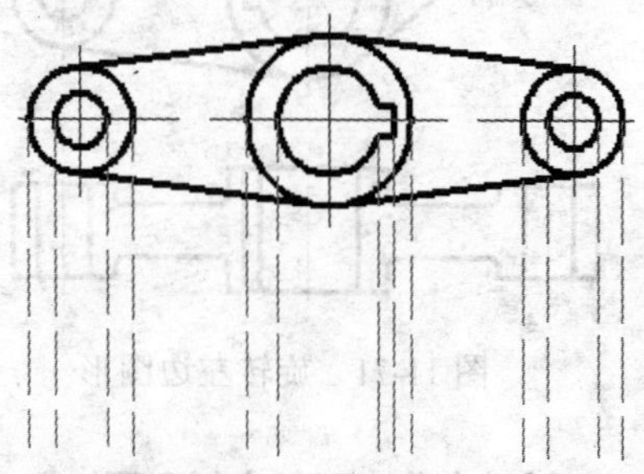

图 11-67　绘制竖直线

[11] 使用【直线】工具，绘制如图 11-68 所示的水平线。

[12] 使用【修剪】工具，对图形进行修剪，结果如图 11-69 所示。

[13] 使用【圆角】工具，创建半径为 2 的圆角，如图 11-70 所示。

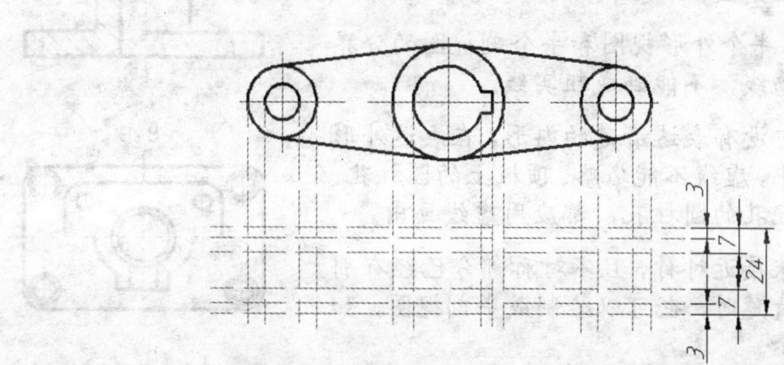

图 11-68　绘制水平线

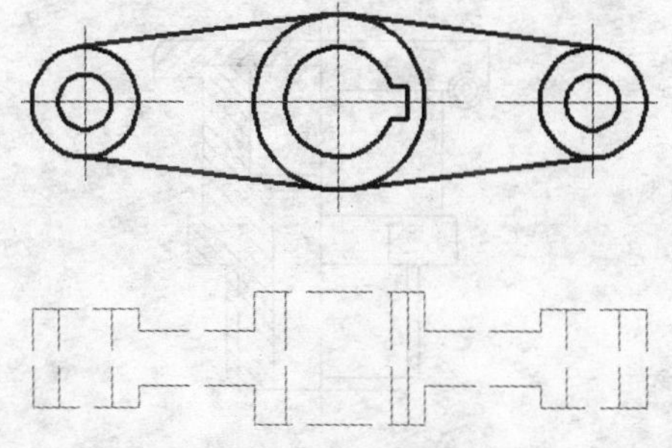

图 11-69 修剪图形

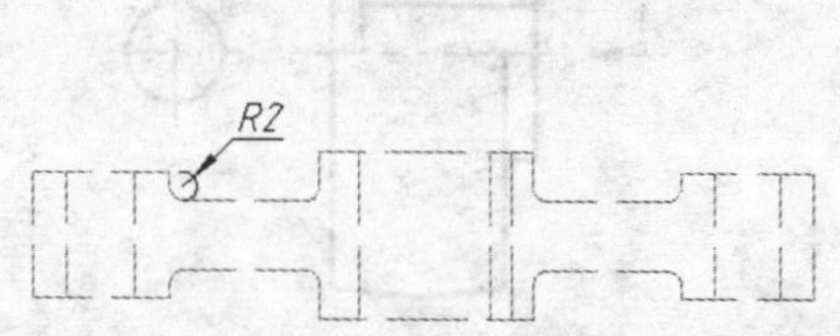

图 11-70　绘制圆角

[14] 使用【特性匹配】工具，将外形轮廓线匹配成粗实线。

[15] 使用【旋转】工具将左边的图形旋转-30°，如图 11-71 所示。

[16] 使用【图案填充】工具，选择 ANSI31 图案进行填充，结果如图 11-72 所示。至此，曲柄旋转剖视图的绘制工作结束。

[17] 将结果保存。

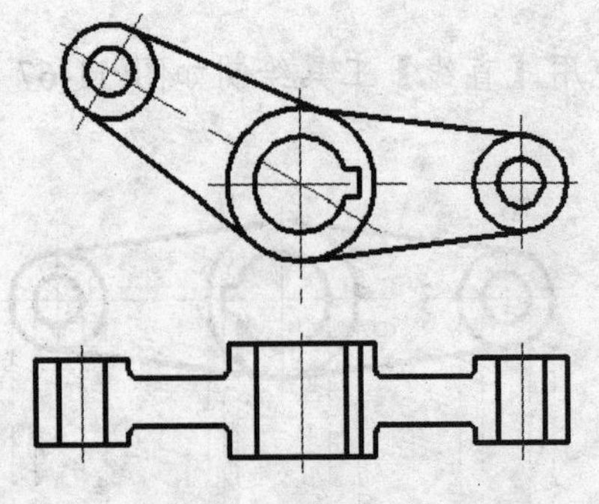
图 11-71　旋转左边图形

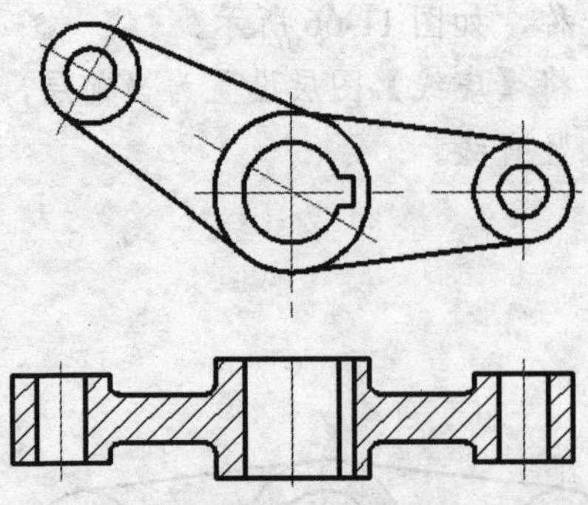
图 11-72　创建填充图案

11.3.4　绘制油杯半剖视图

在绘制半剖视图时，需要注意以下事项：

- ◆ 半剖视图的标注同全剖视图。半剖视图的标注内容、方法以及标注的省略条件均与全剖视图相同。标注省略如图 11-73 所示。
- ◆ 半剖视图中，半个外形视图和半个剖视图的分界线必须为点画线，不能画成粗实线。
- ◆ 在半剖视图中没有表达清楚的内形，在表达外形的半个视图中，虚线不能省略。顶板上的圆柱孔、底板上具有沉孔的圆柱孔，都应用虚线画出。
- ◆ 当物体的形状接近对称，且不对称部分已经有别的图形表达清楚时，也可以绘制成半剖视图，如图 11-74 所示。

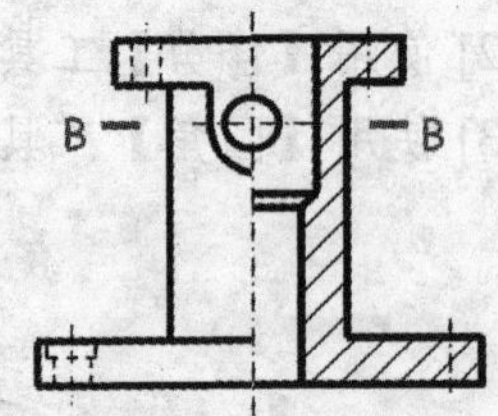

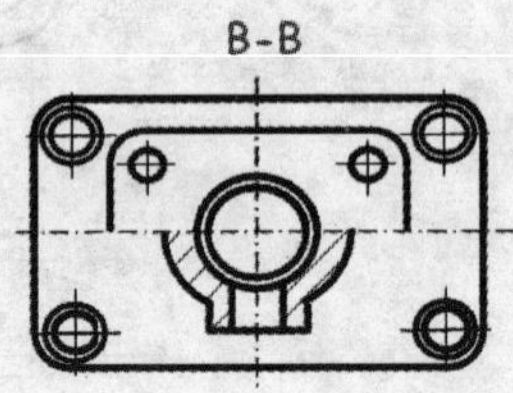

图 11-73　半剖视图标注

本例要绘制的油杯半剖视图如图 11-75 所示。

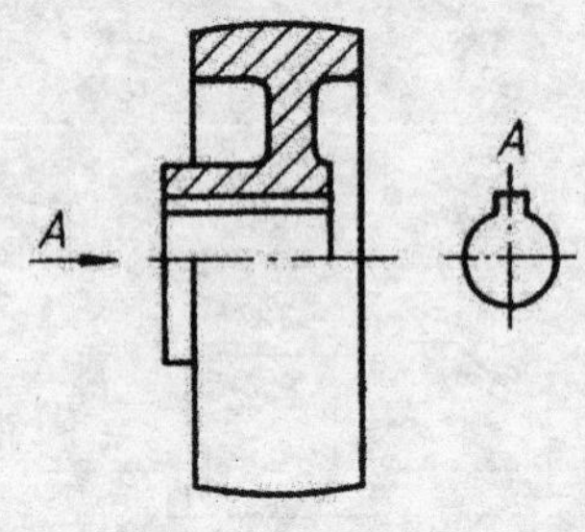

图 11-74　可以绘制半剖的图形

图 11-75　油杯半剖视图

例 11-4　光盘\example\Ch11\油杯半剖视图.dwg

操作步骤

[1] 打开用户自定义的工程制图样板文件。

[2] 将【点画线】层设置为当前层。使用【直线】工具绘制竖直中心线。然后将【粗实线】层设置为当前层。重复【直线】命令，绘制水平辅助直线，结果如图 11-76 所示。

[3] 使用【偏移】工具，分别将竖直辅助直线向左偏移 14、12、10 和 8，向右偏移 14、10、8、6 和 4；重复【偏移】命令，将水平辅助直线向上偏移 2、10、11、12、13 和 14，向下偏移 4 和 14，结果如图 11-77 所示。

[4] 使用【修改】工具修剪相关图线，结果如图 11-78 所示。

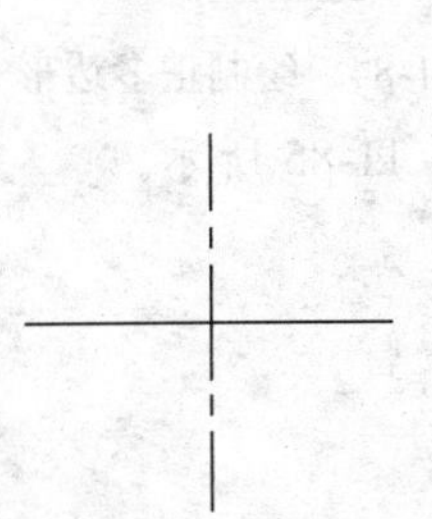

图 11-76　绘制辅助直线

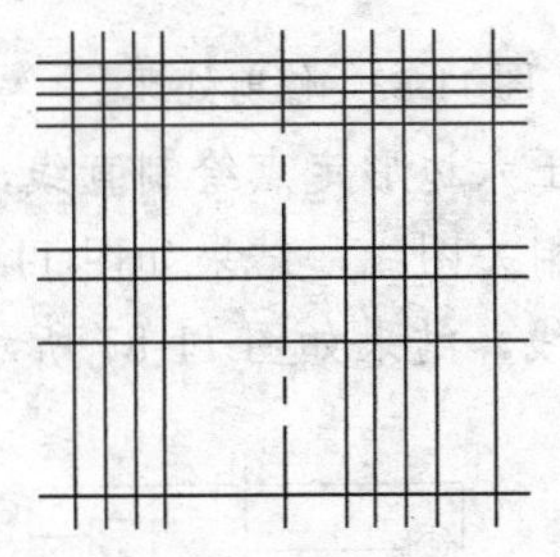

图 11-77　偏移处理

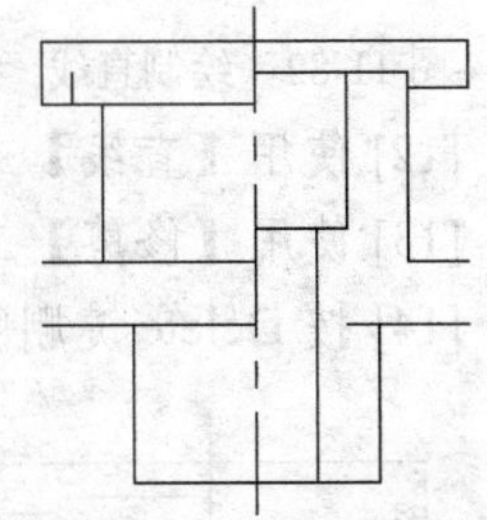

图 11-78　修剪处理

[5] 使用【圆角】工具，将线段 1 和线段 2 进行倒圆角，圆角半径为 1.2。结果如图 11-79 所示。

[6] 使用【圆心，半径】工具，以点 3 为圆心，绘制半径为 0.5 的圆。重复【圆】命令，分别绘制半径为 1 和 1.5 的同心圆，结果如图 11-80 所示。

[7] 单击【修改】工具栏中的【倒角】按钮，将线段 4 和线段 5 进行倒角处理，倒角距离为 1。

[8] 重复【倒角】命令，选择线段 5 和线段 6 进行倒角处理，结果如图 11-81 所示。

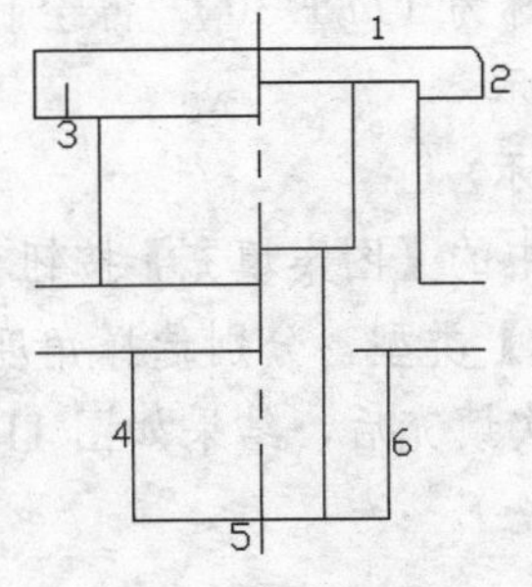

图 11-79　倒圆角

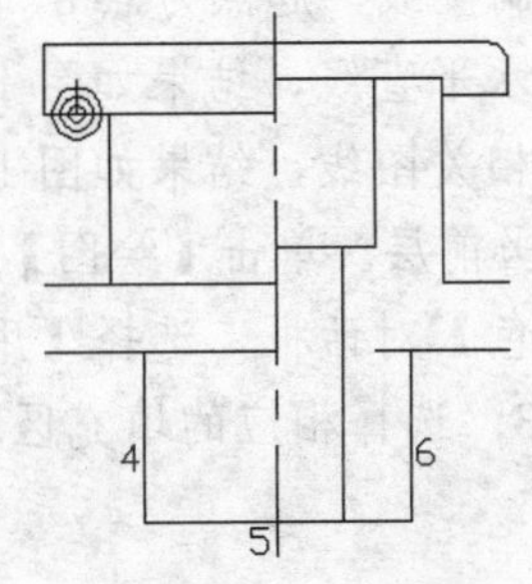

图 11-80　绘制圆

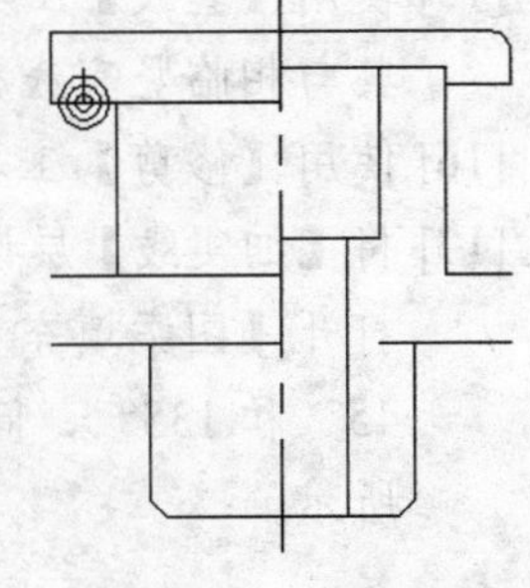

图 11-81　倒角处理

[9] 使用【直线】工具，在倒角处绘制直线，结果如图 11-82 所示。

[10] 使用【修剪】工具修剪相关图线，结果如图 11-83 所示。

[11] 单击【绘图】工具栏中的【正多边形】按钮，绘制正六边形。命令行提示与操作如下，结果如图 11-84 所示。

```
命令: polygon↙
输入边的数目 <4>: 6↙
指定正多边形的中心点或 [边(E)]: (选择点 7)
输入选项 [内接于圆(I)/外切于圆(C)] <I>:↙
指定圆的半径: 11.2↙
```

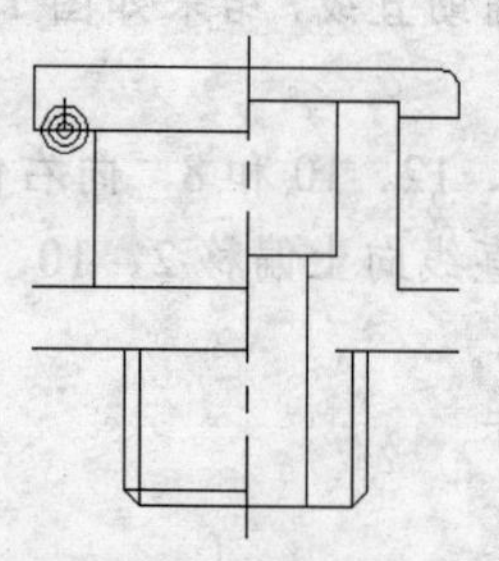

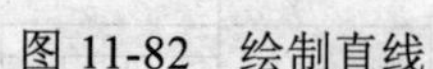

图 11-82 绘制直线

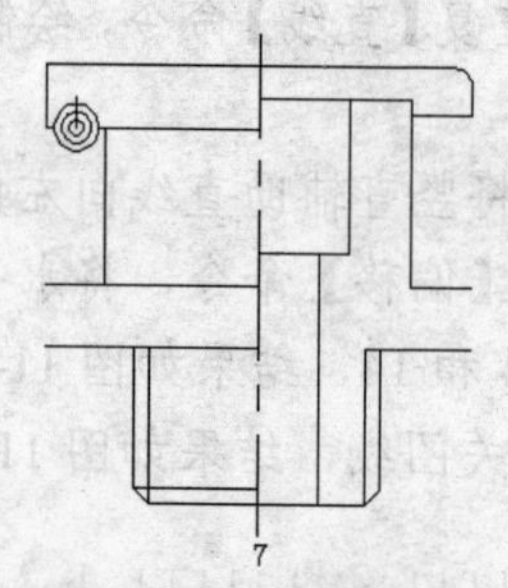

图 11-83 修剪处理

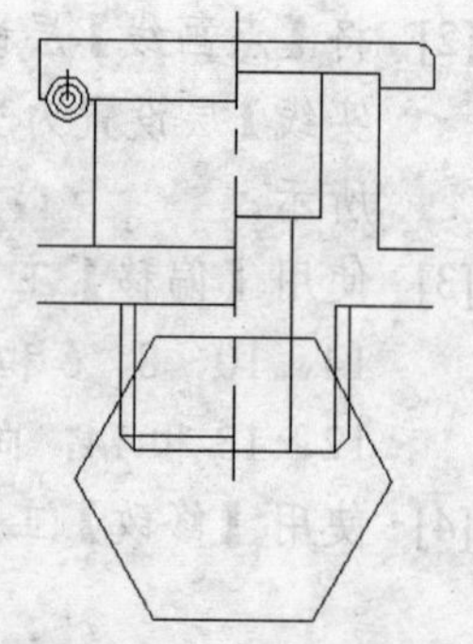

图 11-84 绘制正多边形

[12] 使用【直线】工具，在正六边形定点绘制直线，结果如图 11-85 所示。

[13] 使用【修剪】工具修剪相关图线，结果如图 11-86 所示。

[14] 按 Delete 键删除多余直线，结果如图 11-87 所示。

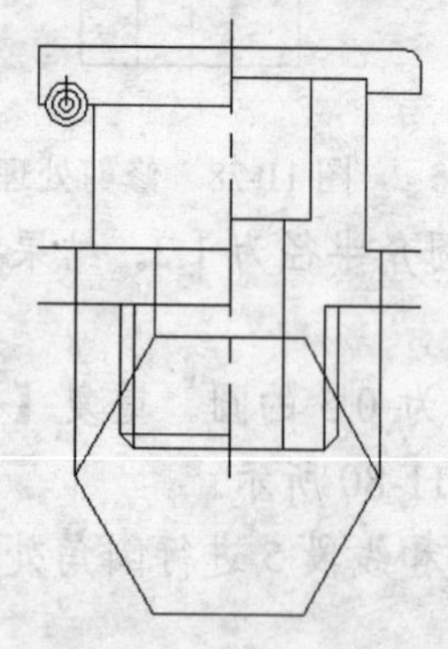

图 11-85 绘制直线

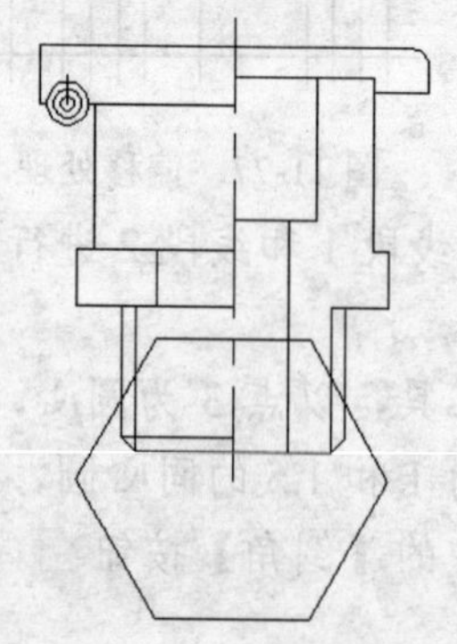

图 11-86 修剪处理

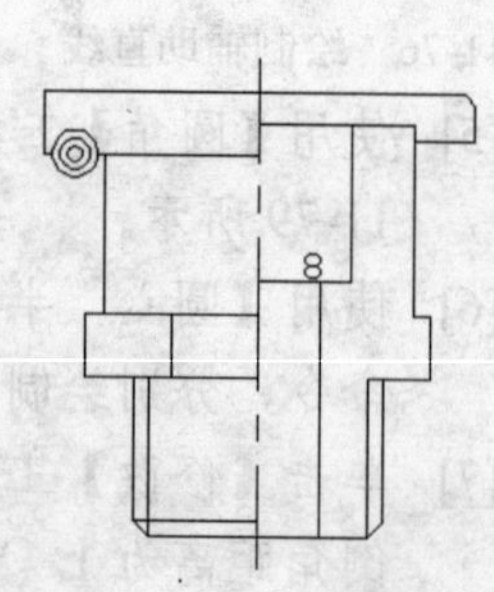

图 11-87 删除结果

[15] 使用【直线】工具，绘制直线，起点为点 8，终点坐标为（@5<30）。再绘制过其与相临竖直线交点的水平直线，结果如图 11-88 所示。

[16] 使用【修剪】工具修剪相关图线，结果如图 11-89 所示。

[17] 将【细实线】层设置为当前层。单击【绘图】工具栏中的【图案填充】按钮，打开【图案填充和渐变色】对话框，选择【用户定义】类型，分别选择角度为 45° 和 135°，间距为 3；选择相应的填充区域。两次填充后，结果如图 11-90 所示。

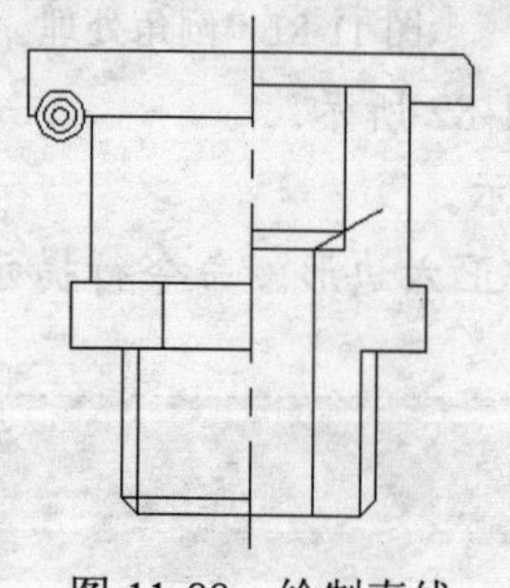

图 11-88 绘制直线

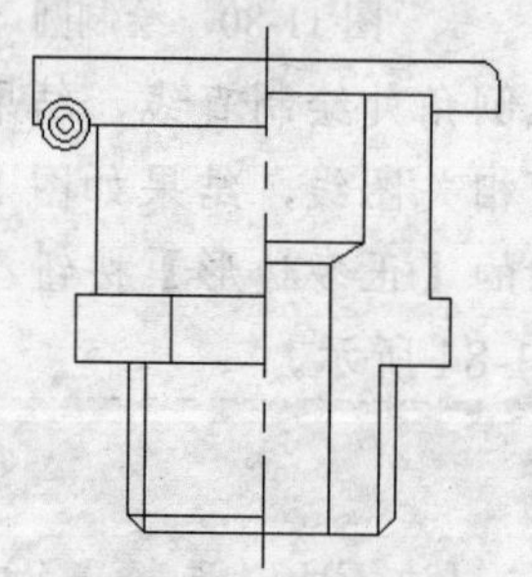

图 11-89 修剪处理

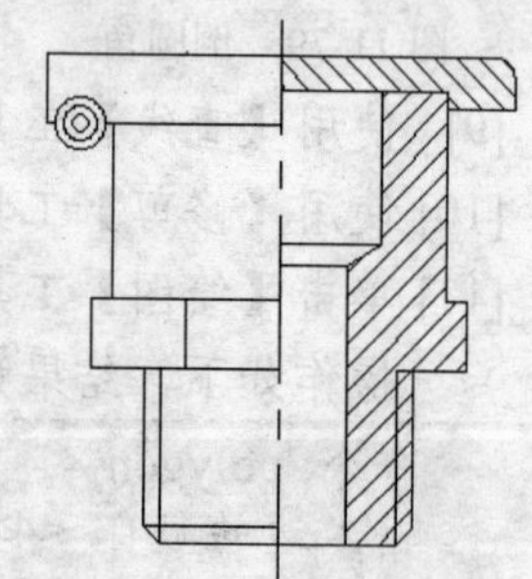

图 11-90 创建填充图案

[18] 单击【标准】工具栏中的【保存】按钮，将图形保存在指定路径中。

第12章 三维建模基础

☒ 本章内容导读：

在工程设计和绘图过程中，三维图形应用越来越广泛。AutoCAD 可以利用 3 种方式创建三维图形，即线框模型方式、表面模型方式和实体模型方式。线框模型方式为一种轮廓模型，它由三维的直线和曲线组成，没有面和体的特征。表面模型方式用面描述三维对象，它不仅定义了三维对象的边界，而且还定义了表面，即具有面的特征。实体模型方式不仅具有线和面的特征，而且还具有体的特征，各实体对象间可以进行各种布尔运算操作，从而创建复杂的三维实体图形。

☒ 本章学习要点：

- 三维坐标系的概念
- 视点的设置
- 三维视图
- 三维模型的表现
- 三维实体与曲面工具

12.1 三维建模基础

在 AutoCAD2012 中，使用三维建模功能，可以创建用户设计的实体、线框和网格模型。下面简要介绍 AutoCAD2012 三维建模的基础知识。

12.1.1 三维建模坐标系

在三维空间中，为有效进行三维建模，必须学会合理使用用户坐标系 UCS。用户坐标系对于输入坐标，在二维工作平面上创建三维对象以及在三维中旋转对象很有用。在三维环境中创建或修改对象时，可以在三维模型空间中移动和重新定向 UCS 以简化工作。

总起来说，三维建模空间中可应用的坐标系包括三维笛卡儿坐标系、柱坐标系和球坐标系。

1. 三维笛卡儿坐标系

在三维建模（或三维基础）空间下，可以使用三维笛卡儿坐标系的 X、Y、Z 值来指定精确位置。三维笛卡儿坐标值（X，Y，Z）的输入类似于输入二维坐标值（X，Y）。

如果动态输入处于关闭状态，坐标在命令行上输入；如果启用动态输入，可以使用“#”前缀指定绝对坐标。如图 12-1 所示，坐标值（3，2，5）表示一个沿 X 轴正方向 3 个单位，沿 Y 轴正方向 2 个单位，沿 Z 轴正方向 5 个单位的点。

2. 柱坐标系

柱坐标系又称半极坐标系，它是由平面极坐标系与空间直角坐标系中的部分建立起来的。在三维空间下，柱坐标通过 XY 平面与 UCS 原点之间的距离、XY 平面与 X 轴的角度以及 Z 值来描述精确的位置。柱坐标输入相当于三维空间中的二维极坐标输入。它在垂直于 XY 平面的轴上指定另一个坐标。柱坐标通过定义某点在 XY 平面中距 UCS 原点的距离，在 XY 平面中与 X 轴所成的角度以及 Z 值来定位该点。

如果启用动态输入，可以使用“#”前缀来指定绝对坐标，若将动态输入关闭，即坐标在命令行上输入，则无需前缀。如图 12-2 所示，坐标“5<30,6”表示距当前 UCS 的原点 5 个单位、在 *XY* 平面中与 *X* 轴成 30 度角、沿 *Z* 轴 6 个单位的点。

3. 球坐标系

一般地，建立空间直角坐标系 *Oxyz*，设 *P* 是空间任意一点，连接 *OP*，记 $|OP|=r$，*OP* 与 *Oz* 轴正向夹角为 ϕ，设 *P* 在 *Oxy* 平面上的投影为 *Q*，*Ox* 轴按逆时针方向旋转到 *OQ* 时所转过的最小正角为 ϕ，这样 *P* 点的位置就可以用有序数组（r，ϕ，θ）表示，空间点就与有序数组（r，ϕ，θ）之间建立了一种对应关系，如图 12-3 所示。这种具有对应关系的坐标系就叫球坐标系。

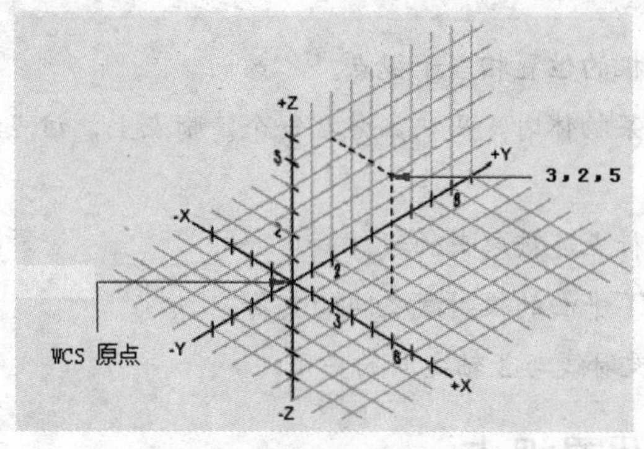

图 12-1　三维笛卡儿坐标输入

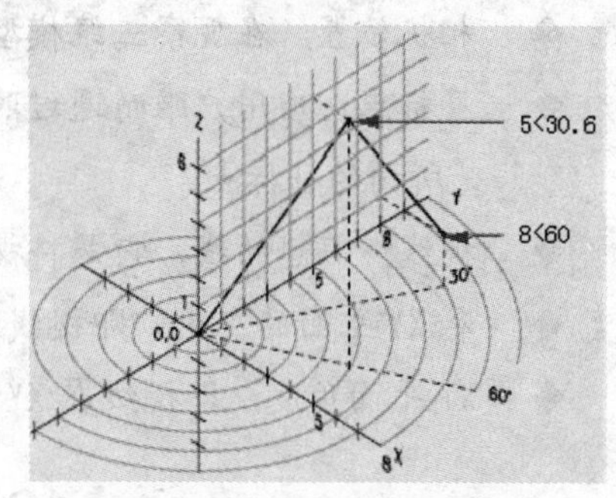

图 12-2　三维柱坐标输入

三维中的球坐标输入与二维中的极坐标输入类似。通过指定某点距当前 UCS 原点的距离、与 X 轴所成的角度（在 XY 平面中）以及与 XY 平面所成的角度来定位点，每个角度前面加一个左尖括号（<)。

如果启用动态输入，可以使用“#”前缀来指定绝对坐标；若动态输入处于关闭状态，即坐标在命令行上输入，则无需使用前缀。

如图 12-4 所示，坐标“8<60<30”表示在 XY 平面中距当前 UCS 的原点 8 个单位、在 XY 平面中与 X 轴成 60º 角以及在 Z 轴正向上与 XY 平面成 30º 角的点。坐标“5<45<15”表示距原点 5 个单位、在 XY 平面中与 X 轴成 45 度角、在 Z 轴正向上与 XY 平面成 15º 角的点。

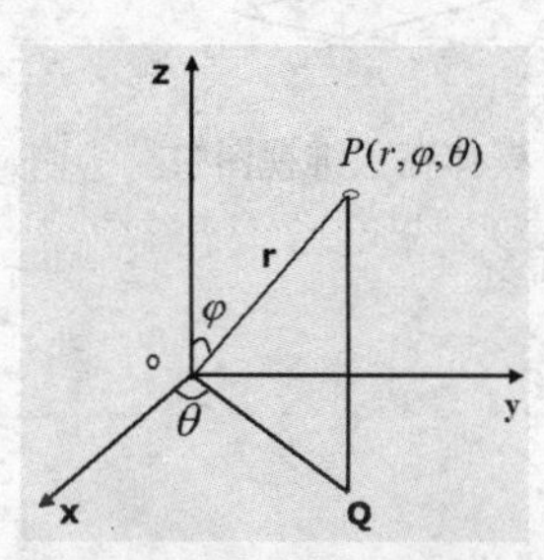

图 12-3　三维球坐标定义

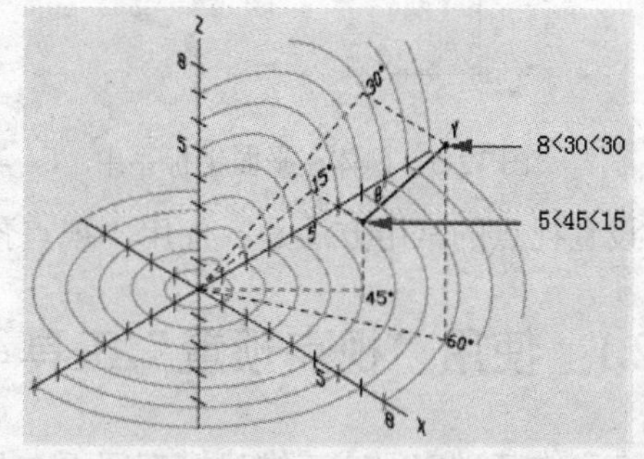

图 12-4　球坐标输入

12.1.2　三维建模术语

三维实体模型需要在三维实体坐标系下进行描述，在三维坐标系下，可以使用直角坐标或极坐标方法来定义点。此外，在绘制三维图形时，还可使用柱坐标和球坐标来定义点。在创建三维实体模型前，应先了解下面的一些基本术语。

- XY 平面：它是 X 轴垂直于 Y 轴组成的一个平面，此时 Z 轴的坐标是 0。
- Z 轴：Z 轴是一个三维坐标系的第三轴，它总是垂直于 XY 平面。
- 高度：高度主要是 Z 轴上坐标值。

◆ 厚度：主要是 Z 轴的长度。

◆ 相机位置：在观察三维模型时，相机的位置相当于视点。

◆ 目标点：当用户眼睛通过照相机看某物体时，用户聚焦在一个清晰点上，该点就是所谓的目标点。

◆ 视线：假想的线，它是将视点和目标点连接起来的线。

◆ 和 XY 平面的夹角：即视线与其在 XY 平面的投射线之间的夹角。

◆ XY 平面角度：即视线在 XY 平面的投射线与 X 轴之间的夹角。

12.2 设置视点

在三维空间中观察图形的方向，或者说用户的观察位置，称为视点。

三维空间工作时，经常需要显示几种不同的视图，以便于查看图形的三维效果。最常用的视点是等轴测视图，使用它可以减少视觉上重叠对象的数目。通过选定的视点，可以创建新的对象，编辑现有对象，生成隐藏线或着色视图。

如绘制楔体时，在平面坐标系中，只能显示图形在 XY 平面上的投影，调整到三维坐标系的位置，将看到一个楔体，如图 12-5 和图 12-6 所示。

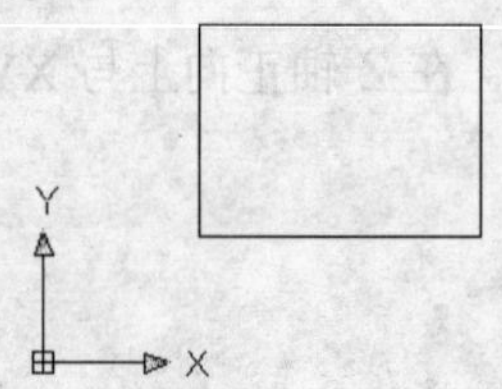

图 12-5 楔体在平面坐标系中

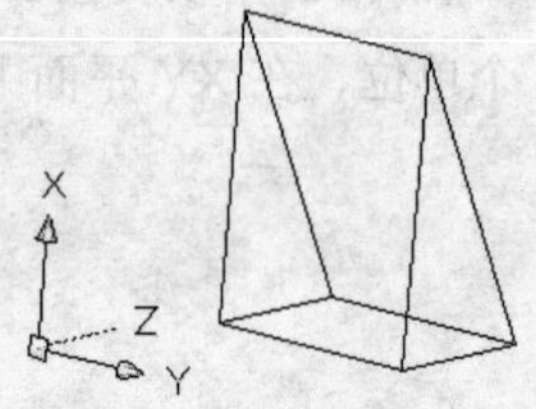

图 12-6 楔体在三维视图中

设置视点的常用方法是：使用“视点预置”、使用 vpoint 命令。

12.2.1 使用“视点预置”工具

在三维基础空间或三维建模空间下，从菜单中执行【视图】|【三维视图】|【视点预设】命令；或者在命令行中输入 Ddvpoint，按回车键。执行以上操作，都将会打开【视点预设】对话框，如图 12-7 所示。

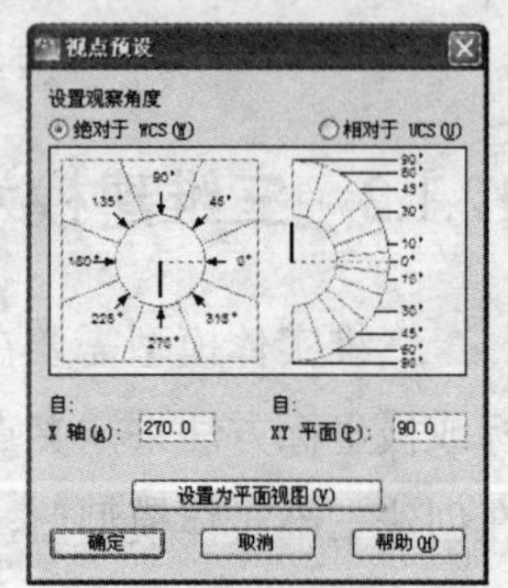

图 12-7 【视点预设】对话框

对话框中的各项含义如下：

◆ 绝对于 WCS：相对于 WCS 设置查看方向，用于设置原点和视点之间的连线在 XY 平面的投影与 X 轴正向的夹角。可以用鼠标在图上直接点取，也可以在“X 轴”文本框中直接输入相应的角度。

◆ 相对于 UCS：相对于当前 UCS 设置查看方向，用于设置连线与投射线之间的夹角。可以用鼠标在图上直接点取，也可以在“XY 平面”文本框中直接输入相应的角度。

◆ 设置为平面视图按钮：相对于选定坐标系显示平面视图（XY 平面）设置查看角度。

如图 12-8 所示是机件在 XY 平面上的投影效果。在图 12-9 左图所示的对话框中，在“X 轴”中输入 60，在“XY 平面”中输入 45，此时的效果如图 12-9 右图所示。

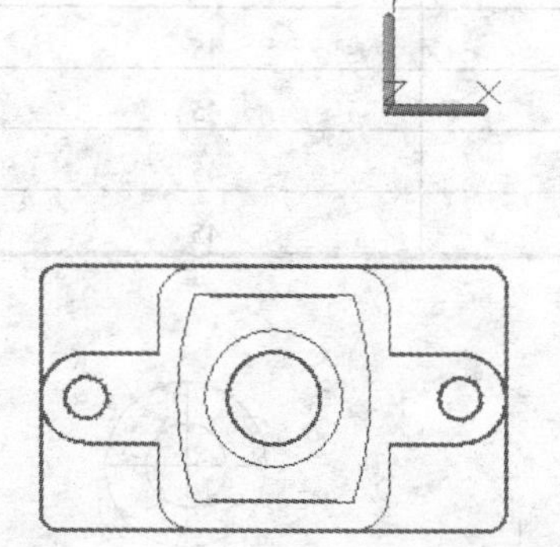

图 12-8 机件在平面坐标系中的效果

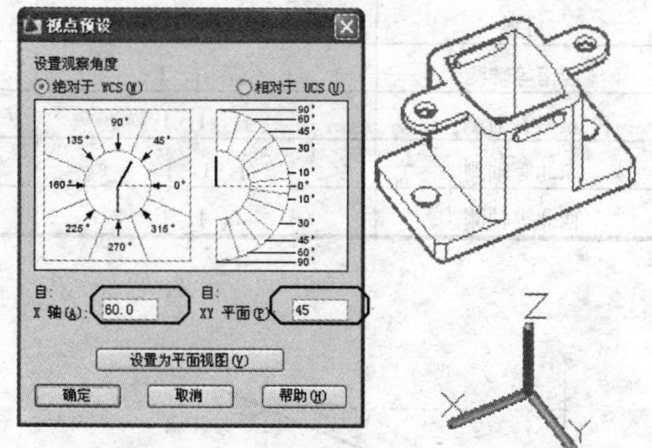

图 12-9 设置视点后的效果

12.2.2 执行 vpoint（视点）命令

在三维空间中，为便于观察模型，可以使用 VPOINT 命令任意修改视点的位置。AutoCAD 默认的视点为（0，0，1），即从（0，0，1）点（Z 轴正向上）向（0，0，0）点（原点）观察模型。在机械设计中，XY 平面的正交视图是前视图。

执行 VPOINT 命令，命令行则显示如下操作提示：

```
命令：VPOINT
当前视图方向： VIEWDIR=-7.4969,-9.0607,10.9983
指定视点或 [旋转(R)] <显示指南针和三轴架>:
```

操作提示中各选项含义如下：

◆ 指定视点：确定一点作为视点方向，为默认项。确定视点位置后，AutoCAD 将该点与坐标原点的连线方向作为观察方向，并在屏幕上按该方向显示图形的投影。表 12-1 列出了各种平行视图的视点、角度及夹角对应关系。

◆ 旋转（R）：使用两个角度指定新的方向。第 1 个角是在 XY 平面中与 X 轴的夹角，第 2 个角是与 XY 平面的夹角，位于 XY 平面的上方或下方，如图 12-10 所示。

◆ 显示指南针和三轴架：如果不输入任何坐标值而用按回车键响应指定视点的提示，那么将出现指南针和三轴架，如图 12-11 所示。

用指南针和三轴架确定视点的方法如下：拖动鼠标使光标在指南针范围内移动时，三轴架的 X、Y 轴也会绕着 Z 轴转动。三轴架转动的角度与光标在指南针上的位置对应。光标位于指南针的不同位置，相应的视点也不相同。

表 12-1　平行视图的视点、角度及夹角对应关系

平行视图	视点	在 XY 平面上的角度	与 XY 平面的夹角
俯视	0，0，1	270	90
仰视	0，0，-1	270	90
左视	-1，0，0	180	0
右视	1，0，0	0	0
前视	0，-1，0	270	0
后视	0，1，0	90	0
西南等轴测	-1，-1，1	205	45
东南等轴测	1，-1，1	315	45
东北等轴测	1，1，1	45	45
西北等轴测	-1，1，1	135	45

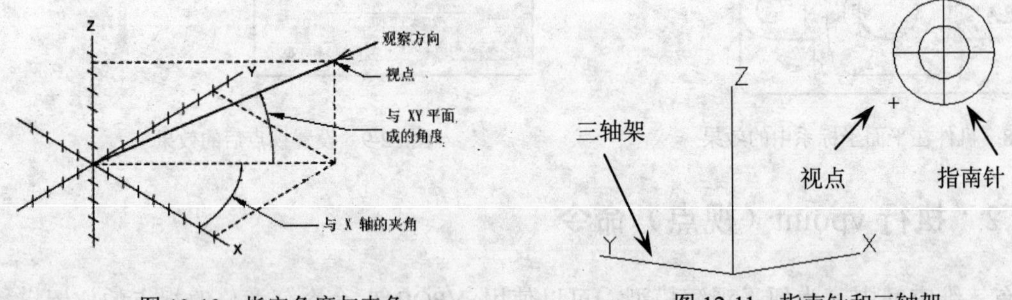

图 12-10　指定角度与夹角　　图 12-11　指南针和三轴架

指南针的二维表示如下：它的中心点为北极（0，0，1），相当于视点位于 Z 轴正方向；内环为赤道（n，n，0）；整个外环为南极（0，0，-1），如图 12-12 所示。当光标位于内环时，相当于视点在球体的上半球体；光标位于内环与外环之间，表示视点在球体的下半球体。随着光标的移动，三轴架也随着变化，即视点位置在发生变化。确定视点位置后按下回车键，AutoCAD 将按该视点显示对象。

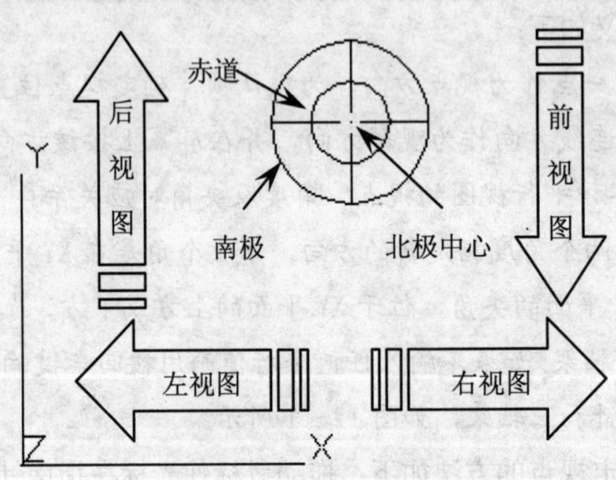

图 12-12　指南针和三轴架的组成部分

12.2.3 平行投影视图

在 AutoCAD2012 中，平行投影视图也称为预设视图，是程序默认的投影视图。平行视图包括俯视、仰视、左视、右视、前视、后视、西南等轴测、东南等轴测、东北等轴测和西北等轴测等。这些平行视图不具有任何可编辑特性，但用户可以将平行视图另存为模型视图，然后再编辑模型视图即可。

【视图】工具栏如图 12-13 所示。将三维实体模型视图设置为平行投影视图的效果如图 12-14 所示。

图 12-13 【视图】工具栏

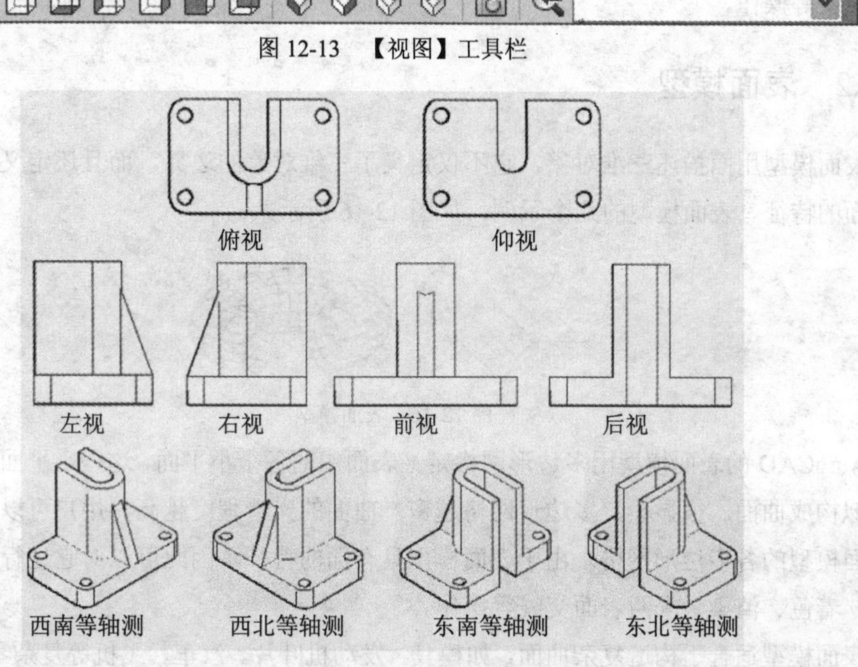

图 12-14 AutoCAD10 种平行投影视图

提示

在三维空间中查看仅限于模型空间。如果在图纸空间中工作，则不能使用三维查看命令定义图纸空间视图。图纸空间的视图始终为平面视图。

12.3 三维模型的表现形式

在 AutoCAD 的三维空间中，通常模型的表达方式有 3 种，包括线框模型方式、表面模型方式和实体模型方式。

12.3.1 线框模型

线框模型是三维对象的轮廓描述，由描述对象的线段和曲线组成，如图 12-15 所示。

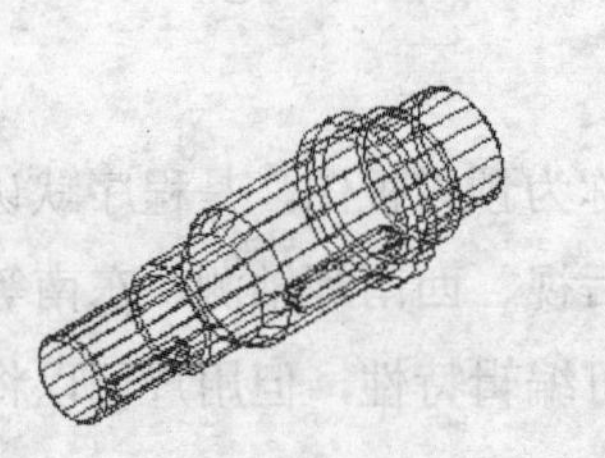
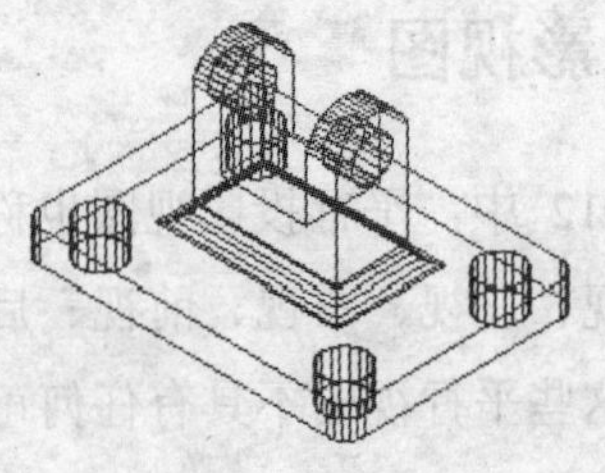

图 12-15　三维线框模型

线框模型结构简单，但构成模型的各条线需要分别绘制。此外，线框模型没有面和体的特征，即不能对其进行面积、体积、重心、转动惯量、惯性矩等的计算，也不能进行消隐、渲染等操作。

12.3.2　表面模型

表面模型用面描述三维对象，它不仅定义了三维对象的边界，而且还定义了表面，即具有面的特征。表面模型的几个示例，如图 12-16 所示。

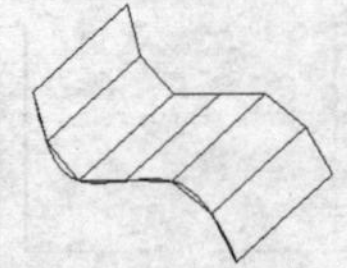
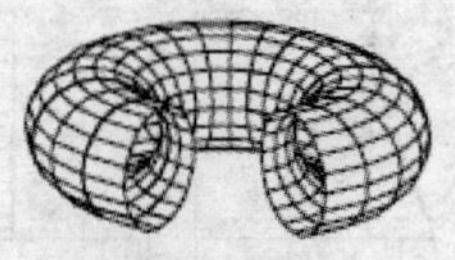

图 12-16　表面模型

AutoCAD 的表面模型用多边形网格定义表面中的各个小平面，这些小平面组合起来即可近似构成曲面。很显然，多边形网格越密，曲面的光滑程度越高。用户可以直接编辑构成表面模型的各多边形网格。由于表面模型具有面的特征，因此可以对它进行计算面积、消隐、着色、渲染、求两表面交线等操作。

表面模型适合于构造复杂曲面，如模具、发动机叶片、汽车、飞机等复杂零件的表面，以及地形、地貌、矿产资源、自然景物模拟、计算结果显示等。

12.3.3　实体模型

实体模型不仅具有线、面的特征，而且还具有体的特征。对于实体模型，可以直接了解它的特征，如体积、重心、转动惯量、惯性矩等；可以对它进行消隐、剖切、装配干涉检查等操作，还可以对具有基本形状的实体进行并、交、差等布尔运算，以构造复杂的组合体。如图 12-17 所示为实体模型的几个示例。

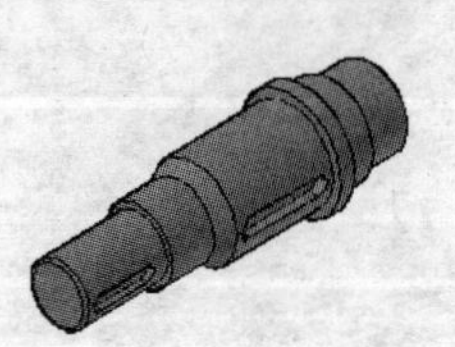
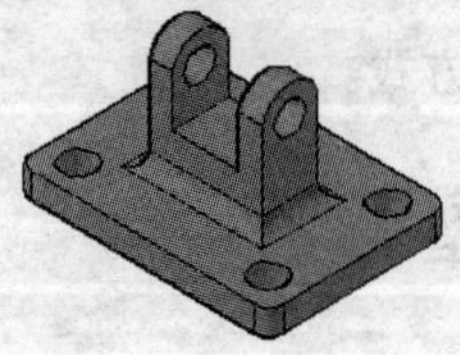

图 12-17　实体模型

12.4 实体与曲面

通过定义曲面的边界可以创建平直的或弯曲的曲面。用这种方式创建的曲面叫做几何曲面。曲面的尺寸和形状由定义它们的边界及确定边界点所采用的公式决定。

三维网格是单一的图形对象，也是曲面以三维线框表示的对象形式。每一个网格由一系列横线和竖线组成，可以定义行间距（M）与列间距（N）。

实体对象表示整个对象的体积。在各类三维建模中，实体的信息最完整，歧义最少。曲面和实体的表现形式如图 12-18 所示。

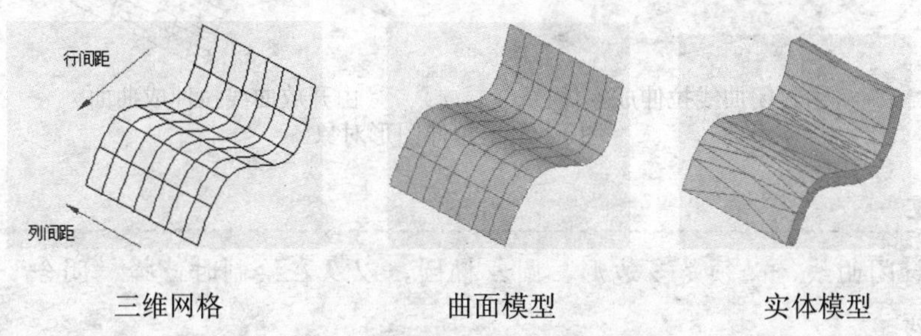

图 12-18　实体、曲面的表现形式

用户可以通过使用【三维建模】工具栏中的命令创建模型工具栏，如图 12-19 所示。

图 12-19　“三维建模”工具栏

“三维基础”空间中的【常用】选项卡的【创建】命令面板中包含了三维模型创建工具，还可以通过使用菜单栏中的菜单命令来创建模型，如图 12-20 所示。

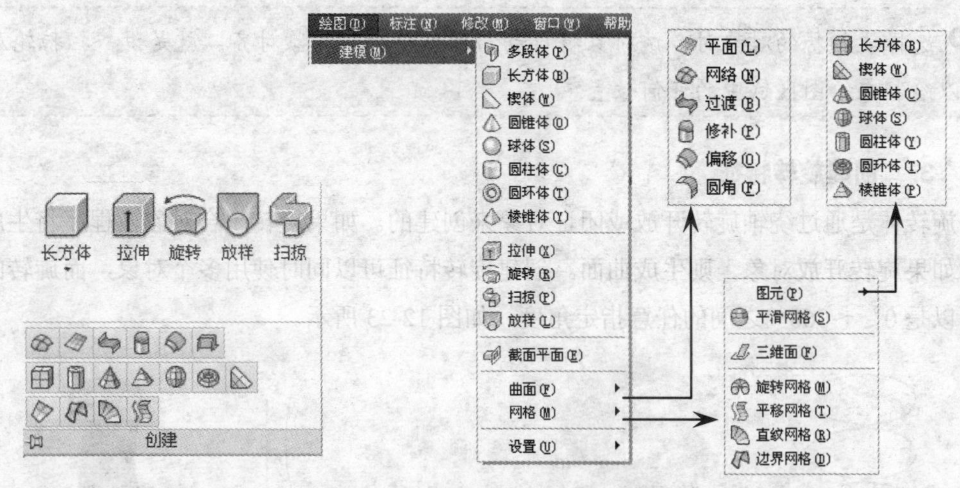

图 12-20　【创建】命令面板

12.4.1　由直线或曲线创建实体或曲面

在二维环境下绘制的直线和圆弧、椭圆弧、样条曲线、多段线等曲线，可以使用三维建模的拉伸、扫掠、旋转、放样等工具来构建任意形状的实体或曲面。

1. 创建拉伸特征

使用“拉伸”命令，可以通过拉伸二维对象创建三维实体或曲面。当图形对象为封闭曲线时，则生成实体，若图形对象为开放的曲线，拉伸则生成曲面，如图 12-21 所示。

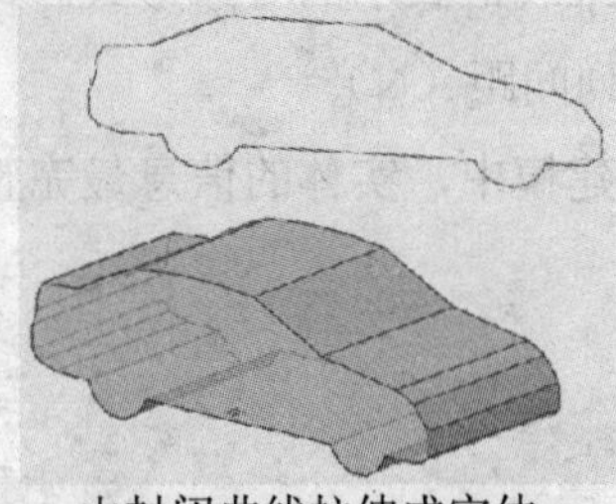

由封闭曲线拉伸成实体

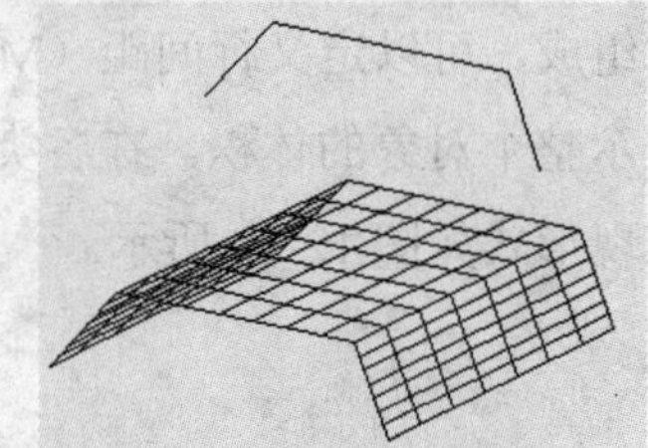

由开放曲线拉伸成曲面

图 12-21　拉伸图形对象

注意

所谓封闭曲线，必须是多边形、圆、椭圆，以及在绘制时选择“闭合”选项绘制的闭合图线。

2. 创建扫掠特征

使用 SWEEP 命令可以沿路径扫掠开放的平面曲线（轮廓）创建实体或曲面。扫掠路径可以是二维的，也可以是三维的，如图 12-22 所示。在同一平面内，还可以扫掠多个对象以创建扫掠特征。

注意

选择要扫掠的对象时，该对象将自动与用作路径的对象对齐。就是说，扫掠轮廓可以绘制在绘图区域中的任何位置。

3. 创建旋转特征

旋转体是通过绕轴旋转开放或闭合对象来创建的。如果旋转闭合对象，程序将生成实体。如果旋转开放对象，则生成曲面。创建旋转特征可以同时使用多个对象，而旋转的角度可以是 0°～360°之间的任意指定角度。如图 12-23 所示。

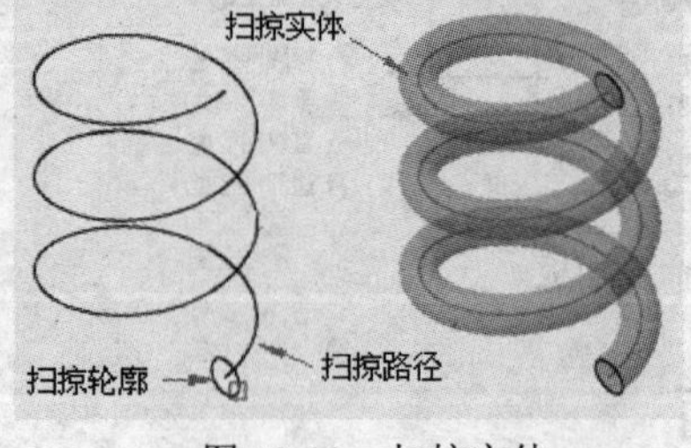

图 12-22　扫掠实体

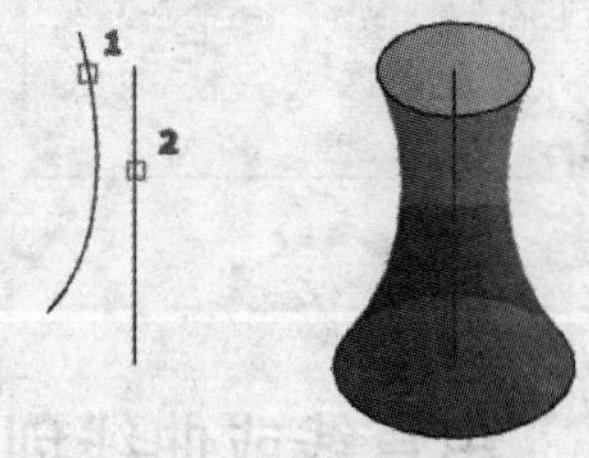

图 12-23　旋转实体

4. 创建放样特征

“放样”就是通过对包含两条或两条以上横截面曲线的一组曲线创建三维实体或曲面。横截面定义了结果实体或曲面的轮廓（形状）。横截面（通常为曲线或直线）可以是开放的（例如圆弧），也可以是闭合的（例如圆）。创建的放样特征如图 12-24 所示。

注意

创建放样实体或曲面时，至少指定两个横截面。放样时使用的曲线必须全部开放或全部闭合。就是说，在一组截面中，包含开放曲线又包含闭合曲线。如果对一组开放的横截面曲线进行放样，则生成曲面；对闭合曲线放样，就生成实体特征。

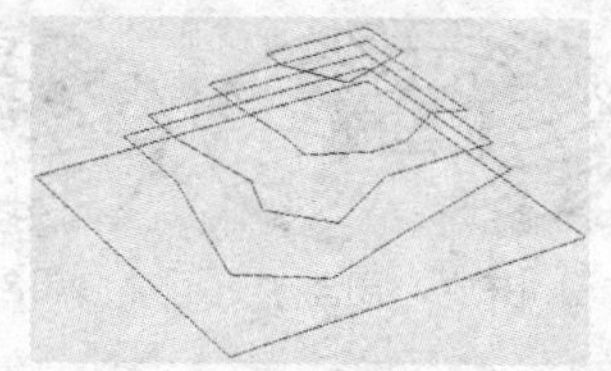

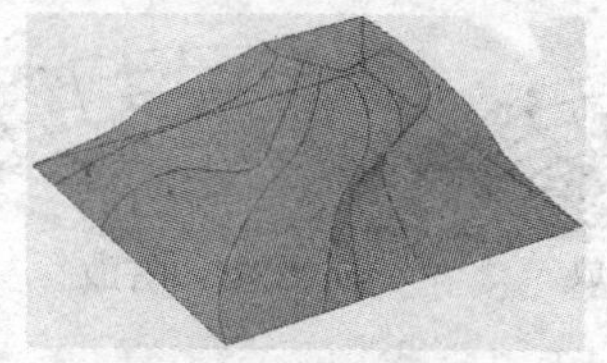

图 12-24　放样实体或曲面

5. 创建“按住/拖动”实体

“按住/拖动”实体是指使用“按住/拖动”命令，拖动由共面直线或边围成的区域创建的实体。使用此工具的方法是在有边界区域内部单击或按 CTRL+ALT 组合键，然后使用该区域。随着光标移动，用户按住或拖动的区域将动态更改并创建一个新的三维实体，如图 12-25 所示。

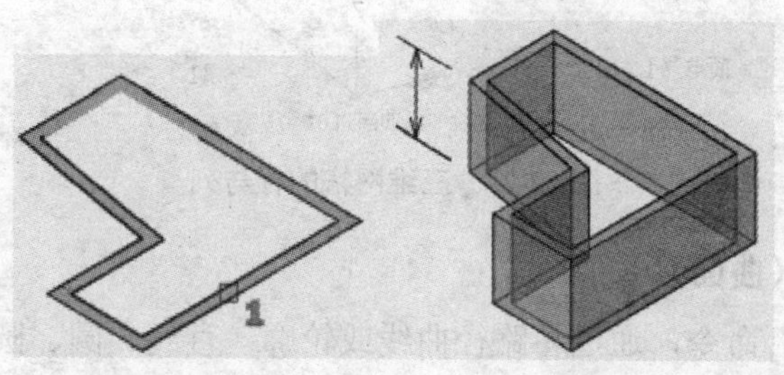

图 12-25　“按住/拖动”实体

可以按住或拖动的对象类型的有限区域包括：任何可以通过以零间距公差拾取点填充的区域；由交叉共面和线性几何体（包括边和块中的几何体）围成的区域；由共面顶点组成的闭合多行段、面域、三维面和二维实体；由与三维实体的任何面共面的几何体（包括面上的边）创建的区域。

注意

使用“按住/拖动”命令，只能创建实体，且不能创建带有倾斜度的实体。不能选择开放曲线来创建“按住/拖动”实体或曲面。

12.4.2 网格

在机械工程中，将常实体或曲面模型，利用假想的线或面将连续介质的内部和边界分割成有限大小的、有限数目的、离散的单元进行有限元分析。直观上，模型被划分成“网”状，每一个单元就称为“网格”。

网格密度控制镶嵌面的数目，它由包含 M 乘 N 个顶点的矩阵定义，类似于由行和列组成的栅格。网格可以是开放的也可以是闭合的。如果在某个方向上网格的起始边和终止边没有接触，则网格就是开放的，如图 12-26 所示.。

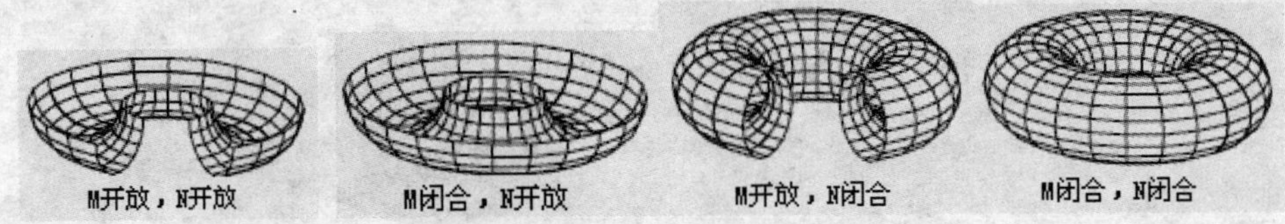

图 12-26 网格的开放与闭合

1. 三维面网格

使用“三维面网格”命令，可以创建自由格式的多边形网格。多边形网格由矩阵定义，其大小由 M（行）和 N（列）的尺寸决定，如图 12-27 所示。

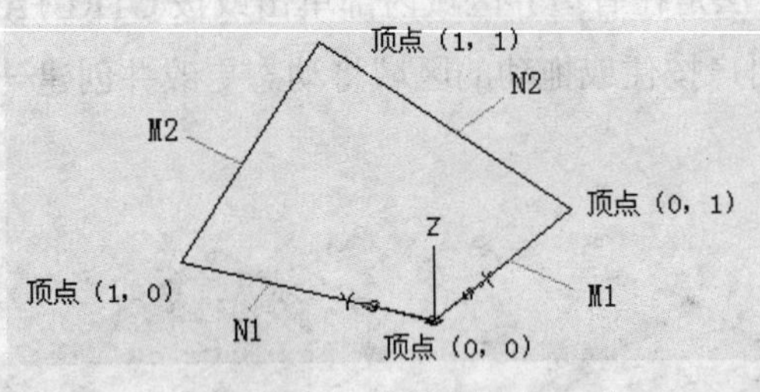

图 12-27 三维网格的行与列

2. 旋转网格（曲面）

使用“旋转网格”命令，通过将路径曲线或轮廓（直线、圆、圆弧、椭圆、椭圆弧、闭合多段线、多边形、闭合样条曲线或圆环）绕指定的轴旋转创建一个近似于旋转曲面的多边形网格，如图 12-28 所示。

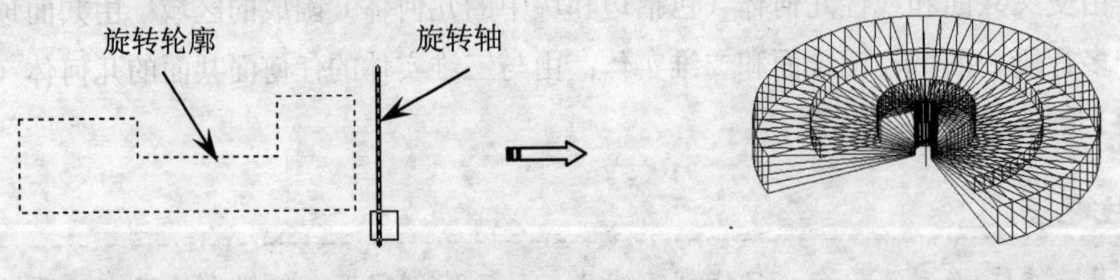

图 12-28 旋转曲面

3. 平移网格（曲面）

“平移网格”是通过指定一个轮廓曲线和平移的方向矢量，创建一个近似于拉伸曲面的网格。使用“平移网格”命令可以将路径曲线沿方向矢量的方向平移，构成平移曲面，如图 12-29 所示。

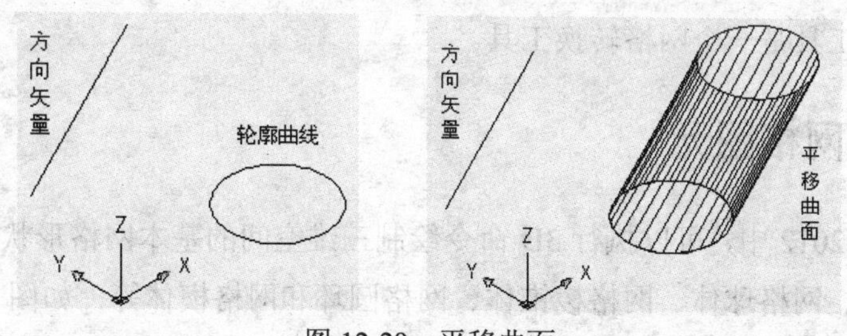

图 12-29　平移曲面

4.　直纹网格（曲面）

使用“直纹网格”命令，可以在两条直线或曲线之间创建网格。作为直纹网格“轨迹”的两个对象必须全部开放或全部闭合，点对象可以与开放或闭合对象成对使用。

可以使用以下两个不同的对象定义直纹网格的边界：直线、点、圆弧、圆、椭圆、椭圆弧、二维多段线、三维多段线或样条曲线。如图 12-30 所示。

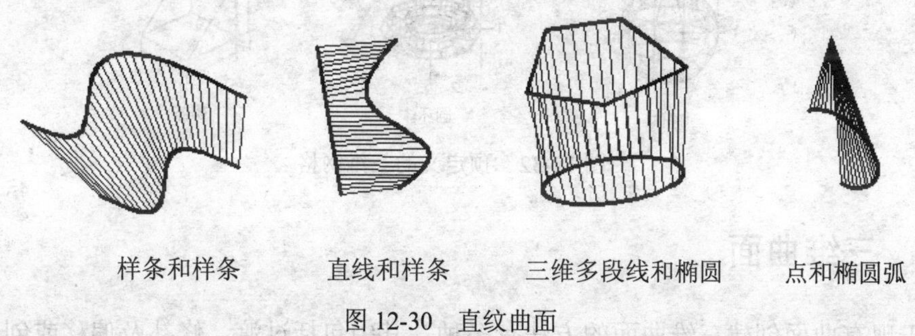

样条和样条　　直线和样条　　三维多段线和椭圆　　点和椭圆弧

图 12-30　直纹曲面

5.　边界网格（曲面）

使用“边界网格”命令，可以用多边曲面的边界创建“孔斯曲面片”网格，孔斯曲面片是插在 4 个边界间的双三次曲面（一条 M 方向上的曲线和一条 N 方向上的曲线）。边界可以是圆弧、直线、多段线、样条曲线和椭圆弧，并且必须形成闭合环和共享端点，如图 12-31 所示。

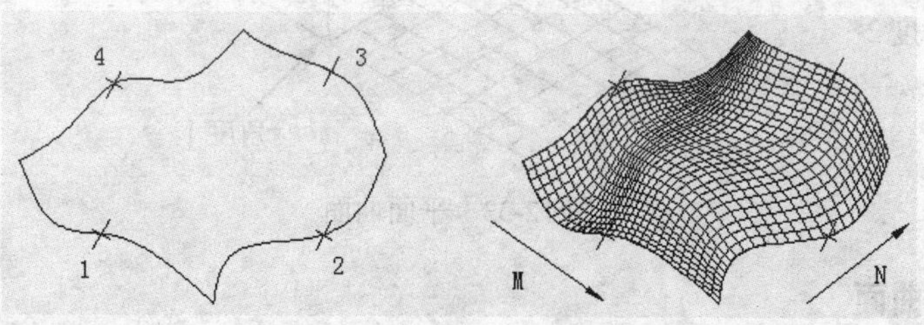

图 12-31　创建直纹曲面

边界曲面的边界可以是直线、圆弧、样条曲线或开放的二维和三维多段线，这些边必须在端点处相交以形成一个拓扑形式的矩形的闭合路径。

6. 平滑网格

使用“平滑网格”工具，可以将三维实体、曲面、面域、多段线转换成网格。也就是说“平滑网格”工具是一个网格转换工具。

12.4.3 三维网格图元

在 AutoCAD2012 中，可以执行 3D 命令绘制三维空间的基本网格形状，例如网格长方体、网格圆锥体、网格球体、网格棱锥体、网格圆环和网格楔体等，如图 12-32 所示。

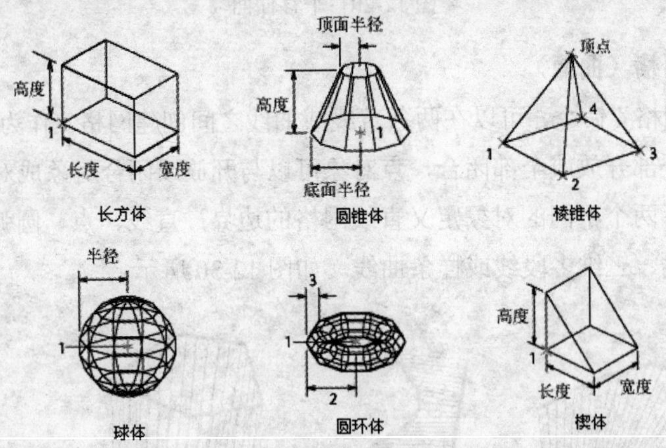

图 12-32 预定义的三维网格

12.4.4 三维曲面

基于现有曲面创建三维曲面的方法有多种，其中包括过渡、修补及偏移或创建网络曲面、平面曲面和圆角曲面等。

1. 平面曲面

可以在边子、对象、样条曲线和其他二维、三维曲线之间的空间中创建平面曲面。创建平面曲面时需要指定对角点，如图 12-33 所示。

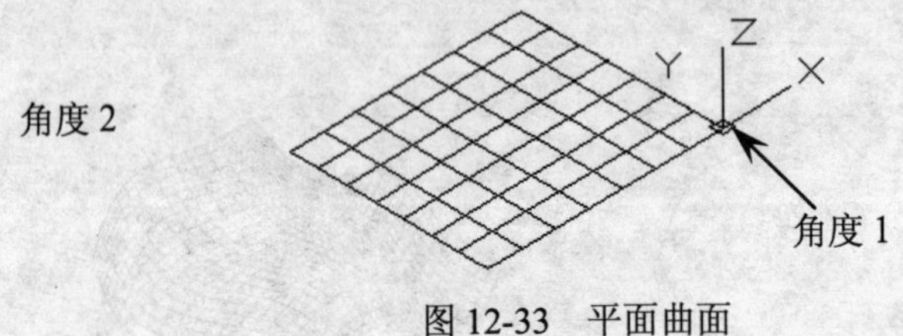

图 12-33 平面曲面

2. 网格曲面

网格曲面与平面曲面概念相反，它表示为非平面曲面，即曲面中的各点不在同一平面内。如图 12-34 所示为网格曲面的创建范例。

3. 过渡曲面

使用“过渡曲面”工具，可以在现有曲面和实体之间创建新曲面。对各曲面过渡以形成一个曲面时，可指定起始边和结束边的曲面连续性和凸度幅值。如图 12-35 所示为过渡曲面的创建范例。

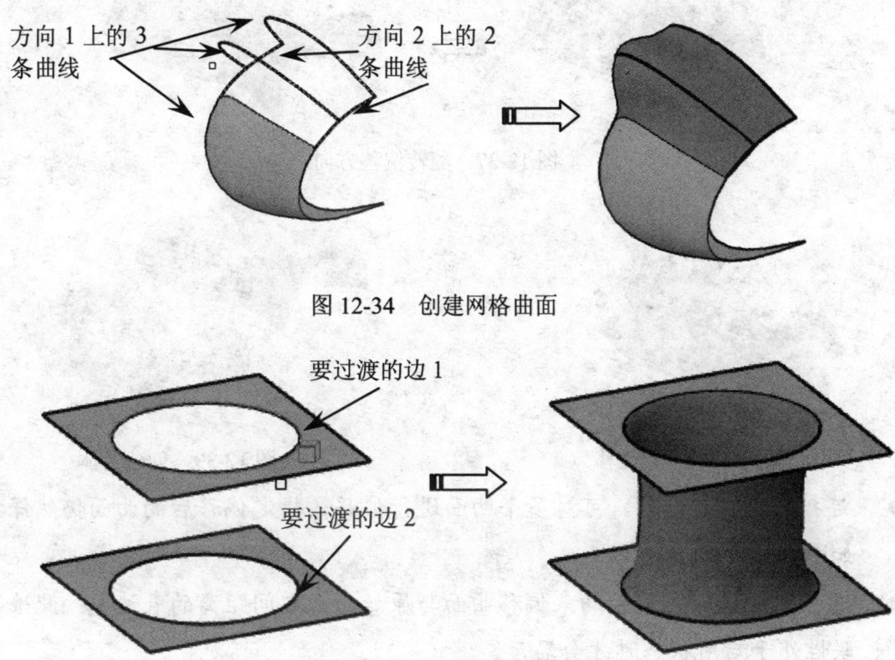

图 12-34　创建网格曲面

图 12-35　创建过渡曲面

4.　曲面修补

使用“曲面修补”可在作为另一个曲面边的一条闭合曲线（例如闭合样条曲线）内创建曲面。还可以绘制导向曲线，以使用约束几何图形选项来约束修补曲面的形状。修补曲面时，指定连续性和凸度幅值。如图 12-36 所示为修补曲面的创建范例。

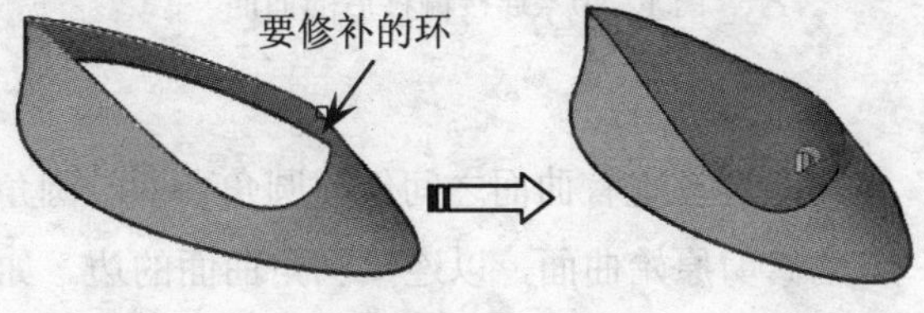

图 12-36　修补曲面

5.　曲面偏移

使用“曲面偏移”工具，可指定偏移距离以及偏移曲面是否保持与原始曲面的关联性。还可使用数学表达式指定偏移距离。

单击【曲面偏移】按钮，或者在命令行执行 SURFOFFSET 命令后，会显示以下几个偏移选项：

◆　翻转方向：使用该选项，可以更改偏移的方向，如图 12-37 所示。

◆ 两侧：表示在两个方向上进行偏移以创建两个新曲面，如图 12-38 所示。

◆ 实体：使用此选项，可以在偏移曲面之间创建实体，如图 12-39 所示。

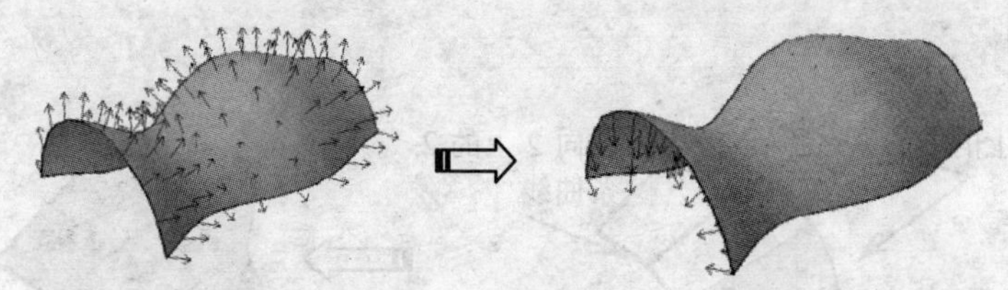

图 12-37 翻转偏移方向

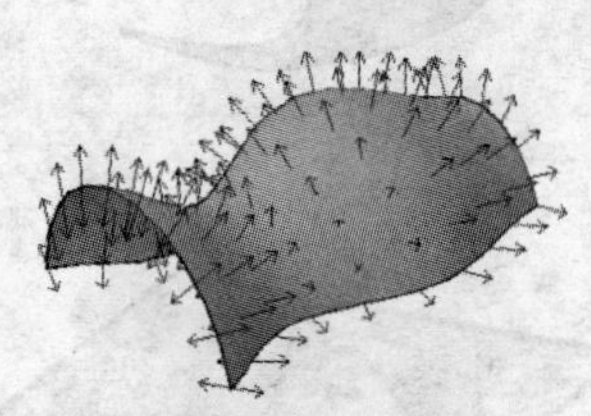

图 12-38 两侧偏移

图 12-39 创建实体

◆ 连接：使用此选项，可对多个曲面进行偏移，指定偏移后的曲面仍然保持连接，如图 12-40 所示。

◆ 表达式：可输入用于约束偏移曲面与原始曲面之间距离的表达式。此选项仅在关联性处于启用状态时才会显示。

图 12-40 连接偏移后的曲面

6. 圆角曲面

使用“圆角曲面”工具，可在现有曲面之间创建圆角曲面。圆角曲面具有固定半径轮廓且与原始曲面相切，自动修剪原始曲面，以连接圆角曲面的边。如图 12-41 所示为圆角曲面的创建范例。

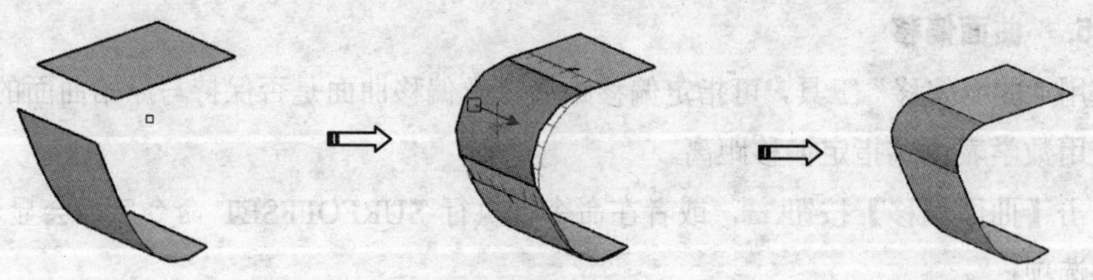

图 12-41 创建圆角曲面

12.4.5 三维实体图元

在 AutoCAD2012 中绘制三维模型时，可以通过程序提供的基本实体命令绘制出一些简单的实体造型。基本实体包括圆柱体、圆锥体、球体、长方体、棱锥体、楔体和圆环体。这些实体是将来构造其他复杂实体的基本组成元素，与其他绘制、编辑方法相结合将能生成用户所需要的三维图形。

1. 圆柱体

使用“圆柱体”命令，可以创建三维的实心圆柱体。创建圆柱体的基本方法就是指定圆心、圆柱体半径和圆柱体高度，如图 12-42 所示。

2. 圆锥体

使用“圆锥体”命令，可以以圆或椭圆为底面，将底面逐渐缩小到一点来创建实体圆锥体。也可以通过逐渐缩小到与底面平行的圆或椭圆平面来创建圆台，如图 12-43 所示。

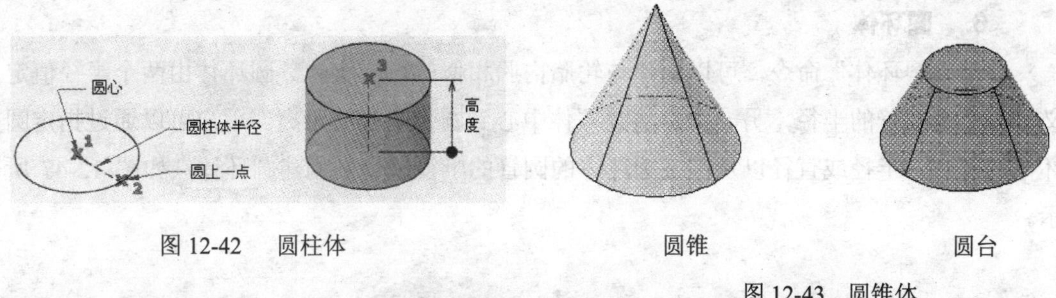

图 12-42 圆柱体

圆锥 圆台

图 12-43 圆锥体

3. 长方体

使用“长方体”命令，创建实体长方体。长方体的底面始终与当前 UCS 的 XY 平面（工作平面）平行。在 Z 轴方向上可以指定长方体的高度，高度可为正值和负值。如图 12-44 所示。

4. 球体

使用“球体”命令，可以创建三维实心球体。指定圆心和半径（或者直径），就可以创建球体；也可以指定圆心或圆上一点来创建，如图 12-45 所示。

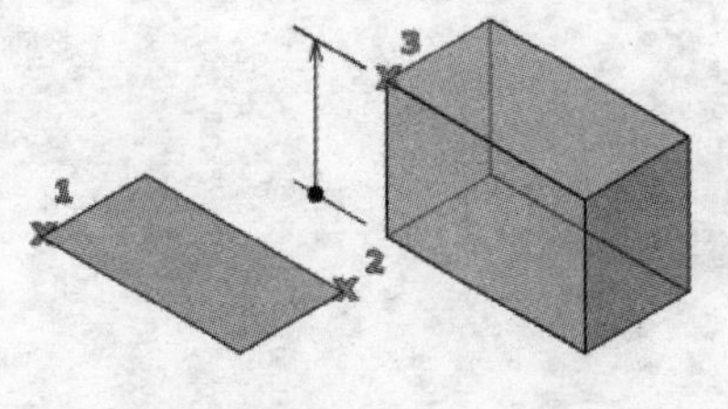

图 12-44 长方体

图 12-45 球体

5. 棱锥体

使用“棱锥体”命令，可以创建实体棱锥体。在创建棱锥体过程中，可以定义棱锥体的侧面数（介于 3～32 之间），还可以指定顶面半径创建棱台，如图 12-46 所示。

注意

可以通过设置 FACETRES 系统变量来控制着色或隐藏视觉样式的曲面三维实体（例如球体）的平滑度。

四棱锥　　多棱锥　　棱台

图 12-46　棱锥体

6.　圆环体

使用“圆环体”命令，可以创建与轮胎内胎相似的环形实体。圆环体由两个半径值定义，一个是圆管的半径，另一个是从圆环体中心到圆管中心的距离。用户可以通过指定圆环体的圆心、半径或直径以及围绕圆环体的圆管的半径或直径创建圆环体，如图 12-47 所示。

图 12-47　创建圆环体

7.　楔体

使用“楔体”命令，可以创建三维实体楔体。通过指定楔体底面两个端点，以及楔体的高度，就能创建实体楔体，如图 12-48 所示。输入正值将沿当前 UCS 的 Z 轴正方向绘制高度；输入负值将沿 Z 轴负方向绘制高度。

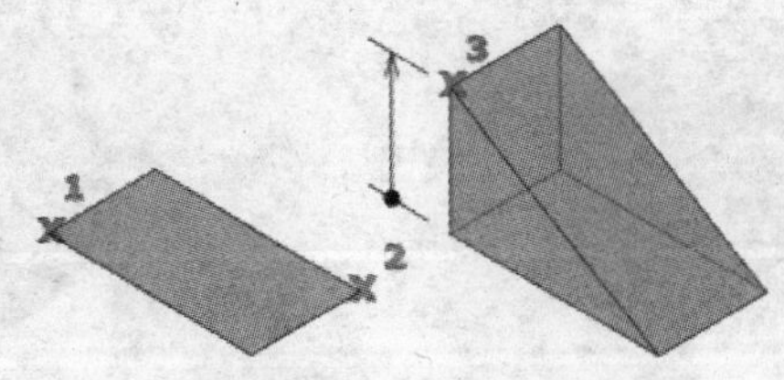

图 12-48　楔体

12.5 三维基本实体的绘制实例

本节中将以机械零件的三维模型绘制实例，温习本章讲解的三维建模基础、三维实体绘制等内容。读者以此来掌握更多的三维实体的建模方法和技巧，并综合运用前面所学内容，提高 AutoCAD 绘图能力。

12.5.1 绘制轴

例 12-1 光盘\example\Ch12\轴.dwg 

轴是机器中的重要支持件之一，一切作回转运动的零件（如齿轮、带轮、蜗轮、车轮等），都必须安置在轴上才能传递运动和动力。

如图 12-49 所示为轴的三维模型线框及着色效果。

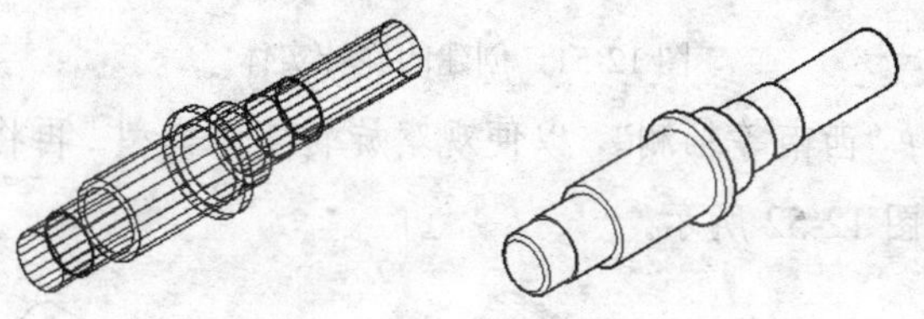

图 12-49 轴的模型图

操作步骤

[1] 新建一个空白的图形文件，并将文件保存在硬盘中。

[2] 将工作空间切换至“三维基础”，然后选择俯视视图作为当前绘图视图。使用“多短线”工具，绘制出如图 12-50 所示的图形。

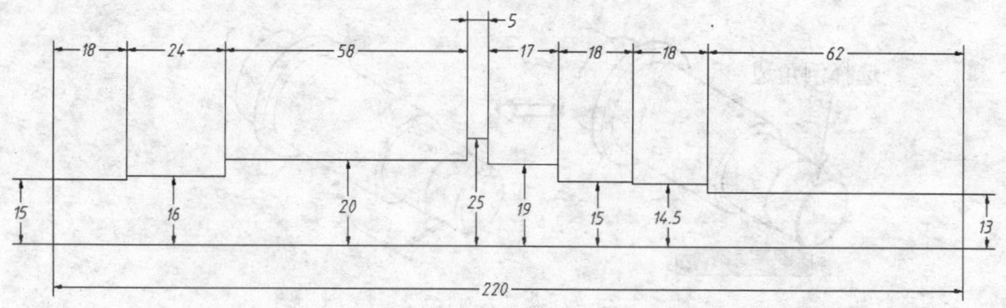

图 12-50 轴的半轮廓图

[3] 在【常用】选项卡的【创建】面板中单击【旋转】按钮，命令行的操作提示如下：绘制的旋转实体如图 12-51 所示。

```
命令: _revolve
当前线框密度:  ISOLINES=20，闭合轮廓创建模式 = 实体
选择要旋转的对象或 [模式(MO)]: _MO 闭合轮廓创建模式 [实体(SO)/曲面(SU)] <实体>:
_SO
选择要旋转的对象或 [模式(MO)]: 指定对角点: 找到 1 个            //选择多段线
```

```
选择要旋转的对象或 [模式(MO)]: ↙                                   //回车确定
指定轴起点或根据以下选项之一定义轴 [对象(O)/X/Y/Z] <对象>:       //指定轴起点
指定轴端点:                                                        //指定轴端点
指定旋转角度或 [起点角度(ST)/反转(R)/表达式(EX)] <360>:↙         //回车确定
```

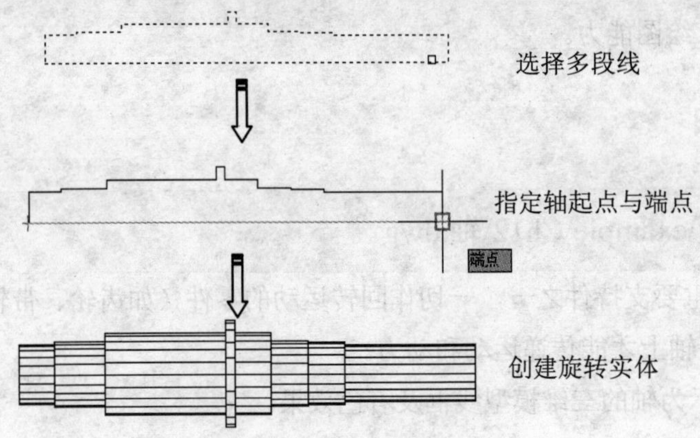

图 12-51　创建的旋转实体

[4] 将视图设置为“西南等轴测”，以便观察旋转实体模型。再将视觉样式设置为“3D Hidden”，如图 12-52 所示。

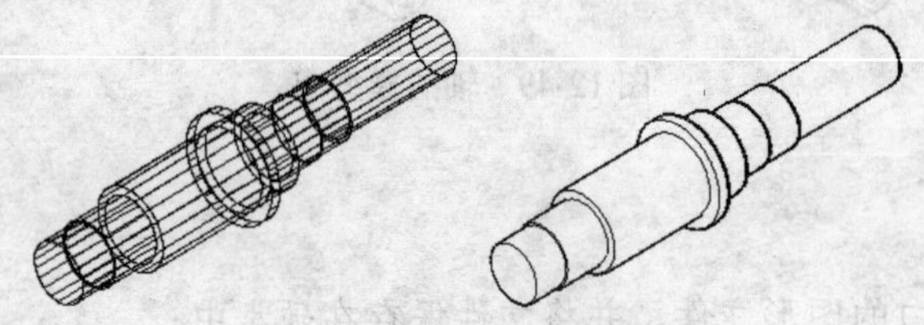

图 12-52　线框及 3D Hidden

[5] 使用“倒角边”命令，对轴的一端进行倒角处理，倒角距离为 2，操作结果如图 12-53 所示。同理，对轴另一端也作倒角处理。

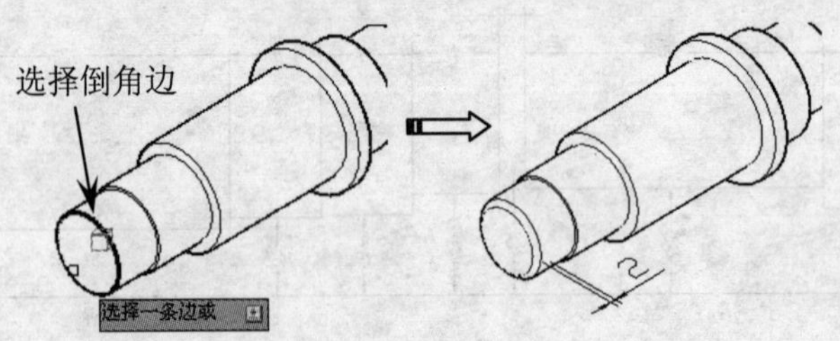

图 12-53　绘制倒角

[6] 轴模型绘制完成，将结果保存。

12.5.2 绘制端盖模型

端盖模型的绘制方法大致有两种，一种是旋转生成主体特征，另一种则是拉伸生成主体特征。本例使用旋转方法，绘制完成的端盖模型如图 12-54 所示。

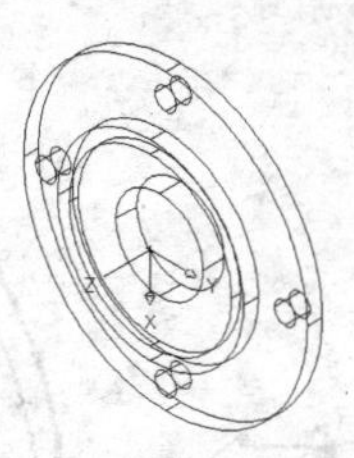
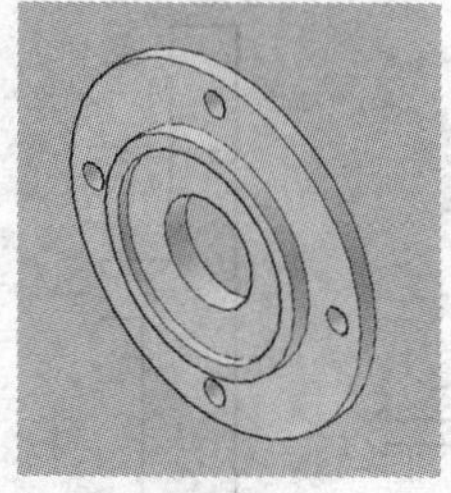

图 12-54　端盖模型图

例 12-2　光盘\example\Ch12\端盖.dwg 

操作步骤

[1] 新建一个图形文件。

[2] 将工作空间切换至“三维基础”，然后选择俯视视图作为当前绘图视图。根据如图 12-55 所示的尺寸，绘制封闭多段线。

[3] 绘制出对应旋转轴线，如图 12-56 所示。

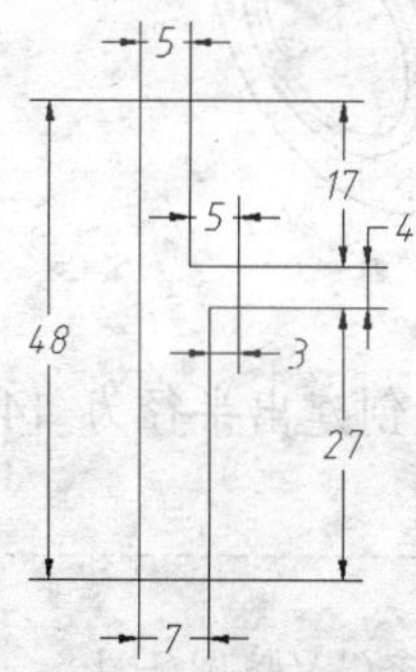

图 12-55　绘制多线段

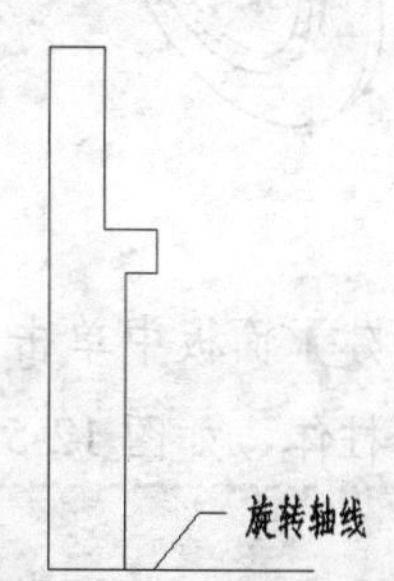

图 12-56　绘制旋转轴线

提示

旋转轴也可以不用绘制。在创建旋转实体时可选择多段线的某条边作为旋转轴。

[4] 使用“旋转”工具，绘制如图 12-57 所示的旋转实体。命令行提示如下：

```
命令: _revolve
当前线框密度:  ISOLINES=20，闭合轮廓创建模式 = 实体
选择要旋转的对象或 [模式(MO)]: _MO 闭合轮廓创建模式 [实体(SO)/曲面(SU)] <实体>:
_SO
选择要旋转的对象或 [模式(MO)]: 指定对角点: 找到 1 个          //选择多段线
选择要旋转的对象或 [模式(MO)]: ↙                             //回车确定
指定轴起点或根据以下选项之一定义轴 [对象(O)/X/Y/Z] <对象>:    //指定轴起点
指定轴端点:                                                  //指定轴端点
指定旋转角度或 [起点角度(ST)/反转(R)/表达式(EX)] <360>:↙      //回车确定
```

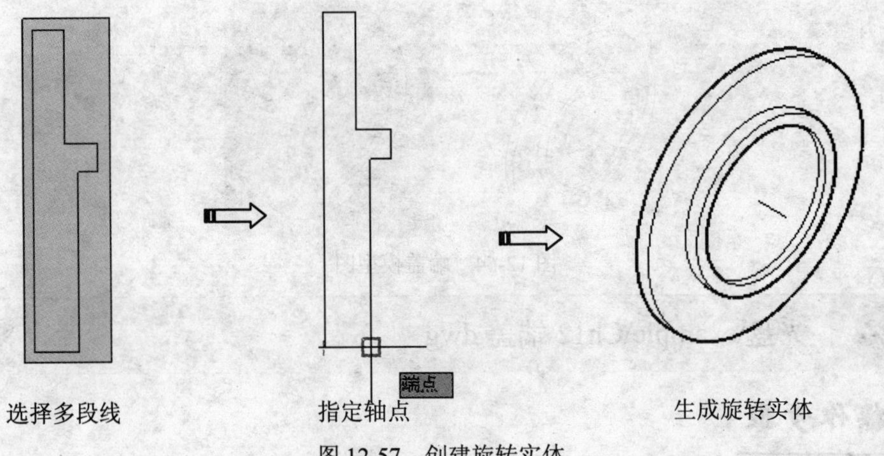

图 12-57　创建旋转实体

[5]　在图形区中选中并激活三维坐标系，然后将光标置于坐标原点并拖动。将坐标系拖动至旋转轴的端点上（旋转体底面中心点），如图 12-58 所示。

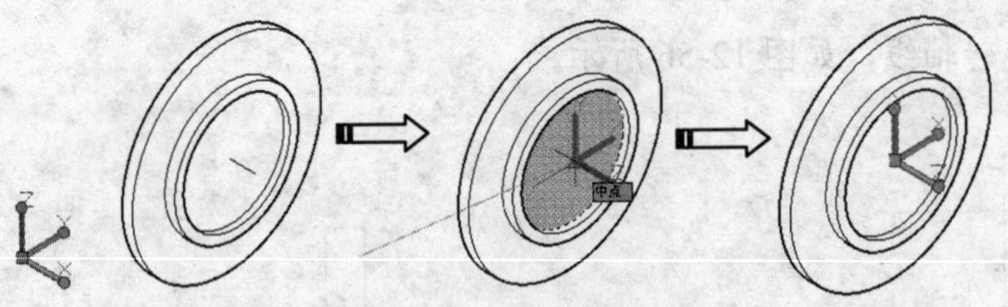

图 12-58　移动坐标系

[6]　在【创建】面板中单击【圆柱体】按钮，然后创建出半径为 14.5、高度为 15 的大圆柱体，如图 12-59 所示。命令行提示如下：

```
命令: _cylinder
指定底面的中心点或 [三点(3P)/两点(2P)/切点、切点、半径(T)/椭圆(E)]:
指定底面半径或 [直径(D)] <14.5000>: 14.5
指定高度或 [两点(2P)/轴端点(A)] <15.0000>: 15
```

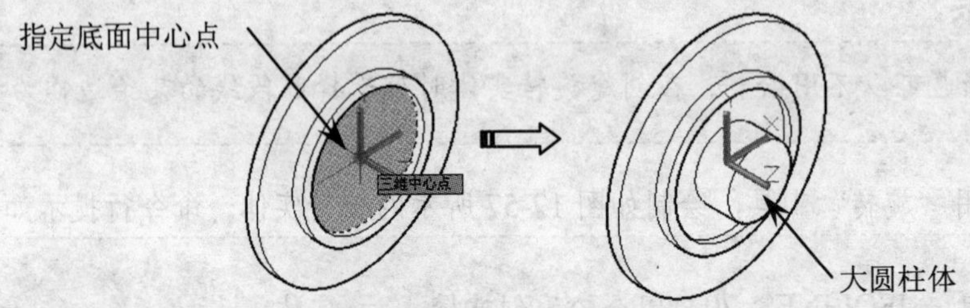

图 12-59　绘制大圆柱体

[7]　再来绘制小圆柱体。使用“圆柱体”工具，绘制出半径为 3.5，高度为 15 的小圆柱体，如图 12-60 所示。命令行提示如下：

```
命令: _cylinder
指定圆柱体底面的中心点或[三点(3P)/两点(2P)/切点、切点、半径(T)/椭圆(E)]<40,0,0>:
40,0,0
```

```
指定底面半径或[直径(D)]: 3.5
指定高度或[两点(2P)/轴端点(A)]: 15
```

[8] 在【修改】面板中单击【三维阵列】按钮，然后绘制出如图 12-61 所示小圆柱的阵列特征。其命令行操作提示如下:

```
命令: _3darray
选择对象: 找到 1 个
选择对象:
输入阵列类型 [矩形(R)/环形(P)] <矩形>:P                    //选择阵列类型
输入阵列中的项目数目: 4                                   //输入阵列数
指定要填充的角度 (+=逆时针, -=顺时针) <360>:↙
旋转阵列对象? [是(Y)/否(N)] <Y>:↙
指定阵列的中心点:                                         //指定大圆柱底面中心点
指定旋转轴上的第二点: ↙                                   //指定大圆柱顶面面中心点
```

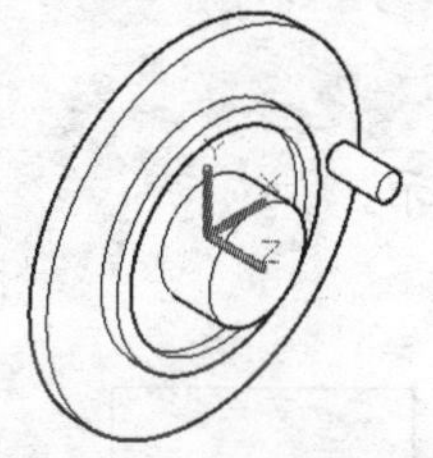

图 12-60 绘制小圆柱体

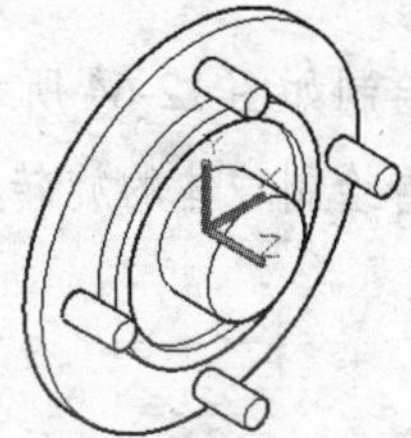

图 12-61 阵列小圆柱

[9] 单击【编辑】面板上的【差集】按钮，然后选择旋转实体作为求差的主体，再旋转大、小圆柱体作为要减去的对象，最终求差的结果如图 12-62 所示。

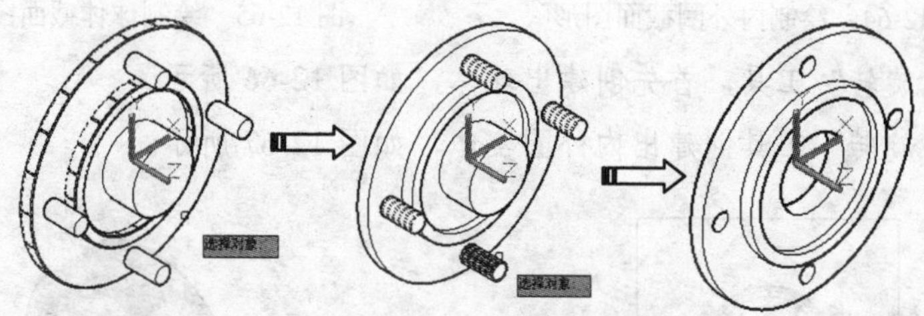

图 12-62 求差旋转体与圆柱体

[10] 将创建的结果保存。

注意

求差的对象必须相交，否则不能求差。

12.5.3 绘制深沟球轴承模型

轴承的绘制方法主要是以突出旋转体特征为主。在本节中要绘制深沟球轴承的三维模型效果，如图 12-63 所示。

例 12-3	光盘\example\Ch12\深沟球轴承.dwg

操作步骤

[1] 新建一个图形文件。然后将工作空间切换至“三维基础”，选择俯视图作为当前绘图视图。

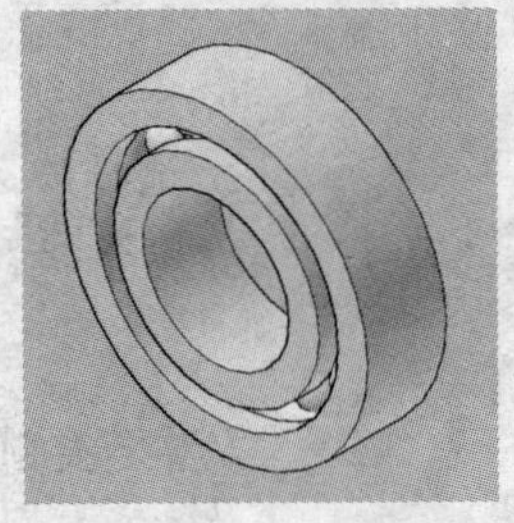
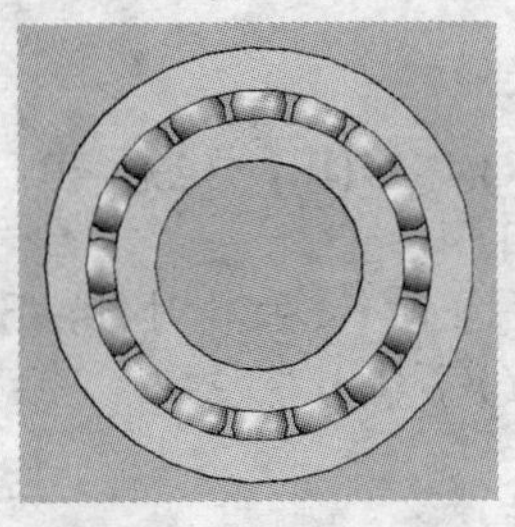

图 12-63 深沟球轴承模型

[2] 首先绘制如图 12-64 所示的内外圈截面图形。

[3] 然后再绘制球体的旋转截面图形，如图 12-65 所示。

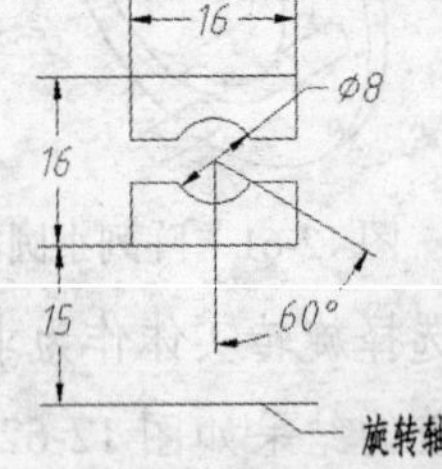

图 12-64 绘制内外圈截面图形

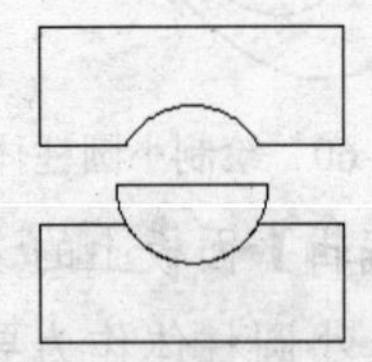

图 12-65 绘制球体截面图形

[4] 使用“旋转”工具，首先创建出球体，如图 12-66 所示。

[5] 使用“旋转”工具创建出内外圈实体，如图 12-67 所示。

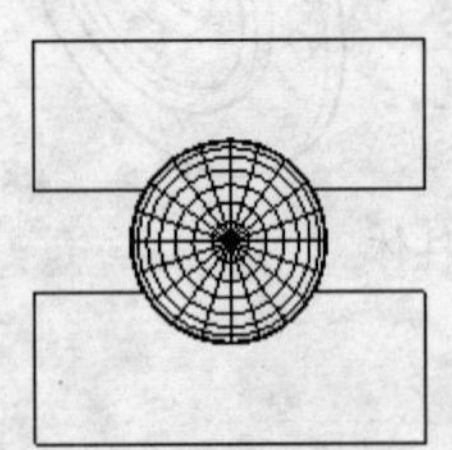

图 12-66 创建球体

图 12-67 创建内外圈实体

[6] 使用“三维阵列”工具，阵列出内外圈之间的其余球体特征，如图 12-68 所示。

命令行操作提示如下：

```
命令: _3darray
选择对象:
选择对象:
输入阵列类型[矩形(R)/环形(P)]: p
输入阵列中的项目数字: 16
指定要填充的角度(+=逆时针, -=顺时针)<360>:
旋转阵列对象? [是(Y)/否(N)]<是>:
```

```
指定阵列中的中心点:
指定轴上的第二点:
```

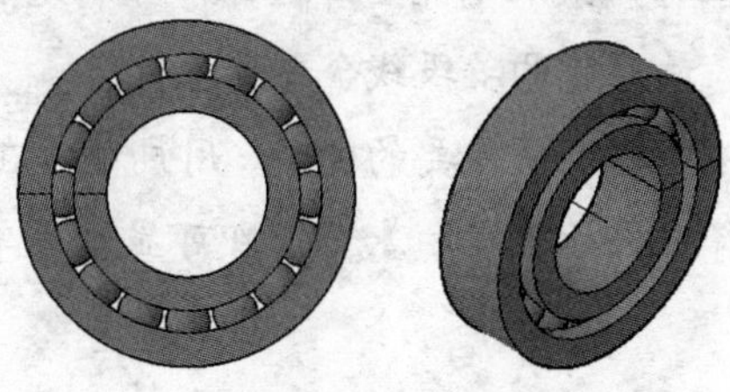

图 12-68 阵列结果

[7] 将结果保存。

12.5.4 绘制带轮的模型图

在本节中绘制一个带轮的三维模型效果，如图 12-69 所示。所使用的工具有旋转、拉伸或阵列等。

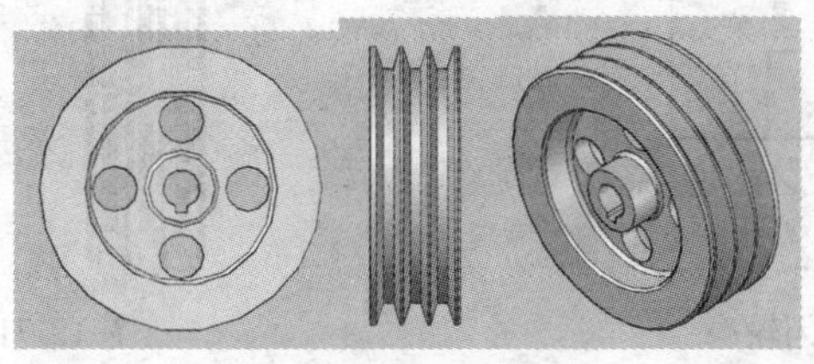

图 12-69 带轮效果

例 12-4 光盘\example\Ch12\带轮.dwg 

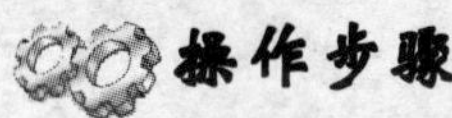

[1] 新建一个图形文件。然后将工作空间切换至“三维基础”，选择俯视图作为当前绘图视图。

[2] 如图 12-70 所示，使用“多段线”、“圆角”工具，绘制出封闭的轮廓和旋转轴线。

[3] 在菜单栏执行【修改】|【对象】|【多段线】命令，然后按如下命令行操作提示，将截面图形转换成多段线。

```
命令: _pedit
选择多线段或[多条(M]:                    //选择中任意一条直线段，再回车
选定的对象不是多段线是否将其转换为多段线? <Y>: ↙
输入选项[闭合(C)/打开(O)/合并(J)/宽度(W)/拟合(F)/样条曲线(S)/非曲线化(D) /线型生成
(L)/放弃(U)]:j ↙                          //输入“合并”选项字母j，回车
选择对象:                                 //选择图中构成封闭图形的其余全部图形对象
选择对象: ↙
输入选项[闭合(C)/打开(O)/合并(J)/宽度(W)/拟合(F)/样条曲线(S)/非曲线化(D) /线型生成
(L)/放弃(U)]: ↙
```

注意

在选择构成封闭的对象时，如果不能全部选择，可以先创建一部分多段线，然后再创建余下图线的多段线，最后将两多段线合并即可。

如果在功能选项卡中不能找到所需要的命令，用户可以在顶部标题栏单击▾按钮，在弹出的下拉菜单中，选择【显示菜单栏】命令即可显示菜单栏。然后从菜单栏中执行相关的命令。

[4] 使用“旋转”工具，创建出如图 12-71 所示的旋转实体。

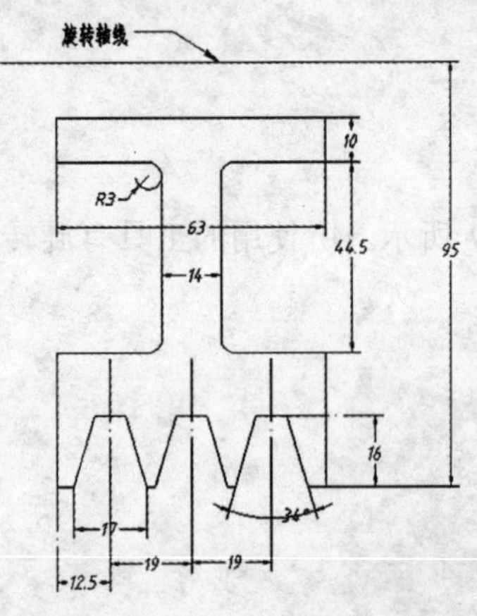

图 12-70 绘制封闭轮廓

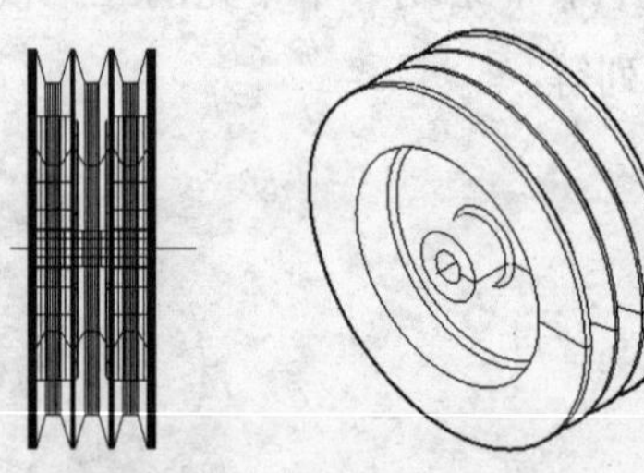

图 12-71 创建旋转实体

[5] 将坐标系移动至旋转体中心。在【坐标】面板中单击【Y】按钮，将坐标系绕 Y 轴旋转 270°，结果如图 12-72 所示。

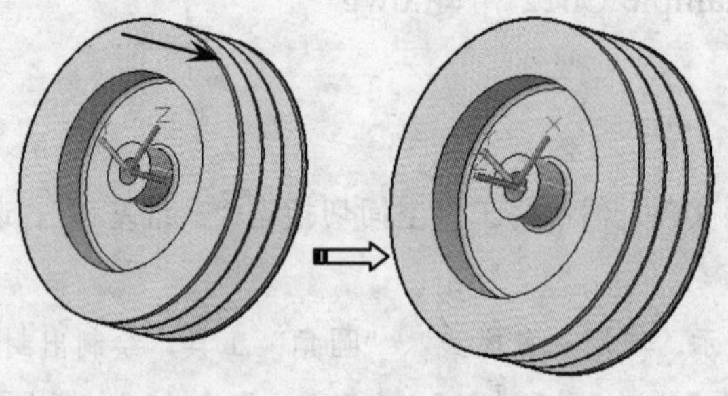

图 12-72 移动并旋转坐标系

注意

除了使用坐标系的控制工具编辑 UCS 外，还可以直接在激活的坐标系中选中坐标系的轴端点来旋转 UCS，但这种方法控制精度不高。也就是精确旋转角度时此法不能完全控制坐标系，会受到其他约束点的干扰。

[6] 使用“圆柱体”工具，创建如图 12-73 所示的圆柱体。命令行操作提示如下：

指定圆柱体底面的中心点或[三点(3P)/两点(2P)/切点、切点、半径(T)/椭圆(E)]<0,0,0>: 45,0,0

```
指定底面半径或[直径(D)]: 15
指定高度或[两点(2P)/轴端点(A)]: -70（按回车，结束命令）
```

[7] 使用“三维阵列”工具，将圆柱体环形阵列，项目数为 4 个，阵列的结果如图 12-74 所示。

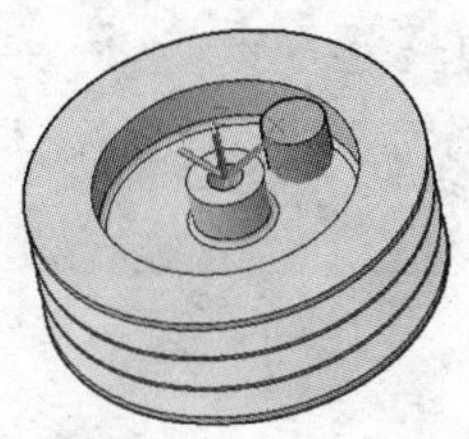

图 12-73 绘制圆柱体

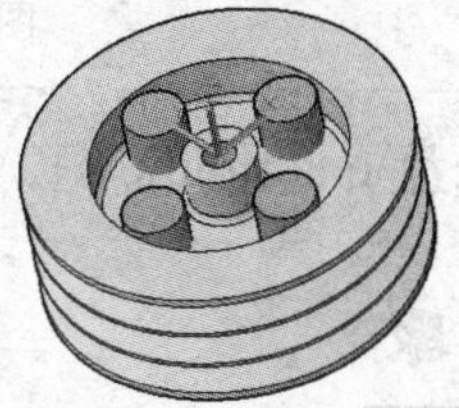

图 12-74 阵列结果

[8] 使用“差集”工具，将小圆柱体从旋转体中减除，结果如图 12-75 所示。

[9] 使用“长方体”工具，按命令行提示操作，创建出如图 12-76 所示的长方体。

```
命令: _box
指定第一个角点或 [中心(C)]: 3.5,0,0
指定其他角点或 [立方体(C)/长度(L)]: -3.5,12,0
指定高度或 [两点(2P)] <-70.0000>: -70
```

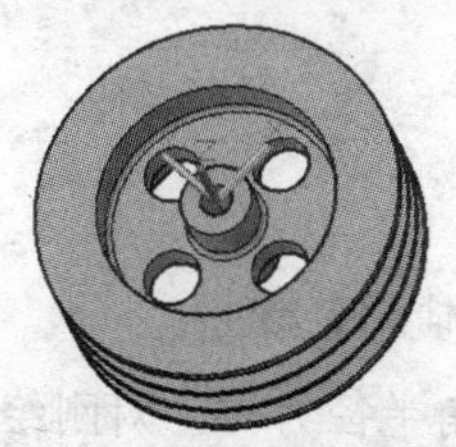

图 12-75 差集运算结果

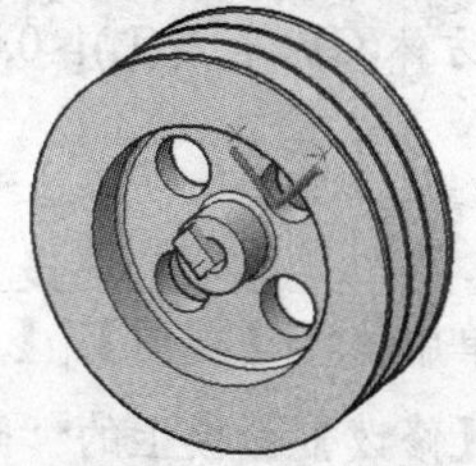

图 12-76 绘制长方体

[10] 使用“差集”工具，将旋转体与长方体做差集运算，得到带轮模型。如图 12-77 所示。

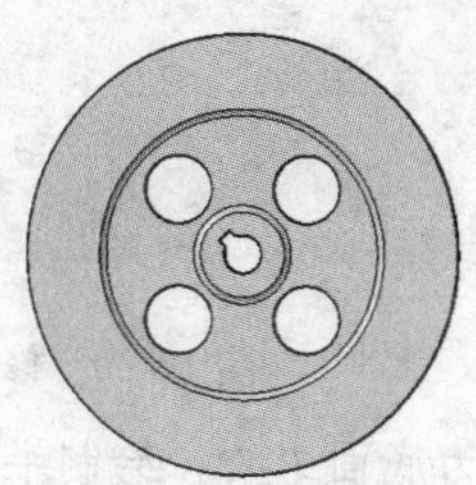

图 12-77 差集运算结果

[11] 带轮模型绘制完成，最后将结果保存。

12.5.5 绘制阀体接头模型

在本节中绘制一个阀体接头模型，绘制完成的效果如图 12-78 所示。

图 12-78　阀体接头效果

例 12-5　光盘\example\Ch12\阀体接头.dwg 

[1] 新建一个图形文件。然后将工作空间切换至“三维基础”，选择俯视图作为当前绘图视图。

[2] 使用“长方体”工具，以点（-40，-40，0）为角点，绘制一个长为 80、宽为 80、高为 10 的长方体。如图 12-79 所示。

绘制长方体过程中的命令行内容如下：

```
命令: _box
指定长方体的角点或[中心点(CE)]<0,0,0>: -40. -40, 0 ↙
指定角点或[立方体(C)/ 长度(L)]<0,0,0>: 1 ↙
指定长度: 80↙
指定宽度: 80↙
指定高度: 10↙
```

[3] 从菜单中执行【视图】|【三维视图】|【东南等轴测】命令。

[4] 使用【修改】面板上的“圆角”工具，设置圆角半径为 5，对刚绘制的长方体棱边作圆角处理。如图 12-80 所示。

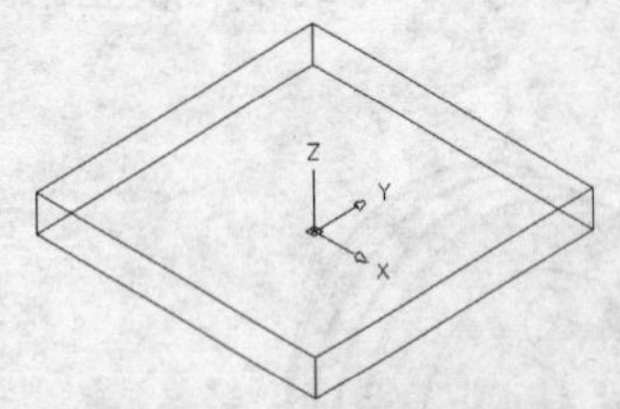

图 12-79　绘制长方体

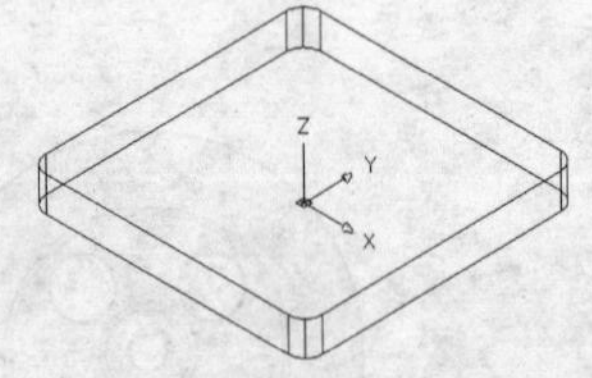

图 12-80　修圆角

[5] 使用“圆柱体”工具，以点(30，30，0)为底面中心，绘制半径为 6，高为 10 的圆柱体，结果如图 12-81 所示。绘制过程中的命令行提示如下：

```
命令: _cylinder
指定圆柱体底面的中心点或[三点(3P)/两点(2P)/切点、切点、半径(T)/椭圆(E)]<0,0,0>: 30,
30, 0↙
指定底面半径或[直径(D)]: 6↙
指定高度或[两点(2P)/轴端点(A)]: 10↙
```

[6] 使用“矩形阵列”工具⊞，创建出行数为 2，列数为 2，行间距为-60，列间距为

-60 的圆柱体阵列，结果如图 12-82 所示。

[7] 使用“差集”工具◎，将圆柱体从长方体中减除，结果如图 12-83 所示。

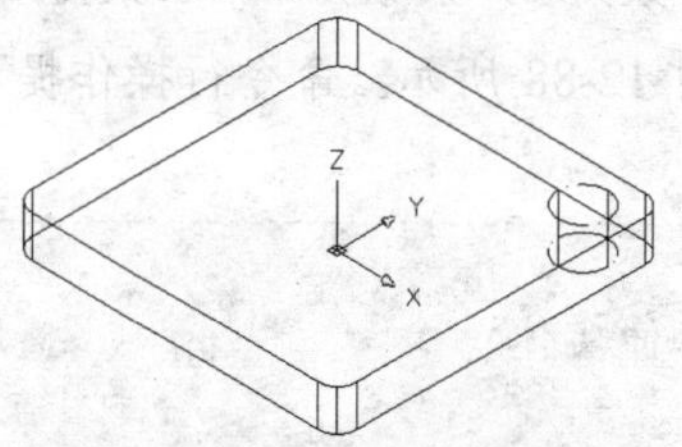

图 12-81　绘制圆柱体

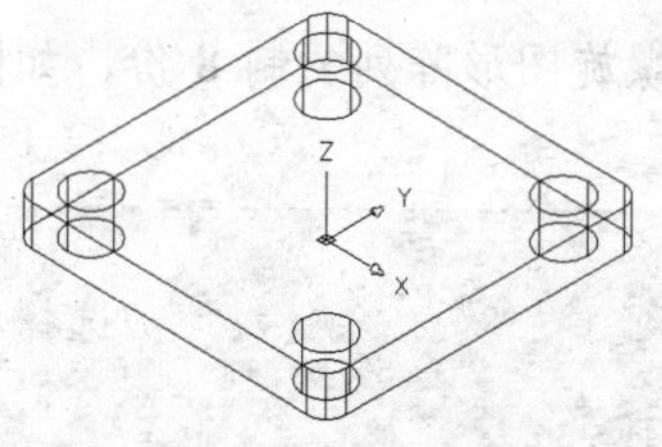

图 12-82　矩形阵列圆柱体

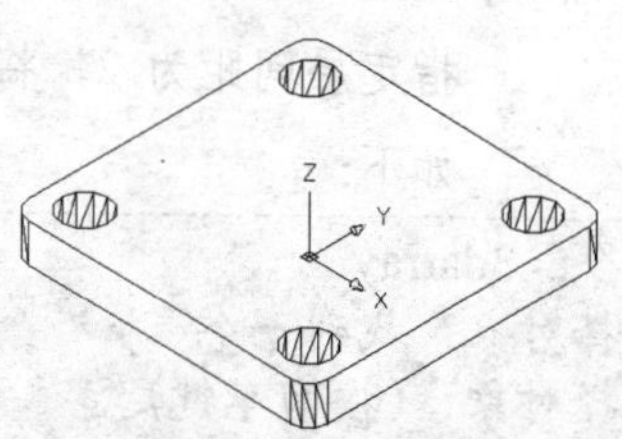

图 12-83　差集运算

[8] 使用“圆柱体”工具，以点(0，0，10)为底面中心，绘制半径为 20，高为 28 的圆柱体，如图 12-84 所示。

[9] 将坐标系移动至如图 12-85 所示的圆柱体顶面中心点上。

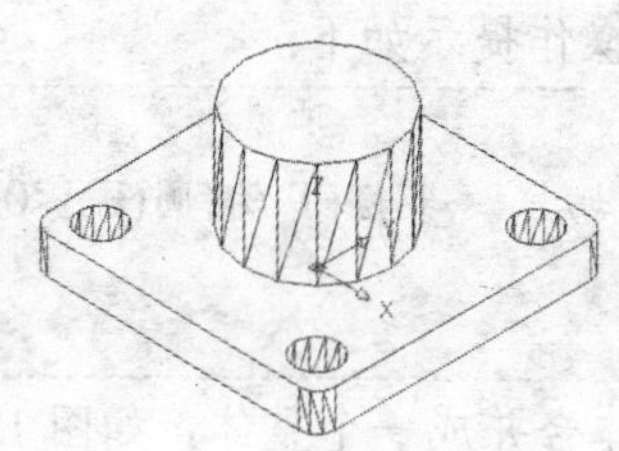

图 12-84　绘制圆柱体

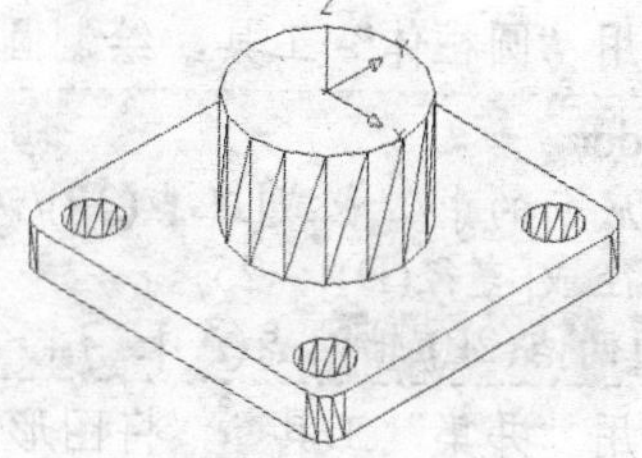

图 12-85　移动坐标系

[10] 使用“圆”工具⊙，然后在坐标系原点位置绘制半径为 25 的圆，如图 12-86 所示。

[11] 在菜单中选择【绘图】|【三维多段线】命令，以点(25，0)为起点，经过点(0，0，-2）和（1，0，1）绘制一条封闭多段线。命令行操作提示如下：

```
命令: _3dpoly
指定多线段的起点: 25,0↙
指定直线的端点或[放弃(U)]: 0，0，-2↙
指定直线的端点或[放弃(U)]: 1，0，1↙
指定直线的端点或[闭合(C)/放弃(U)]: c↙
```

[12] 选取【创建】面板上的“拉伸”工具，创建拉伸实体，如图 12-87 所示。命令行操作提示如下：

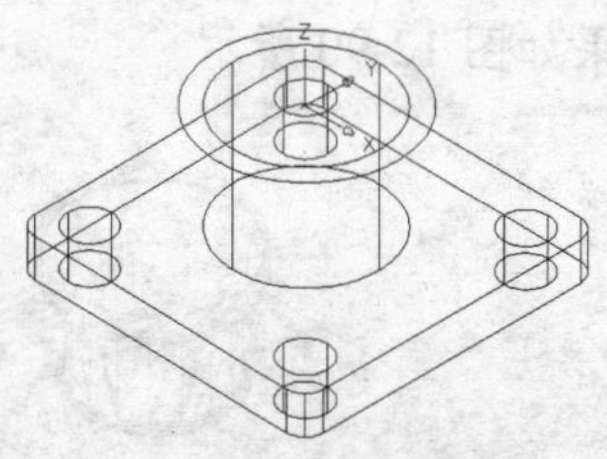

图 12-86　绘制圆

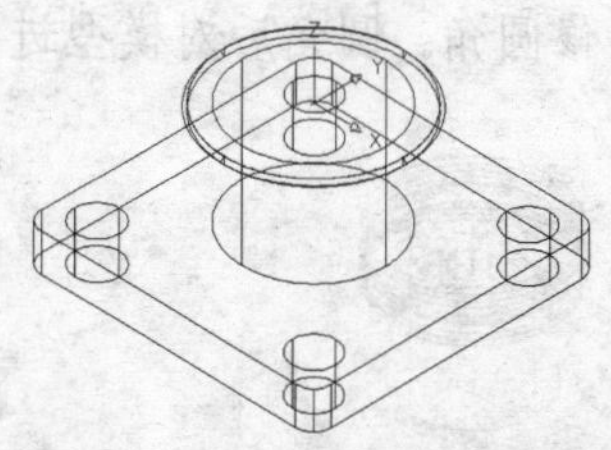

图 12-87　沿路径拉伸图形

```
命令: _extrude
选择对象: 找到一个↙
选择对象: ↙
```

```
指定拉伸高度或[方向(D)/路径(P)/倾斜角(T)]: p↙
指定拉伸路径或[倾斜角]: ↙                              //选择圆，按回车，结束命令
```

[13] 使用“三维阵列”工具，选择矩形阵列，设置行数为 1，列数为 1，层数为 8，指定层间距为 2，将螺旋图形阵列复制 8 份，如图 12-88 所示。命令行操作提示如下：

```
命令: _3darray
选择对象: 找到一个                              //选择拉伸实体
选择对象:（按回车键）
输入阵列类型[矩形(R)/环形(P)]<矩形>: ↙
输入行数<1>: ↙
输入列数<1>: ↙
输入层数<1>: 8↙
指定层间距: 2↙
```

[14] 使用【修改】面板上的“删除”工具，将作为拉伸路径的圆删除。

[15] 使用“圆柱体”工具，绘制圆柱体，命令行操作提示如下：

```
命令: _cylinder
指定圆柱体底面的中心点或[三点(3P)/两点(2P)/切点、切点、半径(T)/椭圆(E)]<0,0,0>: ↙
指定底面半径或[直径(D)]: 25↙
指定高度或[两点(2P)/轴端点(A)]: 14↙
```

[16] 使用“并集”工具，将图形区中所有的实体合并成一个整体，如图 12-89 所示。

[17] 从菜单中选择【修改】|【三维操作】|【剖切】命令。选择 XY 平面，指定 XY 平面上的点(0，0，14)及要保留的一侧点（0，0，0），剖切上一步合并的实体。命令行提示如下：

```
命令行内容如下:
命令: _slice
选择对象:找到一个
选择对象:
指定切面上的第一个点，依照[对象(O)/Z 轴(Z)/视图(V)/XY 平面(XY)/YZ 平面(YZ)/ZX 平面(ZX)/三点(3)]<三点>: xy↙
指定 XY 平面上的点<0,0,0>:0，0，14↙
在所需的侧面上指定点或 [保留两个侧面(B)] <保留两个侧面>: 0,0,0↙
```

[18] 选取“修改”工具栏上的“圆角”工具，设置圆角半径为 2，对合并后的实体修圆角。圆角后对模型进行消隐处理，最终结果如图 12-90 所示。

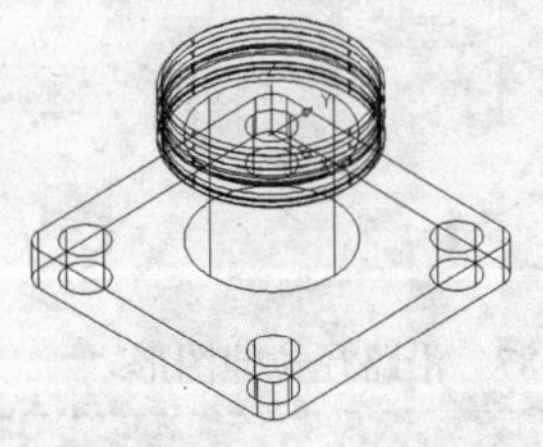

图 12-88　阵列复制

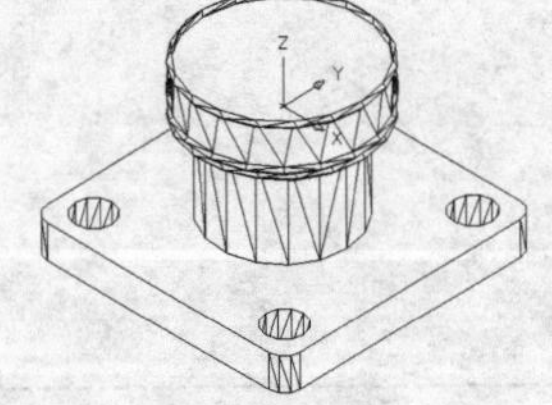

图 12-89　阵列、并集

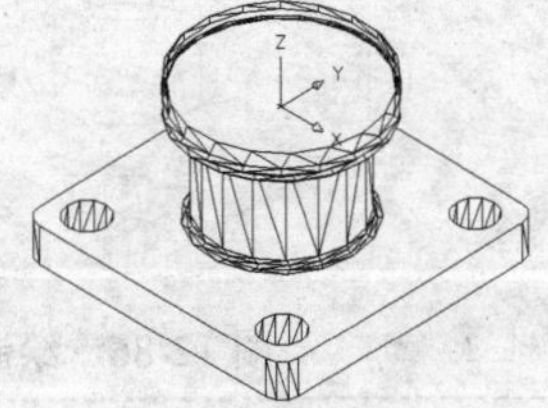

图 12-90　圆角

[19] 在【坐标】面板中单击【世界】按钮，恢复到世界坐标系。

[20] 使用“圆柱体”工具，以点(0，0，0)为底面中心点，绘制半径为 12.5，高为 52 的圆柱体。如图 12-91 所示。

[21] 使用“差集”工具，用合并后的实体减去上一步绘制的圆柱体。差集运算后对模型进行消隐处理，结果如图 12-92 所示。

[22] 在菜单栏执行【修改】|【三维操作】|【三维旋转】工具，将绘制的图形绕 X 轴旋转-90°，消隐后的结果如图 12-93 所示。

[23] 使用“X”工具，将坐标系绕 X 轴旋转 90°，如图 12-94 所示。

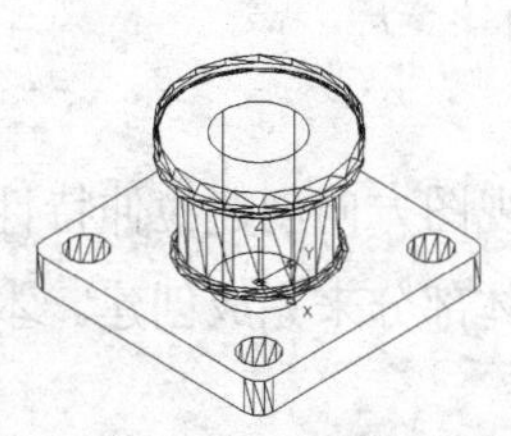
图 12-91　绘制圆柱体

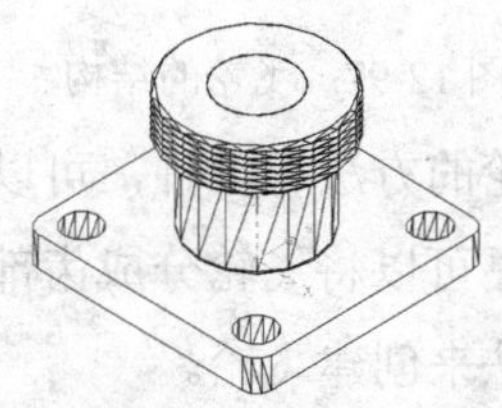
图 12-92　差集运算

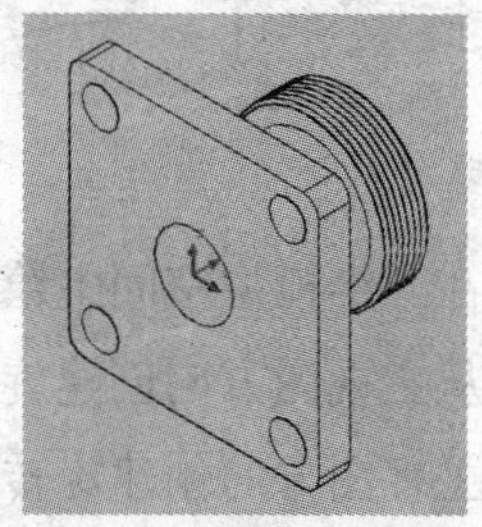
图 12-93　三维旋转

[24] 使用“圆柱体”工具，以点（0，0，0）为底面中心，分别绘制半径为 20 和 23，高为 4 的圆柱体，如图 12-95 所示。命令行操作提示如下：

```
命令: _cylinder
指定圆柱体底面的中心点或[三点(3P)/两点(2P)/切点、切点、半径(T)/椭圆(E)]<0,0,0>: ↙
指定底面半径或[直径(D)]: 20↙
指定高度或[两点(2P)/轴端点(A)]: 4↙
命令: _cylinder
指定圆柱体底面的中心点或[三点(3P)/两点(2P)/切点、切点、半径(T)/椭圆(E)]<0,0,0>: ↙
指定底面半径或[直径(D)]: 23↙
指定高度或[两点(2P)/轴端点(A)]: 4↙
```

[25] 使用“并集”工具，将实体与半径为 23 的圆柱体进行并集运算。

[26] 使用“差集”工具，用上一步并集运算后的实体减去半径为 20 的圆柱体。

[27] 使用“三维旋转”工具，将绘制的图形绕 X 轴旋转 180°。消隐后的效果如图 12-96 所示。

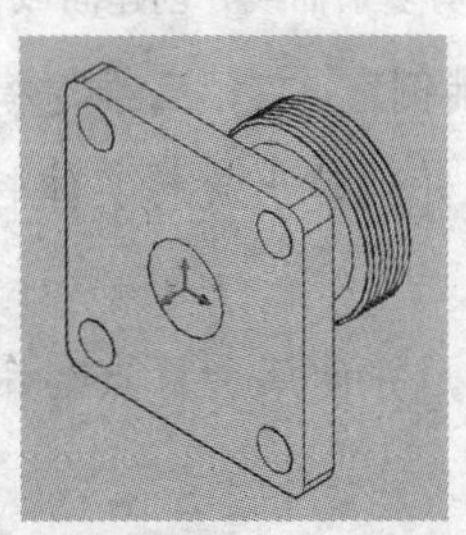
图 12-94　旋转坐标轴

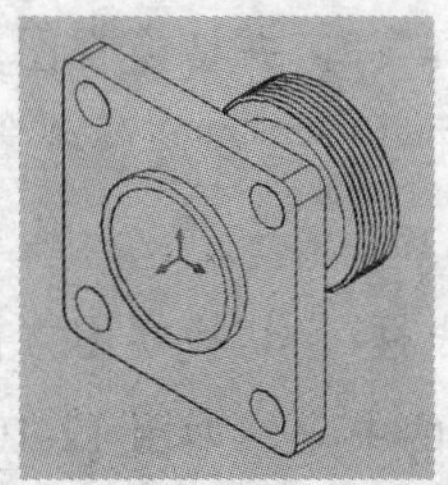
图 12-95　绘制圆柱体

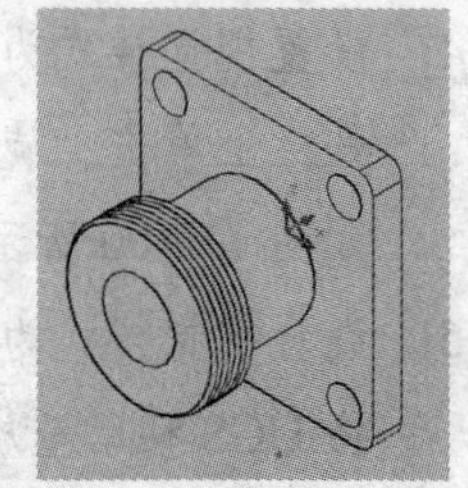
图 12-96　三维旋转

[28] 阀体接头模型绘制完成，最后将结果保存。

12.5.6 绘制传动飞轮

传动飞轮常用于自行车、三轮车等的链传动结构，造型比较简单。传动飞轮的结构如图 12-97 所示。

图 12-97　飞轮的结构

在三维模型空间中绘制传动飞轮的方法有多种，可以从俯视图方向创建拉伸特性，也可以从主视图方向创建旋转特征，还可以将飞轮分成齿部和主体部分来完成创建。本例采用在主视图方向创建旋转特征的方法来创建飞轮。

例 12-6　光盘\example\Ch12\传动飞轮.dwg 

操作步骤

[1] 新建一个图形文件。然后将工作空间切换至“三维基础”，选择俯视视图作为当前绘图视图。

[2] 使用“直线”和“偏移”命令，绘制如图 12-98 所示的轮廓线。

[3] 使用“修剪”命令，将多余图线修剪，结果如图 12-99 所示。然后使用“面域”命令，选择修剪后的图线，创建一个面域。

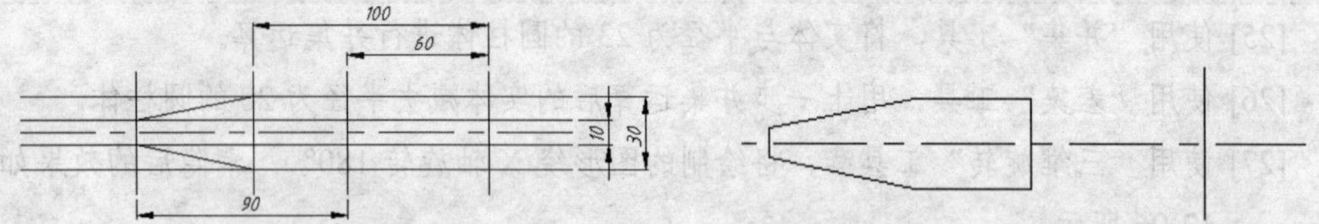

图 12-98　绘制轮廓线　　　　图 12-99　修剪多余曲线并创建面域

[4] 设置视觉样式为“三维真实”，并切换视图为“西南等轴侧”。在“三维建模”工具栏上单击“旋转”按钮，选择旋转轮廓和旋转轴，并创建出旋转实体特征，如图 12-100 所示。

[5] 设置视觉样式为“二维线框”，切换视图方向为“后视”，并使用“原点”命令，将 UCS 移动至旋转实体的中心，如图 12-101 所示。

注意

最好将 UCS 移动至中心线的端点上，或者是实体的某个圆弧中心点上。

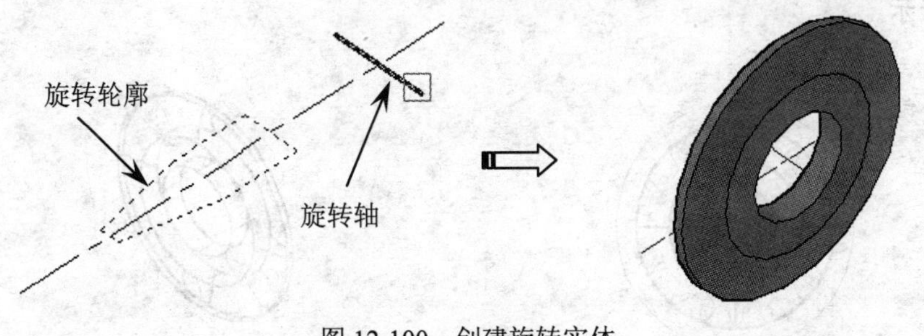

图 12-100　创建旋转实体

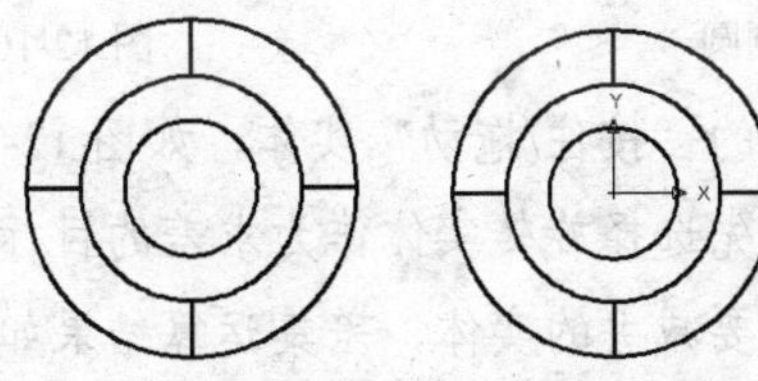

图 12-101　移动 UCS 并切换视图

[6] 使用“圆心，半径”命令绘制半径为 120 的圆，然后使用“直线”和“偏移”命令，绘制如图 12-102 所示的直线和偏移对象图线。

[7] 使用“修剪”命令，将绘制的图线修剪，结果如图 12-103 所示。

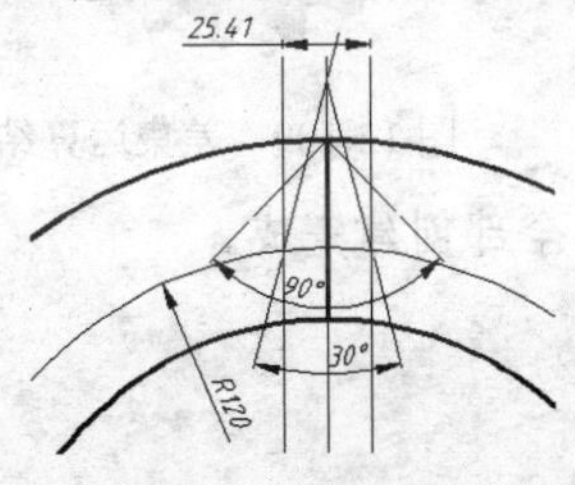

图 12-102　绘制图线

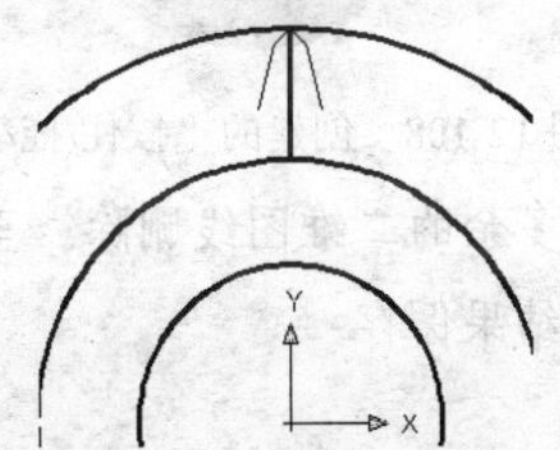

图 12-103　修剪图线

[8] 使用“阵列”命令（二维），将修剪后的图线以原点为中心进行环形阵列，阵列数目为 18，阵列结果如图 12-104 所示。

[9] 使用“直线”命令，将阵列的图线连接，如图 12-105 所示。

图 12-104　阵列图线

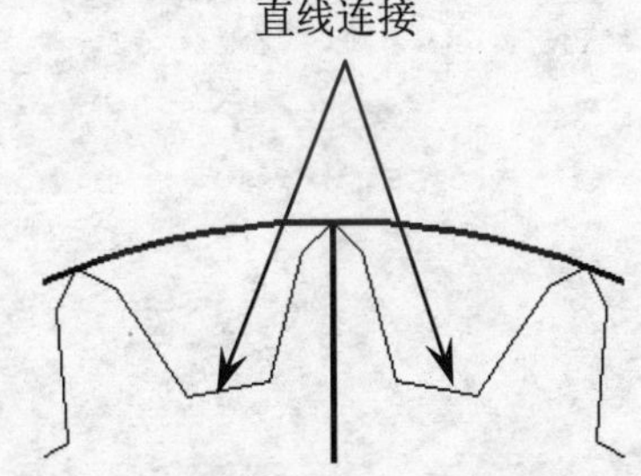

图 12-105　直线连接图线

[10] 使用“圆心，半径”命令，绘制半径为 180 的圆，如图 12-106 所示。

[11] 使用“按住/拖动”命令，选择有限区域向 Z 正方向拖动创建实体，如图 12-107

所示。

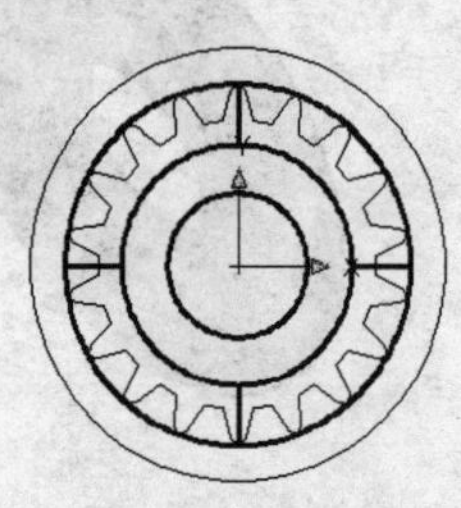

图 12-106　绘制圆

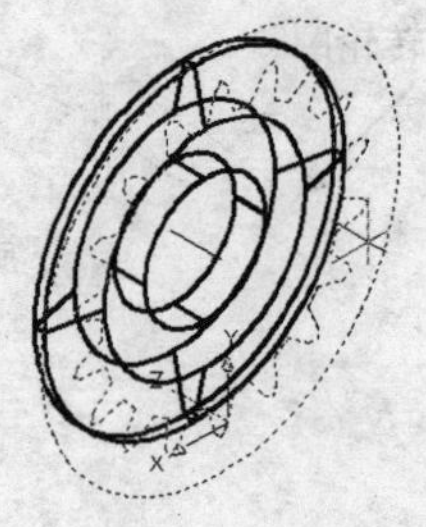

图 12-107　拖动有限区域

[12] 拖动一定距离后创建的“按住/拖动”实体，如图 12-108 所示。

[13] 使用“差集”命令。先选择旋转实体作为求差的目标对象，单击 Enter 键确认后再选择拖动实体作为要减去的实体，差集运算结果如图 12-109 所示。

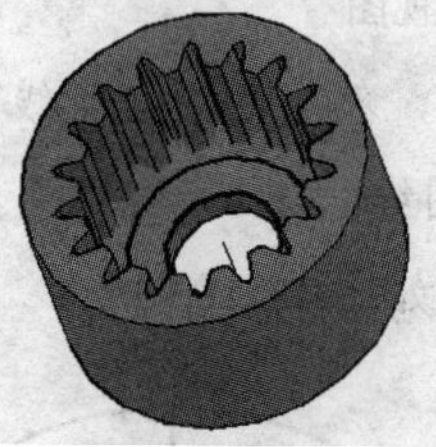

图 12-108　创建的“按住/拖动”实体

图 12-109　差集运算结果

[14] 将多余的二维图线删除。至此，传动飞轮已全部创建完成。

[15] 将结果保存。

第13章 三维模型修改与操作

☒ **本章内容导读：**

在 AutoCAD2012 中，用户可以使用三维编辑命令，在三维建模空间中移动、复制、镜像、对齐以及阵列三维对象，剖切实体以获取实体的截面，编辑它们的面、边或体。本章将着重介绍在三维空间中，模型三维操作与编辑的高级应用知识。

☒ **本章学习要点：**

- 三维小控件工具
- 三维模型操作
- 三维布尔运算
- 操作面以修改实体
- 其他实体编辑功能

13.1　三维模型的基本操作功能

AutoCAD2012 的【三维建模】空间为用户提供了便于快速设计的模型操作工具，例如移动、复制、镜像、对齐、阵列等。操作三维模型，离不开三维空间中的控件工具，这是因为它们都通过三维夹点来移动、复制、镜像等。

13.1.1　三维小控件工具

三维小控件工具是用户用于在三维视图中方便地将对象选择集的移动或旋转约束到轴或平面上的图标。AutoCAD2012 有 3 种类型的夹点工具：移动控件工具、旋转控件工具和缩放控件工具，如图 13-1 所示。

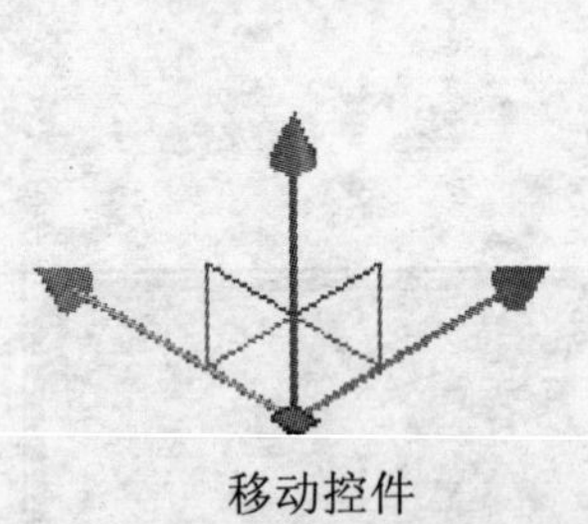

移动控件

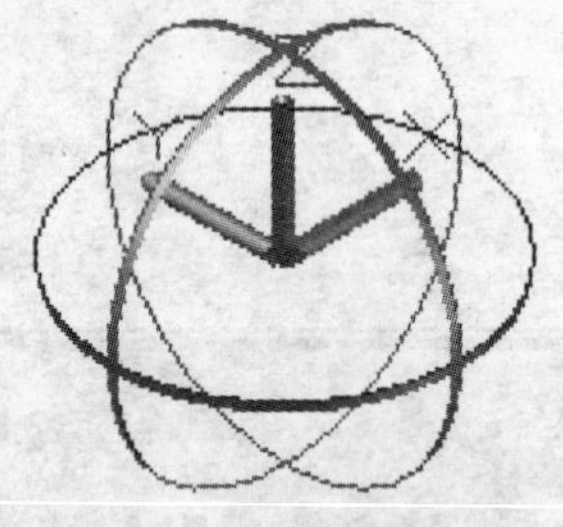

旋转控件

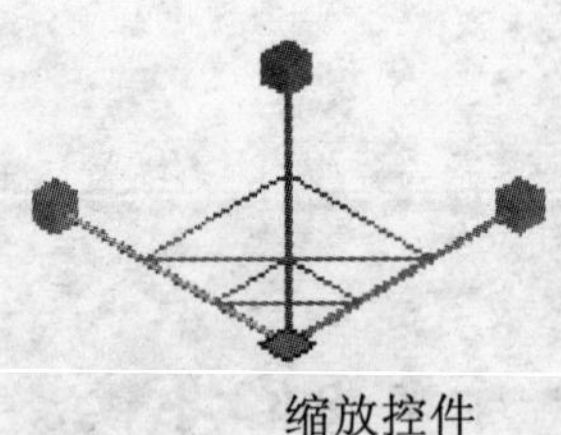

缩放控件

图 13-1　小控件工具

三维小控件工具各自定义如下：

- 三维移动小控件：沿轴或平面移动选定的对象。
- 三维旋转小控件：绕指定轴旋转选定的对象。
- 三维缩放小控件：沿指定平面或轴或沿全部三条轴统一缩放选定的对象。

提示

仅在已应用三维视觉样式的三维视图中才显示夹点工具。如果当前视觉样式为【二维线框】，使用 3DMOVE 命令或 3DROTATE 命令，程序将自动将视觉样式更改为【三维线框】。

无论何时，用户只要选择三维视图中的对象，图形区中均会显示默认小控件。

如果正在执行小控件操作，可以重复按空格键在各类型的小控件之间循环。通过此方法切换小控件时，小控件活动会约束到最初选定的轴或平面上。

此外在执行小控件操作过程中，用户还可以在快捷菜单上选择其他类型的小控件。

13.1.2　三维移动

使用【三维移动】工具，可以在三维视图中显示移动夹点工具，并沿指定方向将对象移动指定距离，如图 13-2 所示。

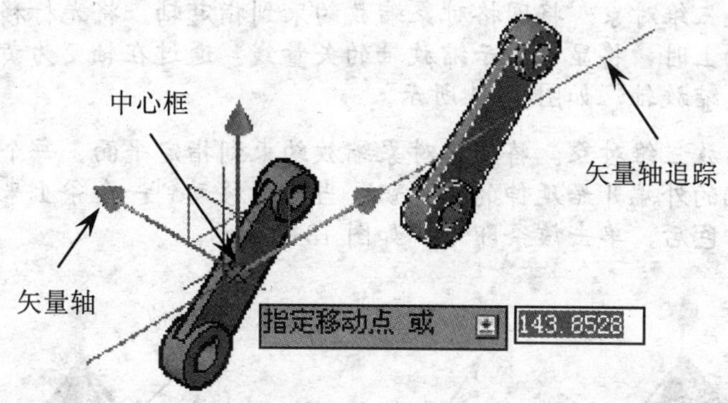

图 13-2　三维移动

13.1.3　三维旋转

使用【三维旋转】工具，可以在三维视图中显示旋转夹点工具并围绕基点旋转对象。使用旋转夹点工具，用户可以自由旋转之前选定的对象和子对象，或将旋转目标约束到旋转轴上，如图 13-3 所示。

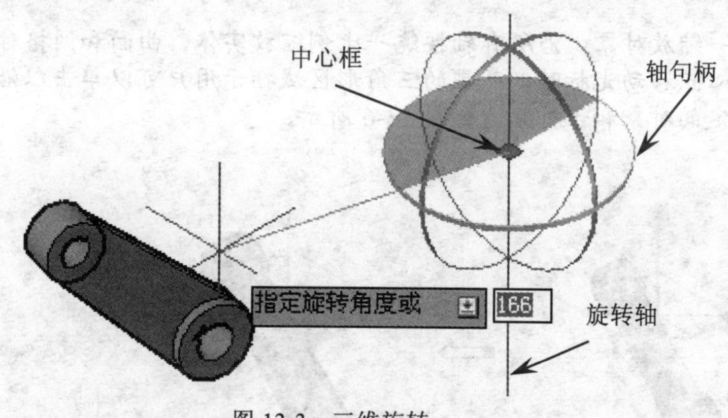

图 13-3　三维旋转

选择旋转夹点工具上的轴句柄，可以确定旋转轴。轴句柄表示了对象旋转的方向。

13.1.4　三维缩放

使用【三维缩放】工具，可以统一更改三维对象的大小，也可以沿指定轴或平面进行更改。

选择要缩放的对象和子对象后，可以约束对象缩放，方法是单击小控件轴、平面或所有三条轴之间的小控件的部分。

三维缩放有 3 种形式：沿轴缩放三维对象、沿平面缩放三维对象和统一缩放对象。

- ◆ 沿轴缩放三维对象：将网格对象缩放约束到指定轴。将光标移动到三维缩放小控件的轴上时，将显示表示缩放轴的矢量线。通过在轴变为黄色时单击该轴，可以指定缩放轴，如图 13-4 所示。
- ◆ 沿平面缩放三维对象：将网格对象缩放约束到指定平面。每个平面均由从各自轴控制柄的外端开始延伸的条标识。当光标移动到一个条上来指定缩放平面。条变为黄色后，单击该条即可，如图 13-5 所示。

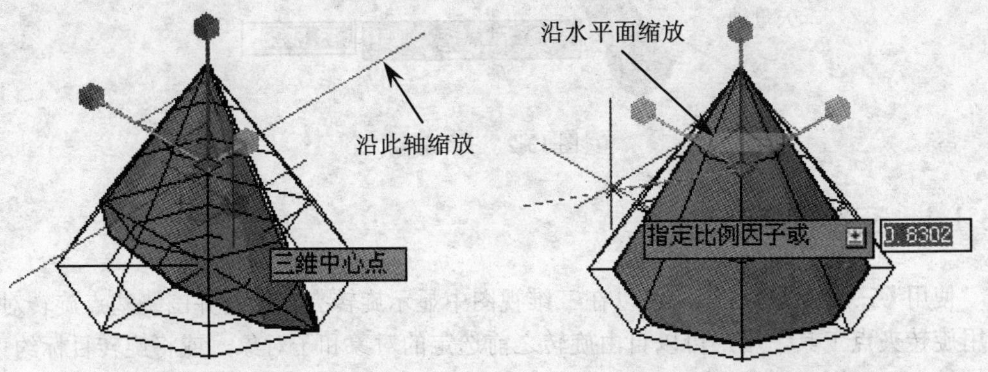

图 13-4　沿轴缩放三维对象　　　　图 13-5　沿平面缩放三维对象

- ◆ 统一缩放对象：沿所有轴按统一比例缩放实体、曲面和网格对象。朝小控件的中心点移动光标时，亮显的三角形区域指示用户可以单击以沿全部三条轴缩放选定的对象和子对象，如图 13-6 所示。

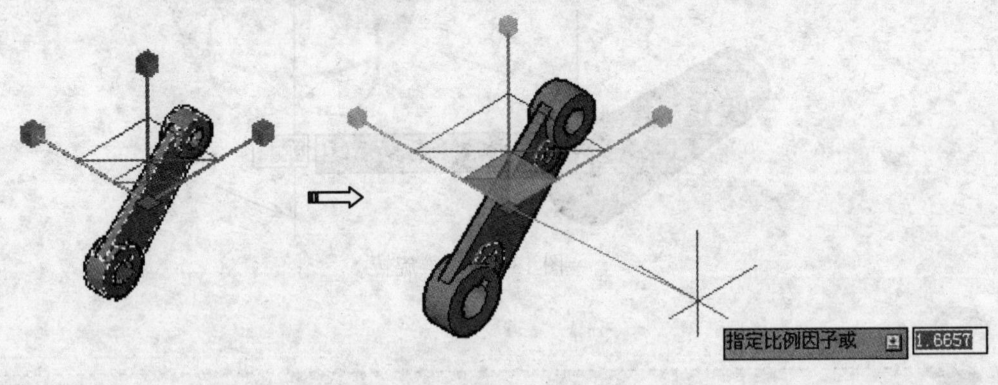

图 13-6　统一缩放对象

提示

【沿轴缩放】和【沿平面缩放】仅适用于网格的缩放，不适用于实体和曲面。

13.1.5　三维对齐

使用【三维对齐】工具，可以在二维和三维空间中将对象与其他对象对齐，如图 13-7 所示。此工具常用于模型的装配。

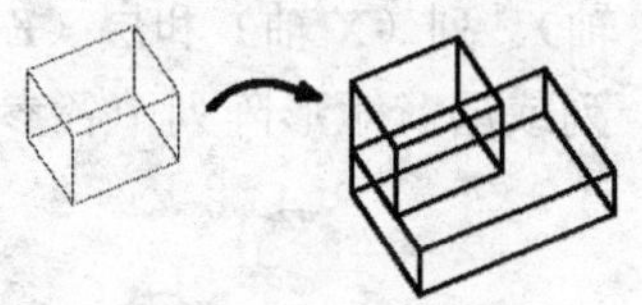

图 13-7　三维对齐

提示

使用三维实体模型时，建议打开动态 UCS 以加速对目标平面的选择。

13.1.6 三维镜像

使用【三维镜像】工具，可以通过指定镜像平面来镜像对象，如图 13-8 所示。
镜像平面可以是以下平面：

- ◆ 平面对象所在的平面；
- ◆ 通过指定点且与当前 UCS 的 XY、YZ 或 XZ 平面平行的平面；
- ◆ 由三个指定点（2、3 和 4）定义的平面。

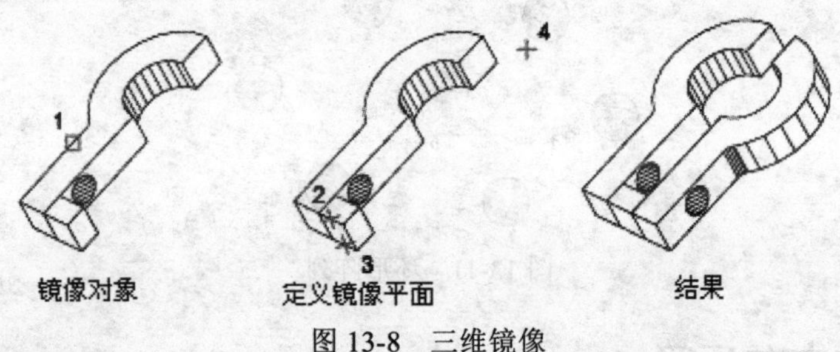

图 13-8　三维镜像

13.1.7　三维阵列

使用【三维阵列】工具，可以在三维空间中创建对象的矩形阵列或环形阵列，如图 13-9 所示。

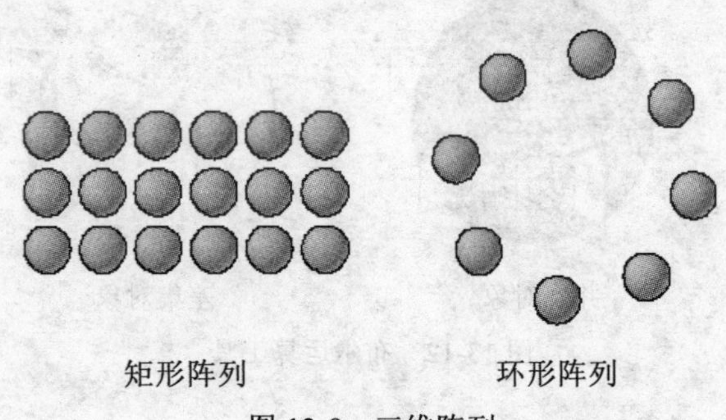

图 13-9　三维阵列

1.　矩形阵列

【矩形阵列】是指在行（Y 轴）、列（X 轴）和层（Z 轴）矩形阵列中复制对象。且一个阵列必须具有至少两个行、列或层。矩形阵列中各参数示意图如图 13-10 所示。

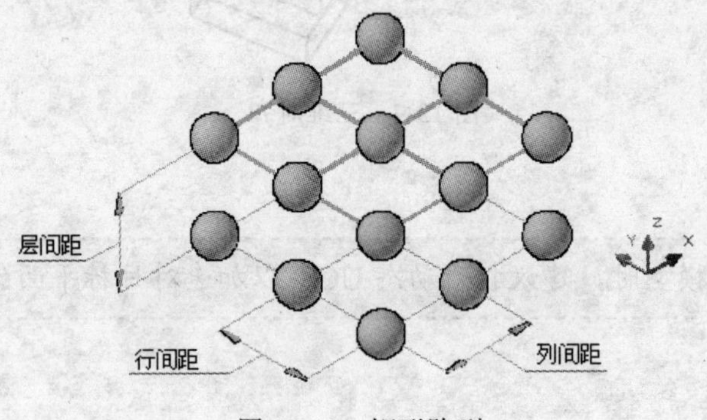

图 13-10　矩形阵列

2. 环形阵列

【环形阵列】是绕旋转轴复制对象。环形阵列中各参数示意图如图 13-11 所示。

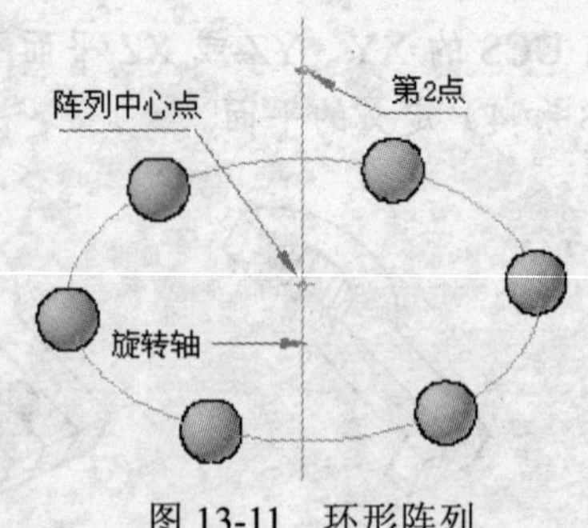

图 13-11　环形阵列

13.1.8　三维布尔运算

在 AutoCAD 中，使用程序提供的布尔运算工具，可以从两个或两个以上实体对象创建并集对象、差集对象和交集对象，如图 13-12 所示。

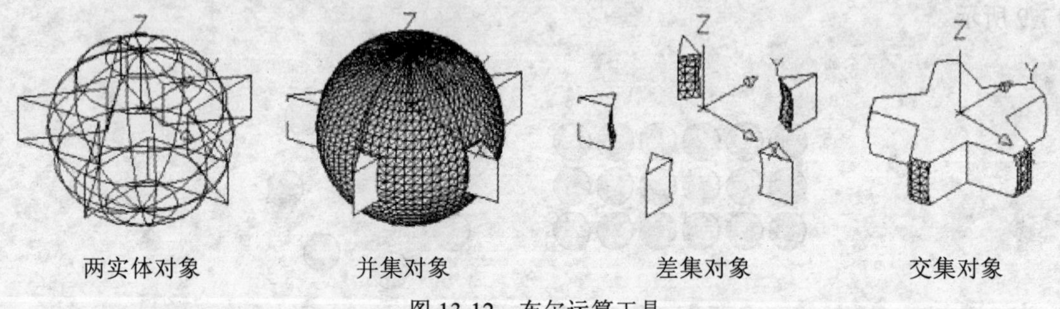

图 13-12　布尔运算工具

1. 并集

【并集】运算通过加法操作合并选定的三维实体或二维面域，如图 13-13 所示。

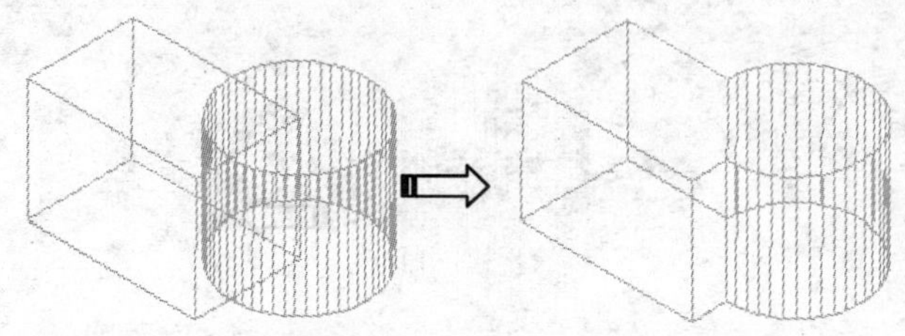

图 13-13　并集

2. 差集

【差集】运算是通过减法操作来合并选定的三维实体或二维面域，如图 13-14 所示。

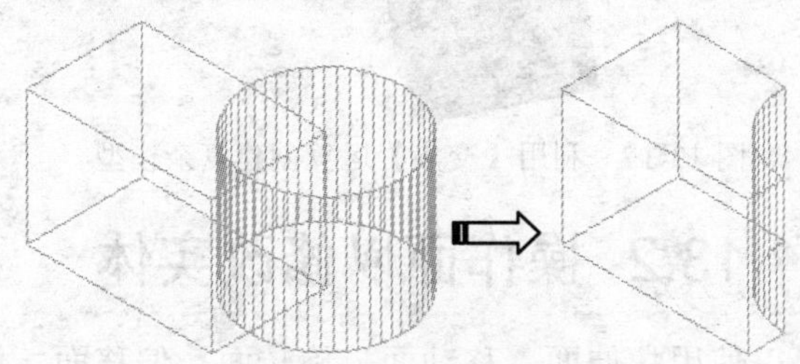

图 13-14　差集

注意

在创建差集对象时，必须先选择要保留的对象。

例如，从第一个选择集中的对象减去第二个选择集中的对象，然后创建一个新的实体或面域，如图 13-15 所示。

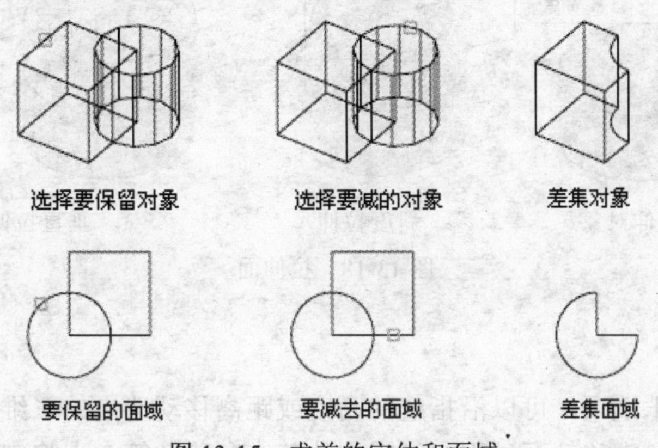

图 13-15　求差的实体和面域

3. 交集

【交集】运算从重叠部分或区域创建三维实体或二维面域，如图 13-16 所示。

与并集类似，交集的选择集可包含位于任意多个不同平面中的面域或实体。通过拉伸二维轮廓使它们相交，可以快速创建复杂的模型，如图 13-17 所示。

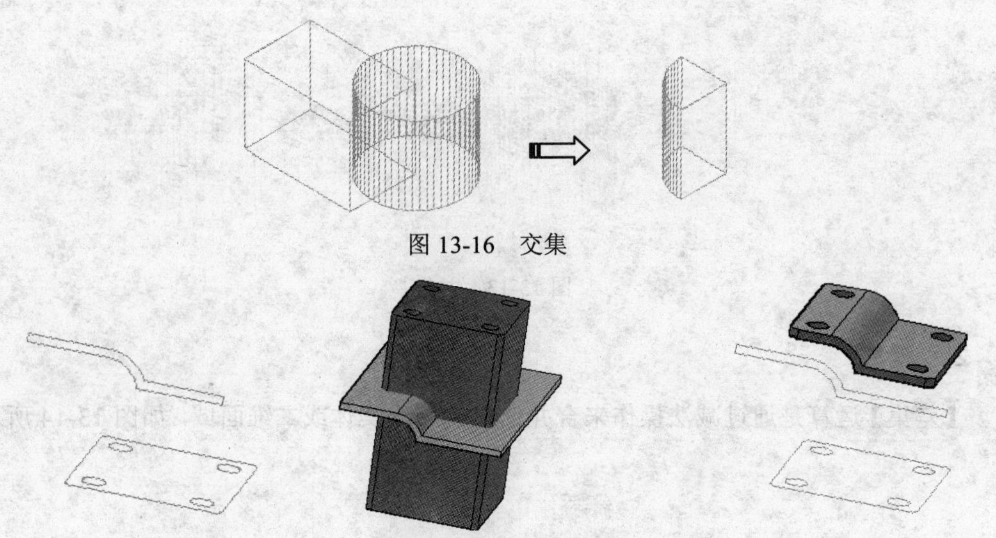

图 13-16　交集

图 13-17　利用【交集】运算创建复杂模型

13.2 操作面以修改实体

在三维空间中，可以使用拉伸面、移动面、旋转面、偏移面、倾斜面、删除面、复制面和着色面工具修改三维实体面，使其符合造型设计要求。

1. 拉伸面

选择【拉伸面】选项，可以将选定的三维实体对象的平整面拉伸到指定高度或沿一路径拉伸。可以垂直拉伸，也可以按指定斜度进行拉伸，如图 13-18 所示。

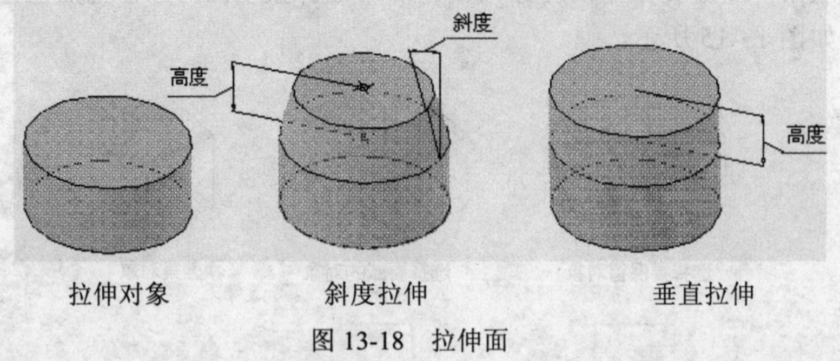

拉伸对象　　　　斜度拉伸　　　　垂直拉伸

图 13-18　拉伸面

2. 移动面

选择【移动面】选项，可以沿指定的高度或距离移动选定的三维实体对象的面。一次可以选择多个面。在移动面过程中，指定的基点和移动第 2 点将定义一个位移矢量，用于指示选定的面移动的距离和方向，如图 13-19 所示。

3. 旋转面

选择【旋转面】选项，可以绕指定的轴旋转一个或多个面或实体的某些部分，如图 13-20 所示。

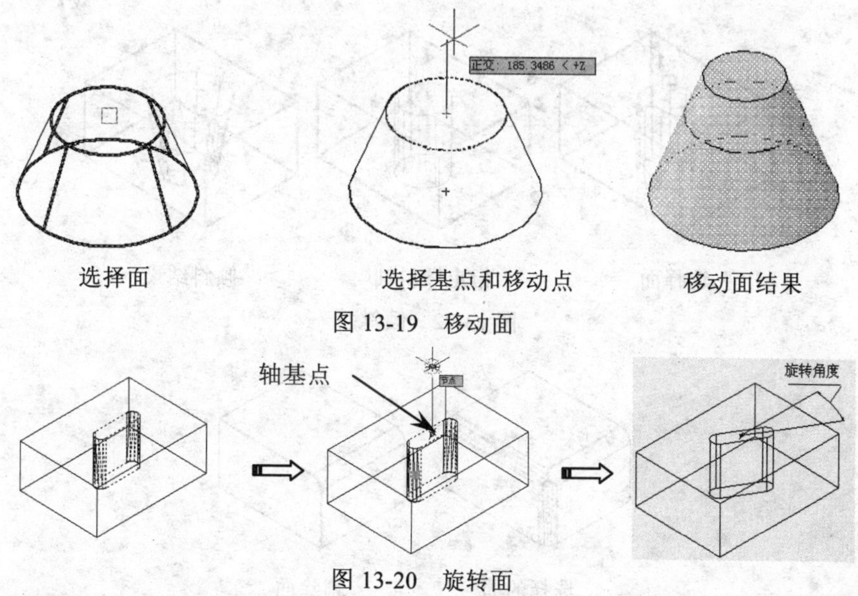

图 13-19　移动面

图 13-20　旋转面

4. 偏移面

选择【偏移面】选项，可以按指定的距离或通过指定的点将面均匀地偏移，正值增大实体尺寸或体积，负值减小实体尺寸或体积。执行偏移面操作，可以使实体外部面偏移一定距离，也可以在实体内部偏移孔面，如图 13-21 所示。

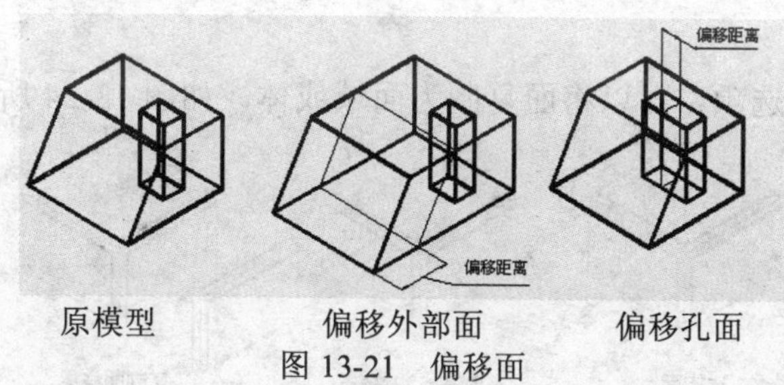

图 13-21　偏移面

5. 倾斜面

选择【倾斜面】选项，可以按一个角度将面倾斜。倾斜角的旋转方向由选择基点和第二点（沿选定矢量）的顺序决定。如图 13-22 所示为倾斜选定面的过程。

注意

正角度将向里倾斜选定的面，负角度将向外倾斜面。默认角度为 0，可以垂直于平面拉伸面。选择集中所有选定的面将倾斜相同的角度。

6. 删除面

选择【删除面】选项，可以删除选定的面，包括圆角和倒角，如图 13-23 所示。

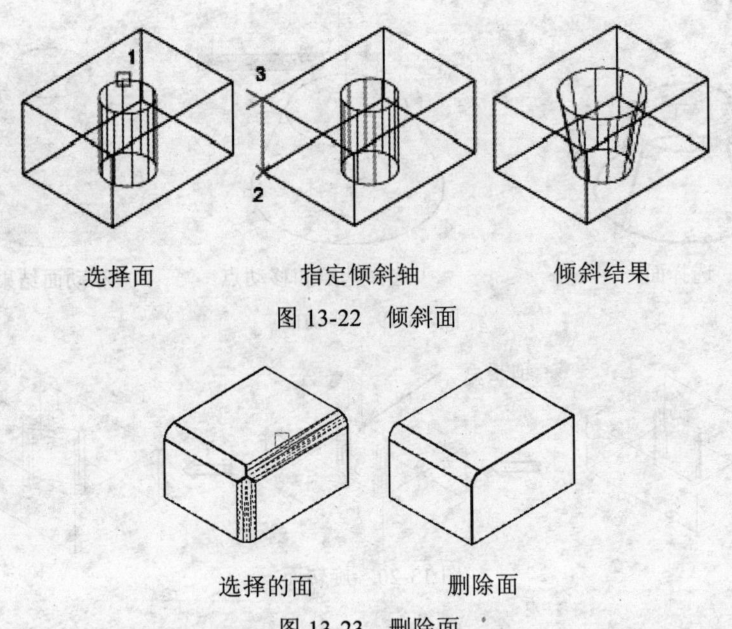

图 13-22　倾斜面

图 13-23　删除面

注意

对于实体上同时倒圆的 3 条边，是不能使用【删除面】来删除选定面的。

7. 复制面

选择【复制面】选项，可以将面复制为面域或体，如图 13-24 所示。

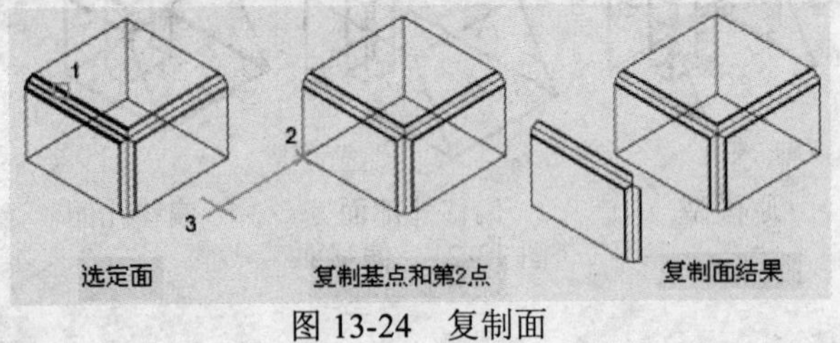

图 13-24　复制面

8. 着色面

选择【着色面】选项，可以修改选定面的颜色，如图 13-25 所示。

当选择要着色的面后，程序会弹出【选择颜色】对话框，通过该对话框为选定的面选择适合的颜色，如图 13-26 所示。

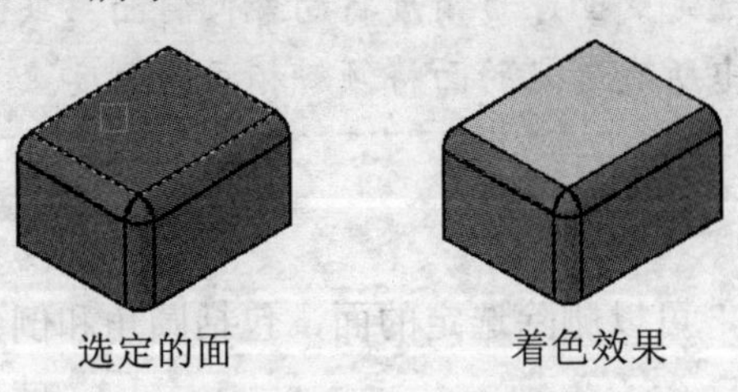

图 13-25　着色面

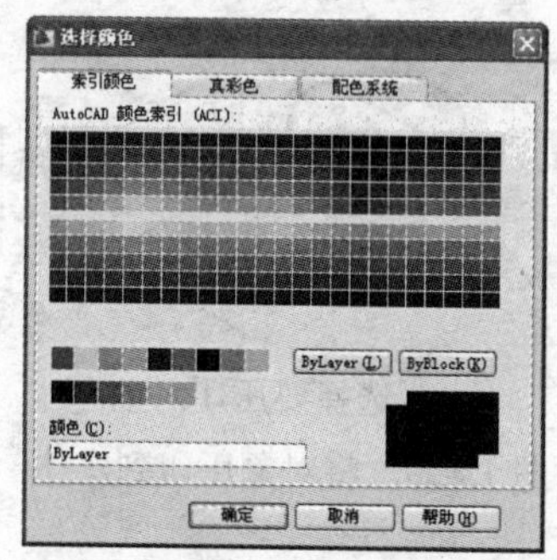

图 13-26 【选择颜色】对话框

13.3 其他实体编辑功能

下面继续介绍 AutoCAD2012 其他实体编辑功能，包括提取边、压印边、分割实体、抽壳、剖切、转换为实体和转换为曲面等。

1. 提取边

使用【提取边】工具，通过从三维实体或曲面中提取边来创建线框。如图 13-27 所示为提取边的操作范例。

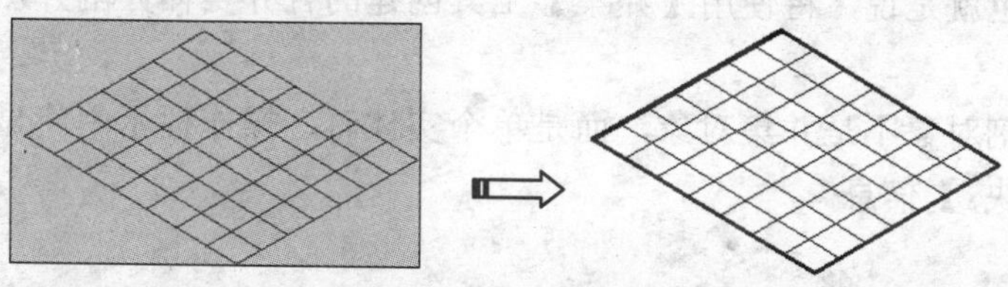

图 13-27 提取边

为了更清楚地观察提取的边框与曲面，将曲面移动一定距离后，即可看见提取的边框，如图 13-28 所示。

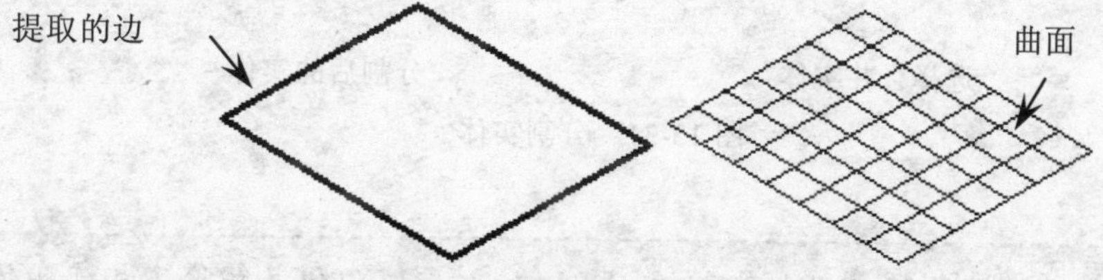

图 13-28 观察提取的边和曲面

2. 压印边

使用【压印】工具，可以将对象压印到选定的实体上，如图 13-29 所示。

3. 复制边

用 SOLIDEDIT 工具依次选择【边】选项和【复制】选项，可以复制三维边。选择的所有三维实体边将被复制为直线、圆弧、圆、椭圆或样条曲线，如图 13-30 所示。

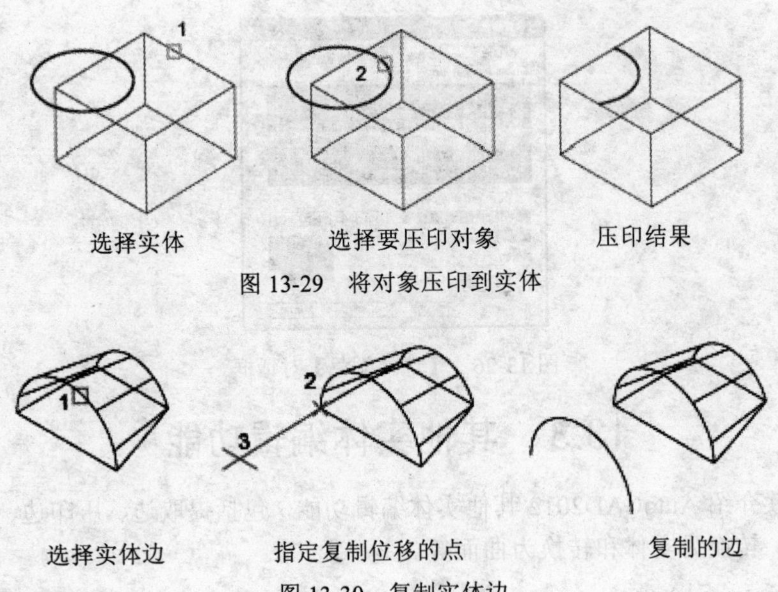

图 13-29　将对象压印到实体

图 13-30　复制实体边

4.　分割实体

选择【分割实体】选项，可以用不相连的体将一个三维实体对象分割为几个独立的三维实体对象。也就是说，将使用【并集】工具创建的合并实体分割开，如图 13-31 所示。

当选择的分割对象不是并集对象，而是单个实体时，操作提示中将显示【选定的对象中不能有多个块。】信息。

图 13-31　分割实体

注意

分割实体并不分割形成单一体积的 Boolean 对象，仅仅是解除不相连实体间的并集关系。

5.　抽壳

抽壳是用指定的厚度创建一个空的薄层。选择【抽壳】选项，可以为所有面指定一个固定的薄层厚度。通过选择面可以将这些面排除在壳外。一个三维实体只能有一个壳。通过将现有面偏移出原位置来创建新的面。使用【抽壳】工具创建壳体如图 13-32 所示。

6.　转换为实体

使用【转换为实体】工具，可以将具有厚度的多段线和圆转换为三维实体。转换成实体的对象必须是：具有厚度的统一宽度多段线、闭合的具有厚度的零宽度多段线和具有厚度的圆、直线、文字（仅包含使用 SHX 字体创建为单行文字的对象）、点等，如图 13-33 所示。

选择删除的面　　抽壳偏移【10】　抽壳偏移【-10】

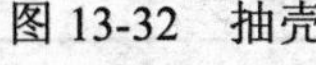

图 13-32　抽壳

注意

抽壳操作时，指定正值从圆周外开始抽壳；指定负值从圆周内开始抽壳。

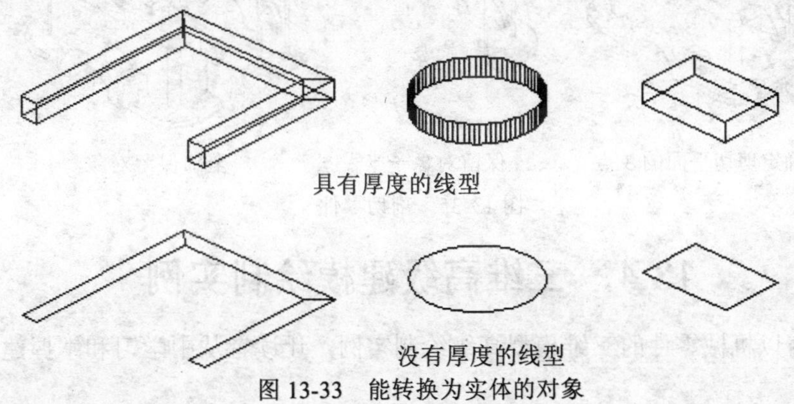

图 13-33　能转换为实体的对象

7. 转换为曲面

使用【转换为曲面】工具，可以将以下对象转换为曲面：二维实体、面域、开放的具有厚度的零宽度多段线、具有厚度的直线、具有厚度的圆弧、三维平面等，如图 13-34 所示。将具有厚度的对象转换为曲面的操作过程与转换为实体的操作过程相同，这里不再赘述。

8. 剖切

在机械设计中，通常一些内部结构比较复杂且无法观察的零件，需要创建出剖切内部结构的剖视图，使其清晰、直观地表达出零件的特性。使用【剖切】工具，就可以通过剖切现有实体来创建新实体。创建剖切实体需要定义剪切平面，AutoCAD 提供了多种方式定义剪切平面，包括指定点和选择曲面或平面对象。

使用【剖切】工具剖切实体时，可以保留剖切实体的一半或全部。剖切实体不保留创建它们的原始形式的历史记录，只保留原实体的图层和颜色特性，如图 13-35 所示。

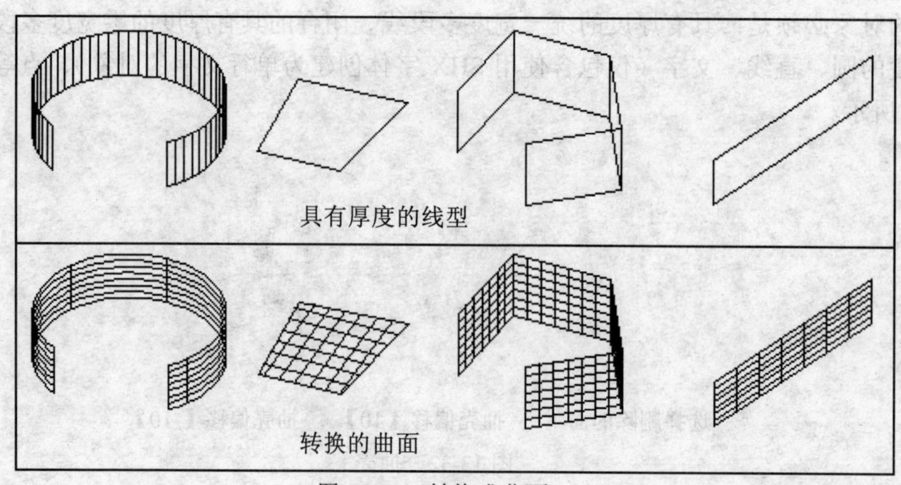

图 13-34　转换成曲面

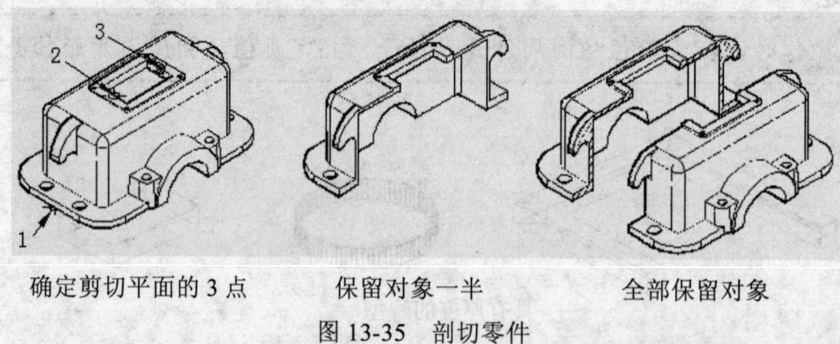

确定剪切平面的 3 点　　保留对象一半　　全部保留对象

图 13-35　剖切零件

13.4　三维高级建模绘制实例

本节中将以机械零件的三维模型高级绘制实例，让读者从中学习和掌握建模方面的绘制技巧。

13.4.1　法兰盘高级建模

本节将以绘制法兰盘的实例，说明二维绘图、编辑工具与三维【旋转】、【拉伸】等

例 13-1　光盘\example\Ch13\法兰盘.dwg

工具的巧妙应用。法兰盘的结构如图 13-36 所示。

法兰盘零件的绘制方法比较简单。主要结构为回转体，因此可使用【旋转】工具来创建主体，其次孔使用【拉伸】工具创建孔实体，并运用【差集】运算将其减除，最后将孔阵列即可。

操作步骤

[1]　在三维空间中将视觉样式设为【二维线框】，并切换为俯视视图。

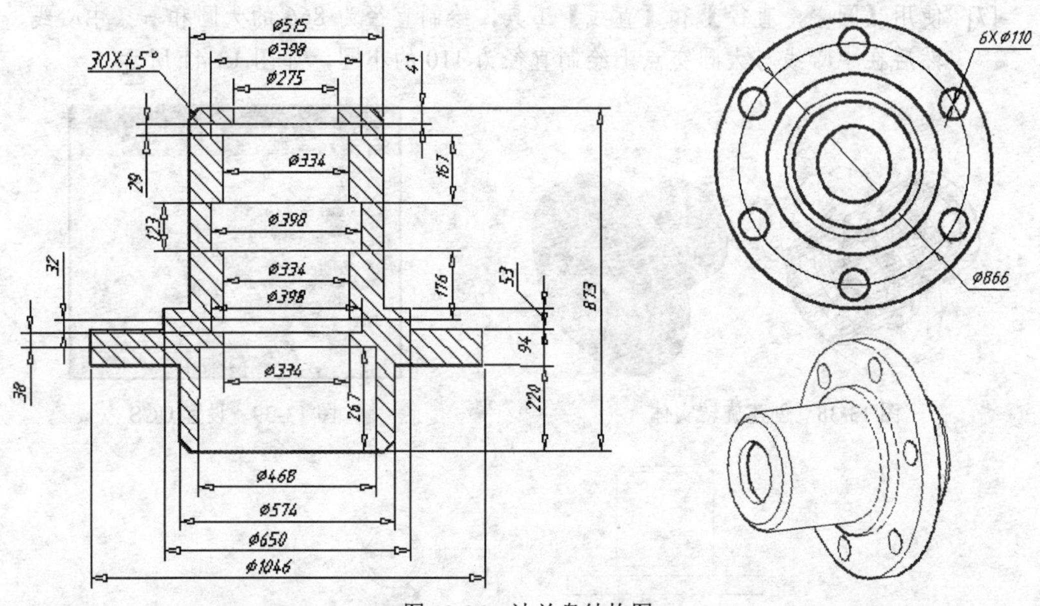

图 13-36　法兰盘结构图

[2] 在状态栏打开【正交模式】。使用【直线】工具，绘制如图 13-37 所示的旋转中心线和旋转轮廓线。

注意

绘制轮廓线时，可采用绝对坐标输入方法。也可以打开【正交模式】，绘制一直线后，将第 2 条直线的端点所处方向确定后，直接输入直线长度即可。

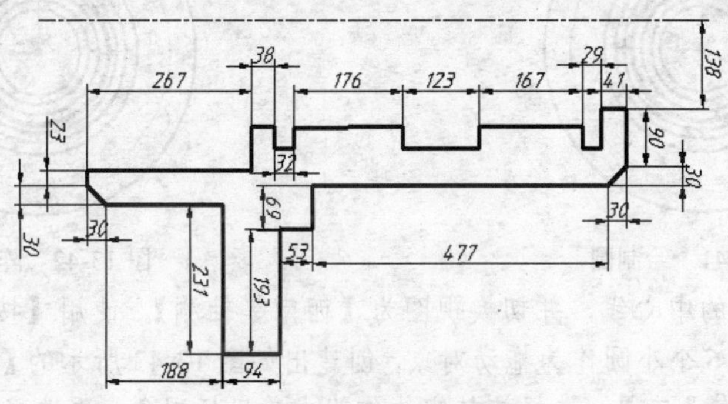

图 13-37　绘制旋转轮廓

[3] 使用【面域】工具，选择所有轮廓线来创建一个面域。

[4] 切换视图为【西南等轴测】，使用三维【旋转】工具，选择前面绘制的轮廓线作为旋转对象，再选择中心线作为旋转轴，创建完成的旋转实体如图 13-38 所示。

[5] 用 UCSMAN（已命名）工具，在弹出的 UCS 对话框的【设置】选项卡中勾选【修改 UCS 时更新平面视图】复选框，单击【确定】按钮，关闭对话框并保存设置，如图 13-39 所示。

[6] 使用【原点】工具，将 UCS 移动至中心线的端点上，然后单击 X 按钮，使 UCS 绕 X 轴旋转 90°，如图 13-40 所示。

[7] 使用【圆心，直径】和【直线】工具，绘制直径为 866 的大圆和一条中心线，然后在中心线与大圆交点上绘制直径为 110 的小圆，如图 13-41 所示。

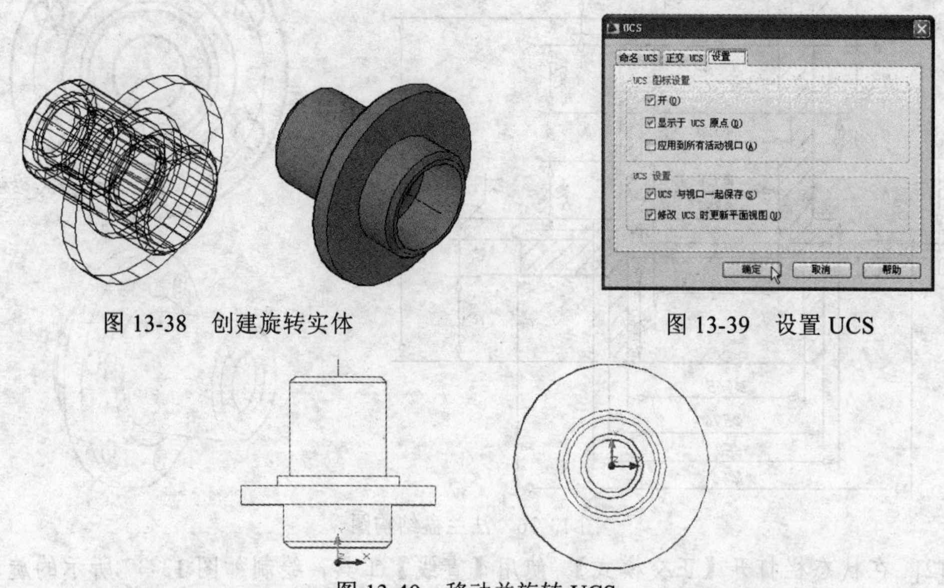

图 13-38　创建旋转实体

图 13-39　设置 UCS

图 13-40　移动并旋转 UCS

[8] 使用【阵列】工具，阵列出 6 个小圆，如图 13-42 所示。

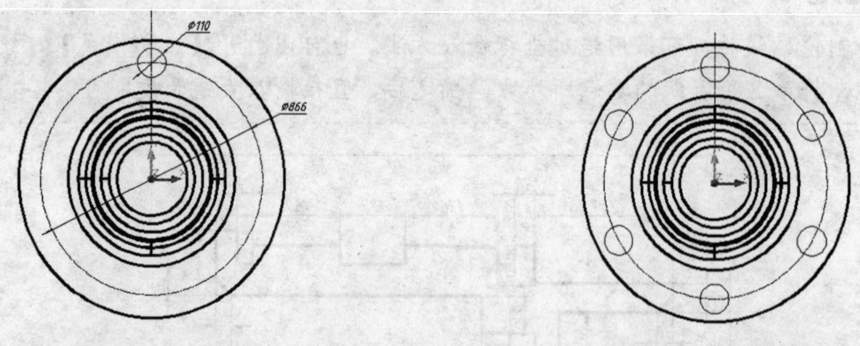

图 13-41　绘制圆

图 13-42　阵列圆

[9] 删除定位的中心线，并切换视图为【西南等轴测】。使用【按住/拖动】工具，依次选择 6 个小圆作为拖动对象，创建出如图 13-43 所示的【按住/拖动】实体。

[10] 使用【差集】工具，选择旋转实体作为求差目标对象，再选择 6 个【按住/拖动】实体作为减除的对象，并完成差集运算，最后将二维图线清除。至此，法兰盘零件创建完成的结果如图 13-44 所示。

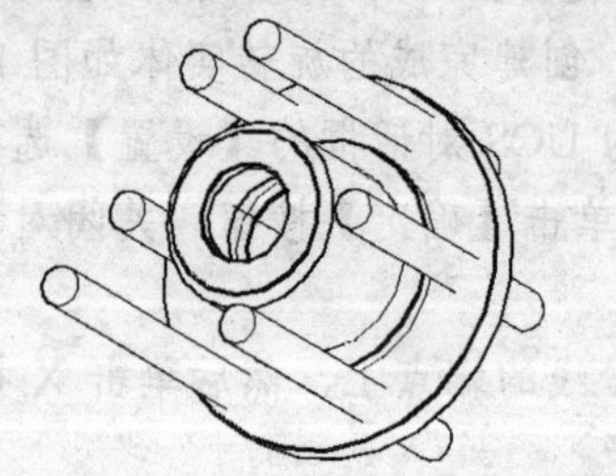

图 13-43　用【按住/拖动】创建实体

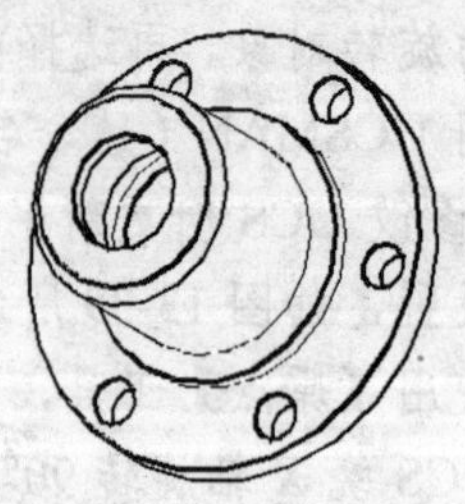

图 13-44　法兰盘零件

13.4.2 轴承支架高级建模

本节将绘制支架零件。通过本实例，熟练应用二维绘图、编辑工具与三维实体绘制、编辑工具来创建较复杂的机械零件。

支架零件二维图形及三维模型如图 13-45 所示。

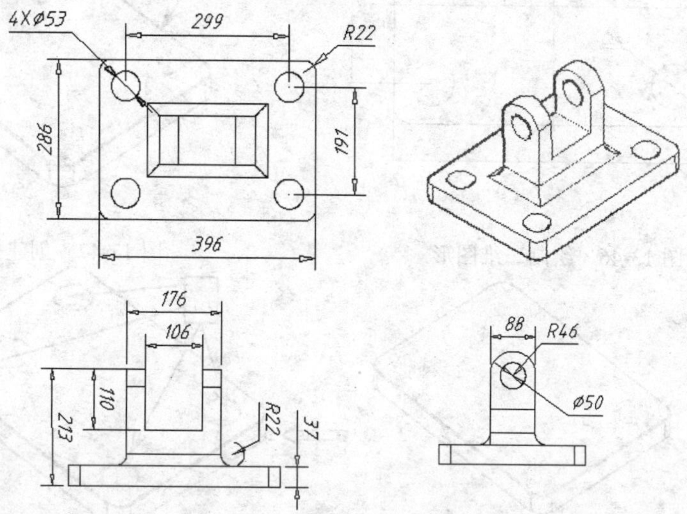

图 13-45 支架零件结构图

例 13-2 光盘\example\Ch13\轴承支架.dwg 

操作步骤

[1] 在三维空间中，将视觉样式设为【二维线框】，并切换视图为【俯视】。

[2] 使用【直线】、【圆心，半径】、【倒圆】和【修剪】工具，绘制出如图 13-46 所示的平面图形。

[3] 使用【面域】工具，选择图形区中所有图线来创建面域，创建的面域数为 5 个。

注意

若不创建面域，拉伸的就不会是实体，只能是曲面。在没有创建面域的情况下，用户也可以使用【按住/拖动】工具来创建实体，但不能创建精确高度的实体。

[4] 使用【拉伸】工具，选择所有的面域，然后创建 5 个高度为 37 的拉伸实体（1 个底座主体和 4 个孔实体），如图 13-47 所示。

[5] 使用布尔【差集】工具，选择底座主体作为求差的目标体，再选择 4 个孔实体作为要减除的对象，并完成差集运算。创建完成的支架底座如图 13-48 所示。

[6] 将视图切换为【左视】。然后使用【直线】、【圆弧】和【修剪】工具，绘制如图

13-49 所示的图形。

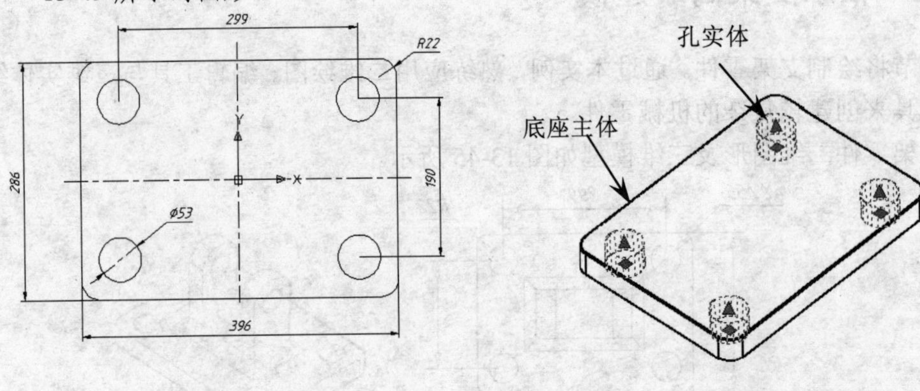

图 13-46　绘制二维图形　　　　　　　　　　图 13-47　创建拉伸实体

图 13-48　完成支架底座的创建

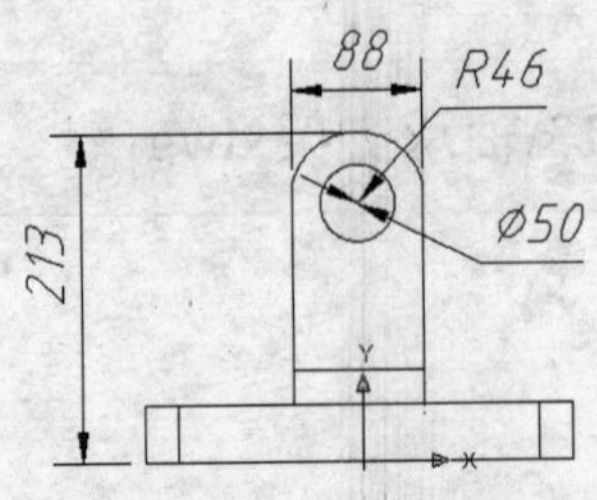

图 13-49　绘制的图形

[7] 使用【面域】工具，选择整个图形来创建面域，面域个数为 2。

[8] 切换视图至【西南等轴测】。然后使用【Y】工具，将 UCS 绕 Y 轴旋转-90°，如图 13-50 所示。

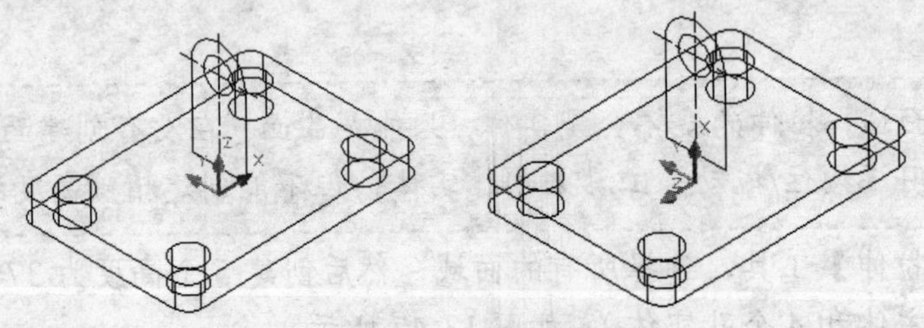

图 13-50　旋转 UCS

[9] 使用【拉伸】工具，选择前面绘制的图形进行拉伸，拉伸高度为 88。创建的拉伸实体如图 13-51 所示。

[10] 使用【差集】工具，将支架主体中的小圆柱体减除，结果如图 13-52 所示。

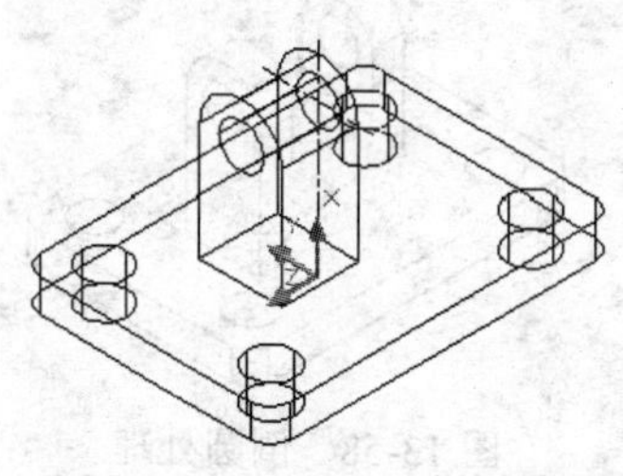

图 13-51　创建拉伸实体

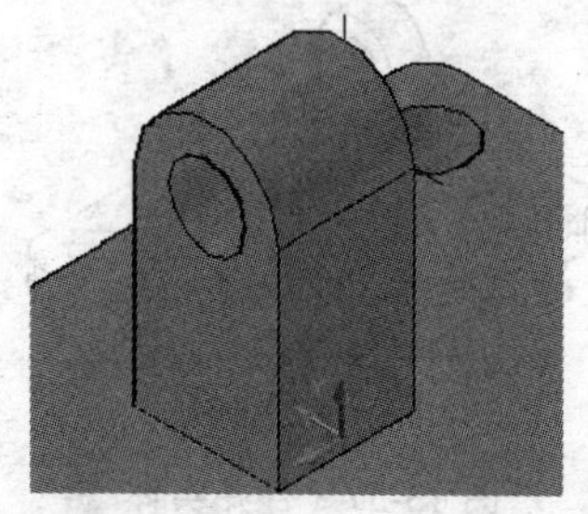

图 13-52　减除小圆柱体

[11] 切换视图至【东南等轴测】，将 UCS 移动至支架主体孔中心，并设置 UCS 为世界坐标系。如图 13-53 所示。

[12] 使用【长方体】工具，在其工具行操作提示中依次选择【中心(C)】|【长度(L)】选项，并选择孔中心点作为长方体的中心点，长方体的长度为 100、宽度为 106、高度为 110。创建长方体如图 13-54 所示。

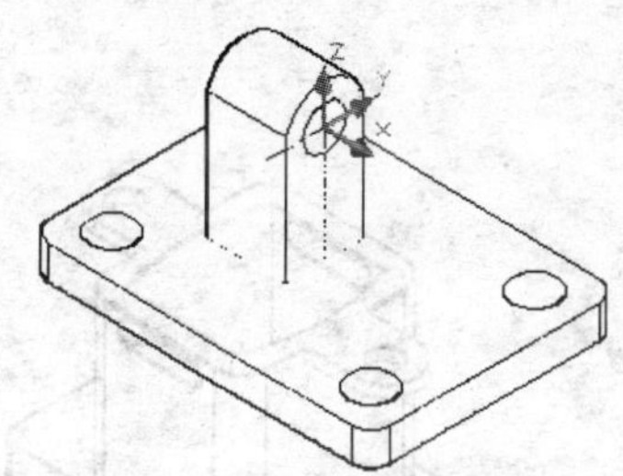

图 13-53　移动 UCS

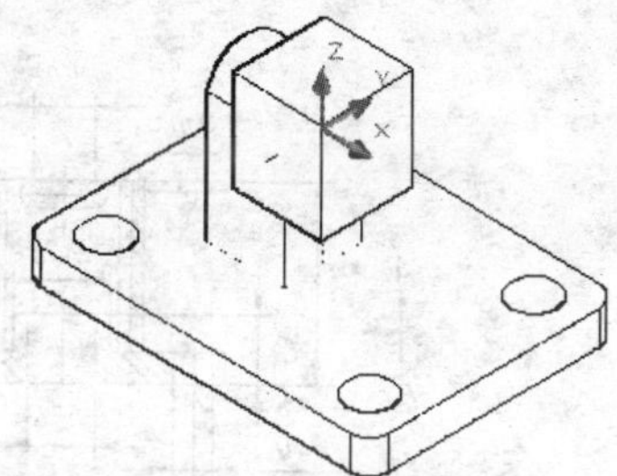

图 13-54　创建长方体

[13] 使用布尔【差集】工具，选择支架的一半主体作为求差目标体，再选择长方体作为要减除的对象，差集运算后的结果如图 13-55 所示。

[14] 使用【三维镜像】工具，选择一半支架主体作为要镜像对象，然后选择 YZ 平面作为镜像平面，镜像操作的结果如图 13-56 所示。

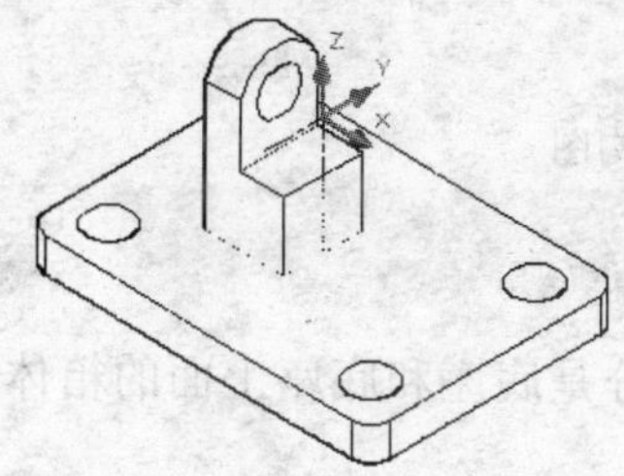

图 13-55　差集运算

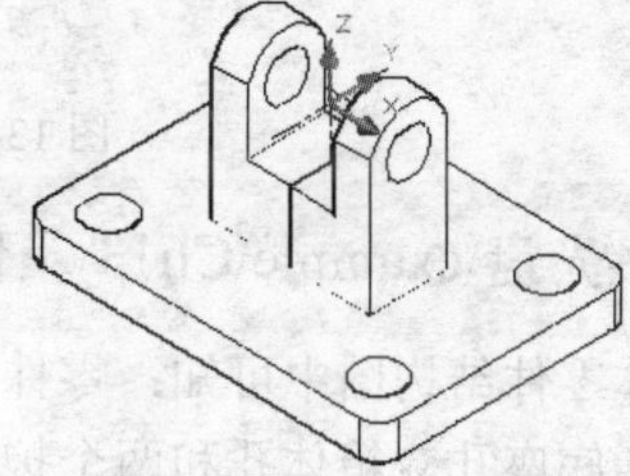

图 13-56　镜像支架主体

[15] 使用【并集】工具，将零散的支架主体部分实体和底座实体作并集运算，合并求和的结果如图 13-57 所示。

[16] 使用【倒圆】工具，将支架主体与底座连接处的边倒圆，圆角半径为 22，如图 13-58 所示。

[17] 支架零件创建完成。

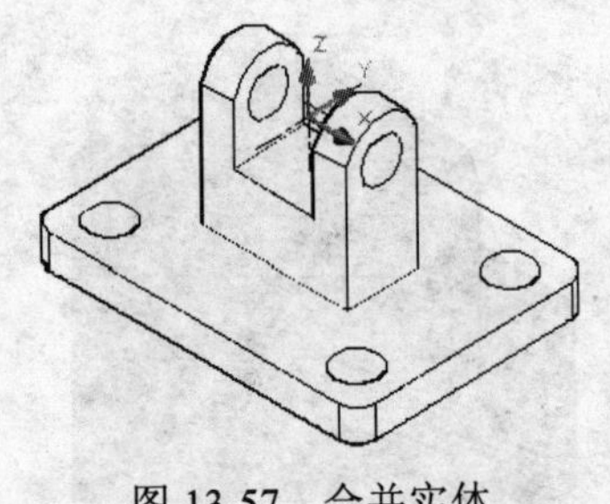

图 13-57　合并实体

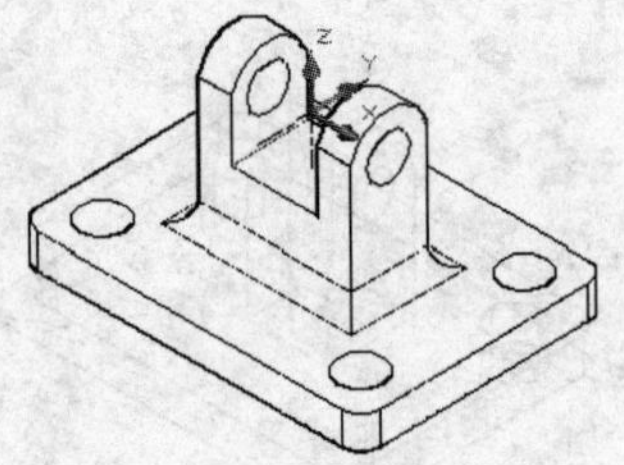

图 13-58　倒圆处理

13.4.3　箱体零件高级建模

本实例的模型为一箱体零件，结构相对较复杂，如图 13-59 所示。

一般情况下，绘制结构较复杂零件的方法有：由零件内部向外部或由外部向内部绘制；或者由上至下或由下至上绘制等。但必须要清楚的是，哪些是零件的主体，哪些是零件的子个体，绘制这样的实体需要使用什么工具等问题。

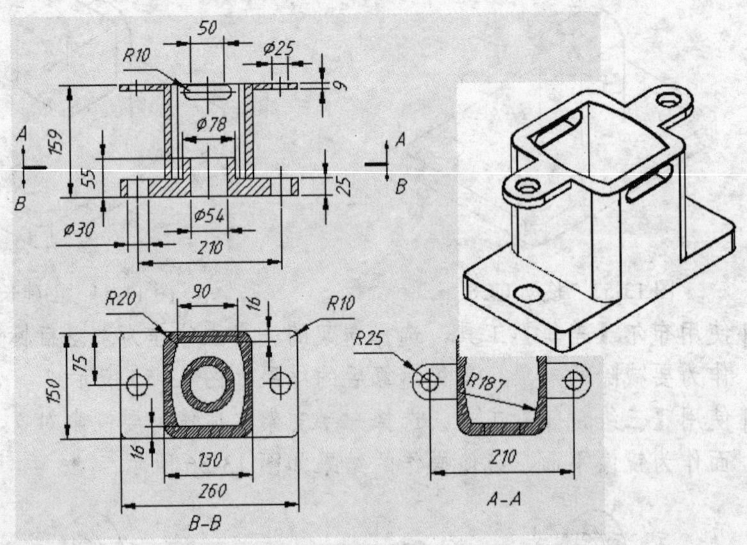

图 13-59　箱体零件结构图

例 13-3　光盘\example\Ch13\箱体零件.dwg

从箱体零件结构图中可知：零件的主要组成部分是底座和底座上面的箱体，次要组成部分包括底座孔、箱体孔和两个护耳。

操作步骤

1.　创建箱体底座

[1]　在三维空间中，设置视觉样式为【二维线框】，并将视图切换为【俯视】。

[2]　使用【直线】、【偏移】、【圆心，半径】、【倒圆】、【修剪】以及圆弧的【起点，端点，半径】工具，绘制出如图 13-60 所示的图形。

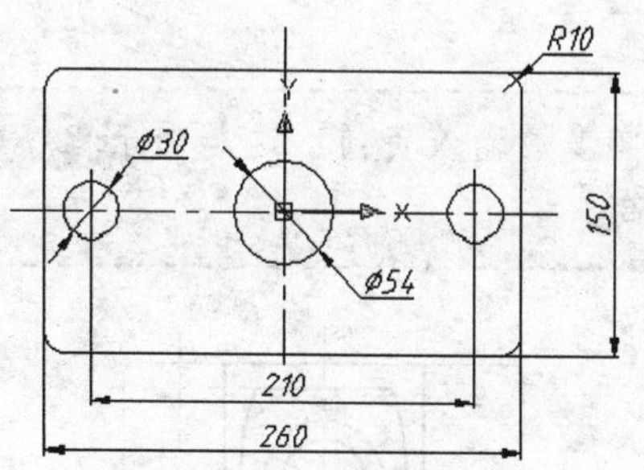

图 13-60　绘制图形

[3]　使用【面域】工具，选择图形以创建面域。

[4]　切换视图至【西南等轴测】。使用【拉伸】工具，选择面域进行拉伸，且拉伸高度为 25。创建的拉伸实体如图 13-61 所示。

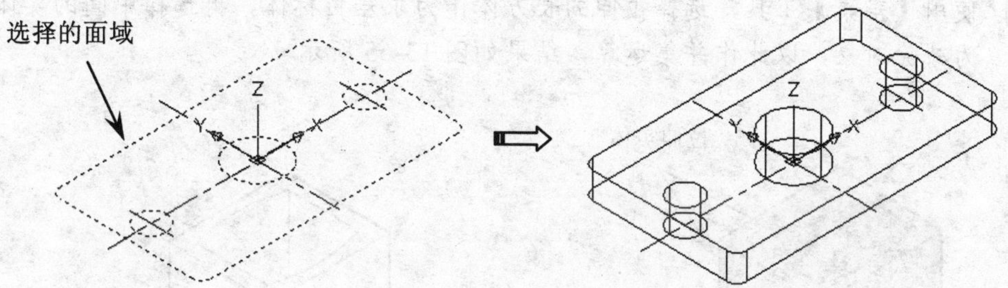

图 13-61　创建拉伸实体

[5]　使用【差集】工具，将 3 个孔实体从长方体中减除，差集运算结果如图 13-62 所示。

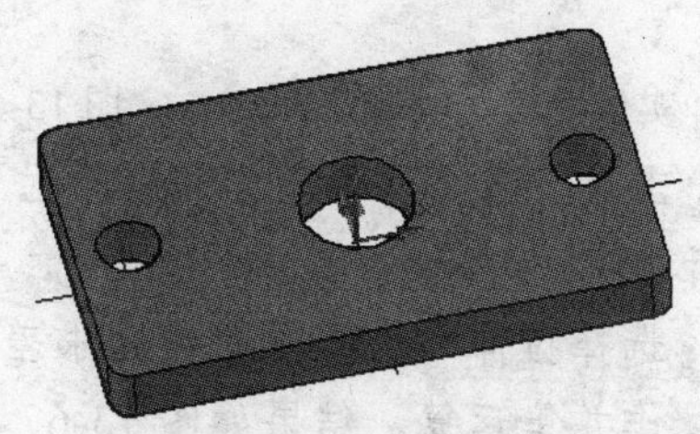

图 13-62　减除孔实体

2.　创建箱体主体

[1]　切换视图至【仰视】。然后使用【直线】、【圆心，半径】、【偏移】、【修剪】工具，绘制出如图 13-63 所示的图形。

[2]　使用【面域】工具，选择绘制的图形来创建多个面域。

[3]　切换视图至【西南等轴测】。使用【拉伸】工具，由外向内先选择大的两个面域进行拉伸，拉伸高度为-159，创建的拉伸实体如图 13-64 所示。

注意

在创建拉伸实体时，高度应输入负值。这是由于程序默认的拉伸方向始终是垂直于当前工作平面的正方向。

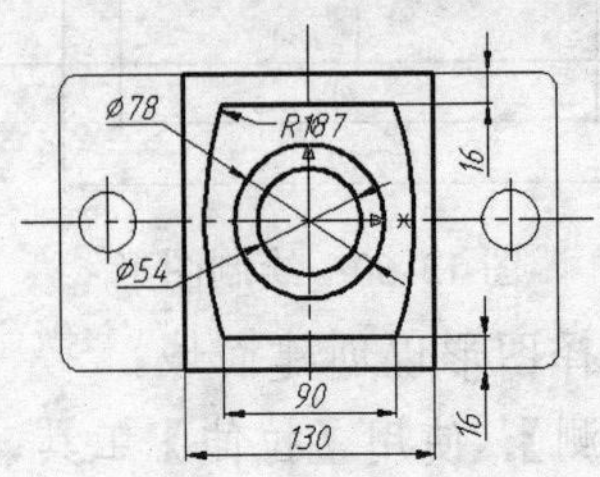

图 13-63　绘制图形

[4] 使用【差集】工具，选择拉伸的长方体作为求差目标体，再选择中间的实体作为减除对象，以此作并集运算，结果如图 13-65 所示。

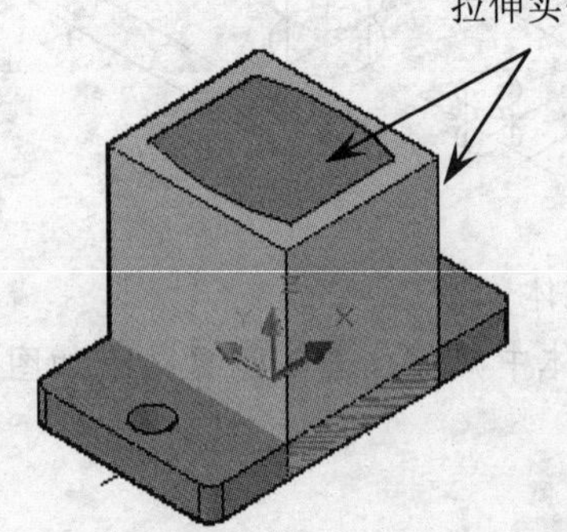

图 13-64　创建拉伸实体

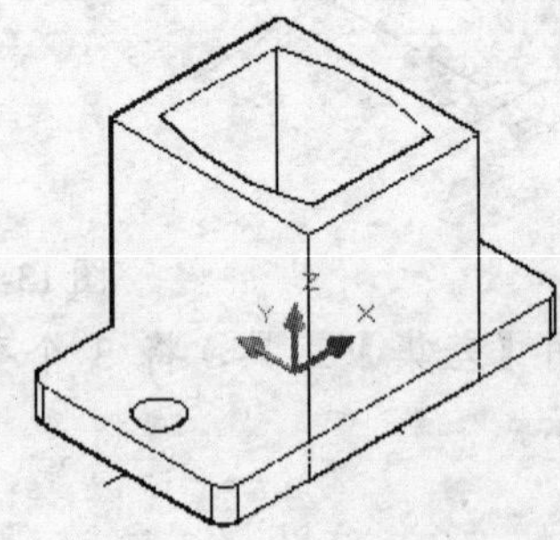

图 13-65　差集运算结果

[5] 同理，使用【拉伸】工具，选择两个圆面域进行拉伸，拉伸高度为-55，创建拉伸实体如图 13-66 所示。

[6] 使用【差集】工具，选择拉伸的大圆柱体作为求差目标体，再选择中间的小圆柱体作为减除对象，作并集运算，结果如图 13-67 所示。

[7] 使用【并集】工具，将创建的底座部分和箱体主体部分合并。

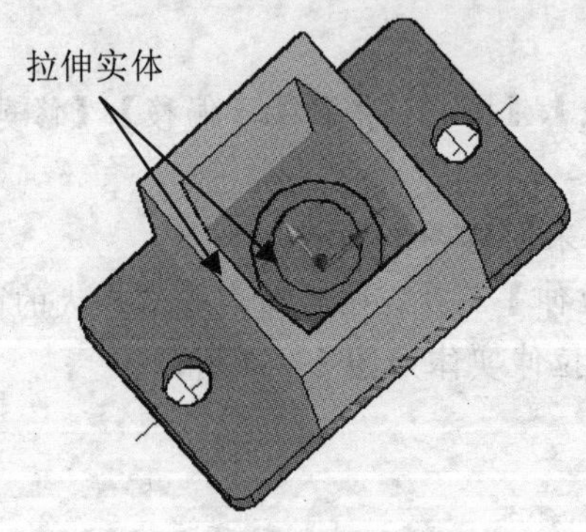

图 13-66　选择圆面域创建拉伸实体

图 13-67　差集运算结果

3. 创建箱体其余结构

[1] 切换视图至【仰视】。使用【直线】、【圆心，半径】、【偏移】和【修剪】工具，绘制如图 13-68 所示的图形。

[2] 使用【面域】工具，选择绘制的图形以创建面域。

[3] 打开【正交模式】。使用【移动】工具，将图形向 Z 轴正方向移动 159，如图 13-69 所示。

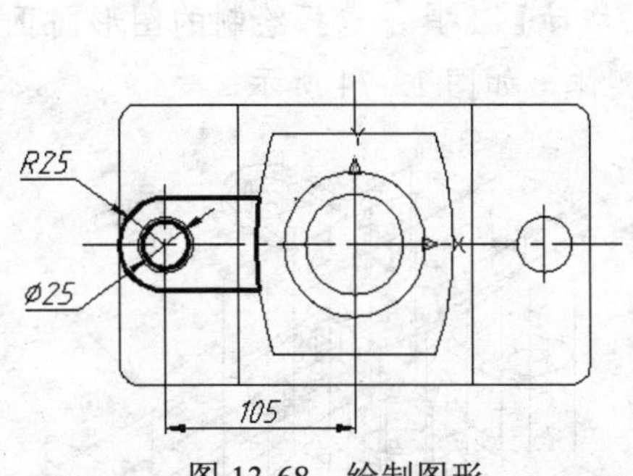

图 13-68　绘制图形

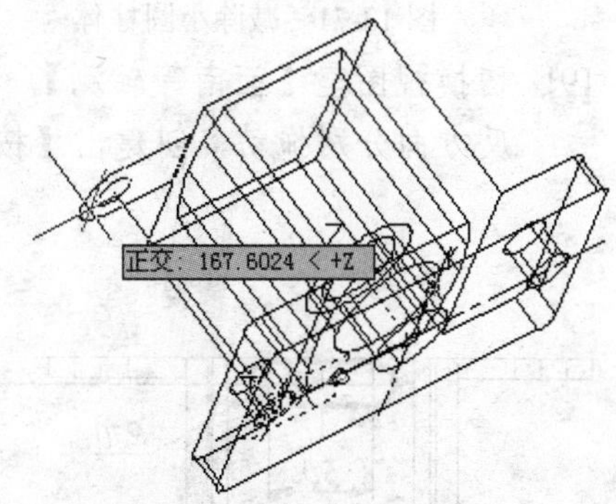

图 13-69　移动图形

注意

在复制实体边时，需要切换视图，以查看复制的边是否与绘制的图形为同平面，若没有在同一平面，将复制的边移动至图形中。

[4] 切换视图至【西南等轴测】。使用【拉伸】工具，选择面域拉伸，拉伸高度为 9，创建的拉伸实体如图 13-70 所示。

[5] 使用【差集】工具，从大的拉伸实体中减除小圆柱体，如图 13-71 所示。

[6] 使用【三维镜像】工具，以 ZY 轴作为镜像平面，创建另一护耳。镜像操作结果如图 13-72 所示。

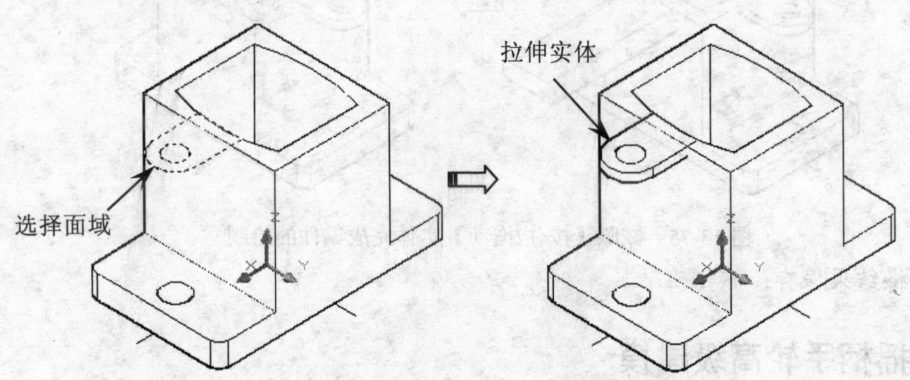

图 13-70　创建拉伸实体

[7] 使用【并集】工具，将护耳与箱体主体合并。

[8] 切换视图至【前视】。使用【直线】、【圆心，半径】、【偏移】和【镜像】工具，绘制出如图 13-73 所示的图形。

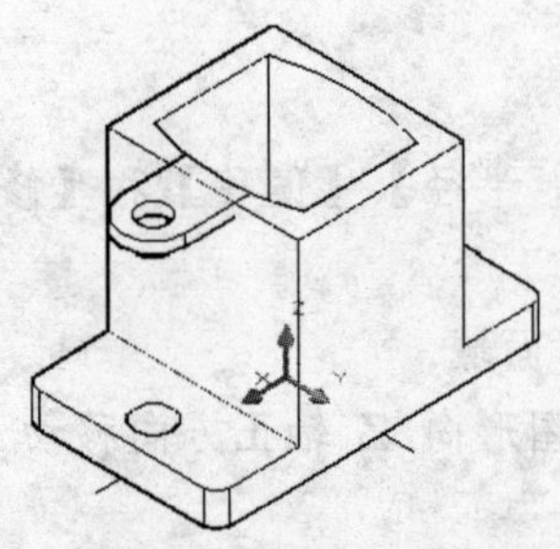

图 13-71　减除小圆柱体

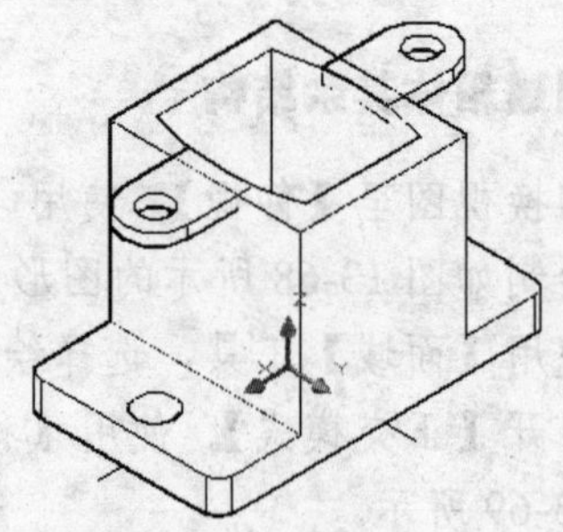

图 13-72　镜像护耳

[9] 切换视图至【西南等轴测】。使用【按住/拖动】工具，选择绘制的图形向正、反方向分别拖动，创建出【按住/拖动】实体，如图 13-74 所示。

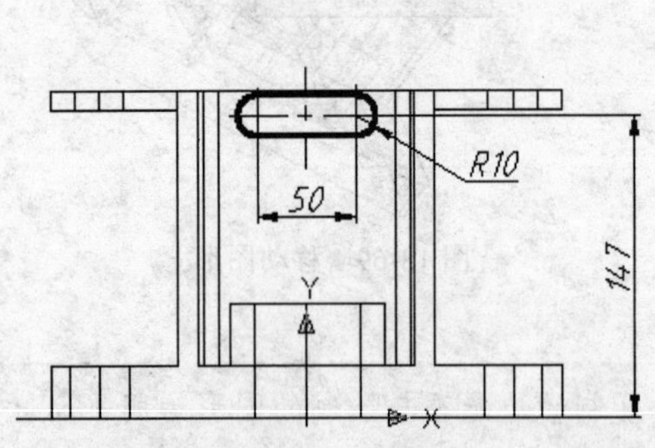

图 13-73　绘制图形

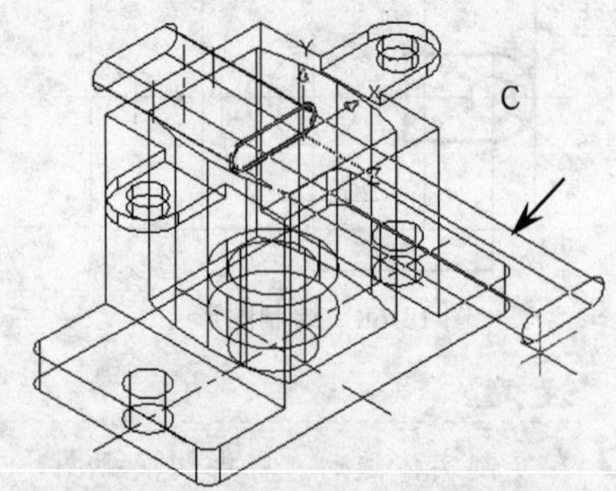

图 13-74　创建【按住/拖动】实体

[10] 使用【差集】工具，将【按住/拖动】实体从箱体主体中减除，差集运算结果如图 13-75 所示。至此，箱体零件绘制完成。

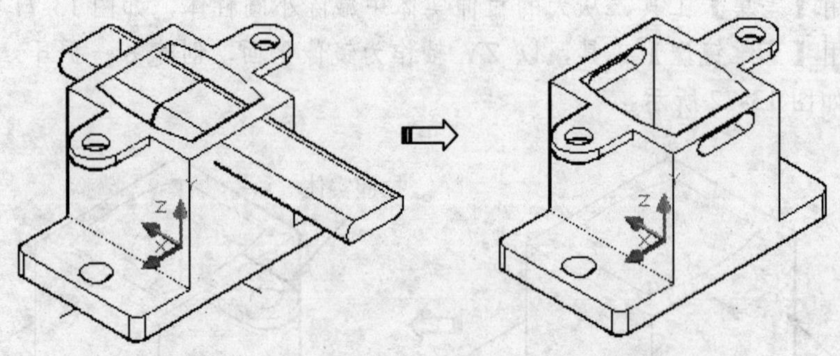

图 13-75　减除【按住/拖动】实体完成零件的绘制

[11] 将结果保存。

13.4.4 摇柄手轮高级建模

本节以摇柄手轮的实例演示，说明盘形类零件的三维绘制方法。绘制摇柄手轮会多次使用【扫掠】、【旋转】、【三维阵列】等实体绘制和编辑工具。摇柄手轮的结构示意图如图 13-76 所示。

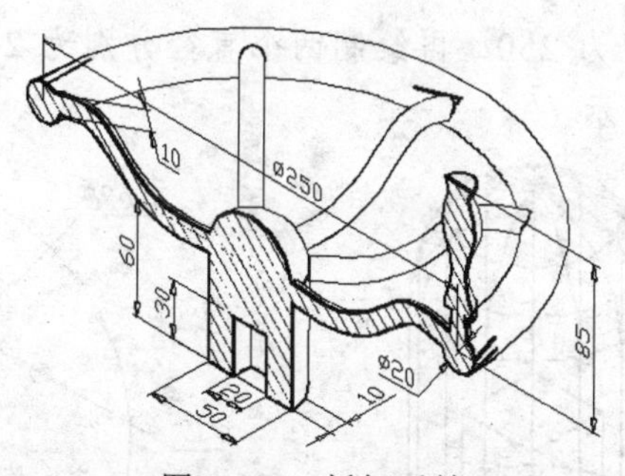

图 13-76　摇柄手轮

例 13-4　光盘\example\Ch13\摇柄手轮.dwg

摇柄手轮总体上由主轮轴、固定架、支杆和摇柄等组件构成。其造型难度较为简单。创建方法是：先创建主轴，然后绘制固定架和支杆的扫掠路径，创建扫掠实体，最后创建回转体摇柄。

操作步骤

[1] 在三维空间中，切换视图为【西南等轴测】。

[2] 使用【圆柱体】工具，在 UCS 原点创建直径为 50、高度为 60 的圆柱体，如图 13-77 所示。

[3] 使用【球体】工具，在圆柱体顶端面中心点上创建一个直径为 50 的球体，如图 13-78 所示。

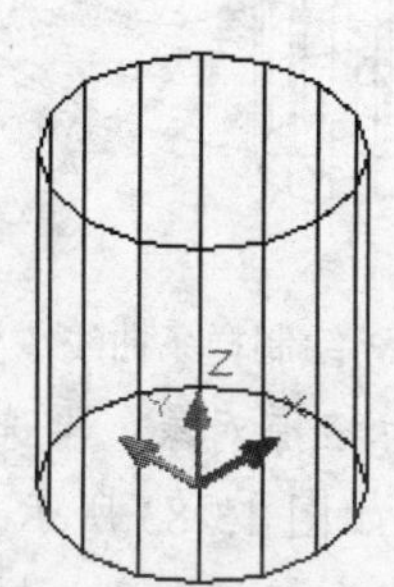

图 13-77　创建圆柱体

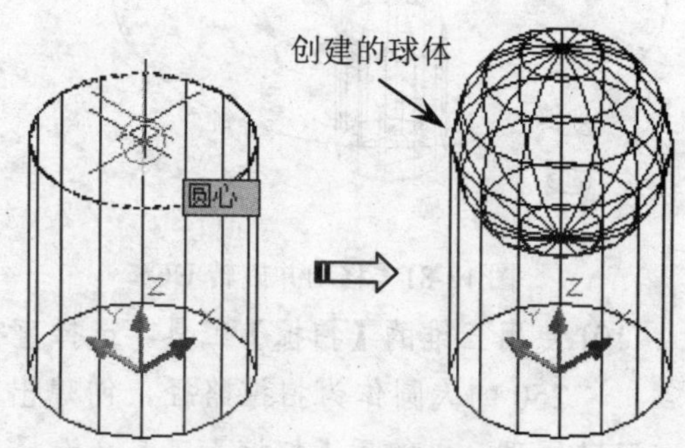

图 13-78　创建球体

提示

要使球体以高密度线框显示，在功能区【可视化】标签中需将视图样式设为【二维线框】、【无着色】和【镶嵌面边】。

[4] 使用【并集】工具，合并圆柱体和球体。

[5] 使用【长方体】工具，选择【中心】|【长度】选项，然后在 UCS 原点上创建长、宽、高分别为 20、20、60 的长方体。接着使用【差集】工具，将长方体从合并的实体中减除，结果如图 13-79 所示。

[6] 切换视图至【俯视】。使用【圆心，直径】工具，绘制用于创建固定架扫掠体的

路径圆，该圆直径为 250。再绘制两个直径分别为 20 和 10 小圆，用作扫掠截面，如图 13-80 所示。

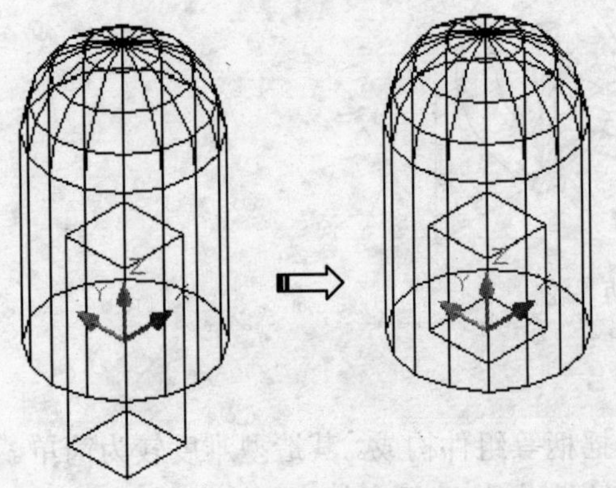

图 13-79　创建长方体并求差

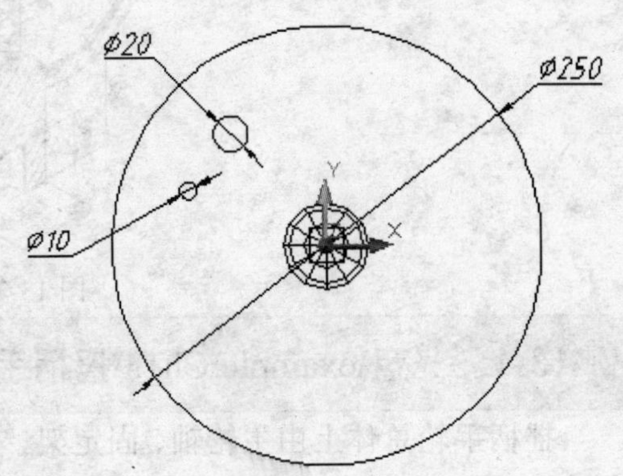

图 13-80　绘制圆

[7] 将大圆向 Z 轴正方向移动【80。

[8] 使用【原点】工具，将 UCS 移动至（0，-20，60）。再单击【X】按钮将 Z 轴绕 X 轴旋转 90°。如图 13-81 所示。

[9] 使用二维的【样条曲线】工具，以相对坐标输入的方式，使样条曲线通过点（0，0，0）、点（0，0，35）、点（0，10，55）、点（0，25，75）和点（0，20，105）。绘制完成的样条曲线，如图 13-82 所示。

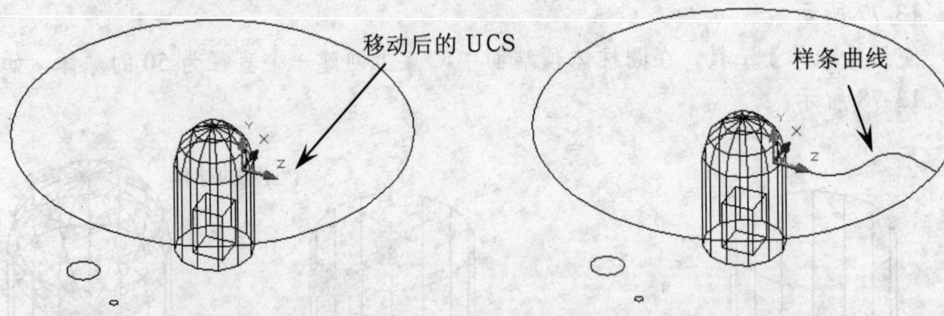

图 13-81　移动并旋转 UCS　　　　图 13-82　绘制样条曲线

[10] 使用三维的【扫掠】工具，选择直径为 20 的小圆作为扫掠对象，再选择直径为 250 的大圆作为扫掠路径，创建出固定架扫掠实体，如图 13-83 所示。

[11] 同理，再使用【扫掠】工具，选择直径为 10 的小圆作为扫掠对象、样条曲线作为扫掠路径，创建出支杆的扫掠实体。如图 13-84 所示。

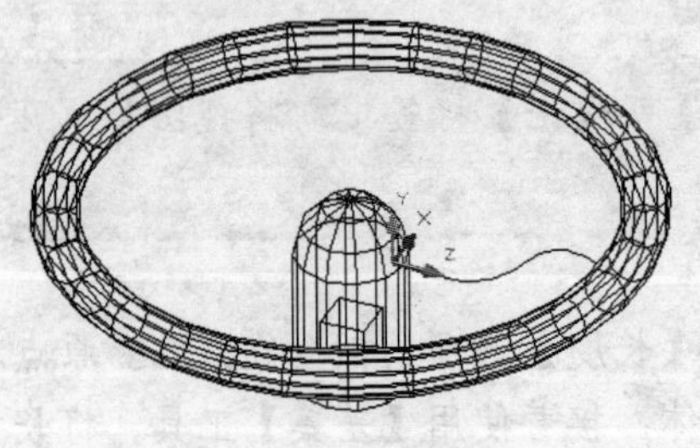

图 13-83　创建固定架

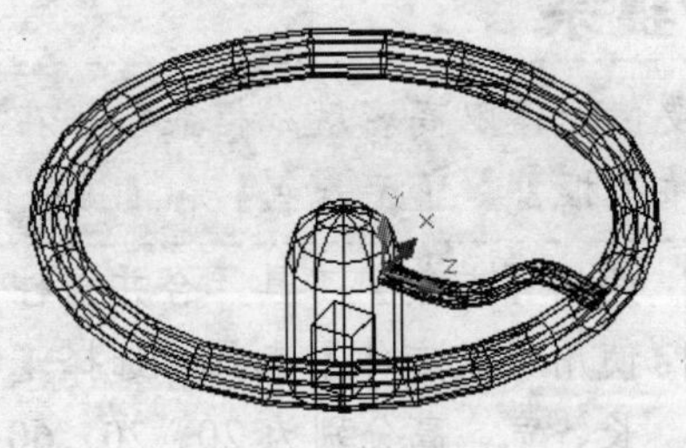

图 13-84　创建支杆

[12] 将 UCS 设为世界坐标系。使用【三维阵列】工具，创建出阵列数目为 8，阵列中心为 UCS 原点的其他支杆阵列，创建的支杆阵列如图 13-85 所示。工具行操作提示如下：

```
工具：_3darray
选择对象：找到 1 个                                          /选择支杆为阵列对象
选择对象：↙
输入阵列类型 [矩形(R)/环形(P)] <矩形>：p↙                    /输入 P 选项
输入阵列中的项目数目：8↙                                     /输入阵列的数目
指定要填充的角度 (+=逆时针, -=顺时针) <360>：↙
旋转阵列对象？ [是(Y)/否(N)] <Y>：↙
指定阵列的中心点：0,0,60↙                                    /输入旋转轴的起点坐标
指定旋转轴上的第二点：0,0,100↙                               /输入旋转轴的第 2 点坐标
```

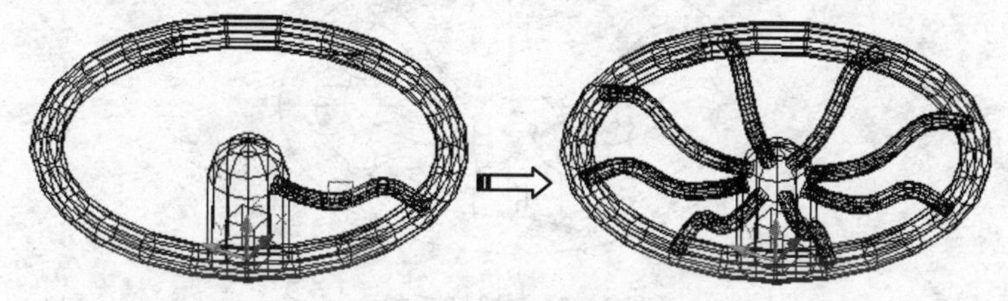

图 13-85　创建支杆阵列

[13] 切换视图为【前视】，并打开【正交模式】。使用【直线】和【样条曲线】工具绘制如图 13-86 所示的摇柄截面图形。

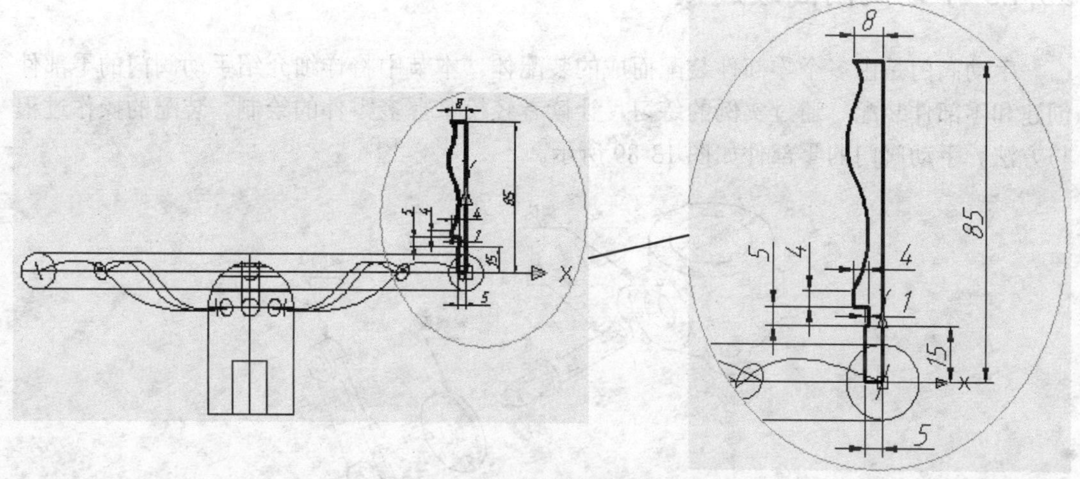

图 13-86　绘制摇柄截面图形

提示

视图切换时，程序自动将视图平面作为当前 UCS 的工作平面（XY 平面）。

[14] 使用【面域】工具，选择上步骤绘制的图形来创建一个面域。

[15] 使用【旋转】工具，选择面域作为旋转对象，再选择当前工作平面的 Y 轴作为旋转轴，创建的摇柄旋转实体如图 13-87 所示。

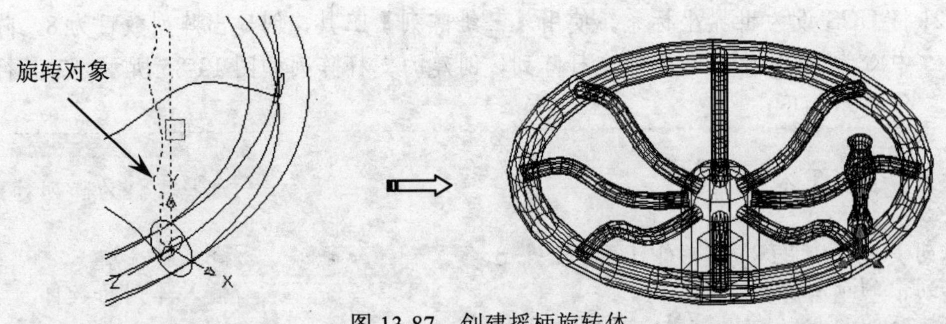

图 13-87　创建摇柄旋转体

[16] 使用【并集】工具，将主轴、支杆、固定架和摇柄等实体合并，合并后的造型实体即是摇柄手轮，如图 13-88 所示。

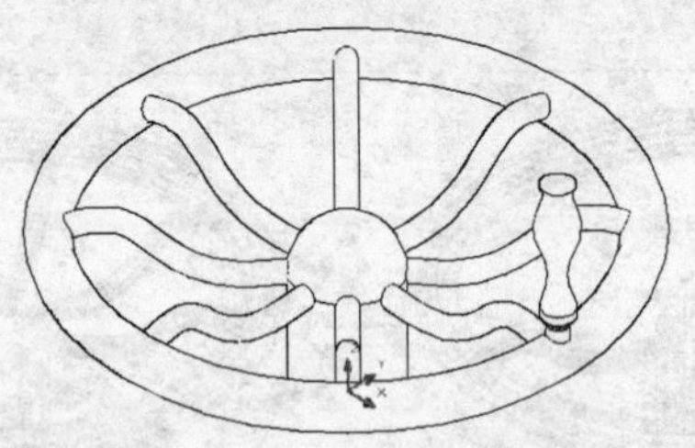

图 13-88　摇柄手轮

[17] 将结果保存。

13.4.5 手动阀门高级建模

手动阀门是由多个零部件装配而成的装配体。本节中将详细介绍手动阀门的零部件创建和零部件装配。通过实例的练习，让读者轻松掌握多零件的绘制、装配的操作过程与方法。手动阀门的零部件如图 13-89 所示。

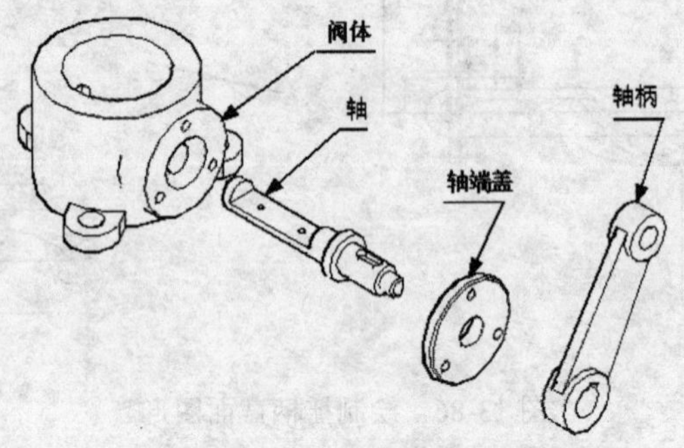

图 13-89　手动阀门零部件

手动阀门的绘制方法是：每个零部件在不同的图纸模板中绘制后，利用 AutoCAD 2012 设计中心功能将各零部件图形以块的形式插入到新装配体中。

例 13-5　光盘\example\Ch13\手动阀门.dwg

1. 创建阀体

阀体主要由一个圆柱主体、端盖连接部及 3 个侧耳组成，其结构示意图如图 13-90

所示。

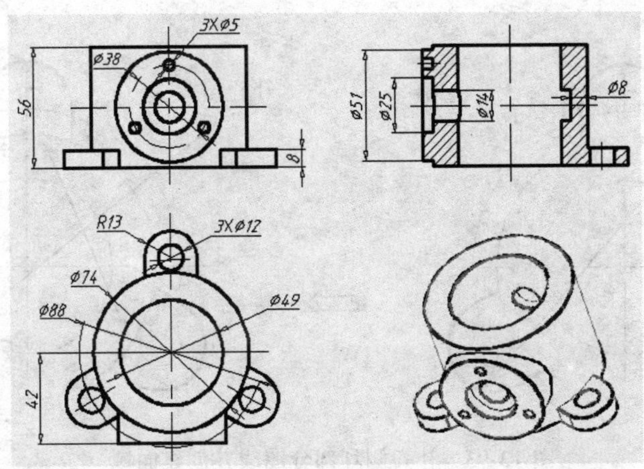

图 13-90　阀体

操作步骤

[1] 新建一个文件，并命名为【联轴底座】。在三维空间中将视觉样式设置为【二维线框】，并切换视图至【俯视】。

[2] 使用【直线】、【圆心，直径】和【修剪】工具，绘制出如图 13-91 所示的截面图形。

[3] 使用【阵列】工具，将侧耳的截面图线以坐标原点为中心进行环形阵列，阵列数目为 3，阵列的结果如图 13-92 所示。

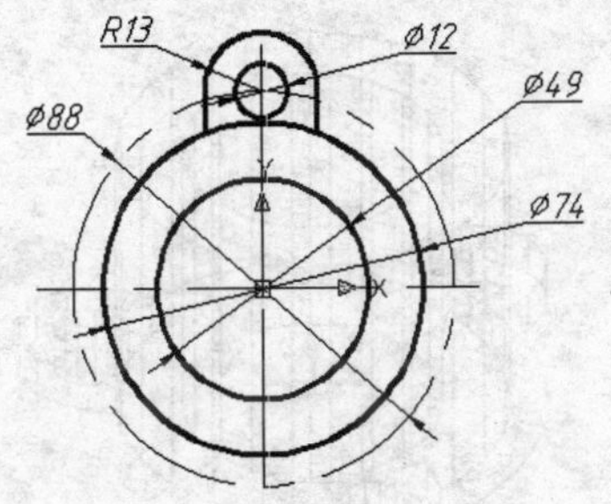

图 13-91　绘制截面图形

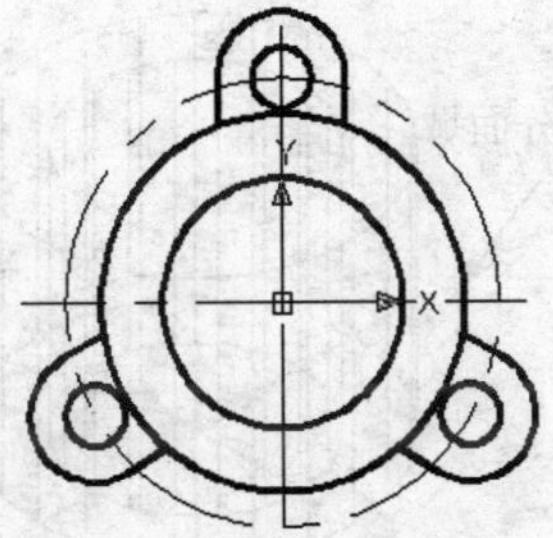

图 13-92　环形阵列侧耳的图线

[4] 使用【面域】工具，选择所有图线（除直径为【88】的圆中心线外）来创建多个面域。因为侧耳的图线部分不完整，所以没有创建面域。

[5] 补齐侧耳部分图线（圆弧曲线），再选择侧耳图线创建面域，如图 13-93 所示。

[6] 切换视图至【西南等轴测】。使用【拉伸】工具，只选择中间的两个大圆面域创建圆柱实体，拉伸的高度为 56，创建的拉伸实体如图 13-94 所示。

[7] 使用【拉伸】工具，选择侧耳部分的面域创建高度为 8 的拉伸实体，如图 13-95 所示。

[8] 使用【差集】工具，将侧耳部分实体中小圆柱体减除，差集运算的结果如图 13-96

所示。

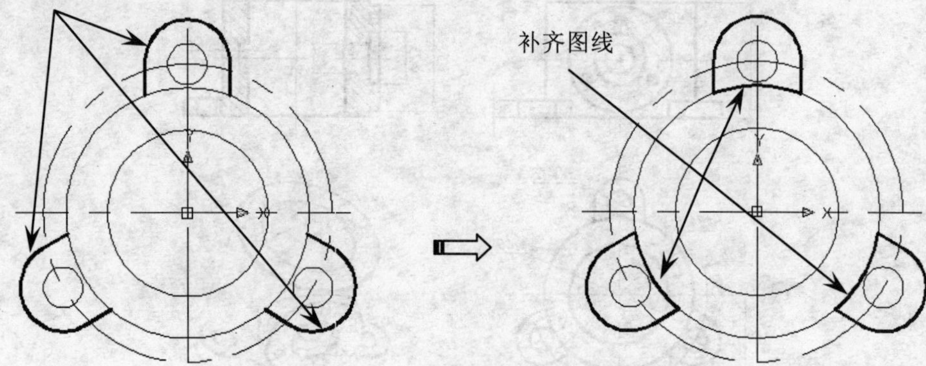

图 13-93　补齐侧耳部分图线并创建面域

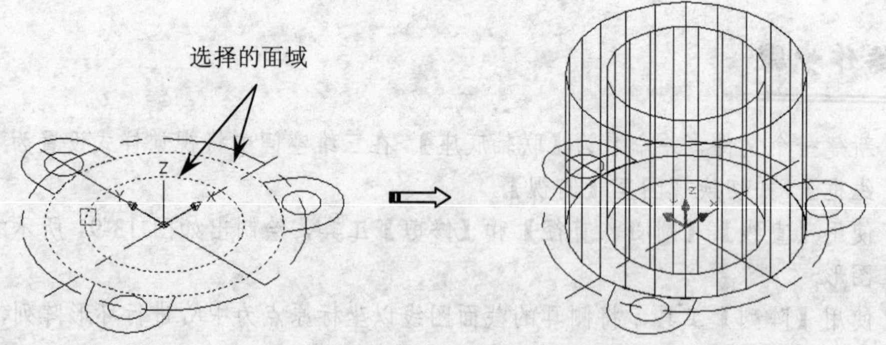

图 13-94　选择面域创建拉伸实体

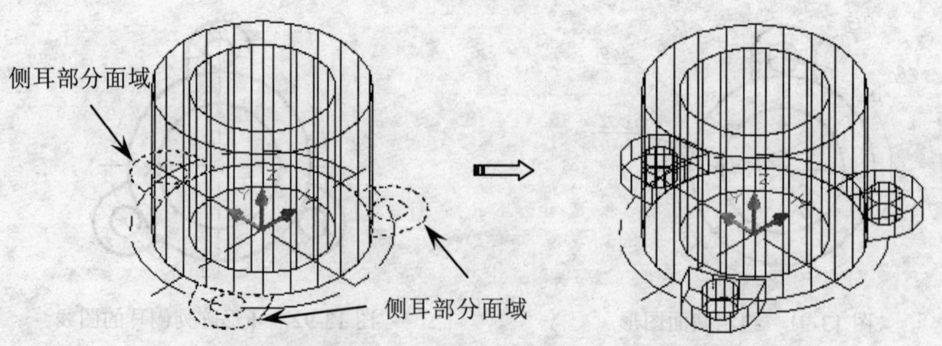

图 13-95　选择侧耳的面域来创建拉伸实体

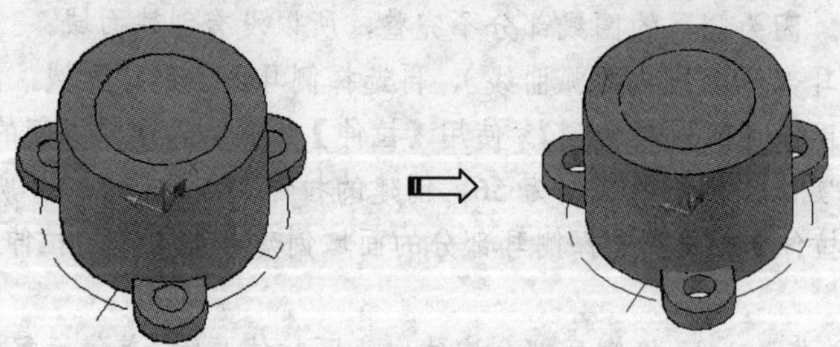
图 13-96　选择拉伸实体作差集运算

[9] 切换视图至【前视图】。使用【直线】、【圆心，直径】、【阵列】和【修剪】工具，绘制如图 13-97 所示的二维图形。

[10] 使用【面域】工具，选择 6 个粗实线圆来创建面域。

[11] 切换视图至【西南等轴测】。使用【拉伸】工具，同时选择 6 个圆面域来创建高度为 42 的多个拉伸实体。创建的拉伸实体如图 13-98 所示。

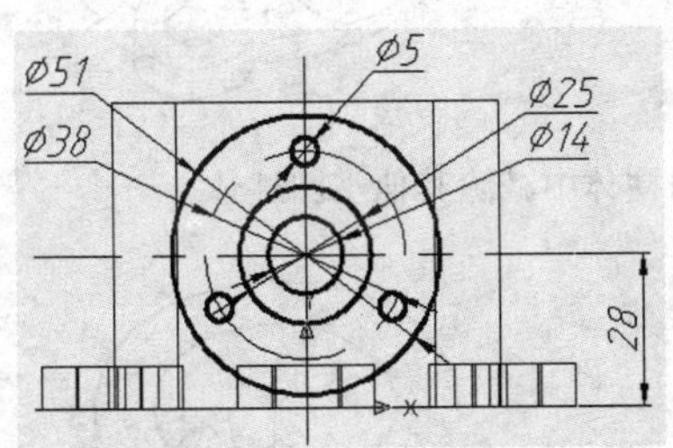

图 13-97　绘制二维图形

拉伸实体

图 13-98　创建的拉伸实体

[12] 使用【复制边】工具，在拉伸起点处将直径为 14 的圆柱体边缘复制，然后创建面域。再使用【拉伸】工具，将该面域反方向拉伸-29，如图 13-99 所示。

注意

复制此边时，应在原来位置上复制。【反方向】就是创建拉伸实体时的反方向。

[13] 使用【差集】工具，选择主体作为求差对象，再选择先前创建的直径为 14 的圆柱体（有两段）作为减除对象，差集运算结果如图 13-100 所示。

[14] 使用【差集】工具，将直径为 25 和直径为 5 的 4 个圆柱体从直径为 51 的圆柱体中减除，差集运算结果如图 13-101 所示。

图 13-99　创建反方向小圆柱体

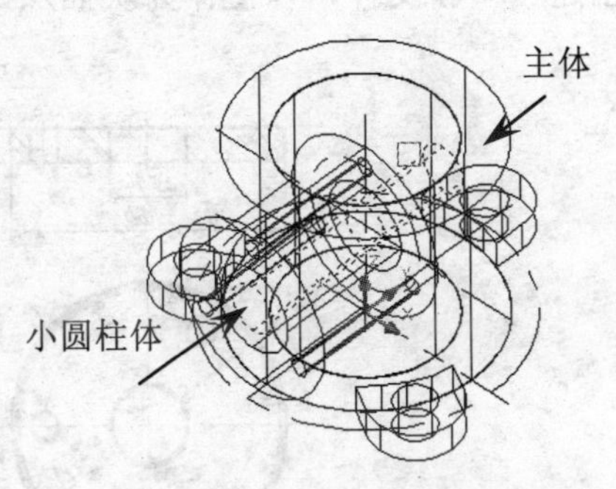

图 13-100　从主体中减除小圆柱体

[15] 使用【差集】工具，选择差集运算后的直径为 51 的圆柱体和底座主体（直径为 74）作为求差的目标体，再选择主体中直径为 49 的圆柱体作为减除对象，差集运算的结果如图 13-102 所示。

[16] 使用【并集】工具，将创建的所有实体合并，完成联轴底座的创建。

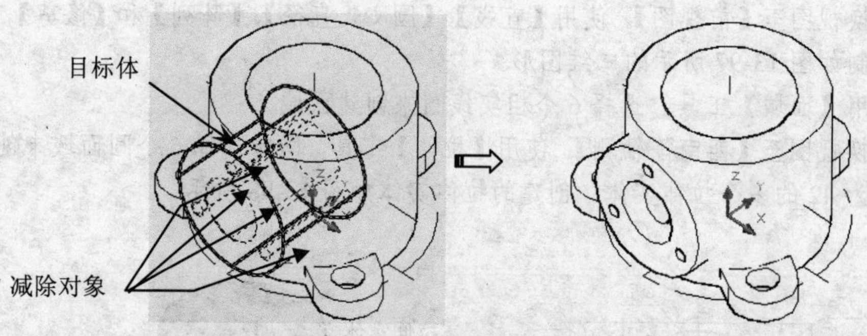

图 13-101　从直径为 51 的圆柱体中减除其他小圆柱体

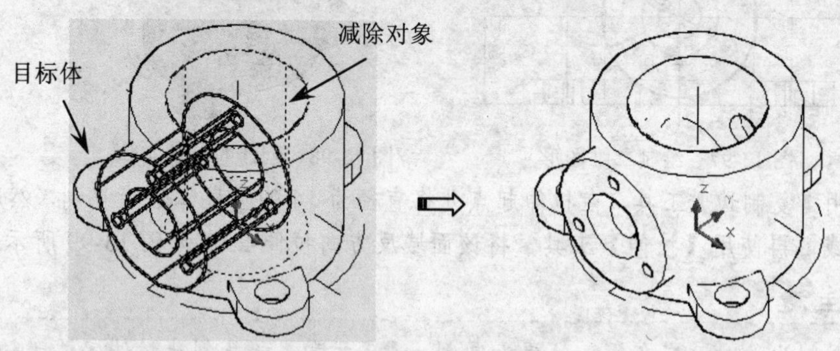

图 13-102　从直径为 51 的圆柱体中减除主体中的圆柱体

2. 创建轴端盖

联轴端盖是几个零部件中结构最简单的零件，可以采用拉伸实体和倒角相结合的方法创建。端盖零件的结构示意图如图 13-103 所示。为了后续装配的需要，绘制端盖零件时先创建一个新文件，以便作为块插入到装配体中。

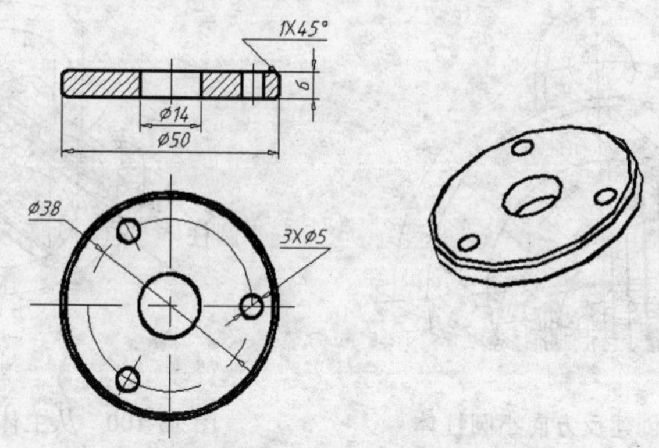

图 13-103　端盖结构图

操作步骤

[1] 单击【新建】按钮，创建一个新图形文件，并命名文件为【轴端盖】。

[2] 在三维空间中，设置视觉样式为【二维线框】，并切换视图为【俯视】。

[3] 使用【直线】、【圆心，直径】和【阵列】工具，绘制如图 13-104 所示的拉伸截面。

[4] 使用【面域】工具，选择除中心线外其余图线来创建多个面域。

[5] 切换视图至【西南等轴测】。使用【拉伸】工具，选择所有面域创建拉伸高度为 6 的拉伸实体，如图 13-105 所示。

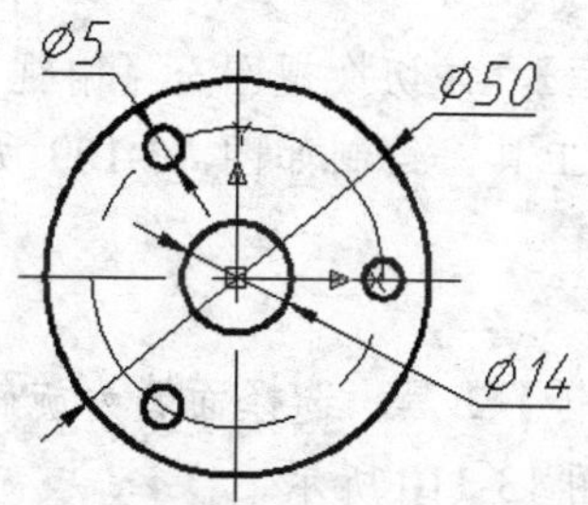

图 13-104　绘制拉伸截面

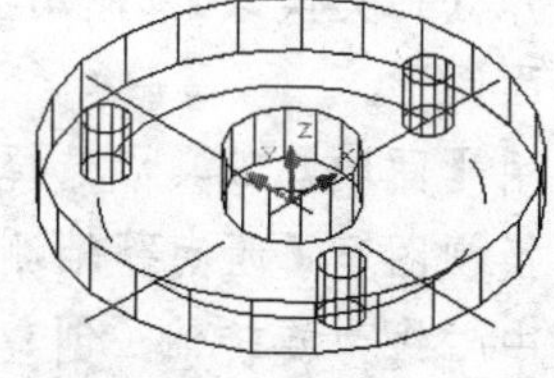

图 13-105　创建拉伸实体

[6] 使用【差集】工具，将 4 个小圆柱体从最大圆柱体中减除，差集运算结果如图 13-106 所示。

[7] 使用【倒角】工具，选择拉伸实体作为倒角对象，接着选择曲面【当前】选项，并输入基面倒角距离为 1，输入其他面倒角距离为 1，最后选择实体上边缘进行倒角，结果如图 13-107 所示。

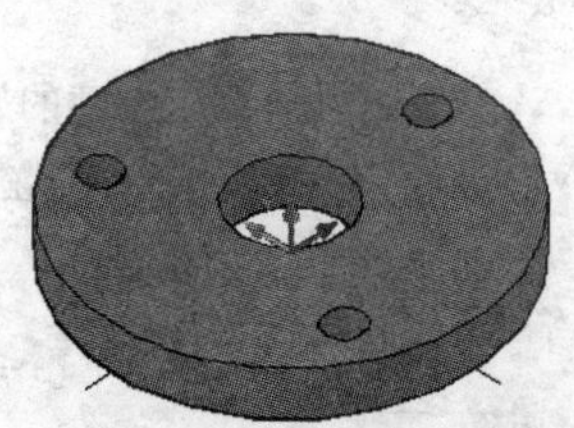

图 13-106　减除小圆柱体

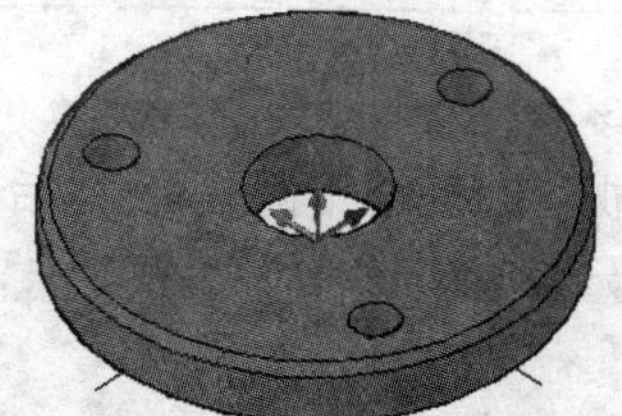

图 13-107　创建倒角

[8] 倒角处理完成后，将轴端盖文件保存。

3. 创建轴

手动阀门的轴是一个回转体，结构相对简单。轴零件结构示意如图 13-108 所示。

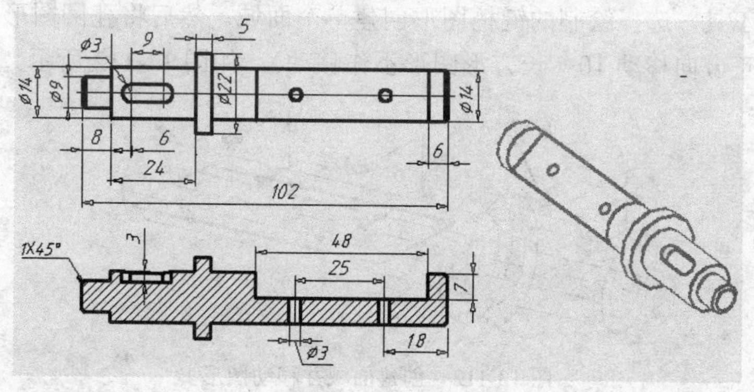

图 13-108　轴结构示意图

轴的创建方法是：首先创建轴主体（旋转实体），然后创建孔实体，并利用差集运算得到轴孔特征，最后创建一个长方体，并利用差集运算获得轴上的缺口特征（长度为48）。

操作步骤

[1] 新建一个文件，命名文件为【轴】。

[2] 在三维空间中，设置视觉样式为【二维线框】，并切换视图至【俯视】。

[3] 打开【正交模式】。使用【直线】、【倒角】工具，绘制如图 13-109 所示的旋转截面图形。

[4] 使用【面域】工具，选择图形，创建面域。

[5] 切换视图至【西南等轴测】，然后使用【旋转】工具，选择面域为旋转截面，选择中心线为旋转轴，创建出旋转实体，如图 13-110 所示。

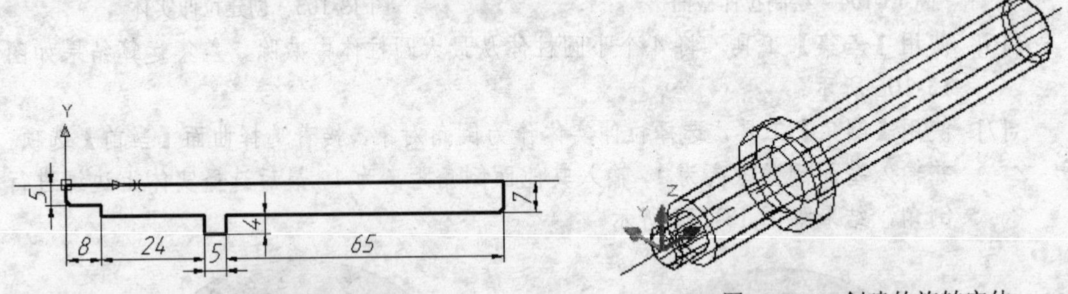

图 13-109　绘制旋转截面图形　　图 13-110　创建的旋转实体

[6] 将视图切换至【俯视】。然后使用【直线】、【圆心，直径】和【修剪】工具，绘制如图 13-111 所示的图形。

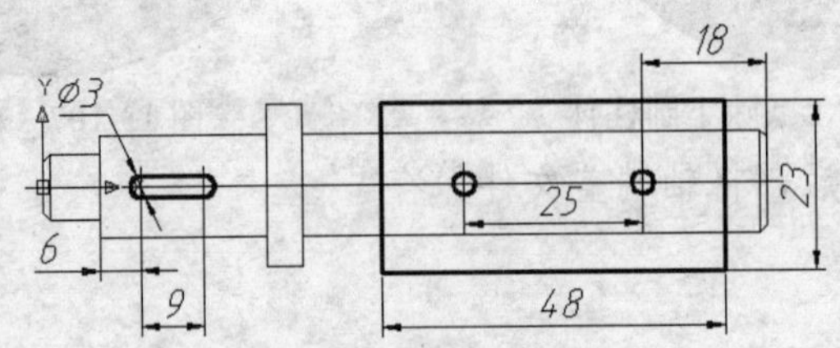

图 13-111　绘制图形

使用【面域】工具，选择绘制的键槽图形创建单个面域。然后将孔圆图形和面域向 Z 轴正方向移动 10（长方形图形不作移动），如图 13-112 所示。

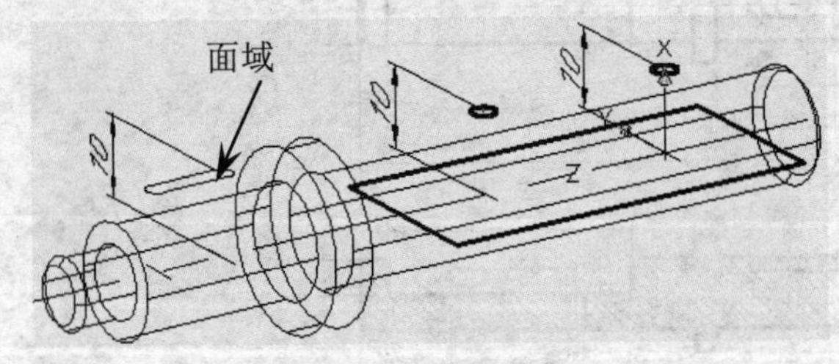

图 13-112　创建面域并移动图形

[7] 使用【拉伸】工具，选择面域创建拉伸高度为-6 的拉伸实体。再使用【按住/

拖动】工具，选择长方形向 Z 轴正方向拖动创建出【按住/拖动】实体（应用超出轴主体）。继续使用该工具，选择孔图形向 Z 轴负方向拖动创建出【按住/拖动】实体（应超出轴主体），结果如图 13-113 所示。

【按住/拖动】实体

拉伸实体

图 13-113　创建拉伸实体和【按住/拖动】实体

[8] 使用【差集】工具，选择轴主体实体作为求差的目标体，再选择拉伸实体和【按住/拖动】实体作为要减除的对象，差集运算结果如图 13-114 所示。

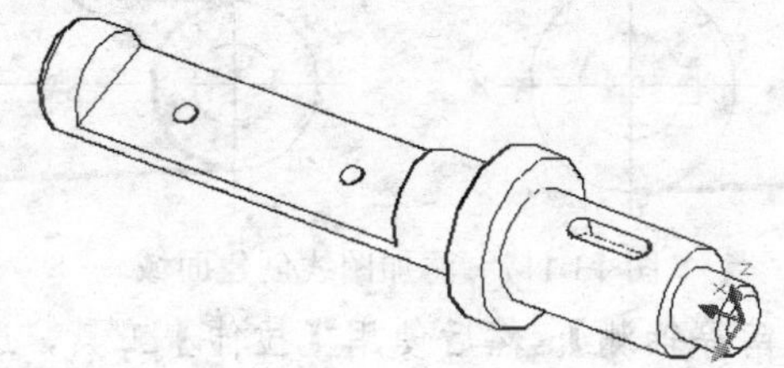

图 13-114　差集运算

[9] 将创建完成的轴零件文件保存。

4. 创建轴柄

轴柄零件为对称件，其结构示意如图 13-115 所示。

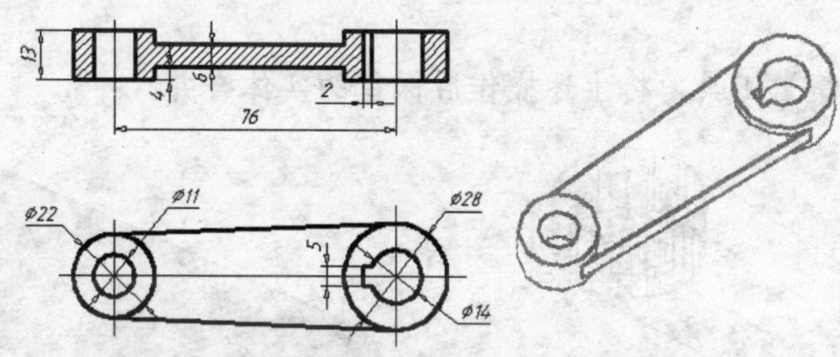

图 13-115　轴柄结构示意图

轴柄的创建方法是：创建轴柄主体的拉伸实体和孔实体，减除孔实体后，使用【移动面】工具选择中间的实体面进行移动，以此创建出柄部特征。

操作步骤

[1] 新建一个文件，并命名文件为【轴柄】。

[2] 在三维空间中，设置视觉样式为【二维线框】，并切换视图为【俯视】。

[3] 使用【直线】、【偏移】、【圆心，直径】和【修剪】工具，绘制如图 13-116 所示的图形。

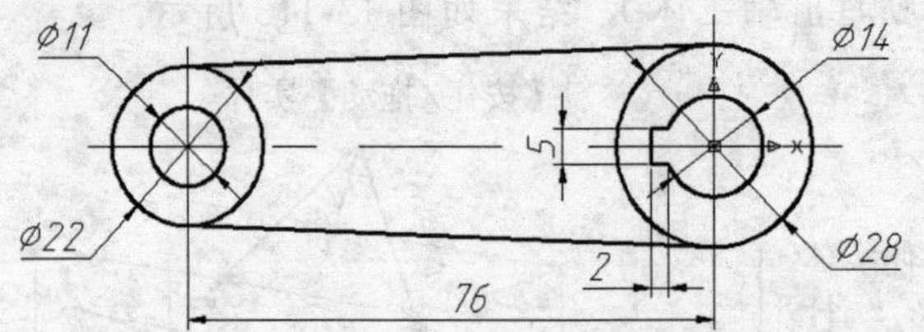

图 13-116　绘制的图形

[4] 使用【面域】工具，选择所有图形（除中心线）来创建多个面域。由于两条斜线没有封闭，因此就没有创建面域。使用圆弧的【三点】工具补齐图线，然后再选择两条斜线和补齐的两圆弧创建面域，如图 13-117 所示。

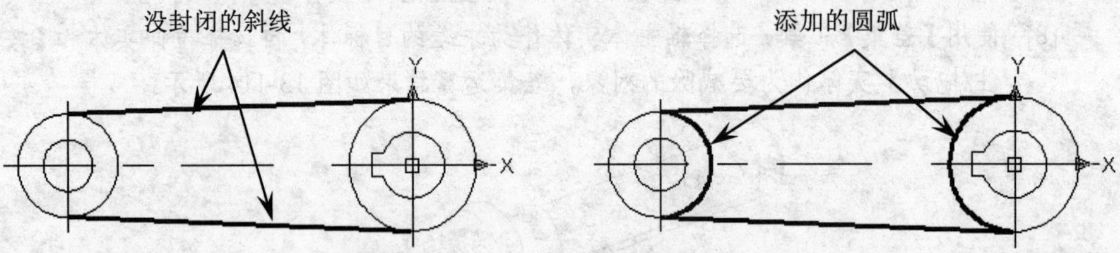

图 13-117　添加图线创建面域

[5] 切换视图至【西南等轴测】。然后使用【拉伸】工具，选择所有面域创建出拉伸高度为 13 的拉伸实体，如图 13-118 所示。

[6] 使用【差集】工具，选择两端的大圆柱体作为求差的目标体，再选择小圆柱体和带有键孔特征的实体作为要减除的对象，差集运算结果如图 13-119 所示。

[7] 使用【移动面】工具，按住 Ctrl 键选择柄部上端面作为移动对象，向 Z 轴负方向移动-4。同理，选择柄部下端面向 Z 轴正方向移动 4。移动面的结果如图 13-120 所示。

[8] 使用【并集】工具，将上述操作后保留的实体合并。

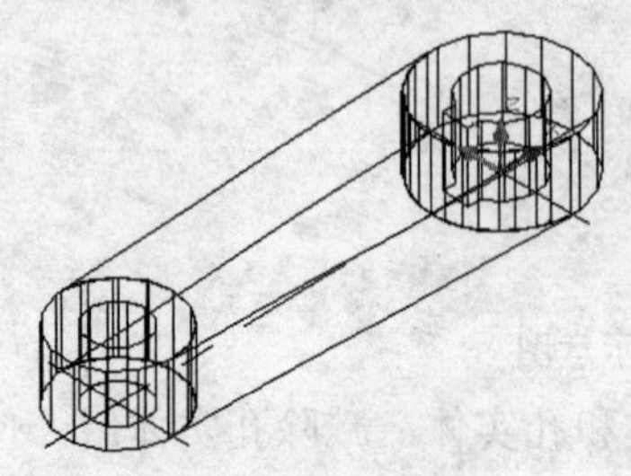

图 13-118　创建拉伸实体

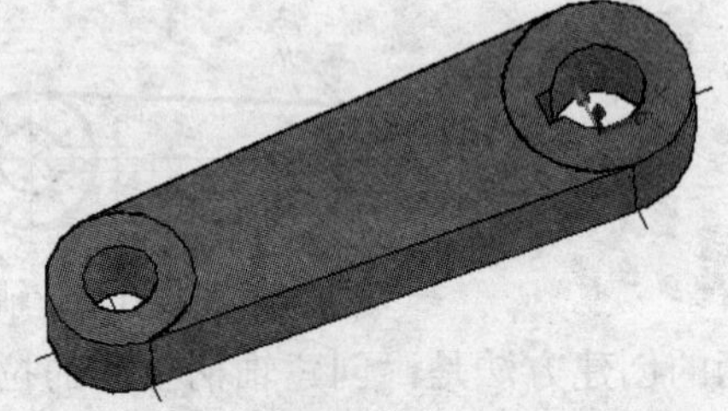

图 13-119　差集运算结果

[9] 将创建完成的轴柄零件文件保存。

5. 手动阀门装配设计

手动阀门的装配可以通过 AutoCAD2012 设计中心来完成，即将阀门的零部件以图形插入的方式相继插入到装配体模型文件中。

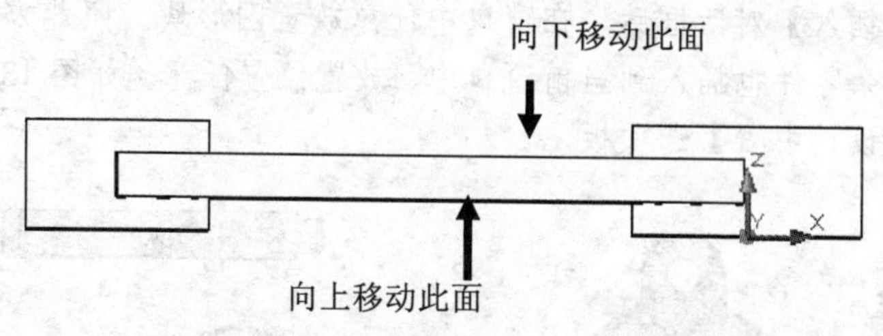

图 13−120　移动柄部的面

操作步骤

[1] 新建一个文件，将文件命名为【手动阀门】。

[2] 在三维空间中将视觉样式设置为【真实】，切换视图为【东南等轴测】。

[3] 在菜单浏览器中选择【工具】|【选项板】|【设计中心】工具，打开【设计中心】选项板。

[4] 通过树列表，将阀门零部件保存在系统路径下的文件夹打开，如图 13-121 所示。

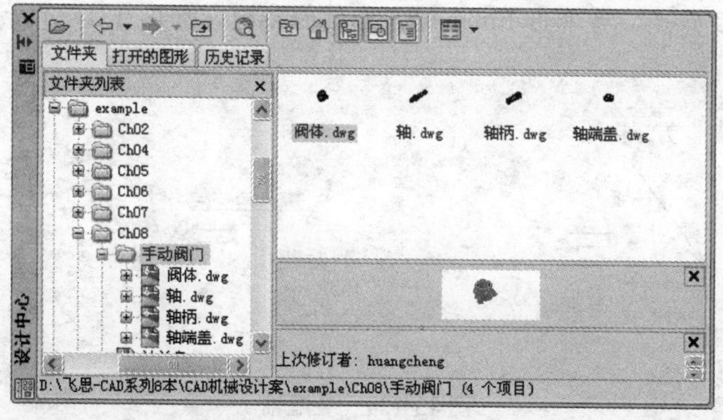

图 13-121　打开文件夹

[5] 右键单击【阀体.dwg】文件，并在弹出的菜单中执行【插入为块】命令，随后弹出【插入】对话框，保留对话框默认设置，单击【确定】按钮，完成该块的创建，如图 13-122 所示。

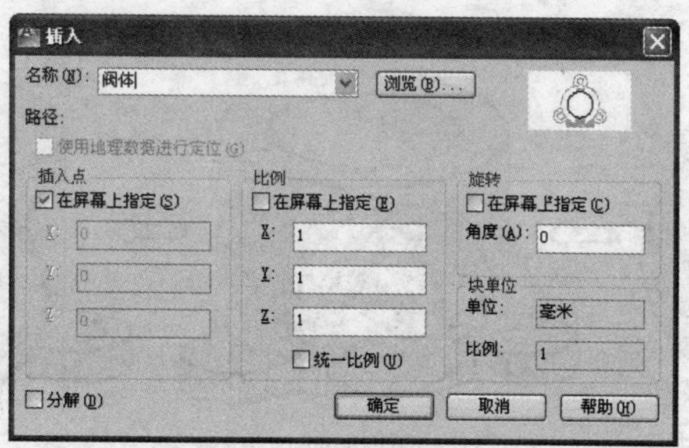

图 13-122　创建块

[6] 关闭【插入】对话框后，在窗口中任意放置图形块。照此方法依次将手动阀门中的其余零件也插入到当前窗口中，放置位置任意。如图 13-123 所示。完成后关闭【设计中心】选项板。

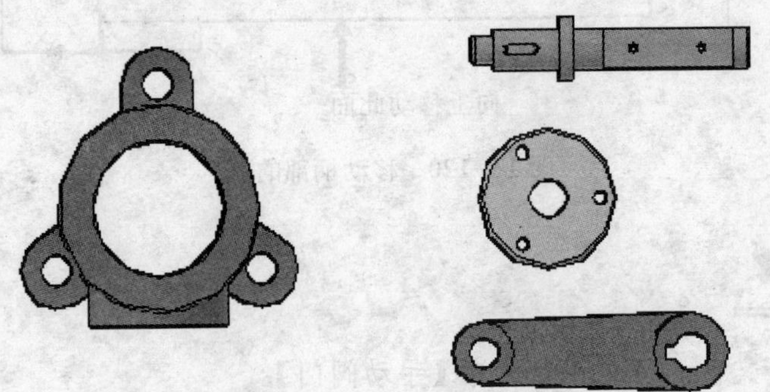

图 13-123 相继插入的图形块

[7] 首先将轴装配到阀体上。打开【正交模式】。使用【对齐】工具，选择轴作为要对齐的对象，然后在轴端面指定 2 个点（确定方向），单击 Enter 键。接着在底座内部小孔端面指定其圆心作为第 1 个目标点，最后在正交的 X 轴方向上指定第 2 个目标点，再单击 Enter 键完成轴的装配，如图 13-124 所示。

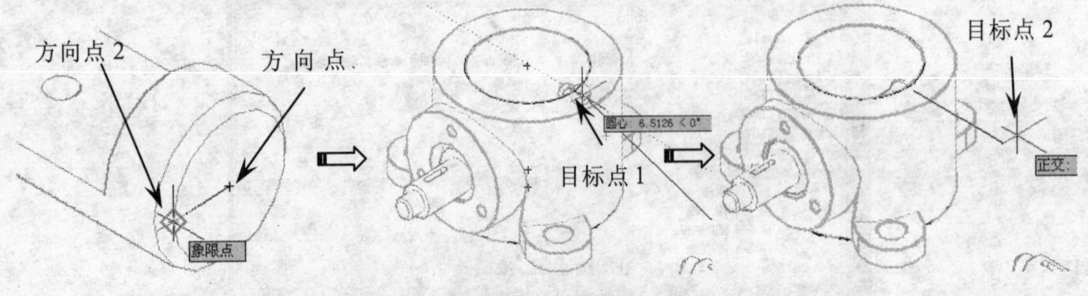

图 13-124 装配轴

[8] 装配轴端盖。使用【对齐】工具，以轴端盖作为对齐对象，然后选择底端面的三个小圆中心点确定源平面，接着选择底座侧端面的三个小圆中心点确定目标平面以完成轴端盖的装配。过程如图 13-125 所示。

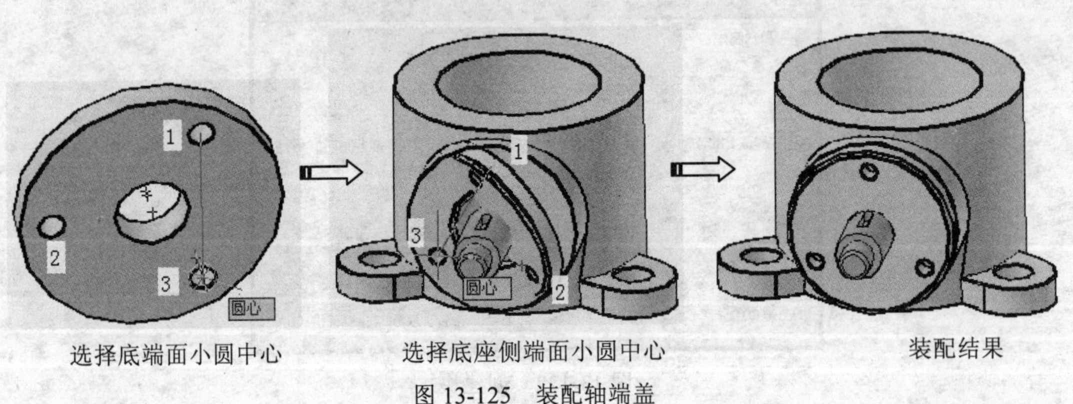

选择底端面小圆中心　　选择底座侧端面小圆中心　　装配结果

图 13-125 装配轴端盖

注意

确定源平面和目标平面上的3个定义点必须一一对应，否则不能正确装配零件。

[9] 装配轴柄。使用【对齐】工具，以轴柄作为对齐对象，然后选择轴柄上平面的圆中心点及两个象限点确定源平面，接着再选择轴端盖外侧的圆中心点及相对应的两个象限点确定目标平面以完成轴柄的装配。过程如图13-126所示。

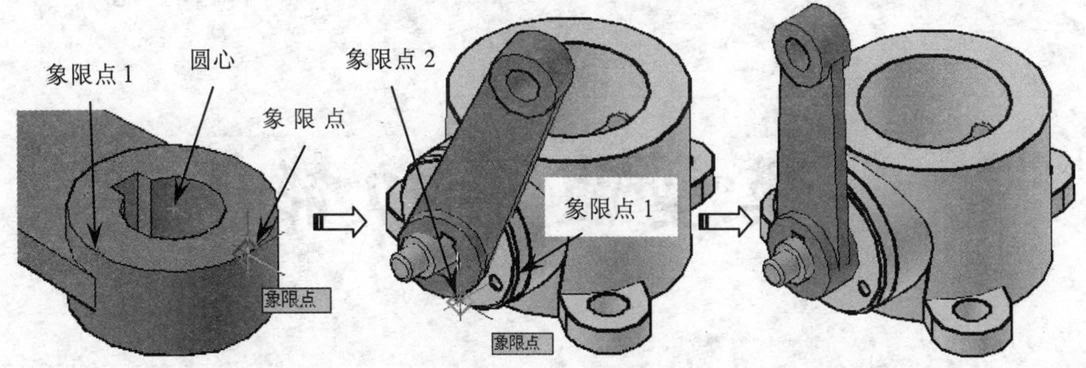

图13-126 装配轴端盖

[10] 为了让装配的手动阀门有动感，需要将轴及轴柄旋转一定的角度。使用【三维旋转】工具，选择轴和轴柄作为三维旋转对象，然后将旋转夹点工具放置在轴端面中心点上，选择轴句柄以确定旋转轴，将轴和轴柄以指定旋转轴绕-45°，旋转结果如图13-127所示。

[11] 手动阀门装配操作完成后将文件保存。

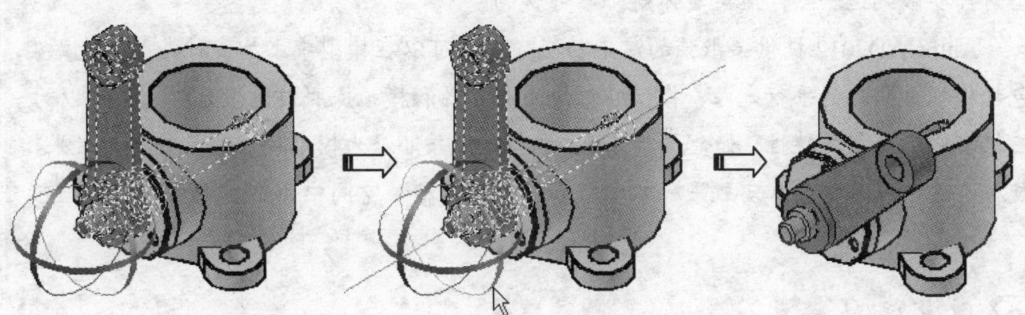

图13-127 三维旋转轴及轴柄

模型渲染功能

☒ 本章内容导读：

创建真实的三维图像可以帮助设计者清楚地看到最终的设计，其效果远比线框模型好。要做到这一点，渲染实体是必不可少的。

AutoCAD2012 提供了很强的渲染功能。用户可以在模型中添加多种类型的光源，包括模拟太阳光的平行光源、模拟电灯泡的点光源和模拟探照灯的聚光灯。也可以为三维实体附着材质特性，如金属、塑料、木材等。并可以为模型加入背景等各种效果，使模型达到照片样的真实效果。本章将在“三维建模”空间中介绍渲染功能。

☒ 本章学习要点：

- 查看三维图形效果
- 渲染概述
- 渲染光源
- 材质与纹理
- 使用相机定义三维视图
- 保存渲染图像
- 绘制蜗杆、蜗轮

14.1　查看三维图形效果

在绘制三维图形时，为了使对象便于观察，不仅需要对视图进行缩放、平移，还需要隐藏其内部线条，改变实体表面的平滑度。

14.1.1　消隐

为了更清晰地地观察三维图形的效果，可以使用消隐功能。

使用消隐功能可以将三维图形中视线看不到的图线隐藏起来，如图 14-1 所示是消隐前后的效果对比。

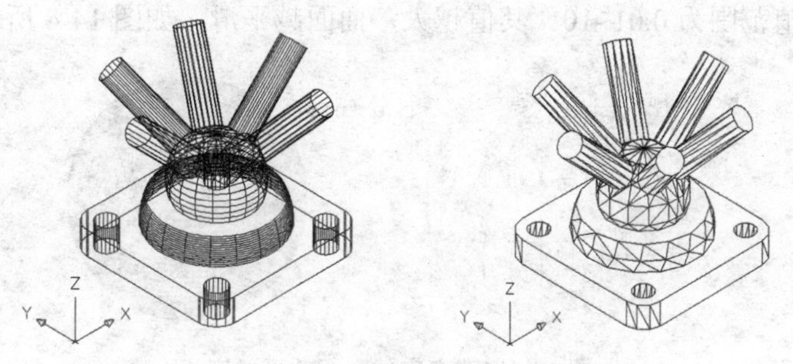

图 14-1　消隐前后的效果对比

14.1.2　改变三维图形的曲面轮廓素线

当三维图形中包含弯曲面时(如球体和圆柱体等)，曲面在线框模式下用线条的形式来显示，这些线条称为网线或轮廓素线。使用系统变量 ISOLINES 可以设置显示曲面所用的网线条数，默认值为 4，即使用 4 条网线来表达每一个曲面。该值为 0 时，表示曲面没有网线，如果增加网线的条数，会使图形看起来更接近三维实物，如图 14-2 所示。

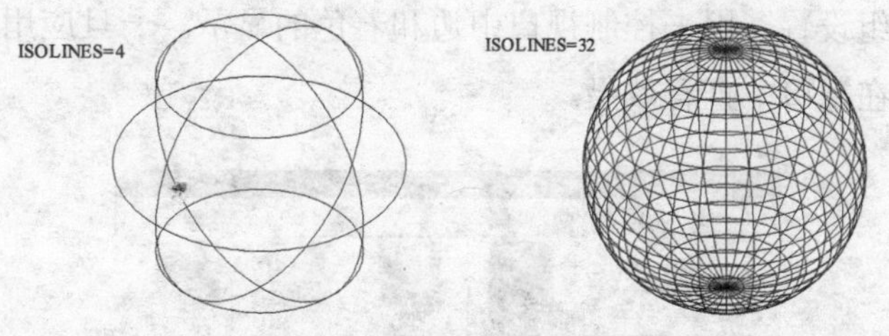

图 14-2　改变轮廓素线的数目

14.1.3　以线框形式显示实体轮廓

使用系统变量 DISPSILH 可以以线框形式显示实体轮廓。此时需要将其值设置为 1，并用【消隐】工具隐藏曲面的小平面，如图 14-3 所示。

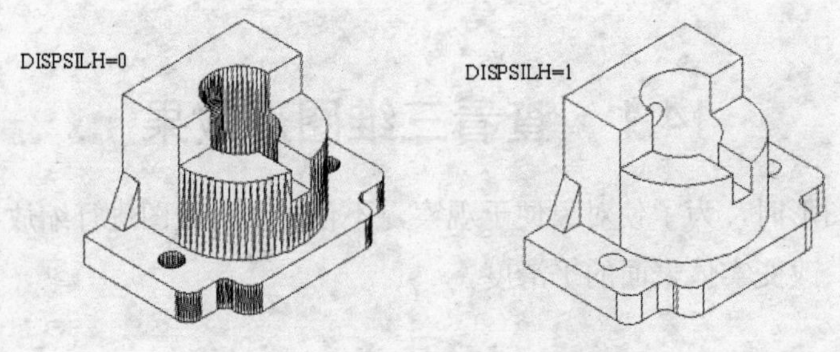

图 14-3　以线框形式显示实体轮廓

14.1.4　改变实体表面的平滑度

要改变实体表面的平滑度，可通过修改系统变量 FACETRES 来实现。该变量用于设置曲面的面数，取值范围为 0.01~10。其值越大，曲面越平滑，如图 14-4 所示。

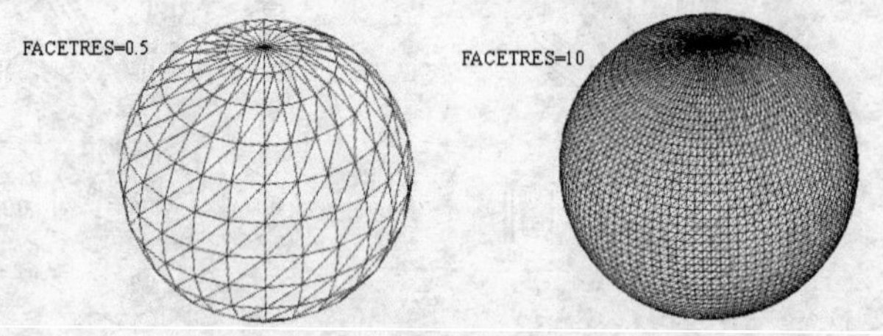

图 14-4　改变实体表面的平滑度

14.1.5　视觉样式

在功能区【视图】选项卡的【视觉样式】面板中，选择【视觉样式】下拉列表中的视觉样式；或在快速访问工具栏选择【显示菜单栏】命令，在弹出的菜单中执行【视图】|【视觉样式】命令，可以对视图应用视觉样式，如图 14-5 所示。

1.　应用视觉样式

视觉样式是一组设置，用来控制视口中边和着色的显示。一旦应用了视觉样式或更改了其设置，就可以在视口中查看效果。

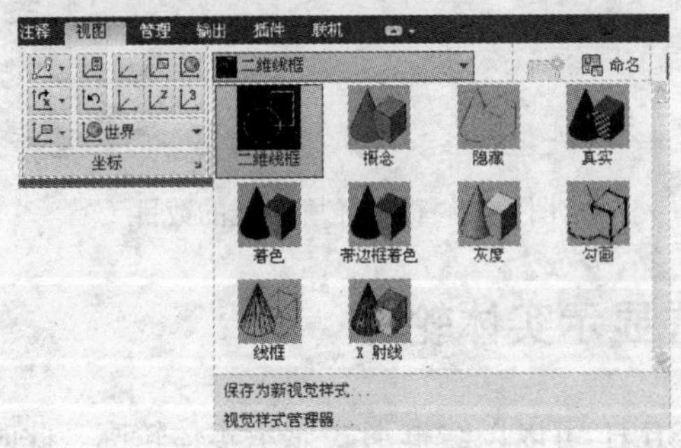

图 14-5　视觉样式列表

2. 视觉样式管理器

在【视觉样式】列表中选择【视觉样式管理器】命令，或在菜单中选择【视图】|【视觉样式】|【视觉样式管理器】命令，打开【视觉样式管理器】选项板，如图 14-6 所示。

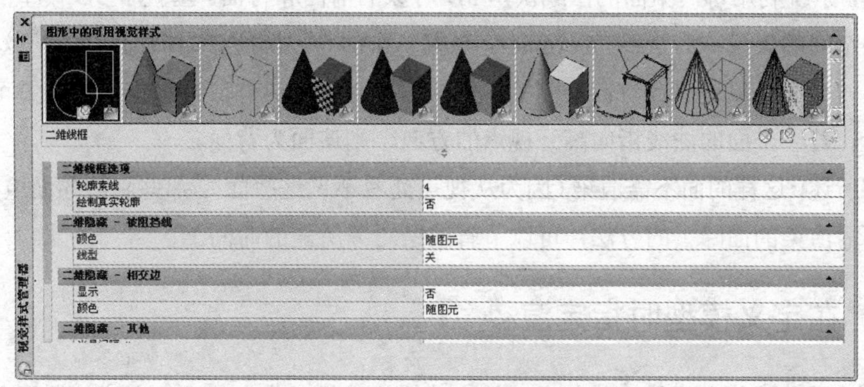

图 14-6 【视觉样式管理器】选项板

通过该面板，用户可以设置视觉样式的轮廓素线、颜色、线型、显示及平滑度等。

14.2 渲染概述

与线框图像或着色图像相比，渲染的图像使人更容易想像 3D 对象的形状与大小。渲染的对象也使设计者更容易表达其设计思想。例如，如果需要展示一个项目或设计，并不需要建立一个原型，可以使用渲染图像很清楚地说明设计者的设计思想，因为渲染图像的形状、大小、颜色和表面材质是可控的。

除此之外，任何所需变化都可以与对象结合，且可以通过对其渲染来检查和显示这些改变的效果。因此，渲染是一个非常有效的交流想法与显示对象形状的工具。可以使用 AutoCAD 的 RENDER 命令建立 3D 对象的渲染图像。通过定义表面材质及其反射量，可以控制对象的外观，通过添加光线以获得所需效果。

如图 14-7 所示为利用 AutoCAD 渲染器渲染的作品。

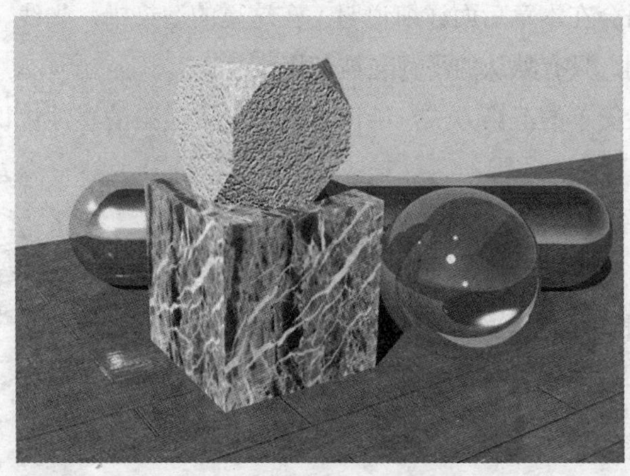

图 14-7 AutoCAD 渲染器渲染的作品

14.2.1 如何决定模型中需渲染的面

一个 3D 模型的某些面如背面和隐藏面是不需要渲染的，这可以减少绘图时间。在渲染过程中，系统利用每一个面的法线决定 3D 对象的前面和背面。垂直于 3D 模型的面且方向指向外空间的矢量称为法线（normal）。如果一个面是以顺时针方向绘制的，则法线向内指；如果一个面是以逆时针方向绘制的，则法线向外指。这样，根据视点的位置可确定前面与背面。若一个面的法线指向离开视点的方向，则该面为背面。

如前所述，这样的面不需渲染（因为从视点处看不见这些面），那些隐藏的面也被除去。通过将不需渲染的面除去的方法，可以节省渲染对象所需的时间。

14.2.2 在定义模型时指定渲染

◆ 为了使渲染过程尽可能节省时间，必须使用尽可能少的面来定义一个平面。

◆ 在绘图方法上必须有一致性，应该避免使用由复杂的混合面、拉伸线和线框网格形成的模型。

◆ 如果为圆、椭圆和弧渲染，设置 VIEWRES 为一个大数值。这样，圆、弧和椭圆会显得更平滑，其渲染效果更好。但是，增加 VIEWRES 值会增加渲染对象所需的时间。被渲染曲面实体的平滑度取决于 FACETRES 变量。

◆ 如果使用 Smooth Shading（平滑着色）选项（可从 Render 和 Rendering Preferences 对话框中选择），则网格的密度必须以这种方式确定，即任何两个相邻面的法线的角度必须小于 45°。因为，如果该角度大于 45°，在渲染后，即使在 Smooth Shading 选项是活动的情况时，也会在面之间显示一条边。

14.2.3 基本渲染操作

本节将学习基本渲染操作。读者将会遇到许多不熟悉的术语，但现在可不必太多考虑它们。所有这些术语会在本章后面详细说明。在这里的渲染中，光线、材质和其他渲染的高级特征还不被用到，只有默认的平行光被使用。

下面通过一个最简单的渲染方式，给读者一个关于渲染的感性认识。简单渲染的操作步骤如下：

[1] 创建如图 14-8 所示的机械零件模型。

[2] 在【渲染】选项卡的【渲染】面板中单击【渲染】按钮，弹出【渲染】窗口（也称渲染器），如图 14-9 所示。弹出此窗口后，AutoCAD 自动对模型进行渲染。按 Esc 键可以退出渲染窗口。

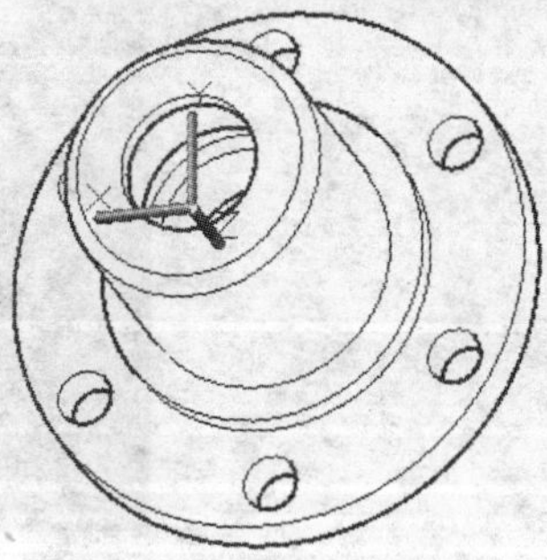

图 14-8　机械零件模型

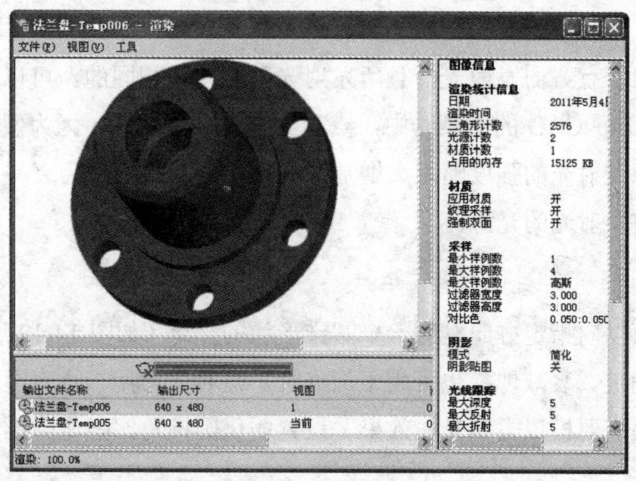

图 14-9 【渲染】窗口

14.2.4 渲染预设管理器

AutoCAD 渲染器允许为渲染选择各种特性，通过渲染预设管理器可以选择或设置。

在【渲染】面板中的【渲染预设】下拉列表里可以选择渲染的图像质量等级（草稿、低、中、高、演示等 5 种）。也可以在该列表下选择【管理渲染预设】命令，弹出【渲染预设管理器】对话框后进行设置，如图 14-10 所示。

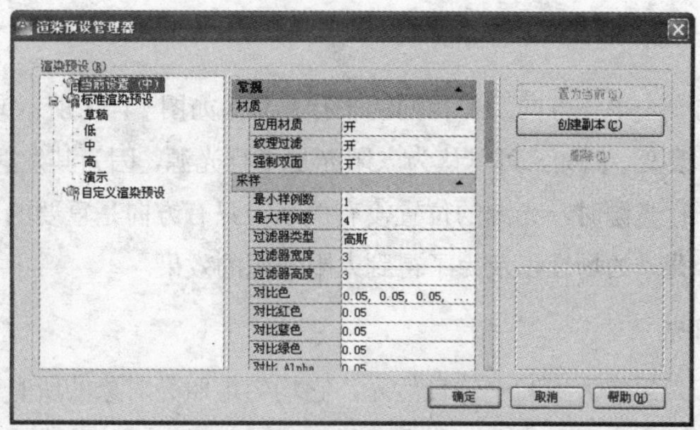

图 14-10 【渲染预设管理器】对话框

14.3 渲染光源

对一个实际对象的图像进行渲染，光线是非常重要的。没有合适的光线，渲染图像就不能按需要反映对象的特征。对于光线的颜色和表面反射可用 RGB 或 HLS 颜色系统设置。

14.3.1 光源类型

AutoCAD 的渲染器支持以下 4 种光源：点光源、聚光灯、平行光和光域网灯光。

1. 点光源

一个点光源向所有方向发射光，且所发射光的强度是相同的。可以将一个灯泡想像为一个点光源。在 Auto CAD 的渲染器中，点光源不会产生阴影，因为假设其光线是可以穿过对象的。点光源发射光的强度随距离增加而减小，这种现象称为衰减。如图 14-11 所示为一个向所有方向发射光的光源。

2. 聚光灯

一个聚光灯可以向指定方向发射一个圆锥形状的光束（如图 14-12 所示）。光的方向和圆锥的大小可以确定。衰减现象也可用于聚光灯。这种光常用于点亮显示模型的特定特征和特定部分。如果需要模拟柔和光线效果，设置弱化圆锥角比强化圆锥角大一些。

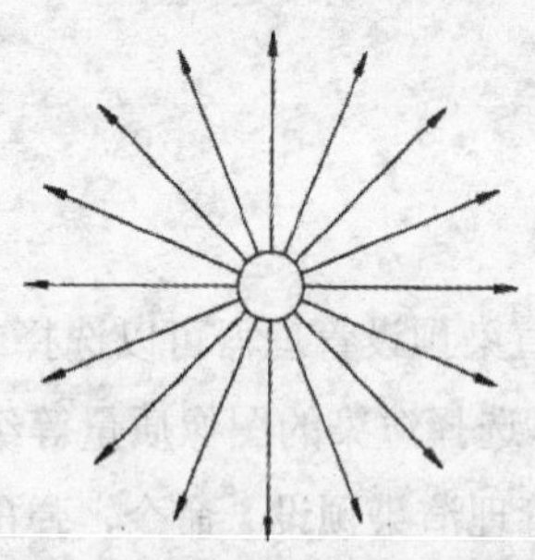

图 14-11　点光源

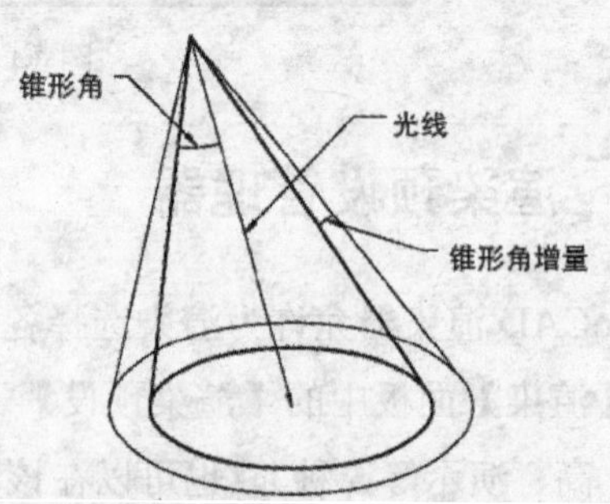

图 14-12　聚光灯

3. 平行光

平行光源仅向一个单一方向发射相同的平行光束（如图 14-13 所示）。光束的强度保持恒定，不随距离而改变。例如，可以认为太阳光是平行光源，因为其发射的光线是平行的。当在图形中使用平行光源时，光源的位置没有关系，只有方向是重要的。平行光常用于均匀照亮对象或一个背景的场合以及为了得到太阳光照的效果。

4. 光域网灯光

可将光域网灯光想像为房间中的自然光，它均匀地照亮对象的所有表面。光域网灯光没有光源，因此也没有位置和方向。但是可增加或减小环境光的强度或将其完全关闭。一般应该将光域网灯光强度设置为一个低值，因为其值太高会使图像看起来像是褪色了一样。如果需要建立一个暗房或夜晚场景，则可将光域网灯光关闭。当只有光域网灯光时，不可以渲染一个真实图像。如图 14-14 所示为一个被光域网灯光照亮的对象。

5. 默认光源

默认光源由沿观察方向的一组平行光提供。打开默认光源时，阳光和其他光源将不投射光源（即使已打开这些光源）。

6. 光源单位

AutoCAD 提供了三种光源单位：标准（常规）、国际(SI) 和美制。标准（常规）光源单位相当于 AutoCAD2008 之前版本中 AutoCAD 的光源单位。在 AutoCAD 2008 及更高版本中创建图形的默认光源单位是基于国际(SI)光源单位的光度控制工作流。

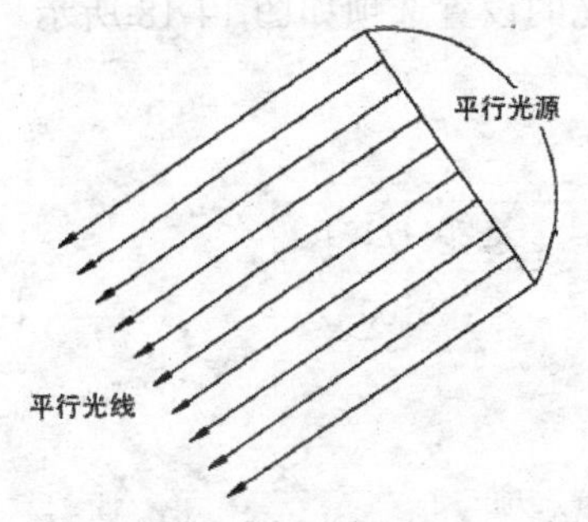

图 14-13　平行光

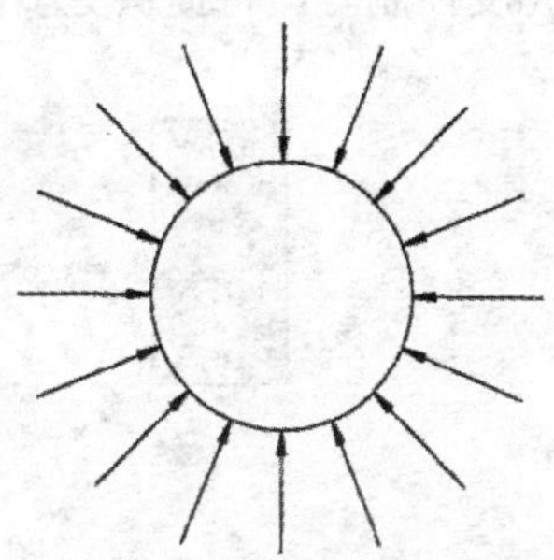

图 14-14　光域网灯光

选择光源单位，将产生真实准确的光源。美制单位与国际单位的不同在于美制的照度值使用英尺烛光而非勒克斯。如图 14-15 所示为 AutoCAD2012 的三种光源单位。

14.3.2　调整全局光源

用户可以通过亮度、对比度和色调的设置来调整全局光源；还可以通过在【渲染】选项卡的【光源】面板中拖动滑块来调整，如图 14-16 所示。

也可在【渲染】面板中单击【调整曝光】按钮，在随后弹出的【调整渲染曝光】对话框中设置参数，如图 14-17 所示。

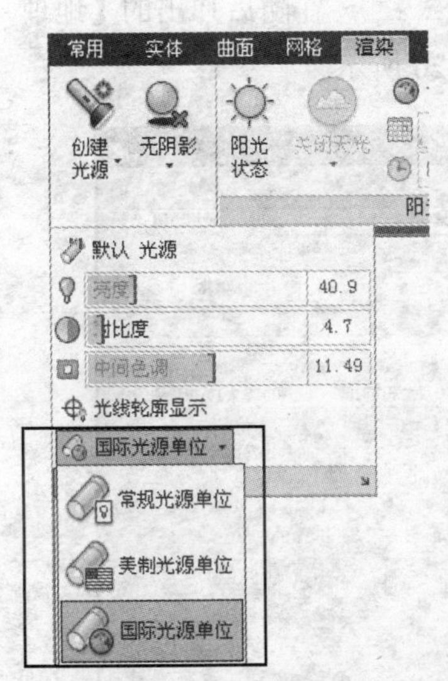

图 14-15　光源单位

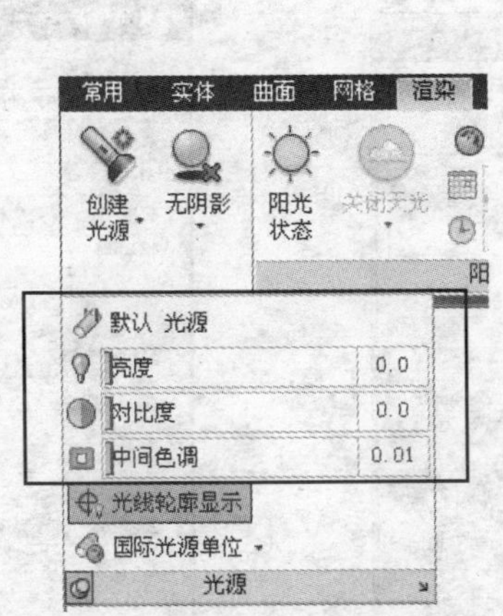

图 14-16　调整全局光源选项

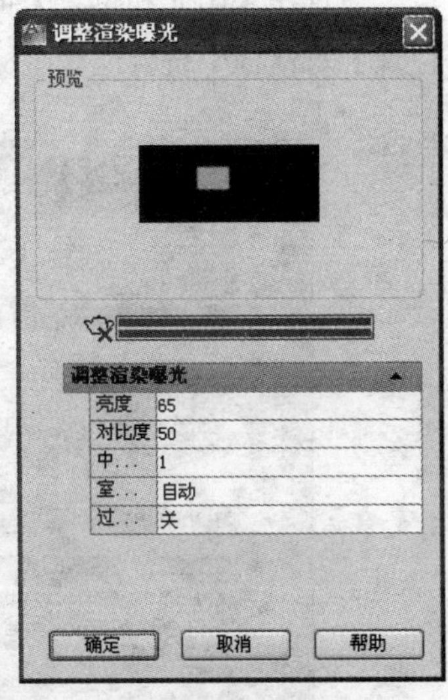

图 14-17 【调整渲染曝光】对话框

14.3.3　阳光与天光

阳光是模拟太阳光源效果的光源，可用于显示结构投射的阴影如何影响周围区域。

阳光与天光是 AutoCAD 中自然照明的主要来源。但是，阳光的光线是平行、为淡黄色的，而大气投射的光线来自所有方向且颜色为明显的蓝色。系统变量 LIGHTINGUNITS 设定为光度控制时，将提供更多阳光特性。阳光与天光的设置选项如图 14-18 所示。

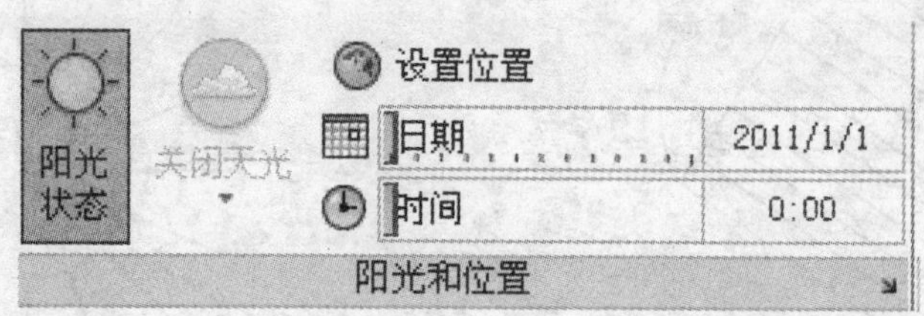

图 14-18　阳光与天光的设置选项

在图形中打开和关闭阳光的步骤：

[1] 依次单击【渲染】选项卡|【光源面板|【光源单位】下拉菜单的【常规光源单位】命令。

[2] 在【阳光和位置】面板右下角单击按钮，在弹出的【阳光特性】选项面板【常规】设置中（如图 14-19 所示），单击【状态】设置，然后选择【开】或【关】。

注意

此外，也可以在命令提示下输入 lightingunits，并将值设定为 0。

通过【阳光特性】选项面板，可以设置阳光的强度、日期、时间，以及阳光的颜色等。

通过在【阳光和位置】面板中单击【地理位置】按钮设置位置，在随后弹出的【地理位置】对话框中设置地理坐标，以确定阳光的位置，如图 14-20 所示。

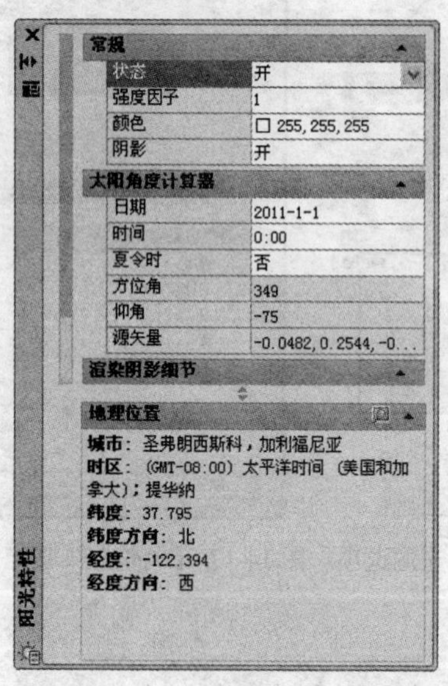

图 14-19　【阳光特性】选项面板

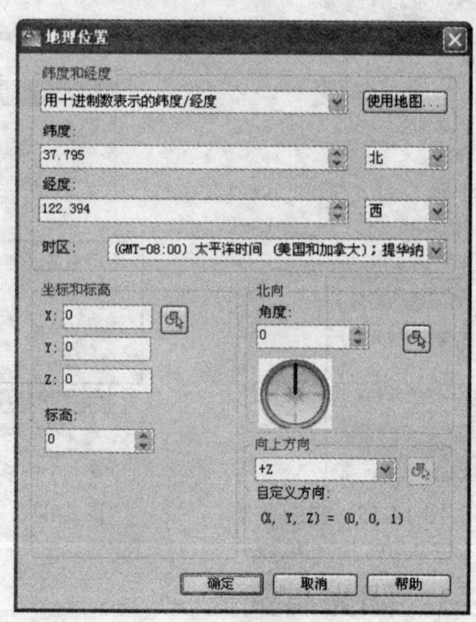

图 14-20　【地理位置】对话框

14.3.4 光源衰减

光源强度是所希望的点光源开始处的光强度，其最大值取决于衰减率和作图的区域，对于一个大的建筑物的光源强度最大可能需要大约 500000，而一个小的零件则可能只要不到 2。如果没有衰减，点光源的光强度是 1。光强度与对象的亮度成正比。距离增加时光强度减小，这种现象称为衰减，它仅发生在聚光灯与点光源的情况下。

在图 14-21 中，光是由一个点光源发射的。假设通过面积 1 的光量为 I，则在面积 1 处的光强度为 I/面积 1。当光远离光源时，它照射的面积增加。通过面积 2 的光量与通过面积 1 的相同，但是面积 2 增大，因此面积 2 的光强度变小（其光强度为 I /面积 2）。面积 1 要亮于面积 2，因为其光强度高。AutoCAD 的渲染器有三个控制光线衰减的选项：None（无）、Inverse Linear（线性反比衰减）和 Inverse Square（平方反比衰减）。

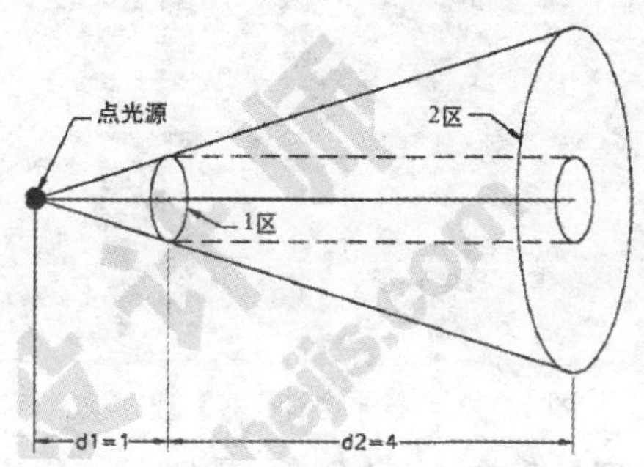

图 14-21 光强度随距离衰减

- 无：如果对光线的衰减选择 None 选项，则对象的亮度与距离无关。这意味着离点光源远的对象和与点光源近的对象具有相同的亮度。
- 线性反比衰减：在该选项中，对象的亮度与对象距光源的距离成反比（亮度=1/距离）。当距离增加时，亮度减小。例如，假设光源的强度为 I，且对象位于距光源 2 个单位处，则亮度或光强度为 I/2。如果距离为 8 个单位，则光强度为 I/8。亮度是对象与光源距离的函数。
- 平方反比衰减：在该选项中，对象的亮度与对象距光源距离的平方成反比（亮度 =1/距离 ^{2}）。例如，假设光源的强度为 I，且对象位于距光源 2 个单位处，则亮度或光强度为 $I/2^2= I/4$。如果距离为 8 个单位，则光强度为 $I/8^2= I/64$。

14.4 材质与纹理

材质是赋予某一表面图形属性的集合，这些属性包括颜色、光滑程度、反射性能、纹理以及透明度等。在 AutoCAD 中将材质添加到图形中对象上，可以展现对象的真实效果。

14.4.1 材质概述

用户可以将材质添加到图形中的对象上，以提供真实的效果。

在【材质】面板上单击【材质浏览器】选项，弹出【材质浏览器】选项板。该工具选项板提供了大量已为用户创建的材质，如图 14-22 所示。使用这些材质工具可以将材质应用到场景中的对象上，还可以在菜单栏中选择【工具】|【选项板】|【材质编辑器】，在弹出的【材质编辑器】面板中创建和修改材质，该选项板提供了许多用于修改材质特性的设置。

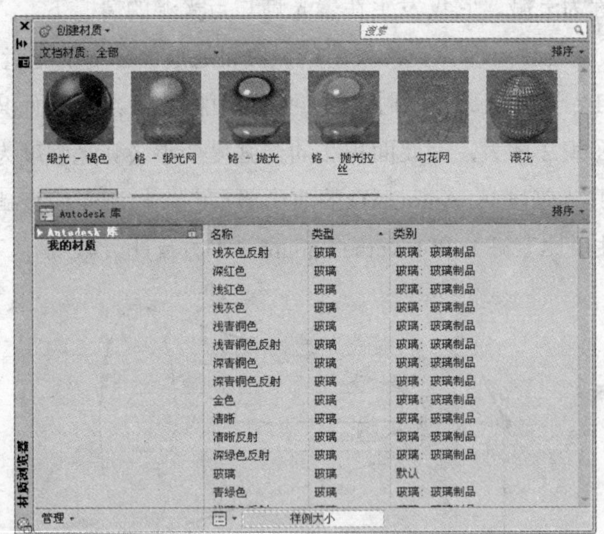

图 14-22　【材质浏览器】选项板

浏览器底部栏包含【管理】菜单，用于添加、删除、编辑库和库类别。此菜单还包含一个按钮，用于控制库详细信息的显示选项。

随产品提供的 Autodesk 库中包含 700 多种材质和 1000 多种纹理。该库为只读，但可以将 Autodesk 材质复制到图形中，编辑后保存到用户自己的库中。

有三种类型的库：

- Autodesk 库：包含 Autodesk 提供的预定义材质，可用于支持材质的所有应用程序。该库包含与材质相关的资源，例如纹理、缩略图等。无法编辑 Autodesk 库，所有用户定义的或修改的材质都将被放置到用户库中。
- 用户库：包含要在图形之间共享的所有材质，但 Autodesk 库中的材质除外。可以复制、移动、重命名或删除用户库。
- 嵌入库：包含在图形中使用或定义且仅适用于此图形的一组材质。当安装了使用 Autodesk 材质的首个 Autodesk 应用程序后，将自动创建该库。无法重命名此类型的库。它将存储在图形中。

1.　创建和修改库

为将材质添加到其中一个库中，先将 Autodesk 材质复制到用户的图形中。使用【材质浏览器】中的【管理】下拉列表添加、重命名或删除库。还可以在【材质浏览器】中添加类别并重组库材质。锁定的库无法编辑，仅可删除解除锁定的库。

注意

从材质浏览器中删除一个库后，该库文件仍然保留在硬盘上。因此，要回收硬盘空间，必须手动删除该库文件。

双击材质库中的图表，可以打开如图 14-23 所示【材料编辑器】选项板。材料编辑器的以下特性可用于创建特定效果。

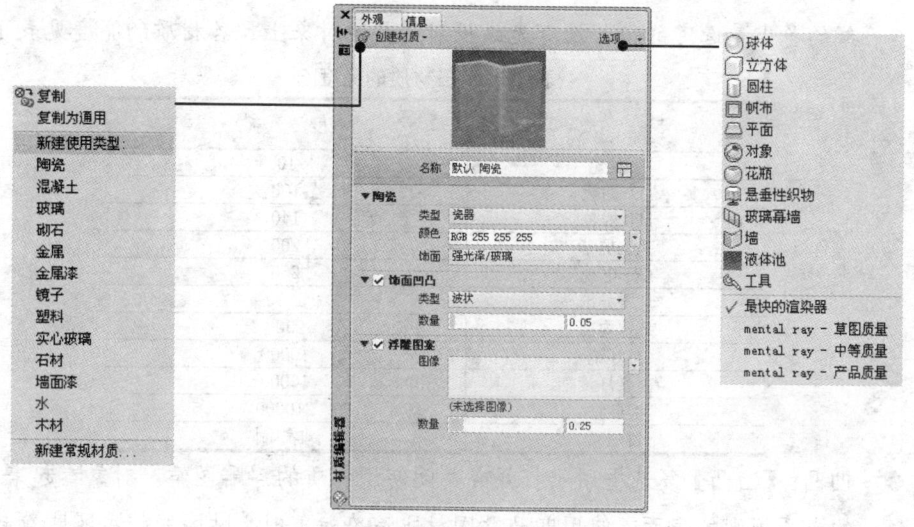

图 14-23 【材质编辑器】选项板

- 反射率:【直接】和【倾斜】滑块控制表面上的反射级别及反射高光的强度。
- 透明度:【透明度】复选框控制材质的透明度级别。完全透明的对象允许光从中穿过。透明度值是一个百分比值: 1.0 表示材质完全透明；较低的值表示材质部分半透明；0.0 表示材质完全不透明。
- 【半透明度】和【折射率】特性仅当【透明度】值大于 0 时才可编辑。半透明对象（例如，磨砂玻璃）使一部分光线从中穿过，一部分光线在对象内发散。半透明度值是一个百分比值: 0.0 表示材质不透明；1.0 表示材质完全半透明。
- 【折射率】控制光线穿过材质时的弯曲度，因此可在对象的另一侧看到对象被扭曲。例如，折射率为 1.0 时，透明对象后面的对象不会失真；折射率为 1.5 时，对象将严重失真，就像通过玻璃球看对象一样。各材质的折射率见表 14-1。

表 14-1 各材质折射率

材　质	折 射 率
空气	1.00
水	1.33
酒精	1.36
石英	1.46
玻璃	1.52
钻石	2.30
自定义	0.00-5.00

- 裁切:【裁切】复选框用于根据纹理灰度解释控制材质的穿孔效果。贴图的较浅区

域渲染为不透明，较深区域渲染为透明。

◆ 自发光：对象看起来正在自发光。例如，要在不使用光源的情况下模拟霓虹灯，可以将自发光值设置为大于零。没有光线投射到其他对象上。【自发光】复选框可用于推断变化的值。此特性可控制材质的过滤颜色、亮度和色温。【过滤颜色】可在照亮的表面上创建颜色过滤器的效果。

◆ 亮度可使材质模拟在光度控制光源中被照亮的效果。在光度控制单位中，发射光线的多少是选定的值。没有光线投射到其他对象上。各材质的亮度见表 14-2。

表 14-2　各材质的亮度

材　质	亮度（cd/m²）
暗发光	10
LED 面板	100
LED 屏幕	140
手机屏幕	200
CRT 电视	250
灯罩外部	1300
灯罩内部	2500
桌灯镜	10000
卤素灯镜	10000
磨砂灯	210000
自定义	非钳制

◆ 凹凸：【凹凸】复选框用于打开或关闭使用材质的浮雕图案。对象看起来具有凹凸的或不规则的表面。使用凹凸贴图材质渲染对象时，贴图的较浅区域看起来升高，而较深区域看起来降低。【凹凸度】用于调整凹凸的高度。用较高的值渲染时凸出得越高，用较低的值渲染时凸出得越低。灰度图像生成有效的凹凸贴图。

2.　管理和组织材质

将材质复制到不同的库可创建用户自己的组织结构。移动材质后，将创建一个副本，并将其添加到新类别。如果将材质复制到根节点，将在新库中保留并重新创建其原始类别。移动材质的方法有两种：

◆ 拖放：可以将样例或材质从库拖动到【材质浏览器】中的【此文档中的材质】部分，还可以将材质从一个库拖动到另一个库，将创建材质的新副本随图形一起保存。

◆ 快捷菜单：可以使用快捷菜单将材质复制到新库。例如，使用【添加到】选项选择复制到文档中的库材质，或复制到另一个库中的库材质。

可以使用材质快捷菜单在位重命名任何文档中的材质以及解除锁定的材质。还可以根据在【材质编辑器】中输入的材质名称、描述和关键字信息，在所有打开的库中搜索材质。将过滤所有材质，仅显示那些与搜索字符串相匹配的材质。仅显示包含搜索字符串匹配项的材质。单击搜索框中的 X 按钮清除搜索，并返回以查看未过滤的库。

搜索结果取决于在树视图中选择的库。例如，如果选择【库】根节点，则显示选定库中所有匹配材质的搜索结果。但是，如果选择类别，将仅在该类别内搜索。

使用快捷菜单或 Delete 键，可以删除选定的已解锁材质。无法使用材质浏览器或快捷菜单删除锁定的材质。

3. 修改材质

将材质添加到图形后，可以在【材质编辑器】中进行修改。图形中可用的材质样例显示在【材质浏览器】中的【此文档中的材质】部分。双击某材质样例后，该材质特性将在【材质编辑器】的各部分处于活动状态。

修改设置时，设置将与材质一起保存。所做更改将显示在材质样例预览中。通过按住样例预览窗口下方的按钮，一组弹出型按钮将显示材质预览的不同几何图形选项。

14.4.2 贴图

除了材质的特性以外，我们还描述了颜色、反射、粗糙度、透明度和折射等，还可以用位图文件来定义材质。这通常称为映射图，而位图文件则称做映像。

AutoCAD 2012 包含约 150 个位图文件，这些文件可以用来定义材质。AutoCAD 的默认安装将这些文件保存在 Acad2012\textures 文件夹下，这些文件都以 TGA 方式存在。但其他格式的文件同样也可以用得很好，这些文件的类型包括 GIF、BMP、TIF、JPG 和 PCX。

贴图是增加材质复杂性的一种方式，贴图使用多种级别的贴图设置和特性。附着带纹理的材质后，可以调整对象或面上纹理贴图的方向。

1. 了解贴图类型

材质被映射后，用户可以调整材质以适应对象的形状。将合适的材质贴图类型应用到对象上，可以使之更加适合对象。AutoCAD 提供的贴图类型有平面贴图、长方体贴图、球面贴图和柱面贴图。

用户可以在每个贴图频道（如【漫射】、【不透明】和【凹凸】）中选择纹理贴图或程序贴图，增加材质的复杂性。

贴图类型包括：

- 纹理贴图：使用图像文件作为贴图。
- 方格：应用双色方格形图案。
- 渐变延伸：使用颜色、贴图和光源创建多种延伸。
- 大理石：应用石质颜色和纹理颜色图案。
- 噪波：根据两种颜色的交互来创建曲面的随机扰动。
- 斑点：生成带斑点的曲面图案。
- 瓷砖：应用砖块、颜色或材质贴图的堆叠平铺。
- 波：创建水状或波状效果。
- 木材：创建木材的颜色和颗粒图案。

2. 应用贴图

在【材质编辑器】选项面板中，单击【创建材质】下三角按钮▾，在弹出的子菜单中选择【创建常规材质】命令，就可以使用材质贴图了，如图 14-24 所示。

添加贴图后，用户可以在【纹理编辑器】选项面板中编辑贴图，如图 14-25 所示。

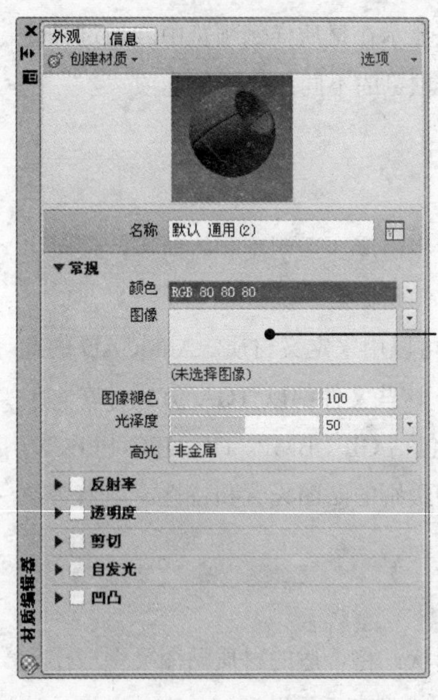

图 14-24 新建常规材质

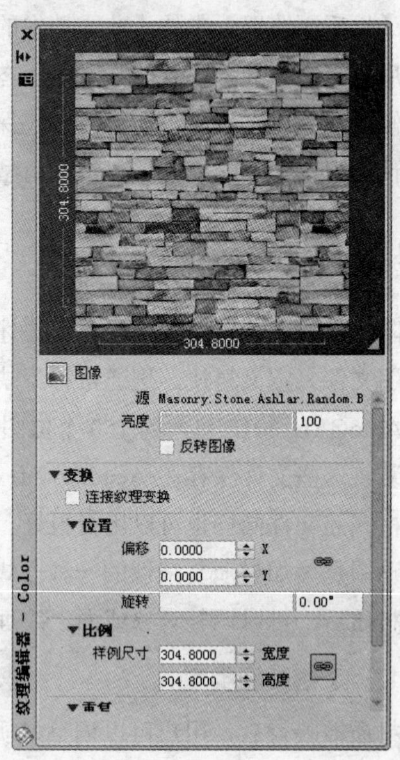

图 14-25 【纹理编辑器】选项面板

在【材质编辑器】选项面板的【图像】框中单击，就会弹出【材质编辑器打开文件】对话框，如图 14-26 所示。通过该对话框，用户可以使用 AutoCAD 自带贴图文件，也可以使用自定义的贴图。

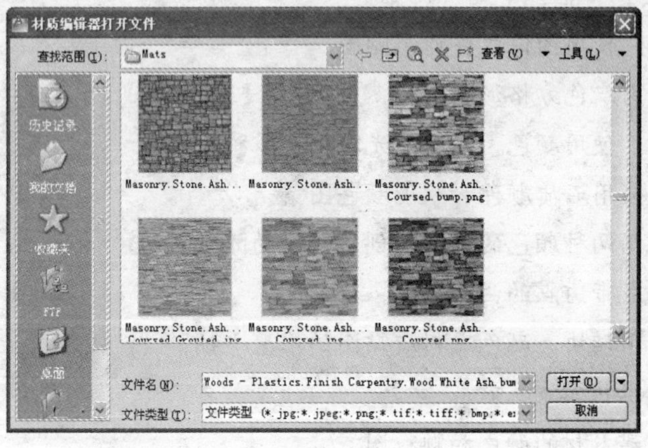

图 14-26 【材质编辑器打开文件】对话框

3. 调整对象和面上的贴图

用户在附着带纹理的材质后，可以调整对象或面上纹理贴图的方向。材质被映射后，用户可以调整材质以适应对象的形状，将合适的材质贴图类型应用到对象上，使之更加适合对象。

- 平面贴图：将图像映射到对象上，就像用投影器将其投影到二维曲面上一样。图像不会失真，但是会被缩放以适应对象，该贴图最常用于面。
- 长方体贴图：将图像映射到类似长方体的实体上，该图像将在对象的每个面上重复使用。
- 球面贴图：将图像映射到球面对象上。纹理贴图的顶边在球体的【北极】压缩为一个点；同样，底边在【南极】也压缩为一个点。
- 柱面贴图：将图像映射到圆柱形对象上。水平边将一起弯曲，但顶边和底边不会弯曲。图像的高度将沿圆柱体的轴进行缩放。

14.5 使用相机定义三维视图

在 AutoCAD 2012 中，通过在模型空间中放置相机和根据需要调整相机设置来定义三维视图。

14.5.1 认识相机

在图形中，可以通过放置相机来定义三维视图；可以打开或关闭相机并使用夹点来编辑相机的位置、目标或焦距；可以通过位置 X、Y、Z 坐标、目标 X、Y、Z 坐标和视野 / 焦距（用于确定倍率或缩放比例）来定义相机。可以指定的相机属性如下。

- 位置：定义要观察三维模型的起点。
- 目标：通过指定视图中心的坐标来定义要观察的点。
- 焦距：定义相机镜头的比例特性。焦距越大，视野越窄。
- 前向和后向剪裁平面：指定剪裁平面的位置。剪裁平面是定义（或剪裁）视图的边界。在相机视图中，将隐藏相机与前向剪裁平面之间的所有对象，同时也隐藏后向剪裁平面与目标之间的所有对象。

默认情况下，已保存相机的名称为 Cameral、Camera2 等。用户可以根据需要重命名相机以更好地描述相机视图。

14.5.2 创建相机

用户可以设置相机和目标的位置，以创建并保存对象的三维透视图。

通过定义相机的位置和目标，并进一步定义其名称、高度、焦距和剪裁平面来创建新相机。

14.5.3 修改相机特性

图形中创建相机后，当选中相机时，【相机预览】窗口将打开，如图 14-27 所示。其中，预览窗口用于显示相机视图的预览效果；【视觉样式】下拉列表用于指定应用于预览的视觉样式，如概念、三维隐藏、三维线框、真实等；【编辑相机时显示此窗口】复选框用于指定编辑相机时，是否显示【相机预览】窗口。

选中相机后，可以通过以下方式更改设置。

◆ 夹点调整：按住并拖曳夹点，可调整焦距、视野大小或重新设置相机的位置，如图 14-28 所示。

◆ 动态输入：可以使用动态输入工具栏输入 X、Y 和 Z 坐标值，如图 14-29 所示。

◆ 【特性】选项板：可以使用【特性】选项板修改相机特性。

图 14-27 相机预览窗口

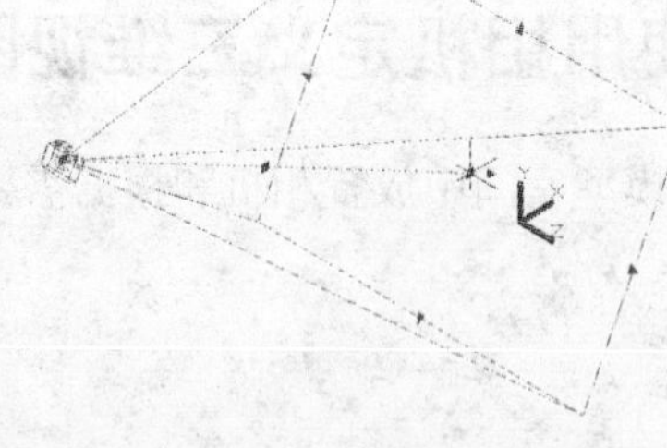

图 14-28 通过夹点设置

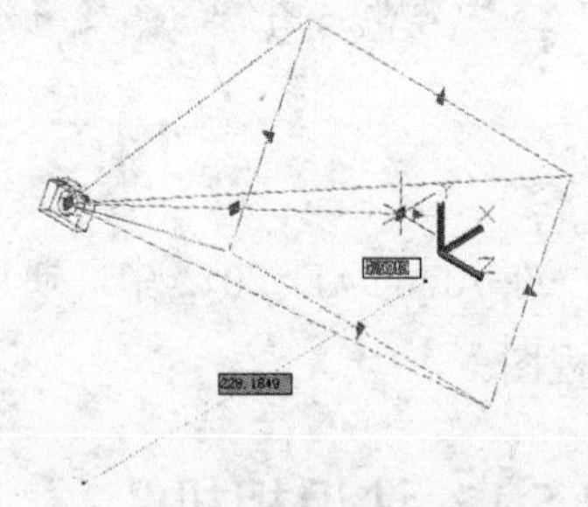

图 14-29 使用动态输入

14.5.4 运动路径动画

用户使用运动路径动画可以形象地演示模型；可以录制和回放导航过程，以动态传达设计意图。

1. 控制相机运动路径的方法

可以通过将相机及其目标链接到点或路径来控制相机的运动，从而控制动画。要使用运动路径来创建动画，可以将相机及其目标链接到某个点或某条路径上。

如果要相机保持原样，则将其链接到某个点；如果要相机沿路径运动，则将其链接到路径上。如果要目标保持原样，则将其链接到某个点；如果要目标移动，则将其链接到某条路径上。无法将相机和目标链接到一个点。如果要使动画视图与相机路径一致，则使用同一路径。在【运动路径动画】对话框中，将目标路径设置为【无】即可实现该目的。

提示

相机或目标链接的路径，必须在创建运动路径动画之前创建路径对象。路径对象可以是直线、圆弧、椭圆弧、圆、多段线、三维多段线或样条曲线。

2. 设置运动路径动画参数

在菜单栏中选择【视图】|【运动路径动画】命令，弹出【运动路径动画】对话框，如图 14-30 所示。

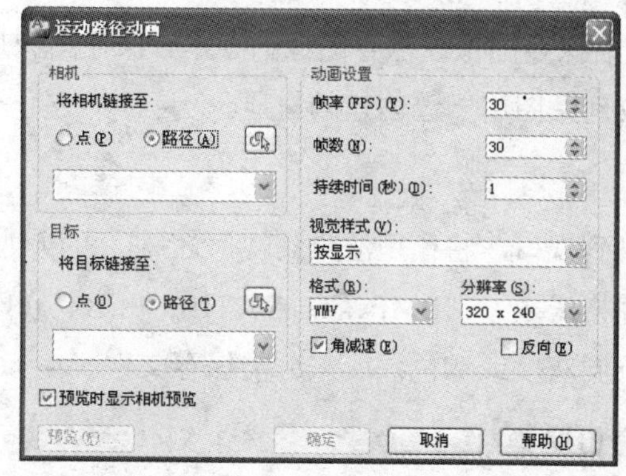

图 14-30 【运动路径动画】对话框

◆ 设置相机

在【相机】选项组中，可以设置将相机链接至图形中的静态点或运动路径上。当选中【点】或【路径】单选按钮，可以单击【拾取】按钮，选择相机所在位置的点或相机运动的路径，这时在列表框中将显示可以链接相机的命名点或路径列表。

◆ 设置目标

在【目标】选项组中，可以设置将相机目标链接至点或路径上。如果将相机链接至点，必须将目标链接至路径上；如果将相机链接至路径上，则可以将目标链接至点或路径上。

◆ 动画设置

在【动画设置】选项组中，可以控制动画文件的输出。其中，【帧率】文本框用于设置动画运行的速度，以每秒帧数为单位计算，指定范围为 1～60，默认值为 30；【帧数】文本框用于指定动画中的总帧数，该值与帧率共同确定动画的长度，更改该数值时，将自动重新计算【持续时间】值；【持续时间】文本框用于指定动画（片段中）的持续时间；【视觉样式】下拉列表显示可应用与动画文件的视觉样式和渲染预设的列表；【格式】下拉列表用于指定动画的文件格式，可以将动画保存为 AVI、MOV、MPG 或 WMV 文件格式以便日后回放；【分辨率】下拉列表用于以屏幕显示单位定义生成的动画的宽度和高度，默认值为 320×240；【角减速】复选框用于设置相机转弯时，以较低的速率移动相机；【反向】复选框用于设置反转动画的方向。

◆ 预览动画

在【运动路径动画】对话框中，勾选【预览时显示相机预览】复选框，将显示【动画预览】窗口，从而可以在保存动画之前进行预览。

14.6　保存渲染图像

用户可以直接将临时历史记录条目保存为几种不同的文件格式。

要保存渲染图像，可以直接渲染到文件，也可以渲染到视口，然后保存图像，还可以渲染到【渲染】窗口，然后保存图像或保存图像的副本。保存图像后，可以随时查看图像。保存的图像还可以作为纹理贴图用于已创建的材质。

1.　保存视口渲染

用户还可以选择渲染到视口。将模型渲染到视口之后，可以使用 SAVEIMG 命令将显示的图像保存为以下文件格式之一：BMP、TGA、TIF、PCX、JPG 或 PNG。可以根据选定的文件格式所提供的不同灰度或颜色深度来分类保存文件。

2.　保存【渲染】窗口渲染

如果已将渲染目标作为渲染窗口，则可以将图像或图像的副本保存为以下文件格式之一：BMP、TGA、TIF、PCX、JPG 或 PNG。根据选定文件的格式，可以选择保存的灰度级或颜色深度，从 8 位到 32 位 / 像素（bpp）。

14.7　机械模型的渲染实例

读者通过前面几节的学习，对三维渲染有了基本的了解。接下来将以 3 个机械零件模型的渲染实例来讲述渲染设计的具体步骤与方法。

14.7.1　简单支架的渲染

支架的零件概念模型视图及渲染的效果如图 14-31 所示。在这里需要对它设置光源和添加材质。

图 14-31　支架模型及渲染效果图

例 14-1　光盘\example\Ch14\支架渲染.dwg 

操作步骤

[1]　在【三维建模】空间中打开本章实例文件——支架模型.dwg。

[2] 绘制一个面域作为反射底图。选择【视图】|【三维视图】|【俯视】，将视图调整到俯视状态。

[3] 在命令行绘制一个420×297的矩形，矩形第一点坐标为（0，0），然后调用【Reg】命令将此矩形转换成面域，如图14-32所示。

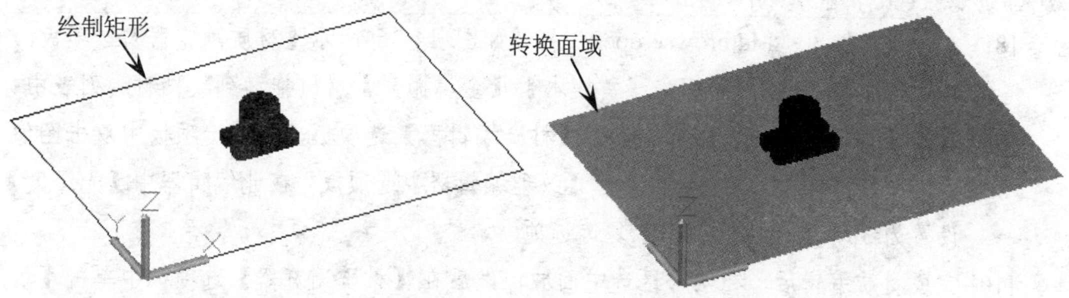

图14-32　创建矩形并转换成面域

[4] 将视图调整到西南等轴测方向，然后设置视觉样式调整为【真实】。

[5] 在命令行输入“Pointlight”调用创建点光源命令，然后创建一个点光源，如图14-33所示。命令行操作提示如下：

```
命令: _pointlight
指定源位置 <0,0,0>: 0,0,15↙                    //也可指定模型中的一点
输入要更改的选项 [名称(N)/强度(I)/状态(S)/阴影(W)/衰减(A)/颜色(C)/退出(X)] <退出>: I
↙
输入强度 (0.00 - 最大浮点数) <1>: 0.05↙
输入要更改的选项 [名称(N)/强度(I)/状态(S)/阴影(W)/衰减(A)/颜色(C)/退出(X)] <退出>:↙
```

[6] 在绘图区双击点光源，弹出如图14-34所示【特性】选项板，在此可以设置点光源相关参数，这里选择点光源颜色为洋红色。

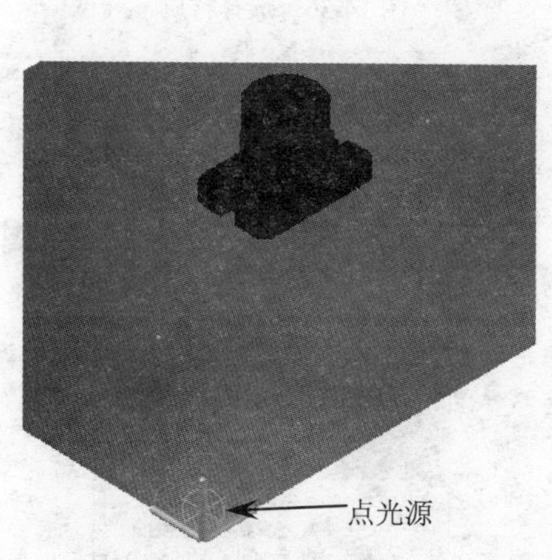

图14-33　创建点光源

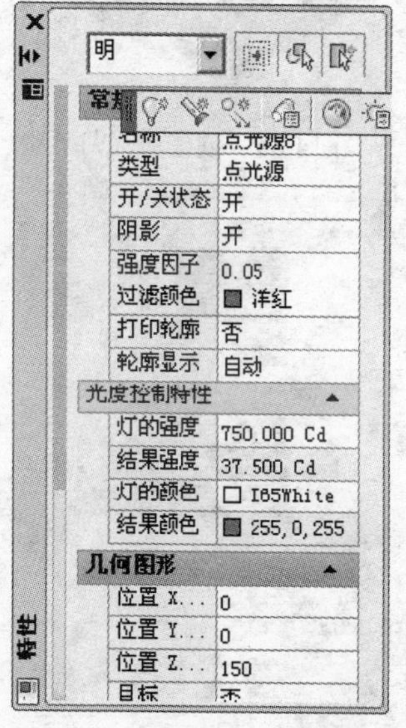

图14-34　点光源的【特性】选项板

[7] 在命令行输入Spotlight调用创建聚光灯命令，创建如图14-35所示的聚光灯。命

令提示行操作信息如下：

```
命令: _spotlight
指定源位置 <0,0,250>:                                    //捕捉点光源中心位置
指定目标位置 <0,0,-10>:                                   //在支架视图上任意单击一点
输入要更改的选项 [名称(N)/强度因子(I)/状态(S)/光度(P)/聚光角(H)/照射角(F)/阴影(W)/衰减(A)/过滤颜色(C)/退出(X)] <退出>:
```

[8] 在命令行输入“Matbrowseropen”打开如图 14-36 所示【材质浏览器】选项板，在面板中将 AutoDesk 库中【黄檀木】、【金属抛光】材质拖动到文档材质列表中。

[9] 双击【黄檀木】材质图标，弹出【材质编辑器】选项板，在此选项板中双击图像示例图片，弹出如图 14-37 所示【纹理编辑器】选项板。在此编辑器中【光泽度】设置为 30，勾选【反射率】复选选项。

[10] 完成材质编辑后，在图形区选中面域，然后在【材质浏览器】选项板中单击【黄檀木】材质并选择右键菜单【指定给当前选择】命令，将材质赋予给面域。同理，将【抛光】赋予给支架模型，如图 14-38 所示。

图 14-35　创建聚光灯

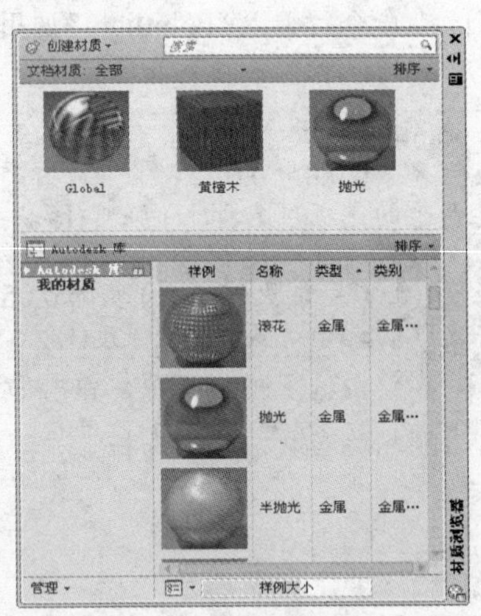

图 14-36　选择材质

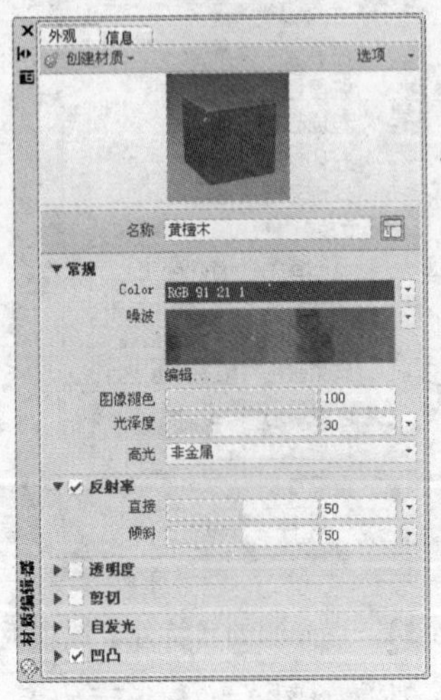

图 14-37　编辑材质

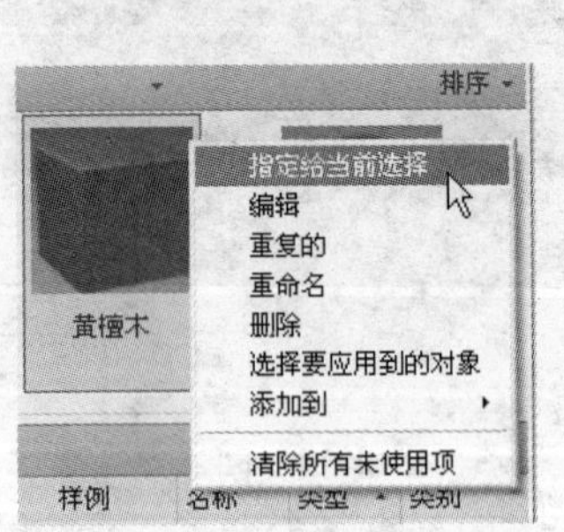

图 14-38　将材质赋予给面域和机械模型

[11] 在【渲染】面板中单击 环境 按钮，弹出如图 14-39 所示的【渲染环境】对话框，在对话框中设置【启用雾化】为开。

[12] 在【渲染】面板的右下角单击↘按钮，在弹出的如图 14-40 所示【高级渲染设置】选项面板中，设置输出尺寸为【1024×768】;【阴影】为简化；渲染预设为【演示】。

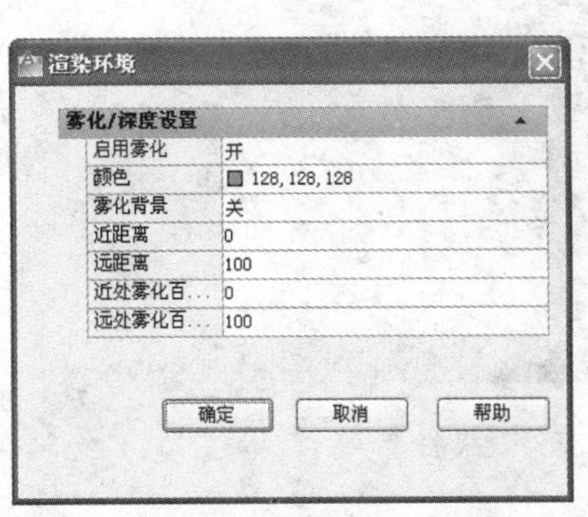

图 14-39 【渲染环境】对话框

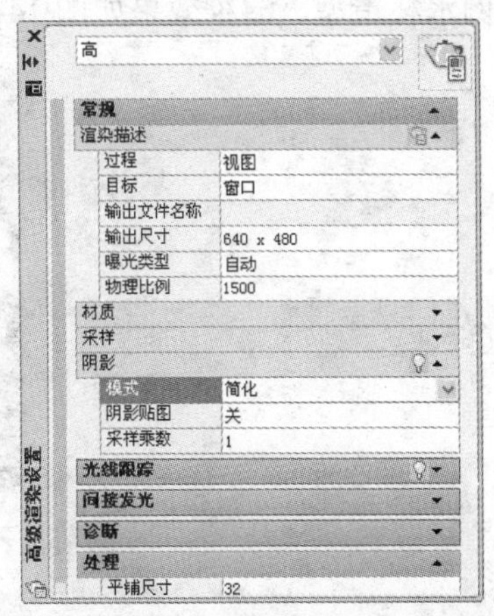

图 14-40 【高级渲染设置】

[13] 在【渲染】面板中单击【渲染】按钮，打开渲染器。渲染完毕后，图形效果如图 14-41 所示。最后将渲染图像另存在自定义路径中。

注意

聚光灯的强度因子设为 8。因为默认的强度渲染起来比较阴暗，如图 14-42 所示。在【光源】面板单击↘按钮，在弹出的【模型中的光源】选项板中，右键选择“聚光灯”的“特性”子菜单命令即可编辑。

图 14-41 机械模型的渲染结果

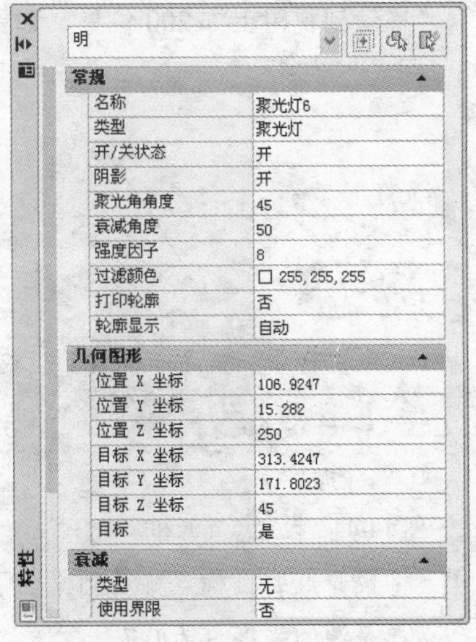

图 14-42 聚光灯的强度设置

14.7.2 水杯的渲染

水杯是日常生活中最常用的物品，对水杯的渲染需要对模型中各种不同的对象按照现实生活中材质进行渲染。添加光源可以显示对象的局部细节与阴影。

本例水杯造型、渲染效果如图 14-43 所示。

图 14-43 水杯造型及渲染效果图

例 14-2 光盘\example\Ch14\水杯渲染.dwg 

操作步骤

[1] 打开本章的实例文件——水杯模型。

[2] 添加点光源，将光源创建到准确位置。这里可以先将视图调整到俯视，然后在杯体上方插入点光源和聚光灯即可。添加的点光源、聚光灯按照默认设置即可。如图 14-44 所示。

[3] 回到东南轴测视图，利用移动命令，将点光源移动到水杯口，再将聚光灯的位置移动到视图上方 200 位置，如图 14-45 所示。

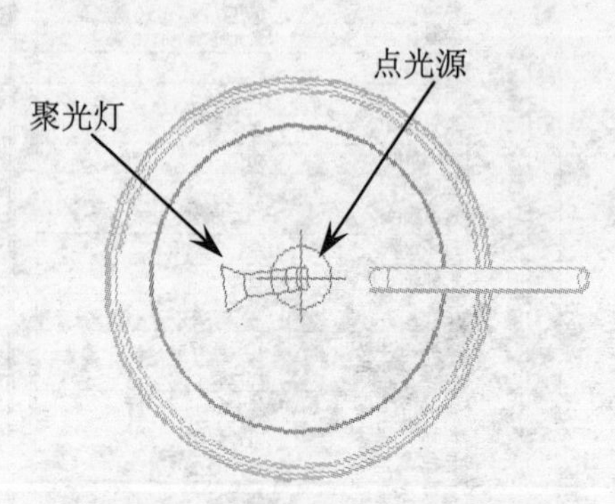

图 14-44 设置点光源和聚光灯

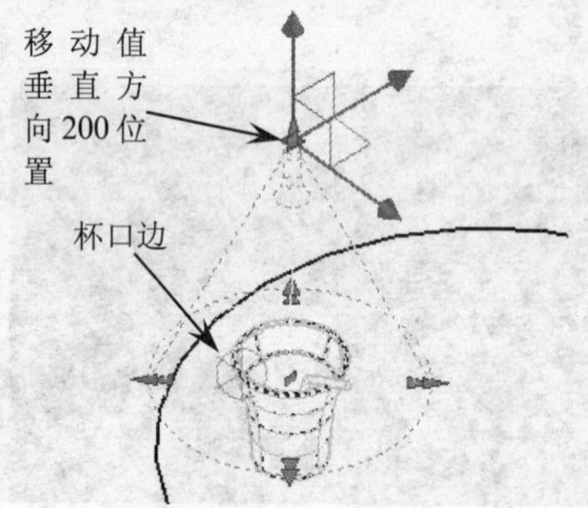

图 14-45 移动点光源和聚光灯的位置

[4] 将聚光灯的目标点移动到桌面下方，如图 14-46 所示。聚光灯的光强度设为 0.4，点光源的强度设为 0.7。

[5] 为【杯子】添加材质。在【材质】面板单击↘按钮，弹出【材质编辑器】选项板。

在面板的【创建材质】下拉列表中选择【玻璃】，然后将玻璃的反射度设置为 16，玻璃片数为 3，如图 14-47 所示

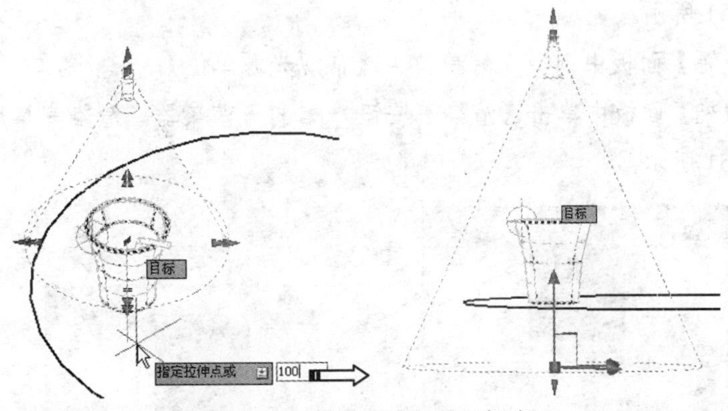

图 14-46　移动聚光灯的目标点

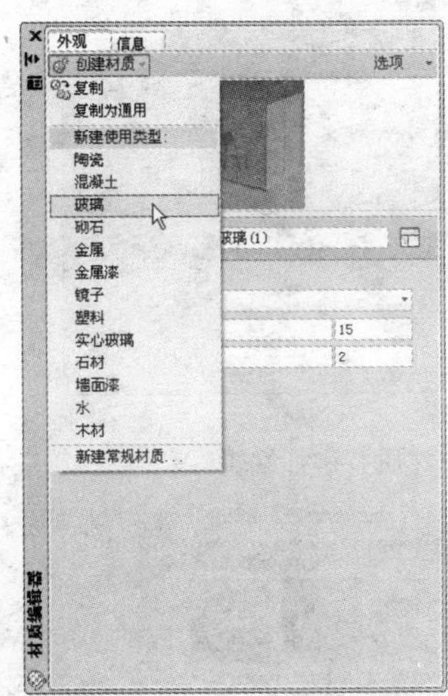

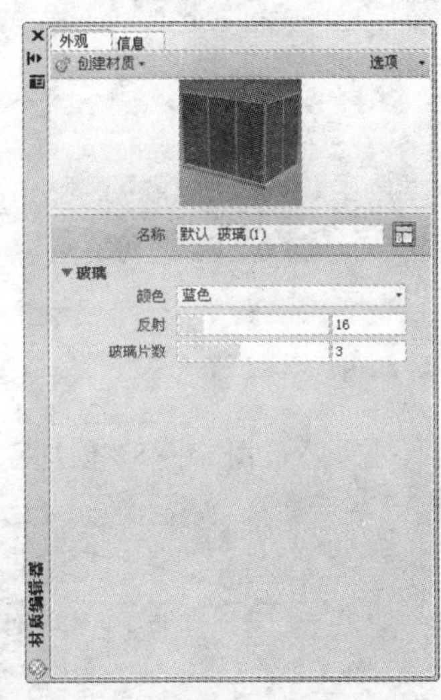

图 14-47　为杯子赋予材质，编辑材质

[6] 同样，依次将【木材】材质赋予桌面、将【水】材质赋予水、将【塑料】材质赋予吸管。各材质的设置如图 14-48 所示。

[7] 单击【材质编辑器】选项面板中的【显示材质浏览器】按钮，显示【材质浏览器】选项面板。面板上方【文档材质】列表中新增了 4 种新建的材质，依次将以上 4 种材质拖动到要赋予的对象上，如图 14-49 所示。

注意

如果渲染后发现材质并没有被赋予给模型，此时可在图形区中先选中没有被赋予材质的模型，然后选择右键菜单“特性”命令，在弹出的【特性】选项面板中重新设置该模型的材质，如图 14−50 所示。

[8] 在【光源】面板中选择光源单位为【常规光源单位】。

[9] 在【渲染】面板中单击【渲染】按钮，打开渲染器。渲染完毕后，图形效果如图 14-51 所示。

[10] 在【光源】面板中选择光源单位为【常规光源单位】。

[11] 在【渲染】面板中单击【渲染】按钮，打开渲染器。渲染完毕后，图形效果如图 14-51 所示。

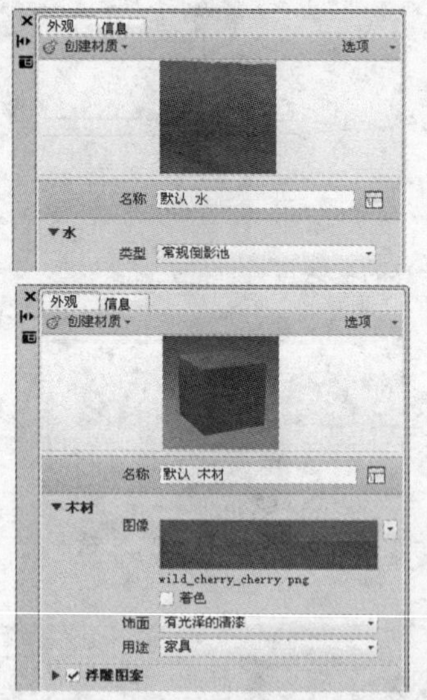

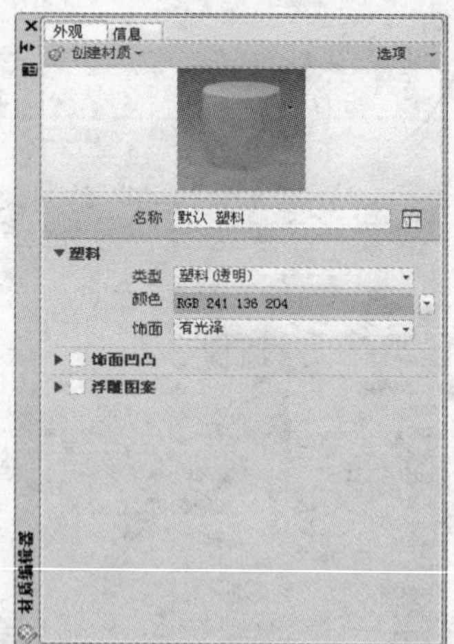

图 14—48 创建另 3 种材质并进行编辑

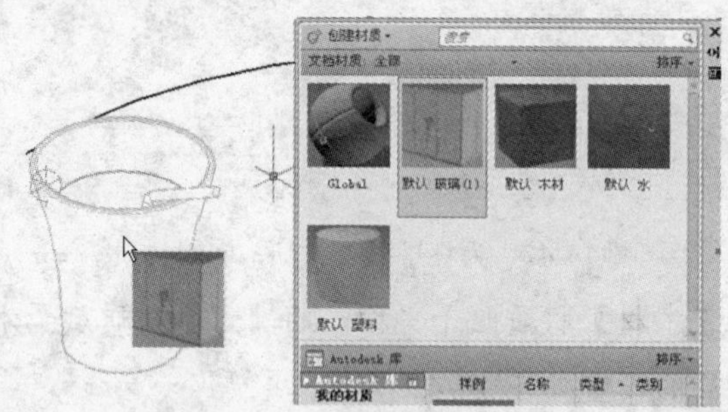

图 14-49 将材质赋予模型

图 14-50 重设置材质

图 14-51 渲染模型

[12] 将渲染图像另存在自定义路径中。

14.7.3 齿轮轴的渲染

减速器大轴承部件由 3 个零件构成，对此部件的渲染使用系统提供的材质贴图即可，要渲染出阴影效果可以在高级选项中设置。

减速器大齿轮轴模型及渲染的效果如图 14-52 所示。

图 14-52 大齿轮轴模型与渲染效果图

例 14-3 光盘\example\Ch14\齿轮轴渲染.dwg 

操作步骤

[1] 打开本章实例文件——轴模型。

[2] 绘制一个面域作为反射底图。选择【视图】|【三维视图】|【俯视】命令，将视图调整到俯视状态。

[3] 在命令行绘制一个 1189×841 的矩形，矩形第一点坐标为（0，0），然后调用【Reg】命令将此矩形转换成面域。

[4] 选择【视图】|【视觉样式】|【真实】，然后选择【视图】|【渲染】|【材质编辑器】，系统弹出如图 14-53 所示【材质编辑器】对话框，在此对话框中单击选项板中【创建或编辑材质】按钮，在弹出的下拉列表中选择金属，然后重命名为“齿轮”。双击图像预览，弹出【纹理编辑器】对话框，可以设置图像参数，【亮度】设置为 80，【比例】设置为 100×100。完成后将此材质运用到视图中齿轮对象上。同样的方法添加面域对象、轴、键槽的材质。这里不再讲述添加的材料与灯光设置。用户可自行配置设定。

[5] 完成以上选择【视图】|【渲染】|【渲染】命令，完成渲染效果图如图 14-54 所示。

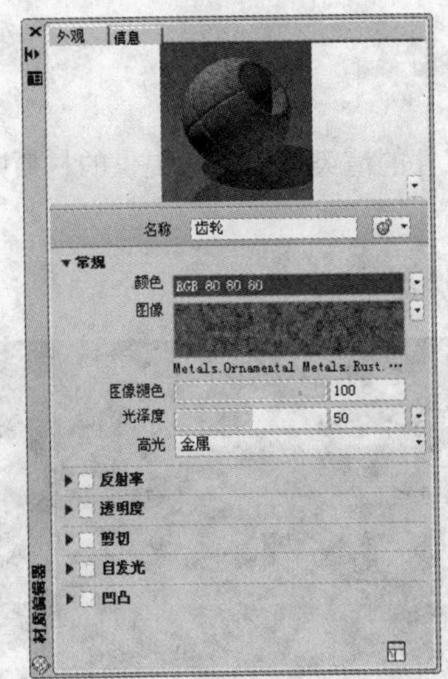

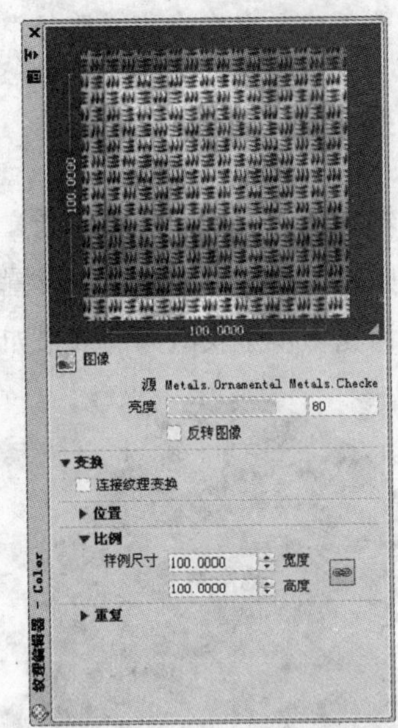

图 14-53 【材质编辑器】选项板

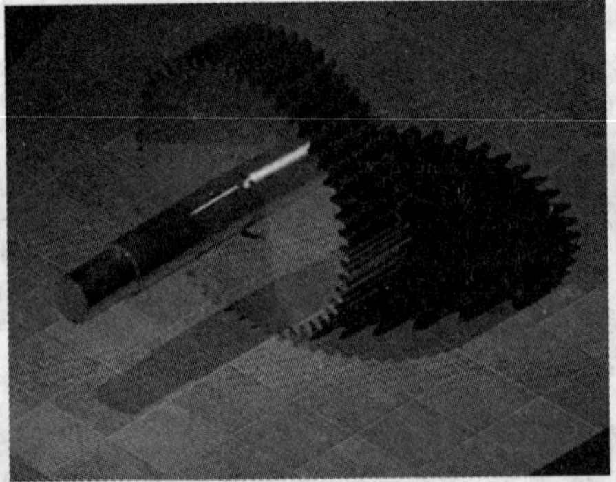

图 14-54 轴的渲染

第15章 AutoCAD 应用于机械设计

本章内容导读：

机械制图是一门探讨绘制机械图样的理论、方法和技术的技术基础课程。用图形表达思想、分析事物、研究问题、交流经验，具有形象、生动、轮廓清晰和一目了然的优点，弥补了有声语言和文字描述的不足。因此，本章将机械制图及 AutoCAD 在其中的应用知识作详细介绍。

本章学习要点：

- AutoCAD 在机械设计中的应用概述
- 机械制图国家标准规定
- 机械工程图样板的创建
- 绘制机械零件图
- 绘制机械零件工程图
- 绘制机械装配图

15.1 AutoCAD 在机械设计中的应用概述

机械设计中，制图是设计过程中的重要工作之一。无论一个机械零件多么复杂，一般均能用图形准确地将其表达出来。设计者通过图形来表达设计对象，而制造者则通过图形来了解设计要求，制造设计对象。

一般来说，一个零件的图形由直线、曲线等图形元素构成。利用 AutoCAD 完全能够满足机械制图过程中的各种绘图要求。例如利用 AutoCAD，可以方便地绘制直线、圆、圆弧、等边多边形等基本图形对象；可以对基本图形进行各种编辑，以构成各种复杂图形。

除此之外，AutoCAD 还具有手工绘图无法比拟的优点。例如，可以将常用图形，如符合国家标准的轴承、螺栓、螺母、螺钉、垫圈等分别建成图形库，当希望绘制这些图时，直接将它们插入即可，不再需要根据手册来绘图；当一张图纸上有多个相同图形，或者所绘图形对称于某一轴线时，利用复制、镜像等功能，能够快速地从已有图形得到其他图形；可以方便地将已有零件图组装成装配图，就像实际装配零件一样，从而能够验证零件尺寸是否正确，是否会出现零件之间的干涉等问题；利用 AutoCAD 提供的复制等功能，可以方便地通过装配图拆零件图；当设计系列产品时，可以方便地根据已有图形派生出新图形。国家机械制图标准对机械图形的线条宽度、文字样式等均有明确规定，AutoCAD 完全能够满足这些标准要求。

15.2 机械制图国家标准规定

图样是工程技术界的共同语言，为了便于指导生产和进行技术交流，国家标准对图样上的有关内容作出了统一的规定，每个从事技术工作的人员都必须掌握并遵守。国家标准（简称国标）的代号为 GB。本节仅就图幅格式、标题栏、比例、字体、图线、尺寸注法等一般规定予以介绍，其余的内容将在以后的章节中逐一叙述。

15.2.1 图纸幅面及格式

一副标准图纸的幅面、图框和标题栏必须按照国标进行确定或绘制。

1. 图纸的幅面

绘图技术图样时，应优先采用表 15-1 中所规定的图纸基本幅面。

如果必要，可以对幅面加长。加长后的幅面尺寸由基本幅面的短边成倍数增加后得出。加长后的幅面代号记作：基本幅面代号×倍数。如 A4×3，表示按 A4 图幅短边 210 加长 3 倍，即加长后图纸尺寸为 297×630。

2. 图框格式

在图纸上必须用细实线画出表示图幅大小的纸边界线；用粗实线画出图框，其格式分为不留装订边和留有装订边两种，但同一产品的图样只能采用一种格式。

不留装订边的图纸，其图框格式如图 15-1 所示。

表 15-1 基本幅面

<table>
<tr><th colspan="2">幅面代号</th><th>A0</th><th>A1</th><th>A2</th><th>A3</th><th>A4</th></tr>
<tr><td colspan="2">幅面尺寸$B\times L$</td><td>841×1189</td><td>594×841</td><td>420×594</td><td>297×420</td><td>210×297</td></tr>
<tr><td rowspan="3">周边尺寸</td><td>e</td><td colspan="5">25</td></tr>
<tr><td>c</td><td colspan="3">10</td><td colspan="2">5</td></tr>
<tr><td>a</td><td colspan="2">20</td><td colspan="3">10</td></tr>
</table>

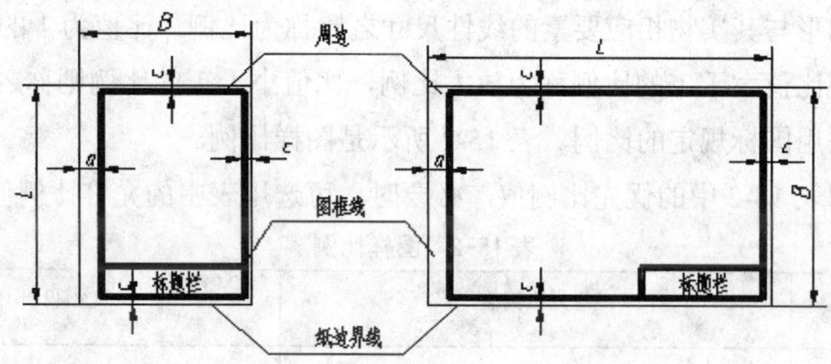

图 15-1 不留装订边的图框格式

留有装订边的图纸，其图框格式如图 15-2 所示。

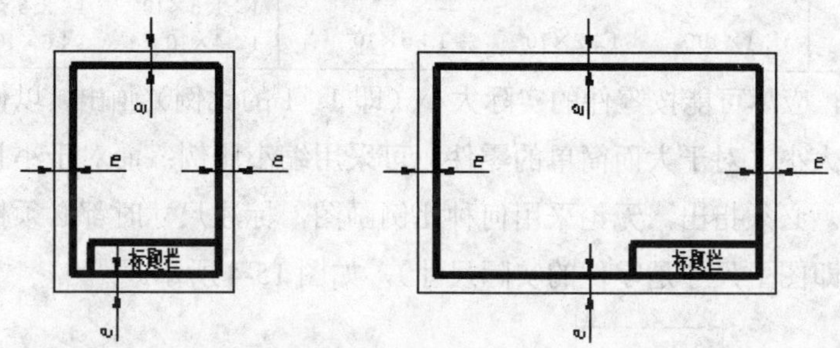

图 15-2 留装订边的图框格式

15.2.2 标题栏

每张技术图样中均应画出标题栏。标题栏的格式和尺寸按 GB/T10609.1-2008 的规定。标题栏一般由更改区、签字区、其他区（如材料、比例、重量）、名称及代号区（单位名称、图样名称、图样代号）等组成。

通常工矿企业工程图的标题栏格式如图 15-3 所示。

而一般在学校的制图作业中采用简化标题栏格式及尺寸。必须注意的是标题栏中文字的书写方向即为读图的方向。

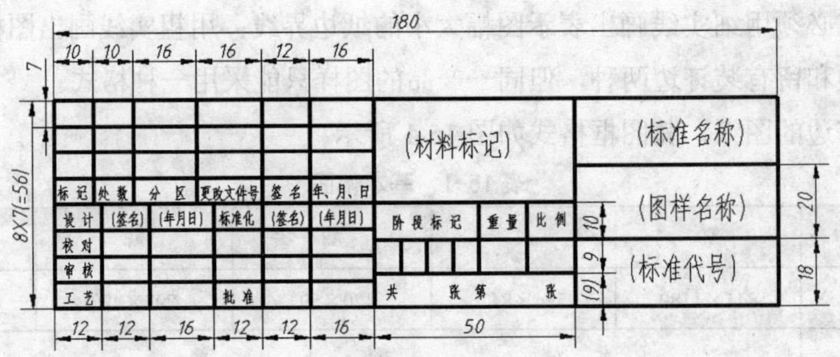

图 15-3　标题栏

15.2.3 图纸比例

机械图中图形与其实物相应要素的线性尺寸之比称为比例。比值为 1 的比例，即 1：1 称为原值比例，比值大于 1 的比例称为放大比例，比值小于 1 的比例则称之为缩小比例。绘制图样时，采用国标规定的比例。表 15-2 所示是图样比例。

通常应选用表 15-2 中的优先比例值，必要时，可选用表中的允许比例值。

表 15-2　图样比例

种类	优先比例值	允许比例值
原值比例	1：1	2.5：1　4：1 2.5×10^n：1　4×10^n：1
放大比例	2：1　5：1 1×10^n：1　2×10^n：1　5×10^n：1	
缩小比例	1：2　1：5 1：1×10^n　1：2×10^n　1：5×10^n	1：1.5　1：2.5　1：3　1：4　1：6 1：1.5×10^n　1：2.5×10^n　1：3×10^n 1：4×10^n　1：6×10^n

绘制图样时，应尽可能按零件的实际大小（即 1：1 的比例）画出，以便直接从图样上看出零件的实际大小。对于大而简单的零件，可采用缩小比例；而对于小且复杂的零件，宜采用放大比例。必须指出，无论采用何种比例画图，标注尺寸时都必须按照零件原有的尺寸大小标注（即图上尺寸是零件的实际尺寸），如图 15-4 所示。

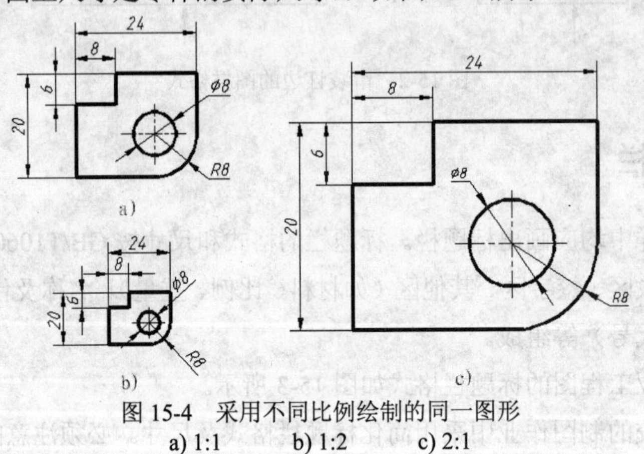

图 15-4　采用不同比例绘制的同一图形
a) 1:1　b) 1:2　c) 2:1

15.2.4 字体

机械图形除图形外，还需用汉字、字母、数字等来标注尺寸和说明零件在设计、制造、装配时的各项要求。

在图样中书写汉字、字母、数字时必须做到：字体工整、笔画清楚、间隔均匀、排列整齐。字体高度（用 h 表示）的公称尺寸（mm ）系列为 1.8、2.5、3.5、5、7、10、14、20 等八种，如需要书写更大的字，其字体高度应按 $\sqrt{2}$ 的比率递增。字体高度代表字体的号数，如 7 号字的高度为 7mm。

为了保证图样中的字体大小一致、排列整齐，初学时应打格书写。图 15-5、图 15-6 所示的是图样上常见字体的书写示例。

字体端正笔划清楚
排列整齐间隔均匀

图 15-5 长仿宋字

0123456789
I II III IV V VI VII VIII IX X

图 15-6 数字书写示例

15.2.5 图线

国标所规定的基本线型共有 15 种。以实线为例，基本线型可能出现的变形见表 15-3。其余各种基本线型视需要而定，可用同样的方法变形表示。

图线分为粗线、中粗线、细线三类。画图时，根据图形的大小和复杂程度，图线宽度 d（mm）可在 0.13、0.18、0.25、0.35、0.5、0.7、1、1.4、2 数系（该数系的公比为 1 : $\sqrt{2}$）中选取。粗线、中粗线、细线的宽度比率为 4 : 2 : 1。由于图样复制中所存在的困难，应尽量避免采用 0.18 mm 以下的图线宽度。

机械图中常用图线的名称、形式、宽度及用途如表 15-3 所示。

表 15-3 图线的名称、形式、宽度及其用途

图线名称	图线形式	图线宽度	图线应用举例（见图 15-7）
粗实线		b	可见轮廓线；可见过渡线
虚线		约 $b/3$	不可见轮廓线；不可见过渡线
细实线		约 $b/3$	尺寸线、尺寸界线、剖面线、重合断面的轮廓线及指引线
波浪线		约 $b/3$	断裂处的边界线等
双折线		约 $b/3$	断裂处的边界线
细点画线		约 $b/3$	轴线、对称中心线等
粗点画线		b	有特殊要求的线或表面的表示线
双点画线		约 $b/3$	极限位置的轮廓线、相邻辅助零件的轮廓线等

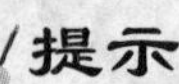**提示**

表中虚线、细点画线、双点画线的线段长度和间隔有供参考的数值。粗实线的宽度应根据图形的大小和复杂程度选取，一般取 0.7mm。

图 15-7 所示为各种形式图线的应用示例。

绘制图样时，应注意：

- ◆ 同一图样中，同类图线的宽度应基本一致。虚线、点画线及双点画线的线段长短间隔应各自大致相等。
- ◆ 两条平行线之间的距离应不小于粗实线的两倍宽度，其最小距离不得小于 0.7mm。
- ◆ 虚线及点画线与其他图线相交时，都应以线段相交，不应在空隙或短画处相交；当虚线是粗实线的延长线时，粗实线应画到分界点，而虚线应留有空隙；当虚线圆弧和虚线直线相切时，虚线圆弧的线段应画到切点，而虚线直线需留有空隙，。
- ◆ 绘制圆的对称中心线（细点画线）时，圆心应为线段的交点。点画线和双点画线的首末两端应是线段而不是短画，同时其两端应超出图形的轮廓线 3～5mm。在较小的图形上绘制点画线或双点画线有困难时，可用细实线代替。

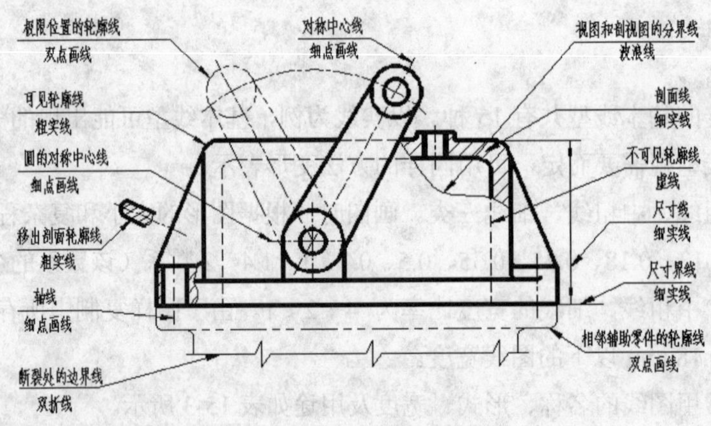

图 15-7　图线应用示例

15.2.6 尺寸标注

图形只能表达零件的形状，而零件的大小则由标注的尺寸确定。一个完整的尺寸标注应由尺寸界线、尺寸线、尺寸线终端和尺寸数字四个要素组成，如图 15-8 所示。

机械图样中，尺寸的标注应遵循以下基本原则：

- ◆ 零件的真实大小应以图样上所注的尺寸数值为依据，与图形的大小及绘图的准确度无关。
- ◆ 图样中的尺寸以毫米为单位时，不需标注计量单位的代号或名称。如采用其他单位，则必须注明。

◆ 图样中所注尺寸是该图样所示零件最后完工时的尺寸，否则应另加说明。

◆ 零件的每一尺寸一般只标注一次，并应标注在反映该结构最清晰的图形上。

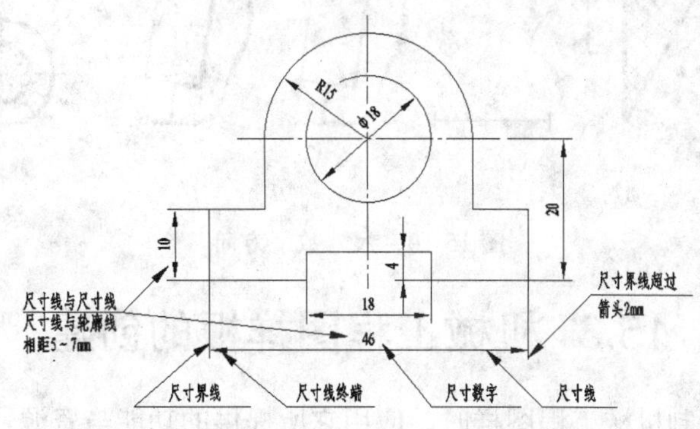

图 15-8　尺寸组成要素

1. 尺寸界线

尺寸界线用细实线绘制，应由图形的轮廓线、轴线或对称中心线处引出。也可利用轮廓线、轴线或对称中心线作尺寸界线。尺寸界线一般应与尺寸线垂直，并超出尺寸线终端 2mm 左右。

2. 尺寸线

尺寸线用细实线绘制。尺寸线必须单独画出，不能与图线重合或在其延长线上。

尺寸线终端有两种形式，如图 15-9 所示。箭头适用于各种类型的图样，箭头尖端与尺寸界线接触，不得超出也不得离开。斜线用细实线绘制，h 为字体高度。当尺寸线终端采用斜线形式时，尺寸线与尺寸界线必须相互垂直，并且同一图样中只能采用一种尺寸线终端形式。

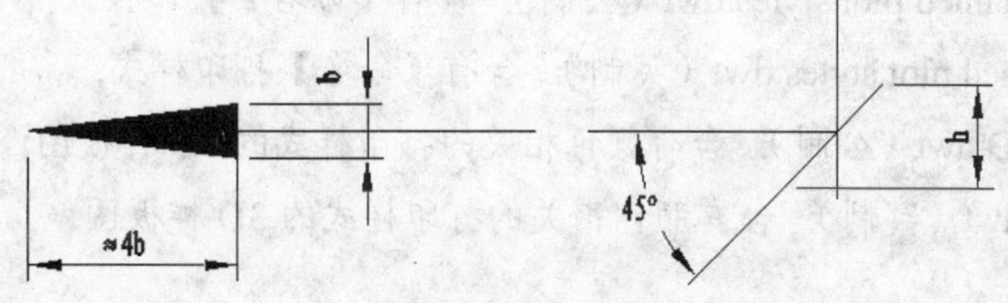

图 15-9　尺寸线终端形式

3. 尺寸数字

线性尺寸的数字一般应注写在尺寸线的上方，也允许注写在尺寸线的中断处。同一图样内的数字大小一致，位置不够可引出标注。尺寸数字不可被任何图线所通过，否则必须把图线断开，见图 15-10c 中的尺寸 $\Phi 18$。

水平方向的尺寸数字字头朝上；垂直方向的尺寸数字字头朝左；倾斜方向的尺寸数字其字头保持有朝上的趋势。但在 30º 范围内应尽量避免标注尺寸，如图 15-10a 所示；当无法避免时，可参照图 15-10b 的形式标注。

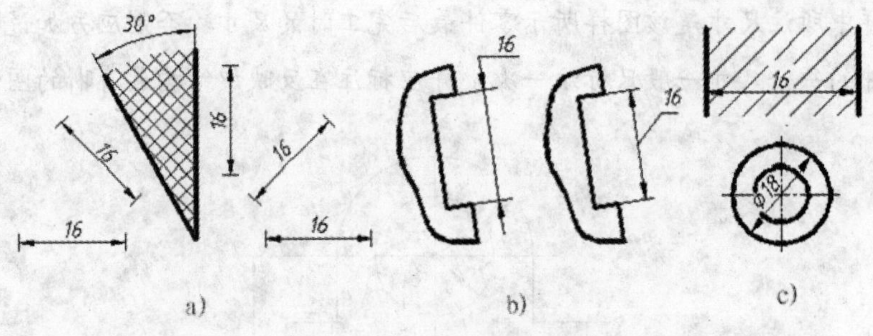

图 15-10　尺寸数字方向

15.3 机械工程图样板的创建

用 AutoCAD 绘制机械工程图样时，应用它所提供的功能与资源，为图样的绘制、设计创造一个初始环境，称为工程图纸的初始化。

15.3.1 样板图的作用

初学者学习使用绘图软件的最终目的就是绘制机械图样，由于样板图的使用可以避免许多重复性的工作，提高绘图效率，便于文件的调用和标注，便于图样的标准化，所以在实际绘图过程中，常常将设置的绘图环境创建成样板图，使用时调用即可。要绘制部件的装配图和相关零件的一套零件图，创建样板图是很有必要的。

AutoCAD 提供了一些标准的样板图形，它们都是以.dwt 为后缀的图形文件，存放在 AutoCAD 2012 的 Template 文件夹中。其中有 6 个是 AutoCAD 基础样板图形，它们是：

- acadiso.dwt（公制）：含有【颜色相关】的打印样式；
- acad.dwt（英制）：含有【颜色相关】的打印样式；
- acadiso-named plot styles.dwt（公制）：含有【命名】打印样式；
- acad-named plot styles.dwt（英制）：含有【命名】打印样式；
- acadiso3D.dwt（公制）：含有颜色相关的打印样式的 3D 样板图；
- acad3D.dwt（英制）：含有颜色相关的打印样式的 3D 样板图。

15.3.2 样板图的创建过程

绘制的机械图都应符合机械图样国标（GB）和机械工程 CAD 制图规则 GB/T14665－1998 的规定。下面以制作 A4 图幅的样板图为例，说明创建样板图的步骤。

本例标准机械工程图样板图的创建可分为【新建图形文件】、【设置绘图边界】、【设置常用图层】、【设置工程图样标注用的字体、字样及字号】、【绘制图纸边界、图框和标题栏】、【设置机械图样尺寸标注用的标注样式】、【高级初始化绘图环境】及【保存样板图】等步骤。

例 15-1　光盘\example\Ch15**机械样板图**.dwg 

操作步骤

1. 新建图形文件

[1] 在【快速访问】工具栏上单击【新建】按钮，打开【选择样板文件】对话框。通过该对话框选择“acad.dwt”样板文件，并将其打开。

[2] 在菜单栏执行【文件】|【另存为】命令，然后在打开的【图形另存为】对话框中以*.dwt 格式保存命名为“A4 样板图”的样板，如图 15-11 所示。

图 15-11　创建样板文件

[3] 随后程序弹出【样板选项】对话框，保留默认的说明及测量单位，再单击【确定】按钮，完成新样板文件的创建。

2. 设置绘图边界

[1] 在快速访问工具栏选择右键【显示菜单栏】命令，将菜单栏打开。

[2] 在菜单栏执行 【格式】|【图形界限】命令，然后按命令行的提示操作：

```
命令: _limits
设置模型空间界限:
指定左下角点或 [开(ON)/关(OFF)] <0.0000,0.0000>: ↙
指定右上角点 <420.0000,297.0000>: 210,297↙                //指定界限的右上角点
```

[3] 打开栅格开关，设置的绘图图限如图 15-12 所示。

3. 设置常用图层

根据 CAD 制图标准，参照表 15-4 所列的至少 9 个图层和相应的线型建立常用的图层。

[1] 在菜单栏执行【工具】|【选项板】|【图层】命令，打开【图层特性管理器】选项板。

[2] 在该选项板上创建 9 个新图层，并按表 15-4 所示的图层名、线型、颜色及线宽分

别定义，如图 15-13 所示。

[3] 完成图层的创建后关闭选项板。

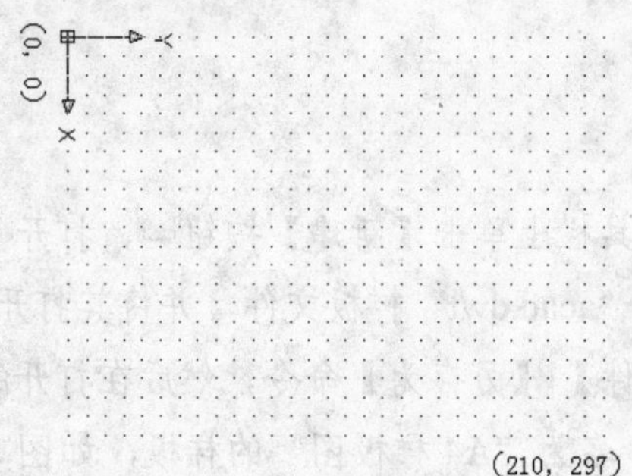

图 15-12 竖放的 A4 图限

表 15-4 常用图层

图层名	线型	颜色	线宽/ mm
粗实线	Continuous	绿	0.3
细实线	Continuous	白	0.15
虚线	Acad-iso02w100	黄	0.15
点画线	Center	红	0.15
细双点画线	Acad-iso05w100	粉红	0.15
尺寸标注	Continuous	白	0.15
剖面符号	Continuous	白	0.15
文本（细实线）	Continuous	白	0.25
图框、标题栏	Continuous	绿	0.25

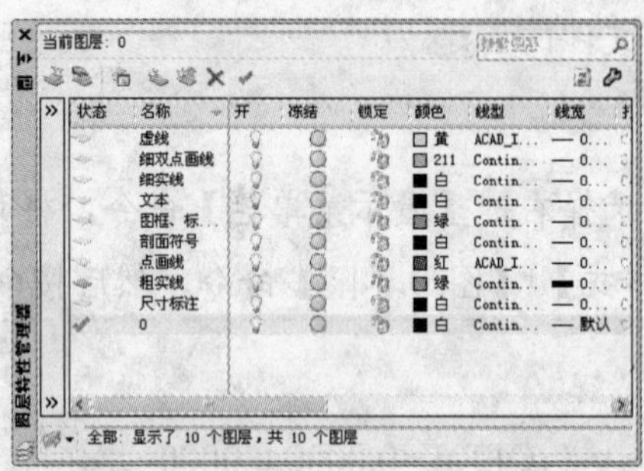

图 15-13 创建图层

4. 设置工程图样标注用的字体、字样及字号

如表 15-5 所示的三种字体，分别用于尺寸标注、英、中文书写和标注（如技术要求、剖切平面名称、基准名称等）。根据 CAD 制图标准，参照表 15-5 所列的四种文字样式和相应的字体、字号规定建立常用的文字样式。

[1] 在菜单栏执行【格式】|【文字样式】命令，打开【文字样式】对话框。然后在对话框中单击【新建】按钮，弹出【新建文字样式】对话框，输入“工程图文字”

样式名，再单击【确定】按钮，关闭【新建文字样式】对话框，如图 15-14 所示。

表 15-5　字样设置

Style Name 字样名	Font（字体）			Effects（效果）		说明
	字体名	字体样式	字高/mm	宽度比例	倾斜角度（°）	
GBX3.5	gbeitc.shx	gbcbig.shx（用大字体）	3.5	1	5~12	3.5 号字(直体)
GBTXT			0	1	0	用户可自定义高度(直体)
GB3.5	isocp.shx	(不用大字体)	3.5	0.7	0	字母、数字(斜体)
工程图汉字	仿宋 GB2312		5	0.7	0	汉字用(直体)

[2] 在【字体名】下拉列表中选择【T 仿宋-GB2312】字体(不要选成【T@仿宋-GB2312】字体)；在【高度】编辑框中设高度值为 0.00；在【宽度比例】编辑框中设宽度比例值为 0.7, 其他使用默认值，如图 15-15 所示。

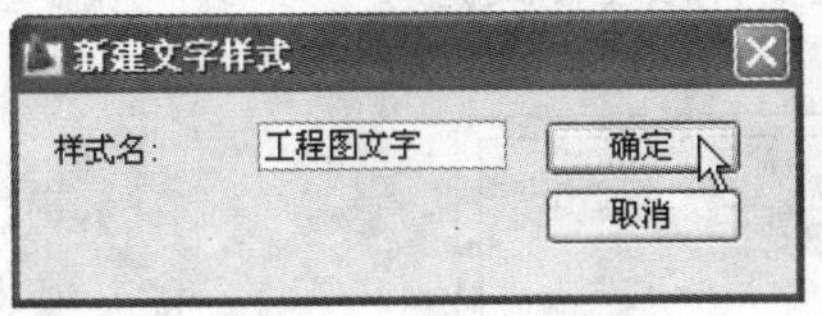

图 15-14　新建文字样式

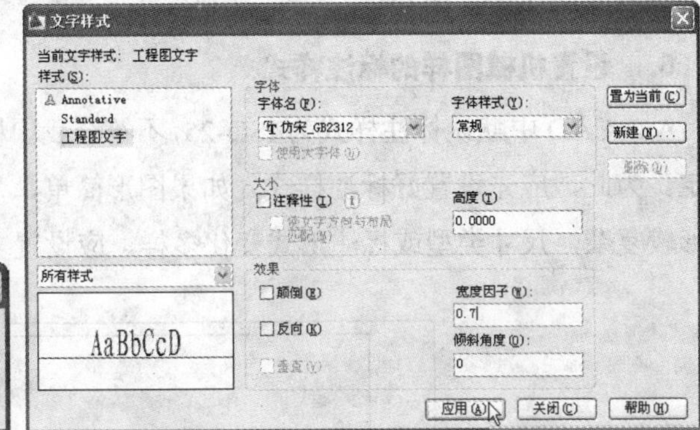

图 15-15　设置并创建【工程图文字】样式

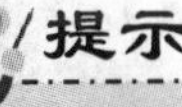

提示

【工程图文字】样式用于在工程图中书写符合国家标准规定的汉字(长仿宋体)，如技术要求、标题栏、明细表等。

[3] 同理，继续在对话框中创建【GBX35】文字样式。其创建过程同上，不同之处在于：选择 gbeitc.shx 字体，勾选【使用大字体】复选框，并在【大字体】下拉列表中选择 gbcbig.shx。在宽度比例编辑框中输入值为 1，如果数字采用斜体则在角度编辑框中输入 5 ~ 12 的数值，其他使用默认值，如图 15-16 所示。

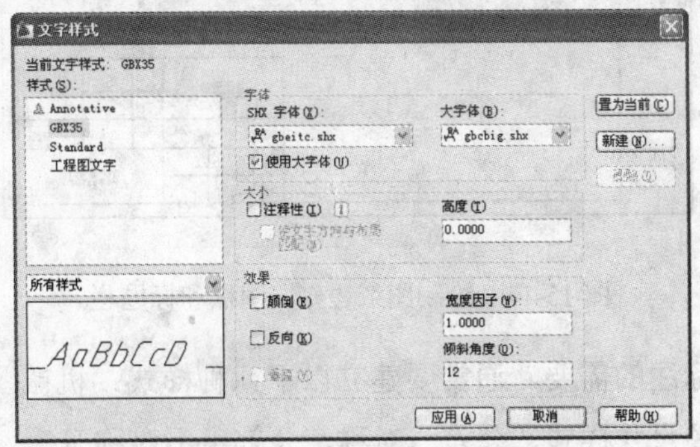

图 15-16　创建【GBX35】样式

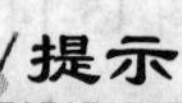

/提示

【GBX35】样式用于控制工程图中所标注的尺寸数字和其他数字、字母，使其符合国家制图标准。

[4] 单击【应用】按钮，保存样式。最后单击【关闭】按钮，关闭【文字样式】对话框。

5. 绘制图纸边界、图框和标题栏

画好图纸边界、图框和标题栏，用建好的文字样式填写标题栏中相关的不变文字。绘制的图框如图 15-17 所示。

6. 设置机械图样的标注样式

AutoCAD 中默认标注样式为 ISO-25，不符合我国机械制图国家标准中有关尺寸标注的规定。为此，应先设置好标注样式。如果图形简单，尺寸类型单一，设置一种即可；如果图形较复杂，尺寸类型或标注形式变化多样，应设置多种标注样式。

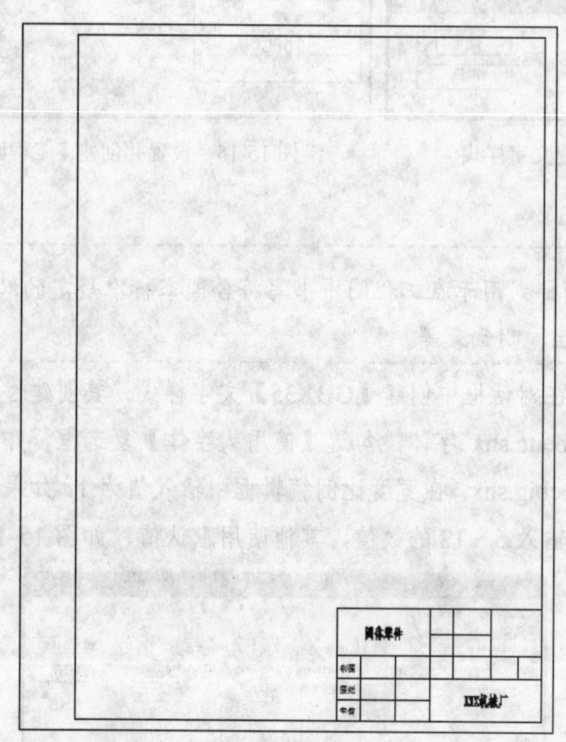

图 15-17 绘制图纸边界、图框和标题栏

根据机械图尺寸标注的需要，通常要建立以下几种样式：机械图尺寸通用样式、角度尺寸样式、直径或半径尺寸样式、公差－对称、公差－不对称等。

[1] 在菜单栏执行【格式】|【标注样式】命令，弹出【标注样式管理器】对话框。

[2] 单击【新建】按钮，弹出【创建新标注样式】对话框，输入新的样式名“GB”，然后单击【继续】按钮，如图 15-18 所示。

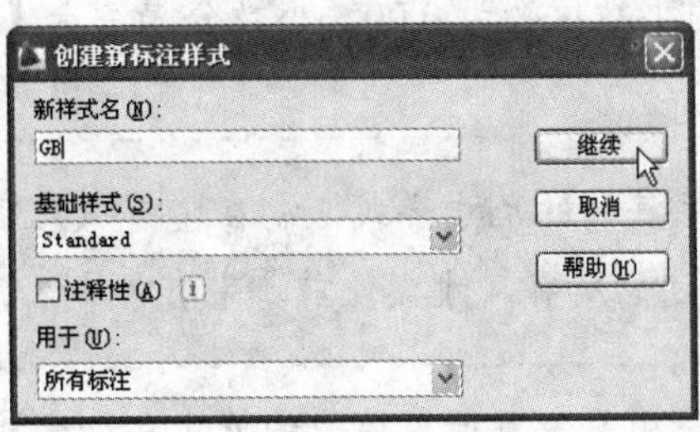

图 15-18 创建 GB 标注样式

[3] 随后程序弹出【新建标注样式】对话框。在该对话框中进行如下的测试设置。GB 标注样式设置完成的对话框如图 15-19 所示。

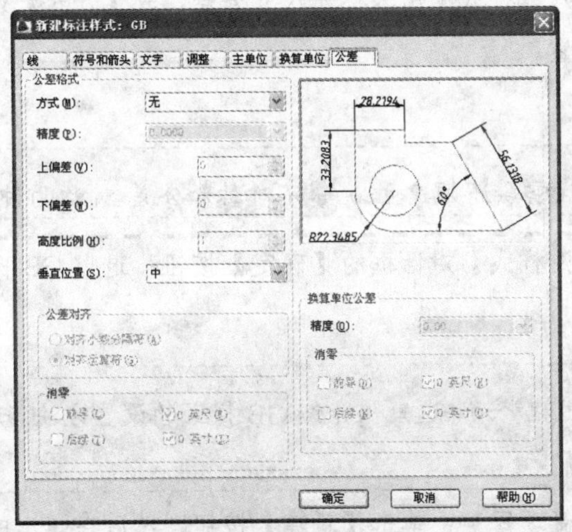

图 15-19 设置 GB 标注样式

- ◆ 在【线】标签的【尺寸线】选项卡中基线间距设为 8，【延伸线】选项卡中超出尺寸线设为 2.25，起点偏移量设为 2。
- ◆ 在【符号和箭头】标签的【箭头】选项卡中箭头设为 4，【圆心标记】选项卡中单击【无】单选按钮。
- ◆ 在【文字】标签的【文字外观】选项卡中文字样式设为【GBX35（已预设）】，文字高度设为 3.5（或 5），【文字位置】选项卡中垂直设为【上】，从尺寸线偏移设为 1，【文字对齐】选项卡中单击【与尺寸线对齐】单选按钮。

注意

对于【角度】尺寸样式，【文字位置】选项卡中，【垂直】要选【外部】，【文字对齐】选项卡中要选【水平】。

- ◆ 在【调整】标签的【优化】选项卡中勾选【在延伸线之间绘制尺寸线】复选框。
- ◆ 在【主单位】标签中，线性标注、角度标注的单位格式分别选【小数】、【十进制度数】，通用尺寸的小数位数为 0.00，小数分隔符选【.】，其他默认。

注意

要设置非圆视图上标注直径的尺寸样式，需在【前缀】处输入直径符号的控制码“%%C”。则用该样式标注的所有尺寸数值前都带有“φ”。

- ◆ 在【换算】标签中，用来设置换算单位的格式和精度并设置尺寸数字的前、后缀，该标签在特殊情况下才使用。在不设置换算单位情况下通常处于隐藏状态不必设置。
- ◆ 在【公差】标签中，用来控制尺寸公差标注形式、公差值大小、公差数字的高度和位置。通用尺寸样式不用来标注尺寸公差，故【方式】列表中选择【无】选项，其他项不必设置。

注意

另外根据公差标注需要还须建立公差-不对称和公差-对称两种样式。

[4] 单击【新建标注样式】对话框的【确定】按钮，退出 GB 标注样式的设置。

提示

鉴于样式设置的过程繁琐，这里仅介绍 GB 样式的设置方法。其余样式均参照此方法进行设置

[5] 在【标注样式管理器】中单击【新建】按钮，然后在弹出的对话框中输入新样式名【公差-不对称样式】，单击【继续】按钮，如图 15-20 所示。

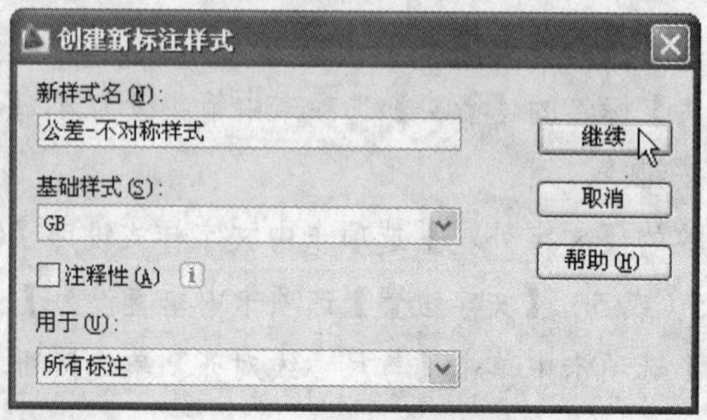

图 15-20 创建【公差-不对称样式】标注样式

[6] 在随后弹出的【新建标注样式】对话框的【公差】标签中，进行如下设置：

- ◆ 【方式】选【极限偏差】，【精度】保留位数与公差值中的小数点后位数一致。【精度】下拉表中，选择 0.000，表明保留 3 位小数。

- 【上偏差】可随意输入一值，默认状态是正值，若输入负值应在数字前输负号；
- 【下偏差】可随意输入一值，默认状态是负值，若输入正值应在数字前输负号；
- 【高度比例】用来设定尺寸公差数字的高度.一般设为 0.7,使公差数字比尺寸数字小一号。
- 【垂直位置列表】选【下】选项，使尺寸公差数字底部与基本尺寸底部对齐，符合国标。

[7] 其余标签下的设置参考前面 GB 样式。设置完成后单击【确定】按钮，如图 15-21 所示。

[8]【标注样式管理器】中单击【新建】按钮，然后在弹出的对话框中输入新样式名“公差-对称样式”，并单击【继续】按钮，如图 15-22 所示。

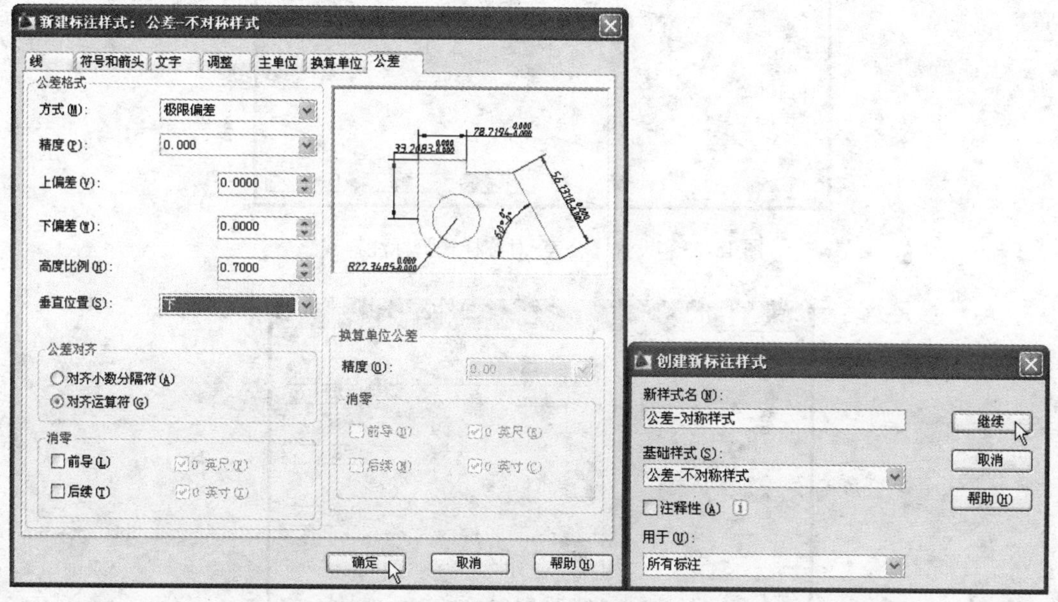

图 15-21 设置【公差-不对称样式】标注样式　　图 15-22 创建【公差-对称样式】标注样式

[9] 在随后弹出的【新建标注样式】对话框的【公差】标签中，进行如下设置:

[10] 在【方式】列表框选【对称】选项，【精度】保留位数与公差值中的小数点后位数一致。

[11]【上偏差】可随意输入一正值。【高度比例】设为 1，使尺寸公差数字字高与基本尺寸数字高度相等。【垂直位置】列表中选【下】选项。

[12] 其余标签下的设置参考前面 GB 样式。设置完成后单击【确定】按钮，如图 15-23 所示。

[13] 单击【标注样式管理器】对话框的【关闭】按钮，完成所有标注样式的创建，如图 15-24 所示。

7. 高级初始化绘图环境

用【选项】对话框修改系统的一些默认配置选项，如圆弧显示精度、右键功能、线宽显示比例等，对绘图环境进行高级初始化；还可对常用的辅助绘图模式进行设置，包括栅格间距、对象追踪特征点、角增量等。

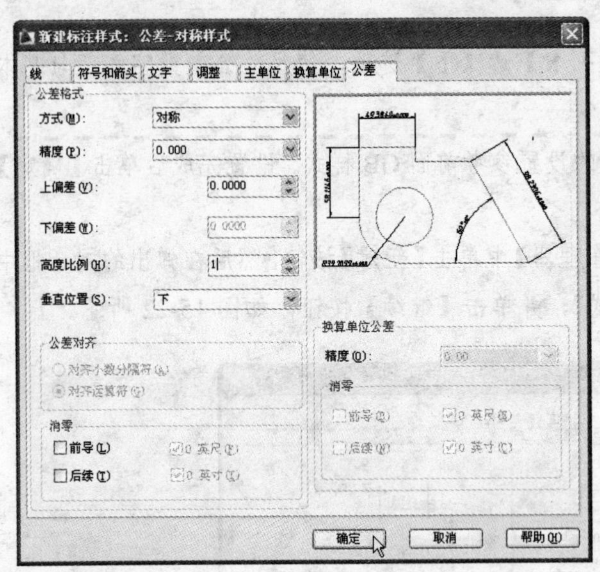

图 15-23　设置【公差-对称样式】标注样式

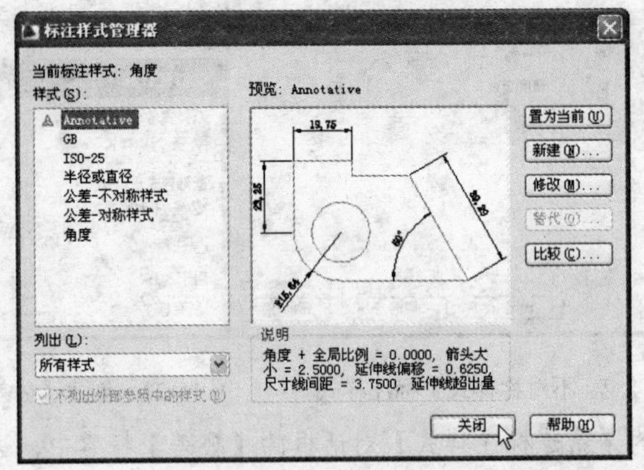

图 15-24　完成标注的样式创建

8.　保存样板图

单击【快速访问】工具栏上的【保存】按钮，将样板文件保存。

9.　其他图幅样板的创建

若需要创建 A0、A1、A2 和 A3 等其他图幅的样板图，在此基础上可以快速创建出来。例如要创建 A3 的样板图，只需通过【样板】方式，选取已建好的【A4 机械样图】建一个新图，则新图中包含有【A4 机械样图】的所有信息，这时通过 Limits 命令，输入右上角点坐标（420，297），图形界限就变为 A3 的图幅大小（打开栅格即可验证），但其中边框、图框大小仍没改变。此时需用编辑命令“Scale”将它们（不包括标题栏）放大，如图 15-25 所示。

```
指定比例因子或 [参照(R)]: R
指定参照长度 <1>: 297
指定新长度: 420
```

图 15-25　变 A4 图幅为 A3 图幅大小

方法是：指定比例因子时用【参照】选项，参照长度输入 297（长边）或 210（短边），新长度输入对应的 420 或 297，边框和图框就符合 A3 的图幅，其他都不必改变，即完成创建。

15.4　AutoCAD 二维机械图形绘制案例

用 AutoCAD 绘制机械图形，主要表现在单个零件设计、零件图设计和装配图设计。下面举例加以说明。

15.4.1　绘制机械零件图

机械零件一般分机械标准件（或常用件）和普通零件。本节中将介绍几种机械零件图的绘制方法，以及在绘制过程中使用的一些技巧。

1.　绘制轴承

例 15-2　光盘\example\Ch15**轴承**.dwg

轴承有多种类型，是机械设计中最常用到的标准件之一。国家标准对轴承的绘制有具体规定。如图 15-26 所示是深沟球轴承的简化画法，这是标号为 6206 的深沟球轴承，其主要尺寸为：D=62nn；d=30nn；B=16nn；A=16nn。

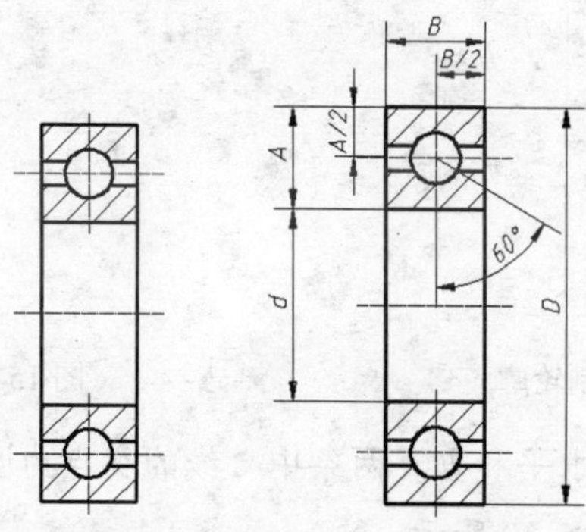

图 15-26　向心轴承

可以看出，轴承是完全对称的图形，因此只需要绘出其中的一半，然后再进行镜像即可。

操作步骤

[1] 新建图形文件。设置绘图的环境，并设置好文字样式、标注样式，以及根据所绘制的图形创建好图层，如图 15-27 所示。

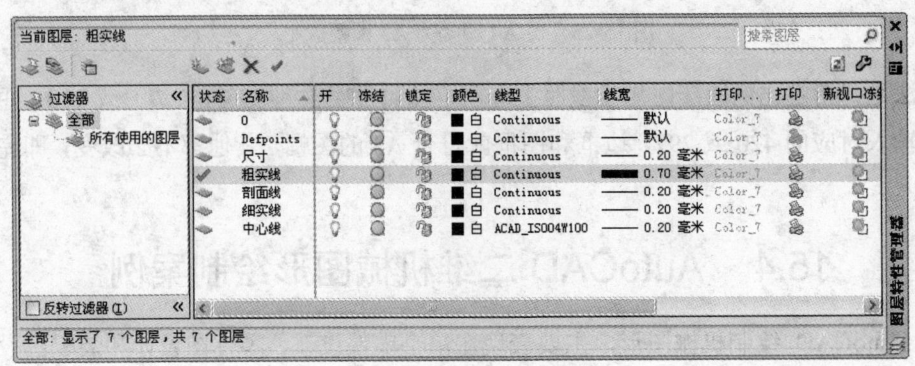

图 15-27　创建图层

[2] 使用【直线】命令绘制出对称处的中心线和两条垂直线。直线的高度为 *D*/2，这里 *D* 为 62mm，即高度为 31mm。两垂直线的距离为 *B*，即 16mm，再绘制连接两条垂直线的直线，如图 15-28 所示。

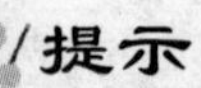

提示

在绘制右侧的竖直直线时，可以通过使用【复制】命令，复制左侧的直线，向右复制的距离为 16mm。

[3] 选择【复制】命令，将位于最上方的水平直线向下复制，复制的距离为 16mm，向上复制水平中心线，距离为 23mm[（*D*/2）−(*A*/2)]，通过捕捉轴承轮廓上边的中点，绘制出垂直中心线，如图 15-29 所示。

图 15-28　绘制轮廓　　　　图 15-29　绘制内部轮廓

[4] 选择【圆】命令，以水平和垂直两条中心线的交点为圆心，绘制出表示滚珠的圆，半径为 4mm，如图 15-30 所示。

[5] 绘制出一条辅助直线，结果如图 15-31 所示。命令行提示如下：

```
命令: _line
指定第一点:                                    //捕捉圆心
```

```
指定下一点或 [放弃(U)]:10<-30↙
指定下一点或 [闭合(C)/放弃(U)]: ↙
```

[6] 绘制出一条直线，结果如图 15-32 所示。命令行提示如下:

```
命令: _line
指定第一点:                                    //捕捉辅助线与圆的交点
指定下一点或 [放弃(U)]:                        //捕捉与最右侧直线的垂足点)
指定下一点或 [闭合(C)/放弃(U)]: ↙
```

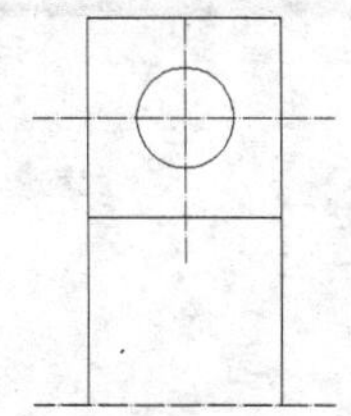
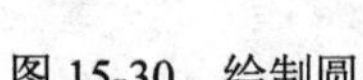

图 15-30 绘制圆

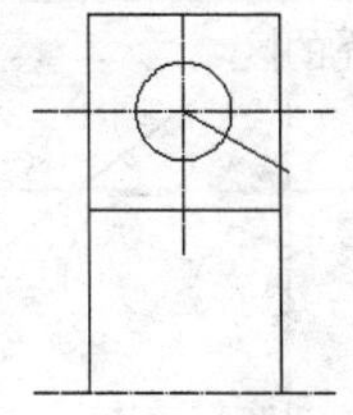

图 15-31 绘制辅助线

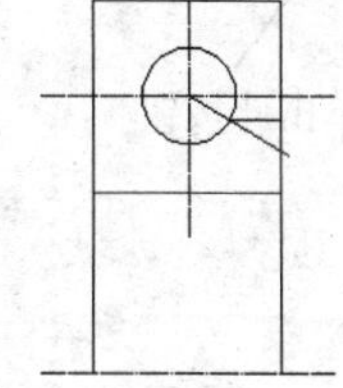

图 15-32 绘制一条直线

[7] 选择【镜像】命令，以垂直中心线为镜像轴，镜像出刚绘制的直线，如图 15-33 所示。以圆的水平中心线为镜像轴，向上镜像直线，如图 15-34 所示。

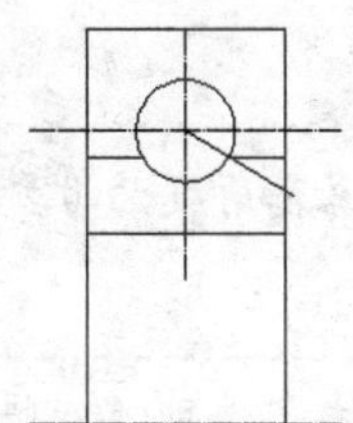

图 15-33 向左镜像直线

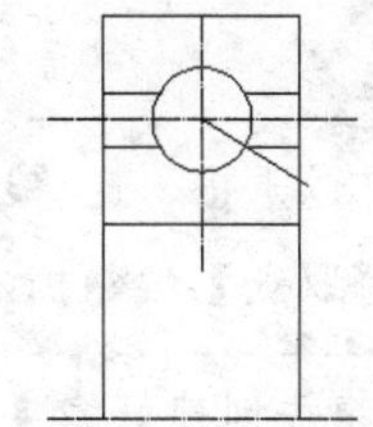

图 15-34 向上镜像直线

[8] 使用【删除】命令，删除辅助线，使用【移动】命令或者夹点功能，适当向上调整圆的垂直中心线，如图 15-35 所示。

[9] 以靠下方的水平中心线为轴，向下镜像复制上面的图形，得到轴承的完整图形，如图 15-36 所示。

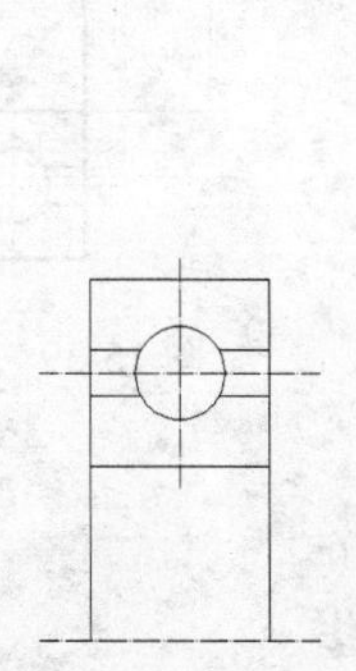

图 15-35 删除辅助线和调整中心线

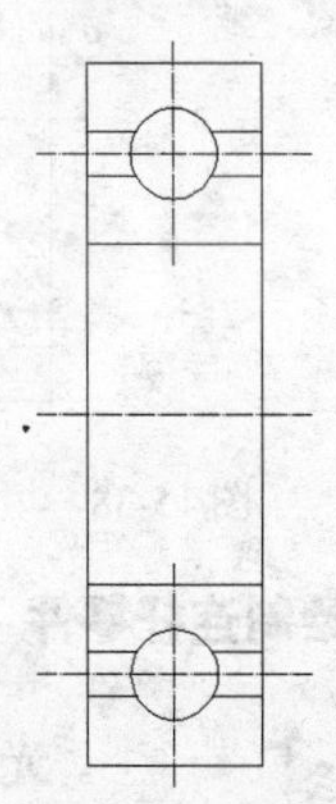

图 15-36 镜像图形

[10] 选择【图案填充】命令，打开【图案填充创建】选项卡，设置剖面填充图案为ANSI31，角度为 0，比例为 1，如图 15-37 所示。

[11] 单击【确定】按钮，完成填充操作，如图 15-38 所示。

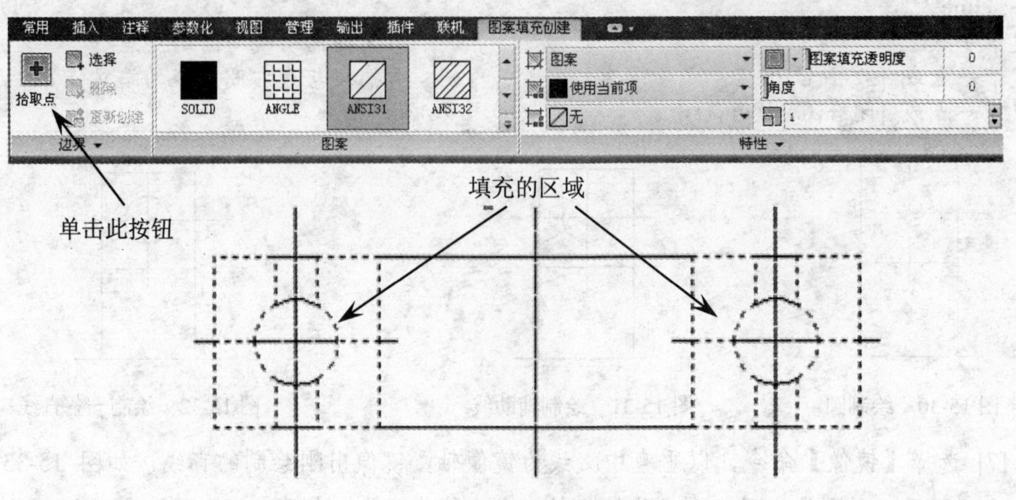

图 15-37 填充设置

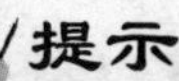

提示

从图中可以看出，已将填充图案选择为 ANSI31，填充角度为 0，填充比例为 1，通过单击【拾取点】按钮确定了填充边界（图中的虚线部分）。

[12] 设置事先创建好的【直线】标注样式为当前样式，选取【线性】工具，标注出轴承中的线性尺寸；选取【角度】工具，标注出轴承滚珠的角度。

[13] 将绘制的图线分别归入相应的图层中，如图 15-39 所示。

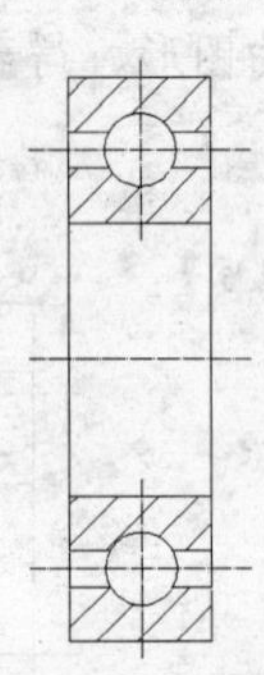

图 15-38 填充后的效果

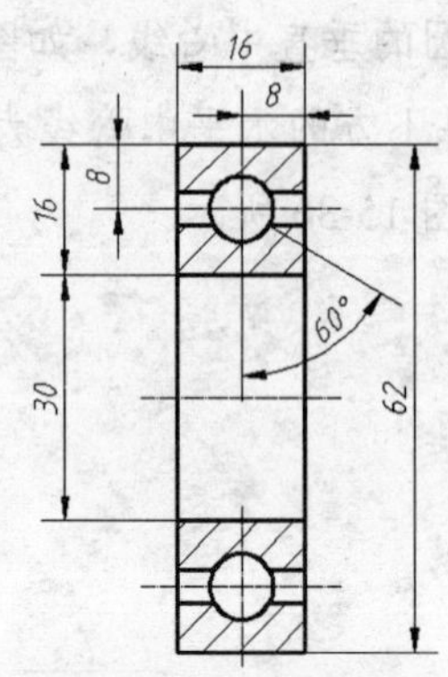

图 15-39 标注图形

2. 绘制连杆零件

例 15-3	光盘\example\Ch15**连杆**.dwg

如图 15-40 所示是较为简单的连杆零件图，其主要由圆和圆弧组成，在绘制过程中还

广泛应用了圆弧之间的相切处理。

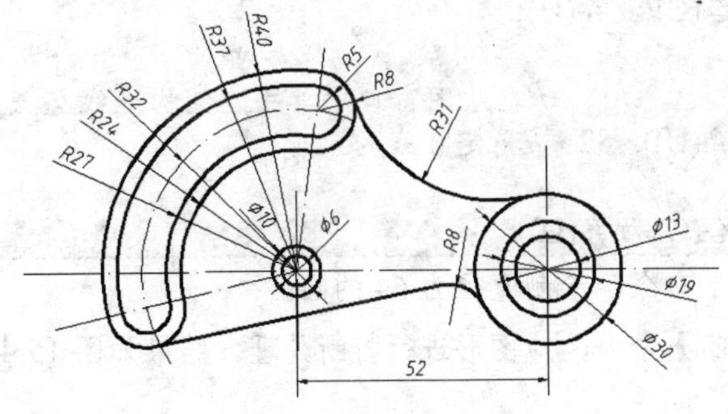

图 15-40 连杆零件

操作步骤

[1] 新建图形文件。

[2] 选择【构造线】命令绘制辅助线，结果如图 15-41 所示。绘制过程中的命令行提示如下:

```
命令: _xline
指定点或[水平(H)/垂直(V)/角度(A)/二等分(B)/偏移(O)]:h
指定通过点:                                //在绘图窗口任意位置单击，指定通过点
指定通过点: ↙
命令: ↙                                    // 按回车键，重新执行 xline 命令
指定点或[水平(H)/垂直(V)/角度(A)/二等分(B)/偏移(O)]:v
指定通过点:                                //在绘图窗口任意位置单击，指定通过点
指定通过点: ↙                              //按回车键，结束命令
```

[3] 选择【偏移】命令，绘制偏移直线，偏移距离为 52，结果如图 15-42 所示。

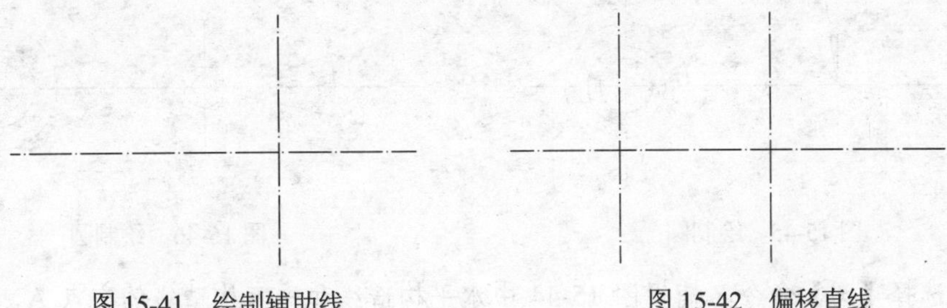

图 15-41 绘制辅助线　　图 15-42 偏移直线

提示

绘制完毕后可以根据需要修改构造线的长短。

[4] 选择【直线】命令，绘制 2 条有角度的直线，绘制结果如图 15-43 所示。命令行提示如下:

```
命令: _line
指定第一点:                 //在绘图窗口中单击左侧构造线交点，指定直线的第一点
指定下一点或 [放弃(U)]:<193   //指定直线的角度
```

```
角度替代: 193
指定下一点或 [闭合(C)/放弃(U)]:↙
命令: _line ↙
指定第一点:                    //在绘图窗口中单击左侧构造线交点，指定直线的第一点
指定下一点或 [放弃(U)]:<82   //指定直线的角度
角度替代: 82
指定下一点或 [闭合(C)/放弃(U)]: ↙
```

[5] 选择【圆】命令，绘制直径为 64 的圆。

[6] 选择【打断】命令，对图形进行打断处理，结果如图 15-44 所示。

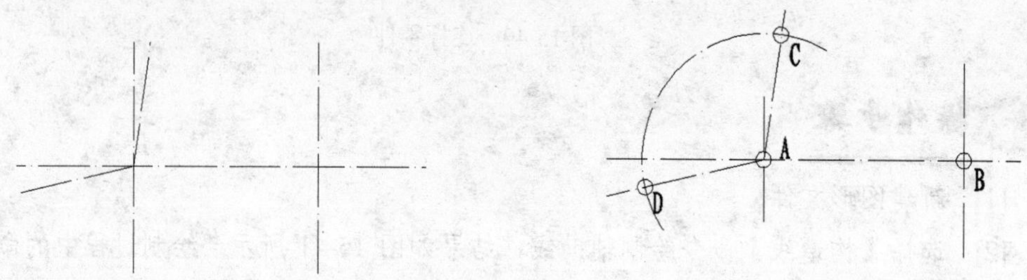

图 15-43 绘制有角度的直线　　图 15-44 绘制并打断圆

[7] 选取【圆】命令，以图 15-44 中构造线的交点 B 为圆心，绘制直径分别为 13、19 和 30 的三个同心圆，如图 15-45 所示。

[8] 选择【圆】命令，以图 15-44 中构造线的交点 A、C 和 D 为圆心，分别绘制直径为 6 和 10，10 和 16，10 和 16 的 3 组同心圆，如图 15-46 所示。

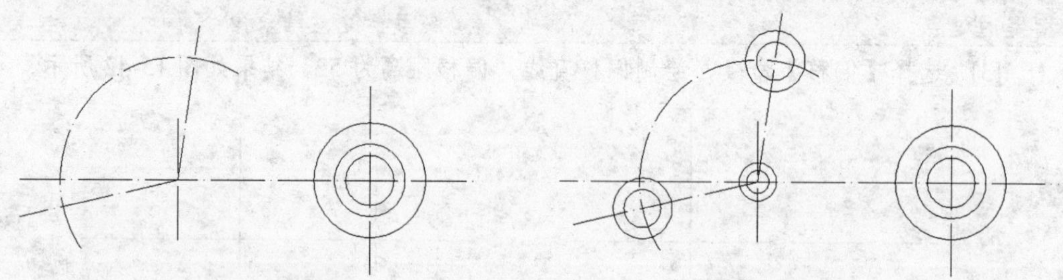

图 15-45 绘制圆　　图 15-46 绘制圆

[9] 选择【圆】命令，捕捉图 15-44 中水平构造线和垂直构造线的交点 A，绘制直径为 80 和 48 的圆，如图 15-47 所示。

[10] 选择【修剪】命令，选择直径为 80、48、16、16 的圆进行修剪，修剪效果如图 15-48 所示。

[11] 选择【圆】命令，捕捉图 15-44 中水平构造线和垂直构造线的交点 A，绘制直径为 74 和 54 的圆，如图 15-49 所示。

[12] 选择【修剪】命令，对圆进行修剪，如图 15-50 所示。

[13] 选择【相切、相切、半径】命令，绘制一个与图 15-51 中的圆相切，且直径为 62 的圆。

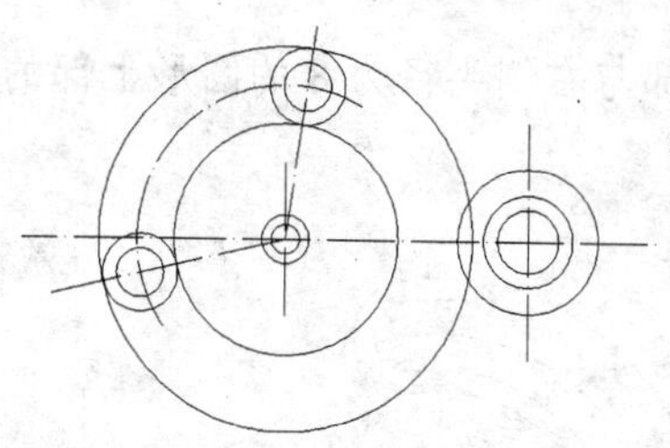

图 15-47　绘制圆

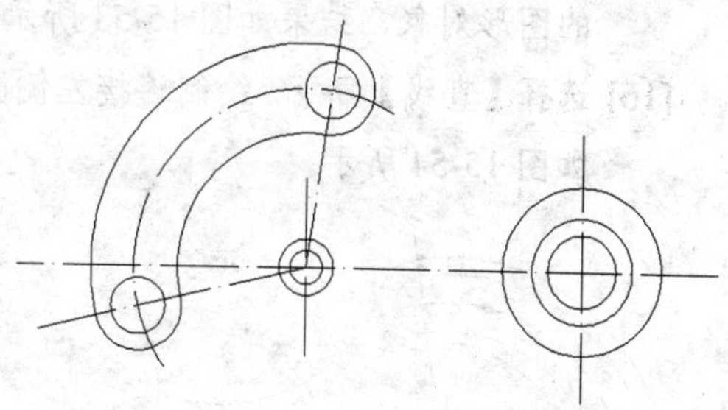

图 15-48　修剪后的圆

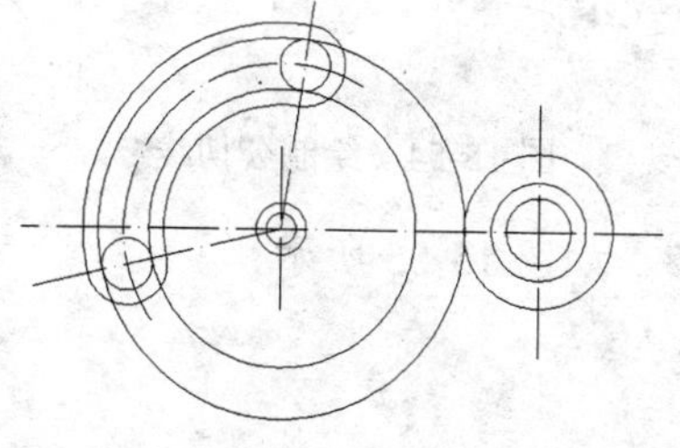

图 15-49　绘制圆

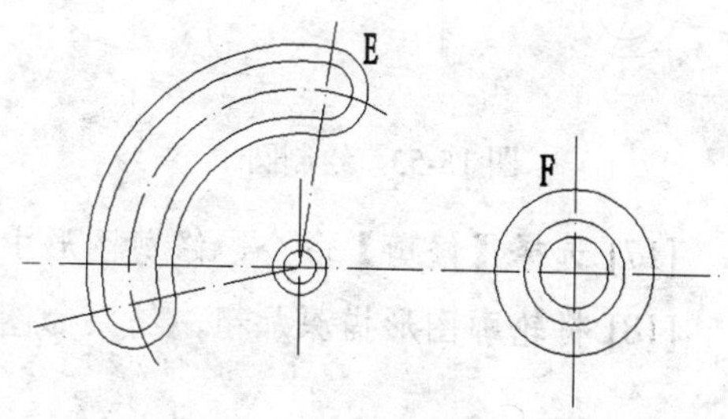

图 15-50　修剪圆

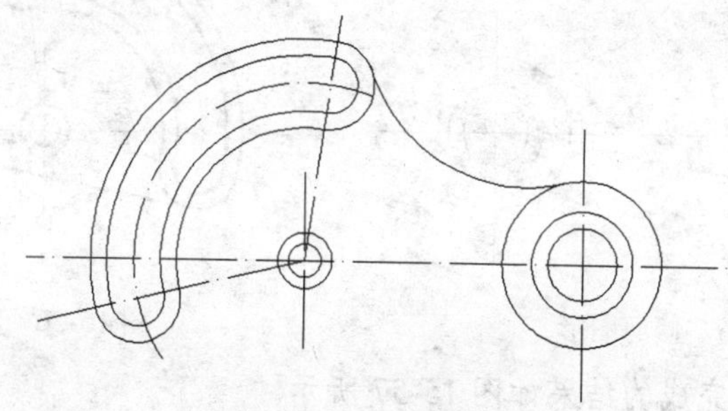

图 15-51　绘制相切圆

[14] 选择【偏移】命令，将水平辅助线向下偏移 11。再将右侧直径为 30 的圆向外偏移 8，偏移图形的结果如图 15-52 所示。

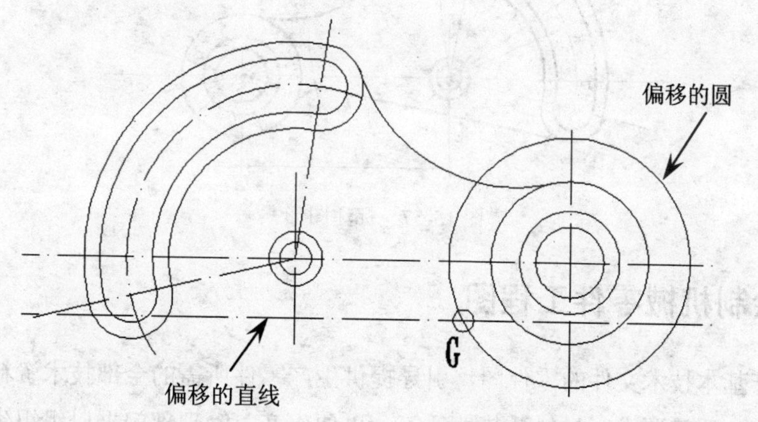

图 15-52　偏移图形

[15] 选择【圆】命令，捕捉图 15-52 中的交点 G，绘制直径为 16 的圆，删除刚才偏移

的图形对象，结果如图 15-53 所示。

[16] 选择【直线】命令，绘制连接左侧圆形的下部与右侧半径为 8 的圆形上部的直线，如图 15-54 所示。

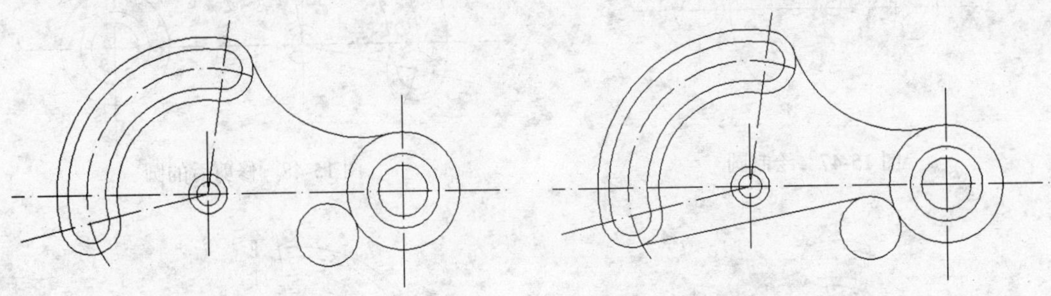

图 15-53　绘制圆　　　　图 15-54　绘制公切线

[17] 选择【修剪】命令，修剪图形中的多余线条，如图 15-55 所示。

[18] 将轮廓图形描深加粗，结果如图 15-56 所示。

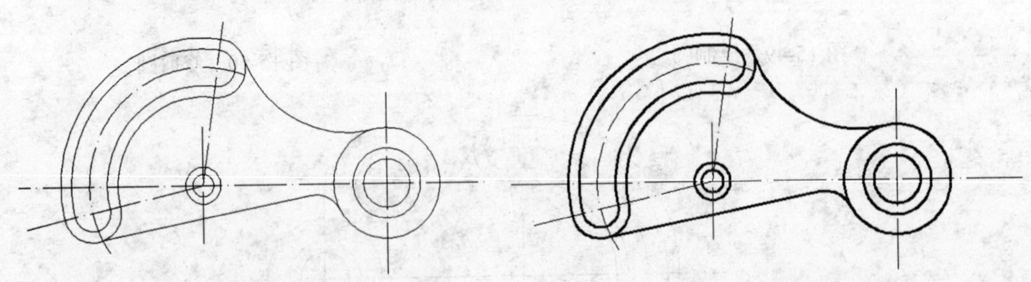

图 15-55　修剪图形　　　　图 15-56　将图线归入图层

[19] 标注图形，完成的结果如图 15-57 所示。

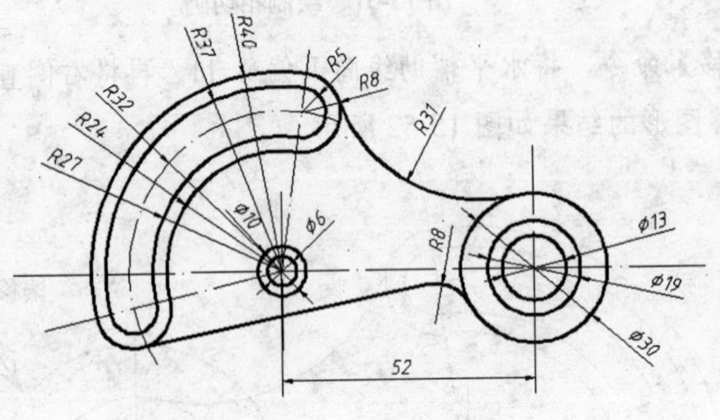

图 15-57　标注图形

15.4.2　绘制机械零件工程图

作为生产基本技术文件的零件图，引导提供生产零件所需的全部技术资料，如结构形式、尺寸大小、质量要求、材料及热处理等，以便生产、管理部门据以组织生产和检验成品质量。

下面讲解柱塞阀零件图的绘制过程。

例 15-4　光盘\example\Ch15\柱塞阀零件图.dwg 

1. 零件图分析

柱塞阀零件图如图 15-58 所示。零件图分析如下：

◆ 视图选择：柱塞阀属于轴类零件，因此仅画一个主视图，阀上的孔则用剖视图来表达，退刀槽放大显示。

◆ 尺寸分析：主要形体是同轴的，可省去定位尺寸；重要尺寸必须直接注出，其余尺寸多按加工顺序注出。为了清晰和便于测量，在剖视图上，内外结构形状尺寸应分开标注；对零件上的标准结构，应按该结构标准尺寸注出。

2. 绘制零件图

柱塞阀零件图绘制的顺序是绘制主视图，接着绘制剖视图，再绘制退刀槽放大图，最后添加技术要求和标题栏文字。

操作步骤

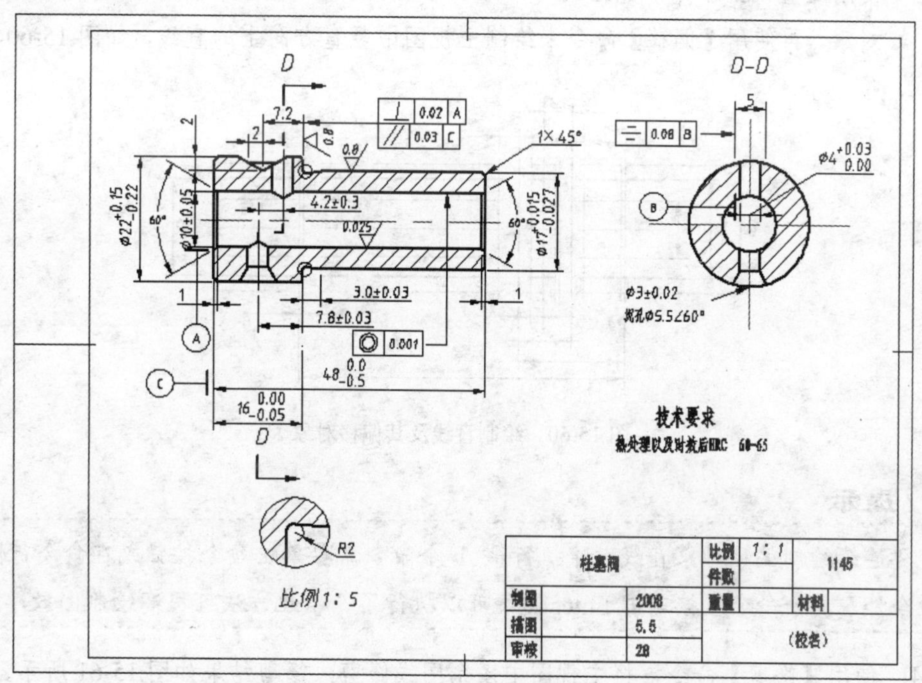

图 15-58　柱塞阀零件图

[1] 在菜单栏选择【文件】|【新建】命令，然后在弹出的【选择文件】对话框中将本例光盘中的“GB-A4（横放）.dwg”文件打开。

[2] 打开“正交模式”和“极轴追踪”。使用【直线】命令，绘制主视图和剖视图的中心线，如图 15-59 所示。

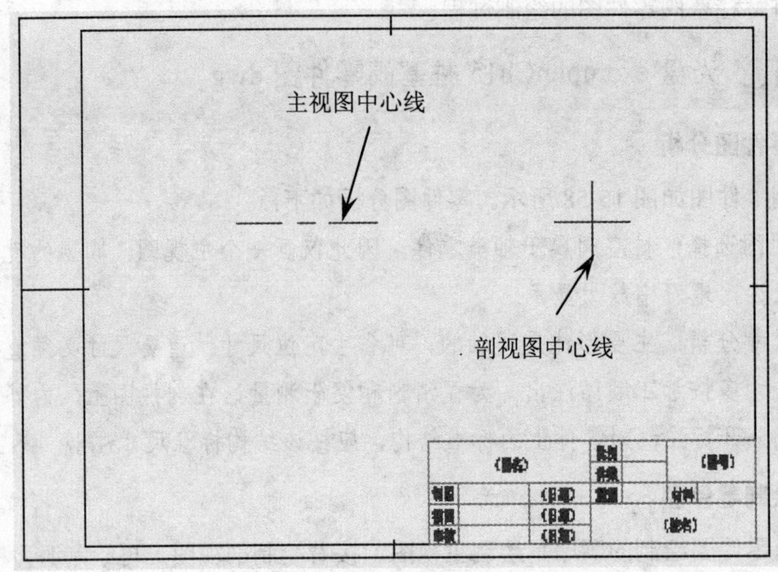

图 15-59　绘制中心线

[3] 使用【偏移】命令，以主视图中心线为要偏移的对象，绘制水平的偏移对象直线。使用【直线】命令，先绘制一条与水平直线垂直的直线，然后以此作为要偏移的对象，再使用【偏移】命令来绘制主视图中竖直方向上的直线，如图 15-60 所示。

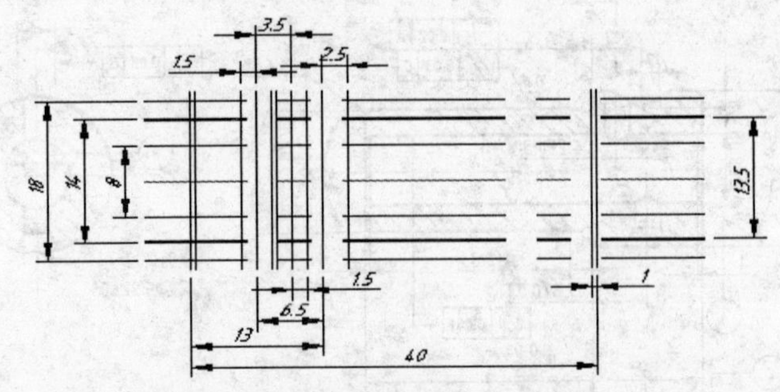

图 15-60　绘制直线及其偏移对象

提示

要连续绘制偏移对象直线，除执行第 1 个命令需要单击命令按钮或在命令行输入命令外，其余命令直接单击 Enter 键就可以执行了。以此方法可提高绘制图效率。

[4] 使用【修剪】命令，将主视图中多余图线修剪，修剪结果如图 15-61 所示。

[5] 使用【直线】命令，在主视图上创建带有角度的斜线，如图 15-62 所示。

提示

小孔与轴向孔相交处应绘制相贯线，但相贯线一般不标注，因此可绘制直线来替代，以提高绘图效率。

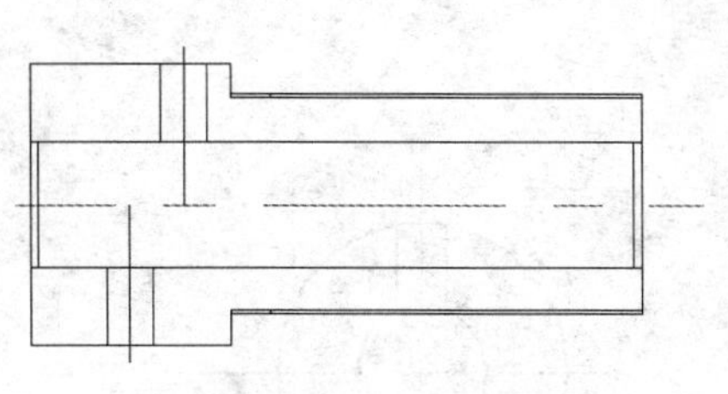

图 15-61　修剪多余图线

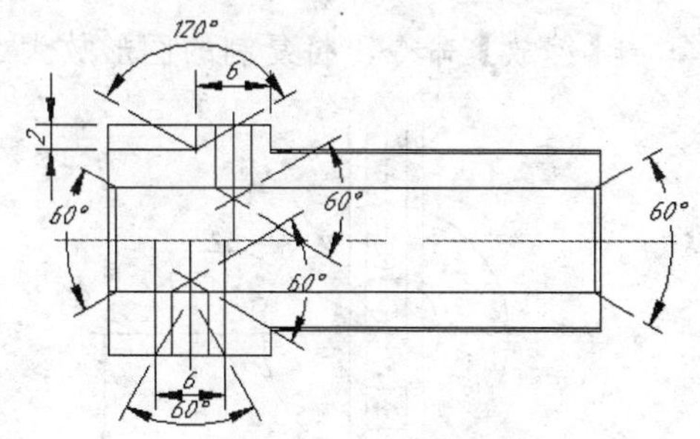

图 15-62　绘制斜线

[6] 使用【修剪】命令，将主视图中的多余图线修剪，结果如图 15-63 所示。

[7] 使用【直线】命令，绘制如图 15-64 所示的直线。

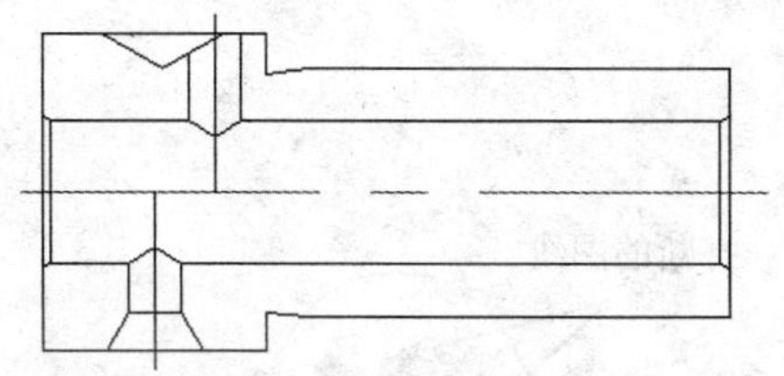

图 15-63　修剪多余图线

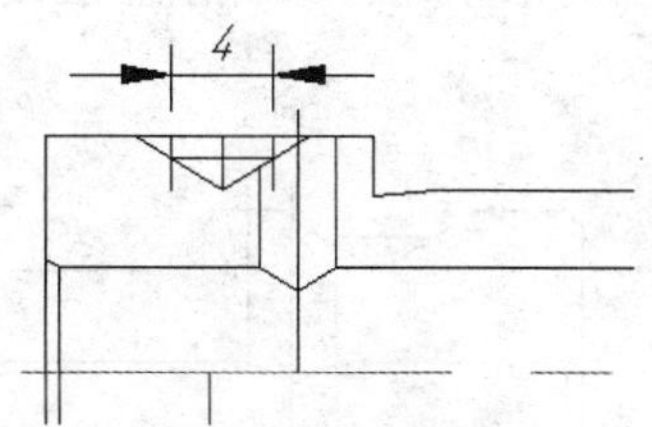

图 15-64　绘制直线

[8] 使用【修剪】命令，修剪多余图线。接着使用【倒角】命令，并选择【角度】选项，在零件的 6 个边角上创建 1 × 45° 的斜角，如图 15-65 所示。

[9] 使用【圆角】命令，并选择【修剪】选项，在主视图如图 15-66 所示的位置上创建两个半径为 0.3 的圆角。

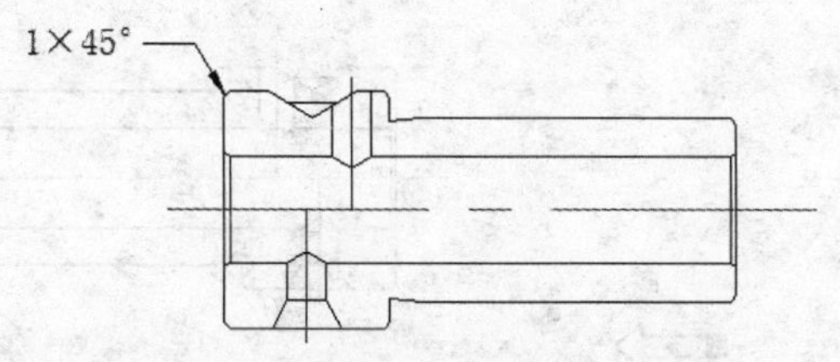

图 15-65　修剪多余图线并创建斜角

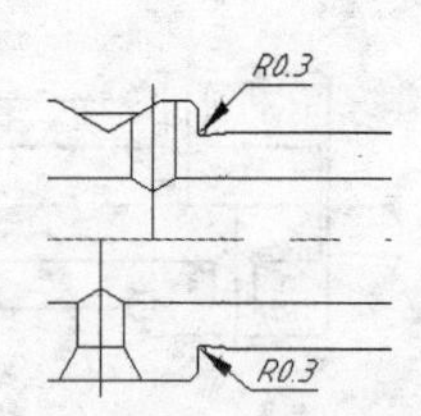

图 15-66　创建圆角

[10] 使用圆工具的【圆心，半径】命令和【直线】命令，按照剖切柱塞阀上两个孔的形状，绘制剖视图图线，如图 15-67 所示。

[11] 使用【修剪】命令，将剖视图中的多余图线修剪，结果如图 15-68 所示。

[12] 使用【圆心，半径】命令，在主视图的两个圆角处绘制直径为 4 的小圆，如图 15-69 所示。

[13] 使用【打断于点】命令，选择小圆内的图线作为要打断的对象，将选择的图线打断于小圆与图线相交点上，如图 15-70 所示。

[14] 使用【复制】命令，将小圆和打断的图线复制，并移动到主视图下方。然后使用

【缩放】命令，将复制的图形放大 5 倍，结果如图 15-71 所示。

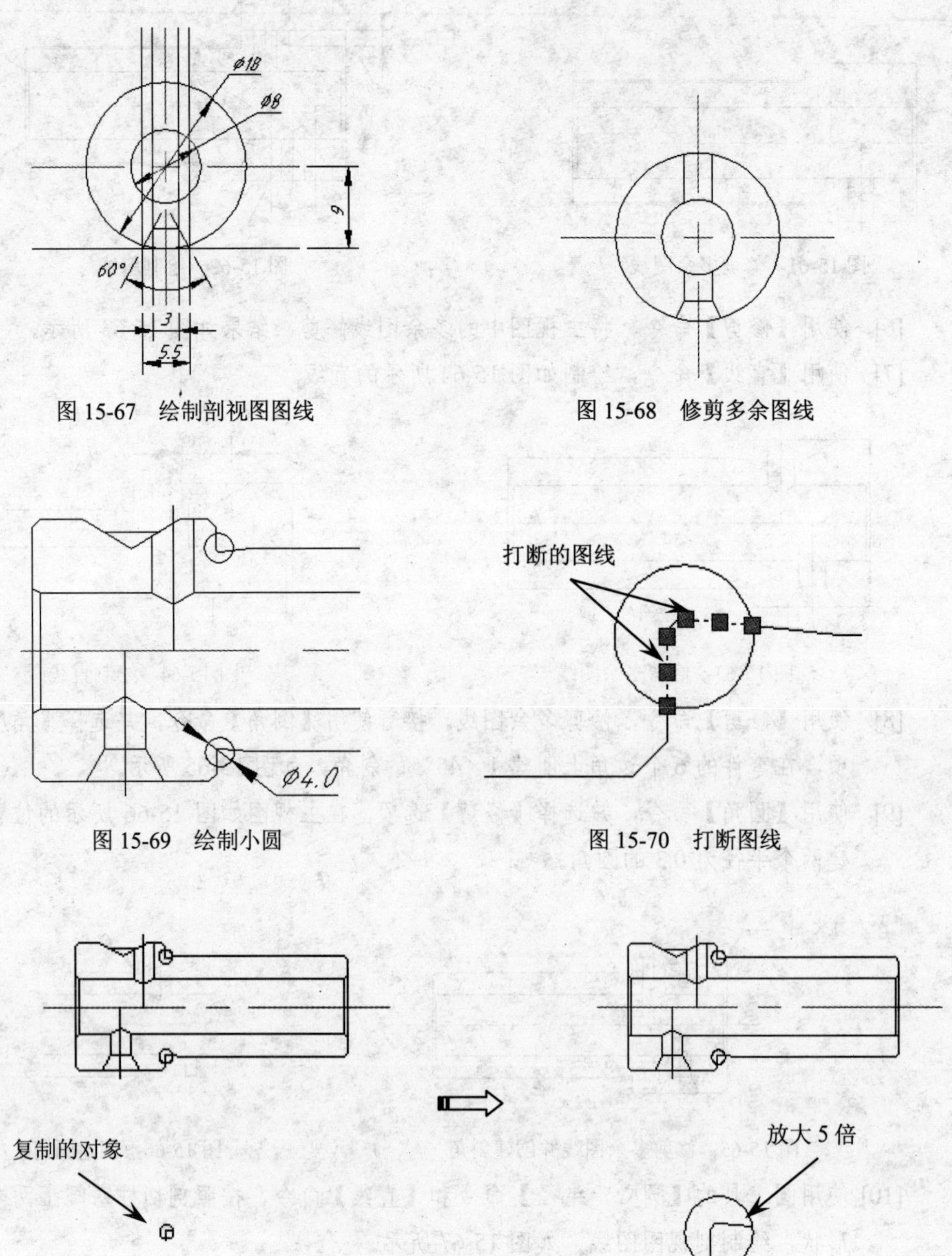

图 15-67　绘制剖视图图线

图 15-68　修剪多余图线

图 15-69　绘制小圆

图 15-70　打断图线

图 15-71　复制图形并缩放

[15] 使用【图案填充】命令，选择 ANSI31 图案将 3 个视图进行填充。然后为图形中所有的图线按其作用的不同，分别指定相应的图层。例如，中心线指定“点画线”图层，零件的轮廓线指定“粗实线”图层，填充图案指定“剖面符号”图层等，如图 15-72 所示。

提示

为图线指定图层时，选择要指定图层的同类图线，然后在【图层】面板的【图层控制】下拉选项列表中选择相应的图层即可。

[16] 为创建的 3 个视图添加尺寸标注和文字注释，并填写标题栏。最终柱塞阀零件图绘制完成的结果如图 15-73 所示。

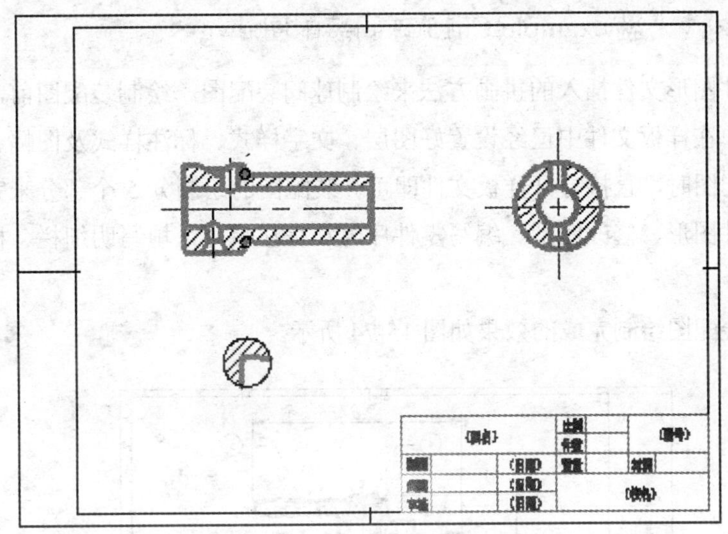

图 15-72　填充图案并为图线指定图层

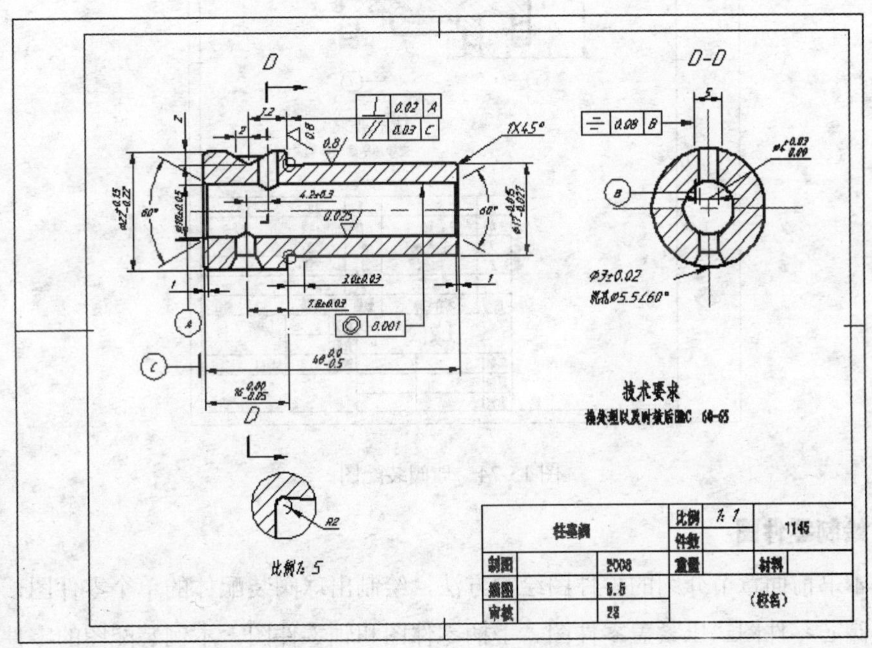

图 15-73　柱塞阀零件图

提示

在标注表面粗糙度符号时，可先绘制该符号，再创建为块，然后为其定义块属性。因此当插入表面粗糙度符号块时，可任意地更改值。同理，将基准符号也创建

15.4.3 绘制机械装配图

例 15-5 光盘\example\Ch15\球阀装配图.dwg 

本例以零件图形文件插入的拼画方法来绘制球阀装配图。绘制装配图前，还需设置绘图环境。若用户在样板文件中已经设置好图层、文字样式、标注样式及图幅、标题栏等，那么在绘制装配图时，直接打开样板文件即可。装配图的绘制分 5 个部分来完成：绘制零件图、插入零件图形、修改图形、编写零件序号和标注尺寸，填写明细栏、标题栏和技术要求。

本例球阀装配图绘制完成的效果如图 15-74 所示。

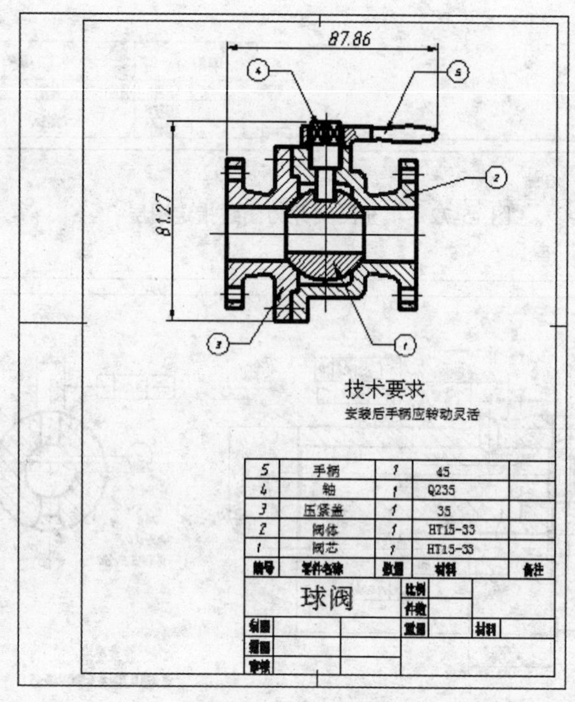

图 15-74 球阀装配图

1. 绘制零件图

参照本书前面章节介绍的零件图绘制方法，绘制出球阀装配体的单个零件图，如阀体零件图、阀芯零件图、压紧盖零件图、手柄零件图和轴零件图。本例装配图的零件图形已全部绘制完成，如图 15-75 所示。

2. 插入图形

使用 INSERT（插入块）工具可以将球阀的多个零件文件，直接插入到样板图形中，插入后的零件图形以块的形式存在于当前图形中。

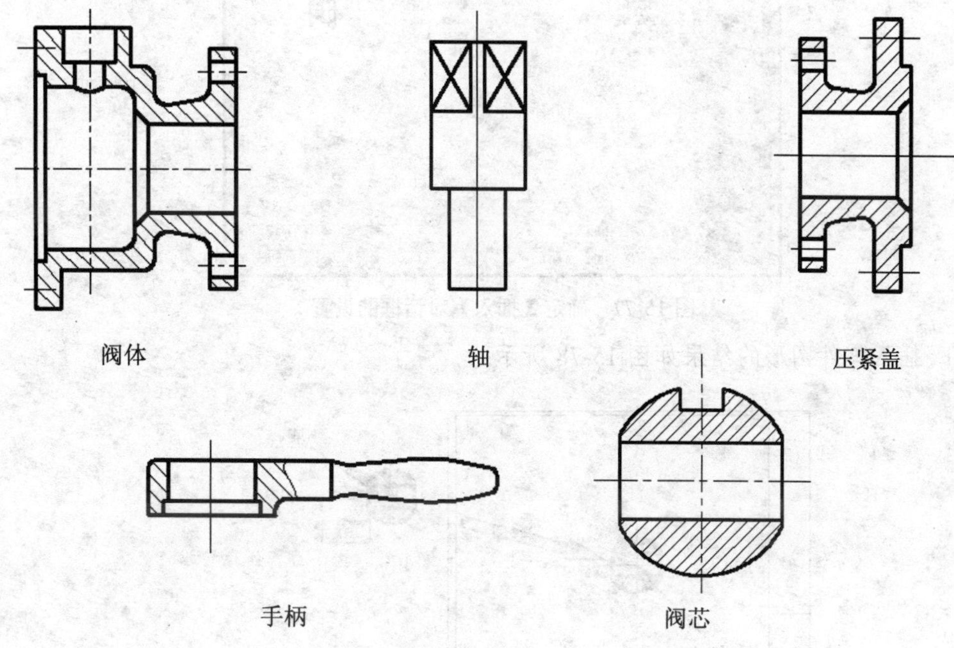

图 15-75 球阀装配图的单个零件图

操作步骤

[1] 在【快速访问】工具栏上单击【新建】按钮，然后在打开的【选择文件】对话框中，选择用户自定义的图形样板文件“A4 竖放”，并打开。

[2] 执行 INSERT 命令，程序弹出【插入】对话框，如图 15-76 所示。

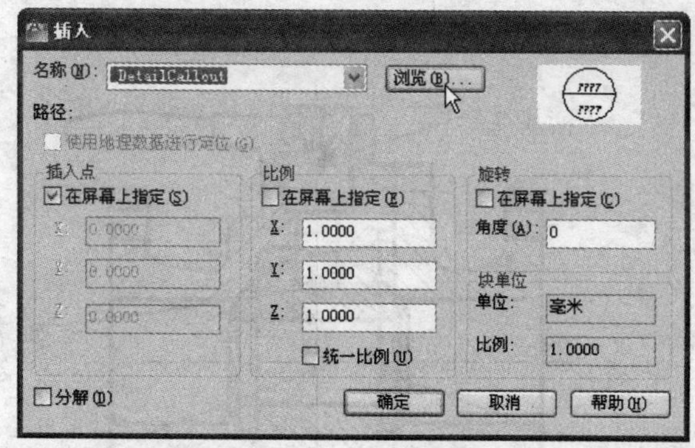

图 15-76 打开零件图形文件

[3] 单击对话框的【浏览】按钮，通过弹出的【选择图形文件】对话框，在本例的随书光盘路径下打开“阀体”文件，如图 15-77 所示。保留【插入】对话框其余选

项默认设置，再单击【确定】按钮，关闭对话框。

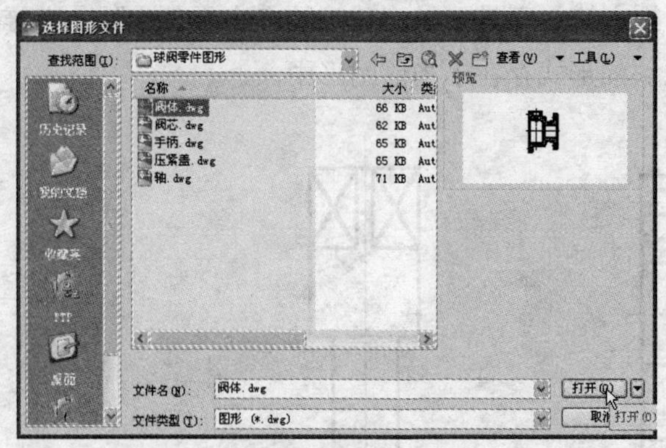

图 15-77　确定【插入】对话框的设置

[4]　插入零件图形的结果如图 15-78 所示。

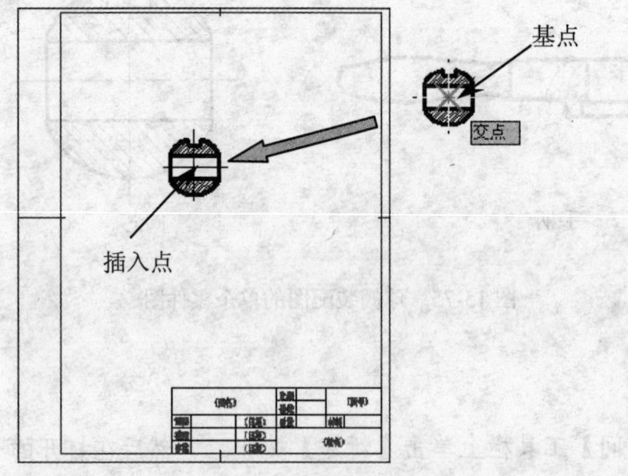

图 15-78　插入阀体零件图形

[5]　按照同样的操作方法，依次将球阀装配体的其他零件图形插入到样板中，结果如图 15-79 所示。

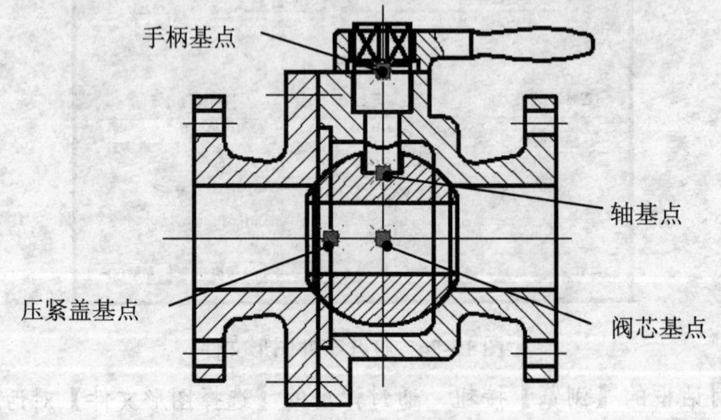

图 15-79　插入阀体其余零件图形

注意

插入零件图形的顺序应该按照实际装配的顺序来进行，例如阀芯→阀体→压紧盖→轴→手柄。在为其他零件图形指定基点时，最好选择图形中的中心线与中心线的交点或尺寸基准与中心线的交点，以此作为插入基点时比较合理，否则还要通过“移动”命令来调整零件图形在整个装配图中的位置。

3. 修改图形和填充图案

在装配图中，按零件由内向外的位置关系来观察图形，将遮挡内部零件图形的外部图形图线删除。例如，阀体的部分图线与阀芯重叠，这需要将阀体的部分图线删除。

操作步骤

[1] 使用“分解”工具，将装配图中所有的图块分解成单个图形元素。

[2] 使用“修剪”工具，将后面装配图形与前面装配图形的重叠部分图线修剪，修剪结果如图 15-80 所示。

[3] 由于手柄与阀体相连，且填充图案的方向一致，可修改其填充图案的角度。双击手柄的填充图案，然后在弹出的【图案填充编辑】对话框的【图案填充】选项卡下，修改填充图案的角度为 0，然后单击【确定】按钮，完成图案的修改，如图 15-81 所示。

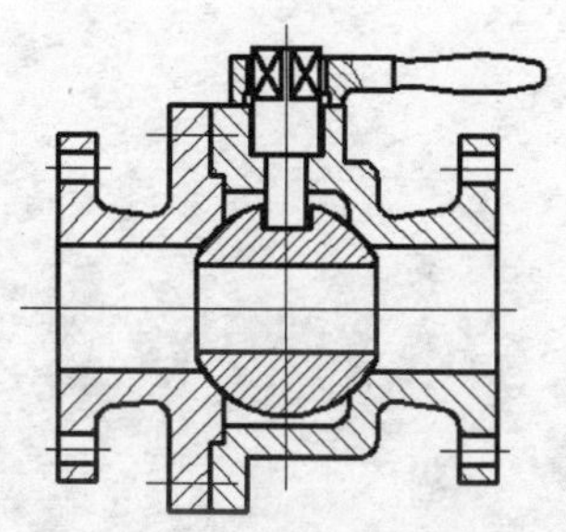

图 15-80　修改后的装配图形

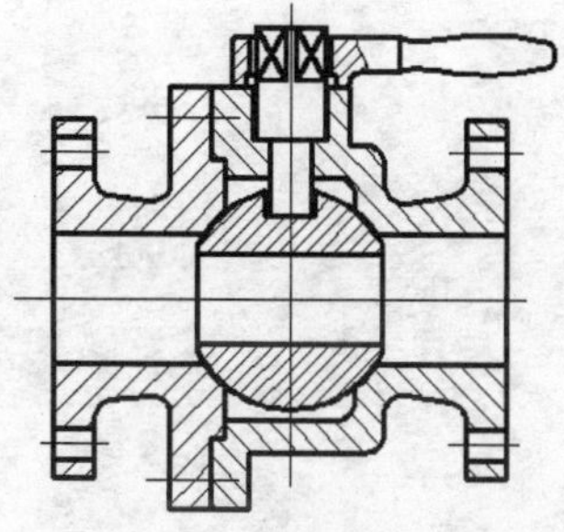

图 15-81　修改填充图案

4. 编写零件序号和标注尺寸

球阀的零件图装配完成后，即可编写零件序号并进行尺寸标注了。装配图尺寸的标注仅仅是标注整个装配结构的总长、总宽和总高。

操作步骤

[1] 编写零件序号之前，要修改多重引线样式以符合要求。在菜单栏选择【格式】|【多重引线样式】工具，打开【多重引线样式管理器】对话框。

[2] 单击【多重引线样式管理器】对话框的【修改】按钮，弹出【修改多重引线样式】对话框。在【内容】选项卡下的【多重引线类型】下拉列表框中选择【块】类型，

然后在【源块】列表框中选择【圆】选项，最后单击对话框的【确定】按钮，完成多重引线样式的修改，如图 15-82 所示。

[3] 在菜单栏选择【标注】|【多重引线】工具，按装配顺序依次在装配图中给零件编号，并为装配图标注总体长度和宽度。完成结果如图 15-83 所示。

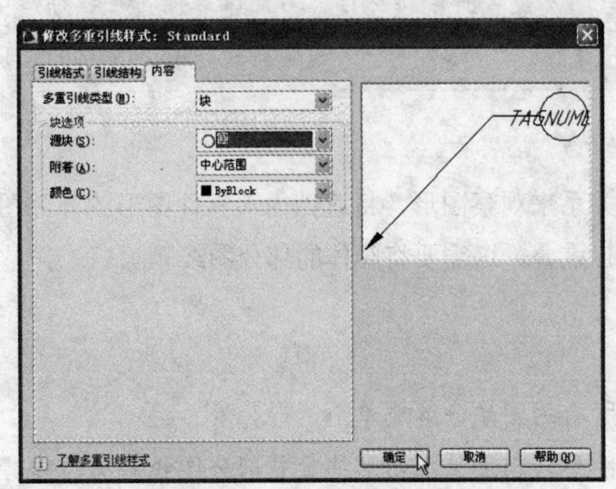

图 15-82　修改多重引线样式

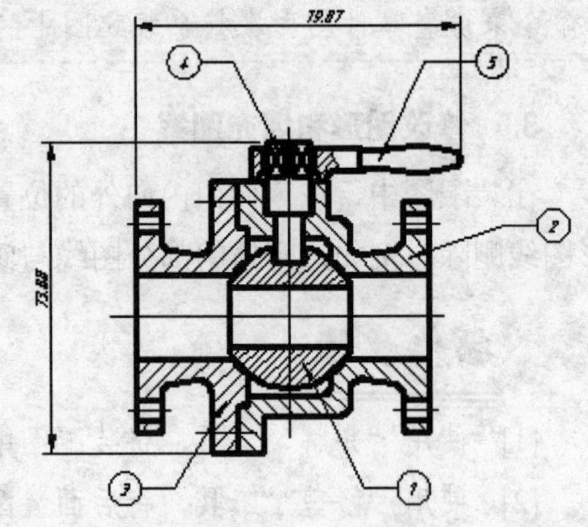

图 15-83　标注装配图

5. 填写明细栏、标题栏和技术要求

按零件序号的多少来创建明细栏表格，然后在表格中填写零件的编号、零件名称、数量、材料及备注等。明细栏绘制后，为装配图中的图线指定图层，最后再填写标题栏及技术要求。至此完成了球阀装配图的绘制。

第16章 AutoCAD 应用于电气设计

本章内容导读：

机械制图是一门探讨绘制机械图样的理论、方法和技术的技术基础课程。用图形来表达思想、分析事物、研究问题、交流经验、具有形象、生动、轮廓清晰和一目了然的优点，弥补了有声语言和文字描述的不足。因此，本章将机械制图的相关知识作详细介绍。

本章学习要点：

- 掌握自动追踪功能的绘图技巧
- 图块创建和调用的方法
- 机械电气基本图形符号的绘制方法
- 机械电气工程图的绘制

16.1　机械电气概述

机械电气广义的理解应为所有机械设备上的电气系统，狭义的理解主要指应用在机床上的电气系统，是一类比较特殊的电气，也称为机床电气。它包括应用在车床、铣床、刨床、钻床、镗床、电火花机床以及数控机床等设备上的电气、电气控制系统、伺服驱动系统和计算机控制系统等。随着数控系统的发展，机床自动化程度的提高，电气技术的复杂化，机床电气也成为电气工程的一个重要组成部分。

机床电气系统从使用功能上看，主要由电力拖动系统和电气控制系统两大部分组成，具体分述如下。

16.1.1　电力拖动系统

机床通常是由电动机拖动运行的，故称电力拖动。组成电力拖动的电动机及其相关联的工作机构和电气控制部分共同构成电力拖动系统，如图 16-1 所示。电力拖动系统主要分为两类，即直流拖动和交流拖动，其动力源分别为直流电动机和交流电动机。

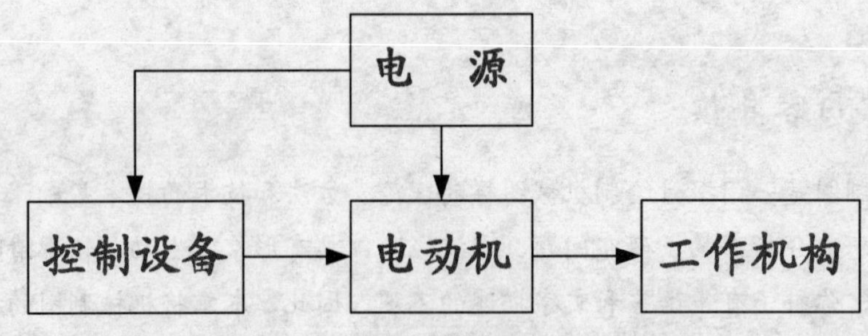

图 16-1　电力拖动系统的组成

直流电动机因其起动、制动和调速性能优良，因此在速度调节要求较高、正反转和起动制动频繁的机械设备上依然使用直流电动机拖动。

交流电动机尤其是三相异步电动机因其结构简单、运行可靠、单机容量大、转速高、体积小、价格低、工作可靠和维修方便等优点在机床上得到广范应用。

在机床设备中，电力拖动的方式分为三类，分别为成组拖动、单电动机拖动和多电动机拖动。

- ◆ 成组拖动：成组拖动就是由一台电动机拖动一组机床。
- ◆ 单电动机拖动：如果每台机床上安装一台电动机，通过机械传动机构将机械能传递到机床的运动部件，称为单电动机拖动。如图 16-2 所示为某电梯的单电动机拖动系统示意图。
- ◆ 多电动机拖动：如果一台机床上安装了多台电动机，分别拖动各运动部件，称为多电动机拖动。

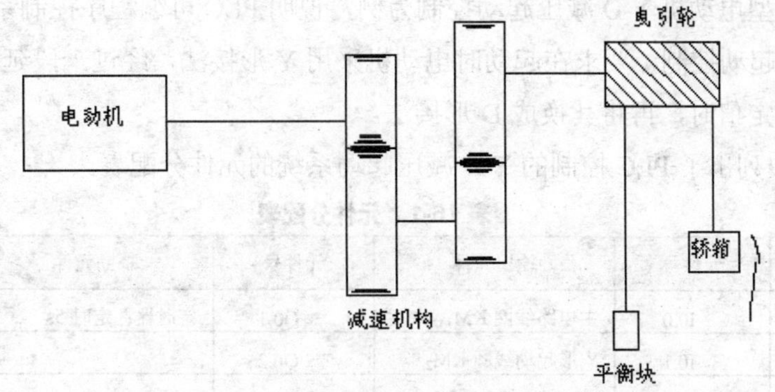

图 16-2 单电动机拖动系统示意图

16.1.2 电气控制系统

电气控制系统对各拖动电动机进行控制，使它们按规定的状态、程序运动，并使机床各运动部件的运动得到合乎要求的静、动态特性。

1. 继电器-接触器控制系统

继电器-接触器控制系统就是由按钮开关、行程开关、继电器、接触器等电气元件组成的电气控制系统，可实现对机床各种运动的控制，如起动、停止、正反转和调速等。其控制方法相对比较简单直接、工作稳定可靠、价格低。如图 16-3 所示为 CW6132 型车床继电器-接触器控制系统原理图。

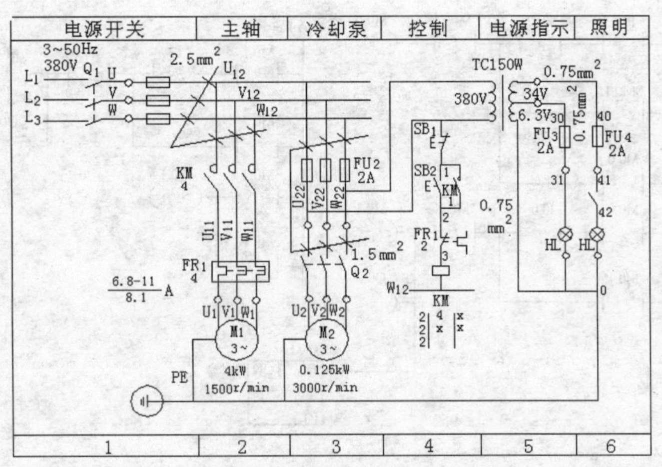

图 16-3 CW6132 型车床继电器-接触器控制系统原理图

2. 可编程序控制器控制系统

可编程序控制器控制系统是由具有运算功能和较大功率输出能力的 PLC 为核心，代替大量的继电器而形成的控制系统，使硬件控制软件化，提高了系统的可靠性和柔性。它是继电器常规控制技术与微型计算机技术相结合的产物。

下面以笼型电动机 Y-D 减压起动控制为例，说明 PLC 可编程序控制系统的应用。

Y-D 减压起动控制，要求在起动时电动机采用 Y 形接法，经过一段延时，当电动机的转速上升到一定值时，再将其换成 D 形接法。

表 16-1 中列出了 PLC 控制的 Y-D 减压起动系统的元件分配表。

表 16-1　元件分配表

输入元件	元件号	输出元件	元件号	辅助元件	元件号
起动按钮 SB_1	I0.0	主电路线圈 KM_1	Q0.1	定时器：定时 5s	T37
停止按钮 SB_2	I0.1	Y 形起动线圈 KM_2	Q0.2		
		D 形运行线圈 KM_3	Q0.3		

如图 16-4 所示为 PLC 控制的 Y-D 减压起动系统的控制电路接线图。

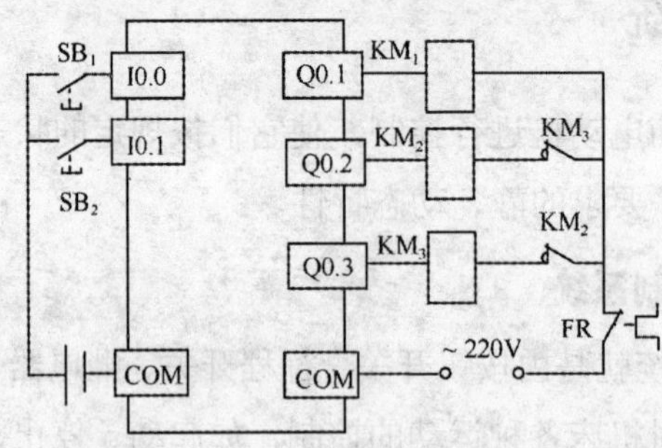

图 16-4　PLC 控制的 Y-D 减压起动系统的控制电路接线图

如图 16-5 所示为 PLC 控制的 Y-D 减压起动系统采用顺序功能图法设计的梯形图。

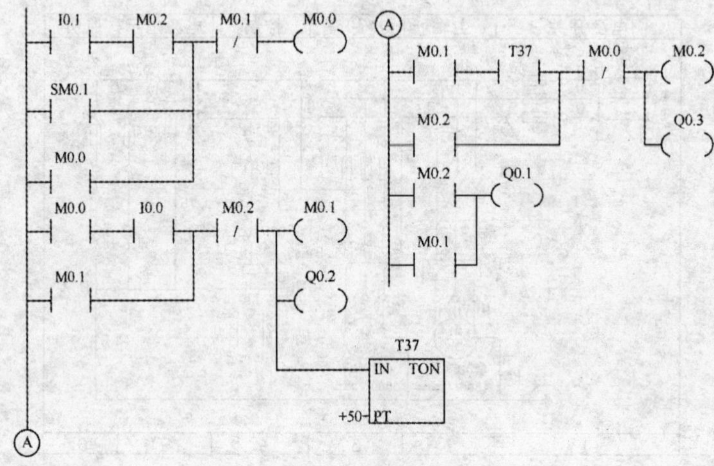

图 16-5　梯形图

3.　计算机控制系统

计算机控制系统是由数字计算机为核心组成控制系统，具有高柔性，高精度，高效率，高成本的特点。

图 16-6 所示为典型的计算机控制系统的结构。

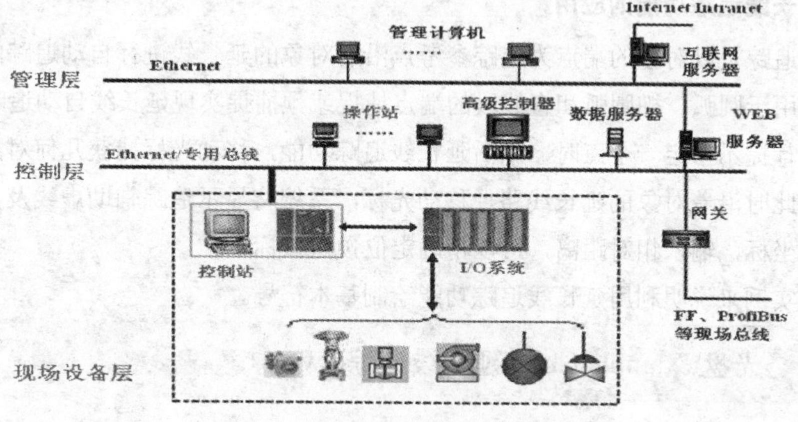

图 16-6　计算机控制系统的结构图

16.2　机械电气基本符号的绘制

机械电气基本符号的绘制必须符合国家相关标准，才能表达确定的意义。通过典型机械电气基本符号的绘制了解电气符号的绘制特点和技巧，深刻体会绘图环境设置的必要性和方法，掌握对象捕捉、极轴追踪和对象捕捉追踪功能的使用技巧以及图块生成的方法和调用方法，从而提高绘图效率。

16.2.1　自动追踪功能的应用

在 AutoCAD 绘图过程中，有些预定目标点无法用对象捕捉直接捕捉到，但可以利用自动追踪的功能来寻找并确定这些点的位置.自动追踪包括延长线追踪、临时追踪点追踪、极轴追踪和对象捕捉追踪。适时而合理地设置并启用对象捕捉和自动追踪功能，可以实现类似电子图版（CAXA）的“导航”功能，使用该功能可以非常方便、快捷地找到并确定与已知对象有某种特定关系或事先给定位置参数的点（简称预定目标点），从而可以精准、方便和高效地绘制图形以及精确地操作向预定目标点移动、复制和插入对象等。在绘图过程中，若使用自动追踪功能追踪特定路径，必须首先获取追踪点。追踪点是指具有十字标记的某些对象特征点，如圆心、交点、中点等，最近点不能成为追踪点。若想获取追踪点，当命令行提示指定一个点时，可以通过捕捉或预捕捉对象特征点的方式获取追踪点。

提示

无论是捕捉点还是预捕捉点，如捕获追踪点成功，在移开光标时都会显示十字标记；只有出现十字标记的对象特征点才能作为追踪点，才会被追踪。追踪点最多可获取 7 个，当连续捕获追踪点超过 7 个时，第一个追踪点会自动消失。若想放弃某追踪点，将光标悬停该点上片刻即可，若想放弃所有的追踪点按 Shift 键即可，同时十字标记消失。

1. 延长线追踪功能的应用

延长线追踪是以对象的端点为追踪参考点沿着对象的延长线进行自动追踪的对象捕捉工具。它适用于圆弧、椭圆弧和直线段的端点捕捉或预捕捉实现延长线自动追踪。

当命令行提示指定一个点时，激活延长线追踪功能，移动光标捕获几何对象的端点作为追踪点，此时沿着对象的延长线路径移动光标，系统将显示追踪辅助虚线及光标点相对追踪点的极坐标，输入相对距离，可以精确定位预定目标点。

下面以实例来说明利用延长线追踪功能绘制基本符号。

例 16-1 光盘\example\Ch16\延长线追踪.dwg

操作步骤

[1] 单击【对象捕捉】工具栏的【捕捉到延长线】按钮。

[2] 按 Shift 键或 Ctrl 键的同时单击鼠标右键，在弹出的快捷菜单中单击【延长线】按钮。

[3] 在菜单栏依次执行【工具|草图设置】命令，程序会弹出【草图设置】对话框。在【对象捕捉】选项卡中，先勾选【启用对象捕捉】复选框，再在【对象捕捉模式】选项组中勾选【延伸】复选框，最后单击【确定】按钮关闭对话框，起动延长线自动捕捉功能。设置的选项如图 16-7 所示。

提示

用户也可以在【状态】栏的【对象捕捉】按钮处单击鼠标右键，弹出快捷菜单，然后单击【设置】命令，程序会弹出【草图设置】对话框，其后设置同上步。

[4] 直线段的延长线追踪操作示范：打开 AutoCAD 应用软件，单击【绘图】工具栏的【直线】命令按钮，并在绘图区绘制一段直线 AB。单击【绘图】工具栏中的【圆】命令按钮，当命令行提示指定圆心时，起动延长线捕捉，然后预捕捉端点 B，移动光标，延长线追踪效果见图 16-8 所示。

要点

端点 B 有十字标记，为追踪参考点；虚线为追踪矢量线，起导航的作用。如动态提示功能启用，指针提示工具栏显示追踪极坐标，动态显示相对追踪参考点 B 的距离。

[5] 圆弧的延长线追踪操作示范：单击【绘图】工具栏的【圆弧】命令按钮，在绘图区绘制一段弧线 AB。单击【绘图】工具栏中的【圆】命令按钮，当命令行提示指定圆心时，起动延长线捕捉，然后预捕捉端点 B，移动光标，延长线追踪效果见图 16-9 所示。

[6] 应用延长线追踪功能绘图：绘图要求是利用延长线追踪功能绘制 3 个直径为 5 个

单位的圆，使其圆心分别位于图 16-10 所示的 ab、ac 和 ad 的延长线上，并距离 a 点为 20 个单位。结果如图 15-10 所示。

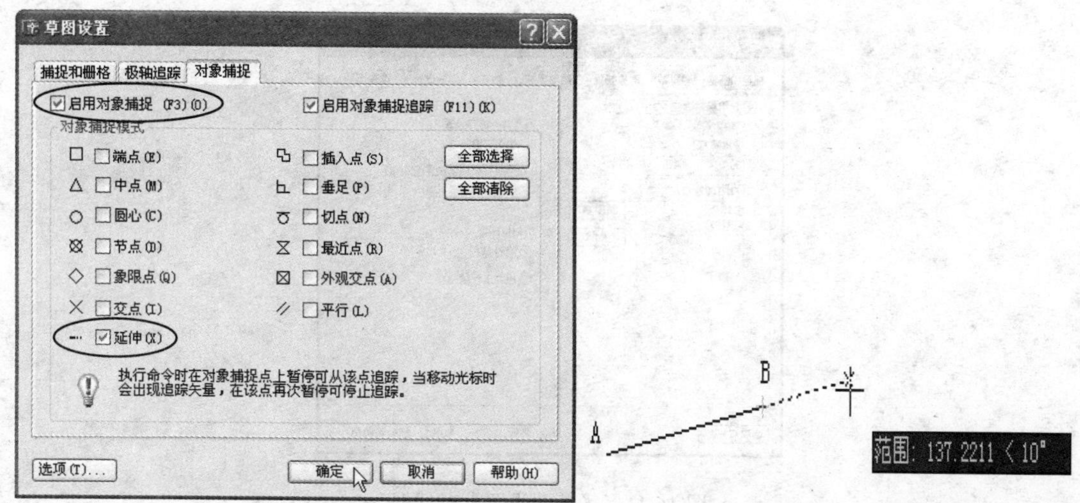

图 16-7 设置"延长线"自动功能　　图 16-8 线段延长线追踪示意图

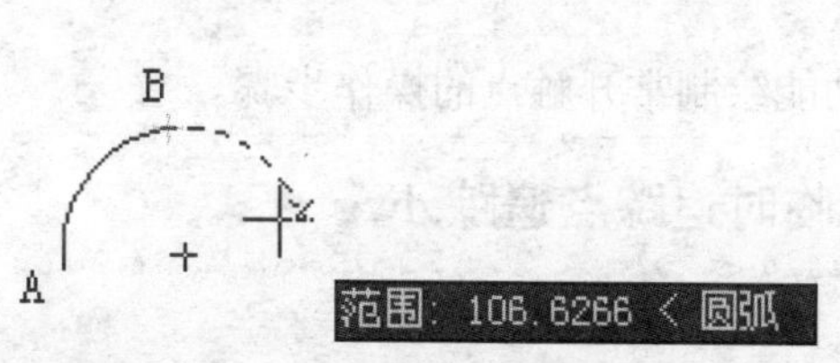

图 16-9 圆弧延长线追踪示意图

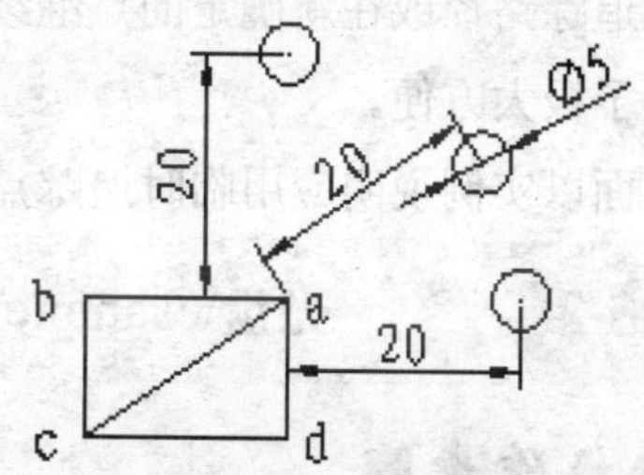

图 16-10 绘制延长线圆的最终结果图

提示

延长线追踪的特点是只能对预捕捉的端点进行追踪，不能对捕捉点进行追踪，且在获取追踪点时只能采用运行捕捉方式。

2. 临时追踪点追踪功能的应用

在【对象捕捉】工具栏中有一个"临时追踪点"工具，可实现自动追踪功能。运用"运行捕捉模式"或"覆盖捕捉模式"捕捉所有类型的对象特征点后，临时追踪点追踪功能就会以该点为追踪参考点寻到多条追踪线，然后根据这些追踪线可确定相距追踪点一定距离的预定目标点。

在追踪点处能够寻到的追踪线的多少与"极轴追踪"模式的设置有关，在【草图设置】对话框中打开【极轴追踪】选项卡，如图 16-11 所示。

如果在【对象捕捉追踪设置】区启用【仅正交追踪】模式，那么在追踪点处只能寻到竖直和水平两条追踪线；如果在【对象捕捉追踪设置】区启用【用所有极轴角设置追踪】

模式，那么在追踪点处就会根据【增量角】的设置情况和【附加角】的多少寻到更多追踪线，“增量角”越小、“附加角”越多，能够产生的追踪线就越多。

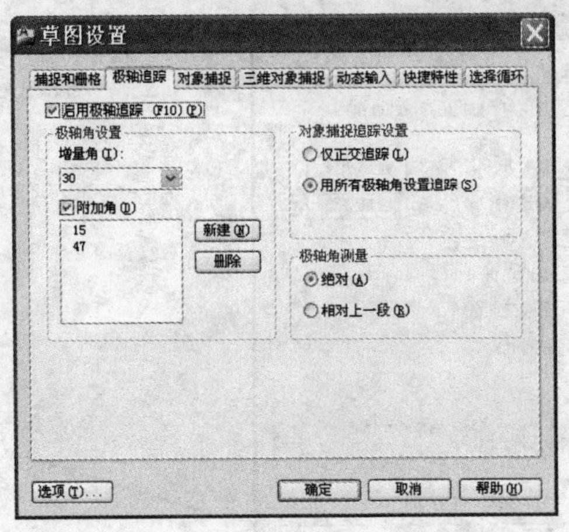

图 16-11 【草图设置】对话框

临时追踪点追踪功能还可创建多路追踪，所谓多路追踪是指同时可在两个对象特征点处创建追踪路径或在新确定的点继续不断的追踪。这一功能为用户绘图准确确定预定目标点提供了极大方便。

下面以实例说明应用临时追踪点追踪功能绘制常开触点的操作步骤。

例 16-2　　光盘\example\Ch16\临时追踪点追踪.dwg

操作步骤

[1] 单击【绘图】工具栏的【直线】命令按钮，打开正交模式，在绘图区绘制长度为 5 个单位的一段直线 AB。按 Enter 键重复直线绘制命令，移动光标自动预捕捉端点 B，输入距离 6，依据延长线追踪线，确定绘制线段的第一点 C 点后，绘制长度为 5 的线段 CD，结果如图 16-12 所示。

a） 延长线追踪示意图　　b） 线段 CD 绘制结果图

图 16-12 绘制线段 CD 示意图

[2] 按 Enter 键重复直线绘制命令，提示指定第一点时，在打开的【对象捕捉】工具栏中，首先单击【临时追踪点】按钮，再次单击【捕捉到端点】按钮，然后捕捉端点 B，再次单击【临时追踪点】按钮和【捕捉到端点】按钮，捕捉端点 C，移动光标寻到两路追踪线的交点 E，追踪效果如图 16-13 所示。

[3] 单击鼠标左键确定交点位置为要绘制线段的第一点即 E 点，然后自动捕捉 B 点并

确认，绘制出与水平线成 30° 角的斜线 BE，绘制完成常开触点，结果如图 16-14 的右图所示。

图 16-13 两路追踪确定交点 E

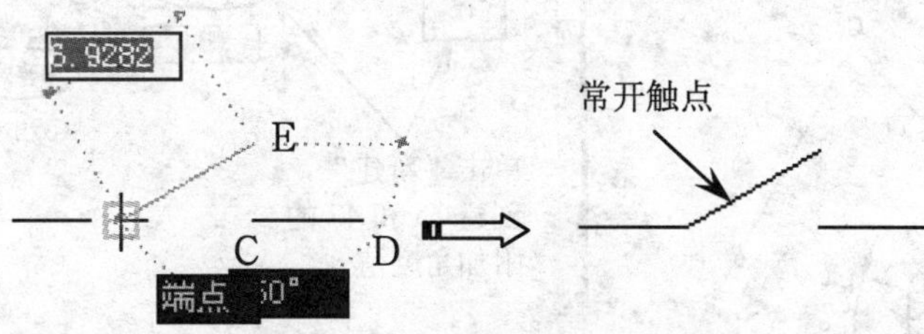

图 16-14 常开触点绘制结果图

注意

临时追踪点追踪的特点是只能对捕捉点进行追踪，不能采用预捕捉点的方式进行追踪，而且可以建立多路追踪。获取追踪点的方式既可以采用“运行捕捉”方式，也可以采用“覆盖捕捉”方式。

3. 极轴追踪功能的应用

正交模式和极轴追踪模式不能同时启用。若想实现对捕捉点的极轴追踪，只要捕捉到对象特征点，该点即成为追踪点。极轴追踪模式打开，即可实现对捕捉点的追踪，但不能实现对预捕捉点的极轴追踪。极轴追踪是按照事先设定的角度增量进行追踪点追踪的，因此若想对某一角度或更多角度方向进行多条路径的追踪，需事先设置好增量角和附加角。

下面以实例（见图 16-15）说明起动极轴追踪功能绘制图形的操作步骤。

例 16-3	光盘\example\Ch16 极轴追踪功能\.dwg	

操作步骤

[1] 在菜单栏依次执行【工具|草图设置】命令，系统弹出【草图设置】对话框。

[2] 在对话框的【极轴追踪】选项卡中，设置出如图 16-16 所示的参数及相关极轴追踪控制选项。

[3] 起动相关辅助绘图功能：在状态栏单击相应按钮命令分别打开“对象捕捉”、“极轴追踪”和“动态输入”模式。

[4] 绘制 ab 线段：单击【绘图】工具栏中的【直线】命令按钮 ，依据水平追踪矢

量线绘制 ab 线段，如图 16-17 所示。

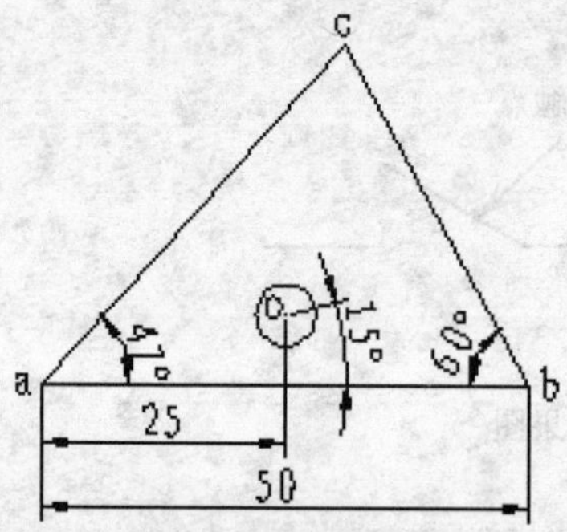

图 16-15　绘制的图形

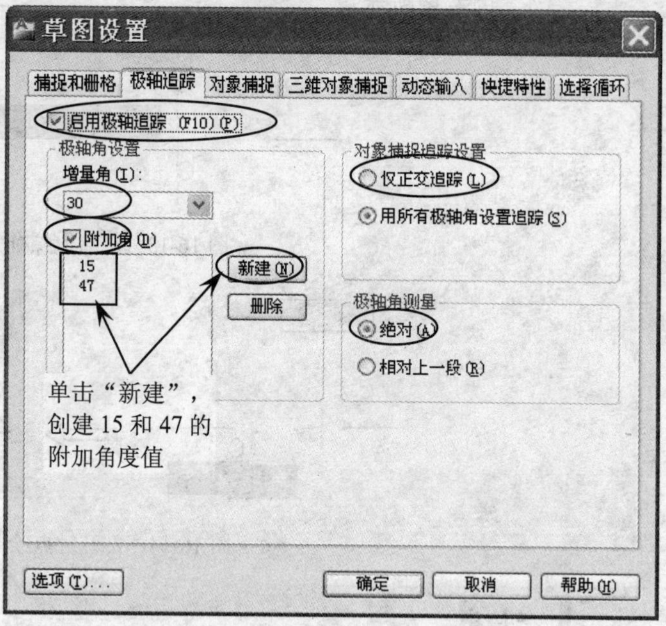

图 16-16　设置极轴追踪控制选项及参数

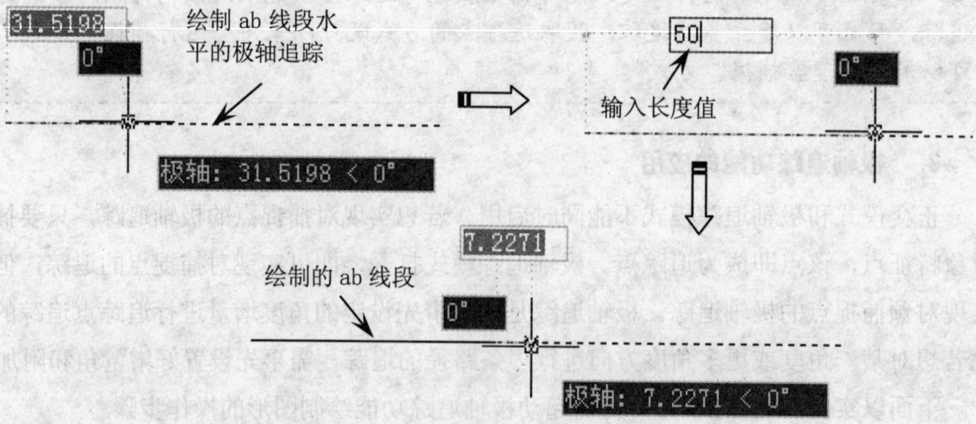

图 16-17　绘制 ab 线段

[5]　绘制 bc 线段：在上个步骤的基础上移动光标寻到与 ab 线成 60° 角，追踪极轴角为 120° 的追踪矢量线，依据该辅助线绘制不定长度的 bc 向线段，如图 16-18 所示。

图 16-18　绘制 bc 向线段

[6]　绘制 ac 线段：单击右键或按 Enter 键，重复直线绘制，自动捕捉水平线段的右端

点，移动光标寻到 47° 追踪矢量线，沿追踪线移动光标直至自动捕捉到追踪线与 bc 线段的交点，单击左键再按 Enter 键绘出 ac 线段，如图 16-19 所示。

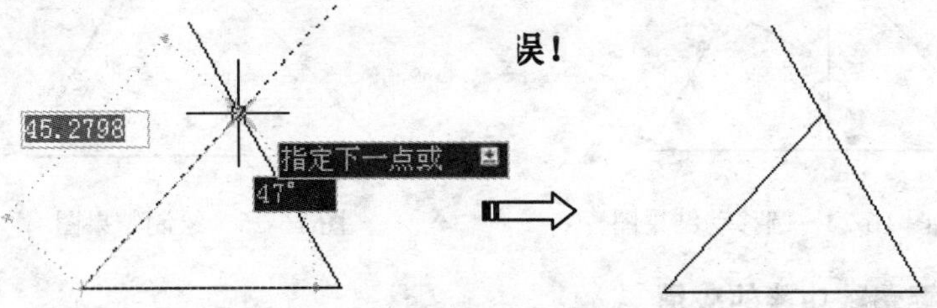

图 16-19　绘制 ac 线段

[7] 修剪多余线段：使用【修改】工具栏中的“修剪”工具，完成的 ac 线段为修剪边界，修剪掉 bc 线段长出的部分，结果如图 16-20 所示。

[8] 绘制辅助线：使用【绘图】工具栏中的“直线”工具，捕捉 ab 线段的中点，依据 90° 追踪矢量线绘制垂线作为绘图辅助线，结果如图 16-21 所示。

[9] 绘制圆：使用【绘图】工具栏中的“圆”工具，捕捉三角形的 a 点，绘制直径为 6 的圆，结果如图 16-22 所示。

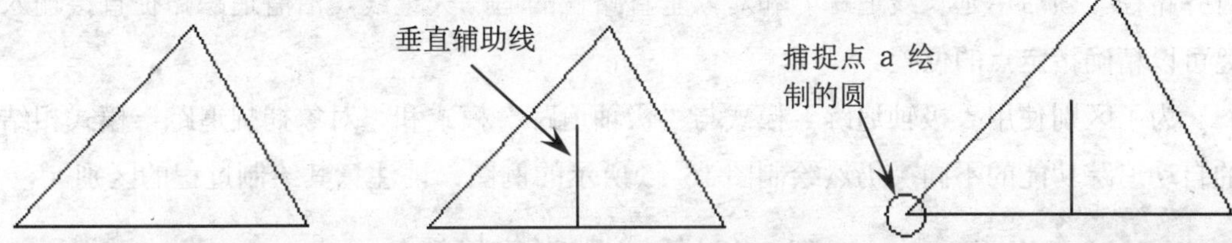

图 16-20　绘制完成三角形　　图 16-21　绘制过中点的垂直辅助线　　图 16-22　捕捉点 a 绘制圆

[10] 使用【修改】工具栏中的“移动”工具，选择圆为移动对象，捕捉圆的圆心为移动基点，沿着 15° 的追踪矢量线移动光标直至自动捕捉到极轴追踪矢量线与绘图辅助线的交点即为移动目标点，极轴追踪效果如图 16-23 所示。

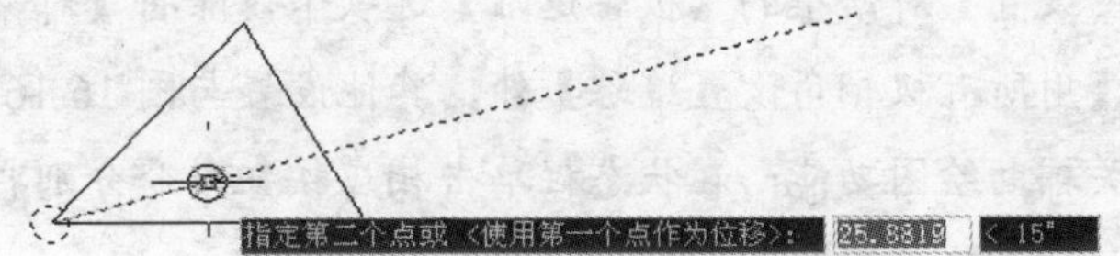

图 16-23　圆移动过程中的追踪效果图

[11] 圆移动后，单击【修改】工具栏中的【删除】按钮，删除绘图辅助线，结果如图 16-24 所示。至此，绘制完成的图形如图 16-25 所示。

注意

极轴追踪的特点是只能对捕捉点进行追踪，不能采用预捕捉点的方式进行追踪。获取追踪点的方式既可以采用“运行捕捉”方式，也可以采用“覆盖捕捉”方式。追踪路径的多少与增量角大小和附加角的多少有关。

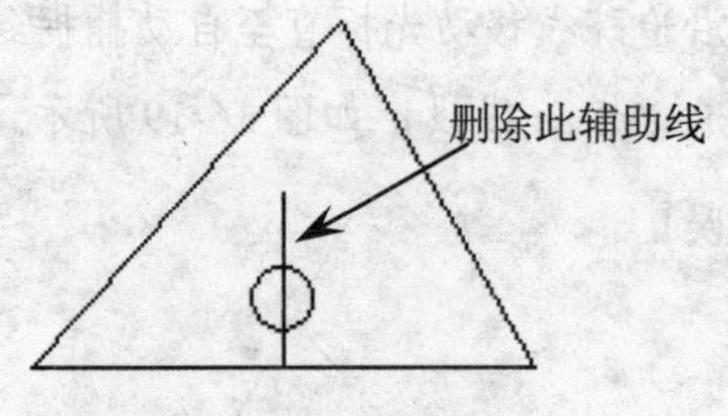

图 16-24　圆移动结果图

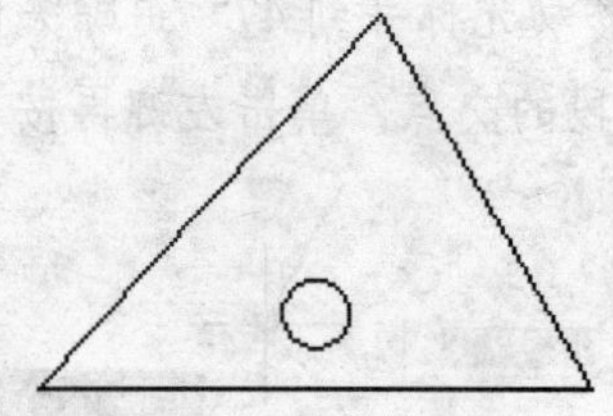

图 16-25　绘制结果图

4.　对象捕捉追踪功能的应用

对象捕捉追踪是指按与对象有某种特定关系的方位进行追踪。对象捕捉追踪既可实现对捕捉点进行追踪，也可实现对预捕捉点进行追踪。若想捕获预捕捉点作为对象追踪点，必须采用运行捕捉模式捕捉对象，否则捕获不到追踪点。对捕捉点作为对象追踪点进行追踪，采用运行捕捉模式和覆盖捕捉模式捕捉对象点均可。

对象捕捉追踪必须配合对象捕捉使用，且在追踪点处建立追踪线的多少与极轴追踪模式的设置有关。在绘图时，当命令行提示指定一个点（如圆心、基点、角点等）时，即可移动光标获取追踪点，再次移动光标可以寻到相对追踪点的水平、竖直、极轴、对象延长对齐路径（须启用延长线追踪）和对象垂直路径的追踪矢量线。沿着追踪路径直接输入距离可以精确指定点的位置。

为了区别使用“极轴追踪”模式与“极轴追踪”模式和“对象捕捉追踪”模式相结合的自动追踪功能的不同，仍然绘制图 16-15 所示的例图，请注意其绘制过程的区别。

例 16-4　光盘\example\Ch16\对象捕捉追踪功能.dwg 

操作步骤

[1] 设置极轴追踪模式：根据所绘图形的特征，为了能进行所有标注角度的追踪，打开【草图设置】对话框的【极轴追踪】选项卡，除将【对象捕捉追踪设置】选项设置为【用所有极轴角设置追踪】外，其他设置与图 16-16 中相同。

[2] 起动相关辅助绘图功能：在状态栏单击相应按钮命令分别打开“对象捕捉”、“极轴追踪”、“对象捕捉追踪”和“动态输入”模式。

[3] 绘制 ab 线段：单击【绘图】工具栏中的【直线】命令按钮，依据水平追踪矢量线绘制 ab 线段，输入长度 50，按 Enter 键一次，结果如图 16-26 所示。

[4] 移动光标自动追踪定位三角形的 c 点：移动光标预捕捉新绘制线段的左端点，再次移动光标直至寻到极轴角为 120° 的追踪矢量线和 47° 追踪矢量线的交点，如图 16-27 所示。

[5] 绘制 bc 线段：在交点处单击左键绘制出 bc 线段，如图 16-28 所示。

[6] 绘制 ac 线段：捕捉 a 点单击左键后再单击右键，绘制完成三角形，结果如图 16-29 所示。

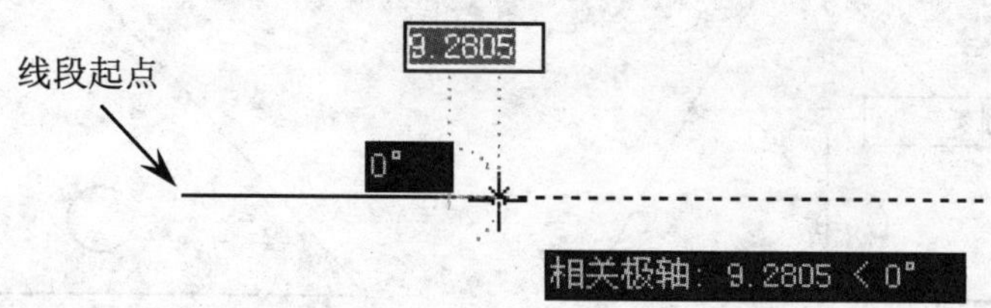

图 16-26　依据追踪线绘制 ab 线段

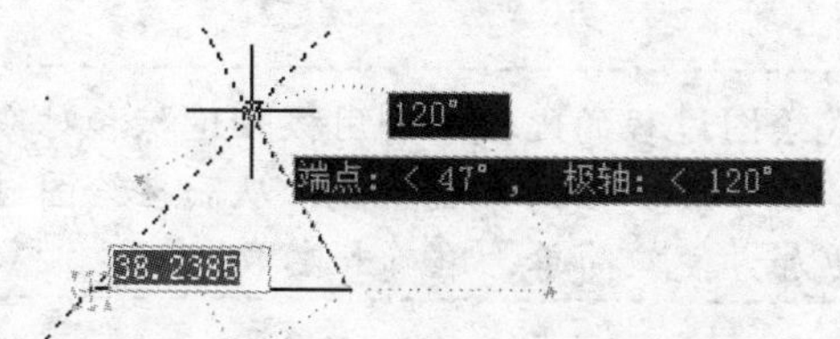

图 16-27　通过预捕捉点 a 得到的追踪效果图

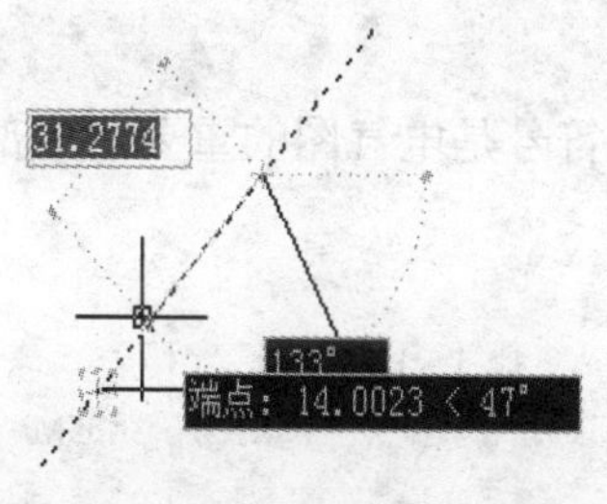

图 16-28　绘制完成 bc 线段

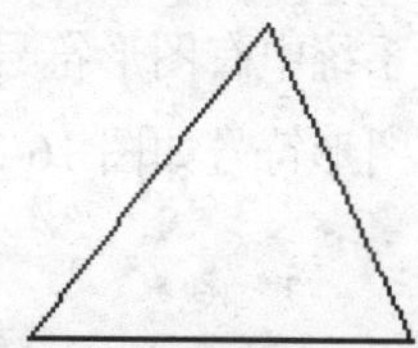

图 16-29　绘制完成三角形

[7] 绘制圆：单击【绘图】工具栏中的【圆】命令按钮，预捕捉三角形的 a 点和 ab 线段的中点，移动光标直至寻到 15° 极轴追踪线和过中点的竖直追踪线的交点，如图 16-30 所示。

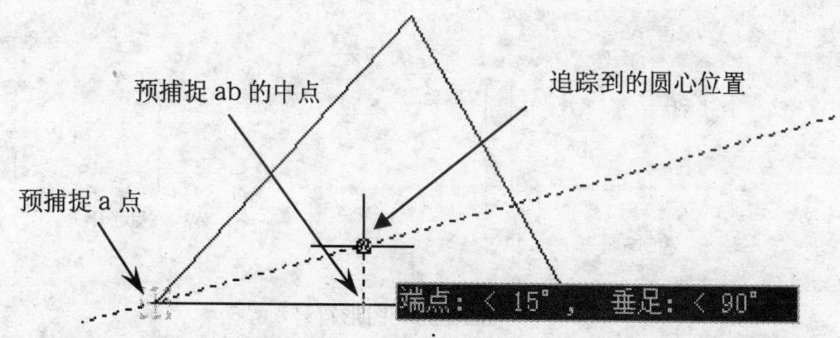

图 16-30　通过预捕捉 a 点和 ab 线段中点得到的追踪效果图

[8] 单击左键确定圆心的位置，然后输入圆的半径值回车确认，如图 16-31 所示。

[9] 绘制直径为 6 的圆，结果如图 16-32 所示。

[10] 完成图例的绘制。

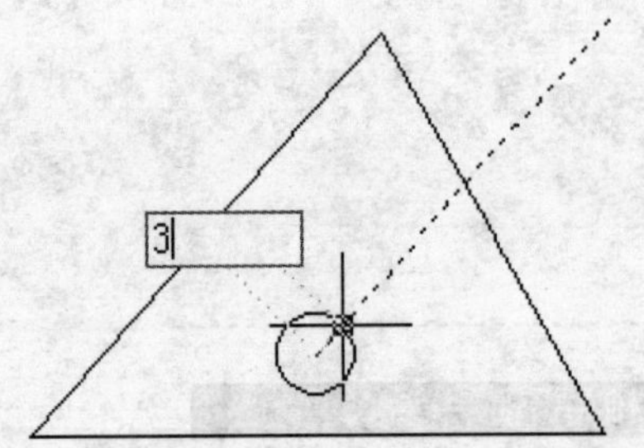

图 16-31　确定圆心位置并输入半径值

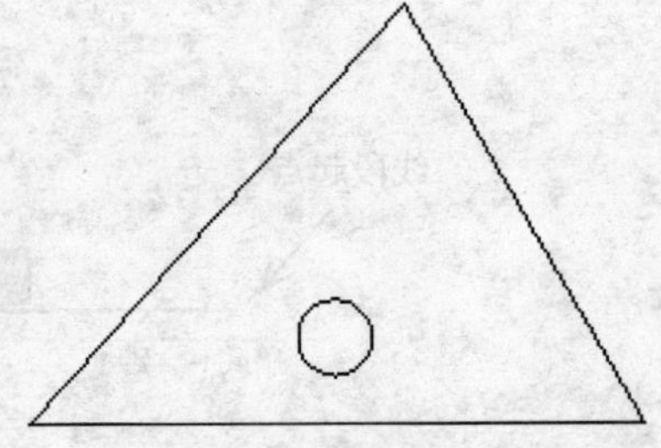

图 16-32　绘制图形的结果图

要点

通过两种追踪模式绘图过程的比较，利用极轴追踪和对象捕捉追踪同时启用模式绘图的追踪功能更强，由于其更强的导航功能，从而在绘图过程中大大减少了绘图辅助线的使用，使绘图更加方便、简单、准确和高效。

16.2.2 电气基本符号的绘制

1. 常见的电气控制系统图形符号

电气控制系统中有图形符号和文字符号，这些符号是电气图的重要组成部分。常见的电气控制系统图形符号如图 16-33 所示。

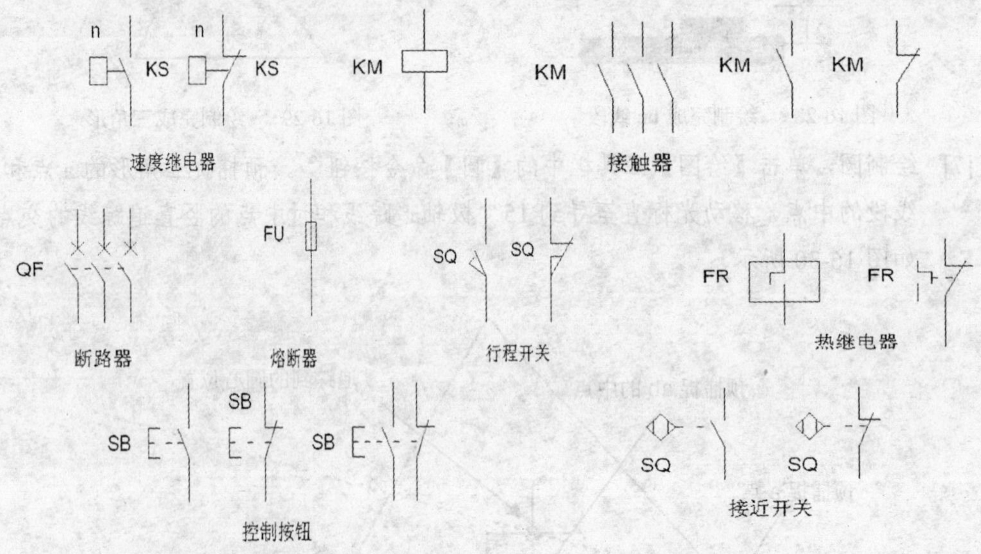

图 16-33　图形符号

2. 电气控制系统中常见的文字符号

文字符号用以标明电气设备、装置和元器件的名称、功能和特征。包括基本文字符号和辅助文字符号。表 16-2 列出了电气控制系统中常见的文字符号。

表 16-2　电气控制系统中常见的文字符号

基本文字符号

符号	描述	符号	描述	符号	描述
C	电容器	EH	发热器件	EL	照明电
EV	空气调节器	FA	带瞬时动作的限流保护器件	FR	带延时动作的限流保护器件
FS	带瞬时、延时动作的限流保护器件	FU	熔断器	FV	限压保护器件
GS	同步发电动机	GA	异步发电动机	GB	蓄电池
HA	报警器	HL	指示灯	KA	过流继电器
KM	接触器	KR	热继电器	KT	延时继电器
L	电感器	M	电动机	MS	同步电动机
MT	力矩电动机	PA	电流表	PJ	电度表
PS	记录仪表	PV	电压表	QF	断路器
QM	电动机保护开关	QS	隔离开关	TA	电流互感器
TC	电源互感器	TV	电压互感器	XB	连接片
XJ	测试插孔	XP	插头	XS	插座
XT	端子排	YA	电磁铁	YM	电动阀
YV	电磁阀				

辅助文字符号

符号	描述	符号	描述	符号	描述
A	电流、模拟	AC	交流	AUT	自动
ACC	加速	ADD	附加	ADJ	可调
AUX	辅助	ASY	异步	BRK	制动
BK	黑	BL	蓝	BW	向后
C	控制	CW	顺时针	CCW	逆时针
D	延时、数字	DC	直流	DEC	减
E	接地	EM	紧急	F	快速
FB	反馈	FW	向前	GN	绿
H	高	IN	输入	INC	增
IND	感应	L	低、限制	LA	闭锁
M	主、中间线	MAN	手动	N	中性线
OFF	断开	ON	闭合+	OUT	输出
P	压力、保护	PE	保护接地	PEN	保护接地与中性共用
PU	不接地保护	R	记录、反	RD	红
RST	复位	RES	备用	RUN	运行
S	信号	ST	起动	SET	置位、定位
SAT	饱和	STE	步进	STP	停止
SYN	同步	T	温度、时间	TE	无干扰接地
V	速度、电压、真空	WH	白	YE	黄

3.　设置绘图环境

设置绘图环境是绘图前非常必要的绘图准备工作，根据绘制图形的复杂程度合理设置绘图环境，可以为绘图带来大大的方便。绘图前不进行绘图环境如绘图比例、幅面和图层等的设置，对于比较复杂的图形，绘制中途改变比例和幅面就可能造成显示混乱，图层设置不合理，编辑修改图形就比较困难。

提示

花费一些时间合理设置绘图环境是非常必要的，可以提高绘图效率并使绘制的图形条理清晰，布局合理，图形协调美观，同时也便于打印出标准图。

例 16-5　光盘\example\Ch16\绘制交流电动机符号.dwg

操作步骤

[1] 建立新文件：打开 AutoCAD2012 应用程序，单击【标准】工具栏中的【新建】命令按钮，弹出【选择样板】对话框，选择“acadiso.dwt”文件后单击【打开】按钮，将样板文件打开，如图 16-34 所示。

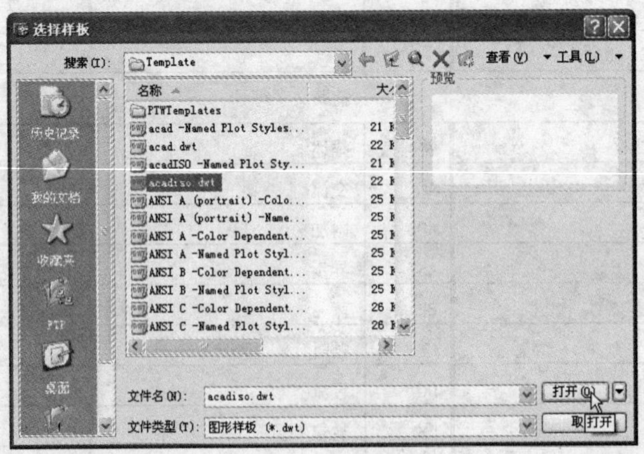

图 16-34　打开样板文件

[2] 在样板文件的新窗口中，单击工具栏中的【保存】按钮，然后重新设置样板文件的保存路径，将新文件命名为“电动机符号.dwg”。

[3] 设置文字样式：在菜单栏依次执行【格式】|【文字样式】命令，系统弹出【文字样式】对话框，设定“样式（S):”为“Standard”、“字体名（F):”为“仿宋”、“字体样式（Y):”为“常规”、“高度（T)”为“14”、“宽度因子（W):”为“1”、“倾斜角度（O):”为“0”，然后单击“置为当前（C)”按钮，再单击“应用（A)”按钮并关闭该对话框，如图 16-35 所示。

[4] 设定栅格：开启栅格，单击状态栏中的【栅格】按钮，或者按快捷键 F7，在绘图窗口中将显示栅格，命令行中会提示“命令：<栅格 开>”。关闭栅格，可以再次单击状态栏中的【栅格】按钮，或者按快捷键 F7。

[5] 绘制圆：在模型空间中，单击【绘图】工具栏中的【圆】按钮，以点（200，200）为圆心，绘制一个直径为 10 的圆，如图 16-36 所示。

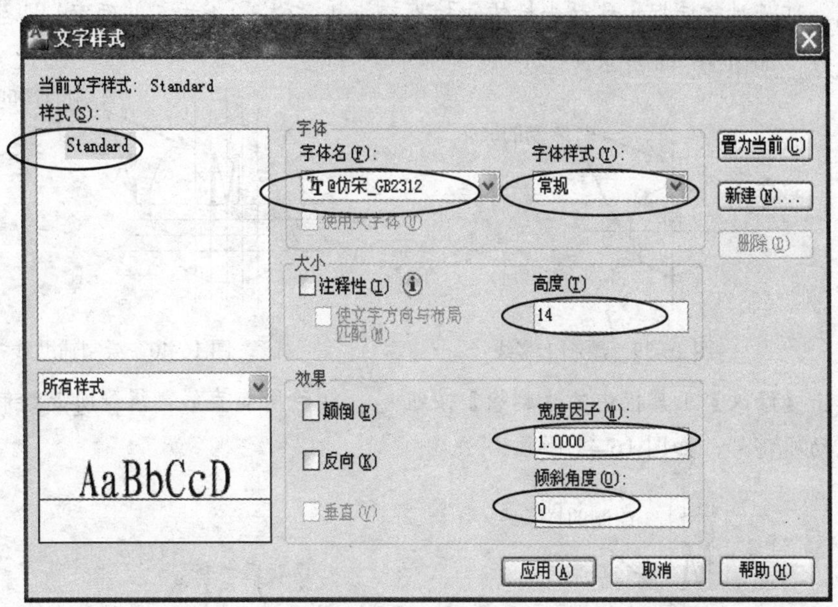

图 16-35　设置文字样式

[6] 生成字母 M：单击【绘图】工具栏中的【多行文字】按钮，在绘图区的适当位置通过单击鼠标左键指定第一角点和对角点，会出现【文字格式】对话框，在其文字输入区输入“M”并单击【确定】按钮，生成字母 M，如图 16-37 所示。

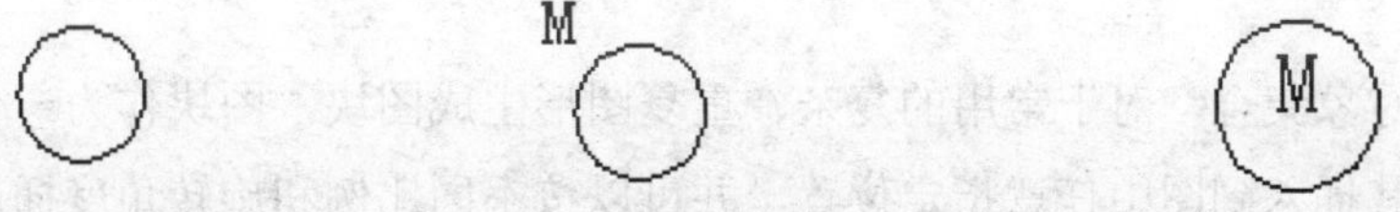

图 16-36　绘制圆　　图 16-37　生成字母 M　　图 16-38　输入字母 M

[7] 输入字母 M：选中字母 M，单击【修改】工具栏中的【移动】按钮，当命令行提示“指定基点或 [位移(D)] <位移>:”时，移动光标至字母 M 的中间下端位置处单击鼠标左键，指定基点，当命令行提示“指定第二个点或 <使用第一个点作为位移>:”时，单击状态栏中的【捕捉模式】按钮，打开捕捉模式，单击状态栏中的【正交模式】按钮，关闭正交模式，移动光标捕捉圆心并单击鼠标左键，指定第二个点，此时字母 M 被移入圆中，如图 16-38 所示。

[8] 绘制交流符号：使用【绘图】工具栏中的“直线”工具，打开“捕捉模式”和“正交模式”，通过圆心绘制十字线，如图 16-39 所示。

[9] 单击【修改】工具栏中的【偏移】按钮，选择圆的水平中心线为偏移对象，分别以偏移距离 1、1.5 和 2 向下绘制 3 条水平直线，再选择圆的垂直中心线为偏移对象，分别以偏移距离 0.5 和 1 向两边各绘制 2 条垂直直线，如图 16-40 所示。

[10] 单击【绘图】工具栏中的【样条曲线】按钮，通过单击状态栏中的【捕捉模式】按钮、【正交模式】按钮，和【对象捕捉】按钮，关闭捕捉模式和正交模

式，打开对象捕捉，移动光标依次捕捉交点 1、2、3、4 和 5 并确定，即生成交流符号，如图 16-41 所示。

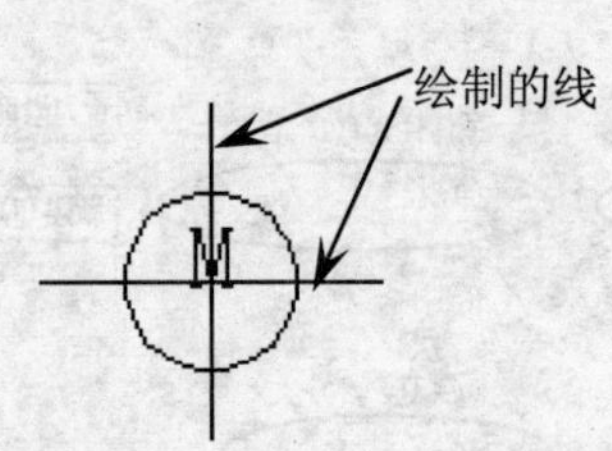

图 16-39　绘制十字线

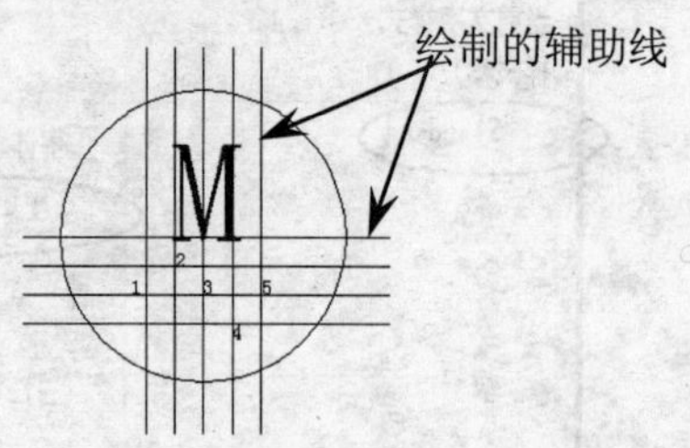

图 16-40　绘制辅助线

[11] 单击【修改】工具栏中的【删除】按钮，删除所有直线，得到所要绘制的交流电动机符号，如图 16-42 所示。

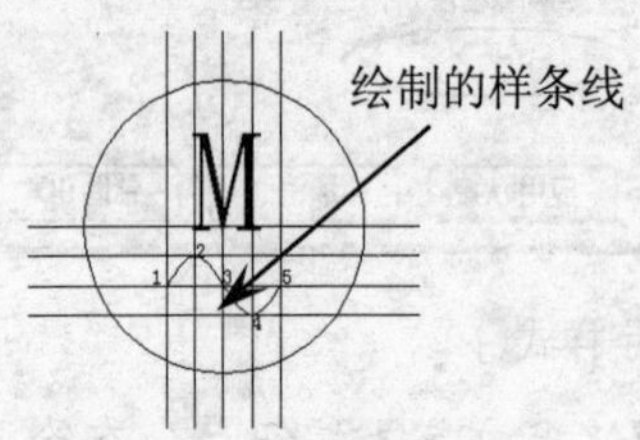

图 16-41　绘制交流符号

图 16-42　交流电动机符号

16.2.3　图块功能的应用

组成的对象集合，对于常用的复杂、重复图形生成图块，图块作为一个整体可以根据作图需要将其插入到图中任意指定位置，并可以按不同比例和旋转角度插入。使用图块功能可以大大提高绘图效率，节省存储空间，便于修改图形等。下面将图 16-42 所示的图形创建成名为“交流电动机符号”的图块。

例 16-6	光盘\example\Ch16\图块的创建.dwg

操作步骤

[1] 开启块定义对话框：单击【绘图】工具栏中的【创建块】按钮，系统将打开【块定义】对话框。

[2] 在对话框的【名称（N）】文本框中输入“交流电动机符号”。在【基点】选项区单击【拾取点】按钮，在切换到的绘图区捕捉交流电动机符号的圆心作为块的基点，此时基点的坐标会自动显示在对话框中，如图 16-43 所示。

[3] 在【对象】选项区，单击【选择对象】按钮，然后在切换到的绘图区选择交流电动机符号的所有图形元素作为创建块的包含对象，如图 16-44 所示。

[4] 单击对话框中的【确定】按钮完成块的创建，此时原图形中的四个图形元素已转

化为了图块，形成为一个对象，如图 16-45 所示。

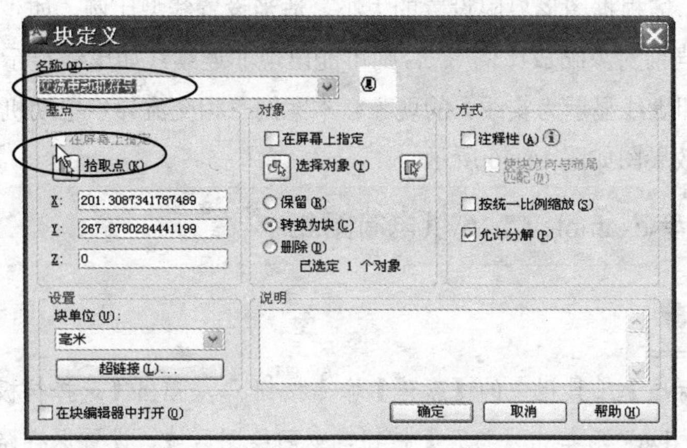

图 16-43 【块定义】对话框

图 16-44 选择对象　　　　图 16-45 创建图块

注意

在创建图块过程中，当命令行提示输入基点和选择创建块的对象时，也可以通过打开的【块定义】对话框，分别在【基点】选项区和【对象】选项区中勾选【在屏幕上指定】复选框，以便以在绘图区确定基点和选择对象的方式来完成图块的创建。

16.3 三相交流异步电动机控制电气设计案例

三相交流异步电动机作为主要动力源，在机床行业应用非常广泛。它具有结构简单、体积小、驱动转矩大、操控容易和工作可靠的特点。因此设计其控制电路，保证电动机可靠地正反转起动、停止和过载保护等在工业领域具有重要意义。

下面以 3 个典型的案例让读者轻松掌握三相交流异步电动机控制电气在 AutoCAD 中的设计技巧及设计流程。

16.3.1 供电简图设计案例

三相交流异步电动机供电简图旨在说明电动机的电流走向，示意性地表示电动机的起动和停止，表达电动机供电与控制的基本功能。供电简图的价值在于它忽略其他复杂的电气元件和电气规则，以十分简单而且直观的方式传递一定的电气工程信息。

绘图环境设置具体参照本章第 16.2.2 一节，当图形中有非连续线如虚线、点画线等线型时，需根据图形界限设置的大小，适当设置线型比例，如“全局比例因子”和“当前对象缩放比例”，否则可能出现非连续线如虚线显示效果不佳或不显示（即虚线显示为实线）的现象。本案例三相交流异步电动机供电简图设计完成的效果图如图 16-46 所示。

图 16-46 供电简图

例 16-7 光盘\example\Ch16\供电简图.dwg

操作步骤

[1] 单击【标准】工具栏中的【新建】命令按钮，弹出【选择样板】对话框，选择“acadiso.dwt”后单击【打开】按钮，返回绘图区域，设置保存路径，将新文件命名为“供电简图.dwg”并保存，如图 16-47 所示。

[2] 单击【绘图】工具栏中的【插入块】命令按钮，在当前绘图区域适当位置内依次插入已经绘制完成的“三相交流异步电动机”和“单极开关”图块，如图 16-48 所示。

提示

调用已有的图块能够大大节省绘图的工作量，显著提高绘图效率。专业的电气设计人员一般都有一个自己的常用图块库。

图 16-47 保存绘图样板

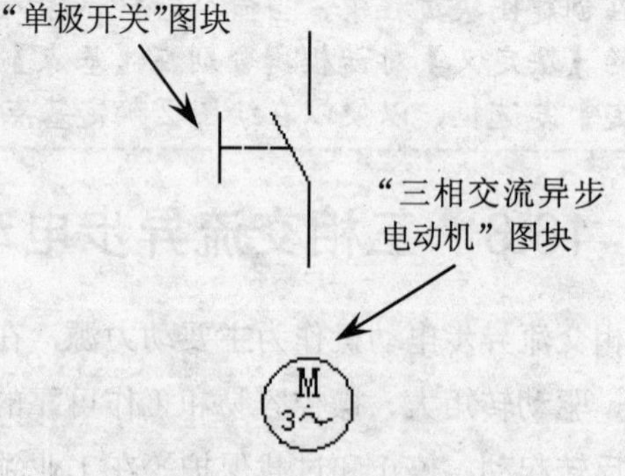

图 16-48 插入图块

[3] 单击【修改】工具栏中【移动】命令按钮，以单极开关图块的下端端点为移动基点，以三相交流异步电动机图块中圆心为移动目标点移动，如图 16-49 所示。

[4] 按 Enter 键，重新执行“移动”命令，把单极开关图块移动到三相交流电动机图块的正上方，如图 16-50 所示。

[5] 分解图块：单击【修改】工具栏中的【分解】命令按钮，分解三相交流异步电动机和单极开关图块。

图 16-49　移动“电动机”图块　　　图 16-50　移动“开关”图块

[6] 延伸直线：单击【修改】工具栏中的【延伸】命令按钮，以三相交流异步电动机符号中的圆周为延伸边界，以单极开关符号中下部引线为延伸对象，将其延伸至圆周，结果如图 16-51 所示。

[7] 绘制倾斜直线：单击【绘图】工具栏中的“直线”命令按钮，以直线中点为起点，绘制与水平方向成 60°角、长度为 10 个单位的直线段，结果如图 16-52 所示。

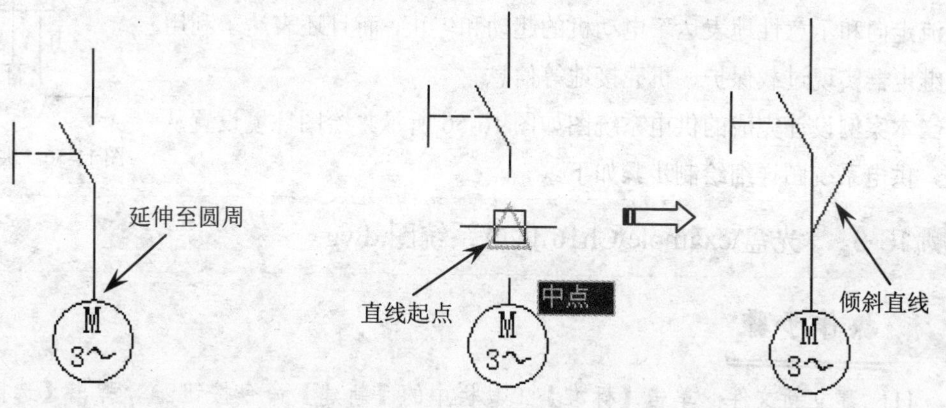

图 16-51　延伸直线　　　图 16-52　绘制倾斜直线

[8] 移动倾斜直线：单击【修改】工具栏中的【移动】命令按钮，选择移动对象倾斜直线，按鼠标右键回车确认，捕捉倾斜直线的中点作为移动对象的基点，然后移动光标，捕捉与圆相交的垂直线的中点作为移动对象的目标点，单击鼠标左键确认，结果如图 16-53 所示。

[9] 复制倾斜直线：单击【修改】工具栏中的【复制】命令按钮，把上述步骤中完成的倾斜直线分别向上、下两个方向各复制一份，复制位移为 2 个单位，结果如图 16-54 所示。

[10] 绘制电源端子：单击【绘图】工具栏中的【圆】命令按钮，以单极开关中导线的上端点为圆心，绘制半径为 2 的圆，作为电源端子符号。然后使用【修改】工具栏中的“移动”工具和“延伸”工具，把圆向上适当移动并延伸导线，结果如图 16-55 所示，这样就得到了三相交流异步电动机供电简图。

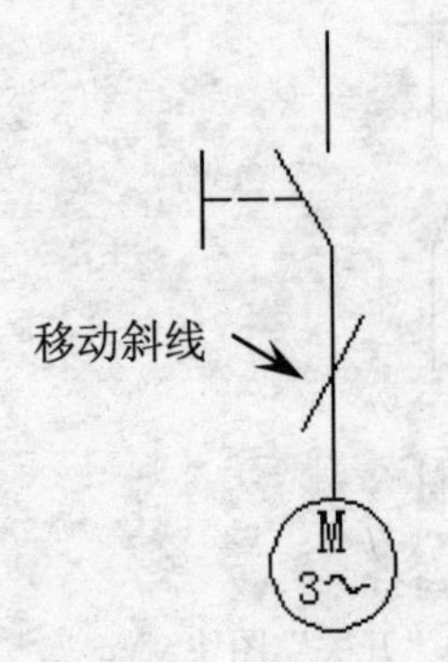

图 16-53　移动倾斜直线

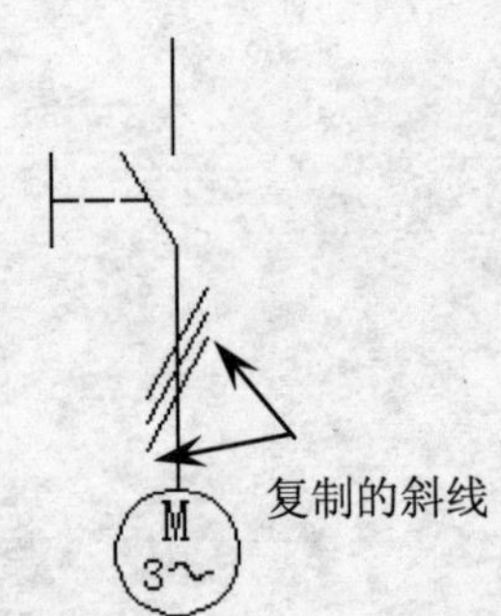

图 16-54　复制倾斜直线

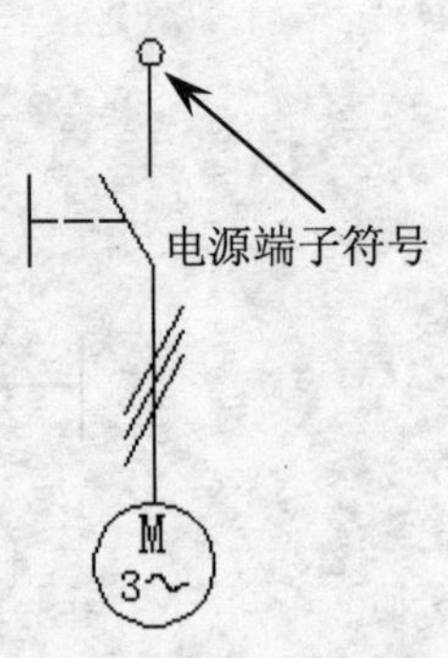

图 16-55　供电简图

16.3.2 三相交流异步电动机供电系统图设计

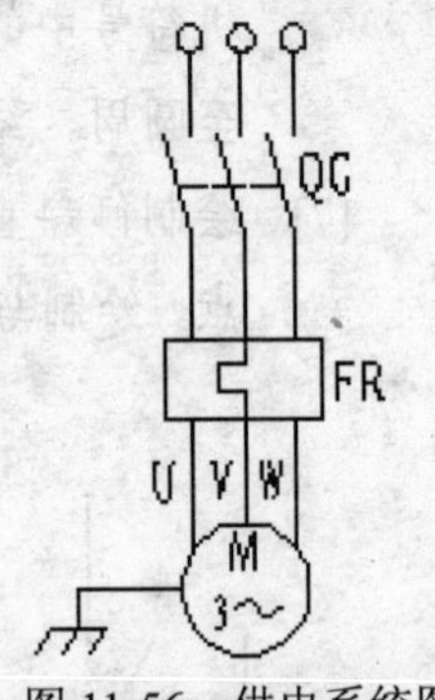

图 11-56　供电系统图

供电系统图是用来表示某项目供电方式和电能输送关系的电气图，比简图表达的电气信息更详尽些，不仅表达了电动机的供电方式、电流走向和示意性地表达了电动机的起动和停止，而且还表达了利用热继电器实现过载保护、机壳接地等信息。

本案例设计完成的供电系统图如图 16-56 所示。绘图环境设置从略，供电系统图详细绘制步骤如下。

例 16-8　光盘\example\Ch16\供电系统图.dwg

操作步骤

[1] 建立新文件：单击【标准】工具栏中的【新建】命令按钮，弹出【选择样板】对话框，选择“acadiso.dwt”后单击【打开】按钮，返回绘图区域，设置保存路径，将新文件命名为“三相交流异步电动机供电系统图.dwg”并保存。

[2] 插入图块：单击【绘图】工具栏中的【插入块】命令按钮，在当前绘图区域内依次插入已经绘制完成的“三相交流异步电动机”和“多极开关”图块，如图 16-57 所示。

[3] 调整图块位置：调位目标是使多极开关下端中间直线的延长线能通过电动机符号的圆心。单击【修改】工具栏中的【移动】命令按钮，首先移动电动机图块至多极开关处，并使其圆心与多极开关下端中线端点重合，打开正交模式，再次移动电动机图块时，以圆心为移动基点，垂直向下移动到适当位置为目标点，结果如图 16-58 所示。

[4] 分解图块：单击【修改】工具栏中的【分解】命令按钮，分解三相交流异步电动机和多极开关图块。

[5] 拉伸导线：单击【修改】工具栏中的【拉伸】命令按钮，选中多极开关中下面的三根导线，然后以其下端点为拉伸基点向下拉伸 5 个单位；同理把多极开关中上面的三根导线以其上端点为拉伸基点向上拉伸 3 个单位，如图 16-59 所示。

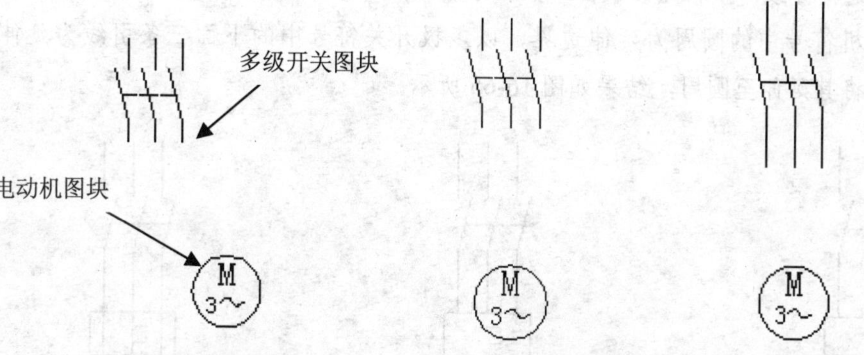

图 16-57 插入图块　　图 16-58 调整图块　　图 16-59 拉伸导线

[6] 绘制热继电器外壳：单击【绘图】工具栏中的【矩形】命令按钮，以多极开关中最左边线段的下端点作为绘制矩形的第一个角点，输入相对坐标点（@12,-6）为绘制矩形的另一角点，绘制一个长度为 12 个单位，宽度为 6 个单位的矩形，如图 16-60 所示。

[7] 移动矩形：单击【修改】工具栏中的【移动】命令按钮，以上步绘制矩形中的上边线中点为移动基点，以多级开关中间引线的下端点为移动目标点，移动上步绘制的矩形，结果如图 16-61 所示。

[8] 绘制小矩形：单击【绘图】工具栏中的【矩形】命令按钮，以前面绘制的矩形上边线中点作为新绘制矩形的第一个角点，输入相对坐标（@-2,-2）为绘制矩形的另一角点，绘制一个长度为 2 个单位，宽度为 2 个单位的矩形，如图 16-62 所示。

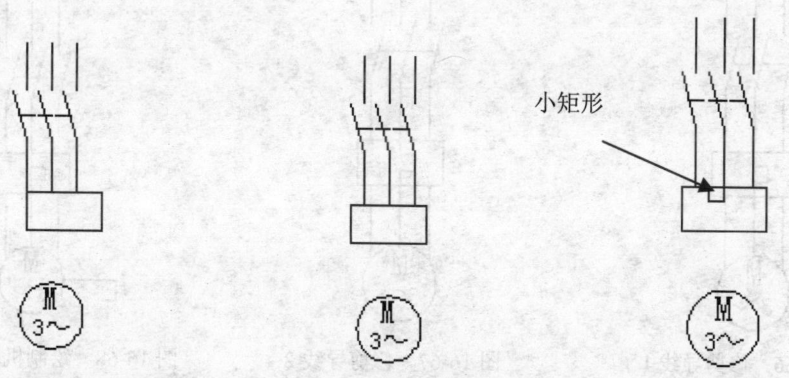

图 16-60 绘制热继电器外壳　　图 16-61 移动矩形　　图 16-62 绘制小矩形

[9] 移动小矩形：单击【修改】工具栏中的【移动】命令按钮，把上步绘制的小矩形向下移动距离 2 个单位，结果如图 16-63 所示。

[10] 分解小矩形和删除边线：单击【修改】工具栏中的【分解】命令按钮，分解上述绘制的小矩形。然后单击【修改】工具栏中的【删除】命令按钮，删除小矩形的右边线，结果如图 16-64 所示。

[11] 延伸连接导线：单击【修改】工具栏中的【延伸】命令按钮，以三相交流异步电动机符号中的圆周为延伸边界，以多极开关符号中的下面三条引线为延伸对象，将其延伸至圆周，结果如图 16-65 所示。

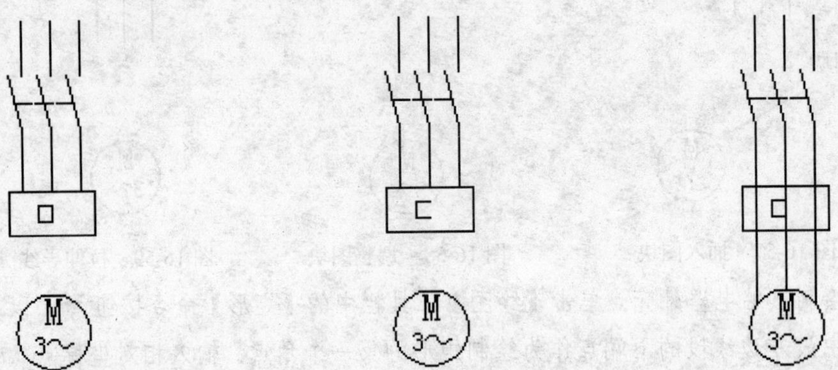

图 16-63　移动小矩形　　图 16-64　分解和修改小矩形　　图 16-65　延伸连接导线

[12] 修剪连接导线：单击【修改】工具栏中的【修剪】命令按钮，以大矩形的上下两边为修剪边，修剪掉大矩形内部左右两侧的连接导线，如图 16-66 所示。然后以小矩形的上下两边为修剪边，修剪掉位于它们中间的连接导线，结果如图 16-67 所示。

[13] 绘制机壳接地：单击【绘图】工具栏中的【直线】命令按钮，以三相交流异步电动机符号中圆的右象限点为起点，以适当长度绘制水平、竖直和水平三段直线，结果如图 16-68 所示。

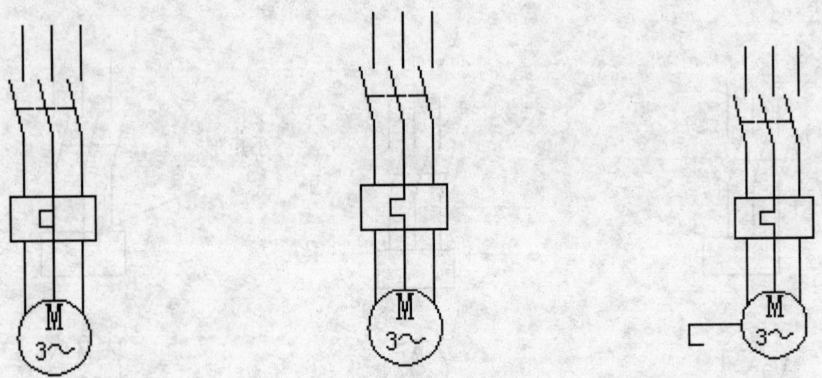

图 16-66　修剪导线 1　　图 16-67　修剪导线 2　　图 16-68　绘制机壳接地

[14] 镜像直线：单击【修改】工具栏中的【镜像】命令按钮，选择上步中绘制的下部水平直线为镜像对象，竖直直线为镜像线，把水平直线镜像复制一份，结果如图 16-69 所示。

[15] 绘制倾斜直线：单击【绘图】工具栏中的【直线】命令按钮，以镜像直线的左端点为起点，绘制与水平方向成 125°角、长度为 2 的倾斜直线，结果如图 16-70 所示。

[16] 复制倾斜直线：单击【修改】工具栏中的【复制】命令按钮，以倾斜直线的上端点为复制基点，分别以被镜像直线的左、右端点为复制目标点，把上步绘制的倾斜直线复制两份，结果如图 16-71 所示。

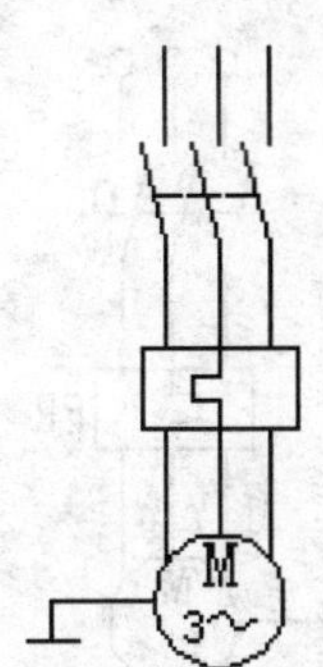

图 16-69　镜像直线

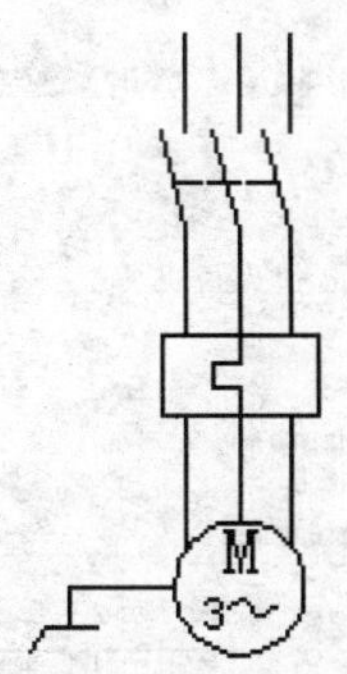

图 16-70　绘制倾斜直线

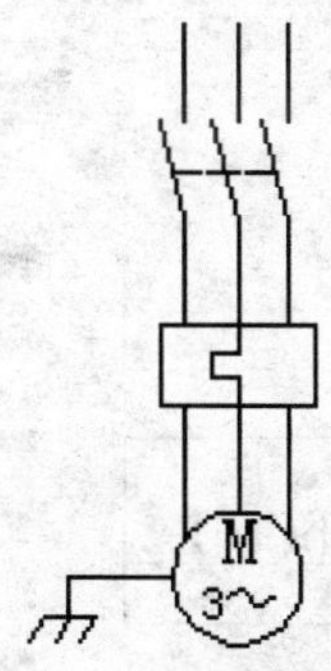

图 16-71　复制倾斜直线

[17] 绘制输入端子：单击【绘图】工具栏中的【圆】命令按钮，以多极开关中的上端三条引线的上部端点为圆心，分别绘制直径为 2 的圆，结果如图 16-72 所示。

[18] 修剪图形：单击【修改】工具栏中的【修剪】命令按钮，分别以上步完成的小圆圆周为修剪边界，修剪掉它们里面的线段，结果如图 16-73 所示。

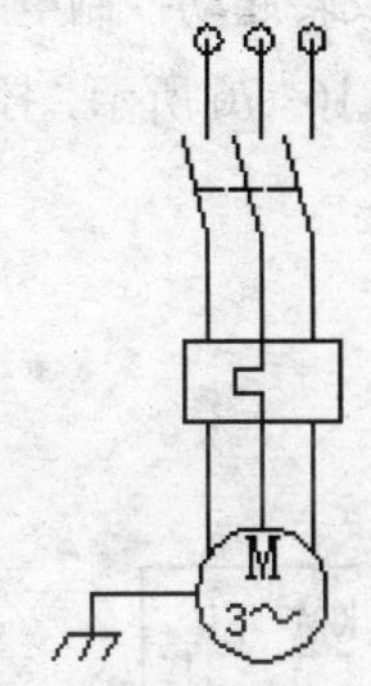

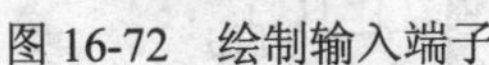
图 16-72　绘制输入端子

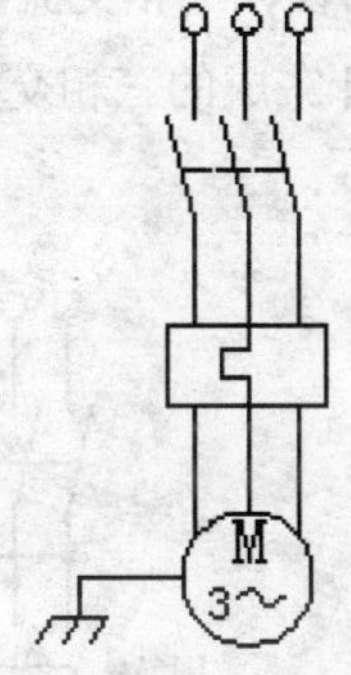

图 16-73　修剪图形

[19] 设置注释层：单击【图层】工具栏中的【图层特性管理器】命令按钮，弹出【图层特性管理器】对话框，单击对话框中的【新建图层】命令按钮，设置 “注释层”图层，并将该层设置为当前图层。

[20] 创建文字样式：单击【文字】工具栏中的【文字样式】命令按钮，弹出【文字样式】对话框，单击【新建(N)】命令，新建一个名为“注释”的新文字样式，参数设置如图 16-74 所示，把“注释”文字样式置为当前，关闭“文字样式”对话

框。

[21] 添加和移动注释：单击【文字】工具栏中的【多行文字】命令按钮 A，输入各个文字注释。然后使用【修改】工具栏中的“移动”工具，调整各个注释位置，使注释显示整齐美观。这样就完成了三相交流异步电动机供电系统图的绘制，结果如图 16-75 所示。

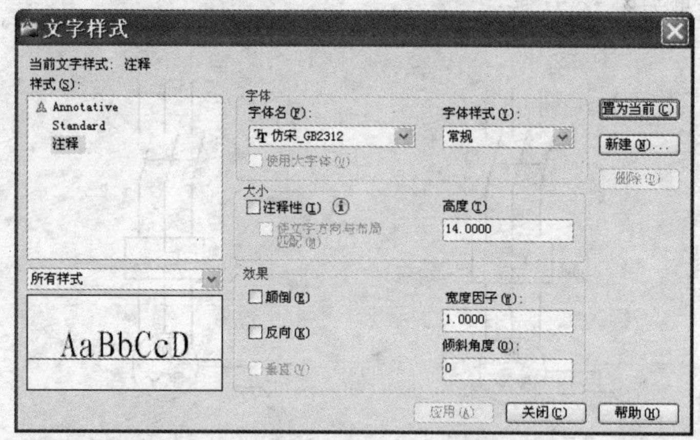

图 16-74　创建文字样式

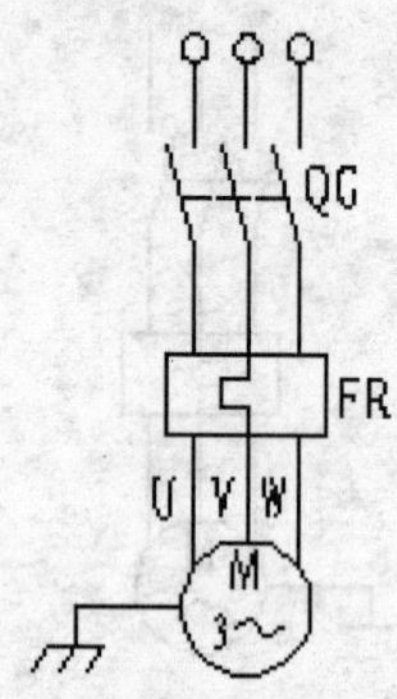

图 16-75　三相交流异步电动机供电系统图

16.3.3　三相交流异步电动机控制电路图设计

上节绘制的三相交流异步电动机供电系统图，反映了电动机的供电关系，但没有反映电动机的控制电路，即没有反映电动机的起停、正反转控制等，从而不能反映人们的控制意图。本节详细设计三相交流异步电动机的控制电路，即正反转起动控制电路和自锁电路。

本案例设计完成的三相交流异步电动机控制电路图如图 16−76 所示。控制电路图详细绘制过程如下

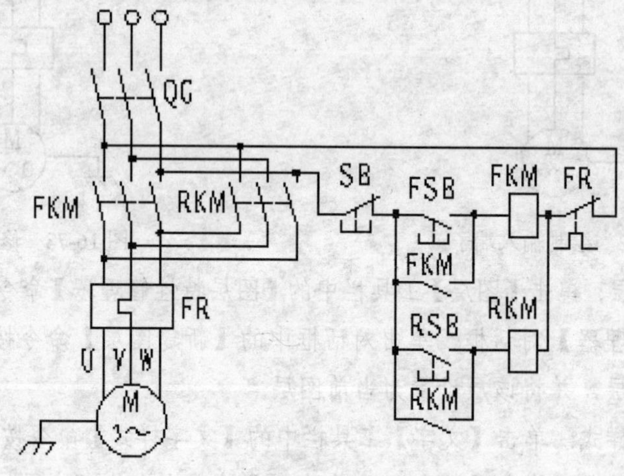

图 11-76　三相交流异步电动机控制电路图

例 16-9　光盘\example\Ch16\控制电路图.dwg

操作步骤

1. 设置绘图环境

[1] 建立新文件：打开 AutoCAD2012 应用程序，单击【标准】工具栏中的【打开】现有的图形文件命令按钮，将会出现【选择文件】对话框，从中选择上节绘制的“三相交流异步电动机供电系统图.dwg”图形文件并打开，设置保存路径，把该文件另存为“三相交流异步电动机控制电路图.dwg”。

[2] 新建图层：根据绘制图形的繁简程度，设置绘图层次，分层绘制电气工程图有利于绘图、编辑修改以及工程图的管理。单击【图层】工具栏中的【图层特性管理器】命令按钮，弹出【图层特性管理器】对话框，单击对话框中的【新建图层】命令按钮，设置“控制线路”、“注释层”和“虚线绘制”3 个图层，在设置“虚线绘制”图层时，将线型改为虚线，参数设置如图 16-77 所示。在“控制线路”图层上绘制三相交流异步电动机的控制线路，在“注释层”图层上绘制控制线路的文字标示，在“虚线绘制”图层上绘制所有的虚线。

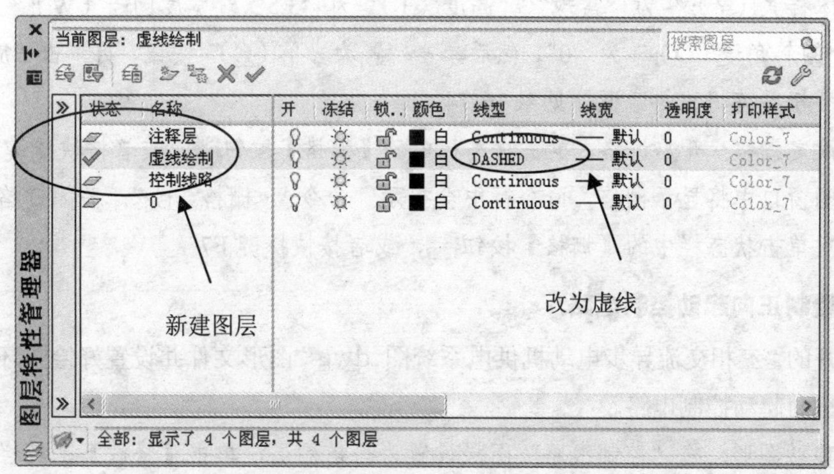

图 16-77　图层特性管理器对话框

[3] 设置非连续线的显示效果：非连续线是指虚线、点画线等，它们的显示效果与图形界限设置的大小（图幅的大小）、全局比例因子和当前对象的缩放比例等项相联系，如设置不合理，可能出现非连续线显示为实线或显示效果不佳等现象。在菜单栏依次执行【格式|线型】命令，系统弹出【线型管理器】对话框，单击【显示细节】按钮，改变“全局比例因子”参数即可改变虚线的显示效果，本例设置为 0.2。具体参数设置如图 16-78 所示。

[4] 设置绘图工具栏：在工具栏区域的任意处单击鼠标右键，在打开的快捷菜单中仅

勾选“标准”、“图层”、“特性”、“绘图”、“修改”和“标注”6 个选项，当这些工具栏出现后，将其移动到绘图窗口中的适当处。

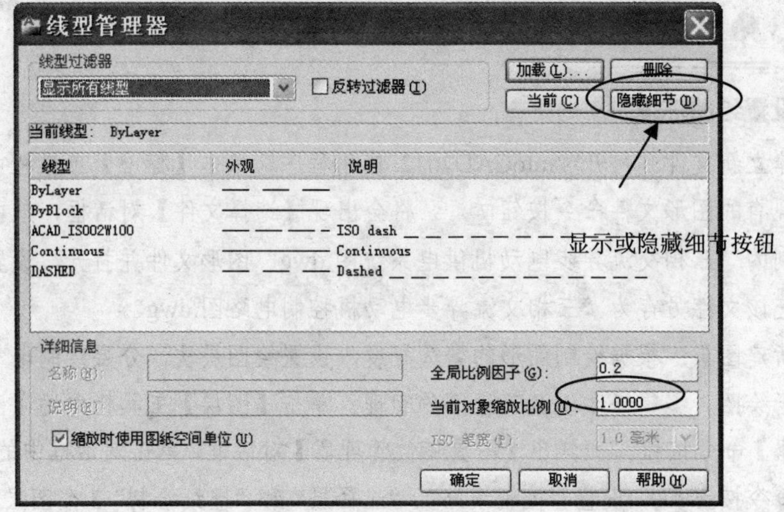

图 16-78　线型管理器对话框

[5] 设置文字样式：在菜单栏依次执行【格式|文字样式】命令，在系统弹出【文字样式】对话框中设定“样式（S):”为“Standard”、“字体名（F):”为“仿宋”、“字体样式（Y):”为“常规”、“高度（T)”为“3.5”、“宽度因子（W):”为“1”、“倾斜角度（O):”为“0”，然后单击“置为当前（C)”按钮，再单击“应用（A)”按钮并关闭该对话框，见图 16-74。

[6] 设定栅格：开启栅格，单击状态栏中的【栅格】按钮，或者按快捷键 F7，在绘图窗口中将显示栅格，命令行中会提示“命令：<栅格 开>”；关闭栅格，可以再次单击状态栏中的【栅格】按钮，或者按快捷键 F7。

2. 绘制正向起动控制电路

在打开的“三相交流异步电动机供电系统图.dwg”图形文件并设置好绘图环境的基础上，绘制正向起动控制电路。

[1] 移动图形：将“控制线路”图层设置为当前图层，单击【修改】工具栏中的【移动】命令按钮，打开正交模式防止偏移，将热继电器及其以下部分向正下方移动一段距离，为绘制控制系统供电线和交流接触器主触点留出空间，如图 16-79 所示。

[2] 调整图形：单击【绘图】工具栏中的【直线】命令按钮，捕捉多极开关下部左侧线段的下端点绘制一条向右水平直线，然后使用【修改】工具栏中的【修剪】命令按钮，以新画的水平直线为修剪边界，修剪中间线段，然后选中水平直线，用 Delete 键将其删除，结果如图 16-80 所示。

[3] 绘制控制支路供电线：单击【绘图】工具栏中的【直线】命令按钮，打开“正

交模式”，从打开的【对象捕捉】工具栏中，选中【捕捉到最近点】模式，从刀开关（QG）下部的供电线上向右绘制两条直线，为控制系统供电，结果如图 16-81 所示。

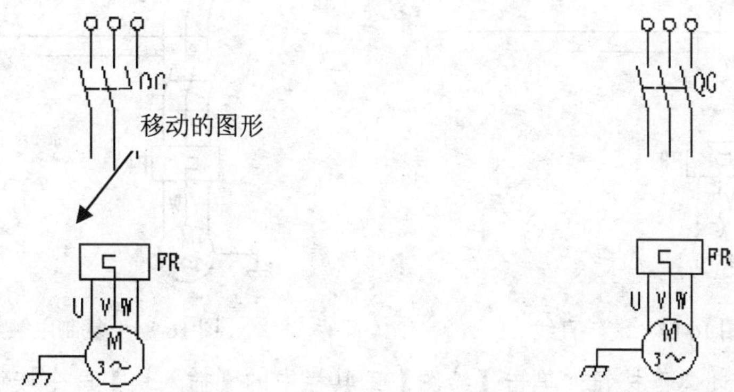

图 16-79　移动图形　　　　图 16-80　调整图形

[4] 绘制交流接触器主触点：单击【绘图】工具栏中的【直线】命令按钮，以多极开关左引线的下端点为起点向下绘制两段直线，第一段长度 6，第二段与热继电器外壳矩形线框上边相交，结果如图 16-82 所示；然后单击【修改】工具栏中的【旋转】命令按钮，以新绘制的第一段直线的下端点为旋转中心，关闭正交模式，把第一段直线旋转 15°角，结果如图 16-83 所示，得到一对常开主触点。

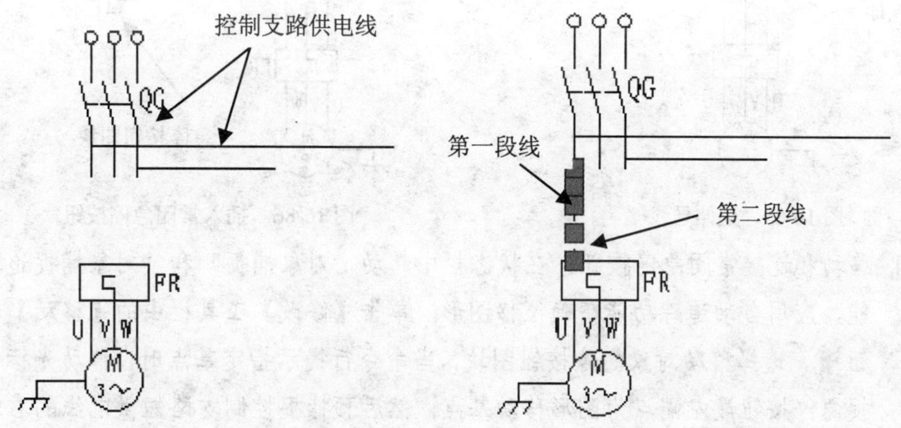

图 16-81　绘制控制系统供电线　　　　图 16-82　绘制两段直线

[5] 复制主触点：单击【修改】工具栏中的【复制】命令按钮，以多极开关左引线的下端点为复制对象的基点，分别以多极开关中间引线和右引线的下端点为复制对象的目标点，把上步中绘制的常开主触点向右复制两份，然后将图层转换为“虚线绘制”图层，单击【绘图】工具栏中的【直线】命令按钮，绘制表示主触点联动的虚线，结果如图 16-84 所示，完成了交流接触器三对常开主触点的绘制。

[6] 延伸中间导线：单击【修改】工具栏中的【延伸】命令按钮，以热敏感元件符号的上边为延伸边界，把交流接触器中间主触点下面的导线向下延伸，如图 16-85

所示。

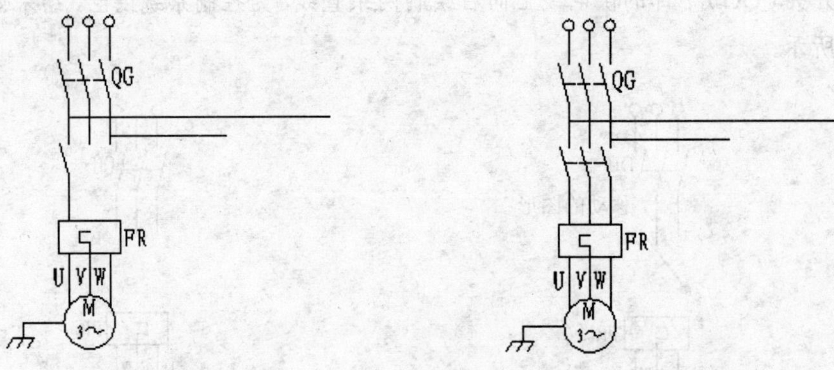

图 16-83 旋转直线　　图 16-84 复制主触点

[7] 插入常闭急停按钮：单击【绘图】工具栏中的【插入块】命令按钮，从以前绘制的块中插入常闭手动按钮符号，适当调整插入比例，保证元件符号与本图比例合适，结果如图 16-86 所示。

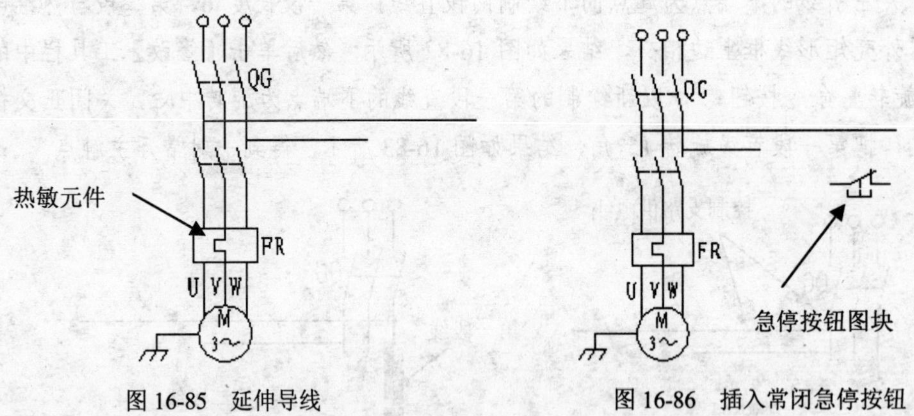

图 16-85 延伸导线　　图 16-86 插入常闭急停按钮

[8] 移动和连接常闭急停按钮：在状态栏中起动“对象捕捉”和“对象捕捉追踪”功能，应用自动追踪功能精确位移图形。单击【修改】工具栏中的【移动】命令按钮，选择移动对象急停按钮图块，当命令行提示指定基点时，移动光标自动捕捉急停按钮最左端点为图形移动基点；然后预捕捉控制支路短供电线的右端点作为追踪点，此时移动光标，当显示垂直追踪矢量线时，输入相对追踪点的偏移距离 2，结果如图 16-87 所示。按 Enter 键精确定位移动目标位置，从而将常闭急停按钮移动到所需要的位置；然后单击【绘图】工具栏中的【直线】命令按钮，连接按钮和供电线路，结果如图 16-88 所示。

[9] 插入常开起动按钮：单击【绘图】工具栏中的“插入块”命令按钮，从以前绘制的块中插入常开手动按钮符号，适当调整插入比例，保证元件符号与本图比例合适，结果如图 16-89 所示。

[10] 移动和连接常开起动按钮：单击【修改】工具栏中的【移动】命令按钮，在状

态栏起动“对象捕捉”和“对象捕捉追踪”功能，根据水平追踪线移动常开手动按钮到适当位置，并使其连接导线与常闭急停按钮的连接导线在同一水平线上。然后单击【绘图】工具栏中的【直线】命令按钮，绘制连接线使常开起动按钮与常闭急停按钮相连，结果如图 16-90 所示。

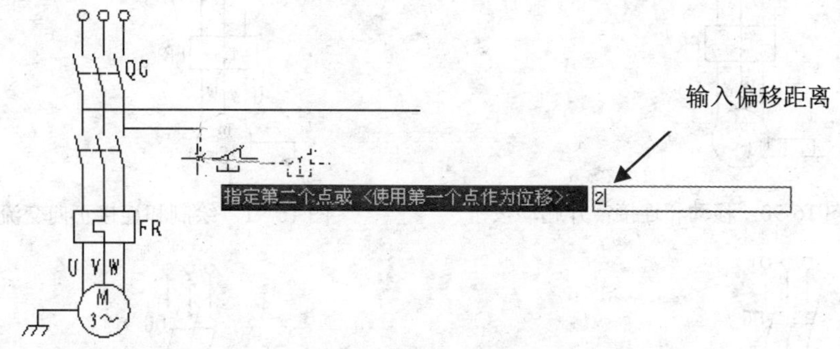

图 16-87　移动对象过程中自动追踪示意图

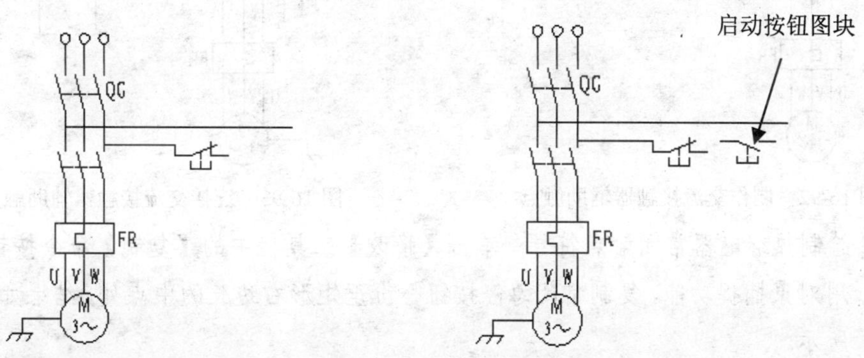

图 16-88　移动和连接常闭急停按钮　　　　图 16-89　插入常开起动按钮

[11] 绘制正向交流接触器符号：单击【绘图】工具栏中的【矩形】命令按钮，绘制一个长度为 4，宽度为 6 的矩形。

[12] 移动和连接正向交流接触器：单击【修改】工具栏中的【移动】命令按钮，利用对象捕捉的“延长线追踪功能”，把交流接触器符号移动到适当位置。具体操作是捕捉新绘矩形左长边的中点作为移动对象的基点，使移动的目标点与预连接的直线同线并偏离合适的距离。然后单击【绘图】工具栏中的【直线】命令按钮，把交流接触器和常开起动按钮连接，结果如图 16-91 所示。

[13] 制作交流接触器辅助触点：单击【修改】工具栏中的【复制】命令按钮，应用自动追踪功能，把常开手动按钮在垂直向下相距 12 个单位的位置复制一份；然后单击【修改】工具栏中的【分解】命令按钮，分解复制的图块，删除多余的图形元素，结果如图 16-92 所示。

[14] 连接交流接触器辅助触点：单击【绘图】工具栏中【直线】命令按钮，把辅助触点连接到线路中，如图 16-93 所示。交流接触器辅助触点在线路中起自锁作用。

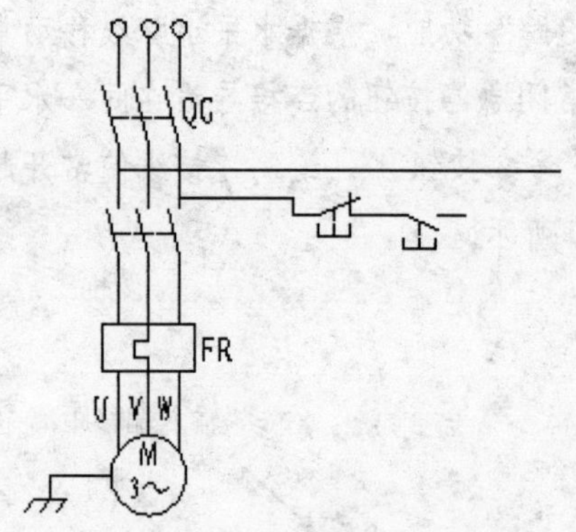

图 16-90　移动和连接常开起动按钮

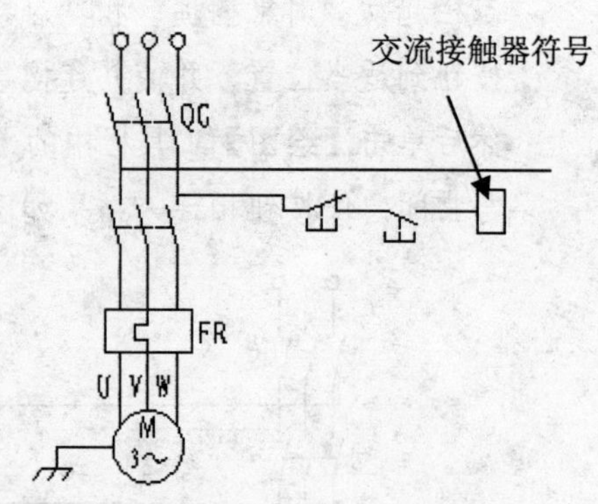

图 16-91　绘制和连接正向交流接触器

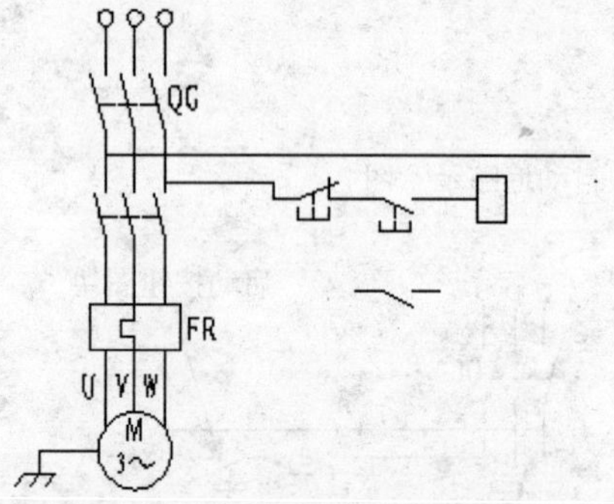

图 16-92　制作交流接触器辅助触点

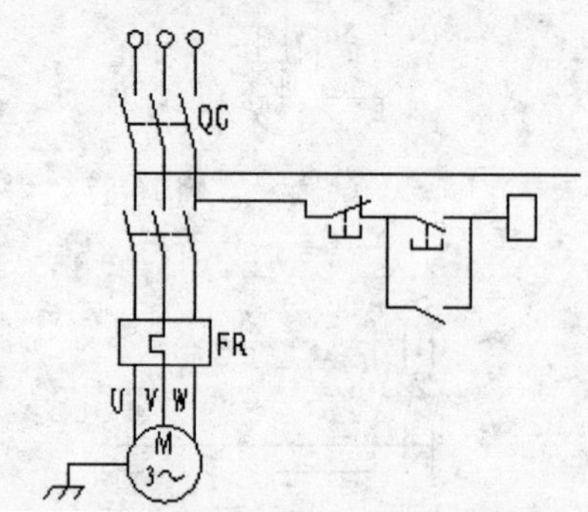

图 16-93　连接交流接触器辅助触点

[15] 绘制热继电器常闭触点符号：单击【修改】工具栏中的【复制】命令按钮，应用对象捕捉功能，复制常闭急停按钮一份至矩形右边长的中点处，结果如图 16-94 所示。

[16] 分解图块并绘制虚线：单击【修改】工具栏中的【分解】命令按钮，分解新复制的图块，删除手动按钮符号。单击【图层】工具栏中【图层控制】按钮，弹出下拉菜单，单击选择“虚线绘制”，使其成为当前图层。使用【绘图】工具栏中的“直线”工具，捕捉斜线中点绘制虚线，结果如图 16-95 所示。

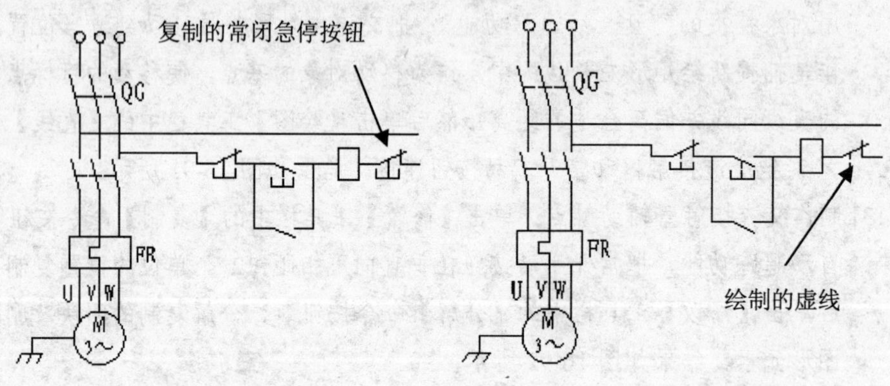

图 16-94　复制常闭急停按钮　　图 16-95　分解图块删除多余图形元素

[17] 绘制热继电器常闭触点控制符号：重新将“控制线路”图层置为当前图层，单击

【绘图】工具栏中的【直线】命令按钮⁄，打开“极轴追踪”和“对象捕捉”，自动捕捉虚线的下端点，移动光标向右追踪绘制长度为 1 个单位的线段，继续向下追踪绘制长度为 2 个单位的线段，再接续向右追踪绘制长度为 2 个单位的线段，双击 Enter 键绘制结束，结果如图 16-96 所示。单击【修改】工具栏中的【镜像】命令按钮⚠，以虚线为镜像线，把上步中绘制的折线镜像复制一份，结果如图 16-97 所示，至此绘制完成热继电器常闭触点符号。

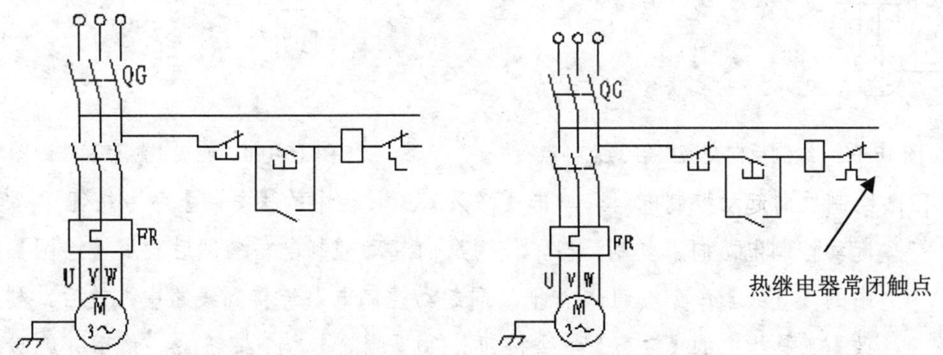

图 16-96　应用极轴追踪功能绘制折线　　　图 16-97　镜像完成热继电器常闭触点符号绘制

[18] 连接热继电器常闭触点：单击【绘图】工具栏中的【直线】命令按钮⁄，连接触点和供电线路，结果如图 16-98 所示，完成了正向起动控制电路的绘制。

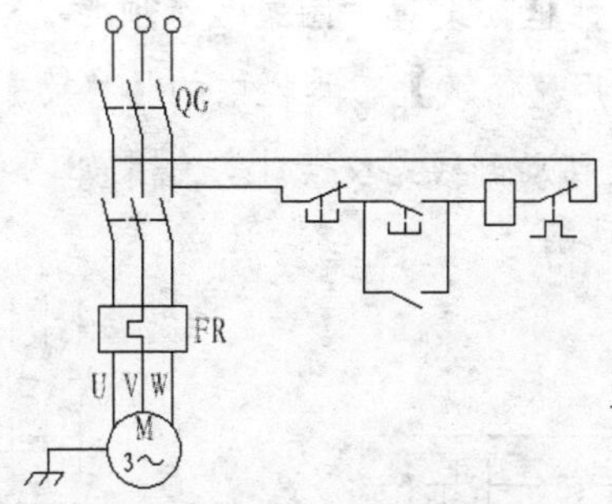

图 16-98　正向起动控制电路

3.　绘制反向起动控制电路

反向起动需要交换两相相电压，对主电路线路作适当修改。只要控制电动机反转的交流接触器主触点闭合时交换了 U 和 W 两相，就能实现电动机反转的目的。其绘制过程与绘制正向起动控制电路基本相同，具体绘制步骤如下。

[1] 绘制反向交流接触器主触点：单击【修改】工具栏中的【复制】命令按钮，把正向起动控制电路的主触点向右复制，作为反向控制电路的主触点，如图 16-99 所示。

[2] 连接主触点和修改图形：单击【绘图】工具栏中的【直线】命令按钮⁄，连接主触点与主线路；然后利用【修改】工具栏中的【修剪】命令按钮-/-和【删除】命

令按钮，修剪并删除多余的直线，结果如图 16-100 所示。

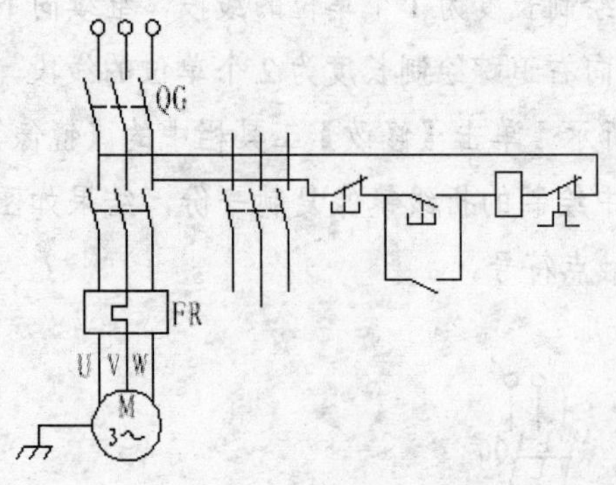

图 16-99 绘制反向交流接触器主触点

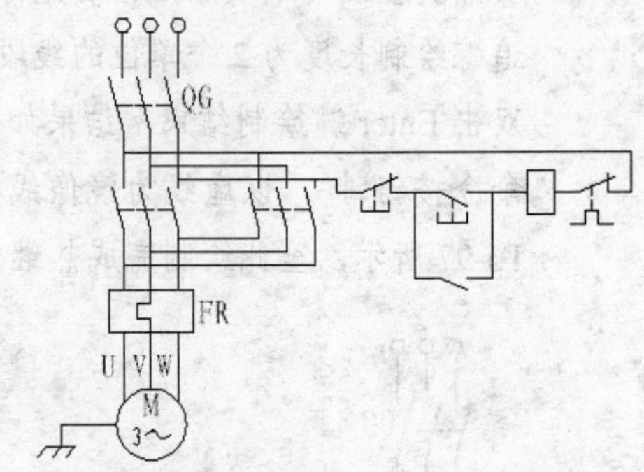

图 16-100 连接主触点和修改图形

[3] 绘制反向起动控制电路：单击【修改】工具栏中的【复制】命令按钮，把正向起动控制电路向下复制一份，作为反向起动控制电路。然后利用【绘图】工具栏中的【直线】命令按钮，把反向起动控制电路连接到线路中。最后，利用【修改】工具栏中的【修剪】命令按钮和【删除】命令按钮，修剪并删除多余的直线，结果如图 16-101 所示，这样完成了反向起动控制电路的绘制。

[4] 绘制线路交点：单击【绘图】工具栏中的【圆】命令按钮，绘制直径为 1.5 的圆；再单击【绘图】工具栏中的【图案填充和渐变色】命令按钮，弹出【图案填充和渐变色】对话框，设置“图案”选项为“SOLID”，然后为 Φ1.5 圆填充剖面符号。最后，使用【修改】工具栏中的【移动】命令按钮和【复制】命令按钮，把交点符号移动到线路交点上，结果如图 16-102 所示。

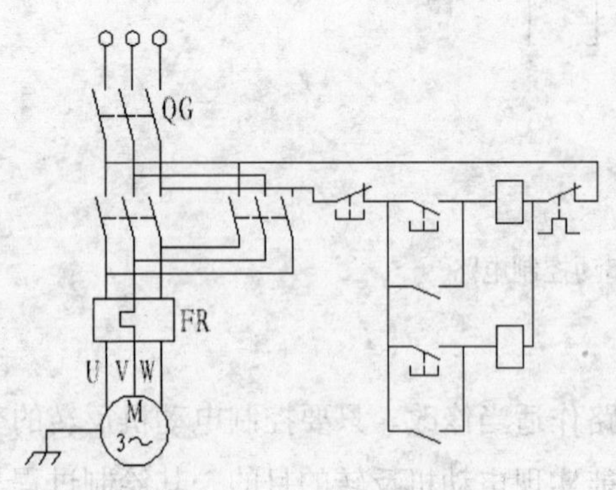

图 16-101 绘制反向起动控制电路

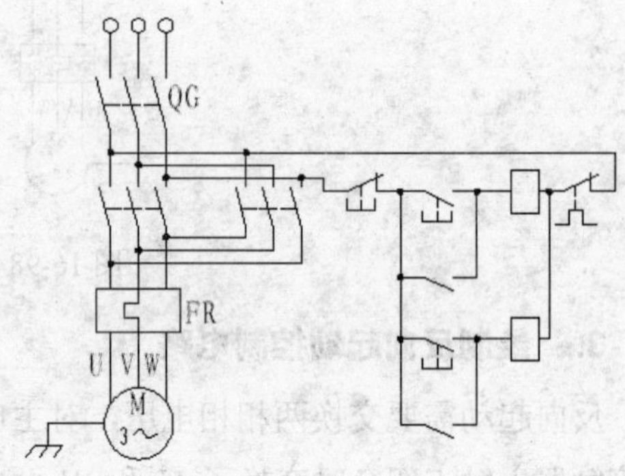

图 16-102 绘制线路交点

4. 添加注释

操作步骤

[1] 更换图层：单击【图层】工具栏中的【图层控制】按钮，弹出下拉菜单，单击选择“注释层”，使其成为当前图层。

[2] 添加和移动注释：单击【文字】工具栏中的【多行文字】命令按钮 A，输入各个文字注释。最后，使用【修改】工具栏中的【移动】命令按钮 ✥，调整各个注释位置，使注释显示整齐美观，结果如图 16-103 所示，得到完整的三相交流异步电动机正反转控制电路图。

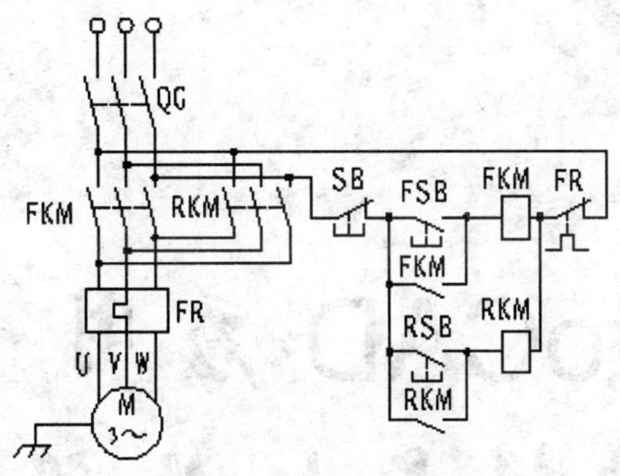

图 16-103　添加注释

要点

在正向起动控制电路中，交流接触器辅助触点 FKM 是自锁触点。其作用是当放开起动按钮 FSB 后，仍可以保证交流接触器线圈 FKM 通电，电动机正常运行。通常将这种用接触器或者继电器本身的触点保证其线圈通电的环节称为自锁环节，在电气设计中常被映采用。

第17章 AutoCAD应用于模具排样与机构设计

本章内容导读：

在模具行业中，对于一些结构简单的产品，两板模结构非常适用，并且在整个行业有相当大的应用比例。

本章将主要讲述典型塑料模具结构——两板模结构的设计，让读者对本章知识要点有个初步的了解。

本章学习要点：

- 模具基础知识
- 模具设计任务及方案分析
- 产品缩水设置
- 模具成型结构设计
- 套用标准模架
- 三大系统的设计
- 材料清单（BOM）

17.1 模具种类与结构

众所周知，模具行业为一专业性和经验性极强的行业。模具界也深切体会到模具设计的重要，往往因设计不良、尺寸错误造成加工延误、成本增加等不良后果。但培养一名经验足够、能独立作业且面面俱到的模具设计师，需要三五年以上磨练才能行，因为他所应具备的技能和实际经验涵盖相关学科的方方面面，必须要有能力来判断协调各系统之间的取舍轻重。

对于模具初学者，要合理地设计模具必须事先全面了解模具设计与制造相关的基本知识，这些知识包括模具的种类与结构、模具设计流程以及在注塑模具设计中存在的一些问题等。

17.1.1 模具种类

在现代工业生产中，各行各业的模具种类很多，并且个别领域还有创新的模具诞生。模具分类方法很多，常使用的分类方法如下：

- 按模具结构形式分类，如单工序模、复式冲模等；
- 按使用对象分类，如汽车覆盖件模具、电机模具等；
- 按加工材料性质分类，如金属制品用模具、非金属制品用模具等；
- 按模具制造材料分类，如硬质合金模具等；
- 按工艺性质分类，如拉深模、粉末冶金模、锻模等。

17.1.2 模具的组成结构

在上述的分类方法中，有些不能全面地反映各种模具的结构和成型加工工艺的特点及它们的使用功能，因此，采用以使用模具进行成型加工的工艺性质和使用对象为主以及根据各自的产值比例的综合分类方法，主要将模具分为以下五大类。

1. 塑料模

塑料模用于塑料制件成型，当颗粒状或片状塑料原材料经过一定的高温加热成黏流态熔融体后，由注射设备将熔融体经过喷嘴射入型腔内成型，待成型件冷却固定后再开模，最后由模具顶出装置将成型件顶出。塑料模在模具行业所占比例较大，约为50%左右。

通常塑料模具根据生产工艺和生产产品的不同又可分为注射成型模、吹塑模、压缩成型模、转移成型模、挤压成型模、热成型模和旋转成型模等。

塑料注射成型是塑料加工中最普遍采用的方法。该方法适用于全部热塑性塑料和部分热固性塑料，制成的塑料制品数量之大是其他成型方法望尘莫及的。作为注射成型加工主要工具之一的注塑模具，在质量精度、制造周期以及注射成型过程中生产效率等方面的水平高低，直接影响产品的质量、产量、成本及产品的更新，同时也决定着企业在市场竞争中的反应能力和速度。常见的注射模典型结构如图 17-1 所示。

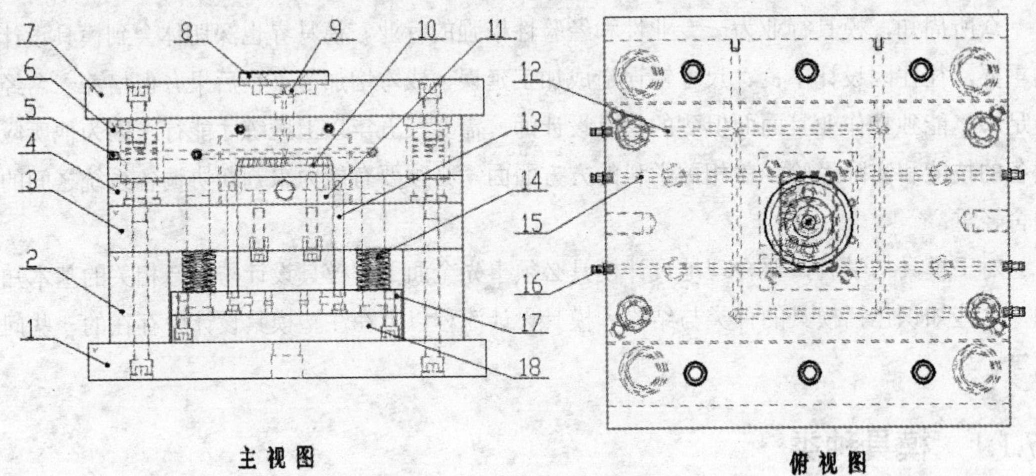

图 17-1　注射模典型结构

1—动模座板　2—支承板 3—动模垫板　4—动模板　5—管塞　6—定模板 7—定模座板　8—定位环　9—浇口衬套　10—型腔组件　11—推板　12—围绕水道　13—顶杆　14—复位弹簧　15—直水道　16—水管接头　17—顶杆固定板　18—推杆固定板

注射成型模具主要由以下几个部分构成：

◆ 成型零件：直接与塑料接触构成塑件形状的零件称为成型零件，它包括型芯、型腔、螺纹型芯、螺纹型环、镶件等。其中构成塑件外形的成型零件称为型腔，构成塑件内部形状的成型零件称为型芯，如图 17-2 所示。

◆ 浇注系统：它是将熔融塑料由注射机喷嘴引向型腔的通道。通常，浇注系统由主流道、分流道、浇口和冷料穴 4 个部分组成，如图 17-3 所示。

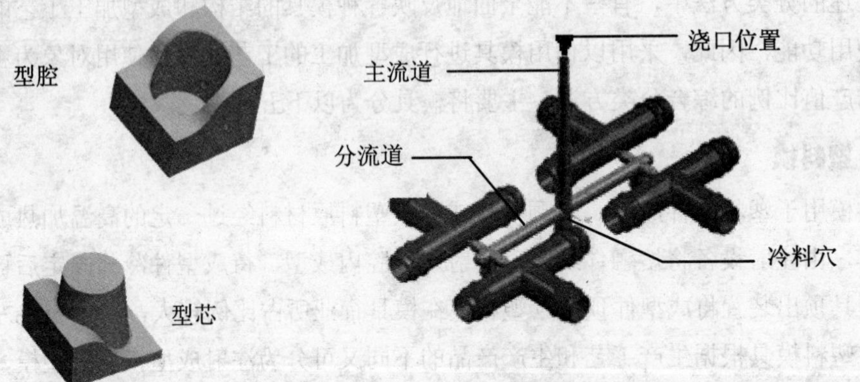

图 17-2　模具成型零件　　　　图 17-3　模具的浇注系统

◆ 分型与抽芯机构：当塑料制品上有侧孔或侧凹时，开模推出塑料制品以前，必须先进行侧向分型，将侧型芯从塑料制品中抽出，塑料制品才能顺利脱模。例如斜导柱、滑块、锲紧块等，如图 17-4 所示。

◆ 导向零件：引导动模和推杆固定板运动，保证各运动零件之间相互位置准确度的零件为导向零件，如导柱、导套等，如图 17-5 所示。

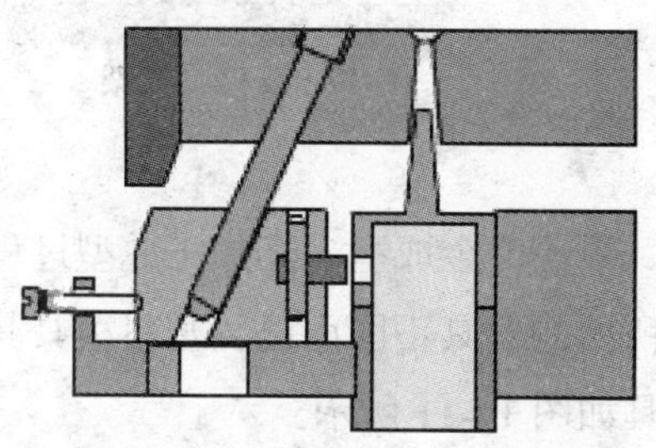
图 17-4　分型与抽芯机构

图 17-5　导向零件

◆ 推出机构：在开模过程中将塑料制品及浇注系统凝料推出或拉出的装置，如推杆、推管、推杆固定板、推件板等，如图 17-6 所示。

◆ 加热和冷却装置：为满足注射成型工艺对模具温度的要求，模具上需设有加热和冷却装置。加热时在模具内部或周围安装加热元件，冷却时在模具内部开设冷却通道，如图 17-7 所示。

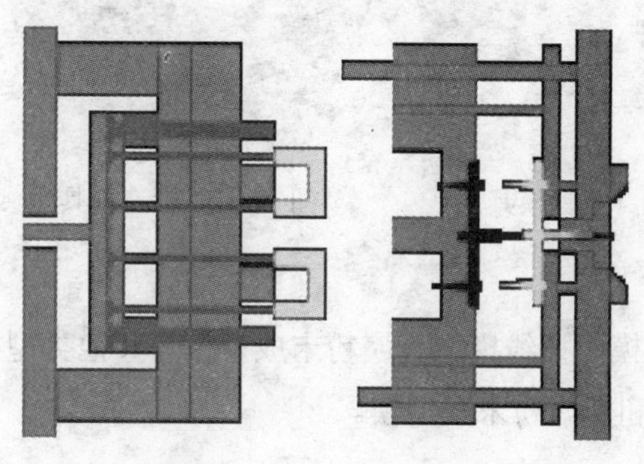
图 17-6　推出机构

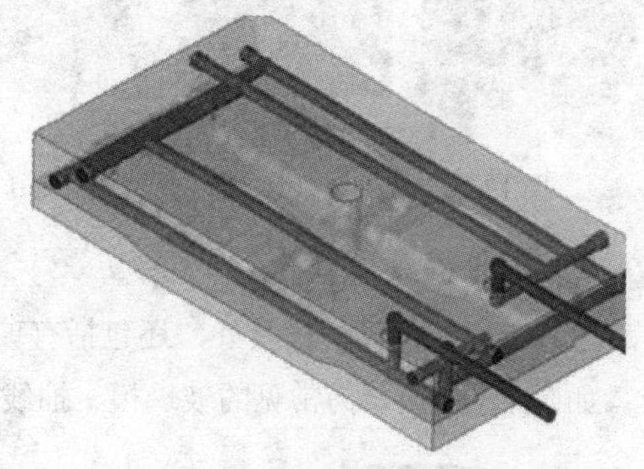
图 17-7　模具冷却通道

◆ 排气系统：在注射过程中，为将型腔内的空气及塑料制品在受热和冷凝过程中产生的气体排除而开设的气流通道。排气系统通常是在分型面处开设排气槽，有的也可利用活动零件的配合间隙排气。如图 17-8 所示的排气系统部件。

◆ 模架：主要起装配、定位和连接的作用。它们是定模板、动模板、垫块、支承板、定位环、销钉、螺钉等，如图 17-9 所示。

2. 冲压模

冲压模是利用金属的塑性变形，由压力机等冲压设备将金属板料加工成型。其所占行业产值比例为40%左右。如图17-10所示为典型的单冲压模具。

图17-8　排气系统部件

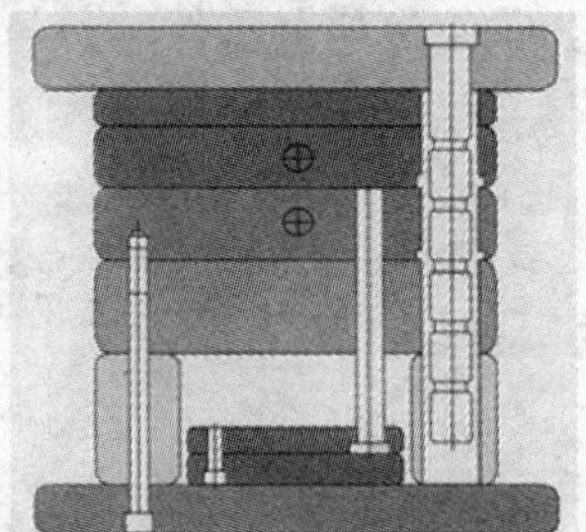
图17-9　模具模架

3. 压注模

压注模具被用于熔融轻金属，如铝、锌、镁、铜等合金成型。其加工成型过程和原理与塑料模具差不多，只是两者在材料和后续加工所用的器具不同而已。塑料模具其实就是由压注模具演变而来的。带有侧向分型的压注模具如图17-11所示。

4. 锻模

锻造就是将金属坯料放置锻模内，运用锻压或锤击方式，使金属坯料按设计的形状成型。如图17-12所示为汽车件锻造模具。

图17-10　单冲压模具　　图17-11　压注模具　　图17-12　锻造模具

5. 其他模具

除以上介绍的几种模具外，还包括有玻璃模、抽线模、金属粉末成型模等其他类型模具。如图17-13所示为常见的玻璃模、抽线模和金属粉末成型模。

玻璃模具

抽线模具

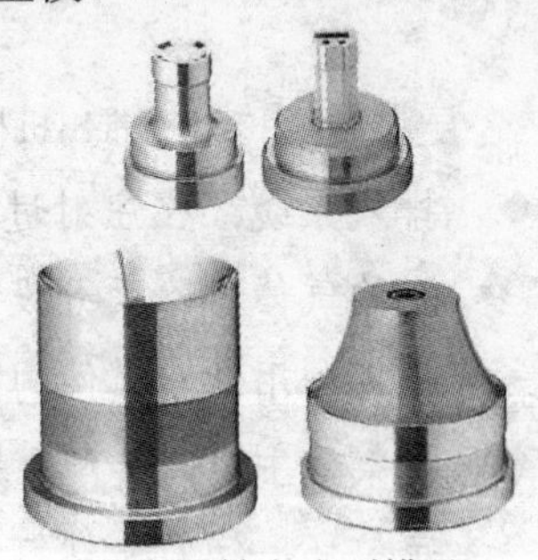
金属粉末成型模具

图17-13　其他类型模具

17.1.3 模具设计与制造的一般流程

当前我国大部分企业在模具设计 / 制造过程中最普遍的问题是：至今模具设计仍以二维工程图为基础,产品工艺分析及工序设计也是由设计师丰富的实践经验为基础、模具的主件加工也是以二维工程图为基础作三维造型，进而通过数控加工完成。

基于以上现状，将直接影响产品的质量、模具的试制周期及成本。现在大部分企业已实现模具产品设计、生产过程、制造装备和管理的数字化，为机械制造业信息化工程提供基础信息化，成为提高模具质量、缩短设计制造周期、降低成本的最佳途径。如图 17-14 所示为基于数字化的模具设计与制造的整体流程。

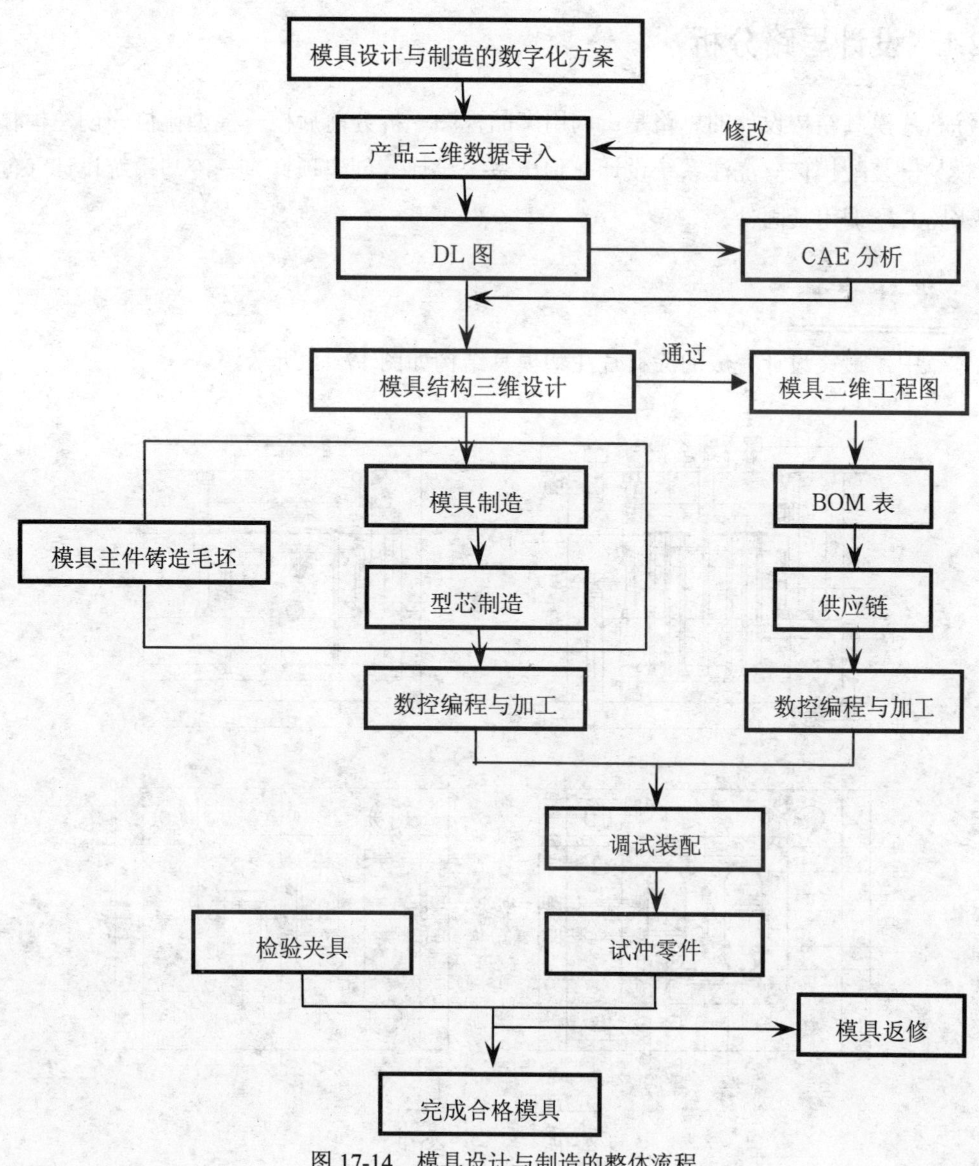

图 17-14 模具设计与制造的整体流程

17.2　AutoCAD 涂料片模具结构设计

例 17-1　光盘\example\Ch17 涂料片模具\.dwg

接到模具设计任务，在进行模具设计前，工程师必须对产品结构、塑料性能、成型加工工艺进行分析，以便设计出来的模具方便加工、利于生产、寿命更长。同时对模具的设计方案作可行性分析报告。

本章中，将以常见的塑料产品——涂料片为例，讲述注塑模具结构设计的整个流程，并要求读者在整个操作过程中全面掌握模具设计的核心技术。

17.2.1　设计思路分析

涂料片模具结构设计的思路是：调用产品视图→拆分前后模→模型排位→创建模仁→调用模架→装配模仁→浇注系统设计→顶出系统设计（创建顶针）→冷却系统设计（创建冷却水路）→调用紧固件。

设计赏析

本章中，最终设计完成的涂料片注塑模具结构如图 17-15 所示。

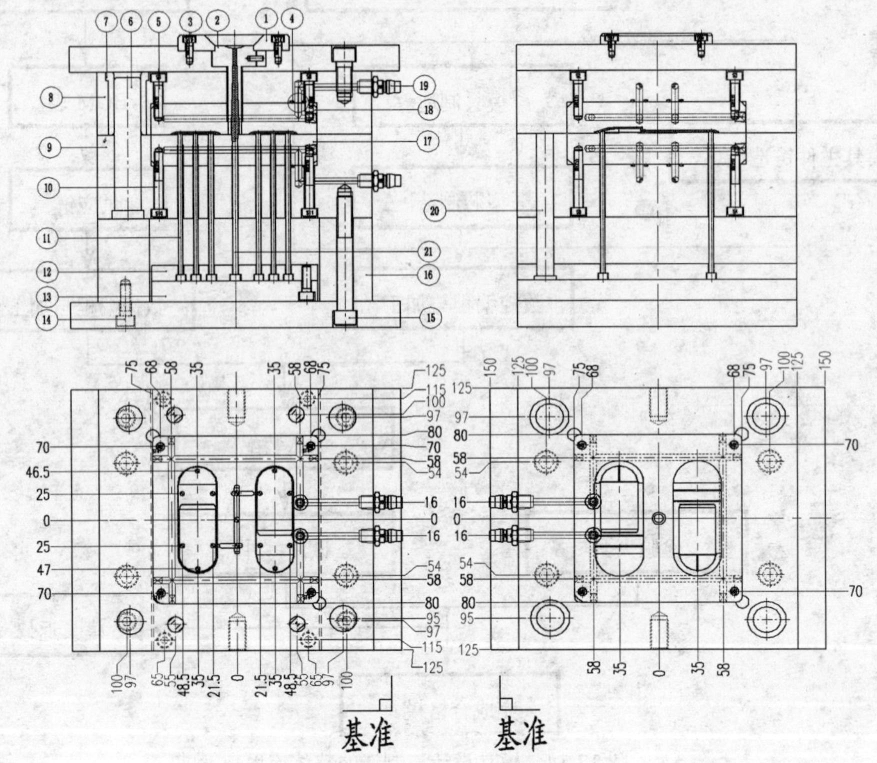

图 17-15　涂料片注塑模具

设计任务

产品规格：136mm×96mm×48mm

产品厚度：均匀壁厚为 2mm。

产品设计任务：

◆ 材料为 ABS;

◆ 产品收缩率为 0.005;

◆ 一模两腔布局;

◆ 产量 50000 个/年;

◆ 表面粗糙度无要求，无明显制件缺陷。

模具设计依据就是客户的产品图样及样板，设计人员必须对产品图及样板进行详细的分析与消化。其内容包括以下几个方面：

◆ 制品的几何形状;

◆ 制品的尺寸、公差和设计基准;

◆ 制品的技术要求;

◆ 制品所用塑料名称及牌号;

◆ 制品的表面要求。

1. 调用产品视图

如图 17-16 所示为涂料片产品的 3 个视图。

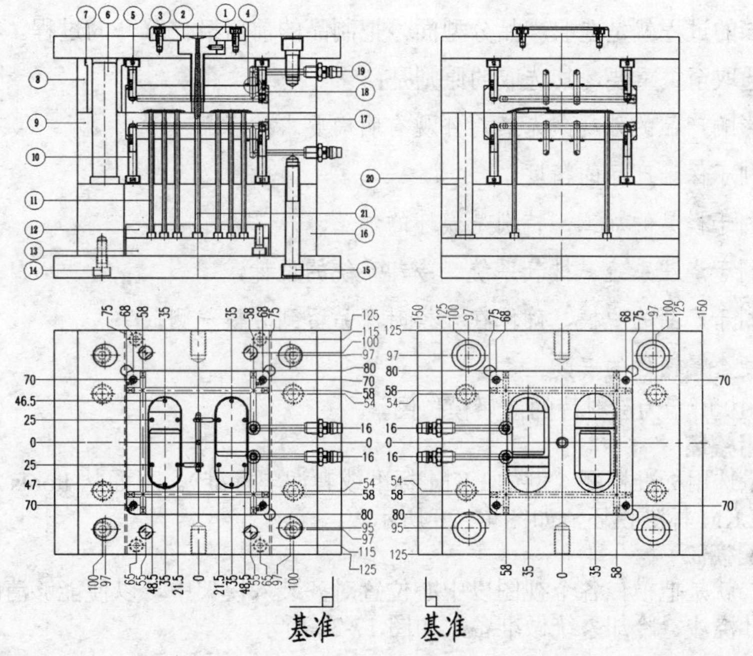

图 17-16 产品三视图

2. 拆分前后模

拆分前后模是把前模型腔外形轮廓线与后模外形轮廓线画出来，以便排位之用。拆分前后模时可利用图 17-16 产品三视图删掉多余的内部线条，只留下外形轮廓线即可，如图 17-17 所示为拆分的前后模。

3. 模型排位

制品在模仁中的排列应以最佳效果形式排列，要考虑进料口位置及分型面因素。其位置尺寸的大小与制品的外形大小、高度成正比例。此涂料片为小件制品，其成品之间的距离为 15~20mm,但考虑到两产品中间有流道，所以此距离要加宽到 25mm 左右（后面后有详细讲解）。图 17-18 所示为模型排位的效果图。

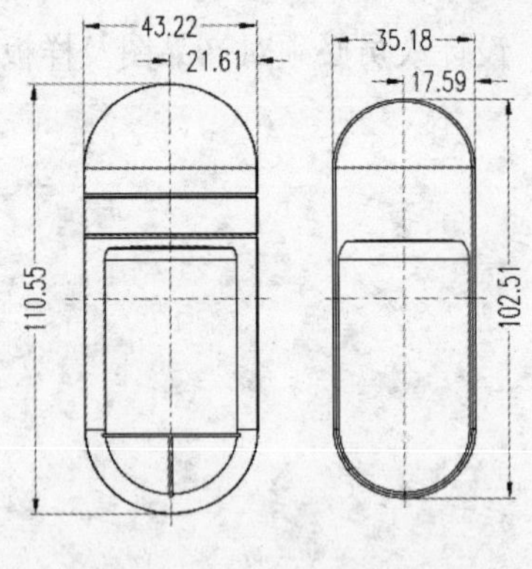

图 17-17 拆分的前后模

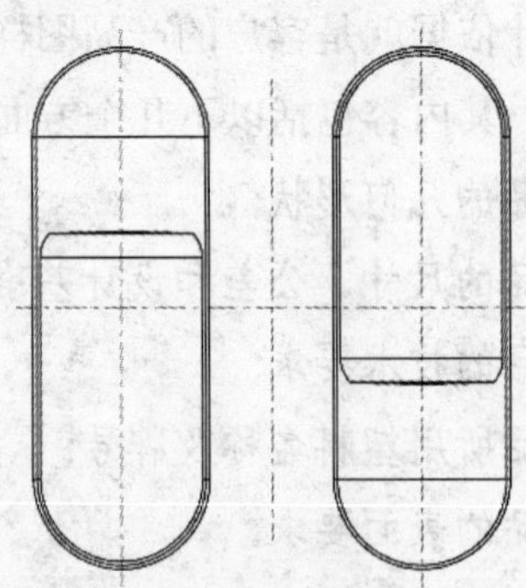
图 17-18 模型排位效果图

4. 创建模仁

创建模仁的过程就是选取产品分型面，把制品的前后模仁分开的过程。在此过程中产品分型面的选取至关重要，其选取的原则是：

◆ 不影响产品的外观，尤其对外观有明确要求的产品；

◆ 有利于保证产品的精度；

◆ 有利于模具的加工，特别是模坯的加工；

◆ 有利于浇注系统、排气系统、冷却系统的设计；

◆ 有利于产品的脱模，确保在开模时产品留到后模一侧。

◆ 方便金属镶件的安装

如图 17-19 所示为涂料片的前后模仁图。

5. 调用模坯

模坯尽量选用标准模胚（例如 LKM 标准或者鸿丰标准）。下面从 ltools 标准模坯库里面直接调用 LKM 标准模坯，如图 17-20 所示。

6. 装配模仁

装配模仁就是把模仁各个视图以中心位置对齐装入模架中，以便能够清晰显示分型面位置，为设计浇注、冷却系统做准备，如图 17-21 所示。

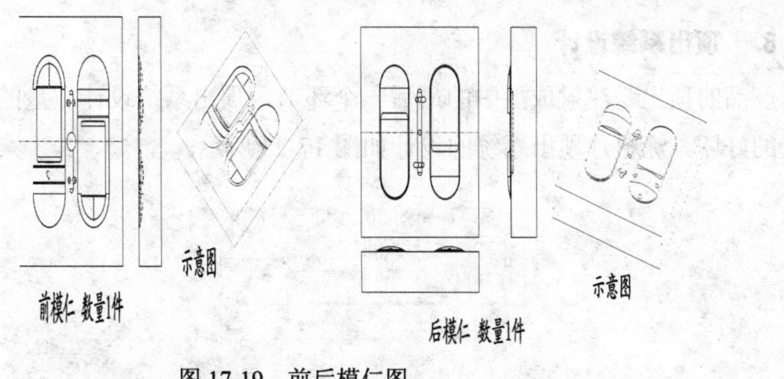

图 17-19 前后模仁图

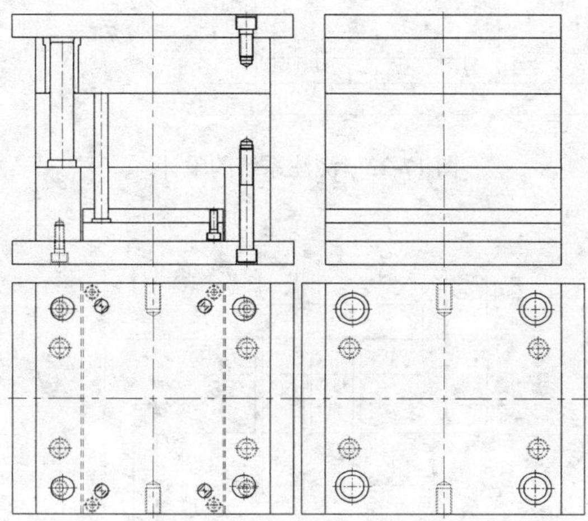

图 17-20 LKM 标准模坯

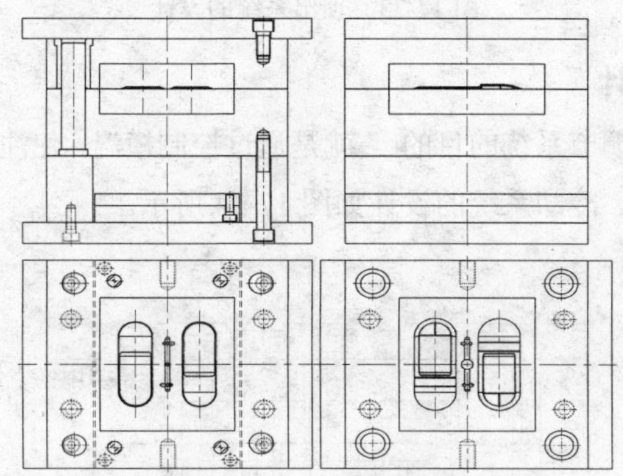

图 17-21 装配模仁图

7. 浇注系统的设计

浇注系统的设计主要包括主流道的选择，分流道的截面形状与尺寸确定，浇口位置的选择，浇口形式以及浇口截面形状与尺寸确定。

设计浇注系统时，首先应考虑使得塑料能够迅速充满型腔，尽量减少压力与热量的损失；其次再从经济上考虑，尽量减少由于流道产生的废料比例；最后再考虑要使浇口痕迹容易去除的问题。涂料片浇注系统的设计如图 17-22 所示。

8. 顶出系统设计

产品的顶出是注射成型中的最后一个环节，顶出系统设计质量的好坏将最终决定产品质量的好坏。涂料片顶出系统的设计如图 17-23 所示。

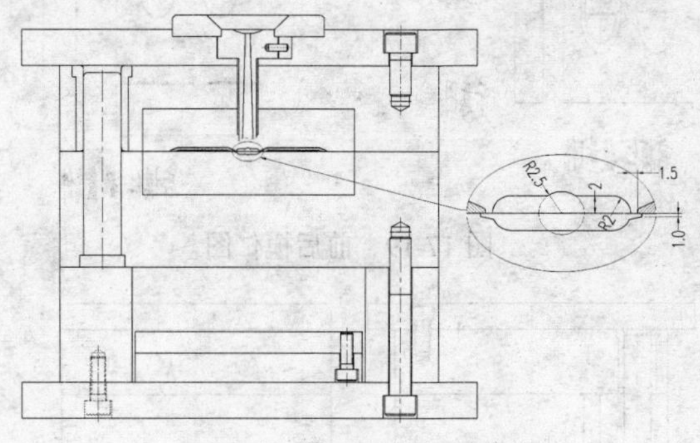

图 17-22 浇注系统的设计

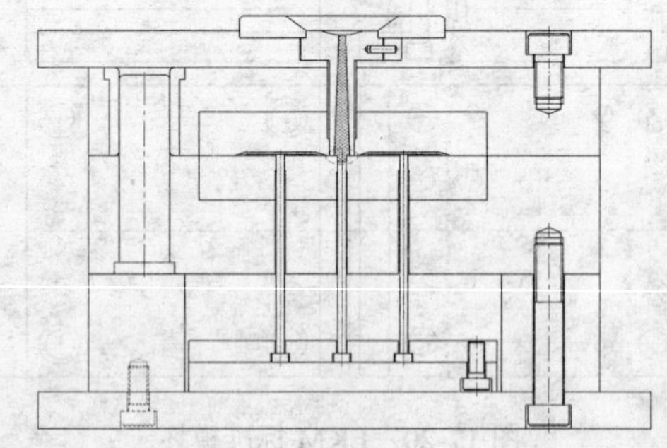

图 17-23 顶出系统的设计

9. 冷却系统的设计

在模具中设计温度调节系统的目的 ，就是通过控制模温，使注射成型具有较好的制品质量和较高的生产效率。冷却系统的设计如图 17-24 所示。

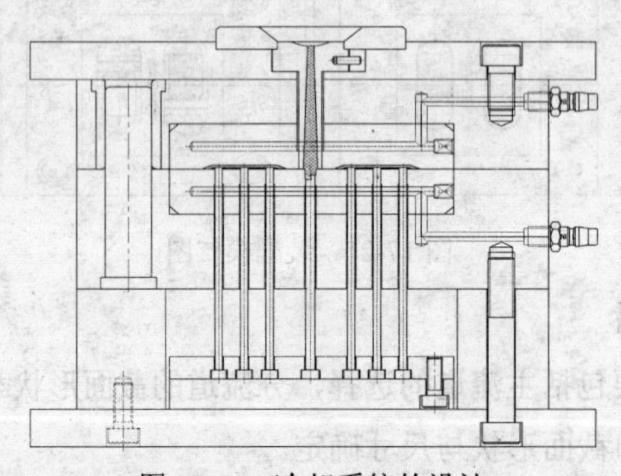

图 17-24 冷却系统的设计

10. 紧固系统的设计

把固定模仁、浇口套等的螺钉从 ltoos 标准件库中调出以中心对齐插到模架中。紧固系统的设计如图 17-25 所示。

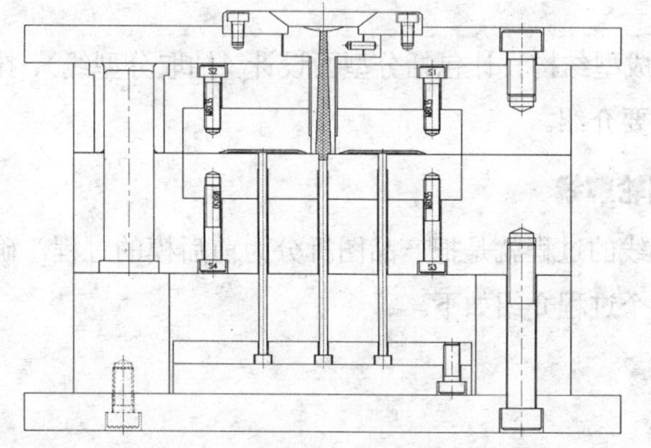

图 17-25 紧固系统的设计

17.2.2 产品缩水设置

一般的塑料产品都是经过注塑机高温高压把塑料注射到模具型腔，然后再冷却成型。由于刚注塑出来的产品带有一定的温度，在室温下存放一段时间后，产品的尺寸会缩小（热胀冷缩的原理），所以设计模型之前，模具设计师必须考虑材料的收缩，并按比例增加参照模型的尺寸，以保证常温下的产品尺寸和图样尺寸最为接近。设置产品缩水率的方法如下：

打开涂料片产品图文件，单击【修改】工具条中的按钮，或在命令行中输入 SC（SCALE）快捷指令并按空格键确定执行。等待提示“指定比例因子或[参照（R）]”显示，在此提示框中输入产品的收缩率为 1.005，并按空格键确定，完成产品的缩水设置，如图 17-26 所示。

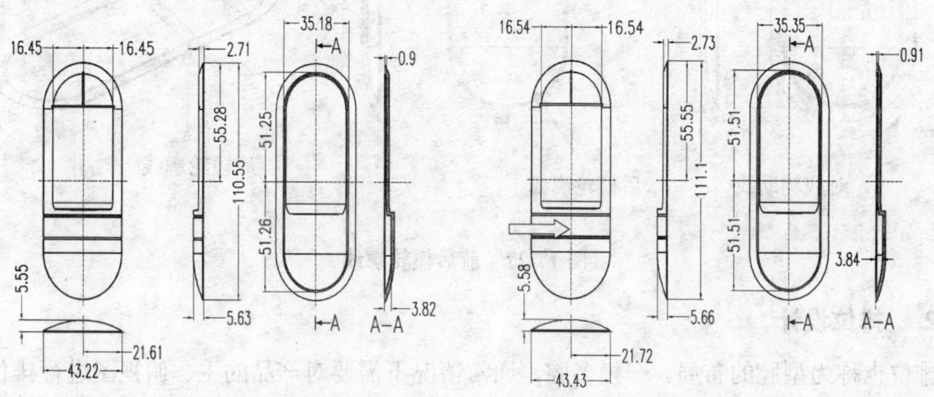

图 17-26 产品的缩水设置

提示

不同的塑料具有不同的收缩率，塑料的收缩率通过查询相关资料得知，也可以向塑料的供应商直接索取。本章中的涂料片使用的材料为 ABS（丙烯腈-丁二烯-苯乙烯共聚物），其收缩率在 0.29%～0.76%之间，在实际工厂生产中取其平均值 0.5%。

17.2.3　模具成型结构设计

一般来说，模具成型结构设计包括分型面设计（抽取分型线）、排位设计和前后模仁设计等工作。下面作简要介绍。

1.　抽取前后模轮廓线

抽取前后模轮廓线的过程就是把产品图拆分为前后模的过程，确定哪些特征留后模，哪些特征留前模。整个过程介绍如下。

操作步骤

[1]　首先创建相应的辅助线。单击【绘图】工具条中的【画线】按钮，或者在命令行中输入快捷命令 XL（XLINE），然后按空格键确认，绘制相应的辅助线。

[2]　此产品在前模表现的轮廓线就是主视图上所对应的半圆。直接根据长对正、宽齐平和高相等的原则把多余的线条删除，只留下对应的前模轮廓线即可。

[3]　涂料片抽取好的前后模轮廓线如图 17-27 所示。

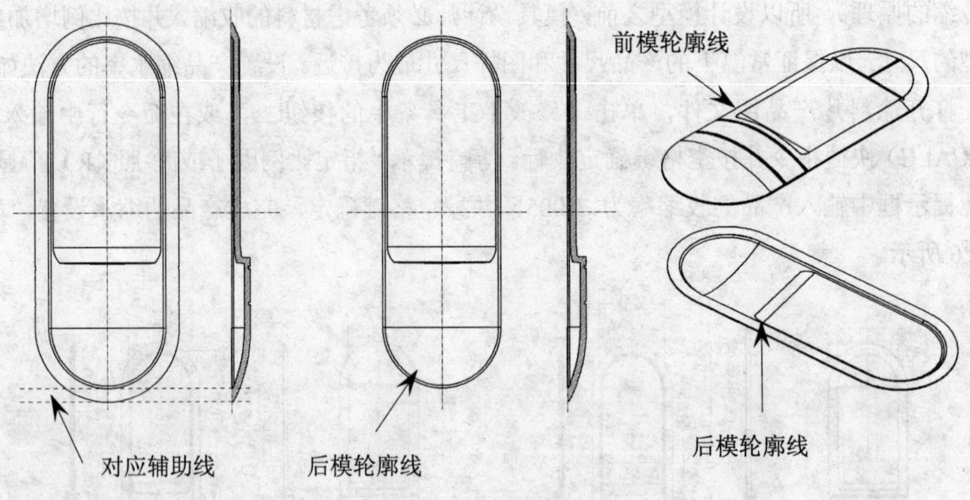

图 17-27　前后模轮廓线

2.　排位设计

排位也称为型腔的布局。一模多腔，通常情况下需要对产品的主、俯视图进行排位。模具型腔的数量主要根据产品的投影面积、几何形状（有无抽芯）、制品精度批量以及经济效益确定。常用的命令一般是镜像、移动和旋转复制等。本产品一模四件排位设计过程如下。

操作步骤

[1]　单击【修改】工具条中的【偏移】按钮，或在命令行中输入 O(OFFSET)快捷指令并按空格键确定。

[2] 在命令行的提示框中输入偏移距离为 35，然后绘制出如图 17-28 所示的中心线。

[3] 在【修改】工具条中单击【镜像】按钮，然后框选偏移中心线左侧所有图线，以偏移中心线为镜像中心，绘制出如图 17-29 所示的镜像图形。

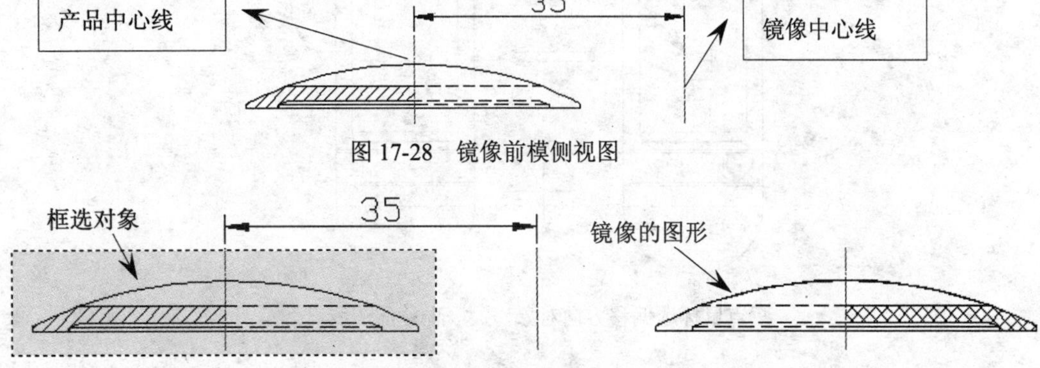

图 17-28　镜像前模侧视图

图 17-29　镜像图形

[4] 如图 17-30 为涂料片两个产品的间距显示图。

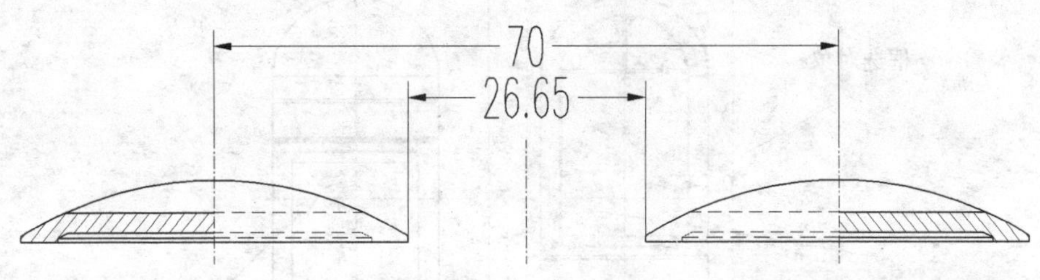

图 17-30　间距的确定

提示

在进行产品排位时一定要注意，两个产品之间的间距一般在 15 ~ 30mm 之间，本产品为 26.65mm。间距太小，会给浇注系统带来很大的困难；间距太大，则在实际生产过程中产生的水口废距要为整数，本产品中心间距为 70mm，目的是在加工的时候便于对位，保证模具精度。

[5] 单击【修改】要具条中的【偏移】按钮，或在命令行中输入 O(OFFSET)快捷指令并按空格键确定。绘制出偏移距离为 35 的偏移直线。偏移结果如图 17-31 所示。

[6] 单击【修改】工具条中的【快】按钮，然后单击【拷贝（不移动）+旋转】按钮，并按空格键确定，就可以旋转复制出如图 17-32 所示的前模俯视图。

[7] 图 17-33 为涂料片前后模的俯视图。

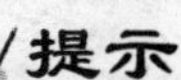

提示

切记将此产品前模俯视图和后模俯视图做旋转复制的原因是此产品前后不对称且不能做镜像处理。

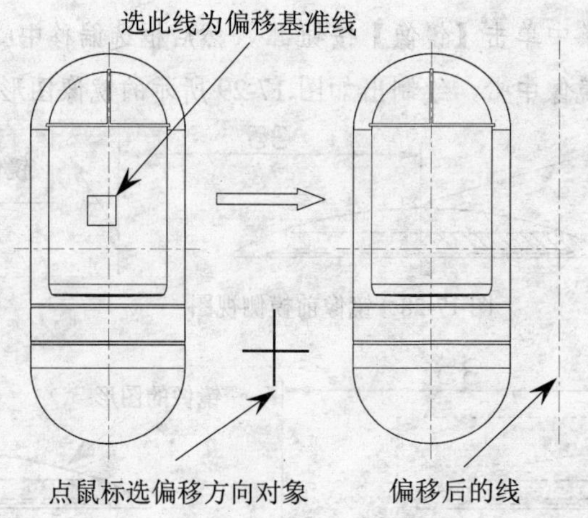

图 17-31　基准线偏移

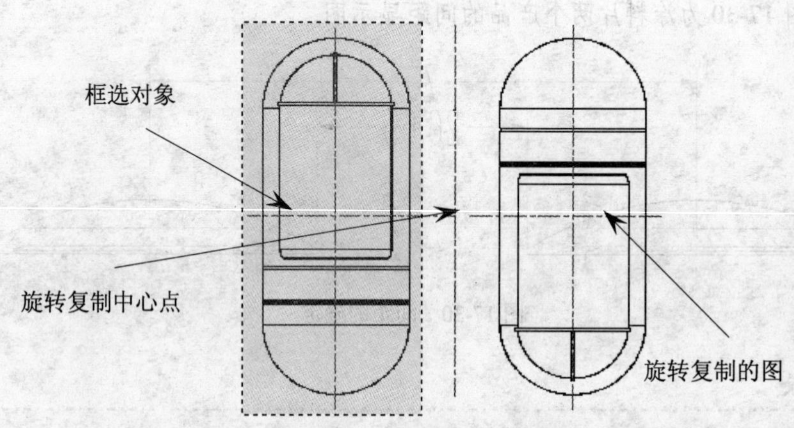

图 17-32　旋转复制后的前模俯视图

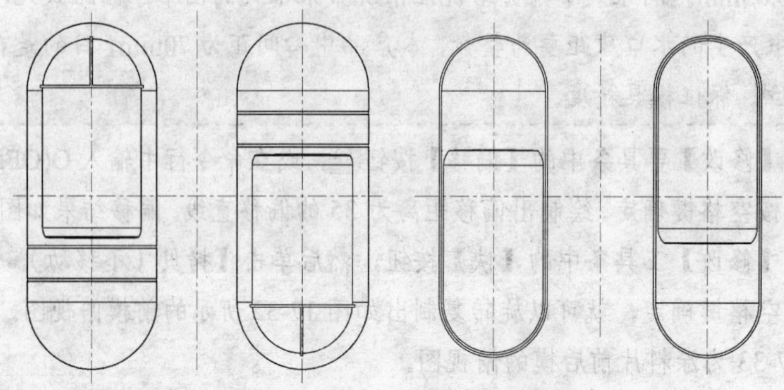

图 17-33　旋转复制后的前模俯视图和后模俯视图

3.　创建模仁

使用偏移命令创建模仁的长、宽、高。再用倒圆角命令清理周边，模仁周边距产品距离为 20～30 ㎜。创建模仁的过程介绍如下。

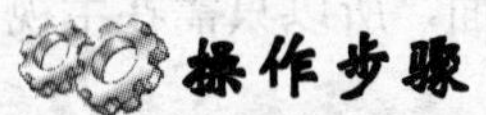

[1] 创建模仁的长和宽。单击【修改】工具条中的【偏移】按钮，或在命令行中输入 O(OFFSET)快捷指令并按空格键。创建出如图 17-34 所示的偏移竖直线和水平线。

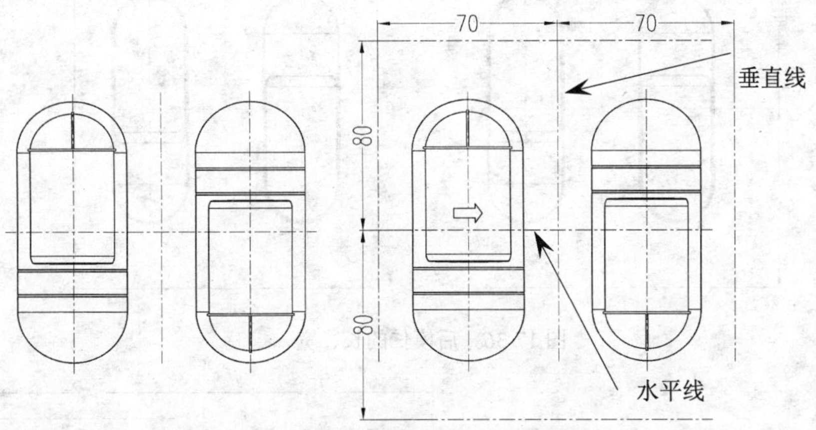

图 17-34 基准图元偏移创建模仁长宽

[2] 单击【修改】工具条中的【修剪】按钮，或在命令行中输入 F 快捷指令并按空格键两次确定执行命令，然后将模仁的长、宽进行修剪。

[3] 继续使用倒圆角命令对其他的边进行修剪，并用刷子工具将模仁的四条边改为实线，结果如图 17-35 所示。

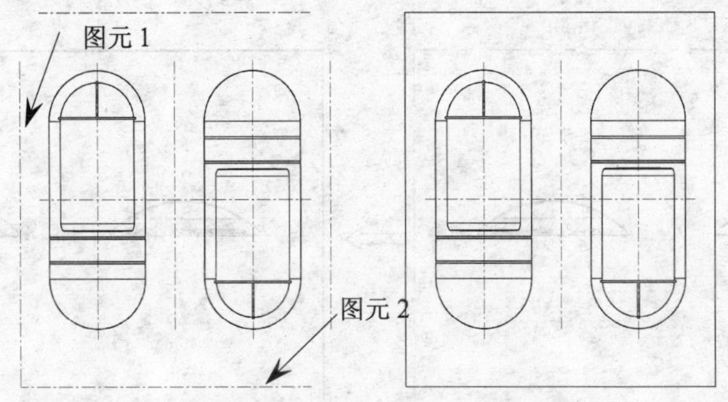

图 17-35 修剪边线并更改线形

[4] 使用同样的方法相应地创建后模的长和宽，效果如图 17-36 所示。

[5] 创建模仁的高。以分型面为偏移基准线，使用偏移命令创建模仁的高：前模仁的高为 30mm，后模仁的高为 30mm，如图 17-37 所示。

[6] 使用同样倒圆角命令 F，输入倒圆角的值为 0，接着直接选取要连接的两条边即可。使用刷子将虚线的模仁边改成实线。生成的模仁边效果如图 17-38 所示。

4. 分型面设计

分型面就是分割前后模仁的面。因为此涂料片的分型面是一个平面，所以只需在主视图中设计分型面即可。其创建过程如下。

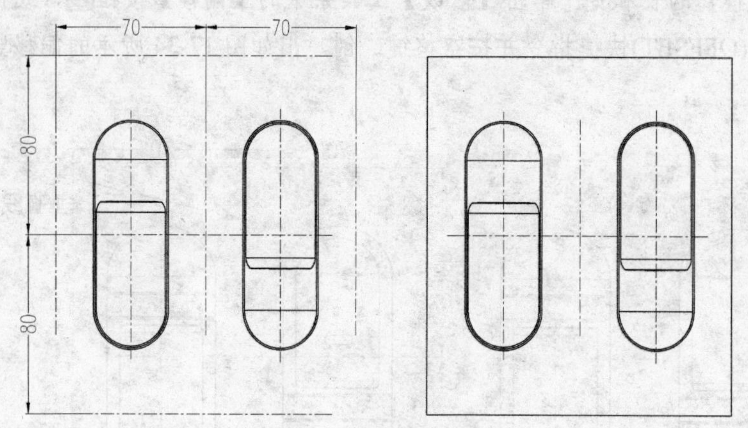

图 17-36 后模仁的长、宽

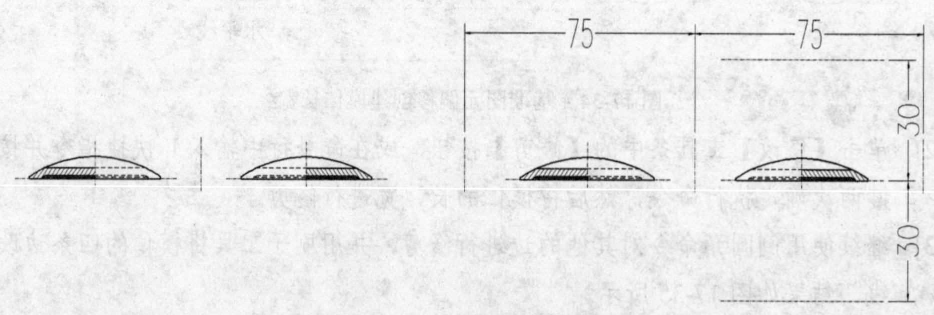

图 17-37 创建模仁的高度

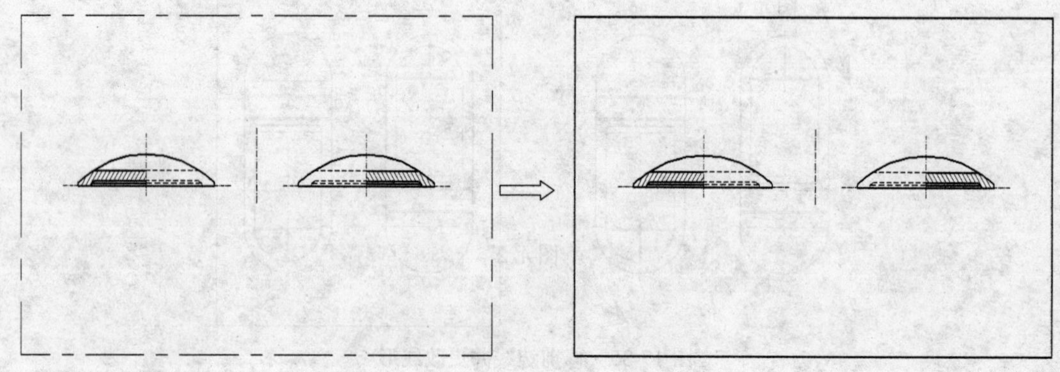

图 17-38 创建好模仁高度线型

操作步骤

[1] 绘制分型面线。在命令行中输入 EX（EXTEN）快捷指令，选取模仁的左右边线为延伸边界，再选取直线并按空格键确定执行.如图 17-39 所示。

[2] 修剪分型面线。执行 TR 快捷指令修剪分型面，结果如图 17-40 所示。

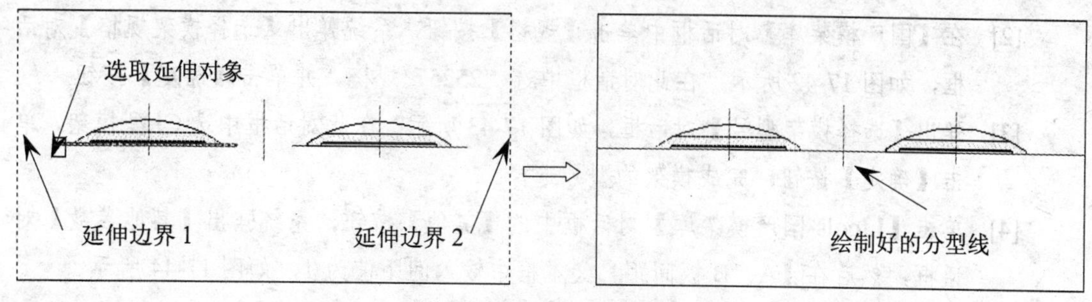

图 17-39　绘制分型面线

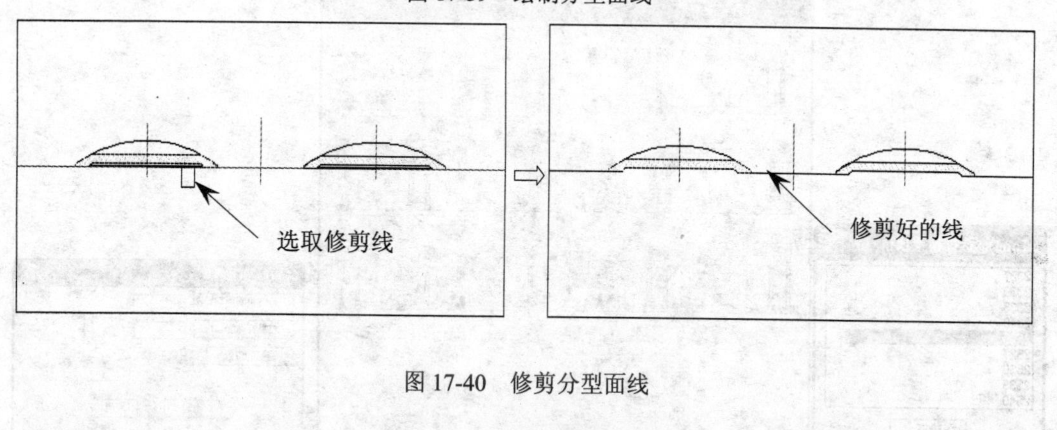

图 17-40　修剪分型面线

17.3　标准模架

鉴于本例设计的是一模两腔的模具，可见模具结构应为常见的两板模（只有动模与定模）。

17.3.1　调用标准模架

在本节中我们使用 Ltools 创建标准模架，其创建过程如下。

操作步骤

[1]　在【ltools】面板上单击【标准模架】按钮，系统弹出【Ltools-国产模架库】对话框，然后设置如图 17-41 所示的选项。

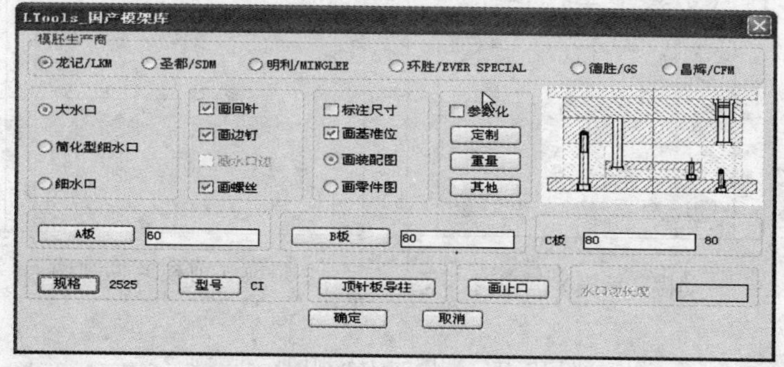

图 17-41　【国产模架库】对话框

[2] 在【国产模架库】对话框中单击【规格】按钮，系统弹出【选择模架规格】对话框，如图 17-42 所示。在此对话框中选“2525”规格，并单击【确定】按钮。

[3] 弹出【选择模架型号】对话框，如图 17-43 所示。在此对话框中选 CI 型模架，单击【确定】按钮，完成模架的型号选择。

[4] 单击【Ltools-国产模架库】对话框中的【其他】按钮，系统弹出【其他参数】对话框，然后在【A、B 板间距】文本框中输入间距值为 1，如图 17-44 所示。

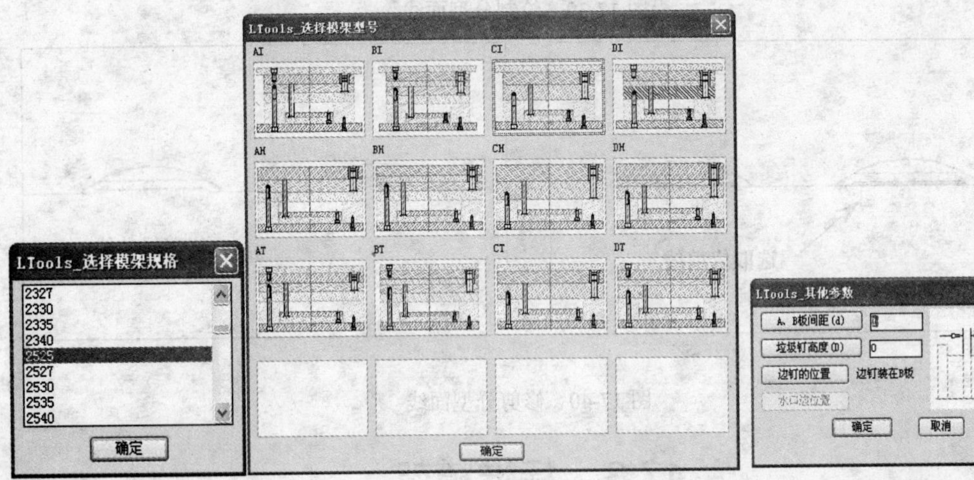

图 17-42 选择模架规格　　图 17-43 选择模架型号　　图 17-44 【其他参数】对话框

[5] 接着命令行提示“选择基准点”，在绘图区单击拾取任一点作为基准点，系统自动调出按参数设计的模架（一共 4 个视图），如图 17-45 所示。

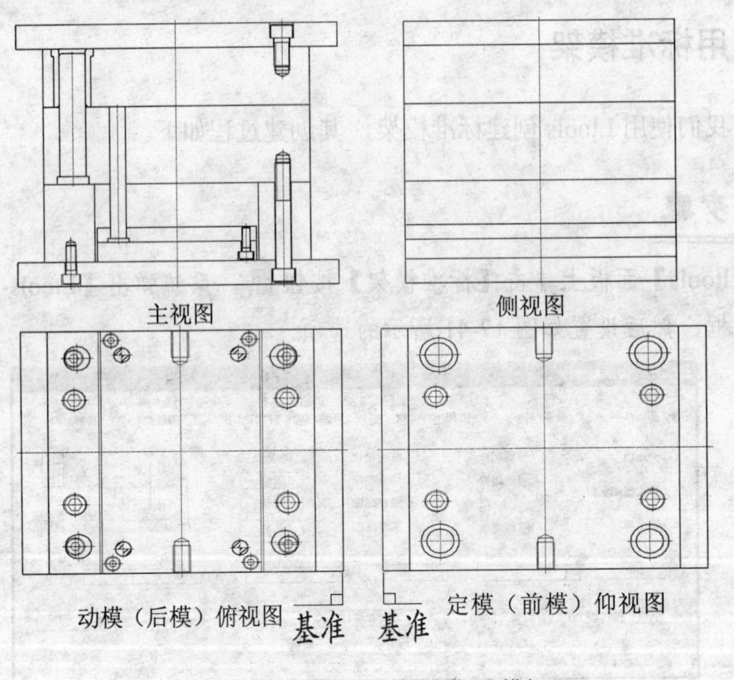

图 17-45 调用的 4 个视图标准模架

17.3.2 装配模仁

装配模仁就是将已经设计好的前、后模移动到模架合适的位置，是进行模具结构设计的前提条件。装配模仁过程如下。

移动复位杆

移动复位杆的目的是为了方便看图。

[1] 执行 MOVE 命令，框选主视图中要移动的复位杆，并选取复位杆中心线与面针板的交点作为移动基点，然后在侧视图中水平放置。使用约束工具，将复制的复位杆与模板边缘约束为 25，结果如图 17-46 所示。

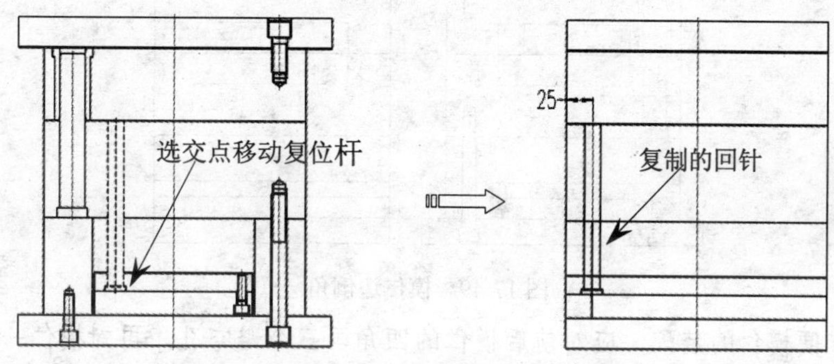

图 17-46 移动复位杆

[2] 装配前模仁。执行 M（MOVE）快捷指令，框选要移动的前模仁，选取前模仁中心点作为移动基点，再选择前模架俯视图中心点为移动的目的点，完成前模仁的装配，如图 17-47 所示。

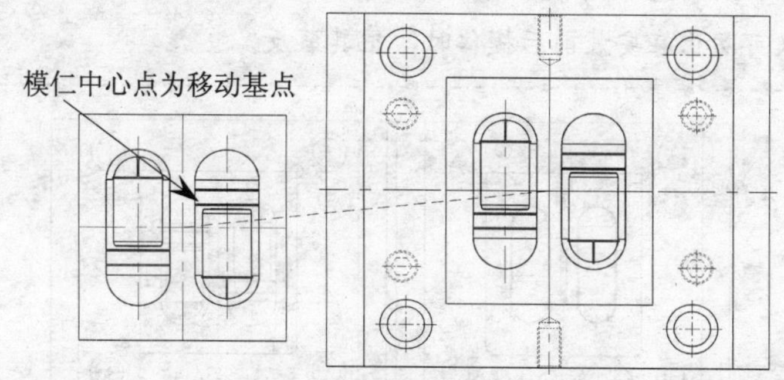

图 17-47 装配前模仁

[3] 以同样的方法移动装配后模仁，最终结果如图 17-48 所示。

[4] 模仁周边倒角、模板打避空孔。模具各个装配零件四周都应该倒角，在搬运和装配零件时可避免划伤装配工人的手。用 CHA（CHAMFER）倒角修剪命令进行倒角，倒角距离为 5mm，如图 17-49 所示。

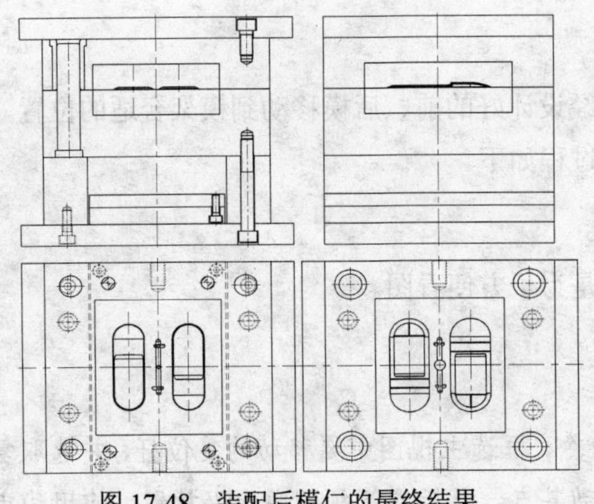

图 17-48 装配后模仁的最终结果

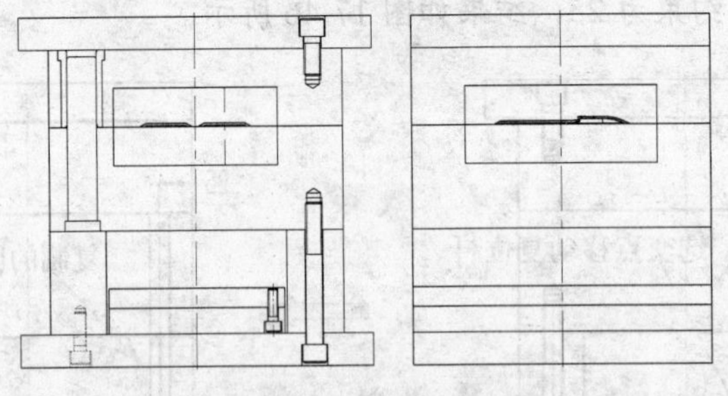

图 17-49 模仁边倒角

[5] 为方便模仁的装配，应对前后模仁的四角画三个避空孔，再对模仁一角进行倒圆角。基准角模板的圆角比模仁圆角小，最终结果如图 17-50 所示。

提示

在工厂实际生产中，需要在模架的 A、B 板型腔的内直角处打避空孔，目的是为了方便机床加工；另外基准角模板的圆角比模仁的小，既可防止模板圆角与模仁圆角相互干涉，又可防止在安装前后模仁时，把其装反。

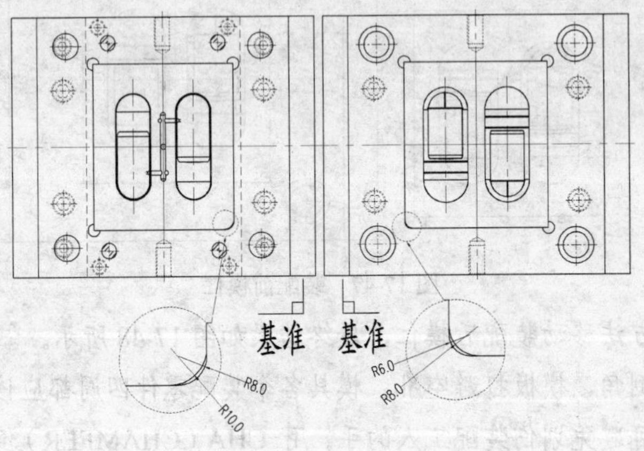

图 17-50 模仁边倒圆角

17.4 模具总装图设计

模架及有关内容确定后，便可绘制模具装配图。在绘制装配图的过程中，对已选定的浇注系统、冷却系统、顶出系统等做进一步完善，从结构上达到比较完美的设计。另外根据需要添加紧固螺钉、模具总装图尺寸及材料清单。

17.4.1 浇注系统设计

浇注系统设计包括对主流道、分流道截面形状及尺寸的确定，浇口位置的选择，浇口形式及浇口截面形状及尺寸的确定。

1. 主流道的设计

操作步骤

[1] 设计主流道时可直接从 Ltools 中调用合适的浇口套，在【塑料模具设计标准 Ltools V2008】面板中单击【标】按钮，系统弹出【Ltools_标准零件库】对话框，如图 17-51 所示。再单击【唧嘴】按钮，系统弹出【唧嘴】对话框。

[2] 在【唧嘴】对话框中设置如图 17-52 所示的浇口套参数。

提示

因为此模具分流道留前模，所以唧咀（浇口套）需要添加止转销，防止唧咀转动而堵塞流道。当然将唧嘴长度减短，同样也可以防止堵塞流道。

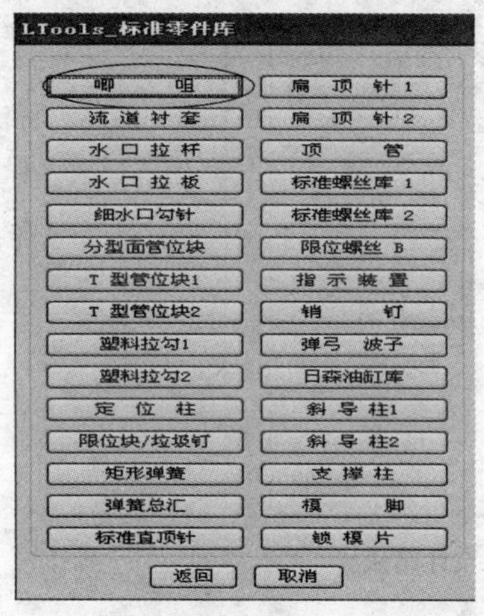

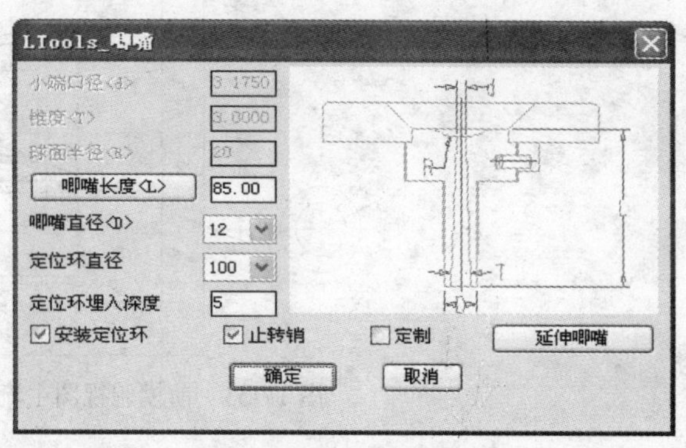

图 17-51 Ltools_标准零件库　　　　图 17-52 【唧嘴】对话框

[3] 单击【唧嘴】对话框的【确定】按钮关闭该对话框，然后在命令行提示下，选择主视图中面板（上模座板）中心点为第一点；再指定分型面与 A 板的交点为第二点，完成浇口套调用，如图 17-53 所示。

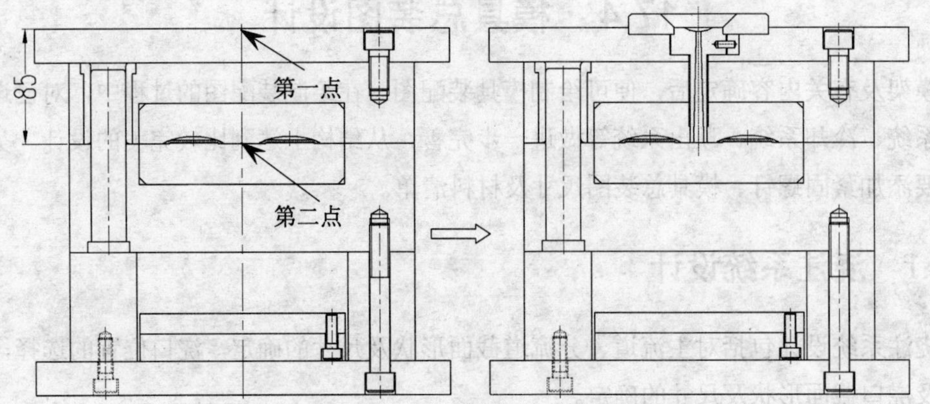

图 17-53　主视图调用浇口套

[4]　设计主流道浇口套。因为浇注系统在主视图中表现更为理想，也方便看图，所以主视图的浇口套可以只显示外形轮廓。利用长对正、宽相等、高平齐的投影原则设计主视图浇口套，创建结果如图 17-54 所示。

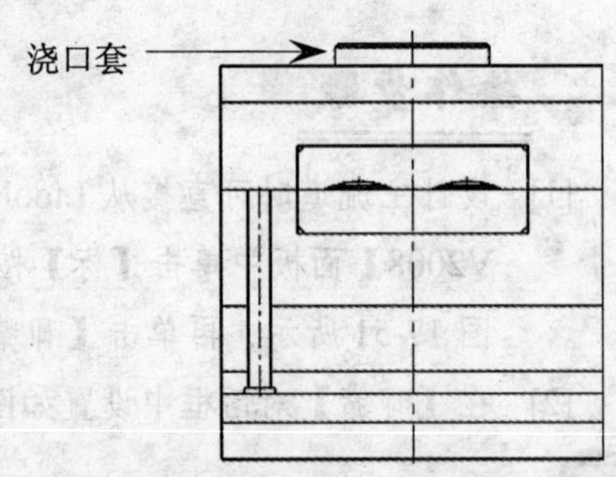

图 17-54　加载浇口套

[5]　设计前模俯视图主流道。根据长对正、宽相等、高平齐的投影原则设计前模俯视图主流道。单击【绘图】工具条中的【圆】按钮或在命令行中输入“C（CIRCLE）”快捷指令并按空格键确定执行。在绘图区域中单击拾取前模俯视图中心点作为圆的中心点，绘制一个 ϕ12 和一个 ϕ7.52 的圆来表示前模俯视图主流道，结果如图 17-55 所示。

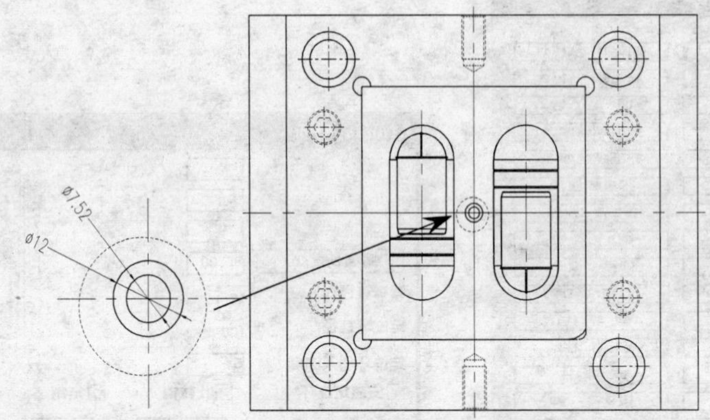

图 17-55　前模俯视图主流道的设计结果

2.　分流道的设计

分流道是塑料进入型腔前的过渡部分，可通过截面形状、尺寸大小及方向变化使塑料平稳进入型腔，保证成型的最佳效果。

操作步骤

[1] 创建流道分布线。由于此模腔分布只有左右两个产品，所以在前后模仁的竖直中心线上绘制流道分布线即可。

[2] 创建流道轮廓线。在【绘图】工具条中单击【偏移】按钮，然后创建如图 17-56 所示的 4 条偏移直线，并利用【修剪】命令进行修剪。

[3] 在【绘图】工具条中单击【倒圆角】按钮，接着选取图元 1 和图元 2，系统自动将其倒圆角，如图 17-57 所示。

[4] 创建浇口部分的流道轮廓线。在【绘图】工具条中单击【偏移】按钮，系统提示“指定偏移距离”，输入 25，将模坯的水平中心线分别向上和向下偏移 25mm，然后再把刚才偏移的两条水平中心线分别向上和向下偏移 2mm。最后将两产品的两条最大外轮廓线分别向竖直中心线方向偏移 3.5mm.。最终偏移的效果如图 17-58 所示。

[5] 对刚才偏移好的线进行修剪后，再单击【倒圆角】按钮，接着选取图元 1 和图元 2，系统自动将其倒圆角，如图 17-59 所示。

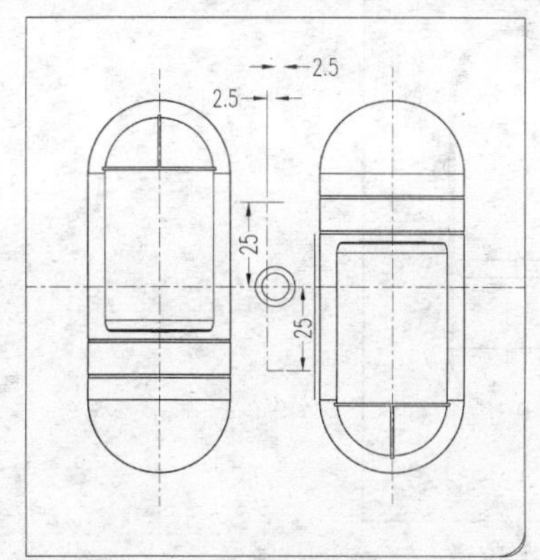

图 17-56 修剪多余图元

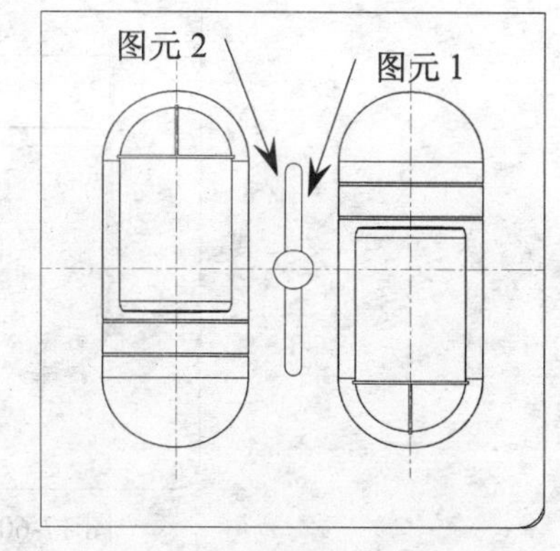

图 17-57 倒圆角

[6] 设计后模俯视图主流道。用与设计前模俯视图主流道同样的方法，设计出后模俯视图主流道，如图 17-60 所示。

提示

产品最大轮廓线和分流道最大轮廓线之间的距离不大于 2mm，若此距离太大。会很大程度上消耗注塑机的压力，导致注塑出来的产品缺料。

3. 浇口的设计

浇口也称进料口，是连接分流道与型腔的通道，也是注塑模具浇注系统的最后部分。其设计过程如下。

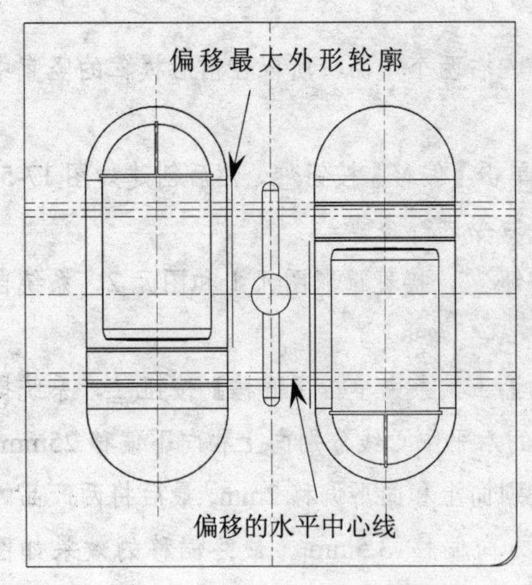

图 17-58　偏移的线条

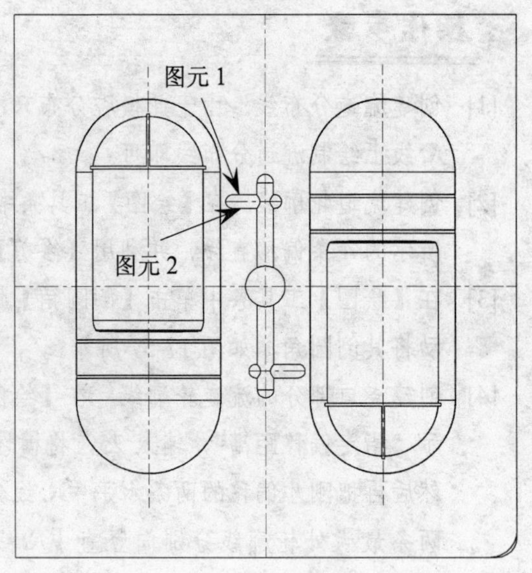

图 17-59　倒圆角

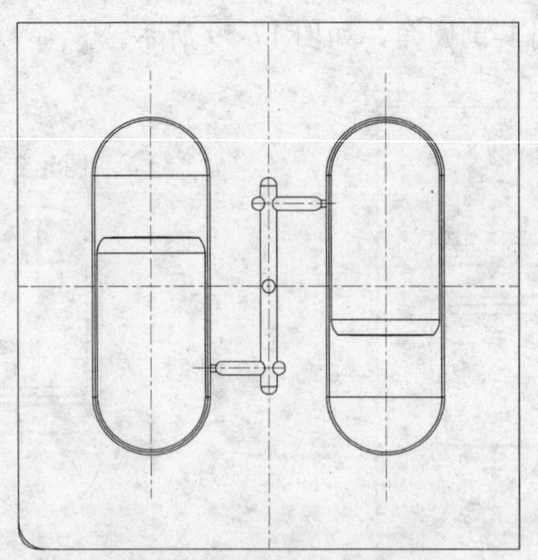

图 17-60　后模俯视图主流道

操作步骤

[1] 单击【修改】工具条中【偏移】按钮。命令行提示【指定偏移距离】。在此输入 1 作为浇口的偏移距离，并按空格键确认。命令行接着提示【选择要偏移的对象】，点选要作为偏移基准的图元（后模俯视图分流道的中心线），在偏距方向（中心线的左侧）单击，重复操作偏移另一边的浇口线。按空格键完成并退出偏移。

[2] 使用修剪命令修剪多余的线，并且使用刷子（属性匹配）将浇口改成实线显示，如图 17-61 所示。

[3] 同样使用偏移、修剪、镜像的方法创建主视图分流道及浇口，最终设计结果如图 17-62 所示。

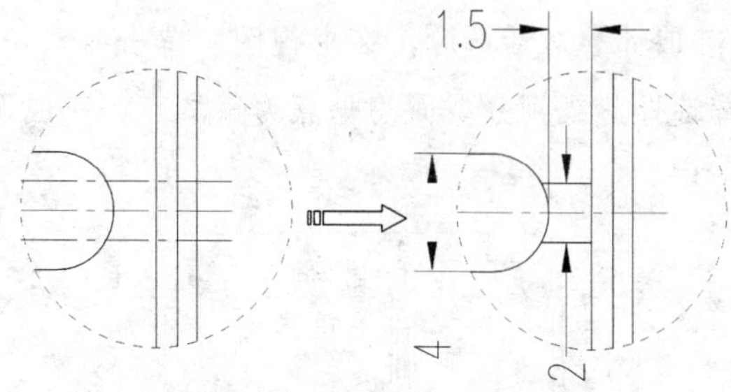

图 17-61 浇口创建过程

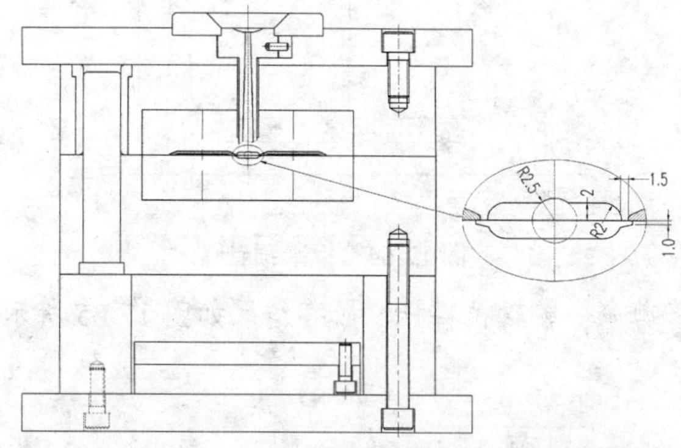

图 17-62 主视图分流道及浇口的设计结果

17.4.2 顶出系统设计

在本节中我们使用 Ltools 创建顶出系统（标准顶针），其创建过程如下。

1. 创建拉料杆

操作步骤

[1] 在 Ltools 面板上单击【标准直顶针】按钮，系统弹出【Ltools-标准顶针】对话框，在此对话框中单击【剖视图】和【公制】单选按钮；在【直径】下拉列表中选择 5 作为顶针的直径，最后单击【确定】按钮完成顶针的相应设置，如图 17-63 所示。

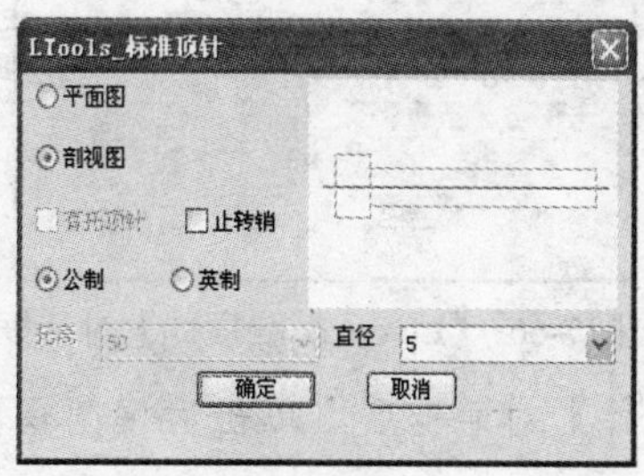

图 17-63 【标准顶针】对话框

[2] 关闭【Ltools-标准顶针】对话框后，在主视图中单击一点（模具中心线与面针板底边交点）；接着选择此线到分型面的垂点为第二点，完成调用顶针，如图 17-64 所示。

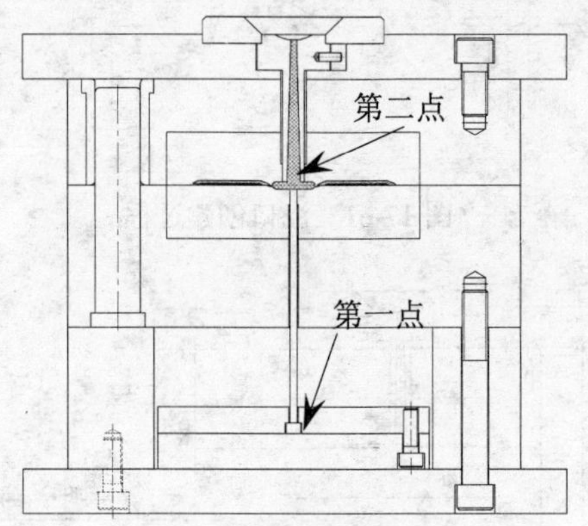

图 17-64　标准顶针

[3] 使用直线和修剪命令编辑拉料杆，最终结果如图 17-65 所示。

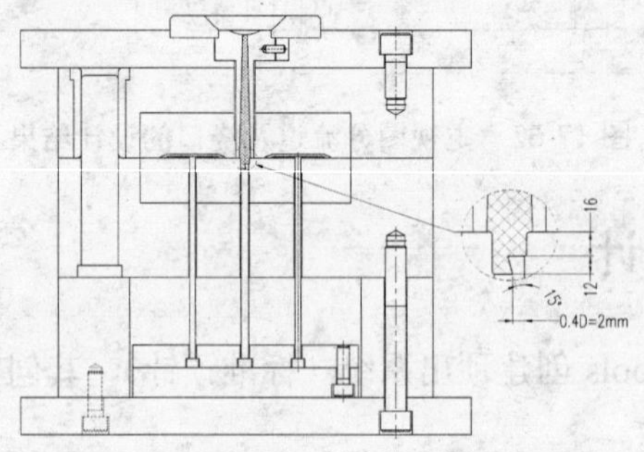

图 17-65　编辑拉料杆的最终结果

[4] 创建后模俯视图拉料杆。在 ltools 面板上单击【标准直顶针】按钮，系统弹出【Ltools-标准顶针】对话框，在此对话框中选择【平面图】和【公制】单选按钮。在【直径】下拉列表中选择 5 作为顶针的直径，最后单击【确定】按钮完成顶针的相应设置，如图 17-66 所示。

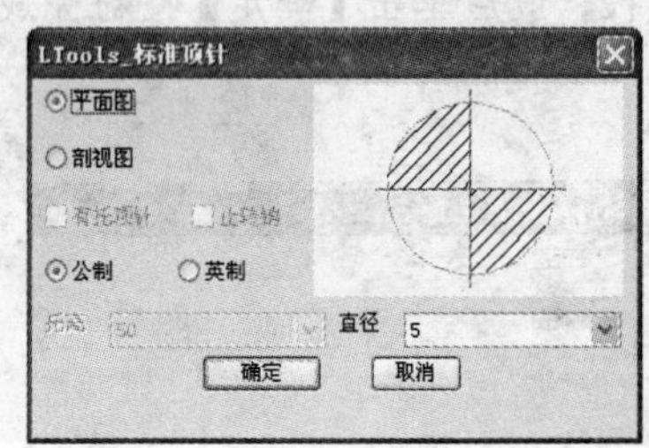

图 17-66 【Ltools 标准顶针】对话框

[5] 关闭【Ltools-标准顶针】对话框后，单击后模俯视图中心点，完成顶针调用，如图 17-67 所示。

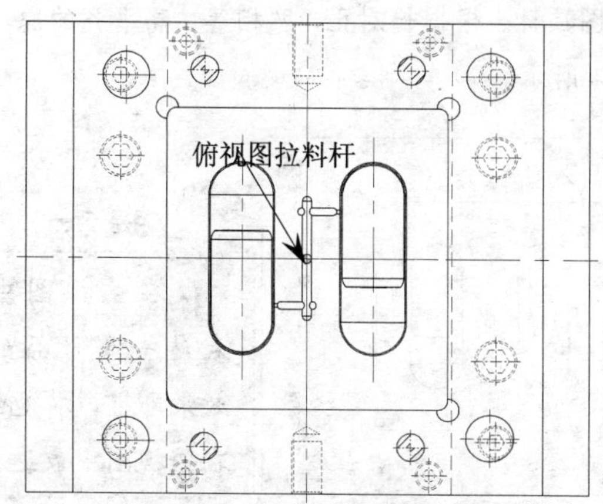

图 17-67 俯视图拉料杆设计结果

2. 创建后模产品顶针

操作步骤

[1] 确定后模主视图产品顶针位。从命令行输入快捷指令 O（OFFSET），输入偏移的值为 13.5，选取图元 1 作为偏移的对象，然后在图元 1 的左边单击拾取任意一点，系统自动产生图元 2，如图 17-68 所示。

[2] 采用同样方法创建产品顶针，产品顶针的直径为 4，结果如图 17-69 所示。

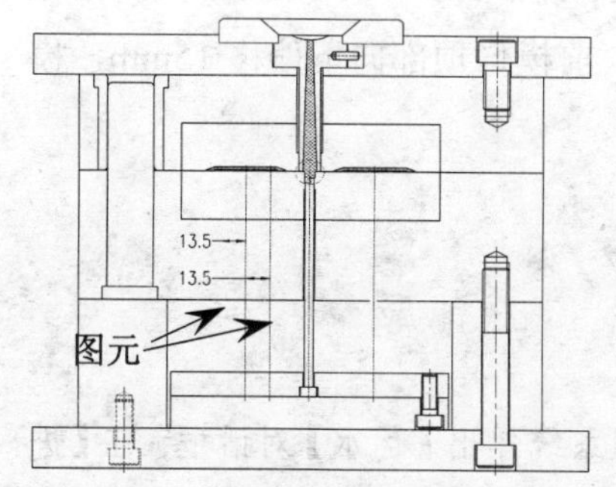

图 17-68　创建偏距线

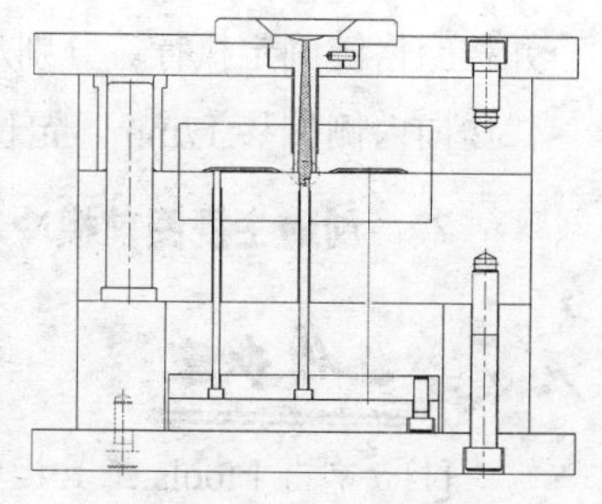

图 17-69　创建产品顶针

[3] 再创建主视图和主视图其他顶针（产品顶针直径均为 4），效果如图 17-70 所示。

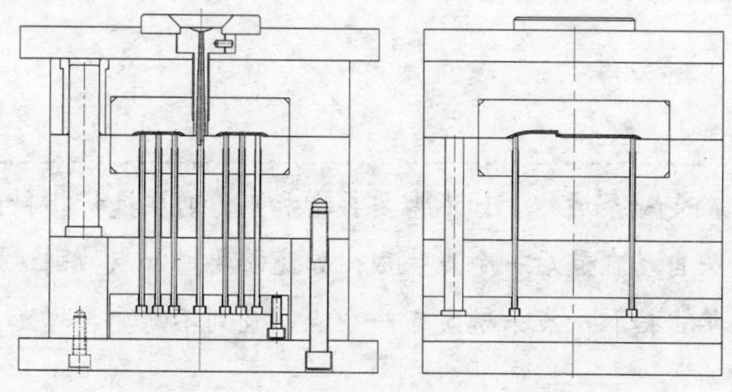

图 17-70　主视图和主视图顶针效果图

[4] 创建前模俯视图顶针。根据长对正、宽相等、高平齐的原则创建前模俯视图顶针，效果如图 17-71 所示。

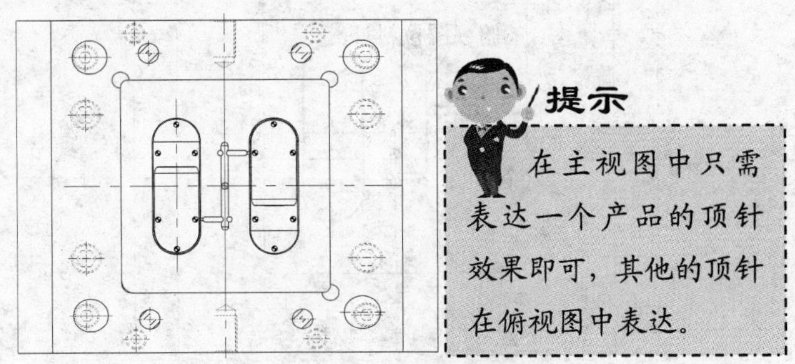

提示

在主视图中只需表达一个产品的顶针效果即可，其他的顶针在俯视图中表达。

图 17-71 前模俯视图顶针

17.4.3 冷却系统设计

注射成型时，模具温度直接影响塑料的填充和塑料制品的质量，也影响到注射周期。因此在使用模具时必须对模具进行有效的冷却使模温保持在一定范围。模具冷却方式有水冷、空气冷却和油冷等，常用的是水冷法。

1. 定位主视图冷却水线

单击【修改】工具条中【偏移】按钮，或在命令行中输入 O（OFFSET）快捷指令并按空格键确定执行。分别从 A 板顶部向下偏移 15mm，前模仁顶部向下偏移 15mm，模仁边向内侧偏移 17mm，定位冷却水线，如图 17-72 所示。

2. 创建主视图前模冷却水路

操作步骤

[1] 单击 Ltools 工具栏中的【LTools_运水】按钮，系统弹出【运水】对话框；在【进水】和【出水】下的图形处单击切换需要的水嘴类型；在【运水直径】下拉列表框中选择 6。最后单击【确定】按钮完成设置，如图 17-73 所示。

[2] 关闭对话框后，在上步骤绘制的冷却水线中依次选取点来放置运水，结果如图 17-74 所示。

提示

三个点就可以确定一条运水，如不需要再增加点，则在鼠标指针变成拾取框时按两次空格键，出水堵头自动在最后一个点生成；如还需要增加点，则运水自动生成但不会生成出水堵头，再单击拾取一点来确定下一个点，直到不需要再增加点时，按两次空格键自动生成出水堵头。

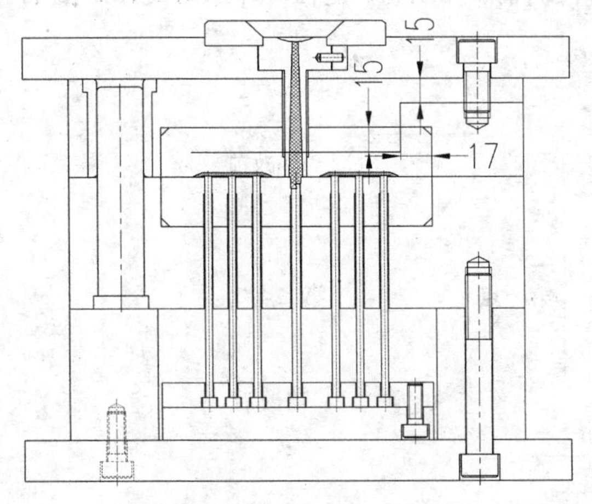

图 17-72　定位冷却水线

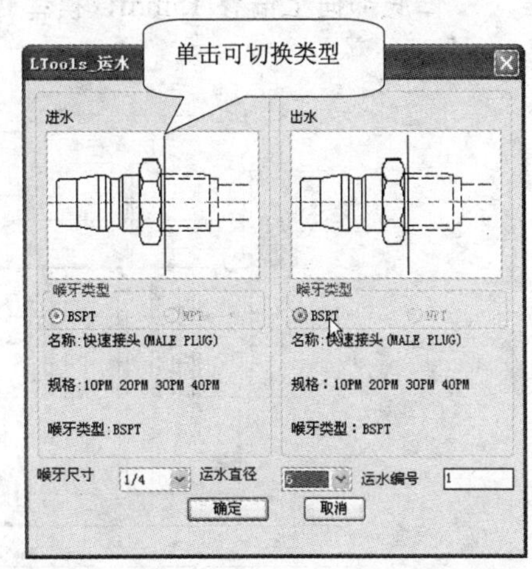

图 17-73　【LTools_运水】对话框

3.　修改定模运水

由于现在创建的运水不符合加工的要求，所以需要将其修改以适合孔加工，并在端点添加堵头。

操作步骤

[1]　单击 Ltools 工具栏中的【水】按钮水，系统会自动弹出【Ltools-水管系统】对话框。单击【水路系统 2】类型，系统会自动显示 Ltools-水路系统水堵头的设置，在【规格】处设定位 1／8，勾选【虚线】、【铜塞】复选选项，【水径】处输入 6，操作结果如图 17-75 所示。

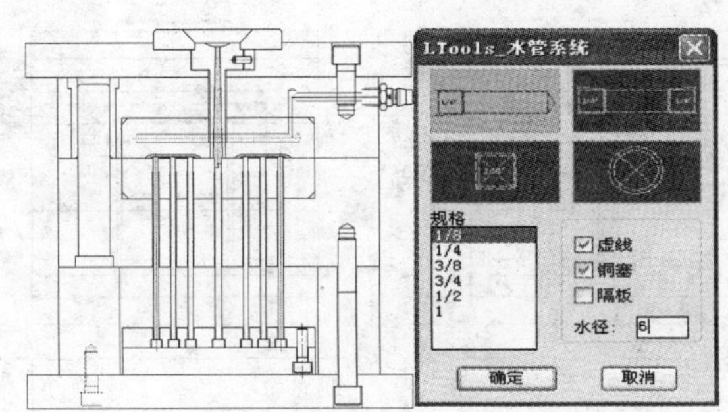

图 17-74　创建前模运水

[2]　命令行提示【选择起点】，单击选取第一点；命令行接着提示【下一点】，单击选取第二点。最后按空格键完成冷却水路水堵头的创建，如图 17-75 所示。

4.　创建主视图后模冷却水路

操作步骤

[1]　单击【修改】工具条中【偏移】按钮，然后从 B 板底部向上偏移 25mm，后模

仁底部向上偏移 15mm，模仁边向内侧偏移 17mm，定位冷却水路线，如图 17-76 所示。

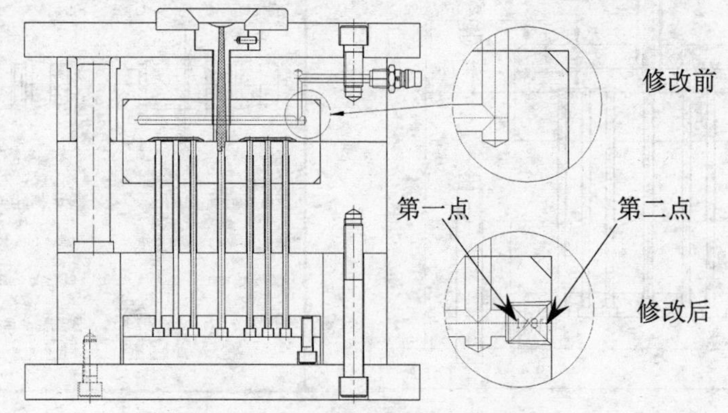

图 17-75　添加水路系统水堵头

[2]　依照上述方法，创建出主视图后模冷却水路，再遵循长对正、宽相等、高平齐的投影原则，创建前后模俯视图和主视图的运水、运水孔。单击工具栏上的【运水】按钮不放，在弹出的下拉菜单中单击【运水孔】按钮，在前后模俯视图和主视图中添加运水孔。创建前后模俯视图和主视图的运水、运水孔效果如图 17-77 所示。

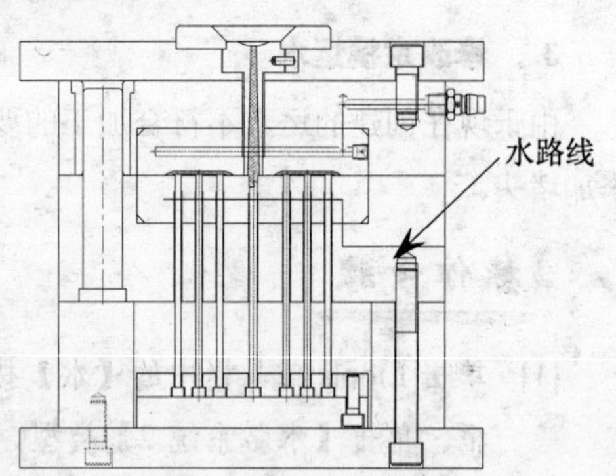

图 17-76　后模冷却水路线

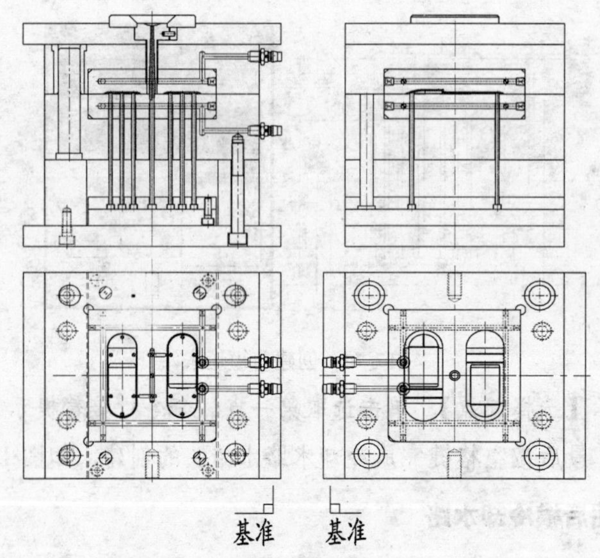

图 17-77　运水、运水孔最终设计结果

[3]　在模仁与模板之间加密封圈。首先打开【塑料模具设计标准 Ltools V4.1】面板，

然后在工具栏上的【运水】下拉菜单中单击【密封圈】按钮，弹出【Ltools_O型密封圈槽】对话框。单击【剖视图】和【可见】单选按钮，最后单击【确定】按钮完成设置，如图 17-78 所示。

[4] 关闭对话框后，命令行提示 "Pick Base Point"，单击指定前模底边与运水交点为第一点；接着指定第二点，系统自动生成密封圈，如图 17-79 所示。

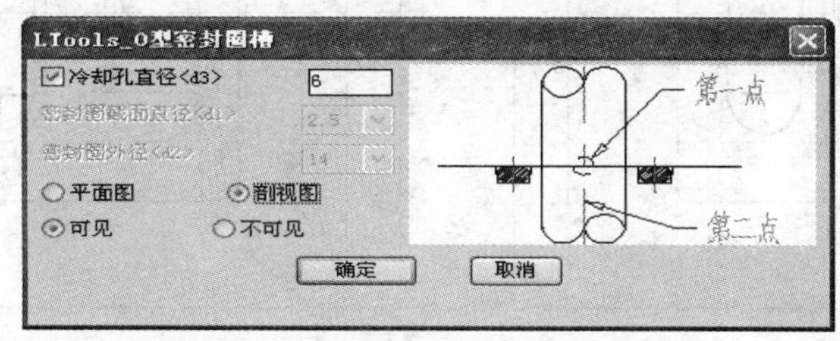

图 17-78 【LtoolsO 型密封圈槽】对话框

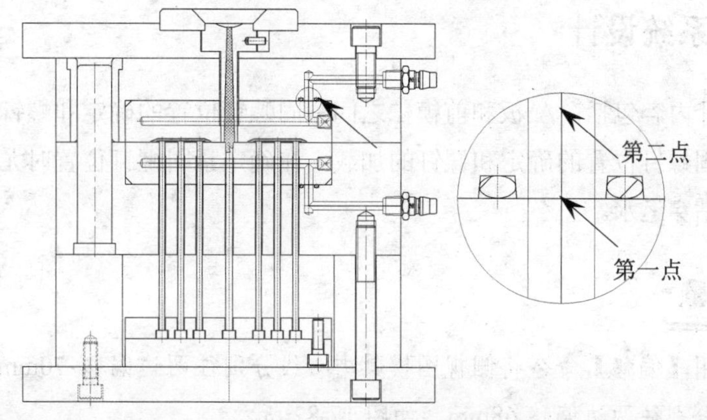

图 17-79 创建密封圈

[5] 以同样的方法创建主视图密封圈，结果如图 17-80 所示。

[6] 同理，按此方法在【Ltools_O 型密封圈槽】对话框中选择"平面图"密封圈来创建前、后模俯视图中的密封圈，如图 17-81 所示。

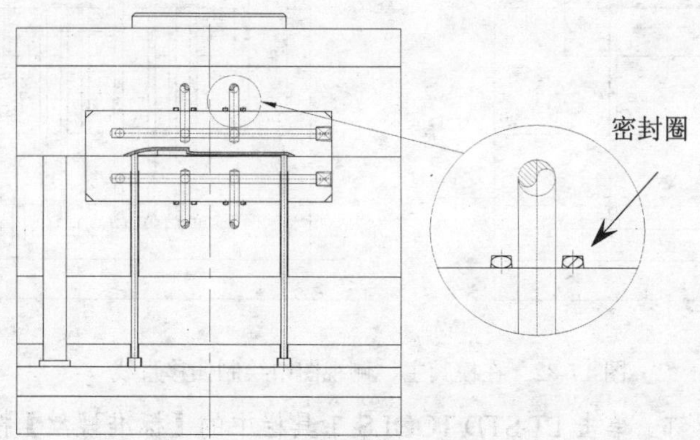

图 17-80 创建主视图密封圈

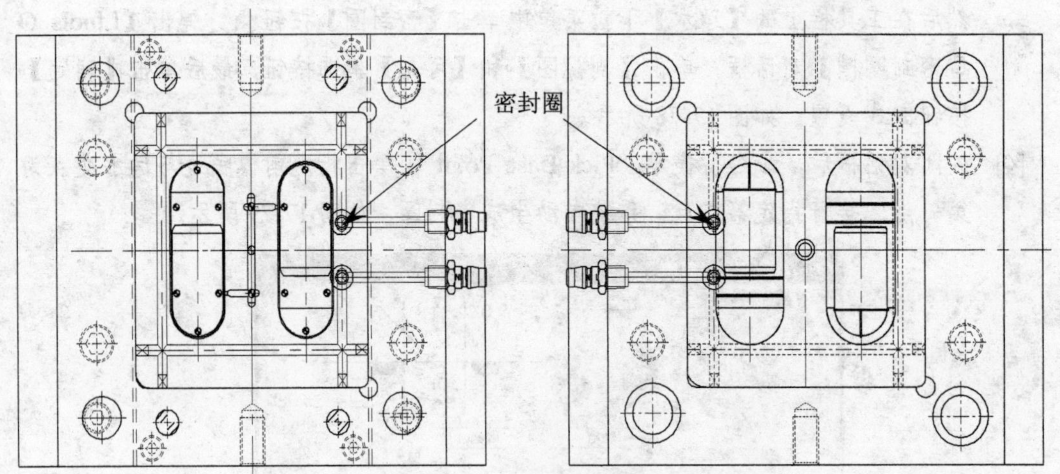

图 17-81　在前、后模俯视图中创建密封圈

17.4.4　紧固系统设计

紧固系统设计内容包括：A 板和前模仁之间紧固螺钉位置的确定和螺钉的加载；B 板和前模仁之间紧固螺钉位置的确定和螺钉的加载。在确定紧固螺钉位置时尤其要注意避开冷却系统，防止钻穿运水。

操作步骤

[1]　首先使用【偏移】命令将侧视图模具中心线分别往两边偏移 70mm，主视图模具中心线分别往两边偏移 68mm，如图 17-82 所示。

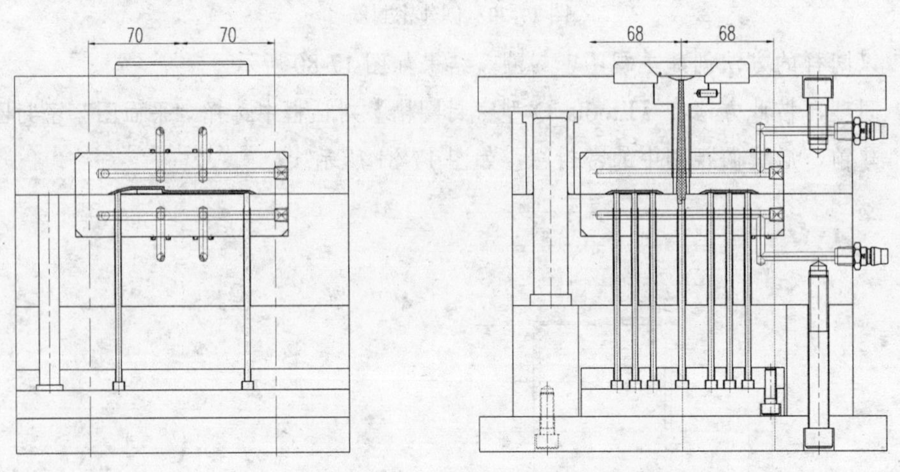

图 17-82　在模具主、侧视图中绘制偏移直线

[2]　然后调用螺钉：单击 LT-STD TOOLS 工具栏中的【标准螺丝】按钮，弹出【标准螺丝】对话框。在此对话框中单击【标准内六角螺丝】按钮，再弹出【标准杯头内六角螺丝】对话框。然后设置如图 17-83 所示的选项及参数。

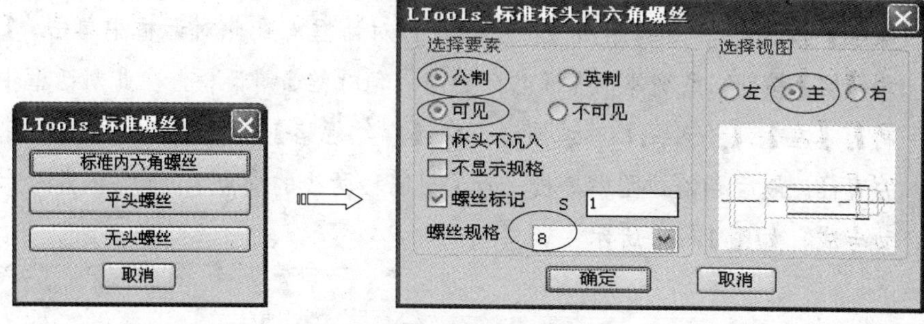

图 17-83　设置内六角螺丝参数

[3]　在侧视图中选择两点以生成标准杯头内六角螺丝。使用同样的方法完成另一螺丝的加载，如图 17-84 所示。

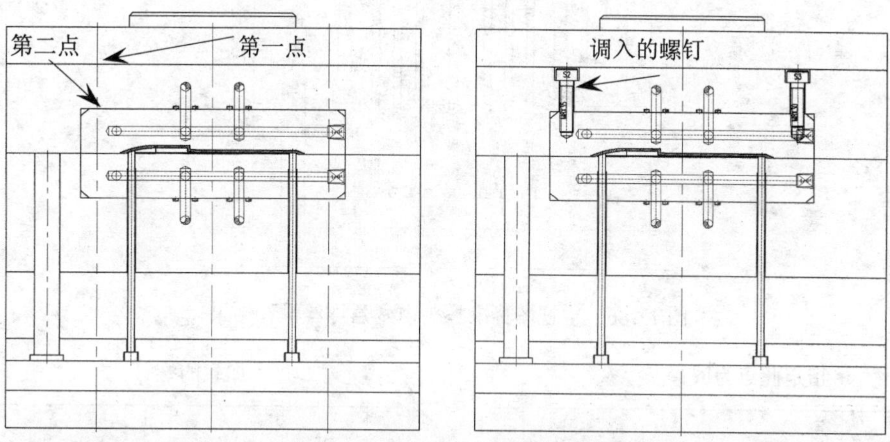

图 17-84　调用螺丝

[4]　同样，完成侧视图定位环标准杯头内六角螺丝的加载（此螺丝直径为 6），如图 17-85 所示。

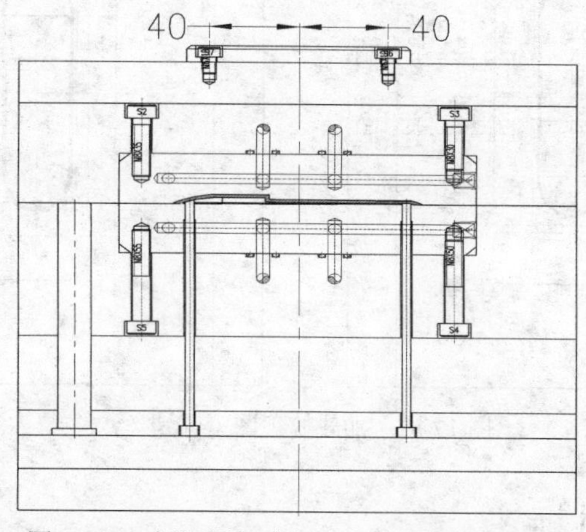

图 17-85　侧视图标准杯头内六角螺丝设计结果

[5]　以同样的方法加载主视图标准杯头内六角螺丝，如图 17-86 所示。

[6]　加载俯视图紧固螺丝，定螺丝位。首先使用偏移命令，俯视图模具中心线分别往

左右偏移 68mm，上下偏移 70mm。然后单击 LT-STD TOOLS 工具栏中的【标准螺丝】按钮，系统弹出【标准螺丝】对话框，在此对话框中单击 【标准内六角螺丝】按钮，系统弹出【标准杯头内六角螺丝】对话框，在此对话框中选择【公制】、【左】、【不可见】单选按钮，在【螺丝规格】下拉列表框中选择 8 作为螺丝的直径。最后在俯视图中单击一点（刚偏移两线的交点），标准杯头内六角螺丝自动生成，如图 17-87 所示。

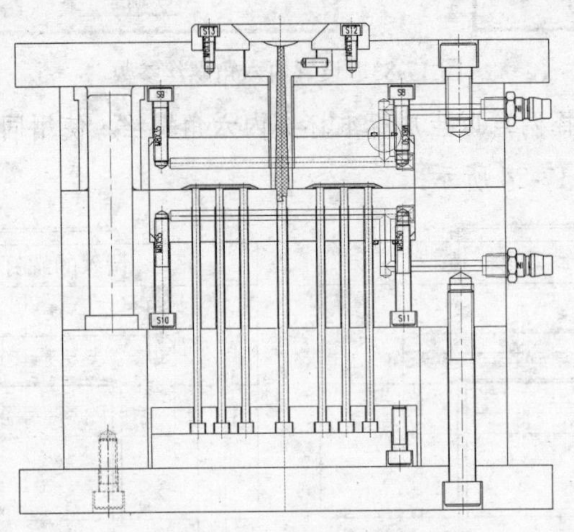

图 17-86　主视图标准杯头内六角螺丝设计结果

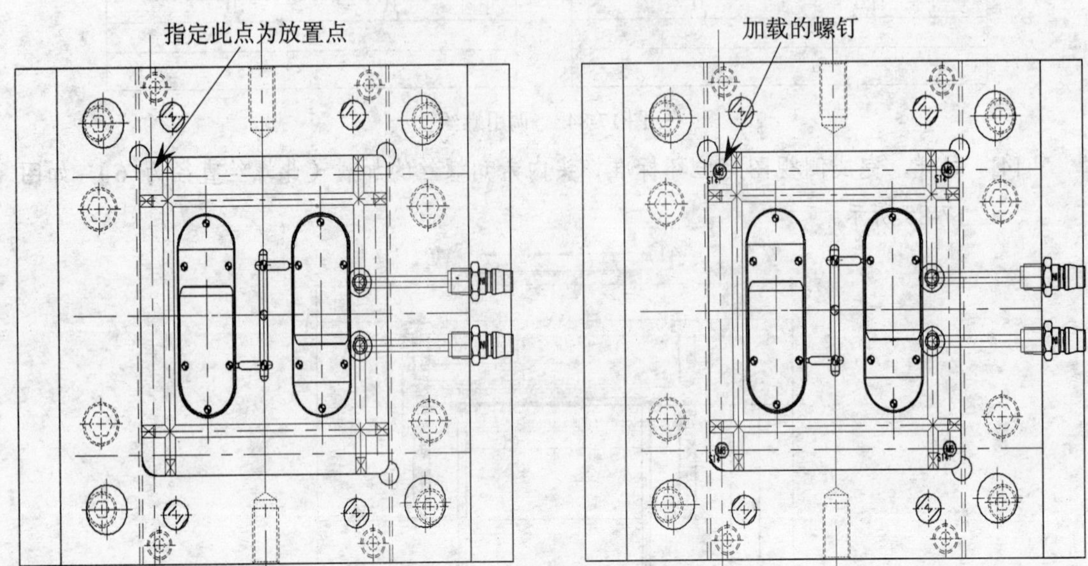

图 17-87　加载俯视图紧固螺丝

17.4.5　总装图尺寸标注

在总装图尺寸标注中需要用到各种标注，读者可以根据需要选择适当的线性标注或坐标标注。需提示的是，在坐标标注前需把坐标系移到指定位置（如需用坐标标注法标后模俯视图的尺寸，那么第一步就需把坐标系移到后模中心）。

操作步骤

[1] 在菜单栏选择【工具】|【移动 UCS（V）】命令，命令行提示【指定新原点或[Z 向深度（Z）]】，单击指定后模中心点为新原点，系统自动把 UCS 坐标系移动到指定点，如图 17-88 所示。

[2] 标注模仁尺寸。在菜单栏选择【标注】|【坐标】命令或在命令行输入 DO（DIMORDINATE）快捷指令并按空格键执行。命令行提示【指定点坐标】，单击指定一点为要标注的点。命令行接着提示【指定引线端点】，在要放置标注的位置单击，完成第一个尺寸的坐标标注，如图 17-89 所示。

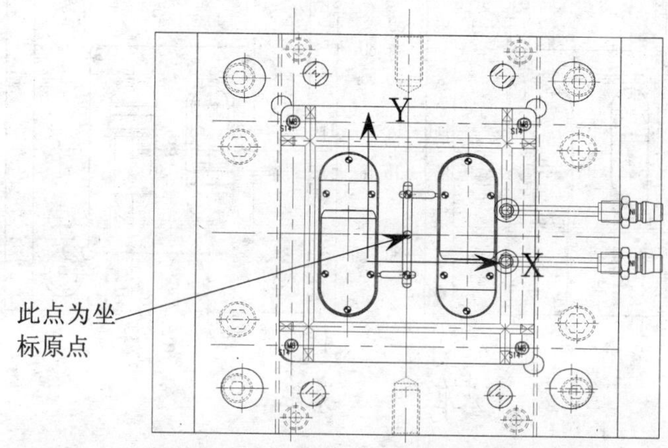

图 17-88　移动坐标系

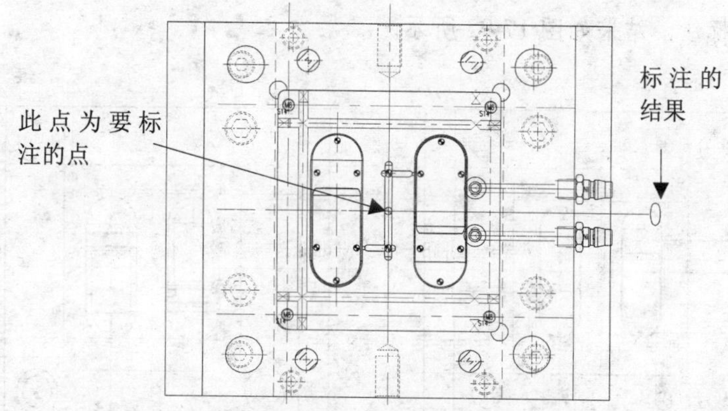

图 17-89　坐标标注

[3] 按空格键重复执行坐标标注命令，分别标出前、后模仁的长、宽尺寸，结果如图 17-90 所示。

[4] 标注顶针、运水、紧固螺丝尺寸。执行 DO（DIMORDINATE）快捷指令，完成运水螺钉的尺寸标注，如图 17-91 所示。

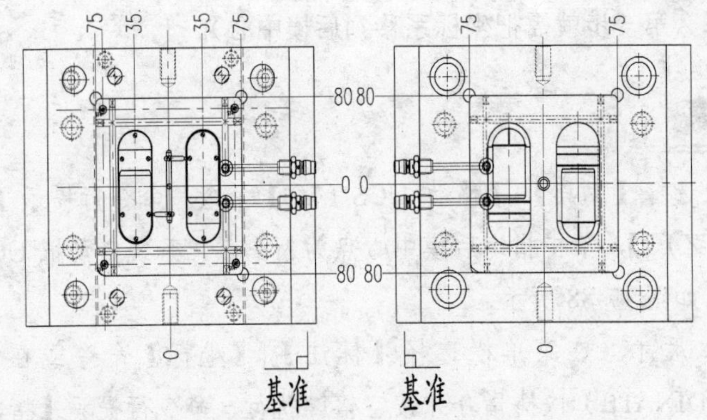

图 17-90　前、后模仁的尺寸标注

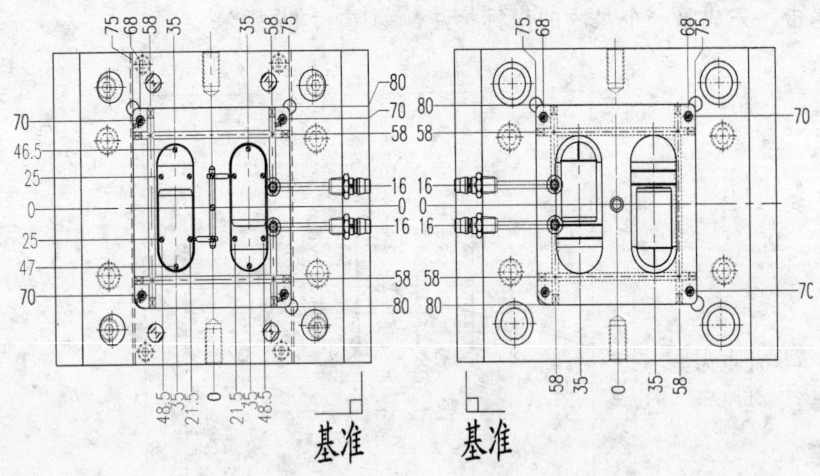

图 17-91　顶针、运水、紧固螺丝的尺寸标注

[5]　标注模架、导套等标准件尺寸。重复执行坐标标注命令，完成模架长、宽尺寸和标准件标注，结果如图 17-92 所示。

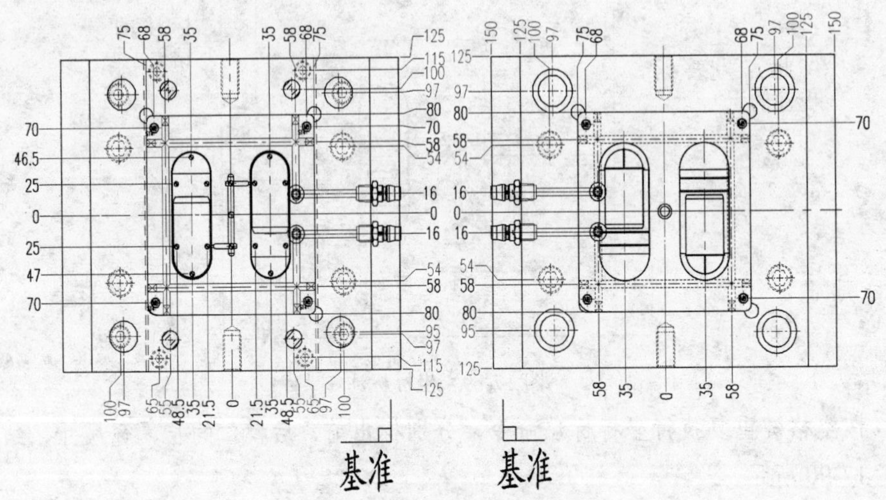

图 17-92　模架长、宽和标准件标注

[6]　标注模板的厚度。执行【线性】标注命令，完成模具模板厚度的标注，如图 17-93

所示。

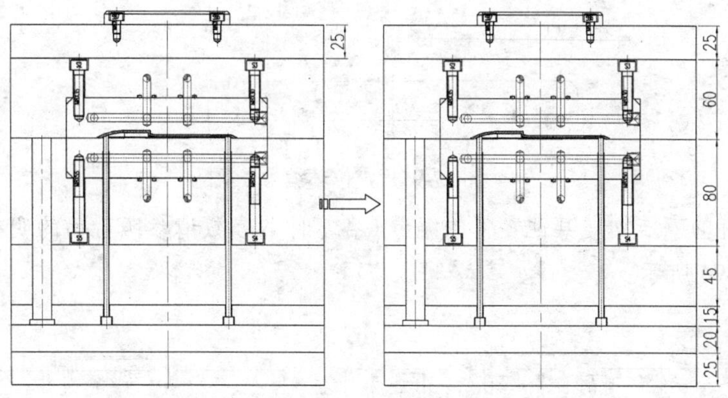

图 17-93　模板厚度的标注

17.4.6　BOM 表设计

BOM 表单即物料清单，其内容包括零件的序号、名称、规格、数量、材料和采购情况等要素，在 Ltools 中经过相应的设置后，系统可以自动生成 BOM 表单，其操作过程如下。

1.　创建零件编号

操作步骤

[1] 首先在菜单栏选择【LTools】|【标题栏|明细表】|【零件编号 NL】命令，弹出【零件编号】对话框。在“零件编号”文本框中输入 1；在“零件名称”文本框中输入“定位环”；在“规格”文本框中输入“%%C100×15”；在“材料”文本框中输入“S50C”，其他使用默认设置，最后单击【确定】按钮完成设置，如图 17-94 所示。

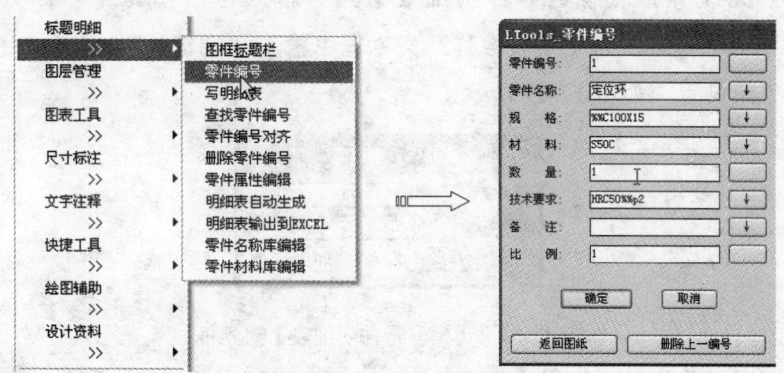

图 17-94　【零件编号】设置

[2] 命令行提示“Pick start point”，在定位环上单击一点为零件编号的起点。命令行提示“Pick end point”，在要放置编号的位置单击，完成定位环的编号，如图 17-95 所示。

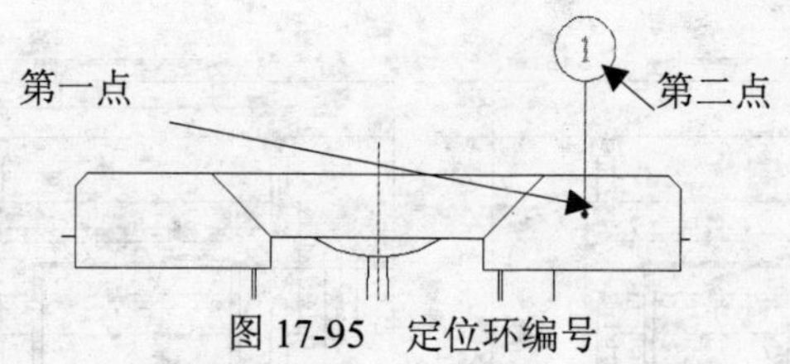

图 17-95　定位环编号

[3] 以同样的方法创建其他零件的编号（各零件的参数请参照后面的明细表），结果如图 17-96 所示。

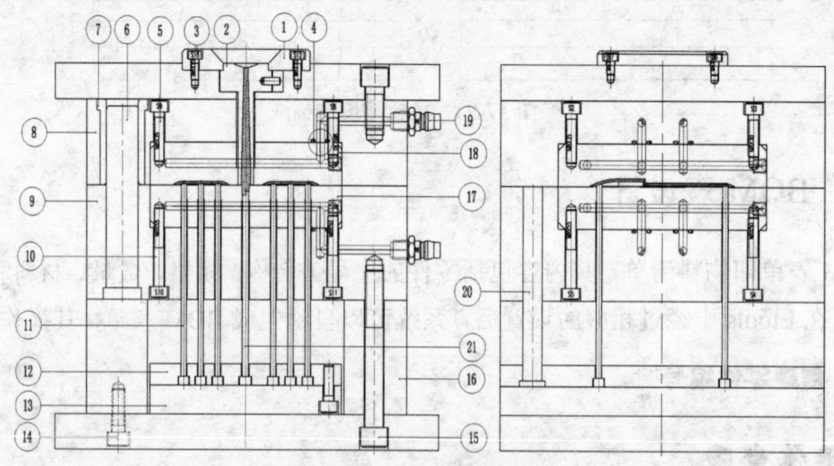

图 17-96　各零件编号创建结果

2. 自动生成明细表

操作步骤

[1] 在菜单栏中选择【LTools】|【标题栏|明细表】|【模具明细表自动生成 MAL】命令，系统弹出【模具零件明细表】对话框。在“模具编号”文本框中输入“TLP2011-03”；在“模具名称”文本框中输入“涂料片”，最后单击【确定】按钮完成设置，如图 17-97 所示。

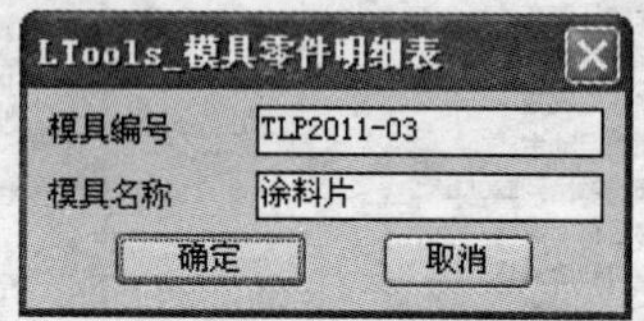

图 17-97　【模具零件明细表】对话框

[2] 在图形区要放置明细表的位置单击，系统自动生成零件明细表（自动生成的明细表可手动修改），如图 17-98 所示。

[3] 创建自动图框，在菜单栏中选择【LTools】|【标题栏|图框】|【生成标题栏 BORDER】命令，系统弹出【LTools_图框选择】对话框。设置如图 17-99 所示的选项及参数

后，单击【确定】按钮关闭该对话框。

盛世博文模具设计工作室

模 具 零 部 件 备 料 通 知 单

模具编号:TLP2011-03　　模具名称:涂料片　　第1页 共1页　　001

NO. 编号	PART NAME 零件名称	SIZE 规 格	QTY. 数量	MAT'L 材料	NOTE 技术要求	DATE 交货期	REMARK 备注
1	定位环	ø100X15	1	S50C	HRC50±2		
2	唧 咀	ø100X15	1	S50C	HRC40±2		
3	杯头螺丝 S13	M6X15	2	STD			
4	密封圈	ø5X13.5(外径)	4	橡胶			
5	杯头螺丝 S9	M8X35	1	STD			
6	导柱	ø30X130	2	45			
7	导套	ø30X70	4	45			
8	A 板	250X250X60	1	718H	HRC50±2		
9	B 板	250X250X80	1	45	HRC50±2		
10	杯头螺丝 S5	M8X55	4	STD			
11	顶针	ø4X150	20	STD			
12	杯头螺丝/S.H.C.S/S2	250X250X25	1	STD			
13	底针板	250X250X20	1	45			
14	杯头螺丝	M10X30	4	STD			
15	杯头螺丝	M14X140	6	STD			
16	模 脚	250x48x80	2	45			
17	后模仁	160x150x30	1	718	HRC50±2		
18	前模仁	160x150x30	1	718	HRC50±2		
19	水管接头	M1/4	4	STD			
20	弹 簧	ø35X100x125	4	STD			
21	杯头螺丝/S.H.C.S/S2	ø5X140	1	STD			

设计:　　审核:　　批准:　　日期:2011.03.13

图 17-98　明细表生成结果

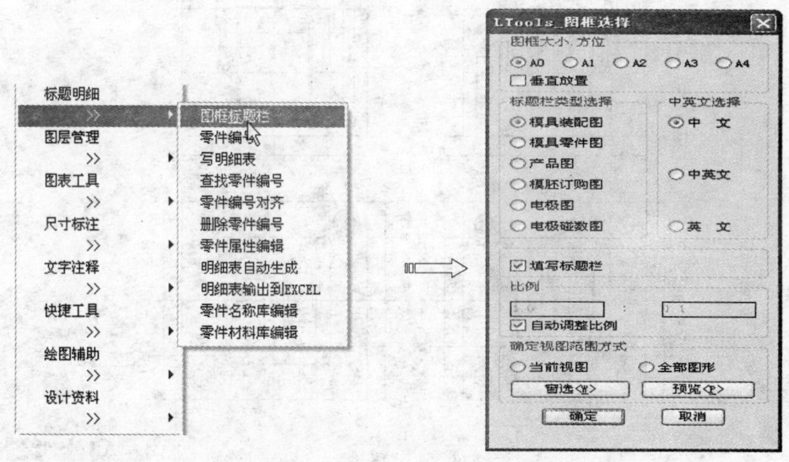

图 17-99　【图框选择】对话框

[4]　按命令行提示操作在图形区中指定 2 个放置点，如图 17-100 所示。

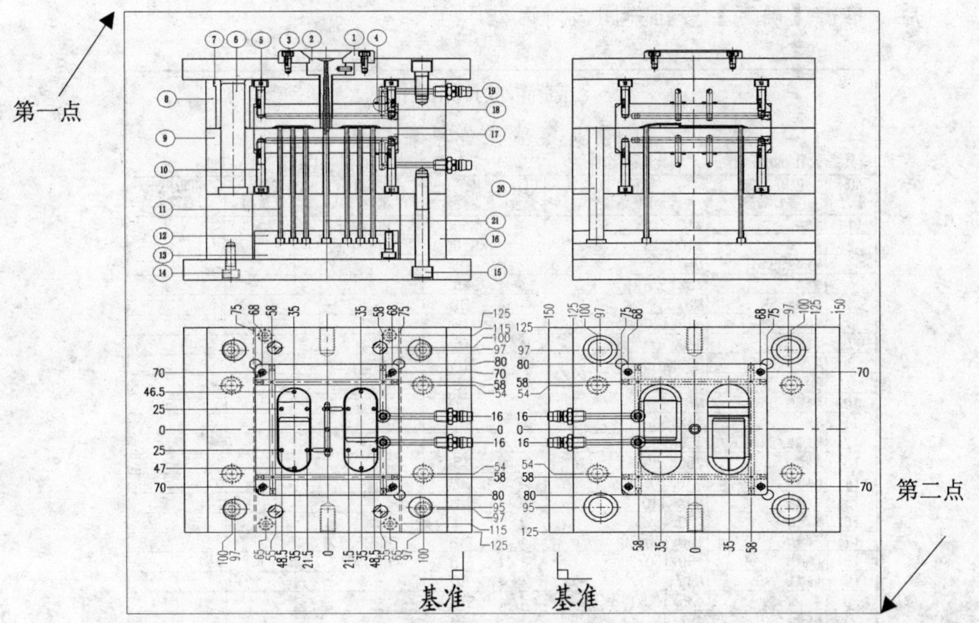

图 17-100　指定图框位置

[5] 随后返回到【图框选择】对话框，单击【确定】按钮，系统弹出【模具装配图】对话框，在【树脂材料】文本框中输入“ABS”；在【收缩率】文本框中输入 1.005，最后单击【确尺寸定】按钮完成设置，如图 17-101 所示。

[6] 系统自动生成模具图框和标题栏，把刚才创建的零件明细表移动至图框中，最终结果如图 17-102 所示。

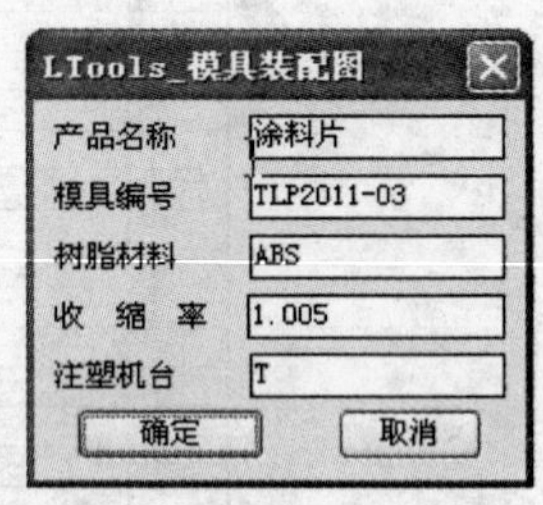

图 17-101　设置标题栏

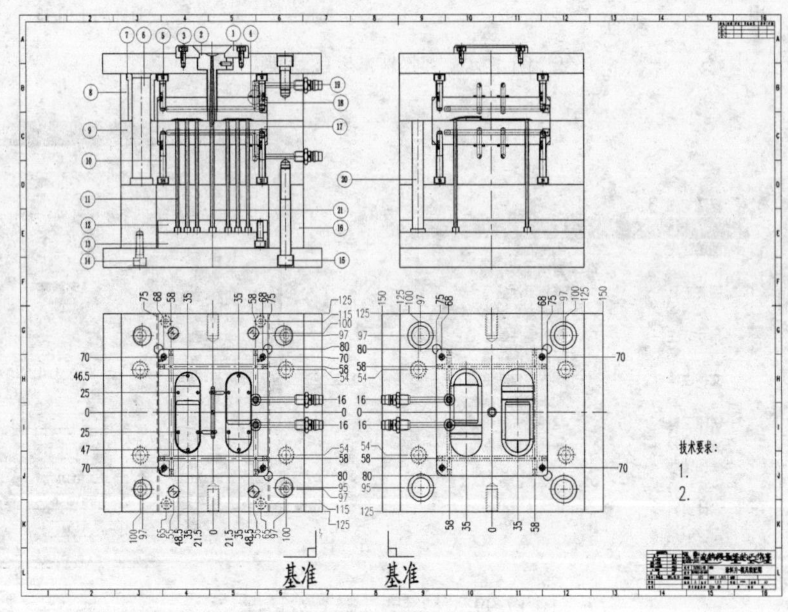

图 17-102　总装图的设计结果

第18章 AutoCAD应用于建筑室内设计

本章内容导读：

本章将通过一个比较有代表性的住宅装修设计案例的解析，让读者能在熟练使用AutoCAD进行室内装修绘图的同时，对家庭装修设计原则及对设计风格的把握有更多了解。

本章学习要点：

- 室内设计理念
- 绘制建筑结构平面图
- 绘制平面布置图
- 绘制立面图

18.1 室内设计理念

在进行室内设计的绘图之前，首先需要了解室内装修设计的基本知识以及室内设计尺寸和室内装修材料等知识。

18.1.1 室内装修设计

室内设计的目的有两点：一是以保证人们在室内生存的基本居住条件为最低目的；二是提高室内环境的精神层次，增强人们灵性的审美价值。设计必须做到以物质为用，以精神为本，用有限的物质创造无限的精神价值。

室内装修设计图样是在建筑工程图的基础上，详细地表达出室内空间的环境效果。它通常包括建筑结构图、平面布置图、天棚布置图、立面图、剖面图以及局部详图。它是施工人员进行装修施工时的依据，是对施工工程的说明。

室内装修设计的工作流程如图 18-1 所示。

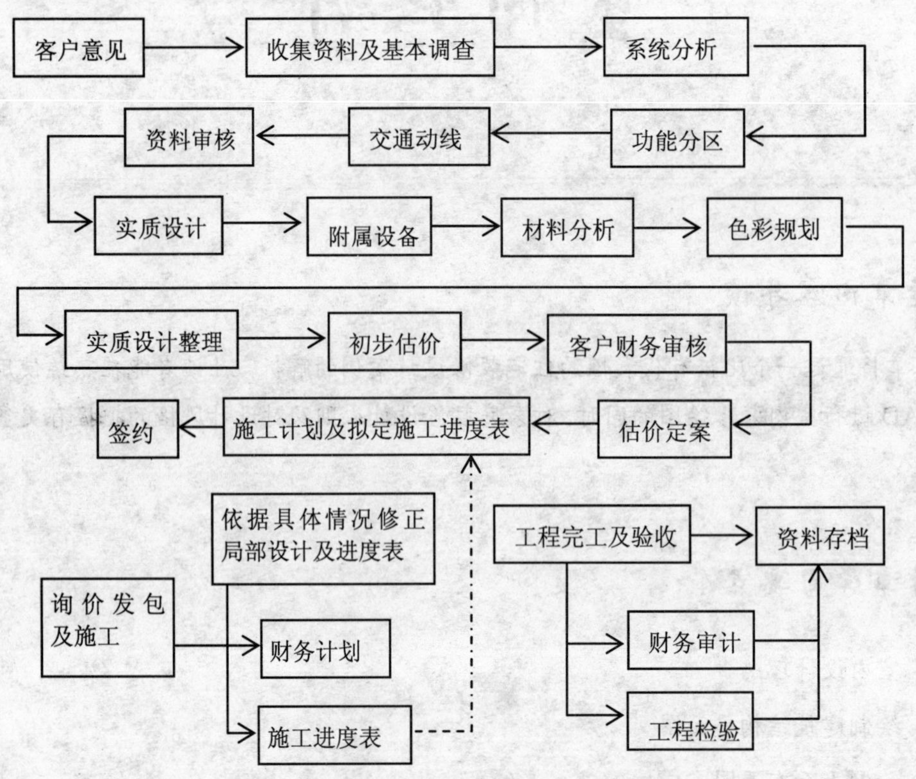

图 18－1　室内装修设计的工作流程

绘制装修设计图需要注意以下两个事项：

◆ 地面材料的标示，为了看得清楚，一般只绘浴厕、厨房、阳台等地方的地面材质。所以一般把所用的材料缩小绘制在平面图上，如木地板的木纹、地毯的图纹等。

◆ 室内装修设计平面图与施工平面图有所不同，室内装修设计平面图为了清楚、整洁，可以不标注材料；施工图是给施工人员看的，在图中不需要施工的部分，一般不画上去，但施工图中的标示及符号必须清楚、明白，以便于施工。

18.1.2 绘图须了解的知识

绘制专业的室内装修设计图必须按照严格的规范来完成，如门的开启方向用四分之一圆或三角形符号来表示。门的标示以开启的位置绘制，并绘得略重或略粗，与地面的材质填充线相区别。入口最好有一箭头指示，说明是主要入口，墙线应绘得重一点，内部涂黑或上色，但不可绘出平面墙线之外。墙面外缘线要比家具用线深，以示区别。

就室内设计而言，必须掌握以下制图规范。

◆ 图纸尺寸（单位：mm）：主要有 A0（841×1189）、A1（594×841）、A2（420×594）、A3（297×420）、A4（210×297）、A5（148×297）6 种。

◆ 图纸标题栏：用来记录图样的设计者、图号、审核者、工程项目等，以便于图样的鉴别与查找，如图 18-2 所示。

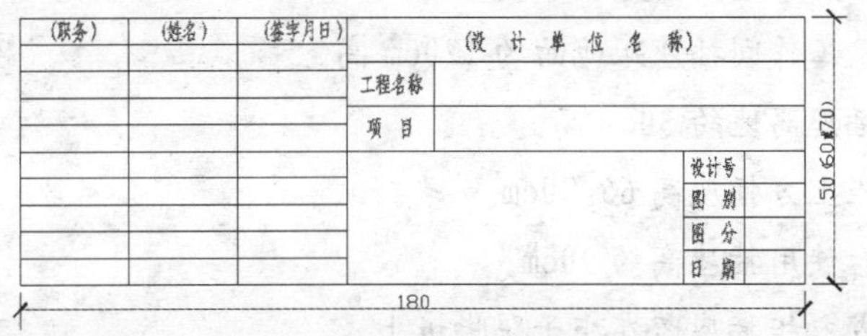

图 18－2 图纸标题栏

◆ 尺寸规范：标高以 m 为单位，其余均以 mm 为单位；尺寸线的起止点一般采用短划线和圆点，如图 18-3 所示。

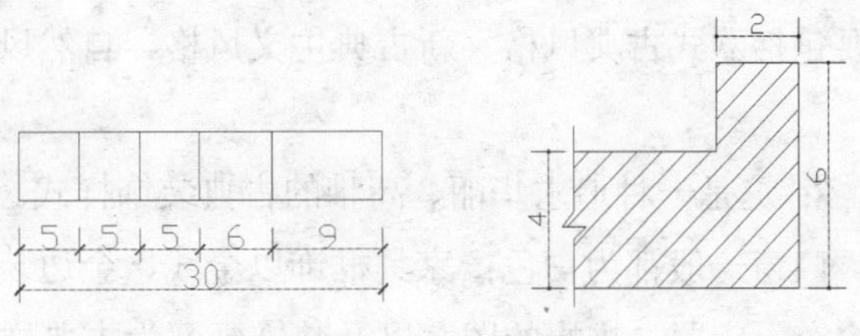

图 18－3 尺寸规范

1. 了解室内空间尺度

家居场所是人们日常生活的主要地方，平面布置时应充分考虑到人体活动尺度对空间的要求来划分各功能区。

（1）设计尺度：在室内设计中，家具设计和摆放应该以人体工程学的尺度为依据，根据人体形态及行动范围找出生活的合理行为尺寸。

◆ 设备尺度：根据设备规格尺寸确定与合理使用器物相关的配合尺寸。

◆ 材料尺度：根据家具系列尺寸，如 1.3m×2.6 m、1 m×2 m、1 m×1.3 m 等规格，确定相对应的设计尺寸。

◆ 习惯尺度：传统设计的市场产品尺寸，常不符合习惯使用的尺度，在设计上应予调整改进。

◆ 视觉尺度：用目测丈量尺寸，用视觉比例决定美学尺寸。用视基点审视，即将物体放在一定尺寸的基座上观看，从而找出视觉美感的尺寸。

◆ 绘图尺度与实物尺寸：图样上所设计的完美尺寸，往往与实物的尺寸有很大的差异，设计时应予以注意。

◆ 反传统设计的美学尺度：不合常规的美学尺度，如残缺美感、扭曲美学尺寸等。

◆ 规划尺度：以一定比例设计的尺寸。

（2）开关插座位置：主要注意以下几个方面。

◆ 开关依区域性使用作集中位置管理。

◆ 注意双极开关的设计，须尽量方便使用操作。

◆ 一般开关位置距地面约 120cm 高。

◆ 一般浴厕及工作间插座距地面约 120cm 高。

◆ 一般室内插座离地约 30cm 高。

◆ 一般床头柜上方插座高 65¯70cm。

◆ 一般梳妆台使用插座高约 90cm。

◆ 木制衣柜或衣柜插座留在柜子踢脚板上。

◆ 根据需要地板面可做地板插座，表面与地面平。

◆ 书桌、办公桌插座可做成嵌入式，与桌面成一平面。

2. 了解室内设计风格

室内设计风格主要包括欧式古典风格、新古典主义风格、自然风格、现代风格和后现代风格几种。

（1）欧式古典风格：这是一种追求华丽、高雅的古典装饰样式。欧式古典风格中的色彩主调为白色，家具、门窗一般都为白色；家具框饰以金线、金边装饰，从而体现华丽的风格；墙纸、地毯、窗帘、床罩、帷幔的图案以及装饰画都为古典样式，如图 18-4 所示。

（2）新古典主义风格：指在传统美学的基础上，运用现代的材质及工艺，演绎传统文化的精髓。新古典主义风格不仅拥有端庄、典雅的气质，而且具有明显的时代特征，如图 18-5 所示。

（3）自然风格：这种风格崇尚返璞归真，回归自然，丢弃人造材料的制品，把木材、石材、草藤、棉布等天然材料运用到室内装饰中，使居室更接近自然效果，如图 18-6 所示。

（4）现代风格：注重使用功能，强调室内空间形态和物件的单一性、抽象性，并运用几何要素(点、线、面、体等)对家具进行组合，从而让人有种简洁、明快的感觉。同时这种风格又追求新潮、奇异，并且通常将流行的绘画、雕刻、文字、广告画、卡通造型、现代灯具等运用到居室内，如图 18-7 所示。

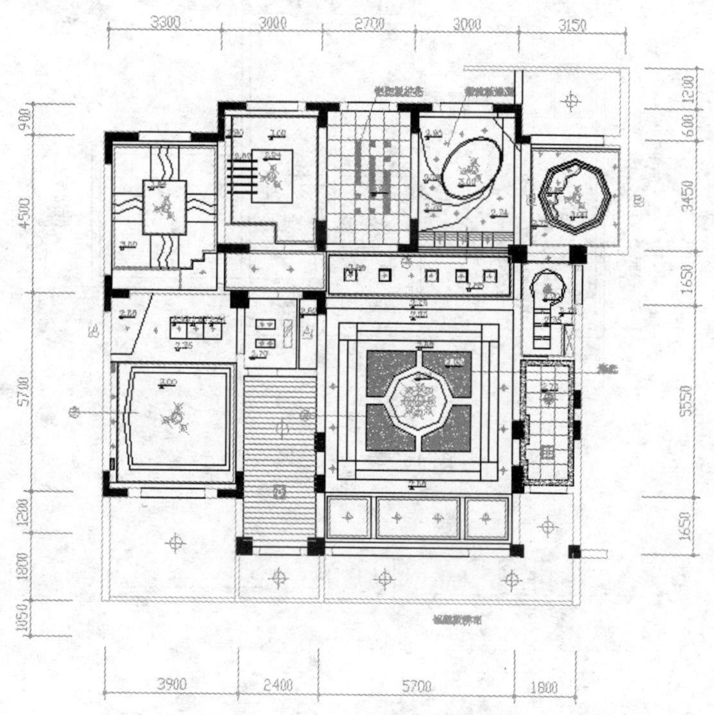

图 18－4　欧式古典风格的室内布置

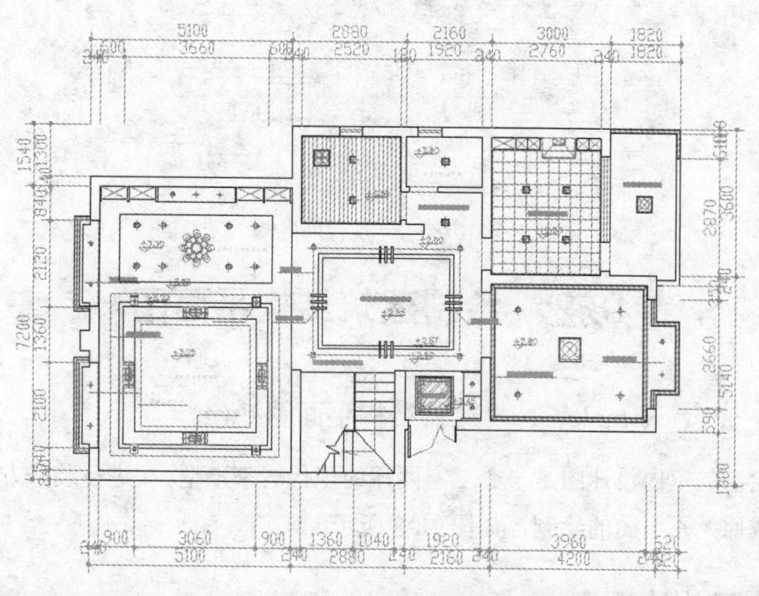

图 18－5　新古典主义风格的室内布置

（5）后现代风格：突破现代派简明、单一的局限，主张兼容并蓄，凡能满足居住生活所需的都加以采用。后现代风格的室内设计在空间组合上比较复杂，常常利用隔墙、屏风、柱子或壁炉的手法来制造空间的层次感；利用细柱、隔墙形成空间的景深感。

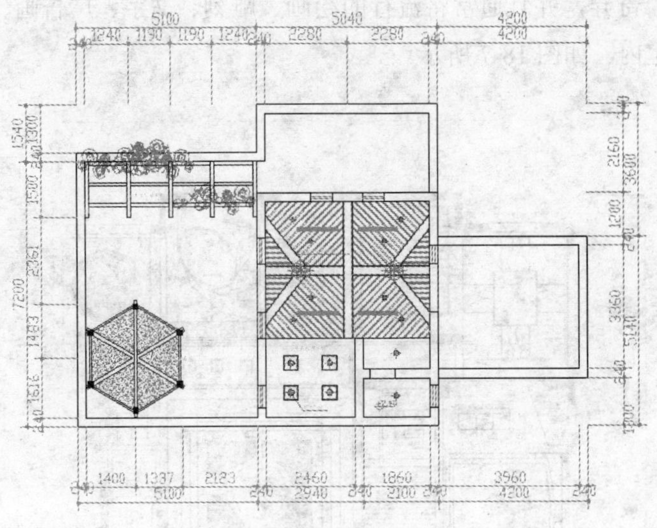

图 18－6　自然风格

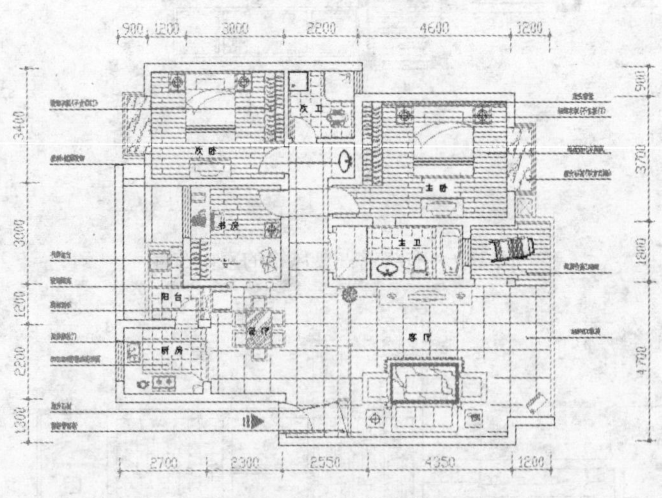

图 18－7　现代风格

18.2　绘制建筑结构平面图

例 18-1　光盘\example\Ch18\建筑结构平面图.dwg 

本实例绘制的室内设计图是一个三室两厅的现代居家户型。在进行装修方案的设计前，首先需要完成原始平面图的绘制，如图 18-8 所示。

18.2.1　绘图前的设置

绘制图形前，首先需要为所创建的图形进行绘图前的设置，如创建图层和设置图形单位等。

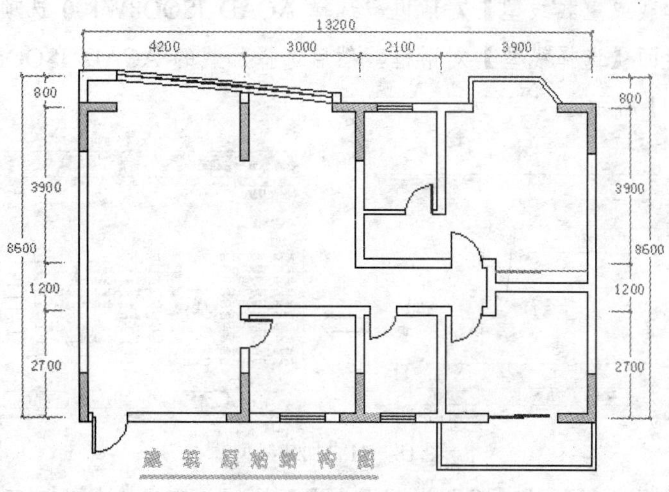

图 18－8　原始平面图

提示

在室内装修设计中，绘图单位通常采用毫米。使用统一的单位，以方便以后准确插入其他图形对象。

操作步骤

[1] 启动 AutoCAD 2012 应用程序，单击快速访问工具栏中的【新建】按钮，打开【选择样板】对话框，选择【acad】作为新建的样板文件。

[2] 单击【图层】面板中的【图层特性】按钮，在弹出的图层特性管理器中单击【新建图层】按钮，创建一个新的图层，将其命名为【中轴线】，如图 18-9 所示。

[3] 单击该图层的颜色图标，在打开的【选择颜色】对话框中设置图层的颜色为红色，如图 18-10 所示。

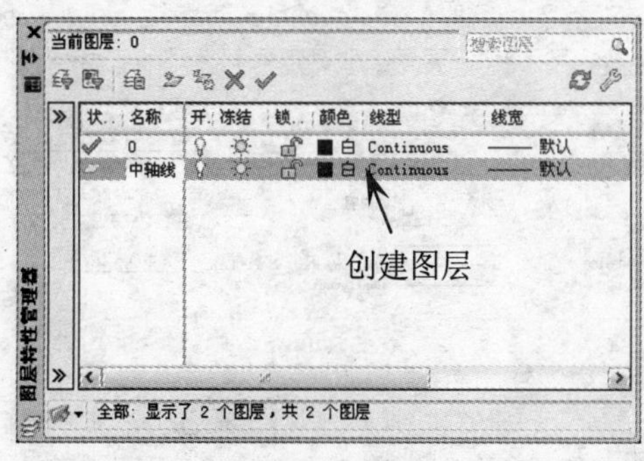

图 18－9　创建图层

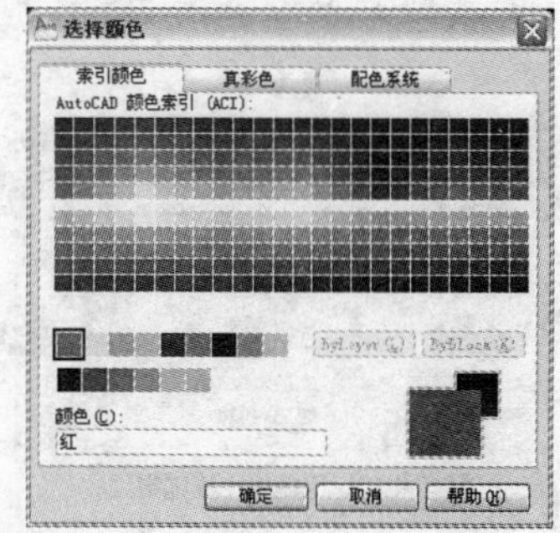

图 18－10　设置图层颜色

[4] 单击该图层的线型图标，在打开的【选择线型】对话框，单击【加载】按钮打

开【加载或重载线型】对话框，选择 ACAD_ISOO8W100 选项，单击【确定】按钮返回【选择线型】对话框，然后选择加载的 ACAD_ISOO8W100 线型，如图 18-11 所示。

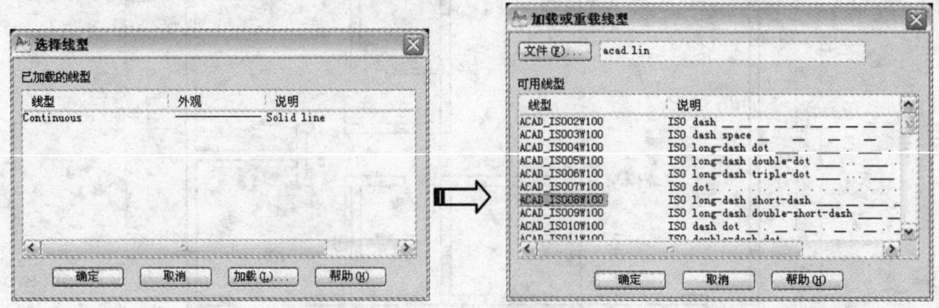

图 18－11　加载线型

[5] 在【选择线型】对话框中单击【确定】按钮，完成中轴线图层的设置。使用同样的方法创建家具、门窗、墙体、填充、标注和文字图层，并设置各图层的属性，将【中轴线】图层设置为当前层，如图 18-12 所示。

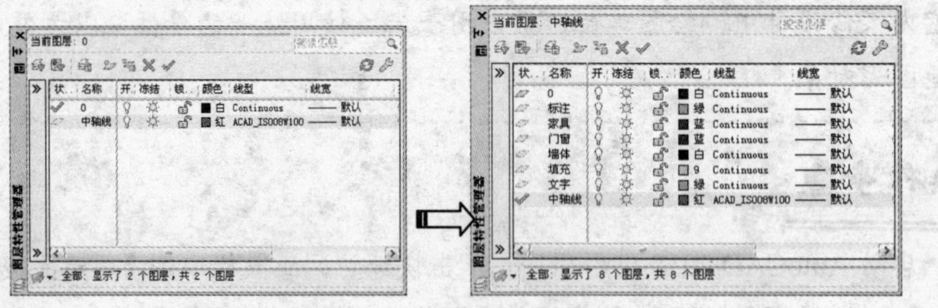

图 18－12　设置当前图层

[6] 在菜单栏选择【工具】|【草图设置】命令，打开【草图设置】对话框。单击【对象捕捉】选项卡，根据如图 18-13 所示的设置对象捕捉选项，完成后单击【确定】按钮。

[7] 选择【格式】|【线型】命令，在打开的【线型管理器】对话框中设置全局比例因子为 20，如图 18-14 所示，单击 确定 按钮确定。

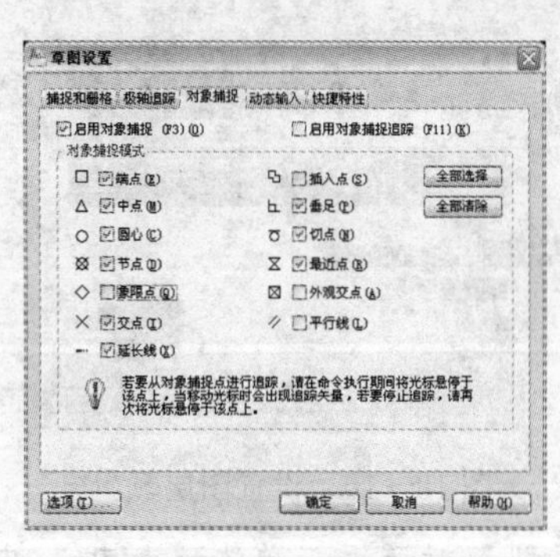

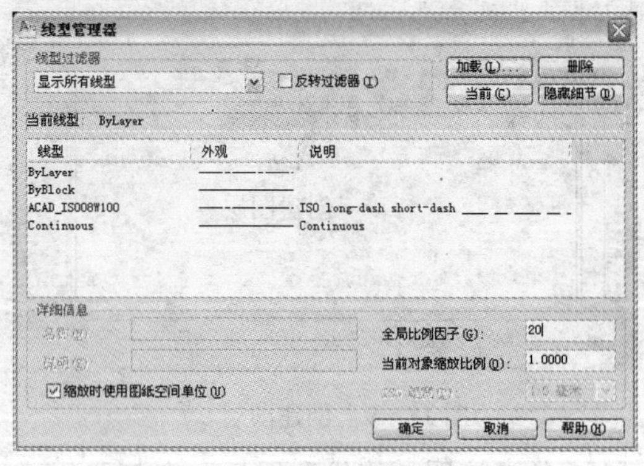

图 18－13 对象捕捉设置

图 18－14 设置线型的全局比例因子

18.2.2 绘制建筑轴线

绘制建筑轴线是绘制建筑图的基础，绘制好轴线后，就可以根据轴线绘制出建筑图的墙体框架。

操作步骤

[1] 使用【直线】命令绘制一条长 13200mm 的水平线段和一条长 9800mm 的垂直线段，如图 18-15 所示。

[2] 使用【偏移】命令将垂直线段向右偏移，偏移距离依次为：4200mm、3000mm、2100mm、3900mm，如图 18-16 所示。

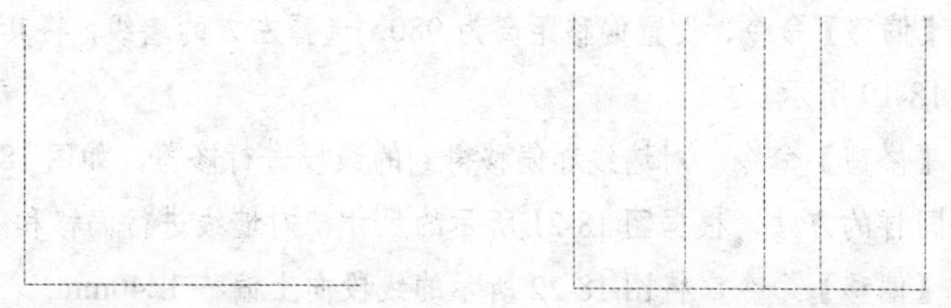

图 18－15　绘制直线　　　　图 18－16　偏移直线 1

[3] 使用【偏移】命令将水平线段向上偏移，偏移距离依次为：1200mm、2700mm、1200mm、3900mm、800mm，如图 18-17 所示。

图 18－17　偏移直线 2

18.2.3 绘制墙体线

绘制完建筑轴线后，接下来就可以根据轴线绘制出建筑图的墙体框架了。绘制墙线主要使用【多线】命令。

操作步骤

将【墙体】图层设置为当前层，执行【多线】命令，绘制如图 18-18 所示的墙体轮廓线。

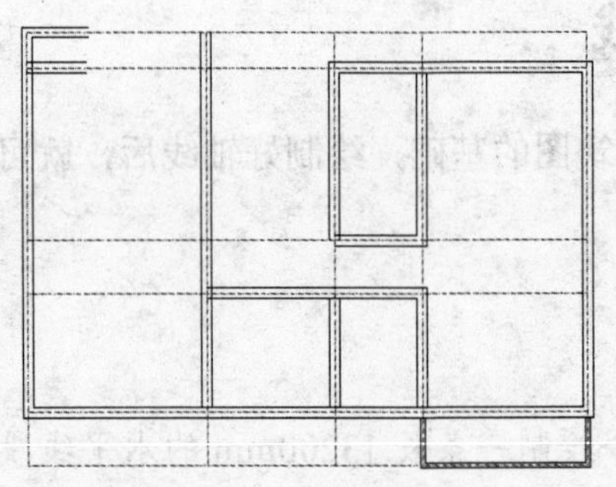

图 18－18　绘制墙体轮廓

[1] 打开【图层特性管理器】对话框，关闭【中轴线】图层。使用【分解】命令选择将墙体多线分解。

[2] 执行【偏移】命令，设置偏移距离为 980。选择左方的墙线，将其向右偏移一次，如图 18-19 所示。

[3] 执行【修剪】命令，对墙线和偏移得到的线段进行修剪，如图 18-20 所示。

[4] 使用同样的方法，根据图 18-21 所示的尺寸，对墙线进行偏移和修剪。

[5] 执行【偏移】命令，将图 18-22 所示的线段向上偏移 1240mm。

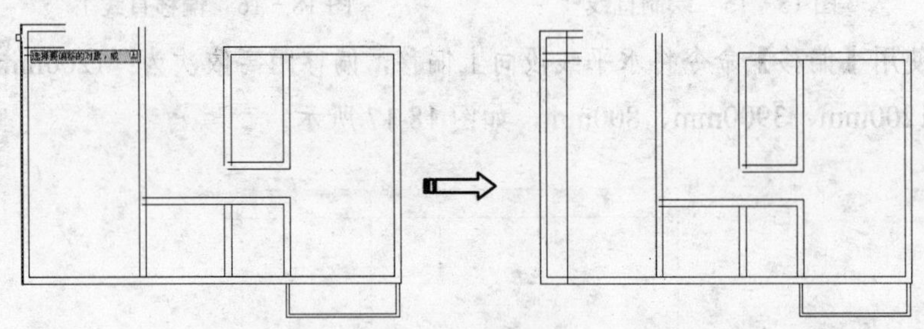

图 18－19　偏移直线

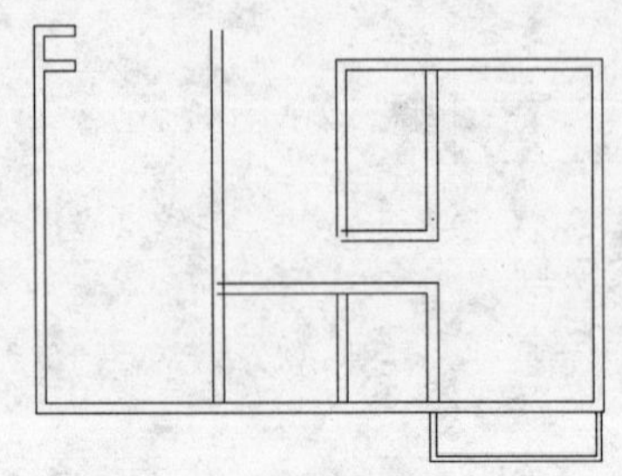

图 18－20 修剪墙体多线

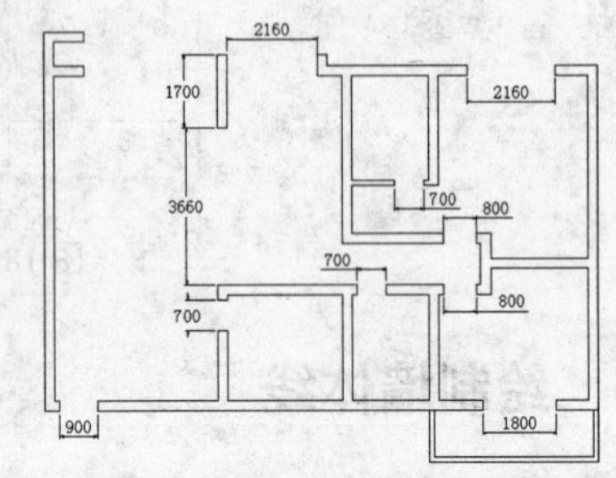

图 18－21　偏移并修剪其余的墙体多线

[6] 使用【修剪】命令以左方的墙线为剪切边界，对偏移后的线段进行修剪，效果如图 18-23 所示。使用同样的方法，配合偏移和修剪命令创建出墙体的填充轮廓。

18.2.4　填充墙体图形

对于框架结构的建筑图而言，还需要对建筑结构中的承重墙进行填充，填充墙体将运用到【填充图案】命令。

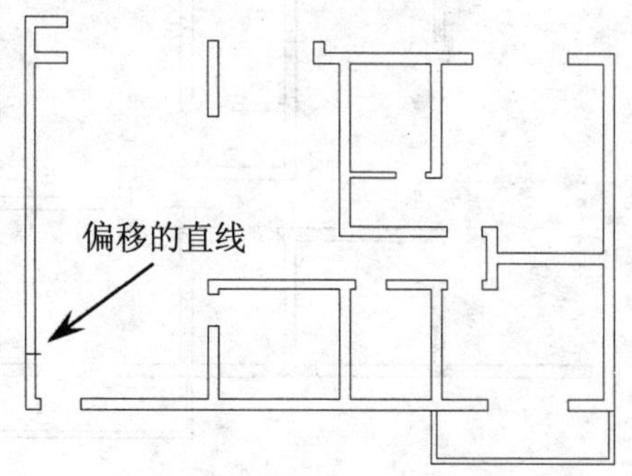

图 18－22　绘制偏移直线

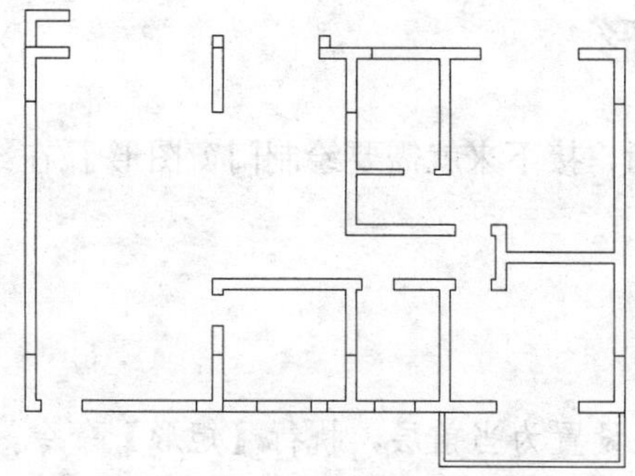

图 18－23　绘制其余偏移直线并修剪

操作步骤

[1] 将【填充】图层设置为当前层，执行【图案填充】命令，打开【图案填充创建】选项卡。在选项卡中选择 SOLTD 图案，选择如图 18-24 所示的区域进行填充。

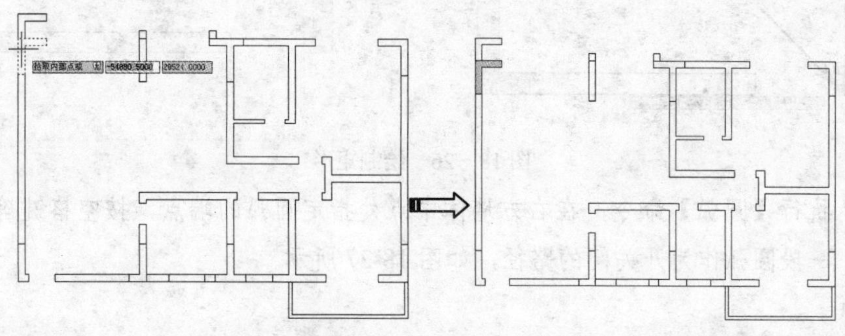

图 18－24　填充区域

[2] 使用同样的操作方法，填充墙体上的其他区域，填充完成的结果如图 18-25 所示。

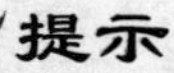

提示

建筑结构图中，填充的墙体通常表示承重墙。在装修过程中，不得随意对承重墙进行修改。

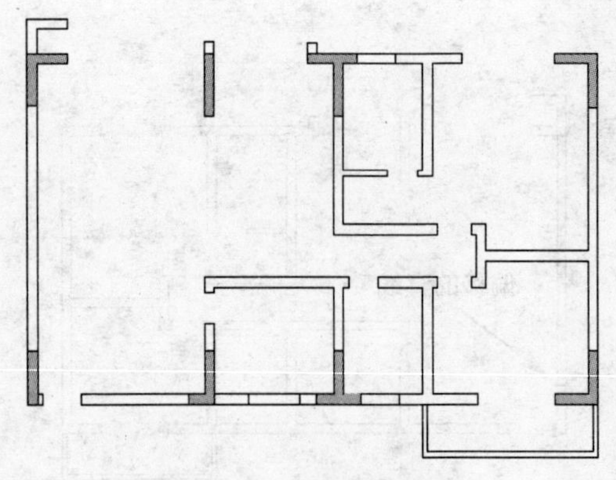

图 18－25　填充其他区域

18.2.5　绘制门窗图形

完成建筑框架的绘制后，接下来就需要绘制门窗图形了.在绘制门图形时，将用到【矩形】和【圆弧】命令。

操作步骤

[1] 将【门窗】图层设置为当前层，执行【矩形】命令，以墙体的中点为矩形的第一个角点，绘制一条长为 900mm、宽为 40mm 的矩形，如图 18-26 所示。

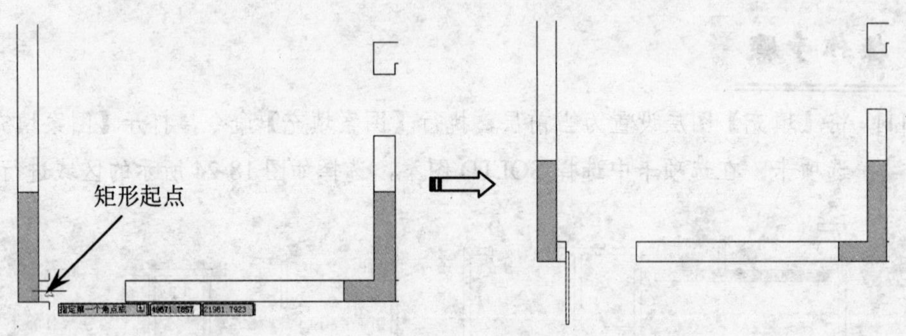

图 18－26　绘制矩形

[2] 执行【圆弧】命令，在右方墙体中点处指定圆弧的端点，按空格键确定，绘制一段圆弧作为开关门的路径，如图 18-27 所示。

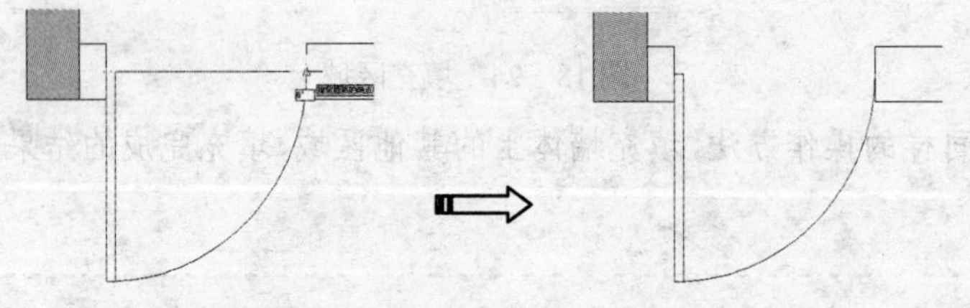

图 18－27　绘制圆弧作为开关门的路径

[3] 使用同样的方法，结合【矩形】和【圆弧】命令创建其他宽度为 800mm 的卧室

门，再绘制宽度为 700mm 的厨卫门，如图 18-28 所示。

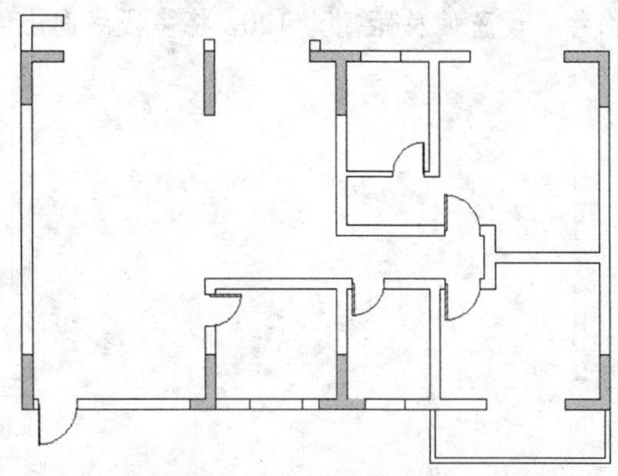

图 18－28 绘制其余门及路径

[4] 使用【偏移】命令将图 18-29 所示中左图的墙线向上偏移两次，偏移距离为 80mm。

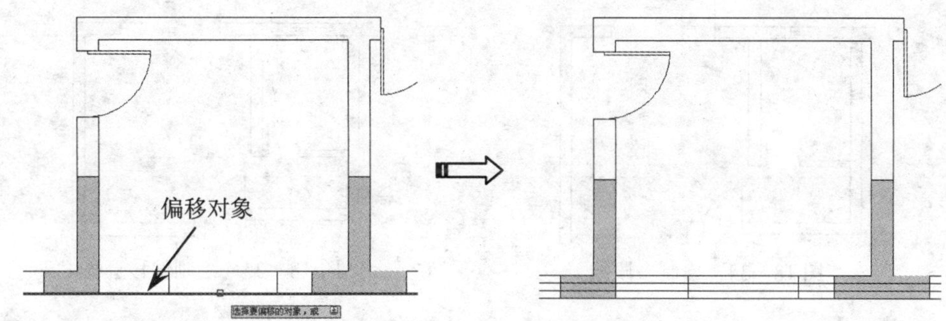

图 18－29 绘制偏移直线

[5] 使用【修剪】命令对偏移后的线段进行修剪，将修剪后的线段放到【门窗】图层中，如图 18-30 所示。使用同样的方法，结合【偏移】和【修剪】命令创建其他窗户图形，如图 18-31 所示。

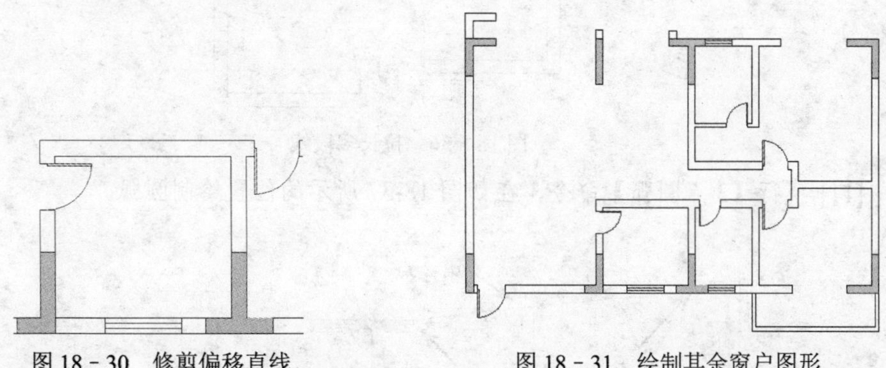

图 18－30 修剪偏移直线　　图 18－31 绘制其余窗户图形

[6] 执行【矩形】命令，在次卧室（接外阳台位置）门框中绘制一个长为 900mm、宽为 40mm 的矩形，如图 18-32 所示。

[7] 执行【复制】命令，对矩形进行复制，从而创建出推拉门图形，效果如图 18-33 所示。

[8] 执行【多线段】命令，绘制如图 18-34 所示的多段线。

[9] 执行【偏移】命令，设置偏移距离为 120，将多段线向上偏移，如图 18-35 所示。

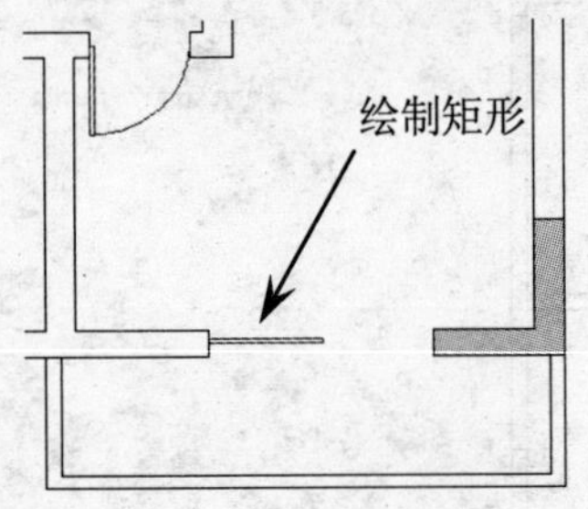

图 18－32　绘制矩形

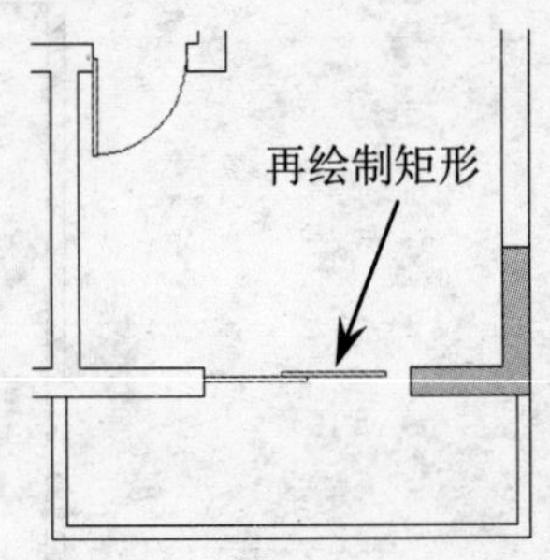

图 18－33　复制矩形

[10] 使用夹点编辑模式，将偏移的多段线拉长至墙体轮廓并相交，如图 18-36 所示。

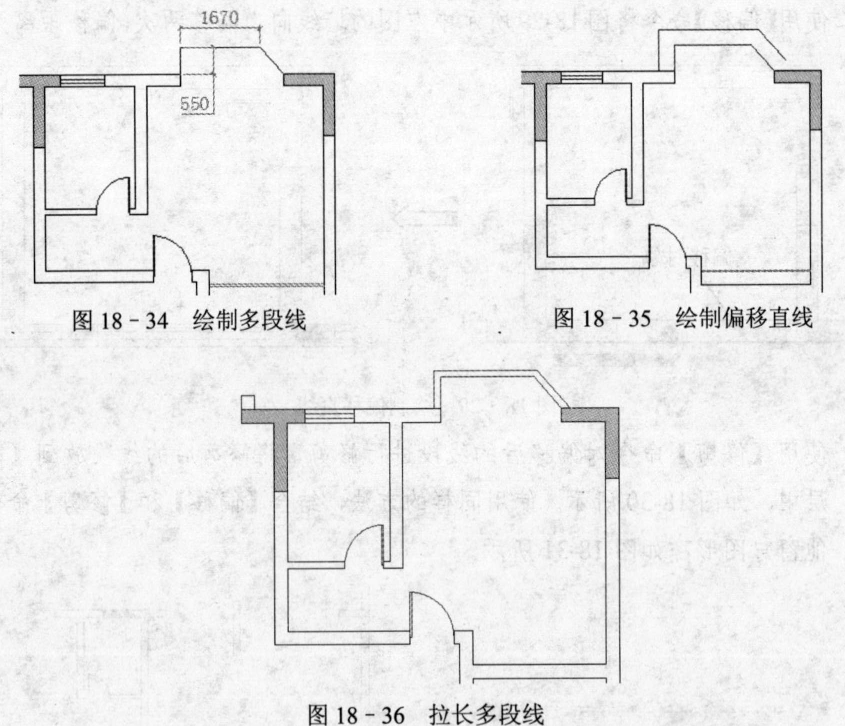

图 18－34　绘制多段线

图 18－35　绘制偏移直线

图 18－36　拉长多段线

[11] 执行【3 点圆弧】命令，在如图 18-37 所示的位置绘制圆弧。

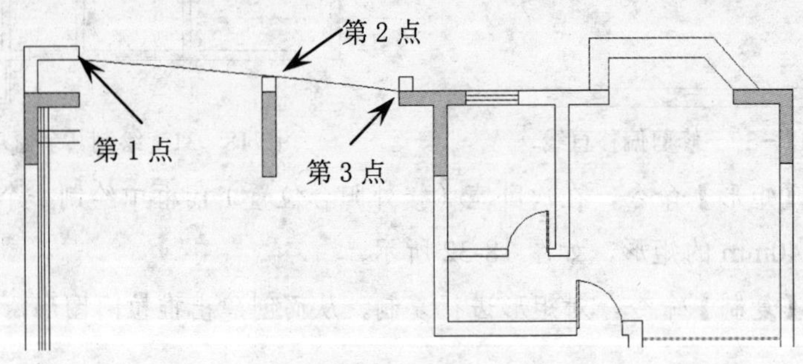

图 18－37　绘制 3 点圆弧

[12] 使用【偏移】命令将弧线向上偏移3次，偏移距离依次为120mm、20mm和100mm，如图18-38所示，完成弧形玻璃墙的绘制。

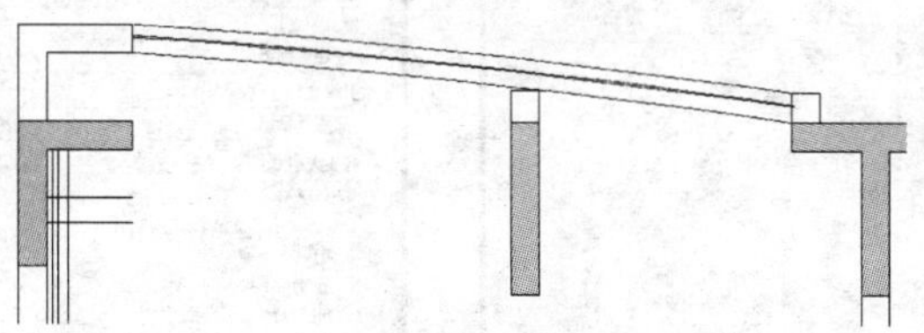

图18－38　绘制偏移的圆弧

18.2.6　标注图形尺寸

完成门窗的绘制后，最后需要对图形的尺寸进行标注。标注尺寸之前，应该设置好尺寸标注的样式。

操作步骤

[1] 执行【标注样式】命令，打开【标注样式管理器】对话框，单击 新建(N)... 按钮，打开【创建新标注样式】对话框，在新样式名后输入"建筑"，如图18-39所示。

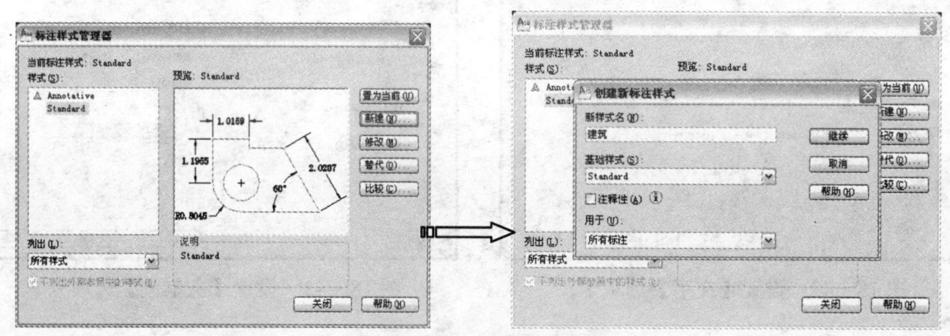

图18－39 新建标注样式

[2] 单击 继续 按钮，打开【新建标注样式】对话框，参照图18-40和图18-41中的参数，分别对【线】选项卡、【符号和箭头】选项卡中的相应选项进行设置。

[3] 单击【文字】选项卡和【主单位】选项卡，参照图18-42、图18-43所示的参数，分别进行设置。完成设置后确定，并将创建的标注样式置为当前样式。关闭【标注样式管理器】对话框。

[4] 打开【中轴线】图层，结合线性标注和连续标注命令完成对建筑结构图的尺寸标注，如图18-44所示。

[5] 关闭【中轴线】图层，将【文字】图层设为当前层。执行【单行文字】命令，设置文字的高度为480，创建【建筑原始结构图】文字，如图18-45所示。建筑结构图完成绘制。

[6] 将结果保存。

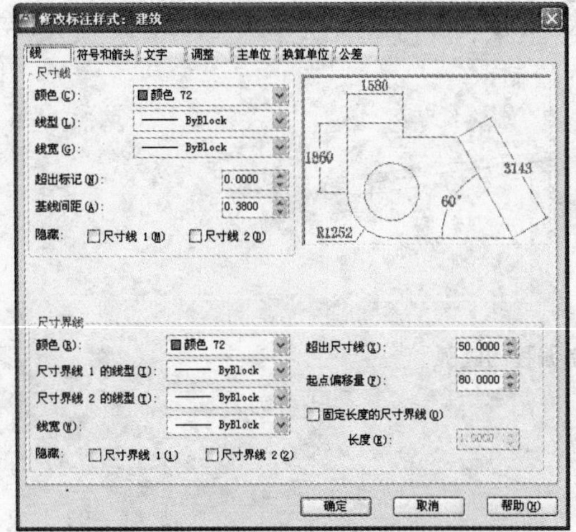

图 18-40　设置【线】选项卡

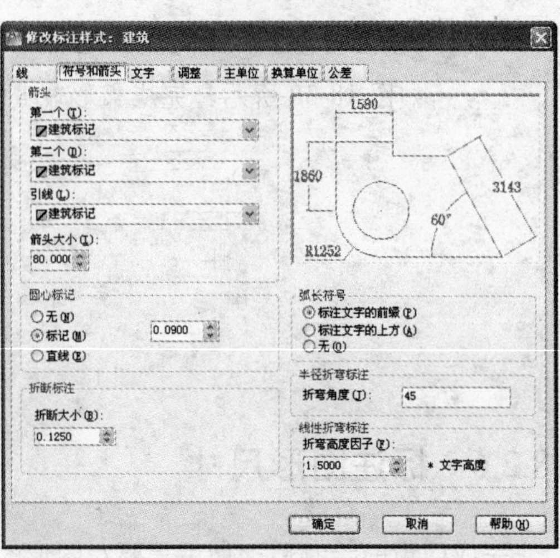

图 18-41　设置【符号和箭头】选项卡

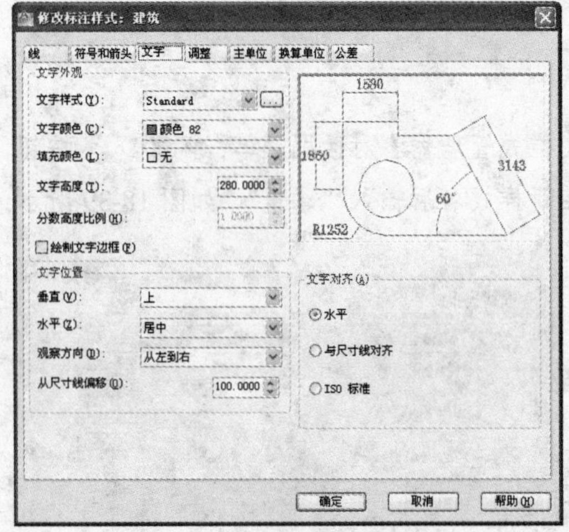

图 18-42　设置【文字】选项卡

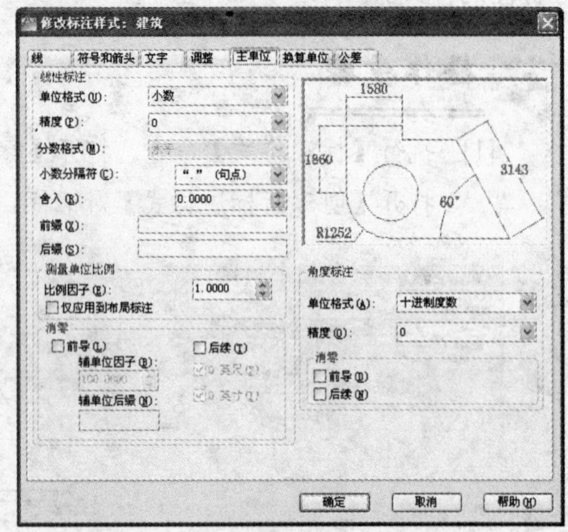

图 18-43　设置【主单位】选项卡

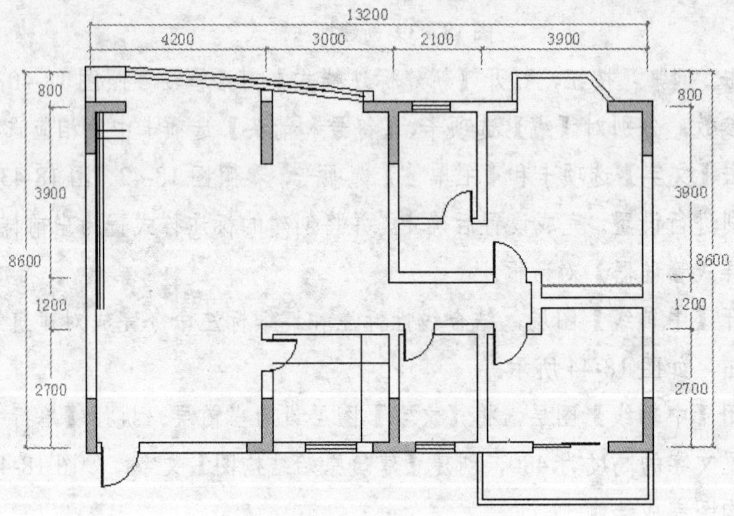

图 18-44　标注建筑结构图形

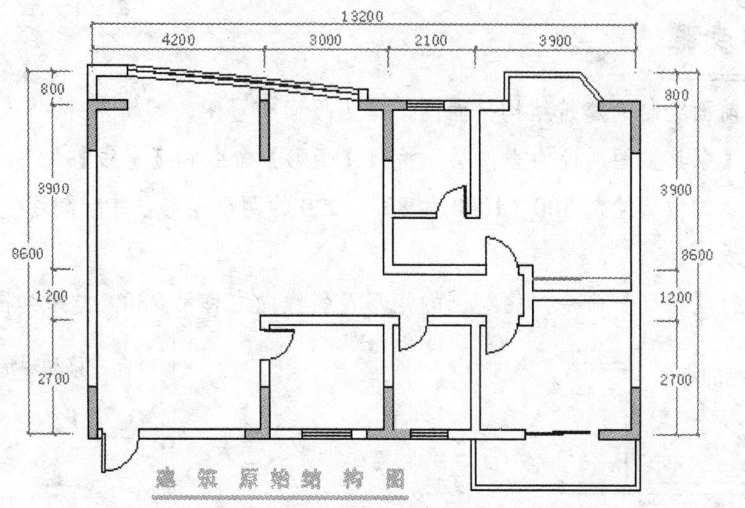

图 18－45　创建建筑结构图文字

18.3　绘制平面布置图

例 18-2　光盘\example\Ch18\平面布置图.dwg 

本套室内设计中更多地考虑了业主的需要，以简约、高雅、实用的格调展开设计。实例的效果如图 18-46 所示。

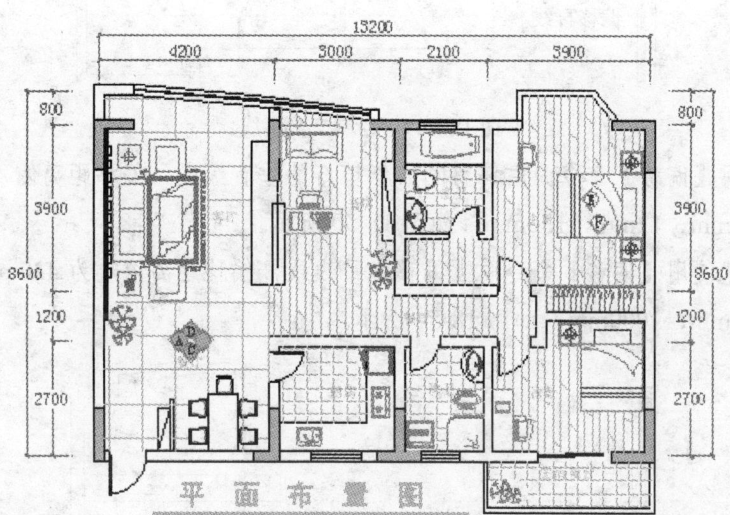

图 18－46　平面布置图

18.3.1　创建室内装饰图形

创建室内装饰图形的过程中，主要绘制鞋柜、电视地台和沙发背景墙等简单图形，一些较复杂的对象，可以使用【插入】命令插入收集的素材。

操作步骤

[1] 将前面绘制的建筑结构平面图，作为平面布置图的编辑基础。

[2] 将【家具】图层设为当前层。执行【矩形】命令和【直线】命令，在如图 18-47 所示的位置绘制 300×1000 和 80×1220 的两个矩形，并绘制连接矩形对角点的斜线。

[3] 执行【移动】命令，将绘制的矩形及斜线向右移动 280，结果如图 18-48 所示。

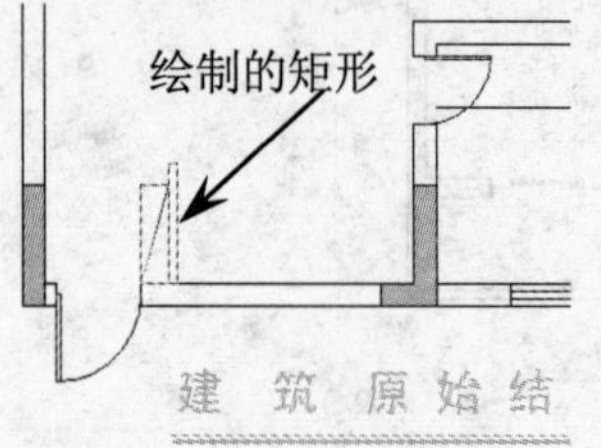

图 18－47　绘制矩形和斜线

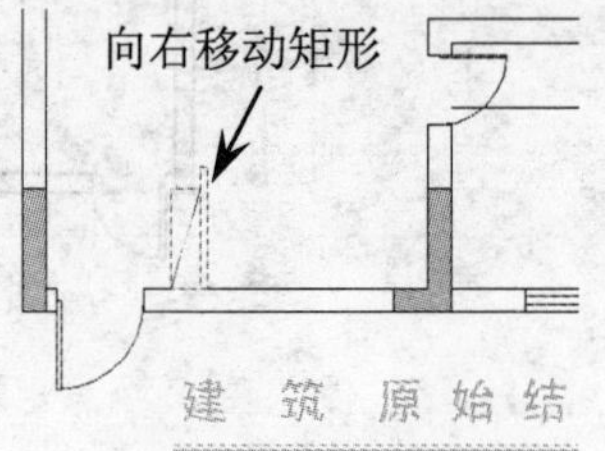

图 18－48　移动矩形

[4] 执行【偏移】、【延伸】和【修剪】命令，绘制出如图 18-49 所示交叉直线。

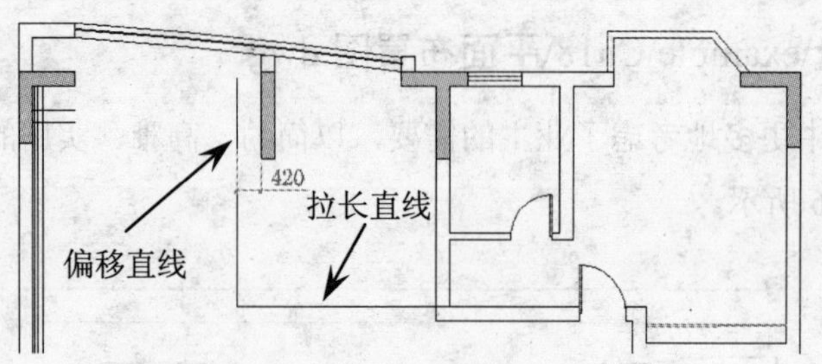

图 18－49　绘制交叉直线

[5] 使用【偏移】命令向右偏移刚才修剪好的垂直线段，偏移距离依次为 520mm、100mm、12mm、150mm，如图 18-50 所示。

[6] 继续使用【偏移】命令向上偏移水平线段，偏移距离依次为 420mm、1500mm、450mm、1000mm，如图 18-51 所示。

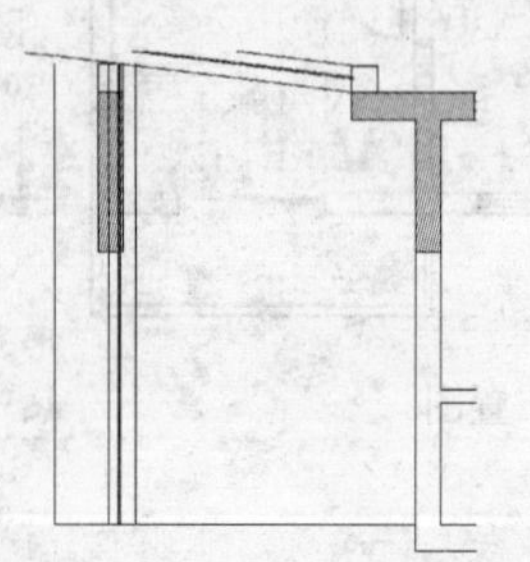

图 18－50　向右偏移直线

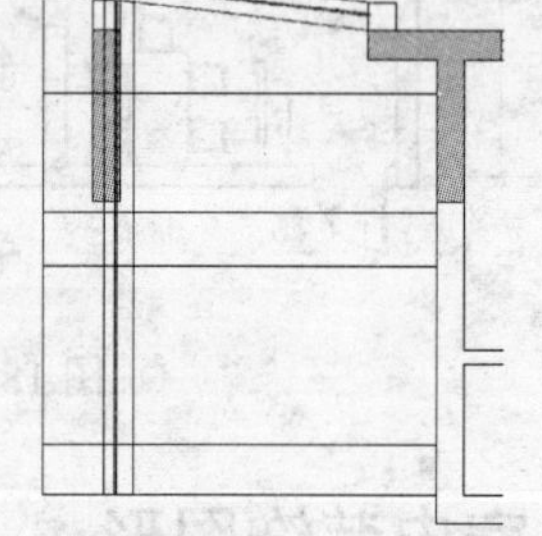

图 18－51　向上偏移直线

[7] 使用【修剪】命令对线段进行修剪，创建出电视地台与电视墙的平面效果，如图 18-52 所示。

[8] 使用【偏移】命令向右偏移客厅左边的内墙线，偏移距离依次为 50mm、50mm、80mm，如图 18-53 所示。

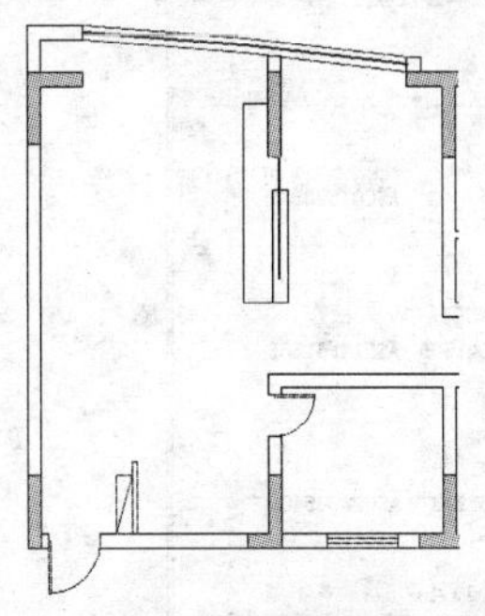

图 18－52 修剪偏移的直线

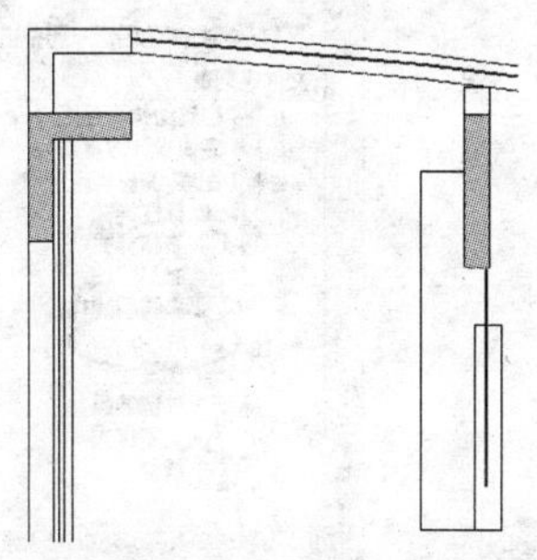

图 18－53 绘制偏移直线

[9] 使用【偏移】命令向下偏移客厅上边的内墙线，偏移距离为 4500mm，使用【修剪】命令修剪多余线段，创建沙发背景墙平面效果，如图 18-54 所示。

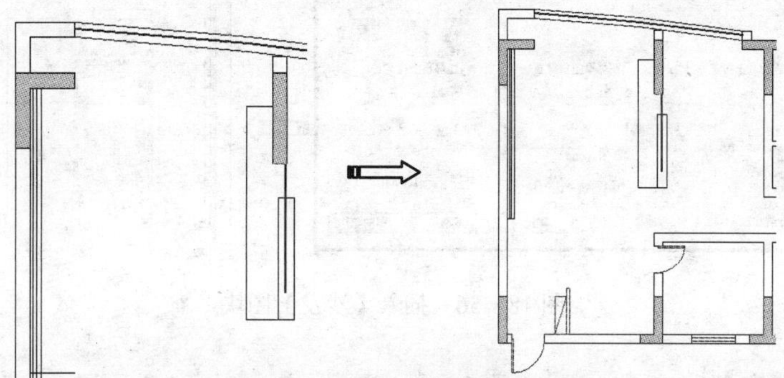

图 18－54 绘制沙发背景墙平面效果

18.3.2 插入装饰图块

在绘制室内设计图中，通常会使用【插入】命令插入收集的素材，这样可以提高绘图的效率。

操作步骤

[1] 选择【工具】|【选项板】|【设计中心】命令，打开【设计中心】选项板。

[2] 在【设计中心】选项板中选择本例光盘下的【图库.dwg】文件。然后在展开的树列表单击【块】选项，此时选项板右边显示所有块对象的预览，如图 18-55 所示。

[3] 双击要插入的【沙发】图块，打开【插入】对话框，单击 确定 按钮，返回绘图区，在屏幕上拾取一点，插入沙发图块，如图 18-56 所示。

[4] 使用同样的方法，在客厅和餐厅中插入【图库.dwg】素材文件中的餐桌图块和植物图块，如图 18-57 所示。

[5] 执行【偏移】命令，对厨房中的内墙线进行偏移，偏移距离为 650mm，然后使用【修剪】命令对其修剪，结果如图 18-58 所示。

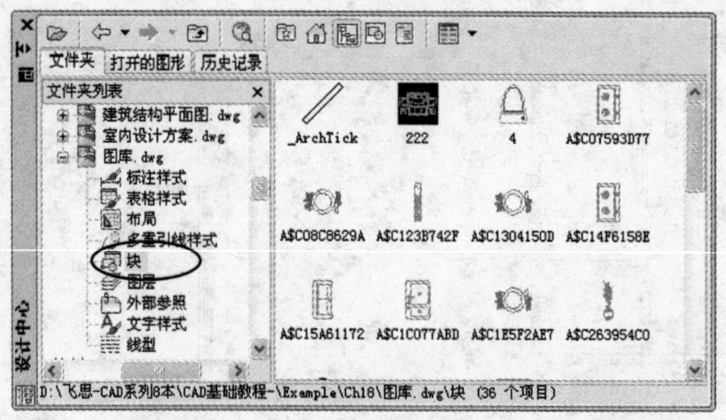

图 18 - 55　通过【设计中心】打开块对象

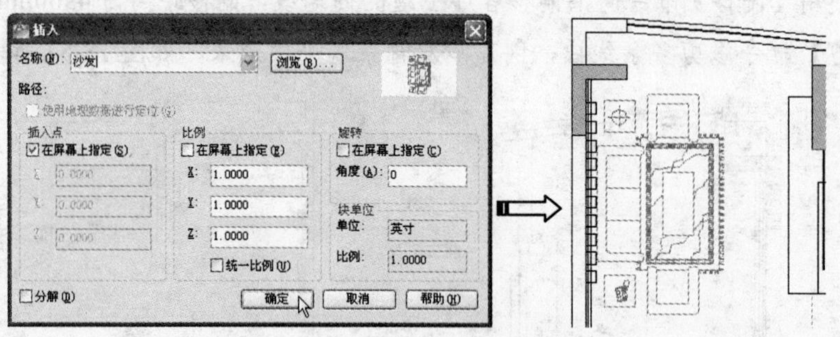

图 18 - 56　插入【沙发】图块

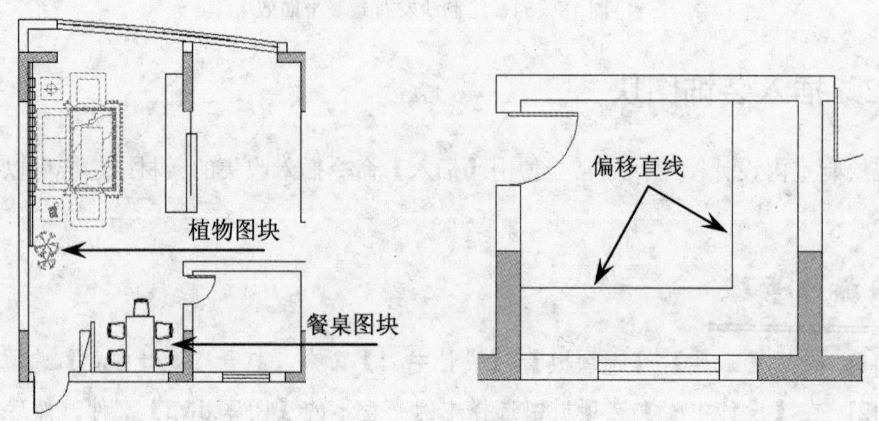

图 18 - 57　插入植物、餐桌图块　　　　图 18 - 58　绘制偏移直线编辑修剪

[6] 在厨房区域插入【图库.dwg】素材文件中的冰箱、洗菜盆、煤气灶图块；在主卧室中插入衣柜、双人床图块；在次卧室中插入小衣柜、单人床、椅子图块。效果如图 18-59 所示。

[7] 在书房区域中插入办公椅、沙发和植物图块；在卫生间区域插入浴缸、面盆、洗衣机、蹲便器和座便器图块，如图 18-60 所示。

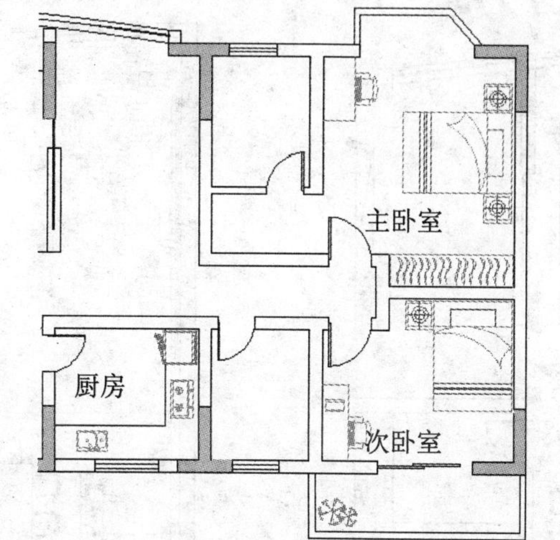

图 18－59　在厨房、主卧室和次卧室插入家具图块

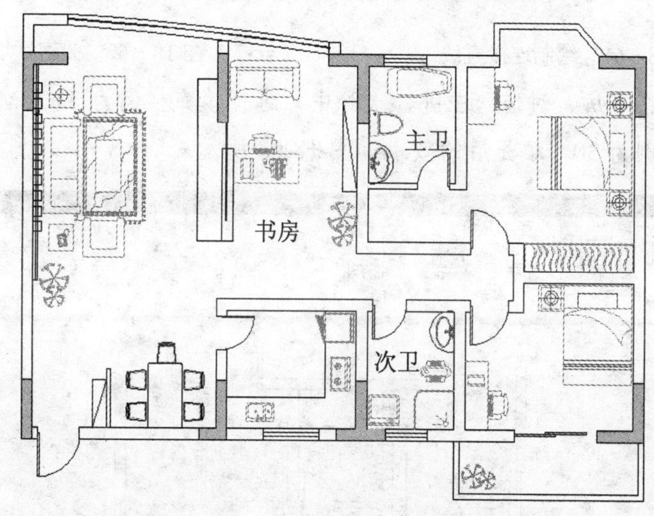

图 18－60　在书房和卫生间插入图块

18.3.3　填充室内地面

使用【插入】命令插入收集的素材后，接下来就需要为地面填充材质了。填充地面材质时，可以使用【多段线】命令绘制作为填充区域的辅助线条。

操作步骤

[1] 将【填充】图层设为当前层，按 F3 和 F8 键，关闭对象捕捉和正交功能。执行【直线】命令，在客厅中绘制一条如图 18-61 所示的连接线。

[2] 执行【填充】命令，在打开的【填充图案创建】选项卡中选择 NET 图案，并设置图案的比例为 8000，然后选择客厅区域进行填充。填充的结果如图 18-62 所示。

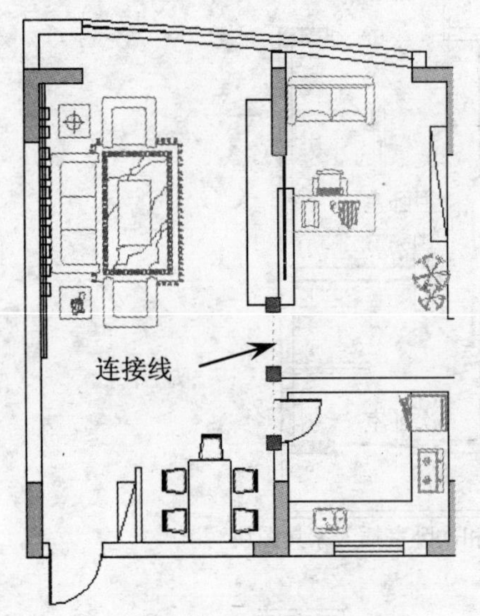

图 18 - 61　绘制连接直线

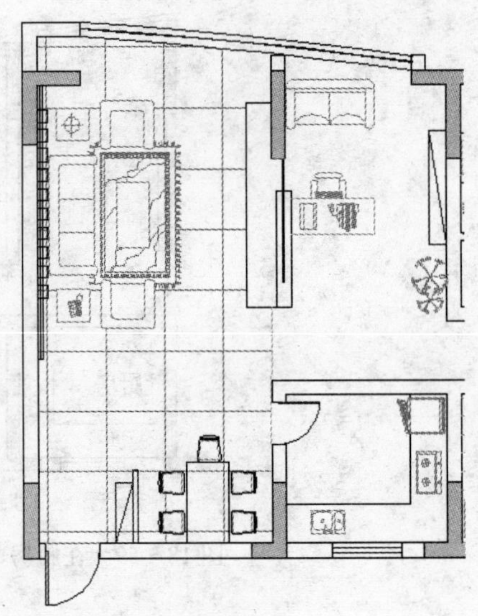

图 18 - 62　为客厅填充图案

[3] 同理，在书房、过道、主卧、次卧中，选择填充样例为 DOLMIT，设置角度为 90、比例为 30，填充后的效果如图 18-63 所示。

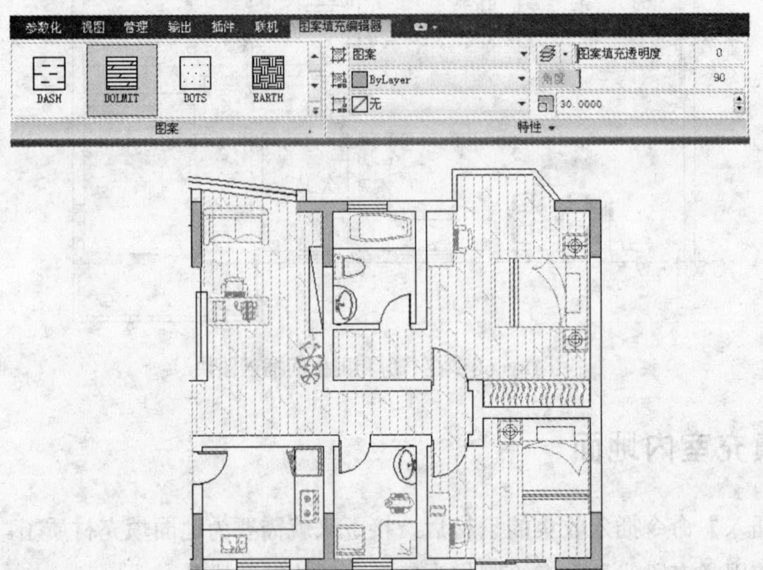

图 18 - 63　填充书房、过道、主卧和次卧

[4] 选择填充样例为 ANGIE 图案，分别在厨房、卫生间、卧室阳台进行填充。设置比例为 40，填充效果如图 18-64 所示。

添加文字说明

创建文字说明，可以清楚地表达设计的内容，使客户了解各个房间的功能，更利于与客户沟通。

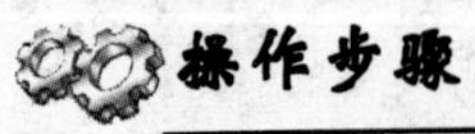

[1] 将【文字】图层设为当前层，输入并执行【多行文字】命令，在客厅位置处用鼠标拖拽出一个矩形框确定创建文字的区域，如图 18-65 所示。

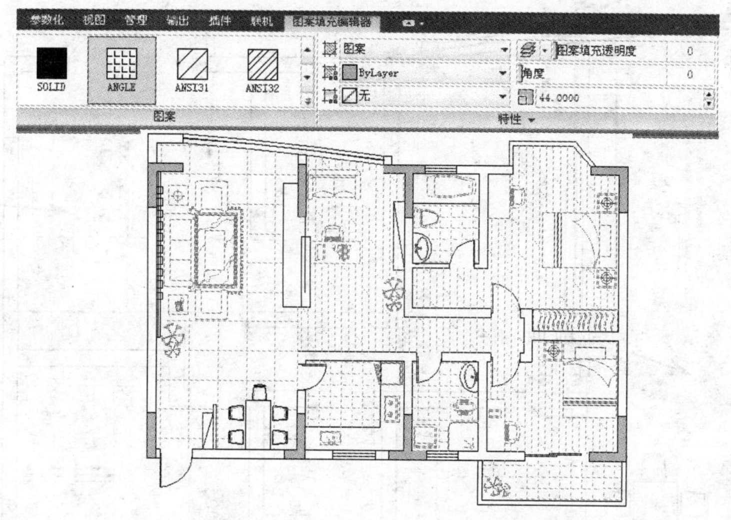

图 18 - 64 填充厨房、卫生间、卧室阳台

[2] 在弹出的文字编辑器中创建【客厅】说明文字，设置字体高度为 300，字体为宋体，颜色为红色。

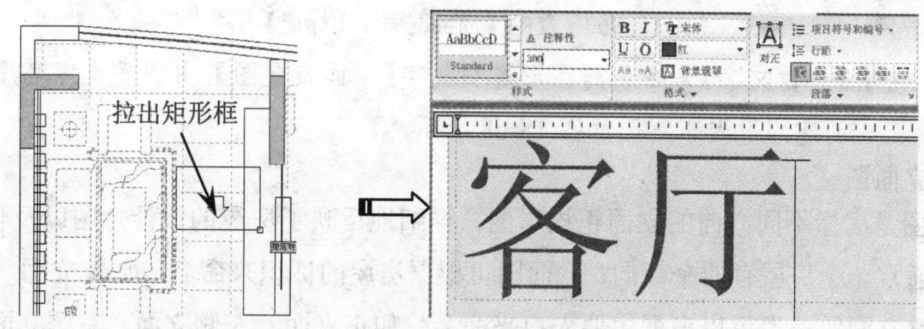

图 18 - 65 创建多行文字

[3] 使用同样方法创建餐厅、卧室、书房等文字，如图 18-66 所示。

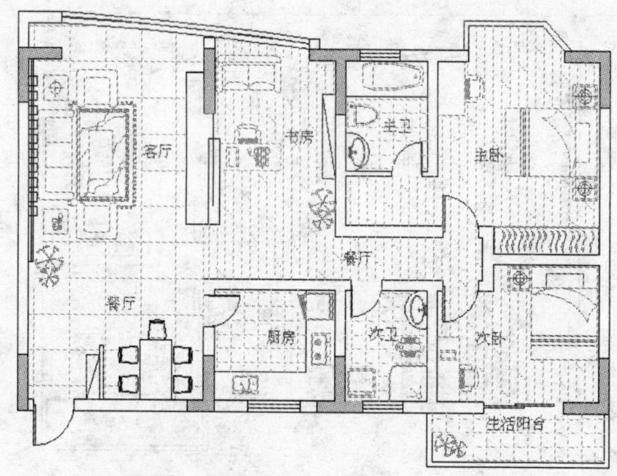

图 18 - 66 创建出其余房间的文字

[4] 将【图库.dwg】素材文件中的【局部剖面详图标记】复制到图形中，如图 18-67 所示。

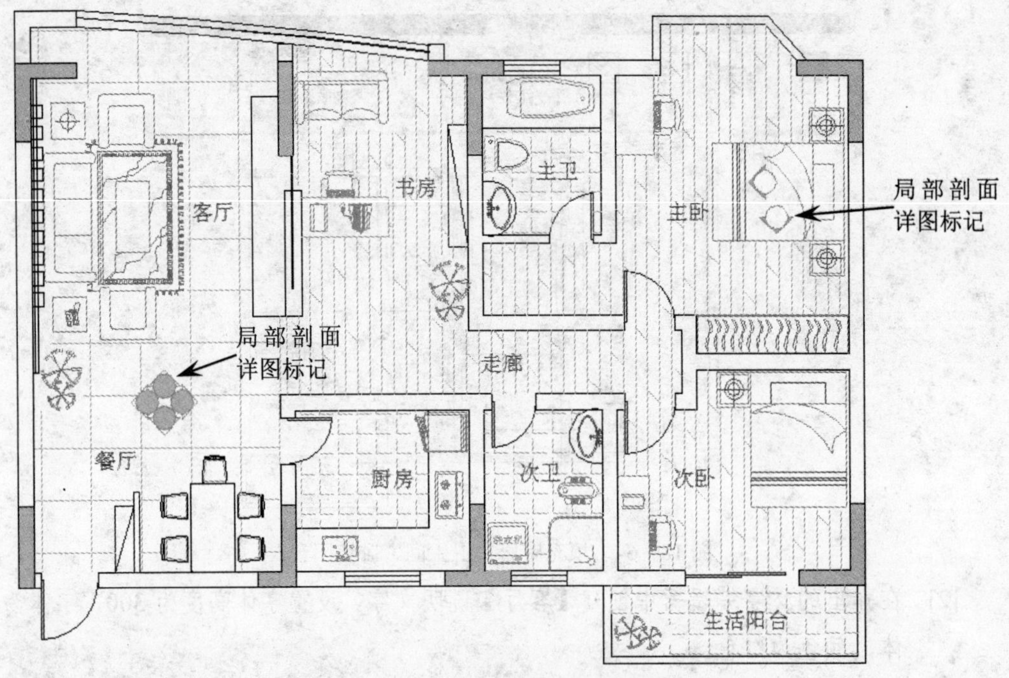

图 18－67　复制【局部剖面详图标记】

[5] 使用【多行文字】命令创建图形说明文字【平面布置图】，并设置文字高度为 480，完成创建的平面布置图如图 18-68 所示。

绘制立面图

立面图是房屋不同方向的立面正投影图，详细地反映了房屋的设计意图以及使用材料与尺寸。通常一个房屋有四个朝向，立面图可根据房屋的标识来命名，如 A 立面、B 立面、C 立面、D 立面等，也可以根据主要入口来命名，如正立面、左侧立面、右侧立面。

本实例的客厅 A 立面图展示了沙发背景墙的设计方案，其效果如图 18-69 所示。

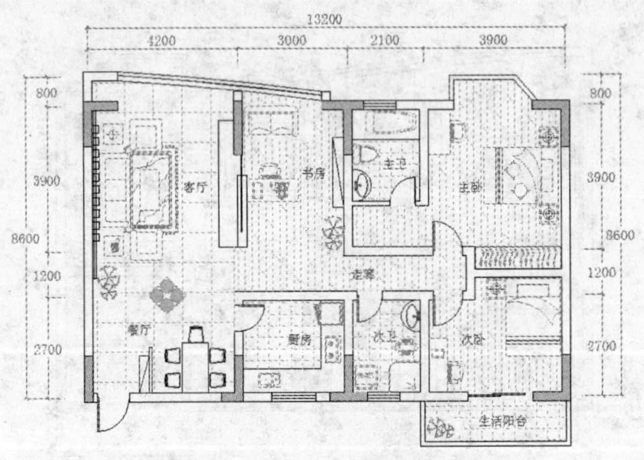

图 18－68　绘制完成的平面布置图

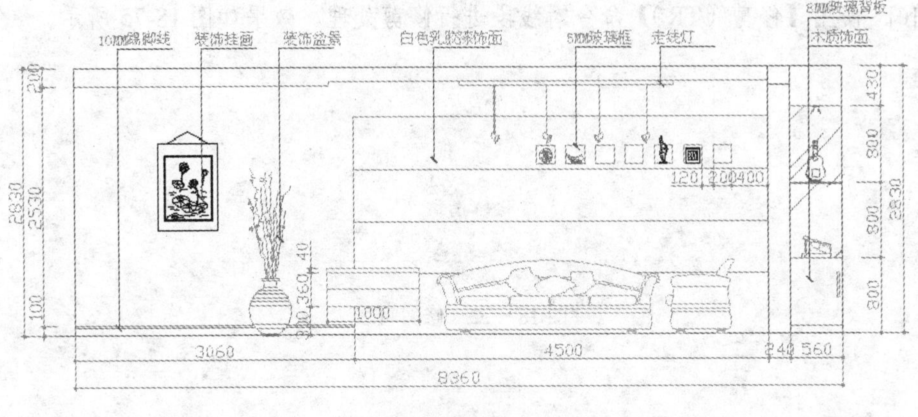

图 18－69　客厅 A 立面

绘制客厅 A 立面图的内容主要包括挂画、沙发、植物等背景装饰物，在绘图过程中可以使用【插入】命令插入常见的图块。绘制客厅 A 立面图的操作如下。

操作步骤

[1] 使用【直线（L）】命令，在绘图区域绘制一条长 9060mm 的水平直线，在距离水平线左端点 400mm 处向上绘制一条 2830mm 的垂直线，如图 18-70 所示。

[2] 使用【偏移（O）】命令向右偏移这条垂直线段，偏移距离为 8360mm，向上偏移水平线段，偏移距离为 2830mm，如图 18-71 所示。

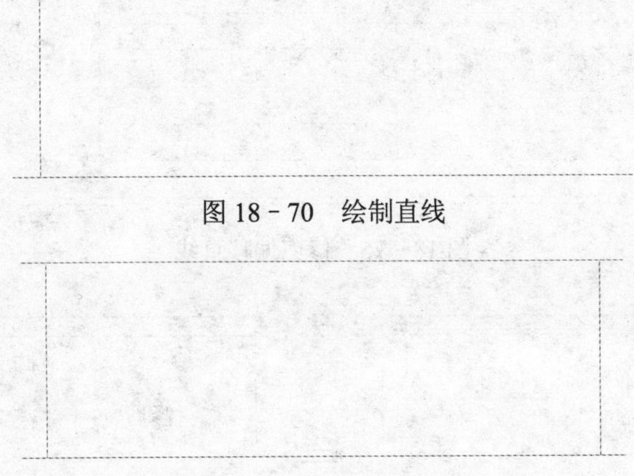

图 18－70　绘制直线

图 18－71　绘制偏移直线

[3] 使用【修剪（TR）】命令对偏移后的线段进行修剪，效果如图 18-72 所示。

[4] 使用【偏移（O）】命令向上偏移开始时绘制的水平线段，偏移距离依次为 100mm、550mm、550mm、550mm、550mm、380mm，如图 18-73 所示。

[5] 使用【偏移（O）】命令向右偏移左边垂直线段，偏移距离依次为 3060mm、4500mm、240mm，如图 18-74 所示。

[6] 使用【修剪（TR）】命令对线段进行修剪处理，效果如图 18-75 所示。

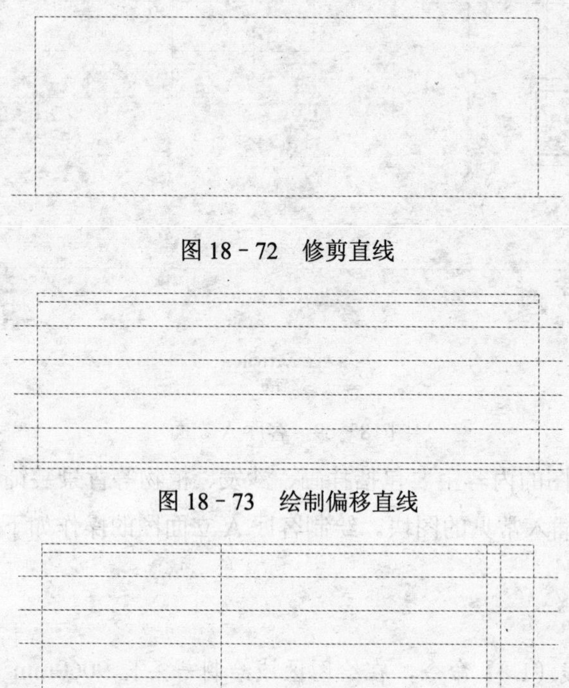

图 18－72 修剪直线

图 18－73 绘制偏移直线

图 18－74 绘制偏移直线

[7] 使用【偏移（O）】命令对线段进行偏移；使用【修剪（TR）】命令对线段进行修剪。效果如图 18-76 所示。

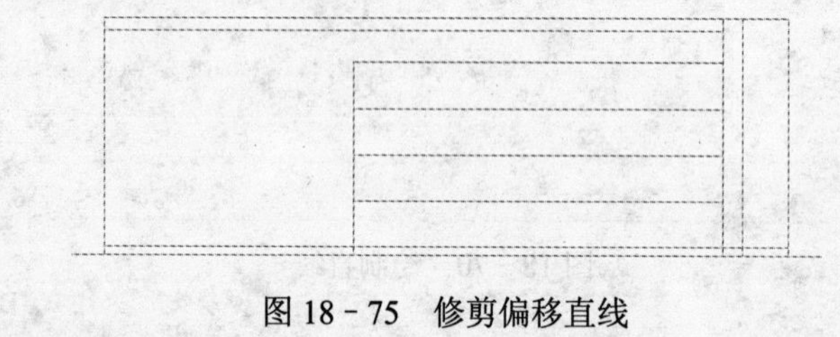

图 18－75 修剪偏移直线

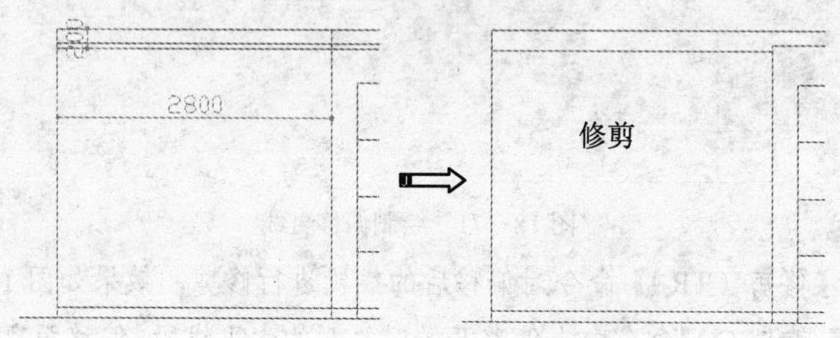

图 18－76 绘制偏移直线并修剪

[8] 根据如图 18-77 所示的尺寸和效果，结合偏移、延伸、修剪命令创建客厅装饰柜立面图。

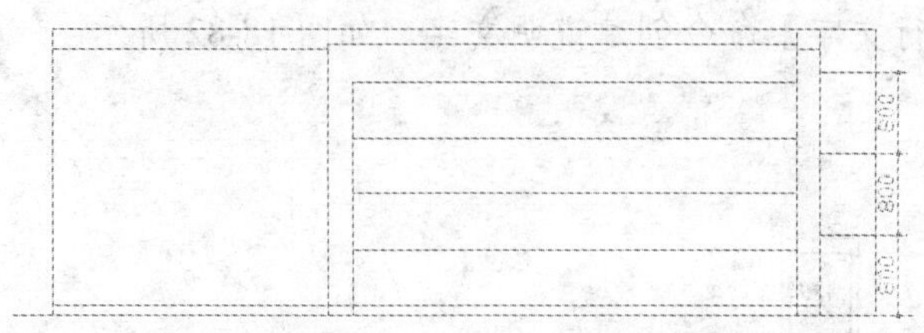

图 18－77　创建客厅装饰柜立面图

[9] 使用【矩形（REC）】命令，绘制一个 200mm × 200mm 大小的矩形。将它放在客厅背景墙上，复制 7 个矩形并依次排列，尺寸和效果如图 18-78 所示。

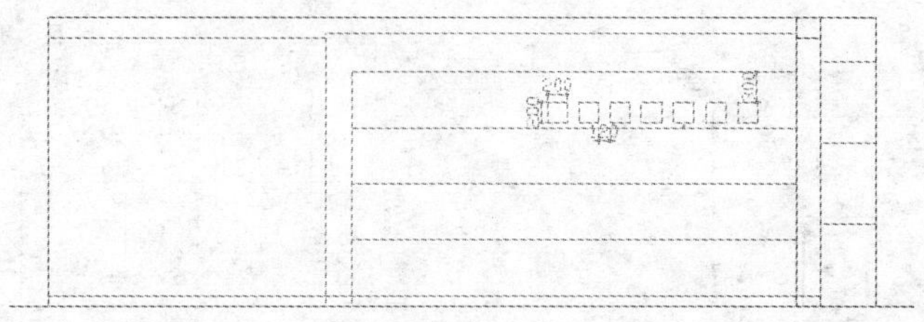

图 18－78　绘制、复制矩形

[10] 结合使用【偏移】和【修剪】命令绘制出客厅搁物柜，尺寸和效果如图 18-79 所示。

[11] 选择【工具】|【选项板】|【设计中心】命令，打开【设计中心】选项板。将“图库.dwg”素材文件中的沙发立面图插入到立面图中，如图 18-80 所示。

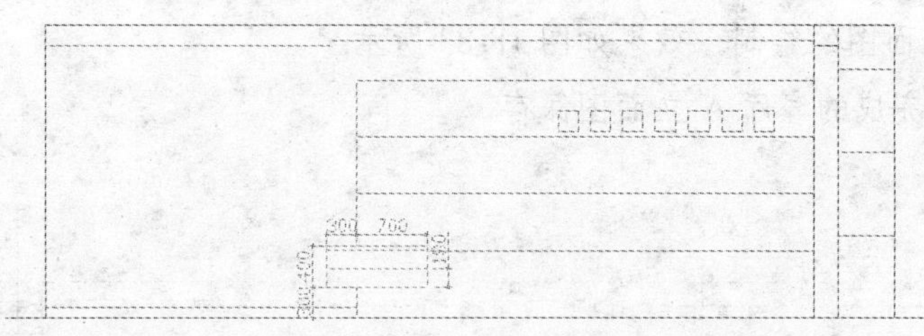

图 18－79　绘制客厅搁物柜

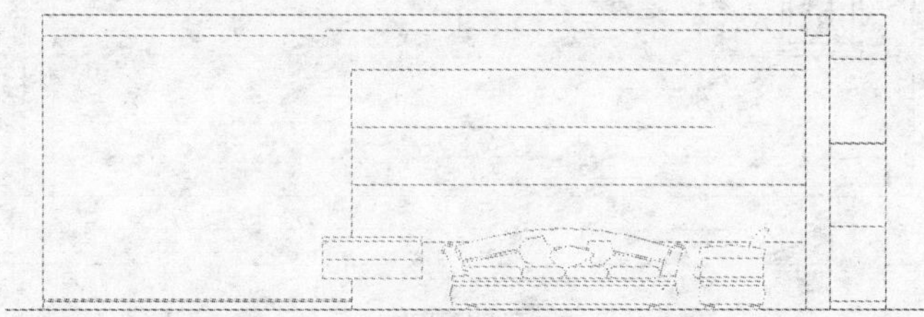

图 18－80　插入“沙发”立面图

[12] 将花瓶、装饰画、灯具等图块插入到立面图中，效果如图 18-81 所示。

[13] 将“标注”层设为当前层，结合使用线性标注命令和连续标注命令对图形进行标注。

[14] 将【文字说明】设为当前层，执行【多重引线】命令，绘制文字说明的引线。

使用【多行文字】命令创建说明文字，如图 18-82 所示。

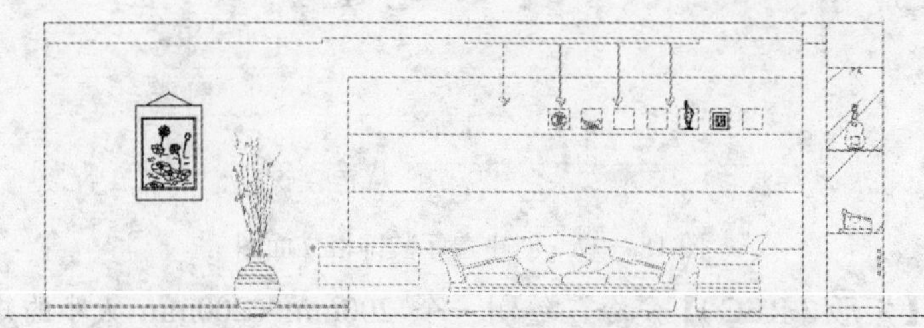

图 18－81　插入花瓶、装饰画、灯具等图块

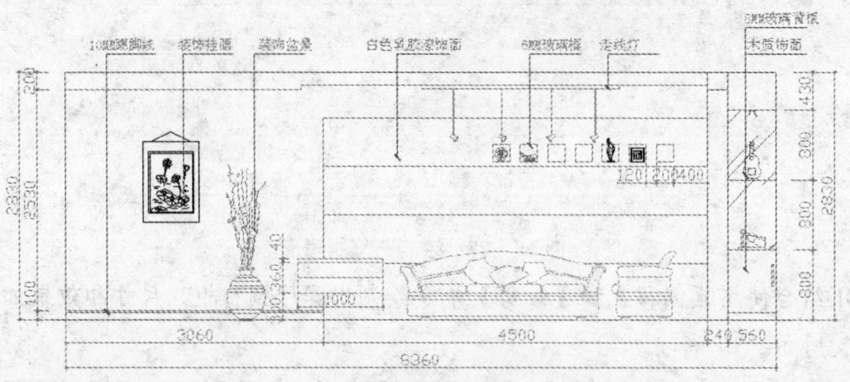

图 18－82　标注图形

[15] 打开“图库 16.dwg”素材文件，将剖面的剖切符号复制到 A 立面图中，完成客厅 A 立面图的绘制。效果如图 18-83 所示。

[16] 将绘制完成的客厅 A 立面图保存。

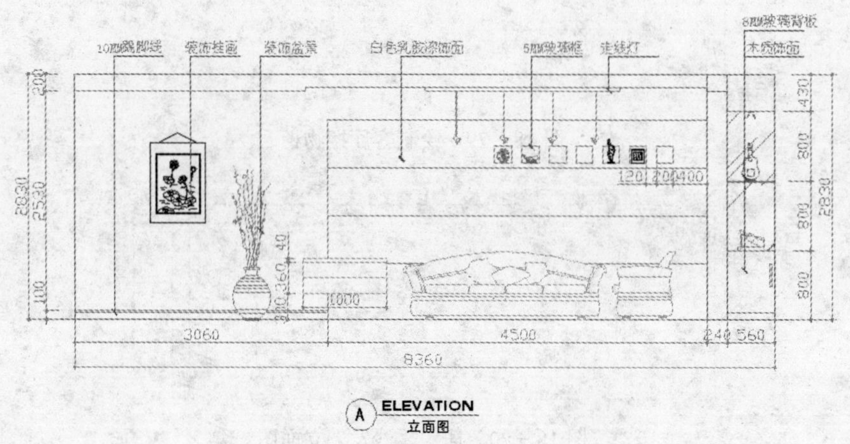

图 18－83　绘制完成的客厅 A 立面图